テイラー展開

$$f(x) = \sum_{n=0}^{\infty} \frac{1}{n!}\left(\frac{\mathrm{d}^n f}{\mathrm{d}x^n}\right)_a (x-a)^n$$

$$x + \frac{1}{2!}x^2 + \frac{1}{3!}x^3 + \cdots$$

$$\ln x = (x-1) - \frac{1}{2}(x-1)^2 + \frac{1}{3}(x-1)^3 - \frac{1}{4}(x-1)^4 + \cdots$$

$$\ln(1+x) = x - \frac{1}{2}x^2 + \frac{1}{3}x^3 - \cdots$$

$$\frac{1}{1+x} = 1 - x + x^2 - \cdots$$

微分と積分

$$\mathrm{d}(f+g) = \mathrm{d}f + \mathrm{d}g \qquad \mathrm{d}(fg) = f\mathrm{d}g + g\mathrm{d}f \qquad \mathrm{d}\frac{f}{g} = \frac{1}{g}\mathrm{d}f - \frac{f}{g^2}\mathrm{d}g \qquad \frac{\mathrm{d}f}{\mathrm{d}t} = \frac{\mathrm{d}f}{\mathrm{d}g}\frac{\mathrm{d}g}{\mathrm{d}t}$$

$$\frac{\mathrm{d}x^n}{\mathrm{d}x} = nx^{n-1} \qquad \frac{\mathrm{d}}{\mathrm{d}x}\mathrm{e}^{ax} = a\mathrm{e}^{ax} \qquad \frac{\mathrm{d}}{\mathrm{d}x}\ln ax = \frac{1}{x}$$

本文で用いる積分公式は［資料4 積分公式］にある.

SIで使う接頭文字

q	クエクト	10^{-30}
r	ロント	10^{-27}
y	ヨクト	10^{-24}
z	ゼプト	10^{-21}
a	アト	10^{-18}
f	フェムト	10^{-15}
p	ピコ	10^{-12}
n	ナノ	10^{-9}
µ	マイクロ	10^{-6}
m	ミリ	10^{-3}
c	センチ	10^{-2}
d	デシ	10^{-1}
da	デカ	10
h	ヘクト	10^{2}
k	キロ	10^{3}
M	メガ	10^{6}
G	ギガ	10^{9}
T	テラ	10^{12}
P	ペタ	10^{15}
E	エクサ	10^{18}
Z	ゼタ	10^{21}
Y	ヨタ	10^{24}
R	ロナ	10^{27}
Q	クエタ	10^{30}

ギリシャ文字

Α, α	アルファ
Β, β	ベータ
Γ, γ	ガンマ
Δ, δ	デルタ
Ε, ε	イプシロン
Ζ, ζ	ゼータ
Η, η	イータ
Θ, θ	シータ
Ι, ι	イオタ
Κ, κ	カッパ
Λ, λ	ラムダ
Μ, μ	ミュー
Ν, ν	ニュー
Ξ, ξ	グザイ
Ο, o	オミクロン
Π, π	パイ
Ρ, ρ	ロー
Σ, σ	シグマ
Τ, τ	タウ
Υ, υ	ウプシロン
Φ, ϕ	ファイ
Χ, χ	カイ
Ψ, ψ	プサイ
Ω, ω	オメガ

アトキンス

生命科学のための物理化学

第 3 版

Peter Atkins・George Ratcliffe
Mark Wormald・Julio de Paula 著

稲葉 章・中川敦史 訳

東京化学同人

PHYSICAL CHEMISTRY FOR THE LIFE SCIENCES

Third edition

Peter Atkins
University of Oxford

George Ratcliffe
University of Oxford

Mark Wormald
University of Oxford

Julio de Paula
Lewis & Clark College

表紙画像: Bulgn/Shutterstock.com

序

この新版では内容を根本的に見直すことにした．それは，著者として新しく２名を迎えたことによるところが大きい．Julio de Paula は本改訂に関与しなかったものの，前版までに関わった箇所は多く残っている．彼に代わって今回その役割を担ったのは George Ratcliffe と Mark Wormald であり，いずれも経験豊富な生化学者である．この分野で長年の教育経験もある．二人のおかげで Peter Atkins は実に多くを学ばせてもらった．彼らは，生化学者が物理化学をいかに重要視しており，生命特有の複雑な系を解明するのに物理化学がいかに重要な役割を担っているかを教えてくれた．物理化学の精密さを保持しながら生命科学へと応用するために，その両局面をほどよく融合させた姿を読者に感じとってもらえればと思う．

まず，全体を大きく組み替えた．すなわち，姉妹本で好評を得ている［テーマ/トピック］という組み立てを本書でも採用した．［トピック］は細分化してあるので，場合によっては読み飛ばすなど，必要に応じて選択できるから読者にとっては融通がきくだろう．これまでの［章］のように長くてうんざりすることもない．こうして，内容面で必然的なつながりのある［トピック］を寄せ集め，それをひと括りにしたのが［テーマ］である．［トピック］の順序はあまり構わず（といっても順序が重要な場合もあるから，そこは押さえたうえで）執筆してあるから，教員の方針で自由に選ぶことができるだろう．［テーマ］の冒頭では，そこで注目する概念を説明し，あとに続く［トピック］の要点を述べてある．また，それぞれの［トピック］の冒頭には学生諸君が抱きがちな疑問，すなわち“この題材を学ぶ意味は何か”，“その中心となる考えは何か”，“予め知っておくべき事柄は何か”について端的に答えてある．それぞれ“学ぶべき重要性”，“習得すべき事項”，“必要な予備知識”として記してある．本改訂版では，［トピック］の終わりに［重要事項のチェックリスト］と［重要な式の一覧］をまとめてある．

物理化学で克服すべき課題として，教育現場で言い尽くされたことであるが，数学が不可欠という問題がある．本書では，姉妹本での経験を生かして，さまざまなレベルでこの問題に対処している．まず，読者が自信をもって数学を使えるよう後押しする取り組みである．それには，数学の助けがなければ先に進めないと覚悟を決めてもらうことから始める．そうしておいて［導出過程］の欄では，一つひとつ根拠を示しながら解決への突破口をわかりやすく説明している．この部分は閉じた形で整理してあり，べつの箇所でも参照できるから便利であろう．次に，きめ細かなレベルの配慮であるが，本文に現れる式について，次の等号へ進むための注釈を添えるなど簡単な説明が加えてある．そのために必要となる手続きや説明が［必須のツール］の欄に記してあり，そこで用いる数学や物理を簡潔にまとめてある．

多くの［トピック］では，そこで扱った題材の［具体例］を節として挙げてある．これは，生化学の分野でどう応用されているかを述べたものであり，内容を理解するうえで大きな助けになるだろう．また，本文中の表を補う目的で，巻末の［資料］には多くのデータを載せてある．そこには，本文に現れる代表的な物質について，その分子構造を示した便利な［構造図］も載せてある．

物理化学では，自分で問題を解いてみることが重要である．本文中には多数の［例題］が設けてあり，そこには着手する前に読者が取り組むべき［考え方］も示してある．もっと単純な［簡単な例示］では，導入したばかりの式や概念の使い方を簡潔に述べてある．また，［テーマ］の終わりには［トピック］ごとに問題群を提供してあり，本文を参考にしながら自分で考えてもらう［記述問題］と，初歩的で比較的簡単に解ける［演習問題］から成る．最後に少し手の込んだ［発展問題］も用意してある．

生化学の教科書を本格的に改訂するには，その構成だけでなく，扱う内容の範囲や提示の仕方に至るまで大幅に変更するのが適切と考えた．それは実際，多くの協力者なしには成し遂げられないものであった．彼らに心からの謝意を表したい．

謝　辞

Michael Clugston には，非常に注意深く校正刷に目を通してもらった．また，つぎの方々には草稿の段階で有益なコメントを多数いただいた．感謝申し上げる．

Professor Ho Leung Ng, University of Hawaii
Dr Ismail Badran, An Najah National University
Professor Kuang Yu Chen, Rutgers-The State University of New Jersey
Dr Rebecca Weber, University of North Texas
Professor George A. Papadantonakis, University of Illinois Chicago
Professor Tim Keiderling, University of Illinois Chicago
Dr Maria Bohorquez, Regis University
Professor Nick Brewer, University of Dundee
Dr Graham Pattison, University of Lincoln
Dr Cecile Dreiss, King's College London

オックスフォード大学出版会の皆さんには大変お世話になった．とりわけ，本書の編集長 Jonathan Crowe と製作担当の Maria Bajo Gutiérrez，校閲担当の Julian Thomas の有益な助言と彼らの専門性には大変感謝している．また，煩雑な手続きを経て本書を世に出してくれた Seemadevi Sekar と Danny Gill に感謝する．

Peter Atkins
George Ratcliffe
Mark Wormald
オックスフォード，2023 年

訳　者　序

今回の改訂で“生命科学のための物理化学”は，その教科書としての完成形に仕上がったのではないだろうか．序にあるように，著者の願いは——物理化学の精密さを保持しながら生命科学へと応用するために，その両局面をほどよく融合させた姿を読者に感じとってもらう——ことである．そのための方策の一つとして，第3版では教材の提示の仕方が大きく変更された．すなわち，設定された13のテーマ（Focus）に対して，関連するトピック（Topic）が数個ずつ配置され，その下にいくつかの節が設けられている．この構成によって全体の見通しが格段によくなり，個々の内容が一目瞭然になったから，学生にとっても教える側にとっても取り組みやすくなっている．

第二の方策は，生化学を専門とする2名を著者に加えることによって，扱う題材を一段と豊富にしたことである．第3版で加わったのは，疎水性スコアによるタンパク質の構造予測（2B·3），生物系の水の流れに関係する膨圧（3A·1）や水ポテンシャル（3D·3），協同的なリガンド結合を表すヒル係数（4G·3）やアビディティ（4G·4），酵素阻害を利用した治療（7B·3），ポリメラーゼ連鎖反応（10C·2），エレクトロスプレーイオン化法による質量分析（13B·2），質量分析法を用いたプロテオミクス（13B·3）などである．いずれも近年の注目すべき研究を取り入れたものである．一方，これまでの版で出番のなかったギブズ-ヘルムホルツの式を持ち出し，その応用としてアンフォールディングの相転移を熱力学的に説明する（10C·3）など，物理化学による取り扱いは着実に拡張している．

教科書の改訂によって内容が豊富になれば，一方で何を省略するかは著者にとって悩ましい問題である．しかし，第3版で消えた題材はさほど多くなく，ギブズの相律や気体運動論モデル，気相分子の衝突理論くらいである．相平衡や相転移については，物理化学の基礎としての一般論を簡略化し，水や水溶液に対象を絞り，生命科学に直結する説明に限定する工夫が見られる．

科学の発展の歴史を見ればわかるように，学問分野は研究対象に合わせて系統的に細分化されてきた．一方，こうして確立された分野の間で共通点が見いだされたり，基礎と応用という関係で結ばれたりした分野間では，その境界で新たな研究領域が開拓されてきた．いまでは物理化学が物理と化学の境界領域という認識はなく，一つの学問分野として確固たる位置を占めている．また，生化学あるいは生物化学についても同じことが言え，もはや生物学と化学の境界領域という認識はないだろう．その生化学の方法論を生命に適用した分野が生命科学である．

精密科学としての物理化学は，もの とエネルギーを2本柱とした見方を貫いており，生命科学に応用するための基礎として熱力学と量子力学，反応速度論，分子分光学を提供している．とりわけ熱力学については，アトキンス博士が統計力学的な見方を加えることで，本書ではユニークな分子論的解釈を展開している．物理化学はまた，最先端の研究手法を提供してきたという点で，応用分野にとって重要な役割を果たしている．こうして，基本概念と具体的な道具を与えられた生命科学は，それを駆使して生体分子の構造を求め，分子間に働く相互作用を解明し，それをもとに酵素や代謝について研究を進めているのである．このように，物理化学と生命科学の関係は今後ますます緊密になるであろう．

余談になるが，訳者として気が引き締まる思いをした事例を紹介しておこう．本書の翻訳作業中に興味深い論文〔Daniel Hoek, *Philos. Sci.*, **90**, 60（2023）〕に出会った．ニュートン著“プリンキピア”はラテン語で執筆されたが，彼の没後まもなく出版された英訳本には些細な誤訳があると指摘されたのである．それは運動の第一法則に関わるもので，ニュートンはもっと一般的で強力な原理を主張していたという．しかしながら，われわれが目にしてきた物理の教科書はこの英訳本を引用しており，その状況が300年近くも続いたということである．物理法則の本質的なところではさほど重大でなく，今さら大騒ぎすることもないが，ニュートンの意図が正確に伝わらなかったという点で翻訳に問題があったのは確かなようだ．

これに関連して境界領域では特に，用語の定義から表記の仕方，記号の使い方に至るまで，いろいろな側面で混乱しがちである．大げさに言えば，分野間の文化の違いが顕在化することが多い．今回の改訂のように新たな著者が加われば，全体としての一貫性が薄れがちになるという問題もある．これらに対処するため，読者が疑問を抱きそうな箇所には訳注を多く入れた．また，大幅な組替えにより生じた原著の間違いなど，明らかなものは可能な限り訂正した．しかし，いずれも著者の意図から逸脱したものでないと考えている．

本書の出版にあたり，訳者の細かな要望に一つひとつ快く応えてくれ，正確で読みやすい教科書に仕上げてくださった東京化学同人編集部の長谷部匡敏さん，仁科由香利さん，杉本夏穂子さんに心から感謝申し上げる．

2025年1月

稲　葉　　章

要 約 目 次

目　　次

テーマ8 原　子 297

テーマ9 分　子 347

テーマ10 高分子と自己構築 389

テーマ11 生化学のための分光法 437

テーマ 12　散 乱 法　515

テーマ 13　重 量 法　535

エピローグ　548

資　料　555

必須のツール一覧

表タイトル一覧

テーマ 1

生物化学熱力学：第一法則

物理化学の一部門である**熱力学**[1]では，エネルギーの変換に注目する．それは，化学反応の結果得られるエネルギーを扱うだけでなく，生化学の中心課題で遭遇するさまざまな疑問，たとえば，生体系をエネルギーがどう流れているのか，あるいは，細胞など複雑な構造をもつ集合体を駆動している原動力は何かなどの疑問に答えてくれる．19 世紀に発展した**古典熱力学**[2]をそのまま適用すれば，原子や分子の構造に立ち入ることなく議論を展開することが可能である．しかしながら，バルクについて得られた観測量の間の厳密な関係を与えることになる熱力学的な諸性質を，それを構成する原子や分子の諸性質を用いて説明することで，扱える内容がきわめて豊富になるのである．それは，結局のところ原子や分子の性質がバルクの性質を担っているからである．そこで本書では，古典熱力学とその分子論的な解釈の間を必要に応じて行き来して説明することにしよう．

トピック 1A　仕 事 と 熱

化学熱力学は，注目する系が行う仕事と，系とその外界の間でやり取りされる熱とで組立てられている．どちらのタイプのエネルギー移動も，精巧な生体分子の構築や生体の温度維持，筋肉の収縮などの生物過程において重要な役割を果たしている．

トピック 1B　内部エネルギーとエンタルピー

“内部エネルギー”は，系と外界の間で行われるエネルギーのやり取りを監視する性質をもち，熱力学第一法則の骨格をなす重要な物理量である．一方，“エンタルピー”は，たいていの生体系で見られるような，圧力一定という条件下で起こる過程を扱う場合にとくに役立つ物理量である．

トピック 1C　熱 量 測 定

熱力学を適用して定量的な議論をするには，“熱量測定法”を用いて内部エネルギーやエンタルピーの変化を測定すればよい．

トピック 1D　基本となる過程

熱力学的な解析をするうえで最も単純な過程は，組成変化を伴わない状態変化である．ここでは，エンタルピーがもつ重要な側面について説明する．エンタルピーは，体温調節機能を備えた生体で見られる温度維持の仕組みを調べるときなど，いろいろな生物過程の議論に適用できる．

---

1) thermodynamics　2) classical thermodynamics

トピック 1E　化学変化

たいていの生化学過程ではエネルギーの移動が見られるから，これを議論するには化学変化に伴うエンタルピー変化に注目する必要がある．そこで化学者は，いろいろなエンタルピー変化を評価したり予測したりできる単純な方法を考案した．それは“生成エンタルピー”の概念を導入することで可能となった．その情報を使えば食物の栄養価も評価できる．

トピック 1A

仕事と熱

➤ 学ぶべき重要性

エネルギーは，生物学で出会うほぼすべての過程を理解するうえで鍵となる．そこで，熱力学を使えば，あるタイプのエネルギーからべつのタイプのエネルギーへの変換について説明ができる．エネルギーの移動様式として最も重要なのは仕事と熱である．

➤ 習得すべき事項

エネルギーとは，仕事をする能力のことである．分子を構築するのに必要な仕事もエネルギーである．熱は，温度差があるときに起こるエネルギーの移動である．

➤ 必要な予備知識

仕事の定義は［必須のツール 1］にある．完全気体の諸性質は［必須のツール 3］で説明してある．式の導出に積分を用いるが，積分法については［必須のツール 2］にまとめてある．また，巻末の［資料］にある積分公式が使える．

物理化学で見られる論述や説明は，煎じ詰めればほとんどすべてがエネルギーという，たった一つの量をある側面から考察することに帰着する．どんな分子が形成され，どんな反応が起こるかを決めているのはエネルギーである．反応がどの程度の速さで起こるか，あるいは（エネルギーの概念をいっそう洗練されたものにすれば）反応がどの向きに進むかを決めているのもエネルギーであることがわかる．

生物学で注目するのは，細胞の機能を発揮させるためのエネルギー源をどう調達しているかである．これに関係する過程はたいていの場合，すぐあとで説明するように，分子レベルの仕事に置き換えて考えることができる．一方，エネルギーを使えば熱を発生させることもできる．それは恒温動物で起こっているし，ある種の植物には揮発性分子を放出して送粉者を引きつける特殊な器官があり，そこでは熱の発生が見られる．

地球上にある大半の植物と動物の生命を支えている最も重要なエネルギー供給源は太陽である†．太陽からの放射エネルギーは，光合成の過程でいろいろな有機分子によって仕事に変換され，そのエネルギーが蓄えられる．最初は炭水化物が生成され，次に脂肪やタンパク質が生成される

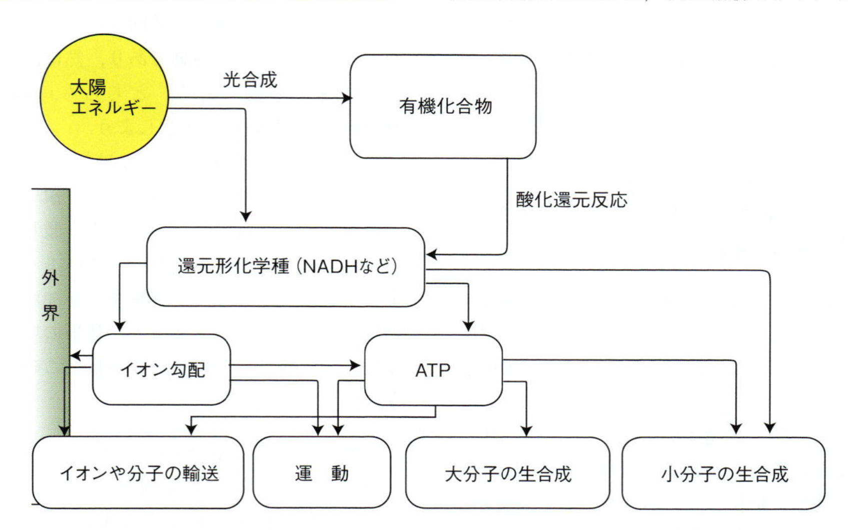

図 1A・1　生体内でのエネルギーの流れ．矢印はエネルギーが流れる向きを表す．ごく一般的な過程だけを示してあり，生物発光など一般的でないものは除いてある．〔D.A. Harris, "Bioenergetics at a glance", Blackwell Science, Wiley, Oxford (1995) から引用〕

† 深くて暗い海底の火山噴気口近くの生態系では，最も重要なエネルギー源として太陽光を利用していないものがある．

のである．こうして蓄えられたエネルギーは，あとになって生物がエネルギーを必要とするときに使われる．図 1A・1 は**代謝**[1]，すなわち細胞内にエネルギーを取込み，そこで貯蔵し，利用するという一連の化学反応の概略を示したものである．**異化作用**[2]では，大きな分子が小分子に分解されるが，これは酵素で触媒された一連の反応によるものである．異化作用で放出されるエネルギーは分子の仕事に使われる．このエネルギーは，生合成（**同化作用**[3]）や新しい細胞の構築，生体物質のある部分からべつの部分への輸送，生体そのものの運動に使われる．このように，エネルギーと分子レベルの仕事という考えは，生物がいかに機能を発揮するかを理解するうえできわめて重要である．

1A・1 仕　事

いまのところ，エネルギーと仕事をつぎのように定義しておこう．

エネルギー[4]は，仕事をする能力である．

仕事[5]は，何らかの力に対抗する動きの過程である．

この定義によれば，ある質量のおもりを持ち上げれば，それは地面に置いてある同じ質量のおもりより大きなエネルギーをもつ．それは，前者の方が仕事をする能力が高いからで，実際，上のおもりが下まで落ちればそれだけの仕事をする．また，同じ気体なら低温より高温の方が大きなエネルギーをもつ．それは，熱い気体の方が高圧でピストンを押し戻して，多くの仕事ができるからである．

大事なことは，仕事が分子スケールで起こる何らかの過程と解釈できることである．理解しやすくするには，おもりの動きを，それを構成する原子の動きに置き換えて考えればよい．おもりを持ち上げれば，その中の原子はすべて同じ向きに動いているのである．このことからわかるように，

> 仕事とは，原子や分子の一様な動きをもたらしたり，逆に，その一様な動きを利用したりするエネルギーの移動様式である（図 1A・2）．

そもそも熱力学は，バルクな系の観測に基づいて展開された学問である．しかし，分子の用語を用いて同じ現象の理解をもっと深めたいと思えば，注目する仕事を何らかの一様な動きと考えればよい．たとえば，電気的な仕事では，回路の中を電子が同じ向きに運ばれている．力学的な仕事の場合でも，ある力に対抗して原子が同じ向きに運ばれるのである．アミノ酸類を供給して，あるタンパク質分子ができるときも，原子の組織だった動きが関わっているのであって，ごちゃ混ぜになっているだけではない．生物が成長したり，その機能を発揮したりするときは必ず分子レベルの仕事が関与しているから，仕事をこのように解釈するやり方は生物学でよく浸透している．

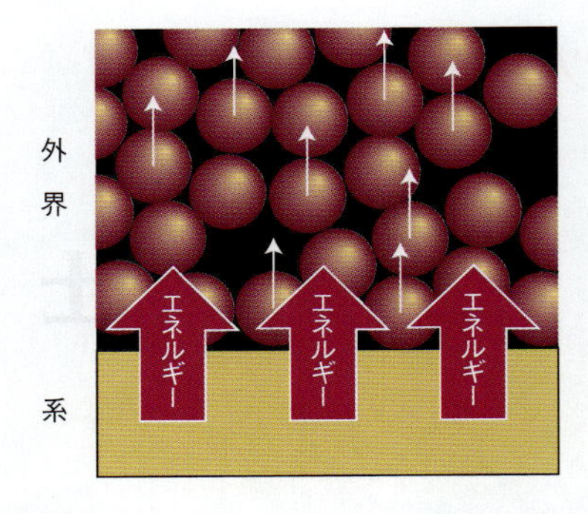

図 1A・2　系が仕事をすれば，その外界では秩序ある動きが生じる．球で示したのは，持ち上げられたおもりの中の原子である．逆に，おもりが下がれば，その原子や分子の秩序ある動きによって系に対して仕事をすることになる．

1A・2 熱

エネルギーの重要な側面として，系が仕事をする以外でもう一つ，エネルギーが系から失われる過程がある．たとえば，熱湯を入れたフラスコに蓄えられたエネルギーを使ってエンジンを動かし，ある程度の仕事をすることができたとしよう．一方，はじめに水を冷やしておけば少ない仕事しかできないから，そこには少ないエネルギーしかなかったことになる．この例のように，温度差があることでエネルギーが移動したときには，**熱**[6]としてエネルギーが移動したという．熱力学では，“仕事”や“熱”をエネルギーの移動様式（mode of transfer）として扱うから注意すべきである．仕事は，逆向きの力に対して動きを起こしたときのエネルギー移動であり，熱は，温度差を利用したエネルギー移動である．どちらも，エネルギーの形態（form）ではないから注意しよう．

仕事と熱は，分子レベルでは根本的に異なる．エネルギーが熱として移動すれば，冷たい領域にあった原子や分子は突き動かされて，その場でより激しく振動したり，あるいは，べつの位置へともっと勢いよく動いたりする．大事なことは，熱としてエネルギーが加わり刺激を受けた運動はランダムなものであって，仕事の場合に見られる一様な動きとは異なるという点である．このことからわかるように，

> 熱とは，原子や分子にランダムな動きを与えたり，逆に，そのランダムな動きを利用したりするエネルギーの移動様式である（図 1A・3）．

たとえば，燃料が燃焼（化合物と酸素が完全に反応）する

---

1) metabolism　2) catabolism　3) anabolism　4) energy　5) work　6) heat

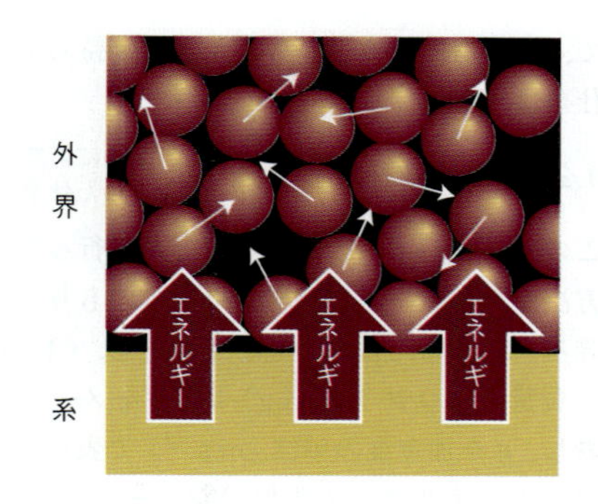

図 1A・3　エネルギーが熱として系から外界に移動すれば，外界の原子や分子にランダムな運動がひき起こされる．逆に，外界のランダムな運動（熱運動）を利用すれば，外界から系にエネルギーを移動させることができる．

と周りにランダムな分子運動を起こすから，その燃料に蓄えられていたエネルギーが熱として放出されたのである．

エネルギーの移動様式の一つである熱を通す壁は，**透熱的**[1]であるという（図 1A・4）．金属製の容器は透熱的であり，われわれの皮膚や生体膜も同じである．温度差があっても熱を通さない壁は**断熱的**[2]であるという．二重壁でつくった真空フラスコはほぼ断熱的である．哺乳類の毛皮は，かなり断熱的といえる．

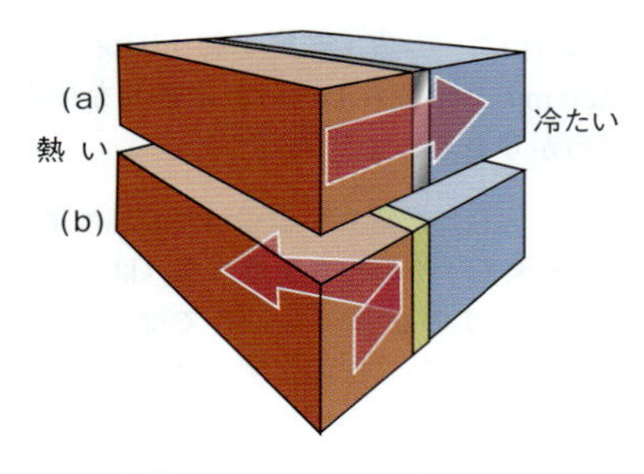

図 1A・4　(a) 透熱壁は，熱としてエネルギーを通す．(b) 断熱壁は，その両側で温度差があっても熱としてエネルギーを通すことがない．

エネルギーを熱として放出する過程は**発熱的**[3]であるという．一方，熱としてエネルギーを吸収する過程は**吸熱的**[4]である．**燃焼**[5]はすべて発熱的である．異化過程にも発熱的なものがあり，生物の体温維持を担っている．これには，炭水化物のグルコース（$C_6H_{12}O_6$）や脂肪のトリステアリン（$C_{57}H_{110}O_6$）の酸化反応がある．

$$C_6H_{12}O_6(s) + 6O_2(g) \longrightarrow 6CO_2(g) + 6H_2O(l)$$

$$2C_{57}H_{110}O_6(s) + 163O_2(g) \longrightarrow 114CO_2(g) + 110H_2O(l)$$

吸熱反応には，ペプチド結合の形成もある．また，硝酸アンモニウムの水への溶解は吸熱的で，救急箱に入っている瞬間冷湿布はこれを利用したものである．これには水を入れたプラスチックの袋（心理効果をねらって水色に着色してある）と，硝酸アンモニウムを入れた小さな筒が入っていて，使うときには筒を壊す仕掛けになっている．

1A・3　系と外界

何もないところからエネルギーをつくり出そうと，人は何世紀も悪戦苦闘してきた．それができれば仕事が（そして富も）限りなくつくり出せるからである．しかしながら，そのような涙ぐましい努力は報われず（実際は，たいていごまかしであった），それに例外はなかった．こうして，エネルギーは創造されることも破壊されることもなく，単にあるタイプから別のタイプに変換されるか，ある場所から別の場所に移動するか，あるいは，ある分子から別の分子に渡されるかであるという認識に科学者はたどり着いたのである．この**エネルギーの保存則**[6]は，化学のみならず科学全般できわめて重要な法則である．細胞内で起こる大部分の反応をはじめとして，化学反応が起こればたいていエネルギーが放出されるか，あるいは吸収される．このような変化が膨大な数の物理変化や化学変化が組合わさった生命現象で起こっても，エネルギーの保存則によれば，エネルギーのタイプが別のものに変換されるか，もしくはエネルギーが別の場所に移動するだけで，エネルギーの生成や消滅はありえないと自信をもっていうことができる．

熱力学には非常に厳密に定義された用語があり，エネルギーがいろいろなやり方で変換される状況を正確に表すことができる．しかし，“仕事”にしても“熱”にしても，ほとんどの用語は日常よく用いているものである．ただ，熱力学ではその意味が洗練されており，それぞれ厳密に定義されている．たとえば，熱力学で**系**[7]とは，宇宙のうちの注目する一部である．**外界**[8]は観測者がいるところである（図 1A・5）．外界は，モデルとして巨大な水槽を思い浮か

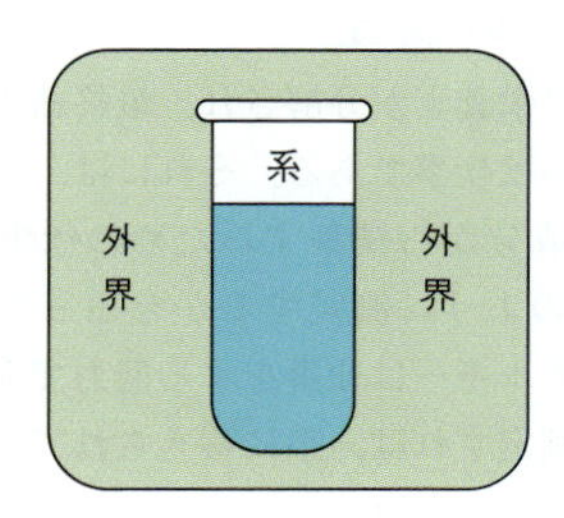

図 1A・5　試料はいま注目する系であり，それ以外は外界である．系に関する観測は外界で行う．外界のモデルとしてよく使われるのは大きな水槽である．熱力学でいう“宇宙”（外側を囲んである部分）は，系と外界とから成る．

1）diathermic　2）adiabatic（“断熱的”は，“透過しない”という意味のギリシャ語に由来する．）　3）exothermic
4）endothermic　5）combustion　6）law of the conservation of energy　7）system　8）surroundings

べればよい．そこにどんなに大きなエネルギーの出入りがあっても，温度一定および圧力一定に保たれるほど外界は大きいとする．

熱力学系にはつぎの三つのタイプがある（図1A·6）．

開放系[1]は，外界とのあいだでエネルギーとものの交換ができる．

閉鎖系[2]は，外界とのあいだでエネルギーは交換できても，ものの交換ができない．

孤立系[3]は，外界とのあいだでエネルギーもものも交換できない．

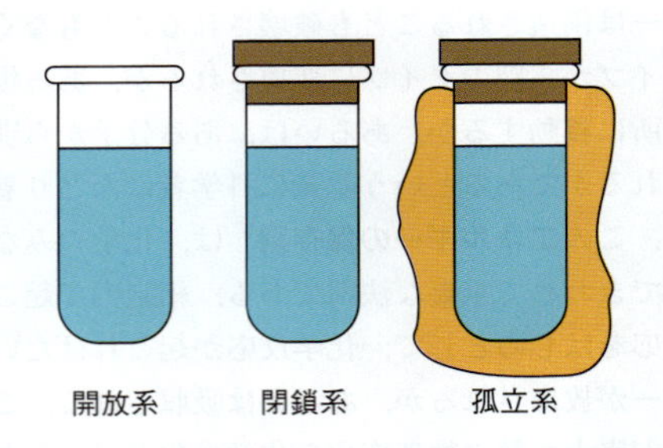

図1A·6　外界との間でエネルギーとものの交換ができる系は開放系，エネルギーは交換できてもものの交換ができない系は閉鎖系，どちらも交換できない系は孤立系である．

栓がなく外からいろいろな物質を添加できるフラスコは開放系である．細胞も，栄養素や老廃物が細胞膜を通って出入りできるので開放系である．われわれ自身も開放系である．すなわち食物を摂取し，呼吸し，汗をかき，排泄している．栓がしてあるフラスコは閉鎖系である．その器壁は熱を通すので，フラスコ内部とエネルギーの交換ができるからである．フラスコを密封したうえで，熱的にも機械的にも電気的にも外界から遮断してしまえば，それは孤立系である．

1A·4　仕事の測定

代謝によって栄養素が分解され，最終結果として得られる最も重要なのは仕事である．それには，いろいろなタンパク質分子を成分から構築するための仕事がある．そこで，仕事をどのように測定するかを知っておく必要がある．また，エネルギーは仕事をする能力であるから，系ができる仕事を測定すれば，系に蓄えられていたエネルギーを測定していることになる．

まず，おもりを持ち上げたときの仕事の解釈からはじめよう．質量 m の物体を地表からほぼ垂直に持ち上げたとき，対抗して働く力の大きさは mg である．ここで，g は"自然落下の加速度"（標準値は $g = 9.81\ \mathrm{m\,s^{-2}}$）である．したがって，この物体を地表から高さ h だけ持ち上げるのに必要な仕事は，

$$\text{おもりを持ち上げる仕事} = mgh \qquad \text{重力に対抗した仕事} \qquad (1)$$

である．この式から，系がした仕事や，系に行った仕事を測定する方法がわかる．すなわち，外界のおもりを持ち上げたり，降ろしたりしたときの高さを測定し，（1）式を使えばよい．質量をキログラム（kg），高さをメートル（m）の単位で表し，g を加速度の単位（$\mathrm{m\,s^{-2}}$）で表せば，仕事として移動したエネルギーの単位はジュール（J）で表される．$1\ \mathrm{J} = 1\ \mathrm{kg\,m^2\,s^{-2}}$ である．

簡単な例示 1A·1

土壌に含まれる養分は木の根から吸収され，それが幹や枝にある複雑な維管束系を通して汲み上げられて葉に到達する．液体の水10 gを根から木の上端の葉まで，幹を通して高さ20 mだけ持ち上げるのに必要な仕事は，（1）式を使って，

$$\begin{aligned}&\text{水 10 g を持ち上げる仕事}\\&= (1.0 \times 10^{-2}\ \mathrm{kg}) \times (9.81\ \mathrm{m\,s^{-2}}) \times (20\ \mathrm{m})\\&= 2.0\ \mathrm{kg\,m^2\,s^{-2}} = 2.0\ \mathrm{J}\end{aligned}$$

である．これは，本書（質量が約1.0 kg）を鉛直距離20 cm（0.20 m）だけ持ち上げるのに必要な仕事と同じと考えればわかりやすいであろう．

ノート　得られた結果がいくつかの基本単位の集まりで表される場合，その組立単位があれば，できるだけそれを使って表すのがよい．ここでは，$1\ \mathrm{kg\,m^2\,s^{-2}} = 1\ \mathrm{J}$ の関係を使った．物理化学ではエネルギーや仕事，熱を表す単位としてジュール（J）を用いる．場合によってはカロリー（cal）という単位や，栄養カロリーを表す大カロリー（Cal）を見かけることがあるだろう．1 cal = 4.184 J および 1 Cal = 4.184 kJ である．

（a）符号の取決め

ここまでは仕事の大きさだけに注目してきたが，ここで符号について考えておく必要がある．つまり，系がエネルギーを獲得したか（＋），それとも失ったか（－）を示す必要がある．外界のおもりを持ち上げたり，生体膜を横切ってイオンを動かしたりすることで系が外界に対して仕事をしたとき，仕事として移動したエネルギー w は負の量として表す．それは，系のエネルギーが失われて，その分が外界に移動したからである．たとえば，系が外界のおもりを持ち上げて100 Jの仕事をすれば（このとき，仕事をすることによって系から100 Jのエネルギーが出ていくので）

1) open system　2) closed system　3) isolated system

$w = -100$ J と書く．緩んでいる筋肉を引っ張ったときなど，系に対して仕事が行われれば w を正の量として表す．それは，系がエネルギーを獲得したからである．たとえば，$w = +100$ J と書いて，100 J の仕事が系に対して行われたことを示す（すなわち，仕事によって 100 J のエネルギーが系に移動したのである）．このように符号を決めておけば，系のエネルギー変化を考えるときに便利である．系から仕事としてエネルギーが出ていけば（w は負で）系のエネルギーは減少するし，系に仕事としてエネルギーが入ってくれば（w は正で）系のエネルギーは増加する（図 1A・7）．

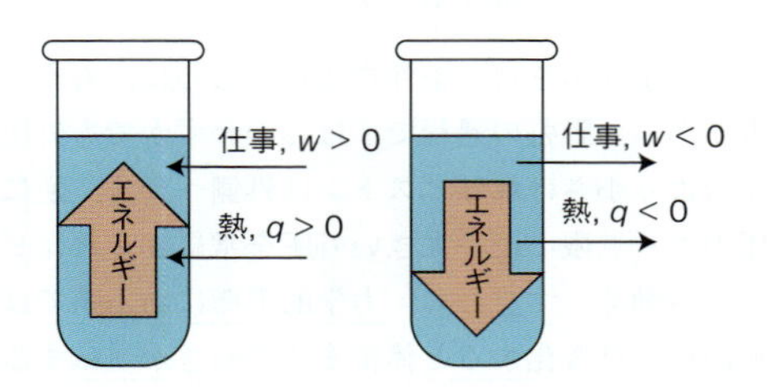

図 1A・7　熱力学における符号の取決め．エネルギーが仕事や熱として系に入り込むときの w や q は正（熱についてはすぐあとで説明する），エネルギーが仕事や熱として系から出ていくときの w や q は負とする．

(b)　膨張の仕事

代表的な化学過程について，仕事として移動したエネルギーを計算でどう求めるかを調べるために，ここでは**膨張の仕事**[1]について考えよう．それは，系が圧力に対抗して膨張したときの仕事である．図 1A・1 にまとめた代謝活動を見ても，膨張の仕事は関与していそうにないから，生化学では重要でないと思うかもしれない．しかし，あまり関心がないとはいえ，燃料の酸化反応や光合成など気体が関与する化学反応では，必ず膨張の仕事が存在している．そこで，エネルギー源について信頼できる詳しい解析を行うには，膨張の仕事をきちんと考慮に入れなければならない．

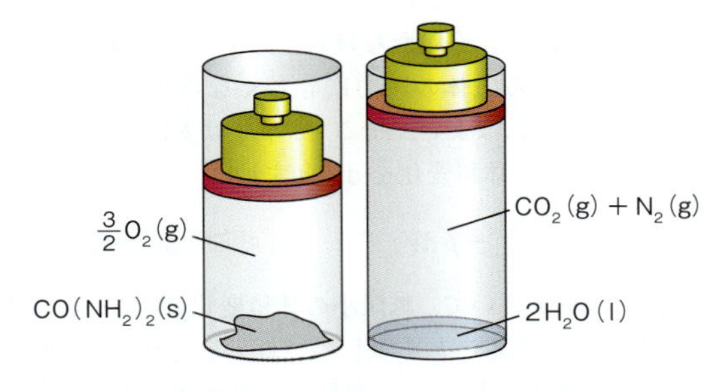

図 1A・8　尿素と酸素が反応して発生した気体（二酸化炭素と窒素）は，外界の大気を押し退けることによって（ピストンに載せたおもりを押し上げて）外界に対して仕事をしなければならない．これは，仕事として系からエネルギーが出る一例である．

一例として，図 1A・8 に示す尿素の燃焼反応を考えよう．この場合の気体生成物は二酸化炭素と窒素で，そのための空間を確保する過程で，大気を押し退けて膨張の仕事が行われる．ここで，一定の外圧に対して系が膨張するときに行われる仕事を求める式を導出しよう．

導出過程 1A・1　一定圧力に対して系が膨張したときの仕事を表す式

断面積 A のピストンが距離 h だけ外界へと押し出された場合を考えよう（図 1A・9）．ここではピストンの実際の役目を考える必要はなく，膨張する気体と外気の境目を表すだけと考えてよい．膨張に対抗して働いた力は，一定の外圧 p_{ex} とピストンの断面積の積で表される（力は圧力 × 面積である［必須のツール 1］）．したがって，行われた仕事は，

$$\text{系がした仕事} = \overbrace{h}^{\text{距離}} \times \overbrace{p_{ex}A}^{\text{対抗する力}} = p_{ex} \times hA = p_{ex} \times \Delta V$$

である．この式の最後の等号は，気体の膨張でピストンが動いた部分の体積は hA であること（$hA = \Delta V$）から導ける．すなわち，系がした仕事は $p_{ex}\Delta V$ である．

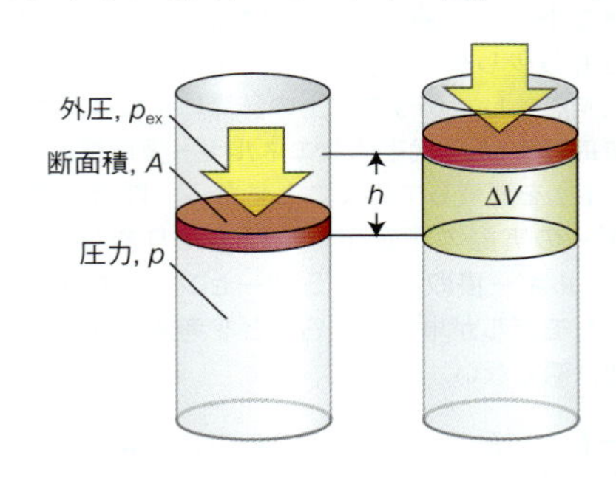

図 1A・9　断面積 A のピストンが外に向かって距離 h だけ動けば，その分の体積は $\Delta V = Ah$ である．この膨張に対抗して外圧 p_{ex} が働いており，それは $p_{ex}A$ の力を及ぼしている．

ここで符号について考えておこう．系が膨張して（ΔV は正）外界に対して仕事をすれば，系はエネルギーを失う（すなわち w は負である）．したがって，上の式に負の符号を付けておけば，ΔV が正のとき w を負で表せる．こうして，一定圧力に対する膨張の仕事は次式で表される．

$$w = -p_{ex}\Delta V \qquad \text{一定圧力に対する膨張の仕事} \qquad (2)$$

1) expansion work

(2) 式を見ればわかるように，系がある体積だけ膨張したときの仕事には外圧が関与している．外圧が大きいほど対抗する力は大きく，したがって系がする仕事も大きい．外圧が0ならば $w=0$ である．この場合には，対抗する力が働かないから系は膨張しても仕事をしない．外圧が0のときの膨張を**自由膨張**[1] という．

簡単な例示 1A・2

呼吸で息を吐くとき，大気圧に対抗して肺の中の空気を押し出さなければならないから，そのための仕事が必要である．健康な成人の平均的な呼気量を $0.50\ \mathrm{dm^3}$ ($5.0\times10^{-4}\ \mathrm{m^3}$) として，図 1A・9 に示した装置の底に管をつないで呼気を吹き込んだとき，大気圧 1.00 atm (101 kPa) に対して行う仕事を考えよう．吹き込んだ空気は，$\Delta V = 5.0\times10^{-4}\ \mathrm{m^3}$ の体積変化分だけピストンを押し上げる．また，外気圧は $p_{\mathrm{ex}} = 101\ \mathrm{kPa}$ である．そこで，(2) 式により，息を吐いたときの仕事はつぎのように計算できる．

$$w = -p_{\mathrm{ex}}\Delta V = -(1.01\times10^5\ \mathrm{Pa})\times(5.0\times10^{-4}\ \mathrm{m^3})$$
$$= -51\ \mathrm{Pa\,m^3} = -51\ \mathrm{J}$$

$1\ \mathrm{Pa\,m^3} = 1\ \mathrm{J}$

コメント　一般成人の呼吸数は1分間に約15回（夜間はもう少し少ない）であり，1日では約20 000回に相当する．したがって，上の計算によれば，呼吸するだけで毎日1 MJ（代表的なエネルギー摂取量の約10パーセント）を消費していることになる．呼吸に要するエネルギーの実際の測定値は1日当たり約0.25〜0.5 MJ（エネルギー摂取量の約5パーセント）である．計算に用いたモデルが単純すぎることを考えれば，測定値との一致は悪くない．

ノート　系が仕事をして（このとき w は負）系のエネルギーが減少したのか，それとも系に対して仕事をして（このとき w は正）系のエネルギーが増加したのかを考えて，その符号をいつも追跡しておくことが大切である．

(c) 最大の膨張仕事

(2) 式を使えば，系の膨張による仕事を最小にする仕方がわかる．対抗する力の原因となる外圧を0にすればよいだけである．一方，同じ体積変化をしても系が最大の仕事をするにはどうすればよいだろうか．(2) 式によれば，外圧が最大値をとるとき系は最大の仕事をする．このとき膨張に対抗する力は最大だから，系がピストンを押し出すには最大限の努力が必要である．しかし，外圧が系内部の気体の圧力 p より大きくはなれない．外圧の方が大きければ系は膨張せず，収縮してしまうからである．したがって，最大の仕事は，外圧が系の気体の圧力よりも無限小だけ小さいときに得られる．それは結局，膨張の間ずっと両者の圧力が等しくなるように調節しなければならないということである．すなわち，気体の膨張に伴い外圧を少しずつ下げ，気体の圧力より常に無限小だけ低く保たなければならない．このような圧力均衡は**力学的平衡**[2] の状態に相当している．したがって，つぎのように結論することができる．

系が膨張過程の間ずっと外界と力学的平衡にあるとき，系は最大の膨張仕事をする．

最大の膨張仕事を得る条件を表現するのに，もう一つのやり方がある．膨張の過程で，ほんのわずかでも外圧が気体の圧力より小さければピストンは外側へ動く．逆に，気体の圧力より無限小だけ大きい外圧を常に加えればピストンは内側へ動く．すなわち，力学的平衡にある系では，圧力が無限小だけ変化すると体積変化の向きが逆転する．一般に，ある変数（この場合は圧力）の無限小[3] の変化によって逆転できる変化は，**可逆的**[4] であるという．“可逆的”という用語は，日常でも逆転可能な過程を表現するのに使うが，熱力学ではもっと厳密な意味で使う．可逆過程とは，ある変数（圧力など）を無限小だけ変化させたとき逆転可能なものをいう．

完全気体で物質量 n の分子からなる試料があるとしよう．この気体が始体積 V_{i} から終体積 V_{f} まで可逆的に等温膨張（つまり，一定温度 T で膨張）したとき，この試料として最大の仕事をしたことになる．その最大仕事を計算するには全過程を微小な段階，すなわち，体積を無限小変化させた無限個の段階に分けて考えればよい．

導出過程 1A・2　系が等温可逆膨張するときの仕事を表す式

気体が可逆膨張するには，膨張のあいだ外圧 p_{ex} を気体の圧力 p に等しく保たなければならない．実際には，膨張しつつある気体の圧力に等しくなるように外圧を徐々に調節すればよい．そこで，p_{ex} は p に等しいとおいて，(2) 式の体積変化を $\mathrm{d}V$ とすれば，

$$\mathrm{d}w = -p\,\mathrm{d}V \qquad \text{可逆膨張の仕事} \qquad (3)$$

となる．$\mathrm{d}w$ と書いて，無限小の体積変化 $\mathrm{d}V$ に対する仕事が無限小であることを表している．したがって，始体積 V_{i} から終体積 V_{f} まで可逆膨張したときの仕事の合計は，これを全部足し合わせたものである．[必須のツール2] で示すように，この和はつぎの積分を計算すれば求められる．

1) free expansion　2) mechanical equilibrium　3) infinitesimal　4) reversible

$$w = -\int_{V_i}^{V_f} p\,dV \qquad (4)$$

この積分値を具体的に求めるには，気体の圧力が体積によってどう変化するかがわかっている必要がある．完全気体（［必須のツール 3］を見よ）の状態方程式は $pV = nRT$ であるから，ここでは $p = nRT/V$ の形で使える．ここで，V は膨張しつつある気体の体積である．一方，等温膨張であるから温度 T は一定であり（n や R とともに）積分の外に出せる．こうして，計算すべき積分は，

$$w = -nRT \overbrace{\int_{V_i}^{V_f} \frac{dV}{V}}^{\text{積分公式 A·2}}$$

となる．完全気体の等温可逆膨張による仕事は，温度 T，始体積 V_i，終体積 V_f のとき，次式で表される．

$$w = -nRT \ln \frac{V_f}{V_i} \qquad \text{等温可逆膨張の仕事［完全気体］} \qquad (5)$$

必須のツール 1　仕事，圧力，エネルギー

ある物体が力 F に対抗して x 方向に距離 x だけ動いたとき，この物体が行った仕事 w は $w = Fx$ で表される．一方，その力が移動経路の各点で異なる場合（ばねや化学結合を引き伸ばすときがそうである），ある 2 点間を動いたことによる仕事を計算するには，その経路の各点で無限小の距離 dx を動いたときに行った無限小の仕事 dw を求める必要がある，それは $dw = F(x)\,dx$ である．ここで，$F(x)$ は各点 x で受ける力である．それから，この無限小の寄与を経路の始点から終点まで足し合わせる（これを積分という）．力の単位をニュートン (N) で表し，距離をメートル (m) で表せば，$1\,\text{N} = 1\,\text{kg m s}^{-2}$ であるから，仕事の単位はジュール (J) で表すことができる．すなわち，

$$1\,\text{J} = 1\,\text{N m} = 1\,\text{kg m}^2\,\text{s}^{-2}$$

である．**圧力**[1] は，注目する表面に働く力をその表面積で割ったものである．

$$p = \frac{F}{A} \qquad \text{圧力［定義］}$$

力の単位を N，表面積を m^2 で表せば，圧力の単位は N m^{-2} で表される．その組立単位はパスカル (Pa) である．すなわち，

$$1\,\text{Pa} = 1\,\text{N m}^{-2} = 1\,\text{kg m}^{-1}\,\text{s}^{-2}$$

である．圧力の単位として bar（$1\,\text{bar} = 10^5\,\text{Pa}$）や atm（厳密に $1\,\text{atm} = 101325\,\text{Pa}$）を用いることもある．

エネルギー[2] E は仕事をする能力であり，運動エネルギーやポテンシャルエネルギーとして蓄えられる．エネルギーの SI 単位は仕事と同じであり，J を用いる．電力など，エネルギーの供給の速さは**仕事率**[3] P であり，ワット (W) の単位が用いられる．

$$1\,\text{W} = 1\,\text{J s}^{-1}$$

運動エネルギー[4] E_k は，注目する物体が運動することにより有するエネルギーである．質量 m の物体が速さ v で動いているときの運動エネルギーは次式で表される．

$$E_k = \frac{1}{2}mv^2 \qquad \text{運動エネルギー［定義］}$$

ポテンシャルエネルギー[5] E_p は，記号 V で表されることもあるが，注目する物体がその位置に存在しているだけで有するエネルギーである．物体が受ける力の種類によってポテンシャルエネルギーの表し方は異なるから，これを表す一般式はない．質量 m の物体が地表から高さ h のところにあれば，地表にあるときに比べてポテンシャルエネルギーは高く，

$$E_p = mgh \qquad \text{ポテンシャルエネルギー［重力］}$$

で表される．g は**自然落下の加速度**[6] であり，地球の引力の目安である．その値は地球上の位置や高度によって異なるが，“標準”値が $9.806\,65\,\text{m s}^{-2}$ と定められている．電子（電荷 $-e$ をもち，その単位はふつうクーロン (C) で表す）が，電荷 $+Ze$ の核から距離 r だけ離れた位置にあるときのポテンシャルエネルギーは，つぎの**クーロンポテンシャルエネルギー**[7] で表される．

$$E_p = -\frac{Ze^2}{4\pi\varepsilon_0 r} \qquad \text{クーロンポテンシャルエネルギー［真空中］}$$

ε_0 は**電気定数**[8]（**真空の誘電率**[9] ともいう）であり，基礎物理定数の一つである．その値は $8.85418\cdots \times 10^{-12}\,\text{C}^2\,\text{J}^{-1}\,\text{m}^{-1}$ である[†]．そのほかのポテンシャルエネルギーの表し方については，本文中に現れた箇所で説明することにしよう．

---

† 訳注：数値の末尾にある（…）は，厳密に定義された物理定数の値のみで定義された物理定数の値の端数を表している（巻末の見返しを見よ）．1）pressure　2）energy　3）power　4）kinetic energy　5）potential energy　6）acceleration of free fall　7）Coulomb potential energy　8）electric constant　9）vacuum permittivity

必須のツール2　積分法

積分とは，無限小の量を無限個足し合わせる手続きのことである．積分法を使えば，注目する性質または過程に対する寄与の合計を計算することができる．積分操作は記号$\int$で表す．これはアルファベットのSを引き伸ばしたものであり，このような特殊な和であることを示している．具体的に，ある関数$f(x)$の位置$x=a$から$x=b$の区間の**積分**[1]を定義しておこう．まず，x軸の$x=a$から$x=b$の区間を無限小幅dxで分割してできる短冊を想像する（小さくても有限の幅を表すときは，ふつうδxと書く）．次に，それぞれの短冊の端での関数値を計算し，短冊の面積$f(x)\times dx$を求める．こうしてできた無限小面積をすべて足し合わせたのが求める積分値である．つぎの図を見ればわかるように，このときの積分は，区間aとbの間に挟まれた曲線の下を占める面積に相当している．こうして求めた積分値を，

$$\int_a^b f(x)\,dx$$

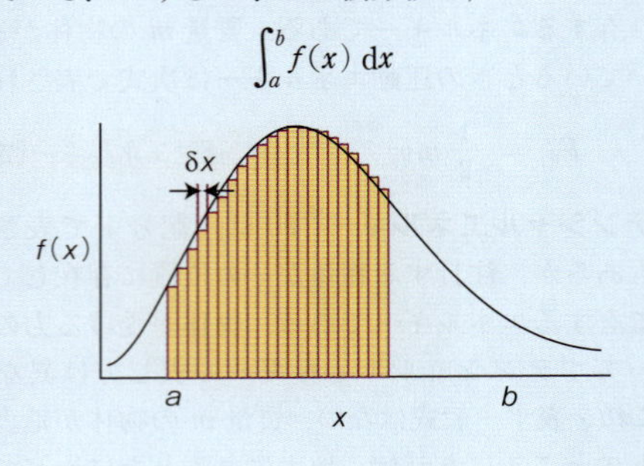

と表す．この場合は積分領域の始点と終点が定義されているから，これを$f(x)$の**定積分**[2]という．関数$f(x)$そのものを**被積分関数**[3]という．

たいていの場合，$f(x)=kx$などという代数形式で$f(x)$は具体的に与えられるから，その積分形もすでにわかっていて表になっている．本書でも巻末の［資料］に積分公式が与えてある．そのうちの多くは，積分限界（上の式のaとb）が定義されないままの積分であり，それを$f(x)$の**不定積分**[4]という．たとえば，$f(x)=kx$の不定積分は$\frac{1}{2}kx^2+C$である．ここで，Cはある定数（積分定数）である．$f(x)$の不定積分を一般に$g(x)+C$とすれば，これに対応する定積分は，つぎのように書いて計算ができる．

$$\begin{aligned}\int_a^b f(x)\,dx &= \{g(x)+C\}\Big|_a^b \\ &= \{g(b)+C\}-\{g(a)+C\} \\ &= g(b)-g(a)\end{aligned}$$

この式では積分定数が消えているのがわかる．

本書に現れる定積分や不定積分については，巻末の［資料］の積分公式で表にしてある．積分は数学ソフトウエアを使って計算することもできる．被積分関数が表に見当たらない場合でも，市販の数学ソフトウエアを使えば，数値計算により積分値が計算できる．

簡単な例示 1A・3

完全気体とみなせる1.00 molの$N_2(g)$の試料が20.0 °C（293.2 K）で等温可逆膨張し，その体積が10.0 dm^{3}から30.0 dm^{3}になったとき，行われた仕事はつぎのように計算できる．

$$w = -(1.00\,\text{mol})\times(8.3145\,\text{J K}^{-1}\,\text{mol}^{-1}) \times(293.2\,\text{K})\times\underbrace{\ln\frac{30.0\,\text{dm}^3}{10.0\,\text{dm}^3}}_{1.09\cdots} = -2.68\,\text{kJ}$$

（5）式によれば，分子の物質量と始体積，終体積がどれも同じであれば，高温ほど大きな仕事を行うことができる．すなわち，このとき系内部の気体の圧力は高いから，膨張の間これに対抗する力も大きくなければならない．また，この式によれば，体積比V_f/V_iが大きいと，小さい場合に比べ大きな仕事が行われる．

以上の考察から，つぎのようにまとめることができる．

1. 膨張の間ずっと外圧が系の圧力に等しい（$p_{ex}=p$）とき，系は最大の膨張仕事を行う．
2. 膨張の間ずっと系と外界が力学的平衡にあれば，系は最大の膨張仕事を行う．
3. 最大の膨張仕事は，可逆変化で達成される．

この3通りの述べ方は等価ではあるが，大事なポイントを的確に表現しているという点で，洗練された度合いは異なっている（あとほど洗練されている）．

1A・5　熱の測定

熱として移動したエネルギーはqで表し，仕事の場合と同じ単位および同じ符号の取決めを採用する．たとえば，系から熱として100 Jのエネルギーが出ていったとき，$q=-100$ Jと書いて系のエネルギーが減少したことを表す．逆に，系に100 Jのエネルギーが熱として流れ込めば$q=+100$ Jと書く．

1) integral　2) definite integral　3) integrand　4) indefinite integral

必須のツール 3　完全気体

化学熱力学で用いる基本式の多くは，完全気体の状態方程式を使って導かれたものである．一方，細胞特有の環境にある生物学的に重要な対象に対して，実際に使える式を導くのが最終目的なのだが，当面の出発点として完全気体の状態方程式を使うことができる．そうしておけば，とても気体状態といえない実際の系であっても，そこでの相互作用を考慮に入れた状態方程式をつくれるからである．

状態方程式[1] は，ある一つの変数（ふつうは圧力 p）をそれ以外の系の変数（物質量 n や試料が占める体積 V，熱力学温度 T など）で表す式である．すなわち，状態方程式はすべて $p=f(n, V, T)$ の形をしている．おもに 17 世紀のボイル[2] やシャルル[3] らの実験によって，つぎのようなおおよその関係はわかっていた．

$$p = \frac{nRT}{V}$$

R は気体の種類によらず同じ定数で，いまでは**気体定数**[4] といわれている．現在の値は $R = 8.3145\ \mathrm{J\ K^{-1}\ mol^{-1}}$ である†1．この状態方程式はふつう $pV=nRT$ と書く．

近似的にではあるが，この状態方程式は気体の圧力が低下するほど，ますます正確になることがわかっている．そして，圧力 0 の極限で厳密に成り立つ．したがって，これは**極限則**[5] の一例である．極限則とは，何らかの極限で（いまの場合は $p \rightarrow 0$ の極限で）厳密になる法則のことである．どの圧力でもこの状態方程式に従うという仮想的な気体のことを**完全気体**[6] という（理想気体ともいう）．完全気体の状態方程式は，通常の条件であれば，きわめてよい近似で実在気体の状態方程式として使える．それだけでなく熱力学全般で，細胞などに見られる水溶液の環境下であっても，あらゆる種類の系の式を導くうえで出発点として使えるのである．

完全気体であれば，その混合気体が示す全圧 p は，同じ温度 T で同じ容器（容積 V）にそれぞれの成分気体 J だけを入れたときに示す圧力 p_J の和に等しい．すなわち，

$$p_\mathrm{J} = \frac{n_\mathrm{J}RT}{V} \qquad p = p_\mathrm{A} + p_\mathrm{B} + \cdots$$

が成り立つ．これは，ドルトンの法則である．一方，完全気体か実在気体かに関係なく，成分気体 J の**分圧**[7] p_J は，そのモル分率 x_J を用いて，つぎのように定義されている†2．

$$p_\mathrm{J} = x_\mathrm{J}p \qquad x_\mathrm{J} = \frac{n_\mathrm{J}}{n} \qquad n = n_\mathrm{A} + n_\mathrm{B} + \cdots$$

すなわち，完全気体に限らず，分圧の総和は定義により全圧に等しい．ドルトンの法則は完全気体でのみ成り立つ法則である．

(a) 熱 容 量

系を加熱すると（つまり，系に熱としてエネルギーを供給すれば），系の温度はふつう上がる†3．しかし，温度変化 ΔT は，その系の“熱容量”に依存する．**熱容量**[8] C は次式で定義される．

$$C = \frac{q}{\Delta T} \qquad \text{熱容量［当面の定義］} \qquad (6\mathrm{a})$$

熱容量の単位は $\mathrm{J\ K^{-1}}$ である．$\Delta T = q/C$ であるから，系の熱容量が小さいとき（空気の熱容量のように C が小さいと）同じエネルギーを熱として加えると温度は大きく上昇する．逆に，熱容量が大きいと（液体の水の場合）その温度変化は小さい．それは，海が地球の平均温度の急激な上下を和らげている理由の一つである．

熱容量の定義を見れば，熱として系に吸収されたり放出されたりしたエネルギーを測定する方法がわかる．温度変化を測定して，正しい熱容量の値を用いるだけで，(6a) 式を変形した次式からエネルギーが得られる．

$$q = C\Delta T \qquad (6\mathrm{b})$$

簡単な例示 1A・4

ある量の水の熱容量が $0.50\ \mathrm{kJ\ K^{-1}}$ であり，4.0 K の温度上昇が観測されたなら，この系（水）に熱として加えたエネルギーはつぎのように計算できる．

$$q = (0.50\ \mathrm{kJ\ K^{-1}}) \times (4.0\ \mathrm{K}) = +2.0\ \mathrm{kJ}$$

---

†1　訳注：気体定数は，アボガドロ定数（N_A）とボルツマン定数（k）の積で表される（$R = kN_\mathrm{A}$）．一方，基礎物理定数としてアボガドロ定数（$6.022\,140\,76 \times 10^{23}\ \mathrm{mol^{-1}}$）とボルツマン定数（$1.380\,649 \times 10^{-23}\ \mathrm{J\ K^{-1}}$）は厳密な値に定義されている．そこで，気体定数の現在の値は $R = 8.314\,46\cdots\ \mathrm{J\ K^{-1}\ mol^{-1}}$ である．

†2　訳注：ドルトンの法則に現れる圧力 p_J は分圧でないことに注意しよう．

†3　いつも温度が上昇するとは限らないので“ふつう”と書いた．たとえば，水が沸騰しているときは，加熱していても温度はそのままである．

1) equation of state　2) Robert Boyle　3) Jacques Charles　4) gas constant　5) limiting law　6) perfect gas　7) partial pressure　8) heat capacity

熱容量は以下のトピックでもよく出てくるので，それがどういう性質のもので，その値がどう表されるかを知っておく必要がある．まず，質量 2 kg の鉄の熱容量は 1 kg の鉄の 2 倍あるから，同じ温度だけ上昇させるのに 2 倍の熱が必要である．ある物質の熱容量というときに，その試料の大きさに依存しない量で表しておく方が便利である．その場合は，試料の熱容量をその質量で割った**比熱容量**[1] C_s ($C_s = C/m$，単位は $\mathrm{J\,K^{-1}\,g^{-1}}$) で表すか，それとも物質量で割った**モル熱容量**[2] C_m ($C_m = C/n$，単位は $\mathrm{J\,K^{-1}\,mol^{-1}}$) で表すのがよい．このうち比熱容量は，日常では単に<u>比熱</u>ということが多い．

トピック 1B で説明する理由によって，物質の熱容量は加熱時に試料を一定体積に保っていたか (密閉容器に入れた気体など)，それとも一定圧力に保って (開放容器に入れた水など) 体積が自由に変化できたかによって異なる値を示す．ふつう使うのは後者で，その代表的な値を表 1A・1 に示しておいた．これを**定圧熱容量**[3] C_p という．これに対して前者を**定容熱容量**[4] C_V という．

表 1A・1　代表的な物質の熱容量*

物　質	定圧モル熱容量 $C_{p,\mathrm{m}}/(\mathrm{J\,K^{-1}\,mol^{-1}})$
空　気	29
ベンゼン，C_6H_6 (l)	136.1
エタノール，C_2H_5OH (l)	111.46
グリシン，$CH_2(NH_2)COOH$ (s)	99.2
シュウ酸，$(COOH)_2$ (s)	117
尿素，$CO(NH_2)_2$ (s)	93.14
水，H_2O (s)	37
H_2O (l)	75.29
H_2O (g)	33.58

＊　このほかの物質については巻末の［資料］を見よ．

例題 1A・1　温度変化の計算

水域でも昼間，太陽光による加熱で温度は変化する．赤道における真昼の太陽エネルギーの流束 (ある領域で吸収されたエネルギーを，その放射にさらされた面積と放射を受けた時間で割ったもの) は約 $1.4\ \mathrm{kJ\,m^{-2}\,s^{-1}}$ である．赤道直下に深さ 2.0 m の湖があるとき，この水の日中の温度上昇の速さを計算せよ．ただし，エネルギーはすべて熱として水に吸収され，湖の温度は深さによらず同じと仮定する．水の定圧モル熱容量は $C_{p,\mathrm{m}} = 75\ \mathrm{J\,K^{-1}\,mol^{-1}}$，水の密度は $\rho = 1.0\ \mathrm{g\,cm^{-3}}$ である．

考え方　断面積 $1.0\ \mathrm{m^2}$，高さ 2.0 m の水柱に吸収されるエネルギーを考えればよい．湖の縁を除けば，まわりの水柱へと出ていくエネルギーは，逆向きに入ってくるエネルギーと等しく両者は釣り合っている．したがって，(6a) 式を書き換えて $\Delta T = q/C_p = q/(nC_{p,\mathrm{m}})$ としておけば，この水柱の温度変化が求められる．q は熱として (いまの場合は，太陽光に 1.0 h さらしたときに) 吸収されたエネルギー，n はこの水柱に含まれる H_2O 分子の物質量である．ただし，$n = m/M = \rho V/M$ である．V はこの水柱の体積である．求めるエネルギー q は，次式で計算できる．

$$q = 流束 \times 断面積 \times 太陽光にさらした時間$$

解答　この水柱によって，$1.0\ \mathrm{h} = 3600\ \mathrm{s}$ で熱として吸収されるエネルギーは，

$$q = (1.4\ \mathrm{kJ\,m^{-2}\,s^{-1}}) \times (1.0\ \mathrm{m^2}) \times (3600\ \mathrm{s}) = 5.0\cdots \times 10^3\ \mathrm{kJ} = 5.0\cdots \times 10^6\ \mathrm{J}$$

である．一方，この水柱の体積は，

$$V = 断面積 \times 深さ = 1.0\ \mathrm{m^2} \times 2.0\ \mathrm{m} = 2.0\ \mathrm{m^3} = 2.0 \times 10^6\ \mathrm{cm^3}$$

であり，この体積中に含まれる H_2O 分子の物質量 n は，

$$n = \frac{(1.0\ \mathrm{g\,cm^{-3}}) \times (2.0 \times 10^6\ \mathrm{cm^3})}{18.0\ \mathrm{g\,mol^{-1}}} = 1.1\cdots \times 10^5\ \mathrm{mol}$$

である．したがって，1.0 h で起こる温度上昇は，

$$\Delta T = \frac{q}{nC_{p,\mathrm{m}}} = \frac{5.0\cdots \times 10^6\ \mathrm{J}}{(1.1\cdots \times 10^5\ \mathrm{mol}) \times (75\ \mathrm{J\,K^{-1}\,mol^{-1}})} = +0.60\ \mathrm{K}$$

と計算できる．そこで，求める温度上昇の速さは $0.60\ \mathrm{K\,h^{-1}}$ である．

コメント　赤道直下の日中は 12 h も続く．しかし，その大半の時間における太陽エネルギーの流束は，ここで用いた値よりずっと小さい．にもかかわらず，この計算によって，太陽エネルギーが浅い水域の昼間の温度を大きく変化させていることがわかる．

(b)　温度と熱容量の分子論的な裏付け

初等化学ですでに学んだことで，テーマ 8 でも詳しく説明するが，原子や分子のエネルギーはある特定の値しかとれない．許されるエネルギーの正確な値は分子構造の細部

1) specific heat capacity　2) molar heat capacity　3) heat capacity at constant pressure
4) heat capacity at constant volume

によって変わるが，一般的にいえることは，電子エネルギー準位の間隔が最も広く，ついで分子振動のエネルギー準位，分子回転のエネルギー準位の順で狭くなる．並進運動のエネルギー準位は，原子や分子を対象とする場合であっても，非常に密に込み合っているから，これを連続とみなしてもよい．生体内では分子間力がうまく働いて，分子の位置も向きもほぼ固定されているから，自由な並進運動や回転運動は起こらない．電子エネルギー準位の間隔は大きく開いているから，たいていの分子は最も低い電子状態にある．すなわち，生物環境にある分子にとって最も重要な運動のタイプは，振動的なとんぼ返り回転（ジャンプしながら向きを変える一連の回転運動）や分子の全体としての振動運動，舟形–いす形の異性化やメチル基の束縛回転に見られるコンホメーション変化に相当する振動運動などである．

$T>0$ で分子が行うランダムな運動のことを**熱運動**[1] という．熱運動のエネルギーを単に**熱エネルギー**[2] ということが多い．覚えておくと便利なのは，分子の熱運動（メチル基の束縛ねじれ運動など）によるエネルギーの大きさは kT の程度であるということである．ここで，$k=1.381\times10^{-23}\,\mathrm{J\,K^{-1}}$ は**ボルツマン定数**[3] という基礎物理定数である．分子が熱運動をしているときには，分子に与えられたエネルギー準位の占有に分布が見られ，どの振動モードの平均エネルギーも kT の程度となっている．

注目する運動モードの各エネルギー準位の占有数は温度によって決まる．非常に重要な結論として，系が温度 T（本書では熱力学温度をいう）にあるとき，エネルギー ε_2 と ε_1（ε はイプシロンという）にある状態の占有数 N_2 と N_1 の比は，つぎの**ボルツマン分布**[4] で与えられる．

$$\frac{N_2}{N_1}=\mathrm{e}^{-(\varepsilon_2-\varepsilon_1)/kT}=\mathrm{e}^{-\Delta\varepsilon/kT} \quad \text{ボルツマン分布} \qquad (7)$$

ここで，温度が一定ならエネルギー間隔 $\Delta\varepsilon=\varepsilon_2-\varepsilon_1$ が大きいほど，この占有数の比は小さいことに注意しよう．あるいは，エネルギー間隔が同じなら，温度が低くなるほどこの比は小さくなるといえる．いい換えれば，温度が低下するほど最低準位に見いだされる分子の数は多くなり，高いエネルギー準位にある分子は少ない．そこで，つぎのように表現してもよいだろう．

温度は，エネルギー準位の相対占有数を決めている．

低温というのは，おもに低いエネルギー準位が占有されている状況をいう．高温では，高いエネルギー準位も占有されている（図1A·10）．温度0（$T=0$）では，注目するモードの最低エネルギー準位だけが占有されている．温度無限大（$T=\infty$）とは，使える準位すべてが等しく占有されている状況を示す．

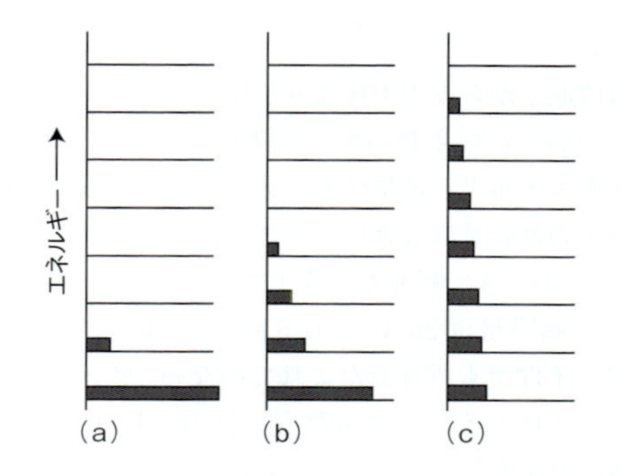

図1A·10 ボルツマン分布によれば，パラメーター T（熱力学温度）が増加するにつれ，各準位の占有は高いエネルギー状態にまで及ぶ．(a) 低温，(b) 中間の温度，(c) 高温．

物質によってモル熱容量が違うことの分子論的な理由は，そのエネルギー準位の間隔の違いに帰着させることができる．そこで使えるエネルギー準位が密集している場合は，あるエネルギーを熱として加えたとき，各準位の占有数をほんのわずか調整するだけで，これを受け入れることができる．したがって，ボルツマン分布の式の中にあって占有数分布を規定している温度の変更も小さくてすむ．このように，同じエネルギーを加えても温度に影響が少ないのは，熱容量が大きいということである（図1A·11）．一方，エネルギー準位の間隔が広く開いている場合は，同じエネルギーを加えても，それを取込むには，ボルツマン分布のエネルギーの高い“すそ”にある準位まで使って，つまり，温度を大きく変更しなければならないのである．すなわち，エネルギー準位の間隔が広く開いていれば熱容量

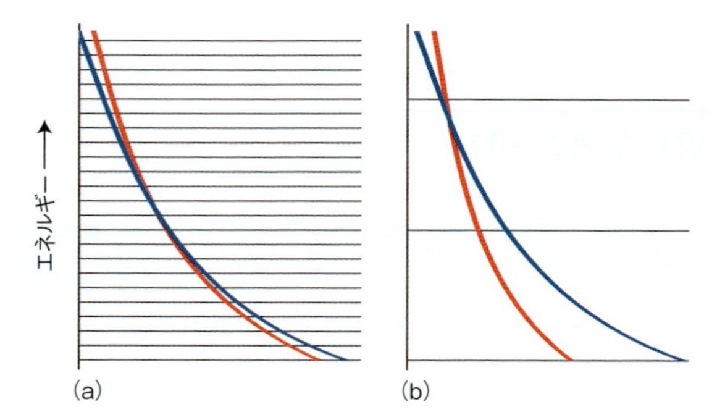

図1A·11 (a) エネルギー準位が密集している系では，熱としてエネルギーが供給されても，青色の曲線から赤色の曲線への変化で示すように，占有状況（つまり T の値）を少し変えるだけで対応できる．(b) エネルギー準位の間隔が広く開いている系では，熱としてエネルギーが供給されると，占有状況（つまり T の値）を大きく変える必要がある．前者は熱容量が大きな系に相当し，後者は熱容量が小さな系に相当する．

1) thermal motion　2) thermal energy　3) Boltzmann's constant　4) Boltzmann distribution

は小さい．

多数の原子から成る生体高分子は多くのやり方で振動しうる．たいていは多数の原子が関与した集団運動であり，その振動エネルギー準位は密に込み合っている．それで生体高分子の熱容量は大きい．たとえば，タンパク質のユビキチンが pH＝4 で折りたたみ（フォールド）状態にあるときのモル熱容量は 25 °C で 12.5 kJ K^{-1} mol^{-1} である．一方，同じ条件でも折りたたまれていない（アンフォールド状態の）ユビキチンのモル熱容量は 18.3 kJ K^{-1} mol^{-1} にもなる．分子が折りたたまれていなければ運動の自由度が増し，水和状態も変化するから熱容量が大きくなる．これに対し，フォールド状態では分子内相互作用が強く，原子間の運動が制約されるので熱容量は小さい．アンフォールド状態のユビキチンでは，同じ温度でも多数の振動状態をとれることになり，熱容量は大きいのである．

水は，よくいわれるように異常な性質を示す．水分子は小さくて剛直であり，その振動エネルギー準位の間隔は広く開いている．にもかかわらず水の熱容量は大きい．初等化学で学んだと思うが，液体状態では水分子の多くは水素結合でつながっており，クラスターを形成している．このクラスターはいろいろなやり方で振動しているから，その振動エネルギー準位はかなり密集している．その結果，液体の水のモル熱容量は，同じように小さく剛直な分子からなる物質で予想される熱容量よりも大きいのである．

重要事項のチェックリスト

☐ 1．**仕事**は，何らかの力に対抗する動きの過程である．
☐ 2．**エネルギー**は，仕事をする能力である．
☐ 3．**開放系**は，外界とのあいだでエネルギーとものの交換ができる．
☐ 4．**閉鎖系**は，外界とのあいだでエネルギーは交換できても，ものの交換ができない．
☐ 5．**孤立系**は，外界とのあいだでエネルギーもものも交換できない．
☐ 6．**熱**は，温度差があるときに，これを利用して起こるエネルギーの移動である．
☐ 7．**発熱過程**が透熱壁の容器内で起これば，エネルギーが熱として外界へ移動する．
☐ 8．**吸熱過程**が透熱壁の容器内で起これば，エネルギーが熱として外界から吸収される．
☐ 9．系が膨張過程の間ずっと外界と力学的平衡にあるとき，系は最大の膨張仕事をする．
☐ 10．**可逆変化**とは，ある変数の無限小の変化によって逆転できる変化のことである．
☐ 11．最大の膨張仕事は，可逆変化で達成される．
☐ 12．系の**熱容量**は，系に対して熱として供給されたエネルギーとその温度変化の比である．
☐ 13．**ボルツマン分布**は，分子が利用できるエネルギー準位における相対占有数を与える．

重要な式の一覧

式の内容	式	備　考	式番号
おもりを持ち上げる仕事	仕事 $= mgh$	地球上での仕事	1
膨張の仕事	$w = -p_{ex}\,\Delta V$	一定の外圧下	2
	$w = -nRT\ln(V_f/V_i)$	完全気体の等温可逆膨張	5
熱容量	$C = q/\Delta T$	当面の定義*	6a
ボルツマン分布	$N_2/N_1 = e^{-(\varepsilon_2-\varepsilon_1)/kT} = e^{-\Delta\varepsilon/kT}$		7

＊ 正確な定義はトピック 1B にある．

トピック 1B

内部エネルギーとエンタルピー

➤ 学ぶべき重要性

生物過程に関わるエネルギーを監視する最も基本的な方法は，“内部エネルギー”という性質を用いることである．しかし，ふつうの過程は一定の圧力下で起こるから，その場合は内部エネルギーと関係の深い“エンタルピー”という物理量を用いる方が便利である．ここでは，どちらについても述べる．

➤ 習得すべき事項

孤立系の内部エネルギーは一定である．一方，一定の圧力下で系から熱として出入りしたエネルギーは，その系のエンタルピー変化に等しい．

➤ 必要な予備知識

系と外界のあいだのエネルギー移動様式として仕事と熱があること，また，それを圧力や熱容量を使ってどう表せるかを知っている必要がある（トピック1A）．完全気体の性質についてはトピック1Aの［必須のツール3］に説明してある．いろいろな分子論的解釈を行うには，ボルツマン分布の内容をよく理解している必要がある（トピック1A）．

トピック1Aで説明したように，細胞や生物はある種の熱力学系とみなせる．どちらもある量のエネルギーをもち，そこで何らかの生化学過程が起これぱエネルギーは変化する．たとえば，代謝過程が起これば仕事としてエネルギーが放出される．筋肉が収縮したり，栄養素を取込んだりしたときもそうである．また，熱としてエネルギーが放出されることもあり，それは恒温動物の体温維持に使われる．一方，仕事や熱としてエネルギーを必要とする過程は多いから，それまで栄養素として蓄えられていたエネルギーが使われることだろう．どれだけのエネルギーが使えるかによって，生物の構成要素がどう変化するかが決まることもある．たとえば，細胞分裂でDNA複製を開始するのに十分なエネルギーがあるかどうかを細胞は判断する必要があるだろう．また，渡り鳥は，渡りを完遂するのに十分なエネルギーを蓄えていなければならない．

熱力学を用いれば，エネルギーの貯蔵や使用について厳密に表現することができる．熱力学系というのは，仕事と熱という，いわば2種の貨幣のどちらかでエネルギーを受け入れたり，分配したりできる銀行のようなものである．どのように取引が行われたかをいちいち追跡する必要はなく，関心があるのは保有資金だけというわけである．このようなエネルギーの移動様式としての仕事と熱の“等価性”については，現在ではあたりまえかもしれないが，実験によって確かに証明されたのであった．それは，19世紀中頃の学者で醸造家のジュール[1]の業績であった．仕事や熱，エネルギーに対して同じ単位“ジュール（J）”が使われているのは当を得ている．

1B・1 内部エネルギー

系内部に蓄えられたエネルギーを**内部エネルギー**[2]といい，記号 U で表す．内部エネルギーは，物質に存在しているすべての原子やイオン，分子のエネルギーに寄与する運動エネルギーとポテンシャルエネルギーの和である．それには相互作用エネルギーも含まれる．たとえば，注目する系が細胞であれば，その内部エネルギーは，分子の形を保持している化学結合に蓄えられたエネルギーや分子運動のエネルギー，分子どうしや細胞中に存在する水分子との相互作用のエネルギーなどからなる．

内部エネルギーは温度に依存し，たいていの場合，系が占める体積や圧力にも依存する．内部エネルギーは**示量性の性質**[3]であり，系の大きさ（“量”）とともに増加する．たとえば，ある温度，圧力にある質量 2 kg の水の内部エネルギーは，同じ条件下にある 1 kg の水の2倍の内部エネルギーをもつ．**モル内部エネルギー**[4] $U_m = U/n$ は，系の内部エネルギーを系に存在する物質量で割ったものである．モル内部エネルギーは**示強性の性質**[5]であり，系の大きさには無関係である．示量性の性質と示強性の性質の区別を明確にするには，注目する系を小さな系に分割して考えればよい．系の内部エネルギー（示量性の性質）は，小

1) James Joule　2) internal energy　3) extensive property　4) molar internal energy　5) intensive property

さく分割した系の内部エネルギーの和で表される．一方，系の温度（示強性の性質）は分割した系の温度の和では表せない．

(a) 内部エネルギー変化

実際のところ，系の内部エネルギーの絶対値はわからない．しかし，内部エネルギーの変化 ΔU は問題なく扱うことができる．すなわち，仕事や熱として加えたり取去ったりしたエネルギーを監視していれば，その変化量を求めることはできるからである．熱力学を実際に適用する場合はいつも ΔU を問題にするのであって，U そのものには関心がない．内部エネルギー変化はつぎのように書ける．

$$\Delta U = w + q \qquad \text{仕事と熱による内部エネルギー変化} \qquad (1)$$

w は仕事として系に移動したエネルギーであり，q は熱として移動したエネルギーである．符号の取決めについてはトピック 1A で述べた（エネルギーが系に流入する場合の w や q は正，系から流出する場合の w や q は負である）．

簡単な例示 1B・1

栄養士は人体のエネルギー消費に注目する．ここで，人を熱力学的な“系”と考えることができる．実験でフィットネス用の自転車こぎによって 622 kJ の仕事をし，熱として 82 kJ のエネルギーを放出したとしよう．このとき，$w = -622$ kJ（仕事をしてエネルギーを失う），$q = -82$ kJ（熱としてエネルギーを失う）である．したがって (1) 式により，内部エネルギー変化は（発汗によるエネルギー損失を無視すれば），

$$\Delta U = w + q = (-622\ \text{kJ}) + (-82\ \text{kJ}) = -704\ \text{kJ}$$

である．内部エネルギーは 704 kJ だけ減少したといえる．この失ったエネルギーはいずれ食事で補給されることになる．

完全気体の性質を使う必要のある場面がたまにある．それは，代謝に関与する反応の多くが気体の発生や消費を伴うからというだけではない．光合成はその代表例であるが，このときの気体については完全気体（トピック 1A の［必須のツール 3］で説明した）として扱うだけで，たいていの目的には十分である．もう一つ，実はもっと重要な理由がある．典型的な生物系を考察するうえでも，完全気体はその出発点になるからである．すぐあとでわかるように，気体が関与しない系についても完全気体の諸性質は重要なのである．

完全気体の非常に重要な性質の一つは，一定温度では内部エネルギーは体積に無関係ということである．その分子論的な理由は二つある．

(1) 完全気体の分子間にはそもそも相互作用がないから，分子間がどれだけ離れているかは問題でない．したがって，その全ポテンシャルエネルギーは占めている体積に無関係である．

(2) 完全気体の分子の平均速さは温度に依存するが，温度一定であれば分子の平均運動エネルギーは変化せず，それは体積変化にも無関係である．

完全気体が等温膨張（温度変化せずに膨張）しても，その全運動エネルギーも全ポテンシャルエネルギーも変化しないから，完全気体の内部エネルギーは変化しない．そこで，つぎのように書ける．

$$\Delta U = 0 \qquad \text{等温膨張による内部エネルギー変化［完全気体］} \qquad (2)$$

(2) 式が (1) 式と矛盾しないためには，完全気体が等温膨張したときに仕事として流出するエネルギーが，熱として流入するエネルギーと等しく，両者が釣り合っていなければならない．すなわち，$q = -w$ であれば $\Delta U = 0$ が保証される．たとえば，系の気体が等温膨張により 100 J の仕事を行えば（$w = -100$ J），同じエネルギーが熱として系に流入しなければならない（$q = +100$ J）．

ΔU を w と q で定義した (1) 式から，反応によって生じた系の内部エネルギー変化を測定するごく簡単な方法がわかる．トピック 1A で述べたように，一定の外圧のもとで膨張するとき系がする仕事は体積変化に比例している（トピック 1A の (2) 式：$w = -p_{\text{ex}}\Delta V$）．したがって，容積一定の容器中で反応が起これば，その系は膨張の仕事を行わない．そこで，膨張以外の仕事（電気的な仕事やタンパク質分子の構築などの“非膨張仕事”）が存在しない限り $w = 0$ とおくことができ，(1) 式はつぎのように簡単になる．

$$\Delta U = q_V \qquad \text{体積一定で，非膨張仕事がないとき} \qquad (3)$$

下つきの添字 V で，系の体積が一定であることを示している．文章にまとめれば，つぎのようになる．

> 系の体積変化がなく，しかも膨張以外の仕事が行われない限り，系の内部エネルギー変化は熱として出入りしたエネルギーに等しい．

(3) 式を使えば，物質の熱容量について詳しい内容が理解できる．ところで，熱容量の当面の定義としてトピック 1A では (6a) 式を与えた（$C = q/\Delta T$）．すなわち，熱として加えたエネルギーとその結果得られた温度変化の比が熱容量である．体積一定の場合は，上で述べたように q を物質の内部エネルギー変化で置き換えてよい．そこで，

$$C_V = \frac{\Delta U}{\Delta T} \qquad \text{体積一定} \qquad (4a)$$

と表せる．すなわち，定容熱容量は，体積を一定に保った（系が固定壁で囲まれている）ときの内部エネルギーを温度に対してプロットした場合に得られるグラフの勾配を表している．完全気体であればそのグラフは直線で表され，C_Vはその勾配に相当する．しかし，たいていの物質では直線を示さないので，曲線の各温度における接線の勾配がその温度でのC_Vである（図1B·1）．これを数学的にいえば（必須のツール4），体積一定の条件下で関数Uの変数Tについての導関数が定容熱容量である．すなわち，次式で表される．

$$C_V = \frac{dU}{dT} \quad 体積一定 \quad 定容熱容量［定義］ \quad (4b)$$

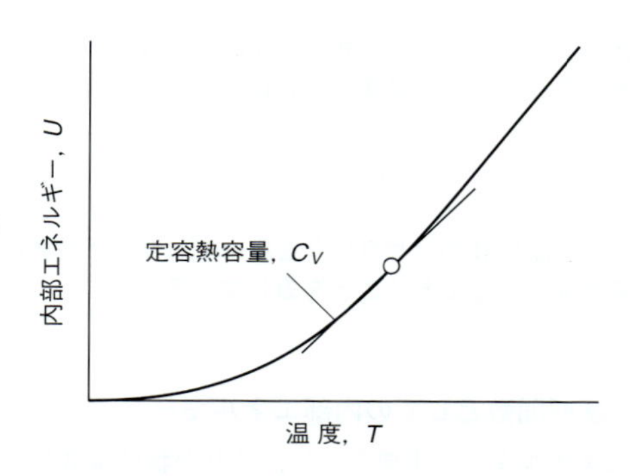

図1B·1　定容熱容量は，内部エネルギーの温度変化を表したグラフの曲線の勾配に相当する．その勾配，つまり定容熱容量は温度によって異なる値を示す．

必須のツール4　微分法

微分は，ある変数の時間変化の速さなど，関数の勾配と関係がある．ある関数$f(x)$の**導関数**[1] df/dxの正式な定義は，

$$\frac{df}{dx} = \lim_{\delta x \to 0} \frac{f(x+\delta x) - f(x)}{\delta x} \quad 一階導関数［定義］$$

である．図に示すように関数$f(x)$のグラフを描いたとき，一階導関数はその接線の勾配と解釈できる．一階導関数が正であれば（xが増加するにつれ）右上がりの勾配を示し，負であれば右下がりの勾配である．一階導関数は$f'(x)$と書いた方が便利な場合もある．

ある関数の**二階導関数**[2] d^2f/dx^2は，一階導関数（f'）の導関数である．すなわち，

$$\frac{d^2f}{dx^2} = \lim_{\delta x \to 0} \frac{f'(x+\delta x) - f'(x)}{\delta x} \quad 二階導関数［定義］$$

である．二階導関数を$f''(x)$と書いた方が便利な場合もある．図に示すように，関数$f(x)$のグラフを描いたとき，二階導関数は曲線の曲率の鋭さと解釈できる．二階導関数が正であれば関数はグラフ上で∪形をしており，負ならば∩形をしている．

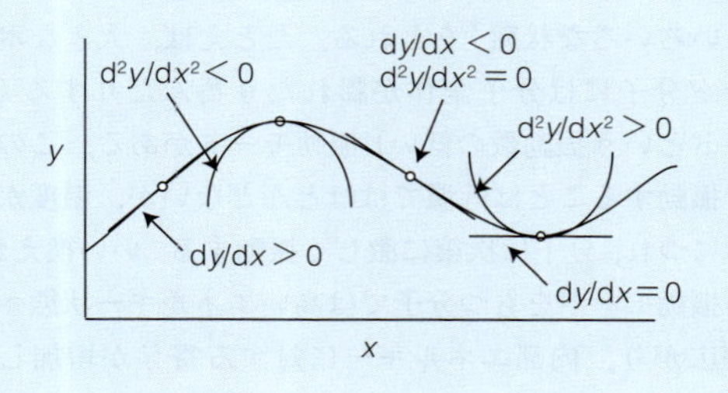

よく使う関数の導関数をつぎに示しておこう．aは定数である．

$$\frac{d}{dx}x^n = nx^{n-1} \qquad \frac{d}{dx}e^{ax} = ae^{ax}$$

$$\frac{d}{dx}\sin ax = a\cos ax \qquad \frac{d}{dx}\cos ax = -a\sin ax$$

$$\frac{d}{dx}\ln ax = \frac{1}{x}$$

導関数の定義からわかるように，関数を組合わせた場合の微分を求めるにはつぎの規則を使えばよい．

$$\frac{d}{dx}(u+v) = \frac{du}{dx} + \frac{dv}{dx}$$

$$\frac{d}{dx}uv = u\frac{dv}{dx} + v\frac{du}{dx}$$

$$\frac{d}{dx}\frac{u}{v} = \frac{1}{v}\frac{du}{dx} - \frac{u}{v^2}\frac{dv}{dx}$$

$f(x, y)$の形の関数は二つの変数に依存する．その導関数を求めるには，一方の変数（xかy）を一定に保ちながら，もう一方の変数についての関数の勾配を計算する．それは，その関数の**偏導関数**[3]である．偏導関数はつぎのように表す．

$$\left(\frac{\partial f}{\partial x}\right)_y \quad または \quad \left(\frac{\partial f}{\partial y}\right)_x$$

下付きの添字は，一定に保った変数を表している．記号∂はふつう"カーリーディー"と読む†．

† "ラウンドディー"とも読む．

1) derivative　2) second derivative　3) partial derivative

コメント　もう少し正式にいえば，定容熱容量は関数 U の変数 T についての偏導関数であり，つぎのように書く．

$$C_V = \left(\frac{\partial U}{\partial T}\right)_V$$

ここでは記号 d の代わりに ∂ を用いており，下付きの添字で変数 V が一定であることを表している．

(b) 状態関数としての内部エネルギー

内部エネルギーで重要なのは，それが**状態関数**[1] であるということである．状態関数とは，系の現在の状態にのみ依存する性質であって，その状態がどのようにして実現されたかという経路には無関係である．仮に水を入れたフラスコの温度を変えてから圧力を変え，その後に両方の値を元に戻せば，水の内部エネルギーは元の値に戻るだろう．状態関数は標高によく似ている．すなわち，地表の各点は緯度と経度を指定して表すことができ，(陸地では) その地点に固有の値，つまり標高がある．熱力学で緯度や経度の役目をしているのは圧力や温度 (ほかにも，系の状態を指定する必要のある変数はすべて) である．一方，内部エネルギーは標高の役目をしており，系がとる状態が決まれば，それに固有なある一つの値を示すのである．これに対し，仕事や熱は状態関数ではない．注目する系がある内部エネルギーをもつということができても，仕事や熱はエネルギーの移動様式であるから，熱力学では，ある量の仕事や熱を系がもつといっても意味がないのである．

U が状態関数であることからつぎのことがいえる．

系の二つの状態間での内部エネルギーの差 ΔU は，その二つの状態間の経路に無関係である (図 1B･2)．

ここでも標高は，都合のよい例として使える．山登りをしていてわかるように，2点間の標高の差は，その間をどの道のりでたどったかには無関係である．同じように，ある気体をある圧力まで圧縮した後，ある温度まで冷却すればある特定の内部エネルギー変化を示すだろう．しかし，温度変化を先にして次に圧力変化を行った場合でも，それらを同じ値に設定する限り内部エネルギー変化は先の場合と全く同じである．ΔU の値が経路によらないという事実は，すぐ後で述べるように生体エネルギー論の研究ではきわめて重要なことなのである．

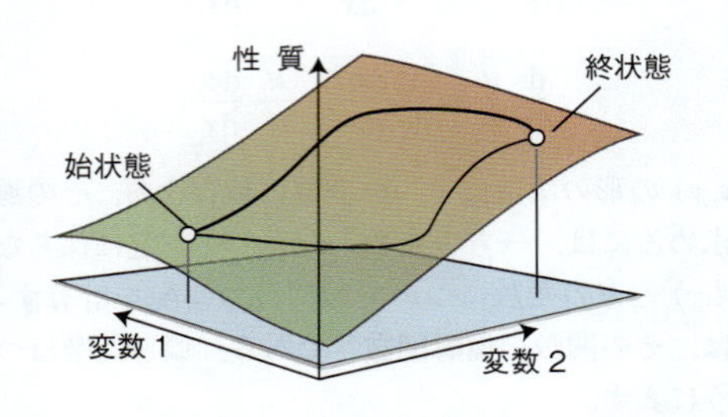

図 1B･2　変数 (ここでは二つある) が変化するとき，その変化とともにある性質 (ここでは状態関数) がどう変化するかを曲面上で示している．状態関数であれば，その値の変化は二つの状態間の経路に無関係である．たとえば，図に示す始状態と終状態との間の性質の差は，どの経路 (太線と細線で示してある) でたどり着いても同じである．

(c) 熱力学第一法則

ここで孤立系を考えよう．剛直な断熱壁でできた容器に反応混合物が密封されている場合がそうである．孤立系では，外界に仕事をすることがなく (膨張できないから)，外界を加熱することもないので (断熱壁で囲まれているから) 内部エネルギーは変化しない．すなわち，

孤立系の内部エネルギーは一定である．　　第一法則

これは，**熱力学第一法則**[2] を述べたものである．エネルギー保存則と密接に関係しているが，仕事だけでなく熱によってもエネルギーが移動できることを取込んでいる．ニュートンとその後継者により確立された古典力学では，熱力学と違って熱の概念は扱わない．

第一法則が成り立つという実験的な証拠は，燃料を使わなくても仕事がつくりだせる“永久機関”は存在しえないというものである．永久機関をつくる努力はどれも報われなかったのである．内部エネルギーを新たに創り出し，そのエネルギーを仕事に置き換えて取出すような装置はできなかった．系から仕事としてエネルギーを取出し，その系をしばらく孤立させておけば，そのうち内部エネルギーが元の値に戻っていたというようなことは望めない．系が生物でも事情は同じである．生命を維持するのに必要なエネルギーは，生物が消費したエネルギーを補給するために外部のエネルギー源から摂取しなければならないのである．

(d) 内部エネルギーの分子論的な裏付け

トピック 1A で説明したように，分子はエネルギーの異なるいろいろな状態† をとれる．たとえば，大きなポリペプチド分子には分子全体が膨れたり萎んだりする (呼吸モードという振動数の低い) 振動モードがある．このモードで振動することは低温ではほとんどないが，温度が上昇するにつれ，分子は次第に激しく振動する．いい換えれば，この振動モードをもつ分子では高いエネルギー状態へと占有が広がり，内部エネルギーに対する寄与が増加してい

† “状態”という用語は，つぎの二つの例で示すように，異なる意味で用いることがあるから区別して正しく理解しよう．個々の分子は離散的な量子状態で存在している (トピック 8B)．バルクな系は温度や圧力などで指定される状態で存在している．

1) state function　2) first law of thermodynamics

く．$T=0$ では，この振動モードの最低エネルギー準位しか占めることができず，分子のエネルギーはそれに応じたものになっている．温度が上昇するにつれ，次第にエネルギーの高い状態を占めることができ（占有数に関するボルツマン分布に従う，トピック 1A），それに応じて系の内部エネルギーは大きくなるのである．

ごく単純な場合，すなわち，系にある分子が互いに独立とみなせる場合（完全気体はその典型例）ではとくに，各状態の占有数の温度依存性を計算することができる．さらに，それから内部エネルギーも計算できるのである（［エピローグ］を見よ）．しかしながら，ここで覚えておくと非常に便利な規則がある．それは，注目する運動モードに属する状態の大半を占有できるような高温であれば使える．すなわち，$kT \gg \Delta\varepsilon$ のときである．ここで，k はボルツマン定数，$\Delta\varepsilon$ は分子の注目する運動モードのエネルギー間隔である．このとき，**均分定理**[1] を使って $T=0$ を基準とした全内部エネルギーを求めることができる．ここでいう“均分”とは，分子の運動様式すべてにわたってエネルギーが等しく分配されているという考え方である．たとえば，ある軸のまわりの回転運動は，ある座標軸に沿った並進運動と同じ平均エネルギーをもつという具合に考えるのである．この考えを進めれば，均分定理からつぎのことがいえる．

エネルギーに対して 2 乗項で表される寄与については，その平均値は $\frac{1}{2}kT$ である．

ここで“2 乗項の寄与”というのは，位置や速度の 2 乗に依存するエネルギー項である．たとえば，x 軸に平行な並進運動による分子の運動エネルギー $\frac{1}{2}mv_x{}^2$ は 2 乗項の寄与である．まとめればつぎのようになる．

運動モード	古典的な表し方	平均エネルギー
ある軸 q に平行な並進運動	$\frac{1}{2}mv_q{}^2$	$\frac{1}{2}kT$
ある軸 q のまわりの回転運動	$\frac{1}{2}I\omega_q{}^2$	$\frac{1}{2}kT$
ある軸 q に沿う振動運動	$\frac{1}{2}mv_q{}^2+\frac{1}{2}k_\mathrm{f}q^2$	kT

この表の“古典的な表し方”にある m は質量，v_q は速度成分，I は慣性モーメント，ω_q はある軸のまわりの角速度，k_f は力の定数（振動している結合の硬さの尺度）である．分子が小さければ，通常の温度で振動エネルギー準位が $kT \gg \Delta\varepsilon$ の基準を満たすことはほとんどないから，そのようなモードについては均分定理を使えない．しかし，大きな分子の呼吸モードなど，振動数の低い集団モードであれば，注意して使うことができるだろう．

例題 1B・1　均分定理の使い方

合成した酵素による窒素固定について調べたい．このとき，この反応の熱力学的な側面をいろいろ考察する必要に迫られる．そのうちの一つは，気体窒素のモル内部エネルギーの見積もりであろう．N_2 分子の 25 °C での運動による内部エネルギーへの寄与はどれだけか．

考え方　この分子の運動モードを明らかにしてから，2 乗項の寄与の数を求める必要がある．各項の平均の寄与は $\frac{1}{2}kT$ であるから，分子が N 個あるときの合計の寄与を計算すればよい．計算の最後に $kN_\mathrm{A}=R$ を使う．N_A はアボガドロ定数である．ただし，この分子は小さく剛直であるから，振動モードの寄与は無視してよい．

解答　気相にある N_2 分子 1 個について考えれば，直交する三つの座標軸に平行な並進運動があるから，それぞれ内部エネルギーに対して並進の寄与 $\frac{1}{2}kT$ があり，その合計は $\frac{3}{2}kT$ である．これに加えて，分子軸に垂直な 2 個の軸のまわりに分子は回転できるから，回転の寄与としてそれぞれ $\frac{1}{2}kT$ があり，その合計は kT である．一方，このような硬い分子の振動（この場合は 2 原子間の結合の伸縮振動）は寄与しない．したがって，各分子の運動による平均エネルギーは $\frac{5}{2}kT$ であり，この分子を N 個含む気体試料の全内部エネルギーは $\frac{5}{2}NkT$ である．$N=nN_\mathrm{A}$ とすれば（N_A はアボガドロ定数），この全エネルギーは $\frac{5}{2}nN_\mathrm{A}kT=\frac{5}{2}nRT$ となって，分子運動による気体窒素のモル内部エネルギーは $\frac{5}{2}RT$ である．25 °C では 6.2 kJ mol^{-1} である．

これで気体試料の熱容量を概算する準備もできた．均分定理によれば，単原子分子気体のモル内部エネルギーに対する分子運動の寄与は $\frac{3}{2}RT$ である（原子は回転しないから並進の寄与しかない）．もし，温度が ΔT 上昇すれば，モル内部エネルギーは $\Delta U_\mathrm{m}=\frac{3}{2}R\Delta T$ だけ増加する．したがって，（4a）式によれば，定容モル熱容量は $C_{V,\mathrm{m}}=\frac{3}{2}R$ であり，その値 12.5 J K^{-1} mol^{-1} は貴ガスの実験値とよく一致している．上の例題で扱った気体窒素の定容モル熱容量の値は $\frac{5}{2}R$ であり，20.8 J K^{-1} mol^{-1} である．この値は実験値（20.81 J K^{-1} mol^{-1}）と見事に一致している．

1B・2　エンタルピー

たいていの過程は一定の圧力下で起こる．大気に開放の容器内での反応や細胞内でのたいていの過程がそうである．このような条件下では，系の体積は一般に変化する．たとえば，トリステアリンなどの脂肪が酸化して二酸化炭

1）equipartition theorem

素と水蒸気が発生する反応である．全体の反応は，

$$2\,C_{57}H_{110}O_6(s) + 163\,O_2(g) \longrightarrow 114\,CO_2(g) + 110\,H_2O(g)$$

である．この発熱反応では，2 mol の $C_{57}H_{110}O_6$(s) が反応して気体分子は正味に（114 + 110 − 163）mol = 61 mol だけ増加するから，それに応じて正味の体積は増加する．この脂肪 1 g を消費すれば，25 °C で約 1 dm^3 の体積増加が見られる．この系の体積は増加するから，発生する気体を収容するために大気に対して仕事をしなければならない．実際の測定によれば，燃焼によって 1 g の脂肪を消費するごとに熱として 40 kJ のエネルギーが放出されるが，大気を押し戻すための仕事として 0.1 kJ のエネルギーも放出される．したがって，系の内部エネルギーの減少は 40 kJ よりわずかに大きい．これに対して，同じ反応で液体の水が生成する場合を考えよう．このときの反応は，

$$2\,C_{57}H_{110}O_6(s) + 163\,O_2(g) \longrightarrow 114\,CO_2(g) + 110\,H_2O(l)$$

である．2 mol の $C_{57}H_{110}O_6$(s) が反応すれば気体分子は 49 mol だけ少なくなるから，正味の体積は減少する．この場合は，反応が進行するにつれ大気が系に対して仕事をするのである．つまり，系が収縮するにつれエネルギーは系に向かって移動する†．このため，系の内部エネルギーは，熱として外界に放出されたエネルギーほどは減少しない．その差に相当するエネルギー（約 0.05 kJ）が，仕事として戻されるからである．こうした例を見ると，系のエネルギー変化を正確に集計するには煩雑な手続きが必要であることがわかるだろう．しかし幸運なことに，この煩雑さを回避するための非常に簡単な方法がある．

(a) エンタルピーの定義

ここで，生物化学熱力学の研究でよく使うある性質を導入すれば，膨張による仕事をいちいち計算せずにすむことを示しておこう．系の**エンタルピー**[1] H は次式で定義される．

$$H = U + pV \qquad \text{エンタルピー［定義］} \qquad (5)$$

すなわち，エンタルピーは，系の圧力 p と体積 V の積を内部エネルギーに加えたものである．この式は，どんな熱力学系，どんな物質にも適用できる．pV 項があるからといって，(5) 式が完全気体にしか適用できないと誤解してはならない．エンタルピー変化（実際に測定できるのは変化量だけである）は，内部エネルギー変化と pV の積の変化によって生じる．すなわち，

$$\Delta H = \Delta U + \Delta(pV) \qquad (6a)$$

である．$\Delta(pV) = p_f V_f - p_i V_i$ である．もし，一定圧力 p のもとで変化が起これば，

$$\Delta(pV) = pV_f - pV_i = p(V_f - V_i) = p\Delta V$$

と表せるから，(6a) 式の右辺第 2 項は簡単になり，

$$\Delta H = \Delta U + p\Delta V \qquad \text{一定の圧力下でのエンタルピー変化} \qquad (6b)$$

と書くことができる．この重要な式は，実験室で研究する生化学反応（ふつうは大気にさらされた容器内で起こる）や，（一定圧力を保持するメカニズムを備えている）細胞内で起こる反応など，一定圧力のもとで起こる種々の過程に対して頻繁に用いられることになる．

エンタルピーは示量性の性質である．物質の**モルエンタルピー**[2] $H_m = H/n$ は示強性の性質であり，モル内部エネルギーとはその物質のモル体積 V_m に比例した量だけの違いがある．すなわち，

$$H_m = U_m + pV_m \qquad \text{モルエンタルピー［定義］} \qquad (7a)$$

である．この式は，あらゆる物質について成り立つ．完全気体であれば，さらに $pV_m = RT$ と書けるので，

$$H_m = U_m + RT \qquad \text{完全気体のモルエンタルピー} \qquad (7b)$$

となる．25 °C では $RT = 2.5\ \text{kJ mol}^{-1}$ であるから，完全気体ではモルエンタルピーとモル内部エネルギーの差は 2.5 kJ mol^{-1} にもなる．一方，固体や液体のモル体積は気体の千分の一程度しかないので，そのモルエンタルピーはモル内部エネルギーよりせいぜい約 2.5 J mol^{-1}（単位は kJ ではなく J）大きいだけである．したがって，その違いは無視できる．しかし，すぐあとでわかるように，両者の概念の違いは重要である．

(b) エンタルピー変化

系のエンタルピーと内部エネルギーの値があまり違わない場合でも，エンタルピーを導入しておくときわめて重要な結果がもたらされる．まず，H は状態関数 (U, p, V) のみによって定義されているから，

エンタルピーは状態関数である．

内部エネルギーの場合と同じで，H が状態関数であるということは，系がある状態から別の状態に変化したときのエンタルピー変化は，その間の経路に無関係であるということである．第二に，これは非常に重要な点であるが，系のエンタルピー変化は一定の圧力下で熱として移動したエネルギーと密接な関係がある．

---

† 反応が起こった後は外界ではおもりが降下しているので，実際には以前より少ない仕事しかできない．その分のエネルギーが系に戻されたのである．

1) enthalpy　2) molar enthalpy

導出過程 1B・1　一定圧力下で熱として移動したエネルギーとエンタルピー変化の関係

大気にさらされた系を考えよう．このときの系の圧力 p は一定で，しかも外圧 p_{ex} に等しい．そこで，(6b) 式 ($\Delta H = \Delta U + p\Delta V$) で $p = p_{ex}$ とおけば，

$$\Delta H = \Delta U + p_{ex}\Delta V$$

と書ける．ここで，内部エネルギー変化は (1) 式 ($\Delta U = w + q$) で与えられる．また，系が膨張以外の仕事をしなければ $w = -p_{ex}\Delta V$ である．これらを代入すれば，

$$\Delta H = w + q + p_{ex}\Delta V = -p_{ex}\Delta V + q + p_{ex}\Delta V = q$$

となって，次式が得られる．

$$\Delta H = q_p \quad \text{一定の圧力下でのエンタルピー変化（非膨張仕事がないとき）} \quad (8)$$

下付きの添字 p は圧力が一定であることを示す．文章で表せば，つぎのようになる．

系のエンタルピー変化は，系に熱として出入りしたエネルギーに等しい．ただし，圧力は変化せず，膨張以外の仕事がない場合である．

このように，圧力一定という制約を課すことによって，測定可能なある量（いまの場合は熱として移動したエネルギー）が，ある状態関数（いまの場合はエンタルピー）の変化に等しいことが示せたわけである．状態関数だけで話ができれば熱力学の議論は一段と強力になる．それは，ある状態から別の状態にどういう経路をたどったかは気にせずにすむからである．問題となるのは始状態と終状態だけである．この節のはじめに述べたトリステアリンの燃焼反応の場合は，一定の圧力下で熱として 40 kJ のエネルギーが放出されたから，膨張による仕事がどれだけかに関係なく，$\Delta H = -40$ kJ である．

トピック 1A では，吸熱過程と発熱過程を $q > 0$ (吸熱) か $q < 0$ (発熱) で区別した．その過程が一定の圧力下で行われたのであれば，この違いを状態関数であるエンタルピーを用いて表現することができる．すなわち，一定の圧力下で起こる吸熱反応 ($q > 0$) では，熱として系にエネルギーが流入するので，系のエンタルピーは増加する ($\Delta H > 0$)．一方，一定の圧力下で起こる発熱反応 ($q < 0$) では，熱として系からエネルギーが流出するので，系のエンタルピーは減少する ($\Delta H < 0$)．そこで，つぎのようにまとめられる．

発熱過程	吸熱過程
$\Delta H < 0$	$\Delta H > 0$

燃焼反応[†1]では，呼吸作用などの抑制された“燃焼”を含めすべて発熱的であるから，エンタルピーの減少を伴う．エンタルピーは“内部熱”という意味のギリシャ語に由来するが，その名が示す通り，吸熱過程では系の“内部熱”が増加し外界から熱としてエネルギーを吸収するし，発熱過程では“内部熱”は減少し外界へ熱としてエネルギーを放出する[†2]．

簡単な例示 1B・2

人間の基礎代謝率は，余分な活動を行わない安静時のものをいう．体重 55 kg の女性の安静時の代表的なエネルギー消費は 4.1 kJ min^{-1} である．したがって，24 h (1440 min) の全エネルギー消費は，(4.1 kJ min^{-1}) × (1440 min) = 5.9… MJ である．この 24 h のエネルギー消費を補うために代謝されるべきグルコース分子の物質量 n を求めたい．ただし，1 mol の $C_6H_{12}O_6$(s) を酸化して CO_2 と H_2O を生成する ΔH_m は −2.8 MJ mol^{-1} である．このとき，

$$n = \frac{5.9\cdots\ \mathrm{MJ}}{2.8\ \mathrm{MJ\ mol^{-1}}} = 2.1\cdots\ \mathrm{mol}$$

となる．グルコースのモル質量は 180 g mol^{-1} であるから，必要なグルコースの質量は，

$$m = nM = (2.1\cdots\ \mathrm{mol}) \times (180\ \mathrm{g\ mol^{-1}}) = 0.38\ \mathrm{kg}$$

である．ここでは，安静状態が 24 h 続いた後も人間の状態は変わらず，グルコースから摂取したエネルギーはすべて熱として外界に消えたとしている．

(c) エンタルピーの温度依存性

系の内部エネルギーは，温度とともに増加することを見てきた．それは，分子が激しく運動する（つまり，エネルギーの高い状態にまで占有が広がる）からである．同じことがエンタルピーでもいえ，温度上昇とともに増加する (図 1B・3)．たとえば，水 100 g のエンタルピーは 20 °C より 80 °C の方が大きい．その差は，大気にさらした（一定

†1　燃焼は O_2(g) による酸化反応である．このとき，分子に含まれる炭素原子から CO_2 が生成し，水素原子からは H_2O が生成する．ただし，窒素原子については，特に窒素酸化物が指定されない限り N_2 が生成するものとして表される．

†2　注意しなければならないのは，系の内部に実際に熱が“存在”するのではないということである．系に存在するのはエネルギーである．熱は，系からエネルギーを取去ったり，系にエネルギーを供給したりするときの一つの手段でしかない．熱は移動中のエネルギーであって，エネルギーを蓄えておく一つの形態ではない．

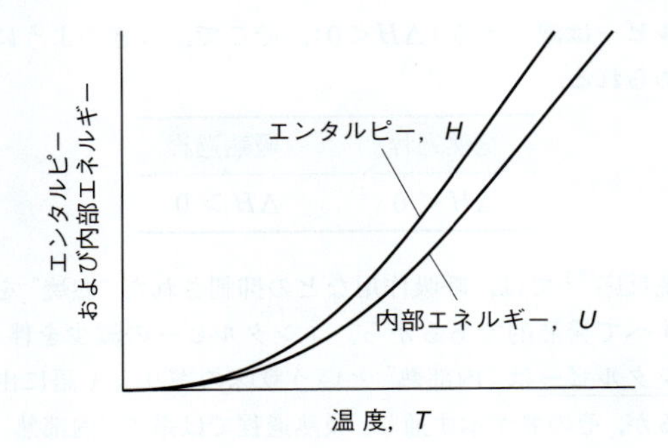

図1B・3　系のエンタルピーは温度とともに増加する．系のエンタルピーは内部エネルギーより常に大きく，その差は温度とともに大きくなる．

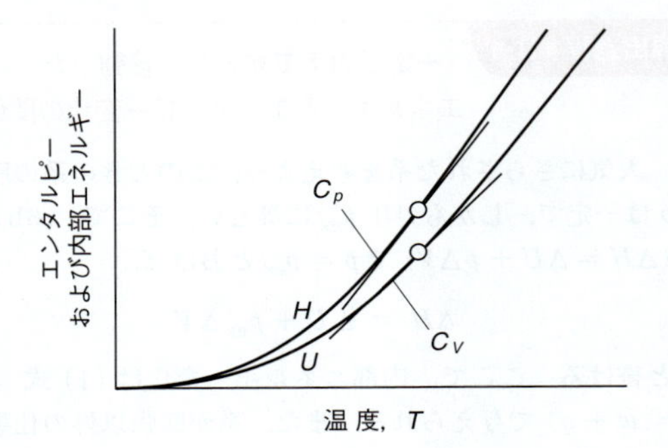

図1B・4　定圧熱容量はエンタルピーの温度勾配に等しい．一方，定容熱容量は内部エネルギーの温度勾配である．一般に，熱容量は温度によって変化し，C_p は C_V よりも大きい．

でさえあれば別の圧力でもよい）試料の温度を 60 °C だけ上げるのに熱として加えたエネルギーを測定すれば求められる．この例では $\Delta H \approx +25\,\mathrm{kJ}$ が得られる．

定容熱容量は，一定体積下での内部エネルギーの温度依存性を表すものである．これと同様に，**定圧熱容量**[1] C_p は一定圧力下で昇温したとき，系のエンタルピーがどう温度変化するかを表している．これを表す式を導くには，トピック1Aの（6a）式の熱容量の定義（$C = q/\Delta T$）と本トピックの（8）式（$q_p = \Delta H$）を結びつける必要がある．それで次式が得られる．

$$C_p = \frac{\Delta H}{\Delta T} \qquad \text{圧力一定} \tag{9a}$$

すなわち定圧熱容量は，系の圧力を一定に保って得られるエンタルピーを温度に対してプロットしたとき，その勾配を表す．そのグラフは一般には直線を示さないので，曲線の各温度における接線の勾配がその温度での C_p であると解釈する（図1B・4）．すなわち，定圧熱容量はある特定の圧力下における関数 H の変数 T についての導関数である．これは次式で表される．

$$C_p = \frac{\mathrm{d}H}{\mathrm{d}T} \qquad \text{圧力一定} \qquad \text{定圧熱容量［定義］} \tag{9b}$$

コメント　この場合も正式にいえば，定圧熱容量は関数 H の変数 T についての偏導関数であるから，つぎのように書ける．

$$C_p = \left(\frac{\partial H}{\partial T}\right)_p$$

また，変数 p を一定に保てばこの値を求めることができ，大気にさらされた容器を用いれば測定も簡単にできる．

簡単な例示 1B・3

問題とする温度域で熱容量が一定であれば，（9a）式を $\Delta H = C_p \Delta T$ と書いて，その熱容量の値を使う．この式によれば，水 100 g（5.55 mol の H_2O）の温度を，一定の圧力下で 20 °C から 80 °C まで上げたとき（つまり $\Delta T = +60\,\mathrm{K}$）のエンタルピー変化は，

$$\Delta H = C_p \Delta T = nC_{p,\mathrm{m}} \Delta T$$
$$= (5.55\,\mathrm{mol}) \times (75.29\,\mathrm{J\,K^{-1}\,mol^{-1}}) \times (60\,\mathrm{K}) = +25\,\mathrm{kJ}$$

である．温度上昇が大きいほどエンタルピー変化も大きく，したがって，熱として必要なエネルギーも大きくなる．この計算には近似を用いていることに注意しよう．熱容量は実際には温度に依存するからで，ここでは問題の温度範囲での水の熱容量の平均値を使った．

$C_{p,\mathrm{m}}$ と $C_{V,\mathrm{m}}$（どちらもモル熱容量）の値の違いは気体では大きい（酸素では $C_{V,\mathrm{m}} = 20.8\,\mathrm{J\,K^{-1}\,mol^{-1}}$，$C_{p,\mathrm{m}} = 29.1\,\mathrm{J\,K^{-1}\,mol^{-1}}$ である）．それは，気体を加熱すれば体積が大きく変化するからである．一方，たいていの固体や液体では両者は無視できるほどの差しかない†．なお，完全気体では（実在気体でもふつうの条件下では近似的に）つぎの関係がある．

$$C_{p,\mathrm{m}} - C_{V,\mathrm{m}} = R \qquad \text{完全気体における モル熱容量の差} \tag{10}$$

物質の定圧モル熱容量は定容モル熱容量より常に大きい．その理由は，系が膨張することを許されれば，熱として加えたエネルギーの一部が仕事として外界へ逃げるからである．したがって，定圧での温度上昇は，定容での（膨張の仕事がないときの）温度上昇ほど大きくならない．そこで，定圧熱容量の方が大きくなるのである．

† 訳注：これは必ずしも正しくない．固体や液体では膨張による仕事は無視できるほど小さいが，気体に比べて等温圧縮率が小さいから，場合によっては両者の熱容量の差は気体と同じ程度の大きさになる．

1) constant-pressure heat capacity

重要事項のチェックリスト

- □ 1．完全気体のある温度での**内部エネルギー**は，それが占める体積に無関係である．
- □ 2．内部エネルギーは状態関数である．系の二つの状態間の内部エネルギー変化は，両者の間の経路に無関係である．
- □ 3．**熱力学第一法則**によれば，孤立系の内部エネルギーは一定である．
- □ 4．**均分定理**によれば，エネルギーに対する2乗項の寄与があれば，その平均値はそれぞれにつき $\frac{1}{2}kT$ である．
- □ 5．**エンタルピー**は状態関数である．系の二つの状態間のエンタルピー変化は，両者の間の経路に無関係である．

重要な式の一覧

式の内容	式	備　考	式番号
内部エネルギー変化	$\Delta U = w + q$	定　義	1
	$\Delta U = q_V$	非膨張仕事がないとき	3
定容熱容量	$C_V = \mathrm{d}U/\mathrm{d}T$	定義，体積一定	4b
エンタルピー	$H = U + pV$	定　義	5
エンタルピー変化	$\Delta H = \Delta U + p\Delta V$	圧力一定	6b
	$\Delta H = q_p$	非膨張仕事がないとき	8
定圧熱容量	$C_p = \mathrm{d}H/\mathrm{d}T$	定義，圧力一定	9b
モル熱容量の差	$C_{p,\mathrm{m}} - C_{V,\mathrm{m}} = R$	完全気体	10

トピック 1C

熱量測定

➤ **学ぶべき重要性**

熱量測定は，熱力学的な諸性質の変化を測定するための重要な手法であり，これを使えば，生物におけるエネルギーの供給源やその使用状況を調べることができる．

➤ **習得すべき事項**

熱として系に出入りするエネルギーを監視すれば，内部エネルギーやエンタルピーの変化を測定できる．

➤ **必要な予備知識**

内部エネルギー変化と一定体積下で加えられた熱の関係，エンタルピーの定義，エンタルピー変化と一定圧力下で加えられた熱の関係について知っている必要がある（トピック 1B）．

生物過程の多くは熱としてのエネルギー移動を伴っており，場合によっては，それが重要な生物機能を担っている．たとえば，温血動物では，熱を発生させたり逃したりして体温を最適に保つための何らかの機構を必要としている．一方，細胞過程に関連のあるエネルギー移動に気づけば，それは非常に有意義なものになるだろう．熱としてのエネルギー移動は，系内のエネルギー流に付随するいろいろな熱力学量と深い関係があるからである．**熱量測定**[1] は，物理過程や化学過程で起こる発熱や吸熱を研究する分野である．**熱量計**[2] は，熱として移動するエネルギーを測定する装置である．本トピックでは，栄養素や燃料，生物過程の研究によく使われる四つのタイプの熱量計について述べる．薬剤開発の研究で，いろいろな化合物とタンパク質の結合活性を調べる方法についても述べる．

1C・1 ボンベ熱量計

反応による熱出力を測定するのによく使う装置は**断熱ボンベ熱量計**[3] である（図 1C・1）．その反応は一定容積の容器“ボンベ”の中で開始される．ボンベは撹拌器つきの水槽に浸かっており，それ全体が熱量計である．この熱量計は，外側にある別の水槽に浸かっている．熱量計内の水の温度と外部水槽の温度の両方を監視し，後者の温度が熱量計本体と同じになるように調節される．これによって熱量計から外界（水槽）へ正味の熱損失が起こらないこと，つまり熱量計が断熱的であることが保証される．

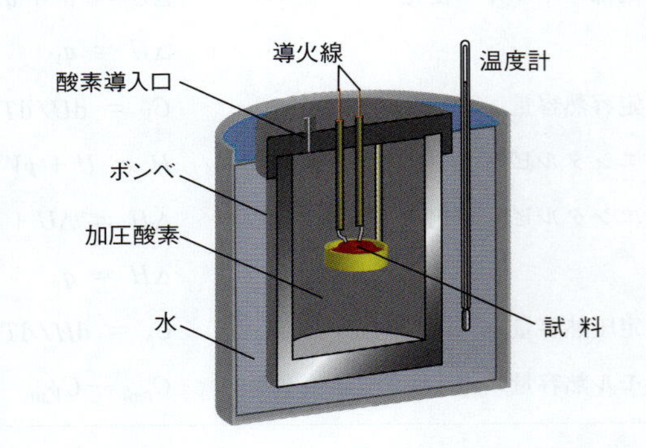

図 1C・1 定容断熱ボンベ熱量計．“ボンベ”は中央の容器で，高圧に耐えるようにつくられている．熱量計（その熱容量は既知でなければならない）は，この図に示した全体をいう．断熱条件を確保するために，熱量計全体はもうひとつ別の水槽に浸されており，その温度は燃焼によって変化する熱量計の温度に常に追随するように調節される．

このボンベの体積は固定されているから，その中で反応が起こって発生した熱は内部エネルギー変化そのものとみなせる（トピック 1B の (3) 式：$\Delta U = q_V$）．熱量計の温度変化 ΔT は熱として放出されたエネルギーに比例している．したがって，ΔT を測定すれば q_V の値がわかり，それは ΔU に等しい．ΔT から q_V への変換には，エネルギー出力が既知の過程を使って熱量計を校正し，つぎの式の**熱量計定数**[4] C を求めればよい．

$$q = C\Delta T \qquad \text{熱量計定数 [定義]} \qquad (1)$$

熱量計定数は熱容量に相当するが，熱量計がいろいろな材

1) calorimetry　2) calorimeter（“calor”はラテン語の“熱”に由来している．）　3) adiabatic bomb calorimeter
4) calorimeter constant

料で組立てられており，1種類の物質でないからこの名称になっている．熱量計の中に設置したヒーターに対して，既知の電位差$\Delta\phi$を与える電源から，一定の電流Iをある時間Δtのあいだ流して測ることができる．そうすれば（［必須のツール5］を見よ），

$$q = I\Delta\phi\,\Delta t \tag{2}$$

である．あるいはもう一つの方法として，安息香酸(C_6H_5COOH)の燃焼など，熱出力が既知の反応を用いてCを求めることができる．たとえば，C_6H_5COOHの1 mol当たりの熱出力は3227 kJである．こうしてCがわかれば，観測された温度上昇から熱として放出されたエネルギーを求めるのは簡単である．

定容熱量計はΔUの値を与えてくれる．ΔUをΔHに変換するにはトピック1Bの(7a)式($H_m = U_m + pV_m$)に注目する必要がある．これは，物質のモルエンタルピーとモル内部エネルギーの関係を表す式である．凝縮相であれば，ふつうの圧力下ではpV_mは小さくて無視できる．しかしながら，気体のモル体積，したがってpV_mの値は凝縮相の約1000倍も大きいから無視はできない．ここで，気体を完全気体として扱えば，pV_mをRTに置き換えられる．したがって，気相にある化学種について，化学反応式における化学量論係数の差（生成物 − 反応物）を$\Delta\nu_{gas}$とすれば，

$$\Delta H_m = \Delta U_m + \Delta\nu_{gas}RT \tag{3}$$

と書ける．$\Delta\nu_{gas}$（νはニューと読む）は次元のない単なる数であり，正（気体が発生するとき）または負（気体を消費するとき）である．

簡単な例示 1C・1

1 molのアミノ酸グリシンの一定体積下での燃焼によって熱として放出されるエネルギーは，298.15 Kで969.6 kJである．つまり，$\Delta U_m = -969.6\ \mathrm{kJ\ mol^{-1}}$である．このときの化学反応式は，

$$\mathrm{NH_2CH_2COOH(s)} + \frac{9}{4}\mathrm{O_2(g)} \longrightarrow 2\mathrm{CO_2(g)} + \frac{5}{2}\mathrm{H_2O(l)} + \frac{1}{2}\mathrm{N_2(g)}$$

であるから，$\Delta\nu_{gas} = (2+\frac{1}{2}) - \frac{9}{4} = +\frac{1}{4}$である．したがって，つぎのように計算できる．

$$\begin{aligned}\Delta H_m &= \Delta U_m + \frac{1}{4}RT = -969.6\ \mathrm{kJ\ mol^{-1}} \\ &\quad + \frac{1}{4}\times(8.3145\times10^{-3}\ \mathrm{kJ\ K^{-1}\ mol^{-1}})\times(298.15\ \mathrm{K}) \\ &= -969.6\ \mathrm{kJ\ mol^{-1}} + 0.62\ \mathrm{kJ\ mol^{-1}} \\ &= -969.0\ \mathrm{kJ\ mol^{-1}}\end{aligned}$$

1C・2 定圧熱量計

ボンベ熱量計は一定の容積をもつ装置であるから，燃焼の熱出力を測定して得られるのは，その反応に伴う内部エネルギー変化である．一方，**定圧熱量計**[1]を用いれば，一定の圧力下で起こる反応に伴う温度変化を監視することで，熱量測定法により反応のエンタルピー変化が求められる．このとき，トピック1Bで述べた(8)式($\Delta H = q_p$)を用いるのである．この種の簡単な熱量計の例として溶液反応を調べる装置があり，大気にさらされているが，熱的には絶縁された断熱容器から成る．このとき，反応によっ

必須のツール5 電荷，電流，仕事率，エネルギー

電荷[2] Qはクーロン(C)の単位で測る．電気素量eは，電子またはプロトン1個により運ばれる電荷の大きさであり，1.602×10^{-19} Cである†．電子の流れで**電流**[3] Iが生じる．電流の単位はアンペア(A)である．1 A = 1 C s^{-1}である．したがって，1 Aの電流というのは，毎秒6×10^{18}個の電子（10 μmolのe^-）に相当する．

電位差$\Delta\phi$（単位はボルト，V，1 V = 1 J C^{-1}である）のところを電流Iが時間Δtだけ流れると，これによって運ばれるエネルギーE（単位はジュール，J）は次式で表される．

$$E = I\Delta\phi\,\Delta t$$

このエネルギーは，仕事として与えることも（モーターを回すなどして），熱として与えることも（"ヒーター"を用いて）できる．ヒーターを用いたときには次式で表される．

$$q = I\Delta\phi\,\Delta t$$

仕事率[4] Pは，エネルギーを供給する速さのことで，ワット(W)の単位で表す．1 W = 1 J s^{-1}である．1 J = 1 A V sであるから，電気の単位で表せば1 W = 1 A Vである．したがって，電力はP =（時間Δtに供給されたエネルギー）$/\Delta t = I\Delta\phi\,\Delta t/\Delta t$となるから次式が得られる．

$$P = I\Delta\phi$$

† 訳注：電気素量の値は，いまでは厳密に定義されている．$e = 1.602176634\times10^{-19}$ Cである．

1) isobaric calorimeter　2) electric charge　3) electric current　4) power

て熱として放出されたエネルギーは，溶液の温度変化を測定することで求められる．一方，燃焼反応の場合は**断熱フレーム熱量計**[1]を使って，十分な酸素が供給されるなかで，ある質量の物質が燃焼するときのエンタルピー変化が測定される（図1C･2）．

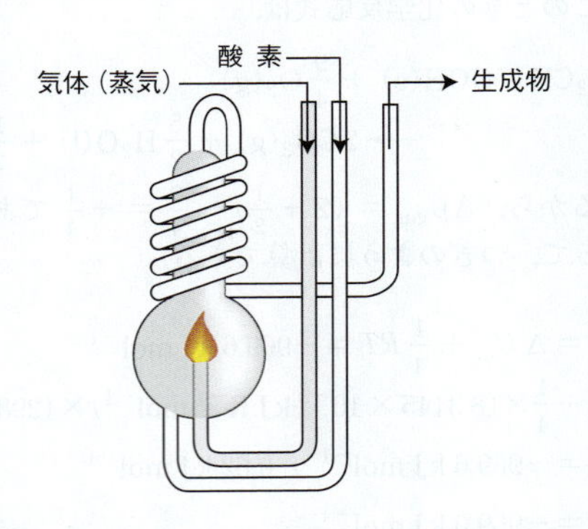

図1C･2 断熱フレーム熱量計．定圧熱量計の一種で，この装置を撹拌器つきの水槽に入れたものである．既知量の反応物を燃料として炎に送り込んで燃焼させ，温度上昇を測定する．

このような定圧熱量測定法（あるいは断熱ボンベ熱量計で求めたΔUをΔHに変換する方法）は栄養学研究に利用される手法の一つである．これによって栄養素のカロリー価や発熱価，総エネルギー（GE）含有量などが求められる．これらは用語こそ異なるが，いずれも生物が食物から得るエネルギーの目安になっている．栄養学ではキロジュールの単位の代わりにふつう，大カロリーもしくは栄養学的カロリーという単位（Cal）を使う．厳密に 1 Cal = 4.184 kJ で定義されている．そこで，カロリー価を表すにはふつう Cal g^{-1} の単位を用いる．大カロリーは日常会話で用いる（単にカロリーという）エネルギーの単位であり，食品の容器に記載してあるのがそうである．この単位は，いまだに一部の科学文献で見られるカロリーもしくは“小カロリー”という単位（cal）とは異なる．厳密に 1 cal = 4.184 J である．つまり，1 Cal = 1 kcal である．

カロリー価は**比エンタルピー**[2] ΔH_s と関係が深い．それは，栄養素の定圧下での燃焼で熱として放出されたエネルギー q_p を，用いた試料の質量 m で割ったものと定義されており，その単位には kJ g^{-1} もしくは Cal g^{-1} が用いられる．ただし正の値で表す．

例題1C･1 タンパク質の比エンタルピーの測定

あるタンパク質の比エンタルピーを測定する実験で，75.0 mg の試料を定圧熱量計の中で燃焼させたところ 3.22 °C の温度上昇があった（つまり，$\Delta T = +3.22$ K）．別の実験で，この熱量計に取付けたヒーターに 12.0 V の電源から 1.23 A の電流を 156 s 間だけ流したところ，4.47 °C の温度上昇があった（つまり，$\Delta T = +4.47$ K）．このタンパク質の比エンタルピーはいくらか．答を kJ g^{-1} と Cal g^{-1} の単位で表せ．

考え方 まず，電気的な加熱で供給されたエネルギーを計算し，このときの熱量計定数 C を求める．それには (2) 式と 1 A V s = 1 J の関係を用いる．次に，この熱量計定数と $q_p = C\Delta T$ と書いた式を用いて，燃焼で観測された温度上昇から熱出力 q_p へと変換すればよい．

解答 校正実験で発生した熱は，

$$q_p = I\Delta\phi\,\Delta t = (1.23\,\text{A}) \times (12.0\,\text{V}) \times (156\,\text{s}) = 1.23 \times 12.0 \times 156\,\underbrace{\text{A V s}}_{\text{J}} = 2.30\cdots\,\text{kJ}$$

と計算できる．このとき $\Delta T = +4.47$ K であるから熱量計定数は，

$$C = \frac{q_p}{\Delta T} = \frac{2.30\cdots\,\text{kJ}}{4.47\,\text{K}} = 0.51\cdots\,\text{kJ K}^{-1}$$

である．一方，燃焼実験では $\Delta T = +3.22$ K であるから，このタンパク質の燃焼による熱出力は，

$$q_p = C\Delta T = (0.51\cdots\,\text{kJ K}^{-1}) \times (3.22\,\text{K}) = 1.65\cdots\,\text{kJ}$$

である．用いた試料の質量は 75.0 mg，つまり 7.50×10^{-2} g であるから，その比エンタルピーは，

$$\Delta H_s = \frac{q_p}{m} = \frac{1.65\cdots\,\text{kJ}}{7.50 \times 10^{-2}\,\text{g}} = 22.1\cdots\,\text{kJ g}^{-1}$$

と計算でき，22.1 kJ g^{-1} である．1 Cal = 4.184 kJ であるから，つぎのように表すこともできる．

$$\Delta H_s = (22.1\cdots\,\text{kJ g}^{-1}) \times \frac{1\,\text{Cal}}{4.184\,\text{kJ}} = 5.29\,\text{Cal g}^{-1}$$

ノート 最終段階まで計算をせずに（少なくとも，計算途中で得られた値を丸めないで），数値をそのまま残すだけでなく，単位も計算の各段階で付けたまま残しておこう．

食品を試料とした燃焼実験から求めた熱出力は，生物に対するカロリー価より大きい．たとえば，タンパク質の燃焼熱は約 5.3 Cal g^{-1} であるが，そのカロリー価は約 4 Cal g^{-1} しかない．その理由として，まず，燃焼反応では試料に含まれる窒素は N_2(g) に変換される．一方，生体内ではいろいろなタンパク質や核酸に組込まれたり，あるい

1) adiabatic flame calorimeter 2) specific enthalpy

は尿素に変換されてから排泄されたりしているからである．第二の理由として，燃焼では試料に含まれる成分すべて（タンパク質や脂肪，炭水化物など）が燃やされるのに対して，生体内ではすべての物質が吸収されたり，消化されたりするわけではない．たとえば，食物繊維はそのまま排泄され，エネルギーとして使われることがないからである．

実際にカロリー価を求めるには，別の間接的な手法が使われている．代表的なタンパク質（あるいは炭水化物や脂肪など）の燃焼熱は，すでに多くが測定されていて，その平均値が求められている．そこで，タンパク質に含まれる窒素の含有量や，いろいろな栄養素の吸収や消化の効率を考慮に入れるために適切な補正を行っているのである．“アトウォーター係数”による補正後の平均値は，タンパク質では 4.0 Cal g^{-1}，炭水化物では 4.0 Cal g^{-1}，脂肪では 9.0 Cal g^{-1}，アルコールでは 7.0 Cal g^{-1}，水やミネラル類では 0 としている．食料品それぞれのカロリー価は，その組成を分析すれば計算できる．

簡単な例示 1C・2

質量 25.4 g の代表的なパン一切れには，11.5 g の炭水化物と 9.0 g の水，3.5 g のタンパク質，1.0 g の脂肪，0.4 g のミネラル（たいていは Na や K の塩化物）が含まれている．アトウォーター係数から求めたカロリー価は，つぎのように計算できる．

$$\frac{(11.5\,\mathrm{g}\times 4.0\,\mathrm{Cal\,g^{-1}})+(3.5\,\mathrm{g}\times 4.0\,\mathrm{Cal\,g^{-1}})+(1.0\,\mathrm{g}\times 9.0\,\mathrm{Cal\,g^{-1}})}{25.4\,\mathrm{g}}$$
$$= 2.7\,\mathrm{Cal\,g^{-1}}$$

1C・3　示差走査熱量計

示差走査熱量計[1]（DSC）は，これまで述べた熱量計よりもっと洗練されている．“示差”という用語を用いているのは，分析中に物理変化や化学変化を示さない参照物質を使って，それとの比較で測定試料の振舞いを調べる手法だからである．また，“走査”という用語を用いているのは，試料と参照物質を系統的に昇温（走査）することにより熱分析を行うからである．

DSC は二つの小室から成り，これを一定の速さ $\alpha = \mathrm{d}T/\mathrm{d}t$（単位は K s^{-1}）で電気的に加熱する（図 1C・3）．すなわち，加熱中の無限小時間 dt が経過すれば，化学変化や物理変化が特にない参照側の温度は $\mathrm{d}T = \alpha\,\mathrm{d}t$ だけ上昇する．この時間に供給されるエネルギーは $P(t)\,\mathrm{d}t$ である．

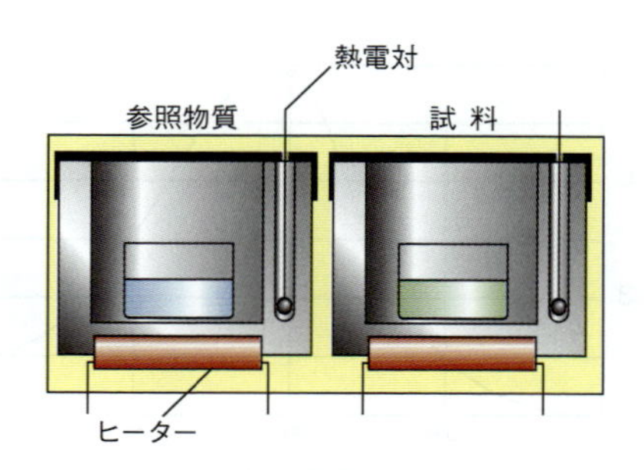

図 1C・3　示差走査熱量計．試料と参照物質は，全く同じ造りの小室にそれぞれ納められ，全体が加熱される．出力されるのは，昇温したとき両方の小室の温度を等しく保つのに必要な電力の差である．

ここで，$P(t)$ は時間 t における電力（単位 W）である（［必須のツール 5］を見よ）．この走査は時間に対して直線的であるから，$\mathrm{d}t = \mathrm{d}T/\alpha$ の関係を使えば，時間 t を温度 T に置き換えることができる．いまの場合は，温度 T に到達したときに参照側に供給されるエネルギーは $q_{\mathrm{ref}} = P(T)\,\mathrm{d}T/\alpha$ である．一方，これと全く同じ電力が試験試料に加えられれば，その試料が化学変化や物理変化を起こさない限り，温度上昇は全く同じはずである†．ここで，もし試料側で吸熱過程が起これば，参照側の温度と等しく保つためには，試料側に余分のエネルギー $\mathrm{d}q_{\mathrm{ex}} = P_{\mathrm{ex}}(T)\,\mathrm{d}T/\alpha$ を供給しなければならない．$P_{\mathrm{ex}}(T)$ は，温度 T のときに供給する必要のある過剰電力である．ここで大事なことは，この走査は一定の圧力下で行われるから，$\mathrm{d}q_{\mathrm{ex}}$ は，試料中で起こっている反応によるエンタルピー変化 dH に等しいということである．したがって，$\mathrm{d}H = P_{\mathrm{ex}}(T)\,\mathrm{d}T/\alpha$ とすることができ，温度が T_{i} から T_{f} に変化し，注目する過程に伴うエンタルピーが H_{i} から H_{f} に変化するときの全走査を考えれば，

$$\overbrace{\int_{H_\mathrm{i}}^{H_\mathrm{f}} \mathrm{d}H}^{\Delta H} = \frac{1}{\alpha}\int_{T_\mathrm{i}}^{T_\mathrm{f}} P_{\mathrm{ex}}(T)\,\mathrm{d}T$$

とすることができる．右辺の積分は，得られる**サーモグラム**[2] の面積に相当している（トピック 1A の［必須のツール 2］を見よ）．サーモグラムというのは，温度に対して $P_{\mathrm{ex}}(T)$ をプロットしたグラフのことであるから，試料で起こっている過程のエンタルピー変化を求めるには，その面積を測定してから定数 α で割ればよい．一方，P_{ex} は過剰熱容量 $C_{p,\mathrm{ex}}$ に比例しているから，得られたサーモグラムは $C_{p,\mathrm{ex}}$ の温度変化とみなすことができる．

示差走査熱量測定は，生体高分子の変性（コンホメーションの喪失）を研究するための強力な手法である．生体高分子にはそれぞれ，三次元構造が解けて（アンフォール

† 訳注：実際には，両者の熱容量をほぼ等しくしておく必要がある．
1) differential scanning calorimeter　2) thermogram

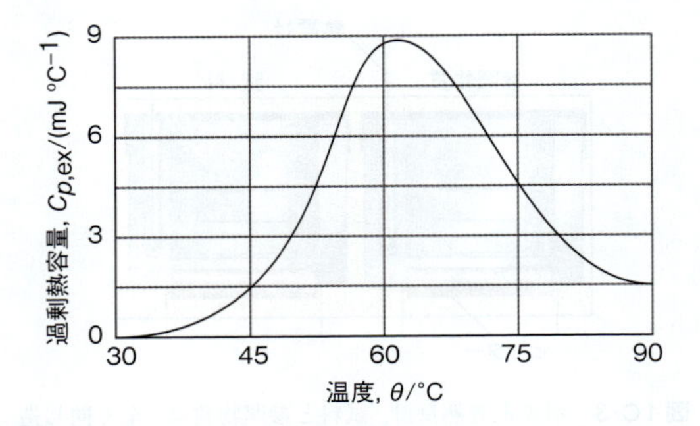

図1C･4　タンパク質のユビキチンで得られたサーモグラム．このタンパク質は約45 °C以下ではネイティブ構造を保っているが，それ以上の温度で吸熱を伴うコンホメーション変化を起こす．〔B. Chowdhry, S. LeHarne, *J. Chem. Educ.*, **74**, 236 (1997) から引用.〕Copyright ©1997 American Chemical Society

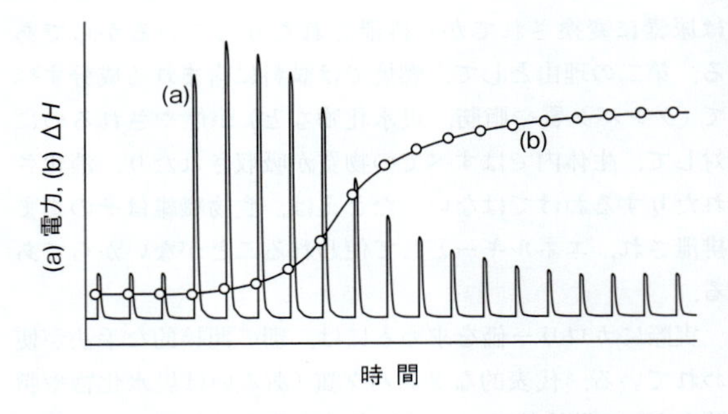

図1C･6　(a) 試薬を間欠的に注入したときに加えた電力を連続的に記録したもの．(b) 逐次変化するエンタルピー変化の和をとれば，それは滴定の進行に伴う変化として記録される．

ディング）生物学的な機能が失われる特性温度，**融解温度**[1] T_m がある．たとえば図1C･4のサーモグラムは，広く普遍的に存在するタンパク質のユビキチンが，約45 °Cまではネイティブ（天然）構造を保っていて，それ以上の温度ではある変性状態に“融解”することを示している．サーモグラムの曲線の下の面積は，この過程で吸収された熱量を表しており，その過程のエンタルピー変化とすることができる．また，変性前後で熱容量のベースラインに段が見られるが，これは天然形 → 変性形 の転移に伴う熱容量の増加を反映したものである．示差走査熱量測定は，質量0.5 mg程度の少ない試料で熱分析を行えるので，このような研究を行う簡便な手法の一つになっている．

1C･4　等温滴定熱量計

等温滴定熱量測定[2]（ITC）も“差”を検出する手法であり，試料側と参照側の熱的な振舞いを比較するものである．図1C･5に装置の概略を示す．容積が数 cm^3 の熱伝導のよい容器の一方には参照溶液（たとえば水）が入れてあり，数 mW のヒーターが取付けてある．もう一方の容器

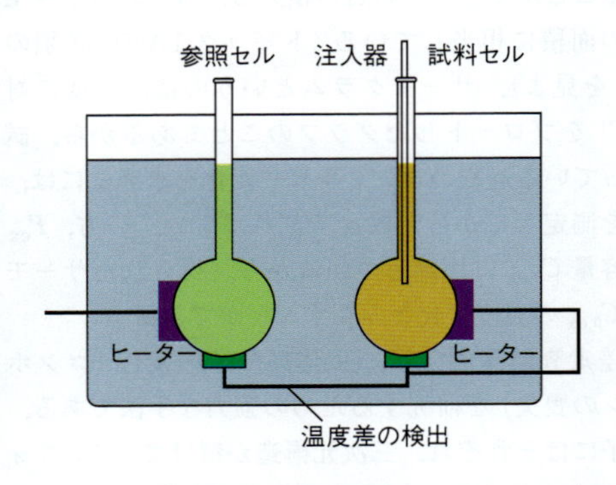

図1C･5　等温滴定熱量測定に用いる装置の概略．

（反応容器）には，結合サイトをもつ高分子の溶液などの反応試薬が入れてあり，やはり同様のヒーターが取付けてある．実験のはじめは，両方の容器の温度は同じである．次に，物質量を精密に測った第二の試薬（体積は約1 mm^3）をこの反応容器に注入する．それで反応容器と参照容器の温度差をなくすのに必要な電力を監視するのである．もし反応が発熱的であれば電力をあまり必要としない（あるいは見かけ上，負の電力として観測される）が，吸熱的であれば多くの電力が必要である．

吸熱反応の場合の代表的な結果を図1C･6に示す．縦軸は，温度差を消すのに必要な電力である．試薬を間欠的に注入（i 番目の注入）したときの電力 P_i と時間 Δt とから，熱として供給したエネルギー q_i は $q_i = P_i \Delta t$ から計算できる．溶液の体積を V，i 番目の注入時の未反応試薬Aのモル濃度を c_i とすれば，その注入による濃度変化は Δc_i であり，反応により発生した熱（または吸収された熱）は $V\Delta_\mathrm{r}H\Delta c_i = q_i$ で表される．この量を全部加えれば，Δc_i の和は反応試薬の初期濃度が既知であるから求めることができ，この反応の $\Delta_\mathrm{r}H$ が計算できるのである．

1C･5　具体例：熱量測定を用いて小分子の薬剤としての可能性を調べる方法

薬剤が有効に作用するのはたいていの場合，あるタンパク質に結合して，その活性を変化させることによっている．新薬を発見する方法の一つは，膨大な数の小分子（有望な10万ほどの候補から選んだ5000以上の分子）を調べ尽くすことであり，標的とするタンパク質に対する結合や生物活性を調べるのである．この結合はいろいろな手法で検出できるが，熱量測定法はその一つである．

熱量測定の実験では，標的タンパク質の溶液に候補の薬剤を加えたときのエンタルピー変化に注目し（ふつうは

1) melting temperature　2) isothermal titration calorimetry

ITC で測定する）結合の兆候を調べる．あるいは，**サーマルシフトアッセイ**[1] では，タンパク質の変性温度を DSC で測定している．それは，薬剤-タンパク質の複合体はふつう熱力学的に安定であるから，元のタンパク質より高温側で変性を起こすからである．

熱量測定法は，創薬という観点で，蛍光測定（トピック 11D）に基づく方法をしのぐ有利なところがある．すなわち，小分子とタンパク質のどちらにも蛍光標識する必要がない．標識を付ければ結合性に影響を与えたり，肯定的な間違った結果を与えたりしかねないからである．エンタルピー変化の大きさや変性温度の変化は，結合の強さに直結する重要な知見なのである．

熱量測定法にも欠点はある．比較的多量（1 回の実験にふつうは 0.1 mg）のタンパク質が必要である．しかし，このようなタンパク質は抽出するのも，純粋な試料を得るのも困難である．一方，蛍光法では 50 pg もの少量で測定が可能である．さらに，熱量測定では非常に弱い結合を検出できない．それは，非常に小さなエンタルピー変化を検知する必要があるからである．熱量測定法はまた，分光法より時間がかかるという欠点もある．したがって，候補リストにある薬剤を全部，しかも迅速に調査するのには不向きである．とはいえ，熱量測定法は，肯定的でありながら間違った結果を与える可能性はほとんどないから，他の方法で候補の数が絞られた最終段階で採用するのが得策である．

重要事項のチェックリスト

- □ 1．**熱量測定法**は，物理過程や化学過程により放出されたり吸収されたりした熱の研究に用いる．
- □ 2．**熱量計**は，熱として移動するエネルギーを監視する装置である．
- □ 3．**断熱ボンベ熱量計**を用いれば ΔU の値が得られる．一方，**定圧熱量計**を用いれば ΔH の値が得られる．
- □ 4．**比エンタルピー**とは，一定圧力下で試料を燃焼させて得られた熱出力を，試料の質量で割ったものである．
- □ 5．**サーモグラム**は．示差走査熱量計で得られるグラフであり，温度に対して過剰電力をプロットしたものである．

重要な式の一覧

式の内容	式	備　考	式番号
熱量計定数	$C = q/\Delta T$	実験で求める	1
電気的な加熱	$q = I\Delta\phi\Delta t$	I の単位 A，$\Delta\phi$ の単位 V	2
エンタルピーと内部エネルギーの関係	$\Delta H_{\mathrm{m}} = \Delta U_{\mathrm{m}} + \Delta\nu_{\mathrm{gas}}RT$	気体は完全気体とみなす	3

1）thermal shift assay

トピック 1D

基本となる過程

➤ 学ぶべき重要性

生化学過程の多くは一連の段階を経て起こる．なかには，バルクとしての変化を伴う段階もあれば，個々の分子が変化する段階もある．

➤ 習得すべき事項

異なる段階のエンタルピー変化は，同じ温度での値であれば加えてよい．

➤ 必要な予備知識

エンタルピーの定義と，エンタルピーが状態関数であることを知っていればよい（トピック 1B）．

熱力学でよく用いるアプローチは，注目する過程をもっと単純な過程に分解してみることである．全過程に伴うエンタルピー変化は，分解後の個々の段階のエンタルピー変化の合計に等しい．よく出会う段階には，相転移やイオン化と電子付加，結合の解離と形成などがある．相転移には凝固や融解，蒸発などがあり，生体膜でも類似の現象がある．イオン化は電子を 1 個以上失う過程であり，電子付加はその逆である．この過程は，K^+ や Cl^- など細胞内の溶液にあるイオンの役割を熱力学的に解析しようとするときに関わってくる．また，細胞の代謝で起こる電子移動反応でもきわめて重要である．結合解離と結合形成は多くの化学反応の基本的な段階を担っており，生化学的に重要な反応に伴う全エンタルピー変化を解析するのにも不可欠な段階である．

これらの過程を定量的に表すには，それが起こる圧力や温度などの条件を指定しなければならない．入手できるデータはふつう，注目する温度における物質の“標準状態”で表されている．

ある物質の**標準状態**[1] とは，圧力が厳密に 1 bar で，純粋にその物質だけが存在する状態である．

標準状態［定義］

ある熱力学的性質の値が標準状態でのものであることを表すのに，その性質の記号に上付きの記号（$^{\ominus}$）を添えて，標準モルエンタルピーを $H_m^{\ominus}$ と書いたり，標準圧力 1 bar（厳密に 100 kPa に等しい）を $p^{\ominus}$ と書いたりする．たとえば，気体の二酸化炭素の標準状態は 1 bar の純粋な気体をいう．また，固体の炭酸カルシウムの標準状態は 1 bar での純粋な固体であるが，それが方解石なのかアラレ石なのか形態までを指定しなければならない．溶液中の溶質の標準状態は，標準モル濃度 $c^{\ominus} = 1\ \mathrm{mol\ dm^{-3}}$ での値と定義されている．

標準状態の定義に 1 bar でなく 1 atm（101.325 kPa）を使っているのを見かけるかもしれない．それは古い定義であり，現在では使われていない．たいていの場合，1 atm でのデータは 1 bar のデータとわずかしか違わない．また，教科書によっては 298.15 K を標準状態の定義に使っているのを見かけるかもしれない．しかし，これは誤りである．温度は標準状態の定義には含まれない．標準状態にはどの温度を使ってもよい（しかし，指定する必要がある）．たとえば，水蒸気の標準状態を 100 K や 273.15 K など，任意の温度で定義することが可能である．しかし，ふつうは 298.15 K（25.00 °C）という**慣用温度**[2] でデータを表す習慣になっている．そこで，本書でも特に指定しない限り，データはすべてこの温度におけるものとする．一般に，ある物質の温度 T における標準状態での熱力学量 X の値を $X^{\ominus}(T)$ と表し，その変化量を $\Delta X^{\ominus}(T)$ で表す．すでに述べたように，本書では，ほとんどのデータは慣用温度でのものであるから，温度を省略して標準状態での値を $X^{\ominus}$ や $\Delta X^{\ominus}$ と書いて簡単に表すことにする．

最後に，標準状態は必ずしも安定状態である必要はない．それどころか，実際に実現できなくてもよいことに注意しよう．たとえば，水蒸気の 25 °C における標準状態は 1 bar の水蒸気であるが，この温度および圧力の水蒸気は実際にはすぐに凝縮して液体の水になってしまうのである．

1D・1 相 転 移

相[3] とは，物質全体にわたって組成と物理状態が一様な特定の状態のことをいう．水の液体状態と蒸気状態とは別の相である．“相”という用語は“ものの状態”という場合

1）standard state　2）conventional temperature　3）phase

よりもっと具体的に表すときに使う．物質によっては二つ以上の形態の固体が存在して，どちらも固相だからである．氷には少なくとも 12 種類の形態が存在しているが，生化学で重要となる“ふつうの氷”は氷 I だけである．気体状態が 2 種類以上ある物質はないから，“気相”と“気体状態”とは実際上同じである．複数の液相が存在するのはヘリウムだけである．水にも二つの液相があると示唆する証拠が見つかっているが，まだよくわかっていない．

同じ物質で起こるある相から別の相への変換を**相転移**[1]という．たとえば，二つの固相間の（鉱物で見られる アラレ石 → 方解石 のような）変換を相転移というように，蒸発（液体 → 気体）も相転移の一種である．もっと複雑な系では相の数が多く，多数の相転移に出会う．たとえば，細胞膜に見られる脂質二重層はいろいろな相として存在しうる．あまりよくわかっていないが，細胞の区画内の水溶液の環境では相分離も起こっているらしい．

ほんの少しの例外を除けば，相転移は何らかのエンタルピー変化を伴う．ふつうは原子や分子の再配列にエネルギーが必要だからである．液体の蒸発は吸熱的である（$\Delta H > 0$）．水たまりの水が蒸発して水蒸気に変わるのも同じである．その変化をひき起こすには熱としてのエネルギーが必要だからである．蒸発を分子レベルで考えれば，分子間に働く引力的な相互作用から分子が逃れる過程であり，それにはエネルギーが必要なのである．

標準条件のもとで蒸発する（つまり，1 bar での純液体から 1 bar での純蒸気に変化する）分子 1 mol 当たりに対して熱として加えるべきエネルギーを，その液体の**標準蒸発エンタルピー**[2]といい，$\Delta_{\mathrm{vap}}H^{\ominus}$ で表す（表 1D･1）．たとえば，1 bar において 25 °C では 1 mol の $H_2O(l)$ を蒸発させるのに 44 kJ の熱が必要であるから，$\Delta_{\mathrm{vap}}H^{\ominus} = +44\ \mathrm{kJ\ mol^{-1}}$ である[†]．

ノート　下付き添字の vap を Δ に付けるのは国際的な取決めである．しかし，H に付けて ΔH_{vap} と書くやり方もまだ見かける．蒸発エンタルピーは常に正であるから，ふつうは表のデータに符号を付けることはしない．

同じことを表すもう一つのやり方は**熱化学方程式**[3]を書くことである．それは，両辺で均衡のとれた化学反応式を書いて，それに標準エンタルピー変化の値を添えたものである．その値は，反応式にある量論係数をモル単位として，反応物が完全に反応したときに相当する標準エンタルピー変化である．いまの場合は，

$$\mathrm{H_2O(l)} \longrightarrow \mathrm{H_2O(g)} \qquad \Delta H^{\ominus} = +44\ \mathrm{kJ}$$

である．すでに述べたように，特に温度を指定しない限りデータは 298.15 K（25.00 °C）でのものである．この場合のエンタルピー変化は，1 mol の $H_2O(l)$ の蒸発によるものである．量論係数が 2 倍になれば熱化学方程式もつぎのように書く．

$$2\mathrm{H_2O(l)} \longrightarrow 2\mathrm{H_2O(g)} \qquad \Delta H^{\ominus} = +88\ \mathrm{kJ}$$

この式は，1 bar，298.15 K で $H_2O(l)$ を 2 mol だけ蒸発させるには 88 kJ の熱が必要であることを示している．

摂取した食物の酸化で放出された熱の一部は，人間の体温をふつう 35.6〜37.8 °C の範囲に維持するのに使われる．このホメオスタシス（恒常性）にはいろいろな機構が関わっている．からだ全体にわたり体温を均一に保とうとするのは血流によるところが大きい．エネルギーを熱として急激に発散させる必要があるときは，皮膚の毛細血管に温かい血液を流す．これによって皮膚は赤みを帯びる．放射は熱としてエネルギーを発散させる方法の一つである．もう一つは蒸発である．水の蒸発にはエネルギーが必要なのである．

簡単な例示 1D･1

水の蒸発エンタルピー（体温では $\Delta_{\mathrm{vap}}H^{\ominus} = 44\ \mathrm{kJ\ mol^{-1}}$）とモル質量（$M = 18\ \mathrm{g\ mol^{-1}}$），質量密度（$\rho = 1.0\ \mathrm{g\ cm^{-3}}$，つまり $1.0 \times 10^3\ \mathrm{g\ dm^{-3}}$）を使えば，発汗により 1.0 L（$1.0\ \mathrm{dm^3}$）の水が蒸発することで熱として放出されるエネルギーは，

$$q_p = \Delta H^{\ominus} = n\Delta_{\mathrm{vap}}H^{\ominus} \overset{n=m/M}{=} \frac{m}{M}\Delta_{\mathrm{vap}}H^{\ominus} \overset{m=\rho V}{=} \frac{\rho V}{M}\Delta_{\mathrm{vap}}H^{\ominus}$$

$$= \frac{(1.0 \times 10^3\ \mathrm{g\ dm^{-3}}) \times (1.0\ \mathrm{dm^3})}{18\ \mathrm{g\ mol^{-1}}} \times (44\ \mathrm{kJ\ mol^{-1}})$$

$$= 2.4\ \mathrm{MJ}$$

と計算できる．激しい運動で汗をかけば（視床下部にある熱センサーの働きによる），1 h の間に 1〜2 $\mathrm{dm^3}$ の汗をかく．これはエネルギーに換算して 2.4〜5.0 $\mathrm{MJ\ h^{-1}}$ に相当する．

標準蒸発エンタルピーはものによって大きく異なる．たとえば水の値は $44\ \mathrm{kJ\ mol^{-1}}$ であるが，メタンは沸点で $8\ \mathrm{kJ\ mol^{-1}}$ にすぎない．蒸発温度が違うとはいえ蒸発エンタルピーのこのような差は，液体では水分子がメタン分子

† 訳注：表 1D･1 には，転移温度（水の沸点の場合は 373.2 K）での標準転移エンタルピー（標準蒸発エンタルピーなど）が掲載されているから注意が必要である．

1）phase transition　2）standard enthalpy of vaporization　3）thermochemical equation

表1D・1　代表的な物理変化の転移温度での標準転移エンタルピー*1

物　質	化学式	凝固点 T_f/K	$\Delta_{fus}H^\ominus$/(kJ mol^{-1})	沸点 T_b/K	$\Delta_{vap}H^\ominus$/(kJ mol^{-1})
アンモニア	NH_3	195.4	5.65	239.7	23.4
アルゴン	Ar	83.8	1.2	87.3	6.5
ベンゼン	C_6H_6	278.6	9.87	353.3	30.8
エタノール	C_2H_5OH	158.7	4.60	351.5	38.6
ヘリウム*2	He	3.5	0.02	4.22	0.08
過酸化水素	H_2O_2	272.7	12.50	423.4	51.6
水　銀	Hg	234.3	2.292	629.7	59.30
メタン	CH_4	90.7	0.94	111.7	8.2
メタノール	CH_3OH	175.5	3.16	337.2	35.3
プロパノン（アセトン）	CH_3COCH_3	177.8	5.72	329.4	29.1
水	H_2O	273.15	6.01	373.2	40.7

*1　転移温度は1 atmでの値であるが，1 barでの値との違いは（非常に精密な値が必要な場合を除けば）無視できるほど小さい．
*2　ヘリウムは1 barでは固体にならないから，加圧下での凝固である．

よりも強く凝集した状態にあることを示している．初等化学で学んでいるはずであるが，水の揮発性が低いのは，まわりの水分子との水素結合による．水の蒸発エンタルピーが大きいことは生態学的にも重要な意味をもっている．それは，いまでも海が存在していること，地球表面の平均的な温度のところでは大気の湿度が比較的低く保たれていることの原因の一つだからである．わずかの熱で海の水が蒸発するのであれば，もっと飽和に近い水蒸気を含む大気になっていたに違いない．

身近に見られるもう一つの相転移は**融解**[1]で，氷が融ける場合がそうである．標準条件のもとでの融解（1 bar下の純固体から1 bar下の純液体への変化）に伴うモルエンタルピー変化を**標準融解エンタルピー**[2]といい，$\Delta_{fus}H^\ominus(T)$で表す．0 °Cの水では$+6.01$ kJ mol^{-1}である．蒸発エンタルピーの場合と同様，融解エンタルピーも常に正なので，データ表に書くときには符号を付ける必要はない．水の融解エンタルピーは，蒸発エンタルピーよりずっと小さいことに注意しよう．蒸発によって分子は互いに遠くに離れてしまうのに対し，融解では分子どうしはさほど離れず，結びつきがいくぶん弱まる程度である（図1D・1）．

蒸発の逆は**凝縮**[3]，融解の逆は**凝固**[4]である．それぞれに伴うエンタルピー変化は，蒸発や融解のエンタルピーの符号を負にしたものである．それは，蒸発や融解に必要なちょうどその分のエネルギーが凝縮や凝固によって放出されるからである†．一般的に表せば，逆方向の変化に対するエンタルピー変化は，正方向の変化に対するエンタルピー変化の符号を変えたものである（ただし，温度と圧力は同じとする）．たとえば，

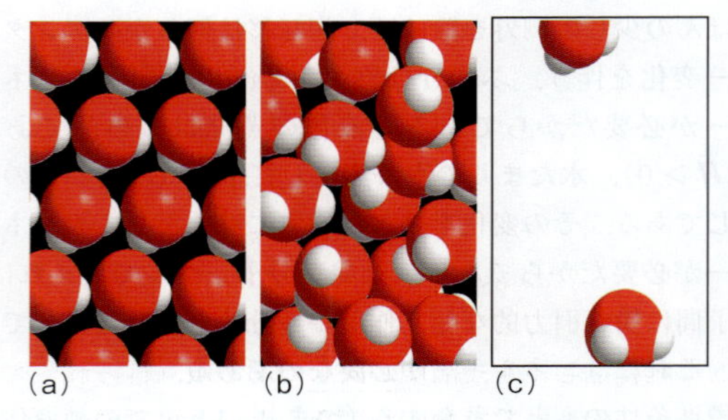

図1D・1　固体（a）が融けて液体（b）になれば分子どうしはほんの少し離れて（水の場合は密になるものの），分子間相互作用はわずかに減少する．そのためエンタルピーにはわずかな変化しか見られない．液体が蒸発すれば分子どうしはずいぶん離れ（c），分子間力はほとんど0になる．そのためエンタルピー変化はずっと大きい．

$$H_2O(s) \longrightarrow H_2O(l) \qquad \Delta H^\ominus(273\ \mathrm{K}) = +6.01\ \mathrm{kJ}$$

$$H_2O(l) \longrightarrow H_2O(s) \qquad \Delta H^\ominus(273\ \mathrm{K}) = -6.01\ \mathrm{kJ}$$

である．一般には次式で表せる．

$$\Delta_{正}H^\ominus(T) = -\Delta_{逆}H^\ominus(T) \qquad (1)$$

この関係はHが状態関数であることから導かれる．そこで，正方向の変化の後で逆方向の変化が起こればHは元の値に戻るはずである（図1D・2）．水の標準蒸発エンタルピーが大きい（$+44$ kJ mol^{-1}），つまり大きな吸熱を伴う過程であるといえば，同時に水の凝縮が大きな発熱を伴う過程（-44 kJ mol^{-1}）であるといったことになる．水蒸気に触れるとひどい火傷を負うのは，この分のエネルギーが

†　いまではあまり使われなくなった“潜熱（latent heat）”という用語は，加えた熱が温度上昇として現れないことに由来している．蒸発の潜熱や融解の潜熱は，いまでは蒸発エンタルピーや融解エンタルピーという．

1）fusion．melting ともいう．　2）standard enthalpy of fusion　3）condensation　4）freezing

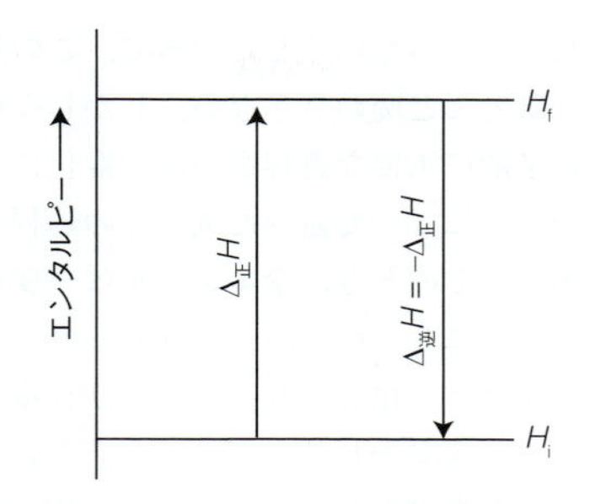

図1D・2　第一法則の結果として，逆過程のエンタルピー変化と正過程のエンタルピー変化は逆符号で値の大きさは等しい．

皮膚に渡されるからである．

固体から蒸気への直接の変化を**昇華**[1]という．その逆過程は**凝華**[2]である．寒くて霜が降りた朝には昇華が観測できることがある．霜が融けることなく蒸気となって消え去るのである．逆に，霜は冷たくて湿気の多い大気から凝華によってできる．固体の二酸化炭素（“ドライアイス”）でも昇華が見られる．昇華に伴う標準モルエンタルピー変化を**標準昇華エンタルピー**[3]といい$\Delta_{sub}H^{\ominus}$で表す．エンタルピーは状態関数なので固体から蒸気に直接変化しても，固体が融けてまず液体となりそれが蒸発するような間接的な変化をしても，温度が同じである限り得られるエンタルピー変化は同じでなければならない．すなわち，

$$\Delta_{sub}H^{\ominus}(T) = \Delta_{fus}H^{\ominus}(T) + \Delta_{vap}H^{\ominus}(T) \qquad (2)$$

である．この結果（図1D・3）は，生体エネルギー論でよく使うつぎの便利な関係の一例にすぎない．

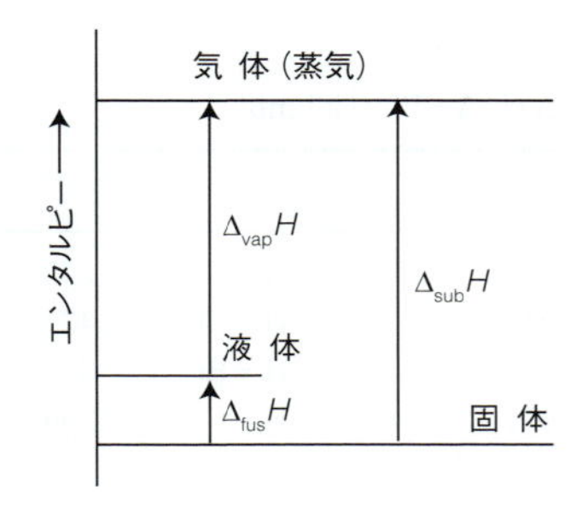

図1D・3　ある温度での昇華エンタルピーは，同じ温度での融解エンタルピーと蒸発エンタルピーの和である．第一法則により，全過程のエンタルピー変化は部分過程のエンタルピー変化の和である．それが仮想的な過程であってもよい．

ある過程をいくつかの段階（実際に観測されるものでも仮想的なものでもよい）に分けて考えたとき，全過程のエンタルピー変化は各段階のエンタルピー変化の和に等しい．

簡単な例示1D・2

（2）式を正しく使うには，加えるエンタルピーは同じ温度での値でなければならない．たとえば，0 °Cにおける水の昇華エンタルピーを求めたければ，この温度での融解エンタルピー（6.01 kJ mol^{-1}）と蒸発エンタルピー（45.07 kJ mol^{-1}）を加えなければならない．違う温度の転移エンタルピーを加えても意味のない結果を得るだけである．この場合は，つぎのようにして求める．

$$\begin{aligned}\Delta_{sub}H^{\ominus}(273\,\mathrm{K}) &= \Delta_{fus}H^{\ominus}(273\,\mathrm{K}) + \Delta_{vap}H^{\ominus}(273\,\mathrm{K})\\ &= 6.01\,\mathrm{kJ\,mol^{-1}} + 45.07\,\mathrm{kJ\,mol^{-1}}\\ &= 51.08\,\mathrm{kJ\,mol^{-1}}\end{aligned}$$

ノート　モル量は，モル当たりの物理量であり，kJ mol^{-1}などという単位で表す．同じ性質でも単に1 molの物質が示す量の大きさを表すだけの場合は，意味合いが少し違うので区別する†．後者の場合は，単にkJなどと表す．転移エンタルピー$\Delta_{trs}H$はモル量である．

1D・2　イオン化

原子や分子が起こす最も単純な物理過程は，電子の脱落と付加である．その過程は，元素がとりうる結合のタイプを理解したり，得られる化合物の構造を理解したりするうえで非常に重要である．すでに述べたように，生体を維持している過程の大半を占めている電子移動反応でも重要な役目を果たしている．

電子を失ってカチオンを形成することを**イオン化**[4]という．電子を付加してアニオンを形成することを**電子付加**[5]という．気相での過程には標準モルエンタルピーの変化を伴い，それぞれ**イオン化エンタルピー**[6] $\Delta_{ion}H^{\ominus}(T)$および**電子付加エンタルピー**[7] $\Delta_{eg}H^{\ominus}(T)$という．どちらも標準条件での値で表す．その過程を表せばつぎのようになる．

イオン化：　$X(g) \longrightarrow X^+(g) + e^-(g)$

電子付加：　$X(g) + e^-(g) \longrightarrow X^-(g)$

---

†　訳注：示量性の性質のモル量は示強性の性質である．示強性の性質としての意味をもつか，示量性の性質のまま理解できるかで“モル当たり”を区別し，添える単位を使い分けようという主旨である．

1）sublimation　2）vapor deposition〔訳注：“蒸着”という用語が用いられることもあるが，表面への付着を表すことが多いため，最近では“凝華”という用語が推奨されている．〕　3）standard enthalpy of sublimation　4）ionization　5）electron gain　6）ionization enthalpy　7）electron-gain enthalpy

表1D・2　代表的な元素の298 Kでの (a) 標準イオン化エンタルピー*と (b) 標準電子付加エンタルピー*

(a) $\Delta_{ion}H^{\ominus}/(kJ\ mol^{-1})$							
H							**He**
1312.0							2372.3 5250.4
Li	**Be**	**B**	**C**	**N**	**O**	**F**	**Ne**
513.3	899.4	800.6	1086.2	1402.3	1313.9	1681	2080.6
7298.0	1757.1	2427	2352	2856.1	3388.2	3374	3952.2
Na	**Mg**	**Al**	**Si**	**P**	**S**	**Cl**	**Ar**
495.8	737.7	577.4	786.5	1011.7	999.6	1251.1	1520.4
4562.4	1450.7	1816.6	1577.1	1903.2	2251	2297	2665.2
		2744.6		2912			

(b) $\Delta_{eg}H^{\ominus}/(kJ\ mol^{-1})$							
H							**He**
−72.8							+21
Li	**Be**	**B**	**C**	**N**	**O**	**F**	**Ne**
−59.8	>0	−23	−122.5	+7	−141 +844	−322	+29
Na	**Mg**	**Al**	**Si**	**P**	**S**	**Cl**	**Ar**
−52.9	>0	−44	−133.6	−71.7	−200.4	−348.7	+35

*　正確には，内部エネルギー変化の値であるが，エンタルピー変化の値にほぼ等しい．

イオン化エンタルピーには，すぐ上で述べた**第一イオン化エンタルピー**[1]のほかに**第二イオン化エンタルピー**[2]（あるいは高次のイオン化エンタルピー）が問題になる場合があるから注意して区別する必要がある．第二イオン化エンタルピーに対応する過程は，$X^+(g) \rightarrow X^{2+}(g) + e^-(g)$で表される．これらの過程がすべて気相で起こると考えていることを忘れてはならない．したがって，この過程そのものは生化学でほとんど関わりがない．しかしながら，全体としては生化学的に重要な過程を一連の変化に分けて表したとき，その一つにここで述べた気相での過程を含めて考える場合がある．そのとき，全エンタルピー変化を求めるには和をとることになるから，そのうちの一つが気相での過程のエンタルピー変化ということはありうる．

イオン化エンタルピーはすべて正（電子を取出すにはエネルギーを供給しなければならない）であり，同じ元素では第二イオン化エンタルピーは第一イオン化エンタルピーより大きい．それは，すでに正に帯電しているイオンからさらに電子を引き離すことになるからである．電子付加エンタルピーは，表1D・2を見ればわかるように，正にも負にもなりうる．イオン化エンタルピーの値は周期表の上で系統的に変化している．すなわち，左下（Cs付近）に向かうほど値は小さく，右上（F付近）に向かうほど大きい．一方，電子付加エンタルピーにはあまり系統的な変化は見られないが，フッ素付近で最大値（負で最も大きな値をとるから，最も強い発熱過程）を示す．

1D・3　結合解離

生物化学熱力学を分子レベルで理解するには，化学反応によって個々の結合が切れたり，新しくできたりするときのエネルギーの流れを説明する必要がある．化学結合の切断が起こる反応の熱化学方程式は，たとえば，ヒドロキシラジカル・OH(g) ではつぎのように書ける．

$$\cdot OH(g) \longrightarrow H(g) + O(g) \qquad \Delta H^{\ominus} = +428\ kJ$$

この例では，すべての化学種が気相にあることに注意しよう．したがって，分子間相互作用は含まれていない．これ

表1D・3　代表的な結合の298 Kでの結合エンタルピー，$\Delta H(A-B)/(kJ\ mol^{-1})$

二原子分子							
H−H	436	O=O	497	F−F	155	H−F	565
		N≡N	945	Cl−Cl	242	H−Cl	431
		O−H	428	Br−Br	193	H−Br	366
		C≡O	1076	I−I	151	H−I	299
多原子分子							
$H-CH_3$	435	$H-NH_2$	450			H−OH	499
$H-C_6H_5$	474	O_2N-NO_2	54			HO−OH	213
H_3C-CH_3	368	O=CO	531			$HO-CH_3$	377
$H_2C=CH_2$	720					$Cl-CH_3$	346
HC≡CH	962					$Br-CH_3$	293
						$I-CH_3$	234

1) first ionization enthalpy　2) second ionization enthalpy

表1D・4　298 K での平均結合エンタルピー，$\Delta H_B/(\mathrm{kJ\,mol^{-1}})$*

	H	C	N	O	F	Cl	Br	I	S	P	Si
H	436										
C	412	348(1)									
		612(2)									
		838(3)									
		518(a)									
N	388	305(1)	163(1)								
		613(2)	409(2)								
		890(3)	945(3)								
O	463	360(1)	157	146(1)							
		743(2)		497(2)							
F	565	484	270	185	155						
Cl	431	338	200	203	254	242					
Br	366	276				219	193				
I	299	238				210	178	151			
S	338	259			496	250	212		264		
P	322									200	
Si	318		374	466							226

*　(　)の中は結合次数．特に示していないものは単結合の値．(a)は芳香族の結合を表している．

に対応する標準モルエンタルピー変化を**結合エンタルピー**[1]という．そこで，O－H の結合エンタルピーは(298.15 K で) 428 kJ mol^{-1} と表す．結合エンタルピーはすべて正であるから(表1D・3)，結合解離は吸熱過程である．もちろん，生化学者にとって興味のある化学反応の大半は水溶液の環境で起こるから，イオン化エンタルピーなどの気相での結合解離エンタルピーがわかったからといって，実際の反応に関与するエネルギー変化を理解するには最初の一歩にすぎない．しかし，注目する過程は，気相過程として扱える段階でほぼ占められていることが多い．一方，このような場合に計算手法も助けになる．それは，溶液中では結合の強さを測れないが，まわりの H_2O 分子の役目を計算によって求め，比較的信頼できる値が得られるからである．

結合エンタルピーを扱うときもう一つやっかいなのは，気相の化学種を扱う場合でも，2個の原子が結合してできる分子ごとに，その値が違うことである．すなわち，AX－YB 形の分子における X－Y 結合エンタルピーは，A や B が何かによって異なるのである．たとえば，つぎの水の原子化[2]（原子に至るまでの完全な解離）の過程では，

$$H_2O(g) \longrightarrow 2H(g) + O(g) \qquad \Delta H^{\ominus} = +927\,\mathrm{kJ}$$

2個の O－H 結合が解離しているにもかかわらず，全体の標準エンタルピー変化は H_2O の O－H の結合エンタルピーの2倍にはなっていない．それは，実際には2段階の異なる解離過程が存在しているからである．第一段階では H_2O 分子の一つの O－H 結合が切れ，

$$H_2O(g) \longrightarrow HO(g) + H(g) \qquad \Delta H^{\ominus} = +499\,\mathrm{kJ}$$

第二段階で OH ラジカルの O－H 結合が切れる．

$$\cdot OH(g) \longrightarrow H(g) + O(g) \qquad \Delta H^{\ominus} = +428\,\mathrm{kJ}$$

すなわち，2段階で分子の原子化が完了するのである．この例からもわかるように，H_2O の O－H 結合と OH の O－H 結合の結合エンタルピーは似ているが等しくはない．

正確な計算が必要な場合には，分子の結合エンタルピーと解離によって次々にできる化学種の結合エンタルピーを使い分けなければならない．しかし，そのようなデータがない場合には**平均結合エンタルピー**[3]，ΔH_B を使って概算せざるをえない．これは，関連する一連の化合物の結合エンタルピーの平均値である(表1D・4)．たとえば，平均の O－H 結合エンタルピー $\Delta H_B(\mathrm{O{-}H}) = 463\,\mathrm{kJ\,mol^{-1}}$ には，H_2O やメタノール CH_3OH など類似化合物の O－H 結合エンタルピーの平均値が採用されている．

例題1D・1　平均結合エンタルピーの使い方

細胞内の水溶液の環境では，O_2 が関与する過程で非常に反応性に富む過酸化水素が形成されることがある．カタラーゼやペルオキシダーゼなどの酵素は，この有害な過酸化水素の分解を促進することによって生体から取

1) bond enthalpy　2) atomization　3) mean bond enthalpy

除く役目をしている．表1D·3および表1D·4の結合エンタルピーの値を使って，つぎの反応の標準エンタルピー変化を求めよ．

$$2H_2O_2(l) \longrightarrow 2H_2O(l) + O_2(g)$$

これは液体の過酸化水素が25 °CでO_2と水に分解する反応である．なお，$H_2O_2(l)$の298 Kでの蒸発エンタルピーは54.4 kJ mol^{-1}である．

考え方　この種の計算では，目的とする全過程を一連の段階に分解して考える必要がある．また，結合エンタルピーを使うときは，化学種すべてが気相にあることを確かめよう．そのためには蒸発エンタルピーや昇華エンタルピーも必要に応じて含める．反応物をまず全部原子化した後，その原子から生成物を組立てるのも一法である．結合エンタルピーの該当値がある場合（表などに与えられている場合）にはそれを使えばよいが，ない場合には平均結合エンタルピーから原子化エンタルピーを求める．

解答　つぎの各段階について考える必要がある．

	$\Delta H^{\ominus}$/kJ
2 molの$H_2O_2(l)$の蒸発： $2H_2O_2(l) \longrightarrow 2H_2O_2(g)$	2 ×(+54.4)
HO−OHのO−O結合2 molの解離：	2 ×(+213)
4 molのO−H結合の解離：	4 ×(+428)
以上の合計：$2H_2O_2(l) \longrightarrow 4H(g) + 4O(g)$	+2247

ここで，HO−OHのO−O結合およびO−H結合には表1D·3に掲げた実際の結合エンタルピーの値を用いた．次の段階で，四つのO−H結合と一つのO=O結合をつくる．標準結合生成（解離の逆）エンタルピーは，結合エンタルピーの符号を変えたものである．$H_2O(g)$のO−H結合や$O_2(g)$のO=O結合の標準結合生成エンタルピーには実際の値が使える．すなわち，

	$\Delta H^{\ominus}$/kJ
4 molのO−H結合生成：	2 ×(−428 − 499)
1 molのO_2生成：	−497
以上の合計：	−2351
$4O(g) + 4H(g) \longrightarrow 2H_2O(g) + O_2(g)$	

とできる．最後の段階は，2 molの$H_2O(g)$の凝縮である．

$$2H_2O(g) \longrightarrow 2H_2O(l) \quad \Delta H^{\ominus} = 2\times(-44\,\mathrm{kJ}) = -88\,\mathrm{kJ}$$

こうして，エンタルピー変化の合計は，

$$\Delta H^{\ominus} = (+2247\,\mathrm{kJ}) + (-2351\,\mathrm{kJ}) + (-88\,\mathrm{kJ}) = -192\,\mathrm{kJ}$$

となる．これに対し実験値は−196 kJである．ここで，HO−OHのO−O結合2 molの解離の計算で，仮に表1D·4の平均結合エンタルピーの値（146 kJ mol^{-1}）を採用したとしよう．このとき$\Delta H^{\ominus} = -326$ kJとなり，実験値との違いは大きくなることがわかる．

コメント　$\Delta H^{\ominus}$の値が負で大きいのは，2個のO−O単結合が1個のO=O二重結合に変化したことによるところが大きい．表1D·4で示すように，O=O結合はO−O結合より強く，結合エンタルピーは2倍以上である．

1D·4　具体例：ペプチド結合

ペプチド結合[1]は，アミノ酸残基を結ぶ−CO−NH−の多原子鎖である．これに関与する個々の結合の代表的な結合エンタルピー（単位はkJ mol^{-1}）を図（**1**）に示す．これはおおよその値でしかない．結合エンタルピーは，ペプチド結合をつくる2個のアミノ酸に依存するし，ペプチド鎖の環境によっても変わるからである．ここでのC=OやC−N，N−H結合の結合エンタルピーの値は，それぞれの純粋な二重結合や単結合の代表的な値（表1D·4を見よ）とは異なる．この違いからわかるように，この原子群の結合様式はふつうの単結合や二重結合と違って，ペプチド特有の立体構造特性から大きな影響を受けている．

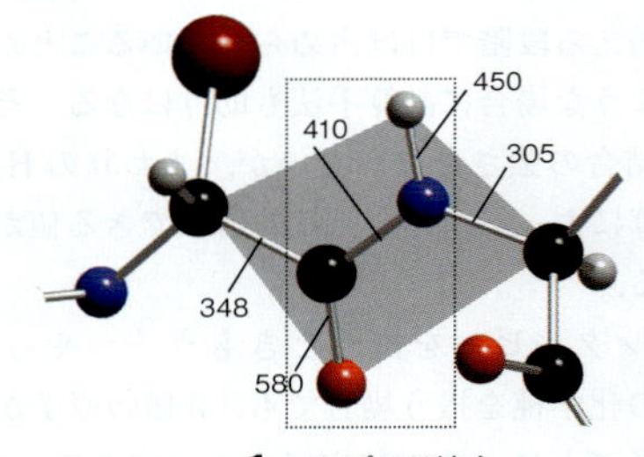

1　ペプチド結合

ペプチド鎖のC−N結合の開裂はペプチドの加水分解の一段階であり，これによってカルボキシ基（−COOH）とアミノ基（$-NH_2$）を生じる．この加水分解には水のO−H結合の開裂と，新しいC−O結合とN−H結合の生成も伴っている．加えて，ペプチドやその加水分解生成物と水の相互作用がこの過程の熱力学を評価するうえで重要な役目をしている．この相互作用は，結合エンタルピーだけに基づいて予測される加水分解エンタルピー（事実上は気相

1）peptide bond, peptide linkage

での加水分解エンタルピー）を水溶液中での実測値と比較することで見積もることができる．

全反応は，反応物の一部分解に続く生成物の原子の再構築によって再現することができる（図（**2**），エンタルピーの単位は kJ mol^{-1}）．

2

これでわかるように，気相での結合エンタルピーに基づく加水分解エンタルピーの値は ＋10 kJ mol^{-1} と見積もられる．この値は，計算に用いられる結合エンタルピーに比べて小さいから，計算に少しでも違いがあれば最終結果に大きな影響を及ぼすことがわかる．もちろん，この値は気相での値であるから溶液中で予想される値とかけ離れたものである．溶液中では溶媒との相互作用が重要となるからである．水溶液中でのペプチド結合の加水分解エンタルピーの実測値は −10.7 kJ mol^{-1} であるから，その差は約 20 kJ mol^{-1} にもなる．分子モデリングのソフトウエアを使えば，ある程度この相互作用を取込めるから，もう少し測定値に近い値が得られることだろう．

重要事項のチェックリスト

- □ 1．ある物質の**標準状態**とは，圧力が厳密に 1 bar で，純粋にその物質だけが存在する状態である．
- □ 2．**相**とは，物質全体にわたって組成と物理状態が一様な特定の状態のことをいう．
- □ 3．**相転移**とは，同じ物質で起こるある相から別の相への変換のことをいう．
- □ 4．**熱化学方程式**は，両辺で均衡のとれた化学反応式であり，それに標準エンタルピー変化の値を添えたものである．その値は，反応式にある量論係数をモル単位として，反応物が完全に反応したときに相当する標準エンタルピー変化である．
- □ 5．電子を 1 個失ってカチオンができることを**イオン化**という．電子を 1 個獲得してアニオンができることを**電子付加**という．
- □ 6．**ペプチド結合**は，アミノ酸残基を結ぶ −CO−NH− の多原子鎖である．

重要な式の一覧

式の内容	式	備　考	式番号
正過程と逆過程の関係	$\Delta_{\text{正}}H^{\ominus}(T) = -\Delta_{\text{逆}}H^{\ominus}(T)$	同じ温度での値	1
複合過程の場合	$\Delta_{\text{sub}}H^{\ominus}(T) = \Delta_{\text{fus}}H^{\ominus}(T) + \Delta_{\text{vap}}H^{\ominus}(T)$	同じ温度での値	2

トピック 1E

化学変化

➤ 学ぶべき重要性

種々の化学反応の反応エンタルピーを考察することは，生物化学熱力学の土台の一部であるから，生体内でのエネルギーの成り行きを議論するうえで不可欠である．

➤ 習得すべき事項

反応エンタルピーは，生成エンタルピーの組合わせで求められる．

➤ 必要な予備知識

エンタルピーの状態関数としての概念（トピック 1B）とエンタルピーの組合わせ方（トピック 1D）に習熟している必要がある．

細胞は化学変化の宝庫である．ほとんど反応性のない分子集団が，膨大な数の酵素触媒反応に関与している．その化学反応は，細胞の生き残りと生物学的な意味での成功を保証しているのである．これらの化学過程も熱力学第一法則に制約されるから，仕事や熱としてのエネルギーの再分配は，生物によるエネルギーの貯蔵と利用にとって中心課題である．生体エネルギー論の研究は，熱力学が状態関数（トピック 1B）を扱うという事実によって後押しされているから，実験室条件での通常の化学反応についての測定からでも多くを知ることができる．たとえば，燃焼は細胞中で起こる過程でないにも関わらず，トピック 1C で述べたように，燃焼エンタルピーには豊富な情報が含まれている．燃焼など特定の過程による熱交換であれば簡単に測定ができるから，ここでの議論のきっかけにしよう．

標準反応エンタルピー[1] $\Delta_r H^{\ominus}$ は，標準状態（純物質，1 bar）にある反応物が，同じく標準状態にある生成物に完全に変化したときのエンタルピー変化である．これはモル量であるから“モル当たり”で表すが，この場合は反応事象の物質量をいう．たとえば，反応 $H_2(g) + \frac{1}{2}O_2(g) \rightarrow H_2O(l)$ の標準反応エンタルピーは，1 mol の $H_2(g)$ を消費するか，$\frac{1}{2}$ mol の $O_2(g)$ を消費するか，あるいは 1 mol の $H_2O(l)$ を生成するとき −286 kJ である．ただし，どの物質も純粋で 1 bar の圧力下にあるとしたときの値である．（ここでは温度を特に指定しなかったが，本書の取決めにより，298.15 K，すなわち 25.00 °C である．）同じことは，トピック 1D で述べた熱化学方程式でつぎのように表すことができる．

$$H_2(g) + \tfrac{1}{2}O_2(g) \longrightarrow H_2O(l) \qquad \Delta H^{\ominus} = -286\,\mathrm{kJ}$$

したがって，圧力が一定であれば（トピック 1B で述べたように $q_p = \Delta H$ であるから）この反応は 286 kJ mol^{-1} のエネルギーを熱として外界に放出する．**燃焼**[2] は特殊なタイプの反応であり，注目する物質が酸素と反応していろいろな酸化物を生成する反応である．その生成物はふつう，二酸化炭素と水，窒素である．一例はグルコースの燃焼である．

$$C_6H_{12}O_6(s) + 6O_2(g) \longrightarrow 6CO_2(g) + 6H_2O(l) \qquad \Delta H^{\ominus} = -2808\,\mathrm{kJ}$$

標準燃焼エンタルピー[3] $\Delta_c H^{\ominus}$ は，可燃性の分子 1 mol 当たりで表した標準反応エンタルピー（単位は kJ mol^{-1}）である．この例では，$\Delta_c H^{\ominus}(C_6H_{12}O_6, s) = -2808\,\mathrm{kJ\,mol^{-1}}$ である．代表的な値を表 1E・1 に掲げる．$\Delta_c H^{\ominus}$ はモル量であるから，測定で得た $\Delta H^{\ominus}$ の値を消費した有機物の反応物分子の量（いまの場合は 1 mol の $C_6H_{12}O_6$）で割って得られたものである．燃焼の生化学的な側面についてはトピック 1C で述べた．

1E・1 反応エンタルピーの組合わせ

反応エンタルピーの値が必要なのにデータ表に載っていないことがよくある．そのときはエンタルピーが状態関数であることを利用する．すなわち，反応エンタルピーが既知の反応を使って，目的とする反応エンタルピーを組立てればよい．トピック 1D では，昇華エンタルピーが融解エンタルピーと蒸発エンタルピーの和で計算できるという簡単な例を示した．ここでは，それを一連の化学反応に適用すればよい．この手続きは**ヘスの法則**[4] として，つぎの現

1) standard reaction enthalpy 2) combustion 3) standard enthalpy of combustion 4) Hess's law

表 1E・1 標準燃焼エンタルピー

物 質	化学式	$\Delta_c H^{\ominus}/(\mathrm{kJ\ mol^{-1}})$
炭 素	C (s, グラファイト)	−394
一酸化炭素	$CO(g)$	−283
クエン酸	$C_6H_8O_7(s)$	−1985
エタノール	$C_2H_5OH(l)$	−1368
グルコース	$C_6H_{12}O_6(s)$	−2808
グリシン	$CH_2(NH_2)COOH(s)$	−969
水 素	$H_2(g)$	−286
イソオクタン*	$C_8H_{18}(l)$	−5461
メタン	$CH_4(g)$	−890
メタノール	$CH_3OH(l)$	−726
メチルベンゼン (トルエン)	$C_6H_5CH_3(l)$	−3910
オクタン	$C_8H_{18}(l)$	−5471
プロパン	$C_3H_8(g)$	−2220
ピルビン酸	$CH_3(CO)COOH(l)$	−950
スクロース	$C_{12}H_{22}O_{11}(s)$	−5645
尿 素	$CO(NH_2)_2(s)$	−632

* 2,2,4-トリメチルペンタン

代的な表現でまとめられている.

ある反応の標準反応エンタルピーは, その反応を分割して表したときの, それぞれの標準反応エンタルピーの和に等しい.

ヘスの法則には法則と名がついているが, それほどのものではない. エンタルピーが状態関数であることを述べたまでで, 反応物から生成物へのエンタルピー変化は間接経路をたどったときの各段階のエンタルピー変化の和で表せると述べているにすぎない. 個々の段階の反応は実験室で実際に起こる反応でなくてもよい. 全く仮想的な反応であっても, 各原子数が両辺で等しく均衡がとれていればよい. ただし, 温度はすべて同じでなければならない.

例題 1E・1 ヘスの法則の使い方

O_2 が豊富に供給される細胞内では, グルコースは CO_2 と H_2O に完全に酸化される. しかし, 筋肉細胞では, 激しい運動を行ったときには O_2 が欠乏する. その場合は解糖過程によって, グルコース 1 分子は乳酸 (巻末の構造図 C2) 2 分子に変換される. つぎの解糖反応の標準反応エンタルピーを計算せよ.

$$C_6H_{12}O_6(aq) + 2H_2O(l) \longrightarrow 2CH_3CH(OH)CO_2^-(aq) + 2H_3O^+(aq)$$

ただし, つぎの熱化学方程式を使って考えよ.

• グルコースおよび乳酸の燃焼反応:

$$C_6H_{12}O_6(s) + 6O_2(g) \longrightarrow 6CO_2(g) + 6H_2O(l) \quad \Delta H^{\ominus} = -2808\ \mathrm{kJ}$$

$$CH_3CH(OH)COOH(s) + 3O_2(g) \longrightarrow 3CO_2(g) + 3H_2O(l) \quad \Delta H^{\ominus} = -1344\ \mathrm{kJ}$$

• 乳酸のプロトン脱離で乳酸イオンが生成する反応:

$$CH_3CH(OH)COOH(aq) + H_2O(l) \longrightarrow CH_3CH(OH)CO_2^-(aq) + H_3O^+(aq) \quad \Delta H^{\ominus} = -4\ \mathrm{kJ}$$

• グルコースと乳酸がそれぞれ水に溶解する過程:

$$C_6H_{12}O_6(s) \longrightarrow C_6H_{12}O_6(aq) \quad \Delta H^{\ominus} = -23.7\ \mathrm{kJ}$$

$$CH_3CH(OH)COOH(s) \longrightarrow CH_3CH(OH)COOH(aq) \quad \Delta H^{\ominus} = -7.82\ \mathrm{kJ}$$

考え方 目的とする反応の熱化学方程式を組立てるために, 別の熱化学方程式を足したり引いたりする必要がある. 与えられたデータは同じ温度でのものであるから, やっかいな手続きはない. はじめの反応物から最終的な生成物に至る一連の段階を考えればよい. 乳酸の融点は 16 °C であるが, はじめの状態が液体でも固体でも, いずれ相殺されることになるから, どちらで考えてもよい.

解答 解糖の熱化学方程式は, つぎの和で表すことができる.

	$\Delta H^{\ominus}/\mathrm{kJ}$
水に溶けているグルコースから固体グルコースを得る: $C_6H_{12}O_6(aq) \longrightarrow C_6H_{12}O_6(s)$	+23.7
固体グルコースの燃焼で二酸化炭素と水を生成: $C_6H_{12}O_6(s) + 6O_2(g) \longrightarrow 6CO_2(g) + 6H_2O(l)$	−2808
この燃焼生成物を使って乳酸を生成: $6CO_2(g) + 6H_2O(l) \longrightarrow 2CH_3CH(OH)COOH(s) + 6O_2(g)$	+1344 × 2
乳酸を水に溶解: $2CH_3CH(OH)COOH(s) \longrightarrow 2CH_3CH(OH)COOH(aq)$	−7.82 × 2
溶解した乳酸のプロトン脱離: $2CH_3CH(OH)COOH(aq) + 2H_2O(l) \longrightarrow 2CH_3CH(OH)CO_2^-(aq) + 2H_3O^+(aq)$	−4 × 2
全過程の合計: $C_6H_{12}O_6(aq) + 2H_2O(l) \longrightarrow 2CH_3CH(OH)CO_2^-(aq) + 2H_3O^+(aq)$	−120

以上の結果，水溶液中でグルコースが乳酸イオンに変換される過程の標準反応エンタルピーは $-120\ \mathrm{kJ\ mol^{-1}}$ であることがわかる．

1E・2 標準生成エンタルピー

反応エンタルピーの予測を簡単に行うには，反応物と生成物をそれぞれの生成エンタルピーで表しておけばよい．そのために予め知っておくべき重要な点は，水の生成反応の標準反応エンタルピーが，$H_2(g)$ と $O_2(g)$，$H_2O(l)$ それぞれの標準モルエンタルピーを使って，つぎのように表せるということである．

$$\Delta_r H^{\ominus} = H_m^{\ominus}(H_2O, l) - \{(H_m^{\ominus}(H_2, g) + \tfrac{1}{2} H_m^{\ominus}(O_2, g)\}$$

この表し方からわかるように，$a\mathrm{A} + b\mathrm{B} \rightarrow c\mathrm{C} + d\mathrm{D}$ という形の一般の反応ではつぎのように表せる．

$$\Delta_r H^{\ominus} = \{cH_m^{\ominus}(C) + dH_m^{\ominus}(D)\} - \{aH_m^{\ominus}(A) + bH_m^{\ominus}(B)\}$$

a, b, c, d は熱化学方程式の量論係数（次元なし）である．この式をもっと一般化して表せば，

$$\Delta_r H^{\ominus} = \sum \nu H_m^{\ominus}(\text{生成物}) - \sum \nu H_m^{\ominus}(\text{反応物})$$

標準反応エンタルピー［定義］ (1a)

となる．$\sum$（大文字のシグマ）は和を意味し，ν（ニュー）は量論係数である．$H_m^{\ominus}$ はモル量（単位は $\mathrm{kJ\ mol^{-1}}$）であり，量論係数は単なる数であるから，$\Delta_r H^{\ominus}$ の単位は $\mathrm{kJ\ mol^{-1}}$ である．

(1a) 式で問題になるのは，物質のエンタルピーの絶対値を知る方法がないことである．これを回避するために，まず反応物をその元素に分解してから生成物をつくるという間接的な経路を想定して，目的とする反応を得ることを考える（図 1E・1）．そこで必要になるのは物質の**標準生成エンタルピー**[1] $\Delta_f H^{\ominus}$ である．それは，基準状態にある元素（単体）から生成したときの物質 1 mol 当たりの標準反応エンタルピーである．元素の**基準状態**[2] とは，ふつうの条件下で元素が最も安定に存在する形態のことである．ここで，“標準状態”と“基準状態”を混同しないように注意しよう．25 °C における炭素の基準状態といえば，それはグラファイトを指す（ダイヤモンドではない）．これに対して，炭素の標準状態というときには，1 bar の条件下であれば炭素のどの相であっても指定できるのである．たとえば，液体の水（温度はいつものように 25 °C，圧力は 1 bar）を生成する場合の基準状態は気体水素と気体酸素である．それは，どちらも 25 °C，1 bar での安定相だからである．水の標準生成エンタルピーの値は，このトピックのはじめに示した熱化学方程式から得られ，$\Delta_f H^{\ominus}(H_2O, l) = -286\ \mathrm{kJ\ mol^{-1}}$ である．ここで，生成エンタルピーがモル量であることに注意しよう．すなわち，その物質の $\Delta_f H^{\ominus}$ を求めるには熱化学方程式に現れる $\Delta H^{\ominus}$ を生成物の物質量で割っておく必要がある（この例では H_2O の 1 mol 当たりの量とする）．

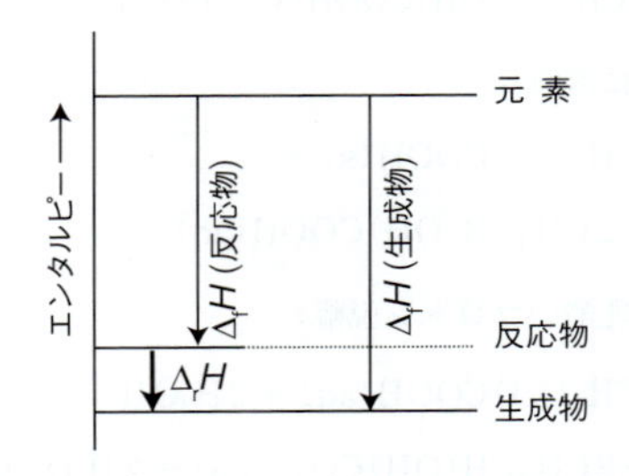

図 1E・1 反応エンタルピーは一般に，生成物と反応物の生成エンタルピーの差で表せる．

この標準生成エンタルピーを使えば，標準反応エンタルピーはつぎのように書ける．

$$\Delta_r H^{\ominus} = \sum \nu \Delta_f H^{\ominus}(\text{生成物}) - \sum \nu \Delta_f H^{\ominus}(\text{反応物})$$

標準反応エンタルピーの計算 (1b)

ここで，右辺の第1項は，すべての生成物が元素から生成されたときの標準生成エンタルピーであり，第2項はすべての反応物が元素から生成されたときの標準生成エンタルピーである．エンタルピーは状態関数であるから，こうして計算された標準反応エンタルピーは，絶対エンタルピーを用いて (1a) 式から計算した標準反応エンタルピーと同じものである．

25 °C における代表的な標準生成エンタルピーの値を表 1E・2 に示してある．巻末の［資料］にもっと多くのデータがある．基準状態にある元素の標準生成エンタルピーは定義により 0 である．それは，元素（基準状態）→ 元素（基準状態）の反応では事実上何も起こらないからである．しかし，基準状態以外の状態であれば，元素であっても標準生成エンタルピーは 0 でないことに注意しよう．たとえば，

$$\mathrm{C(s,\ グラファイト)} \longrightarrow \mathrm{C(s,\ ダイヤモンド)}$$
$$\Delta H^{\ominus} = +1.895\ \mathrm{kJ}$$

である．したがって，$\Delta_f H^{\ominus}(\mathrm{C,\ グラファイト}) = 0$ であるが，$\Delta_f H^{\ominus}(\mathrm{C,\ ダイヤモンド}) \neq 0$ である．その実際の値は $+1.895\ \mathrm{kJ\ mol^{-1}}$ なのである．

1) standard enthalpy of formation　2) reference state

表 1E・2　298.15 K での標準生成エンタルピー*

物　質	化学式	$\Delta_f H^\ominus$ / (kJ mol^{-1})
無機化合物		
アンモニア	NH_3(g)	−46.11
一酸化炭素	CO(g)	−110.53
二酸化炭素	CO_2(g)	−393.51
硫化水素	H_2S(g)	−20.63
二酸化窒素	NO_2(g)	+33.18
一酸化窒素	NO(g)	+90.25
塩化ナトリウム	NaCl(s)	−411.15
水	H_2O(l)	−285.83
	H_2O(g)	−241.82

物　質	化学式	$\Delta_f H^\ominus$ / (kJ mol^{-1})
有機化合物		
アデニン	$C_5H_5N_5$(s)	+96.9
アラニン	$CH_3CH(NH_2)COOH$(s)	−604.0
ベンゼン	C_6H_6(l)	+49.0
ブタン酸	$CH_3(CH_2)_2COOH$(l)	−533.8
エタン	C_2H_6(g)	−84.68
エタン酸（酢酸）	CH_3COOH(l)	−484.3
エタノール	C_2H_5OH(l)	−277.69
α-D-グルコース	$C_6H_{12}O_6$(s)	−1273.3
グアニン	$C_5H_5N_5O$(s)	−183.9
グリシン	$CH_2(NH_2)COOH$(s)	−528.5
N-グリシルグリシン	$C_4H_8N_2O_3$(s)	−747.7
ヘキサデカン酸	$CH_3(CH_2)_{14}COOH$(s)	−891.5
ロイシン	$(CH_3)_2CHCH_2CH(NH_2)$-COOH(s)	−637.4
メタン	CH_4(g)	−74.81
メタノール	CH_3OH(l)	−238.86
スクロース	$C_{12}H_{22}O_{11}$(s)	−2226.1
チミン	$C_5H_6N_2O_2$(s)	−462.8
尿　素	$CO(NH_2)_2$(s)	−333.51

*　巻末の［資料］に多くのデータがある．

例題 1E・2　標準生成エンタルピーの使い方

グルコースとフルクトース（構造図 S3）は，$C_6H_{12}O_6$ という分子式の単糖である．砂糖であるスクロース（構造図 S6）は，フルクトースの単位に共有結合でグルコースの単位が付いた分子式 $C_{12}H_{22}O_{11}$ の二糖である（グルコースとフルクトースの縮合反応で，水が外れてスクロースが生成する）．これらの反応物と生成物の標準生成エンタルピーから，スクロースの標準燃焼エンタルピーを求めよ．

考え方　化学反応式を書いて，反応物と生成物の量論係数を確かめたうえで（1b）式を使えばよい．ここで，“生成物 − 反応物”の形をしていることに注意しよう．標準生成エンタルピーの値は巻末の［資料］にある．標準燃焼エンタルピーは物質 1 mol 当たりのエンタルピー変化であるから，それに応じたエンタルピー変化の扱いが必要である．

解答　問題の化学反応式は，

$$C_{12}H_{22}O_{11}(s) + 12O_2(g) \longrightarrow 12CO_2(g) + 11H_2O(l)$$

である．そこで，

$$\begin{aligned}\Delta_r H^\ominus &= \{12\Delta_f H^\ominus(CO_2, g) + 11\Delta_f H^\ominus(H_2O, l)\} \\ &\quad - \{\Delta_f H^\ominus(C_{12}H_{22}O_{11}, s) + 12\Delta_f H^\ominus(O_2, g)\} \\ &= \{12\times(-393.51\,\text{kJ mol}^{-1}) + 11\times(-285.83\,\text{kJ mol}^{-1})\} \\ &\quad - \{(-2226.1\,\text{kJ mol}^{-1}) + 0\} \\ &= -5640\,\text{kJ mol}^{-1}\end{aligned}$$

となる．化学反応式ではスクロース分子が“1 mol 当たり”となっているから，得られた値をそのまま燃焼エンタルピーとしてよい．つまり，スクロースの標準燃焼エンタルピーは −5640 kJ mol^{-1} である．実測値は −5645 kJ mol^{-1} である．

ノート　基準状態の元素（単体）の標準生成エンタルピー（上の例では気体酸素）は 0 kJ mol^{-1} と書かず単に 0 と書く．どの単位を使おうと 0 だからである．

元素の基準状態が熱化学におけるいわば“海面の位置”を定義したものとすれば，生成エンタルピーは熱化学において海面より上か下かを表す高さ，つまり“海抜高度”といえる（図 1E・2）．標準生成エンタルピーが負の化合物（水など）は**発熱的化合物**[1] と分類される．それは，成分元

1）exothermic compound

素よりも低い（熱化学的な意味で海面以下の）エンタルピーをもつからである．標準生成エンタルピーが正の化合物（二硫化炭素など）は**吸熱的化合物**[1]と分類され，成分元素よりも高い（海面以上の）エンタルピーをもつ．

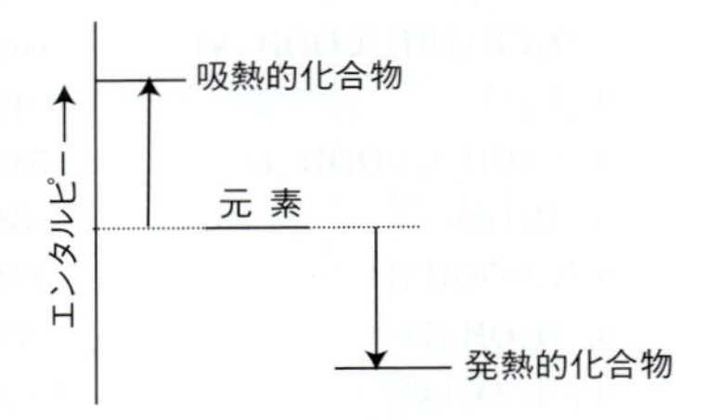

図1E・2 化合物の生成エンタルピーは，元素を“海面の位置”としたときの熱化学的な意味での“海抜高度”の役目をしている．吸熱的化合物は正の生成エンタルピーをもち，発熱的化合物では負である．

1E・3 生成エンタルピーと計算化学

表1E・2は，いろいろな計算をするのに重宝である．しかし，配座異性体や立体異性体の標準生成エンタルピーを計算して違いを調べたいとき，このデータは使えない．たとえば，グルコピラノースのアノマー（ピラノースやフラノースが環状構造をもつことで発生する立体異性体）の関係にあるα（**1**）とβ（**2**）の生成エンタルピーの値は，平均結合エンタルピーの値を使えば同じになってしまう．しかし，実験結果によれば，両者の標準生成エンタルピーは異なる．それは，分子内の非結合原子間の相互作用が異なるからである．

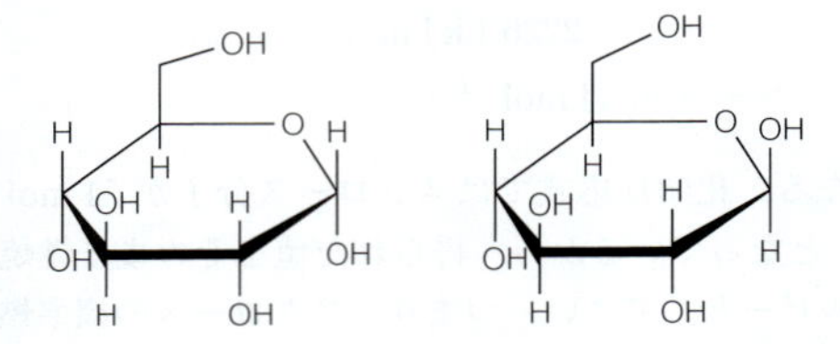

1 α-D-グルコピラノース　**2** β-D-グルコピラノース

計算化学は，複雑な三次元構造をもつ分子の標準生成エンタルピーを見積もる手法となっている．市販のソフトウエア・パッケージでは，テーマ9で述べる原理を使って，コンピューター画面に描いた配座異性体や立体異性体の標準生成エンタルピーを計算する．いずれの場合も，二つの異性体について計算した標準生成エンタルピーの違いが，配座エンタルピーの差に相当するのである．上で述べたグルコピラノースの場合は，計算によって得たアノマー効果によるエンタルピー差は4〜8 kJ mol^{-1}の範囲にある．αアノマーの標準生成エンタルピーは，βアノマーよりも小さい（負で大きい）．その結果は，固体について標準生成エンタルピーの差を求めた実測値6.2 kJ mol^{-1}とよく一致している．すなわち，固体中での分子間相互作用を決めているのは主としてアノマー効果であることがわかる．しかし，これほどよく一致するのは比較的めずらしい．計算結果によれば，どの配座で分子が最も安定かはほぼ確実にわかる．しかし，必ずしも配座エンタルピー差の大きさまで正しく予測できるわけではない．

計算によるアプローチは，生成エンタルピーに与える溶媒和効果についても知見を与えてくれる．溶媒分子の存在を無視した計算を行えば，注目する分子の気相での諸性質がわかる．一方，溶質分子1個が数個の溶媒分子に囲まれた系を対象とする計算法もある．それを使えば，溶媒分子との相互作用が溶質分子の生成エンタルピーにどう影響を与えるかがわかる．この場合も，得られる結果は見積もり程度にすぎず，この種の計算のおもな目的は，溶媒との相互作用が生成エンタルピーを増加させる向きに働くか，それとも減少させるのかを予測することである．たとえば，アミノ酸のグリシンは，中性形（**3**）もしくは，アミノ基にプロトンが付き，カルボキシ基からプロトンが取れた両性イオン形（**4**）で存在する．計算によれば，気相では中性形の方が両性イオン形より生成エンタルピーは小さい（負で大きい）．しかし，水中では逆で，極性溶媒と両性イオンがもつ電荷の間に働く相互作用が強いことがわかる．

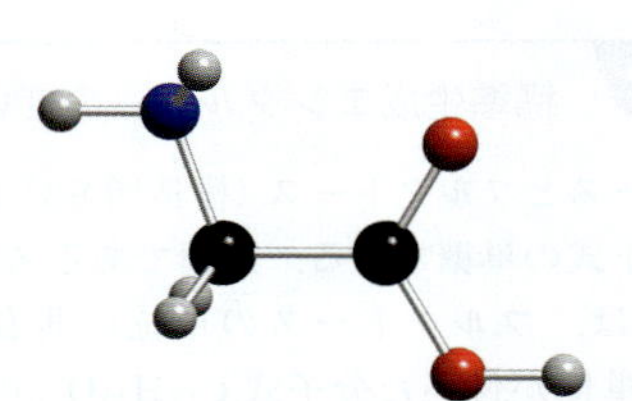

3 グリシン，NH_2CH_2COOH

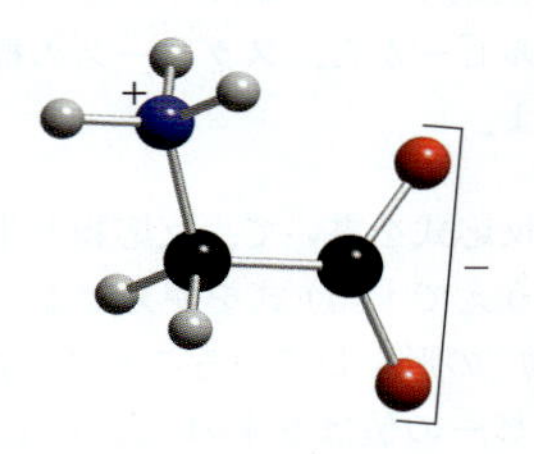

4 グリシン，$^{+}NH_3CH_2CO_2^{-}$

1E・4 反応エンタルピーの温度変化

生物のホメオスタシスを維持している複雑な反応網は，温度の変化に敏感である．それがどの程度なのかを理解するには，生化学反応の反応エンタルピーについて，ある温度のデータを使って別の温度での値を予測する方法を知っておく必要がある．

1) endothermic compound

たとえば，ある反応の体温 37 °C における反応エンタルピーを知りたいが，25 °C でのデータしか手に入らないとする．あるいは，北極圏の（0 °C の水に棲む）魚の中で起こるグルコースの酸化が，哺乳動物の体内で起こるより発熱量は大きいのかどうかが知りたいとしよう．厳密な解析が要求される場合には，その温度での反応エンタルピーを何としても測定する．しかし，そこまでしなくても変化の方向がわかり，うまくいけば比較的信頼できる数値が得られるような非常に手軽な方法があると便利である．

そのための方法を図 1E･3 に示す．物質のエンタルピーは温度とともに増加するから，反応物の全エンタルピーも生成物の全エンタルピーも図のように増加する．しかし，その増加の仕方に両者で差があれば，標準反応エンタルピー（つまり両者の差）は温度変化を示す．物質のエンタルピーの温度変化はグラフの勾配，すなわち定圧熱容量に依存する（トピック 1B）．したがって，反応エンタルピーの温度依存性は，生成物と反応物の熱容量の差に関係があることがわかる．この温度依存性は計算で確かめることができる．

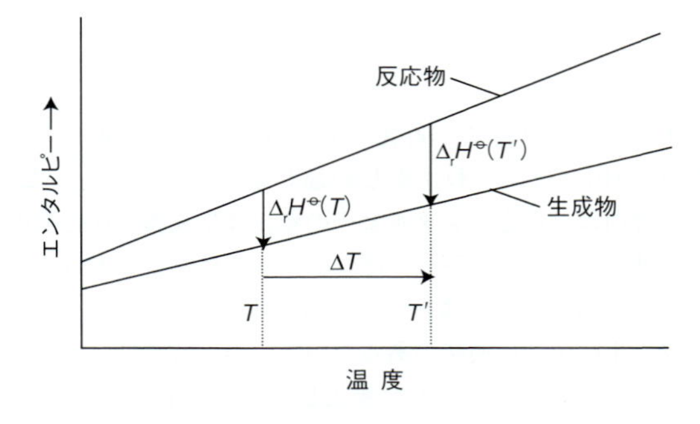

図 1E･3 物質のエンタルピーは温度とともに増加する．そこで，反応物の全エンタルピーと生成物の全エンタルピーとで増加の仕方が違えば，反応エンタルピーに温度変化が現れる．その変化は二つの曲線の勾配の差，つまり反応物と生成物の熱容量の違いに依存する．

導出過程 1E･1 反応エンタルピーの温度依存性と熱容量の関係

まず，ある物質についてのエンタルピーの温度変化を考えよう．トピック 1B の (9b) 式によれば（ただし，$\mathrm{d}H = C_p\,\mathrm{d}T$ の形にしておく），反応混合物の温度が変化したときの反応物と生成物それぞれの標準モルエンタルピー $H_\mathrm{m}^\ominus$ の温度変化は，

$$\mathrm{d}H_\mathrm{m}^\ominus = C_{p,\mathrm{m}}^\ominus \mathrm{d}T$$

で表される．$C_{p,\mathrm{m}}^\ominus$ は標準定圧モル熱容量であり，1 bar の圧力下にある純物質のモル熱容量である．

ステップ 1：この式を積分して，全温度変化に対する全モルエンタルピー変化を求める．

それには，$\mathrm{d}H_\mathrm{m}^\ominus$ を表す上の式の両辺について，始めの温度 T_i とエンタルピー $H_\mathrm{m}^\ominus(T_\mathrm{i})$ から終わりの温度 T_f とエンタルピー $H_\mathrm{m}^\ominus(T_\mathrm{f})$ まで積分すればよい．

$$\overbrace{\int_{H_\mathrm{m}^\ominus(T_\mathrm{i})}^{H_\mathrm{m}^\ominus(T_\mathrm{f})} \mathrm{d}H_\mathrm{m}^\ominus}^{H_\mathrm{m}^\ominus(T_\mathrm{f})-H_\mathrm{m}^\ominus(T_\mathrm{i})} = \int_{T_\mathrm{i}}^{T_\mathrm{f}} C_{p,\mathrm{m}}^\ominus \mathrm{d}T$$

ただし，注目する温度範囲で相転移がないとする．こうして，反応物と生成物それぞれについて次式が成り立つことがわかる．

$$H_\mathrm{m}^\ominus(T_\mathrm{f}) = H_\mathrm{m}^\ominus(T_\mathrm{i}) + \int_{T_\mathrm{i}}^{T_\mathrm{f}} C_{p,\mathrm{m}}^\ominus \mathrm{d}T$$

ステップ 2：それぞれの物質についての式を組合わせて，エンタルピー変化を表す式にする．

上で導出した式は反応に関わる物質それぞれについて成り立つから，この反応の標準反応モルエンタルピーの（温度による）変化は，標準反応エンタルピーの変化として表せる．

$$\Delta_\mathrm{r} H^\ominus(T_\mathrm{f}) = \Delta_\mathrm{r} H^\ominus(T_\mathrm{i}) + \int_{T_\mathrm{i}}^{T_\mathrm{f}} \Delta_\mathrm{r} C_p^\ominus \mathrm{d}T$$

キルヒホフの法則 (2a)

ここで，

$$\Delta_\mathrm{r} C_p^\ominus = \sum \nu C_{p,\mathrm{m}}^\ominus(\text{生成物}) - \sum \nu C_{p,\mathrm{m}}^\ominus(\text{反応物}) \quad (2\mathrm{b})$$

である．(2a) は**キルヒホフの法則**[1] の厳密な形である．

ステップ 3：生成物と反応物のモル熱容量の差は温度変化しないと近似する．

$\Delta_\mathrm{r} C_p^\ominus$ が温度に無関係であれば一定として扱えるから，(2a) 式の右辺の積分は次式で表される．

$$\int_{T_\mathrm{i}}^{T_\mathrm{f}} \Delta_\mathrm{r} C_p^\ominus \mathrm{d}T = \Delta_\mathrm{r} C_p^\ominus \overbrace{\int_{T_\mathrm{i}}^{T_\mathrm{f}} \mathrm{d}T}^{T_\mathrm{f}-T_\mathrm{i}} = \Delta_\mathrm{r} C_p^\ominus \times (T_\mathrm{f} - T_\mathrm{i})$$

これから，つぎの式が導ける．

$$\boxed{\Delta_\mathrm{r} H^\ominus(T_\mathrm{f}) = \Delta_\mathrm{r} H^\ominus(T_\mathrm{i}) + \Delta_\mathrm{r} C_p^\ominus \times (T_\mathrm{f} - T_\mathrm{i})}$$

キルヒホフの法則の近似形 (3)

1) Kirchhoff's law

巻末の［資料］には，いろいろな物質の標準定圧モル熱容量の値が掲げてある．(3) 式は，問題とする温度範囲で熱容量が一定であるときにのみ使えるので，この式が使えるのはあまり温度差がない場合に限られる．しかし，生化学で関心があるのは狭い温度範囲であるから，この式は自信をもって使うことができる．ここで，熱容量差がほぼ一定という要請は，個々の物質の熱容量が一定という制約ほど厳しいものではない．すべての熱容量が大きく温度変化しても，"生成物 − 反応物" を考えたときに小さければよいのである．

例題 1E・3　キルヒホフの法則の使い方

酵素グルタミンシンテターゼは，アミノ酸であるグルタミン酸 (Glu, **5**) とアンモニウムイオンからアミノ酸のグルタミン (Gln, **6**) を得る合成反応を触媒する．

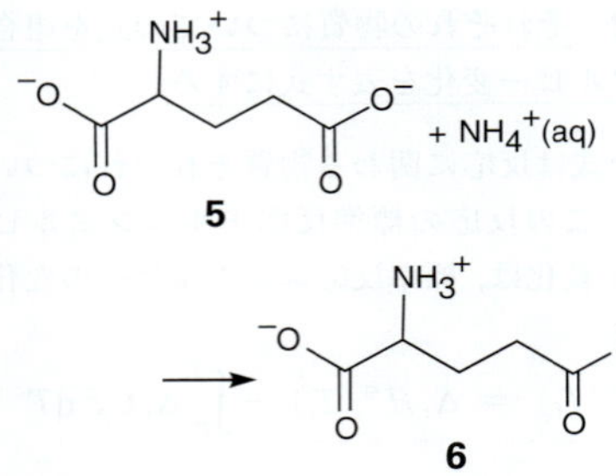

5 + $NH_4^+(aq)$ → **6** + $H_2O(l)$

$$\Delta_r H^{\ominus} = +21.8\ \mathrm{kJ\,mol^{-1}}\ (25\,°\mathrm{C}\ のとき)$$

この反応は吸熱的であり，生物燃料の酸化により取出したエネルギーと一時的に ATP に蓄えてあったエネルギーを必要とする．巻末の［資料］にあるデータとつぎの追加情報を使って，60 °C での標準反応エンタルピーの値を求めよ：$C_{p,\mathrm{m}}^{\ominus}(\mathrm{Gln, aq}) = 187.0\ \mathrm{J\,K^{-1}\,mol^{-1}}$，$C_{p,\mathrm{m}}^{\ominus}(\mathrm{Glu, aq}) = 177.0\ \mathrm{J\,K^{-1}\,mol^{-1}}$．

考え方　温度変化は 35 °C（つまり 35 K）にすぎないから，キルヒホフの法則の近似形が使えるだろう．まず，与えられたデータと (2b) 式を用いて $\Delta_r C_p^{\ominus}$ の値を計算し，その結果を (3) 式に代入する．

解答　巻末の［資料］から，$H_2O(l)$ と $NH_4^+(aq)$ の標準定圧モル熱容量の値としてそれぞれ $75.3\ \mathrm{J\,K^{-1}\,mol^{-1}}$，$79.9\ \mathrm{J\,K^{-1}\,mol^{-1}}$ を得る．したがって，

$$\begin{aligned}\Delta_r C_p^{\ominus} &= \{C_{p,\mathrm{m}}^{\ominus}(\mathrm{Gln, aq}) + C_{p,\mathrm{m}}^{\ominus}(\mathrm{H_2O, l})\} \\ &\quad - \{C_{p,\mathrm{m}}^{\ominus}(\mathrm{Glu, aq}) + C_{p,\mathrm{m}}^{\ominus}(\mathrm{NH_4^+, aq})\} \\ &= \{(187.0\ \mathrm{J\,K^{-1}\,mol^{-1}}) + (75.3\ \mathrm{J\,K^{-1}\,mol^{-1}})\} \\ &\quad - \{(177.0\ \mathrm{J\,K^{-1}\,mol^{-1}}) + (79.9\ \mathrm{J\,K^{-1}\,mol^{-1}})\} \\ &= +5.4\ \mathrm{J\,K^{-1}\,mol^{-1}} = +5.4\times10^{-3}\ \mathrm{kJ\,K^{-1}\,mol^{-1}}\end{aligned}$$

である．次に，$T_f - T_i = +35\ \mathrm{K}$ であるから (3) 式を使えば，つぎのように計算できる．

$$\begin{aligned}\Delta_r H^{\ominus}(333\ \mathrm{K}) &= (+21.8\ \mathrm{kJ\,mol^{-1}}) \\ &\quad + (5.4\times10^{-3}\ \mathrm{kJ\,K^{-1}\,mol^{-1}})\times(35\ \mathrm{K}) \\ &= (+21.8\ \mathrm{kJ\,mol^{-1}}) + (0.19\ \mathrm{kJ\,mol^{-1}}) \\ &= +22.0\ \mathrm{kJ\,mol^{-1}}\end{aligned}$$

上の例題の計算で，60 °C での標準反応エンタルピーは 25 °C の値とほんのわずかしか違わないことがわかった．その理由は，反応エンタルピーの変化は生成物と反応物のモル熱容量の差に比例し，それがふつうはあまり大きくないからである．このように，温度範囲が広すぎない限り，実際，生化学的に興味のあるたいていの場合では，反応エンタルピーは少ししか温度変化しないのがふつうである．したがって第一近似として，標準反応エンタルピーは温度に無関係としてよい．しかし例外があり，なかでもタンパク質などの生体高分子でアンフォールディングが関与する過程には注意が必要である．タンパク質ではフォールド状態とアンフォールド状態の定圧モル熱容量の差が数 $\mathrm{kJ\,K^{-1}\,mol^{-1}}$ にもなるから，タンパク質の変性エンタルピーには大きな温度変化が見られる．

重要事項のチェックリスト

□ 1．**標準反応エンタルピー** $\Delta_r H^\ominus$ は，標準状態（純物質，1 bar）にある反応物が標準状態にある生成物に完全に変化したときのエンタルピー変化である．

□ 2．**標準燃焼エンタルピー** $\Delta_c H^\ominus$ は，可燃性の分子 1 mol 当たりで表した標準反応エンタルピー（単位は $kJ\ mol^{-1}$）である．

□ 3．**ヘスの法則**によれば，ある反応の標準反応エンタルピーは，その反応を分割して表したときの，それぞれの標準反応エンタルピーの和に等しい．

□ 4．**標準生成エンタルピー** $\Delta_f H^\ominus$ は，基準状態にある元素（単体）から生成したときの物質 1 mol 当たりの標準反応エンタルピーである．

□ 5．元素の**基準状態**とは，ふつうの条件下で元素が最も安定に存在する形態のことである．

□ 6．**発熱的化合物**の標準生成エンタルピーは負で，**吸熱的化合物**の標準生成エンタルピーは正である．

重要な式の一覧

式の内容	式	備　考	式番号
標準反応エンタルピー	$\Delta_r H^\ominus = \sum \nu H_m^\ominus$(生成物) $- \sum \nu H_m^\ominus$(反応物)	定　義	1a
	$\Delta_r H^\ominus = \sum \nu \Delta_f H^\ominus$(生成物) $- \sum \nu \Delta_f H^\ominus$(反応物)	計　算	1b
熱容量の差	$\Delta_r C_p^\ominus = \sum \nu C_{p,m}^\ominus$(生成物) $- \sum \nu C_{p,m}^\ominus$(反応物)	定　義	2b
標準反応エンタルピーの温度依存性	$\Delta_r H^\ominus(T_f) = \Delta_r H^\ominus(T_i) + \Delta_r C_p^\ominus(T_f - T_i)$	キルヒホフの法則：$\Delta_r C_p^\ominus$ が温度に無関係	3

テーマ1 生物化学熱力学：第一法則

特に断らない限り，気体はすべて完全気体とする．熱化学データはすべて 298.15 K でのものである．

トピック 1A 仕事と熱

記述問題

Q1A·1 物理化学で用いる“系”と“状態”という用語について説明し，使い方による意味の違いについてそれぞれ説明せよ．

Q1A·2 熱力学で用いる“熱”と“仕事”という用語について説明し，両者をどう区別できるかについて説明せよ．

Q1A·3 可逆膨張と不可逆膨張の違いについて説明し，系の始状態と終状態が同じでも前者で行われる仕事の方が後者より大きい理由を説明せよ．

Q1A·4 気体を等温膨張させるにはどうすればよいか．

Q1A·5 熱と仕事の違いを分子論的に説明せよ．

Q1A·6 温度の分子論的解釈について述べよ．そこで，“熱い”とはどういうことか．

Q1A·7 熱容量の分子論的解釈について述べよ．化合物によって熱容量が大きかったり，小さかったりするのはなぜか．

演習問題

1A·1 オスのオドリホウオウ（質量 45 g）が交尾の儀式で高さ 1.0 m のところにジャンプすれば，どれだけのエネルギーを消費するか．ただし，空気抵抗によるエネルギー損失は無視する．

1A·2 グルコース 1.0 g が完全燃焼して 20 °C の二酸化炭素と (a) 液体の水，(b) 水蒸気が生成したとき，それぞれの場合について膨張による仕事を計算せよ．ただし，外圧は 1.0 atm とする．

1A·3 メタンの試料 4.50 g が 310 K で 12.7 dm^3 の体積を占めている．この気体が，(a) 30.0 kPa の一定外圧に対して膨張し，体積が 3.3 dm^3 だけ増えたとき，(b) 等温可逆的に 3.3 dm^3 だけ膨張したとき，この気体がした仕事をそれぞれ計算せよ．

1A·4 250 g のエタノールに熱として 4.0 kJ のエネルギーを加えたところ，その温度は 8.6 °C だけ上昇した．このエタノールのモル熱容量はいくらか．

1A·5 ベンゼンのモル熱容量は 136.1 J K^{-1} mol^{-1} である．ベンゼン 100 g の温度を 20 °C から 30 °C に上げるのに熱として必要なエネルギーはいくらか．

1A·6 0.25 dm^3 の水（質量密度 1.0 g cm^{-3}）に発熱体が沈めてあり，これに電流を 30 s の間流したときの温度変化を計算せよ．ただし，この発熱体は 1.8 kW（1.8 kJ s^{-1}）でエネルギーを供給する．また，水のモル熱容量は 75.3 J K^{-1} mol^{-1} である．なお，外界への熱の流出はないとする．

1A·7 水のモル熱容量 75.3 J K^{-1} mol^{-1} を cal K^{-1} mol^{-1} の単位で表せ．

1A·8 空気のモル熱容量は水に比べるとかなり小さく，その温度を変えるには比較的わずかなエネルギー（熱として）ですむ．それは，砂漠が日中非常に暑くても夜間寒くなる理由の一つである．常温常圧下の空気のモル熱容量は約 21 J K^{-1} mol^{-1} である．5.5 m × 6.5 m × 3.0 m の部屋の温度を 10 °C 上げるのに必要なエネルギーはどれだけか．また，熱が逃げないとして，1.5 kW（1 W = 1 J s^{-1}）のヒーターを使えばどれだけの時間がかかるか．

1A·9 固体が膨張しても外界に対して仕事をするが，その膨張体積は小さいから，仕事の大きさはふつう非常に小さい．しかし，深海では外圧が非常に大きいから，わずかな膨張でも仕事は大きくなるだろう．このことは重大だろうか？そこで，深さ 5.0 km の海底にある岩塊を考えよう．これにのしかかる水柱を考えて岩が受ける圧力を計算せよ．ただし，その水の密度は 1.1 g cm^{-3} である．また，この岩が 1.0 cm^3 だけ膨張したときの仕事を計算せよ．

1A·10 あるタンパク質分子は溶液中で，折りたたまれてコンパクトな形のコンホメーションか，あるいは完全に伸びきった形のコンホメーションで存在しうる．後者のエネルギーの方が 22.0 kJ mol^{-1} だけ高い．37 °C におけるこの二つのコンホメーションの存在比を求めよ．

1A·11 2 準位系があり，そのエネルギー間隔は 400 cm^{-1} に相当している．この上の準位の占有数が下の準位の $\frac{1}{3}$ となる温度を求めよ．〔ヒント：波数で表されたエネルギー間隔をエネルギーに変換するには $\varepsilon = hc\tilde{\nu}$ を使う．基礎物理定数 h および c の値は巻末の見返しにある．〕

トピック 1B　内部エネルギーとエンタルピー

記述問題

Q1B·1　生体内でのエネルギーを消費する過程で，仕事だけが関わる過程，熱のみが関わる過程，どちらも関わる過程について，それぞれ例を挙げて説明せよ．

Q1B·2　化学過程や物理過程において，内部エネルギー変化とエンタルピー変化の違いを説明せよ．

Q1B·3　気体の定圧モル熱容量が定容モル熱容量より小さくなることはないという実験事実について，物理的な説明を与えよ．

Q1B·4　熱力学第一法則について，どんな実験的証拠があるか．生物学の観点から何か証拠はあるか．

演習問題

1B·1　ある実験動物が踏車を回した．この動物は滑車を介して 200 g の質量を 1.55 m だけ持ち上げた．同時に，この動物は 5.0 J のエネルギーを熱として失った．これ以外には無駄なエネルギーは使わなかったとして，この動物を閉鎖系とみなしたときの内部エネルギー変化はどれだけか．

1B·2　脂肪のトリステアリン（$C_{57}H_{110}O_6$）100 g が 20 °C で完全に酸化されたとき，大気（圧力 1.0 bar）に対してどれだけの仕事をするか．

1B·3　トリステアリンの燃焼エンタルピーは $\Delta_c H = -35.8\ \mathrm{MJ\ mol^{-1}}$ である．前問と同じ条件における $\Delta_c U$ の値を求めよ．

1B·4　液体の水の 1.00 bar，298 K におけるモルエンタルピーとモル内部エネルギーの差（$H_m - U_m$）を求めよ．この温度での水の質量密度は $0.997\ \mathrm{g\ cm^{-3}}$ である．

1B·5　質量 25 g の血清試料から一定圧力のもとで 1.2 kJ のエネルギーを熱として奪ったところ，290 K から 275 K まで冷えた．このときの q と ΔH から，この試料の熱容量を求めよ．

1B·6　成人は 1 回の呼吸で約 $0.51\ \mathrm{dm^3}$ の空気を吸い込む．その吸い込んだ空気の温度が 5 °C（寒い日）とし，吐いた空気の温度が 27 °C であったとしよう．この 1 回の呼吸における空気のエンタルピー変化を計算せよ．〔ヒント：1 atm で 5 °C の空気に存在する分子 1.00 mol が占める体積は $23\ \mathrm{dm^3}$ であり，その定圧モル熱容量は $20\ \mathrm{J\ K^{-1}mol^{-1}}$ である．この熱容量は温度変化しないと仮定する．〕

1B·7　前問で考えた成人は，安静時に毎分平均 15 回の呼吸をする．外気温が 5 °C のとき，3.0 h の間に肺の空気を温めるのに消費するエネルギーを計算せよ．

1B·8　25 °C の気体 H_2O 分子のモル内部エネルギーに対する分子運動の寄与はどれだけか．ただし，この分子は直交する 3 軸のまわりに回転できる．その振動運動は無視してよい．

1B·9　生化学過程に関与する物質を含め，すべての物質の内部エネルギーは温度変化するから，たいていは熱容量も温度変化する．ある物質のモル内部エネルギーは，限られた温度範囲では T の関数として多項式 $U_m(T) = a + bT + cT^2$ で表せる．このとき，温度 T での定容モル熱容量を表す式を求めよ．また，熱容量が温度変化しないときの三つの係数の値はいくらか．

1B·10　前問で述べた多項式は，熱容量の温度依存性を表す式の一つであるが，生化学物質の多くには（ほかの物質でも）もっとよく合う式がある．それは，$C_{p,m} = a + bT + c/T^2$ である．この式を使って，二酸化炭素を 15 °C から 37 °C まで加熱したときのモルエンタルピー変化を計算せよ．ただし，$a = 44.22\ \mathrm{J\ K^{-1}mol^{-1}}$，$b = 8.79 \times 10^{-3}\ \mathrm{J\ K^{-2}\ mol^{-1}}$，$c = -8.62 \times 10^5\ \mathrm{J\ K\ mol^{-1}}$ である．〔ヒント：$\mathrm{d}H = C_p\,\mathrm{d}T$ を積分する必要がある．〕

1B·11　大気の一部（気塊）とその周囲とのエネルギーのやり取りは，天候のみならず地域の生態系にも影響を与えるので気象学の観点から非常に重要である．1.00 mol の空気分子から成る 300 K の気塊（完全気体とみなせる）が平均気圧 1.0 atm の領域で上昇するとき，その温度を保持したまま体積が $22\ \mathrm{dm^3}$ から $30\ \mathrm{dm^3}$ に等温可逆膨張するには，どれだけのエネルギーが熱として供給されなければならないか．

トピック 1C　熱量測定

記述問題

Q1C·1　つぎの手法について特徴と利点，制約を説明せよ．ボンベ熱量測定，示差走査熱量測定，等温滴定熱量測定．

Q1C·2　図 1C·4 で示したように，タンパク質のアンフォールディングを記録した DSC サーモグラムの多くでは，アンフォールディングの開始前と完了後とではベースラインに段が見られる．この事実を説明せよ．

Q1C·3　食物の燃焼エンタルピーは，栄養価の目安として信頼できるか．

Q1C·4 脂肪の比エンタルピーが炭水化物よりずっと大きいのはなぜか．

演習問題

1C·1 ある燃料の燃焼で放出される熱を測定する実験で，定圧熱量計を使って酸素雰囲気中でその化合物を燃やしたところ，温度が 2.78 °C だけ上昇した．同じ熱量計の別の実験で，熱量計に設置してあるヒーターに，11.5 V の電源から 1.12 A の電流を 162 s だけ流したところ，温度は 5.11 °C だけ上昇した．この燃焼反応によって熱として放出されたエネルギーはいくらか．

1C·2 いろいろな野菜のカロリー価を調べるため小さな密封熱量計をつくった．その予備実験として 11.8 V の電源を使って，熱量計内部に取付けたヒーターに 22.22 mA の電流を 162 s だけ流した．この熱量計に熱として供給したエネルギーはいくらか．

1C·3 前問と同じ実験で，熱量計の温度が 2.103 °C 上昇するのが観測された．この熱量計の熱量計定数はいくらか．

1C·4 ある熱量計内で安息香酸 3.24 g を燃やしたところ，その温度が 1.987 °C だけ上昇した．この熱量計の熱量計定数はいくらか．

1C·5 1.0 atm の圧力下で水を加熱して沸点まで到達させた．そこで，この水とよく熱接触しているヒーター抵抗に対して，12 V の電源から 0.50 A の電流を 300 s だけ流したところ，0.798 g の水が蒸発した．沸点（373.15 K）における水のモルエンタルピー変化を計算せよ．また，これに対応するモル内部エネルギー変化を求めよ．

1C·6 じゃがいものカロリー価を測定する実験で，ボンベ熱量計の酸素雰囲気中で試料を燃焼させたところ 2.89 °C の温度上昇があった．同じ熱量計に取付けたヒーターに，12.5 V の電源から 1.27 A の電流を 157 s だけ流したところ，3.88 °C の温度上昇があった．この燃焼に伴う内部エネルギー変化を求めよ．

1C·7 糖の D-リボース（$C_5H_{10}O_5$）の試料 0.727 g をボンベ熱量計内に置いて，過剰の酸素雰囲気中で点火した．その結果，温度は 0.910 K だけ上昇した．同じ熱量計を用いた別の実験で，燃焼内部エネルギーが $-3226\ \mathrm{kJ\ mol^{-1}}$ である安息香酸 0.917 g を燃焼させたところ，1.940 K の温度上昇があった．D-リボースの燃焼エンタルピーを計算せよ．

1C·8 つぎの図は，ニワトリ卵白リゾチームについて実験で得られた DSC 曲線である（G. Privalov *et al.*, 'Precise Scanning Calorimeter for Studying Themal Properties of Biological Macromolecules in Dilute Solution', *Anal. Biochem.*, **232**, 79–85（1995）. Elsevier の許可を得て）．ただし，原著のカロリー単位からキロジュール単位に変換してある．この DSC 曲線の積分と，転移に伴う熱容量変化とから，このタンパク質の変性（アンフォールディング）エンタルピーを求めよ．

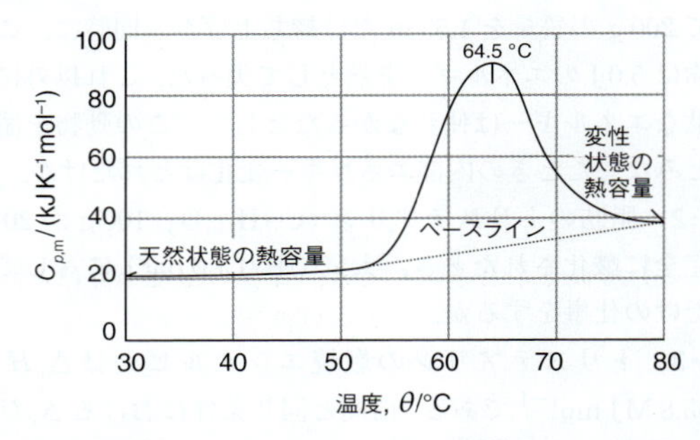

1C·9 分子質量 40 kDa のあるタンパク質には，$64\ \mathrm{kJ\ mol^{-1}}$ のエンタルピー変化を伴う熱変性（アンフォールディング）転移がある．DSC 測定をするのに，$1.0\ \mathrm{cm^3}$ の試料容器にこのタンパク質 0.80 mg を入れた．このとき試料セルと参照セルの間で生じる温度差はどれだけか．水のモル熱容量は $75.3\ \mathrm{J\ K^{-1}\ mol^{-1}}$ である．

トピック 1D 基本となる過程

記述問題

Q1D·1 電力が供給されない地域で使える原始的な空調として，水に浸した布切れを多数吊り下げておくという知恵がある．このやり方が効果的な理由を説明せよ．

Q1D·2 昔の文献には“蒸発熱”という用語が使われている．“蒸発エンタルピー”という表現の方が適切なのはなぜか．

Q1D·3 どの物質でも蒸発エンタルピーは融解エンタルピーより必ず大きい．なぜか．

Q1D·4 物質の標準状態の定義を述べ，そのなかでの圧力と温度の役割を説明せよ．また，なぜ標準状態という考え方が必要なのか．その理由を説明せよ．

Q1D·5 元素のイオン化エンタルピーはイオン化エネルギーと同じではない．その理由を説明せよ．

Q1D·6 同じ X−Y 形の結合でも，その結合エンタルピーが分子によって異なるのはなぜか．

演習問題

1D・1　つぎの現象は吸熱的か，それとも発熱的か．(a) 蒸発，(b) 融解，(c) 昇華．

1D・2　水 1.00 kg を蒸発させるのに (a) 25 °C で，(b) 100 °C で熱として与えるべきエネルギーを計算せよ．

1D・3　冷蔵庫では，揮発性液体を蒸発させるのに必要な熱が吸収されるのを利用している．あるフルオロカーボンの液体は，クロロフルオロカーボンの代替として研究されており，$\Delta_{vap}H^{\ominus} = +32.0\ \mathrm{kJ\ mol^{-1}}$ である．その 2.50 mol を 250 K および 90 kPa で蒸発させたときの q, w, ΔH, ΔU を計算せよ．

1D・4　地球深部の圧力は地表よりずっと高い．熱化学データを使って地球化学的な評価を行うときは，試料が置かれた圧力の違いを考えに入れる必要がある．(a) グラファイトの標準燃焼エンタルピーを $-393.5\ \mathrm{kJ\ mol^{-1}}$，ダイヤモンドの標準燃焼エンタルピーを $-395.41\ \mathrm{kJ\ mol^{-1}}$ として，C (s, グラファイト) → C (s, ダイヤモンド) の標準転移エンタルピーを計算せよ．(b) グラファイトの密度 ($2.250\ \mathrm{g\ cm^{-3}}$) とダイヤモンドの密度 ($3.510\ \mathrm{g\ cm^{-3}}$)，および上の (a) で与えたデータを使って，試料が 150 kbar の圧力に置かれたときの転移エンタルピーを計算せよ．

1D・5　人はふつう毎日約 10 MJ のエネルギーを熱として外界に放出している．(a) 人体を水と同じ熱容量をもつ質量 65 kg の孤立系と考えたとき，体温の温度上昇はどれほどになるか．(b) 実際には人体は開放系であり，熱を逃がす機構は主として水の蒸発によっている．体温を一定に保つには，毎日どれだけの質量の水が蒸発しなければならないか．(c) 推奨される水の摂取量は毎日 1.5〜2 $\mathrm{dm^3}$ であるとして，(b) の計算値について見解を述べよ．

1D・6　表 1A・1 および表 1D・1 の値を用いて，0 °C の氷 100 g を融解し，さらに 100 °C まで加熱してその温度で蒸発させてしまうのに熱として必要な全エネルギーを計算せよ．また，この試料に一定の速さでエネルギーを供給したとして，時間に対する温度のグラフを描け．

1D・7　水の 25 °C での蒸発エンタルピーの値 ($+44.01\ \mathrm{kJ\ mol^{-1}}$) をもとに，100 °C での値を求めよ．ただし，液体の水と水蒸気の定圧モル熱容量をそれぞれ $75.29\ \mathrm{J\ K^{-1}\ mol^{-1}}$ および $33.58\ \mathrm{J\ K^{-1}\ mol^{-1}}$ とする．

1D・8　2-プロパノール（イソプロパノール）は“消毒用アルコール”としてよく用いられるが，スポーツ外傷の捻挫を緩和するのにも使われる．その作用は，皮膚に塗ったときの急激な蒸発に伴う冷却効果によるものである．2-プロパノールの蒸発エンタルピーを測定する実験で，その試料を沸点まで加熱した．そこで，11.5 V の電源から 0.812 A の電流を 303 s だけ流したところ，4.27 g の 2-プロパノールが蒸発した．沸点における 2-プロパノールの蒸発エンタルピーを求めよ．

1D・9　水の光イオン化反応 $H_2O(g) \rightarrow H^+(g) + OH^-(g)$ によって H^+ と OH^- のイオンが生成する現象は，大気化学で重要な役目をしている．この反応のエンタルピー変化は，別の反応 $H_2O(g) \rightarrow H(g) + OH(g)$ のエンタルピー変化とどれほど違っているか．ただし，OH の電子付加エンタルピーは $-270\ \mathrm{kJ\ mol^{-1}}$ である．

1D・10　ペプチド結合 −CO−NH− は，タンパク質にあるアミノ酸残基を結ぶ鎖である．平均結合エンタルピーの値を用いて，この結合に関与する原子団の原子化エンタルピーを求めよ．

1D・11　肥料に使われる硝酸アンモニウムの合成の第一段階は，窒素と水素からのアンモニア生成である．表 1D・3 および表 1D・4 の値を用いて，反応 $N_2(g) + 3H_2(g) \rightarrow 2NH_3(g)$ により 1.0 kg の $NH_3(g)$ が生成するときのエンタルピー変化を求めよ．また，巻末の [資料] にあるデータを用いた場合との差について説明せよ．

1D・12　グリシンは気相ではおもに $H_2NCH_2CO_2H$ として存在している．この分子の末端にあるプロトンが反対側に移動して $^+H_3NCH_2CO_2^-$ の形になるときの内部エネルギー変化は $+66.5\ \mathrm{kJ\ mol^{-1}}$ と計算されている．この移動による結合生成と結合開裂を結合の強さという観点で考察し，この値について見解を述べよ．

トピック 1E　化学変化

記述問題

Q1E・1　“標準反応エンタルピー”の定義を述べよ．標準反応エンタルピーを予測する方法を少なくとも二つ挙げよ．それぞれの方法について利点と欠点を説明せよ．

Q1E・2　元素（単体）の標準状態と基準状態の違いを述べよ．なぜどちらの用語も必要なのか．

Q1E・3　吸熱的化合物および発熱的化合物とは何か．説明せよ．

Q1E・4　ヘスの法則を熱力学の立場から説明せよ．

演習問題

1E・1　$H_2O(l)$ の標準生成エンタルピーについて，現在の定義による（1 bar 下での）値と以前の定義による（1 atm 下での）値の差を求めよ．

1E･2 固体グリシンの燃焼によって CO_2(g) と H_2O(l)，N_2(g) が生成する反応について，標準生成エンタルピーの値を用いて標準燃焼エンタルピーを計算せよ．

1E･3 巻末の［資料］にあるデータを用いて，つぎの反応の標準反応エンタルピーを計算せよ．

(a) グリシン-グリシンのジペプチドの加水分解

$$^{+}NH_3CH_2CONHCH_2CO_2^{-}(s) + H_2O(l) \longrightarrow 2\,^{+}NH_3CH_2CO_2^{-}(aq)$$

(b) 固体β-D-フルクトースの燃焼によって二酸化炭素と液体の水が生成する反応

(c) 二酸化窒素の大気中での解離

$$NO_2(g) \longrightarrow NO(g) + O(g)$$

1E･4 解糖過程では，グルコースは O_2 の関与がなくても NAD^+ により一部が酸化されてピルビン酸 $CH_3COCO_2^-$ になる．しかし，O_2 の存在下では次式によって酸化することが可能である．

$$C_6H_{12}O_6(s) + O_2(g) \longrightarrow 2\,CH_3COCOOH(s) + 2\,H_2O(l) \qquad \Delta_r H^{\ominus} = -480.7\ \mathrm{kJ\ mol^{-1}}$$

巻末の［資料］にあるデータを用いて，ピルビン酸の標準燃焼エンタルピーおよび標準生成エンタルピーを計算せよ．

1E･5 発酵反応 $C_6H_{12}O_6(s) \longrightarrow 2\,C_2H_5OH(l) + 2\,CO_2(g)$ の標準反応エンタルピーを，グルコースとエタノールの標準燃焼エンタルピーの値（表 1E･1）を用いて計算せよ．

1E･6 298 K におけるニワトリ卵白リゾチームの変性エンタルピーは $+217.6\ \mathrm{kJ\ mol^{-1}}$ であり，変性による定圧モル熱容量の変化は $+6.3\ \mathrm{kJ\ K^{-1}\ mol^{-1}}$ である．(a) このタンパク質の (i)“融解”温度（351 K），(ii) 263 K における変性エンタルピーをそれぞれ求めよ．その計算に用いた仮定をすべて述べよ．(b) その結果から判断して，ニワトリ卵白リゾチームの変性は常に吸熱的といえるか．

1E･7 酵素ペニシリンアミダーゼは，水溶液中でペニシリン G のアミド結合の加水分解を触媒して，6-アミノペニシラン酸とフェニルエタン酸を生成する（下のスキーム 1）．

この反応の標準反応エンタルピーは，pH = 7.0 および 298 K では $+23.8\ \mathrm{kJ\ mol^{-1}}$ である．一方，酵素カルボキシペプチダーゼ A は，水溶液中でベンジルオキシカルボニル-L-ロイシンのアミド結合の加水分解反応を触媒して，ベンジルオキシカルボニルグリシン (aq) と L-ロイシンを生成する（スキーム 2）．この反応の標準反応エンタルピー（ただし，pH = 7.2）は $-9.2\ \mathrm{kJ\ mol^{-1}}$ である．

両者の反応（アミド結合の加水分解）はよく似ているにも関わらず，標準反応エンタルピーはかなり異なる．なぜか．

1E･8 アスパラギン酸アンモニアリアーゼは，つぎのスキーム 3 に示す反応を触媒する．

この反応の pH = 6.8 での標準反応エンタルピーは $+24.8\ \mathrm{kJ\ mol^{-1}}$ である．これが正の大きな値を示すのは

スキーム１

ペニシリンアミダーゼ
ペニシリンG + H_2O ⇌ フェニル酢酸 + 6-アミノペニシラン酸

スキーム２

カルボキシペプチダーゼA
ベンジルオキシカルボニル基 + H_2O ⇌ ベンジルオキシカルボニル基 +

スキーム３

アスパラギン酸アンモニアリアーゼ
L-アスパラギン酸 ⇌ フマル酸 + NH_4^+

なぜか．〔ヒント：平均結合エンタルピーの値を考えよ．〕

1E・9　(a) つぎのデータを用いてメタン CH_4 の C−H 結合の結合解離エンタルピーを計算せよ．

$$C(s) + 2\,H_2(g) \longrightarrow CH_4(g) \qquad \Delta_r H^{\ominus} = -74.8\ \mathrm{kJ\ mol^{-1}}$$
$$H_2(g) \longrightarrow 2\,H(g) \qquad \Delta_r H^{\ominus} = +435.9\ \mathrm{kJ\ mol^{-1}}$$
$$C(s) \longrightarrow C(g) \qquad \Delta_r H^{\ominus} = +716.7\ \mathrm{kJ\ mol^{-1}}$$

〔ヒント：求める結合解離エンタルピーは，$CH_4(g)$ のモル原子化エンタルピーの $\frac{1}{4}$ である．〕(b) 次に，C−H 結合の結合解離エンタルピーはメタンとエテン（エチレン）で同じと仮定し，$\Delta_f H^{\ominus}(CH_2{=}CH_2,\ g) = +52.3\ \mathrm{kJ\ mol^{-1}}$ を用いて，エテンの C=C 結合の結合解離エンタルピーを計算せよ．

1E・10　水溶液中での $H_2NCH_2CO_2^-(aq)$ の2種のプロトン付加反応について反応エンタルピーを測定し，つぎの値が求められた．

$$H_2NCH_2CO_2^-(aq) + H_3O^+(aq) \longrightarrow {}^+H_3NCH_2CO_2^-(aq) + H_2O(l) \qquad \Delta_r H^{\ominus} = -44.3\ \mathrm{kJ\ mol^{-1}}$$
$$H_2NCH_2CO_2^-(aq) + H_3O^+(aq) \longrightarrow H_2NCH_2COOH(aq) + H_2O(l) \qquad \Delta_r H^{\ominus} = +2.5\ \mathrm{kJ\ mol^{-1}}$$

つぎの反応の標準反応エンタルピーを計算せよ．

$$H_2NCH_2COOH(aq) \longrightarrow {}^+H_3NCH_2CO_2^-(aq)$$

また，得られた結果を演習問題 1D・12 で求めた気相反応の値と比較し，両者の違いを説明せよ．

1E・11　マグネシウムイオンは ATP とも ADP とも複合体を形成する．ATP の加水分解で ADP と無機リン酸塩（PO_4^{3-}，P_i で表す）が生成する反応の標準反応エンタルピーが，pH = 7 および 25 °C で測定された．そこで，2種のマグネシウムイオン濃度についてつぎの結果が得られた．

$[Mg^{2+}(aq)]$/ (mmol dm^{-3})	$\Delta_{加水分解} H^{\ominus}$/ (kJ mol^{-1})
0	−21.7
1.0	−25.1

Mg^{2+} と ADP の複合体生成の標準反応エンタルピーは +18.0 kJ mol^{-1} である．Mg^{2+} と ATP の複合体生成の標準反応エンタルピーを計算せよ．マグネシウムイオンの存在が ATP の加水分解の反応エンタルピーに影響を与えるのはなぜか．

テーマ1　発展問題

P1・1　ここでは，人が運動するときのエネルギー論を考察しよう．以下では質量 70 kg の成人を考えるが，自分の体重を使って計算するのもよい．

(a) フィットネスの監視装置は，3.0 m 登るごとに“階”を設けて記録している．その階段を使って3階まで登るのに消費すべきエネルギーはどれだけか．このとき系（読者）に対して行われた仕事 w は正か，それとも負か．

(b) この過程で発汗により水が 15 g 失われた．階段を登ったことによる q の値はどれだけか．（放射エネルギーも関与するが，ここでは無視する．）

(c) 階段を登ったことによる内部エネルギー変化はどれだけか．このとき無視したエネルギーの寄与は何か．

(d) グルコースの燃焼エンタルピーは −2808 kJ mol^{-1} である．上の運動で失ったエネルギーを補充するために消費すべきグルコースの質量（g 単位で）はいくらか．これを求めるには，燃焼エンタルピーを燃焼内部エネルギーに変換する必要があることに注意しよう．関与する気体はすべて完全気体として扱い，温度は 298 K とする．

(e) からだ全体を一つの熱容量で表してよいかは疑問である．しかし，仮に 70 kg の水でできていると仮定すれば，全体の定圧熱容量が求められる．このとき，体温を 2 °C 上昇させるのに熱として必要なエネルギーはどれだけか．

(f) 熱としてエネルギーを失う過程として発汗と放射によるものが重要であるが，内部エネルギーは排泄によっても減少する．いま，37 °C の尿を 0.15 dm^3 排出し，これと同じ体積の 20 °C の水を飲んだとしよう．正味の内部エネルギー変化はどれだけか．その内部エネルギーを補充するにはどれだけの質量のグルコースが必要か．

テーマ 2

生物化学熱力学：第二法則

本テーマでは，生物系が太陽から受けとった放射エネルギーや食物から摂取した分子（あとで酸化される）として取込んだエネルギーが，細胞物質の生合成や細胞膜を介しての物質輸送，神経活動，筋収縮などの諸過程を担う仕事へと，どのように変換されるかを理解するための土台について考察する．テーマ１では，生物学的燃料のエネルギーの一部は仕事として利用されるが，残りは熱として外界に放出されると述べた．ここではそれを詳しく説明する．

トピック 2A　エントロピー

自発変化の決め手としての役目を果たす基本的な熱力学的性質は，エントロピーである．本トピックでは，その定義を示し，それを使って基本となるいろいろな過程に伴うエントロピー変化を明らかにしよう．

トピック 2B　生物学におけるエントロピー

注目する化学反応が自然に起こる傾向をもつかどうかを判定するには，その反応に伴うエントロピー変化を調べる必要がある．そうすれば，自然に起こる変化が構造の喪失を伴うものであったとしても，そこに何らかの別の構造が出現するのはなぜかという疑問にも答えられる．

トピック 2C　ギブズエネルギー

エントロピーを実際に使用するとき不便さを感じるのは，二つの計算，すなわち系と外界の両方のエントロピー変化を計算する必要があるからである．ギブズエネルギーを導入すれば，この不便さを回避できる．こうして，注目する熱力学量をエントロピーからギブズエネルギーに乗り換えることには奥深い意味が隠されている．それは，生物系内のエネルギーの流れをいろいろな側面から検討するには，実はギブズエネルギーが理想的な熱力学量だからである．

トピック 2A

エントロピー

➤ 学ぶべき重要性

どんな化学過程や物理過程にも，自然に起こる傾向というものが存在する．その根拠の背後にはエントロピーの概念がある．したがって，生命体で起こる複雑に絡み合った化学過程を理解するうえで，エントロピーは中心的な役割を果たすのである．

➤ 習得すべき事項

孤立系で自発過程が起これば，そのエントロピーは増加している．

➤ 必要な予備知識

仕事や熱，熱容量の概念（トピック1A）に習熟している必要がある．一箇所で積分を用いるが，“積分法”の数学的な意味についてはトピック1Aの［必須のツール2］にまとめてある．

自発変化[1] とは，外部から何ら仕事を加えなくても起こる傾向のある変化である．あるいは，自然に起こる傾向をもつ変化と言ってもよい．**非自発変化**[2] は，外部からの仕事があってはじめて起こる変化である．すなわち，非自発変化は自然に起こる傾向をもたない．非自発変化を強いてひき起こすには，何らかの“労力”が必要なのである．

このような自発変化や非自発変化の概念は，細胞や生体で起こる諸過程にも適用できる．細胞内のある過程は自発的であり，ほかの過程の助けを借りずに起こる．一方，それ以外の非自発過程は別の自発過程と何らかの共役関係にあって，それと連動することで非自発的であっても押し進められる．たとえば，ATPの加水分解は細胞条件で自発的であり，これを使って細胞分裂から筋収縮にいたるまで，数多くの重要な非自発過程を駆動しているのである．これら生命にとって不可欠な非自発過程を駆動する“労力”は，最終的には，太陽からのエネルギーを吸収したり，光合成によって供給された食物の代謝作用によったりして賄われている．このような駆動力は死んだ生物には生じないから，生物が死んでしまってから起こる過程はすべて，そもそも自発的なものである．すなわち，生涯にわたり築き上げた生物の緻密な構造は死とともに崩れ去り，その機能を停止するのである．細胞や生物の研究にとっての熱力学の価値は，どの過程が自発的かを決める基準を与えてくれることであり，しかも熱力学を使えば自発的でない過程を駆動するのにどれほどの“労力”が必要かを示してくれるのである．

さて，非常に重要なことをつけ加えておこう．最初からよく知っておくべきことだが，“自発的”という用語は変化の速さとは全く無関係である．ある過程が“自発的”といえば，それは起こる傾向を言っているだけである．特別な場合を除いて，変化の傾向が実際に現れる速さについては，熱力学は何も言わないのである．

2A・1 自発変化の方向

ある過程は自発的なのに別の過程はなぜ自発的でないのか．その理由は少し考えればすぐにわかる．自発的とは，系のエネルギーが低い方向に向かおうとするものではない．このことは，エネルギーが変化しない自発変化の例を示せば明らかであろう．すなわち，完全気体は真空中へと自発的に等温膨張するが，このとき気体の全エネルギーには変化がない．分子は依然として同じ平均速さで運動していて，全運動エネルギーに変化がないからである．たとえ系のエネルギーが（熱い金属塊が自発的に冷えるときのように）減少するような過程であっても，第一法則によれば，系と外界を合わせた全エネルギーは一定でなければならない．したがって，われわれが注目している自然界の一部でエネルギーが減少しても，宇宙のどこか別の部分ではエネルギーの増加が見られるはずである．たとえば，熱い金属塊は冷たい金属塊と接触すれば冷えてエネルギーを失うが，冷たい金属塊からみれば温まったのであって，エネルギーを獲得したのである．熱い方がエネルギーの低い方へ向かう傾向をもっているのと全く同様に，冷たい方はエネルギーの高い方へ自発的に向かう傾向をもっていると結論せざるを得ない．

1）spontaneous change　2）non-spontaneous change

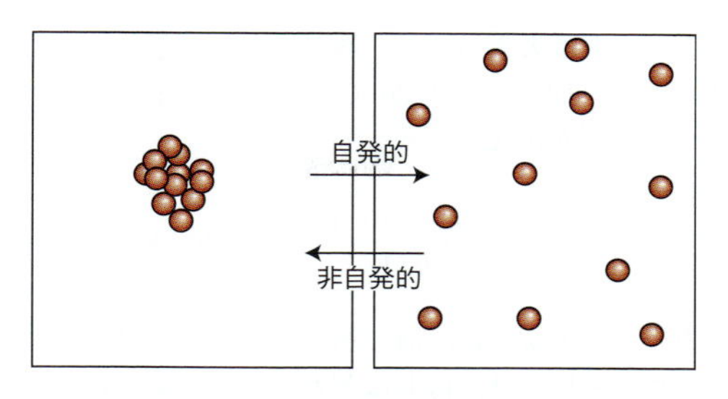

図 2A・1　自発過程の基本的なタイプの一つは，ものが乱雑に分散するものである．気体分子が容器全体に広がり，それを満たしてしまう傾向は自発的である．容器のごく一部に分子全部が自然に集まることは全く起こりそうもない（実際には 10^{23} 個もの分子が存在しているからである）．

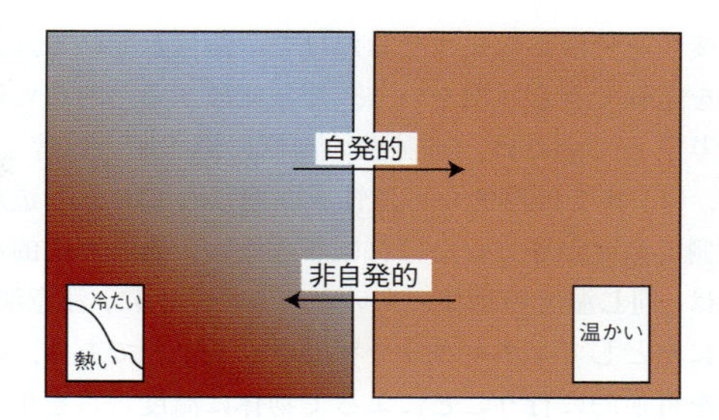

図 2A・2　自発過程のもう一つの基本的なタイプは，エネルギーが乱雑に分散するものである（赤色は高温，青色は低温を表す）．

全エネルギーが駆動力になり得ないとすれば，そのエネルギーの分散が鍵を握っているのではないだろうか．まさにその通りである．すぐあとでわかるように，つぎのように表すことができる．

自発変化の駆動力と考えられるのは，エネルギーやものが分散して乱れた状態になろうとする傾向である．

この考えに基づけば，気体のつぎのような自発的な膨張現象を説明することができる．たとえば，仮に気体分子がすべて容器の一部に片寄っている瞬間があったとしても，分子が絶え間なく乱雑に運動すればたちまち容器全体に広がってしまう（図 2A・1）．この運動はかなりランダムなものであるから，分子がすべて同時に元の位置に戻る確率は無視できるほど小さい．この場合の自発過程は，ものが乱雑に分散することによる．

自発的な冷却現象も同じように説明できるが，この場合は，ものの分散ではなくエネルギーの分散を考える必要がある．たとえば，温度むらのある熱い金属ブロックの中では，高温部の原子は激しく振動していて，高温ほど原子の運動は激しい．低温部の原子も振動しているものの，その運動はさほど激しくない．高温部で激しく振動している原子は，隣接する低温部の原子にぶつかり，それにエネルギーを渡す（図 2A・2）．この過程は連続的に起こるので，原子の振動の激しさは，系全体としてやがて均一になる．これとは逆の向きにエネルギーが流れるのはとうてい起こりそうにない．すなわち，ブロックの中で原子が衝突を繰返しながら，ある部分にエネルギーが集中するようなことは起こらない．この場合の自発過程は，エネルギーが乱雑に分散することによる．

2A・2　エントロピーと第二法則

トピック 1B で説明したように，系の全エネルギーの尺度は内部エネルギー U である．一方，すぐ上で述べた自発性を判定するには，エネルギーやものの乱雑な分散の尺度が必要である．それが**エントロピー**[1] S である．すぐあとで厳密で定量的な定義を示すが，いまのところは，つぎのようにしておこう．

ものやエネルギーが乱雑に分散すれば，エントロピーは増加する．

そうすれば，自発変化を示す基準をつぎの**熱力学第二法則**[2] で表すことができる．

孤立系のエントロピーは増加する傾向にある．　第二法則

ここでの“孤立系”は，注目している系（試薬入りのビーカーや生体細胞，細胞内のオルガネラなどでもよい）とそれを取囲む外界とから成る．系と外界とで，孤立した小さな熱力学的な意味での“宇宙”を形成している．これで熱力学の大半を手中に収めたようなものである．すなわち，孤立系では U が一定であり（第一法則），S は増加する傾向にある（第二法則）．

(a)　エントロピーの定義

議論を先に進め，第二法則を定量的に使えるようにするには，エントロピーの変化をつぎのように定義しておく必要がある．

$$\Delta S = \frac{q_{\text{rev}}}{T} \qquad (1)$$

エントロピー変化［定義］

すなわち，系のエントロピー変化は，熱として可逆的に移動したエネルギーを，その移動が起こった温度で割ったものに等しい．この定義について理解しておくべきポイントが三つある．

- “可逆的”という用語の意味

可逆性の概念についてはトピック 1A で説明した通りで，

1) entropy　2) second law of thermodynamics

ある変数を無限小変化させるだけで，注目している過程の向きを逆転できる状況をいう．たとえば，力学的な可逆性が成り立っていれば，可動壁の両側に働く圧力は等しい．一方，(1) 式では熱的な可逆性を問題にしており，透熱壁の両側で温度が等しくなければならない．熱の可逆的な移動とは，同じ温度の物体のあいだでなめらかに，注意深く，徐々に熱としてエネルギーを移動させることである．その移動を可逆的に行うことによって物体に温度むらを生じさせないようにする．もし，物体の一部に熱い箇所ができれば，熱としてエネルギーは自発的に分散し，その分だけエントロピーが上昇してしまうからである．

- なぜ定義式の分子に熱が現れるのか (仕事は現れない)

トピック 1A で述べたように，熱としてエネルギーを移動させたときは分子のランダムな運動を利用している．一方，仕事としてエネルギーを移動させたときは分子の規則立った動きを利用している．エントロピーの変化はエネルギーやものの乱れの度合いの変化であるから，それは規則立った動きによるのではなく，ランダムな運動を利用して起こるエネルギー移動 (すなわち熱) の量に比例すると考えてよいだろう．

- なぜ分母に温度が現れるのか

(1) 式の分母に絶対温度が入っているのは，系にすでに存在している運動の乱れを考慮に入れるためである．ここで，温度が高いということは熱運動が激しいことを示している．熱い物体に対して，ある量のエネルギーを熱として加えたとする．このとき新たに生じる運動の乱れは，冷たい物体に同じ量のエネルギーを熱として加えたときほど大きくはない．その違いをたとえれば，騒がしい街角 (高温の環境のたとえ) でくしゃみをしても，すでに存在する乱れに加えて新たに加わる乱れは小さいが，静まり返った図書室 (低温の環境のたとえ) でくしゃみをすれば，場合によっては大変な混乱をひき起こすのとの違いのようなものである．

簡単な例示 2A・1

ある生物が湖に棲んでいる．その生命を維持する過程で，0 °C (273 K) の湖水に対して，熱として 100 kJ のエネルギーが移動した．これによる水のエントロピー変化は，

$$\Delta S = \frac{\overbrace{100 \times 10^3\,\mathrm{J}}^{q_{\mathrm{rev}}}}{\underbrace{273\,\mathrm{K}}_{T}} = +366\,\mathrm{J\,K^{-1}}$$

である．湖は大きいので，熱が流入しても水の温度は変化しない．同じことを 30 °C (303 K) で行えば，そのエントロピー変化は，

$$\Delta S = \frac{100 \times 10^3\,\mathrm{J}}{303\,\mathrm{K}} = +330\,\mathrm{J\,K^{-1}}$$

である．このように，同じ熱の流入でひき起こされるエントロピー増加は，低温ほど大きい．エントロピーの単位は $\mathrm{J\,K^{-1}}$ である．エントロピーそのものは示量性の性質であるが，モルエントロピーで表せば示強性の性質となり，その単位は $\mathrm{J\,K^{-1}\,mol^{-1}}$ である．

エントロピーは状態関数であり (証明が可能)†，系が現在おかれている状態にのみ依存する値をもつ．すなわち，エントロピーは系のいまある状態のエネルギーとものの分散の尺度であるから，どういう過程でその乱れに至ったかには無関係なのである．エントロピーは状態関数であるから，系の状態が変化したときのエントロピー変化もまた，変化の経路には無関係である．ただし，実際にその変化量を計算するときは，始状態と終状態の間を何らかの可逆経路で結ばなければならない．それから (1) 式を用いるのである．

(b) 温度変化に伴うエントロピー変化

物質が物理変化したとき，エントロピーが増加したか減少したかは直観的に判断できることが多い．たとえば，気体試料が等温膨張すれば，構成分子はより大きな体積中で動けるので広く分散することになって，そのエントロピーは増加するだろう．試料の温度が上昇したときもエントロピーは増加すると予想できる．それは，高温になって熱運動が激しくなるからである．実際にそうなることは，系の熱容量を用いて示すことができる．

導出過程 2A・1　エントロピーの温度変化を表す式

(1) 式は，ある一定の温度 T で系に熱としてエネルギーを加えた場合の式である．しかし一般には，系を加熱すれば温度が変化するから，そのままではこの式を使えない．そこで，系には熱として無限小のエネルギー $\mathrm{d}q$ しか加えないことにして，これによって温度も無限小しか変化しないようにする．この間の温度変化による誤差は (1) 式の分母の温度を T のままとしても無視できる程度である．

ステップ 1：熱として無限小のエネルギーを加えたときのエントロピー変化の式を書く．

† 証明については，“アトキンス物理化学” 第 10 版，邦訳：中野元裕ほか訳 (2017) を見よ．

無限小のエネルギーを熱として加えれば，エントロピーは無限小量 $\mathrm{d}S$ だけ増加する．それは次式で表せる．

$$\mathrm{d}S = \frac{\mathrm{d}q_{\mathrm{rev}}}{T} \quad \text{無限小のエネルギーを熱として加えたときのエントロピー変化} \quad (2)$$

ステップ 2：熱容量を導入する．

ここで，熱として無限小のエネルギー $\mathrm{d}q$ を加えて無限小の温度変化 $\mathrm{d}T$ があるときの熱容量〔トピック 1A の (6a) 式，$C = q/\Delta T$〕の式を書けば，$C = \mathrm{d}q/\mathrm{d}T$ であるから，$\mathrm{d}q = C\,\mathrm{d}T$ と書ける．この式は，熱としてエネルギーの移動が可逆的に行われても成り立つから，$\mathrm{d}q_{\mathrm{rev}} = C\,\mathrm{d}T$ と書くことができる．したがって次式が成り立つ．

$$\mathrm{d}S = \frac{C\mathrm{d}T}{T} \quad \text{無限小の温度上昇に対するエントロピー変化} \quad (3\mathrm{a})$$

ステップ 3：全エントロピー変化を計算する．

温度が T_{i} から T_{f} まで変化したときの全エントロピー変化 ΔS は，このような無限小変化を始めの温度から終わりの温度まで合計（すなわち積分）したものである．したがって，

$$\Delta S = \int_{T_{\mathrm{i}}}^{T_{\mathrm{f}}} \frac{C\mathrm{d}T}{T} \quad \text{有限の温度上昇に対するエントロピー変化} \quad (3\mathrm{b})$$

と表せる．たいていの物質では，温度範囲が狭ければ（実際のところ生物学で関心のある温度範囲は狭いから），C を一定とみなしてもよい．そこで，C を積分の外に出せばつぎのように計算できる．

Cは温度によらない　積分公式A・2

$$\Delta S = \int_{T_{\mathrm{i}}}^{T_{\mathrm{f}}} \frac{C\mathrm{d}T}{T} = C\int_{T_{\mathrm{i}}}^{T_{\mathrm{f}}} \frac{\mathrm{d}T}{T} = C\ln\frac{T_{\mathrm{f}}}{T_{\mathrm{i}}}$$

すなわち，次式が成り立つ．

$$\boxed{\Delta S = C\ln\frac{T_{\mathrm{f}}}{T_{\mathrm{i}}}} \quad \text{有限の温度上昇に対するエントロピー変化［熱容量は一定］} \quad (3\mathrm{c})$$

ふつうは温度が変化しても圧力は一定に保たれることが多いから，その場合は C として定圧熱容量 C_p を使わなければならない．体積一定の条件であれば，定容熱容量 C_V を使う必要がある．

(3c) 式は予想と合っていることだろう．すなわち $T_{\mathrm{f}} > T_{\mathrm{i}}$ のとき $T_{\mathrm{f}}/T_{\mathrm{i}} > 1$ であるから，その対数は正であり，$\Delta S > 0$ となってエントロピーは増加する（図 2A・3）．この関係からは，さほど自明でない点も読み取れる．それは物質の熱容量が大きいほど，同じ温度上昇でも得られるエントロピー変化が大きいことである．しかし，これも少し考えれば当然と理解できよう．すなわち，熱容量が大きいということは同じ温度上昇をさせるのに多量の熱が必要ということで，熱容量が小さい場合に比べて大きな“くしゃみ”（このたとえは，上で述べた通り）をしなければならない．したがって，それだけエントロピー増加も大きいわけである．

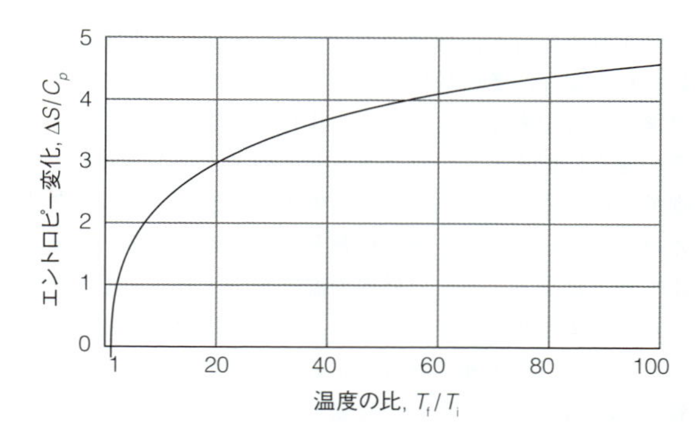

図 2A・3　問題とする温度域で熱容量が温度変化しないとみなせる試料では，エントロピーは温度上昇に伴い対数的に（$\ln T$ に比例して）増加する．エントロピー増加は試料の熱容量に比例する．

簡単な例示 2A・2

液体の水の熱容量が大きい（$75\,\mathrm{J\,K^{-1}\,mol^{-1}}$ にもなる）おもな理由は，液体中で分子が水素結合によるクラスターをつくり，その集団的な振動モードが熱として吸収されたエネルギーを取込めるからである．温度が 25 °C から体温の 37 °C まで上昇したときのモルエントロピー変化は，つぎのように計算できる．

$$\Delta S_{\mathrm{m}} = (75\,\mathrm{J\,K^{-1}\,mol^{-1}}) \times \ln\frac{310\,\mathrm{K}}{298\,\mathrm{K}} = +3.0\,\mathrm{J\,K^{-1}\,mol^{-1}}$$

(c)　相転移に伴うエントロピー変化

物質が融解したり蒸発したりしたときのエントロピー変化については，どう予測すればよいだろうか．いずれの場合も，物質のエントロピーは増加すると予測すべきである．それは，固体が液体に変わるときも，液体から蒸気に変わるときも，構成する分子はもっと乱れたやり方で分布するようになるからである．同じように，タンパク質のアンフォールディングでは，コンパクトで三次元的なコンホメーションからもっと柔軟なコンホメーションへと変化するから，エントロピーの増加を伴うと予想できるだろう．

いずれの場合も，物質のエントロピー変化は非常に簡単に計算ができ，その数値を求めることができる．ここでは融解の場合を考えよう．最初に注目すべきことは，固体がその融点に留まっていれば熱としてのエネルギー移動は可逆的に起こるという点である．外界の温度が系より無限小だけ低ければ，エネルギーは熱として系から外界へと流れ出て物質は凍る．逆に，外界の温度が系より無限小だけ高ければ，エネルギーが熱として系に流れ込んで物質は融ける．第二に，この相転移は一定の圧力下で起こるから，物質1 mol当たりの熱として移動したエネルギーは融解エンタルピーとすることができる．したがって，融点 $T_{\rm fus}$ における物質1 mol当たりのエントロピー変化，すなわち**融解エントロピー**[1] $\Delta_{\rm fus}S$ は，

$$\Delta_{\rm fus}S(T_{\rm fus}) = \frac{\Delta_{\rm fus}H(T_{\rm fus})}{T_{\rm fus}} \quad \text{融点での融解エントロピー} \qquad (4a)$$

である．ここで，融解エンタルピーとしては融点での値を使うべきであり，この式が融解温度だけで成り立つことに注意しよう．固体と液体がどちらも1 barにあれば，(4a)式は**標準融解エントロピー**[2] $\Delta_{\rm fus}S^{\ominus}(T_{\rm fus})$ を与える．その場合は，1 barにおける融点と，同じその温度での標準融解エンタルピーを使う．融解エンタルピーは物質によらずすべて正である（融解は吸熱的で，熱を必要とする過程である）．したがって，融解エントロピーもまた正である．つまり，融解によって乱れは増加する．たとえば，氷の融解では，液体ができるとき氷に存在していた秩序ある構造が壊れるので，エントロピーの増加を伴うのである（図2A·4）．

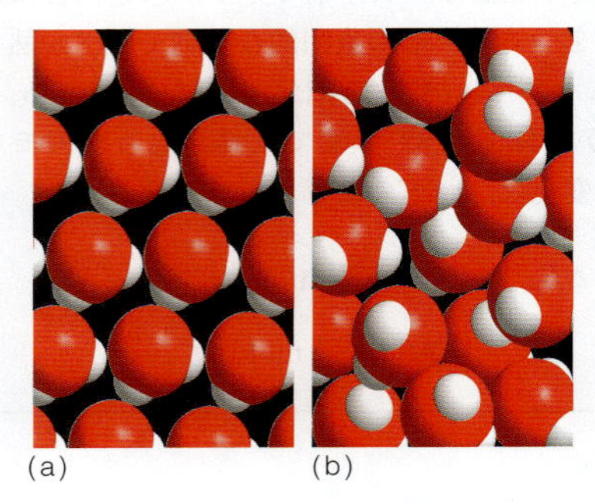

図2A·4　固体（a，ここでは水分子が整然と配列した氷の結晶を示す）が融解すれば，液体（b）になる．その結果，試料のエントロピーは増加する．

簡単な例示 2A·3

リゾチームは細菌の細胞壁を分解する酵素タンパク質であり，75.5 °Cの転移温度で変性（アンフォールド）する．DSC（トピック1C）で求めた標準転移エンタルピーは+509 kJ mol^{-1} であるから，標準転移エントロピーは，

$$\Delta_{\rm trs}S^{\ominus}(T_{\rm trs}) = \frac{\overbrace{+509\ {\rm kJ\ mol^{-1}}}^{\Delta_{\rm trs}H^{\ominus}(T_{\rm trs})}}{\underbrace{(273.15+75.5)\ {\rm K}}_{T_{\rm trs}}} = +1.46\times10^{3}\ {\rm J\,K^{-1}\,mol^{-1}}$$

である．このエントロピー変化が正であることは，分子レベルで考えれば主として，リゾチームがもっていたコンパクトな三次元立体構造が解けて長くなり，溶液中で身をくねらせながら，いろいろなコンホメーションをとれる柔軟な鎖へと変化することによる．これに加えて（この温度では）溶媒が関与する効果も少しある．最後に，タンパク質分子ではふつう，ある特定の温度というより，ある温度域にわたってアンフォールドが起こるから，ここで得た計算値はおおよその値であることを忘れてはならない．

別のタイプの相転移でも，転移エントロピーは同じように考えることができる．たとえば，液体の沸点 $T_{\rm b}$ での**蒸発エントロピー**[3] $\Delta_{\rm vap}S$ は，この温度における蒸発エンタルピーとつぎの関係にある．

$$\Delta_{\rm vap}S(T_{\rm b}) = \frac{\Delta_{\rm vap}H(T_{\rm b})}{T_{\rm b}} \quad \text{沸点での蒸発エントロピー} \qquad (4b)$$

この式を使うときには，沸点での蒸発エンタルピーを使わなければならない．表2A·1には，代表的な物質の1 atmでの蒸発エントロピーを掲げてある．標準蒸発エントロピー $\Delta_{\rm vap}S^{\ominus}$ が必要なら，1 barでのデータを使うことになる．蒸発はすべての物質で吸熱的であるから，蒸発エントロピーはすべて正である．コンパクトな液体が気体になるわけであるから，蒸発に伴ってエントロピーが増加するのは予想と合っている．

表2A·1　通常沸点（1 atm）での蒸発エントロピー

物　質	化学式	$\Delta_{\rm vap}S/({\rm J\,K^{-1}\,mol^{-1}})$
アンモニア	NH_3	97.4
ベンゼン	C_6H_6	87.2
臭素	Br_2	88.6
四塩化炭素	CCl_4	85.9
シクロヘキサン	C_6H_{12}	85.1
エタノール	CH_3CH_2OH	109.7
硫化水素	H_2S	87.9
水	H_2O	109.1

1) entropy of fusion　2) standard entropy of fusion　3) entropy of vaporization

転移温度と異なる温度での転移エントロピーを計算するには，［簡単な例示 2A・4］で示すような追加の計算が必要である．

簡単な例示 2A・4

水の 25 °C での蒸発エントロピーを求めたいが，通常沸点 100 °C での値（$+109\ \mathrm{J\,K^{-1}\,mol^{-1}}$）しかわからない．このとき，余分に二つの計算が必要である（図 2A・5）．

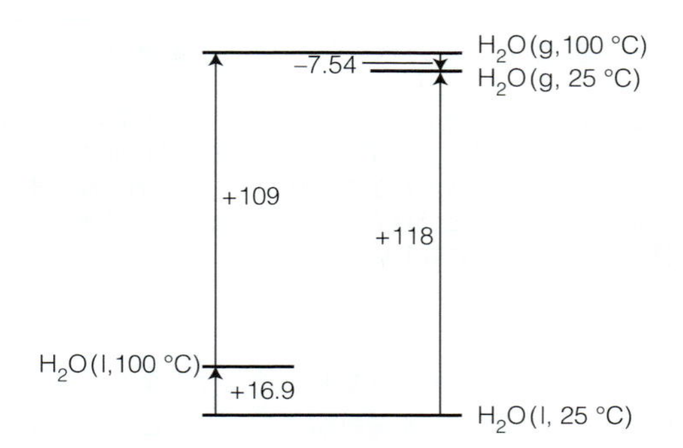

図 2A・5　転移温度とは異なる温度での転移エントロピーを計算するときは，一連の段階を考えて各過程のエントロピーとサイクル図を利用する．図中の数値はモルエントロピー差であり，その単位は $\mathrm{J\,K^{-1}\,mol^{-1}}$ である．

まず，液体の水を 25 °C から 100 °C に加熱したときのエントロピー変化を計算する．ここで，(3c) 式と $C_{p,\mathrm{m}}(\mathrm{H_2O, l}) = 75.29\ \mathrm{J\,K^{-1}\,mol^{-1}}$ の値を使う．そうすれば，

ΔS_1（液体の水を 100 ℃まで加熱）

$$= \overbrace{(75.29\ \mathrm{J\,K^{-1}\,mol^{-1}})}^{C_{p,\mathrm{m}}(\mathrm{H_2O,l})} \times \ln \frac{\overbrace{373\ \mathrm{K}}^{T_\mathrm{b}}}{\underbrace{298\ \mathrm{K}}_{25\,°\mathrm{C}}} = +16.9\ \mathrm{J\,K^{-1}\,mol^{-1}}$$

である．これに加えて沸点でのエントロピー増加は，

$$\Delta S_2\text{（100 ℃で液体の水を蒸発）} = +109\ \mathrm{J\,K^{-1}\,mol^{-1}}$$

である．最後に，できた水蒸気を 100 °C から 25 °C に冷やすときのエントロピー変化を計算する．ここで再び (3c) 式を使うが，こんどは $C_{p,\mathrm{m}}(\mathrm{H_2O, g}) = 33.58\ \mathrm{J\,K^{-1}\,mol^{-1}}$ の値を使う．そうすれば，

ΔS_3（水蒸気を 25 ℃まで冷却）

$$= \overbrace{(33.58\ \mathrm{J\,K^{-1}\,mol^{-1}})}^{C_{p,\mathrm{m}}(\mathrm{H_2O,g})} \times \ln \frac{\overbrace{298\ \mathrm{K}}^{25\,°\mathrm{C}}}{\underbrace{373\ \mathrm{K}}_{T_\mathrm{b}}} = -7.54\ \mathrm{J\,K^{-1}\,mol^{-1}}$$

となる．上で求めた三つのエントロピー変化の合計から，25 °C での転移エントロピーはつぎのように求められる．

$$\Delta_{\mathrm{vap}} S\,(298\ \mathrm{K}) = \Delta S_1 + \Delta S_2 + \Delta S_3 = +118\ \mathrm{J\,K^{-1}\,mol^{-1}}$$

最後に重要なことは，これまで計算したのはすべて系のエントロピー変化（しかも，純物質の系）であり，それに伴う外界でのエントロピー変化を計算してこなかったという点である．したがって，注目する相転移が自発的かどうかは，まだ決められないのである．忘れてならないのは，第二法則を適用するためには，孤立系（系とその外界であり，外界は宇宙の残りから孤立しているとみなす）の全エントロピー変化を考える必要があるということである．すなわち，系のエントロピー変化だけでなく，外界のエントロピー変化も常に考慮に入れなければならない．

(d)　外界のエントロピー変化

(1) 式のエントロピーの定義を使えば，温度 T で系と接触している外界のエントロピー変化 ΔS_{sur} を計算できる．すなわち，系からエネルギー $q_{\mathrm{sur,rev}}$ が熱として外界に入り込むわけだから，$\Delta S_{\mathrm{sur}} = q_{\mathrm{sur,rev}}/T$ である．ところで，外界は非常に大きいから（大きな水槽を想像すればよい），そこでの熱の広がりは可逆と考えてよい．そこで，添字の "rev" を省略して，$\Delta S_{\mathrm{sur}} = q_{\mathrm{sur}}/T$ と書ける．さらに，外界に流れ込んだ熱は，系から出たものに等しいから $q_{\mathrm{sur}} = -q$ である．（たとえば $q = +100\ \mathrm{J}$ なら，外界は 100 J だけ失ったので $q_{\mathrm{sur}} = -100\ \mathrm{J}$ である．）したがって，(1) 式の $q_{\mathrm{sur,rev}}$ を $-q$ に置き換えることができて，$\Delta S_{\mathrm{sur}} = -q/T$ となる．最後に，一定の圧力下で系に変化が起こり，それ以外のエネルギー移動がなければ，そのときの q は，系のエンタルピー変化 ΔH に等しいから（トピック 1B で説明した），

$$\Delta S_{\mathrm{sur}} = -\frac{\Delta H}{T} \qquad \text{外界のエントロピー変化［圧力一定，非膨張仕事がないとき］} \qquad (5)$$

が得られる．これは第二法則の帰結を論じるうえで中心となる非常に重要な式であるばかりか，注目する生物過程が実現可能かどうかを論じるときも重要な式である．この式は，常識とも合っている．つまり，発熱過程なら ΔH は負だから ΔS_{sur} は正である．外界に熱としてエネルギーを放出すれば外界のエントロピーは増大する．逆に，吸熱過程（$\Delta H > 0$）であれば，外界から熱としてエネルギーが系に移動するから，外界のエントロピーは減少するのである．

簡単な例示 2A・5

［簡単な例示 1D・1］で見たように，発汗により水 $1.0\ \mathrm{dm^3}$ が蒸発することで熱として失われるエネルギー

は2.4 MJである．このエネルギーは熱として外界に放出される．外界の温度が20 °Cのとき，外界のエントロピー変化は，

$$\Delta S_{\rm sur} = -\frac{\overbrace{-2.4\,{\rm MJ}}^{\Delta H}}{\underbrace{293\,{\rm K}}_{T}} = +8.2\,{\rm kJ\,K^{-1}}$$

である．エネルギーが熱として人から外界へと流れるから，外界のエントロピーは増加するのである．

2A・3　絶対エントロピーと熱力学第三法則

完全結晶のエントロピーは絶対零度（$T = 0$）でどんな値をとるだろうか．完全結晶に“位置の乱れ”はない．原子や分子はすべて結晶中で完全に規則正しく並んでいるから，位置の乱れに起因するエントロピーはない．$T = 0$であるから，原子や分子はすべて最低のエネルギー状態にある．すなわち，一部の原子や分子が他より激しく運動しているという“熱的な乱れ”もない．そこで，熱的な乱れに起因するエントロピーもない．したがって，$T = 0$での完全結晶のエントロピーは0と考えてよさそうである．この結論は**熱力学第三法則**[1]としてつぎのように一般化されている．

あらゆる点で完全に結晶性の物質では，
$T = 0$でのエントロピーは0である．　　第三法則

実際には，熱力学は実験的な証拠に基づいているから，これを実験で証明する必要がある．関連する詳しい解説は他書に譲る[†1]．

簡単な例示 2A・6

熱力学第三法則から，折りたたまれたタンパク質の$T = 0$でのエントロピーは0と予測される．それは，この分子が唯一の構造をとり，分子の位置に乱れがないからである．一方，折りたたまれていないタンパク質は，多くの構造を示すから分子の位置に乱れが存在しており，$T = 0$でもエントロピーは0でない[†2]．

生化学者は，絶対零度でのエントロピーそのものにあまり興味はないが，これに関連する重要な問題が一つある．ある物質について，$T = 0$と注目する温度（たとえば25 °C）とのエントロピー差がわかっているとしよう．しかし，二つの温度でのエントロピー差だけでなく，注目する温度でのエントロピーを絶対値で表したいことだろう．ところが，注目する物質の熱容量Cを簡単に測定して（3c）式を適用するわけにはいかない（この式は，問題の温度域で熱容量が一定の場合にだけ使える）．それは，熱容量が温度変化するからで，$T \rightarrow 0$ですべての物質の熱容量は0に近づくからである．その場合は，（3b）式に戻って，積分計算により求めなければならない．

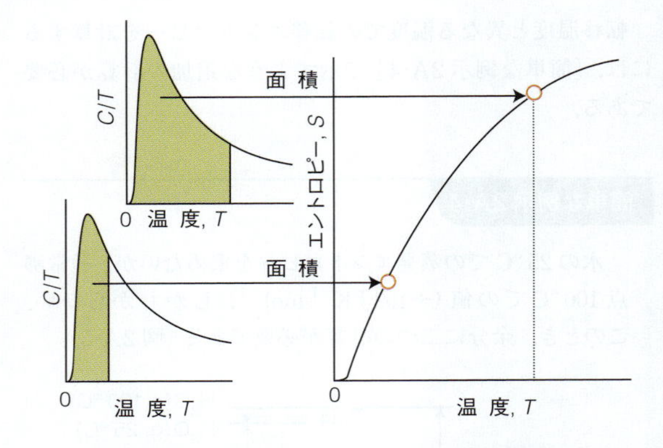

図2A・6　物質の絶対エントロピー（第三法則エントロピー）は，熱容量測定を$T = 0$まで（実際には可能な限り低温まで）行い，C/T対Tのグラフ上で，求める温度までの面積を求めることで得られる．その面積は，温度Tでの絶対エントロピーに等しい．

この問題に対処するには，トピック1Aの［必須のツール2］で述べた積分法が使える．それは，関数のある区間（上限と下限の間）の積分値は，その関数のグラフの区間内にある曲線の下の面積に等しいというものである．いまの場合の関数は$C(T)/T$であり，各温度での熱容量を温度で割ったものである．したがって，

ΔSは，$C(T)/T$をTに対してプロットしたグラフで，$T_{\rm i}$と$T_{\rm f}$の間に挟まれた曲線の下の面積に等しい．

実験によりエントロピー変化を求める方法

これで絶対エントロピーを測定する方法が得られたことになる．第三法則によれば，$\Delta S = S(T) - S(0)$で$S(0) = 0$とおけるからである．したがって，ふつうは単に任意の温度における“エントロピー”といわれる**第三法則エントロピー**[2] $S(T)$は，まず$S(0) = 0$とおいて，次に熱容量を極低温（理想的には$T = 0$）から問題の温度まで測定し，最後に$C(T)/T$をTに対してプロットしたグラフで$T = 0$から温度Tまでの区間の曲線の下の面積を求めればよい（図2A・6）．すなわち，

†1　“アトキンス物理化学”第10版，邦訳（2017）に説明がある．
†2　訳注：これを残余エントロピーという．何らかの乱れが低温で非平衡状態として凍結した場合に見られる．
1）third law of thermodynamics　2）third law entropy

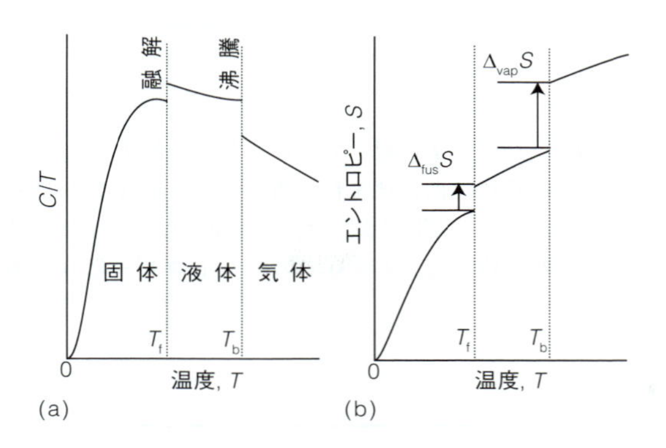

図 2A·7　熱容量データからエントロピーを求める方法. (a) 測定で得られた C/T の温度変化. (b) エントロピーの温度変化. (a) のグラフで, $T=0$ から求める温度 T までの各温度域で曲線の下の面積をそれぞれ求めておき, (b) のグラフでは, それぞれの相転移について転移温度で観測されたエントロピーを加える.

$S(T)$ は, $C(T)/T$ を T に対してプロットしたグラフで, $T=0$ と T の区間に挟まれた曲線の下の面積に等しい.

第三法則エントロピー

ここで, 注意すべきことが一つある. もし, $T=0$ と注目する T の間に何らかの相転移 (たとえば融解) があれば, $S(T)$ の値を求めるには, それぞれの転移温度での転移エントロピーを $\Delta_{trs}S=\Delta_{trs}H/T_{trs}$ で計算して加えておかなければならないのである (図 2A·7).

物質のエントロピーは圧力に依存するから, 標準圧力 (1 bar) で測定した結果であれば, それはその物質の注目する温度での標準状態におけるモルエントロピー, すなわち**標準モルエントロピー**[1] $S_m^{\ominus}$ である. 298.15 K (データ表にふつう用いる慣用温度) での代表的な値を表 2A·2 に掲げる. 表に載っている値が, これまでのエントロピーの理解と違っていないか, 時間をかけて確かめておこう. たとえば, ダイヤモンドの形態をした炭素のモルエントロピー ($2.4\ \mathrm{J\,K^{-1}\,mol^{-1}}$) が非常に小さいのは, その原子が結合によって硬く結ばれているからである. 一方, 気体の二酸化炭素のモルエントロピー ($214\ \mathrm{J\,K^{-1}\,mol^{-1}}$) は非常に大きい. それは, この分子が自由に運動でき, 回転もできるからである. 水のモルエントロピーは, 水分子が水素結合でがっちり結ばれている氷では最小で ($48\ \mathrm{J\,K^{-1}\,mol^{-1}}$), その構造がほとんど失われた液体では中間的な値を示し ($70\ \mathrm{J\,K^{-1}\,mol^{-1}}$), 水分子が自由に動き回れて, 自由に回転できる水蒸気では最も大きい ($189\ \mathrm{J\,K^{-1}\,mol^{-1}}$).

表 2A·2　代表的な物質の 298.15 K での標準モルエントロピー*

物　質	化学式	$S_m^{\ominus}/(\mathrm{J\,K^{-1}\,mol^{-1}})$
気　体		
アンモニア	NH_3	192.5
二酸化炭素	CO_2	213.7
水　素	H_2	130.7
窒　素	N_2	191.6
酸　素	O_2	205.1
水蒸気	H_2O	188.8
液　体		
エタン酸 (酢酸)	CH_3COOH	159.8
エタノール	CH_3CH_2OH	160.7
水	H_2O	69.9
固　体		
方解石	$CaCO_3$	92.9
ダイヤモンド	C	2.4
グリシン	$CH_2(NH_2)COOH$	103.5
グラファイト	C	5.7
塩化ナトリウム	NaCl	72.1
スクロース	$C_{12}H_{22}O_{11}$	360.2
尿　素	$CO(NH_2)_2$	104.60
氷	H_2O	48.0

*　このほかの物質については巻末の [資料] を見よ.

1) standard molar entropy

重要事項のチェックリスト

- □ 1．自発変化の駆動力は，エネルギーやものが分散する傾向である．
- □ 2．ものやエネルギーが分散するとき，エントロピーは増加する．
- □ 3．系が加熱されたときのエントロピー変化は，$C(T)/T$ を T に対してプロットしたグラフで，T_i から T_f の区間に挟まれた曲線の下の面積に等しい．
- □ 4．熱力学第三法則によれば，あらゆる点で完全に結晶性の物質では，$T=0$ でのエントロピーは0である．

重要な式の一覧

式の内容	式	備　考	式番号
エントロピー変化	$\Delta S = q_{rev}/T$	定　義	1
加熱によるエントロピー変化	$\Delta S = \int_{T_i}^{T_f} (C/T)\,dT$		3b
	$\Delta S = C\ln(T_f/T_i)$	C が温度によらないとき	3c
相転移のエントロピー	$\Delta_{trs}S(T_{trs}) = \Delta_{trs}H(T_{trs})/T_{trs}$	蒸発や融解など	4a, b
外界のエントロピー変化	$\Delta S_{sur} = -\Delta H/T$	圧力一定	5

トピック 2B

生物学におけるエントロピー

➤ 学ぶべき重要性

生物学で出会う過程はすべて，宇宙（孤立系）のエントロピー増加を伴っている．代謝に関わる生化学過程や構造形成を伴ういろいろな過程もすべてそうである．生化学過程はエントロピーの概念なしには理解できない．

➤ 習得すべき事項

系で起こる過程の自発性を決めているのは，系とその外界のエントロピー変化の合計である．

➤ 必要な予備知識

エントロピーの概念をよく理解している必要がある．また，エントロピーの分子論的な裏付けを広く理解している必要がある（トピック 2A）．

生化学反応が起これば必ずエントロピーの増加が見られる．それは，注目する反応そのものが自発的であっても，ATP の加水分解のような別の自発反応によって駆動される反応であっても，エントロピーは増加している．同じように，イオンや分子が細胞膜を介して動くときも，エントロピーは増加している．生物が生きているあいだは，エントロピーを発生し続ける．それは仕方のないことであり，エントロピーを発生することで生きているのである．それは死んだとしても避けられない．死後も臓器の崩壊によってエントロピーを発生するからである．また，分子レベルで形を保っているのもエントロピーのおかげである．生物学ではよく知られたことであるが，分子の形でその機能が決まるものである．本トピックでは，エントロピー効果で形状を保持している分子があることもわかるだろう．

2B・1 エントロピーと反応

ある反応が自発的に起こるかどうかを判定するには，まず，反応物それぞれが純粋で混ざる前の状況が，生成物それぞれが純粋で混ざっていない状況へと完全に変化したときに起こるエントロピー変化について，ある合計を求める必要がある．ここで“合計”というのが重要である．それには二つの計算が関与している．すなわち，反応系のエントロピー変化とその外界のエントロピー変化の両方を計算する必要がある．その合計が正であれば，その反応は自発的であると結論できる．しかしながら，上で述べたタイプの反応，つまり，純粋で混ざっていない反応物が純粋で混ざっていない生成物に変化するという反応は，細胞ではほとんど該当しない．細胞での反応は溶液中で起こり，そこには反応物と生成物の混合物が存在しているからである．このような反応では，いまよりもっと生成物が生成して，それが混合物に加わる傾向があるのか，それとも，逆向きに反応が起こって，余分の生成物が分解してもとの反応物になろうとするのかが問題である．

これらは重要な問いであり，それに答えるには三つのステップを経る必要がある．第一のステップは，複雑さをすべて切り捨てて，とにかく標準状態（純粋，1 bar の圧力下）にある反応物それぞれが，標準状態にある生成物それぞれに完全に変化したときのエントロピー変化を計算することである．第二のステップは，同じこの過程が起こるときの外界のエントロピー変化を計算することである．第三の（最後の）ステップは，生物学では“純粋 → 純粋”の変化にほとんど関心がないから，“混合物 → 混合物”の状況に変更して考察する必要がある．本トピックでは，この順で話を進めよう．その結論はテーマ 4 で述べる．

(a) 標準反応エントロピー

反応物と生成物の標準状態におけるモルエントロピーの差を**標準反応エントロピー**[1] $\Delta_r S^{\ominus}$ という．ただし，標準反応エンタルピーの定義で用いたのと同じで，標準反応エントロピーは各物質のモルエントロピーによってつぎのように表される．

$$\Delta_r S^{\ominus} = \sum \nu S_m^{\ominus}(\text{生成物}) - \sum \nu S_m^{\ominus}(\text{反応物}) \quad (1)$$

標準反応エントロピー［定義］

ν は化学反応式に現れる量論係数である．

1) standard reaction entropy

標準反応エントロピーの符号は，直観によって予測できる場合がある．燃焼反応あるいは，それと等価だが生体特有の抑制された酸化反応のように，正味に気体が生成する反応では，ふつうはエントロピーが増加する．逆に，微生物によって N_2 の固定が行われる場合のように，正味に気体が消費される反応ではエントロピーが減少すると考えてよいだろう．しかしながら，定量的なエントロピー変化が問題になる場合や，気体が関与しない反応でのエントロピー変化の符号を予測するには，厳密な計算をしなければならない．

簡単な例示 2B・1

炭酸デヒドラターゼ（炭酸脱水酵素）は，赤血球内で気体 CO_2 の水和反応 $CO_2(g) + H_2O(l) \rightarrow H_2CO_3(aq)$ を触媒する．この反応では気体が消費されるから，反応エントロピーは負と予測できる．25 °C での標準反応エントロピーを求めるのに巻末の［資料］のデータを使えば，つぎのように計算できる．

$$\begin{aligned}\Delta_r S^{\ominus} &= S_m^{\ominus}(H_2CO_3, aq) - \{S_m^{\ominus}(CO_2, g) + S_m^{\ominus}(H_2O, l)\} \\ &= (187.4\ J\ K^{-1}\ mol^{-1}) - \{(213.74\ J\ K^{-1}\ mol^{-1}) \\ &\quad + (69.91\ J\ K^{-1}\ mol^{-1})\} = -96.3\ J\ K^{-1}\ mol^{-1}\end{aligned}$$

この種の計算で $\Delta_r S^{\ominus}$ の符号を見ただけでは，この反応が実際に自発的かどうかはわからない．いまわかったのは，それぞれ純粋な反応物がそれぞれ純粋な生成物に（1 bar で）変換したときの反応系の側のエントロピー変化である．それは正でも負でもありうる．

(b) 外界の寄与

系のエントロピーが減少しても自発的な過程はある．一例は，代謝における重要な電子伝達体である酸化形ニコチンアミドアデニンジヌクレオチド（NAD^+，巻末の構造図 N4）と，炭水化物の代謝で重要な役目をする酵素，乳酸デヒドロゲナーゼとの結合である．実験によれば，25 °C，pH = 7.0 での結合反応では $\Delta_r S^{\ominus} = -16.8\ J\ K^{-1}\ mol^{-1}$ である[†]．この反応では二つの反応物が会合して，よりコンパクトな構造ができるから，エントロピーの減少が予測でき，実際その通りになっている．こうして，この反応によって秩序ある構造が現れるにもかかわらず，この反応は自発的なのである．

［簡単な例示 2B・1］と同じで，この場合のエントロピー減少も反応混合物である系の側だけの話である．第二法則を正しく適用するには全エントロピー変化，つまり系と外界で起こる変化の合計を計算する必要がある．第二法則で“孤立系”全体といっているのは，系と外界を合わせたものだからである．ある変化が起こって系のエントロピーが減少しても，外界のエントロピーがこれを上回って増加する場合がありうる．このとき全エントロピー変化は正である．エントロピーの意味合いを考えるときは常に，系とその外界の合計のエントロピー変化を考えなければならない．トピック 2A で説明したように，外界のエントロピー変化は，トピック 2A の (5) 式（$\Delta S_{sur} = -\Delta H/T$）を用いて，系で起こる過程に伴うエンタルピー変化から計算することができる．いまの場合は，

$$\Delta_r S_{sur}^{\ominus} = -\frac{\Delta_r H^{\ominus}}{T} \qquad \text{外界の標準エントロピー変化} \qquad (2)$$

である．$\Delta_r H^{\ominus}$ は標準反応エンタルピーである．

簡単な例示 2B・2

上で述べた NAD^+-酵素複合体の生成反応では $\Delta_r H^{\ominus} = -24.2\ kJ\ mol^{-1}$ であるから，外界（反応混合物と同じ温度 25 °C に保たれている）のエントロピー変化は，

$$\Delta_r S_{sur}^{\ominus} = \frac{\overbrace{-24.2 \times 10^3\ J\ mol^{-1}}^{\Delta_r H^{\ominus}}}{\underbrace{298\ K}_{T}} = +81.2\ J\ K^{-1}\ mol^{-1}$$

である．そこで全エントロピー変化は，つぎのように計算できる．

$$\begin{aligned}\Delta_r S_{total}^{\ominus} &= (-16.8\ J\ K^{-1}\ mol^{-1}) + (81.2\ J\ K^{-1}\ mol^{-1}) \\ &= +64.4\ J\ K^{-1}\ mol^{-1}\end{aligned}$$

［簡単な例示 2B・2］の計算によって，標準状態にある（純粋な）反応物が標準状態にある（純粋な）生成物に完全に変換される反応では全エントロピーが増加することがわかったから，その意味では，この反応が“自発的”であることは確かめられた．ただし，“混合物 → 混合物”という生化学的に意味のある場合（テーマ 4）については，まだ考えていないことに注意しよう．いまの場合は，“純粋 → 純粋”の反応の自発性が，その反応が外界に生じさせたエネルギーの分散で決まっているというだけのことである．すなわち，反応物が別々にあるときより複合体のエントロ

† 訳注：生化学の分野では，標準状態についての熱力学的な定義に対して，pH = 7 の中性溶液を“生化学的標準状態”に採用することが多い．このときの標準状態を表すのに本書では上付きの“$\ominus$”の代わりに“$\ominus\prime$”を用いている（トピック 4B を見よ）．この例でも pH = 7 の条件下での熱力学関数であるから，本来は $\Delta_r S^{\ominus\prime}$ や $\Delta_r H^{\ominus\prime}$ とすべきである．

ピーの方が小さいにも関わらず，外界にエネルギーを分散させた結果として，複合体の形成が自発的になっているのである．

このような考察を行えば，自然に起こる変化が全体として乱れの大きい側へ向かうにも関わらず，タンパク質だけでなく生物全体でもエントロピーの小さい構造がどのように生まれるのかという問題が解決できる．すなわち，系のエントロピーが減少するにも関わらず，外界のエントロピーに非常に大きな増加があるときに，全体としての変化が自発的になるのである．これこそが，われわれが食物を摂らねばならない理由である．すなわち，あらゆる生物がそうであるが，外界に対してエネルギーとものを排出して，そこに大きなエントロピーを発生させることによって，われわれの規則正しい構造がつくられ，それが維持されるのである．生物が自然環境に対して及ぼしてきた影響，これからも与え続ける影響は避けられないものである．それは，さもなければこの世に生を受けることも，生きることもできないからである．

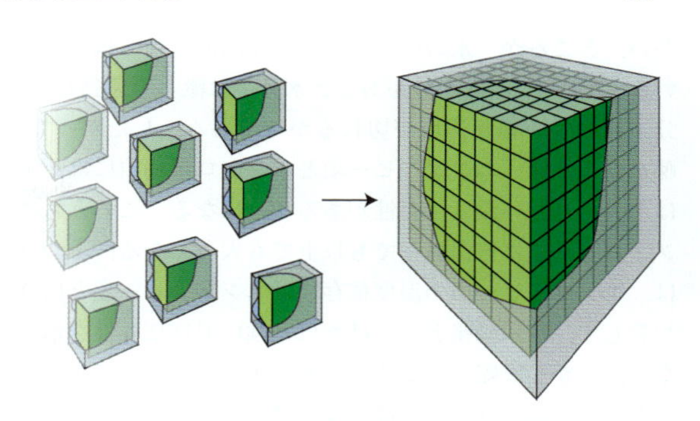

図 2B・1　分子（小さな立方体で表してある）が水に分散されると，それぞれは水分子がつくる籠（灰色で示してある）で囲まれる．それらが合体して大きな立方体をつくれば，それ全体を囲む籠に必要な水分子の数はずっと少なくてすむ．

2B・2　疎水効果

エントロピーの役割や規則正しい形状を出現させるエントロピーの能力について，その一端が見える非常に重要な現れとして**疎水効果**[1]がある．疎水基は，水分子を引き付ける能力がほとんどない，もしくは全くない原子団であるが，水溶液の環境を与えられるとクラスターを形成して水から遠ざかる傾向がある．疎水効果は，タンパク質や核酸，生体膜の構造を制御しているという点で非常に重要である．その室温付近での駆動力は，そこで微妙に作用しているエントロピーである．

(a)　エントロピーの役割

エントロピーの役割を理解するために，個々の疎水性分子（たとえば，炭化水素分子）を小さな立方体で表したモデル系で考えてみよう．各立方体は 6 個の面をもち，溶媒の水分子はそれぞれの面に隣接して貼り付いており，水素結合でつながった秩序構造の籠（ケージ）ができている．いま，水溶液中に $8^3 = 512$ 個の立方体があるとすれば，$6 \times 8^3 = 3072$ 個の面が外側に露出しており，それぞれは水分子の籠で覆われている．このとき，その水のエントロピーは，籠の秩序構造のために小さくなっている．

ここで，すべての立方体が合体して 1 個の大きな立方体ができたとしよう．このとき露出している面の数は，$6 \times 8^2 = 384$ 個に減るから（図 2B・1），元の籠を形成していた大部分の水分子はバルクの水としての役割に戻ることができる．これによって溶媒の乱れは増加するから，小さな立方体が集合する前の状況に比べて，大きな立方体の形成により水のエントロピーは上昇することになる．もちろん，溶質である炭化水素分子（小さな立方体で表してある）のエントロピーは減少する．それは，もはや溶液中をランダムに分布しておらず，大きな 1 個のクラスターを形成したからである．しかしながら，水分子が籠から逃れてバルクの水に加わることによるエントロピー増加が十分に大きければ，溶質のエントロピー減少を補って余りあり，クラスター形成が自発的になるであろう．

同じ考察は，ポリペプチド（あるいは，生物学的に重要なほかの分子でも同等の構造をもつ分子であれば）のアミノ酸残基がつくる疎水性側鎖にも適用できる．あるいは，分子鎖の特定の領域にこのような構成要素が 2 個しかない分子内クラスターであっても適用できる．すなわち，籠をつくっていた水分子が減少すれば，それが効果的な相互作用をひき起こし，その結果として炭化水素がクラスターをつくるある種の駆動力として作用するのである．疎水効果によって構築される生物学的な構造の重要性についてはテーマ 10 で取上げる．

これまで，クラスター形成に伴うエンタルピー変化については無視してきた．ここで再び立方体モデルに戻って考えよう．小さな立方体と水の間には引力的な相互作用があるが，大きな立方体が形成されるとそれが壊れる．しかし，その結果すべての小さな立方体どうしに新たな引力相互作用が生まれる．また，室温では，小さな立方体のまわりで籠をつくっている水分子は，別の水分子との水素結合相互作用を最大化するように向きを決めていることだろう．これらの結果として，籠に拘束されていた水分子が解き放たれてバルクの水に加わったからといって，相互作用の状況が大きく変わることはない．これらすべてによる正味の効果として，室温でのエンタルピー変化は小さい．そのため，疎水効果は“エントロピーのみの効果”といわれることが

1) hydrophobic effect

多い．ところが，水の構造そのものは温度に強く依存している．それは，温度上昇があると水分子は激しく運動して，分子間の強い相互作用が切れるからである．したがって，疎水効果に伴うエンタルピー項とエントロピー項には，実はどちらも強い温度依存性があることになる．このうちエンタルピー項は室温以下でも以上でも大きくなる．ふつうは，エンタルピー項の温度依存性はエントロピー項とほぼ相殺して，疎水効果としてはさほど強い温度依存性を示さない．しかし実際のところ，疎水効果は室温以下で少し弱くなり，室温よりずっと高くなれば再び弱くなる．

(b) 疎水性

水溶液中でのエントロピーの役割は，定量的に調べることができる．実験によれば，かなり疎水的な分子が水に溶けたときのエンタルピー変化は，室温では小さいことが多い．したがって，外界のエントロピー変化も小さい（$\Delta S_{\text{sur}} \approx 0$）．同じ測定で，系のエントロピー変化が負である（$\Delta S < 0$）こともわかる．つぎの表には，いろいろな炭化水素を 25 °C でその液相から水中へと移送したときのエントロピー変化を示す．

	$\Delta S_{\text{sur}}^{\ominus}/(\text{J K}^{-1}\text{ mol}^{-1})$	$\Delta S^{\ominus}/(\text{J K}^{-1}\text{ mol}^{-1})$
$CH_3CH_2CH_3$	+18	−75
$CH_3CH(CH_3)CH_3$	+9	−78
$CH_3C(CH_3)_2CH_3$	+5	−81

ここで，移送エントロピーが負であるということは，疎水性分子が存在することで水分子の籠がつくられ，それで溶媒の水が組織化されたと考えて矛盾がない．また，炭化水素分子の表面積が大きいほど移送エントロピーは負で大きくなることにも注意しよう．すなわち，この観測結果は“小さな立方体モデル”と合っており，立方体の表面積が大きいほど籠の形成に関与する水分子の数は多くなるのである．

疎水性の尺度をつくって，それを数値で表すことができる．その一つとして，**疎水性定数**[1] π をつぎのように定義して，小さな原子団（基）R の疎水性が表されている．

$$\pi = \log_{10}\frac{s(\text{RX})}{s(\text{HX})} \qquad \text{疎水性定数［定義］} \qquad (3)$$

$s(\text{RX})$ と $s(\text{HX})$ は，それぞれ RX と HX についての，水へのモル溶解度に対する非極性溶媒であるオクタン-1-オールへのモル溶解度の比である．対数の底は 10（常用対数）である．ここで，$s(\text{RX})/s(\text{HX}) > 1$ であれば，その対数は正であり，π が正ということは疎水性を示している．すなわち，その基 R は熱力学的に炭化水素の環境を好むことを表している．一方，$s(\text{RX})/s(\text{HX}) < 1$ であれば，その対数は負であり，π が負ということは親水性を示しており，その基 R は熱力学的に水溶液の環境を好むことを表している．観測事実によれば，たいていの基の π の値は X の性質によらない．一方，π の値について基による加成性が認められている．その値はつぎの通りである．

$-\text{R}$	$-CH_3$	$-CH_2CH_3$	$-(CH_2)_2CH_3$	$-(CH_2)_3CH_3$	$-(CH_2)_4CH_3$
π	0.5	1	1.5	2	2.5

これらの値からわかるように，非環式飽和炭化水素では炭素鎖が長くなるほど疎水性は強くなる．

アミノ酸側鎖に特化した疎水性の尺度もいろいろあり，タンパク質の構造を予測するのに使われている．それは，水とオクタン-1-オールへの溶解度の違いに基づいたり，水と脂質環境への溶解度の違いに基づいたり，あるいは水溶液と蒸気状態の移送エントロピーに基づいたりしている．そのうちの一つの尺度を表 2B･1 に示す．これは**疎水性指数**[2] を利用している．疎水性指数では，疎水性の側鎖

表 2B･1　疎水性指数

アミノ酸		−R	疎水性指数
イソロイシン	I	$-CH(CH_3)CH_2CH_3$	4.5
バリン	V	$-CH(CH_3)_2$	4.2
ロイシン	L	$-CH_2CH(CH_3)_2$	3.8
フェニルアラニン	F	$-CH_2(C_6H_5)$	2.8
システイン	C	$-CH_2SH$	2.5
メチオニン	M	$-CH_2CH_2SCH_3$	1.9
アラニン	A	$-CH_3$	1.8
グリシン	G	$-H$	−0.4
トレオニン	T	$-CH(OH)CH_3$	−0.7
セリン	S	$-CH_2OH$	−0.8
トリプトファン	W	$-CH_2(C_8NH_6)$	−0.9
チロシン	Y	$-CH_2(C_6H_4OH)$	−1.3
プロリン	P	$-CH_2CH_2CH_2-$	−1.6
ヒスチジン	H	$-CH_2(C_3N_2H_3)$	−3.2
グルタミン酸	E	$-CH_2CH_2COOH$	−3.5
グルタミン	Q	$-CH_2CH_2CONH_2$	−3.5
アスパラギン酸	D	$-CH_2COOH$	−3.5
アスパラギン	N	$-CH_2CONH_2$	−3.5
リシン	K	$-CH_2CH_2CH_2CH_2NH_2$	−3.9
アルギニン	R	$-CH_2CH_2CH_2NHC(NH_2)NH$	−4.5

データは，*J. Mol. Biol.*, **157**, 105-132 (1982) から引用．

1) hydrophobicity constant　2) hydropathy index

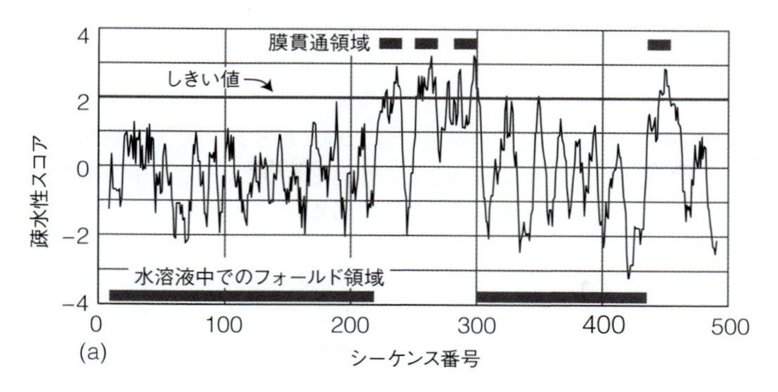

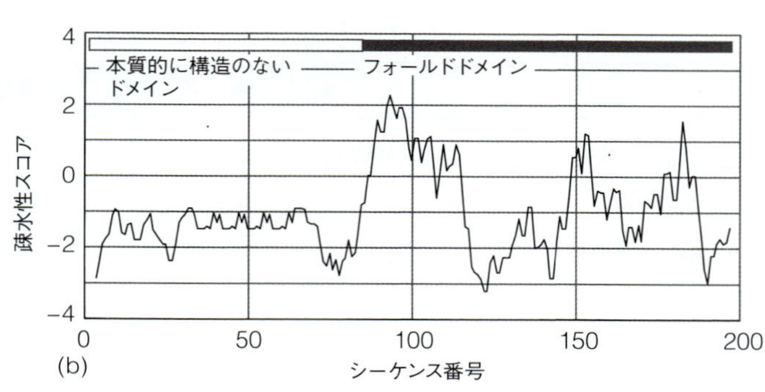

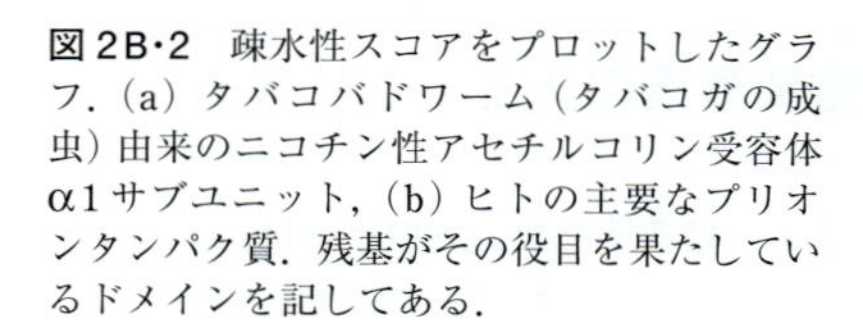
図 2B・2　疎水性スコアをプロットしたグラフ．(a) タバコバドワーム（タバコガの成虫）由来のニコチン性アセチルコリン受容体 α1 サブユニット，(b) ヒトの主要なプリオンタンパク質．残基がその役目を果たしているドメインを記してある．

は正で，親水性の側鎖は負である．その数値はほとんど恣意的なものでしかないが，基を水に移送したときのエントロピー変化やエンタルピー変化の大きさの順に並べてある．

2B・3　具体例：疎水性を使って タンパク質の構造を予測する方法

ポリペプチドの特定のアミノ酸残基について“疎水性スコア”というものをつくる．それは，注目する残基を中心にその前後 3 個ずつの残基を加えて（つまり 7 個の残基シーケンスについて）それぞれに与えられた疎水性指数（表 2B・1）を平均化した値で表される．図 2B・2 は，こうして求めたスコアをシーケンス番号に対してプロットしたグラフである．シーケンス番号は，ポリペプチド鎖に沿った位置の指標となる．図は，二つのタンパク質，タバコバドワーム（タバコガの成虫）由来のニコチン性アセチルコリン受容体 α1 サブユニットとヒトの主要なプリオンタンパク質について求めたものである．

ニコチン性アセチルコリン受容体は，神経伝達に関与する膜貫通タンパク質である．膜を貫通するには約 20 個の残基から成るヘリックスが必要であり，脂質二重層がつくる炭化水素環境にうまく収まるにはその残基は非極性でなければならない．このグラフからわかるように，このシーケンスには残基約 20 個分の長さの非極性部分が 4 箇所あり，それが膜貫通ヘリックスに相当すると思われ，実際にそうであることが確かめられている．

ヒトのプリオンタンパク質は，おもに神経系に見出される膜アンカー型タンパク質である．このタンパク質そのものが直接に脂質膜に結合することはないが，膜内部に入り込む脂質様の分子に共有結合でその C 末端が付く．この疎水性プロットでは，二つのシーケンス領域が見られる．最初の 90 個の残基は親水性の強い領域をつくっている．これらの残基にはクラスターの形成をひき起こす疎水効果は見られないから，これは本質的に構造のないドメインであることが強く示唆され，実際そうであることが確かめられている．このタンパク質のそれ以降は，可溶性で球状のフォールドドメインに特有の疎水性と親水性が混じり合った混合領域であることを示している．

重要事項のチェックリスト

□ 1．**標準反応エントロピー**は，反応物と生成物の標準モルエントロピーの差である．

□ 2．**疎水効果**とは，水分子を引き付ける能力がほとんどない，もしくは全くない原子団（疎水基）が，水溶液の環境を与えられるとクラスターを形成して水から遠ざかる傾向をもつという，分子の構造に与える影響のことである．

重要な式の一覧

式の内容	式	備　考	式番号
標準反応エントロピー	$\Delta_r S^{\ominus} = \sum \nu S_m^{\ominus}$(生成物) $- \sum \nu S_m^{\ominus}$(反応物)	定　義	1
外界の標準エントロピー変化	$\Delta_r S_{sur}^{\ominus} = -\Delta_r H^{\ominus}/T$	圧力一定	2
疎水性定数	$\pi = \log_{10}\{s(RX)/s(HX)\}$	定　義	3

トピック 2C

ギブズエネルギー

➤ **学ぶべき重要性**

生物化学熱力学のほぼ全分野でギブズエネルギーを用いた議論が行われるから，関連する研究領域にとって本トピックはきわめて重要な基礎となる．

➤ **習得すべき事項**

温度および圧力が一定であれば，自発変化はギブズエネルギーが低くなる方向に向かう．

➤ **必要な予備知識**

注目する過程が自発的かどうかを決めるエントロピーの役割（トピック 2A）について，よく理解している必要がある．また，外界のエントロピー変化が系のエンタルピー変化とどう関係しているか（トピック 2A および 2B）を知っている必要がある．

あらゆる化学変化，とりわけ生化学変化の駆動力を考えるとき，生命の構成要素になっている諸過程を理解するのにエントロピーほど重要な概念はない．具体的には，エントロピーは熱として移動したエネルギーで定義されていることから，反応の自発性や非自発性に関する議論が定量的に行えるだけでなく，その内容を定量的に解析することもできる．しかしながら，トピック 2B で説明したように，エントロピーを計算するときの問題の一つは，系のエントロピー変化と外界のエントロピー変化の両方を計算してから，その合計について符号を考える必要があるということである．アメリカの偉大な理論家ギブズ[1] は，19 世紀末にかけて化学熱力学の基礎を築いたのであるが，彼はこの二つの計算を一つにまとめる方法を考えついた．2 回の計算を一度で済ませることは，単に労力をほんのわずか節約するということではなくて，実はきわめて重要なことであることがわかった．そこで，本書でも彼が導いた結論を使うことにしよう．生化学的なエネルギー源とその展開について議論するうえで，ここで導入しようとしている概念ほど重要なものはないだろう．

2C・1 系に注目する

ある過程に伴う全エントロピー変化は，

$$\Delta S_{\mathrm{total}} = \Delta S + \Delta S_{\mathrm{sur}} \qquad \text{全エントロピー変化} \qquad (1)$$

で表される．ΔS は系のエントロピー変化であり，ΔS_{sur} は外界のエントロピー変化である．自発変化の場合は $\Delta S_{\mathrm{total}} > 0$ である．この過程が一定の圧力，一定の温度で起こるときにはトピック 2A の（5）式（$\Delta S_{\mathrm{sur}} = -\Delta H/T$）が使えて，外界のエントロピー変化を系のエンタルピー変化 ΔH によって表すことができる．すなわち，

温度一定および圧力一定のとき：

$$\Delta S_{\mathrm{total}} = \Delta S - \frac{\Delta H}{T} \qquad (2)$$

である．この式を使えば，系と外界の全エントロピー変化が系に属する量だけで表せるという大きな利点がある．ただし，この式が使えるのは一定の圧力，一定の温度における変化だけという制約は残る．

ここからは非常に重要なステップに進み，本トピック始めに予告した約束をいよいよ果たすことにしよう．まず，次式で定義される**ギブズエネルギー**[2] G という熱力学量を導入する．

$$G = H - TS \qquad \text{ギブズエネルギー［定義］} \qquad (3)$$

H や T, S はいずれも状態関数であるから，G も状態関数である．トピック 1B で説明したように，状態関数であれば，始状態から終状態までの変化量はその間の経路に無関係であるという非常に重要な性質がある．

次に，温度一定でのギブズエネルギー変化 ΔG は，エンタルピー変化とエントロピー変化によってつぎのように表される．

温度一定のとき：

$$\Delta G = \Delta H - T\Delta S \qquad \text{温度一定のときの } G \text{ の変化} \qquad (4)$$

（2）式と（4）式を比較すれば，

温度一定および圧力一定のとき：$\Delta G = -T\Delta S_{\mathrm{total}}$ (5)

1）J.W. Gibbs（1839-1903）　2）Gibbs energy．ギブズエネルギーのことを，古いよび名で“自由エネルギー”ということがある．

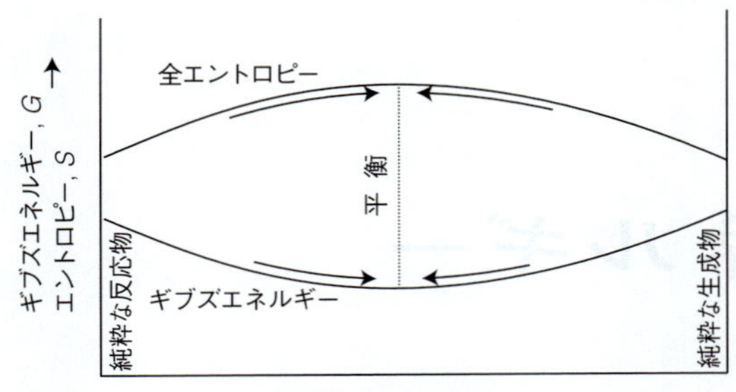

図2C·1　自発変化が起こる基準は，系と外界のエントロピーを加えた全エントロピーが増加するかどうかである．圧力も温度も一定という条件が与えられれば，系の性質だけに注目することができて，自発変化の基準を系のギブズエネルギーが減少する方向とすることができる．

となる．すなわち，温度および圧力が一定の条件下で起こる過程では，系のギブズエネルギー変化は系と外界の全エントロピー変化に比例している．

(5) 式を見ればわかるように，ΔG と ΔS_{total} は符号が異なる．その意味するところは，自発過程であるための条件を全エントロピーで表せば $\Delta S_{\text{total}} > 0$ であるが（この式はいつも正しい），これをギブズエネルギーで表せば $\Delta G < 0$（ただし，温度および圧力が一定の条件下で起こる過程に限る）ということである．すなわち，

温度および圧力が一定の条件下で起こる自発変化では，ギブズエネルギーは減少している（図2C·1）．

自発過程では，このように系の何らかの量が減少するという方が考えやすいであろう．しかし忘れてならないのは，系がギブズエネルギーの低い側に向かう傾向があるというい方は，系と外界を合わせた全エントロピーが増加する傾向にあるということをいい換えたものにすぎないという点である．自発変化の唯一の基準は，あくまでも系と外界の全エントロピーにある．ギブズエネルギーは，全エントロピー変化を系の性質だけで表現するための便宜的な道具でしかない．しかも，温度および圧力が一定の条件下で起こる過程にしか使えない．

ギブズエネルギーもエンタルピーやエントロピーと同じように扱うことができる．具体的には，(4) 式を標準条件下で使えば，**標準反応ギブズエネルギー**[1] は標準反応エンタルピーと標準反応エントロピーから計算することができる．すなわち，

$$\Delta_r G^\ominus = \Delta_r H^\ominus - T\Delta_r S^\ominus \qquad \text{標準反応ギブズエネルギー［定義］} \qquad (6a)$$

である．$\Delta_r G^\ominus$ の単位にはふつう kJ mol^{-1} を用いる．また，反応エンタルピーや反応エントロピーが，その反応に関わる成分すべてのモル量で表されたのと全く同じように，標準反応ギブズエネルギーは次式で表される．

$$\Delta_r G^\ominus = \sum \nu G_m^\ominus(\text{生成物}) - \sum \nu G_m^\ominus(\text{反応物}) \qquad \text{標準反応ギブズエネルギー［計算］} \qquad (6b)$$

簡単な例示 2C·1

NAD^+ - 酵素複合体の生成反応については［簡単な例示2B·2］で取上げた．その25 °Cでの標準反応エンタルピーは $\Delta_r H^\ominus = -24.2\ \text{kJ mol}^{-1}$，標準反応エントロピーは $\Delta_r S^\ominus = -16.8\ \text{J K}^{-1}\ \text{mol}^{-1}$ である．したがって，25 °Cでの標準反応ギブズエネルギーは，

$$\Delta_r G^\ominus = \overbrace{-24.2\ \text{kJ mol}^{-1}}^{\Delta_r H^\ominus} - \overbrace{(298.15\ \text{K})}^{T} \times \overbrace{(-16.8\ \text{J K}^{-1}\ \text{mol}^{-1})}^{\Delta_r S^\ominus} = -19.2\ \text{kJ mol}^{-1}$$

と計算できる．標準反応ギブズエネルギーが負であるから，純粋な反応物から純粋な生成物への反応については自発的ということになる．

2C·2　仕事とギブズエネルギー

生物が動けば，あるいは考えるだけでも仕事をしている．その仕事は（トピック1Aで説明したように）分子レベルで考えれば，原子や分子の一様な動きを伴っている．そこには膨張による仕事は関与していないから，このタイプの仕事を**非膨張仕事**[2] といい，$w_{\text{non-exp}}$ で表す．非膨張仕事には筋収縮（運動時の）があり，またシナプスを介して神経伝達物質を移動させ思考をひき起こすのもそうである．あるいは神経応答だけでも非膨張仕事が関わっている．タンパク質分子など生物学的分子を構築するのも非膨張仕事によるのである．ギブズエネルギーの非常に重要な側面は，注目する過程の ΔG の値が最大の非膨張仕事を与えているということである．それは，一定の温度および圧力のもとでその過程から取出せる最大の仕事である．したがって，ギブズエネルギーは生物学的なエネルギーを検討するうえで，エンタルピー以上に中心的な役割をしている．それは，エンタルピーが熱としてのエネルギー利用を念頭においているからである．このように，ギブズエネルギーは代謝とその後の反応を議論するうえで不可欠なのである．

ここではまず，注目する過程の ΔG の値と可能な非膨張仕事の関係を明らかにしておこう．

1) standard reaction Gibbs energy　2) non-expansion work

導出過程 2C・1　**ギブズエネルギーと最大の非膨張仕事との関係**

たいていの場合，いろいろな熱力学量の無限小変化を考えれば，有限の変化量を考えるより話はずっと単純に済ますことができる．それは，変化する領域で性質が変化してしまうのを考慮に入れる必要がないという利点があるからである（たとえば，熱容量など関与する性質があっても，その変化域ではそれを一定と仮定できる）．

ステップ1：(4) 式を無限小変化で考える．

温度一定のとき：$\mathrm{d}G = \mathrm{d}H - T\mathrm{d}S$

これまでと同じで，d は無限小の差を表す．熱力学式を扱うコツは，計算の各段階で現れた項をその定義式で次々に置き換えていくことである．

ステップ2：エンタルピー変化をその定義で表す．

圧力一定のもとでのエンタルピー変化の式（トピック1Bの6b式，$\Delta H = \Delta U + p\Delta V$ を $\mathrm{d}H = \mathrm{d}U + p\,\mathrm{d}V$ と書いてから）を使って次式を得る．

温度一定および圧力一定のとき：

$$\mathrm{d}G = \overbrace{\mathrm{d}U + p\,\mathrm{d}V}^{\mathrm{d}H} - T\mathrm{d}S$$

次に，仕事と熱によるエネルギーの無限小変化を使って $\mathrm{d}U$ を書き換えて（$\mathrm{d}U = \mathrm{d}w + \mathrm{d}q$）次式を得る．

温度一定および圧力一定のとき：

$$\mathrm{d}G = \overbrace{\mathrm{d}w + \mathrm{d}q}^{\mathrm{d}U} + p\,\mathrm{d}V - T\mathrm{d}S$$

ここで，系に対する仕事を膨張仕事 $-p_{\mathrm{ex}}\,\mathrm{d}V$ と非膨張仕事 $\mathrm{d}w_{\text{non-exp}}$ に分けて考えれば次式が得られる．

温度一定および圧力一定のとき：

$$\mathrm{d}G = -p_{\mathrm{ex}}\,\mathrm{d}V + \mathrm{d}w_{\text{non-exp}} + \mathrm{d}q + p\,\mathrm{d}V - T\mathrm{d}S$$

ステップ3：可逆変化に話を限る．

膨張仕事を可逆的なものとするには p と p_{ex} を等しくする必要がある．そうすれば右辺の第1項と第4項は打消し合って消える．さらに，熱として移動したエネルギーも可逆的に行われるから $\mathrm{d}q$ は $\mathrm{d}q_{\mathrm{rev}}$ となって，$T\mathrm{d}S$ に等しいとおくことができ，第3項と第5項も消える．残った項を書けば，

温度一定および圧力一定のとき可逆過程では：

$$\mathrm{d}G = \mathrm{d}w_{\text{non-exp,rev}}$$

となる．最大の仕事は可逆変化によって得られるから（トピック1A），別の表し方をすれば，

温度一定および圧力一定のとき：

$$\mathrm{d}G = \mathrm{d}w_{\text{non-exp,max}}$$

と書ける．系の始状態と終状態が指定されたとき，その間を無限小変化で結べばずっとこの関係が成立している．したがって，全体の変化にも適用できるから次式が得られる．

$$\Delta G = w_{\text{non-exp,max}} \qquad (7)$$

ギブズエネルギーと非膨張仕事の関係（温度一定，圧力一定）

ギブズエネルギーには，物理的にどんな意義があるのだろうか．ギブズエネルギーの物理的な意味は，その定義 $H - TS$ をじっくり考えてみれば理解できる．エンタルピーは系がもつ全エネルギーの目安である．一方，TS 項は系を構成している分子がランダムな運動をすることで蓄えられているエネルギーの目安である．トピック1Aで説明したように，仕事は秩序だったやり方で移されるエネルギーであるから，ランダムな運動に蓄えられたエネルギーから仕事を取出すことは期待できない．系に蓄えられた全エネルギーとランダムに蓄えられたエネルギーの差 $H - TS$ が仕事に使えるエネルギー，すなわち，この差がギブズエネルギーなのである．いい換えれば，ギブズエネルギーは系にある分子の一様な動きと秩序ある配列に蓄えられたエネルギーなのである．

例題 2C・1　**代謝過程におけるギブズエネルギー変化の計算**

質量 30 g の小鳥がいる．地上 10 m の木の枝まで飛び上がるのに消費しなければならないグルコースの質量は少なくともどれだけか．ただし，1.0 mol の $C_6H_{12}O_6(s)$ が 25 °C で酸化反応によって気体の二酸化炭素と液体の水に変化するときのギブズエネルギー変化は −2872 kJ である．つまり，$\Delta G_{\mathrm{m}} = -2872\ \mathrm{kJ\ mol^{-1}}$ である．

考え方　まず，質量 m の物体を地上 h まで持ち上げるのに必要な仕事を求める必要がある．トピック1Aで述べたように，この仕事は mgh に等しい．ここで，g は自然落下の加速度である．この仕事は非膨張仕事であるから ΔG とおいてよい．次に，このギブズエネルギー変化を起こすのに必要なグルコースの物質量を計算する必要がある．それには，$\Delta G = n\Delta G_{\mathrm{m}}$ の式を n について解いて $n = \Delta G/\Delta G_{\mathrm{m}}$ と書いておき，グルコースのモル質量 M を用いて物質量を質量に変換（$m = nM$）すればよい．

解答　この鳥がなすべき非膨張仕事は，

$$w_{\text{non-exp}} = (30\times10^{-3}\,\text{kg})\times(9.81\,\text{m s}^{-2})\times(10\,\text{m}) = 3.0\times9.81\times1.0\times10^{-1}\,\text{J} = 2.9\cdots\text{J}$$

である（ここで $1\,\text{kg m}^2\,\text{s}^{-2} = 1\,\text{J}$ を用いた）．これだけのギブズエネルギーをグルコースの酸化反応で生みだすのに必要なグルコース分子の物質量 n を求めればよい．グルコース 1 mol は 2872 kJ を与えるから，

$$n = \frac{\overbrace{2.9\cdots\text{J}}^{\Delta G}}{\underbrace{2.872\times10^{6}\,\text{J mol}^{-1}}_{\Delta G_{\text{m}}}} = 1.0\cdots\times10^{-6}\,\text{mol}$$

である．グルコースのモル質量 M は $180\,\text{g mol}^{-1}$ であるから，酸化しなければならないグルコースの質量 m は，

$$m = nM = (1.0\cdots\times10^{-6}\text{mol})\times180\,\text{g mol}^{-1} = 1.8\times10^{-4}\,\text{g}$$

である．つまり，この鳥はこのような機械的な仕事のためだけに，少なくとも 0.18 mg のグルコースを使わなければならない（飛ぼうかどうか考えたりしているともっと必要である）．

2C・3　具体例：アデノシン三リン酸の作用

生体細胞では，食物を酸化することで使えるようになったエネルギーをアデノシン三リン酸（ATP あるいは ATP^{4-}，構造図 N3）に一時的に蓄える．ATP の作用で肝心なところは，加水分解によって末端のリン酸基を放出し，アデノシン二リン酸（ADP あるいは ADP^{3-}，構造図 N2）を生成できるという ATP の能力にある．pH = 7 では ATP と ADP はいろいろなプロトン脱離形で存在しており，そのうちの一つの加水分解反応は，

$$ATP^{4-}(aq) + 2\,H_2O(l) \longrightarrow ADP^{3-}(aq) + HPO_4^{\,2-}(aq) + H_3O^{+}(aq)$$

である．pH = 7.0 および 37 °C（310 K，体温）では，加水分解の反応エンタルピーおよび反応ギブズエネルギーは，それぞれ $\Delta_r H = -20\,\text{kJ mol}^{-1}$ および $\Delta_r G = -31\,\text{kJ mol}^{-1}$ である．この値は，溶液中に存在するすべての物質が標準状態（溶液の場合の標準状態は濃度 $1\,\text{mol dm}^{-3}$，圧力 1 bar）にあるときのものである．ただし，ヒドロニウムイオンについては pH = 7 に相当する濃度である．これらの条件下で 1 mol の ATP^{4-} (aq) が加水分解すれば，非膨張仕事として使えるエネルギーとして最大 31 kJ が得られる．このエネルギーはアミノ酸からタンパク質を合成するのに使われたり，筋収縮や膜を介してのイオンの動き，脳の神経回路を機能させたりするのに使われている．もし仕事としてエネルギーを取出そうとしなければ，20 kJ の熱（一般には ΔH）が標準条件で発生するだけである．実際の生体内の濃度はこのような標準状態からかけ離れており，同じ反応から取出せる仕事は $51\,\text{kJ mol}^{-1}$ にもなる．

ATP の加水分解で得たエネルギーで可能となる非膨張仕事の一例として，神経細胞などの真核細胞にある細胞質基質から Ca^{2+} イオンを排出する仕事がある．それに必要な仕事は，生体膜に結合している膜結合タンパク質の“マシン”（いまの場合は膜タンパク質 Ca^{2+}-ATP アーゼ）が実行する．まず，このタンパク質に 2 個の Ca^{2+} イオンが結合するのをきっかけとして，ATP 分子 1 個の末端リン酸基がこのタンパク質の側に移行する．すると，このタンパク質はコンホメーションに変化を起こし，細胞膜を介して細胞内部から Ca^{2+} イオンを排出する．このイオンの移動によって，ATP から供与されていたリン酸基が離れると，このタンパク質は元のコンホメーションに戻る．正味の結果としては，ATP 分子の加水分解反応が，細胞膜を介して 2 個の Ca^{2+} イオンを移動させる仕事と連動していたことになる．

重要事項のチェックリスト

□ 1．温度および圧力が一定の条件下で起こる自発変化では，**ギブズエネルギー**は減少している．

□ 2．一定の温度および圧力のもとでのギブズエネルギー変化は，系が行うことのできる**最大の非膨張仕事**に等しい．

重要な式の一覧

式の内容	式	備　考	式番号
ギブズエネルギー	$G = H - TS$	定　義	3
標準反応ギブズエネルギー	$\Delta_r G^{\ominus} = \Delta_r H^{\ominus} - T\Delta_r S^{\ominus}$	定　義	6a
	$\Delta_r G^{\ominus} = \sum \nu G_m^{\ominus}$(生成物) $- \sum \nu G_m^{\ominus}$(反応物)	計　算	6b
最大の非膨張仕事	$\Delta G = w_{\text{non-exp,max}}$	温度一定および圧力一定	7

テーマ2 生物化学熱力学：第二法則

トピック 2A エントロピー

記述問題

Q2A・1 生物学で見られる自発変化の例を四つ，非自発変化の例を四つそれぞれ挙げよ．

Q2A・2 トピック 2A の (1) 式で表されるエントロピー変化の定義について，その物理的な意味を説明せよ．

Q2A・3 物質のエントロピーが温度とともに増加する理由を説明せよ．

Q2A・4 あるタンパク質のアンフォールディングのエントロピー変化を示差走査熱量測定法で求めるときの手順を述べよ．

演習問題

2A・1 20 °C の水槽で金魚が泳いでいる．ある時間のあいだに，代謝で発生した合計 120 J のエネルギーが水に放出された．このときの水のエントロピー変化を求めよ．

2A・2 運動をしてグルコースを 100 g 消費し，熱として発生したエネルギーはすべて体温 37 °C の体内に留まるとする．このときの体のエントロピー変化はどれだけか．

2A・3 0 °C に近い温度の水が入ったコップに，質量 100 g の氷を投げ入れた．このとき，氷は外界（コップの水）から熱として 33 kJ のエネルギーを吸収して融けた．(a) 試料（氷）のエントロピー変化，(b) 外界のエントロピー変化を求めよ．

2A・4 0 °C の氷 100 g を融解して 100 °C まで加熱し，さらにその温度で蒸発させた．このときのエントロピー変化を計算せよ．また，これがヒーターを使って一定の速さでエネルギーを供給したときの変化であるとして，つぎの量の変化の様子を時間の関数としてグラフに表せ．(a) 系の温度，(b) 系のエンタルピー，(c) 系のエントロピー．

2A・5 水 100 g を室温（20 °C）から体温（37 °C）まで温めたとき，そのエントロピー変化はどれだけか．$C_{p,\mathrm{m}} = 75.5\ \mathrm{J\ K^{-1}\ mol^{-1}}$ を用いよ．

2A・6 グラファイト→ダイヤモンドの相転移が 100 kbar，2000 K で起こるときのエンタルピー変化は $+1.9\ \mathrm{kJ\ mol^{-1}}$ である．この温度での転移エントロピーを計算せよ．

2A・7 メタノールの通常沸点 64.1 °C における蒸発エンタルピーは $35.27\ \mathrm{kJ\ mol^{-1}}$ である．(a) この温度でのメタノールの蒸発エントロピー，(b) そのときの外界のエントロピー変化を計算せよ．

2A・8 タンパク質リゾチームは転移温度 75.5 °C で変性し，その標準転移エンタルピーは $509\ \mathrm{kJ\ mol^{-1}}$ である．(a) 25.0 °C，(b) 75.5 °C におけるリゾチームの変性エントロピーを計算せよ．ただし，変性に伴う定圧モル熱容量の差を $6.28\ \mathrm{kJ\ K^{-1}\ mol^{-1}}$ とし，それは温度に依存しないものとする．得られた結果の違いについて説明せよ．〔ヒント：25.0 °C での転移がつぎの 3 段階で起こると考えよう．(i) フォールド構造をもつリゾチームを 25.0 °C から転移温度まで加熱する，(ii) 転移温度でアンフォールド構造へと転移する，(iii) アンフォールド構造のリゾチームを 25.0 °C まで冷却する．エントロピーは状態関数であるから，25.0 °C でのエントロピー変化は，この 3 段階のエントロピー変化の和に等しい．〕

2A・9 トルートンの規則は，水素結合やそのほかの特定の分子間相互作用が存在しない限り，すべての液体について，沸点で測定した蒸発エントロピー $\Delta_{\mathrm{vap}}S = \Delta_{\mathrm{vap}}H(T_{\mathrm{b}})/T_{\mathrm{b}}$ が同じで約 $85\ \mathrm{J\ K^{-1}\ mol^{-1}}$ に等しいという実験結果をまとめたものである．(a) トルートンの規則を分子論的に説明せよ．(b) 126 °C で沸騰するオクタンの蒸発エントロピーと蒸発エンタルピーを求めよ．(c) 水は，液体では分子間に水素結合のネットワークが広がっているから，トルートンの規則を適用できない．トルートンの規則では，水の蒸発エントロピーを小さく見積もりすぎている．これを分子論的に説明せよ．

2A・10 ある化合物の融点（146 °C）での融解エンタルピーは $32\ \mathrm{kJ\ mol^{-1}}$，液体の定圧モル熱容量は $28\ \mathrm{J\ K^{-1}\ mol^{-1}}$，固体の定圧モル熱容量は $19\ \mathrm{J\ K^{-1}\ mol^{-1}}$ である．この化合物の 25 °C での融解エントロピーを計算せよ．

2A・11 一人ひとりが毎日，外界につくり出しているエントロピーを求めよ．ただし，20 °C の外界に対して 1 日中 100 W のエネルギーを熱として放出しているものとする．

トピック 2B　生物学におけるエントロピー

記述問題

Q2B･1　生物が食物を摂取しなければならない理由について，エントロピーを用いて説明せよ．

Q2B･2　高度な構造をもつ細胞や生物の進化は，熱力学第二法則の内容とどう折り合いをつけられるか．

Q2B･3　疎水効果とエントロピーの関係を説明せよ．

Q2B･4　疎水効果なしに生命はありうるか．

Q2B･5　疎水効果の強さに温度はどのような影響を与えるか．

演習問題

2B･1　つぎの反応の標準反応エントロピーは正か負か．計算せずに予測せよ．

(a) Ala–Ser–Thr–Lys–Gly–Arg–Ser $\xrightarrow{\text{トリプシン}}$ Ala–Ser–Thr–Lys ＋ Gly–Arg ＋ Ser

(b) $N_2(g) + 3H_2(g) \longrightarrow 2NH_3(g)$

(c) $ATP^{4-}(aq) + 2H_2O(l) \longrightarrow ADP^{3-}(aq) + HPO_4{}^{2-}(aq) + H_3O^+(aq)$

2B･2　グルコースが発酵してエタノールが生成する反応：

$$C_6H_{12}O_6(s) \longrightarrow 2C_2H_5OH(l) + 2CO_2(g)$$

の 298 K での標準反応エントロピーを計算せよ．

2B･3　つぎの反応の 25 °C での標準反応エントロピーをそれぞれ計算せよ．

(a) $H_2(g) + \frac{1}{2}O_2(g) \longrightarrow H_2O(l)$

(b) $CO(g) + \frac{1}{2}O_2(g) \longrightarrow CO_2(g)$

(c) $CaCO_3$(方解石) $\longrightarrow CaO(s) + CO_2(g)$

2B･4　つぎの反応の 25 °C での標準反応エントロピーをそれぞれ計算せよ．ただし，下線を引いた物質 1 mol 当たりで表せ．

(a) $4\underline{Al}(s) + 3MnO_2(s) \longrightarrow 3Mn(s) + 2Al_2O_3(s)$

(b) $7H_2O_2(l) + \underline{N_2H_4}(l) \longrightarrow 2HNO_3(aq) + 8H_2O(l)$

(c) $\underline{SiO_2}(s) + 2C(s) \longrightarrow Si(s) + 2CO(g)$

(d) $4\underline{NH_3}(g) + 5O_2(g) \longrightarrow 4NO(g) + 6H_2O(g)$

2B･5　(a) $CH_3OH(l)$，(b) $CH_3CH_2OH(l)$ が完全燃焼して，二酸化炭素と液体の水が生成する反応の 25 °C での標準反応エントロピーを計算せよ．生成物の水が水蒸気の場合の標準反応エントロピーはそれぞれいくらか．

2B･6　固体のグリシンから固体のグリシルグリシンを生成する反応の 25 °C での標準反応エントロピーを求めよ．

2B･7　固体のグリシンと L-アラニンから固体のアラニルグリシンを生成する反応の 25 °C での標準反応エントロピーを求めよ．

2B･8　直線形分子から成る気体の定圧モル熱容量は約 $\frac{7}{2}R$ であり，非直線形分子では約 $4R$ である．つぎの二つの反応について，圧力一定のまま温度を 10 K だけ上げたとき，標準反応エントロピーがどれだけ変化するかを求めよ．

(a) $2H_2(g) + O_2(g) \longrightarrow 2H_2O(g)$

(b) $CH_4(g) + 2O_2(g) \longrightarrow CO_2(g) + 2H_2O(g)$

2B･9　つぎのアミノ酸について，疎水性が<u>大きくなる順</u>に並べ，その根拠を示せ．Ala, Asp, Cys, Gly, His, Phe, Ser.

トピック 2C　ギブズエネルギー

記述問題

Q2C･1　自発変化の基準に ΔS(孤立系) > 0 と $\Delta G < 0$ という表し方がある．それぞれの由来と意味，その基準の使い方について説明せよ．

Q2C･2　吸熱反応に自発的なものがあったり，非自発的なものがあったりするのはなぜか．

Q2C･3　ギブズエネルギーが，生化学でこれほど重要な概念であるのはなぜか．

Q2C･4　化学変化が進む方向を予測するのに考慮すべきは内部エネルギー (U) の変化ではなく，ギブズエネルギー変化である理由を説明せよ．

Q2C･5　リン酸基の加水分解反応は生化学でよく出会う．つぎの表に掲げた pH = 7 での標準反応ギブズエネルギー ($\Delta_{\text{加水分解}}G^{\ominus\prime}$) が，化合物により異なる値を示すことを説明せよ．

化合物	$\Delta_{加水分解}G^{\ominus\prime}$/(kJ mol^{-1})
ホスホエノールピルビン酸(PEP)	−61.9
クレアチンリン酸	−43.1
ピロリン酸	−33.5
ATP(ADPへの加水分解)	−30.5
グルコース6-リン酸(G6P)	−13.8
グリセロール3-リン酸	−9.2

演習問題

2C·1　巻末の［資料］のデータを使って，反応 N_2(g)＋$3H_2$(g) → $2NH_3$(g) の 298 K での標準反応ギブズエネルギーを計算せよ．

2C·2　体温 37 °C で起こるある化学反応について，その反応エンタルピーは −125 kJ mol^{-1}，反応エントロピーは −126 J K^{-1} mol^{-1} であることがわかっている．(a) 反応ギブズエネルギーを計算せよ．(b) この条件下でこの反応は自発的か．(c) 系と外界のエントロピー変化の合計を計算せよ．

2C·3　グルコースの酸化で二酸化炭素と水蒸気が生成する反応のギブズエネルギー変化は，25 °C では −2820 kJ mol^{-1} である．体重 65 kg の人が 10 m だけ登るのに消費するグルコースの量を計算せよ．

2C·4　物理化学の問題に取組んでいるときのように，人が頭を使えば，脳は約 25 J s^{-1} でエネルギーを消費する．これだけの代謝速度を確保するのに，1時間当たりに消費すべきグルコースの質量はどれだけか．

2C·5　クロロフィル分子が吸収した波長 680 nm のフォトン1個によって，2.93×10^{-19} J のエネルギーが供給された．その変換効率は 100 パーセント，葉緑体における ATP 合成の反応ギブズエネルギーは 55 kJ mol^{-1} として，ATP 分子1個をつくるのに必要な波長 680 nm のフォトンの数を計算せよ．

2C·6　非自発反応でも別の自発反応と組合わせると駆動されることがある．グルタミン酸とアンモニウムイオンからグルタミンが生成するには，pH＝7 では 14.2 kJ mol^{-1} のエネルギーが必要である．この反応は，グルタミン合成酵素の存在下で ATP が加水分解され，ADP ができる反応によって駆動される．(a) ATP の加水分解の反応ギブズエネルギーは，pH＝7 では $\Delta_r G$＝−31 kJ mol^{-1} である．この加水分解反応によってグルタミンの生成反応を起こすことができるか．(b) 1 mol のグルタミン分子を生成するのに，何モルの ATP が加水分解されなければならないか．

2C·7　アセチルリン酸の加水分解反応は，ふつうの生物学条件(pH＝7)では $\Delta_r G$＝−42 kJ mol^{-1} である．もし，エタン酸(酢酸)のリン酸化反応が ATP の加水分解反応と組合わさると，リン酸化1回の事象につき最小限必要な ATP 分子の数は何個か．

2C·8　細胞内の ATP 濃度が 2 mmol dm^{-3} の代表的な細胞を考えよう．ATP 分子を利用したり，再生したりという事象が毎秒1回起こる．ふつうの細胞条件下(pH＝7)での反応ギブズエネルギーは 50 kJ mol^{-1} である．この細胞の仕事率密度を W m^{-3} 単位で表せ (1 W＝1 J s^{-1})．あるコンピューターの電池は約 15 W の出力があり，その体積は 100 cm^3 である．上で考えた細胞とこの電池とでは，どちらの仕事率密度が大きいか．

2C·9　あるモノクローナル抗体のシトクロム c への結合反応，シグナル受容体 gp130 のサイトカイン結合領域がオンコスタチン M に結合する反応について，標準反応エンタルピーと標準反応ギブズエネルギーがつぎの表に与えられている．
この二つの結合反応の $\Delta S^{\ominus\prime}$ を計算せよ．それぞれの場合について，結合反応を駆動する熱力学因子と分子論的に考えられる根拠を説明せよ．

タンパク質1	タンパク質2	温度/°C	$\Delta G^{\ominus\prime}$/(kJ mol^{-1})	$\Delta H^{\ominus\prime}$/(kJ mol^{-1})
シトクロム c	Mab 2B5	25	−52.7	−87.8
オンコスタチン M	gp130 CHR	10	−43.1	−8.0

テーマ 2　発 展 問 題

P2·1　ここでは，ATP の加水分解反応が pH = 7.0 および 27 °C で発エルゴン的である（$\Delta_r G < 0$）という観測結果に対する分子論的な裏付けについて考察しよう．つぎの表には，27 °C で二つの異なる pH 値で測定して得られた熱力学パラメーターを示してある．ただし，H_3O^+ の濃度以外はすべて標準濃度 1 mol dm^{-3} での値である．

（a）それぞれの反応について，この条件下では発エルゴン的か，それとも吸エルゴン的（$\Delta_r G > 0$）かを示せ．

（b）ATP の加水分解の反応エントロピーは pH = 6 では正で，pH = 9 では負である．pH が低いと，三リン酸から二リン酸とリン酸への加水分解でエントロピーが増加するのに，pH が高いと，そのエントロピーが減少するのはなぜか．

（c）同じ条件下での H_4ATP の加水分解の反応ギブズエネルギーも負であるが，ATP^{4-} の加水分解の反応ギブズエネルギーほど（絶対値は）大きくない．この観測結果から，隣接するリン酸基のあいだの静電反発が ATP の加水分解の発エルゴン性に影響を与える因子であるという仮説が支持された．その仮説の根拠を示し，もし真実なら，反応の発エルゴン性に与える $\Delta_r H$ と $\Delta_r S$ の寄与について，考えられる効果を予測せよ．

（d）ATP^{4-} と ADP^{3-}，$HPO_4{}^{2-}$ で共鳴による安定化が異なることが，ATP の加水分解の発エルゴン性に影響を与える一要因であると考えられる．この仮説の根拠を示せ．共鳴安定化の違いが $\Delta_r H$ や $\Delta_r S$ を変化させ，反応の発エルゴン性に影響を与えると思うか．

（e）Mg^{2+} イオンが存在することで，加水分解に関する ATP の安定性にどんな効果があるか．

（f）$ATP{:}Mg^{2-}$ の加水分解のデータは，隣接するリン酸基のあいだの静電反発が ATP の加水分解の発エルゴン性に寄与する一要因であるとする（c）の仮説に対する支持を強めるか，それとも弱めるか．〔ノート：$ATP{:}Mg^{2-}$ 複合体では，Mg^{2+} カチオンと ATP^{4-} アニオンが二つの結合を形成する．一つは，ATP^{4-} の末端リン酸基に属する負電荷を帯びた O 原子が関与するもので，もう一つは，ATP^{4-} の末端リン酸基に隣接するリン酸基に属する負電荷を帯びた O 原子が関与するものである．〕

（g）Mg^{2+} イオンの存在が ATP の加水分解に関する安定性に与える効果について，考えられる分子論的な裏付けを示せ．

反　応	$\Delta_r H$ / (kJ mol^{-1})	$\Delta_r S$ / (J K^{-1} mol^{-1})
pH = 6		
$ATPH^{3-} + H_2O \rightarrow ADPH^{2-} + H_2PO_4{}^-$	−22.6	+62.7
$ATP{:}Mg^{2-} + H_2O \rightarrow ADP{:}Mg^- + H_2PO_4{}^-$	−24.7	+37.6
pH = 9		
$ATP^{4-} + H_2O \rightarrow ADP^{3-} + HPO_4{}^{2-} + H^+$	−18.0	−50.2
$ATP{:}Mg^{2-} + H_2O \rightarrow ADP{:}Mg^- + HPO_4{}^{2-} + H^+$	−21.3	−87.8

テーマ 3

水と水溶液

純物質を対象とするとき，熱力学的に扱える最も単純なタイプの変化は，いろいろな状態の間の転移である．凝固や蒸発などはその例である．一方，混合物や溶液で起こる変化を対象とすると，複雑さのレベルは一段と上がるが，そこにはきわめて重要な問題が含まれている．生物学的に関心のある系はすべて混合物であるから，混合物とその性質を熱力学的に表せるだけでなく，溶液の諸性質が溶質の存在によってどういう影響を受けるかを調べておくことは必要不可欠である．水はほとんどすべての細胞の主成分であり，熱力学の概念を用いれば，いろいろな熱力学的性質を定量的に議論することができる．

トピック 3A　水の相転移

水（のみならず，すべての物質）の融解や蒸発を理解するうえで鍵となるのはギブズエネルギーである．本トピックでは，水のいろいろな相のギブズエネルギーが諸条件によってどう変化するか，また，相転移現象がギブズエネルギーでどう表されるかを説明する．

3A・1　ギブズエネルギーの圧力変化
3A・2　ギブズエネルギーの温度変化

トピック 3B　水の熱力学的性質

日常よく見かける水の３相の熱力学的な安定性は，“相図”を使ってうまく表せる．それぞれの相が最も安定な領域を隔てている曲線（相境界）は，ギブズエネルギーの温度依存性や圧力依存性を調べれば，熱力学的に説明できるのである．水がもつ特徴の一つとして，生化学や環境で重要な役目を果たしている表面張力と，それが原因で起こる毛管作用についても熱力学的に扱うことができる．

3B・1　水の３相
3B・2　物質に固有な点
3B・3　表面張力

トピック 3C　水溶液の熱力学的な表し方

本トピックでは“化学ポテンシャル”の概念を導入し，水溶液（一般に，均一な混合物）の物理的性質を記述するのに化学ポテンシャルがどう使えるかについて説明する．その背後にある原理として覚えておくべきことは，平衡であれば，どの相に含まれる水であっても水の化学ポテンシャルは同じということである．同じことは溶質についてもいえる．一方，実験で得られているラウールの法則やヘンリーの法則を利用すれば，理想化した仮想的な溶液の組成を用いることによって，水や溶質の化学ポテンシャルを表すことが可能である．同様の式は実在溶液についても導くことができ，そのためには“活量”の概念を導入する必要がある．

3C・1　化学ポテンシャル
3C・2　理想溶液と理想希薄溶液
3C・3　実在溶液：活量

トピック 3D　水と水溶液の熱力学

本トピックでは，化学ポテンシャルの概念を用いて，水溶液の特定の熱力学的性質に与える溶質の効果について考察する．すなわち，沸点上昇と凝固点降下，それに浸透圧というきわめて重要な性質の起源について調べる．生化学系における水の熱力学は，“水ポテンシャル”を用いて解析されることがある．それについて説明する．

3D・1　沸点上昇と凝固点降下
3D・2　浸　透
3D・3　水ポテンシャル

トピック 3A

水の相転移

➤ 学ぶべき重要性

水の凝固や融解，蒸発，凝縮という現象はいずれも相変化であり，それは生命を育む環境に計り知れない影響を与えている．これらの相変化を熱力学的に解析すれば，これ以外の多くの性質や細胞内の水の役割について理解する道も開けることだろう．

➤ 習得すべき事項

水は（ほかの物質と同じで）モルギブズエネルギーの最も低い相へと転移する傾向をもつ．

➤ 必要な予備知識

注目する過程が自発的かどうかを判断する際のギブズエネルギーの役割をよく理解している必要がある（トピック 2C）．

水は蒸発し，それが凝縮すれば雨となって落ち，凍れば氷や雪となる．これら三つの相すべてが地球上に存在することで生態系がつくられているが，一般には液体の水こそが生命の必須条件と考えられている．水は，たいていの生物にとって最も豊富な成分であるから，その環境で水が入手できるかどうかは，持続して生命が存在できるかどうかの主要な決定要因と考えられている．一方，水の液相と気相の転移も生物学的に非常に重要である．たとえば，この転移は植物の葉の蒸散で起こっている．葉の表面から水が蒸発することで，根から芽への栄養素の流れが促進される．同じことは皮膚からの水の蒸発に見られ，この場合は体内で起こる発熱過程で放出された熱の消散を助けている．ときとして氷は生物にとって有害にもなりうる．すなわち，細胞内で氷の生成が起こらないように，ふつうは何とかして凝固温度を回避するか，あるいは細胞膜と結合した区間に氷の結晶ができないようにしている．

熱力学，とりわけギブズエネルギーの概念を用いれば，相転移について語れることは数多い．トピック 2C で説明したように，ギブズエネルギーは自発変化の決め手になる指標であるから（ただし，圧力一定および温度一定の条件下），これを使えば一般的な条件下で，ある相が別の相に変わる傾向があるかどうかを判定することができる．蒸気相のギブズエネルギーが液相より低ければ，蒸発が自発過程である．もし逆なら凝縮が自発過程である．物質の相の相対的な安定性を調べるには，そのギブズエネルギーを求めることである．

実際に注目するのはモルギブズエネルギー $G_m = G/n$ である．モルギブズエネルギーは示強性の性質であり，試料のサイズによらない．物質量 n の水分子が，モルギブズエネルギー $G_m(1)$ の相 1（たとえば液体）からモルギブズエネルギー $G_m(2)$ の別の相 2（たとえば蒸気）へと変化したとき，そのギブズエネルギー変化は，

$$\Delta G = nG_m(2) - nG_m(1) = n\{G_m(2) - G_m(1)\}$$

で表される．そこで，相 2 のモルギブズエネルギーが相 1 より小さければ，相 1 から相 2 への変化は自発的である．このとき ΔG が負だからである．水についていえば，

水は，モルギブズエネルギーが低い相へと変化する自発的な傾向をもつ．

ある温度および圧力で，氷のモルギブズエネルギーが液体の水より低いときには，氷が熱力学的により安定であるから，水は凝固する（実際に凝固しない場合でも，その傾向をもつといえる）．逆の場合は，液体の水の方が熱力学的に安定であるから氷は融解する．たとえば，1 atm の圧力下では，0 °C より温度が低ければ氷は液体の水よりもモルギブズエネルギーが低いので，このような条件下では水は自発的に氷へと変化する．液体の水と氷など，2 相の間の**転移温度**[1] とは，ある圧力において 2 相が平衡で存在し，両者のモルギブズエネルギーが等しい温度である．たとえば，1 atm では，氷と液体の水は 0 °C で平衡に存在していて，$G_m(H_2O, l) = G_m(H_2O, s)$ である．

相転移を研究する理由はもう一つある．2 相が平衡にあるとき，両者のモルギブズエネルギーは等しい．すなわち，一方の相について圧力依存性や温度依存性を表す式を立て

1) transition temperature

ることができたなら，第二の相はそれを反映したものになっているはずである．このような式を水蒸気について立てるのは非常に簡単であるから，その等価性を利用して，水蒸気と平衡にある液体の水の式を導くことができる．この戦略でわかるように，水蒸気を調べれば細胞特有の水溶液環境にある物質についての式を立てる道筋ができるのである．

3A・1　ギブズエネルギーの圧力変化

熱力学の大きな強みは，きわめて重要なギブズエネルギーについての非常に一般的な結論を，最小限の計算で導けることである．そのようなギブズエネルギーの式がいったん導出できれば，注目する物質の性質に関する一般的な知識（たとえば，その物質のモル体積など）を使って，何らかの条件変化に対するギブズエネルギーの応答を予測することができる．また，それによって一般的な条件下で最も安定な相はどれかを示せるのである．そのための最初のステップは，任意の相にある任意の物質について，そのギブズエネルギーが圧力と温度にどう依存しているかを明らかにしておくことである．ここでは水を念頭におくが，導出される式は全く一般的なものである．

導出過程 3A・1　ギブズエネルギーの圧力依存性と温度依存性を表す式

熱力学式を扱うときの最良の戦略は，議論を展開する各段階で次々と定義式に戻って考えることであり，目的とする物理的に意味のある結論に到達するまでそれを続けることである．一般的に使えるもう一つのコツは，熱力学量の無限小変化を扱うことである．そうすれば，考えている条件の範囲内でいろいろな性質が変化するのを気にしなくてよいからである．ここでの導出の方針は，ギブズエネルギーの定義から始め，そこに現れるほかの熱力学量についてその定義式を代入し，圧力や温度が無限小変化したときの G の変化を表す式が得られるまで計算を続けることである．

ステップ 1: ギブズエネルギーの定義から，その無限小変化を表す式を求める．

ギブズエネルギーの定義は $G = H - TS$ であるから，右辺の三つの熱力学量すべての無限小変化を考える．物質の温度や体積，圧力を無限小量だけ変化させれば，エンタルピーは H から $H + \mathrm{d}H$ に，温度は T から $T + \mathrm{d}T$ に，エントロピーは S から $S + \mathrm{d}S$ にそれぞれ変化する．その結果，ギブズエネルギーは G から $G + \mathrm{d}G$ に変化する．そこで，

$$G + \mathrm{d}G = (H + \mathrm{d}H) - (T + \mathrm{d}T)(S + \mathrm{d}S)$$
$$= H + \mathrm{d}H - TS - T\mathrm{d}S - S\mathrm{d}T - \mathrm{d}T\mathrm{d}S$$

と書ける．左辺の G は最右辺にある $H - TS$ と消し合う．また，無限小の変化量を掛けた積 $\mathrm{d}T\mathrm{d}S$ の項は無視できるから，結果として残るのは次式となる．

$$\mathrm{d}G = \mathrm{d}H - T\mathrm{d}S - S\mathrm{d}T$$

ステップ 2: エンタルピーの定義から，上と同じ計算を繰返す．

エンタルピーの定義は $H = U + pV$ であるから，内部エネルギーを U から $U + \mathrm{d}U$ に，圧力を p から $p + \mathrm{d}p$ に，体積を V から $V + \mathrm{d}V$ に変化させれば，

$$H + \mathrm{d}H = (U + \mathrm{d}U) + (p + \mathrm{d}p)(V + \mathrm{d}V)$$
$$= U + \mathrm{d}U + pV + p\mathrm{d}V + V\mathrm{d}p + \mathrm{d}p\mathrm{d}V$$

となる．左辺の H は最右辺にある $U + pV$ と消し合う．また，無限小の変化量を掛けた積 $\mathrm{d}p\mathrm{d}V$ の項は無視できるから，結果として残るのは，

$$\mathrm{d}H = \mathrm{d}U + p\mathrm{d}V + V\mathrm{d}p$$

である．そこで次式が得られる．

$$\mathrm{d}G = \mathrm{d}U + p\mathrm{d}V + V\mathrm{d}p - T\mathrm{d}S - S\mathrm{d}T$$

ステップ 3: 内部エネルギーの定義から，上と同じ計算を繰返す．

内部エネルギーの無限小変化は，

$$\mathrm{d}U = \mathrm{d}q + \mathrm{d}w$$

で表されるから次式が得られる．

$$\mathrm{d}G = \mathrm{d}q + \mathrm{d}w + p\mathrm{d}V + V\mathrm{d}p - T\mathrm{d}S - S\mathrm{d}T$$

ステップ 4: 可逆変化を考える．

可逆変化であれば $\mathrm{d}q = T\mathrm{d}S$（$\mathrm{d}S = \mathrm{d}q_{\mathrm{rev}}/T$ であるから）であり，膨張による仕事だけを考えれば $\mathrm{d}w = -p\mathrm{d}V$ である（$\mathrm{d}w = -p_{\mathrm{ex}}\mathrm{d}V$ であり，可逆変化では $p_{\mathrm{ex}} = p$ であるから）．そこで，

$$\mathrm{d}G = T\mathrm{d}S - p\mathrm{d}V + p\mathrm{d}V + V\mathrm{d}p - T\mathrm{d}S - S\mathrm{d}T$$

となる．これを整理すれば次式が得られる．

$$\mathrm{d}G = V\mathrm{d}p - S\mathrm{d}T \qquad (1)$$

ギブズエネルギーの圧力変化と温度変化

さて，ちょっとしたことだが大変重要なことがある．それは，上の結果を導出するために，あらゆる変化を可逆的と仮定したことである．ところが，G はそもそも状態関数であるから，その変化は経路に依存しないはずである．したがって，この式は系の組成が変化しない限り，可逆変化だけでなく，どのような変化に対しても使えるのである．

ここで，温度一定の場合を考えて $dT = 0$ とおけば，

$$dG = V dp \quad \text{ギブズエネルギーの圧力変化} \quad (2)$$

が得られる．これをモル量で表せば $dG_m = V_m dp$ と書くことができる．さて，これで一般的な結論を導くためのスタートラインに立てた．まず，モル体積はすべて正であるから（2）式によれば，

圧力が増加すれば（$dp > 0$）モルギブズエネルギーは増加する（$dG > 0$）．

さらに，同じ圧力変化であれば，モル体積の大きな物質ほどモルギブズエネルギー変化は大きいと結論できる．たいていの物質では，液相のモル体積は固相より大きい．したがって，たいていの物質では（図3A·1），

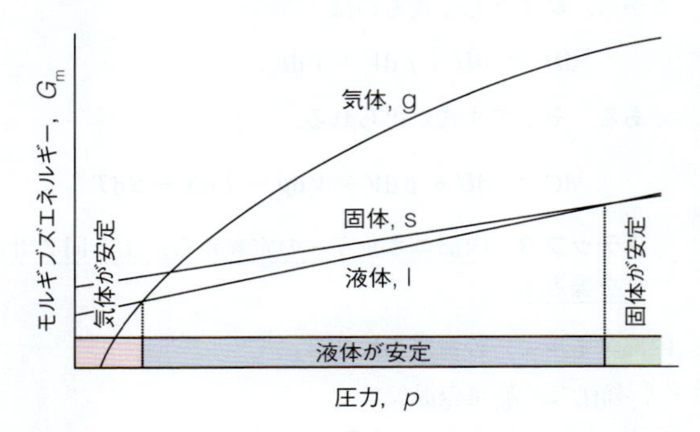

図3A·1 代表的な（水は例外）モルギブズエネルギーの圧力変化．図の下部に，各圧力域で最も安定な相を色で示してある．

- 同じ物質では，固相より液相の方が G_m 対 p のグラフの勾配は急である．
- 同じ物質では，気相のモル体積は凝縮相（つまり，液体または固体）よりずっと大きいから，G_m の p 依存性は気相の方が凝縮相よりずっと大きい．

水は，この結論に当てはまらない重要な例外である．氷は液体の水に浮くから，氷の密度は液体の水より小さく，氷のモル体積は液体の水より大きい．したがって，

- G_m 対 p のグラフの勾配は，氷の方が液体の水より急である．この特徴はすぐあとでもっと説明を加える．

（2）式を使えば，図3A·1のようなグラフを描いたときの実際の曲線の形を予測することができる†．ここで，液体の水と氷のモル体積にはほとんど圧力依存性がないから，無限小変化を有限の大きさの変化に置き換えてもよい．すなわち，dG_m を $\Delta G_m = G_{m,f} - G_{m,i}$ で置き換え，dp を $\Delta p = p_f - p_i$ で置き換える．そうすれば，

$$G_m(p_f) = G_m(p_i) + (p_f - p_i)V_m$$

ギブズエネルギーの圧力変化［非圧縮性の液体や固体］ (3)

とできる．氷と液体の水のモル体積は小さいから G の圧力依存性は弱いが，いつも無視できるとは限らない．たとえば，細胞壁をもつ細胞では（細胞膜だけしかない細胞と違って）外界から水が流入することによる細胞内の静水圧，つまり“膨圧”が大きくなる（トピック3D）．**膨圧**[1]は，細胞の内部と外部の静水圧の差 $p_{膨圧} = p_{内部} - p_{外部}$ で定義され，ふつうは0.5 MPaほど（5 atm）である．この値は大きく，細胞内の水のモルギブズエネルギーに対して測定可能な効果をもたらしている．

簡単な例示 3A·1

液体の水のモル体積は $18\ \mathrm{cm^3\ mol^{-1}}$（$1.8 \times 10^{-5}\ \mathrm{m^3\ mol^{-1}}$）である．ある細胞の内部圧が0.6 MPaで，外部圧0.1 MPaの環境にあるとしよう．このときの膨圧は0.5 MPaであるから，細胞の内側と外側での水のモルギブズエネルギーの差は，

$$\begin{aligned} &G_m(0.6\ \mathrm{MPa}) - G_m(0.1\ \mathrm{MPa}) \\ &= (0.6\ \mathrm{MPa} - 0.1\ \mathrm{MPa}) \times (18\ \mathrm{cm^3\,mol^{-1}}) \\ &= (0.5 \times 10^6\ \mathrm{Pa}) \times (1.8 \times 10^{-5}\ \mathrm{m^3\,mol^{-1}}) \\ &= 9\ \mathrm{Pa\,m^3\,mol^{-1}} \end{aligned}$$

と計算でき，$9\ \mathrm{J\ mol^{-1}}$ である．

水の凝縮相と違って，水蒸気のモル体積はずっと大きいからモルギブズエネルギーは圧力に強く依存する．水蒸気は圧縮性であり，注目する圧力領域でモル体積一定と仮定できないから，ギブズエネルギーの圧力依存性を求めるのに（3）式を使えない．その圧力依存性を表す定量的な式を求めるには（2）式に戻って，水蒸気のモル体積が圧力増加とともに減少するという事実を取込む必要がある．

導出過程 3A·2 水蒸気のギブズエネルギーの圧力依存性

（2）式（$dG = V dp$）は，圧力の無限小変化を考えた式である．一方，測定可能な有限の変化を考えるには，無限小変化についての式で p_i から p_f までの和をとる（積分する）必要がある．すなわち，

† 訳注：固体と液体の線は直線に見えるが，実際には p の増加とともに V_m はわずかながら減少するから，いずれも上に凸の曲線である．

1) turgor pressure

$$\Delta G_m = \int_{p_i}^{p_f} V_m \mathrm{d}p$$

である．水蒸気を完全気体として扱えば，そのモル体積は圧力によって $V_m = RT/p$ と表される．そこで，

積分公式A·2

$$\Delta G_m = \int_{p_i}^{p_f} \frac{RT}{p}\mathrm{d}p = RT\int_{p_i}^{p_f}\frac{1}{p}\mathrm{d}p = RT\ln\frac{p_f}{p_i}$$

と計算できる．最後に，$\Delta G_m = G_m(p_f) - G_m(p_i)$ を使えば次式が得られる．

$$G_m(p_f) = G_m(p_i) + RT\ln\frac{p_f}{p_i}$$

ギブズエネルギーの圧力変化［完全気体］　(4)

(4) 式によれば，水蒸気のモルギブズエネルギーは圧力に対して対数的に ($\ln p$ に比例して) 増加している (図3A·2)．高圧側で曲線が平らになってくるのは，V_m が小さくなるほど，G_m が圧力に敏感でなくなることを反映している．本テーマの冒頭で予告したように，トピック3Cではこの式を使って，細胞内の環境に似た水溶液中での溶質のギブズエネルギーがどう濃度依存するかを予測することにしよう．

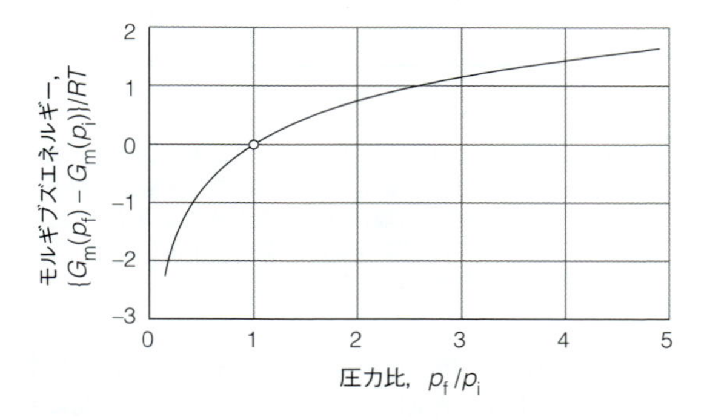

図3A·2　完全気体のモルギブズエネルギーの圧力変化．

例題3A·1　深さ5kmの海底での水蒸気のギブズエネルギーの計算

1.0 atm での水蒸気のモルギブズエネルギーと深さ5kmの海底での水蒸気のモルギブズエネルギーの差を計算せよ．ただし，どちらの温度にも深さ5.0 kmでの2 °Cを用いよ．

考え方　深さ d (5.0 km) での静水圧は ρgd で表せることを知っている必要がある．ρ は海水の質量密度 (1020 kg m^{-3})，g は自然落下の加速度 (9.81 m s^{-2}) である．そこで (4) 式を使って，海面での圧力1.0 atmと海底5.0 kmでの圧力の間のモルギブズエネルギーの変化を計算する．1.0 atm の圧力は0.10 MPaとしてよい．

解答　海底5.0 kmでの圧力は，

$$p_f = \rho gd = (1020\ \mathrm{kg\ m^{-3}}) \times (9.81\ \mathrm{m\ s^{-2}}) \times (5.0\times10^3\ \mathrm{m}) = 5.0\cdots\times10^7\ \mathrm{N\ m^{-2}}$$

と計算できる．$1\ \mathrm{N} = 1\ \mathrm{kg\ m\ s^{-2}}$ である．つまり，5.0×10^7 Pa である．そこで (4) 式を使えば，

$$\begin{aligned} &G_m(\text{海底}) - G_m(\text{海面}) \\ &= RT\ln\frac{p(\text{海底})}{p(\text{海面})} \\ &= (8.3145\ \mathrm{J\ K^{-1}\ mol^{-1}}) \times (275\ \mathrm{K}) \times \ln\frac{5.0\cdots\times10^7\ \mathrm{Pa}}{1.0\times10^5\ \mathrm{Pa}} \\ &= 1.4\times10^4\ \mathrm{J\ mol^{-1}} \end{aligned}$$

となる．したがって，海底5.0 kmでの水蒸気のモルギブズエネルギーは海面より約14 kJ mol^{-1} 増加することになり，液体の水に対する効果よりずっと大きいことがわかる．

3A·2　ギブズエネルギーの温度変化

相転移がなぜ特定の温度で起こるのかを理解するには，一定の圧力下で各相のモルギブズエネルギーがどう温度変化するかを知っておく必要がある．(1) 式のモル当たりの式 ($\mathrm{d}G_m = V_m\mathrm{d}p - S_m\mathrm{d}T$) を一定の圧力下での変化に適用するには $\mathrm{d}p = 0$ とおくだけでよいから，

$$\mathrm{d}G_m = -S_m\mathrm{d}T$$

ギブズエネルギーの温度変化　(5a)

が得られる．生物学でよくある狭い温度範囲 $\Delta T = T_f - T_i$ であれば，エントロピーは一定とみなせるから次式が成り立つ．

$$\Delta G_m = -S_m\Delta T$$

ギブズエネルギーの温度変化［エントロピー一定とみなせるとき］　(5b)

モルエントロピーはすべての物質について正であるから，(5b) 式によれば，

温度が上昇すれば ($\Delta T > 0$)，G_m は減少する ($\Delta G_m < 0$)

さらに，同じ温度変化であれば，モルギブズエネルギー変化はモルエントロピーに比例している．水についていえば，水蒸気のモルエントロピーは液相より大きいから，そのモルギブズエネルギーは液体の水より温度上昇とともに急激に下がっていく．液体の水のモルエントロピーは氷よ

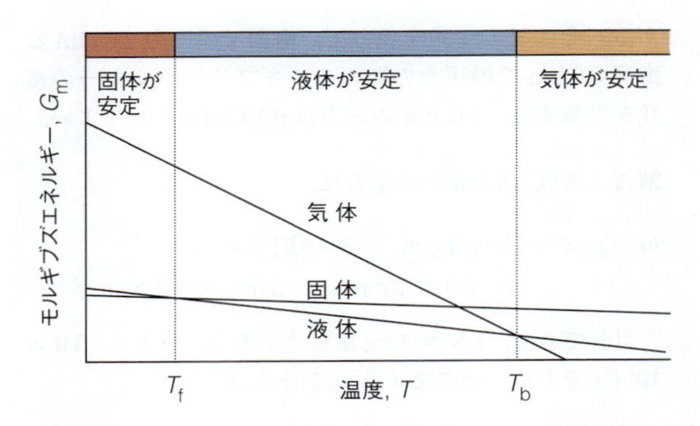

図 3A・3　モルギブズエネルギーの温度変化．どの相でもモルギブズエネルギーは温度上昇とともに減少する．図の上部には，それぞれの温度域で固体，液体，気体のうち最もモルギブズエネルギーの小さなものを示してある．

り大きいから，氷の場合の勾配は液体の水ほど急峻ではない．図 3A・3 にこれらの特徴をまとめてある†．

温度が上がれば氷は融解し，できた液体の水はやがて蒸発するが，図 3A・3 にはその熱力学的な理由を示してある．低温でモルギブズエネルギーが最も低いのは氷であり，したがって氷が最も安定な相である．しかし，温度が上昇すればやがて液体の水のモルギブズエネルギーの方が氷よりも低くなり，氷はそこで融解する．もっと温度が上がれば水蒸気のモルギブズエネルギーが液体の水のモルギブズエネルギーの下にもぐり込むことになって，水蒸気が最も安定な相となる．つまり，ある温度以上で液体の水は蒸発するのである．深海では（例題 3A・1 で調べたように）水蒸気のモルギブズエネルギーが液体の水に比べて大きくなるから，水の沸点はずっと高くなる．地熱により熱水噴出孔から出た水の温度は 50 °C から 450 °C の範囲にある．しかし，深海では約 100 °C を超える温度で水が噴出しても水蒸気に変わることはない．それは，圧力が高いために水蒸気のモルギブズエネルギーが上昇していて，その温度では液体の水のモルギブズエネルギーの方がまだ下にあるからである．

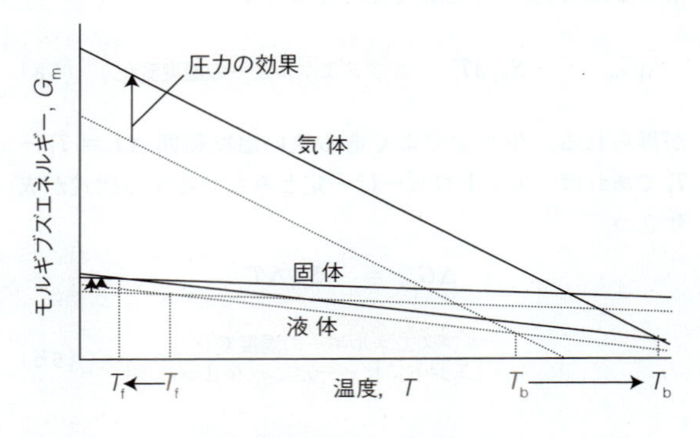

図 3A・4　水に圧力を加えると，水蒸気のモルギブズエネルギーは大幅に上昇し，氷の上昇はずっと小さい．液体の水の上昇はもっと小さく最小である．曲線の交点は加圧によって図のように変化するから，凝固温度は低下し，沸点は上昇する．

さて，氷が加圧下で融ける傾向にある理由も，熱力学の用語を使って理解することができるだろう．分子レベルでは，氷の（隙間だらけの）かさ高い構造が圧力によって壊れ，より密な液体ができるのである．熱力学的には，この効果は氷のモルギブズエネルギーの上昇が液体の水より大きいことによる（0 °C 付近の温度では，氷のモル体積の方が液体の水より大きいから）．図 3A・4 を見ればわかるように，加圧すれば液体の水と氷の曲線の交点が低温側にシフトする．つまり，その転移温度（融解温度）も低下するのである．

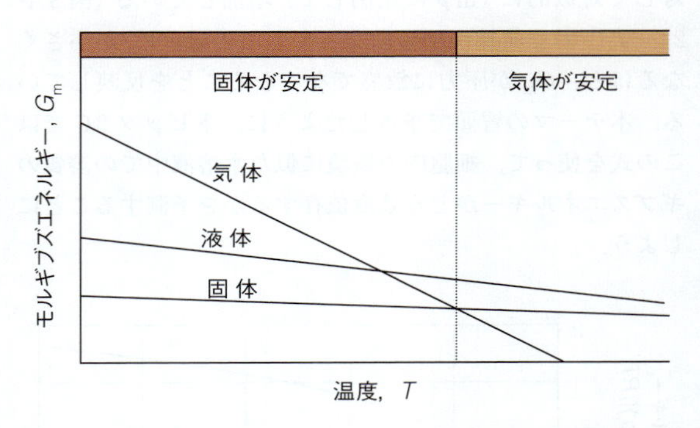

図 3A・5　気相と固相のモルギブズエネルギー曲線が（ある特定の圧力で）交わる温度より低温側で，液相と固相のモルギブズエネルギー曲線が交わることがない場合には，その圧力下ではどの温度でも液体は安定に存在しない．このような物質では昇華が起こる．

最後に，固体の二酸化炭素など一部の物質では，液体を経ずに昇華によって蒸気になるのはなぜかという疑問にも答えることができるだろう．図 3A・3 には三つの曲線が描いてあるが，このような相対位置になるという根本的な要請はない．たとえば，液体の曲線が図 3A・5 に示す位置にあってもよい．この場合は，液相のモルギブズエネルギーが最低になる温度は（ある圧力では）存在しないのである．このような状況にある物質であれば，固体から蒸気へ直接，自発的に転移する．すなわち，その物質は昇華するのである．

† 訳注：いずれの線も直線に見えるが，実際には T の増加とともに S_m は増加するから，すべて上に凸の曲線である．

重要事項のチェックリスト

- □ 1．2相の間の**転移温度**とは，ある圧力において2相が平衡で存在する温度である．
- □ 2．転移温度では，2相のモルギブズエネルギーは等しい．
- □ 3．物質のモルギブズエネルギーの圧力変化は，そのモル体積に比例している．
- □ 4．物質のモルギブズエネルギーの温度変化は，そのモルエントロピーに比例している．

重要な式の一覧

式の内容	式	備　考	式番号
ギブズエネルギーの圧力と温度による変化	$\mathrm{d}G = V\mathrm{d}p - S\mathrm{d}T$	組成一定	1
ギブズエネルギーの圧力変化	$G_\mathrm{m}(p_\mathrm{f}) = G_\mathrm{m}(p_\mathrm{i}) + (p_\mathrm{f} - p_\mathrm{i})V_\mathrm{m}$	非圧縮性の物質	3
	$G_\mathrm{m}(p_\mathrm{f}) = G_\mathrm{m}(p_\mathrm{i}) + RT\ln(p_\mathrm{f}/p_\mathrm{i})$	完全気体	4

トピック 3B

水の熱力学的性質

➤ 学ぶべき重要性

陸上生活する生命体にとって水は必須であるから，その熱力学的性質に関する知見は自然における水の役割を理解するうえで重要な手がかりになる.

➤ 習得すべき事項

水素結合は水の物理的性質の多くに影響を及ぼしている. 水は，与えられた条件下でモルギブズエネルギーの最も低い相として存在している.

➤ 必要な予備知識

ギブズエネルギーの概念と，それが自発変化をどう規定しているかについて理解している必要がある（トピック 2C).

水の融点や沸点は異常に高い. それは，固相でも液相でも分子間の水素結合が形成され，それが張り巡らされている状況を反映している. また，室温付近の水の熱容量は異常に大きく，その表面張力も液体としては強い部類に入る. これらの異常な物理的性質は生物学的な影響を多々もたらしている. たとえば，水の沸点が高いおかげで，地球表面の大部分の水が液体として存在している. また，氷の質量密度に比べ液体の水は大きく，氷は浮かんでいるだけで湖や海が完全に凍ってしまうことはないから，水生生物は氷の下で棲息することができる.

液体状態で水素結合が存在することで水の蒸発エンタルピーは比較的大きく，表面からの水の蒸発が内部の余分なエネルギーを放出する効果的な方法になっている. その一方で，大気の湿度はさほど高くならずに済んでいる. また，水素結合が水分子を効果的にくっつけていることで，ある種の抗張力を水に与えており，植物の蒸散に合わせて水が木部導管を連続的に上れるようにしている.

水が水素結合を形成する原因の一つは，水分子が本来もつ極性である. 水の極性は生物学的に重要な影響をもたらしている. この極性のおかげで水の比誘電率は高く，細胞内で起こる化学反応に参加するいろいろな物質に対して，液体の水はよい溶媒になっているのである.

3B・1 水の 3 相

相[1] は物質の一形態であり，組成と物理的性質が一様なものをいう. 氷は水の固相である. 水には液相と蒸気相もある. 水には高圧下で氷 I（ふつうの氷）や氷 II などいろいろな固相が存在している. 相によって，H_2O 分子の詰まり具合が違っているのである. 氷には珍しい固相もあるが，それらは生物学に馴染まないので，ここからは“ふつうの”氷 I だけを考え，それを単に“氷”ということにする.

水の**相図**[2] は（どの物質の相図も），熱力学的に最も安定な相が存在する温度と圧力の条件を示した地図のようなものである（図 3B・1). トピック 3A で述べたように，物質の最も安定な相とは，モルギブズエネルギーが最も低い相のことである. それ以外のすべての相は，その条件下では自発的にこの相に転換する傾向がある. たとえば，図の A 点（1 atm，105 °C）では水蒸気相が熱力学的に最も安定であるが，C 点（1 atm，95 °C）では液体の水が最も安定である.

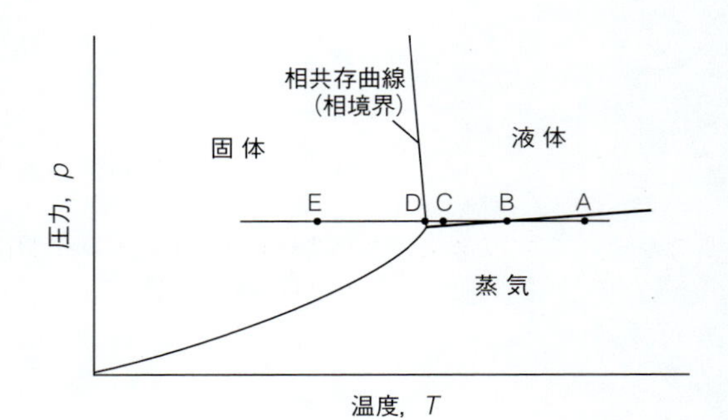

図 3B・1 水の相図. 各相（氷については氷 I のみ）が最も安定な圧力と温度の領域を示してある. 共存曲線（この場合は 3 種類ある）は，それをはさむ 2 相が平衡状態で共存する圧力と温度の条件を示している. A 点から E 点までの状況については本文で説明してある.

1) phase　2) phase diagram

相図の各領域の境界を**相共存曲線**[1]といい（単に**共存曲線**[2]または**相境界**[3]ともいう），隣り合う2相が同じモルギブズエネルギーをもち，したがって平衡状態で共存するようなpとTの値を示している．たとえば，図のB点（1 atm，100 °C）に相当する圧力および温度に系をおけば，液体の水と水蒸気は平衡にある．これを圧力一定のまま温度を下げればC点（1 atm，95 °C）に移動し，そこでは液体の水が安定相である．さらに温度を下げれば，D点（1 atm，0 °C）では氷と液体の水が平衡にある．温度をもっと下げれば，安定相として氷が存在するE点の領域に至る．

相共存曲線上のどの点も，隣り合う二つの相の間に“動的平衡”が成立している圧力と温度の条件を表している．**動的平衡**[4]にある状態では，逆方向の過程が正方向の過程と同じ速さで起こっている．分子レベルでは活発に動き回っていても，バルクの性質や見かけに正味の変化はない．たとえば，水の 液体–蒸気 の相境界では蒸発と凝縮が同じ速さで起こっており，動的平衡の状態にある．分子は液体表面からある頻度で飛び出して行くが，もともと蒸気相にあった分子も同じ頻度で液体に戻るので，蒸気相にある分子数には（したがって圧力にも）正味の変化は見られない．同様にして 氷–液体 の水の相共存曲線上の点では，その温度と圧力で，氷の表面から水分子が絶えず飛び出し液体に加わる一方で，それと全く同じ頻度で，もともと液体にいた分子が氷の表面に移り，固体の一部となっているのである．

水の凝縮相のどちらか一方と平衡（したがって，その共存曲線上の点）にある水蒸気の圧力は，水の**蒸気圧**[5]である．温度が上がれば，凝縮相から飛び出すのに十分なエネルギーを獲得できる分子が増えるので，蒸気圧は温度とともに増加するのである．

熱力学は水の共存曲線の位置を予測する方法，つまり，水の蒸気圧の温度依存性を説明する方法を与えてくれる．たとえば，ある圧力および温度で2相が平衡にあったとしよう．ここで温度を変えれば，両相ともモルギブズエネルギーは変化するが，おそらく異なる値だけ変化することになるだろう．しかし続いて，圧力をうまく変化させれば，両相のモルギブズエネルギーが等しくなる状況に戻すことができる．このことから，共存曲線をプロットするには圧力変化$\mathrm{d}p$と，それに応じて両相を平衡状態に保っておくための温度変化$\mathrm{d}T$との関係を求めておく必要があるのがわかる．

導出過程 3B·1　共存曲線を表す式

出発点はトピック3Aの(1)式である．ここではモル量で表して，$\mathrm{d}G_\mathrm{m} = V_\mathrm{m}\mathrm{d}p - S_\mathrm{m}\mathrm{d}T$と書いておく．ある

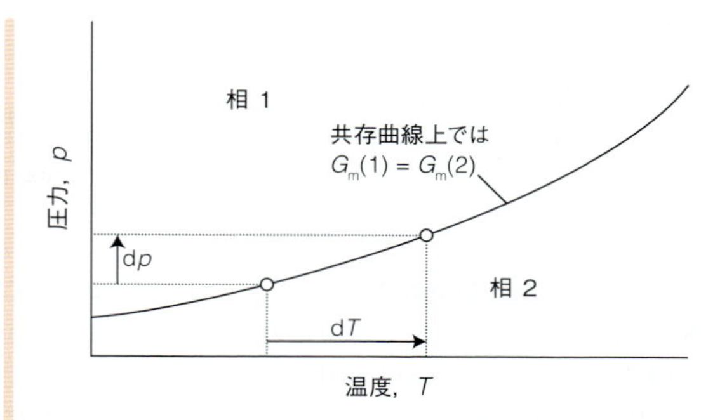

図 3B·2　2相が平衡であれば，そのモルギブズエネルギーは等しい．温度が$\mathrm{d}T$だけ変化したとき，この2相が平衡であり続けるためには圧力は$\mathrm{d}p$だけ変化しなければならない．そうすれば2相のギブズエネルギーは等しいままで，共存曲線上にあり続ける．

圧力および温度で相1と相2が平衡にあれば，両者のモルギブズエネルギーは等しいから$G_\mathrm{m}(1) = G_\mathrm{m}(2)$である（図3B·2）．

ステップ1：各相のモルギブズエネルギー変化を表す式を書く．

ここで，温度を$\mathrm{d}T$，圧力を$\mathrm{d}p$だけ変化させれば，$\mathrm{d}G_\mathrm{m} = V_\mathrm{m}\mathrm{d}p - S_\mathrm{m}\mathrm{d}T$であるから，相1と相2のモルギブズエネルギーはそれぞれつぎのように変化する．

$$\mathrm{d}G_\mathrm{m}(1) = V_\mathrm{m}(1)\,\mathrm{d}p - S_\mathrm{m}(1)\,\mathrm{d}T$$

$$\mathrm{d}G_\mathrm{m}(2) = V_\mathrm{m}(2)\,\mathrm{d}p - S_\mathrm{m}(2)\,\mathrm{d}T$$

この変化の前に2相は平衡にあり，変化後も平衡のままであるから，2相のギブズエネルギー変化も等しく，$\mathrm{d}G_\mathrm{m}(1) = \mathrm{d}G_\mathrm{m}(2)$でなければならない．そこで，

$$V_\mathrm{m}(1)\,\mathrm{d}p - S_\mathrm{m}(1)\,\mathrm{d}T = V_\mathrm{m}(2)\,\mathrm{d}p - S_\mathrm{m}(2)\,\mathrm{d}T$$

である．したがって，$\mathrm{d}p$と$\mathrm{d}T$それぞれの項にまとめれば，

$$\{V_\mathrm{m}(2) - V_\mathrm{m}(1)\}\,\mathrm{d}p = \{S_\mathrm{m}(2) - S_\mathrm{m}(1)\}\,\mathrm{d}T$$

となる．ここで，$\Delta_\mathrm{trs}V = V_\mathrm{m}(2) - V_\mathrm{m}(1)$および$\Delta_\mathrm{trs}S = S_\mathrm{m}(2) - S_\mathrm{m}(1)$とおけば，

$$\Delta_\mathrm{trs}V\,\mathrm{d}p = \Delta_\mathrm{trs}S\,\mathrm{d}T$$

となる．つまり次式が得られる．

$$\frac{\mathrm{d}p}{\mathrm{d}T} = \frac{\Delta_\mathrm{trs}S}{\Delta_\mathrm{trs}V}$$

ステップ2：転移エントロピーを転移エンタルピーで表す．

トピック2Aで述べたように，転移エントロピーと転移エンタルピーには$\Delta_\mathrm{trs}S = \Delta_\mathrm{trs}H/T_\mathrm{trs}$の関係があるか

1) phase coexistence line　2) coexistence curve　3) phase boundary　4) dynamic equilibrium　5) vapor pressure

ら，最終的に次式が得られる．

$$\frac{\mathrm{d}p}{\mathrm{d}T}=\frac{\Delta_{\mathrm{trs}}H}{T\Delta_{\mathrm{trs}}V}$$ クラペイロンの式　(1)

この式を**クラペイロンの式**[1]という．転移温度に付けてあった添字“trs”を省略してあるのは，共存曲線上の点（いま考えているのはこの点だけである）の温度は，すべて転移温度だからである．ここで，転移エンタルピーと転移体積はどちらも温度によって変わることに注意しよう．

水の液体-蒸気平衡では，上の式を変形して $\mathrm{d}p=(\Delta_{\mathrm{vap}}H/T\Delta_{\mathrm{vap}}V)\,\mathrm{d}T$ としておけば，温度が変化したときの水の蒸気圧変化が与えられる．また，氷-液体平衡では，$\mathrm{d}T=(T\Delta_{\mathrm{fus}}V/\Delta_{\mathrm{fus}}H)\,\mathrm{d}p$ の形の式を使えば，圧力変化によってひき起こされる氷の融解温度の変化がわかる．

氷-液体の水の共存曲線については，融解が吸熱過程であるから，融解エンタルピーは正である．たいていの物質では，融解によってモル体積はわずかに増加するから，$\Delta_{\mathrm{fus}}V$ は正である．しかし，水は異なっており，融解は吸熱過程でありながら融解でモル体積は減少する（すでに述べたように，液体の水は氷より密である）．したがって，$\Delta_{\mathrm{fus}}V$ は小さいが負である．融解でモル体積が減少するのは，氷の結晶構造が非常に隙間の多い構造だからである．図3B·3に示すように，水分子どうしは水素結合で結ばれながら，引き離されてもいるのである．しかし，融解によってこの構造の一部は壊れるから，液体は固体よりも密である．その結果として，圧力が増加すれば氷の融解温度は低下するのである．

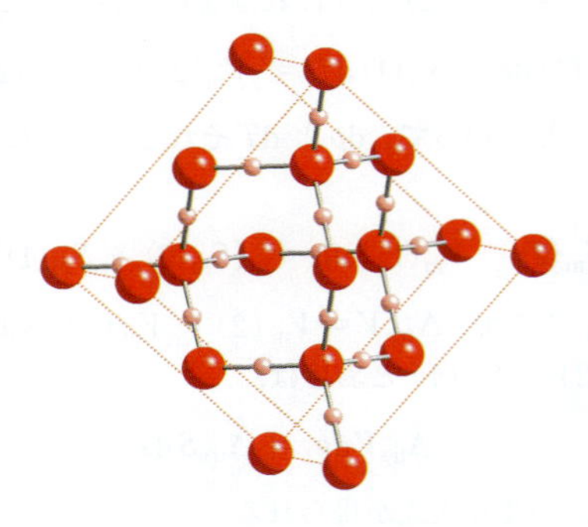

図3B·3　氷Iの構造．各O原子は四面体の中心にあり，その頂点に別のO原子が4個，276 pmの距離を隔てて存在している．中心のO原子には二つの短いO−H結合でH原子が付いており，二つの長いO…H結合（水素結合）で隣の H_2O 分子2個のH原子と結びついている（この図では長短の区別をつけていない）．全体として，H_2O 分子がつくる折れ曲がった六角形の環の構造ができている（シクロヘキサンのいす形に似ている）．融解によってこの構造の一部は壊れ，その結果，液体の水は固体の氷より密になる．

簡単な例示 3B·1

水は1 barでは，$\Delta_{\mathrm{fus}}H^{\ominus}=6.008\ \mathrm{kJ\,mol^{-1}}$，$\Delta_{\mathrm{fus}}V^{\ominus}=-1.634\times10^{-6}\ \mathrm{m^3\,mol^{-1}}$ である．そこで(1)式から，$T=273.15\ \mathrm{K}$ の氷の融点では，

$$\frac{\mathrm{d}p}{\mathrm{d}T}=\frac{\overbrace{6.008\times10^{3}\ \mathrm{J\,mol^{-1}}}^{\Delta_{\mathrm{fus}}H}}{\underbrace{(273.15\ \mathrm{K})}_{T}\times\underbrace{(-1.634\times10^{-6}\ \mathrm{m^3\,mol^{-1}})}_{\Delta_{\mathrm{fus}}V}}=-1.346\times10^{7}\ \mathrm{Pa\,K^{-1}}$$

となる．$1\ \mathrm{Pa}=1\ \mathrm{N\,m^{-2}}$ および $1\ \mathrm{J}=1\ \mathrm{N\,m}$，したがって $1\ \mathrm{Pa}=1\ \mathrm{J\,m^{-3}}$ である．この勾配は $-133\ \mathrm{atm\,K^{-1}}$ に相当するから，その逆数をとって $\mathrm{d}T/\mathrm{d}p=-0.00753\ \mathrm{K\,atm^{-1}}$ である．いい換えれば，氷-液体の水の共存曲線の勾配は急峻で負（急激な右下がり）である．この値によれば，圧力が1 atm増加するごとに融解温度は7.53 mKだけ低下する．逆に，融解温度を−1 °C（つまり−1 K）変化させるには約133 atmの圧力が必要である．

液体-蒸気の共存曲線（上で説明したように，これは蒸気圧曲線でもある）では，蒸発エンタルピーも蒸発体積も正であるから，水の蒸気圧は温度とともに増加する（$\mathrm{d}T$ が正なら $\mathrm{d}p$ も正）．しかしながら，蒸発エンタルピーは温度にさほど敏感ではないが，蒸発体積は温度に強く依存する（気体の体積に与える温度の効果である）ことに注意する必要がある．その依存性を考慮に入れなければならない．

導出過程 3B·2　一方の相が蒸気であるときの圧力と温度の関係

気体のモル体積は液体のモル体積よりずっと大きいから，クラペイロンの式にある $\Delta_{\mathrm{vap}}V=V_{\mathrm{m}}(\mathrm{g})-V_{\mathrm{m}}(\mathrm{l})$ の項は $V_{\mathrm{m}}(\mathrm{g})$ だけで置き換えることができる．そこで，

$$\frac{\mathrm{d}p}{\mathrm{d}T}\approx\frac{\Delta_{\mathrm{vap}}H}{TV_{\mathrm{m}}(\mathrm{g})}$$

と書ける．ここで，水蒸気を完全気体として扱えば，$V_{\mathrm{m}}(\mathrm{g})=RT/p$ とできるから，この式は，

$$\frac{\mathrm{d}p}{\mathrm{d}T}\approx\frac{\Delta_{\mathrm{vap}}H}{T(RT/p)}=\frac{p\Delta_{\mathrm{vap}}H}{RT^2}$$

となる．両辺を p で割れば，

$$\frac{1}{p}\frac{\mathrm{d}p}{\mathrm{d}T}\approx\frac{\Delta_{\mathrm{vap}}H}{RT^2}$$

1) Clapeyron equation

となるが，微分公式 $\mathrm{d}p/p = \mathrm{d}\ln p$ を使えば，かなりよい近似として次式が得られる．

$$\frac{\mathrm{d}\ln p}{\mathrm{d}T} = \frac{\Delta_{\mathrm{vap}}H}{RT^2} \quad \text{クラウジウス-クラペイロンの式} \qquad (2)$$

この式を**クラウジウス-クラペイロンの式**[1]という．この式は，水の（どんな液体でも）蒸気圧がどう温度変化するかを表している．図3B·4に水の蒸気圧の計算値と実測値を示してある．

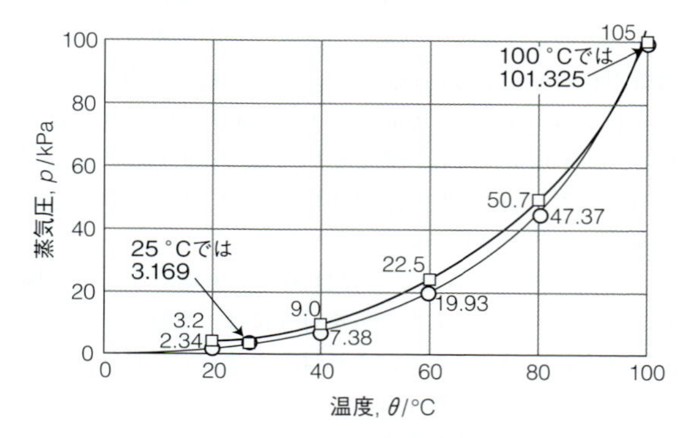

図3B·4　クラウジウス-クラペイロンの式の積分形（太い実線の曲線と□印）から，水の蒸気圧がどう温度変化するかを求めた結果（蒸発エンタルピーは温度によらず41 kJ mol^{-1}であると仮定した）と実測値（細い実線の曲線と○印）．

簡単な例示3B·2

水の1 atm，373.2 K（水の通常沸点）では $\Delta_{\mathrm{vap}}H^{\ominus} = 4.07\times10^4\,\mathrm{J\,mol^{-1}}$ である．したがって，

$$\frac{\mathrm{d}\ln p}{\mathrm{d}T} = \frac{\overbrace{4.07\times10^4\,\mathrm{J\,mol^{-1}}}^{\Delta_{\mathrm{vap}}H^{\ominus}}}{\underbrace{(8.3145\,\mathrm{J\,K^{-1}\,mol^{-1}})}_{R}\times\underbrace{(373.2\,\mathrm{K})^2}_{T}} = 3.51\times10^{-2}\,\mathrm{K^{-1}}$$

と計算できる．水の液体-蒸気の共存曲線の勾配は正である．図3B·1でもわかるように，その勾配は氷-液体の水の共存曲線の勾配よりずっと緩やかである．

3B·2　物質に固有な点

上で見たように，水の温度を上げればその蒸気圧は上昇する．ところが，その後なにが起こるかは，その加熱を密閉容器で行ったか，開放容器で行ったかによって違う．

まず，1 atmで開放容器に入れた水を加熱したら何が観測されるかを考えよう．100 °Cになると蒸気圧は外圧と等しくなる．この温度では蒸気が外界の大気を押し退けてどんどん膨張し，それを抑制するものは何もないので蒸気の泡は液体内部からも発生する．これが**沸騰**[2]である．液体の蒸気圧が外圧と等しくなるこの温度を**沸騰温度**[3]という．この例のように外圧が1 atmのときの沸騰温度を**通常沸点**[4] T_{b} という．したがって，水にかかわらずどんな液体であっても，相図の上で液体の蒸気圧が1 atmである温度が通常沸点である．図3B·4から，沸点が外圧によってどう変わるかを推測することができる．たとえば，外圧が20 kPaのとき（高度12 kmに相当）水は60 °Cで沸騰する．それは，この温度での水の蒸気圧が19.9 kPa（149 Torr）だからである．

次に，密閉容器中の水を加熱すればどうなるかを考えよう．蒸気は逃げ出せないから蒸気圧が上昇するにつれ蒸気の密度が上がり，やがて残っている液体の密度に等しくなる．このとき，2相を隔てていた界面は消失する（図3B·5）．界面がちょうど消滅するこの温度を**臨界温度**[5] T_{c} という．また，臨界温度での蒸気圧を**臨界圧力**[6] p_{c} という．ある物質について臨界温度と臨界圧力がわかれば，相図の上の**臨界点**[7]が指定できる（表3B·1を見よ）．水の臨界点は647 K（374 °C），22.1 MPa（218 atm）であるから，生物学的に重要な条件下で水はその臨界点のずっと下にある．実際に臨界温度に到達すれば，それ以上の温度では試料を加圧してもいっそう密な流体ができるだけで，それが凝縮することはない．したがって，試料中に界面は現れず，単一の均一相である**超臨界流体**[8]が容器を満たしている．すなわち，つぎのように結論できる．

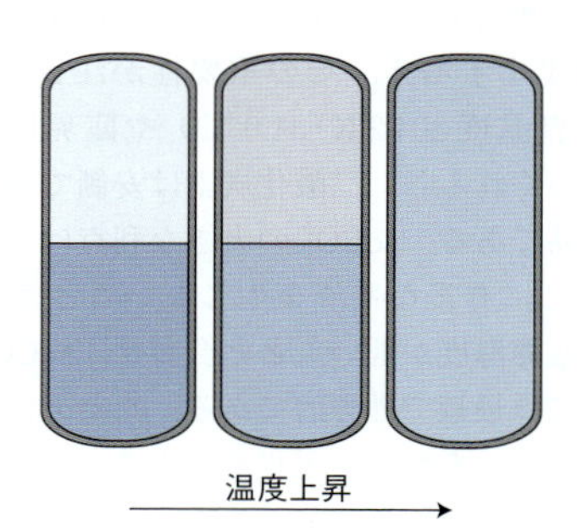

図3B·5　密封容器に入れた水を加熱すれば，蒸気の密度が次第に大きくなり，液体の密度は減少する．図では密度の大きさを色の濃さで表してある．二つの相の密度がついに等しくなれば両流体間の界面は消滅する．そのときの温度が臨界温度である．

1) Clausius–Clapeyron equation　2) boiling　3) boiling temperature　4) normal boiling point　5) critical temperature　6) critical pressure　7) critical point　8) supercritical fluid

表3B・1　臨界定数*

	p_c / atm	V_c / $(cm^3\ mol^{-1})$	T_c /K
アンモニア，NH_3	111	73	406
アルゴン，Ar	48	75	151
ベンゼン，C_6H_6	49	260	563
二酸化炭素，CO_2	73	94	304
水素，H_2	13	65	33
メタン，CH_4	46	99	191
酸素，O_2	50	78	155
水，H_2O	218	55	647

* 臨界体積 V_c は，臨界圧力および臨界温度でのモル体積である．

物質の臨界温度やそれ以上の温度では，加圧しても液体は形成されない．

水の相図で 液体−蒸気 の共存曲線が臨界点で終わっているのはこのためである．超臨界流体はふつうの液体ではないが，その密度が液体に近いなど，多くの点で液体と同じように振舞う．

臨界温度を知っておくと蒸気と気体の使い分けができる．ただし，いつもきちんと使い分けられているわけではない．正式に言えば，**蒸気**[1] とは同じ物質の臨界温度以下の気相である（したがって，加圧するだけで凝縮する）．**気体**[2] とは，臨界温度以上の気相である（したがって，加圧するだけでは凝縮しない）．水の場合は，生物学的に重要な条件下での“気相”は蒸気というのが正しい．

簡単な例示3B・3

超臨界二酸化炭素 $scCO_2$ は，これを溶媒として使う過程がますます増え，その重要性が注目されている．CO_2 の臨界温度 304.2 K（31.0 °C）や臨界圧力 72.9 atm は簡単につくれるし，二酸化炭素は安価であり，回収するのも容易である．$scCO_2$ の大きな利点は，溶媒を蒸発させたあとに有害な残渣を生じないことである．したがって，臨界温度が低いことと合わせ，$scCO_2$ は食品加工や製薬には最適で理想的である．たとえば，コーヒーからカフェインを取除く過程や，牛乳から脂肪を取除くのに使われる．超臨界流体はまた，ドライクリーニングにも使われ次第に普及している．これによって，発がん性があり環境破壊につながる種々の塩素化炭化水素を使わなくてすむからである．

ある指定した圧力で液体の水と氷が平衡状態で共存する温度を，氷の**融解温度**[3] という．融解と凝固は同じ温度で起こるので，氷の融解温度は液体の水の**凝固温度**[4] に等しい．したがって 氷−液体の水 の共存曲線は，氷の融解温度および液体の水の凝固温度の圧力変化を表している．圧力が 1 atm のときの融解温度を氷の**通常融点**[5] といい，それは液体の水の**通常凝固点**[6] T_f に等しい．液体の分子がもつエネルギーが次第に小さくなり，まわりの分子から受ける引力からもはや逃れられなくなって移動度を失ったとき，液体は凝固するのである．

異なる3相（氷と液体の水，水蒸気）が平衡状態で共存するようなある条件が存在する．それが**三重点**[7] で，このとき三つの共存曲線が一点で出会う．水の三重点は，その物質固有の不変な物理的性質の一つである．水の場合，三重点は 273.16 K（0.01 °C），611 Pa（0.0060 atm）で実現される．三重点では，互いの2相間で起こる正過程と逆過程の速さは等しい（しかし，組合わせの異なる3種類の過程の速さがすべて等しい必要はない）．

これまで述べてきたことにはすべて実用的な応用が関わっている．生化学的な分析を行うには，生物試料から水を取除く必要がよくある．それは，おそらく長期保存ができるように試料を乾燥するためである．タンパク質などの生体高分子の水溶液から水を取除くには，加熱によるか室温での蒸発によるかであるが，いずれにしてもふつうは変性してしまうから，その活性は失われる．室温での蒸発の方がましと思えるが，水が失われるにつれタンパク質は空気−水 の界面で濃縮される．この場合も変性が起こりやすい．水の相図は，この問題の解決法を与えてくれる．まず温度を下げて（ふつうは −70 °C 以下で）凍らせ，次に圧力を下げれば（ふつうは 0.001 atm 以下）やがて氷は昇華して蒸気に直接変わる．このような低温では変性は起こらない．この過程を**凍結乾燥**[8]（フリーズドライ）という．凍結乾燥は，インスタントコーヒーの製造など食品工場でも使われる．また，水浸しになった貴重な文書の復元にも使われている．

3B・3　表面張力

水を吹きかけると球形の水滴ができるのはなぜだろうか．その熱力学的な理由は**表面張力**[9] γ（ガンマ）という性質で説明できる．表面張力は，バルクの液体から分子を引き出して新たな表面をつくるのに必要な仕事の尺度である．たとえば，表面の面積を ΔA だけ変化させるには $w = \gamma \Delta A$ の仕事が必要である．したがって，表面張力の単位は $J\ m^{-2}$ である．あるいは，$1\ J = 1\ N\ m$ であるから

1）vapor　2）gas　3）melting temperature　4）freezing temperature　5）normal melting point　6）normal freezing point　7）triple point　8）freeze-drying．lyophilization ともいう．　9）surface tension

$\mathrm{N\,m^{-1}}$ の単位で表すこともある．"張力"とはいうものの，その次元は力でないことに注意しよう．

水の表面張力が大きいのは，バルク液体では各分子がほかの分子に均等に囲まれていて互いは水素結合で結ばれているのだが，表面の分子は表面とその下側にある分子とだけ水素結合で強く結ばれているからである．トピック2Cでは，温度一定および圧力一定の条件下での最大の非膨張仕事は，ギブズエネルギー変化に等しいと述べた．そこで，この場合は $\Delta G = \gamma \Delta A$ と書くことができるから，ΔA が負であれば ΔG も負（つまり自発過程）である．すなわち，自発変化は液滴の表面積が最小になる方向に向かう．球形というのは，同じ体積に対する表面の比が最小の幾何学的形状であるから，球形の液滴が（ほかの形状から）形成されるのは自発過程である．

表面張力の現れとして馴染みがあるのは**毛管現象**[1]である．それは，水が（ほかの液体でも）細い管の内部を上ろうとする傾向であるが，その管の内壁が親水性である場合に限る．その水の上面は，湾曲した"メニスカス[2]"（ギリシャ語の"三日月"に由来する）を形成している．毛管の中を水がどれだけ上昇するかは，この表面をつくる仕事に注目すれば求められる．

導出過程 3B・3　水の毛管上昇を表す式

水の表面張力を使って，毛管内を水が上昇する高さを求める式を導出するには，水の半径 r の半球面（メニスカスに似た表面）をつくる仕事を表す式を求める必要がある．

ステップ1：半球面を引き伸ばすのに必要な仕事を求める．

半径 r の全球面の表面積は $4\pi r^2$ である．半球面の半径を r から $r + \mathrm{d}r$ まで引き伸ばせば，その表面積は $2\pi r^2$ から $2\pi(r + \mathrm{d}r)^2 = 2\pi r^2 + 4\pi r\mathrm{d}r + 2\pi(\mathrm{d}r)^2 \approx 2\pi r^2 + 4\pi r\mathrm{d}r$ になるから，$4\pi r\mathrm{d}r$ だけ増加する．表面積をこれだけ増加させるのに必要な仕事は $4\pi\gamma r\mathrm{d}r$ である．これは，大きさ $4\pi\gamma r$ の力に対抗して，逆向きに距離 $\mathrm{d}r$ だけ表面を押し出すための仕事と解釈できる．

ステップ2：表面を介しての正味の圧力差によって生じる力を表す．

圧力は力を面積で割ったものであり，いまの場合の面積は $2\pi r^2$ であるから，表面を介しての圧力差は，

$$p_{\mathrm{in}} - p_{\mathrm{out}} = \frac{\overbrace{4\pi\gamma r}^{\text{力}}}{\underbrace{2\pi r^2}_{\text{面積}}} = \frac{2\gamma}{r}$$

で表される．圧力の小さい側は，表面が凸形をした曲面の外側であり（p_{out}），いまの場合は界面の液体側である．この式を"ラプラスの式"という．

ステップ3：毛管の外の平らな表面を基準として，毛管内外の圧力均衡を考える．

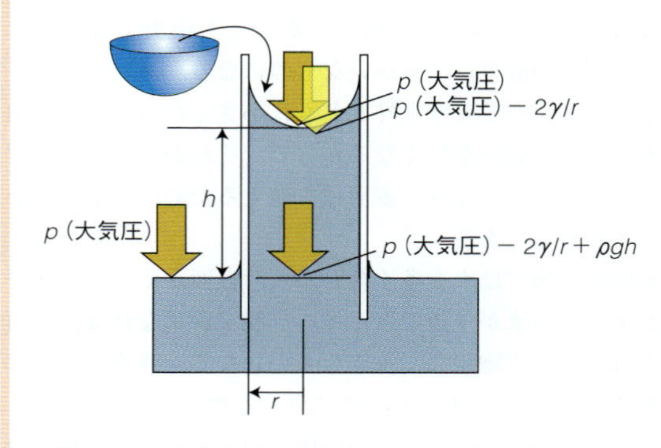

図 3B・6　毛管作用の計算に必要な寸法と圧力．平らな液体表面の位置と同じ高さでの圧力は，圧力平衡により等しくなければならない．

図3B・6をよく見ながら考えよう．図にはいろいろな箇所に記号と寸法が記してある．平らな表面にかかる圧力は p（大気圧）である．毛管内の曲がった表面の上側からかかる圧力は $p_{\mathrm{in}} = p$（大気圧）である．一方，この曲面のすぐ液体側の圧力は p_{out} である．ところが，この圧力は毛管の外で働く圧力より小さいから，毛管内の水は持ち上げられて，その水柱が及ぼす"静水圧"とで均衡がとれたところで止まる．このときの水柱の高さを h，水の質量密度を ρ とすれば，その静水圧は ρgh に等しい．この圧力と均衡すべき圧力は $2\gamma/r$ であるから，$\rho gh = 2\gamma/r$ とできる．こうして次式が導かれる．

$$h = \frac{2\gamma}{\rho g r} \qquad \text{毛管上昇} \qquad (3)$$

この式は何を語っているのだろうか．まず，注目する液体の表面張力が大きいほど，その液体は毛管内を高くまで上る．一方，液体の質量密度が大きければ，その液柱による静水圧と均衡させるための毛管上昇はさほど高くない．これ以外には，毛管の半径が小さいほど液柱は高いといえる．最後に，この式を使えば，任意の温度での水の（ほかの液体でも）表面張力を簡単に測定できる．注目する温度での質量密度を求めておき，内径が既知の毛管内を液体が上った高さを測定すればよい．

1) capillarity．capillary はラテン語の"毛"に由来している．　2) meniscus

この計算には二つの仮定が設定されている．一つは，水が毛管の内表面を完全にぬらす（覆う）ことである†．もし表面が疎水性で，たとえば，内表面に薄い油膜があれば上の議論は逆になってしまう．すなわち，液柱の上端のメニスカスが凸形になり，毛管降下が起こるのである（それは，ガラス管内の水銀で起こる）．第二に，毛管は十分細くて，メニスカスが半球形によく似ている必要がある．太い管になれば，接触面で水面が曲がっても中央では平らになって，その計算はやっかいなものになる．

水の表面張力は温度上昇とともに小さくなる．その理由は水の分子運動が激しくなるからで，それが分子間の水素結合を壊すことになり，表面積を変えるための仕事が少なくてすむからである．

細胞や生物では水を多く含むから，表面が多くて細い構造があるため水が浸透できるという状況が重なれば，表面張力は多くの生物現象で重要なものになる．液滴や泡による病原体の拡散，呼吸を円滑にさせる界面活性剤の役割，アメンボの動き，これら三つの例はいずれも水の凝集力や粘着性によって強く影響を受けた過程であり，界面ではそれらの力の均衡が成り立っているのである．よく知られた例として，植物の根から木部導管を通して枝の末端までの水の流れがある．

簡単な例示 3B・4

代表的な木部導管の内半径は 20 μm である．水の 293 K での質量密度を 998 kg m^{-3}，表面張力を 0.0728 J m^{-2}，自然落下の加速度を 9.81 m s^{-2} として，(3) 式を使って，毛管作用で木部導管を水が上昇する高さを計算すれば，

$$h = \frac{2\gamma}{\rho g r} = \frac{2 \times (0.0728\ \mathrm{J\ m^{-2}})}{(998\ \mathrm{kg\ m^{-3}}) \times (9.81\ \mathrm{m\ s^{-2}}) \times (20 \times 10^{-6}\ \mathrm{m})} = 0.74\ \mathrm{m}$$

となる．このように，毛管作用によって水は植物の木質部を約 0.74 m 上昇する．

この計算によれば，毛管作用によって水が押し上げられるのは背の低い植物だけとなる．しかし，ある種の木は高さ 100 m にも及ぶから，これでは確かに説明がつかない．毛管作用でこれだけの高さに到達するには，実際に観測されているよりずっと細い導管が必要であろう．実際，植物細胞を囲む細胞壁にはずっと細い構造があり，毛管作用によってこれほど高い植物の頂上まで水を押し上げることはできる．しかし，この経路を通しての水の正味の流れでは，観測されている蒸散速度を維持するには不十分である．このパラドックスを解決するには，水分子と木部導管の細胞壁の間の粘着力やぬれ効果，かなりの抗張力（銅やアルミニウムの約 10 パーセントにも及ぶ）を水柱に与える水分子間の凝集相互作用などを考える必要がある．これらの相互作用が有効に働くことによって，木部導管内の水柱が重力効果を克服できているのである．こうして水分子が木部導管の頂上までたどり着き大気に放出されれば，結果として，水は植物の中を上向きに流れるのである．この流れは，木部導管の頂上にある水と大気中の水のモルギブズエネルギーの差によって駆動されている．もし，水柱の途中で気泡が発生すれば，この水柱は壊れてしまうだろうから，もはや導管を通して水は流れないことに注意しよう．

重要事項のチェックリスト

- □ 1．**相**は物質の一形態であり，組成と物理的性質が一様なものをいう．
- □ 2．物質の**相図**は，熱力学的に最も安定な相が存在する温度と圧力の条件を示した地図である．
- □ 3．**相共存曲線**（**相境界**ともいう）は，相図上の領域と領域の境界であり，隣り合う 2 相が平衡状態で共存するような p と T の値を示している．
- □ 4．ある凝縮相の**蒸気圧**とは，その凝縮相と平衡にある蒸気の圧力である．
- □ 5．**沸騰温度**は，液体の蒸気圧が外圧と等しくなる温度である．
- □ 6．**臨界温度**とは，それ以上では液相が形成されない温度である．
- □ 7．**蒸気**とは，同じ物質の臨界温度以下の気相である．**気体**とは，臨界温度以上の気相である．

† 訳注：水の接触角が 0 という理想的な場合である．

重要な式の一覧

式の内容	式	備　考	式番号
クラペイロンの式	$\mathrm{d}p/\mathrm{d}T = \Delta_{\mathrm{trs}}H/T\Delta_{\mathrm{trs}}V$		1
クラウジウス-クラペイロンの式	$\mathrm{d}\ln p/\mathrm{d}T = \Delta_{\mathrm{vap}}H/RT^2$	蒸気は完全気体とする	2
毛管上昇	$h = 2\gamma/\rho g r$	半球形のメニスカス	3

トピック 3C

水溶液の熱力学的な表し方

➤ 学ぶべき重要性

生物細胞の内側はほぼ水溶液で満たされており，そこで繰り広げられる諸過程を解析するには熱力学的な考え方が必要になる．ここで導入する化学ポテンシャルは，膜輸送過程のみならず平衡全般について理解を深める鍵となる．

➤ 習得すべき事項

平衡でさえあれば，注目する物質の化学ポテンシャルは，それがどの相に存在しようと同じ値をとる．

➤ 必要な予備知識

ギブズエネルギーの概念とそれが過程の自発性をどのように表しているかについて，よく理解している必要がある（トピック 2C）．濃度の表し方はいろいろあるから，その関係について［必須のツール 6］にまとめてある．

細胞内外への物質輸送や細胞内のいろいろな区画のあいだの物質輸送は，細胞の機能を支えている重要な過程である．その輸送過程には，エネルギーの観点で好都合なもの，つまり望みの方向に過程を進行させるのにエネルギーの入力を必要としない過程がある一方で，それ自身はエネルギー的に不利で，エネルギーを供給するほかの過程と連動する必要のある過程もある．目的とする過程のエネルギー必要量を評価するには，溶液中にある各成分の熱力学的安定性を評価するための何らかの枠組みが必要である．第一段階として本トピックでは**均一混合物**[1]，つまり全体にわたって組成が均一な溶液を考える．その中に少量しか含まれない成分を**溶質**[2]といい，多量の成分を**溶媒**[3]という．本トピックでは水溶液を念頭におくが，それは生化学で重要だからであって，もっと一般の系を対象とするときも変更はほとんどせずにそのまま適用できる．ある特別な場合を除いて，ここからは**非電解質溶液**[4]を考える．つまり，溶質がイオンとして存在しない溶液である．たとえば，水に溶けたグルコースの溶液などである．溶質がイオンから成る**電解質溶液**[5]の特殊な問題についてはテーマ 5 で扱うことにしよう．

3C・1 化学ポテンシャル

圧力一定および温度一定の条件下では，自発変化はギブズエネルギーの低い方向に向かうことはわかっている．したがって，溶液が関与する生化学反応や物理変化が自発的かどうかを見きわめるには，溶液中の各物質について全ギブズエネルギーに対する寄与を求める方法を知っておく必要がある．ある物質 J の**部分モルギブズエネルギー**[6] $G_{J,m}$ は，溶液の全ギブズエネルギーに対する成分物質 J の（モル当たりの）寄与であり，いまは水と溶質からの寄与である．したがって，水（W で表す）と溶質 S の溶液中での部分モルギブズエネルギーがわかれば，水溶液の全ギブズエネルギー G は次式を使って計算できる．

$$G = n_W G_{W,m} + n_S G_{S,m} \qquad (1a)$$

n_W と n_S はそれぞれ，水分子と溶質分子の物質量（単位 mol）である．

部分モルギブズエネルギーの具体的な数値は，溶液の濃度に依存している．ここで，ギブズエネルギーがエネルギーとエントロピーの両方の効果を取込んだ熱力学量であることを思い出そう．すなわち，それぞれのタイプの溶質分子を取囲む水分子の環境や構造は溶液濃度によって変化するから，それによってギブズエネルギーの値も変化する．たとえば，スクロースの水溶液を考えよう．水は純粋であれば（水分子はすべて水分子で囲まれているから）ある特定の部分モルギブズエネルギーをもつ．しかし溶質が存在すれば，これとは違う部分モルギブズエネルギーの値をとることになる．それは，水分子の一部が溶質分子に近づくから，その局所的な構造も純粋な水の場合と異なるからである．

化学では部分モルギブズエネルギーがきわめて重要なの

1）homogeneous mixture　2）solute　3）solvent　4）non-electrolyte solution　5）electrolyte solution
6）partial molar Gibbs energy

で，これに特別な名前と記号を与えている．それを**化学ポテンシャル**[1]といい μ（ミュー）という記号で表す．そこで，(1a) 式はつぎのように書ける．

$$G = n_W \mu_W + n_S \mu_S \qquad (1b)$$

μ_W は溶液中での水の化学ポテンシャル，μ_S は溶質の化学ポテンシャルである．この式は，部分モルギブズエネルギーを化学ポテンシャルという名前と記号で書き換えただけの式であるから，どちらの化学ポテンシャルも濃度によって変化することに注意しよう．さて，理解が進むにつれ，"化学ポテンシャル" という名称がきわめて適切なものであることがわかるはずである．それは，μ_J が，物質 J（どんな種類の分子やイオンでもよい）の物理変化や化学変化をひき起こす能力を示す目安になるからである．すな

必須のツール 6　濃度の表し方

ここでは，溶媒を W（水を念頭に），溶質を S としよう．溶質分子の物質量（単位 mol）を溶液の体積 V で割ったのが**モル濃度**[2]であり，これを c_S または [S] で表す．

$$\text{モル濃度:}\ c_S = \frac{n_S}{V} \quad \text{または} \quad [\mathrm{S}] = \frac{n_S}{V}$$

モル濃度の単位は mol dm^{-3} または mol L^{-1} である†．その "標準" 値として $c^{\ominus} = 1$ mol dm^{-3} を定義しておくと便利である．

溶質の**質量モル濃度**[3] b_S は，溶液中に存在する溶質の化学種の物質量（単位 mol）を溶媒の質量（単位 kg）で割ったものである．

$$\text{質量モル濃度:}\ b_S = \frac{n_S}{m_W}$$

質量モル濃度もモル分率も温度によらないが，モル濃度は温度によって変わる．質量モル濃度の "標準" 値として，$b^{\ominus} = 1$ mol kg^{-1} を定義しておくと便利である．

1．質量モル濃度とモル分率の関係

溶質が 1 種類の溶液で，溶媒と溶質の合計の物質量が n の場合を考えよう．溶質のモル分率が x_S であれば，溶質分子の物質量は $n_S = x_S n$ である．溶媒分子のモル分率は $x_W = 1 - x_S$ で表される．このときの溶媒の物質量は $n_W = x_W n = (1 - x_S)n$ である．モル質量 M_W の溶媒分子が溶液中に存在する質量は $m_W = n_W M_W = (1 - x_S) n M_W$ で表される．したがって，溶質の質量モル濃度は，

$$b_S = \frac{n_S}{m_W} = \frac{x_S n}{(1-x_S) n M_W} = \frac{x_S}{(1-x_S) M_W}$$

である．この式を変形して，モル分率を質量モル濃度で表せば次式が得られる．

$$x_S = \frac{b_S M_W}{1 + b_S M_W}$$

2．質量モル濃度とモル濃度の関係

質量密度 ρ，体積 V の溶液（溶媒ではない）の質量は $m = \rho V$ である．この体積中に含まれる溶質分子の物質量は $n_S = c_S V$ で表されるから，溶質の質量は $m_S = n_S M_S = c_S V M_S$ である．そこで，溶媒の質量は $m_W = m - m_S = \rho V - c_S V M_S = (\rho - c_S M_S) V$ となる．したがって，質量モル濃度は，

$$b_S = \frac{n_S}{m_W} = \frac{c_S V}{(\rho - c_S M_S) V} = \frac{c_S}{\rho - c_S M_S}$$

で表される．この式を変形して，モル濃度を質量モル濃度で表せば次式が得られる．

$$c_S = \frac{b_S \rho}{1 + b_S M_S}$$

3．モル濃度とモル分率の関係

上の式に x_S で表した b_S の式を代入して，S のモル分率でモル濃度 c_S を表せば，

$$c_S = \frac{x_S \rho}{x_W M_W + x_S M_S}$$

となる．ただし，$x_W = 1 - x_S$ である．希薄溶液とみなせる条件 $x_S M_S \ll x_W M_W$ であれば，

$$c_S \approx \left(\frac{\rho}{x_W M_W}\right) x_S$$

とできる．さらに，$x_S \ll 1$ であれば $x_W \approx 1$ とできるから，つぎのように表せる．

$$c_S \approx \left(\frac{\rho}{M_W}\right) x_S$$

† 訳注：モル濃度は，物質量濃度（amount concentration，単位 mol m^{-3}）というのが正しいが，あまり普及していない．本書ではモル濃度の単位として mol dm^{-3}（または mol L^{-1}）を用いる．同じ単位を M（モーラー）で表すことがある．また，モル濃度を molarity ということもあるが，molality（質量モル濃度）と混同されることがあるから注意が必要である．

1) chemical potential　2) molar concentration　3) molality

わち，化学ポテンシャルの高い物質ほど反応をひき起こしたり，物理過程を促進したりする高い能力をもっているのである（詳しい内容については別のトピックで述べる）．

トピック3Aでは，純物質で複数の相が平衡状態で共存しているとき，すべての相にわたってそのモルギブズエネルギーは等しいと述べた．同様のことは溶液にも当てはまるが，この場合は化学ポテンシャルを使って表す．たとえば，ある水溶液がその蒸気と接していれば，水分子は溶液中にも蒸気中にも存在している．ここで，溶液中の水の化学ポテンシャルを$\mu_W(aq)$とし，蒸気中の水の化学ポテンシャルを$\mu_W(g)$としよう．そこで，Wが無限小の物質量dn_Wだけ溶液から蒸気に移ったと想像しよう．その結果，溶液のギブズエネルギーは$\mu_W(aq)\,dn_W$だけ減少し，蒸気のギブズエネルギーは$\mu_W(g)\,dn_W$だけ増加することになる．したがって，ギブズエネルギーの正味の変化は，

$$\begin{aligned} dG &= \mu_W(g)\,dn_W - \mu_W(aq)\,dn_W \\ &= \{\mu_W(g) - \mu_W(aq)\}\,dn_W \end{aligned}$$

である．平衡であれば，どちら向きにも正味の移動が起こる傾向がない（ただし，平衡は動的なものであり，分子はどちら向きにも頻繁に移動している）．そこで，$dG = 0$である．つまり，平衡であるためには$\mu_W(g) = \mu_W(aq)$である必要がある．同じことは系に存在するどの成分物質についてもいえるから，生物細胞のように溶液中に複数の溶質が存在する場合でも，各成分について成り立つのである．したがって，

> 系全体にわたって平衡であれば，存在している成分物質それぞれについて，その化学ポテンシャルはすべての相にわたり同じ値をとる．

各成分の化学ポテンシャルは何らかの推進力とみなすことができ，存在するどの相でもその推進力が等しいという状況がすべての成分物質について成立したときにのみ，系が平衡に到達したといえる．逆に，この推進力に不均衡が生じれば，そこには正味の変化を起こす能力が生まれる．

3C・2 理想溶液と理想希薄溶液

すでに述べたように，物質の化学ポテンシャルはその溶液中の濃度に依存している．そこで，生化学過程の熱力学を先に進めるためには，溶液濃度の変化に応じた物質の化学ポテンシャルの変化を表す詳しい式が必要である．そのための準備として，まず，注目する溶液と平衡にある蒸気の成分の化学ポテンシャルを考えよう．それは，生物学でとりわけ蒸気に関心があるのではなく，これで得られる式を用いれば，溶液の各成分の化学ポテンシャルを表す式が導けるからである．すなわち，各成分の化学ポテンシャルは蒸気中と溶液中で同じであるから，溶液中の成分の化学ポテンシャルは蒸気中の値を正確に映し出しているのである．

(a) 蒸気成分の化学ポテンシャル

トピック3Aの(4)式〔$G_m(p_f) = G_m(p_i) + RT\ln(p_f/p_i)$〕から始めよう．これは，完全気体のモルギブズエネルギーが圧力にどう依存するかを表した式である．ここでは蒸気を完全気体として扱うが，ふつうの条件ではよい近似である．この式でまず，$p_f = p$（pは注目する圧力）および$p_i = p^\ominus$（$p^\ominus$は標準圧力1 bar）とおく．また，$p^\ominus$におけるモルギブズエネルギーは標準値$G_m^\ominus$であるから，

$$G_m(p) = \overbrace{G_m^\ominus}^{p=p^\ominus\text{での}G_m} + RT\ln(p/p^\ominus) \tag{2a}$$

と書ける．次に，蒸気を完全気体の混合物と考えれば，pを混合物中の成分気体Jの分圧p_J（全圧力に対する注目する成分の寄与）と解釈し（トピック1Aの［必須のツール3］を見よ），$G_m(J)$をJの部分モルギブズエネルギー（つまり，化学ポテンシャル）とすることができる．したがって，完全気体の混合物では，分圧p_Jで存在する各成分Jについて次式が成り立つ．

$$\mu_J(g) = \mu_J^\ominus(g) + RT\ln(p_J/p^\ominus) \tag{2b}$$

この式で，$\mu_J^\ominus$は成分気体Jの**標準化学ポテンシャル**[1]であり，それは標準モルギブズエネルギー，すなわち純粋な蒸気の1 bar（温度は任意）における$G_m(J)$の値に等しい．ここで，$p_J/p^\ominus$を単にp_Jと書いて（すなわち，圧力が0.20 barであれば単に$p_J = 0.20$として）式に表すことにすれば，(2b)式はもっと簡単に，

$$\mu_J(g) = \mu_J^\ominus(g) + RT\ln p_J \tag{2c}$$

と表せる．図3C・1は，この式を用いて計算した完全気体

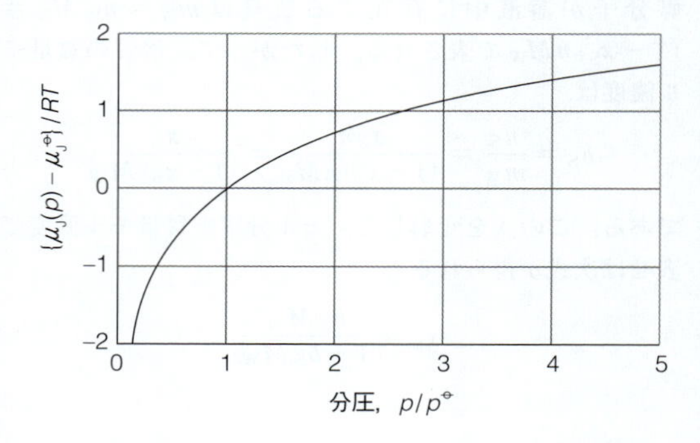

図3C・1 完全気体の化学ポテンシャルの分圧による変化．化学ポテンシャルは圧力上昇とともに増加していることに注意しよう．

1) standard chemical potential

混合物の一成分についての化学ポテンシャルの圧力依存性の予測値である．分圧が0に近づけば化学ポテンシャルは負の無限大に近づくが，1 bar では（ln 1 = 0 であるから）標準値をとり，もっと分圧が高くなれば対数的に（$\ln p_J$ に比例して）ゆっくり増加する様子がわかる．

（2c）式によれば，

> 蒸気の分圧が大きいほど，その化学ポテンシャルも大きい．

このことは，化学ポテンシャルが，化学的に活性であるという物質の能力を示す目安であるという解釈とも合う．すなわち，分圧が大きいほどその化学種の化学的な活性は高いのである．この場合の化学ポテンシャルは，標準状態における物質の反応のしやすさ（$\mu^{\ominus}$ の項）と，圧力が 1 bar からどれだけ違っているかで決まる活性の差の部分との和という形で表されている．分圧が高いほど物質の化学的な“推進力”は高まる．それはちょうど，ぜんまいを巻けば物理的な推進力（つまり，より多くの仕事をする能力）が増加するのと同じである．

（b）水溶液中の水の化学ポテンシャル

さて，これまで述べてきたことを生化学的に興味のある溶液に適用することにしよう．（2）式を溶液に適用するのに鍵になった仕事は，フランスの化学者，ラウール[1]によるものである．彼は生涯の大半を溶液の蒸気圧測定に費やし，いまでは**ラウールの法則**[2]という法則を確立した．彼は，水溶液と平衡にある水の蒸気圧が，

$$p_W = x_W p_W^* \quad \text{ラウールの法則} \quad (3)$$

で表されることを見いだした．x_W は溶液中の水のモル分率，p_W^* は純粋な水の蒸気圧である（図3C･2）．ほかの溶媒についても同じ式が成り立つ．

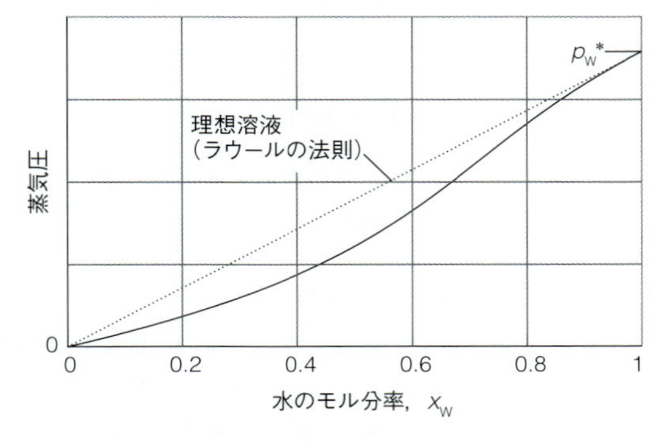

図3C･2　水がほとんど純粋な場合はラウールの法則が成り立ち，水のモル分率に比例した蒸気圧を示す．このときの勾配 p_W^* は純粋な水の蒸気圧である．

簡単な例示 3C･1

ある水溶液中の水のモル分率が0.90のとき，ラウールの法則に従えば，溶液と平衡にある水の蒸気分圧は純粋な水の蒸気圧の90パーセントである．この結果は，溶質が何であってもほぼ正しい．

広い濃度域にわたってラウールの法則に従う仮想的な溶液を**理想溶液**[3]という．どんな溶液も厳密には理想的でなく，実在溶液にはラウールの法則からのずれが見られる．しかし，そのずれは溶質濃度が低くなるほどずっと小さくなる（図3C･3）．そこで，溶液がきわめて希薄なときには，水については（ほかの溶媒でも）ラウールの法則が成り立つことが多い．もっと正式にいえば，ラウールの法則は極限則[4]の一つ（完全気体の法則と同様）で，溶質濃度が0の極限でのみ厳密に成立する．

ラウールの法則の理論的な重要性は，それによって蒸気圧と組成が関係づけられているところにある．（2）式によって，化学ポテンシャルは圧力と密接な関係があるから，ラウールの法則を使えば，注目する成分の化学ポテンシャルと溶液中でのその成分の濃度の関係が導けるのである．

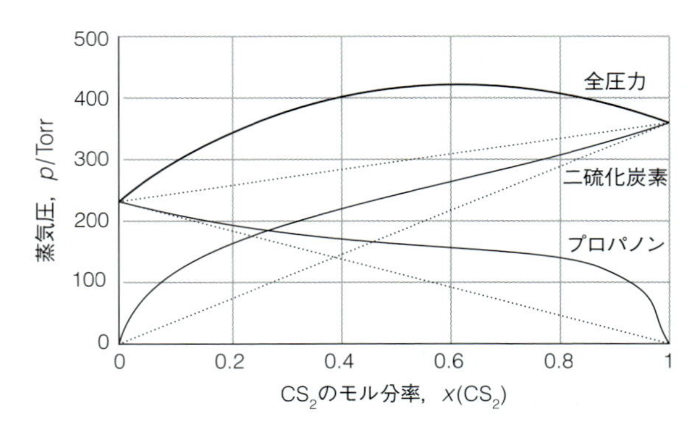

図3C･3　類似性のない物質では，理想溶液から大きく外れた挙動（実線の曲線）が見られる．図には二硫化炭素とプロパノン（アセトン）の場合を示してある．しかしながら，二硫化炭素がごく微量溶けている場合（左端）のプロパノンの蒸気分圧や，逆にプロパノンがごく微量溶けている場合の二硫化炭素の蒸気分圧（右端）はラウールの法則によく従うことがわかる．

導出過程 3C･1　水溶液中の水の化学ポテンシャルを表す式

水溶液中の水がその蒸気分圧 p_W で蒸気と平衡にあるとき，この2相にある水の化学ポテンシャルは等しい．つまり，$\mu_W(\mathrm{aq}) = \mu_W(\mathrm{g})$ と書ける（図3C･4）．蒸気の

1）François Raoult（1830-1901）　2）Raoult's law　3）ideal solution　4）limiting law

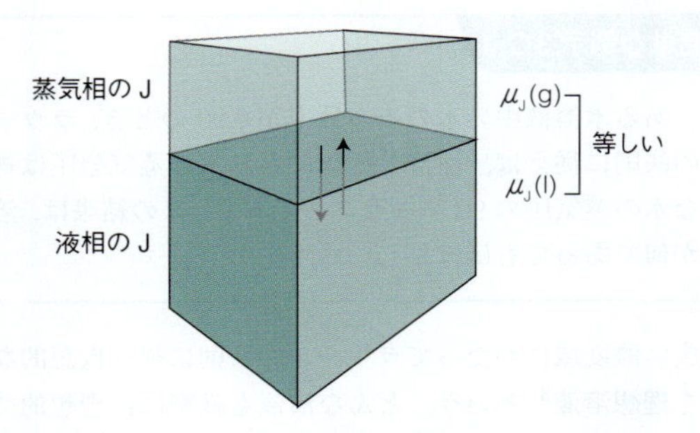

図 3C・4　液相と蒸気相のように相が違っていても互いに平衡であれば，それぞれに含まれる同じ物質（たとえば水ならJ＝Wとして）の化学ポテンシャルは等しい．

化学ポテンシャルは（2c）式で与えられるから，平衡状態では，

$$\mu_W(aq) = \mu_W^{\ominus}(g) + RT \ln p_W$$

である．ラウールの法則によれば $p_W = x_W p_W^*$ であるから，つぎのように書ける．

$$\mu_W(aq) = \mu_W^{\ominus}(g) + RT \ln x_W p_W^*$$
$$= \mu_W^{\ominus}(g) + RT \ln p_W^* + RT \ln x_W$$

$\ln xy = \ln x + \ln y$

最右辺のはじめの2項，$\mu_W^{\ominus}(g)$ と $RT \ln p_W^*$ は混合物の組成に無関係であるから，これをまとめて定数 $\mu_W^*(l)$ と書けば次式が得られる．

$$\mu_W(aq) = \mu_W^*(l) + RT \ln x_W$$

理想溶液の場合の水の化学ポテンシャル　(4a)

$\mu_W^*(l)$ というのは，純粋な液体の水の化学ポテンシャルである†．(4a) 式は，水溶液の組成が純粋な水に近いほど（溶質の濃度が0に近づくほど）正確に成り立つ．

ノート　星印（*）は純物質を表しているが，標準状態である必要はない．圧力が1 barのときに限り，$\mu_W^*(l)$ は水の標準化学ポテンシャルになる．そのときは $\mu_W^{\ominus}(l)$ と書く．

図3C・5には，(4a) 式で予測される水の化学ポテンシャルの組成依存性を示してある．ここで，$x_W = 1$ では（水しか存在しないので）化学ポテンシャルは純粋な水の値に等しいことに注意しよう．(4a) 式で大事なのは，$x_W < 1$ であるから $\ln x_W < 0$ であって，$\mu_W(aq) < \mu_W^*(l)$ となることである．すなわち，

水の化学ポテンシャルは，溶質の存在によって低下している．

水溶液が理想溶液にごく近ければ，溶質が存在するときの水は，純粋な水よりも化学的な“推進力”が低い（たとえば，蒸気圧を発生させる能力が低い）．その“推進力”は，溶質の濃度が0に近づくにつれ対数的に（正確には，水のモル分率の対数に比例して）増加している．

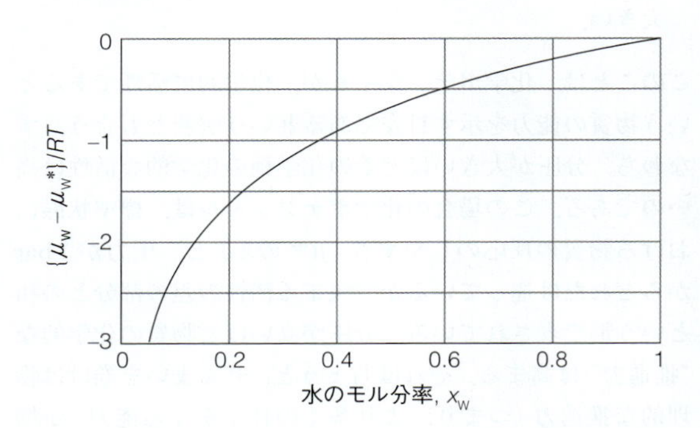

図 3C・5　水溶液中の水の化学ポテンシャルの組成依存性．水の化学ポテンシャルは，溶液中では純粋な水より（理想的な系であれば）常に低いことに注意しよう．このような振舞いは，溶媒が純粋に近い（つまり，ラウールの法則に従う）希薄溶液で見られる．

高い構造物（たとえば木）では，水の化学ポテンシャルは地表からの高さによって決まる．トピック2Cで述べたように，ギブズエネルギー変化は系ができる非膨張仕事に等しい．また，地上の高さ h にある質量 m の分子がもつポテンシャルエネルギーは mgh である．ここで，g は自然落下の加速度である．したがって，この分子が地表まで落下するときには，これだけの仕事をするということである．分子1 mol当たりの仕事，つまりモルギブズエネルギーへの寄与は $M_W gh$ である．ここで，M_W は水のモル質量である．したがって，高い構造物にある水の熱力学的性質を議論するには，この余分の項を含めて考える必要がある．その場合は，(4a) 式の代わりに，

$$\mu_W(aq,h) = \mu_W^*(l) + RT \ln x_W + M_W gh \qquad (4b)$$

と書く．木で起こっている水の蒸散を考えるときには，この式を用いる（トピック3D）．

(c) 溶質の化学ポテンシャル

きわめて希薄な溶液の場合，ラウールの法則は溶媒の蒸気圧をうまく表す．一方，溶質の蒸気圧については一般によく合わないと予想される．具体的にいえば，注目する溶質（スクロースなど）の多くは非揮発性であり，その蒸気

† これを確かめておこう．$x_W = 1$ であれば $\ln x_W = \ln 1 = 0$ であるから，$\mu_W(aq) = \mu_W^*$ である．ただし，ここで“水溶液(aq)”といっているのは純粋な液体の水のことであるから，$\mu_W(aq)$ は $\mu_W^*(l)$ と同じである．したがって，$\mu_W(l) = \mu_W^*(l)$ である．

圧は無視できるほど小さいから，濃度の低い溶液における溶質の状況は“純粋”からほど遠いのである．

この問題に対処するための出発点は，実験で得られたもう一つの法則である．ヘンリー[1]は，いろいろな溶媒に溶けた気体の濃度が圧力によってどう変化するかを測定した．**ヘンリーの法則**[2]によれば，溶媒（たとえば水）に溶けた気体（たとえば酸素）のモル濃度［S］は，その分圧 p_S に比例している．すなわち，

$$[S] = K_H p_S \qquad \text{ヘンリーの法則} \qquad (5)$$

が成り立つ．K_H を**ヘンリーの法則の定数**[3]といい，その値は溶質や溶媒，温度で決まる（表3C･1）．それは，(5) 式で予測される直線の勾配が，実測の曲線の［S］= 0 での勾配と等しくなるように選んだものである（図3C･6）．ヘンリーの法則は溶質濃度が低いところでしか，ふつうは成り立たない．ヘンリーの法則に従う希薄な溶液のことを**理想希薄溶液**[4]という．ヘンリーの法則を使えば，溶存気体のモル濃度を簡単に計算することができる．気体の分圧（単位 kPa）に定数を掛けるだけである．たとえば，(5) 式を使えば天然水に溶けている O_2 の濃度や，血しょうに溶けている二酸化炭素の濃度を求めることができる．

表3C･1　水に溶けた気体の 25 °C における ヘンリーの法則の定数

	$K_H/(\text{mol m}^{-3}\,\text{kPa}^{-1})$
二酸化炭素，CO_2	3.39×10^{-1}
水素，H_2	7.78×10^{-3}
メタン，CH_4	1.48×10^{-2}
窒素，N_2	6.48×10^{-3}
酸素，O_2	1.30×10^{-2}

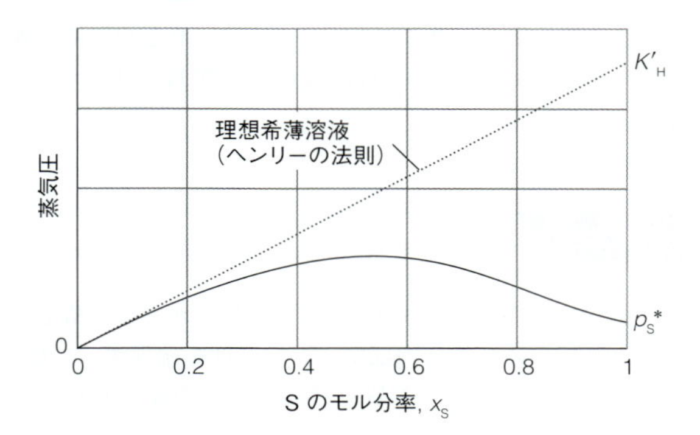

図3C･6　理想希薄溶液では，溶質 S の蒸気圧はそのモル分率に比例する．その比例定数は実験で求めた定数 K'_H に等しい．$p_S = K'_H x_S$ である．

簡単な例示 3C･2

魚類は進化によって，一般的なモル濃度の O_2 を含む水の中で生き残れるようになった．大気の酸素分圧を 21 kPa（158 Torr）とし，20 °C の水への酸素のヘンリーの法則の定数（表3C･1）を $1.30 \times 10^{-2}\,\text{mol m}^{-3}\,\text{kPa}^{-1}$ として，この温度の水に溶けている酸素のモル濃度を計算すれば，

$$[O_2] = (1.30 \times 10^{-2}\,\text{mol m}^{-3}\,\text{kPa}^{-1}) \times (21\,\text{kPa}) = 0.27\,\text{mol m}^{-3}$$

となる．このモル濃度は，$0.27\,\text{mmol dm}^{-3}$（$0.27\,\text{mmol L}^{-1}$）に相当する．

(5) 式で表したヘンリーの法則を変形すれば，$p_S = [S]/K_H$ となる．さて，ここからが一段と重要なところである．これと同じ式が，溶質が非揮発性といえるほど蒸気圧の低いもの（スクロースなど）でも適用できたとしよう．そう仮定すれば固体，液体，気体を問わずどんな溶質の化学ポテンシャルも (2) 式を使って表せることになる．

導出過程 3C･2　**溶質の化学ポテンシャルを表す式**

溶液中の溶質はその蒸気と平衡にある．それは，蒸気圧が 0 に近くてもいえる．すなわち，溶質の化学ポテンシャルは溶液中と蒸気中とで等しい．つまり，$\mu_S(\text{aq}) = \mu_S(\text{g})$ である．これと (2b) 式から，

$$\mu_S(\text{aq}) = \mu_S^{\ominus}(\text{g}) + RT\ln(p_S/p^{\ominus})$$

が得られる．ここでは，$\mu(\text{g})$ を表す式を細部まで書いておいた．それは，ここから単位について細かく気を使う必要があるからで，最初だけでもきちんと書くことにしよう．ところで，ヘンリーの法則によれば $p_S = [S]/K_H$ である．ここで，最終的な式にはモル濃度の対数が関わると予想できるし，単位のある量の対数をとることはできないことは周知であるから，そのために**標準モル濃度**[5] $c^{\ominus} = 1\,\text{mol dm}^{-3}$ を導入しておく．そうすれば，$p_S = [S]/K_H$ であるから，

$$p_S = \frac{[S]}{K_H} = \frac{c^{\ominus}([S]/c^{\ominus})}{K_H}$$

と書ける．ここで，$[S]/c^{\ominus}$ は数値でしかないから，

$$\mu_S(\text{aq}) = \mu_S^{\ominus}(\text{g}) + RT\ln\left(\frac{c^{\ominus}([S]/c^{\ominus})}{p^{\ominus}K_H}\right)$$

$$= \overbrace{\mu_S^{\ominus}(\text{g}) + RT\ln(c^{\ominus}/p^{\ominus}K_H)}^{\mu_S^*} + RT\ln([S]/c^{\ominus})$$

1) William Henry (1775-1836)　2) Henry's law　3) Henry's law constant　4) ideal-dilute solution
5) standard molar concentration

と整理できる．最右辺の最初の2項は混合物の組成に依存しないから，まとめて$\mu_S{}^*$とおけば次式が得られる．

$$\mu_S(aq) = \mu_S{}^* + RT\ln([S]/c^{\ominus})$$

溶質の化学ポテンシャル　(6a)

この式は，非常に希薄な溶液について，ヘンリーの法則が成り立つときに使える式である(図3C･7)．これが正式な表し方であるが，全部書くのは非常に煩わしいから，ここからは$[S]/c^{\ominus}$のことを単に$[S]$と書くことにする．したがって，$[S]$と書けば，モル濃度から単位を除いた数値だけと解釈することにしよう(同じ扱いは，本トピックのはじめに圧力について行った)．たとえば，$[S] = 0.1\ \mathrm{mol\ dm^{-3}}$であれば，きちんと書けば$[S]/c^{\ominus} = 0.1$であるが，ここからは単に$[S] = 0.1$と書くことにする．そうすれば(6a)式は簡単な形でつぎのように表せる．

$$\mu_S(aq) = \mu_S{}^* + RT\ln[S]$$

(6a)式の簡略形　(6b)

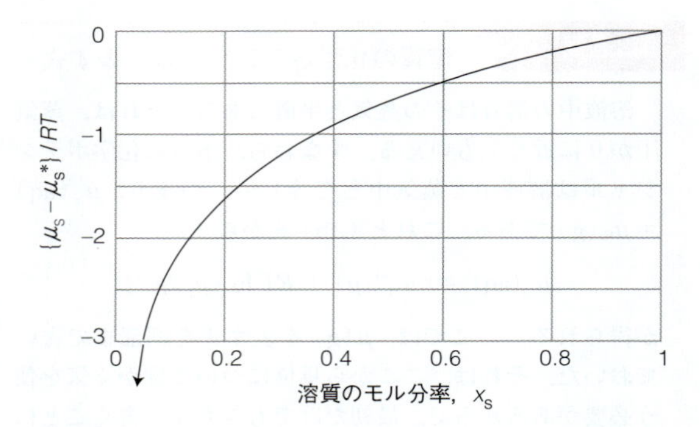

図3C･7　溶液の組成を溶質のモル分率で表したときの，溶質の化学ポテンシャル$\mu_S(aq)$の組成依存性．この図の$\mu_S{}^*$は，(6a)式の$\mu_S{}^*$とは異なる．このような振舞いは，水がほとんど純粋で溶質がヘンリーの法則に従うような希薄な水溶液で見られる．

図3C･8は，溶質の化学ポテンシャル$\mu_S(aq)$のモル濃度変化を表している．そのモル濃度が$c^{\ominus} = 1\ \mathrm{mol\ dm^{-3}}$のときの$\mu_S{}^*$を$\mu_S{}^{\ominus}$としている．

もし溶質が電荷を帯びていたら，そのまわりの**電位**[1]によって化学ポテンシャルは影響を受ける．電位が0でない状況は，細胞膜と結合した細胞内区画でよく見られる．重力の寄与を取入れて(4b)式を導いたときと同様の考察をすれば，ポテンシャルエネルギーは$ze\phi$で表される．ここ

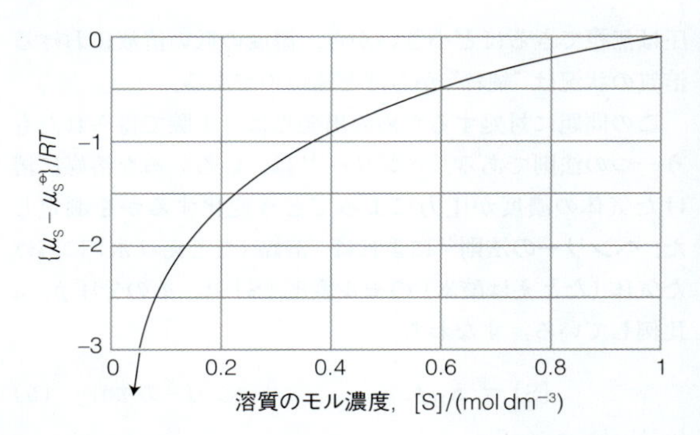

図3C･8　ヘンリーの法則に従う溶液で，組成を溶質のモル濃度で表したときの，溶質の化学ポテンシャル$\mu_S(aq)$の組成依存性．その化学ポテンシャルは$[S] = 1\ \mathrm{mol\ dm^{-3}}$のとき標準値をとる．

で，zは電荷数(正も負もある)，zeはイオンの電荷，ϕはその領域の電位である．アボガドロ定数N_Aを用いてモル当たりの寄与を表せば$zeN_A\phi$である．eN_Aは**ファラデー定数**[2] F ($96.5\ \mathrm{kC\ mol^{-1}}$)である．そこで，注目する領域の電位を表す必要があるときは，(6b)式の代わりに，

$$\mu_S(aq) = \mu_S{}^* + RT\ln[S] + zF\phi$$

(6b)式の修正版　(6c)

を用いる．この式は，半透膜の両側のイオン分布を議論するときに用いる(トピック5A)．

ここまでの結果をまとめておくと，その後の考察に便利だろう．

化学種	化学ポテンシャル	備　考
気体，J	$\mu_J(g) = \mu_J{}^{\ominus}(g) + RT\ln p_J$	完全気体
溶媒の水，W	$\mu_W(aq,h) = \mu_W{}^*(l) + RT\ln x_W + M_W gh$	希薄溶液
溶質，S	$\mu_S(aq) = \mu_S{}^* + RT\ln[S] + zF\phi$	希薄溶液

このあとの本トピックでの扱いのように，高さや電位が無関係ならhやϕを0とおけばよい．非電解質では$z = 0$である．

例題3C･1　細胞内溶質の不均衡な状況を調べる

細胞はすべて，いろいろな溶質の外界からの供給を必要としている．細胞内部で必要な濃度を確保するには，濃度勾配に対抗して溶質を移動させる必要がある．いま，20 °Cの細胞があり，細胞内のグルコース濃度としてモル濃度$1.0\ \mathrm{mmol\ dm^{-3}}$を必要としている．ただし，外部のモル濃度は$10\ \mathrm{\mu mol\ dm^{-3}}$である．このとき，細

1) electric potential〔訳注：静電ポテンシャル(electrostatic potential)もほぼ同義であるが，電荷間の距離が無限大のときを明確に0としているから，この場合は"静電ポテンシャル"の方が適切である．〕　2) Faraday's constant〔訳注：基礎物理定数として電気素量とアボガドロ定数は厳密な値に定義されているから，ファラデー定数の値は$F = 9.64853\cdots \times 10^4\ \mathrm{C\ mol^{-1}}$である．〕

胞内にグルコースを移動させるのに必要なエネルギー（正確にいえば，仕事としてのエネルギー）を計算せよ．

考え方　この輸送の（モル当たりの）非膨張仕事，つまりグルコース分子 1 mol 当たりに（仕事として）必要なエネルギーは，グルコースの化学ポテンシャルの細胞内外での差に等しい．どちらの化学ポテンシャルも（6b）式から計算できる．ただし，グルコース分子のそれぞれのモル濃度を代入すればよい．

解答　（6b）式から，

$$\mu_{\text{glu}}(\text{aq, in}) = \mu^*_{\text{glu}} + RT\ln[\text{glu}]_{\text{in}}$$
$$\mu_{\text{glu}}(\text{aq, out}) = \mu^*_{\text{glu}} + RT\ln[\text{glu}]_{\text{out}}$$

である．そこで，細胞内外でのモルギブエネルギーの差は，

$$\begin{aligned}\Delta G_{\text{m}} &= \mu_{\text{glu}}(\text{aq, out}) - \mu_{\text{glu}}(\text{aq, in})\\ &= \{\mu^*_{\text{glu}}+RT\ln[\text{glu}]_{\text{out}}\} - \{\mu^*_{\text{glu}}+RT\ln[\text{glu}]_{\text{in}}\}\\ &= RT\{\ln[\text{glu}]_{\text{out}} - \ln[\text{glu}]_{\text{in}}\}\\ &= RT\ln\frac{[\text{glu}]_{\text{out}}}{[\text{glu}]_{\text{in}}}\end{aligned}$$

となる．この式にそれぞれの数値を代入すれば，

$$\begin{aligned}\Delta G_{\text{m}} &= (8.3145\ \text{J K}^{-1}\ \text{mol}^{-1}) \times (293\ \text{K}) \times \ln\frac{10\times10^{-6}}{1.0\times10^{-3}}\\ &= -11\ \text{kJ mol}^{-1}\end{aligned}$$

となる．すなわち，細胞内にグルコースを取込むには 11 kJ mol^{-1} 以上の仕事が（べつの適切なエネルギー源から）必要である．

コメント　代謝エネルギーを使えば，周囲が非常に希薄なグルコース濃度であってもグルコースを取込むことができる．

3C・3　実在溶液：活量

実在する溶液に理想的なものはなく，大部分の溶液では，溶質の濃度がほんの少し増えただけでも理想希薄溶液の振舞いから外れる．実際，細胞内の媒質はあまりにも濃度が高すぎて理想的な挙動は見られず，近似としてしか使えない．熱力学ではふつう，理想的な系について導き出した式の形をできる限り保存しようとする．そうすれば，二つのタイプの系を行ったり来たりしやすくなるからである†．物質の**活量**[1] a_{J} を導入するのは，このような考えに基づいている．活量は実効的な濃度というべき量であり，あらゆる濃度の溶液について，溶媒にも溶質にも次式が成り立つように定義されている．

$$\mu_{\text{J}} = \mu_{\text{J}}^* + RT\ln a_{\text{J}} \quad \text{活量で表した化学ポテンシャル} \quad (7)$$

ここで，活量は単位をもたない単なる数値であることに注意しよう．

理想溶液としての水については，上のまとめと（7）式の比較から $a_{\text{W}} = x_{\text{W}}$ である．理想希薄溶液としての溶質について同じ比較をすれば，$a_{\text{S}} = [\text{S}]/c^{\ominus}$ であり，溶質の活量はそのモル濃度の数値に等しい．非理想溶液では，これら理想的な値にある“補正”因子を掛けて表す．それは単なる数値の**活量係数**[2] γ である．すなわち，

$$\begin{aligned}&\text{水について：} a_{\text{W}} = \gamma_{\text{W}} x_{\text{W}}\\ &\text{溶質について：} a_{\text{S}} = \gamma_{\text{S}}[\text{S}]/c^{\ominus}\end{aligned} \quad \text{活量係数で表した活量} \quad (8)$$

である．活量係数は溶液の組成に依存するもので，つぎの振舞いを覚えておこう．

水は純粋に近づくほどラウールの法則によく従うので，$x_{\text{W}} \to 1$ につれて $\gamma_{\text{W}} \to 1$ となる．

溶質は希薄になるほどヘンリーの法則によく従うので，$[\text{S}] \to 0$ につれて $\gamma_{\text{S}} \to 1$ となる．

標準状態と理想系の活量に関する取決めを表 3C・2 にまとめておく．

活量や活量係数は，“なくても困らない因子”と決めつけられることがある．ある点では真実であるが，これらの量を導入することで非理想溶液の性質が熱力学的に厳密な式で表せることも事実である．また，いろいろな場合について，溶液中に存在する化学種の活量係数を計算したり測定したりすることもできる．たとえば，水についてのラウールの法則は，$p_{\text{W}} = x_{\text{W}} p_{\text{W}}^*$ から $p_{\text{W}} = a_{\text{W}} p_{\text{W}}^*$ になるから，$a_{\text{W}} = p_{\text{W}}/p_{\text{W}}^*$ である．したがって，水溶液中での水の活量を求めるのにすべきことは，溶液の蒸気圧を測定して，それを純粋な水の蒸気圧で割ればよいだけである．本

表 3C・2　活量と標準状態*

物　質	標準状態	活量，a
固　体	純固体，1 bar	1
液　体	純液体，1 bar	1
気　体	純気体，1 bar	$p/p^{\ominus}$
溶　質	モル濃度 1 mol dm^{-3}	$[\text{J}]/c^{\ominus}$

$p^{\ominus} = 1$ bar $(= 10^5$ Pa$)$，$c^{\ominus} = 1$ mol dm^{-3}

*　ここでの活量は完全気体や理想希薄溶液における値．活量はすべて無次元である．

†　覚えるべき式の数が少なくてすむという利点もある．
1) activity　2) activity coefficient

書では，ふつう活量を用いて熱力学関係式を導いているが，実際の測定と結びつけたいときには，活量は表3C·2に示した“理想”値に等しいとおいて考える．ただし，生物学的に興味のある流体に特有の溶質濃度であれば，こうして得られた値は全く信頼できないと考えておくべきである．

重要事項のチェックリスト

□ 1．ある物質Jの**部分モルギブズエネルギー** $G_{J,m}$ は，**化学ポテンシャル**ともいうが，溶液の全ギブズエネルギーに対する成分物質Jの（モル当たりの）寄与である．

□ 2．系全体が平衡であれば，各成分の化学ポテンシャルは，それがどの相に存在しようと同じ値である．

□ 3．蒸気の分圧が大きいほど，その化学ポテンシャルも大きい．

□ 4．**理想溶液**とは，広い濃度域にわたってラウールの法則に従う仮想的な溶液である．

□ 5．水の化学ポテンシャルは，溶質の存在によって低下する．

□ 6．**ヘンリーの法則**によれば，溶媒に溶けた気体のモル濃度はその分圧に比例している．

□ 7．**理想希薄溶液**とは，溶質がヘンリーの法則に従う希薄な溶液である．

□ 8．物質の**活量**は，実効的な熱力学濃度である．

重要な式の一覧

式の内容	式	備　考	式番号
化学ポテンシャル	$\mu_J(g) = \mu_J^{\ominus}(g) + RT\ln(p_J/p^{\ominus})$	完全気体の混合物	2b
ラウールの法則	$p_W = x_W p_W^*$	理想溶液	3
水の化学ポテンシャル	$\mu_W(aq) = \mu_W^*(l) + RT\ln x_W$	理想溶液	4a
	$\mu_W(aq,h) = \mu_W^*(l) + RT\ln x_W + M_W gh$	重力場	4b
ヘンリーの法則	$[S] = K_H p_S$	理想希薄溶液	5
溶質の化学ポテンシャル	$\mu_S(aq) = \mu_S^* + RT\ln([S]/c^{\ominus})$	理想希薄溶液	6a
	$\mu_S(aq) = \mu_S^* + RT\ln[S] + zF\phi$	電　場	6c
活　量	$a_W = \gamma_W x_W$	水の活量	8
	$a_S = \gamma_S[S]/c^{\ominus}$	溶質の活量	8

トピック 3D

水と水溶液の熱力学

➤ 学ぶべき重要性

ここでは，水溶液の平衡における熱力学的性質を取上げる．なかでも浸透は多くの生物過程で重要である．

➤ 習得すべき事項

平衡であれば，水透過性膜の両側で水の化学ポテンシャルは同じ値をとる．

➤ 必要な予備知識

化学ポテンシャルの概念（トピック 3C），とりわけ化学ポテンシャルが濃度や圧力にどう依存しているか，あるいは重力場が与える影響などに習熟している必要がある．トピック 3C で導入した理想溶液についても理解している必要がある．濃度の表し方については，トピック 3C の［必須のツール 6］にまとめてある．

水はほとんどすべての細胞の主成分であるから，細胞内にある水の熱力学的性質について考察するときは，その化学ポテンシャルに影響を与えている圧力や温度，溶質の存在などの諸因子について考えておく必要がある．たとえば，水に溶質が溶けていれば，純粋な水よりも蒸気圧や凝固点は低下し，沸点は上昇している．ただ，この変化は生化学的な意味ではあまり重要でない．一方，深く関連するのは“浸透”の過程である．それは，生命に深遠な影響を及ぼしている．

細胞膜は水に対して透過性がある．そこで，細胞膜の両側で水の化学ポテンシャルが異なれば，化学ポテンシャルの高い側から低い側へと水は流れる傾向がある．このような状況のなかで細胞は，水の流れを制御するためにさまざまな対策をとってきた．たいていは，細胞内外での水の平衡を確保することによって，その正味の流れをなくすものである．しかし場合によっては，水の化学ポテンシャルを巧みに操作することで，特定の方向への流れを確保することもある．後者の場合に鍵となるのは，膜輸送体や細胞内酵素の活性化を利用することによって，特定の区画にある溶質の濃度を変更することである．たとえば，水の化学ポテンシャルの巧妙な操作は腎臓で行われている．腎臓では，尿の濃縮時に水を再吸収しなければならない．このときの制御は，Na^+ イオンと Cl^- イオンを尿細管から隣接する細胞へとポンプして排出することで行われる．その結果，化学ポテンシャルの差ができて，それが尿細管の外へと水を流し出す駆動力になるのである．

3D・1 沸点上昇と凝固点降下

トピック 3C では，水の蒸気圧降下をラウールの法則により考察した．非揮発性溶質の効果は，これ以外に三つある．溶液の沸点上昇と凝固点降下，それに浸透圧である．（浸透圧についてはすぐあとで説明する．）これらの性質を**束一的性質**[1] というが，溶液が理想的であれば，溶質の種類によらない性質である．たとえば，濃度 0.01 mol kg^{-1} の非電解質水溶液が理想的に振舞えば，その沸点や凝固点，浸透圧は溶質の種類によらず同じである．

実験でわかっていて，熱力学的にも証明できることは，**沸点上昇**[2] ΔT_b と**凝固点降下**[3] ΔT_f が，いずれも溶質の質量モル濃度 b_S に比例することである．

$$\Delta T_b = K_b b_S \qquad \text{沸点上昇}$$
$$\Delta T_f = K_f b_S \qquad \text{凝固点降下} \qquad (1)$$

K_b および K_f は，それぞれ水（一般に溶媒）の**沸点上昇定数**[4] および**凝固点降下定数**[5] である．これらの定数は溶媒のべつの性質から求めることもできるが，測定によって得られる定数と考えておいた方がよい（表 3D・1）．

これらの効果を含め，一般に束一的性質の起源を理解するために，つぎのような仮定を二つおいて事がらを単純化しておこう．

1. 溶質は揮発性でなく，したがって蒸気相には現れない．

1）colligative property．束一的とは，“集まり具合による”という意味である．　2）elevation of boiling point
3）depression of freezing point　4）ebullioscopic constant〔沸点定数（boiling-point constant）ともいう〕
5）cryoscopic constant〔凝固点定数（freezing-point constant）ともいう〕

2. 溶質は氷（一般に溶媒の固相）に溶けず，したがって水溶液が凍ったときも氷には現れない．

たとえば，スクロース水溶液には非揮発性の溶質（スクロース）が溶けていて，その蒸気に溶質が現れることはない．したがって，蒸気相は純粋な水蒸気である．また，氷ができはじめるとスクロースは水溶液に取残される．したがって，できた氷は純粋なものである．

表3D･1 凝固点降下定数（K_f）と沸点上昇定数（K_b）

溶 媒	K_f/(K kg mol^{-1})	K_b/(K kg mol^{-1})
ベンゼン	5.12	2.53
ショウノウ	40	
二硫化炭素	3.8	2.37
エタン酸（酢酸）	3.90	3.07
ナフタレン	6.94	5.8
フェノール	7.27	3.04
四塩化炭素	30	4.95
水	1.86	0.51

トピック3Aで述べたように，水のモルギブズエネルギーのグラフを描いたとき，液体の水と氷の曲線の交点が凝固点，液体の水と水蒸気の曲線の交点が沸点である．ここでは混合物を扱っているから，本トピックの冒頭で述べたように，水の部分モルギブズエネルギー（つまり，化学ポテンシャル）を考える必要がある．溶質が存在することで液体の水の化学ポテンシャルは低下する（$\mu_W = \mu_W{}^* + RT \ln x_W$ の式において，水溶液では $x_W < 1$ であるから $\ln x_W < 0$ であることに注意しよう）．しかし，水蒸気と氷は純粋のままで，その化学ポテンシャルは変化しない．その結果，図3D･1を見ればわかるように凝固点は低温側に移動する．同様にして図3D･2から，沸点は高温側に移動することがわかる．いい換えれば，凝固点降下と沸点上昇が起こることで，液体として存在する温度域が広くなるのである．

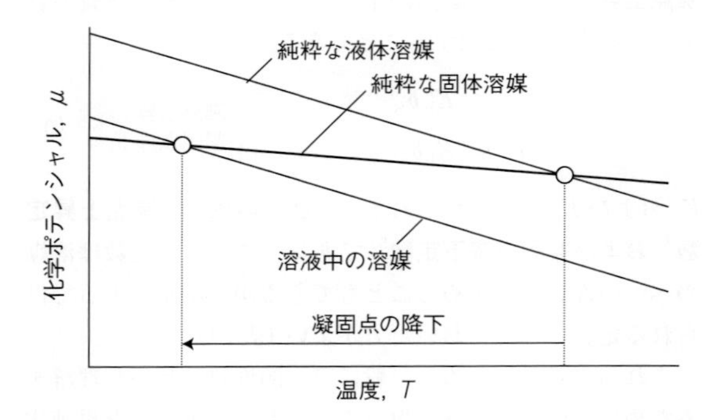

図3D･1 純粋な固体溶媒（たとえば氷）も純粋な液体溶媒（液体の水）も，その化学ポテンシャルは温度が上昇すれば低下する．両者の曲線の交点は純粋な溶媒（水）の凝固点を与え，その低温側では液体（水）の化学ポテンシャルの方が固体（氷）よりも高い．ところで，溶質の存在によって液体溶媒（水）の化学ポテンシャルは下がるが，固体（氷）の化学ポテンシャルは変化しない．その結果，溶液では交点が左側に移動するから凝固点は降下する．

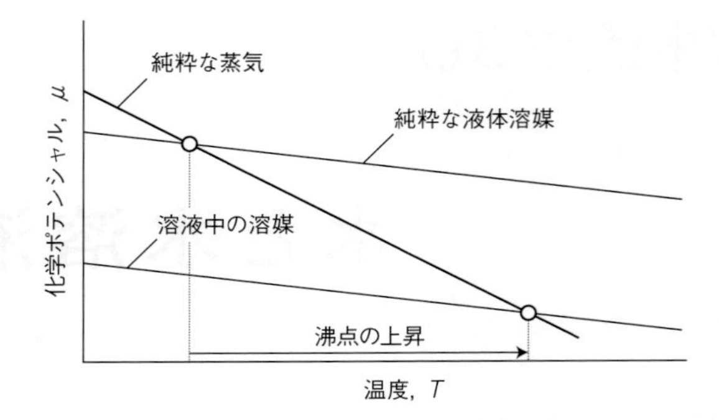

図3D･2 純粋な溶媒蒸気（たとえば水蒸気）も純粋な液体溶媒（液体の水）も，その化学ポテンシャルは温度が上昇すれば低下する．両者の曲線の交点は純粋な溶媒（水）の沸点を与え，その高温側では蒸気（水蒸気）の化学ポテンシャルの方が液体（水）よりも低い．ところで，溶質の存在によって液体溶媒（水）の化学ポテンシャルは下がるが，蒸気（水蒸気）の化学ポテンシャルは変化しない．その結果，溶液では交点は右側に移動するから沸点は上昇する．

水の沸点上昇は小さいので利用価値はあまりない．一方，水のみならず液体溶媒の凝固点降下すなわち固体溶媒の融点降下は比較的大きいので，有機化学では試料の純度を調べるのに用いられる．それは，不純物の種類によらず，純物質より融点が下がるのを利用している．海水は純水より低い温度でしか凍らないし，国によっては冬の高速道路で少しでも凍結を遅らせるために塩がまかれる．一方，自動車のエンジン冷却水に“不凍液”を使用したり，北極圏に棲息する魚類が体内に天然の不凍剤を備えたりしていることは，凝固点降下のわかりやすい例としてよく挙げられるのだが，ここで問題としているような希薄溶液からすると，これらはいずれも濃度の非常に高い例である．不凍液に使用される1,2-エタンジオール（エチレングリコール）は，水分子どうしが結合を形成するのを阻害しているだけである．原理的には何らかの熱力学効果に違いないのだが，理想的な溶液として扱うには濃度が高すぎるのである．同じように，北極圏の魚の体液に含まれる不凍性タンパク質も，氷の微小結晶に取付くことによって，氷の結晶が成長するのを妨げる作用をしている．大きな氷の結晶ができれば，細胞膜を破壊したり細胞に損傷を与えたりするのである．

3D･2 浸 透

細胞が簡単に潰れたり破裂したりしない理由を理解するには，水が細胞膜を介して移動するときの熱力学，具体的には**浸透**[1]の現象について調べておく必要がある．浸透は，純粋な水（一般に，純粋な溶媒）と溶液を**半透膜**[2]で隔てたとき，水が溶液側へと通り抜ける現象である．半透膜は，水溶液中の水を通すが溶質は通さない膜である（図3D･3）．それは，水分子を通すほどのミクロな孔はあっても，水分子が水和してかさ高くなったイオンや炭水化物の分子などは通さない．水溶液中の水の化学ポテンシャルは純粋な水より低いから，水は溶液側に移動する熱力学的な傾向がある．**浸透圧**[3] Π（大文字のパイ）は，このような水の自発的な流れを食い止めるために水溶液側にかけるべき圧力である．

図3D･4に示す簡単な器具では，浸透によって水溶液が押し上げられてできた液柱による静水圧が，水溶液側に水が流れ込もうとするのに対抗している．このときの静水圧は ρgh に等しい．ρ は水溶液の質量密度，g は自然落下の加速度，h は液柱の高さである．この方法では，水が水溶液側に流れ込んで濃度が薄められるため，数学的に扱うには話は単純でなくなる．もっとうまい方法は，水が水溶液側に流れ込もうとする圧力に対抗して，逆向きの圧力をピストンで押して釣り合わせてやることである．

理想水溶液（一般に，理想溶液）であれば，その浸透圧が溶質濃度に比例することは熱力学的に示すことができる．

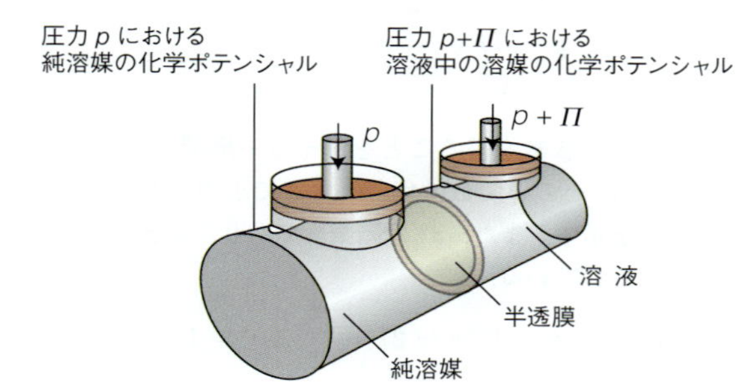

図3D･3　浸透圧の起源．左側の隔室には純溶媒（たとえば水）を入れてある．一方，右側の隔室には溶液を入れてあり，溶質が存在するため化学ポテンシャルは低下するから，その分の圧力を外から加えている．浸透圧は，両方の隔室で溶媒の化学ポテンシャルが等しくなるように，溶液側に加える必要のある圧力である．

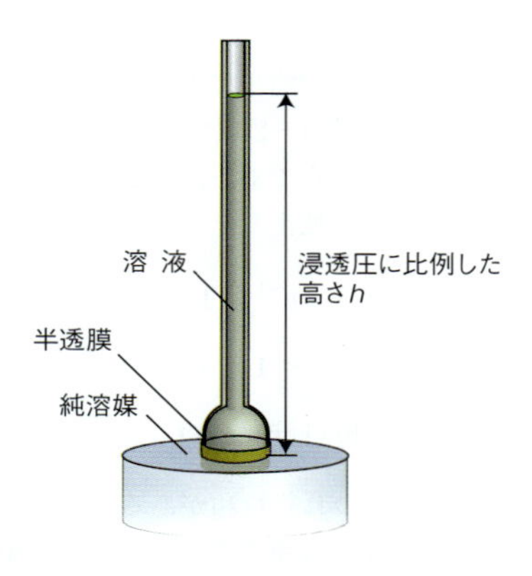

図3D･4　浸透圧の簡単な実験では，半透膜を介して溶液と純溶媒を図のように接触させる．純溶媒は膜を通過して，管の内部にある溶液を押し上げる．その液柱による圧力と溶液の浸透圧が等しくなったところで溶媒の流れは止まる．

導出過程3D･1　理想溶液の浸透圧を表す式

浸透を熱力学的に取扱うには，平衡では半透膜を介した両側で水の化学ポテンシャルが等しいことに注目すればよい．すなわち，半透膜の両側から水が同じ圧力で"押している"のである．そこで，

$$\mu(\text{純粋な水, 圧力}\ p) = \mu(\text{水溶液中の水, 圧力}\ p+\Pi)$$

である．純粋な水は大気圧 p にあり，一方，水溶液側では余分の圧力 Π が加わった $p+\Pi$ で平衡が達成されている．圧力 p での純粋な水の化学ポテンシャルは $\mu_W^*(1, p)$ である．水溶液中では溶質があるおかげで水の化学ポテンシャルは低下するが，その分は水溶液に働く圧力が $p+\Pi$ となることで上昇する．この化学ポテンシャルは $\mu_W(x_W, p+\Pi)$ である．ここで，x_W は水溶液中の水分子のモル分率である．したがって，上に書いた平衡条件は，つぎのように表せる．

(a)　$\mu_W^*(1, p) = \mu_W(x_W, p+\Pi)$

ここからの作業は，溶質の存在で低下した化学ポテンシャルを元の値まで引き上げるのに必要な余分の圧力 Π を求めることである．

ステップ1：水溶液中の水の化学ポテンシャルを表す式を書く．

溶質Sの効果を，トピック3Cの（4a）式〔$\mu_W = \mu_W^*(1) + RT\ln x_W$〕で考えれば，次式が得られる．

(b)　$\mu_W(x_W, p+\Pi) = \mu_W^*(1, p+\Pi) + RT\ln x_W$

ステップ2：圧力の効果を取入れる．

液体は圧縮できないものと仮定すれば，これに対する圧力の効果はトピック3Aの（3）式〔$G_m(p_f) = G_m(p_i) + (p_f - p_i)V_m$〕で与えられる．ここでは，化学ポテンシャルと水の部分モル体積で表せば次式が得られる．

---

1) osmosis．英語の"osmosis"は"押す"という意味のギリシャ語に由来している．　2) semipermeable membrane
3) osmotic pressure

(c) $\mu_W{}^*(l, p+\Pi) = \mu_W{}^*(l, p) + (p+\Pi-p)V_W$
$= \mu_W{}^*(l, p) + \Pi V_W$

ステップ3: 上の3式をまとめる.

(c) を (b) に代入して, それを (a) に代入すれば,

$$\mu_W{}^*(l, p) = \mu_W{}^*(l, p) + \Pi V_W + RT \ln x_W$$

が導ける. これを整理して,

$$-RT \ln x_W = \Pi V_W$$

が得られる. ここで, 溶質分子のモル分率を x_S とすれば, 水溶液中の水のモル分率は $1-x_S$ である. また, 希薄溶液では $\ln(1-x_S) \approx -x_S$ ([必須のツール7] を見よ) とできるから, この式は,

$$RTx_S \approx \Pi V_W$$

となる. 溶液が希薄であれば $x_S = n_S/n \approx n_S/n_W$ である. さらに, $n_W V_W \approx V$ であり, 溶液の全体積に等しく, $n_S/V = [S]$ であるから, 次式が得られる.

$$\Pi \approx [S]RT \quad \text{ファントホッフの式 [理想希薄溶液]} \quad (2)$$

この式を**ファントホッフの式**[1]という. これで, 理想溶液の浸透圧は, 溶質のモル濃度に比例していることが確かめられた. 溶質の種類によらず, そのモル濃度だけが問題であることに注意しよう. いい換えれば, 浸透は束一的性質のもう一つの例である.

生物細胞にとって浸透が問題になることがある. 細胞膜は水透過性であるから, 細胞に水が無制御に出入りすればその構造は破壊される. そこで, これを避けなければならない. 細菌や菌類, 植物などの生物では細胞膜を囲んで硬い細胞壁があるから, 内向きの水の流れによって静水圧が上昇する (いわゆる "膨圧" が生じる). これらの細胞では, 細胞内外で溶質濃度が違っても, 圧力上昇による補償効果で打ち消されるから, 内向きの水の正味の流れが生じることはない. これと対照的に動物細胞では細胞壁がないから, 細胞の外側の環境にあるイオンの濃度を制御することによって, 細胞膜を通して内向きの水の正味の流れを防いでいる. 同様にして, 細胞から外部の高濃度の媒質への外向きの水の流れに対抗するには, 細胞内溶質を十分蓄積することによって水の化学ポテンシャルを低下させるしかないのである. しかし, この対策には限度がある. 細胞内の溶質が高濃度になれば, 細胞の機能に破壊的な影響を与えかねない. また, 細胞内で調達できる水によって溶質が溶媒和される度合い ("溶媒和能力") にも限度がある. このような限界があることで, 塩類平原など塩分が豊富な環境ではごく限られた生物しか棲息できないのである. それは, 外部環境にある水の化学ポテンシャルが非常に低くて, 細胞内の化学ポテンシャルと一致することがないからである.

必須のツール7 級数展開

関数 $f(x)$ が $x=a$ の近傍で無限回の微分が可能であるとき, その関数の値は**テイラー級数**[2]を用いてつぎのように表される.

$$f(x) = f(a) + \left(\frac{df}{dx}\right)_a (x-a) + \frac{1}{2!}\left(\frac{d^2f}{dx^2}\right)_a (x-a)^2 + \cdots \quad \text{テイラー級数}$$

このような級数を得ることを**テイラー展開**[3]という. $(\cdots)_a$ は, その導関数の値が $x=a$ で求めたものであることを示す. また, $n!$ は**階乗**[4]であり, つぎのように定義されている.

$$n! = n(n-1)(n-2)\cdots 1 \qquad 0! \equiv 1 \quad \text{階乗}$$

マクローリン級数[5]は, テイラー級数の特別な場合で, $a=0$ に相当している. つぎの関数のマクローリン級数は, 本書でも何度か使うことになる.

$$(1+x)^{-1} = 1 - x + x^2 - \cdots$$

$$e^x = 1 + x + \frac{1}{2}x^2 + \cdots$$

$$\ln(1+x) = x - \frac{1}{2}x^2 + \frac{1}{3}x^3 - \cdots$$

級数展開を使えば計算が簡単になる. それは, $|x| \ll 1$ であれば, 級数展開を1~2項で打ち切っても関数値が良い近似で表せるからである. たとえば, $|x| \ll 1$ のとき, つぎの近似式が使える.

$$(1+x)^{-1} \approx 1 - x$$

$$e^x \approx 1 + x$$

$$\ln(1+x) \approx x$$

n が無限に近づくにつれ級数和がある有限値に近づく場合, その級数展開は**収束する**[6]という. 収束しないとき, その級数展開は**発散する**[7]という. たとえば, $(1+x)^{-1}$ の級数展開は, $|x|<1$ であれば収束し, $|x| \geq 1$ のとき発散する. いろいろな収束テストについては数学の教科書に説明がある.

1) van't Hoff equation 2) Taylor series 3) Taylor expansion 4) factorial 5) Maclaurin series 6) converge 7) diverge

浸透は，日常経験する身近な医学でも重要な役目をしている．血球を健全な状態に保っておくには，輸血や点滴による栄養補給などで血管に注入する溶液は，血液に対して等張的[1]でなければならない．すなわち，血液と同じ浸透圧をもつ必要がある．注入液が薄すぎて，低張的[2]であれば，浸透圧が等しくなるまで血球側に溶媒が流れ込むから，溶血[3]を起こし，血球は破裂してだめになる．逆に濃すぎて高張的[4]であれば，浸透圧を等しくするため血球の外に溶媒が流れ出し，血球は収縮してだめになる．

例題3D・1　赤血球の細胞膜が耐える圧力の求め方

0.90パーセントの生理食塩水（saline）は0.154 MのNaCl(aq)に相当している．この生理食塩水に分散させた赤血球の浸透圧は30 °Cでほぼ0である．このときの赤血球は平衡にあり，その細胞膜を介しての正味の水の流れはない．0.10パーセントの食塩水，つまり0.017 MのNaCl(aq)に赤血球を分散させると，赤血球内部に水が流れ込んで，ほぼ完全な溶血を起こす．赤血球の細胞膜が耐えることのできる最大の内部圧を求めよ．

考え方　この懸濁液が理想溶液として扱えると仮定すれば，(2)式から，赤血球内の溶質のモル濃度$[\mathrm{S}]_{\mathrm{cell}}$での細胞膜を介しての浸透圧（ただし，純粋な水に対する相対的な値）が求められる．赤血球の外側にある食塩水のモル濃度は$[\mathrm{S}]_{\mathrm{saline}}$であり，その浸透圧（純粋な水に対する相対的な値）も(2)式で与えられる．ところで，平衡で観測された浸透圧は0であり，それは元の二つの浸透圧の差で表されるから$\Pi_{\mathrm{cell}}-\Pi_{\mathrm{saline}}=0$である．この関係を用いれば，$[\mathrm{S}]_{\mathrm{saline}}$は与えられているから，それから$[\mathrm{S}]_{\mathrm{cell}}$を求めることができる．そこで，このモル濃度を使えば，0.10パーセントの食塩水に赤血球が分散されたときの正味の浸透圧を計算することができる．ただし，NaClは水溶液中でイオンとして存在していることに注意しよう．したがって，$\mathrm{Na^+}$イオンも$\mathrm{Cl^-}$イオンも$[\mathrm{S}]_{\mathrm{saline}}$に寄与しているのである．

解答　(2)式は，純粋な水に対する赤血球の相対的な浸透圧を与えるから$\Pi_{\mathrm{cell}}\approx[\mathrm{S}]_{\mathrm{cell}}RT$である．同様にして，純粋な水に対する生理食塩水の相対的な浸透圧も与えられるから$\Pi_{\mathrm{saline}}\approx[\mathrm{S}]_{\mathrm{saline}}RT$である．したがって，細胞膜を介しての正味の浸透圧は両者の差であるから，

$$\Pi_{\mathrm{net}}=\Pi_{\mathrm{cell}}-\Pi_{\mathrm{saline}}\approx([\mathrm{S}]_{\mathrm{cell}}-[\mathrm{S}]_{\mathrm{saline}})RT$$

と書ける．細胞膜を介しての正味の浸透圧が0のときは，$[\mathrm{S}]_{\mathrm{cell}}=[\mathrm{S}]_{\mathrm{saline}}$であり，この状況は0.90パーセントの生理食塩水に分散されたときに起こる．ところで，NaClのモル濃度は$0.154\ \mathrm{mol\ dm^{-3}}$であるが，水溶液中にはカチオンとアニオンの形で存在しているから，$[\mathrm{S}]_{\mathrm{saline}}=0.308\ \mathrm{mol\ dm^{-3}}$である．したがって，$[\mathrm{S}]_{\mathrm{cell}}=0.308\ \mathrm{mol\ dm^{-3}}$である．

一方，0.10パーセントの食塩水の場合の溶質濃度の合計は，$[\mathrm{S}]_{\mathrm{saline}}=0.034\ \mathrm{mol\ dm^{-3}}$である．したがって，この食塩水に30 °C (303 K)で分散された赤血球の細胞膜を介しての正味の浸透圧は，

$$\begin{aligned}\Pi_{\mathrm{net}}&=(0.308\ \mathrm{mol\ dm^{-3}}-0.034\ \mathrm{mol\ dm^{-3}})\\&\quad\times(8.3145\ \mathrm{J\ K^{-1}\ mol^{-1}})\times(303\ \mathrm{K})\\&=6.9\times10^{2}\ \mathrm{J\ dm^{-3}}=6.9\times10^{5}\ \mathrm{J\ m^{-3}}\end{aligned}$$

となる．ただし，$1\ \mathrm{dm}=10^{-1}\ \mathrm{m}$の関係を使った．最後に，$1\ \mathrm{J\ m^{-3}}=1\ \mathrm{N\ m\ m^{-3}}=1\ \mathrm{N\ m^{-2}}=1\ \mathrm{Pa}$であるから，$\Pi_{\mathrm{net}}=6.9\times10^{5}\ \mathrm{Pa}$，つまり6.8 atmになる．こうして計算された浸透圧は，細胞膜を介して水が平衡にあるときに赤血球内に及ぼされる静水圧に相当している．この圧力でほぼ完全に溶血が起こるから，これが赤血球の細胞膜が耐えうる最大圧力に近い．

コメント　上で求めた値は大きく見積もりすぎていると考えられる．それは，赤血球内の溶質濃度に幅があるからで，すべての赤血球の実効的な全溶質濃度が$0.308\ \mathrm{mol\ dm^{-3}}$というわけでないからである．もっと希薄な食塩水溶液に分散されても破壊されないで生き残っている赤血球があれば，それは細胞膜が強く，内部の溶質濃度が低いものであろう．

浸透は，**透析**[5]の基礎にもなっている．それは，生体高分子溶液から不純物を取除く一般的な手法である．透析実験では，不純物としてイオンや小さな分子など（小さなタンパク質分子や核酸分子もそうである）を含む高分子溶液を，半透膜として作用する材料でできた袋に入れ，溶媒に浸す．その半透膜は，小さなイオンや分子は通すが巨大分子は通さない．そこで，小さな分子は膜を通り抜けて外に出るが大きな分子は残る．実際には，透析袋から大部分の不純物を取除き試料を純化するには，外の溶媒を何度も変えてやる必要がある．

3D・3　水ポテンシャル

水の熱力学的性質を生理学の観点から論じるとき，**水ポテンシャル**[6] Ψ（大文字のプサイ）という用語を使うことがある．その定義は，

$$\Psi=\frac{\mu_{\mathrm{W}}-\mu_{\mathrm{W}}^{\ominus}}{V_{\mathrm{W}}}\qquad\text{水ポテンシャル［定義］}\qquad(3)$$

1) isotonic　2) hypotonic　3) hemolysis　4) hypertonic　5) dialysis　6) water potential

である．V_W は溶液中の水の部分モル体積，$\mu_W^{\ominus}$ は水の（純粋な水，1 bar での）標準化学ポテンシャルである．したがって，水ポテンシャルは，水の化学ポテンシャルの標準値からのずれの“密度”を表しており，エネルギー/体積の次元（つまり圧力の次元）をもつ．化学ポテンシャルが増加すれば水ポテンシャルも増加するから，水の流れの自発的な方向は水ポテンシャルの低い方向である．

標準条件以外の条件下で得られる化学ポテンシャル μ_W には四つの寄与がある．

（1）　対象とする過程の標準値 $\mu_W^{\ominus}$

（2）　溶質Sがモル分率 x_S で存在することによる寄与．溶液が理想的であれば，この寄与は $RT\ln x_S$ に等しい．一方，（2）式によれば，これは $-\Pi V_W$ に等しい．ここで，Π は溶液の浸透圧である．

（3）　細胞内部では，外部の圧力との差が膨圧 P として働くから，$P_{内部}=p^{\ominus}+P$ である．$p^{\ominus}$ は標準圧力である．トピック3Aで（モルギブズエネルギーの用語を使って）説明したように，非圧縮性の流体（いまの場合は細胞内水溶液）に対する圧力が $p^{\ominus}$ から $p^{\ominus}+P$ に変化したときの化学ポテンシャルへの寄与は PV_W に等しい．

（4）　木の維管束系にある水を解析するときなど重力場の効果を考える必要があれば，トピック3Cで説明したように，M_Wgh に等しい項を含める必要がある．ここで，M_W は水のモル質量，g は自然落下の加速度，h は地表からの高さである．

したがって，以上の寄与による化学ポテンシャルの式を書けば，

$$\mu_W = \mu_W^{\ominus} + PV_W - \Pi V_W + M_Wgh$$

となる．水ポテンシャルの定義により，

$$\Psi = P - \Pi + \rho_W gh \qquad \text{水ポテンシャル} \qquad (4)$$

と書ける．$\rho_W = M_W/V_W$ は，溶液中での水の質量密度である．

簡単な例示 3D･1

水の質量密度は 1000 kg m^{-3} にきわめて近く，自然落下の加速度を 9.81 m s^{-2} とすれば，水が木を垂直に 15 m 上がるときの水ポテンシャルの変化は，つぎのように計算できる．

$$\Delta\Psi = (1000\ \mathrm{kg\ m^{-3}}) \times (9.81\ \mathrm{m\ s^{-2}}) \times (15\ \mathrm{m})$$
$$= 1.5 \times 10^5\ \mathrm{kg\ m^{-1}\ s^{-2}} = 0.15\ \mathrm{MPa}$$

つまり，+1.5 atm である．

水ポテンシャルは，生物系で水の流れを押し進める熱力学的な駆動力を定量的に表すのに使われる．重力項のみを考えるのであれば，高所（$h>0$）の水は，地表（$h=0$）の水より水ポテンシャルは大きいから，日常経験する通り，水の流れの自発的な方向は下向きである．もし，重力項を無視すれば，細胞内の水の水ポテンシャルは，浸透圧と膨圧のバランスで決まる．ここで，注目する細胞内部の静水圧がなければ $P=0$ であるから $\Psi=-\Pi$ である．このときの水の流れの自発的な方向は，浸透圧の低い側から高い側である（負で大きくなる方向，つまり水ポテンシャルの低い側に向かう）．浸透圧が高い領域は濃度の高い側であるから，このときの水の流れは濃度の低い側から高い側である（水ポテンシャルの低い側に向かう）．一方，細胞内に水が流れ込んで膨圧が無視できなくなれば，$\Psi=P-\Pi$ である．このとき，P が大きくなれば，Ψ は $P=\Pi$ となるまで増加し，その点で細胞内への正味の水の流れは止まることになる．

重要事項のチェックリスト

- □ 1．**沸点上昇**と**凝固点降下**は，どちらも溶質の質量モル濃度に比例している．
- □ 2．**半透膜**は，溶媒を通すが溶質は通さない膜である．
- □ 3．**浸透**は，溶媒と溶液を半透膜で隔てたとき，溶媒が溶液側へと通り抜ける現象である．
- □ 4．**浸透圧**は，溶媒の自発的な流れを食い止めるために溶液側にかけるべき圧力である．
- □ 5．**水ポテンシャル**は，水の熱力学的性質を考察する際に用いる，ある種のエネルギー密度である．

重要な式の一覧

式の内容	式	備　考	式番号
沸点上昇	$\Delta T_\mathrm{b} = K_\mathrm{b} b_\mathrm{S}$	実験式	1
凝固点降下	$\Delta T_\mathrm{f} = K_\mathrm{f} b_\mathrm{S}$	実験式	1
ファントホッフの式	$\Pi \approx [\mathrm{S}]RT$	理想溶液	2
水ポテンシャル	$\Psi = (\mu_\mathrm{W} - \mu_\mathrm{W}^\ominus)/V_\mathrm{W}$	定　義	3
	$\Psi = P - \Pi + \rho_\mathrm{W} g h$		4

テーマ3 水と水溶液

トピック3A 水の相転移

記述問題

Q3A·1 ギブズエネルギーが (a) 温度，(b) 圧力によって変化するのはなぜか．

Q3A·2 水はなぜ凍り，なぜ沸騰するのか．熱力学の用語を用いて説明せよ．

Q3A·3 水の熱力学的性質のうち，どれが生命に適しているか．

Q3A·4 水の熱力学的性質のうち，水を異常な物質としているのはどれか．また，その分子論的な起源はなにか．

演習問題

3A·1 つぎの物質について，圧力によるモルギブズエネルギーの違いはどれだけか．(a) 海水 (密度 $1.03\ \mathrm{g\ cm^{-3}}$) で，海面とミンダナオ海溝 (深さ 11.5 km) の違い，(b) 水銀 (密度 $13.6\ \mathrm{g\ cm^{-3}}$) で，気圧計の水銀柱の最上部と底の違い．〔ヒント： 水銀柱の最上部での圧力は水銀の蒸気圧に等しく，20 °C では 160 mPa である．〕

3A·2 動物脂肪のトリステアリンの密度は $0.95\ \mathrm{g\ cm^{-3}}$ である．ある深海生物が深さ 2.0 km の深海から海面近く ($p = 1.0\ \mathrm{atm}$) までやってきたとき，それがもつトリステアリンのモルギブズエネルギー変化を計算せよ．静水圧を求めるには，海水の平均密度を $1.03\ \mathrm{g\ cm^{-3}}$ とせよ．

3A·3 完全気体とみなせる 20 °C の二酸化炭素について，圧力を 1.0 bar から等温で (a) 2.0 bar まで，(b) 0.000 27 bar (空気中の二酸化炭素の分圧) まで変化させたとき，それに伴うモルギブズエネルギー変化をそれぞれ計算せよ．

3A·4 ある細胞の内部の圧力が 0.75 MPa で，外部の圧力が 1.1 atm の環境に置かれたとしよう．この細胞内外の水のモルギブズエネルギーの差を計算せよ．

3A·5 水の 25 °C での標準モルエントロピーは $47.99\ \mathrm{J\ K^{-1}\ mol^{-1}}$ (氷)，$69.91\ \mathrm{J\ K^{-1}\ mol^{-1}}$ (液体の水)，$188.83\ \mathrm{J\ K^{-1}\ mol^{-1}}$ (水蒸気) である．各相のギブズエネルギーの温度変化の状況を，1 枚のグラフに描いて比較せよ．

トピック3B 水の熱力学的性質

記述問題

Q3B·1 水の沸騰温度が圧力に依存するのはなぜか．熱力学と分子論的な側面から説明せよ．

Q3B·2 水の凝固温度が圧力に依存するのはなぜか．熱力学と分子論的な側面から説明せよ．

Q3B·3 液体−蒸気の相平衡が成立するための熱力学的な条件を述べ，その根拠を説明せよ．

Q3B·4 クラペイロンの式とクラウジウス−クラペイロンの式の意義を説明せよ．

Q3B·5 表面張力の熱力学的な起源はなにか．

演習問題

3B·1 ある朝，霜が降りたあと冷えて乾燥し，気温が −5 °C，大気中の水蒸気の分圧が 2 Torr まで下がった．このとき霜は昇華するか．また，霜がそのまま残るには水蒸気の分圧がどれだけあればよいか．

3B·2 (a) クラペイロンの式を使って，水の固体−液体共存曲線の勾配を計算せよ．ただし，融解エンタルピーは $6.008\ \mathrm{kJ\ mol^{-1}}$，0 °C での氷と水の密度はそれぞれ $0.916\,71\ \mathrm{g\ cm^{-3}}$ と $0.999\,84\ \mathrm{g\ cm^{-3}}$ である．〔ヒント： 氷の融解エンタルピーと融点を使って，融解エントロピーを表せ．〕(b) 氷の融点を 1 °C だけ低下させるのに必要な圧力を計算せよ．

3B·3 (a) クラウジウス−クラペイロンの式を使って，温度 T' での蒸気圧 p' と温度 T での蒸気圧 p の関係が次式で表せることを示せ．

$$\ln p' = \ln p + \frac{\Delta_{\mathrm{vap}} H}{R}\left(\frac{1}{T} - \frac{1}{T'}\right)$$

(b) 水銀の 20 °C での蒸気圧は 160 mPa である．その蒸発エンタルピーを $59.30\ \mathrm{kJ\ mol^{-1}}$ として，40 °C での蒸気圧はいくらか．

3B·4　(a) 物質の蒸気圧 p は，$\log_{10}(p/\text{kPa}) = A - B/T$ の式で表されることが多い．A と B は定数，T は温度である．演習問題3B·3で導いた式を変形すれば，この式になることを示せ．また，定数 A と B を表す式を書け．(b) ベンゼンでは，0〜42 °C の範囲で，$A = 7.0871$ および $B = 1785$ K である．ベンゼンの蒸発エンタルピーはいくらか．

3B·5　(a) 図3B·1を参考にして，1.0 bar で 400 K の水蒸気（図の A 点）を一定の圧力下で 260 K（図の E 点）まで冷やしたときの変化について述べよ．(b) 一定の速さでエネルギーを奪ったときの温度を時間に対してプロットせよ．ここで，冷却曲線の勾配を表すには水蒸気と液体の水，氷の定圧モル熱容量が必要である．それを，それぞれ約 $4R$，$9R$，$4.5R$ とする．また，転移エンタルピーには表1D·1の値を用いよ．

3B·6　図3B·1を参考にして，水を三重点での圧力のまま冷却したときの変化を説明せよ．

3B·7　水の 293 K での質量密度は 998 kg m^{-3}，表面張力は 0.0728 J m^{-2}，自然落下の加速度は 9.81 m s^{-2} である．これらの値を用いて，内半径 25 µm の木部導管の中を毛管作用によって水がどれだけの高さまで上昇できるかを求めよ．

3B·8　25 °C の水の中にできた気泡（正確に言えば空洞）の半径が (a) 0.10 mm，(b) 1.0 mm のとき，その界面の両側の圧力差を求めよ．

3B·9　植物の木部を水が上昇する方法として毛管作用しかないとき，通常の温度で水が 10 m の高さまで到達するのに必要な木部導管の内半径を求めよ．

トピック3C　水溶液の熱力学的な表し方

記述問題

Q3C·1　物質の部分モルギブズエネルギーに“化学ポテンシャル”という名称を付けて特別扱いする理由はなにか．

Q3C·2　生化学で扱う化学ポテンシャルの具体例を三つ挙げよ．

Q3C·3　理想溶液と理想希薄溶液の違いを説明せよ．

Q3C·4　溶質の活量とは何か．

Q3C·5　標準状態を指定するのに，溶媒と溶質で異なる濃度を用いる理由を説明せよ．

演習問題

3C·1　地表の水と地上 1000 m の高さにある雨粒とで化学ポテンシャルの違いはどれだけか．ただし，どちらも温度は 20 °C とする．

3C·2　海面の水と水深 1000 m の水とで化学ポテンシャルの違いはどれだけか．ただし，どちらも温度は 20 °C とする．

3C·3　カチオンが電位差 1.0 V の溶液中を移動している．この間のカチオンの化学ポテンシャル変化はどれだけか．

3C·4　カチオンが電位差 1.0 V の溶液中を移動している．一方，同じカチオンが 20 °C で濃度が 10 倍異なる溶液中を移動している．化学ポテンシャル変化が大きいのは電位差による場合か，それとも濃度差による場合か．

3C·5　20 °C の海水の蒸気圧を計算せよ．ただし，同じ温度での純粋な水の蒸気圧は 2.338 kPa である．また，海水に溶けている溶質は主として Na^+ イオンと Cl^- イオンであり，いずれも濃度は約 0.50 mol dm^{-3} である．

3C·6　ヘモグロビンは，1 g 当たり約 1.34 cm^3 の酸素と結合する．ふつうの血液中のヘモグロビン濃度は 150 g dm^{-3} である．肺の中ではヘモグロビンは酸素で約 97 パーセントまで飽和しているが，毛細血管中では約 75 パーセントにすぎない．肺から毛細血管へと流れた血液 100 cm^3 中で，どれだけの体積の酸素が体内に取込まれたことになるか．

3C·7　スキューバダイビング†では，圧力の高い空気が供給され，ダイバーの肺の空気圧がまわりの水の圧力と同じになるように調節されている．水深 10 m ごとに水圧は約 1 atm 上昇する．高圧で空気を取込んだときやっかいなのは，窒素は水に溶けるよりも脂肪の多い組織にずっとよく溶け込むことで，中枢神経系や骨髄，脂肪の多い組織に溶け込む．その結果，窒素麻酔状態（いわゆる潜水病）になり，中毒と似た症状を示す．また，ダイバーが急激に海面まで浮かび上がったときには，体内の脂質溶液から窒素が泡となって出てくるので，それが痛みをひき起こし，ときには潜水病で致命的な状況（ベンズ）になることもある．スキューバダイビングで溺死する多くの場合は，頭部動脈に気泡が上昇することで動脈塞栓が起こったり，意識を失ったりするためとされている．窒素の溶解度は，ヘンリーの法則を $c = Kp$ で表したときの定数 K が 0.18 µg/

† 英語の“scuba”は“self-contained underwater breathing apparatus”［自給式水中呼吸器］の頭文字からとった造語．

(g H_2O atm) である.(a) 4.0 atm, 20 °C において空気で飽和した水 100 g 中に溶解している窒素の質量はいくらか.ただし,空気の 78.08 モルパーセントが N_2 である.1.0 atm の空気で飽和した水 100 g の場合はどうか.(b) 窒素は水よりも脂肪組織に 4 倍溶けやすいとして,圧力が 1 atm から 4 atm になったとき脂肪組織内の窒素濃度はどれだけ増加するか.

3C·8 脂肪に溶ける二酸化炭素の濃度を計算せよ.ただし,二酸化炭素の分圧は 55 kPa であり,ヘンリーの法則の定数 K'_{H} は 8.6×10^4 Torr である.

3C·9 大気中の二酸化炭素が増えれば,自然界の水に溶けている二酸化炭素の濃度も上がる.ヘンリーの法則と表 3C·1 のデータを使って,25 °C の水に対する CO_2 の溶解度を計算せよ.大気中での分圧が (a) 4.0 kPa,(b) 100 kPa の場合を考えよ.

3C·10 空気中の N_2 および O_2 のモル分率は,海面ではそれぞれ約 0.78 および 0.21 である.25 °C で開放容器に水を入れて放置したとき.できた溶液の質量モル濃度をそれぞれについて計算せよ.

3C·11 ある細胞は 37 °C で,細胞内のグルコースのモル濃度 1.5 mmol dm^{-3} を必要としている.外部のグルコースのモル濃度は 15 μmol dm^{-3} である.このとき,細胞内にグルコースを取込むのに (仕事として) 必要なエネルギーを計算せよ.どんな過程がこの仕事をつくりだせるか.

3C·12 ATP の加水分解により 1 mol 当たり 50 kJ のエネルギーが使える.293 K の細胞外のグルコース濃度が 15 nmol dm^{-3} のとき,細胞内のグルコース濃度として達成できる最大のモル濃度はいくらか.

トピック3D 水と水溶液の熱力学

記述問題

Q3D·1 束一的性質の熱力学的な起源について説明せよ.また,束一的性質がなぜ溶質の化学的な個性に依存しないのか.

Q3D·2 生体高分子のモル質量を求めるのに,浸透圧測定がどう使えるかを説明せよ.

Q3D·3 ある水溶液の浸透圧を予測するのに,水の化学ポテンシャルをどのように使えばよいかについて説明せよ.

Q3D·4 水の化学ポテンシャルが圧力に依存するのはなぜか.

Q3D·5 生物学における水ポテンシャルの重要性はなにか.

Q3D·6 溶液の浸透圧 Π の測定値は,ファントホッフの式を修正したつぎの式で表せることがある.

$$\frac{\Pi}{RT} = a\frac{c}{M} + b\frac{c^2}{M}$$

c はモル質量 M の溶質の質量濃度,a および b は適切な単位をもつ定数である.この式の右辺にある 2 項について,考えられる起源を説明せよ.

演習問題

3D·1 スクロースを 7.5 g 添加して甘みをつけたアッサム茶 150 cm^3 がある.その凝固点を求めよ.〔ヒント: 甘みをつけていない茶を純粋な水として考えよ.〕

3D·2 スクロースを 7.5 g 添加して甘みをつけた水 150 cm^3 がある.その浸透圧を求めよ.スクロースの代わりにグルコースを 7.5 g 添加した水の浸透圧は,これとは異なるか.

3D·3 ある尿素水溶液の 300 K での浸透圧は 120 kPa であった.この水溶液の凝固点を求めよ.

3D·4 浸透圧が同じ溶液は "等張的" であるという.いま,半透膜の一方にグルコース 8.0 g を含む水溶液 200 cm^3 を置き,もう一方にある濃度の尿素水溶液 250 cm^3 を置いた.この両者が等張的であるためには,溶質の尿素の質量をいくらにすべきか.

3D·5 ある酵素のモル質量を求めるために,その水溶液について 20 °C で浸透圧を測定し,濃度を 0 に補外する方法を用いることにした.水溶液柱の高さを測定し,得られたデータはつぎの通りである.

c/(mg cm^{-3})	3.221	4.618	5.112	6.722
h/cm	5.746	8.238	9.119	11.990

この酵素のモル質量を計算せよ.〔ヒント: まず,(2) 式 ($\Pi \approx [\mathrm{S}]RT$) を水溶液の液柱の高さで表す式に変形せよ.ここで,$\Pi = \rho g h$ である.$\rho = 1.000$ g cm^{-3} とする.〕

3D·6 0.90 パーセントの生理食塩水 (NaClの水溶液 9.0 g L^{-1} に相当) に分散させた赤血球の 30 °C での浸透圧は 0 に近い.このときの赤血球内の実効モル濃度はいくらか.

3D·7 赤血球を 0.35 パーセントの食塩水 (0.060 M の

NaCl(aq) に相当する) に分散させると，50 パーセント程度の赤血球が溶血を起こす．例題3D･1 のデータを用いて，赤血球の細胞膜が耐えうる典型的な内部圧を求めよ．

3D･8 ある植物細胞の細胞質基質の 20 °C での浸透圧は 0.4 MPa である．葉緑体内部の水溶液の体積が 20 μm^3 であるとして，これを理想系として扱えば，浸透圧に活性な粒子は何個あるか．

3D･9 浸透係数[1] $\phi = \Pi/\Pi^{\mathrm{ideal}}$ は，溶液が理想的であるとして計算で得られた理論的な浸透圧に対する測定値の比である．酢酸ナトリウム (NaAc) 水溶液の 27 °C での浸透圧の測定値は，[NaAc] = 0.10 mol dm^{-3} で 4.67 atm，[NaAc] = 2.00 mol dm^{-3} で 107.77 atm であった．この両水溶液について ϕ を計算し，得られた値について解説せよ．

3D･10 化合物 A は，水溶液中では二量体 A_2 と平衡に存在する．化合物濃度が与えられたとして，その平衡定数 $K = [A_2]/[A]^2$ を蒸気圧降下によって表した式を導け．〔ヒント: 溶液中で分子 A が f という割合だけ二量体として存在するとせよ．蒸気圧降下の大きさは化学種によらず，この場合は A と A_2 の合計の濃度に比例している．〕

3D･11 水が (a) 木を垂直に 20 m 上ったとき，(b) 草の葉を垂直に 20 cm 上ったときの水ポテンシャルの変化をそれぞれ求めよ．

3D･12 上端の開いた高さ 10 m の管に，25 °C の理想溶液が入れてある．この系が平衡にあるときの表面の水ポテンシャル Ψ は −0.750 MPa である．ただし，この点での重力項を 0 とおく．(a) この管の底での Ψ はいくらか．(b) 水溶液の表面および管の底での Π の値はいくらか．(c) 管の底での膨圧 P はいくらか．

テーマ3　発展問題

P3･1 透析は，高分子に小さな分子が結合する場合の研究に使える．たとえば，酵素への阻害物質の結合や DNA への抗生物質の結合に関する研究，あるいは大きな分子に小さな分子が付着することで発現する促進作用や抑制作用に関する研究などである．これらの研究がなぜ可能かを調べるために，透析袋内に存在する高分子 M のモル濃度を [M]，小さな分子 A の全濃度を $[A]_{\mathrm{in}}$ とする．ここで全濃度とは，遊離している A の濃度と結合している A の濃度の和であり，それぞれを $[A]_{\mathrm{free}}$，$[A]_{\mathrm{bound}}$ と書く．平衡では，$\mu_{\mathrm{A,free}} = \mu_{\mathrm{A,out}}$ が成り立つが，袋内外の溶液で A の活量係数が同じとすれば，$[A]_{\mathrm{free}} = [A]_{\mathrm{out}}$ であることを示している．したがって，袋の外側の溶液の A の濃度を測定すれば，高分子溶液中で結合していない A の濃度を求めることができる．また，$[A]_{\mathrm{in}} - [A]_{\mathrm{free}} = [A]_{\mathrm{in}} - [A]_{\mathrm{out}}$ の差から結合している A の濃度がわかる．そこで，このような実験で得られる定量的な結論について考えよう．

(a) 高分子 M に結合している小分子 A の平均の数 ν は，

$$\nu = \frac{[A]_{\mathrm{bound}}}{[M]} = \frac{[A]_{\mathrm{in}} - [A]_{\mathrm{out}}}{[M]}$$

である．結合している A 分子と結合していない A 分子の間には平衡，M + A $\rightleftharpoons$ MA が成立している．初等化学で学んだように，平衡結合定数 K は次式で書ける．

$$K = \frac{[MA]c^{\ominus}}{[M]_{\mathrm{free}}[A]_{\mathrm{free}}}$$

$c^{\ominus} = 1$ mol dm^{-3} (K を無次元にしておくために必要) である．このとき，次式が成り立つことを示せ．

$$K = \frac{\nu c^{\ominus}}{(1-\nu)[A]_{\mathrm{out}}}$$

(b) 各高分子に N 個の同等で独立な結合部位 (サイト) が存在すれば，その高分子は N 個の別々の高分子片とみなすことができる．ここで，各サイトの K は同じ値をとる．したがって，各サイト 1 個当たりの A 分子の平均の数は ν/N である．この場合，つぎのスキャッチャードの式[2] が書けることを示せ．

$$\frac{\nu}{[A]_{\mathrm{out}}/c^{\ominus}} = KN - K\nu$$

(c) スキャッチャードの式は，ν に対して $\nu/[A]_{\mathrm{out}}$ をプロットすれば直線が得られ，勾配が K で，$\nu = 0$ での切片が KN であることを示している．スキャッチャードの式を適用するために，インターカレーション[3] という過程で短い DNA 片に対しエチジウムブロミド (EB) が結合する反応を考えよう．この過程では，芳香系のエチジウムカチオンが，DNA の隣り合う二つの塩基対の間に入り込む．水溶液濃度 1.00×10^{-6} mol dm^{-3} の DNA 試料に対して，

1) osmotic coefficient　2) Scatchard equation　3) intercalation

過剰のEBを加えて透析を行った．その結果，EBの全濃度に対して，つぎのデータが得られた．

	[EB]/(μmol dm^{-3})				
DNAのない側	0.042	0.092	0.204	0.526	1.150
DNAのある側	0.292	0.590	1.204	2.531	4.150

これらのデータを使ってスキャッチャードのプロットを行い，平衡定数KおよびDNA分子1個当たりの全サイト数を求めよ．結合に関して同等で独立なサイトというモデルが，この場合に適用できるか．

(d) 同等でない独立な結合サイトモデルでは，スキャッチャードの式は，

$$\frac{\nu}{[\mathrm{A}]_{\mathrm{out}}/c^{\ominus}} = \sum_i \frac{N_i K_i}{1 + K_i [\mathrm{A}]_{\mathrm{out}}/c^{\ominus}}$$

で表される．つぎの場合に $\nu/[\mathrm{A}]$ をプロットせよ．(i) 酵素分子に四つの独立なサイトがあり，いずれも平衡定数が$K = 1.0 \times 10^7$である場合．(ii) 酵素分子1個当たり全部で六つのサイトがあり，そのうち四つは同等で平衡定数は$K = 1.0 \times 10^5$であるが，残りの二つの平衡定数は2×10^6である場合．

テーマ 4

化学平衡

化学反応は，生成物をつくろうとする傾向とその生成物を反応物に戻そうとする傾向のせめぎ合いがあるなかで，常に平衡をもたらす方向に進む傾向がある．生命の本質は，このような平衡を回避するところにある．平衡への到達は死を意味するからである．これと比べればさほど重大でないと思うかもしれないが，ある条件下での平衡が反応物側に片寄っているか，それとも生成物側に片寄っているかを知っておくことは，注目する生化学反応の可能性を考察するうえでよい判断材料になる．実際，本テーマで扱う内容はどれも，生体内で進行中の諸過程を理解するうえで非常に重要なものである．

トピック 4A　熱力学的な裏付け

反応は，ギブズエネルギーが低下する方向に進行する傾向がある．そのギブズエネルギーの組成依存性を表すのに“反応比”という量を用いる．そこで，平衡に相当する組成を突き止めるのに必要なことは，反応ギブズエネルギーが0となる反応比の値を求めるだけである．その値をその反応の“平衡定数”という．本トピックでは，反応比や平衡定数の形を説明し，平衡定数の値から組成に関する詳細な情報を読み取る方法を示そう．

トピック 4B　標準反応ギブズエネルギー

平衡定数は，標準反応ギブズエネルギーと密接に関係している．その標準反応ギブズエネルギーは，標準生成ギブズエネルギーの表の値から求めることができる．一方，生化学では標準そのものについて特別な尺度が必要である．それは，生物学的な環境条件に合った標準値で平衡を表すためである．また，量論関係が明確でない反応に対応するためでもある．

トピック 4C　諸条件に対する平衡の応答

平衡定数は，その反応が起こる条件によって変わりうる．具体的には，ここで説明する理由によって，平衡定数は温度に依存する．しかし圧力には依存せず，触媒として作用する酵素の存在にもよらない．その温度依存性は，経験則でまとめてしまうこともできるが，熱力学はその変化を表す明確な式を提供してくれる．

トピック 4D 生化学における共役反応

生命の特徴として非常に重要なのは，たった一つの反応が別の複雑に入り組んだ反応網を駆動できていることである．熱力学を使えば，このように別の反応を非自発的な方向へと駆動している自発反応の能力を評価することができる．それは，生体エネルギー論を展開するための入口を提供している．

4D･1 共役の分類
4D･2 具体例：ATP と並列共役反応
4D･3 具体例：グルコースの酸化と逐次共役反応

トピック 4E プロトン移動平衡

化学平衡の非常に重要な側面として，溶液内の分子やイオンの間のプロトン移動がある．プロトン移動は，生物細胞特有の環境における酸と塩基の諸性質に関するいろいろな議論の根底にある．

4E･1 ブレンステッド–ロウリーの理論
4E･2 プロトン付加とプロトン脱離
4E･3 多価プロトン酸
4E･4 具体例：リシン水溶液の分率組成

トピック 4F 緩 衝 液

ホメオスタシス（恒常性）のきわめて重要な側面は，細胞内を正しい pH に維持することである．もし，pH が正しい値から次第に離れれば，生物は死を迎えることになるからである．ある種の混合物は，pH を狭い範囲内に安定化させることができる．それが手に負えなくなれば，何らかの輸送過程が介入することになる．

4F･1 酸性緩衝液と塩基性緩衝液
4F･2 具体例：血液における緩衝作用
4F･3 イオン輸送による pH 制御
4F･4 その他の緩衝系

トピック 4G リガンド結合平衡

分子や生体高分子を構築している結合相互作用は，たいていの生化学過程や多くの薬剤の機能にとって不可欠な要素になっている．本トピックでは，結合の強さの度合いを表すのに平衡定数の派生形を用いて，結合の熱力学的な裏付けについて説明しよう．

4G･1 単一サイトへのリガンド結合
4G･2 複数サイトへのリガンド結合
4G･3 協同的な結合
4G･4 アビディティ

トピック 4A

熱力学的な裏付け

➤ 学ぶべき重要性

化学平衡は生化学の主要概念の一つである．化学平衡を理解すれば，平衡に到達した反応混合物の組成を予測できる．一方，平衡に到達していない反応については，自発的な変化の方向を教えてくれる．

➤ 習得すべき事項

反応はギブズエネルギーが減少する方向に進む傾向があり，平衡定数の形で手短に述べてある組成（平衡組成）に向かって進行する．

➤ 必要な予備知識

ギブズエネルギーの概念と，変化の自発的な方向を決めているギブズエネルギーの役割について（トピック 2C）よく理解している必要がある．また，化学ポテンシャルの性質とその組成依存性についても（トピック 3C）理解している必要がある．本トピックでは，活量（トピック 3C）を用いた考察を行う．

細胞の機能は，限られた数の分子過程が自発的に起こることで発揮されている．すなわち，細胞の内外や細胞内区画の間で物質を区分けしている分子過程や，別の分子の結合サイトに分子が結合する分子過程などであり，それ以外にも多種多様な化学反応が関与している．ギブズエネルギーは，いずれの過程についても自発変化の方向を示し，注目する系の平衡組成を求めるための枠組みを提供している．結合の分子過程が起これば，リガンドが付いた形と付いていない形の平衡混合物を与えるが，細胞内で起こる化学反応では平衡に到達することはまずない．それは，細胞の機能は，一連の反応網によって物質の正味の流れが維持されてこそ発揮されるものだからである．たとえば，解糖系のある段階が平衡に達したとすれば，正方向にも逆方向にも正味の変化はなく，したがって，ATP の嫌気的合成に必要なグルコースからピルビン酸への変換手段もないことになる．このように，自発変化や平衡の熱力学的な基準を理解しておくことは，細胞で起こるさまざまな分子過程を理解するうえで重要なのである．

4A・1 反応ギブズエネルギー

温度一定，圧力一定の条件下では，自発変化が起こるかどうかの熱力学的な基準は $\Delta G < 0$ である．本トピックで基本とする考えは，つぎのようなものである．

> 反応混合物を温度一定，圧力一定の条件下におけば，その組成はギブズエネルギーが最小になるまで調節される傾向にある．

反応物と生成物が混ざった反応混合物のギブズエネルギーが図 4A･1 の（a）のように変化する場合は，反応物がごくわずか生成物に変化したところで G が最小値に達する．一方，G が図 4A･1 の（c）のように変化すれば，G が最小値に達したとき大部分が生成物として得られる．しかし，たいていの反応ではギブズエネルギーが図 4A･1 の（b）で示されるものであり，平衡になったとき得られる混合物中には反応物も生成物もかなりの量で存在している．

話の焦点を絞って中心となる考えを示すために，重要な二つの過程について考えよう．一つは，グルコース 6-リン酸（**1**, G6P）からフルクトース 6-リン酸（**2**, F6P）への異性化反応である．これは，グルコースが嫌気的に分解される代謝経路の初期段階である．

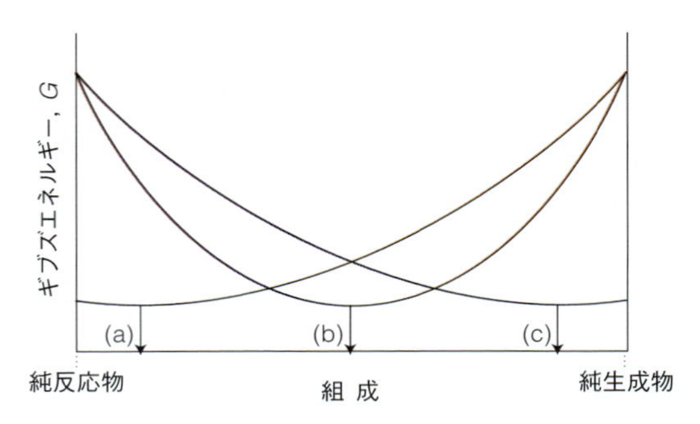

図 4A･1 反応混合物の反応途中のギブズエネルギー変化．反応開始前の反応物のみの状況を左端に，生成物のみになった状況を右端に示してある．（a）ギブズエネルギーの最小が純反応物のすぐ近くにある．すなわち，生成物はわずかしか生成しない．（b）この反応は，反応混合物中に反応物と生成物がほぼ等量存在するところで平衡に達する．（c）この反応では，ギブズエネルギーの最小が純生成物のすぐ近くにあるから，反応はほぼ完全に進行する．

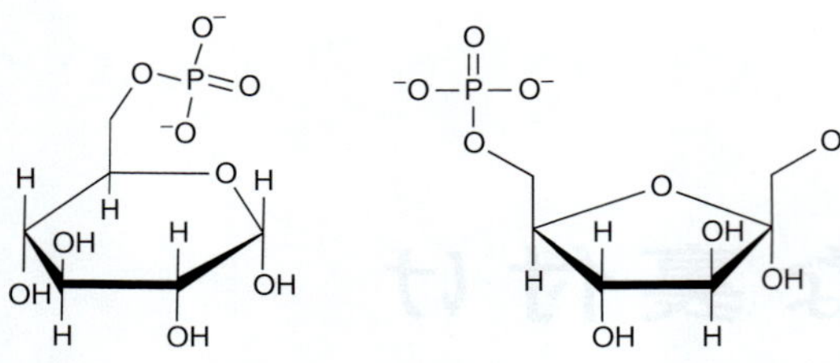

$$\mathrm{G6P(aq)} \longrightarrow \mathrm{F6P(aq)} \qquad \text{(A)}$$

もう一つは，血液中でのタンパク質ヘモグロビン Hb への $O_2(g)$ の結合である．

$$\mathrm{Hb(aq)} + 4\mathrm{O_2(g)} \longrightarrow \mathrm{Hb(O_2)_4(aq)} \qquad \text{(B)}$$

両方の反応をまとめて一般式で表せば，

$$a\mathrm{A} + b\mathrm{B} \longrightarrow c\mathrm{C} + d\mathrm{D} \qquad \text{(C)}$$

となり，ここでは化学種の物理的状態は問わない．

はじめに反応（A）について考えよう．反応進行中の短い時間に G6P の物質量が $-\mathrm{d}n$ だけ無限小の変化をしたとしよう．G6P のこの物質量変化による，系の全ギブズエネルギーに対する寄与は $-\mu_{\mathrm{G6P}}\,\mathrm{d}n$ である．ここで，μ_{G6P} は反応混合物中での G6P の化学ポテンシャル（部分モルギブズエネルギー）である．これと同じ時間に，F6P の物質量は $+\mathrm{d}n$ だけ変化しているから，全ギブズエネルギーに対する F6P の寄与は $+\mu_{\mathrm{F6P}}\,\mathrm{d}n$ である．ここで，μ_{F6P} は F6P の化学ポテンシャルである．そこで，系のギブズエネルギーの変化は，

$$\mathrm{d}G = \mu_{\mathrm{F6P}}\,\mathrm{d}n - \mu_{\mathrm{G6P}}\,\mathrm{d}n$$

である．両辺を $\mathrm{d}n$ で割れば，**反応ギブズエネルギー**[1] $\Delta_\mathrm{r}G$ が得られる．

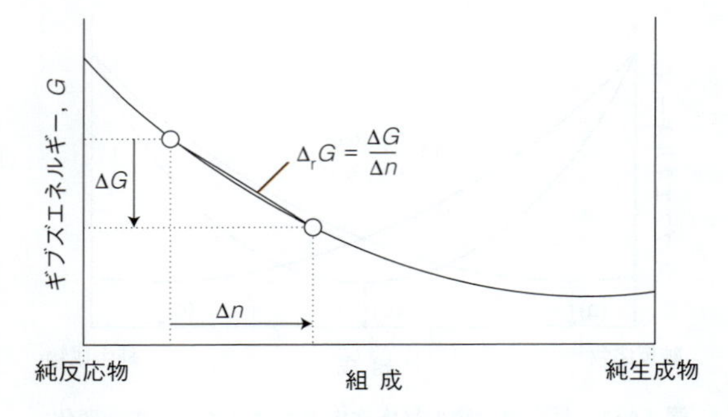

図 4A·2　反応の進行に伴うギブズエネルギーの変化．反応ギブズエネルギー $\Delta_\mathrm{r}G$ が，反応途中のある組成での曲線の勾配とどういう関係にあるかを示している．ΔG も Δn も無限小変化となれば，勾配は $\mathrm{d}G/\mathrm{d}n$ と表せる．

$$\frac{\mathrm{d}G}{\mathrm{d}n} = \mu_{\mathrm{F6P}} - \mu_{\mathrm{G6P}} = \Delta_\mathrm{r}G \qquad \text{(1a)}$$

ここで，$\Delta_\mathrm{r}G$ を解釈する仕方は 2 通りある．一つは，反応混合物のいまの組成での生成物と反応物の化学ポテンシャルの差と考えるものである．もう一つは，$\Delta_\mathrm{r}G$ は n に関する G の導関数であるから，系の組成に対して G をプロットしたグラフの勾配と考えるものである（図 4A·2）．この図からわかるように，反応が進めば反応混合物の組成が変化し，それとともに反応物と生成物の化学ポテンシャルが変わるから，その勾配も変化する．

ヘモグロビンと酸素の結合反応（反応 B）はもう少し複雑である．Hb の物質量が $-\mathrm{d}n$ だけ変化すれば，反応の量論関係によって O_2 の物質量は $-4\mathrm{d}n$，$\mathrm{Hb(O_2)_4}$ の物質量は $+\mathrm{d}n$ だけ変化する．そこで，反応混合物のギブズエネルギー変化は全部で，

$$\begin{aligned}\mathrm{d}G &= \mu_{\mathrm{Hb(O_2)_4}} \times \mathrm{d}n - \mu_{\mathrm{Hb}} \times \mathrm{d}n - \mu_{\mathrm{O_2}} \times 4\mathrm{d}n \\ &= (\mu_{\mathrm{Hb(O_2)_4}} - \mu_{\mathrm{Hb}} - 4\mu_{\mathrm{O_2}})\mathrm{d}n\end{aligned}$$

と表せる．μ_J は反応混合物に含まれる化学種 J の化学ポテンシャルである．したがって，この場合の反応ギブズエネルギーは，

$$\Delta_\mathrm{r}G = \mu_{\mathrm{Hb(O_2)_4}} - \mu_{\mathrm{Hb}} - 4\mu_{\mathrm{O_2}} \qquad \text{(1b)}$$

となる．ここで，化学ポテンシャルの項にはそれぞれの量論係数が掛かっていること，生成物の項から反応物の項を差し引く形で書いてあることに注意しよう．一般の反応（C）ではつぎのようになる．

$$\Delta_\mathrm{r}G = (c\,\mu_\mathrm{C} + d\,\mu_\mathrm{D}) - (a\,\mu_\mathrm{A} + b\,\mu_\mathrm{B}) \qquad \text{(1c)}$$

反応ギブズエネルギー

ここでの化学ポテンシャルは，反応混合物の反応途中の組成における各物質の化学ポテンシャルである．

混合物中に含まれるある物質の化学ポテンシャルは混合物の組成に依存しており，その成分の濃度や分圧が高いときには，それに応じて化学ポテンシャルも高い．このように，$\Delta_\mathrm{r}G$ は組成によって変わる（図 4A·3）．ここで，組成に対し G をプロットしたとき，$\Delta_\mathrm{r}G$ は曲線の勾配に相当したことを思い出そう．混合物の大半が反応物 A と B であれば，μ_A と μ_B の項が大きいので $\Delta_\mathrm{r}G < 0$ となり，G の勾配は負（左側の反応物から右側の生成物に向けて右下がり）である．逆に，混合物の大半が生成物 C と D であれば，μ_C と μ_D の項が大きいので $\Delta_\mathrm{r}G > 0$ であり，G の勾配は正（右上がり）である．$\Delta_\mathrm{r}G < 0$ の組成では，もっと生成物をつくる向きに反応は進もうとする．一方，$\Delta_\mathrm{r}G > 0$ の場合は逆反応が自発的となり，生成物から反応物への分

1）reaction Gibbs energy

解が起こる．$\Delta_r G = 0$（グラフで勾配が 0 で，最小値をとるところ）では，もはや生成物を形成することも反応物に戻ることもない．いい換えれば，ここで反応は平衡となる．つまり，温度および圧力が一定の場合の化学平衡の基準をつぎのように表すことができる．

$$\Delta_r G = 0 \qquad \text{化学平衡の基準} \qquad (2)$$

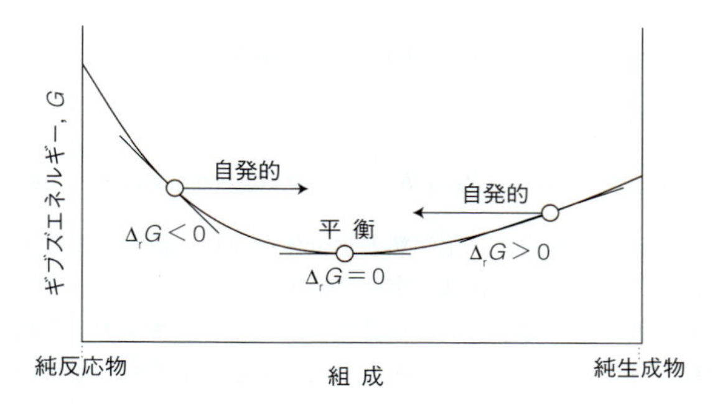

図 4A·3　ギブズエネルギー曲線が最小を示す点は平衡に相当し，ここでは $\Delta_r G = 0$ である．最小となる点より左側では $\Delta_r G < 0$ であり，正反応が自発的である．これに対して右側では $\Delta_r G > 0$ であり，逆反応が自発的となる．

4A·2　$\Delta_r G$ の組成変化

ここでの出発点は，トピック 3C で導いた化学ポテンシャルの組成依存性を表す一般式 ($\mu_J = \mu_J{}^* + RT\ln a_J$) である．$a_J$ は化学種 J の活量である．圧力が標準値 (1 bar) であれば，この式はつぎのように表される．

$$\mu_J = \mu_J{}^\ominus + RT\ln a_J \qquad \text{化学種 J の化学ポテンシャル} \qquad (3)$$

本トピックでは理想系を考え，表 3C·2 で示したつぎの標準状態を選ぶことにする．

理想希薄溶液中の溶質では，$a_J = [J]/c^\ominus$．すなわち，標準濃度 $c^\ominus = 1\ \mathrm{mol\ dm^{-3}}$ に対する J のモル濃度の比．

完全気体では，$a_J = p_J/p^\ominus$．すなわち，標準圧力 $p^\ominus = 1$ bar に対する J の分圧の比．

純粋な固体や液体では，$a_J = 1$.

テーマ 3 で述べたように，式の見かけを単純にしておきたいときは，$c^\ominus$ や $p^\ominus$ を明確に書かないことがある．以下ではそうしよう．

(a)　反 応 比

(3) 式を (1c) 式に代入すれば，

$$\begin{aligned}\Delta_r G &= \{c(\mu_C{}^\ominus + RT\ln a_C) + d(\mu_D{}^\ominus + RT\ln a_D)\} \\ &\quad - \{a(\mu_A{}^\ominus + RT\ln a_A) + b(\mu_B{}^\ominus + RT\ln a_B)\} \\ &= \{(c\,\mu_C{}^\ominus + d\,\mu_D{}^\ominus) - (a\,\mu_A{}^\ominus + b\,\mu_B{}^\ominus)\} \\ &\quad + RT\{c\ln a_C + d\ln a_D - a\ln a_A - b\ln a_B\}\end{aligned}$$

となる．最右辺の第 1 項は**標準反応ギブズエネルギー**[1] $\Delta_r G^\ominus$ である．すなわち，

$$\Delta_r G^\ominus = (c\,\mu_C{}^\ominus + d\,\mu_D{}^\ominus) - (a\,\mu_A{}^\ominus + b\,\mu_B{}^\ominus) \qquad (4a)$$

である．標準状態は純物質についてのものであるから，この式に現れる標準化学ポテンシャルも，すべて純粋な化学種の標準モルギブズエネルギーである．したがって，(4a) 式はつぎのように書いても同じである．

$$\Delta_r G^\ominus = \{cG_m{}^\ominus(\mathrm{C}) + dG_m{}^\ominus(\mathrm{D})\} - \{aG_m{}^\ominus(\mathrm{A}) + bG_m{}^\ominus(\mathrm{B})\} \qquad \text{標準反応ギブズエネルギー} \qquad (4b)$$

この重要な量の内容についてはトピック 4B で詳しく述べる．それで，現時点では，

$$\Delta_r G = \Delta_r G^\ominus + RT\{c\ln a_C + d\ln a_D - a\ln a_A - b\ln a_B\}$$

と書けば，$\Delta_r G$ の式はずっと見やすい形になる．

話を先に進めるために，$\Delta_r G$ の式の右辺の残りの項をつぎのように整理する．

$$c\ln a_C + d\ln a_D - a\ln a_A - b\ln a_B$$

$a\ln x = \ln x^a$

$$= \ln a_C{}^c + \ln a_D{}^d - \ln a_A{}^a - \ln a_B{}^b$$

$\ln x + \ln y = \ln(xy)$

$$= \ln a_C{}^c a_D{}^d - \ln a_A{}^a a_B{}^b$$

$\ln x - \ln y = \ln(x/y)$

$$= \ln\frac{a_C{}^c a_D{}^d}{a_A{}^a a_B{}^b}$$

こうして，得られた式は，

$$\Delta_r G = \Delta_r G^\ominus + RT\ln\frac{a_C{}^c a_D{}^d}{a_A{}^a a_B{}^b} \qquad (5)$$

である．ここで，式の見かけをさらに簡単にするために，反応 (C) の**反応比**[2] Q（無次元）を導入しよう．

1) standard reaction Gibbs energy　2) reaction quotient. 同じ意味の古い名称は "mass action ratio" である．〔訳注：これを "質量作用比" とすると誤解を生じる．ここでの "mass" は物理でいう "質量" を意味していないからである．同じ理由で "mass action law" を "質量作用の法則" とするのも適切でない．〕

$$Q = \frac{a_C{}^c a_D{}^d}{a_A{}^a a_B{}^b}$$ 反応比［定義］ (6)

反応式に現れる量論係数が各化学種の活量に対して累乗の形で入り，生成物を反応物で割った形で Q が表されていることに注意しよう．活量は無次元であるから，Q も無次元の量であることがわかる．こうして，任意の組成の反応混合物について，反応ギブズエネルギーを表す全体式がつぎのように書ける．

$$\Delta_r G = \Delta_r G^{\ominus} + RT \ln Q$$ 反応ギブズエネルギー (7)

単純でありながらきわめて重要なこの式は，今後いろいろ形を変えて何度も現れることになる．

例題 4A・1　反応比の表し方

反応（A）（グルコース 6-リン酸の異性化反応）および反応（B）（ヘモグロビンへの酸素の結合反応）についての反応比を式で表せ．

考え方　表 3C・2 を使って，それぞれの活量をモル濃度や圧力で表す．次に (6) 式を使って，反応比 Q の式を書く．気体や溶質が関与する反応では，Q の式に圧力やモル濃度が含まれる．

解答　反応（A）の反応比は，

$$Q = \frac{a_{\mathrm{F6P}}}{a_{\mathrm{G6P}}} = \frac{[\mathrm{F6P}]/c^{\ominus}}{[\mathrm{G6P}]/c^{\ominus}} = \frac{[\mathrm{F6P}]}{[\mathrm{G6P}]}$$

である．ヘモグロビンへの酸素の結合反応（B）の反応比は，

$$Q = \frac{a_{\mathrm{Hb(O_2)_4}}}{a_{\mathrm{Hb}}\, a_{\mathrm{O_2}}{}^4} = \frac{[\mathrm{Hb(O_2)_4}]/c^{\ominus}}{([\mathrm{Hb}]/c^{\ominus})(p_{\mathrm{O_2}}/p^{\ominus})^4}$$

である．標準濃度や標準圧力を明記しないことにしたので，ここでも単純に，

$$Q = \frac{[\mathrm{Hb(O_2)_4}]}{[\mathrm{Hb}]\, p_{\mathrm{O_2}}{}^4}$$

と表しておく．$p_{\mathrm{O_2}}$ は酸素の分圧を bar 単位で表したときの数値である．（したがって，$p_{\mathrm{O_2}} = 2.0$ bar であれば，この式を使うときには $p_{\mathrm{O_2}} = 2.0$ と書く．）

4A・3 平衡に到達した反応

平衡での反応比は，**平衡定数**[1] K という無次元の値に等しい．

$$K = Q_{\text{平衡}} = \left(\frac{a_C{}^c a_D{}^d}{a_A{}^a a_B{}^b}\right)_{\text{平衡}}$$ 平衡定数［定義］ (8)

K にはふつう“平衡”を添えることはしない．Q で表せば反応途中の任意の進行度における反応比のことであり，一方，K と書けば Q の平衡での値であって，それが平衡組成から計算できることは前後の関係からふつうは明らかだからである．そこで (7) 式から，平衡においては，

$$0 = \Delta_r G^{\ominus} + RT \ln K$$

となるから，

$$\Delta_r G^{\ominus} = -RT \ln K$$ 平衡定数を求める式 (9)

である．この式は，化学熱力学全体を通して最も重要な式の一つである．それは，実験で簡単に得られるデータの平衡濃度と，熱力学量である標準反応ギブズエネルギーを結びつけている式だからである．実験をしなくても，巻末の［資料］に示した熱力学データ表の値を使えば，標準反応ギブズエネルギーを計算することができるし，したがって平衡定数を求めることができる．

簡単な例示 4A・1

グルコースの代謝分解の第一段階は G6P へのリン酸化である．

$$\text{グルコース(aq)} + \mathrm{ATP(aq)} \longrightarrow \mathrm{G6P(aq)} + \mathrm{ADP(aq)}$$

この反応の 25 °C での標準反応ギブズエネルギーは $+22\ \mathrm{kJ\ mol^{-1}}$ である．したがって，(9) 式より，

$$\ln K = -\frac{\Delta_r G^{\ominus}}{RT} = -\frac{(2.2 \times 10^4\ \mathrm{J\ mol^{-1}})}{(8.3145\ \mathrm{J\ K^{-1}\ mol^{-1}}) \times (298\ \mathrm{K})}$$

$$= -\frac{2.2 \times 10^4}{8.3145 \times 298} = -8.87\cdots$$

となる．この反応の平衡定数は反応比と同様，次元をもたない単なる数値であるが，それを計算するために，$e^{\ln x} = x$ の関係を使う．ここで，$x = K$ である．そうすれば，つぎの答が得られる．

$$K = e^{-8.87\cdots} = 1.4 \times 10^{-4}$$

ノート　指数関数（e^x）は，x の値に非常に敏感な関数であるから，一連の数値計算では最後に実行するのがよい．計算の途中で丸め誤差が発生しないためである．

1) equilibrium constant

(a) 平衡組成

平衡定数を使えば，平衡混合物の組成を計算することができる．ただし，平衡濃度や平衡圧力などの具体的な値を求めるには，平衡に達する前の初期値を知っておく必要がある．

例題 4A・2　平衡組成の計算

反応 (A) について考えよう．25 °C では $\Delta_r G^{\ominus} = +1.7\ \mathrm{kJ\ mol^{-1}}$ である．25 °C で G6P と平衡に存在する F6P の全体に対する比 f を計算せよ．f は次式で定義される．

$$f = \frac{[\mathrm{F6P}]}{[\mathrm{F6P}]+[\mathrm{G6P}]}$$

また，F6P の初濃度が $90\ \mathrm{mmol\ dm^{-3}}$，G6P の初濃度が $10\ \mathrm{mmol\ dm^{-3}}$ であったときの平衡における濃度をそれぞれ求めよ．

考え方　まず，f を K で表しておく必要がある．そのために，上の f の式の分子と分母を [G6P] で割る．できた [F6P]/[G6P] は K で置き換えることができる．次に，(9) 式を使って K の値を計算すればよい．

解答　f の式の分子と分母を [G6P] で割れば，

$$f = \frac{[\mathrm{F6P}]/[\mathrm{G6P}]}{([\mathrm{F6P}]/[\mathrm{G6P}])+1} = \frac{K}{K+1}$$

が得られる．平衡定数を求めるには (9) 式をつぎの形に変形しておく．

$$K = \mathrm{e}^{-\Delta_r G^{\ominus}/RT}$$

ここで，

$$\frac{\Delta_r G^{\ominus}}{RT} = \frac{1.7\times 10^3\ \mathrm{J\ mol^{-1}}}{(8.3145\ \mathrm{J\ K^{-1}\ mol^{-1}})\times(298\ \mathrm{K})} = \frac{1.7\times 10^3}{8.3145\times 298} = 0.68\cdots$$

である．したがって，

$$K = \mathrm{e}^{-0.68\cdots} = 0.50\cdots$$

また，

$$f = \frac{0.50\cdots}{0.50\cdots+1} = 0.33$$

が得られる．すなわち，平衡では溶質の 33 パーセントが F6P で，残り 67 パーセントは G6P である．はじめの溶液中の F6P と G6P の全濃度は $100\ \mathrm{mmol\ dm^{-3}}$ であったから，平衡濃度は F6P が $33\ \mathrm{mmol\ dm^{-3}}$，G6P が $67\ \mathrm{mmol\ dm^{-3}}$ である．

(b) 平衡定数の意義

(9) 式から重要なことがいえる．すなわち，$\Delta_r G^{\ominus} < 0$ ならば $K > 1$ である (あるいは，$\Delta_r G^{\ominus} > 0$ ならば $K < 1$ である)．表 4A・1 に，$\Delta_r G^{\ominus} < 0$ で $K > 1$ となる条件をまとめておく．$\Delta_r G^{\ominus} = \Delta_r H^{\ominus} - T\Delta_r S^{\ominus}$ であるから，$\Delta_r H^{\ominus} < 0$ (発熱反応) で $\Delta_r S^{\ominus} > 0$ (反応によって気体が生成される場合など，より無秩序になる反応系) のときには標準反応ギブズエネルギーは確実に負となる．吸熱反応 ($\Delta_r H^{\ominus} > 0$) であっても $T\Delta_r S^{\ominus}$ の項が正で大きな値をとるようなことがあれば，標準反応ギブズエネルギーは負になりうる．ここで，吸熱反応でありながら $\Delta_r G^{\ominus} < 0$ であるためには，標準反応エントロピーが正でなければならないことに注意しよう．しかも，$T\Delta_r S^{\ominus}$ の項が $\Delta_r H^{\ominus}$ より大きくなるためには，温度が十分高くなければならない (図 4A・4)．このとき，$\Delta_r G^{\ominus}$ の正から負への切り替わり，すなわち $K < 1$ (反応は“進まない”) から $K > 1$ (反応は“進む”) への切り替わりは，$\Delta_r H^{\ominus} - T\Delta_r S^{\ominus}$ を 0 にする温度で起こる．その温度はつぎのように表される．

$$T = \frac{\Delta_r H^{\ominus}}{\Delta_r S^{\ominus}} \qquad \text{吸熱反応が自発的になる最低の温度} \qquad (10)$$

表 4A・1　反応が自発的に起こるための熱力学的な基準

1. 発熱反応 ($\Delta_r H^{\ominus} < 0$) で，$\Delta_r S^{\ominus} > 0$ のときには，あらゆる温度で $\Delta_r G^{\ominus} < 0$ であり $K > 1$ である．
2. 発熱反応 ($\Delta_r H^{\ominus} < 0$) で，$\Delta_r S^{\ominus} < 0$ のときには，$T < \Delta_r H^{\ominus}/\Delta_r S^{\ominus}$ である場合に限って $\Delta_r G^{\ominus} < 0$ であり $K > 1$ である．
3. 吸熱反応 ($\Delta_r H^{\ominus} > 0$) で，$\Delta_r S^{\ominus} > 0$ のときには，$T > \Delta_r H^{\ominus}/\Delta_r S^{\ominus}$ である場合に限って $\Delta_r G^{\ominus} < 0$ であり $K > 1$ である．
4. 吸熱反応 ($\Delta_r H^{\ominus} > 0$) で，$\Delta_r S^{\ominus} < 0$ のときには，どの温度でも $\Delta_r G^{\ominus} < 0$ や $K > 1$ はありえない．

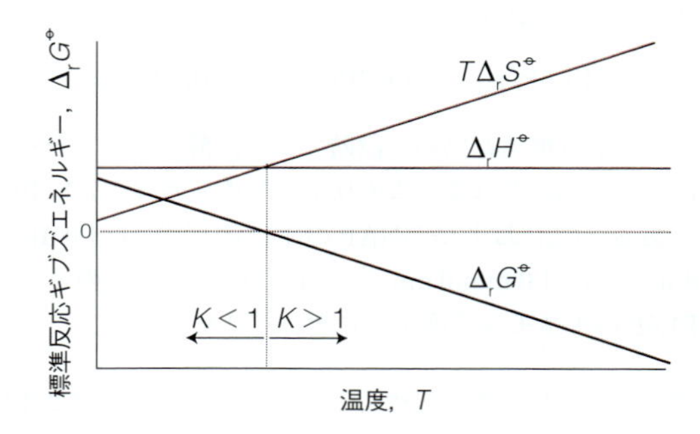

図 4A・4　吸熱反応では，温度が十分高くて $T\Delta_r S^{\ominus}$ 項が大きく，この項を $\Delta_r H^{\ominus}$ から差し引いて得られる $\Delta_r G^{\ominus}$ が負になる場合に限って，$K > 1$ となる．

ところで，$K > 1$ のとき平衡では生成物が優勢と考えたくなるだろう．つまり，$\Delta_r G^\ominus < 0$ ならその反応は熱力学的には，よい反応だと結論したくなる（図4A･5）．逆に $\Delta_r G^\ominus > 0$ なら（9）式によって $K < 1$ であるから，平衡に達した反応混合物中には反応物が多く残ると考えたくなる．つまり，$\Delta_r G^\ominus > 0$ の反応は熱力学的にはあまりよくない反応と決めつけるのである．確かに例題4A･2のような反応では，このような大雑把な見方でもよい．しかし，それでは誤解を招きかねない場合がある．たとえば，平衡反応 $A \rightleftharpoons B + C$ において $K = 1$ の場合を考えよう．平衡混合物の濃度として，A, B, C すべてのモル濃度が 1 mol dm^{-3} かもしれないが，B と C のモル濃度が 1 mmol dm^{-3} で，A のモル濃度が 1 μmol dm^{-3} の場合だってある．このような問題は，反応混合物の初期組成や反応物と生成物の量論関係，あるいは反応混合物の組成に関する追加の情報を考えれば解決できる．それをつぎの例題で示そう．

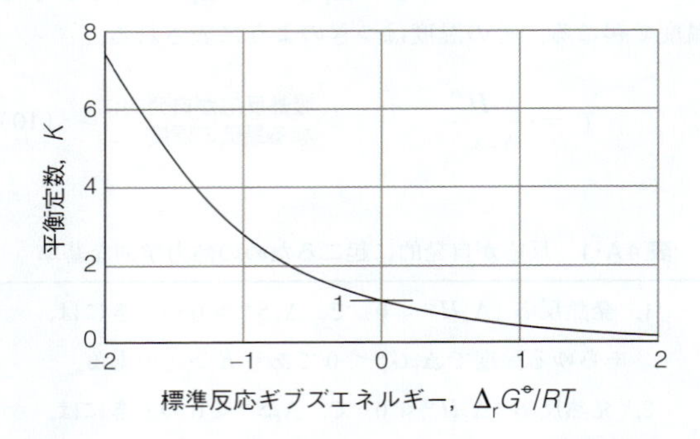

図4A･5　標準反応ギブズエネルギーとその反応の平衡定数の関係．

例題4A･3　平衡位置の計算

フルクトース1,6-ビスリン酸（F1,6P または FBP）は，グリセルアルデヒド3-リン酸（G3P）とジヒドロキシアセトンリン酸（DHAP，1,3-ジヒドロキシ2-プロパノンリン酸）に分解される．

$$\text{F1,6P(aq)} \longrightarrow \text{G3P(aq)} + \text{DHAP(aq)}$$

この反応は解糖経路の一段階であり，酵素アルドラーゼによって触媒される．この反応の平衡定数は 1.7×10^{-5} である．G3P および DHAP の平衡濃度が（i）1.0 μmol dm^{-3}，（ii）1.0 mmol dm^{-3}，（iii）1.0 mol dm^{-3} のときの F1,6P の平衡モル濃度をそれぞれ計算せよ．

考え方　理想系として扱えると仮定して，反応物と生成物の濃度によって平衡定数を表す式を書く．次に，それを F1,6P のモル濃度を与える式に変形する．最後に，与えられたデータを代入すればよい．

解答　この反応の平衡定数は，

$$K = \frac{[\text{G3P(aq)}][\text{DHAP(aq)}]}{[\text{F1,6P(aq)}]}$$

である．[…] は平衡濃度の数値（$c^\ominus$ を省略したから）である．したがって，

$$[\text{F1,6P(aq)}] = \frac{[\text{G3P(aq)}][\text{DHAP(aq)}]}{K}$$

と表せる．ここで，$K = 1.7 \times 10^{-5}$ である．そこで，平衡濃度をまとめればつぎのようになる．

	[G3P(aq)]/(mol dm^{-3})	[DHAP(aq)]/(mol dm^{-3})	[F1,6P(aq)]/(mol dm^{-3})
(i)	1.0×10^{-6}	1.0×10^{-6}	5.9×10^{-8}
(ii)	1.0×10^{-3}	1.0×10^{-3}	5.9×10^{-2}
(iii)	1.0	1.0	5.9×10^{4}

コメント　$K = 1.7 \times 10^{-5}$ という値を見れば，平衡では反応物が過剰に存在していると考えがちである．確かに，生成物の濃度が 1 mol dm^{-3} の場合はそうなっている．しかしながら，生成物濃度がずっと低い場合は生成物が過剰である．これら三つの化学種の典型的な細胞内濃度は，0.1〜2 mmol dm^{-3} であるから，このような条件下で反応が平衡に到達したなら（実際，生体内におけるこれら代謝物の濃度は平衡に近い），反応物と生成物の量は似たものになるだろう．

4A･4　具体例：ミオグロビンとヘモグロビンの酸素との結合

生化学的な平衡は，これまで考えてきた平衡に比べるとずっと複雑であるが，解析には同じ方針が使える．その複雑な過程の一例は，ヘモグロビンに対する O_2 の結合反応である．このタンパク質（Hb，巻末の構造図P7）は四量

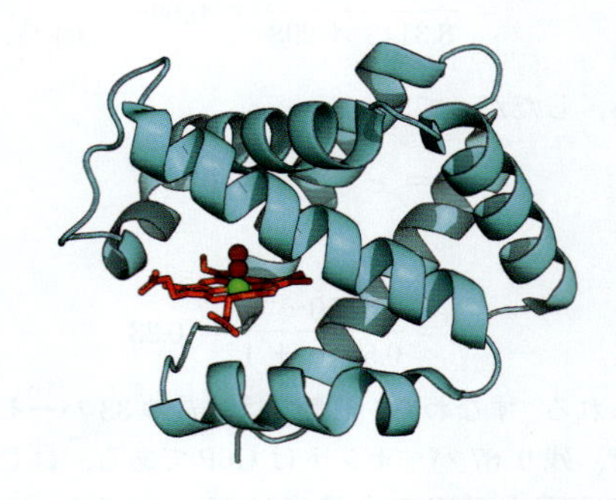

図4A･6　ヒトのヘモグロビン分子を構成する4本のポリペプチド鎖の一つ．この鎖は酸素貯蔵タンパク質のミオグロビンに似ていて，らせん領域が数個ある．ヘム基は左下にある．

体構造をしており，それぞれのポリペプチドがヘム基を1個もち（図4A･6）血液中でO_2を運んでいる．これと構造が似た単量体で同じ遺伝子ファミリーに属するタンパク質ミオグロビン（Mb，構造図P10）は，筋肉中で酸素を蓄えている．どちらのタンパク質でもO_2分子はヘム基（構造図R2）の鉄イオンに付く．

まず，MbとO_2の間に成り立つつぎの平衡を考えよう．

$$\mathrm{Mb(aq)} + \mathrm{O_2(g)} \rightleftharpoons \mathrm{MbO_2(aq)} \qquad K = \frac{[\mathrm{MbO_2}]}{[\mathrm{Mb}]p_{\mathrm{O_2}}}$$

$p_{\mathrm{O_2}}$は酸素の分圧（単位はbar）の数値である．これから，酸素飽和度[1] s，つまり全Mb分子のうちの酸化形の割合は，

$$s = \frac{[\mathrm{MbO_2}]}{[\mathrm{Mb}]_{\mathrm{total}}} = \frac{[\mathrm{MbO_2}]}{[\mathrm{Mb}]+[\mathrm{MbO_2}]} = \frac{[\mathrm{MbO_2}]/[\mathrm{Mb}]}{1+[\mathrm{MbO_2}]/[\mathrm{Mb}]}$$

で表される．Kを用いてこの式を表せば，

$$s = \frac{Kp_{\mathrm{O_2}}}{1+Kp_{\mathrm{O_2}}} \qquad \text{ミオグロビンの酸素飽和度} \qquad (11)$$

が得られる．sの$p_{\mathrm{O_2}}$依存性を図4A･7に示す．次に，HbとO_2の間に成り立つ平衡を考えよう．ヘモグロビンの酸素飽和度は，

$$s = \frac{[\mathrm{O_2}]_{\mathrm{bound}}}{4[\mathrm{Hb}]_{\mathrm{total}}}$$

$$= \frac{[\mathrm{HbO_2}]+2[\mathrm{Hb(O_2)_2}]+3[\mathrm{Hb(O_2)_3}]+4[\mathrm{Hb(O_2)_4}]}{4\{[\mathrm{Hb}]+[\mathrm{HbO_2}]+[\mathrm{Hb(O_2)_2}]+[\mathrm{Hb(O_2)_3}]+[\mathrm{Hb(O_2)_4}]\}}$$

で表される．ここで，$4[\mathrm{Hb}]_{\mathrm{total}}$の4は，各Hb分子には酸素の結合サイトが4個あることを表している．次に，それぞれの化学種の平衡モル濃度を具体的に知る必要がある．一つの方法は，逐次モデル[2]（KNFモデル[3]ともいう）を用いるもので，それはつぎの逐次平衡に基づいている．

$$\mathrm{Hb(aq)} + \mathrm{O_2(g)} \rightleftharpoons \mathrm{HbO_2(aq)} \qquad K_1 = \frac{[\mathrm{HbO_2}]}{[\mathrm{Hb}]\,p_{\mathrm{O_2}}}$$

$$\mathrm{HbO_2(aq)} + \mathrm{O_2(g)} \rightleftharpoons \mathrm{Hb(O_2)_2(aq)} \qquad K_2 = \frac{[\mathrm{Hb(O_2)_2}]}{[\mathrm{HbO_2}]\,p_{\mathrm{O_2}}}$$

$$\mathrm{Hb(O_2)_2(aq)} + \mathrm{O_2(g)} \rightleftharpoons \mathrm{Hb(O_2)_3(aq)} \qquad K_3 = \frac{[\mathrm{Hb(O_2)_3}]}{[\mathrm{Hb(O_2)_2}]\,p_{\mathrm{O_2}}}$$

$$\mathrm{Hb(O_2)_3(aq)} + \mathrm{O_2(g)} \rightleftharpoons \mathrm{Hb(O_2)_4(aq)} \qquad K_4 = \frac{[\mathrm{Hb(O_2)_4}]}{[\mathrm{Hb(O_2)_3}]\,p_{\mathrm{O_2}}}$$

これらの平衡定数を使えば，[Hb]を用いて$[\mathrm{HbO_2}]$を表し，$[\mathrm{HbO_2}]$を用いて$[\mathrm{Hb(O_2)_2}]$を表すという具合に逐次求めることができ，すべての濃度を[Hb]を用いて表すことができる．すなわち，

$$[\mathrm{HbO_2}] = K_1[\mathrm{Hb}]p_{\mathrm{O_2}}$$
$$[\mathrm{Hb(O_2)_2}] = K_1K_2[\mathrm{Hb}]p_{\mathrm{O_2}}^2$$
$$[\mathrm{Hb(O_2)_3}] = K_1K_2K_3[\mathrm{Hb}]p_{\mathrm{O_2}}^3$$
$$[\mathrm{Hb(O_2)_4}] = K_1K_2K_3K_4[\mathrm{Hb}]p_{\mathrm{O_2}}^4$$

と書ける．これらの式をsの定義式に代入すれば，

$$s = \frac{(1+2K_2p_{\mathrm{O_2}}+3K_2K_3p_{\mathrm{O_2}}^2+4K_2K_3K_4p_{\mathrm{O_2}}^3)K_1p_{\mathrm{O_2}}}{4(1+K_1p_{\mathrm{O_2}}+K_1K_2p_{\mathrm{O_2}}^2+K_1K_2K_3p_{\mathrm{O_2}}^3+K_1K_2K_3K_4p_{\mathrm{O_2}}^4)}$$

ヘモグロビンの酸素飽和度 (12)

と書ける．$p_{\mathrm{O_2}}$をbar単位の数値で表すと，$K_1 = 8$，$K_2 = 16$，$K_3 = 32$，$K_4 = 64$とすれば実験データをほぼ再現することがわかっている．

ここで，上の平衡定数の値が酸素との結合の度合いとともに増加していることに注目しよう．このヘモグロビンへのO_2の結合は**協同的な結合**[4]の一例である．協同的という意味は，生体高分子（いまの場合はHb）へのリガンド（いまの場合はO_2）の結合が，すでに結合しているリガンドの数が増加するほど熱力学的に都合のよいものになり（つまり，平衡定数がますます増加し）さらに結合が進んで，ついには結合サイトの最大数にまで到達するということである．図4A･7には，このような協同性の効果が見られる．ミオグロビンの飽和曲線と違って，ヘモグロビンではS字形をしている．すなわち，リガンド濃度が低いとき飽和度は低いが，ある程度まで濃度が増加すると飽和度が

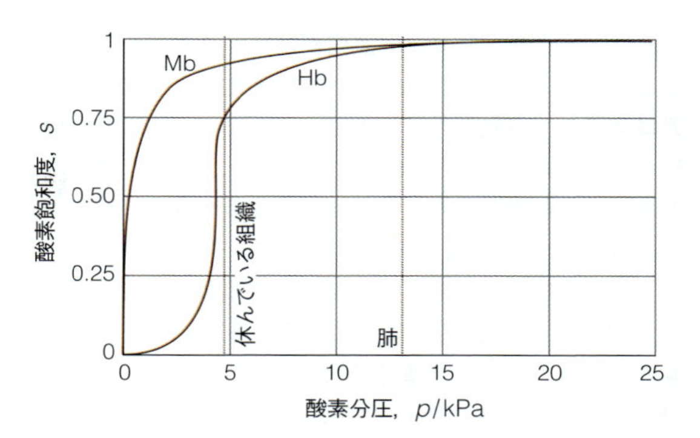

図4A･7 ミオグロビン分子とヘモグロビン分子における酸素飽和度の酸素分圧による変化．両者で曲線の形が違うのは，この2種のタンパク質で生物機能が異なることによる．

1) fractional oxygen saturation　2) sequential model　3) Koshland–Nemethy–Filmer model　4) cooperative binding

急激に高くなり，リガンド濃度が高いところで一定値に到達している．ヘモグロビンによる O_2 の協同的な結合は，**アロステリック効果**[1]で説明されている．それは，1個のリガンドが結合すると分子のコンホメーションに調整が起こり，それが次のリガンドが結合するのを容易にする効果である（トピック 4G）．

ミオグロビンとヘモグロビンとで飽和曲線の形が違うのは，体内で O_2 を使えるようにする仕方の違いを反映したものであり，これは重要な点である．肺では $p_{O_2} \approx 14$ kPa（105 Torr）であり，Hb は $s \approx 0.98$ であるから，ほぼ完全に酸素が飽和している．一方，休んでいる筋肉組織の p_{O_2} は約 5 kPa（38 Torr）で，これは $s \approx 0.75$ に相当している．この値は，何か急激な運動が起きてもまだ十分な O_2 が用意してあることを示している．もし，この部位で分圧が 3 kPa（23 Torr）まで落ちると s は約 0.1 となる．ここで，ヘモグロビンの曲線のもっとも急な箇所が，いろいろな組織の酸素分圧の範囲を広くカバーしていることに注目しよう．これに対してミオグロビンでは，p_{O_2} が約 3 kPa 以下になってはじめて酸素を放出し始める．したがって，Hb が酸素を使い果たしてしまったとき，ミオグロビンは酸素の貯蔵庫としての役目をはじめて果たすことになる．Hb の酸素供給の役目で重要なところは，局所的な酸素濃度変化に対応するための結合の感度が高いことである．この感度が高いということは，筋肉の局所的な酸素濃度が少し低くなるだけでこのキャリアによる酸素供給が始まるということであり，非協同的な結合様式を示す酸素貯蔵分子ミオグロビンの場合と違って，大気の酸素濃度よりずっと低くなるまで待つ必要がないのである．

重要事項のチェックリスト

□ 1．反応混合物を温度一定，圧力一定の条件下におけば，その組成はギブズエネルギーが最小になるまで調節される傾向にある．

□ 2．**協同的な結合**では，生体高分子へのリガンドの結合が，すでに結合しているリガンドの数が増加するほど熱力学的に都合のよいものになり（つまり，平衡定数がますます増加し）さらに結合が進んで，ついには結合サイトの最大数にまで到達する．

□ 3．**アロステリック効果**は，1個のリガンドが結合すると分子のコンホメーションに調整が起こり，それが次のリガンドが結合するのを容易にする効果である．

重要な式の一覧*

式の内容	式	備　考	式番号
反応ギブズエネルギー	$\Delta_r G = (c\,\mu_C + d\,\mu_D) - (a\,\mu_A + b\,\mu_B)$	反応途中の値	1c
平衡条件	$\Delta_r G = 0$	温度一定および圧力一定	2
標準反応ギブズエネルギー	$\Delta_r G^\ominus = \{c\,G_m^\ominus(C) + d\,G_m^\ominus(D)\} - \{a\,G_m^\ominus(A) + b\,G_m^\ominus(B)\}$	定　義	4b
反応比	$Q = a_C^{\,c}\,a_D^{\,d}/a_A^{\,a}\,a_B^{\,b}$	定　義	6
反応ギブズエネルギー	$\Delta_r G = \Delta_r G^\ominus + RT\ln Q$		7
平衡定数	$K = Q_{平衡} = (a_C^{\,c}\,a_D^{\,d}/a_A^{\,a}\,a_B^{\,b})_{平衡}$	定　義	8
平衡定数との熱力学的関係	$\Delta_r G^\ominus = -RT\ln K$		9
$K > 1$ になる最低の温度	$T = \Delta_r H^\ominus / \Delta_r S^\ominus$	吸熱反応の場合	10

* ここでの定義式は，反応式を aA + bB → cC + dD としたときのものである．

1) allosteric effect

トピック 4B

標準反応ギブズエネルギー

➤ 学ぶべき重要性

標準反応ギブズエネルギーは，化学平衡を論じたり，平衡定数を計算したりするうえで重要である.

➤ 習得すべき事項

平衡定数や標準反応ギブズエネルギーは，反応物と生成物の標準生成ギブズエネルギーを用いて計算することができる．その化合物の標準生成ギブズエネルギーは熱力学的な安定性を表す尺度になっている.

➤ 必要な予備知識

本トピックでは，平衡定数とトピック 4A で説明した標準反応ギブズエネルギーとの関係に基づいて話を進める．標準状態の定義（トピック 1D）や反応ギブズエネルギーと反応混合物の組成の関係（トピック 4A）も用いる.

まず，反応の平衡定数 K と標準反応ギブズエネルギーの関係，すなわちトピック 4A の (9) 式 ($\Delta_r G^{\ominus} = -RT \ln K$) から話を始めよう．たとえば，$\Delta_r G^{\ominus}$ が負の値であれば $K > 1$ であるから，平衡では (もし達成しているなら) 生成物が優勢である．しかし，細胞内で平衡に到達している反応はほとんどないから，反応の自発性や非自発性を決めているのは反応物か生成物が優勢に存在する濃度での $\Delta_r G$ の値である．たとえば，$\Delta_r G < 0$ なら 反応物→もっと生成物 をつくる過程が自発的である．ただし，速度論的な理由 (たとえば，適切な酵素が存在しないなど) で，実際には進まない反応があることは注意すべきである．このように，$\Delta_r G^{\ominus}$ が (K との関係によって) 平衡に到達したときの組成を示しているのに対して，注目している反応が細胞内の条件下で自発的かどうかを教えてくれるのは $\Delta_r G$ である．細胞内でよくある条件のもとでは，たとえば ATP の加水分解や炭水化物の酸化反応は自発的である．たとえその反応が自発的でなくても，別の反応と共役することによって生成物ができる向きに駆動されれば進行する (トピック 4D)．実際のところ，駆動する反応と駆動される反応が複雑に絡み合った結果として，“生命” はごくふつうに営まれているのである.
$\Delta_r G^{\ominus}$ と $\Delta_r G$ の明確な区別が重要であると述べたが，それは $\Delta_r G^{\ominus}$ が生化学では重要でないという意味ではない．$\Delta_r G$ を計算するには，トピック 4A で説明したつぎの関係を利用して $\Delta_r G^{\ominus}$ を必ず使うからである.

$$\Delta_r G = \Delta_r G^{\ominus} + RT \ln Q \qquad (1)$$

Q は，注目する反応の反応比である．化学反応が起これば，それを論じるうえで標準反応ギブズエネルギーが重要なのは明らかである．本トピックでは標準反応ギブズエネルギーについて詳しく説明する.

トピック 4A で述べたように，標準反応ギブズエネルギー $\Delta_r G^{\ominus}$ は，生成物と反応物の標準モルギブズエネルギーの差で定義される．ただし，化学反応式に現れる量論係数 ν を重みとしてつけておかなければならない．トピック 4A の (4b) 式は，反応 $a\mathrm{A} + b\mathrm{B} \rightarrow c\mathrm{C} + d\mathrm{D}$ について $\Delta_r G^{\ominus}$ の定義を示したもので,

$$\Delta_r G^{\ominus} = \{cG_m^{\ominus}(\mathrm{C}) + dG_m^{\ominus}(\mathrm{D})\} - \{aG_m^{\ominus}(\mathrm{A}) + bG_m^{\ominus}(\mathrm{B})\}$$

であった．これを一般化すれば次式で表される.

$$\Delta_r G^{\ominus} = \sum \nu G_m^{\ominus}(\text{生成物}) - \sum \nu G_m^{\ominus}(\text{反応物})$$

標準反応ギブズエネルギー［定義］ (2)

ここで，標準モルギブズエネルギーそのものの絶対値はわからない．実際には，標準生成エンタルピーから標準反応エンタルピーを計算し (トピック 1E)，標準 (第三法則) エントロピーから標準反応エントロピーを求め (トピック 2A および 2B)，次式を使って両者を結びつけている.

$$\Delta_r G^{\ominus} = \Delta_r H^{\ominus} - T\Delta_r S^{\ominus}$$

$\Delta_r G^{\ominus}$ の構成 (3)

例題 4B・1　酵素触媒反応の標準反応ギブズエネルギーの計算

反応 $CO_2(g) + H_2O(l) \rightarrow H_2CO_3(aq)$ の 25 °C での標準反応ギブズエネルギーを計算せよ．この反応は，赤血球における酵素 炭酸デヒドラターゼによる触媒反応である.

考え方　まず，必要な標準生成エンタルピーと標準エントロピーの値を巻末の［資料］から得る．それを使って次式から，標準反応エンタルピーと標準反応エントロピーを計算する．

$$\Delta_r H^{\ominus} = \sum \nu \Delta_f H^{\ominus}(\text{生成物}) - \sum \nu \Delta_f H^{\ominus}(\text{反応物})$$

$$\Delta_r S^{\ominus} = \sum \nu S_m^{\ominus}(\text{生成物}) - \sum \nu S_m^{\ominus}(\text{反応物})$$

最後に，(3) 式により標準反応ギブズエネルギーを計算すればよい．

解答　標準反応エンタルピーは，

$$\begin{aligned}\Delta_r H^{\ominus} &= \Delta_f H^{\ominus}(H_2CO_3, aq) \\ &\quad - \{\Delta_f H^{\ominus}(CO_2, g) + \Delta_f H^{\ominus}(H_2O, l)\} \\ &= -699.65\ \text{kJ mol}^{-1} \\ &\quad - \{(-393.51\ \text{kJ mol}^{-1}) + (-285.83\ \text{kJ mol}^{-1})\} \\ &= -20.31\ \text{kJ mol}^{-1}\end{aligned}$$

である．標準反応エントロピーは［簡単な例示 2B·1］で計算した．

$$\Delta_r S^{\ominus} = -96.3\ \text{J K}^{-1}\ \text{mol}^{-1}$$

ここで，96.3 J は 9.63×10^{-2} kJ であるから，上の値は -9.63×10^{-2} kJ K^{-1} mol^{-1} に等しい．したがって，(3) 式からつぎの答が得られる．

$$\begin{aligned}\Delta_r G^{\ominus} &= (-20.31\ \text{kJ mol}^{-1}) \\ &\quad - (298.15\ \text{K}) \times (-9.63 \times 10^{-2}\ \text{kJ K}^{-1}\text{mol}^{-1}) \\ &= +8.40\ \text{kJ mol}^{-1}\end{aligned}$$

コメント　$\Delta_r G^{\ominus}$ の値が正であることは，この反応の平衡定数が 1 以下であることを示しているから，25 °C で平衡に達した反応は反応物が優勢である．この反応を進行させるには，生成した生成物を直ちに取除く必要があり，それによって反応が平衡に達するのを回避すればよい．生物系でこの方法を実行するには，できた生成物を化学的に消費してしまうか，あるいは反応の場から生成物を外に運び出してしまえばよい．実際，動物ではグルコースの酸化で生成した CO_2 をいったん炭酸水素塩に変換しており，それを肺に送り返して，そこで CO_2 として排出しているのである．

4B・1　標準生成ギブズエネルギー

物質の標準反応エンタルピーを求めるのに，標準生成エンタルピーを使う方法についてはトピック 1E で説明し，すぐ上の例題でも具体例を示した．同じやり方で，標準反応ギブズエネルギーを求めることもできる．そのために必要な**標準生成ギブズエネルギー**[1] $\Delta_f G^{\ominus}$ の値を，いろいろな物質について表にしてある．標準生成ギブズエネルギーとは，基準状態にある元素（単体）を出発物質として生成するときの（目的とする化学種のモル当たりの）標準反応ギブズエネルギーである．基準状態という考えはトピック 1E で導入した．すなわち，元素の基準状態とは，ふつうの条件下で最も安定に存在する元素の形態のことである．（“基準状態”と“標準状態”を混同してはならない．ただし，元素の基準状態が 1 bar の圧力下にあれば，それは標準状態にある．）その温度は任意であるが，よほどでない限り本書でも 25.00 °C (298.15 K) を採用している．たとえば，液体の水の標準生成ギブズエネルギー $\Delta_f G^{\ominus}(H_2O, l)$ は，つぎの反応の標準反応ギブズエネルギーである．

$$H_2(g) + \tfrac{1}{2}O_2(g) \longrightarrow H_2O(l)$$

その 298.15 K での値は -237 kJ mol^{-1} である．代表的な物質について標準生成ギブズエネルギーの値を表 4B·1 に，また，もっと多くの物質については巻末の［資料］に示してある．その定義から明らかなように，基準状態にある元素の標準生成ギブズエネルギーは，たとえば，C(s, グラファイト) → C(s, グラファイト) という反応では何も起こらないから 0 である．しかし，同じ元素であっても基準状態と異なる相にあれば，その標準生成ギブズエネルギーは 0 にはならない．たとえば，

表 4B·1　298.15 K における標準生成ギブズエネルギー*

物　質	$\Delta_r G^{\ominus}/(\text{kJ mol}^{-1})$
気　体	
二酸化炭素，CO_2	−394.36
メタン，CH_4	−50.72
一酸化窒素，NO	+86.55
水，H_2O	−228.57
液　体	
エタノール，CH_3CH_2OH	−174.78
過酸化水素，H_2O_2	−120.35
水，H_2O	−237.13
固　体	
α-D-グルコース，$C_6H_{12}O_6$	−917.2
グリシン，$CH_2(NH_2)COOH$	−373.4
スクロース，$C_{12}H_{22}O_{11}$	−1543
尿素，$CO(NH_2)_2$	−197.33
水溶液中の溶質	
二酸化炭素，CO_2	−385.98
炭酸，H_2CO_3	−623.08
リン酸，H_3PO_4	−1018.7

＊　これ以外の物質についても巻末の［資料］に示してある．

1) standard Gibbs energy of formation

$$\mathrm{C(s,\ グラファイト)} \longrightarrow \mathrm{C(s,\ ダイヤモンド)}$$

$$\Delta_f G^{\ominus}(\mathrm{C,\ ダイヤモンド}) = +2.90\ \mathrm{kJ\ mol^{-1}}$$

である．表に載せてある値の大部分は，例題 4B・1 で示したように，いろいろな化学種の標準生成エンタルピーと，それら化合物および元素の標準エントロピーを組合わせて得たものである．しかし，標準生成ギブズエネルギーを求める方法はこれ以外にもあり，それについては後で述べる（テーマ 5 を見よ）．

標準生成ギブズエネルギーをうまく組合わせれば，ほとんどの標準反応ギブズエネルギーを計算によって求めることができる．それには使い慣れたつぎの形の式を使えばよい．

$$\Delta_r G^{\ominus} = \sum \nu \Delta_f G^{\ominus}(\text{生成物}) - \sum \nu \Delta_f G^{\ominus}(\text{反応物})$$

標準反応ギブズエネルギーの計算　(4)

簡単な例示 4B・1

固体スクロース $C_{12}H_{22}O_{11}(s)$ が気体酸素により完全に酸化され，気体二酸化炭素と液体の水ができるつぎの反応，

$$C_{12}H_{22}O_{11}(s) + 12O_2(g) \longrightarrow 12CO_2(g) + 11H_2O(l)$$

の標準反応ギブズエネルギーを求めるには，つぎの計算を行えばよい．

$$\begin{aligned}\Delta_r G^{\ominus} &= \{12\Delta_f G^{\ominus}(CO_2, g) + 11\Delta_f G^{\ominus}(H_2O, l)\} \\ &\quad - \{\Delta_f G^{\ominus}(C_{12}H_{22}O_{11}, s) + 12\Delta_f G^{\ominus}(O_2, g)\} \\ &= \{12\times(-394\ \mathrm{kJ\ mol^{-1}}) + 11\times(-237\ \mathrm{kJ\ mol^{-1}})\} \\ &\quad - \{-1543\ \mathrm{kJ\ mol^{-1}} + 0\} \\ &= -5.79\times10^3\ \mathrm{kJ\ mol^{-1}}\end{aligned}$$

4B・2　生化学的標準状態

溶質の標準状態として，熱力学的な定義では活量 1 での状態を採用している．これは，溶液が理想的であると仮定したときの $c^{\ominus} = 1\ \mathrm{mol\ dm^{-3}}$ に相当している．しかし，水素イオンの標準状態として通常採用している条件（$a_{H_3O^+} = 1$，すなわち pH = 0 に相当．これは強い酸性溶液である）は，細胞内でふつう見られる生物学的な条件からほど遠く，標準状態としては適当でない．実際，細胞質基質の pH は 7 に近いのである（pH についてはトピック 4E で詳しく説明する）．そこで生化学の分野では，pH = 7 の中性溶液を**生化学的標準状態**[1] に採用するのがふつうである．このような習慣に従うときは，対応する熱力学関数を $X^{\ominus\prime}$ で表すことにする．ここで，$X = H, S, G$ である．トピック 4A の (7) 式（$\Delta_r G = \Delta_r G^{\ominus} + RT \ln Q$）を使えば，この 2 種の標準反応ギブズエネルギーの関係が求められる．

導出過程 4B・1　生化学的標準状態と熱力学的標準状態の関係

ここでは，つぎの形の反応について考える必要がある．

$$\text{反応物} + \nu H_3O^+(aq) \longrightarrow \text{生成物}$$

もし，ヒドロニウムイオン†（H_3O^+）が生成物側に現れる場合は，ν を負にして考えればよいだけで，そうすれば，

$$\text{反応物} - \nu H_3O^+(aq) \longrightarrow \text{生成物}$$

となる．これは，つぎの式と等価である．

$$\text{反応物} \longrightarrow \text{生成物} + \nu H_3O^+(aq)$$

さて，はじめの反応に戻って反応比を書けば，

$$Q = \frac{a_{\text{生成物}}}{a_{\text{反応物}} a_{H_3O^+}^{\nu}}$$

である．もし，ヒドロニウムイオン以外の反応物と生成物すべてが通常の熱力学的標準状態にあれば，その活量は 1 であるから，

$$Q = \frac{1}{a_{H_3O^+}^{\nu}}$$

となる．そこで，$\Delta_r G = \Delta_r G^{\ominus} + RT \ln Q$ の関係を使えば，

$$\Delta_r G = \Delta_r G^{\ominus} + RT \ln \frac{1}{a_{H_3O^+}^{\nu}} \overset{\ln(1/x) = -\ln x}{=} \Delta_r G^{\ominus} - RT \ln a_{H_3O^+}^{\nu} \overset{\ln x^y = y \ln x}{=} \Delta_r G^{\ominus} - \nu RT \ln a_{H_3O^+}$$

と書ける．pH = 7 で定義する生化学的標準状態は，$a_{H_3O^+} = 10^{-7}$ に相当するから，生化学的標準反応ギブズエネルギーは（$\ln 10^{-7} = -7 \ln 10$ であるから），

$$\boxed{\Delta_r G^{\ominus\prime} = \Delta_r G^{\ominus} + 7\nu RT \ln 10}$$

熱力学的標準反応ギブズエネルギーと生化学的標準反応ギブズエネルギーの関係　(5)

である．反応に水素イオンが関与していなければ（$\nu = 0$），両者の標準反応ギブズエネルギーに差はない．

† 訳注：オキソニウムイオンともいう．
1) biochemical standard state.〔訳注：生物学的標準状態（biological standard state）ともいう．〕

簡単な例示 4B・2

ATPの加水分解がつぎの反応式で表せるとしよう．

$$\mathrm{ATP^{4-}(aq) + 2\,H_2O(l) \longrightarrow ADP^{3-}(aq) + HPO_4{}^{2-}(aq) + H_3O^+(aq)}$$

その標準反応ギブズエネルギーは，298 Kで$+10\ \mathrm{kJ\ mol^{-1}}$である．この反応では$\nu = -1$である（ヒドロニウムイオンは生成物側にある）から，

$$\Delta_r G^{\ominus\prime} = \Delta_r G^{\ominus} \overbrace{-(-1)}^{+1} \times (8.3145\ \mathrm{J\ K^{-1}\ mol^{-1}}) \times (298\ \mathrm{K}) \times \overbrace{\ln(10^{-7})}^{-16.1\cdots}$$
$$= 10\ \mathrm{kJ\ mol^{-1}} - 40\ \mathrm{kJ\ mol^{-1}} = -30\ \mathrm{kJ\ mol^{-1}}$$

となる．この答は予想通りである．すなわち，ヒドロニウムイオンは生成物側にあるから，その濃度が（$1\ \mathrm{mol\ dm^{-3}}$から$10^{-7}\ \mathrm{mol\ dm^{-3}}$に）低くなれば，この反応は生成物を生成する傾向がもっと強くなることを示しているのである．したがって，熱力学的標準状態より生化学的標準状態における方が，この反応の反応ギブズエネルギーは負で値が大きくなること（平衡定数が大きくなることに相当）が予想される．

（5）式は，具体的な数値でつぎのように表しておくと便利であろう．

298.15 Kのとき：

$$\Delta_r G^{\ominus\prime} = \Delta_r G^{\ominus} + \nu \times (39.96\ \mathrm{kJ\ mol^{-1}})$$

37 °C（310 K，体温）のとき：

$$\Delta_r G^{\ominus\prime} = \Delta_r G^{\ominus} + \nu \times (41.5\ \mathrm{kJ\ mol^{-1}})$$

熱力学的標準状態の代わりに生化学的標準状態を使うときも，平衡定数と標準反応ギブズエネルギーの関係は同じ形でつぎのように表せる〔トピック4Aの（9）式（$\Delta_r G^{\ominus} = -RT\ln K$），ただし記号は異なる〕．

$$\Delta_r G^{\ominus\prime} = -RT\ln K' \qquad \text{平衡定数を計算する式} \qquad (6)$$

この式を使うときは，K'に現れるヒドロニウムイオンの濃度として，$c^{\ominus} = 1\ \mathrm{mol\ dm^{-3}}$に対する相対値でなく，$c^{\ominus\prime} = 10^{-7}\ \mathrm{mol\ dm^{-3}}$に対する相対値で表しておかなければならない．これに対応して，ヒドロニウムイオンの活量（理想溶液の場合に熱力学的標準状態で表せば$a = [\mathrm{H_3O^+}]/c^{\ominus}$）も，生化学的標準状態で表すときは$a' = [\mathrm{H_3O^+}]/c^{\ominus\prime}$としておかなければならない．さらに，平衡反応がつぎの形で表されるときは，

$$\text{反応物} + \nu\mathrm{H_3O^+(aq)} \rightleftharpoons \text{生成物}$$

平衡定数K'は，

$$K' = \frac{[\text{生成物}]/c^{\ominus}}{([\text{反応物}]/c^{\ominus})([\mathrm{H_3O^+}]/c^{\ominus\prime})^{\nu}}$$
$$= \overbrace{\frac{[\text{生成物}]/c^{\ominus}}{([\text{反応物}]/c^{\ominus})([\mathrm{H_3O^+}]/c^{\ominus})^{\nu}}}^{K} \times \left(\frac{c^{\ominus}}{c^{\ominus\prime}}\right)^{-\nu}$$
$$= K \times \left(\frac{c^{\ominus}}{c^{\ominus\prime}}\right)^{-\nu} = K \times \left(\frac{1\ \mathrm{mol\ dm^{-3}}}{10^{-7}\ \mathrm{mol\ dm^{-3}}}\right)^{-\nu}$$

となることに注意しよう．すなわち，

$$K' = K \times 10^{-7\nu} \qquad \text{熱力学的標準の平衡定数と生化学的標準の平衡定数の関係} \qquad (7)$$

である．すでに述べたように，もし$\mathrm{H_3O^+}$が生成物側にあればνを負とすればよい．

簡単な例示 4B・3

グルコースの代謝分解の第一段階はG6Pへのリン酸化である．この反応はつぎのように表せる．

$$\text{グルコース}\mathrm{(aq) + ATP^{4-}(aq) + H_2O(l) \longrightarrow G6P^{2-}(aq) + ADP^{3-}(aq) + H_3O^+(aq)}$$

$K = 1.4 \times 10^{-4}$である．このとき，$\nu = -1$であるから$K' = K \times 10^{7} = 1.4 \times 10^{3}$である．このように，二つの平衡定数の値はかけ離れているから，どちらの標準状態の定義に基づいて話をしているのか，十分注意を払わなければならない．

生化学では，ある量に付けたプライム（′）にいろいろな意味を込めている．生化学系が複雑だから仕方ないことなのだが，生化学的に重要な分子が酸性基と塩基性基をもつことも多くあり，溶液中での厳密な組成はほとんどわかっていないのである．実際，生化学過程で中核をなすATPのような分子でも，細胞やオルガネラの内部に特有の条件下では，いろいろなプロトン脱離状態で存在している．そのため，化学反応式に$\mathrm{H_3O^+}$イオンが記載されているかどうかに関係なく，プライムを使って表された値は$\mathrm{pH} = 7$の系のことを述べている．もし，系の組成と化学反応式がわかれば上で示した扱いができるが，そうでない場合は，プライムを用いるのは議論を展開するうえでのpHの値（具体的には$\mathrm{pH} = 7$）という象徴的な意味しかない．

4B・3　安定性と不安定性

化合物の標準生成ギブズエネルギーの値は，Kの計算に役立つだけでなく，それ自身にも意味がある．これは，化

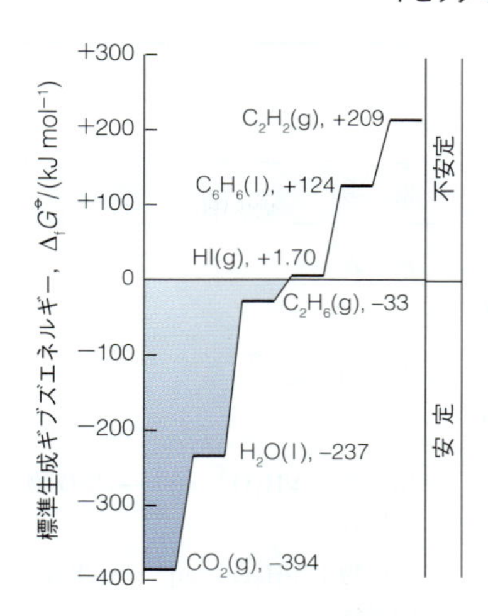

図 4B・1　化合物の標準生成ギブズエネルギーは，たとえれば，海面を基準として化合物がどの"標高"にあるかを示すようなものである．海面よりも上にある化合物は，構成元素へと自発的に分解する（それで海面に戻る）傾向をもつ．海面よりも下にある化合物は，構成元素に分解する傾向をもたないという点で安定である．

合物の安定度を表す"熱力学的な標高"の尺度であり，基準状態にある元素の安定度を基準の"海面"とする（図4B・1）．ある化合物の標準生成ギブズエネルギーが正で，"海面"よりも上にあれば，その化合物は熱力学的な"海面"へと戻ろうとする．つまり，自発的に分解して元素になる傾向をもつ．すなわち，この化合物の生成反応では $K<1$ である．このように $\Delta_f G^{\ominus}>0$ である化合物は，構成元素よりも**熱力学的に不安定**[1] であるという．あるいは，**吸エルゴン的**[2] であるともいう．たとえば，吸エルゴン的なオゾンでは $\Delta_f G^{\ominus}=+163\ \mathrm{kJ\ mol^{-1}}$ であり，25 °C の標準条件下では自発的に分解して酸素になる傾向をもつ．もっと正確にいえば，反応 $\frac{3}{2}O_2(g) \rightleftharpoons O_3(g)$ の平衡定数は 1 以下である（実際，$K=2.6\times10^{-29}$ であり，1 よりずっと小さい）．しかし，オゾンが熱力学的に不安定でも，酸素になる反応が遅ければオゾンとして存在しうる．実際，上層大気のオゾン層では長期間にわたって O_3 分子が生き残っている．ベンゼン（$\Delta_f G^{\ominus}=+124\ \mathrm{kJ\ mol^{-1}}$）もまた，構成元素と比較すれば熱力学的に不安定な化合物である（$K=1.7\times10^{-22}$）．しかしながら，ベンゼンが実験室の常用薬品として存在していることからも，熱力学では常につぎのことを強調しておかなければならない．

変化の自発性というのは熱力学的な傾向であって，実際に認められる速さで変化が起こるとは限らない．

$\Delta_f G^{\ominus}<0$（生成反応の平衡定数が $K>1$）の化合物では，その構成元素と比較して**熱力学的に安定**[3] である，もしくは**発エルゴン的**[4] であるという．このような化合物は（標準条件のもとでは）熱力学的な海面，すなわち元素よりも低い位置にある．気体エタンはその一例で，$\Delta_f G^{\ominus}=-33\ \mathrm{kJ\ mol^{-1}}$ の発エルゴン化合物である．その負号からわかるように，気体エタンの生成反応は $K>1$ であり自発的である（実際には，25 °C で $K=5.6\times10^5$）．

生物系で注目する化合物の安定性というとき，元素と比較した安定性ではなく，その反応生成物と比較しての安定性に関心があることに注意しよう．たとえば，スクロースは $\Delta_f G^{\ominus}=-1543\ \mathrm{kJ\ mol^{-1}}$ であるから発エルゴン化合物に分類される．しかしながら，スクロースは多くの生物にとって重要なエネルギー源でもある．それは，［簡単な例示 4B・1］で示したように，その酸化生成物と比較すれば熱力学的に不安定だからである．

重要事項のチェックリスト

- □ 1．物質の**標準生成ギブズエネルギー** $\Delta_f G^{\ominus}$ は，基準状態にある元素（単体）を出発物質として生成したときの（目的とする化学種のモル当たりの）標準反応ギブズエネルギーである．
- □ 2．**生化学的標準状態**とは，pH = 7（中性）の溶液の状態である．
- □ 3．$\Delta_f G^{\ominus}>0$ の化合物は，その構成元素よりも**熱力学的に不安定**であるという．**吸エルゴン的**であるともいう．
- □ 4．$\Delta_f G^{\ominus}<0$ の化合物は，その構成元素よりも**熱力学的に安定**であるという，**発エルゴン的**であるともいう．

1) thermodynamically unstable　2) endergonic　3) thermodynamically stable　4) exergonic

重要な式の一覧*

式の内容	式	備 考	式番号
標準反応ギブズエネルギー	$\Delta_r G^{\ominus} = \sum \nu G_m^{\ominus}$(生成物) $- \sum \nu G_m^{\ominus}$(反応物)	定 義	2
	$\Delta_r G^{\ominus} = \sum \nu \Delta_f G^{\ominus}$(生成物) $- \sum \nu \Delta_f G^{\ominus}$(反応物)	実用的な式	4
標準状態の間の関係	$\Delta_r G^{\ominus\prime} = \Delta_r G^{\ominus} + 7\nu RT \ln 10$	反応物＋ $\nu H_3O^+(aq) \rightarrow$ 生成物の場合	5
平衡定数の間の関係	$K' = K \times 10^{-7\nu}$	反応物＋ $\nu H_3O^+(aq) \rightleftharpoons$ 生成物の場合	7

* プライムの付いていない量は熱力学的標準状態を基準としている．プライムの付いている量は生化学的標準状態（pH = 7）を基準としている．

トピック 4C

諸条件に対する平衡の応答

➤ 学ぶべき重要性

たいていの生物は変化する環境のなかで生きており，環境条件が変われば生体内で起こる化学過程にも影響が及ぶ．ここでは，温度や圧力の変化に対する応答を熱力学的に解析する方法について述べるが，それはまた，反応エンタルピーや反応エントロピーを求める別の道筋を提供することにもなる．

➤ 習得すべき事項

平衡にあった系が何らかの撹乱を受けると，その撹乱の効果を最小にするように系の組成は調整される傾向がある．

➤ 必要な予備知識

本トピックでは，平衡定数とトピック 4A および 4B で説明した標準反応ギブズエネルギーとの関係を使って話を進める．標準状態の定義（トピック 1D）をよく理解している必要がある．

細胞や生物の多くは温度や圧力の変化を日常的に体験している．細胞はこれに敏感に反応する存在であり，生命を維持している諸過程は，つぎの二通りの方法でこれらの変化に対応している．すなわち，細胞は与えられた変化の影響を最小にすることでひき続き正常でいられる．あるいは，その変化の影響に適応するために，自らを別の状態に切り替えることができるのである．たとえば，細胞や生物はしばしば温度変化に遭遇するが，温度が低下したときの応答の一つは，いわゆる“低温ショックタンパク質”が関与する場合のように，何らかの恒常性維持機構（ホメオスタシス）によって変化の影響を軽減することである．温度低下に対するもう一つの応答は，ある細菌が代謝を完全に停止してしまうときに見られるように，自らを全く異なる生活様式に切り替えてしまうことである．

これらの応答を分子レベルで考えれば，最終的には，化学反応の平衡位置の温度変化をはじめ，細胞内区画の間の分子の振り分けや相互作用しているイオンや分子の複合体形成，これらすべての過程の反応速度などに対する温度変化の効果を反映したものになっている．一例は，タンパク質–タンパク質の相互作用の温度依存性に見られる．たとえば，ある種の抑制タンパク質（サルモネラ菌由来の自己調節性抑制タンパク質 TlpA† など）では低温で二量化が起こり，それが DNA に結合することによって遺伝子発現を阻害しているのである．生物はしばしば圧力変化にも遭遇し，それは聴覚や触覚に利用される．ところが，何らかの巨視的な圧力変化を感知したときには，ふつう細胞の構造が力学的な撹乱を受けており，その力学的な変化に対する分子の応答〔“メカノトランスダクション（機械的シグナル伝達）”の過程〕が続くのであって，何らかの化学反応に対する圧力の直接的な効果というものではない．反応の平衡位置に与える温度や圧力の影響を理解しておくことはバイオリアクターを扱ううえでも重要である．バイオリアクターでは，目的とする生成物の収量を最大にするために温度や圧力を巧妙に操作しているのである．

さて，温度変化や圧力変化による効果を迅速かつ定性的に評価できる単純な経験則はないものだろうか．そもそも，生化学的に興味ある反応には平衡に達しているものがほとんどない．それは，生化学で平衡というのは死に等しいから当然なのだが，それにしても，これまでと異なる条件に置かれた反応の予想できる振舞いは，完全に平衡に到達していなくても推測できるはずである．熱力学はそのような単純な経験則を提供している．それどころか，あとで展開したり応用したりできる定量的な式を与えており，それは経験則の域を超えている．これらの式は，反応エンタルピーや反応エントロピーなど，すべての重要な熱力学量を求めるのに適用できる．いずれの熱力学量も，注目する反応がホメオスタシスに関わる過程のネットワークやそれ以外の生命過程にどう関わっているかを理解するための不可欠な情報なのである．

定性的な議論の出発点は**ルシャトリエの原理**[1] として知られる経験則であり，つぎのように表されている．

---

† 訳注：TlpA は温度感知タンパク質であり，37 °C 付近で単量体と二量体の可逆的な遷移を行う．

1）Le Chatelier's principle

> 平衡にある系が何らかの攪乱を受けたとき，その攪乱による効果を最小にするように系の組成は調整される傾向がある．

ルシャトリエの原理は経験則にすぎないから，反応がなぜそう応答するのかを理解し，新しい平衡組成を計算で求めるには，熱力学を用いる必要がある．具体的には，定量的な議論の出発点は，トピック4Aで説明した標準反応ギブズエネルギー$\Delta_r G^{\ominus}$と平衡定数Kの関係式である．すなわち，

$$\Delta_r G^{\ominus} = -RT \ln K \qquad (1)$$

である．そこで，標準反応ギブズエネルギーが諸条件にどう依存するかを調べれば，平衡定数がどう応答するかも推測できるだろう．ここで，$\Delta_r G^{\ominus}$が温度以外の条件に依存しないなら，Kもそれらの条件に無関係であることはすぐに推測できる．つまり，このときの反応の平衡組成は温度以外の条件の変化には応答しないのである．

4C・1　触媒の存在

はじめに見過ごされがちなのは触媒の影響であり，生化学における酵素の役割である．酵素（一般に，触媒）は，それ自身は化学反応式に現れることなく，それでいて反応を加速する物質である．触媒は，反応物から生成物への反応が速く進む別の経路を与えることで作用している（詳しくはテーマ7で扱う）．ただし，反応物から生成物に至る新しい経路による反応は速いけれども，はじめの反応物と最終生成物は同じである．$\Delta_r G^{\ominus}$という量は，反応物と生成物の標準モルギブズエネルギーの差で定義されているから，両者を結ぶ経路には依存しない．したがって，反応物と生成物を結ぶ経路は違っても$\Delta_r G^{\ominus}$は同じであり，Kも変化しない．すなわち，つぎのように表せる．

> 触媒の存在によって反応の平衡定数が変化することはない．

酵素は，反応速度を制御する機構を時空両面で提供している．一方，自発変化の方向や平衡に相当する組成に直接的な影響を与えることはない．ここで，“直接的”という点に注意しよう．すなわち，間接的な影響はいろいろとありうる．酵素には，より多くの反応物を与えたり，できた生成物を系から取除いたり，細胞内の水溶液環境の組成を変化させたりする役目がある．

4C・2　圧力の効果

ルシャトリエの原理によれば，平衡にある気相反応に与える圧縮（体積の減少）の効果は，つぎのように表せる．

> 平衡にある気相反応を圧縮すれば，その気相にある分子数を減らすように組成が調整される傾向がある．

気相の分子数がこのように減少すれば圧力は低下するから，それは圧縮効果に対抗している．たとえば，アンモニアをその構成元素から合成する反応$N_2(g) + 3H_2(g) \rightarrow 2NH_3(g)$では，気相の反応物分子4個から気相の生成物分子2個ができるから，ルシャトリエの原理によれば圧縮はアンモニアの生成に好都合である．たとえば，かなり圧縮した気体を使えばアンモニアの収量を上げることができ，そのハーバー-ボッシュ法は最初に導入されてから1世紀以上経ったいまもなお窒素含有化合物の主要源となっており，しかも採算のとれる方法なのである．実際，人類の食料消費の分析によれば，ハーバー-ボッシュ法でつくられた窒素肥料がなければ現在の世界人口の半数しか維持できなかったであろう．気相反応の多くは，生化学の舞台裏でも非常に重要な役目を果たしている．それは，気相反応が大気を制御しており，その環境における役割を通して，この生物圏の生存可能性までを支えているからである．

平衡に対する圧力依存性に熱力学的な裏付けを与えるために，$\Delta_r G^{\ominus}$は標準状態，つまり1 barという固定した圧力下にある物質の間のギブズエネルギーの差で定義されていることに注目しよう．そうすれば，反応に用いた実際の圧力がいくらであっても，$\Delta_r G^{\ominus}$は同じ値であることがわかる．そこで，$\ln K$は$\Delta_r G^{\ominus}$に比例しているから，つぎのように表せる．

> 平衡定数は，反応が実際に起こる圧力に無関係である．

たとえば，アンモニアを合成するための反応混合物を等温で圧縮しても，平衡定数は変化せずそのままである．

このかなり驚くべき結論を，ルシャトリエの原理に反すると誤解してはならない．なるほどKの値は系が置かれた圧力に無関係であるが，Kの式にはそれぞれの気体の分圧が使われているから，個々の分圧や濃度に変化がないわけではない．いま，成分Jのモル分率をx_J，全圧をpとして分圧の定義$p_J = x_J p$（トピック1Aの［必須のツール3］を見よ）を使ってアンモニア合成反応の平衡定数を（ただし，式が煩雑になるので標準圧力を除いて）表せば，

$$K = \frac{p_{NH_3}^2}{p_{N_2} p_{H_2}^3} = \frac{x_{NH_3}^2 p^2}{(x_{N_2} p)(x_{H_2}^3 p^3)} = \frac{x_{NH_3}^2}{x_{N_2} x_{H_2}^3} \times \frac{1}{p^2} \qquad (2)$$

となる．したがって，pが増加したとき（つまり，$1/p^2$が減少したとき）Kが一定であるためには，モル分率で表された因子が増加しなければならない．そのためには，NH_3のモル分率が増加する必要がある．それでルシャトリエの原理と矛盾がないわけである．

ある気相過程は，減圧症“ベンズ”（潜水病）の原因になっている．これは，海中深く潜った潜水夫では（ほかの哺乳類でも）血中に溶けている窒素濃度が高まっているが，急に海面に戻ることがあれば，その血流に窒素の気泡が現れることで起こる．いま，赤血球を水とみなしてこの

平衡を表せば $N_2(g) \rightleftharpoons N_2(aq)$ である．ここで，

$$K = \frac{[N_2(aq)]/c^{\ominus}}{p_{N_2}/p^{\ominus}}$$

である．$[N_2(aq)]$ は溶けている窒素のモル濃度，p_{N_2} は気体窒素の分圧であり，25 °C では $K = 6.25 \times 10^{-4}$ である．

簡単な例示 4C・1

大気中の窒素のモル分率は海面では 0.79 であるから，大気圧が 1.0 bar のときの窒素の分圧は 0.79 bar である．そこで，溶けている窒素のモル濃度は，

$$\begin{aligned}[N_2(aq)]/c^{\ominus} &= K \times p_{N_2}/p^{\ominus} \\ &= (6.25 \times 10^{-4}) \times (0.79\ \text{bar})/(1\ \text{bar}) \\ &= 4.93\cdots \times 10^{-4}\end{aligned}$$

である．すなわち，$[N_2(aq)] = 0.49\ \text{mmol dm}^{-3}$ である．したがって，血液 5.0 dm^3 に溶けている N_2 の物質量（一般成人の値）は約 2.5 mmol である．これは，25 °C で 1.0 bar の気体窒素 61 cm^3 に相当している．

ルシャトリエの原理によれば，圧力が増加するにつれ平衡は生成物側（窒素溶存の状態）にシフトするから，窒素はもっと溶けると予測される．ところで，潜水夫が海中に 10 m 潜るごとに圧力は 1.0 bar 増加する．潜水夫が，窒素分圧が 4.8 bar となる深さ（約 50 m）でふつうの空気を呼吸していると，［簡単な例示 4C・1］で行った計算によれば，平均的な成人の血液中に溶けている窒素のモル濃度は 3.0 mmol dm^{-3} になる．これは同じ体積（5.0 dm^3）に溶けている気体窒素 372 cm^3（海面での値）に相当している．もし，潜水夫が急激に海面まで戻ってくれば，圧力は 1.0 bar になるから，気体窒素は 372 cm^3 − 61 cm^3 = 311 cm^3 が血液中から排出されるので，それが泡になるのである．この窒素の放出が潜水病をひき起こす原因である．この問題を避けるには，血液中に溶けていた窒素が（酸素も）赤血球内で泡をつくらず，肺を通して徐々に排出できるように，潜水夫は減圧速度を遅くして時間をかけて浮上しなければならない．イルカなどの海洋哺乳類も同じ問題に対処しなければならないが，イルカは生理学的な適応により，深海で血中に溶ける空気の量を最小にしている．それにしても，深海から急浮上すればやはり気泡が生じるのだが，イルカはわれわれ以上に耐性を備えているようである．

4C・3 温度の効果

体温を制御している生物の体内では，非常に狭い温度域で生化学反応が起こっており，体温がわずか数度変化しただけで重大な結果になりかねず，死に至ることもある．したがって，感染症でひき起こされる体温変化などが，種々の生物過程にどう影響するかを知っておくことが重要である．ルシャトリエの原理によれば，温度低下に対して，反応は熱を放出して応答し，温度上昇に対しては熱を吸収して応答するだろう．すなわち，

> 温度が上昇すれば，発熱反応の平衡組成は反応物側にシフトする傾向がある．一方，吸熱反応の平衡組成は生成物側にシフトする傾向がある．

いずれの場合もその応答は，温度上昇の効果を最小にしようとするものである．しかし，平衡状態にある反応が，なぜこのような対応を示すのであろうか．ルシャトリエの原理は経験則にすぎないので，このような振舞いをする理由に関しては何ら手掛かりを与えてくれない．

K に対する温度の効果は一見，厄介そうに思える．それは，(1) 式を変形して $\ln K = -\Delta_r G^{\ominus}/RT$ とすればわかるように，K の式に T も $\Delta_r G^{\ominus}$ も現れているからである．しかしながら，標準反応エンタルピーも標準反応エントロピーも注目する温度域であまり変化しない場合は，ごく簡単にその依存性を計算することができる．

導出過程 4C・1　K に対する温度の効果を表す式

標準反応エンタルピーも標準反応エントロピーも温度によらないと仮定しよう．そうすれば，$\Delta_r G^{\ominus}$ の温度依存性は $\Delta_r G^{\ominus} = \Delta_r H^{\ominus} - T\Delta_r S^{\ominus}$ の式の T からくるだけである．

ステップ 1：最初の温度での $\ln K$ を求める式を書く．

温度 T_1 では，つぎのように表せる．

$\Delta_r G^{\ominus}(T_1) = \Delta_r H^{\ominus} - T_1\Delta_r S^{\ominus}$

$$\ln K_1 = -\frac{\Delta_r G^{\ominus}}{RT_1} = -\frac{\Delta_r H^{\ominus}}{RT_1} + \frac{\Delta_r S^{\ominus}}{R}$$

ステップ 2：2 番目の温度での $\ln K$ を求める式を書く．

2 番目の温度 T_2 では $\Delta_r G^{\ominus}(T_2) = \Delta_r H^{\ominus} - T_2\Delta_r S^{\ominus}$ であるから，平衡定数を K_2 とすれば同様の式が書ける．

$\Delta_r G^{\ominus}(T_2) = \Delta_r H^{\ominus} - T_2\Delta_r S^{\ominus}$

$$\ln K_2 = -\frac{\Delta_r G^{\ominus}}{RT_2} = -\frac{\Delta_r H^{\ominus}}{RT_2} + \frac{\Delta_r S^{\ominus}}{R}$$

ステップ 3：2 式の差を求める．

上の 2 式の差をとれば反応エントロピーに比例する項は

消えるから，得られる式はつぎの**ファントホッフの式**[1]の積分形である．

$$\ln K_2 = \ln K_1 + \frac{\Delta_r H^\ominus}{R}\left(\frac{1}{T_1} - \frac{1}{T_2}\right)$$

ファントホッフの式［積分形］ (3)

ここで，K_1 は温度 T_1 での平衡定数，K_2 は温度 T_2 での平衡定数である．したがって，平衡定数の温度依存性を計算するのに必要なのは，標準反応エンタルピーだけである．逆に，平衡定数の温度変化が測定されていれば，$\ln K$ を $1/T$ に対してプロットしたグラフで予想される直線部分の勾配を求めれば，それから標準反応エンタルピーを求めることができる．

さて，狭い温度範囲とはいえ反応エンタルピーや反応エントロピーが一定という場合はあまりないから，生化学分野で (3) 式を使うときは注意しなければならない．たとえば，本質的に構造のないタンパク質 (IUP) の受容体への結合反応では，結合に際しIUPが折りたたまれたコンホメーションをとることから，反応エンタルピーも反応エントロピーも強い温度依存性を示すことがある．

ここで，ファントホッフの式が表している内容を調べておこう．ここでは，$T_2 > T_1$ としよう．このとき，(3) 式の ( ) 内は正である．そこで，つぎのことがわかる．

- $\Delta_r H^\ominus > 0$ であれば右辺の第2項は正である．したがって，この場合は $\ln K_2 > \ln K_1$ である．つまり，つぎのように結論できる．

  吸熱反応の平衡定数は温度上昇とともに増加する．

- $\Delta_r H^\ominus < 0$ であれば右辺の第2項は負である．したがって，この場合は $\ln K_2 < \ln K_1$ である．つまり，つぎのように結論できる．

  発熱反応の平衡定数は温度上昇とともに減少する．

例題 4C・1 気体の溶解度の温度変化

溶解平衡 X(g) ⇌ X(aq) の平衡定数は，

$$K = \frac{[\mathrm{X(aq)}]/c^\ominus}{p_\mathrm{X}/p^\ominus}$$

で表される．15 °C での O_2(g) と CO_2(g) の平衡定数 K と標準反応エンタルピー $\Delta_r H^\ominus$ はつぎの値を示す．

X	K	$\Delta_r H^\ominus$/(kJ mol^{-1})
O_2	1.53×10^{-3}	−12.40
CO_2	4.95×10^{-2}	−26.86

大気にさらされた (a) 15 °C，(b) 30 °C の水に溶けている二酸化炭素のモル濃度に対する酸素のモル濃度の比を計算せよ．ただし，大気中で O_2(g) および CO_2(g) が占める割合は，それぞれ21パーセントと0.040パーセントである．

考え方 大気中でのそれぞれの分圧は，全圧 (1.0 bar とする) にモル分率をかければ求められる．分圧がわかれば，平衡定数を用いて溶存気体のモル濃度をそれぞれ計算することができる．15 °C での平衡定数は与えられているから，ファントホッフの式の積分形を使えば，30 °C での平衡定数を計算することができる．

解答 (a) 15 °C の水に溶けている気体のモル濃度は，平衡定数からつぎのように求めることができる．

$$[\mathrm{O_2(aq)}]/c^\ominus = K\overbrace{p_{\mathrm{O_2}}/p^\ominus}^{0.21} = (1.53 \times 10^{-3}) \times 0.21 = 3.21\cdots \times 10^{-4}$$

$$[\mathrm{CO_2(aq)}]/c^\ominus = K\overbrace{p_{\mathrm{CO_2}}/p^\ominus}^{4.0 \times 10^{-4}} = (4.95 \times 10^{-2}) \times (4.0 \times 10^{-4}) = 1.98\cdots \times 10^{-5}$$

したがって，その比はつぎのようになる．

$$\frac{[\mathrm{O_2(aq)}]}{[\mathrm{CO_2(aq)}]} = \frac{3.2\cdots \times 10^{-4}}{1.98\cdots \times 10^{-5}} = 16$$

(b) どちらの気体の $\Delta_r H^\ominus$ も，15 °C と 30 °C の間では温度によらずほぼ一定とみなせるから，(3) 式を使って 30 °C の平衡定数を計算することができる．

O_2 については，

$$\ln K_2 = \overbrace{\ln(1.53 \times 10^{-3})}^{\ln K_1} + \frac{\overbrace{(-1.240 \times 10^4\ \mathrm{J\ mol^{-1}})}^{\Delta_r H}}{8.3145\ \mathrm{J\ K^{-1}\ mol^{-1}}}\left(\frac{1}{288\ \mathrm{K}} - \frac{1}{303\ \mathrm{K}}\right) = -6.73\cdots$$

であるから，30 °C では $K = 1.18\cdots \times 10^{-3}$ となる．

CO_2 について同じ計算をすれば，$K = 2.84\cdots \times 10^{-2}$

1) van't Hoff equation．ファントホッフの式はいくつもある．区別するときには，ここでの式をファントホッフの等容式 (isochore) という．この式の微分形は $\mathrm{d}\ln K/\mathrm{d}T = \Delta_r H^\ominus(T)/RT^2$ である．これは，反応エンタルピーや反応エントロピーを一定と仮定しないで求めた式であるから熱力学的に厳密な式である．

が得られる．したがって，30 °C の水に溶けている気体のモル濃度は，

$$[O_2(aq)]/c^{\ominus} = (1.18\cdots \times 10^{-3}) \times 0.21 = 2.48\cdots \times 10^{-4}$$

$$[CO_2(aq)]/c^{\ominus} = (2.84\cdots \times 10^{-2}) \times (4.0 \times 10^{-4}) = 1.13\cdots \times 10^{-5}$$

と求められ，その比をとればつぎのようになる．

$$\frac{[O_2(aq)]}{[CO_2(aq)]} = \frac{2.48\cdots \times 10^{-4}}{1.13\cdots \times 10^{-5}} = 22$$

コメント　すぐあとで説明するように，植物はかなり大きな温度変化を体験しているから，この比の温度依存性は光合成における生理学的に重要なパラメーターになっている．

［例題 4C・1］の計算によれば，水に対する酸素の溶解度と二酸化炭素の溶解度の比は温度上昇とともに大きくなる．この結果は光合成にとって非常に重要である．光合成の過程で，CO_2 の固定を触媒する酵素リブロースビスリン酸カルボキシラーゼ（ルビスコ）は，同時にオキシゲナーゼ（酸素添加酵素）でもある．すなわち，その活性サイトに O_2 と CO_2 は競合して結合しようとするのである．もし酸素化すれば CO_2 を放出するから，それは炭素固定過程とは逆行することになる．その炭素固定過程は，CO_2 を有機形に変換するカルボキシ化反応によるものだから，酸素化はそれを阻害することになるのである．CO_2 と O_2 の溶解度は上で示したように変化するから，ふつうの植物の光合成の効率は高温ほど悪くなる．しかしこの効率の悪さが，ルビスコ近傍での CO_2/O_2 の比を増加させる炭素濃縮機構を進化させたのである．

［例題 4C・1］では，もう一つの進化の帰結が示されている．実は，水に溶ける $CO_2(g)$ の量は，実際に存在する $CO_2(aq)$ の量よりずっと多いということに注目しよう．それは，$CO_2(g)$ が溶けるとかなりの $HCO_3^-(aq)$ を生じているからである．炭素を固定するために自然が選択した基質が炭酸水素イオン（重炭酸イオン）であれば，ルビスコの活性サイトを CO_2 と O_2 が競合するのを回避できるから，光合成そのものの効率はもっとよかったのである．一方，ルビスコは低酸素の環境で進化したので，その頃はこの 2 種の気体の競合はあまり問題にならなかった．環境が変化してこの競合が重要になったとき，ルビスコはもはや根本的に状況を変更できないような反応機構に組込まれていたと考えられる．このように，ルビスコは事実上，進化の袋小路[1] にある産物なのである．

重要事項のチェックリスト

- □ 1．**ルシャトリエの原理**によれば，平衡にある系が何らかの攪乱を受けたとき，その攪乱による効果を最小にするように系の組成は調整される傾向がある．
- □ 2．触媒の存在によって反応の平衡定数が変化することはない．
- □ 3．平衡にある気相反応を圧縮すれば，その気相にある分子数を減らすように組成が調整される傾向がある．
- □ 4．平衡定数は，反応が実際に起こる圧力に無関係である．
- □ 5．温度が上昇すれば，発熱反応の平衡組成は反応物側にシフトする傾向がある．一方，吸熱反応の平衡組成は生成物側にシフトする傾向がある．
- □ 6．吸熱反応の平衡定数は温度上昇とともに増加する．発熱反応の平衡定数は温度上昇とともに減少する．

重要な式の一覧

式の内容	式	備　考	式番号
ファントホッフの式	$\ln K_2 = \ln K_1 + (\Delta_r H^{\ominus}/R)(1/T_1 - 1/T_2)$	積分形	3

1) evolutionary cul-de-sac

トピック 4D

生化学における共役反応

➤ 学ぶべき重要性

生命は，化学反応のネットワークによって維持されている．そこで，ある反応が別の反応に影響を与えられるかどうかを見きわめる必要がある．

➤ 習得すべき事項

自発反応は，別の非自発反応を前に押し進めることができる．

➤ 必要な予備知識

ギブズエネルギーの概念（トピック 2C），生化学的標準状態の定義とその重要性（トピック 4B）についてよく理解している必要がある．

注目する反応が自発的かどうかを判定するには，反応が起こっている場所（細胞やオルガネラの内部のことが多い）での $\Delta_r G$ の値を知る必要がある．$\Delta_r G < 0$ ならその反応は自発的である．$\Delta_r G$ の値は，標準反応ギブズエネルギーの値 $\Delta_r G^\ominus$ と組成の項で構成されており，その組成は反応混合物が平衡に向かって移動するにつれ変化する．標準反応ギブズエネルギー $\Delta_r G^\ominus$ から平衡定数 K が計算できるから，それから平衡での組成が求められる．平衡に到達した反応では $\Delta_r G = 0$ であるから，その反応は正方向にも逆方向にも自発的でない．ここで，$\Delta_r G$ と $\Delta_r G^\ominus$ の違いを明確にしておくことが重要である．

- 反応の自発性を表すのは $\Delta_r G$ である．
- 平衡組成は，$\Delta_r G^\ominus$ から求めた K の値に表されている．

$\Delta_r G^\ominus$ の値が負で大きい（平衡では生成物が優勢である）反応が，ある生化学環境の代表的な組成で $\Delta_r G$ が負の値を示す（反応が自発的である）例をよく見かける．しかし，このような関連は決して普遍的なものでない．

ところで，生化学でよく使う表現があるので，はじめにそれを理解しておく必要があるだろう．生化学では，自発過程のことを“エネルギー的に有利”と表現することが多い．代謝段階や輸送過程を解析して，ある過程は“エネルギー的に有利”であるのに，別の過程はなぜそうでないのかを明確にするのである．この便利で簡潔な表現は，ギブズエネルギーを念頭においているのであって，内部エネルギーやエンタルピーでないことに注意しよう．トピック 2C で説明したように，ある過程が自発的か非自発的かは全エントロピー変化で決まるのであって，エネルギー変化そのもので決まるわけではない．ギブズエネルギーは，温度および圧力が一定という条件下における全エントロピー変化（系のエントロピー変化と外界のエントロピー変化の合計）を表現するための便利な方法でしかないのである．化学で“駆動力”といえば，それはエントロピーのことである．同じように，“エネルギー的に有利”という表現は，“全エントロピーが増加するから自発的である”という内容を簡潔に述べているにすぎないのである．

4D・1 共役の分類

細胞で起こっている反応はどれも幅広い反応ネットワークの一部であり，膜貫通タンパク質の輸送過程やネットワークを構成している諸反応は，それぞれの段階の $\Delta_r G$ の値が負であれば（つまり，各段階が“エネルギー的に有利”であれば）進行する．しかし，それがどのように達成されているのだろうか．代謝経路をよく調べると，エネルギー的に不利な過程とエネルギー的に有利な過程の間に，ある種の共役関係があると考えられる段階がしばしば明ら

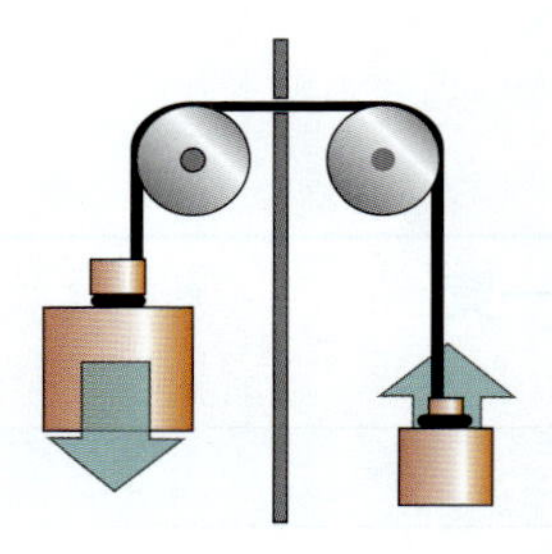

図 4D・1 2 個のおもりを図のようにつないでおけば，軽いおもりにとっては非自発的な方向でも，重いおもりによって押し動かされる．このとき全体としては依然として自発的である．ここで考えた二つのおもりは，2 種類の化学反応の類推である．すなわち，負で大きな $\Delta_r G$ をもつ反応が，別の小さな $\Delta_r G$ をもつ反応を駆動し，非自発的な向きであってもこれを押し進めるのである．

かになる．たとえば，グルコースからグルコース 6-リン酸への変換は，グルコースとリン酸基の縮合反応で起こりそうだが，この過程は細胞内のふつうの条件下では自発的でない．そこで，これとは別の機構として，ATP からグルコースにリン酸基が直接移動するリン酸転移反応がある．この反応は，グルコースとリン酸基の縮合反応と ATP の加水分解という二つの過程から成る正味の結果と考えられる．ヘキソキナーゼは，このリン酸転移反応を触媒する酵素であるが，この二つの別々の反応を同時に触媒するわけではない．実際，この酵素機構は ATP の加水分解をむしろ抑制しているのである．しかしながら，これを熱力学で説明すれば，これら二つの別の反応が同じ活性サイトで同時に起こっていることと等価として表せるのである．このヘキソキナーゼ反応は，**並列共役**[1] の一例であり，エネルギー的に不利な過程がエネルギー的に有利な別の過程と共役することで，事実上，前に押し進められるのである．

並列共役は，滑車とひもで結んだ一対のおもりから成る力学モデルで理解できるだろう（図 4D·1）．軽い方のおもりは，重い方のおもりが落ちることによって引き上げられる．軽い方はもともと下向きに動く傾向をもっているにもかかわらず，重い方と結ばれているために引っ張り上げられるのである．熱力学的な類推としては，反応ギブズエネルギー $\Delta_r G$ が正のエネルギー的に不利な反応（軽いおもりに相当）である**吸エルゴン反応**[2] が，反応ギブズエネルギーが負のエネルギー的に有利な反応（地面に向かって落ちる重いおもりに相当）である**発エルゴン反応**[3] と結合しているために，前に押し進められることになる．実際，生物界全体がこの種の共役によっているといえる．ここで，二つの反応を結びつけているひもや滑車の役目に注目しよう．すなわち，系の一部として二つの反応が同時に起ることを可能にしている器具である．生化学で滑車の役目を果たしているのは酵素の活性サイトである．

共役にはもう一つのタイプとして**逐次共役**[4] がある．それは，反応ネットワーク，とりわけ代謝経路において，ある段階の生成物が次の段階の基質となるために，一対の反応として起こるのである．

(a) $A + B \rightarrow C$，ふつうの条件下で自発的，$\Delta_r G(a) < 0$

(b) $C + D \rightarrow E$，ふつうの条件下で自発的，$\Delta_r G(b) < 0$

反応 (a) それ自身は自発的に平衡に向かう反応であるが，その生成物は第二段階で消費されるから平衡に達することはない．同じ経路で連続して起こる段階の逐次共役は，共通の代謝物（いまの場合は C）が存在することだけが鍵であるから，並列共役と違って二つの反応が同じ場所で同時に起こる必要はない．

並列共役と逐次共役は，全体として $\Delta_r G$ が負の値をとるか（前者），どちらの段階の $\Delta_r G$ も負の値をとるか（後者）の違いはあるが，同じ生化学経路の一対の反応としてエネルギー的に有利であることは共通している．解糖経路とその逆，糖新生の経路の比較は，この点の重要性を具体的に表している．すなわち，細胞内でグルコースからピルビン酸への変換が進行するときは，解糖経路のどの段階もエネルギー的に有利でなければならない．ところが，糖新生の過程によって，ピルビン酸からグルコースへの変換が必要な場合がある．この過程が起こるときは，解糖で正方向に進んでいた反応の一部は，糖新生では逆向きに進む必要がある．このように反応の向きを反転させるには，関与する反応全体の $\Delta_r G$ の符号を変える必要がある．それは，経路中間体の濃度を変更することで達成されている．

4D・2　具体例：ATP と並列共役反応

アデノシン三リン酸，ATP（巻末の構造図 N3）の機能は，タンパク質の合成や筋収縮，視覚などエネルギー的に不利な過程（吸エルゴン過程）を，並列共役の過程によって駆動することである．この作用で大事なのは，加水分解によって ATP が末端のリン酸基を 1 個もしくは 2 個失って，アデノシン二リン酸，ADP（構造図 N2）もしくはアデノシン一リン酸，AMP（構造図 N1）を生成する能力である．ADP の生成反応は，

$$\mathrm{ATP(aq)} + \mathrm{H_2O(l)} \longrightarrow \mathrm{ADP(aq)} + \mathrm{P_i(aq)}$$

で表される．“暗黙の了解”で反応をこう表すしかないのは，生物学的によくある pH 値では，ATP や ADP，P_i がいろいろなプロトン脱離状態の混合物として存在（たとえば，pH = 7 で Mg^{2+} が存在しないときの ATP の平均電荷は −3.3）しているからである．このように電荷にばらつきがあるため，反応式には具体的な電荷数を書かないのである．

ATP の加水分解は，細胞によくある条件下では発エルゴン的であり，別の反応と共役できる適切な酵素が存在すれば，吸エルゴン反応を前に押し進めることができる．ATP が強力に作用する理由の一つは，細胞内での濃度が比較的高いことである．すなわち，ATP の化学ポテンシャルは高く，したがってその“推進力”が強いのである．

簡単な例示 4D·1

ATP の加水分解で ADP が生成する反応の 37 °C での生化学的標準反応ギブズエネルギーは，$\Delta_r G^{\ominus\prime} = -31\ \mathrm{kJ\ mol^{-1}}$ である．大腸菌（*E. coli*）内のそれぞれの化学種の代表的な濃度は，

1) parallel coupling　2) endergonic reaction　3) exergonic reaction　4) sequential coupling

$$[\text{ATP}] = 1\times10^{-2}\,\text{mol dm}^{-3}$$
$$[\text{ADP}] = 5\times10^{-4}\,\text{mol dm}^{-3}$$
$$[\text{P}_\text{i}] = 2\times10^{-2}\,\text{mol dm}^{-3}$$

である．そこで，pH = 7 での反応比は，

$$Q' = \frac{a_{\text{ADP}}a_{\text{P}_\text{i}}}{a_{\text{ATP}}\underbrace{a'_{\text{H}_2\text{O}}}_{1}} \approx \frac{([\text{ADP}]/c^{\ominus})([\text{P}_\text{i}]/c^{\ominus})}{[\text{ATP}]/c^{\ominus}}$$

$$= \frac{(5\times10^{-4})(2\times10^{-2})}{1\times10^{-2}} = 1\times10^{-3}$$

と計算できる．この条件下における 310 K での Δ_rG の値はつぎのように求められる．

$$\begin{aligned}\Delta_rG &= \Delta_rG^{\ominus\prime} + RT\ln Q' \\ &= -31\,\text{kJ mol}^{-1} + (8.3145\,\text{J K}^{-1}\,\text{mol}^{-1}) \\ &\qquad \times(310\,\text{K})\times\ln(1\times10^{-3}) \\ &= -31\,\text{kJ mol}^{-1} - 18\,\text{kJ mol}^{-1} = -49\,\text{kJ mol}^{-1}\end{aligned}$$

［簡単な例示 4D･1］での計算によれば，ATP から ADP への加水分解反応は，大腸菌では 49 kJ mol^{-1} だけ発エルゴン的であるが，ヒトのふくらはぎの筋肉について同じ計算をすれば 61 kJ mol^{-1} だけ発エルゴン的である．そこで，正確な値がわからないとき生化学では $\Delta_rG = -52$ kJ mol^{-1} の値を使うことになっている．

簡単な例示 4D･2

フルクトース 6-リン酸（F6P）からフルクトース 1,6-ビスリン酸（FBP）への変換は，解糖経路の第 3 段階である．37 °C での反応 $\text{F6P} + \text{P}_\text{i} \rightarrow \text{FBP} + \text{H}_2\text{O}$ では $\Delta_rG^{\ominus\prime} = +12.5$ kJ mol^{-1} である．ところで，ラットの心臓では，遊離の F6P および FBP の濃度はそれぞれ 0.040 mmol dm^{-3} および 0.68 μmol dm^{-3} である．［簡単な例示 4D･1］と同じ計算によれば，この条件下では $\Delta_rG = +20$ kJ mol^{-1} である．Δ_rG の値が正であることから，この条件下では逆反応がエネルギー的に有利であることがわかる．そこで，この反応を正方向に押し進めるには，少なくとも 20 kJ mol^{-1} だけ発エルゴン的な反応と共役する必要がある．ATP から ADP への加水分解は 52 kJ mol^{-1} を提供するから，この反応との共役であれば十分であり，つぎのように全反応は自発的になれる．

(a)　$\text{F6P} + \text{P}_\text{i} \longrightarrow \text{FBP} + \text{H}_2\text{O}$　　$\Delta_rG = +20\,\text{kJ mol}^{-1}$

(b)　$\text{ATP} + \text{H}_2\text{O} \longrightarrow \text{ADP} + \text{P}_\text{i}$　　$\Delta_rG = -52\,\text{kJ mol}^{-1}$

(a)＋(b)　$\text{F6P} + \text{ATP} \longrightarrow \text{FBP} + \text{ADP}$　　$\Delta_rG = -32\,\text{kJ mol}^{-1}$

この場合の共役は，酵素ホスホフルクトキナーゼによって達成される．

ATP は，多くの吸エルゴン過程を望みの方向に駆動するためのエネルギーを供給する役目をしているが，これを表現するのに，ATP にある ADP-リン酸結合を“高エネルギーリン酸結合”ということがある．この名称は，加水分解による比較的大きなギブズエネルギー変化のことを表そうとしているだけで，化学でいうところの“強い”結合（これは結合エンタルピーが大きいという意味）と混同しないように注意しよう．実際のところ，ATP は水溶液中でとりわけ反応性に富むわけではない．ATP がよく利用されるのは，細胞過程で ATP をリン酸基の供与体として使える酵素が多く存在していることを反映したものである．

タンパク質の生合成は強く吸エルゴン的である．それは，エンタルピー変化が大きいからというだけでなく，多数のアミノ酸残基を特定の順序に並べるのに大きなエントロピー減少が起こるからである．ペプチド結合の生成は，生化学的標準条件では吸エルゴン的であり，$\Delta_rG^{\ominus\prime} = +17$ kJ mol^{-1} である．つまり，この反応を駆動するのは ATP の能力からして十分なのだが，実際の生合成は間接的にしか起こらず，そのためにはペプチド結合 1 個当たり 4 個の ATP 分子に等価な消費が必要である（“等価”の意味につてはすぐあとで説明する）．ミオグロビンなど約 150 個のペプチド結合をもつ比較的小さなタンパク質でも，分子を構築するだけで 600 個の ATP 分子が必要であるから，タンパク質分子 1 mol を生成するには約 16 mol のグルコース分子が必要である．

アデノシン三リン酸だけが吸エルゴン反応を駆動できる唯一のリン酸種というわけではない．ほかの 3 種のリボヌクレオチド，すなわち，シチジン三リン酸とグアノシン三リン酸（GTP），ウリジン三リン酸も多くの吸エルゴン代謝過程を駆動し，アデノシン三リン酸と同様の役目をしている．たとえば，タンパク質の合成には，ペプチド結合 1 個当たり 2 個の ATP 分子と 2 個の GTP 分子が必要である．これで，すぐ上で述べた“4 個の ATP 分子に等価”の意味がわかっただろう．ピロリン酸塩は無機リン酸塩の二量体であるが，やはり植物や細菌のエネルギー源として使われている．クレアチンリン酸（**1**）は筋肉組織で使われて，疾走するときの初期段階や動物が危険を回避するときの素早

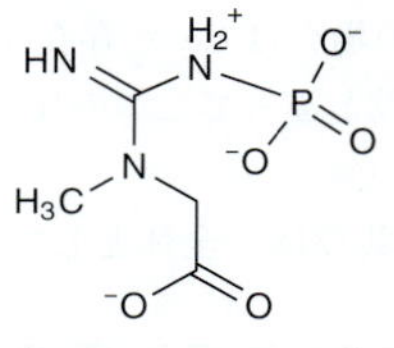

HN, H_2^+, N, P, O^-, O, ^-O, H_3C, N, ^-O, O

1　クレアチンリン酸

い動きにATPの供給を維持している．その加水分解反応でリン酸基を放出することができ，$\Delta_r G^{\ominus\prime} = -43\ \mathrm{kJ\ mol^{-1}}$である．これらの化合物にある"高エネルギー"リン酸結合の加水分解反応の発エルゴン性にはいろいろあるから，**転移ポテンシャル**[1]の概念が生まれている．転移ポテンシャルは，加水分解反応の$\Delta_r G^{\ominus\prime}$の値の符号を変えたものである．たとえば，生化学的標準状態におけるクレアチンリン酸の転移ポテンシャルは$+43\ \mathrm{kJ\ mol^{-1}}$である．トピック4Fで説明するように，生物系ではクレアチンリン酸/クレアチンはATP/ADPとほぼ平衡に存在しているから，細胞内のふつうの条件下での転移ポテンシャルは約$+52\ \mathrm{kJ\ mol^{-1}}$である．発エルゴン反応は，それより弱い発エルゴン性しかない反応を逆方向に駆動できる．それと全く同様に，転移ポテンシャルが高い化学種の加水分解反応が，転移ポテンシャルのより低い化学種のリン酸化を駆動することができるのである（表4D·1）.

表4D·1　298.15 Kでの転移ポテンシャル

物　質	転移ポテンシャル $-\Delta_r G^{\ominus\prime}/(\mathrm{kJ\ mol^{-1}})$
AMP	14
ATP, ADP	31
1,3-ビスホスホグリセリン酸	49
クレアチンリン酸	43
グルコース 6-リン酸（G6P）	14
グリセロール 1-リン酸	10
ホスホエノールピルビン酸（PEP）	62
ピロリン酸	33

4D・3　具体例：グルコースの酸化と逐次共役反応

細胞内でのグルコースの分解は解糖で始まる．それは，ニコチンアミドアデニンジヌクレオチド（NAD^+，構造図N4）によってグルコースが部分酸化され，ピルビン酸$CH_3COCO_2^-$が生成する過程である．代謝では，ひき続きクエン酸回路によりピルビン酸がCO_2にまで酸化され，酸化的リン酸化によってO_2がH_2Oにまで還元されて全過程が終了する．ATPの合成にO_2を使わないタイプの嫌気的代謝では，解糖が主要なエネルギー源になっている．一方，ATPの合成にO_2を使うタイプの好気的代謝では，クエン酸回路と酸化的リン酸化が，炭水化物からエネルギーを取出す主要な機構である．

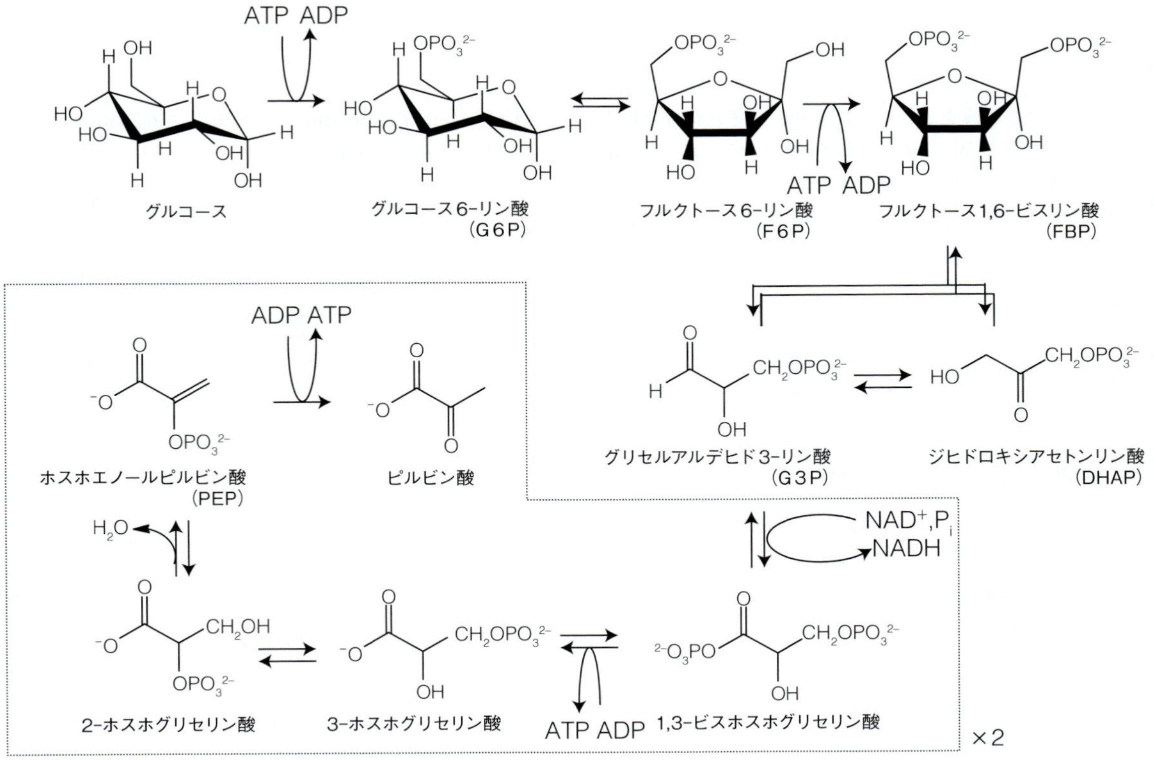

図4D·2　解糖の諸反応．グルコースは，ニコチンアミドアデニンジヌクレオチド（NAD^+，構造図N4）により部分酸化されてピルビン酸になる．（点線で囲んだ反応系とそれ以外の量論関係に注意しよう．）

1) transfer potential

解糖は，細胞膜で囲まれた水溶液相の細胞質基質で起こり，10種類の酵素触媒反応から成っている（図4D·2）．これらの反応はすべて逐次共役しているから，それぞれの反応は他のすべての反応から影響を受けている．たとえば，解糖経路の第2段階はグルコース6-リン酸（G6P）からフルクトース6-リン酸（F6P）への異性化である．この反応の平衡定数は1以下であるから，平衡に到達したとすればG6Pが優勢である〔実際，この反応は生体内（*in vivo*）では平衡に近い〕．しかしながら，解糖経路の第3段階ではF6PからFBPへの変換が起こり（簡単な例示4D·2），その影響でF6Pの濃度が減少するから，G6Pは一段と消費されることになる．

例題4D·1　逐次共役による反応混合物の組成の求め方

反応G6P→F6Pは，酵素グルコース6-リン酸イソメラーゼ（ホスホグルコイソメラーゼ, PGI）によって触媒され，これに続いて解糖経路ではホスホフルクトキナーゼ反応が起こる．どちらの反応も酵素がなければ起こらない．いま，pH＝7および37 °Cにおいて，1.00 mmol dm^{-3}のG6Pと1.00 mmol dm^{-3}のATPを含む溶液に（a）グルコース6-リン酸イソメラーゼのみ，（b）グルコース6-リン酸イソメラーゼとホスホフルクトキナーゼを加えたときの平衡組成をそれぞれ計算せよ．それには平衡定数が必要であるが，G6P ⇌ F6Pについては$K_1 = 0.30$，F6P＋ATP ⇌ FBP＋ADPについては$K_2{}' = 1.3 \times 10^3$である．ただし，いずれも37 °Cの値であり，後者についてはpH＝7での値である．

考え方　つぎの平衡を考慮に入れておく必要がある．

(a) G6P ⇌ F6P　$K_1 = \dfrac{a_{\text{F6P}}}{a_{\text{G6P}}} \approx \dfrac{[\text{F6P}]/c^{\ominus}}{[\text{G6P}]/c^{\ominus}} = \dfrac{[\text{F6P}]}{[\text{G6P}]}$

(b) G6P ⇌ F6P　K_1

F6P＋ATP ⇌ FBP＋ADP

$$K_2{}' = \frac{a_{\text{FBP}}a_{\text{ADP}}}{a_{\text{F6P}}a_{\text{ATP}}} \approx \frac{([\text{FBP}]/c^{\ominus})([\text{ADP}]/c^{\ominus})}{([\text{F6P}]/c^{\ominus})([\text{ATP}]/c^{\ominus})} = \frac{[\text{FBP}][\text{ADP}]}{[\text{F6P}][\text{ATP}]}$$

（a）の場合の唯一の反応はG6P→F6Pであるから，平衡に達したときのG6PとF6Pの混合溶液の濃度は，与えられた平衡定数K_1からそのまま計算できる．（b）では二つの反応が起こり，2種の平衡により達成した平衡溶液は5種の化学種の混合物から成る．その平衡濃度はK_1と$K_2{}'$の式を同時に満たさなければならない．この計算を実行するには，F6Pの濃度変化をxとし，FBPの濃度変化をyとおいて，反応の量論関係を用いて他の濃度変化を表せばよい．あとは与えられた数値を代入して式を解くだけである．この手順を系統的に進めるには，つぎに示す表をつくっておくとよい．

解答　（a）つぎの平衡表をつくり，それぞれの平衡値をK_1の式に代入する．

	G6P	F6P
初濃度 /(mmol dm^{-3})	1.00	0
平衡到達までの濃度変化 /(mmol dm^{-3})	$-x$	$+x$
平衡濃度 /(mmol dm^{-3})	$1.00-x$	x

K_1の式に濃度を代入すれば，

$$K_1 = \frac{[\text{F6P}]}{[\text{G6P}]} = \frac{x}{1.00-x}$$

である．これを変形して，xについて解けば，

$$x = \frac{K_1}{1.00+K_1} = \frac{0.30}{1.30} = 0.23$$

と計算できる．したがって平衡組成は，つぎのように求められる．

[G6P] = 0.77 mmol dm^{-3}　　[F6P] = 0.23 mmol dm^{-3}
[ATP] = 1.00 mmol dm^{-3}

（b）2種の平衡が関与するときの平衡表はつぎのようになる．

	G6P	F6P	FBP	ATP	ADP
初濃度 /(mmol dm^{-3})	1.00	0	0	1.00	0
平衡到達までの濃度変化 /(mmol dm^{-3})	$-x$	$+x-y$	$+y$	$-y$	$+y$
平衡濃度 /(mmol dm^{-3})	$1.00-x$	$x-y$	y	$1.00-y$	y

そこで，二つの平衡定数を表す式を書けば，

$$K_1 = \frac{[\text{F6P}]}{[\text{G6P}]} = \frac{x-y}{1.00-x}$$

$$K_2{}' = \frac{[\text{FBP}][\text{ADP}]}{[\text{F6P}][\text{ATP}]} = \frac{y^2}{(x-y)(1.00-y)}$$

となる．xとyについての連立方程式を解くには数学ソフトウエアを用いるのがよい（代数計算はわかりやすい

が手間がかかる）．その結果は，

$$x = \frac{k+\sqrt{kK_2'}}{1.00+\sqrt{kK_2'}} \qquad y = \frac{\sqrt{kK_2'}-kK_1}{1.00+\sqrt{kK_2'}}$$

ただし　$k = \dfrac{K_1}{1+K_1}$

である．したがって，$x = 0.958\cdots$，$y = 0.945\cdots$ と計算できる．また，平衡組成は（有効数字は2桁しかないので）つぎのように求められる．

[G6P] = 0.042 mmol dm^{-3}　[F6P] = 0.013 mmol dm^{-3}
[FBP] = 0.95 mmol dm^{-3}　[ATP] = 0.054 mmol dm^{-3}
[ADP] = 0.95 mmol dm^{-3}

コメント　G6P ⇌ F6P の平衡は左側に片寄っており，G6P が優勢である．ところが，この反応は F6P + ATP ⇌ FBP + ADP の平衡と逐次共役の関係にあるから，この場合はほぼすべての G6P が消費されることになる．

以上の計算でわかるように，注目する反応経路に共有される反応物があれば，平衡混合物の組成はその影響を受ける．ところで，細胞内での解糖の反応はどれも平衡に達することがないから，解糖経路の反応物濃度は，反応ギブズエネルギーが負のときのものである．仮に G6P と F6P の間で平衡が完全に成立してしまえば，この反応の $\Delta_r G$ は0になるから解糖経路の流れは止まってしまう．しかしながら，続く反応で F6P は消費されるから平衡到達は回避され，G6P から F6P への変換が促進される．こうして，解糖で必要な方向に流れは継続するのである．

図4D·3は，解糖経路の各段階の生化学的標準反応ギブズエネルギーの値を示したものである．ただし，おおよその値である．それは，温度や pH，可溶性カチオンなどの化学種の存在に強く依存する反応があるからである．この経路の各反応は，同じ経路の別の反応すべてに影響を与えるから，ある段階を阻害すれば反応物濃度に影響が及ぶ．その反応物は前の段階の生成物だからである．このように，反応物の濃度に影響が及べばその反応に影響が及ぶのである．たとえば，解糖系後半の第1段階（全体の第6段階）では G3P が酵素グリセルアルデヒド 3-リン酸デヒドロゲナーゼによって 1,3-ビスホスホグリセリン酸に変換される．ただし，この反応はリン酸 P_i がなければ阻害される．酵母によるグルコースの発酵は，リン酸制限の条件下では非常に遅くなるから，グリセルアルデヒド 3-リン酸デヒドロゲナーゼ反応の前にある解糖中間体の濃度はすべて上昇してしまう．もっとも多くなるのは FBP の濃度であり，それはグリセルアルデヒド 3-リン酸デヒドロゲナーゼの基質でないからである．このような濃度上昇が起こるのは，FBP を導く段階の $\Delta_r G^{\ominus\prime}$ が負の値をとるのに対して，G3P を導く段階の $\Delta_r G^{\ominus\prime}$ が正の値をとるからである．したがって，それでも解糖系の流れを維持するには，かなり高濃度の FBP に切り替えて，続く反応を前に押し

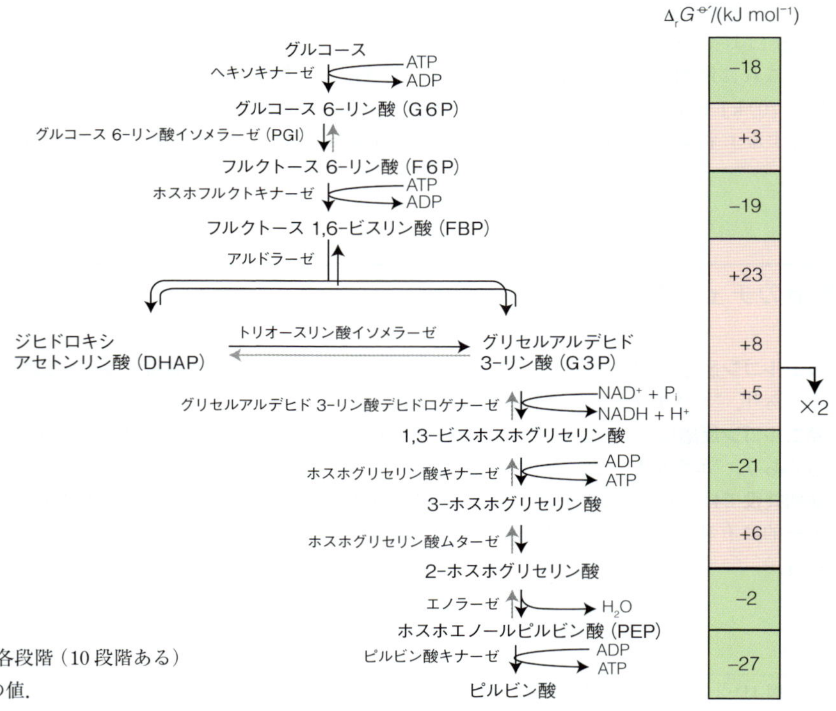

図4D·3　解糖経路の各段階（10段階ある）の $\Delta_r G^{\ominus\prime}$ のおおよその値．

進める必要がある．

解糖の正味の反応はつぎのように表せる．

$$C_6H_{12}O_6(aq) + 2NAD^+(aq) + 2ADP(aq) + 2P_i(aq) + 2H_2O(l) \longrightarrow 2CH_3COCO_2^-(aq) + 2NADH(aq) + 2ATP(aq) + 4H_3O^+(aq)$$

この正味の反応の $\Delta_r G^{\ominus\prime}$ の値は図4D·3の値を用いて計算することができ[†]，$-81\ \mathrm{kJ\ mol^{-1}}$ である．この反応は発エルゴン的であり，$K' > 1$ である．細胞内での反応ギブズエネルギーでも負の値をとり，ふつうは $-70\ \mathrm{kJ\ mol^{-1}}$ であるから，解糖はエネルギー的に有利である．グルコースのピルビン酸への変換そのものはこれ以上に発エルゴン的であるが，その反応ギブズエネルギーの一部はATPやNADHの合成に使われるのである．

簡単な例示4D·3

細胞内での解糖によりグルコース分子1 molはピルビン酸に変換され，最終的に7 mol相当のATP分子が生成される．このうち2 molは，解糖経路の基質レベルのリン酸化（ADPとリン酸化された中間体からのATPの生成）により直接もたらされる正味のATPであり，残りの5 molはその後，解糖で生成した2 molのNADHから酸化的リン酸化により生成されるものである．ふつうの細胞条件下では，この過程は $7 \times (-52\ \mathrm{kJ\ mol^{-1}}) = -364\ \mathrm{kJ\ mol^{-1}}$ の反応ギブズエネルギーに相当するから，その分のエネルギーを獲得している．グルコースからピルビン酸への変換によって得られる反応ギブズエネルギーの理論値は，これに解糖の $\Delta_r G$ を加えたものであるから，$(-364 - 70)\ \mathrm{kJ\ mol^{-1}} = -434\ \mathrm{kJ\ mol^{-1}}$ である．つまり，獲得するエネルギーの最大値は $434\ \mathrm{kJ\ mol^{-1}}$ である．ところが，真核生物では酸化的リン酸化が起こる前に，NADHをミトコンドリア内に輸送するのに2 molのATP（$104\ \mathrm{kJ\ mol^{-1}}$ に相当）を使わなければならない．そこで正味の獲得エネルギーは $(364 - 104)\ \mathrm{kJ\ mol^{-1}} = 260\ \mathrm{kJ\ mol^{-1}}$ となる．こうして，解糖の熱力学的な効率は，

$$\frac{\text{正味の獲得ギブズエネルギー}}{\text{使える全ギブズエネルギーの分}} = \frac{260\ \mathrm{kJ\ mol^{-1}}}{434\ \mathrm{kJ\ mol^{-1}}} = 60\ \text{パーセント}$$

と計算される．自然というのは，近代的な内燃機関よりずっと効率よくできているものである．内燃機関の効率は20〜35パーセント程度である．

グルコースの標準燃焼ギブズエネルギーは $-2880\ \mathrm{kJ\ mol^{-1}}$ であるから，ピルビン酸で酸化を止めておくのは資源の無駄遣いというものである．それは，整備不良のエンジンで炭化水素燃料を一部しか燃焼しないのと似ている．しかし，O_2 が存在すればピルビン酸はクエン酸回路によってさらに酸化される．そのクエン酸回路は，真核細胞のミトコンドリアにおける酸化的リン酸化と平行して起こる．こうして，解糖とクエン酸回路，酸化的リン酸化によって理論的には，グルコース分子を1個消費するごとに30個のATP分子をつくることができる．しかし実際には，この収量に達することはない．ATP分子1 molは52 kJのエネルギーを取込んでおり，理論的には1 molのグルコース分子から1560 kJのエネルギーが使えるはずである．そうすれば効率は55パーセントである．実際には損失があるが，それにしても生物系で達成されている効率は50パーセントに近いものである．

重要事項のチェックリスト

- □ 1．**吸エルゴン反応**は，反応ギブズエネルギーが正の反応であり，“エネルギー的に不利である”．
- □ 2．**発エルゴン反応**は，反応ギブズエネルギーが負の反応であり，“エネルギー的に有利である”．
- □ 3．**並列共役**では，エネルギー的に不利な過程がエネルギー的に有利な別の過程と共役することで駆動される．
- □ 4．**逐次共役**では，ある段階の生成物が次の段階の基質となる．
- □ 5．**リン酸転移ポテンシャル**は，加水分解反応の $\Delta_r G^{\ominus\prime}$ の値の符号を変えたものである．転移ポテンシャルが高い化学種の加水分解反応は，転移ポテンシャルのより低い化学種のリン酸化を駆動することができる．

† 訳注：図4D·2に示してある量論関係に注意が必要である．

トピック 4E

プロトン移動平衡

> ➤ **学ぶべき重要性**
>
> プロトン移動は，生物学では根本的に重要である．そこで，本トピックではどの化学種がプロトンを供与し，どの化学種がプロトンを受容するのか，溶液中の水素イオン濃度をどう表すかについて説明する．
>
> ➤ **習得すべき事項**
>
> 酸と塩基は，それぞれプロトン供与体とプロトン受容体である．その間の反応はプロトンの移動という観点で説明できる．
>
> ➤ **必要な予備知識**
>
> 化学平衡が平衡定数によってどう表されるか，また，平衡定数が活量でどう表されるか（トピック 4A）について知っている必要がある．

表 4E・1　細胞内の代表的な pH 値

部　位	pH
細胞質基質	7.2
細胞質基質（植物細胞）	7.5
ミトコンドリアマトリックス	8.0
葉緑体ストロマ（暗）	7.5
葉緑体ストロマ（明）	8.0
葉緑体チラコイド内腔（明）	5.0
細胞核	7.2
ペルオキシソーム	7.0
小胞体（ER）	7.2
ゴルジ網	6.7（*cis*）～6.0（*trans*）*
トランスゴルジ網	6.0
分泌顆粒	5.5
リサイクリングエンドソーム	6.5
初期エンドソーム	6.3
後期エンドソーム	5.5
リソソーム	4.7
植物細胞の液胞	2～6.5

*　ER とゴルジ網には pH の勾配がある．

分子間のプロトン（ここでは水素イオン H^+ のこと）の移動は，細胞過程できわめて重要な事象であり，細胞内のいろいろな区画の pH（水素イオン濃度の尺度）を適切な値に維持するのに中心的な役目を果たしている．細胞には酸性基や塩基性基が多数存在することから，その水溶液内外へのプロトンのやり取りは，ごく一般的な過程になっている．たとえば，細胞質基質の pH はふつう 7.0～7.5 の範囲にあるが，植物細胞の液胞の pH は約 5.5 である．細胞内の pH の値は細胞によって最適値に維持されており，少しでも pH がずれると病気になったり，細胞が損傷を受けたり，さらには死に至ることもある．細胞内区画の間の pH の差も，プロトン膜貫通輸送のエネルギー論を確定するうえで重要な役目をしている．その過程は，ATP 合成の化学浸透説を支持する結果にもなっている．代表的な細胞内 pH の値を表 4E・1 に示す．一方，同じ生物過程でも有意な pH 変化が認められている．たとえば，筋組織の pH は休んでいるときの 7.2 から激しい運動をしたときの 6 まで変化する．

プロトンの移動は，炭酸デヒドラターゼやグリコシダーゼ，プロテアーゼ，その他多くの酵素の作用機構など，酵素触媒作用の重要な段階を占めていることも多い．これに関連して重要なことだが，活性サイトにある酸性基や塩基性基の性質は，酵素が存在している細胞区画のなかでの性質と異なることが多いという点である．この違いは，活性サイトのアミノ酸側鎖のプロトン付加やプロトン脱離の度合いに影響を与えており，これによって酵素触媒反応の機構を最適化させているのである．

細胞の水溶液環境に遊離の水素イオンは存在しない．プロトン移動が起こる前後には必ず別の基に付いている．水分子に対してプロトン移動が起これば，それはヒドロニウムイオン H_3O^+（**1**）である．すぐあとで説明するように，pH はヒドロニウムイオンの濃度の尺度である．

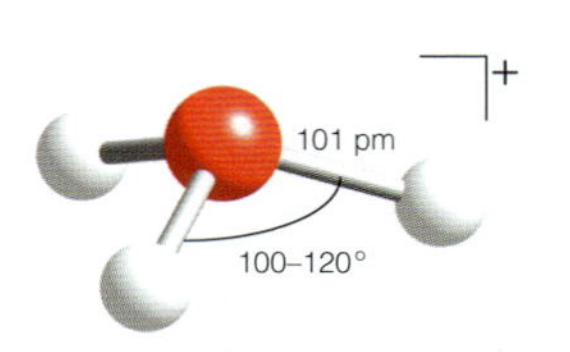

1　ヒドロニウムイオン，H_3O^+

4E・1 ブレンステッド-ロウリーの理論

酸と塩基に関する**ブレンステッド-ロウリーの理論**[1] によれば，

酸[2] はプロトン供与体である．

塩基[3] はプロトン受容体である．

プロトンH^+は水溶液中できわめて移動しやすく，酸や塩基は，それに対応するプロトン脱離形の化学種やプロトン付加形の化学種およびヒドロニウムイオンとのあいだで常に平衡にある．たとえば，HCN や酵素のアミノ酸残基の側鎖カルボキシ基などに見られる酸 HA は，水溶液中ですぐにつぎの平衡に到達する．

$$\mathrm{HA(aq)} + \mathrm{H_2O(l)} \rightleftharpoons \mathrm{H_3O^+(aq)} + \mathrm{A^-(aq)}$$

$$K = \frac{a_{\mathrm{H_3O^+}}\, a_{\mathrm{A^-}}}{a_{\mathrm{HA}}\, a_{\mathrm{H_2O}}} \qquad (1\,\mathrm{a})$$

a_J は化学種 J の活量（トピック 3C）であり，K はこの反応の平衡定数である．同様にして，NH_3 や酵素のアミノ基などの塩基 B も，水溶液中ではただちにつぎの平衡が成り立つ．

$$\mathrm{B(aq)} + \mathrm{H_2O(l)} \rightleftharpoons \mathrm{HB^+(aq)} + \mathrm{OH^-(aq)}$$

$$K = \frac{a_{\mathrm{HB^+}}\, a_{\mathrm{OH^-}}}{a_{\mathrm{B}}\, a_{\mathrm{H_2O}}} \qquad (1\,\mathrm{b})$$

これらの平衡（とりわけ逆反応）を見てわかるように，A^-はプロトン受容体として作用しており，酸 HA の**共役塩基**[4] である．また，HB^+はプロトン供与体であり，塩基 B の**共役酸**[5] である．一方，酸や塩基を加えない場合でも，水分子の間でプロトン移動が起こっており，つぎの**自己プロトリシス平衡**[6] は常に存在している．

$$2\,\mathrm{H_2O(l)} \rightleftharpoons \mathrm{H_3O^+(aq)} + \mathrm{OH^-(aq)}$$

$$K = \frac{a_{\mathrm{H_3O^+}}\, a_{\mathrm{OH^-}}}{a_{\mathrm{H_2O}}{}^2} \qquad \text{自己プロトリシス平衡} \qquad (1\,\mathrm{c})$$

水溶液中のヒドロニウムイオン濃度はふつう pH で表され，初等化学ですでになじみのものである．正式には，pH はつぎのように定義されている．

$$\mathrm{pH} = -\log_{10} a_{\mathrm{H_3O^+}} \qquad \text{pH［定義］} \qquad (2)$$

ここでの対数の底は 10 である．初歩的な議論や実際の解析でも出発点では，ヒドロニウムイオンの活量をそのモル濃度の数値 $[\mathrm{H_3O^+}]/c^{\ominus}$ で置き換えて使うが，それは活量係数 γ を 1 としたことに相当している．正確には $a_{\mathrm{H_3O^+}} = \gamma[\mathrm{H_3O^+}]/c^{\ominus}$ である．

簡単な例示 4E・1

H_3O^+ のモル濃度が 2.0 mmol dm^{-3} のとき（1 mmol = 10^{-3} mol），

$$\mathrm{pH} \approx -\log_{10}(2.0 \times 10^{-3}) = 2.70$$

である．モル濃度が 10 分の 1 になり，0.20 mmol dm^{-3} であれば pH は 3.70 となる．

ここで，つぎの点に注意しよう．

pH が高いほど溶液中のヒドロニウムイオン濃度は低い．また，pH の 1 単位の変化はヒドロニウムイオン濃度の 10 倍（あるいは 10 分の 1）変化に相当している．

しかし忘れてならないのは，活量をモル濃度で置き換えると必ず不都合が起きるということであり，できる限り活量で表しておくのがよい．イオン間の相互作用はかなり長距離に及ぶから，濃度が極端に薄くない限り，このような置き換えは信頼できない結果を生むことになる．

4E・2 プロトン付加とプロトン脱離

分子に対するプロトン付加やプロトン脱離は，たいていの生化学反応で重要な段階を占めているから，生化学者にはそれを定量的に扱う方法が必要である．計算を単純にするために，ここで考える水溶液はすべて希薄であり，水はほぼ純粋とみなせるとする．したがって，その活量を 1 とおく．そうすれば，酸や塩基の強さ，あるいは塩基のプロトン付加や酸のプロトン脱離の度合いを測る量について便利な式がつくれる．

(a) 酸と塩基の強さ

対象とする溶液すべてについて $a_{\mathrm{H_2O}}$ を 1 とおいて得られる平衡定数を，注目する酸 HA の**酸定数**[7] K_a という．

$$\mathrm{HA(aq)} + \mathrm{H_2O(l)} \rightleftharpoons \mathrm{H_3O^+(aq)} + \mathrm{A^-(aq)}$$

$$K_a = \frac{a_{\mathrm{H_3O^+}}\, a_{\mathrm{A^-}}}{a_{\mathrm{HA}}} \qquad \text{酸定数［定義］} \qquad (3\,\mathrm{a})$$

簡単な扱いであれば，活量をモル濃度の数値で置き換えて，

$$K_a = \frac{[\mathrm{H_3O^+}][\mathrm{A^-}]}{[\mathrm{HA}]} \qquad (3\,\mathrm{b})$$

1) Brønsted–Lowry theory　2) acid　3) base　4) conjugate base　5) conjugate acid
6) autoprotolysis equilibrium．自己プロトリシスは自己イオン化（autoionization）ともいわれる．
7) acid constant．酸性度定数（acidity constant）ともいう．酸電離定数（acid ionization constant）ということもある．また，あまり適切な用語ではないが生化学では酸解離定数（acid dissociation constant）ということもある．

と書く．ここからは，$[J]/c^{\ominus}$ のことを $[J]$ と表すことにする．酸定数は，その常用対数（底は 10）に負号をつけて，つぎの形で表すことが多い．

$$pK_a = -\log_{10} K_a \quad \text{p}K_\text{a}\,[\text{定義}] \qquad (4)$$

酸定数の値は，水溶液中でどの程度のプロトン移動が起こっているかを示している．K_a の値が小さいほど（たとえば，10^{-6} に比べて 10^{-8} であれば），すなわち pK_a の値が大きいほど（つまり，6 に比べて 8 であれば），親である酸分子を同じ濃度で溶かした溶液中に平衡で存在するプロトン脱離形の分子の濃度は低い．たいていの酸では $K_a < 1$ であり（ふつうは 1 よりずっと小さい），$pK_a > 0$ であるから，水中のふつうの濃度ではプロトン脱離の度合いが小さいことを示している．このような酸を**弱酸**[1] と分類している．ところで，細胞内部の水溶液環境には H_2O とは別のプロトン受容体が多く含まれており，なかには弱酸でありながら完全にプロトン脱離して，その強い受容体に酸性プロトンが移動した化学種がある†1 のを知っておく必要がある．一方，数は少ないが重要な酸に HCl，HBr，HI，HNO_3，H_2SO_4，$HClO_4$ などがあり，それを**強酸**[2] と分類している．これらはふつう水溶液中でプロトンが完全に脱離しているとみなされる†2．

酸定数に対応する式が塩基にもあり，それを**塩基定数**[3] K_b という．

$$B(aq) + H_2O(l) \rightleftharpoons HB^+(aq) + OH^-(aq)$$

$$K_b = \frac{a_{HB^+}\, a_{OH^-}}{a_B} \quad \text{塩基定数}\,[\text{定義}] \qquad (5a)$$

また，これに対応して $pK_b = -\log K_b$ が定義される．酸の場合と同様，簡単な扱いであれば活量をモル濃度の数値で置き換えて使う．

$$K_b = \frac{[HB^+][OH^-]}{[B]} \qquad (5b)$$

強塩基[4] は，水溶液中で完全にプロトンが付加した形で存在する．酸化物イオン（O^{2-}）がその一例で，水の中でこのイオンが存在することはなく，すぐにプロトンが付加した共役酸 OH^- に形を変えてしまう．**弱塩基**[5] は $K_b < 1$ であり（ふつうは 1 よりもずっと小さい），水溶液中で完全にプロトンが付加されることはない．アンモニア NH_3 やその誘導体である有機化合物のアミン類などの水溶液はすべて弱塩基である．これらの分子の共役酸（NH_4^+ や RNH_3^+）はごくわずかしか存在しない．弱酸の場合と同じで，ふつうの細胞環境では H_2O とは別のプロトン供与体が多く含まれており，弱塩基でありながら完全にプロトン付加した化学種が存在することがある．

酵素機構の多くにはプロトン移動の段階が含まれており，アミノ酸残基の側鎖が弱酸または弱塩基として作用している．たとえば，アスパラギン酸プロテアーゼ（胃でペプチドを加水分解するペプシンなど）の活性サイトには 2 個のアスパラギン酸残基があり，一つはプロトン付加形で酸として作用できるが，もう一つはプロトン脱離形で塩基として作用できる（図 4E･1）．この 2 個の残基をそれぞれの局所 pH に合ったプロトン付加状態にしておくために，この酵素の三次元構造はそれぞれの残基のための微小環境をつくっており，そこでプロトン脱離形を安定化させたり不安定化させたりして，そのカルボン酸の pK_a を変化させているのである．

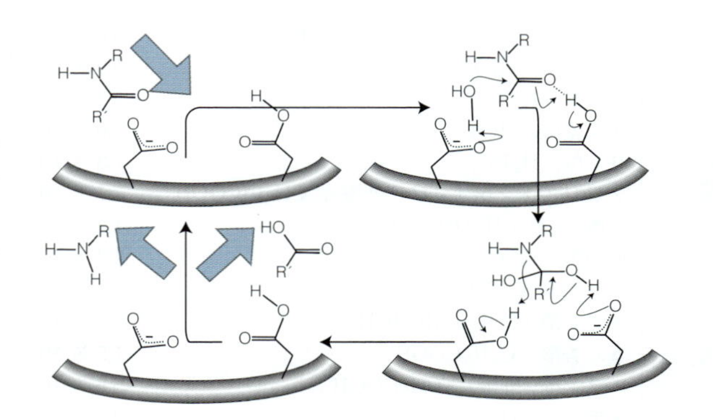

図 4E･1　アスパラギン酸プロテアーゼの活性形の活性サイトには，プロトン脱離形のアスパラギン酸残基が一つとプロトン付加形のアスパラギン酸残基が一つある．ペプチド開裂の代表的な機構によれば，プロトン受容体として働くプロトン脱離形アスパラギン酸残基が水分子を活性化させ（右上の図），それによってペプチド結合のカルボニル基に求核攻撃させている．

水の**自己プロトリシス定数**[6] K_w は，（1c）式に現れる水の活量を“純粋”値（つまり 1）とおいて同様に得られる．

$$K_w = a_{H_3O^+}\, a_{OH^-} \approx [H_3O^+][OH^-] \quad \text{水の自己プロトリシス定数}\,[\text{定義}] \qquad (6)$$

25 °C では，$K_w = 1.00 \times 10^{-14}$ すなわち $pK_w = -\log K_w = 14.00$ である．

酸定数と塩基定数を掛ければすぐに確かめられることだが，つぎの形で表される塩基 B の塩基定数と，その共役酸

---

†1　訳注：電子移動を仲介する補酵素などがあれば，酸化形と還元形の相互変換は pH = 7 でも行われる．NAD^+/NADH や $NADP^+$/NADPH，FAD/$FADH_2$ などはその例であり，細胞内には多くのプロトン受容体が存在している（テーマ 5 を見よ）．

†2　硫酸 H_2SO_4 は，第一プロトン脱離についてのみ強酸であり，できた HSO_4^- は弱酸に分類される（$pK_a = 1.92$）．

1) weak acid　2) strong acid　3) base constant．塩基性度定数（basicity constant）あるいは塩基電離定数（base ionization constant），塩基解離定数（base dissociation constant）ともいう．4) strong base　5) weak base　6) autoprotolysis constant

HB^+の酸定数については，

$$B(aq) + H_2O(l) \rightleftharpoons HB^+(aq) + OH^-(aq)$$

$$K_b = \frac{a_{HB^+}\,a_{OH^-}}{a_B}$$

$$HB^+(aq) + H_2O(l) \rightleftharpoons H_3O^+(aq) + B(aq)$$

$$K_a = \frac{a_{H_3O^+}\,a_B}{a_{HB^+}}$$

両者の間につぎの関係がある．

a_Bとa_{HB^+}はそれぞれ消し合う

$$K_a K_b = \frac{a_{H_3O^+}\,a_B}{a_{HB^+}} \times \frac{a_{HB^+}\,a_{OH^-}}{a_B} = a_{H_3O^+}\,a_{OH^-} = K_w$$

$K_a(HB^+)$と$K_b(B)$の関係　(7a)

この関係からわかるように，たとえばK_bが減少したときのK_aは，両者の積が常に一定のK_wに保たれるように増加する．すなわち，

表4E・2　298.15 K での酸定数と塩基定数*

酸／塩基	K_b	pK_b	K_a	pK_a
強い弱酸				
トリクロロエタン酸（トリクロロ酢酸），CCl_3COOH	3.3×10^{-14}	13.48	3.0×10^{-1}	0.52
ベンゼンスルホン酸，$C_6H_5SO_3H$	5.0×10^{-14}	13.30	2×10^{-1}	0.70
ヨウ素酸，HIO_3	5.9×10^{-14}	13.23	1.7×10^{-1}	0.77
亜硫酸，H_2SO_3	6.3×10^{-13}	12.19	1.6×10^{-2}	1.81
亜塩素酸，$HClO_2$	1.0×10^{-12}	12.00	1.0×10^{-2}	2.00
リン酸，H_3PO_4	1.3×10^{-12}	11.88	7.6×10^{-3}	2.12
クロロエタン酸（クロロ酢酸），$CH_2ClCOOH$	7.1×10^{-12}	11.15	1.4×10^{-3}	2.85
乳酸，$CH_3CH(OH)COOH$	1.2×10^{-11}	10.92	8.4×10^{-4}	3.08
亜硝酸，HNO_2	2.3×10^{-11}	10.63	4.3×10^{-4}	3.37
フッ化水素，HF	2.9×10^{-11}	10.55	3.5×10^{-4}	3.45
メタン酸（ギ酸），HCOOH	5.6×10^{-11}	10.25	1.8×10^{-4}	3.75
安息香酸，C_6H_5COOH	1.5×10^{-10}	9.81	6.5×10^{-5}	4.19
エタン酸（酢酸），CH_3COOH	5.6×10^{-10}	9.25	1.8×10^{-5}	4.75
炭酸，H_2CO_3	2.3×10^{-8}	7.63	4.3×10^{-7}	6.37
次亜塩素酸，HClO	3.3×10^{-7}	6.47	3.0×10^{-8}	7.53
次亜臭素酸，HBrO	5.0×10^{-6}	5.31	2.0×10^{-9}	8.69
ホウ酸，$B(OH)_3$**	1.4×10^{-5}	4.86	7.2×10^{-10}	9.14
シアン化水素，HCN	2.0×10^{-5}	4.69	4.9×10^{-10}	9.31
フェノール，C_6H_5OH	7.7×10^{-5}	4.11	1.3×10^{-10}	9.89
次亜ヨウ素酸，HIO	4.3×10^{-4}	3.36	2.3×10^{-11}	10.64
弱い弱酸				
弱い弱塩基				
尿素，$CO(NH_2)_2$	1.3×10^{-14}	13.90	7.7×10^{-1}	0.10
アニリン，$C_6H_5NH_2$	4.3×10^{-10}	9.37	2.3×10^{-5}	4.63
ピリジン，C_5H_5N	1.8×10^{-9}	8.75	5.6×10^{-6}	5.35
ヒドロキシアミン，NH_2OH	1.1×10^{-8}	7.97	9.1×10^{-7}	6.03
ニコチン，$C_{10}H_{11}N_2$	1.0×10^{-6}	5.98	1.0×10^{-8}	8.02
モルヒネ，$C_{17}H_{19}O_3N$	1.6×10^{-6}	5.79	6.3×10^{-9}	8.21
ヒドラジン，NH_2NH_2	1.7×10^{-6}	5.77	5.9×10^{-9}	8.23
アンモニア，NH_3	1.8×10^{-5}	4.75	5.6×10^{-10}	9.25
トリメチルアミン，$(CH_3)_3N$	6.5×10^{-5}	4.19	1.5×10^{-10}	9.81
メチルアミン，CH_3NH_2	3.6×10^{-4}	3.44	2.8×10^{-11}	10.56
ジメチルアミン，$(CH_3)_2NH$	5.4×10^{-4}	3.27	1.9×10^{-11}	10.73
エチルアミン，$C_2H_5NH_2$	6.5×10^{-4}	3.19	1.5×10^{-11}	10.81
トリエチルアミン，$(C_2H_5)_3N$	1.0×10^{-3}	2.99	1.0×10^{-11}	11.01
強い弱塩基				

*　多価プロトン酸（2個以上のプロトンを供与しうる酸）の場合は第一プロトン付加の値を示してある．
**　この場合のプロトン移動平衡は，$B(OH)_3(aq) + 2H_2O(l) \rightleftharpoons H_3O^+(aq) + B(OH)_4^-(aq)$ である．

塩基の強さが減少するにつれ，その共役酸の強さは増加する．また，酸についても同様のことがいえる．

(7a) 式の両辺の常用対数をとり，$\log_{10}xy = \log_{10}x + \log_{10}y$ の関係を使えば次式が得られる．

$$\mathrm{p}K_\mathrm{a} + \mathrm{p}K_\mathrm{b} = \mathrm{p}K_\mathrm{w} \qquad \text{p}K_\text{a}\text{ と p}K_\text{b}\text{ の関係} \qquad (7\text{b})$$

この関係は，塩基の $\mathrm{p}K_\mathrm{b}$ の値がその共役酸の $\mathrm{p}K_\mathrm{a}$ で表せる〔$\mathrm{p}K_\mathrm{b}$(塩基) $= \mathrm{p}K_\mathrm{w} - \mathrm{p}K_\mathrm{a}$(共役酸)〕ことを示しており，非常に役に立つ．こうして，あらゆる弱酸と弱塩基の強さは一つの表で表せる（表4E･2）．

簡単な例示 4E･2

塩基であるメチルアミン (CH_3NH_2) の共役酸 ($CH_3NH_3^+$) の酸定数がわかっていて，$\mathrm{p}K_\mathrm{a} = 10.56$ のとき，つぎのようにしてメチルアミンの塩基定数を求めることができる．

$$\mathrm{p}K_\mathrm{b} = \mathrm{p}K_\mathrm{w} - \mathrm{p}K_\mathrm{a} = 14.00 - 10.56 = 3.44$$

もうひとつの便利な関係式は，K_w の定義を表した (6) 式の両辺の常用対数をとり，$\log_{10}xy = \log_{10}x + \log_{10}y$ の関係を使えば得られる．

$$\mathrm{pH} + \mathrm{pOH} = \mathrm{p}K_\mathrm{w} \qquad \text{pH と pOH の関係} \qquad (8)$$

ここで，$\mathrm{pOH} = -\log a_{\mathrm{OH}^-}$ である．きわめて重要なこの式は，同じ溶液の中では，ヒドロニウムイオンとヒドロキシイオンの活量（簡単な扱いであれば，モル濃度に等しいとしてもよい）は互いにシーソーのような関係にあることを示している．すなわち，一方が増加すれば，もう一方は減少し，両者の和は常に保存されて同じ $\mathrm{p}K_\mathrm{w}$ の値をとる．

(b) 弱酸溶液のpH

弱酸溶液のpHを求めるのにもっとも信頼できる方法は，酸自身のプロトン脱離と水の自己プロトリシスによるプロトン脱離を考えて，溶液中のヒドロニウムイオンの全濃度を計算することである．自己プロトリシスが無視できるときの計算はごく簡単である．それは，酸が弱すぎず，酸の濃度が低すぎないときである．具体的に表せば，$K_\mathrm{a}A \gg K_\mathrm{w}$ および $K_\mathrm{a}[H_3O^+] \gg K_\mathrm{w}$，$[H_3O^+] \ll A$ のときである．ここで，A は溶液をつくったときの（溶ける前の）酸のモル濃度である．

自己プロトリシスが無視できるときの手順はつぎの通りである．

ステップ1：トピック4Dで用いた平衡表と同じように，計算に必要な作業を表に書いてまとめる．

化学種	酸	H_3O^+	共役塩基
初濃度			
平衡到達までの濃度変化			
平衡濃度			

たいていの場合，系が平衡に到達するまでに起こる濃度変化が未知であるから，H_3O^+ の濃度変化を x と書き，反応の量論関係を使って他の化学種の変化を表す．

ステップ2：酸定数を表す式に平衡値（上の表の最下行の値）を代入する．それで，x を K_a で表した式が得られるから，x について解ける．一般に，x の式を解けば，数学的に可能な解として複数の x が得られる．しかし，すべての化学種について濃度の符号を考え，化学的に意味のある解を選ぶ必要がある．つまり，濃度はすべて正でなければならない．

例題 4E･1　弱酸溶液のpHの求め方

エタン酸（酢酸）は，食酢のすっぱい味のもとであり，ワインやリンゴ酒などの発酵飲料に含まれるバクテリアの作用で，エタノールが好気的に酸化されてつくられる．すなわち，$CH_3CH_2OH(aq) + O_2(g) \rightarrow CH_3COOH(aq) + H_2O(l)$ である．(a) 0.15 M の $CH_3COOH(aq)$ と (b) 1.5×10^{-4} M の $CH_3COOH(aq)$ のpHを求めよ．

考え方　上に示した通りに進めればよい．酸定数の値は表4E･2にある．

解答　(a) プロトン移動平衡　$CH_3COOH(aq) + H_2O(l) \rightleftharpoons H_3O^+(aq) + CH_3CO_2^-(aq)$ に基づき，つぎの平衡表を書く．

化学種	CH_3COOH	H_3O^+	$CH_3CO_2^-$
初濃度 / ($\mathrm{mol\,dm^{-3}}$)	0.15	0	0
平衡到達までの濃度変化 / ($\mathrm{mol\,dm^{-3}}$)	$-x$	$+x$	$+x$
平衡濃度 / ($\mathrm{mol\,dm^{-3}}$)	$0.15-x$	x	x

酸定数の式にそれぞれの平衡濃度を代入すれば，

$$K_\mathrm{a} = \frac{[H_3O^+][CH_3CO_2^-]}{[CH_3COOH]} = \frac{x\times x}{0.15-x}$$

となって，これから x の値が求められる．まず，この式を変形すれば2次方程式（$x^2 + K_a x - 0.15K_a = 0$）が得られる．そこで，通常の方法（必須のツール8）でこれを解けばよい．(b) ではそうしている．しかし，もっと速く解けて巧妙なやり方は，x が小さいことを利用して $0.15 - x$ を 0.15 で置き換えてしまうことである．（この近似は，$x \ll 0.15$ であれば使える．）そうすれば，式はこの段階で単純に $K_a = x^2/0.15$ となる．これを変形して $0.15 \times K_a = x^2$ としておけば，

$$x = (0.15 \times K_a)^{1/2} = (0.15 \times 1.8 \times 10^{-5})^{1/2} = 1.6 \times 10^{-3}$$

が得られる．ここで，表4E･2から $K_a = 1.8 \times 10^{-5}$ の値を使った．したがって pH = 2.80 である．この種の計算ではイオン間の相互作用の効果を無視しているので，pH にして小数点以下1桁よりも正確なことはまずない（おそらく小数点以下の1桁目もあやしい）．そこで，答を pH = 2.8 としておくのがよいだろう．

ノート　途中の計算に近似を使ったときは，得られた結果がその近似の条件を満たしているのを最後に確認しておくこと．上の場合は，$x \ll 0.15$ を仮定し，得られた結果が $x = 1.6 \times 10^{-3}$ であるから条件を満たしている．

ノート2　エタン酸は，2個のO原子が等価でないから CH_3COOH と書く．その共役塩基であるエタン酸イオンは，2個のO原子が（共鳴によって）等価になるので $CH_3CO_2^-$ と書く．

(b) この濃度でも (a) と同様に進めればよい．計算によって，$x = 5.2 \times 10^{-5}$ が得られる．初濃度（1.5×10^{-4} M）から減ってはいるが，大きく減っているわけではない．そこで，近似を使うわけにいかないので，つぎの2次方程式をきちんと解かなければならない．

$$x^2 + K_a x - (1.5 \times 10^{-4})K_a = 0$$

その係数を（［必須のツール8］の記号を使えば）それぞれ，$a = 1$，$b = 1.8 \times 10^{-5}$，$c = -1.5 \times 1.8 \times 10^{-9}$ とおけば，

$$x = \frac{\overbrace{-1.8\times10^{-5}}^{-b} \pm \{\overbrace{(1.8\times10^{-5})^2}^{b^2} - \overbrace{4(-1.5\times1.8\times10^{-9})}^{4ac}\}^{1/2}}{\underbrace{2}_{2a}}$$

$$= 4.4 \times 10^{-5} \quad \text{または} \quad -6.2 \times 10^{-5}$$

と求められる．x は H_3O^+ の濃度に等しいから，負ではあり得ない．そこで，$x = 4.4 \times 10^{-5}$ の解を選ぶ．したがって，pH = 4.4 である．（近似を使って計算すれば 4.3 が得られる．）

必須のツール8　2次方程式と3次方程式

2次方程式は一般に，つぎの形をしている．

$$ax^2 + bx + c = 0$$

a, b, c は定数である．この方程式の2つの解（根）は次式で与えられる．

$$x = \frac{-b \pm (b^2 - 4ac)^{1/2}}{2a}$$

得られた根が目的とする解かどうかは，物理的に意味があるかどうかで決まる．たとえば，x が濃度であれば，正の根しか意味がない．x が濃度変化であれば，最終的な平衡濃度［(初濃度) + x］が正でなければならない．

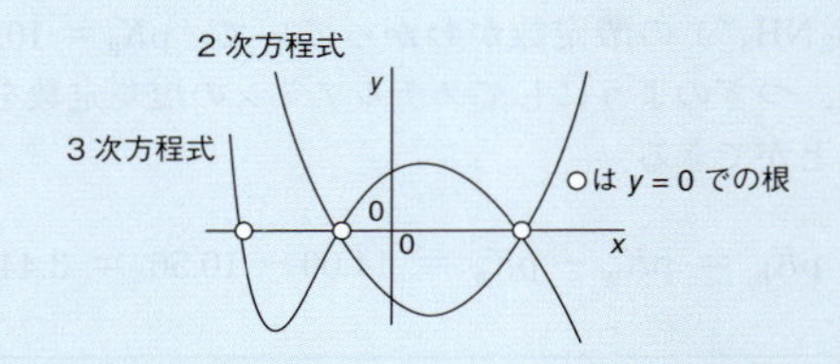

3次方程式（$ax^3 + bx^2 + cx + d = 0$ の形の方程式）の三つの根（図を参照）についても，2次方程式と同じように閉じた形の根の式が得られている．しかし，その式は非常に込み入っているので，解を求めるには数学ソフトウエアを使うか，グラフ上で求めるのがよい．

(c) 弱塩基溶液の pH

塩基の水溶液の場合，pH を計算するには酸の場合より一つ余分のステップが必要である．まず，平衡表の手法を使って，K_b の値から溶液中の OH^- イオンの濃度を計算し，それを溶液の pOH として表す．次のステップで，(1c) 式の水の自己プロトリシス平衡を使って pOH を pH に変換する．それには (8) 式を $pH = pK_w - pOH$ に変形し，25 °C での値 $pK_w = 14.00$ を使う．

例題 4E･2　弱塩基溶液の pH の求め方

$pK_b = 3.44$ の $CH_3NH_2(aq)$ の 0.20 M 溶液の pH を計算せよ．

考え方　上に示した通りに進めればよい．

解答　プロトン移動平衡 $CH_3NH_2(aq) + H_2O(l) \rightleftharpoons CH_3NH_3^+(aq) + OH^-(aq)$ に基づき，つぎの平衡表を書く．

化学種	CH_3NH_2	$CH_3NH_3^+$	OH^-
初濃度 /(mol dm^{-3})	0.20	0	0
平衡到達までの濃度変化 /(mol dm^{-3})	$-x$	$+x$	$+x$
平衡濃度 /(mol dm^{-3})	$0.20-x$	x	x

$K_b = 10^{-3.44} = 3.6\cdots\times 10^{-4}$ であるから，$x \ll 0.2$ であることを予想して，

$$\overbrace{K_b}^{3.6\cdots\times10^{-4}} = \frac{[CH_3NH_3^+][OH^-]}{[CH_3NH_2]} = \frac{x\times x}{0.20-x} \approx \frac{x^2}{0.20}$$

とする．そこで，$[OH^-] = x = 0.0085\cdots$ であり，pOH $= -\log(0.0085\cdots) = 2.07$ となる．したがって，pH $= 14.00 - 2.07 = 11.93$ である．(11.9 としておくのがよいだろう．)

(d) 塩の水溶液の pH

水に塩を加えたとき存在しているイオンは，酸か塩基どちらかの性質を示し，それが溶液の pH に影響を及ぼす．たとえば，水に塩化アンモニウムを加えれば，酸 (NH_4^+) と塩基 (Cl^-) が現れる．この溶液は，弱酸 (NH_4^+) とごく弱い弱塩基 (Cl^-) から成る．正味の結果として，溶液は酸性を示す．同様に，エタン酸ナトリウム水溶液は，酸性でも塩基性でもないイオン (Na^+ イオン) と塩基 ($CH_3CO_2^-$) から成る．正味の結果として溶液は塩基性を示し，その pH は 7 より大きい．

塩の水溶液の pH を求めるには，“ふつうの”酸や塩基を加えた場合と全く同様に進めればよい．ブレンステッド-ロウリーの理論では，エタン酸などの“ふつうの”酸と塩基の共役酸 (NH_4^+ など) との概念上の区別はないからである．

簡単な例示 4E・3

25 °C における 0.010 M の NH_4Cl(aq) の pH を計算するには，酸 (NH_4^+) の初濃度を 0.010 mol dm^{-3} として，例題 4E・1 と全く同じ手順で進める．使うべき K_a の値は，酸である NH_4^+ の酸定数であり，それは表 4E・2 に掲げてある．あるいは，この酸の共役塩基 (NH_3) の K_b から，(7a) 式 ($K_aK_b = K_w$) を使って K_a に変換してもよい．そうすれば pH $= 5.63$ という値が得られ，中性より少し酸性側にあることがわかる．

エタン酸ナトリウムなどの弱酸の塩の水溶液の pH を求める場合も全く同じである．アニオンである $CH_3CO_2^-$ を塩基 (もともとそうであるが) として扱い，その共役酸 (CH_3COOH) の K_a の値から得られる K_b の値を使って平衡表をつくればよい．

(e) 両性を示す化学種の水溶液の pH

両性[1] を示す化学種 (分子もしくはイオン) は，プロトンを受入れることも与えることもできる．たとえば，炭酸水素イオン (重炭酸イオン) HCO_3^- は酸として作用する (その結果，CO_3^{2-} ができる)．一方，塩基としても作用する (その結果，H_2CO_3 ができる)．

ノート　プロトンを受容も供与もできる化学種が示す“両性”と，酸としても塩基としても反応できる物質がもつ“両性[2]”とを区別しよう．アルミニウムは両性金属 (後者) であるが，両性 (前者) を示さない．

ここで，HA^- の形をしたアニオン (たとえば，炭酸水素ナトリウムでは HCO_3^-) をもち両性を示す塩の水溶液の pH について疑問が湧くことだろう．それは酸性が優勢で pH < 7 の水溶液が得られるだろうか．それとも塩基性が優勢で pH > 7 になるだろうか．

水中に HA^- が存在するときのつぎの 2 種の平衡を考えよう．

$$H_2A(aq) + H_2O(l) \rightleftharpoons H_3O^+(aq) + HA^-(aq) \qquad K_{a1} = \frac{a_{H_3O^+}a_{HA^-}}{a_{H_2A}}$$

$$HA^-(aq) + H_2O(l) \rightleftharpoons H_3O^+(aq) + A^{2-}(aq) \qquad K_{a2} = \frac{a_{H_3O^+}a_{A^{2-}}}{a_{HA^-}}$$

ここで，つぎの関係があることに注意しよう．

$$K_{a1}K_{a2} = \frac{a_{H_3O^+}a_{HA^-}}{a_{H_2A}} \times \frac{a_{H_3O^+}a_{A^{2-}}}{a_{HA^-}} = a_{H_3O^+}{}^2 \times \frac{a_{A^{2-}}}{a_{H_2A}} \approx a_{H_3O^+}{}^2 \times \frac{[A^{2-}]}{[H_2A]}$$

この水溶液の pH が 7 からあまり遠く離れていなければ，プロトン脱離形の A^{2-} とプロトン付加形の H_2A のモル濃度はよく似ているから，

$$K_{a1}K_{a2} = a_{H_3O^+}{}^2 \qquad \text{そこで} \qquad a_{H_3O^+} = \sqrt{K_{a1}K_{a2}}$$

が成り立つ．ここで，この両辺の常用対数をとれば，

$$\overbrace{\log_{10} a_{H_3O^+}}^{-\mathrm{pH}} = \frac{1}{2}\log_{10} K_{a1}K_{a2} = \frac{1}{2}(\overbrace{\log_{10} K_{a1}}^{-\mathrm{p}K_{a1}} + \overbrace{\log_{10} K_{a2}}^{-\mathrm{p}K_{a2}})$$

1) amphiprotic　2) amphoteric

表 4E・3　多価プロトン酸の 298.15 K での逐次酸定数

酸	K_{a1}	pK_{a1}	K_{a2}	pK_{a2}	K_{a3}	pK_{a3}
炭酸，H_2CO_3	4.3×10^{-7}	6.37	5.6×10^{-11}	10.25		
硫化水素，H_2S	1.32×10^{-7}	6.88	7.08×10^{-15}	14.15		
シュウ酸，$(COOH)_2$	5.9×10^{-2}	1.23	6.5×10^{-5}	4.19		
リン酸，H_3PO_4	7.6×10^{-3}	2.12	6.2×10^{-8}	7.21	2.1×10^{-13}	12.67
亜リン酸，H_2PO_3	1.0×10^{-2}	2.00	2.6×10^{-7}	6.59		
硫酸，H_2SO_4	強　酸		1.2×10^{-2}	1.92		
亜硫酸，H_2SO_3	1.5×10^{-2}	1.81	1.2×10^{-7}	6.91		
酒石酸，$C_2H_4O_2(COOH)_2$	6.0×10^{-4}	3.22	1.5×10^{-5}	4.82		

となる．したがって次式が得られる．

$$pH = \frac{1}{2}(pK_{a1} + pK_{a2}) \qquad \text{両性を示す塩} \qquad (9)$$

簡単な例示 4E・4

0.010 M の $NaHCO_3(aq)$ は，このアニオン HCO_3^- の酸としての性質が反映されて酸性を示すだろうか．それとも塩基としての性質が反映されて塩基性を示すだろうか．$K_{a1} = 4.3 \times 10^{-7}$ および $K_{a2} = 5.6 \times 10^{-11}$ である．(9) 式を用いれば，

$$pH = \frac{1}{2}(6.37 + 10.25) = 8.31$$

となり，この溶液は塩基性であることがわかる．

4E・3　多価プロトン酸

核酸など大多数の生体高分子にはプロトン供与サイトが複数ある．そこで，この複雑な状況を定量的に扱う方法を学んでおく必要がある．**多価プロトン酸**[1]は，供与しうるプロトンを2個以上もつ分子性の化合物である．たとえば，硫酸 H_2SO_4 はプロトンを2個まで，リン酸 H_3PO_4 は3個まで供与しうる．多価プロトン酸は，プロトンを1個供与するたびに，別のブレンステッド酸を生成する化学種であると考えておくのがよい．たとえば硫酸は，H_2SO_4 そのものと HSO_4^- の二つのブレンステッド酸の親分子であり，リン酸は H_3PO_4 および $H_2PO_4^-$，HPO_4^{2-} の三つのブレンステッド酸の親分子である．

供与可能な酸性プロトンを2個もつ化学種 H_2A（H_2SO_4 など）で考える必要のある逐次平衡は，両性を示す化学種の扱いで H_2A や HA^-，A^{2-} などの化学種が存在する場合に考えた逐次平衡と同じである．そのときの計算との違いといえば，いまの場合は，水に H_2A を溶かした溶液の pH が問題であって，前回は中間イオンである HA^- の塩を水に加えてつくった溶液の pH であった．たとえば，今回は炭酸水溶液の pH が問題であり，前回は炭酸水素ナトリウムを水に溶かした溶液の pH を問題にしたのであった．もう一つの疑問は溶液の組成にある．たとえば，H_2A からつくった溶液中に存在する A^{2-}，つまり2回プロトン脱離した化学種の濃度はいくらだろうか．

ここで考える平衡は，酸 H_2A について考えたものと同じである．逐次酸定数の値は表 4E・3 にある．どの場合も K_{a2} は K_{a1} より小さく，小さな分子の場合はふつう少なくとも3桁は小さくなっている．それは，HA^- がすでに負電荷をもっているので，2個目のプロトンは取れにくいからである．酵素は，基本的に多価プロトン酸である．それは，細胞にある水溶液媒質に対して酵素が供与できるプロトンが多数あるからである．酵素の場合は，一連の酸定数の値はさほど違わない．それは，分子自体が大きいので，ある部分でプロトンを1個失っても全体としてあまり大きな影響はなく，次のプロトンを失うのも比較的たやすいからである．しかしながら，活性サイトにプロトン供与体をもつ酵素は，そのサイトに関する限り単一のプロトン酸である．たとえば，シトクロム *c* オキシダーゼによる酸素から水の生成やニトロゲナーゼによる窒素からアンモニアへの変換などのように，基質に複数のプロトンが移動する反応では，その機構に逐次1個のプロトン移動が関与している．プロトンは，水から直接に移動するか，あるいは活性サイトのプロトン供与体から移動することになる．

例題 4E・3　炭酸水溶液の pH と炭酸イオンの濃度の計算

地下水には二酸化炭素が溶けていて，炭酸や炭酸水素イオン，あるいは炭酸イオンもごく微量ではあるが含まれている．水と $CO_2(g)$ が平衡に達している水溶液の pH とこれに含まれている CO_3^{2-} イオンのモル濃度を計算せよ．

1) polyprotic acid

考え方　水溶液中に H_2CO_3 が存在しているのは，CO_2 の溶解と続いて起こる水和によるものである．H_2CO_3 の初濃度は，大気中の CO_2 の分圧に比例すると考えて，$[H_2CO_3] = K_H p_{CO_2}$ と書けばよい．それから電荷均衡と物質均衡の条件を課して式を立てる．近似が使えそうなら，それで方程式を解けばよい．その近似として，第一プロトン脱離からして小さいため H_2CO_3 の濃度が初期値からほとんど変化しない，あるいは，CO_3^{2-} の濃度が HCO_3^- の濃度よりずっと小さいことなどが使えるだろう．水溶液は理想的に振舞うとし，活量はモル濃度で置き換えてよいとし，水の自己プロトリシスを無視する．

解答　第一酸定数と第二酸定数は，

$$K_{a1} = \frac{[H_3O^+][HCO_3^-]}{[H_2CO_3]} \approx \frac{[H_3O^+][HCO_3^-]}{K_H p_{CO_2}}$$

$$K_{a2} = \frac{[H_3O^+][CO_3^{2-}]}{[HCO_3^-]} \approx \frac{[H_3O^+]^2[CO_3^{2-}]}{K_{a1} K_H p_{CO_2}}$$

と書ける．ここで，K_{a2} の式の最右辺を導くときには K_{a1} の式を用いた．したがって，

$$[HCO_3^-] \approx \frac{K_{a1} K_H p_{CO_2}}{[H_3O^+]} \quad \text{および}$$

$$[CO_3^{2-}] \approx \frac{K_{a1} K_{a2} K_H p_{CO_2}}{[H_3O^+]^2}$$

となる．電荷均衡の要請により，

$$[HCO_3^-] + 2[CO_3^{2-}] = [H_3O^+]$$

であるから次式が成り立つ．

$$\frac{K_{a1} K_H p_{CO_2}}{[H_3O^+]} + \frac{2 K_{a1} K_{a2} K_H p_{CO_2}}{[H_3O^+]^2} = [H_3O^+]$$

この式の両辺に $[H_3O^+]^2$ を掛ければ，

$$K_{a1} K_H p_{CO_2}[H_3O^+] + 2 K_{a1} K_{a2} K_H p_{CO_2} = [H_3O^+]^3$$

となる．K_{a2} が小さくて，$2K_{a1} K_{a2} K_H p_{CO_2} \ll K_{a1} K_H p_{CO_2} [H_3O^+]$，つまり $K_{a2} \ll \frac{1}{2}[H_3O^+]$ とできれば，この式は，

$$K_{a1} K_H p_{CO_2} = [H_3O^+]^2$$

となる．これを $[H_3O^+]$ について解けば，

$$[H_3O^+] = \sqrt{K_{a1} K_H p_{CO_2}}$$

である．したがって，

$$\mathrm{pH} = -\frac{1}{2}\log_{10}(K_{a1} K_H p_{CO_2})$$

となる．また，$[HCO_3^-]$ および $[CO_3^{2-}]$ について表せば，

$$[HCO_3^-] = \frac{K_{a1} K_H p_{CO_2}}{\sqrt{K_{a1} K_H p_{CO_2}}} = \sqrt{K_{a1} K_H p_{CO_2}}$$

$$[CO_3^{2-}] = \frac{K_{a1} K_{a2} K_H p_{CO_2}}{(\sqrt{K_{a1} K_H p_{CO_2}})^2} = K_{a2}$$

が得られる．表 4E·3 によれば，$K_{a1} = 4.3 \times 10^{-7}$ および $K_{a2} = 5.6 \times 10^{-11}$ である．また，表 3C·1 から圧力の単位を atm で表せば，$K_H = 3.4 \times 10^{-2}\ \mathrm{mol\ dm^{-3}\ atm^{-1}}$ である．海面での大気中の二酸化炭素の代表的な分圧の値を 0.040 atm とすれば，それぞれの化学種のモル濃度はつぎのように計算できる．

	H_2CO_3	HCO_3^-	CO_3^{2-}
モル濃度 /($\mathrm{mol\ dm^{-3}}$)	1.3×10^{-3}	2.4×10^{-5}	5.6×10^{-11}

こうして $[CO_3^{2-}] = 5.6 \times 10^{-11}\ \mathrm{mol\ dm^{-3}}$ が得られるから，CO_3^{2-} イオンのモル濃度は 56 pmol dm^{-3} となる．その pH は 4.6 である．

コメント　溶けている CO_2 と H_2CO_3 のあいだの平衡は非常に遅いから，炭酸が関与する平衡の計算結果の解釈には十分な注意が必要である．生体内では，炭酸デヒドラターゼという酵素が CO_2 と HCO_3^- の相互変換を促進して平衡を達成している．ここで，CO_3^{2-} の濃度が CO_2 の分圧に無関係という結果は意外だったかもしれない．しかし実際は，無関係というわけではない．この結果は第一近似にすぎないからで，ここで採用した近似を使わずに詳しい解析を行えば，分圧にわずかに依存することがわかっている．

4E・4　具体例：リシン水溶液の分率組成

溶液中に溶けている弱酸のプロトン脱離の度合いは，その酸の酸定数と"初濃度"，つまりその溶液をつくったときの濃度に依存する．**プロトン脱離率**[1]，すなわちプロトンを供与した酸分子 HA の割合は，

$$f_{\text{プロトン脱離}} = \frac{[A^-]_{\text{平衡}}}{[HA]_{\text{初濃度}}} \quad \text{プロトン脱離した HA の割合} \qquad (10a)$$

で与えられる．同様にして，弱塩基 B のプロトン付加の度合いは，**プロトン付加率**[2] で表される．

$$f_{\text{プロトン付加}} = \frac{[HB^+]_{\text{平衡}}}{[B]_{\text{初濃度}}} \quad \text{プロトン付加した B の割合} \qquad (10b)$$

1) fraction deprotonated　2) fraction protonated

溶液の pH を計算するうえでは，どちらの f の計算も同じやり方で進めればよいが，唯一の違いは，平衡表の x の計算値をどう使うかである．

アミノ酸のリシン（Lys，構造図 A12）について考えよう．2 個ある窒素原子それぞれで 1 個ずつプロトンを受け入れ，カルボキシ基のプロトンを 1 個与えることができる．電気的に中性の分子は HLys で，完全なプロトン付加形は H_3Lys^{2+} である．$0.010\ mol\ dm^{-3}$ のリシン水溶液の組成が pH でどう変化するかを示そう．なお，代表的なアミノ酸の pK_a の値を表 4E･4 に示してある．

表 4E･4　アミノ酸の 298.15 K での酸定数*

略　号	pK_{a1}	pK_{a2}	pK_{a3}
Ala	2.33	9.71	
Arg	2.03	9.00	*12.10*
Asn	2.16	8.73	
Asp	1.95	*3.71*	9.66
Cys	1.91	*8.14*	10.28
Gln	2.18	9.00	
Glu	2.16	*4.15*	9.58
Gly	2.34	9.58	
His	1.70	*6.04*	9.09
Ile	2.26	9.60	
Leu	2.32	9.58	
Lys	2.15	9.16	*10.67*
Met	2.16	9.08	
Phe	2.18	9.09	
Pro	1.95	10.47	
Ser	2.13	9.05	
Thr	2.20	9.96	
Trp	2.38	9.34	
Tyr	2.24	9.04	*10.10*
Val	2.27	9.52	

*　酸の名称や構造については巻末の［資料］にある［構造図］を見よ．酸定数の順序は，もっとも多数のプロトンが付加した形から順に示してある．たとえばリシンの場合は，H_3Lys^{2+}，H_2Lys^+，HLys（電気的に中性の分子）の順である．イタリックの数字で示してあるのは，それぞれの側鎖の酸性基や塩基性基の値であり，これらの基がポリペプチド鎖にあるかのように扱っている．Ser や Thr，Asn，Gln の側鎖の pK_a の値はかなり高いが，いずれも生物学的な重要性がないのでこのリストに含めていない．

pH が低い（H_3O^+ の濃度が高い）あいだは完全にプロトンが付加した化学種（H_3Lys^{2+}）が多く存在し，中間の pH では一部だけプロトンがついた化学種（H_2Lys^+ や HLys）が多くなり，もっと pH が高くなればプロトンが完全に脱離した化学種（Lys^-）が多く存在すると予想できる．この 3 種の酸定数は（表 4E･4 の記号で表して，活量をモル濃度の数値で置き換えれば），

$$H_3Lys^{2+}(aq) + H_2O(l) \rightleftharpoons H_3O^+(aq) + H_2Lys^+(aq)$$
$$K_{a1} = \frac{[H_3O^+][H_2Lys^+]}{[H_3Lys^{2+}]}$$

$$H_2Lys^+(aq) + H_2O(l) \rightleftharpoons H_3O^+(aq) + HLys(aq)$$
$$K_{a2} = \frac{[H_3O^+][HLys]}{[H_2Lys^+]}$$

$$HLys(aq) + H_2O(l) \rightleftharpoons H_3O^+(aq) + Lys^-(aq)$$
$$K_{a3} = \frac{[H_3O^+][Lys^-]}{[HLys]}$$

と書ける．また，4 種の化学種の形で存在するリシンの合計濃度は次式で表せる．

$$L = [H_3Lys^{2+}] + [H_2Lys^+] + [HLys] + [Lys^-]$$

リシンの合計濃度　(11)

これで，四つの未知濃度に対して四つの方程式が得られた．これを解くために次々と置換していけばよい．すなわち，K_{a3} を使って $[Lys^-]$ を $[HLys]$ で表し，K_{a2} を使って $[HLys]$ を $[H_2Lys^+]$ で表すなどの置換を繰返す．そうすれば，

$$[Lys^-] = \frac{K_{a3}[HLys]}{[H_3O^+]} = \frac{K_{a2}K_{a3}[H_2Lys^+]}{[H_3O^+]^2} = \frac{K_{a1}K_{a2}K_{a3}[H_3Lys^{2+}]}{[H_3O^+]^3}$$

$$[HLys] = \frac{K_{a2}[H_2Lys^+]}{[H_3O^+]} = \frac{K_{a1}K_{a2}[H_3Lys^{2+}]}{[H_3O^+]^2}$$

$$[H_2Lys^+] = \frac{K_{a1}[H_3Lys^{2+}]}{[H_3O^+]}$$

となる．ここで，合計濃度 L を表す式は $[H_3Lys^{2+}]$ を使ってつぎのように書ける．

$$L = \frac{H[H_3Lys^{2+}]}{[H_3O^+]^3}$$

ただし，

$$H = [H_3O^+]^3 + K_{a1}[H_3O^+]^2 + K_{a1}K_{a2}[H_3O^+] + K_{a1}K_{a2}K_{a3} \quad (12)$$

である．こうして，この溶液中に存在する各化学種の割合は，

$$f(H_3Lys^{2+}) = \frac{[H_3Lys^{2+}]}{L} = \frac{[H_3O^+]^3}{H}$$

$$f(H_2Lys^+) = \frac{[H_2Lys^+]}{L} = \frac{K_{a1}[H_3O^+]^2}{H}$$

$$f(HLys) = \frac{[HLys]}{L} = \frac{K_{a1}K_{a2}[H_3O^+]}{H}$$

$$f(Lys^-) = \frac{[Lys^-]}{L} = \frac{K_{a1}K_{a2}K_{a3}}{H}$$

分率組成　(13)

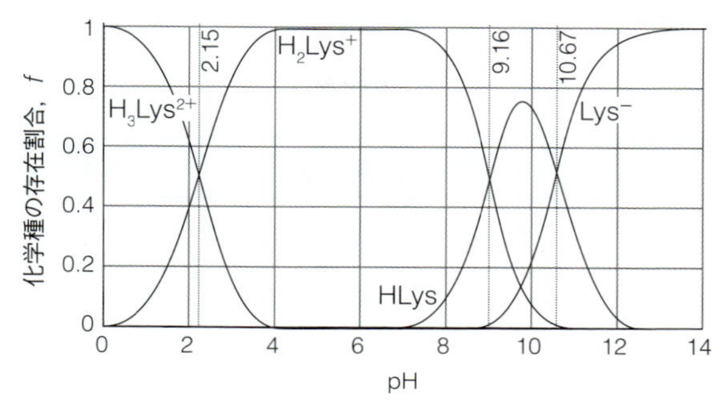

図 4E・2　リシン（Lys）の水溶液中に存在するプロトン付加体や脱離体の存在比の pH 依存性．共役な酸塩基対については，溶液の pH がその酸の pK_a に等しいところで，両者は等濃度で存在していることに注目しよう．

図 4E・3　ヒスチジン（His）の水溶液中に存在するプロトン付加体や脱離体の存在比の pH 依存性．

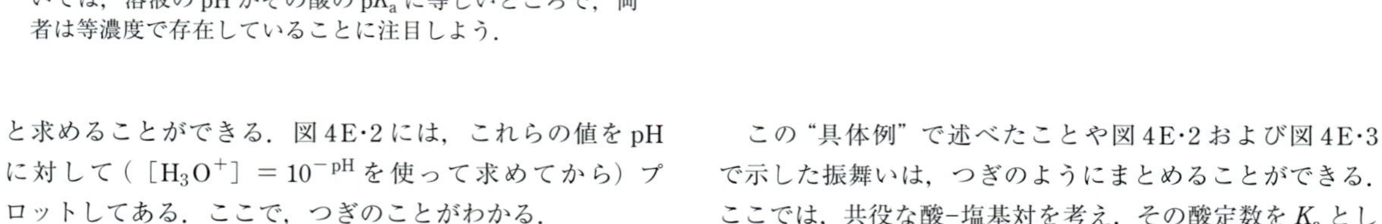

と求めることができる．図 4E・2 には，これらの値を pH に対して（$[H_3O^+] = 10^{-pH}$ を使って求めてから）プロットしてある．ここで，つぎのことがわかる．

- $pH < pK_{a1}$ のときは H_3Lys^{2+} が優勢である．
- $pH = pK_{a1}$ では H_3Lys^{2+} と H_2Lys^+ の濃度は等しい．
- $pH > pK_{a1}$ になれば H_2Lys^+ が優勢であり，その後は HLys が優勢になるという具合である．

pH = 7 の中性溶液では大部分が H_2Lys^+ である．それは，pH = 7 が pK_{a1} と pK_{a2} の間にあるからである．そこで，pK_{a1} 以下の pH では H_3Lys^{2+} が優勢で，pK_{a2} 以上の pH では HLys が優勢である．

ノート　(13) 式の形の対称性に注目しよう．これに気がつけば，酸性プロトンの数が異なるすべての化学種について，長い計算を繰返さなくても，それぞれの式を容易に導けるだろう．たとえば，ヒスチジン（構造図 A9）の水溶液にあるプロトン付加形の化学種の存在割合を図 4E・3 に示す．

この“具体例”で述べたことや図 4E・2 および図 4E・3 で示した振舞いは，つぎのようにまとめることができる．ここでは，共役な酸–塩基対を考え，その酸定数を K_a としよう．

$pH < pK_a$ では酸形が優勢である．

$pH = pK_a$ では酸形と塩基形の濃度は等しい．

$pH > pK_a$ では塩基形が優勢である．

どの場合も，多価プロトン系で別の形の化学種が存在するとしても，pK_a の値が互いにきわめて接近していない限り，その量は無視できるほど少ない．

水溶液中に多価プロトン酸の形態が多数存在することは，生化学的に重要である．たいていの酵素の基質は，細胞内のふつうの pH において複数のプロトン脱離状態で存在しており，特定の酵素は特定の状態にしか結合しないのである．この特異性こそが，酵素触媒反応の反応速度の pH 依存性に影響を与える因子なのである．

重要事項のチェックリスト

☐ 1．**酸**はプロトン供与体である．

☐ 2．**塩基**はプロトン受容体である．

☐ 3．**弱酸**は，水溶液中で一部しかプロトン脱離していない．**強酸**は，水溶液中で完全にプロトン脱離している．

☐ 4．**弱塩基**は，水溶液中で一部しかプロトン付加していない．**強塩基**は，水溶液中で完全にプロトン付加している．

☐ 5．**多価プロトン酸**は，供与しうるプロトンを 2 個以上もつ分子性の化合物である．

重要な式の一覧*

式の内容	式	備考	式番号
pH	$\mathrm{pH} = -\log_{10} a_{\mathrm{H_3O^+}}$	定義	2
酸定数	$K_\mathrm{a} = a_{\mathrm{H_3O^+}} a_{\mathrm{A^-}} / a_{\mathrm{HA}}$	定義	3a
	$\mathrm{p}K_\mathrm{a} = -\log_{10} K_\mathrm{a}$		4
塩基定数	$K_\mathrm{b} = a_{\mathrm{HB^+}} a_{\mathrm{OH^-}} / a_{\mathrm{B}}$	定義	5a
酸定数と塩基定数の関係	$\mathrm{p}K_\mathrm{a} + \mathrm{p}K_\mathrm{b} = \mathrm{p}K_\mathrm{w}$	共役酸塩基対	7b
自己プロトリシス	$\mathrm{pH} + \mathrm{pOH} = \mathrm{p}K_\mathrm{w}$		8
両性を示す塩の pH	$\mathrm{pH} = \frac{1}{2}(\mathrm{p}K_\mathrm{a1} + \mathrm{p}K_\mathrm{a2})$	近似形	9
プロトン脱離形の割合	$f_{\text{プロトン脱離}} = [\mathrm{A^-}]_{\text{平衡}} / [\mathrm{HA}]_{\text{初濃度}}$	定義	10a
プロトン付加形の割合	$f_{\text{プロトン付加}} = [\mathrm{HB^+}]_{\text{平衡}} / [\mathrm{B}]_{\text{初濃度}}$	定義	10b

* 理想希薄溶液では a_J を $[\mathrm{J}]/c^{\ominus}$ で置き換えてよい.

トピック 4F

緩　衝　液

➤ 学ぶべき重要性

細胞過程の多くは pH に依存しているから，その値が大きく変化すると回復不能な損傷を起こしかねない．細胞で起こっている生化学過程を理解するには，溶液の pH をどのように安定化させているかを知っておく必要がある．

➤ 習得すべき事項

プロトン移動平衡は，溶液中のすべての酸と塩基の間で迅速に達成されている．

➤ 必要な予備知識

ブレンステッド-ロウリーの理論（トピック 4E）の概念をよく理解し，その理論から導かれた平衡式の扱い方に習熟している必要がある．

ある酸とその共役塩基を含む溶液は**緩衝作用**[1] を示す．緩衝作用とは，強酸や強塩基が少量加えられても，それによる pH 変化に対抗できる作用である．**酸性緩衝液**[2] は，溶液を pH < 7 で安定化させるもので，ふつうは弱酸（エタン酸など）とその共役塩基を供給する塩（エタン酸ナトリウムなど）の溶液でつくられる．**塩基性緩衝液**[3] は，溶液を pH > 7 で安定化させるもので，弱塩基（アンモニアなど）とその共役酸を供給する塩（塩化アンモニウムなど）の溶液でつくられる．

細胞内液や多細胞生物の血管系の溶液には弱酸と弱塩基が多く含まれているから，緩衝液として作用する本来の能力を持ち合わせている．たとえば，人の生理的緩衝液は，血液の pH を 7.37〜7.43 という狭い範囲に保つ働きをする．この pH 範囲を逸脱すると何らかの代謝障害の兆候が現れる．タンパク質のコンホメーションや酵素触媒作用の機構は pH に依存していることが多いから，pH の制御は重要である．そこで，pH の変化は目に見えない危険性をはらんでいるから，そのような変化を起こさない機構の一つとして生体液による緩衝作用がある．注目する溶液の**緩衝能**[4] は，緩衝能力をどれほどもつかの尺度であるが，その溶液が許容でき，しかも期待される pH の値の ±1 単位の範囲内に維持できる強酸の物質量で示される．

緩衝作用の pH 制御系としての有効性は，溶液中にある弱酸や弱塩基の量によって決まる．しかし重要なことは，このような緩衝系であっても，pH を大きく変化させる何らかの過程によって圧倒される状況がありうるということである．このような場合でもなお pH を制御する方法として，存在する緩衝液の役目を補足するために，細胞は膜貫通イオン輸送過程を採用しているのである．

4F・1　酸性緩衝液と塩基性緩衝液

ある弱酸（化学種 HA を与える）とその共役塩基（化学種 A^- を与える）を，それぞれ既知量だけ溶かした水溶液をつくったとしよう．その溶液の pH を計算するには，この弱酸の K_a を表す式 $K_a = a_{H_3O^+}a_{A^-}/a_{HA}$（トピック 4E の 3a 式）を使えばよい．ただし $a_{HA} \approx$ [酸] および $a_{A^-} \approx$ [塩基] として，

$$K_a = \frac{a_{H_3O^+}[\text{塩基}]}{[\text{酸}]}$$

と書く．ここで，両辺の常用対数をとれば，

$$\overbrace{\log_{10} K_a}^{-pK_a} = \log_{10}\frac{a_{H_3O^+}[\text{塩基}]}{[\text{酸}]} = \overbrace{\log_{10} a_{H_3O^+}}^{-pH} + \overbrace{\log_{10}\frac{[\text{塩基}]}{[\text{酸}]}}^{-\log_{10}[\text{酸}]/[\text{塩基}]}$$

となる．さらに式を整理すれば，つぎの**ヘンダーソン-ハッセルバルヒの式**[5] が得られる．

$$pH = pK_a - \log_{10}\frac{[\text{酸}]}{[\text{塩基}]} \qquad \text{ヘンダーソン-ハッセルバルヒの式} \qquad (1)$$

共役する酸と塩基の濃度が等しいときは，(1) 式の右辺の第 2 項は $\log 1 = 0$ となるから，この条件下では $pH = pK_a$ である．ここで，上の式を導くのに，[酸] や [塩基] には何の仮定もしなかった．しかし，この酸は弱酸であるから，[酸] や [塩基] は溶液をつくるのに用いた値からあま

1) buffer action　2) acid buffer　3) base buffer　4) buffer capacity　5) Henderson–Hasselbalch equation

り変化しないと考えるのがふつうである．すなわち，この酸を加えて起こる少量のプロトン脱離と，この塩基を加えて起こる少量のプロトン付加は無視できるのである．

簡単な例示 4F・1

CH_3COOH と $NaCH_3CO_2$ を等モル含む水溶液の pH を計算するには，$NaCH_3CO_2$ は水中で完全に解離して（イオンに分かれて）いて，Na^+ イオンと CH_3COOH の共役塩基 $CH_3CO_2^-$ イオンが生じていることに注目する．$[CH_3COOH]=[CH_3CO_2^-]$（つまり，[酸]＝[塩基]）であるから，この溶液については，上で述べたプロトン付加やプロトン脱離を無視できれば，$\mathrm{pH}\approx \mathrm{p}K_a$ である．CH_3COOH の $\mathrm{p}K_a$ は 4.75（表 4E・2）であるから，pH＝4.8（ほぼ pH＝5）であることがわかる．

酸性緩衝液が溶液の pH を安定化できるのは，塩から供給された大量の A^- イオンが存在していて，外から強酸を加えて H_3O^+ イオンができてもこれを取除く作用をするからである．また，大量の HA 分子も（緩衝液の酸成分から）供給されているので，外から強塩基を加えてもこれと反応するだけの H_3O^+ が供給できるのである．塩基性緩衝液でも同様の仕掛けがあり，外から強酸を加えても溶液中に存在する塩基 B にはプロトンを受容する能力があり，外から強塩基を加えても共役酸 HB^+ にはプロトン供与能力があるわけである．つぎの例題で緩衝作用の定量的な根拠を示そう．

例題 4F・1　緩衝作用の働き

つぎの各溶液 1.0 dm^3 に，0.020 mol の H_3O^+ を加えたとき（塩酸などの強酸の溶液を加える），その pH に対する影響を求めよ．(a) 0.15 M の $CH_3COOH(aq)$，(b) 0.15 M の $CH_3COOH(aq)$ と 0.15 M の $NaCH_3CO_2(aq)$ から成る緩衝液．

考え方　ヒドロニウムイオンを加える前の溶液の pH は，(a) 2.8（例題 4E・1），(b) 4.8（簡単な例示 4F・1）である．溶液を混合した直後の初期モル濃度は，(a) $CH_3COOH(aq)$ が 0.15 mol dm^{-3}，$H_3O^+(aq)$ が (0.020 mol)/(1.0 dm^3)＝0.020 mol dm^{-3}，(b) $CH_3COOH(aq)$，$CH_3CO_2^-(aq)$，$H_3O^+(aq)$ がそれぞれ，0.15 mol dm^{-3}，0.15 mol dm^{-3}，0.020 mol dm^{-3} である．溶液中にはじめから存在していた弱塩基 $CH_3CO_2^-(aq)$ は，加えたヒドロニウムイオンとただちに反応する．すなわち，

$$CH_3CO_2^-(aq)+H_3O^+(aq)\longrightarrow CH_3COOH(aq)+H_2O(l)$$

である．緩衝液の混合後の pH については，平衡により調節後の $CH_3COOH(aq)$ と $CH_3CO_2^-(aq)$ の濃度，および (1) 式を使って計算すればよい．

解答　溶液 (a) に強酸を加えた場合は，つぎの平衡表をつくって，ヒドロニウムイオンを加えた効果を示す．

化学種	CH_3COOH	H_3O^+	$CH_3CO_2^-$
初濃度 /（mol dm^{-3}）	0.15	0.020	0
平衡到達までの濃度変化 /（mol dm^{-3}）	$-x$	$+x$	$+x$
平衡濃度 /（mol dm^{-3}）	$0.15-x$	$0.020+x$	x

それぞれの平衡濃度を，つぎのように酸定数の式に代入すれば x の値が求められる．

$$K_a=\frac{[H_3O^+][CH_3CO_2^-]}{[CH_3COOH]}=\frac{(0.020+x)x}{0.15-x}$$

例題 4E・1 と同様，x は非常に小さいと仮定できる．いまの場合は $x\ll 0.020$ であるから，

$$K_a\approx\frac{0.020x}{0.15}=0.13\cdots x$$

と書ける．そこで，

$$x=\frac{K_a}{0.13\cdots}=\frac{1.8\times10^{-5}}{0.13\cdots}=1.4\times10^{-4}$$

と計算できる．ここで，上で行った近似が適切であったことがわかる．したがって，$[H_3O^+]=0.020+x\approx0.020$ および pH＝1.7 が得られる．こうして，緩衝作用のない溶液 (a) では，0.020 mol の $H_3O^+(aq)$ を加えると，pH が 2.8 から 1.7 まで変化する．

次に，溶液 (b) に 0.020 mol の $H_3O^+(aq)$ を加えた場合を考えよう．強酸と弱塩基の反応が起これば，加えた $H_3O^+(aq)$ が消費されるので，$CH_3CO_2^-(aq)$ の濃度は 0.13 mol dm^{-3} に変化し，$CH_3COOH(aq)$ の濃度は 0.17 mol dm^{-3} に変化する．したがって，(1) 式から，

$$\mathrm{pH}=\mathrm{p}K_a-\log_{10}\frac{[CH_3COOH]}{[CH_3CO_2^-]}$$

$$=4.8-\log_{10}\frac{0.17}{0.13}=4.7$$

が得られる．緩衝溶液 (b) の pH は，0.020 mol の $H_3O^+(aq)$ を加えても 4.8 から 4.7 にしか変化しない．

4F・2　具体例：血液における緩衝作用

本トピックのはじめに述べたように，健康な人の血液の pH は 7.37～7.43 の範囲でしか変化していない．この範囲

に血液の pH を維持するために，二つの緩衝系が働いている．一つは，炭酸／炭酸水素（重炭酸）イオンの平衡による緩衝作用である．もう一つは，赤血球内でヘモグロビンのプロトン付加形とプロトン脱離形が関与する緩衝作用である．

血液中では，水と気体 CO_2 の反応で炭酸ができる．その CO_2 は，吸い込んだ空気や代謝副生物によるものである．

$$CO_2(g) + H_2O(l) \longrightarrow H_2CO_3(aq)$$

赤血球内では，この反応は酵素炭酸デヒドラターゼの触媒作用で促進される．それで，水溶液中では炭酸のプロトンがとれて炭酸水素イオンが生成するのである．

$$H_2CO_3(aq) + H_2O(l) \rightleftharpoons H_3O^+(aq) + HCO_3^-(aq)$$

正常な血液の pH は約 7.4 であり，ヘンダーソン-ハッセルバルヒの式によれば $[HCO_3^-]/[H_2CO_3] \approx 20$ である．この炭酸の濃度は呼吸により調節できる．すなわち，息を吐けば，$CO_2(g)$ と $H_2CO_3(aq)$ から成る系を消費するから，血液の pH は上昇する．また，腎臓もヒドロニウムイオン濃度を調節する重要な役目をしている．アミノ酸（グルタミンなど）からとれた窒素で生成したアンモニアが余分のヒドロニウムイオンと結合し，アンモニウムイオンが尿として排泄されるのである．

アルカローシス[1]は，血液の pH が約 7.45 を超えると起こる．呼吸性アルカローシス（過呼吸）は，過度の呼吸によってひき起こされる．簡単な手当は，紙袋の中で呼吸することで，吸入する CO_2 の濃度を少し上げることである．代謝性アルカローシスは，病気や中毒，嘔吐の繰返し，利尿薬の乱用などによってひき起こされる．人体は，呼吸の速さを遅くすることで血液の pH 上昇を調節しているのである．

アシドーシス[2]は，血液の pH が約 7.35 より低くなると起こる．呼吸性アシドーシスでは，呼吸困難により，血液中に溶けている CO_2 濃度が上昇し，pH が下がる．これは，煙を大量に吸った被災者や，ぜんそくや肺炎，肺気腫の患者に共通している．最も効果的な手当は酸素吸入器で呼吸させることである．代謝性アシドーシスでは，乳酸などの酸性の代謝副生物が大量に発生し，それが炭酸水素イオンと反応して炭酸を生成した結果，血液の pH を下げる．糖尿病や重度の火傷を負った患者にも共通して見られる．

血液中のヒドロニウムイオン濃度は，ヘモグロビンによっても調節される．ヘモグロビンは，その表面に出ているヒスチジン残基のプロトン付加の状況によって，プロトン脱離形（塩基性）とプロトン付加形（酸性）の両方で存在しうる．ヘモグロビン内での炭酸／炭酸水素イオンの平衡とプロトン平衡もまた，血液と酸素の結合状況を調節している．この調節機構の鍵になっているのは**ボーア効果**[3]で，ヘモグロビンがプロトン脱離すれば O_2 と強く結合し，プロトン付加すれば O_2 を放出する．したがって，溶けている CO_2 濃度が高くなり，血液の pH がわずかに低下すれば，ヘモグロビンがプロトン付加形になって，組織に結合している O_2 が放出される．逆に，CO_2 が排出されて血液の pH がわずかに上昇すれば，ヘモグロビンはプロトン脱離形となって，O_2 を取込むのである．

4F・3　イオン輸送による pH 制御

緩衝能は，胃などの大きな細胞外区画や血液の pH を制御しているおもな因子ではあるが，細胞内の緩衝能だけで pH のホメオスタシスを維持するのは十分でないことが多い．そこで，イオンの輸送機構も必要になる．ここで，細胞膜を介してのプロトン移動の pH に与える直接的な影響に加えて，つぎの二つの点について考える必要がある．

まず，ある区画から別の区画へプロトンがほんの少し移動しただけで電荷の不均衡が生じ，それ以上のプロトン移動の妨げになってしまうことだろう．この問題を回避するには，同じ膜を介して別のイオンが動くことによって，プロトンが運んだ電荷と均衡をとる必要がある．第二に，二つの区画の pH に与えるプロトン移動の影響は，その組成に依存しているという問題である．それは，二つの区画で緩衝能が異なるからである．

この点を例で示すために，HCl と NaOH の混合溶液でできた簡単な溶液を考えよう．このとき，ヒドロニウムイオンの濃度はつぎの二つの条件を満たさなければならない．

自己プロトリシス平衡：$[H_3O^+][OH^-] = K_w$

電気的中性：$[Na^+] + [H_3O^+] = [Cl^-] + [OH^-]$

この溶液中にある 2 種のイオン Na^+ と Cl^- は，互いにだけでなくそれ以外のイオンからも完全に解離しており“強イオン”といわれる．一方，H_3O^+ や OH^- は平衡（水分子の生成など）に参加し，これらは“弱イオン”といわれる．**強イオン差**[4] [SID] は，これらの強イオンによって運ばれた電荷の正味の濃度と定義される．いまの場合は $[SID] = [Na^+] - [Cl^-]$ である．このとき，電気的中性の式は，

$$[H_3O^+] - [OH^-] + [SID] = 0$$

となる．この式と水の自己プロトリシス定数の式を合わせれば，

$$[H_3O^+] - \frac{K_w}{[H_3O^+]} + [SID] = 0$$

1) alkalosis　2) acidosis　3) Bohr effect　4) strong ion difference

となる．この両辺に $[H_3O^+]$ を掛けて整理すれば，つぎの2次方程式が得られる．

$$\overbrace{1}^{a}[H_3O^+]^2 + \overbrace{[SID]}^{b}[H_3O^+] \overbrace{- K_w}^{c} = 0$$

このときの解は（トピック4Eの［必須のツール8］を見よ），

$$[H_3O^+] = \frac{1}{2}\{-[SID] \pm \sqrt{[SID]^2 + 4K_w}\}$$

$$[OH^-] = [H_3O^+] + [SID] \quad (2)$$

$$= \frac{1}{2}\{[SID] \pm \sqrt{[SID]^2 + 4K_w}\}$$

である．2番目の式は1番目の式から導いたのであるから，両式にある平方根の前の符号は同じでなければならない．しかも，その符号は最終的に得られる $[H_3O^+]$ や $[OH^-]$ が正の値をとるように選ばなければならない．それには平方根の前の符号が正でなければならない．

この式によれば，$[H_3O^+]$ や $[OH^-]$ は K_w だけでなく［SID］にも依存している．そこで，注目する溶液にHClやNaClを追加すれば $[H_3O^+]$ や $[OH^-]$ は変化するが，両者の濃度の［SID］依存性によっては，加えたHClやNaClの量に比例するとは限らない．

このようなアプローチを細胞内部で生じる溶液に拡張すれば，解析の最終結果はつぎのような $[H_3O^+]$ に関する4次方程式になる．

$$[H_3O^+]^4 + a[H_3O^+]^3 + b[H_3O^+]^2 + c[H_3O^+] + d = 0 \quad (3)$$

ここで，

$$a = K_a + [SID]$$
$$b = K_a[SID] - K_a I_A - K_{a1} K_H p_{CO_2} - K_w$$
$$c = -(K_a K_{a1} K_H p_{CO_2} + 2K_{a1} K_{a2} K_H p_{CO_2} + K_a K_w)$$
$$d = -2K_a K_{a1} K_{a2} K_H p_{CO_2}$$

である．K_w は水の自己プロトリシス定数，K_a は初期モル濃度 I_A で加えた弱酸の酸定数，K_{a1} および K_{a2} は H_2CO_3 の第一および第二酸定数，K_H は CO_2 の分圧が p_{CO_2} のときの H_2CO_3 のモル濃度でのヘンリーの法則の定数，［SID］は上で定義した強イオン差の濃度である．この4次方程式は数値計算で解くことができる．もし，注目する細胞区画の組成に関する十分な情報があれば，この方程式を用いて生物溶液のpHを説明することができる．

簡単な例示 4F・2

三つのイオン性溶液があり，その［SID］の値は $41\ \mathrm{mmol\ dm^{-3}}$，$1\ \mathrm{mmol\ dm^{-3}}$，$-39\ \mathrm{mmol\ dm^{-3}}$ である．これに0.002 MのHCl(aq)を加えたところ，［SID］の値はそれぞれ $0.002\ \mathrm{mmol\ dm^{-3}}$ だけ減少した．これは，［SID］に影響するのは Cl^- イオンだけだからである．一方，ヒドロニウムイオンの濃度，つまりpHは(2)式から計算できる．そうすれば，HClを加える前後についてつぎの表がつくれる．

$[SID]/(\mathrm{mol\ dm^{-3}})$		$[H_3O^+]/(\mathrm{mol\ dm^{-3}})$		pH	
前	後	前	後	前	後
0.041	0.039	2.44×10^{-13}	2.56×10^{-13}	12.61	12.59
0.001	−0.001	1.00×10^{-11}	1.00×10^{-3}	11.00	3.00
−0.039	−0.041	3.90×10^{-2}	4.10×10^{-2}	1.41	1.39

それぞれの溶液に等量のHClを加えたにも関わらず，$[H_3O^+]$ の変化量は大きく異なっている．$[H_3O^+]$ の変化量が $0.002\ \mathrm{mmol\ dm^{-3}}$ に等しいのは，［SID］の初期濃度が $-39\ \mathrm{mmol\ dm^{-3}}$ の溶液の場合だけであることがわかる．

4F・4 その他の緩衝系

生物系におけるホメオスタシスは，pHなどの内部変数を最適値に保ち，安定性を維持するという幅広い自己制御過程によって確保されている．本トピックではpH変化の最小化に注目したが，ほかの特定の化学種の濃度変化も最小化されている．この安定化を達成する機構には，緩衝と負のフィードバック機構の組合わせもある．すなわち，緩衝能が欠如したときに負のフィードバック機構で埋め合わせをするのである．安定性を確保するための種々のフィードバック機構には，問題となる化学種の濃度変化を検知して，ある特定の過程を活性化したり妨げたりするのである．

ATPの濃度はふつう，ごく狭い範囲に保たれている．脊椎動物でこれを達成させている機構の一つは，つぎのクレアチン／クレアチンリン酸の平衡による緩衝作用である．

$$\text{クレアチン} + \text{ATP} \rightleftharpoons \text{クレアチンリン酸} + \text{ADP}$$

過剰のATPが存在すれば，この平衡は右側にシフトし，ATPの濃度が低すぎれば左側にシフトする．筋肉には，クレアチンとクレアチンリン酸がATPよりずっと高い濃度で存在している．激しい運動をすれば約1秒で筋肉中にあるATPを完全に使い果たすことになるが，クレアチンリン酸の緩衝作用があるおかげで激しい運動をしても数秒間はATPのレベルを維持できる．そして，もはやATPをリン酸化できないところまでクレアチンリン酸が使い果たされると，こんどは嫌気的解糖（これは2〜3秒もあれば応答できる）を使ってATPのレベルを維持するのである．

細胞やオルガネラでは，その組成によって酸化反応と還元反応のどちらが自発的になるかが決まっている．たとえば，真核細胞の細胞質は還元性の環境であるから，システイン側鎖は還元形のまま（$-SH$ 形）である．小胞体はもっと酸化性の環境であるから，システイン側鎖は反応してジスルフィド結合を形成する．細胞内に多数あるレドックス対は強調して働くことでレドックス状態を維持しているのだが，その最も重要なレドックス対は，グルタチオンジスルフィド／グルタチオン（GSSG/GSH）対である．そのレドックス反応は，

$$\mathrm{GSSG} + 2\mathrm{H}^+ + 2\mathrm{e}^- \longrightarrow 2\mathrm{GSH}$$

である．たとえば，細胞に多すぎる酸化種が存在するという意味で，細胞に酸化ストレスがかかれば，その化学種はGSHと反応するのである．すなわち，

$$2\mathrm{GSH} + \{\mathrm{O}\cdot\} \longrightarrow \mathrm{GSSG} + \mathrm{H_2}\{\mathrm{O}\}$$

となる．$\{\mathrm{O}\cdot\}$ は活性酸素種である．

重要事項のチェックリスト

□ 1．**緩衝作用**とは，強酸や強塩基が少量加えられても，それによるpH変化に対抗できる作用である．

□ 2．溶液の**緩衝能**とは，その溶液が許容でき，しかも期待されるpHの値の±1単位の範囲内に維持できる強酸の物質量で示される．

□ 3．**酸性緩衝液**は，溶液を $\mathrm{pH} < 7$ で安定化させる．**塩基性緩衝液**は，溶液を $\mathrm{pH} > 7$ で安定化させる．

□ 4．**ボーア効果**は，ヘモグロビンがプロトン脱離すれば O_2 と強く結合し，プロトン付加すれば O_2 を放出するという事象である．

重要な式の一覧

式の内容	式	備　考	式番号
ヘンダーソン－ハッセルバルヒの式	$\mathrm{pH} = \mathrm{p}K_\mathrm{a} - \log_{10}([\text{酸}]/[\text{塩基}])$	理想溶液；[酸] や [塩基] は試料の調整時からほとんど変化しない	1

トピック 4G

リガンド結合平衡

▶ 学ぶべき重要性

生化学的な活性にとって結合の形成は基本となる事象であるから，その解析には熱力学的な枠組みが必要である．

▶ 習得すべき事項

生体高分子には複数のリガンドが結合できる．また，個々のリガンドは複数の結合サイトに同時に結合することも可能である．

▶ 必要な予備知識

平衡定数の定義（トピック 4A）と，その標準反応ギブズエネルギーとの関係（トピック 4B）を知っている必要がある．簡単な式の導出では反応速度論の知識（トピック 6B）を利用する．

細胞の機能は，その構成要素の間に働く多種多様な相互作用に依存している．たいていの生体高分子は，広範囲に及ぶ別の分子，とりわけ小分子と相互作用をする．その小分子を"リガンド"という．この相互作用の強さは，細胞の必要に応じて変調されることが多い．すなわち，その相互作用はときに強く，ときには弱く，場合によっては存在すらしないことがある．分子間の相互作用を変更するこのような能力は生化学の中心にあって，細胞周期のように多様性のある諸過程の制御を可能にしたり，"闘争・逃走反応"を可能にしたりしている．このような結合相互作用は医薬品の設計にも利用されている．医薬品設計のおもな目的は，特定の標的の活性に影響を与える治療薬をつくることである．

リガンド結合の度合いは，その複合体形成の平衡定数で表される．しかしながら，いろいろな種類の相互作用がありうるから，熱力学的な枠組みを綿密なものにしておく必要がある．たとえば，生体高分子にはリガンド結合のためのサイトが複数あり，それぞれが同じリガンドを受け入れるかもしれないし，異なるリガンドを受け入れるかもしれない．さらに，あるリガンド結合がその後に続くリガンド結合に影響を与えるかもしれないし，1 個のリガンドが標的分子の複数のサイトに同時に結合できるかもしれない．これらの可能性すべてが生化学では日常的に遭遇する状況であるから，一つひとつ解析できるようにしておく必要がある．

4G・1　単一サイトへのリガンド結合

あるタンパク質 P の単一結合サイトへのリガンド L の結合について，つぎの平衡を考えよう．

$$\mathrm{P} + \mathrm{L} \rightleftharpoons \mathrm{PL} \qquad K = \frac{a_{\mathrm{PL}}}{a_{\mathrm{P}}a_{\mathrm{L}}} \approx \frac{[\mathrm{PL}]/c^{\ominus}}{([\mathrm{P}]/c^{\ominus})([\mathrm{L}]/c^{\ominus})} = \frac{[\mathrm{PL}]c^{\ominus}}{[\mathrm{P}][\mathrm{L}]}$$

生化学者は結合の度合いを表すのに，結合相互作用の強さを念頭におきながら，上の逆過程の平衡定数，つまり次元のない**解離定数**[1] $K_{\mathrm{d}} = 1/K$ を用いる．すなわち，

$$\mathrm{PL} \rightleftharpoons \mathrm{P} + \mathrm{L} \qquad K_{\mathrm{d}} = \frac{[\mathrm{P}][\mathrm{L}]}{[\mathrm{PL}]c^{\ominus}}$$

である．たとえば，K_{d} が小さな値であれば，それは広範な結合あるいは"強い"結合であるという．結合の度合いは一般に，つぎの**飽和度**[2] f でも表される．

$$f = \frac{N_{\mathrm{bound}}}{N_{\mathrm{P}}} = \frac{\text{Pに結合しているLの濃度}}{\text{Pの全濃度}} = \frac{[\mathrm{PL}]}{[\mathrm{P}]+[\mathrm{PL}]}$$

飽和度［定義］　(1a)

N_{bound} はタンパク質分子に結合しているリガンド分子の総数であり，N_{P} は溶液中のタンパク質分子の総数である．1 個のタンパク質分子が 1 個の結合サイトをもつ ($N_{\mathrm{sites}} = 1$) 場合は，f は 0（どの結合サイトも占有されていない）と 1（すべてのタンパク質分子にリガンドが結合している）の間の値をとる．同様にして，各タンパク質分子に可能な結合サイトが 2 個あれば $N_{\mathrm{sites}} = 2$ であり，$N_{\mathrm{bound}} = 2N_{\mathrm{P}}$ のとき $f = 2$ であるという具合である．そこで，$[\mathrm{PL}] = [\mathrm{P}][\mathrm{L}]/K_{\mathrm{d}}c^{\ominus}$ であるから，

1) dissociation constant　2) fractional saturation

$$f = \frac{[\mathrm{P}][\mathrm{L}]/K_\mathrm{d}c^\ominus}{[\mathrm{P}] + [\mathrm{P}][\mathrm{L}]/K_\mathrm{d}c^\ominus} = \frac{[\mathrm{L}]}{K_\mathrm{d}c^\ominus + [\mathrm{L}]} \qquad (1\mathrm{b})$$

と表せる．このとき，全リガンド濃度 $[\mathrm{L}]_\mathrm{total} = [\mathrm{L}] + [\mathrm{PL}]$ だけが既知であれば，遊離のリガンド濃度 $[\mathrm{L}]$ は，全タンパク質濃度 $[\mathrm{P}]_\mathrm{total} = [\mathrm{P}] + [\mathrm{PL}]$ と (1) 式に代入する前の K_d の定義式とからまず計算しておかなければならない．

簡単な例示 4G・1

単一の結合サイトをもつタンパク質と平衡にある遊離のリガンドの濃度が $0.59 \times 10^{-6}\ \mathrm{mol\ dm^{-3}}$ で，$K_\mathrm{d} = 1.0 \times 10^{-6}$ のとき，飽和度 (f_1) はつぎのように計算できる．

$$f_1 = \frac{0.59 \times 10^{-6}\ \mathrm{mol\ dm^{-3}}}{1.0 \times 10^{-6} \times \underbrace{(1\ \mathrm{mol\ dm^{-3}})}_{c^\ominus} + 0.59 \times 10^{-6}\ \mathrm{mol\ dm^{-3}}} = 0.37$$

(1b) 式を変形すれば，つぎの**スキャッチャードの式**[1] が得られる．

$$\frac{f}{[\mathrm{L}]} = \frac{1}{K_\mathrm{d}c^\ominus} - \frac{f}{K_\mathrm{d}c^\ominus} \qquad \text{スキャッチャードの式} \qquad (2)$$

ここで，f に対して $f/[\mathrm{L}]$ をプロットした**スキャッチャードプロット**[2] は直線を与え，その勾配は $-1/K_\mathrm{d}c^\ominus$ である．

複数の異なるリガンド L_i が，それぞれ解離定数 K_d の異なるサイトを占めて結合できるタンパク質についても (1b) 式が使える．このときのそれぞれのリガンドの結合はつぎの式で表される．

$$f_i = \frac{[\mathrm{L}_i]}{K_{\mathrm{d},i}c^\ominus + [\mathrm{L}_i]} \qquad (3)$$

結合サイトが互いに全く独立であれば，溶液中で全部のサイトが占有されたタンパク質分子の割合は，すべての飽和度の積で表される．たとえば，リガンド $\mathrm{L_a}$ と $\mathrm{L_b}$ を有するタンパク質分子の割合がいずれも 0.50 であれば，両方のリガンドで飽和している割合は 0.25 である．

4G・2　複数サイトへのリガンド結合

(1a) 式は，タンパク質とリガンドの特定の組合わせの濃度を用いて表すこともできる．たとえば，1 個のタンパク質が 1 個のリガンドしかもたないときの濃度を $[\mathrm{PL}_1]$，2 個のリガンドをもつときの濃度を $2[\mathrm{PL}_2]$ などとし，N_sites の可能なサイトすべてにリガンドをもつときの濃度を $N_\mathrm{sites}[\mathrm{PL}_{N_\mathrm{sites}}]$ とすれば，

$$f = \frac{[\mathrm{PL}_1] + 2[\mathrm{PL}_2] + \cdots + N_\mathrm{sites}[\mathrm{PL}_{N_\mathrm{sites}}]}{[\mathrm{P}] + [\mathrm{PL}_1] + [\mathrm{PL}_2] + \cdots + [\mathrm{PL}_{N_\mathrm{sites}}]}$$

と書ける．このようにリガンドが逐次結合するときの解離定数は，

$$K_\mathrm{d1} = \frac{[\mathrm{P}][\mathrm{L}]}{[\mathrm{PL}_1]c^\ominus} \qquad K_\mathrm{d2} = \frac{[\mathrm{PL}_1][\mathrm{L}]}{[\mathrm{PL}_2]c^\ominus}$$

$$\cdots \qquad K_{\mathrm{d}N_\mathrm{sites}} = \frac{[\mathrm{PL}_{N_\mathrm{sites}-1}][\mathrm{L}]}{[\mathrm{PL}_{N_\mathrm{sites}}]c^\ominus}$$

で表される．それぞれの K_d を**巨視的解離定数**[3] という．巨視的解離定数は，注目するタンパク質に結合できる可能なサイトのどれかへのリガンドの結合に関係している．一方，**微視的解離定数**[4] $\hat{K}_\mathrm{d}$ は，タンパク質の特定のサイトに結合するリガンドの解離定数である．両者は速度論的な考察をするときに具体的に関係づけられる．

導出過程 4G・1　巨視的解離定数と微視的解離定数の関係

トピック 6B では，平衡定数 K と反応速度，具体的には正反応と逆反応の“速度定数”k_r と k_r' の間にある関係があることを説明する．それによれば，

$$\mathrm{P} + \mathrm{L} \underset{k_\mathrm{r}'}{\overset{k_\mathrm{r}}{\rightleftharpoons}} \mathrm{PL} \qquad K = \frac{k_\mathrm{r}c^\ominus}{k_\mathrm{r}'}$$

である．解離定数は平衡定数の逆数であるから，ある特定のサイトに関与する微視的過程については，

$$\mathrm{P}_{\circ\circ\circ\cdots\circ} + \mathrm{L} \underset{k_\mathrm{r}'}{\overset{k_\mathrm{r}}{\rightleftharpoons}} \mathrm{P}_{\circ\bullet\circ\cdots\circ}\mathrm{L} \qquad \hat{K}_\mathrm{d} = \frac{k_\mathrm{r}'}{k_\mathrm{r}c^\ominus}$$

である．もし，どのサイトが占有されているかが (巨視的な解離と同じように) 重要でないのであれば，すべてのサイトが独立なときの結合速度は，個々のサイトの結合速度を N_sites 倍したもので表される．このとき速くなった反応速度は，速度定数として $N_\mathrm{sites} \times k_\mathrm{r}$ を用いて表されるから，つぎのように書ける．

$$\mathrm{P} + \mathrm{L} \underset{k_\mathrm{r}'}{\overset{N_\mathrm{sites}k_\mathrm{r}}{\rightleftharpoons}} \mathrm{PL} \qquad K_\mathrm{d} = \frac{k_\mathrm{r}'}{N_\mathrm{sites}k_\mathrm{r}c^\ominus}$$

つまり次式が成り立つ．

$$K_\mathrm{d} = \frac{\hat{K}_\mathrm{d}}{N_\mathrm{sites}} \qquad \text{最初のリガンド結合の巨視的解離定数と微視的解離定数の関係} \qquad (4)$$

1) Scatchard equation　2) Scatchard plot　3) macroscopic dissociation constant　4) microscopic dissociation constant

それ以外の $N_{\text{sites}}-1$ 個の巨視的解離定数についての式も同様にして得られる．ここで，すべてのサイトの $\hat{K}_d$ の値が同じであったとしても，その巨視的解離定数は同じでないことに注意しよう．微視的解離定数は，リガンドと結合サイトの相互作用の強さと直接関係しており，タンパク質の結合性質を理解するうえでの手がかりを与えてくれるから非常に重要である．

ある特定のサイトがリガンドで占有されている飽和度 $\hat{f}$ は，(1b) 式の K_d を $\hat{K}_d$ で置き換えれば，つぎのように書ける．

$$\hat{f}=\frac{[\text{L}]}{\hat{K}_d c^{\ominus}+[\text{L}]} \tag{5a}$$

これに対応して，タンパク質分子1個当たりに結合しているリガンドの平均数は，

$$f=N_{\text{sites}}\hat{f}=\frac{N_{\text{sites}}[\text{L}]}{\hat{K}_d c^{\ominus}+[\text{L}]} \tag{5b}$$

で与えられる．この式を変形して，

$$\frac{f}{[\text{L}]}=\frac{N_{\text{sites}}}{\hat{K}_d c^{\ominus}}-\frac{f}{\hat{K}_d c^{\ominus}} \tag{5c}$$

としておけば，f に対する $f/[\text{L}]$ のスキャッチャードプロットで得られる直線の勾配は $-1/\hat{K}_d c^{\ominus}$ を与え，x 切片から N_{sites} が得られることがわかる．

例題 4G・1 リガンド結合の解析

酵素亜硝酸レダクターゼの溶液 12.0 μmol dm^{-3} にシアン化物イオン CN^- を加えたときの結合生成について，つぎのデータが得られた．

$[\text{CN}^-]_{\text{total}}/(\mu\text{mol dm}^{-3})$	4.1	8.7	14.9	20.0	26.4	42.0
$[\text{CN}^-]_{\text{free}}/(\mu\text{mol dm}^{-3})$	1.1	2.7	5.3	8.0	12.0	24.0

この酵素に対するリガンド結合の解離定数とこのリガンドに対する結合サイトの数を求めよ．

考え方 $f=N_{\text{bound}}/N_{\text{P}}=[\text{CN}^-]_{\text{bound}}/[\text{P}]_{\text{total}}$ であることに注目すれば，(5c) 式はタンパク質の全濃度 $[\text{P}]_{\text{total}}$ と結合しているリガンドの濃度 $[\text{CN}^-]_{\text{bound}}$ を用いて表せる．そこで，結合しているリガンドの濃度が必要であるが，それは全リガンド濃度から遊離しているリガンド濃度を引けば求められる．そこで，(5c) 式はつぎのように書ける．

$$\frac{f}{[\text{CN}^-]_{\text{free}}}=\frac{N_{\text{sites}}}{\hat{K}_d c^{\ominus}}-\frac{f}{\hat{K}_d c^{\ominus}} \qquad f=[\text{CN}^-]_{\text{bound}}/[\text{P}]_{\text{total}}$$

ここで，f に対して $f/[\text{CN}^-]_{\text{free}}$ をプロットすればよい．このプロットで直線が得られ，その勾配は $-1/\hat{K}_d c^{\ominus}$ であり，x 切片は N_{sites} である．

解答 つぎの表をつくる．

$[\text{CN}^-]_{\text{total}}/(\mu\text{mol dm}^{-3})$	$[\text{CN}^-]_{\text{free}}/(\mu\text{mol dm}^{-3})$	$[\text{CN}^-]_{\text{bound}}/(\mu\text{mol dm}^{-3})$	f	$f/\{[\text{CN}^-]_{\text{free}}/(\mu\text{mol dm}^{-3})\}$
4.1	1.1	3.0	0.25	0.23
8.7	2.7	6.0	0.50	0.19
14.9	5.3	9.6	0.80	0.15
20.0	8.0	12.0	1.00	0.125
26.4	12.0	14.4	1.20	0.100
42.0	24.0	18.0	1.50	0.0625

このデータをプロットしたのが図4G・1である．この直線の（最小二乗法で求めた）勾配は $-0.129\cdots$ であるから，$\hat{K}_d=7.7\times10^{-6}$ である．また，x 切片は $1.9\cdots$ であるから $N_{\text{sites}}=2$ である．

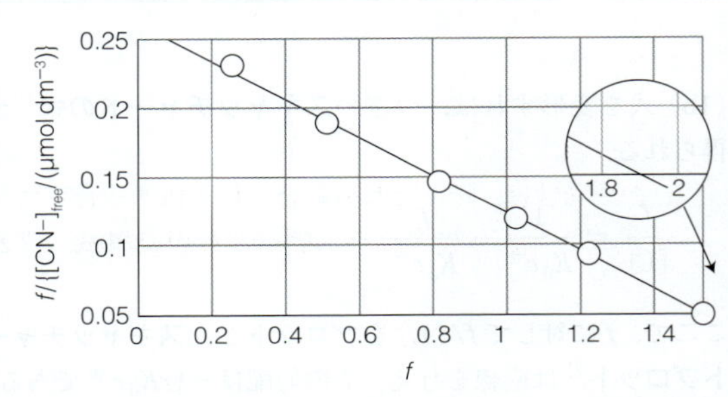

図4G・1 例題4G・1のデータをプロットしたグラフ．直線は最小二乗法で得たもの．

コメント $N_{\text{sites}}>1$ であり，得られた解離定数は微視的解離定数である．直線が得られたということは，二つの結合サイトが同じ微視的解離定数をもつことも示している．すなわち，もし結合サイトが同一でなければ（あるいは，すぐあとで説明するように結合が協同的であれば）(5) 式は成り立たなかったであろう．

4G・3 協同的な結合

ここまでは，同じタンパク質に2個以上の結合サイトがあるとき，リガンドは互いに独立に結合すると仮定した．しかしながら，タンパク質の多くが固有の柔軟性をもっているから，1個のリガンドが結合すればタンパク質のコンホメーションに変化をひき起こすことが可能となり，それが他の結合サイトの状況を変更し（トピック4A），結果として**協同的な結合**[1]を生むことがある．それは，別のリガ

1) cooperative binding

ンドが結合することによって結合平衡が変更を受ける状況である．

(a)　単一サイトへの異なるリガンドの結合

二つの異なるリガンド L と L′ があるとき，同じタンパク質への結合を考えよう．平衡関係はつぎのように表せる．

$$\begin{array}{ccccc} & K_{d1} & \mathrm{PL}+\mathrm{L'} & K_{d2} & \\ \mathrm{P}+\mathrm{L}+\mathrm{L'} & & & & \mathrm{PLL'} \\ & K_{d1}' & \mathrm{PL'}+\mathrm{L} & K_{d2}' & \end{array}$$

ここで，四つの巨視的解離定数はつぎのように表せる．

$$K_{d1}=\frac{[\mathrm{P}][\mathrm{L}]}{[\mathrm{PL}]c^{\ominus}} \qquad K_{d1}'=\frac{[\mathrm{P}][\mathrm{L'}]}{[\mathrm{PL'}]c^{\ominus}}$$
$$K_{d2}=\frac{[\mathrm{PL}][\mathrm{L'}]}{[\mathrm{PLL'}]c^{\ominus}} \qquad K_{d2}'=\frac{[\mathrm{PL'}][\mathrm{L}]}{[\mathrm{PLL'}]c^{\ominus}} \tag{6}$$

それぞれの結合が独立であれば，$K_{d1}=K_{d2}'$ である．一方，L′ が結合することでタンパク質が L に対してより高い親和性をもつことになる場合は $K_{d1}>K_{d2}'$ である．この状況を**正の協同性**[1] という．逆に，L′ が結合することでタンパク質が L に対してより低い親和性をもつことになる場合は $K_{d1}<K_{d2}'$ である．これを**負の協同性**[2] という．

結合の協同性は，それぞれの結合に伴う標準結合ギブズエネルギー $\Delta_{\mathrm{bind}}G^{\ominus}$ の変化を反映したものである．そこで，注目するリガンド（L または L′）の $\Delta_{\mathrm{bind}}G^{\ominus}$ が別のリガンド（L′ または L）の飽和レベルによってひき起こされる変化（P → PL′ または P → PL による変化）を使えば，その結合の協同性の度合い（g または g'）を評価できることになる．すなわち，

$$\begin{aligned} g &= \Delta_{\mathrm{bind}}G^{\ominus}(\mathrm{L,PL'})-\Delta_{\mathrm{bind}}G^{\ominus}(\mathrm{L,P}) \\ g' &= \Delta_{\mathrm{bind}}G^{\ominus}(\mathrm{L',PL})-\Delta_{\mathrm{bind}}G^{\ominus}(\mathrm{L',P}) \end{aligned} \tag{7}$$

と表せる．ここで，つぎの関係があることに注意しよう．

$$\begin{aligned} g-g' &= \overbrace{\Delta_{\mathrm{bind}}G^{\ominus}(\mathrm{L,PL'})+\Delta_{\mathrm{bind}}G^{\ominus}(\mathrm{L',P})}^{\Delta_{\mathrm{bind}}G^{\ominus}(\mathrm{L+L',P})} \\ &\quad -\overbrace{\{\Delta_{\mathrm{bind}}G^{\ominus}(\mathrm{L',PL})+\Delta_{\mathrm{bind}}G^{\ominus}(\mathrm{L,P})\}}^{\Delta_{\mathrm{bind}}G^{\ominus}(\mathrm{L+L',P})} \\ &= 0 \end{aligned}$$

すなわち，$g=g'$ である．これが考察する必要のある唯一の場合である．協同的な結合がない場合は $g=0$ である．正の協同性がある場合は $g<0$ である．

(b)　複数サイトへの単一リガンドの結合

同じ種類のリガンドが複数の結合サイトをもつタンパク質に結合するときの解析はもっと複雑である．酸素がヘモグロビンに結合する場合（トピック 4A）が典型的な例である．まず，P と PL_n（ここで，$n=N_{\mathrm{sites}}$）しか存在しないときに起こる正の協同性の極限を考えよう．こういう極限的な正の協同性の場合があるのは，最初のリガンドがあるサイトに結合するとほかのサイトの親和性が一気に上昇して，そこが飽和してしまうからである．その結果，中途半端な複合体 $\mathrm{PL},\mathrm{PL}_2,\cdots,\mathrm{PL}_{n-1}$ の濃度は無視できるのである．したがって考慮すべき唯一の平衡は，$\mathrm{P}+n\mathrm{L}\rightleftharpoons\mathrm{PL}_n$ である．

$$\mathrm{P}+n\mathrm{L}\rightleftharpoons\mathrm{PL}_n \qquad K_d=\frac{[\mathrm{P}][\mathrm{L}]^n}{[\mathrm{PL}_n](c^{\ominus})^n} \tag{8a}$$

ここで，正の協同性は両方向に働いている．すなわち，PL_n から 1 個のリガンドが解離するときは，それ以外のリガンドも一斉に解離するのである．

(1b) 式を導いたときと同じ考えで進めれば，タンパク質分子 1 個当りに結合しているリガンドの平均数は，

$$f=\frac{n[\mathrm{PL}_n]}{[\mathrm{P}]+[\mathrm{PL}_n]}=\frac{n[\mathrm{L}]^n}{K_d(c^{\ominus})^n+[\mathrm{L}]^n}=\frac{n([\mathrm{L}]/c^{\ominus})^n}{K_d+([\mathrm{L}]/c^{\ominus})^n} \tag{8b}$$

で与えられる．ここで，両辺に最右辺の分母を掛けてから，$[\mathrm{L}]^n$ について整理すれば，

$$K_d=\left(\frac{n-f}{f}\right)([\mathrm{L}]/c^{\ominus})^n$$

が得られる．最後に，両辺の対数をとり，$\ln xy=\ln x+\ln y$ や $\ln x^n=n\ln x$，$-\ln x=\ln(1/x)$ の関係を使えば，

$$\ln\frac{f}{n-f}=n\ln([\mathrm{L}]/c^{\ominus})-\ln K_d \qquad f=N_{\mathrm{bound}}/N_{\mathrm{P}} \tag{9}$$

が得られる．この式によれば，$\ln[\mathrm{L}]$ に対して左辺の項をプロットすれば（これを**ヒルプロット**[3] という），勾配 n の直線が得られるはずである．実際には決して直線が得られることはなく，ヘモグロビンに対する酸素の結合を示す曲線がむしろ典型例である（図 4G･2）．この曲線の勾配を**ヒル係数**[4] といい，歴史的な経緯から（n ではなく）これを h で表すことになっている．大事なことは，この勾配が一定でなく，リガンドの濃度に依存して変化していることである．

それでは，濃度依存性がなぜ (9) 式に従わないのだろうか．濃度が非常に低いところと非常に高いところでは $h\to1$ である．リガンド濃度が非常に低い極限では，リガンド結合によってコンホメーション変化が誘発されても，ある程度のリガンド結合が起こるまでは協同的に起こることがない．したがって，$h=1$ である．同様にして，リガン

1) positive cooperativity　2) negative cooperativity　3) Hill plot　4) Hill coefficient

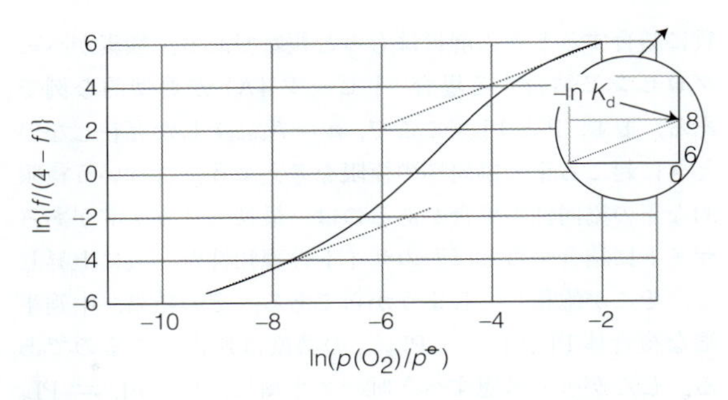

図 4G・2　ヘモグロビンへの酸素の結合に対するヒルプロット．この曲線の0パーセントおよび100パーセント飽和度における接線のy切片は（挿入図は100パーセント飽和度の場合を示してある），酸素の結合によって誘発されるコンホメーション変化の前後でのそれぞれの$-\ln K_d$の値を与える．

ド濃度が非常に高い極限でも，残された結合サイトが1個しかないという状況では，リガンド結合が協同的に起こることはない．つまり，この場合もhは1になるのである．hの最大値は50パーセント飽和の状況で見られ，その値はタンパク質の協同性の尺度として引き合いに出されることが多い．一般には，正の協同性であれば$h > 1$であり，協同性が完全に発揮された極限で$h = n$である．ここで，$h < 1$を示すタンパク質もあることに注意しよう．その場合は，最初のサイトへのリガンド結合が，続くサイトの親和性を減退させた結果，負の協同性を示すのである．

例題 4G・2　ヒル係数の求め方

カルシウム結合タンパク質で，2個の同じカルシウム結合サイトをもつカルビンジン（Calb）の1.00×10^{-7} mol dm^{-3}溶液にカルシウムイオンを加えた．そこで，カルシウム結合種として1対1のもの（Calb.Ca）と1対2のもの（$\mathrm{Calb.Ca_2}$）の濃度を測定し，つぎのデータを得た．

$[\mathrm{Ca^{2+}}]_{\mathrm{total}}$ / (mol dm^{-3})	[Calb.Ca] / (mol dm^{-3})	$[\mathrm{Calb.Ca_2}]$ / (mol dm^{-3})
1.47×10^{-9}	4.48×10^{-10}	9.85×10^{-12}
6.08×10^{-9}	1.77×10^{-9}	1.55×10^{-10}
2.72×10^{-8}	6.56×10^{-9}	2.31×10^{-9}
1.29×10^{-7}	1.70×10^{-8}	2.39×10^{-8}
4.20×10^{-7}	1.33×10^{-8}	7.51×10^{-8}
1.22×10^{-6}	4.21×10^{-9}	9.49×10^{-8}
4.29×10^{-6}	1.10×10^{-9}	9.88×10^{-8}
1.66×10^{-5}	2.77×10^{-10}	9.97×10^{-8}

カルビンジンに対する結合の50パーセント飽和でのヒル係数を求めよ．また，0パーセント飽和と100パーセント飽和での解離定数を求めよ．

考え方　カルビンジンでは$n = 2$である．遊離のカルシウム濃度$[\mathrm{Ca^{2+}}]_{\mathrm{free}}$および$f$は次式で与えられる．

$$[\mathrm{Ca^{2+}}]_{\mathrm{free}} = [\mathrm{Ca^{2+}}]_{\mathrm{total}} - [\mathrm{Calb.Ca}] - 2[\mathrm{Calb.Ca_2}]$$

$$f = \frac{N_{\mathrm{bound}}}{N_{\mathrm{P}}} = \frac{[\mathrm{L}]_{\mathrm{bound}}}{[\mathrm{P}]_{\mathrm{total}}} = \frac{[\mathrm{Calb.Ca}] + 2[\mathrm{Calb.Ca_2}]}{[\mathrm{Calb}]_{\mathrm{total}}}$$

$[\mathrm{Calb}]_{\mathrm{total}} = 1.00 \times 10^{-7}$ mol dm^{-3}である．次に，$\ln[\mathrm{Ca^{2+}}]_{\mathrm{free}}$に対して$\ln\{f/(2-f)\}$をプロットする．ある飽和度でのヒル係数は，その飽和度における曲線の（接線の）勾配である．50パーセント飽和では$f = n/2 = 1$である（fは0からN_{sites}の範囲で変化することを思い出そう）．そこで，$\ln\{f/(2-f)\} = \ln(1/1) = 0$である．したがって，50パーセント飽和でのヒル係数は，この点での曲線の勾配である．この曲線の勾配は，非常に低濃度と非常に高濃度の両極限では1であり，そのy切片は，0パーセント飽和および100パーセント飽和で$-\ln K_d$の値をとる．

解答　与えられたデータを使ってつぎの表をつくる．

$[\mathrm{Ca^{2+}}]_{\mathrm{total}}$ / (mol dm^{-3})	$[\mathrm{Ca^{2+}}]_{\mathrm{free}}$ / (mol dm^{-3})	f	$\ln([\mathrm{Ca^{2+}}]_{\mathrm{free}}/c^{\ominus})$	$\ln\{f(2-f)\}$
1.47×10^{-9}	$1.00\cdots \times 10^{-9}$	0.004…	−20.721	−6.056
6.08×10^{-9}	$4.00\cdots \times 10^{-9}$	0.020…	−19.337	−4.556
2.72×10^{-8}	$1.60\cdots \times 10^{-8}$	0.111…	−17.949	−2.827
1.29×10^{-7}	$6.42\cdots \times 10^{-8}$	0.648…	−16.561	−0.735
4.20×10^{-7}	$2.56\cdots \times 10^{-7}$	1.63…	−15.176	1.500
1.22×10^{-6}	$1.02\cdots \times 10^{-6}$	1.94…	−13.790	3.478
4.29×10^{-6}	$4.09\cdots \times 10^{-6}$	1.98…	−12.407	5.029
1.66×10^{-5}	$1.64\cdots \times 10^{-5}$	1.99…	−11.018	6.427

図4G・3はこのデータをプロットしたものである．$\ln\{f/(2-f)\} = 0$での曲線の勾配は1.54と求められ

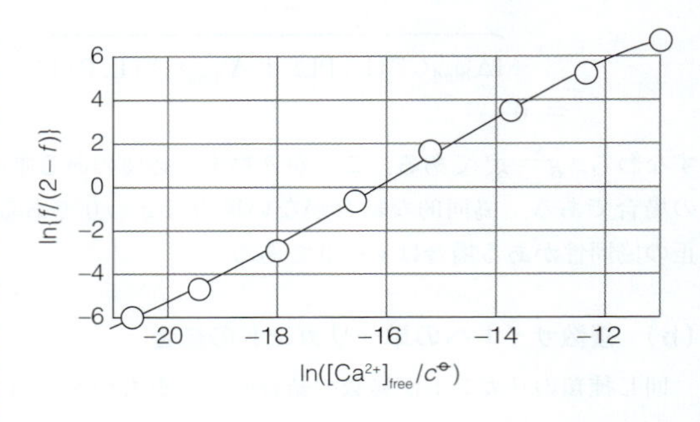

図 4G・3　例題4G・2のデータをプロットしたグラフ．最小二乗曲線（3次式）でデータに合わせてある．

るから，$h = 1.54$ である．非常に低い濃度での接線の勾配は 1.06 であるから，予想値 1 に近いことがわかる．その y 切片の値は 15.93 と求められるから，$K_d = 1.20 \times 10^{-7}$ である．非常に高い濃度での接線の勾配は 1.001 であるから，この場合も予想値 1 に近い．このときの y 切片の値は 17.57 であり，これから $K_d = 2.34 \times 10^{-8}$ が得られる．カルビジンでは，はじめのカルシウムイオンの結合が 2 番目のサイトの親和性を約 1 桁増加させていることがわかる．

4G・4　アビディティ

生体高分子に対するリガンド結合を解析する際にもっと複雑なのは，生体高分子もリガンドも多座である場合である．すなわち，単一の結合事象に複数のサイトが関与する場合である．たとえば，リガンドに複数の異なる官能基があるとき，タンパク質の複数の異なるサイトに同時に結合することがあるだろう．あるいは，タンパク質が細胞表面に結合するとき，その表面に存在する複数の別のリガンドが関与するかもしれない．

リガンドが多座である場合に起こる簡単な例を示すために，二つの結合サイトをもつタンパク質 P と，二つの異なるリガンド L と L′ が関与する場合を考えよう．その標準結合ギブズエネルギーは $\Delta_{\text{bind}}G^{\ominus}(\text{L})$ および $\Delta_{\text{bind}}G^{\ominus}(\text{L}')$ である（図 4G・4）．この二つの単座リガンドは，長くて柔軟性のあるリンカーでつながれていて，一体として二座リガンド L-L′ をつくっている．ここで，P の上にふつうは L が占めるサイトに L-L′ が結合するのと，P の上にふつうは L′ が占めるサイトに L-L′ が結合するのは独立（無関係）であると仮定しよう．つまり，L-L′ の一部である L の結合は，L′ の部分がすでに結合しているかどうかに影響を受けないとする．したがって，P に対する L-L′ の結合の標準結合ギブズエネルギーは，個々の標準結合ギブズエネルギーの和で表される．つまり，$\Delta_{\text{bind}}G^{\ominus}(\text{L-L}') = \Delta_{\text{bind}}G^{\ominus}(\text{L}) + \Delta_{\text{bind}}G^{\ominus}(\text{L}')$ である．そうすれば，$\Delta_{\text{bind}}G^{\ominus} = -RT\ln K_d$ であるから，

$$RT\ln K_d(\text{L-L}') = RT\ln K_d(\text{L}) + RT\ln K_d(\text{L}')$$

である．したがって次式が成り立つ．

$$K_d(\text{L-L}') = K_d(\text{L})\,K_d(\text{L}') \qquad (10)$$

リガンドが多座になっても，これまでと同様に考えればよい．すなわち，結合が独立とみなせる事象については，多座リガンドの解離定数は，個々の相互作用を表す解離定数の積に等しい．したがって，それぞれが単座リガンドと弱く結合するサイトが 3 個あるタンパク質は，三座リガンドとは強く結合することだろう．たとえば，それぞれの結合サイトについて $K_d(\text{L}) = K_d(\text{L}') = K_d(\text{L}'') = 10^{-3}$ だったとしよう．このとき，$K_d(\text{L-L}'\text{-L}'') = 10^{-9}$ となる．多座リガンドに対する結合の親和性のこのような上昇は，すなわち，三つのリガンドの別々の結合事象ではなく三つが同時に結合するわけであるから，ギブズエネルギー変化はずっと大きいことに相当している．これを**アビディティ**[1]という．解離の度合いが小さくなるのは，三つのリガンドサイトすべてがほぼ同時に空く必要があるからで，別々の離脱事象でないからである．

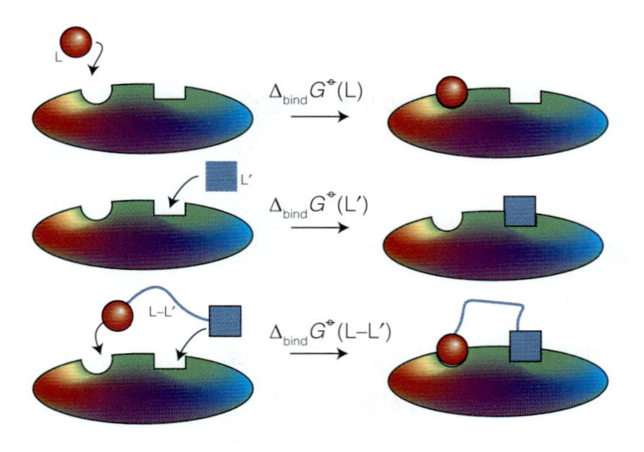

図 4G・4　それぞれの単座リガンドは，固有の標準結合ギブズエネルギーで互いに独立に結合する（上の二つの図）．一方，二座リガンド（下の図）では同時に結合したり同時に解離したりする．

簡単な例示 4G・2

ある抗体（Ab）は，二つの抗原結合性（F_{ab}）ドメインと一つのエフェクター結合性（F_{c}）ドメインから成る．一方，膜結合性の受容体 CD340 は，細胞外リガンド結合性ドメインを一つもつチロシンプロテインキナーゼである．この CD340 のリガンド結合性ドメインに対する Ab の結合の解離定数は 1.6×10^{-8} であり，これは可溶性のリガンド結合性ドメインに対するものである．すなわち，Ab にある 1 個の F_{ab} ドメインは 1 個のリガンド結合ドメインに結合できる．その Ab は CD340 を発現させている細胞表面にも結合し，その解離定数は 5.4×10^{-11} である．これは，Ab にある 2 個の F_{ab} ドメインが 2 個の異なる CD340 分子と同時に結合できるからである．

実際には，タンパク質に対する多座リガンドの結合の解析は，ここで示したものよりふつうはもっと複雑である．

1）avidity．〔訳注：アビディティも“親和性”を表す用語であるが，リガンドと受容体の個々の結合の強さを表す尺度である“affinity”と違って，多座リガンドとその標的分子の間など全体としての結合の強さを表すのに用いる．〕

それは，異なるサイトへの結合が独立でないからである．完全な解析を行うには，タンパク質に結合したリガンドのエントロピー減少を考慮に入れる必要もあるだろう．二座リガンドL-L′で考えても，LとL′がそれぞれ別々に結合する場合より，タンパク質に結合する際に失う並進エントロピーは少なくてすむ．そこで，$\Delta_{\mathrm{bind}}G^{\ominus}$(L-L′) は $\Delta_{\mathrm{bind}}G^{\ominus}$(L) + $\Delta_{\mathrm{bind}}G^{\ominus}$(L′) よりも負で大きくなるだろう．すなわち，二座リガンドの方が結合はより強くなり，解離定数はより小さくなるはずである．

重要事項のチェックリスト

- □ 1．タンパク質に結合しているリガンドの量は，ふつう**飽和度** f で表される．
- □ 2．f に対して $f/[\mathrm{L}]$ をプロットした**スキャッチャードプロット**は直線を与え，その勾配は $-1/K_{\mathrm{d}}c^{\ominus}$ である．
- □ 3．**巨視的解離定数**は，生体高分子にある可能な結合サイトのどれかへのリガンドの結合に関係している．
- □ 4．**微視的解離定数**は，生体高分子の特定のサイトに結合するリガンドの解離定数である．
- □ 5．**協同的な結合**では，別のリガンドが結合することによって結合平衡が変更を受ける．
- □ 6．**正の協同性**は，生体高分子にリガンドが結合することによって，次のリガンドに対して生体高分子がより高い親和性をもつ場合に現れる．
- □ 7．**負の協同性**は，生体高分子にリガンドが結合することによって，次のリガンドに対して生体高分子がより低い親和性をもつ場合に現れる．
- □ 8．**ヒル係数** h は，遊離のリガンド濃度の対数に対して $\ln\{f/(n-f)\}$ をプロットしたグラフの勾配である．
- □ 9．**アビディティ**は，単座リガンドと比べて多座リガンドの親和性が増すことをいう．

重要な式の一覧

式の内容	式	備　考	式番号
飽和度	$f = N_{\mathrm{bound}}/N_{\mathrm{P}}$	定　義	1a
	$f = [\mathrm{L}]/(K_{\mathrm{d}}c^{\ominus} + [\mathrm{L}])$	1個のリガンド結合サイト	1b
スキャッチャードの式	$f/[\mathrm{L}] = 1/K_{\mathrm{d}}c^{\ominus} - f/K_{\mathrm{d}}c^{\ominus}$		2
解離定数の間の関係	$K_{\mathrm{d}} = \hat{K}_{\mathrm{d}}/N_{\mathrm{sites}}$	最初のリガンド結合	4
微視的結合	$\hat{f} = [\mathrm{L}]/(\hat{K}_{\mathrm{d}}c^{\ominus} + [\mathrm{L}])$		5a
	$f = N_{\mathrm{sites}}\hat{f}$		5b
協同性の尺度	$g = \Delta_{\mathrm{bind}}G^{\ominus}(\mathrm{L, PL'}) - \Delta_{\mathrm{bind}}G^{\ominus}(\mathrm{L, P})$	$g = g'$	7
	$g' = \Delta_{\mathrm{bind}}G^{\ominus}(\mathrm{L', PL}) - \Delta_{\mathrm{bind}}G^{\ominus}(\mathrm{L', P})$		
複数サイトへの結合	$\ln\{f/(n-f)\} = n\ln([\mathrm{L}]/c^{\ominus}) - \ln K_{\mathrm{d}}$		9
二座リガンドの結合	$K_{\mathrm{d}}(\mathrm{L\text{-}L'}) = K_{\mathrm{d}}(\mathrm{L})K_{\mathrm{d}}(\mathrm{L'})$	結合が独立なとき	10

テーマ4 化学平衡

トピック4A 熱力学的な裏付け

記述問題

Q4A･1 反応混合物の平衡組成を求める際の化学ポテンシャルの役目は何か．

Q4A･2 $\Delta_r G$ と $\Delta_r G^\ominus$ の違いを説明せよ．反応が自発的に進む方向を決めているのはどちらか．

Q4A･3 平衡の概念は，生体内での反応と関係があるか．

演習問題

4A･1 つぎの反応について，各化学種の活量はモル濃度や分圧で近似できると仮定して，その平衡定数を表す式を書け．

(a) $\mathrm{G6P(aq) + H_2O(l) \rightleftharpoons G(aq) + P_i(aq)}$

ここで，G6P はグルコース 6-リン酸，G はグルコース，P_i は無機リン酸である．

(b) $\mathrm{Gly(aq) + Ala(aq) \rightleftharpoons Gly\text{-}Ala(aq) + H_2O(l)}$

(c) $\mathrm{Mg^{2+}(aq) + ATP^{4-}(aq) \rightleftharpoons MgATP^{2-}(aq)}$

(d) $\mathrm{2CH_3COCOOH(aq) + 5O_2(g) \rightleftharpoons 6CO_2(g) + 4H_2O(l)}$

4A･2 反応 $\mathrm{A + B \rightleftharpoons 2C}$ の平衡定数が 3.4×10^4 とわかっている．この反応を (a) $\mathrm{2C \rightleftharpoons A + B}$，(b) $\mathrm{2A + 2B \rightleftharpoons 4C}$，(c) $\frac{1}{2}\mathrm{A} + \frac{1}{2}\mathrm{B} \rightleftharpoons \mathrm{C}$ と書いたときの平衡定数をそれぞれ求めよ．

4A･3 ［演習問題 4A･1］の反応それぞれについて，36 °C での Q が K の値から 10 パーセントだけ大きいときの $\Delta_r G$ の値を求めよ．

4A･4 二つの異性体 A と B から成る溶液が 37 °C で平衡にあり，$\Delta_r G^\ominus = -2.2\ \mathrm{kJ\ mol^{-1}}$ のとき，その組成を求めよ．

4A･5 マンノース結合レクチン（MBL）は細胞外多量体タンパク質である．各 MBL 単量体（mMBL）はマンノース分子（Man）1 個と結合し，遊離の糖質または多糖の構成成分として結合する．すなわち，$\mathrm{mMBL(aq) + Man(aq) \rightarrow mMBL.Man(aq)}$ である．この反応の平衡定数は $K = 350$ である．結合していないマンノースの濃度が $2\ \mathrm{mmol\ dm^{-3}}$ のとき，平衡で優勢に存在しているのはマンノースが結合したタンパク質か，それともマンノースが結合していないタンパク質か．

4A･6 解糖の第二段階は，グルコース 6-リン酸（G6P）からフルクトース 6-リン酸（F6P）への異性化である．例題 4A･2 では，F6P と G6P の平衡を考えた．グラフを描いて，反応ギブズエネルギーが溶液中の F6P の割合 f とともに変化する様子を示せ．F6P と G6P の生成反応が自発的となる領域をそれぞれグラフに記入せよ．

4A･7 図 4A･7 に示した飽和曲線のグラフを再びここに示す．

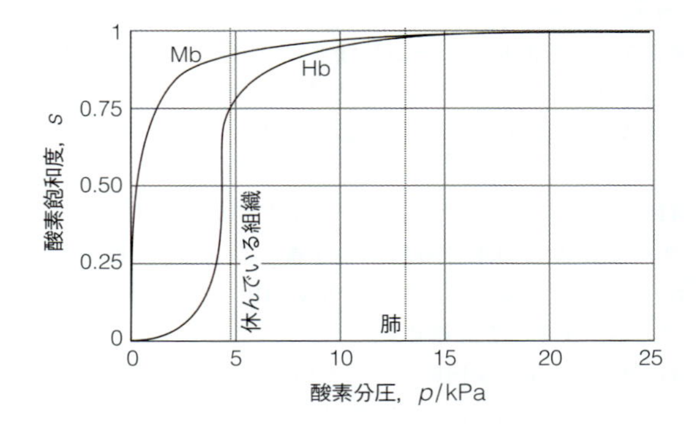

この飽和曲線はつぎの式で表すことができる（詳しくはトピック 4G を見よ）．

$$\ln \frac{s}{1-s} = h \ln(p/p^\ominus) - \ln K$$

s は $\mathrm{O_2}$ の飽和度，p は $\mathrm{O_2}$ の分圧，K は定数（ただし，リガンド 1 個が結合する平衡定数ではない），h はヒル係数である．ヒル係数は，協同性のない場合の 1 から，n 個あるリガンド（Hb では $n = 4$）が全部結合しているか，どれも結合していないときの値 n まで変化する．$s = 0.5$ のときの Mb のヒル係数は 1 であり，Hb のヒル係数は 2.8 である．(a) Mb と Hb の定数 K を飽和度のグラフ（$s = 0.5$ のところ）から求めよ．(b) h は一定であると仮定して，つぎの酸素分圧の値 p/kPa に対する Mb と Hb の酸素飽和度を計算せよ．1.0，1.5，2.5，4.0，8.0．(c) h が理論値の最大値 4 をとると仮定したときの，同じ p での s の値を計算せよ．

トピック 4B 標準反応ギブズエネルギー

記述問題

Q4B・1 生成ギブズエネルギーから反応ギブズエネルギーを計算できることの熱力学的な裏付けは何か.

Q4B・2 ある反応が"自発的である"といえば，それは何を意味するのかを説明せよ.

Q4B・3 "元素の最も安定な形態"とは何を指すか. 具体例を四つ示せ.

Q4B・4 反応物側に水素イオンが含まれているとき，生化学的標準生成ギブズエネルギーは熱力学的標準生成ギブズエネルギーよりも正の側の値を示し，逆に，生成物側に含まれているときには負の側の値を示す理由を説明せよ.

演習問題

4B・1 反応 $3O_2(g) \rightarrow 2O_3(g)$ について，巻末の［資料］にある標準生成エンタルピーと標準エントロピーのデータを用いて，25 °C での標準反応ギブズエネルギーを計算せよ.

4B・2 ジペプチドであるアラニルグリシンの酵素ペプチダーゼによる加水分解反応の平衡定数は，310 K で $K = 8.1 \times 10^2$ である. この加水分解の 310 K での標準反応ギブズエネルギーを計算せよ.

4B・3 ある生化学回路を担っている酵素触媒反応の 25 °C での平衡定数が，別の反応の平衡定数の 10 倍であるという. 前者の標準反応ギブズエネルギーが $-300\ \mathrm{kJ\ mol^{-1}}$ のとき，後者の標準反応ギブズエネルギーを求めよ.

4B・4 $\Delta_r G^{\ominus} = 0$ である反応の平衡定数はいくらか.

4B・5 グルコース 1-リン酸，グルコース 6-リン酸，グルコース 3-リン酸の（pH = 7 での）加水分解反応の標準反応ギブズエネルギーは，それぞれ −21, −14, −9.2（単位はいずれも $\mathrm{kJ\ mol^{-1}}$）である. 37 °C での加水分解の平衡定数をそれぞれについて計算せよ.

4B・6 ATP から ADP への 37 °C での加水分解の生化学的標準反応ギブズエネルギーは $-31\ \mathrm{kJ\ mol^{-1}}$ である. ATP, ADP, P_i の濃度がすべて，(a) $1.0\ \mathrm{mmol\ dm^{-3}}$ のとき，(b) $1.0\ \mathrm{\mu mol\ dm^{-3}}$ のとき，37 °C での反応ギブズエネルギーを求めよ.

4B・7 つぎの反応の 310 K での生化学的標準反応ギブズエネルギーを計算せよ.

ピルビン酸イオン$^-$(aq) + NADH(aq) + H^+(aq) ⟶ 乳酸イオン$^-$(aq) + NAD^+(aq)

ただし，$\Delta_r G^{\ominus} = -66.6\ \mathrm{kJ\ mol^{-1}}$ である.（NAD^+ は，ニコチンアミドアデニンジヌクレオチドの酸化形である.）この反応は，激しい運動をして酸素が欠乏した筋細胞で起こるもので，けいれんを起こす原因となっている.

4B・8 アデノシン一リン酸からリン酸基を取除く反応の，298 K での生化学的標準反応ギブズエネルギーは $-14\ \mathrm{kJ\ mol^{-1}}$ である. この反応の熱力学的標準反応ギブズエネルギーを求めよ.

4B・9 つぎのリン酸基転移反応の生化学的標準反応ギブズエネルギーを求めよ.

(a) GTP(aq) + ADP(aq) ⟶ GDP(aq) + ATP(aq)

(b) グリセロール(aq) + ATP(aq) ⟶ グリセロール 1-リン酸(aq) + ADP(aq)

(c) 3-ホスホグリセリン酸(aq) + ATP(aq) ⟶ 1,3-ビスホスホグリセリン酸(aq) + ADP(aq)

トピック 4C 諸条件に対する平衡の応答

記述問題

Q4C・1 ルシャトリエの原理について，熱力学諸量を用いて説明せよ.

Q4C・2 平衡定数が圧力によらない理由を説明せよ. 一方，平衡組成は圧力変化する場合がある理由を説明せよ.

Q4C・3 酵素の存在が生化学反応の平衡組成に影響を与えないのはなぜか.

Q4C・4 発熱反応の平衡定数が温度上昇で減少するのはなぜか.

演習問題

4C・1 平衡定数の対数を温度の逆数に対してプロットすれば，標準反応エンタルピーを求められることを示せ.

4C・2 298 K から温度が 10 K だけ上昇したとき，平衡定数が (a) 2 倍になる，(b) 半分になる 反応の標準反応エンタルピーはそれぞれどれだけか.

4C・3 ATP の 37 °C での加水分解反応は，$\Delta_r H^{\ominus\prime} = -20\ \mathrm{kJ\ mol^{-1}}$，$\Delta_r S^{\ominus\prime} = +34\ \mathrm{J\ K^{-1}\ mol^{-1}}$ である. これらの値が一定であると仮定して，ATP の加水分解反応の平衡定

数が1以下になる温度はあるか.

4C・4 フマル酸イオンからマレイン酸イオンへの変換反応, フマル酸イオン$^{2-}$(aq) + H_2O(l) → マレイン酸イオン$^{2-}$(aq) は酵素フマラーゼによって触媒される. つぎのデータを使って, 標準反応エンタルピーを求めよ.

θ/°C	15	20	25	30	35	40	45	50
K	4.786	4.467	4.074	3.631	3.311	3.090	2.754	2.399

4C・5 グリコーゲンホスホリラーゼへのAMPの結合の平衡定数は, 30 °C で 1.6×10^5, 35 °C で 1.2×10^5 である. 標準結合エンタルピー $\Delta_r H^{\ominus}$ を計算せよ.

4C・6 牛のげっぷで放出されるメタンは気候変動の原因の一つとされる. メタンは空気中での反応 CH_4(g) + $2O_2$(g) → CO_2(g) + $2H_2O$(g) により酸化される. この反応の平衡定数は圧力に依存しないとして, 圧力が増加したときの反応物と生成物のモル分率はどう変化するか. また, もし生成物の水が液体であればどう変化するか.

トピック4D 生化学における共役反応

記述問題

Q4D・1 共役反応における“並列”と“逐次”について説明せよ. また, それぞれの代謝経路における重要性について述べよ.

Q4D・2 生化学反応式を書くとき“暗黙の了解で”式を表すことがある. それはどういう意味か. また, そうしておくと便利なのはなぜか.

Q4D・3 ある反応は発エルゴン的なのに, 別の反応が吸エンルゴン的なのはなぜか. 発熱反応はすべて発エルゴン的といえるか.

演習問題

4D・1 ATPからADPへの37 °Cでの加水分解の生化学的標準反応ギブズエネルギーは $\Delta_r G^{\ominus\prime} = -31\ \mathrm{kJ\ mol^{-1}}$ である. 細胞内での各化学種の濃度がつぎのとき, その反応ギブズエネルギーを求めよ. [ATP] = 1.5×10^{-2} mol dm^{-3}, [ADP] = 4.6×10^{-4} mol dm^{-3}, [P_i] = 1.0×10^{-2} mol dm^{-3}.

4D・2 フルクトース6-リン酸 (F6P) からフルクトース1,6-ビスリン酸 (FBP) への変換は, 解糖経路の第三段階である. この反応 F6P + P_i → FBP + H_2O の37 °Cでの $\Delta_r G^{\ominus\prime}$ は $+12.5\ \mathrm{kJ\ mol^{-1}}$ である. ラットの心臓では, 遊離のF6PとFBPの濃度はそれぞれ, 0.040 mmol dm^{-3}, 0.68 μmol dm^{-3} であり, [P_i] = 1.0×10^{-2} mol dm^{-3} である. $\Delta_r G$ を求めよ.

4D・3 [演習問題4D・2] で指定した条件下でのフルクトース6-リン酸 (F6P) からフルクトース1,6-ビスリン酸 (FBP) への変換は, [演習問題4D・1] で指定した条件下でのATPの加水分解反応によって駆動できるか. ATPの加水分解が効力をなくすのは, [ATP] と [ADP] の比がいくらになったときか.

4D・4 反応 G6P → F6P ($K_1 = 0.30$) および F6P + P_i → FBP + H_2O ($K_2 = 1.3\times10^3$) について考えよう. ここで, FBPはフルクトース1,6-ビスリン酸である. 2.00 mmol dm^{-3} のG6Pと 3.00 mmol dm^{-3} のATPのpH = 7および37 °Cでの溶液の平衡組成を計算せよ. ただし, (a) 最初の反応を触媒するグルコース6-リン酸イソメラーゼを加えた場合, (b) グルコース6-リン酸イソメラーゼと2番目の反応を触媒するホスホフルクトキナーゼの両方を加えた場合について計算せよ.

4D・5 FBPが開裂してジヒドロキシアセトンリン酸 (DHAP) とグリセルアルデヒド3-リン酸 (G3P) が生成する反応 FBP → DHAP + G3P ($K_1 = 1.0\times10^{-4}$) は, 酵素アルドラーゼによって触媒される. また, DHAPからG3Pに変換する反応 DHAP → G3P ($K_2 = 0.040$) は酵素トリオースリン酸イソメラーゼによって触媒される. 1.75 mmol dm^{-3} のFBP溶液に37 °CおよびpH = 7で両方の酵素アルドラーゼとトリオースリン酸イソメラーゼを加えたときの平衡組成を (有効数字2桁で) 計算せよ.

4D・6 生化学的標準条件のもとでの好気的呼吸によって, グルコースが完全に酸化されれば1分子当たり約30分子のATPが生成される. (a) 生化学的標準条件のもとでの好気的呼吸の効率は何パーセントか. (b) 生体細胞では, つぎの条件がふつうである. $p_{CO_2} = 53$ mbar, $p_{O_2} = 132$ mbar, [グルコース] = 5.6×10^{-2} mol dm^{-3}, [ATP] = [P_i] = 1.0×10^{-2} mol dm^{-3}, [ADP] = 1.0×10^{-3} mol dm^{-3}, pH = 7.4, T = 310 K. 活量をモル濃度の数値で置き換えてよいと仮定して, この生理条件下での好気的呼吸の効率を計算せよ.

トピック4E　プロトン移動平衡

記述問題

Q4E･1　プロトン（水素イオン）が水中でこれほど動きやすい理由は何と思うか．

Q4E･2　生化学過程におけるプロトン付加とプロトン脱離の段階の重要性ついて見解を述べよ．

Q4E･3　水素イオンが水中で H_3O^+ や $H^+(H_2O)_n$ の形のクラスターとして存在しているのを実証する方法を考えられるか．

Q4E･4　pK_a とプロトン脱離反応の標準反応ギブズエネルギーの関係はなにか．

Q4E･5　アミノ酸の酸定数をどのように使えば，ある特定の pH の水溶液に溶けている溶質の性質を予測できるか．

演習問題

4E･1　細胞内には数多くの酸が存在している．生化学的に重要なつぎの酸の水溶液中でのプロトン移動平衡を書け．(a) $H_2PO_4^-$（二水素リン酸イオン），(b) 乳酸（$CH_3CH(OH)COOH$），(c) グルタミン酸（$HOOCCH_2CH_2CH(NH_2)COOH$），(d) グリシン（NH_2CH_2COOH），(e) シュウ酸（HOOCCOOH）．

4E･2　つぎの溶液中の H_3O^+ イオンのモル濃度を 25 °C で測定した．それぞれの溶液の pH および pOH を計算せよ．(a) 15 μmol dm^{-3}（雨水），(b) 1.5 mmol dm^{-3}，(c) 5.1×10^{-14} mol dm^{-3}，(d) 5.01×10^{-5} mol dm^{-3}．

4E･3　生物学的あるいは医学的な応用では，体温（37 °C）でのプロトン移動平衡を考える必要があることが多い．体温における水の K_w の値は 2.5×10^{-14} である．(a) 37 °C での中性の水の $[H_3O^+]$ の値および pH はいくらか．(b) 37 °C での中性の水の OH^- イオンのモル濃度および pOH はいくらか．

4E･4　つぎの溶液の H_3O^+ イオンのモル濃度および pH を計算せよ．(a) 0.144 M の HCl(aq) 25.0 cm^3 を 0.125 M の NaOH(aq) 25.0 cm^3 に加えた溶液，(b) 0.15 M の HCl(aq) 25.0 cm^3 を 0.15 M の KOH(aq) 35.0 cm^3 に加えた溶液，(c) 0.22 M の HNO_3(aq) 21.2 cm^3 を 0.30 M の NaOH(aq) 10.0 cm^3 に加えた溶液．

4E･5　ビッグバンで宇宙に何らかの異変が起こり，通常の水素の代わりに重水素が多量に存在することになったとしよう．このとき，化学平衡には微妙な変化がいくつも見られるであろう．特に，重水素は重いので塩基との間で起こる重水素移動平衡はふつうの水素の場合とは違っているだろう．25 °C の重水，D_2O の K_w は 1.35×10^{-15} である．(a) D_2O の自己プロトリシス（正しくは，自己デューテロリシス）の平衡式を書け．(b) 25 °C での D_2O の pK_w を求めよ．(c) 25 °C での中性の重水中の D_3O^+ および OD^- のモル濃度を計算せよ．(d) 25 °C での中性の重水の pD および pOD を求めよ．(e) pD，pOD，$pK_w(D_2O)$ の間に成り立つ関係を示せ．

4E･6　表 4E･2 のデータを用いて，0.010 M の乳酸 $CH_3CH(OH)COOH$(aq) の pH を求めよ．ただし，実際に計算する前に，同じ濃度のエタン酸の pH の計算値より大きいか，それとも小さいかを判定せよ．

4E･7　塩基キノリンは $pK_b = 9.12$ である．0.010 M のキノリン水溶液の pH を求めよ．

4E･8　1.0 M の H_2S(aq) に含まれる S^{2-} イオンのモル濃度を求めよ．

4E･9　ヒスチジン水溶液について，図 4E･3 に示した種分化図（pH 変化とともに現れる化学種の分率を表す図）をつくれ．

4E･10　(a) 8.4 g のエタン酸カリウム KCH_3CO_2 を水に溶かして 250 cm^3 の溶液をつくった．その溶液の pH はいくらか．(b) 3.75 g の臭化アンモニウム NH_4Br を水に溶かして 100 cm^3 の溶液をつくった．その溶液の pH はいくらか．(c) 1.0 dm^3 の水溶液中に 10.0 g の臭化カリウムが溶けている．Br^- イオンにプロトン付加したものの割合はどれだけか．

4E･11　アミノ酸の等電点[1] pI とは，そのアミノ酸の両性イオンの形が溶液中で支配的であり，濃度は低くてもアミノ酸の正電荷を帯びた形と負電荷を帯びた形が等濃度で存在するときの pH である．したがって，等電点ではアミノ酸の平均電荷は 0 である．(a) 酸性でも塩基性でもない側鎖をもつアミノ酸（グリシンやアラニンなど）について，$pI = \frac{1}{2}(pK_{a1} + pK_{a2})$ であることを示せ．(b) 酸性の側鎖をもつアミノ酸（アスパラギン酸やグルタミン酸など）については，$pI = \frac{1}{2}(pK_{a1} + pK_{a2})$ であることを示せ．(c) 塩基性の側鎖をもつアミノ酸（リシンやヒスチジンなど）については，$pI = \frac{1}{2}(pK_{a2} + pK_{a3})$ であることを示せ．ここで，pK_{a1}，pK_{a2}，pK_{a3} の値は表 4E･4 に掲げてある．

1) isoelectric point

トピック4F 緩 衝 液

記述問題

Q4F・1 緩衝作用の原理について述べよ.

Q4F・2 血液の緩衝作用に関与している過程について概略を説明せよ.

Q4F・3 ヘンダーソン–ハッセルバルヒの式を導出するうえで用いた近似はなにか.

Q4F・4 細胞内の pH を制御している膜貫通 H^+ 輸送について，その寄与の解析を困難にしている因子は何か.

演習問題

4F・1 つぎの塩それぞれの水溶液について，pH = 7 か，pH > 7 か，pH < 7 かを述べよ．pH > 7 または pH < 7 の場合は，その根拠となる化学式を書け．(a) NH_4Br，(b) Na_2CO_3，(c) KF，(d) KBr.

4F・2 つぎの緩衝液が効果的に作用する pH の領域を予測せよ．ただし，いずれの場合も加えた酸とその共役塩基のモル濃度は等しいとする．(a) 乳酸ナトリウムと乳酸，(b) 安息香酸ナトリウムと安息香酸，(c) リン酸一水素カリウムとリン酸カリウム，(d) リン酸一水素カリウムとリン酸二水素カリウム，(e) ヒドロキシアミンと塩化ヒドロキシアンモニウム.

4F・3 表 4E・2 と表 4E・3 を参考にして，(a) pH = 2.2，(b) pH = 7.0 の緩衝液として適切なものを選べ.

4F・4 1.5×10^{-4} mol dm^{-3} のエタン酸水溶液 0.75 dm^3 に 0.020 mmol の OH^-(aq) を加えた．その前後の pH 変化を求めよ.

4F・5 われわれの細胞内には有機酸や有機塩基が多種存在しており，その組成が細胞内の pH を決めている．そこで，酸や塩基の溶液の pH を求めたり，pH の測定値からいろいろな予測ができたりすれば役に立つ．乳酸と乳酸ナトリウムの等モル濃度から成る溶液では pH = 3.08 であった．(a) 乳酸の pK_a および K_a の値はいくらか．(b) 乳酸の濃度が乳酸ナトリウムの 2 倍であったとき，pH はいくらになるか.

4F・6 つぎの水溶液の pH と pOH，プロトン付加もしくはプロトン脱離している溶質の割合をそれぞれ計算せよ．(a) 0.120 M の $CH_3CH(OH)COOH$(aq)（乳 酸），(b) 1.4×10^{-4} M の $CH_3CH(OH)COOH$(aq)，(c) 0.15 M の NH_4Cl(aq)，(d) 0.15 M の $NaCH_3CO_2$(aq)，(e) 0.112 M の $(CH_3)_3N$(aq)（トリメチルアミン).

4F・7 つぎの水溶液について，pH による組成の変化を表すグラフを描け．(a) 0.010 M のグリシン (aq)，(b) 0.010 M のチロシン (aq).

4F・8 25 °C におけるつぎの酸溶液の pH を計算せよ．ただし，第二プロトン脱離が無視できる場合は無視してよい．(a) 1.0×10^{-4} M の H_3BO_3(aq)（ホウ酸は一価プロトン酸として働く），(b) 0.015 M の H_3PO_4(aq)，(c) 0.10 M の H_2SO_3(aq).

4F・9 アミノ酸のチロシンでは，カルボン酸官能基のプロトン脱離について pK_a = 2.20 であることがわかっている．溶液の pH が (a) 7，(b) 2.2，(c) 1.5 のときのチロシンとその共役塩基の相対濃度を求めよ.

4F・10 ルバーブやホウレンソウなど多くの緑葉植物には，シュウ酸 $(COOH)_2$ のカリウム塩やカルシウム塩がかなりの濃度で含まれている．(a) 0.15 M の $(COOH)_2$(aq) に含まれる $HOOCCO_2^-$，$(CO_2)_2^{2-}$，H_3O^+，OH^- のモル濃度を計算せよ．(b) 0.15 M のシュウ酸水素カリウム溶液の pH を計算せよ.

4F・11 緑色硫黄細菌では，硫化水素 H_2S が還元剤となり，光合成により CO_2 を炭酸に還元する．0.065 M の H_2S(aq) に含まれる H_2S，HS^-，S^{2-}，H_3O^+，OH^- のモル濃度を計算せよ．ただし，表 4E・3 の K_a の値を用いよ.

4F・12 通称トリス (Tris)〔正式にはトリス（ヒドロキシメチル）アミノメタン〕は，20 °C では pK_a = 8.3 の弱酸であり，生化学的な応用では緩衝液の成分としてよく使われる．(a) トリスとその共役酸の等モル濃度から成る溶液は，どの pH 範囲で緩衝液として作用するか．(b) トリスとその共役酸を等モル濃度で含む緩衝液 100 cm^3 に，3.3 mmol の NaOH を加えたときの pH を求めよ．(c) トリスとその共役酸を等モル濃度で含む緩衝液 100 cm^3 に，6.0 mmol の HNO_3 を加えたときの pH を求めよ.

トピック4G　リガンド結合平衡

記述問題

Q4G·1　微視的解離定数と巨視的解離定数の違いを説明せよ.

Q4G·2　ヘモグロビンの協同的な結合（図4G·2）などに見られる結合曲線について，その両極限で協同的な挙動が見られないのはなぜか.

Q4G·3　リガンドの濃度変化に対するリガンド結合の感度について，正の協同性ではどんな効果が見られるか.

Q4G·4　細胞は，生体高分子とそのリガンドの間に働く弱い親和性相互作用をどのように利用しているか.

演習問題

4G·1　あるサイトカイン（ck）の受容体の溶液 100 pmol dm^{-3} へのサイトカインの結合について，つぎのデータが得られた.

$[ck]_{total}/(nmol\ dm^{-3})$	20	50	100	150	200	300	400
$[ck]_{bound}/(pmol\ dm^{-3})$	30	60	95	115	130	145	160

この酵素に対するリガンド結合の解離定数と，このリガンドに対する結合サイトの数を求めよ.

4G·2　ハイギョのヘモグロビンには四つの等価な（つまり，$n=4$ とできる）酸素結合サイトがある. このヘモグロビンの酸素飽和度の酸素分圧による変化について，つぎのデータが得られた.

$p_{O_2}/Torr$	19.0	10.0	6.3	4.0	2.5	1.7
飽和度	0.91	0.76	0.57	0.35	0.20	0.09

ハイギョのヘモグロビンに対する酸素結合の50パーセント飽和度でのヒル係数を求めよ.

4G·3　大腸菌やサルモネラ菌のアスパラギン酸受容体は，いずれも膜関連タンパク質ホモ二量体（2個のほぼ等価なポリペプチド鎖が非共有結合でつながったタンパク質）であり，その79パーセントはアミノ酸配列同一性を備えている. 精製された可溶性アスパラギン酸の結合ドメインもホモ二量体として存在している. いずれの受容体についても，この可溶性結合ドメインに対するアスパラギン酸の結合が測定され，得られた結果はつぎの表に示す通りである. ここでの受容体タンパク質の濃度は，二量体タンパク質としての濃度である.

大腸菌の受容体濃度 (2.8 μmol dm^{-3})		サルモネラ菌の受容体濃度 (4.1 μmol dm^{-3})	
$[Asp]_{total}/(\mu mol\ dm^{-3})$	$[Asp]_{bound}/(\mu mol\ dm^{-3})$	$[Asp]_{total}/(\mu mol\ dm^{-3})$	$[Asp]_{bound}/(\mu mol\ dm^{-3})$
1.0	0.55	0.8	0.77
1.9	0.96	2.0	1.87
2.5	1.19	2.5	2.28
4.5	1.70	4.1	3.55
9.5	2.21	7.5	5.08
18.0	2.50	14.5	6.40

それぞれの場合について，その結合特性と結合の量論関係を明らかにせよ.

4G·4　代表的な結合アッセイ（試験法）では，何らかの固体担体にタンパク質またはそのリガンドをつなぎとめておき，その担体と接触する溶液中の別の成分との結合を監視する. この方法を抗原に対する抗体の結合の研究に用いるとき，抗体を担体につなぎ，抗原を溶液中に置くときと，抗体を溶液中に置き，抗原を担体につなぐときで異なる結果が得られる. この観測結果について説明し，二つの方法のどちらが小さな解離定数を与えるかを示せ.

4G·5　2個のよく似た解離定数のリガンド結合サイトをもち協同性を示すタンパク質について，g の値（7式で定義した）の最大有効値を求めよ.〔ヒント：g の最大有効値とは，最初のリガンドがないときに2番目のサイトの結合が10パーセント以下の飽和度であったものが，最初のリガンドを加えておくことで2番目のサイトの結合が90パーセント以上の飽和度に上昇する場合の g の値である.〕

テーマ4　発展問題

P4·1　トピック4F·2では，血液のpHを調節するヘモグロビンの役割について述べた. ここでは，その調節機構を詳しく調べよう.

(a) ヘモグロビンのプロトン付加形とプロトン脱離形を，それぞれ HbH および Hb^- で表しておこう. このとき，酸素脱離形ヘモグロビンと酸素完全付加形ヘモグロビンのあいだのプロトン移動平衡を，つぎのように書くことができる.

$HbH + H_2O \rightleftharpoons Hb^- + H_3O^+ \quad pK_a = 8.18$

$HbHO_2 + H_2O \rightleftharpoons HbO_2^- + H_3O^+ \quad pK_a = 6.62$

ここで，簡単のために，このタンパク質は酸プロトンを1個だけ含むと考えよう．(i) 正常な血液の pH = 7.4 において，どれだけの割合の酸素脱離形ヘモグロビンがプロトン脱離しているか．(ii) pH = 7.4 において，どれだけの割合の酸素付加形ヘモグロビンがプロトン脱離しているか．(iii) 上の (a, i) および (a, ii) で得た結果を使って，ヘモグロビンの酸素脱離はプロトン獲得を伴っていることを示せ．

(b) 組織中の CO_2 と O_2 の交換は，複雑なプロトン移動を伴っている．血液中に CO_2 を放出すれば，ヒドロニウムイオンがつくられ，それが O_2 を放出したヘモグロビンに強く結合できる．これらの過程は血液の pH が変化するのを妨げる．この問題をより定量的に扱うために，血液の pH がその正常値 7.4 から変化することなく，血液が運ぶことのできる CO_2 の量を計算しよう．(i) pH = 7.4 において，酸素付加形ヘモグロビン分子1モル当たりに結合するヒドロニウムイオンの量を計算することから始めよ．(ii) 次に，pH = 7.4 において，酸素脱離形ヘモグロビン分子1モル当たりに結合するヒドロニウムイオンの量を計算せよ．(iii) 上の (b,i) および (b,ii) で得た結果を使って，pH = 7.4 において，酸素完全付加形ヘモグロビンによって O_2 が放出された結果，ヘモグロビン分子1モル当たりに結合しうるヒドロニウムイオンの量を計算せよ．(iv) 最後に，上の (b,iii) の結果を使って，pH = 7.4 において，ヘモグロビン分子1モル当たりに血液中に放出できる CO_2 の量を計算せよ．

P4･2　アスコルビン酸の pK_a は 4.0 である．アスコルビン酸水溶液 0.10 mol dm^{-3} の pH を計算せよ．

(a) pH = 4.8 の溶液を得るには，アスコルビン酸とアスコルビン酸ナトリウムの比をいくらにする必要があるか．

緩衝液の強さを定量的に表すには，緩衝能 β を用いればよい．ここで，

$$\beta = \frac{\text{酸または塩基の物質量}}{\text{pHの変化}}$$

である．緩衝能が大きいほど，その溶液は緩衝液として良好である．

(b) pH = 4.8 のアスコルビン酸溶液 0.1 mol dm^{-3} の緩衝能を求めよ．それには，この溶液 200 cm^3 にプロトンを少量（たとえば 0.001 mol）加えたときの pH 変化を計算すればよい．〔ヒント：少量の強酸を加えたとき，それと同じ量のアスコルビン酸ナトリウムがアスコルビン酸に変換したと仮定すればよい．〕

(c) pH = 4.0 の溶液について同じ計算をせよ．その結果からわかることを述べよ．

(d) β の pH 変化を表す曲線をグラフに描け．アスコルビン酸とアスコルビン酸ナトリウムの混合溶液は，どの pH 領域なら緩衝液として使えるか．

テーマ 5

イオンと電子の輸送

生命に関わる諸過程の多くは，二つのタイプの素粒子の移動に強く依存している．テーマ４では，プロトンの移動について述べ，酸や塩基に特有の反応の構成要素になっている膨大な数の過程について説明した．本テーマでは，電子の移動について述べるが，それはイオンとしての移動あるいは電子そのものの移動による．ここでは，膜貫通輸送とレドックス反応というきわめて重要な過程における電子の移動について説明する．レドックス反応では，還元剤から酸化剤へと電子が移動しており，電子伝達鎖では電子が移動する過程が複数回にわたって続くことが多い．

トピック 5A　膜を介してのイオンの輸送

膜を介してのイオンの輸送，その結果として起こる電荷の輸送については熱力学的に説明することができる．そこでは活量の概念が重要な役目をする．そこで，本トピックではイオンの活量がどのように求められるかについて説明することから始める．続いて，あるモデルについて調べるのだが，それは半透膜の両側でイオンの分布がどう違っており，どのような電位差がそこに生じているかについて説明するモデルである．生体膜の両側にはイオンの濃度差がかなりあり，それは受動的にも能動的にも維持されている．その能動輸送は，ATP によって駆動される各種イオンポンプによるものである．このポンプにはある種の構造物が組込まれており，それが神経細胞に沿って活動電位が伝達されるのを可能にしており，したがって，われわれの思考やさまざまな刺激に対する応答を可能にしているのである．

トピック 5B　電子移動反応

電子の移動については実験室で調べることができる．何らかの化学電池をつくって，その電極間の電位差を測定すればよい．このときの電位差と化学電池で起こっている反応の反応ギブズエネルギーの関係によって，熱力学との接点が生まれる．そこで，その電位差の測定を行えば，関与している反応の平衡定数など熱力学的な諸性質を求めることができる．その際の手続を簡単にするために，観測される全電位差をそれぞれの電極の寄与として表し，その電極で起こっている過程を“半反応”として表すのである．

トピック 5C　電子伝達鎖

好気的呼吸と光合成は，真核生物にとってきわめて重要な二つの過程であり，それぞれミトコンドリアと葉緑体で起こる一連の電子移動反応によって進行する．どちらの過程の熱力学的な側面も，トピック 5B で導入する概念によって，レドックス中心の間の電子の移動として説明することができ，電極電位と半反応によって解析することができる．

トピック 5A

膜を介してのイオンの輸送

➤ 学ぶべき重要性

イオンの輸送は，すべての細胞膜を介して起こっており，いろいろなイオンが細胞内外へと移動している．それは，細胞とその周りの環境が相互作用する機構の一つになっている．

➤ 習得すべき事項

注目するイオンの膜を介してのモルギブズエネルギーの差は，系が平衡であれば，そのイオンについては 0 である．

➤ 必要な予備知識

活量の概念と，活量が活量係数でどう表されるか（トピック 3C）について理解している必要がある．注目するイオンの化学ポテンシャルが，そのイオンの濃度だけでなく，その場の電位にどう関係しているか（トピック 3C）も知っている必要がある．

細胞はすべて細胞膜で包まれており，その細胞膜は細胞内外へと物質が移動するのを制御している．真核生物では細胞内にも複数の膜があり，オルガネラとして知られる細胞内区画が見られる．膜内部の非極性の部分は，水に可溶な分子が膜を介して自由に拡散するのを妨げる障壁の役目をしているものの，実際には多種多様なイオンや分子が膜を通過することができる．それは，水だけでなく溶存酸素，H^+ や K^+，硝酸イオンなどの単純な無機イオン，グルコースやリンゴ酸などの代謝中間体，タンパク質や多糖などの生体高分子などさまざまである．このほぼすべての場合について，膜に埋め込まれたタンパク質の存在によって輸送が可能になっており，これらのイオンや分子が膜を通過できる経路を提供している．この膜輸送過程は細胞の機能にとって不可欠なもので，栄養素の獲得やエネルギー変換，神経機能などの重要な過程を支えている．

5A・1 溶液中のイオン

電解質溶液が非電解質溶液と異なる最も重要な点は，前者のイオン間には長距離まで作用するクーロン相互作用が存在することである．その結果，電解質溶液では溶質粒子であるイオンが互いに独立には動けず，きわめて薄い濃度でも非理想的な振舞いをすることになる．イオン-イオン間の相互作用がいかに重要かは，水（比誘電率 80）の中で一価に帯電した 2 個のイオン間に働く相互作用のポテンシャルエネルギーは，両者の距離が約 0.7 nm になったとき，300 K での熱運動のエネルギー（kT）にほぼ等しくなることからわかるだろう．この距離は，その間に水分子が 4 個入るほどの距離なのである．

(a) 活量係数

トピック 3C で説明したように，活量 a_J は化学種 J の実効濃度であり，モル濃度 c_J に活量係数 γ_J を掛けたものと関係している．正確に書けば，

$$a_\mathrm{J} = \gamma_\mathrm{J} c_\mathrm{J}/c^{\ominus} \tag{1a}$$

である．$c^{\ominus} = 1\ \mathrm{mol\ dm^{-3}}$ である．簡単に表すときは，$c_\mathrm{J}/c^{\ominus}$ を単に c_J と書いて，このときの c_J はモル濃度の数値部分と考える．そこで，$c^{\ominus}$ を省略してつぎのように書く．

$$a_\mathrm{J} = \gamma_\mathrm{J} c_\mathrm{J} \tag{1b}$$

溶質のモル濃度が 0 に近づくにつれ溶液は次第に理想的になるから，$c_\mathrm{J} \to 0$ につれて $\gamma_\mathrm{J} \to 1$ である．

こうして化学種 J の活量がわかれば，その化学ポテンシャルは次式で書ける．

$$\mu_\mathrm{J} = \mu_\mathrm{J}^{\ominus} + RT \ln a_\mathrm{J} \tag{2}$$

イオンが関与する反応の平衡定数など，溶液の熱力学的諸性質は，濃度の代わりに活量を使えば，理想希薄溶液の場合と同じやり方で導出することができる．しかしながら，導出した結果を実際の計算に使おうとすれば，活量と濃度の関係を知っている必要がある．この問題は，酸・塩基を扱ったテーマ 4 では無視して，活量係数をすべて 1 と仮定した．しかし，生体内の細胞質などの流体ではイオンの濃度が非常に高く，理想的には振舞わないから，$\gamma = 1$ とはみなせない．つまり，少なくとも何らかの現実的な値を用いるべきである．とはいえ実際には，生化学的に関心のある流体は複雑であり，おおよその値ですら見積もるのは困難である．このような場合は，モル濃度を用いて計算を実

行しておき，それで得られた結果は示唆する程度であり，決定的でないことを受け入れておくことである．

(b) デバイ-ヒュッケル理論

1923 年にデバイ[1]とヒュッケル[2]によって，きわめて希薄な溶液中のイオンの活量係数の値を説明する理論がつくられた．彼らは，溶液中の各イオンは，異符号の電荷をもつ**イオン雰囲気**[3]によって囲まれていると考えた．この“雰囲気”は実際には，溶液全体にわたりすべてのイオンを均一に分布させせようとする熱運動のかき混ぜ効果と，異符号の電荷をもつイオンを近くに引きつけ，同符号の電荷をもつイオンを退けようとするクーロン相互作用との競合によって生じる電荷のわずかな不均衡なのである（図 5A·1）．この競合の結果，アニオンの近くにはカチオンが少し余分にあって，それがアニオンの周りに正に帯電したイオン雰囲気をつくり，カチオンの近くにはアニオンが少し余分にあって，それがカチオンの周りに負に帯電したイオン雰囲気をつくっている．

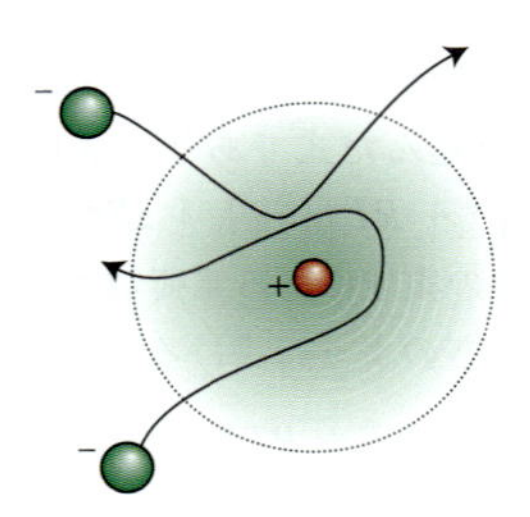

図 5A·1　中心イオンの近傍には反対電荷をもつイオンがやってきて，同じ符号の電荷をもつイオンより長く滞在するから，イオンを取囲むイオン雰囲気には反対電荷の方がわずかに余分に存在している．イオン雰囲気ができれば，中心イオンのエネルギーは下がる．

それぞれのイオンは異符号のイオン雰囲気の中にあるから，そのエネルギーは均一な溶液，つまり理想溶液よりも低く，したがって，その化学ポテンシャルも理想溶液より低い．理想溶液の化学ポテンシャルより低い値を示すということは，そのイオンの活量係数は 1 より小さいということである（$\gamma < 1$ のとき $\ln \gamma$ は負となる）．デバイとヒュッケルは，イオンの濃度が 0 に近づくにつれ次第に有効になる法則という意味で，ある種の極限則の式を導くことができたのであった．その**デバイ-ヒュッケルの極限則**[4]は次式で表される．

$$\log_{10}\gamma = -Az^2I^{1/2} \qquad \text{デバイ-ヒュッケルの極限則} \quad (3)$$

この式の A は定数で，水溶液の場合，25 °C では 0.509 である．z はイオンの電荷数である（Na^+ では $z = +1$，SO_4^{2-} では $z = -2$ である）．I という無次元の量は，その溶液の**イオン強度**[5]であり，溶液中に存在するすべてのイオンのモル濃度によってつぎのように定義される†．

$$I = \frac{1}{2}\sum_i z_i^2 c_i/c^{\ominus} \qquad \text{イオン強度［定義］} \quad (4)$$

ここで，記号 $\sum$ は和を表す（この場合は，$z_i^2 c_i$ の形の項をすべて足し合わせる）．また，z_i は i 番目のイオンの電荷数（カチオンは正，アニオンは負）であり，c_i は i 番目のイオンのモル濃度である．

簡単な例示 5A·1

1.0 mmol dm^{-3} の Na_2SO_4(aq) と 1.5 mmol dm^{-3} の KCl(aq) を含む溶液が 25 °C にあるとき，そのナトリウムイオンの活量係数を求めるには，(4) 式を用いてこの溶液のイオン強度を求めることから始める．それは，

$$\begin{aligned} I &= \tfrac{1}{2}\{(+1)^2 \times (2 \times 0.0010) + (-2)^2 \times (0.0010) \\ &\quad + (+1)^2 \times (0.0015) + (-1)^2 \times (0.0015)\} \\ &= 0.0045 \end{aligned}$$

である．次に，$A = 0.509$ としてデバイ－ヒュッケルの極限則（3 式）を用いれば，$\log_{10}\gamma$ を計算することができる．そこで，ナトリウムイオンについては，

$$\log_{10}\gamma = -0.509 \times (+1)^2 \times (0.0045)^{1/2} = -0.034\cdots$$

である．対数 $\log_{10}\gamma$ の真数を求める計算（$x = 10^{\log_{10}x}$）を行えば $\gamma = 0.92$ が得られる．

上で強調したように，(3) 式は<u>極限則</u>の一種であり，きわめて希薄な溶液についてのみ成り立つ．そこで，イオン強度が約 0.01 より大きい溶液の場合は，イオンの半径が 0 でないのを考慮に入れたつぎの**拡張デバイ-ヒュッケル則**[6]を使うのがよい．

$$\log_{10}\gamma = -\frac{Az^2I^{1/2}}{1+BI^{1/2}} \qquad \text{拡張デバイ-ヒュッケル則} \quad (5a)$$

あるいは，デービス[7]によって 1937 年に提案されたつぎの式を用いることである．

---

† 訳注：イオン強度は質量モル濃度によって定義されることもある．その場合でも，各イオンは (4)式に ($b_i/b^{\ominus}$) の形で寄与するから，イオン強度が無次元の量であることに変わりはない．

1) Peter Debye　2) Erich Hückel　3) ionic atmosphere

4) Debye–Hückel limiting law．式の導出については“アトキンス物理化学”第 10 版，邦訳（2017）を見よ．5) ionic strength

6) extended Debye–Hückel law　7) C.W. Davies

$$\log_{10}\gamma = -\frac{Az^2I^{1/2}}{1+BI^{1/2}} + CI \qquad \text{デービスの式} \qquad (5b)$$

B と C は実験で求める定数である（図5A・2）．

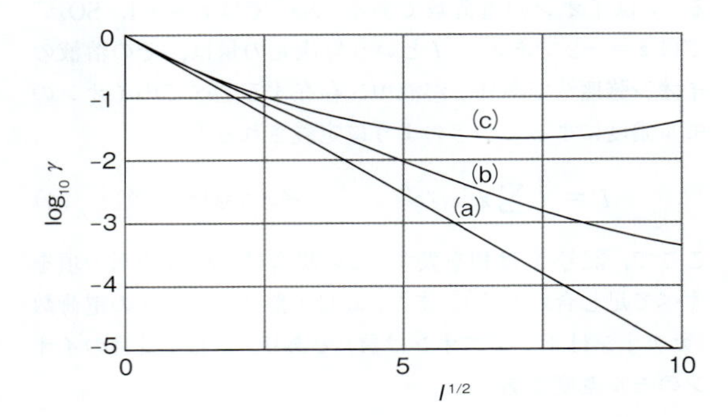

図5A・2　デバイ-ヒュッケル理論で求めた1,1-電解質の活量係数のイオン強度による変化．(a) 極限則．(b) 拡張則．(c) $C = 0.02$ としたデービスの式．デービスの式は，実際に観測された挙動を比較的よく再現する．

5A・2　イオン輸送の熱力学

電気的に中性の化学種Jが生体細胞膜を介して移動する熱力学的な傾向は，その細胞内外におけるJのモルギブズエネルギー（2式を使って求める）の差で，つぎのように表される．

$$\Delta G_m = \mu_J(\text{in}) - \mu_J(\text{out}) = RT\ln\frac{a_J(\text{in})}{a_J(\text{out})} \approx RT\ln\frac{[J]_{in}}{[J]_{out}} \qquad (6)$$

すなわち，Jが移動する傾向は，細胞内外の活量勾配に依存している．電気的に中性の化学種の細胞内への移動は，$a_J(\text{in}) < a_J(\text{out})$ であれば熱力学的に好ましい状況（$\Delta G_m < 0$）である．それは，活量係数が1とおけるなら $[J]_{in} < [J]_{out}$ の場合といってもよい．すなわち，細胞内のイオンの濃度が細胞外より低ければ，そのイオンは細胞内へと移動する傾向があるという常識的な見方を熱力学は裏付けている．このときの輸送は高濃度側から低濃度側に起こるのである．

(6) 式で述べた過程では，注目する化学種が移動する自発的な傾向があるので，これを**受動輸送**[1]という．これに対して**能動輸送**[2]では，自然の変化の傾向とは逆向きに化学種が移動するもので，その過程は何らかのエネルギー源と共役することで駆動される．たとえば，(6) 式の ΔG_m が正のときでも，反応ギブズエネルギーが負で大きな値をもつATPの加水分解と共役すれば，合計の反応ギブズエネルギーが負になれるから，これによって本来自発的でない輸送が駆動されるのである．1 molの化学種Jが f molのATP（たぶん $f < 1$）の加水分解によって輸送されるときの合計のギブズエネルギー変化は，

$$\Delta G_m \approx RT\ln\frac{[J]_{in}}{[J]_{out}} + f\Delta_r G(\text{ATP}) \qquad (7)$$

中性分子が生体膜を介して輸送されるときの全ギブズエネルギー変化

で表される．$\Delta_r G(\text{ATP})$ は，ATPの加水分解の反応ギブズエネルギーであり，ATPやADP，P_i の濃度とpHが特定の値でのものである．

イオンの輸送になると熱力学的な議論はもっと複雑になる．それは，膜の両側でイオンの組成が異なることにより**膜電位差**[3] $\Delta\phi = \phi_{in} - \phi_{out}$ が生じる可能性を考慮に入れる必要もあるからである．$\Delta\phi = 0$ であれば，中性の化学種と同じようにイオンについても (6) 式を適用することができる．しかし，$\Delta\phi \neq 0$ であれば，化学ポテンシャルに対する膜電位差の効果を取入れなければならない．それには**電気化学ポテンシャル**[4]を使う必要がある．それは，(2) 式に電位を取込んだ式であり，トピック3Cの (6c) 式〔$\mu_S(\text{aq}) = \mu_S^\ominus + RT\ln[S] + zF\phi$〕で与えられる†．ここでは，電位 ϕ の領域にある電荷数 z_J の帯電している化学種Jについてつぎのように書ける．

$$\mu_J = \mu_J^\ominus + RT\ln a_J + z_J F\phi \qquad (8)$$

電気化学ポテンシャル［定義］

F はファラデー定数である．そこで (6) 式は，

$$\Delta G_m = RT\ln\frac{a_J(\text{in})}{a_J(\text{out})} + z_J F\Delta\phi \qquad (9)$$

となる．(9) 式によれば，このときのイオンの受動輸送が自発的かどうかは，濃度勾配を下って移動するイオンの傾向と，電荷の符号によってはイオンが電位勾配を上がったり下がったりする傾向との兼ね合いで決まる．その正味の効果が受動輸送の方向を決めているのである．それとは逆の方向の輸送は，もっと発エルゴン性の強い過程と共役すれば押し進められる．その場合は，(7) 式で追加したように，こんどは (9) 式に $f\Delta_r G(\text{ATP})$ のような項を加えるのである．

特定のイオンについて，膜を介しての平衡（eq）での分布がわかれば $\Delta G_m = 0$ であるから，このときの膜電位差は次式で求められる．

---

† 訳注：トピック3Cの (6c) 式では $\mu_S{}^*$ を用いている．しかし，標準条件では，$\mu_S{}^* = \mu_S{}^\ominus$ であるから，ここでは $\mu_S{}^*$ を $\mu_S{}^\ominus$ に置き換えてある．

1) passive transport　2) active transport　3) membrane potential difference.〔訳注：ふつうは“膜電位”ということが多いが，本書では電位差であることを強調するために以後も“膜電位差”を用いている．〕　4) electrochemical potential

$$\Delta\phi = -\frac{RT}{z_J F}\ln\frac{a_{J,eq}(in)}{a_{J,eq}(out)} \approx -\frac{RT}{z_J F}\ln\frac{[J]_{in,eq}}{[J]_{out,eq}} \qquad (10)$$

簡単な例示 5A・2

細胞内の K^+ の濃度が細胞外に比べて約 20 倍というのは神経細胞で見られる状況である．このとき $z = +1$ であるから，298 K で K^+ イオンの分布が平衡状態にあるとすれば，

$$\Delta\phi \approx -\frac{(8.3145\ \mathrm{J\,K^{-1}\,mol^{-1}}) \times (298\ \mathrm{K})}{(+1) \times (9.648 \times 10^4\ \mathrm{C\,mol^{-1}})}\ln 20 = -7.7\times10^{-2}\ \mathrm{J\,C^{-1}}$$

と計算できる．$1\ \mathrm{J\,C^{-1}} = 1\ \mathrm{V}$ であるから，膜電位差は約 −77 mV と予測される．

イオンの濃度がわからなければ，何らかのモデルを立てて推測する必要があり，それを用いて膜電位差を計算する．つぎに述べるのはそのようなモデルの一つである．

5A・3 ドナン平衡

ドナン平衡[1] とは，半透膜を介して接する 2 種の溶液の間で成り立つイオンの分布のことであるが，一方の溶液中に $Na_\nu P$（$P^{\nu-}$ は多価アニオン）などの高分子電解質が存在し，半透膜がそのような大きな電荷を帯びた高分子を通さない場合である．ここでは，膜の両側に高濃度の NaCl 溶液を加えてあるとしよう．透過できない多価アニオンが一方に存在しているから，そこにある Na^+ イオンの濃度は増加しており，膜の反対側では Cl^- イオンの濃度が増加しているだろう．膜の両側のイオンの実際の分布は，高分子電解質の存在と膜を介しての電位差によって決まっているのであるが，平衡で存在する化学種の化学ポテンシャルを考えれば予測することができる．

導出過程 5A・1　膜を介してのイオンの分布の求め方

ここでは，膜の両側の水溶液に NaCl を加えた場合を考えよう．系全体としては電気的中性の原理が成り立っているが，膜の両側それぞれは電荷が不均衡な状況である．膜の片側（細胞の内側）には $P^{\nu-}$ イオンと Na^+ イオン，Cl^- イオンがある．細胞外には Na^+ イオンと Cl^- イオンがある．それぞれのイオンの電気化学ポテンシャルを求めるには (8) 式が使えるだろう．ただし，活量をモル濃度で置き換えてよいという仮定を追加しておく．

ステップ 1：平衡条件を設定する．

膜の両側に分布している Na^+ イオン（$z = +1$）に対する平衡の条件は，その電気化学ポテンシャルが両側で等しいというものである．そこで，膜の一方（細胞の内側）では Na^+ イオンが電位 ϕ_{in} にあり，他方（細胞の外側）では電位 ϕ_{out} にあるとすれば，

$$\overbrace{\mu_{Na^+}^{\ominus} + RT\ln[Na^+]_{in} + F\phi_{in}}^{\mu_{Na^+}(aq,in)} = \overbrace{\mu_{Na^+}^{\ominus} + RT\ln[Na^+]_{out} + F\phi_{out}}^{\mu_{Na^+}(aq,out)}$$

が成り立つ．したがって，

$$F\Delta\phi = RT\ln[Na^+]_{out} - RT\ln[Na^+]_{in} = RT\ln\frac{[Na^+]_{out}}{[Na^+]_{in}} \qquad (11a)$$

である．ここで，$\Delta\phi = \phi_{in} - \phi_{out}$ は膜電位差である．同様にして Cl^- イオン（$z = -1$）の電気化学ポテンシャルも膜を介して等しくなければならない．すなわち，

$$\overbrace{\mu_{Cl^-}^{\ominus} + RT\ln[Cl^-]_{in} - F\phi_{in}}^{\mu_{Cl^-}(aq,in)} = \overbrace{\mu_{Cl^-}^{\ominus} + RT\ln[Cl^-]_{out} - F\phi_{out}}^{\mu_{Cl^-}(aq,out)}$$

が成り立つ．したがって，

$$F\Delta\phi = RT\ln\frac{[Cl^-]_{in}}{[Cl^-]_{out}} \qquad (11b)$$

である．いまの段階で電位差は未知であるが，上の 2 式が等しいとおけば電位差を消去でき，

$$RT\ln\frac{[Na^+]_{out}}{[Na^+]_{in}} = RT\ln\frac{[Cl^-]_{in}}{[Cl^-]_{out}}$$

となる．つまり平衡では，

$$\frac{[Na^+]_{out}}{[Na^+]_{in}} = \frac{[Cl^-]_{in}}{[Cl^-]_{out}}$$

が成り立つから，つぎの関係があることがわかる．

$$[Na^+]_{in}[Cl^-]_{in} = [Na^+]_{out}[Cl^-]_{out}$$

ステップ 2：電気的中性の条件を利用する．

上のイオン濃度の関係に加えて，全体として電気的中性であるという要請を満たすイオン濃度の関係について考えよう．いま，イオンの再分布がもはや起こらない状況であったとしよう．このとき，系全体としての電気的中性はもちろんであるが，膜の両側それぞれでも電気的中性が成り立っているはずである．そうだとすれば，膜の

1) Donnan equilibrium

内側にあるNa^+イオンは，加えた塩と高分子電解質から供給されたものの和である．一方，膜の外側にあるNa^+イオンは塩だけから供給されたものである．つまり，電気的中性の原理によれば，$[Na^+]_{in} = [Cl^-]_{in} + \nu[P^{\nu-}]_{in}$ および $[Na^+]_{out} = [Cl^-]_{out}$ が成り立つ．実際には，上で述べたように，膜の両側で電荷の不均衡が起っているから，この2式は近似式であるが，電荷の不均衡が小さければ認めることができるだろう．そこで，計算の出発点としてこの2式を用いるが，計算の最終段階でこの近似が適切なものであったことを確認する必要がある．いまのところ，とりあえずこの2式を認めれば，そのときの平衡条件は，

$$[Na^+]_{in} = \frac{[Na^+]_{out}[Cl^-]_{out}}{[Cl^-]_{in}} = \frac{[Na^+]_{out}{}^2}{[Na^+]_{in} - \nu[P^{\nu-}]_{in}}$$

と書ける．これを変形すれば，

$$[Na^+]_{in}{}^2 - [Na^+]_{out}{}^2 = \nu[P^{\nu-}]_{in}[Na^+]_{in}$$

となる．ここで，$a^2 - b^2 = (a+b)(a-b)$ の公式を使って，両辺を $(a+b)$ で割れば次式が得られる．

$$[Na^+]_{in} - [Na^+]_{out} = \frac{\nu[P^{\nu-}]_{in}[Na^+]_{in}}{[Na^+]_{in} + [Na^+]_{out}}$$

ステップ3: 全ナトリウムイオン濃度を全アニオン濃度で表す．

上の近似的な条件，$[Na^+]_{in} = [Cl^-]_{in} + \nu[P^{\nu-}]_{in}$ および $[Na^+]_{out} = [Cl^-]_{out}$ から全ナトリウムイオン濃度は，

$$[Na^+]_{in} + [Na^+]_{out} = [Cl^-]_{in} + [Cl^-]_{out} + \nu[P^{\nu-}]_{in}$$

である．したがって，ナトリウムイオンの濃度差は，

$$[Na^+]_{in} - [Na^+]_{out} = \frac{\nu[P^{\nu-}]_{in}[Na^+]_{in}}{[Cl^-]_{in} + [Cl^-]_{out} + \nu[P^{\nu-}]_{in}} \quad (12a)$$

と表せる．同様の手続きで，塩化物イオンの濃度差を表すつぎの式が得られる．

$$[Cl^-]_{in} - [Cl^-]_{out} = -\frac{\nu[P^{\nu-}]_{in}[Cl^-]_{in}}{[Cl^-]_{in} + [Cl^-]_{out}} \quad (12b)$$

ここで，カチオン(Na^+)のモル濃度は細胞膜の内側の方が大きいことに注意しよう．それは，負に帯電した高分子が含まれているからで，膜を透過できるアニオン(Cl^-)については逆のことがいえる．多価アニオンが存在しなければ($[P^{\nu-}]_{in} = 0$)，Na^+イオンもCl^-イオンも平衡では膜の両側で濃度差はない．また，イオンの濃度を測定すれば多価アニオンの正味の電荷を求めることが可能であることもわかる．その電荷は未知であるが興味深いものである．

さらに解析を進めれば，(12a)式から望みの膜電位差を求めることもできる．まず，(11a)式によれば，膜電位差は細胞内外のNaイオン濃度の比で決まっている．そこで，(12a)式と電気的中性の式 $[Na^+]_{in} + [Na^+]_{out} = [Cl^-]_{in} + [Cl^-]_{out} + \nu[P^{\nu-}]_{in}$ とから，少し代数計算をすれば，

$$\frac{[Na^+]_{in}}{[Na^+]_{out}} = 1 + \frac{\nu[P^{\nu-}]_{in}}{[Cl^-]_{in} + [Cl^-]_{out}} \quad (13)$$

が得られる．この式を使えば，計算のはじめに仮定した近似が正しいかどうか，つまり，膜の両側はどちらも電気的にほぼ中性かどうかを調べることもできる．それは，$\nu[P^{\nu-}]_{in} \ll [Cl^-]_{in} + [Cl^-]_{out}$ であれば，つまり，多価アニオンの濃度が加えた塩化ナトリウム溶液よりずっと希薄であれば，Na^+イオンの濃度が膜の内外でほぼ等しいからである．このように帯電した生体高分子が存在することによる半透膜を介しての膜電位差 $\Delta\phi = \phi_{in} - \phi_{out}$ を，このモデルでは**ドナン電位差**[1]というが，(11a)式から，

$$\Delta\phi = -\frac{RT}{F}\ln\left(1 + \frac{\nu[P^{\nu-}]_{in}}{[Cl^-]_{in} + [Cl^-]_{out}}\right)$$

ドナン電位差 (14)

と表せることがわかる．ここで，この電位差は負，つまり $\phi_{out} > \phi_{in}$ であることに注意しよう．膜の外側より内側(生体高分子が含まれる側)の方が電位は低いのである．この低い電位は，細胞内部の方がカチオン濃度は高いことを示している．

例題 5A・1 ドナン平衡の解析

膜を介した内外二つの区画それぞれに0.200 Mの$NaCl(aq)$が入れてあり，その内側に$50\ g\ dm^{-3}$の濃度の高分子電解質Na_6Pを加えたとしよう．このモル質量$55\ kg\ mol^{-1}$の多価アニオンは膜を透過しないものとして，二つの区画の平衡でのNa^+イオンのモル濃度の比およびCl^-イオンのモル濃度の比を計算し，膜を介してのドナン電位差を求めよ．

考え方 (13)式を用いて，ナトリウムイオンのモル濃度の比を求める必要がある．塩化物イオンのモル濃度の比

1) Donnan potential difference

は，ナトリウムイオンのモル濃度比の逆数になるはずである．次に (14) 式を用いて，ドナン電位差を求めればよい．ただし，いまの場合はすでに濃度比がわかっているから，(11a) 式から直接求めたほうが効率的である．表紙の見開きにある関係から，$RT/F = 25.693$ mV である．$\nu = 6$ であり，この生体高分子の質量濃度を c，モル質量を M とすればモル濃度は c/M である．与えられたデータによれば，$[\mathrm{Cl^-}]_{\mathrm{in}} = [\mathrm{Cl^-}]_{\mathrm{out}} = 0.200\ \mathrm{mol\ dm^{-3}}$ である．

解答　この多価アニオンのモル濃度は，

$$[\mathrm{P}^{\nu-}]_{\mathrm{in}} = \frac{50.0\ \mathrm{g\ dm^{-3}}}{55.0\times10^{3}\ \mathrm{g\ mol^{-1}}} = 9.09\cdots\times10^{-4}\ \mathrm{mol\ dm^{-3}}$$

である．したがって (13) 式から，

$$\frac{[\mathrm{Na^+}]_{\mathrm{in}}}{[\mathrm{Na^+}]_{\mathrm{out}}} = 1 + \frac{6\times(9.09\cdots\times10^{-4}\ \mathrm{mol\ dm^{-3}})}{2\times(0.200\ \mathrm{mol\ dm^{-3}})} = 1.013\cdots$$

と計算できる．四捨五入すれば 1.014 である．次に，(11a) 式から〔ただし，$\ln x = -\ln(1/x)$ を使って符号を変えておく〕ドナン電位差の値をつぎのように求めることができる．

$$\Delta\phi = -\frac{RT}{F}\ln\frac{[\mathrm{Na^+}]_{\mathrm{in}}}{[\mathrm{Na^+}]_{\mathrm{out}}} = -(2.5693\times10^{-2}\ \mathrm{V})\times\ln 1.013\cdots = -3.5\times10^{-4}\ \mathrm{V}$$

つまり，-0.35 mV である．

5A・4　イオンチャネルとイオンポンプ

神経細胞に沿った信号伝搬の機構は，生体膜を通してのイオンの輸送に基づいている．この輸送には何らかの仲介（つまり，別の化学種による手助け）が必要である．それは，電荷を帯びた化学種が生体膜の疎水的な領域に割って入るのは困難だからである．イオンの受動輸送には二つの機構がある．一つは担体分子による仲介で，もう一つはイオンが通過できる細孔（ポア）をつくるタンパク質，**イオンチャネル**[1] を通しての輸送である．イオンチャネルの一例は，ポリペプチドのグラミシジン A に見られ，H^+ や K^+，Na^+ などのカチオンの膜透過率を増加させている．

グラミシジン A とは対照的に，たいていのチャネルはきわめて選択的であり，Ca^{2+} のチャネルタンパク質，Cl^- のチャネルタンパク質などというものが存在する．電位依存性チャネル[2] では，チャネルを開くきっかけは膜電位差であり，リガンド依存性チャネル[3] では，チャネルにある特定の受容体サイトにイオンや分子（"エフェクター[4]" という）が結合することによってチャネルが開かれる．

H^+ や Na^+，K^+，Ca^{2+} などのイオンはふつう生体膜を介して能動的に輸送され，それは**イオンポンプ**[5] という膜貫通タンパク質を通して行われる．イオンポンプは，生体膜の片側で特定のイオンを結合させながら，反対側でそれを放出するようなコンホメーションをとり，それを繰返すことで作動する分子機械である．この反復は，タンパク質の連続的なリン酸化と脱リン酸化によって駆動されることが多い．タンパク質のリン酸化は吸エルゴン的であるから，その駆動にはふつう ATP が用いられるが，植物やバクテリアのある種のイオンポンプの駆動にはピロリン酸が用いられる．

吸エルゴン的なイオン輸送過程を駆動するもう一つの方法は，発エルゴン的なイオン輸送過程と共役させることである．**共輸送体**[6] は，一つの協奏過程で二つのイオン種を移動させる膜タンパク質である．イオンを同じ方向に移動させる共輸送体を**シンポーター**[7]（共搬輸送体）という．一方，逆方向に移動させる共輸送体を**アンチポーター**[8]（交換輸送体）という．たとえば，植物の根による硝酸イオンの取込み過程はエネルギー的に不利であるが，これは H^+ シンポーターによって駆動される．植物根はある種の（プロトンポンプ）ATP アーゼを使って水素イオンをポンプすることで，膜を介しての電気化学ポテンシャルの差，つまり**電気化学ポテンシャル勾配**[9] を内向きに生じさせ，それを使って硝酸イオンの取込みを駆動しているのである．

5A・5　具体例：活動電位

イオン勾配とイオンチャネルの重要性を示す顕著な例は，神経系の基本要素である神経細胞による刺激伝搬に果たす役割に見られる．脊椎動物の神経細胞が静止状態にあるとき，その細胞内および細胞外における Na^+ イオンと K^+ イオン，Cl^- イオンの代表的な濃度はつぎの通りである．

細胞内の濃度 $[\mathrm{J}]_{\mathrm{in}}/(\mathrm{mol\ dm^{-3}})$			細胞外の濃度 $[\mathrm{J}]_{\mathrm{out}}/(\mathrm{mol\ dm^{-3}})$		
K^+	Na^+	Cl^-	K^+	Na^+	Cl^-
0.140	0.012	0.010	0.004	0.150	0.120

この細胞膜が K^+ イオンに対して完全に透過的であると仮定すれば，膜を介して平衡状態にあるとみなせるから，(10) 式を使って膜電位差を計算することができる．その

1) ion channel　2) voltage-gated channel　3) ligand-gated channel　4) effector　5) ion pump
6) co-transporter　7) symporter　8) antiporter　9) electrochemical potential gradient

結果，−95 mV が得られる．

ところが，静止状態にある神経細胞の細胞膜は K^+ イオンに対して完全に透過的ではなく，しかも，Cl^- イオンや Na^+ イオンもある程度の透過性をもつ．そこで，透過性に関するこのような状況を考慮に入れなければならない．そのために，化学種 J についての**透過係数**[1] P_J をつぎのように定義しておく．

$$P_J = \frac{D_J K_J}{L} \quad \text{透過係数［定義］} \quad (15)$$

D_J は J の“拡散定数”（トピック 7C で説明する）であり，K_J は膜と水溶液相の間の分布を表す“分配係数”である．すなわち，$K_J = [J]_{膜}/[J]_{水溶液}$ である．また，L は膜の厚さである．透過係数 P_J はふつう，ある特定のイオンとの相対値で表されるから（$P_J^{rel} = P_J/P^{ref}$），それを表 5A･1 に示してある．一価に帯電した 2 種以上のイオンに対して部分的に透過的な膜については，電荷の正味の流れがないときの膜電位差はつぎの**ゴールドマンの式**[2] で与えられる．

$$\Delta\phi = \frac{RT}{F}\ln\frac{y}{y'} \quad \text{ゴールドマンの式} \quad (16a)$$

ここで，

$$\begin{aligned} y &= \sum_i P_i[M_i^+]_{out} + \sum_i P_i[X_i^-]_{in} \\ y' &= \sum_i P_i[M_i^+]_{in} + \sum_i P_i[X_i^-]_{out} \end{aligned} \quad (16b)$$

である．これらの式には透過係数の相対値が使える．それは，(16a) 式にある y/y' の比をとることで，このときの和がすべてのイオンについての和であるから，P^{ref} が消し合うからである．(16a) 式は，イオンの膜を介しての拡散速度がそのイオンの濃度勾配と膜電位差に依存することを考慮に入れ，しかも，正味の電荷移動が起こらない膜電位差の値を念頭において導出したものである．こうして求めた定常的な電位差は，個々のイオンの流れによって維持されているものであるから，もしイオンが逆向きにポンプされなくなれば，イオンの正味の流れによって濃度変化が起こってしまうのである．このように，このイオンポンプを働かせるために ATP は消費され続けているから，この系は真の平衡状態にはない．すなわち，ATP の消費によって持続している“定常状態”とみなすべきである．

ゴールドマンの式は熱力学式ではないが，仮に，ある一つのイオンの P が有限で他のすべてのイオンの P が 0 であれば，つまり，その膜があるイオンについて完全に透過的もしくは一部透過的であり，他のすべてのイオンを全く透過させないということであれば，ゴールドマンの式は (10) 式と同じものになるのである．

表 5A･1 脊椎動物の神経細胞膜におけるイオンの相対透過率*

神経細胞の状態	相対透過率，P_J^{rel}		
	K^+	Na^+	Cl^-
静止（安静）状態	25	1	11
活動状態	25	600	11
活動後（再分極段階）	300	1	11

* 神経細胞の静止状態における Na^+ の透過率を基準にしている．

簡単な例示 5A･3

脊椎動物の神経細胞が静止状態にあるとき，定常状態の膜電位差を計算するには，温度を 310 K として，(16b) 式と表 5A･1 にある相対透過率を使えば，

$$\begin{aligned} y &= \{(25\times4)+(1\times150)+(11\times10)\}\ \mathrm{mmol\ dm^{-3}} \\ &= 360\ \mathrm{mmol\ dm^{-3}} \end{aligned}$$

$$\begin{aligned} y' &= \{(25\times140)+(1\times12)+(11\times120)\}\ \mathrm{mmol\ dm^{-3}} \\ &= 4832\ \mathrm{mmol\ dm^{-3}} \end{aligned}$$

と計算できる．そこで，(16a) 式からつぎのように求められる．

$$\begin{aligned} \Delta\phi &= \frac{(8.3145\ \mathrm{J\ K^{-1}\ mol^{-1}})\times(310\ \mathrm{K})}{9.648\times10^4\ \mathrm{C\ mol^{-1}}}\times\ln\frac{360}{4832} \\ &= -6.9\times10^{-2}\ \mathrm{V} \end{aligned}$$

すなわち −69 mV.

対数の中にあった単位は比をとることで消し合う．また，対数の前の因子については，1 J = 1 V C の関係を用いた．この計算で求めた −69 mV という定常状態の値は，代表的な実験結果の −70 mV にごく近い．これは，電荷の正味の流れがない静止状態であるから予想通りである．

生体膜の両側の Cl^- イオンや K^+ イオンの濃度は定常状態の値に近いが，Na^+ イオンの濃度はそういうわけにはいかない．その結果，ギブズエネルギーは Na^+ イオンの勾配に蓄えられ，それを使って神経細胞に沿って伝達する信号をつくり出すことができる．

たとえば，神経細胞膜のある領域が化学的な信号で活性化されると，リガンド依存性チャネルが開き，Na^+ イオン

1) permeability coefficient　2) Goldman equation

に対する膜の透過率が約 600 倍にもなる（表 5A･1）．この透過率の変化は，静止状態の膜電位差を変化させる．ゴールドマンの式によれば，それは＋50 mV 近くにもなる．その結果として，電気化学ポテンシャルの勾配を下るイオンの正味の流れが生じる．それはおもに神経細胞に入り込む Na^+ イオンの流れである．正の電荷がこのように細胞内に流れ込むと，細胞内の Na^+ イオンの小さな濃度上昇を伴いながら，膜電位差は＋50 mV に向かって急速に上昇する．ただ，この膜電位差の上昇は予想値に到達する前に止まる．それは，ナトリウムチャネルは膜電位の変化に応答し，電位差が約＋30 mV になるとこのゲートは閉じてしまうからである（図 5A･3）．このように局所的な膜電位差が－70 mV から＋30 mV に変化するのを**活動電位**[1] という．こうして局所的な膜電位差が－50 mV を通過するとすぐに，その膜の近傍にある電位依存性ナトリウムチャネルが開くのである．その結果，この活動電位は神経細胞を伝搬することになる．

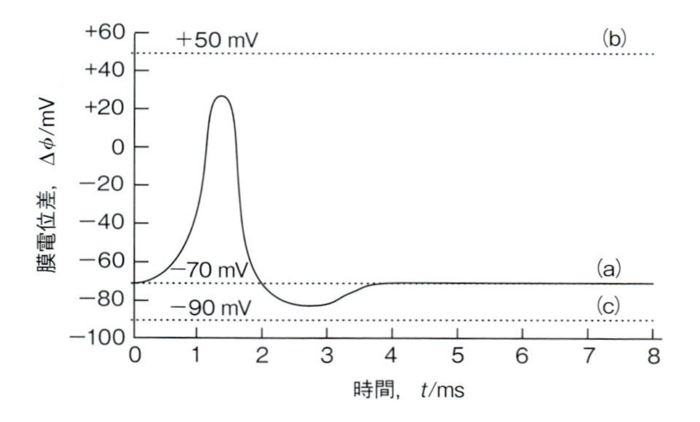

図 5A･3　脊椎動物の神経細胞について，刺激を受けたあとの膜電位差の時間変化．点線で示したのは定常状態の膜電位差であり，(a) 静止状態，(b) 電位依存性ナトリウムチャネルが開き，電位依存性カリウムチャネルが閉じている状況，(c) 電位依存性ナトリウムチャネルが閉じ，電位依存性カリウムチャネルが開いている状況の電位レベルである．

ある領域のナトリウムチャネルがいったん閉じてしまうと，こんどは電位依存性カリウムチャネルが開き，その膜は K^+ イオンに対して透過性が上昇し，膜は**再分極**[2] することになる．すなわち，膜電位差はふたたび静止電位－70 mV に戻るのである．実際，ゴールドマンの式によれば，K^+ イオンの電位依存性チャネルが開いたときの定常状態の膜電位差は－90 mV に近いと予測され，この値に固有の濃度値になるまで神経細胞の外に K^+ イオンは流れ出るのである．このときの膜電位差は，はじめの静止膜電位より負で大きく，この膜は**過分極**[3] の状況にあるという．この過分極は電位依存性カリウムチャネルが閉じるまで続き，膜透過率が静止状態の値に戻ってから膜電位差が静止状態の値－70 mV に戻るのである（図 5A･4）．

これらすべてのイオンの流れの正味の結果として，K^+ イオンの一部は神経細胞を出て，Na^+ イオンの一部は神経細胞に入る．静止状態のイオンの濃度へは，その後，Na^+/K^+ ATP アーゼによって戻される．この ATP アーゼは，ATP の加水分解の反応ギブズエネルギーを使って Na^+ イオンを細胞外に排出し，K^+ イオンを細胞内に取込む．神経細胞は，Na^+ イオンと K^+ イオンをポンプするためだけに，通常，その ATP の 50 パーセント以上も費やしているのである．

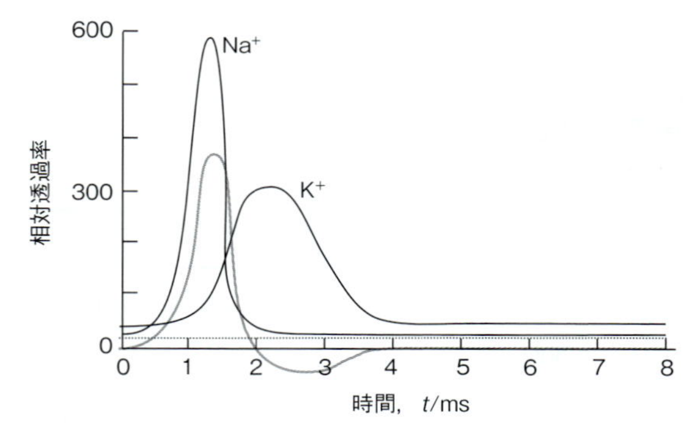

図 5A･4　脊椎動物の神経細胞について，刺激を受けたあとの Na^+ イオンと K^+ イオンの相対膜透過率の時間変化．灰色の曲線は，図 5A･3 で示した事象を重ね書きしたものである．

簡単な例示 5A･4

静止状態にある脊椎動物の神経細胞における Na^+ イオンの濃度勾配に蓄えられているギブズエネルギーを計算せよ．ただし，温度は 310 K とする．このとき，(9) 式からつぎのように計算できる．

$$\Delta G_m = (8.3145\ \mathrm{J\ K^{-1}\ mol^{-1}}) \times (310\ \mathrm{K}) \times \ln\left(\frac{0.012}{0.150}\right) + (+1) \times (9.648 \times 10^4\ \mathrm{C\ mol^{-1}}) \times (-0.070\ \mathrm{V}) = -13.3\ \mathrm{kJ\ mol^{-1}}$$

これは，細胞外から細胞内に Na^+ イオンを輸送するために放出するギブズエネルギーである．それは，電気化学ポテンシャルの勾配に対抗して Na^+ イオンを細胞外に排出するのに必要な最小限のエネルギーでもある．

1) action potential　2) repolarization　3) hyperpolarization

重要事項のチェックリスト

□ 1．**イオン雰囲気**は，注目するイオンの周りに反対符号の電荷をもつイオンが多く集まることによりできる領域である．

□ 2．イオンの**活量**は，そのイオン雰囲気との相互作用により低下している．

□ 3．**受動輸送**では，化学種が自発的に移動する傾向をもつ．

□ 4．**能動輸送**では，自然に起こる傾向とは反対の方向に化学種が動くよう駆動される．

□ 5．**ドナン電位差**は，半透膜を介しての電位差であり，膜の片側に帯電した生体高分子が存在することにより生じる．

□ 6．**イオンチャネル**は，イオンが通過できる細孔（ポア）をつくるタンパク質である．

□ 7．**共輸送体**は，一つの協奏過程で二つのイオン種を移動させる膜タンパク質である．

□ 8．**シンポーター**は，イオンを同じ方向に移動させる共輸送体である．**アンチポーター**は，イオンを逆方向に移動させる共輸送体である．

□ 9．**イオンポンプ**は，生体膜の片側で特定のイオンを結合させながら，反対側でそれを放出するようなコンホメーションの変化を繰返すことで作動する分子機械である．

重要な式の一覧

式の内容	式	備　考	式番号
活量係数	$\log_{10}\gamma = -Az^2I^{1/2}$	デバイ-ヒュッケルの極限則	3
イオン強度	$I = \frac{1}{2}\sum_i z_i{}^2 c_i/c^{\ominus}$	定　義	4
拡張デバイ-ヒュッケルの式	$\log_{10}\gamma = -Az^2I^{1/2}/(1+BI^{1/2})$		5a
デービスの式	$\log_{10}\gamma = -Az^2I^{1/2}/(1+BI^{1/2}) + CI$	定数は実験で求める	5b
電気化学ポテンシャル	$\mu_J = \mu_J{}^{\ominus} + RT\ln a_J + z_J F\phi$	定　義	8
透過係数	$P_J = D_J K_J / L$	定　義	15

トピック 5B

電子移動反応

➤ 学ぶべき重要性

電子移動反応（レドックス反応）は，生命の維持と繁殖を担う諸過程の核心を占めている．

➤ 習得すべき事項

反応ギブズエネルギーは，一定温度および一定圧力の条件下で行われる電気的な仕事に等しい．

➤ 必要な予備知識

ギブズエネルギーと反応ギブズエネルギーの意義（トピック 2C と 4A）および反応比（トピック 4A）を用いて表した反応系の組成と反応ギブズエネルギーの関係について熟知している必要がある．酸化数の概念を用いる箇所がある．酸化数については初等化学で学んだと思うが［必須のツール 9］にまとめておく．

電子移動反応あるいはレドックス反応では，ある反応物が電子を受け取って還元され，別の反応物が電子を失って酸化される．この反応は，多くの生化学経路で起こる過程で中心的な位置を占めている．その反応には，ある化学種から別の化学種に 1〜2 個の電子が移動する単純な機構のものがあり，乳酸デヒドロゲナーゼ（乳酸脱水素酵素）の作用による反応がその一例である．たいていの反応の機構はもっと複雑であり，基質に 3 個以上の電子を移動させる必要がある．その一例はニトロゲナーゼの作用による反応である．さらには，一連の電子移動を必要とし，バクテリアの原形質膜や真核生物のミトコンドリア膜や葉緑体膜に存在する電子伝達鎖に組込まれているタンパク質を通して行われる反応もある．これら多種多様な反応が細胞内で多く見られるのは，NAD^+/NADH や $NADP^+$/NADPH，FAD/$FADH_2$ のように酸化形と還元形の相互変換を行うことによる電子移動を仲介する特定の補酵素が存在しているからである．

酸化的リン酸化や光合成などの過程を熱力学的に解析するための出発点は化学電池である．化学電池は，いずれの過程よりも格段に単純でありながら，それによって必要な概念や表し方を確実に習得できるからである．代表的な化学電池では 2 個の**電極**[1]，つまり（金属やグラファイトなどの）導電体が，溶液または液体や固体の**電解質**[2]，つまりイオン伝導体に浸されている．1 個の電極とその周りの電解質を合わせた物理構造を**電極隔室**[3]という．2 個の電極が同じ隔室に収められていてもよい（図 5B・1）．電極によって電解質が異なる場合は，その二つの隔室を**塩橋**[4]で結ぶ（図 5B・2）．塩橋は電解質溶液でできており，これを通して電子が隔室の間を動けるようにして電気回路を確保する役目をしている．これらの構成部品はいろいろなやり方で組立てられる．2 個の電極が共通の電解質に浸されているタイプの電池では，つぎのように表す．

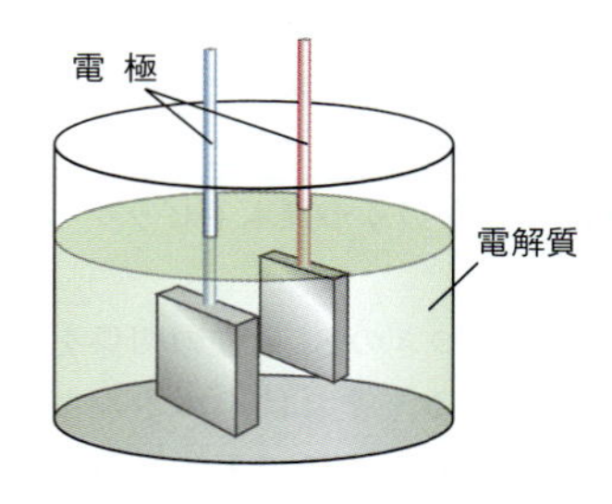

図 5B・1 2 個の電極が同じ電解質を共有する化学電池の構成．

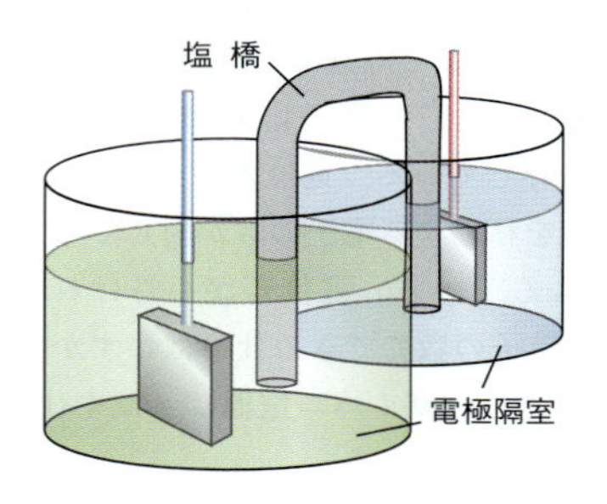

図 5B・2 電極隔室内の電解質が異なる場合には，その 2 個の隔室の間をイオンが行き来できるようにつないでおく必要がある．それが塩橋である．

1）electrode　2）electrolyte　3）electrode compartment　4）salt bridge

$$電極_L|電解質|電極_R$$

べつべつの電解質を塩橋で結ぶタイプの電池は，つぎのように表す†1．

$$電極_L|電解質_L||電解質_R|電極_R$$

ここでのLやRは，注目する電池を書いたときの左側か右側を区別するもので，実験室で置いた位置とは関係がない．

化学電池には大きく分けて2種類ある．**ガルバニ電池**[1]は，自発的に起こる化学反応を利用して外部回路に電子を押し流す化学電池である．**電解槽**[2]は，外部電源を使って電子を駆動することによって何らかの非自発反応をひき起こすものである．生化学ではガルバニ電池のみに関心がある．それは，生体細胞内で起こる電子移動過程のモデルとして使えるからであるが，生化学的に重要な反応について貴重な熱力学データを提供してくれるからでもある．ガルバニ電池で起こっている電子移動反応を使えば，電気回路を通じて電子を駆動することによって電気的な仕事を行うことができる．酸化が起こる側の電極，つまり電池から外部回路を通して電子を送り出す側の電極を**アノード**[3]という．一方，電池の外から電子が入り込み，還元が起こる側の電極を**カソード**[4]という．

ガルバニ電池でつくられる電流は，電池内部で起こっている自発反応によって生じたものである．**電池反応**[5]は，電池内で起こっている反応であって，右側の電極がカソード，つまり還元は右側の隔室で起こると仮定して書いたものである．実際にどう扱うかは本トピックのすぐあとで説明する．

本トピックでは，つぎのSI単位の関係をよく使うので知っておく必要がある．それは，エネルギー(J)と電圧(V)，電荷(C)の関係であり，1 J = 1 V C である．

5B・1　電子移動の熱力学

ガルバニ電池の中で電池反応が進行し，外部回路に電子が供給されればそこで電気的な仕事が行われる．同じ量の電子を運搬しても，それによって行われる仕事は電極間の電位差に依存している．電位差が大きければ（たとえば2 V），電極間を移動する電子の数が同じでも大量の電気的な仕事ができる．一方，電位差が小さければ（たとえば2 mV），同じ電子の数でできる仕事はわずかである．電池反応が平衡に達したガルバニ電池はもはや仕事ができず，電極間の電位差は0である．

トピック2Cで述べたように，系（いまの場合はガルバニ電池）がなしうる最大の非膨張仕事 $w_{\text{non-exp,max}}$ は，電池で起こっている過程の ΔG の値で与えられる．すなわち，

$$w_{\text{non-exp, max}} = \Delta G \qquad \text{最大の非膨張仕事 [温度一定，圧力一定]} \qquad (1)$$

である．最大の仕事が得られるのは，その過程が可逆的に起こる場合である（トピック1Aで説明した）．いまの場合は，電池で発生する電位差にちょうど等しい電位差をもつ外部電源を逆向きにつなげば，その電池から可逆的に仕事を取出すことができる．つまり，そうしておけば，外部電圧を無限小だけ変化させて反応を自発方向に進行させることも，逆向きに無限小だけ変化させて反応を逆向きに進行させることもできるのである．外部電源の電位差と均衡したときのガルバニ電池の電位差を**無電流電池電位**[6]といい（単に電池電位[7]ともいう）E_{cell} で表す†2（図5B・3）．実際に電池電位を求めるには，電池から取出す電流が無視できるほど小さくてすむ電圧計で電位差を測定すればよい．

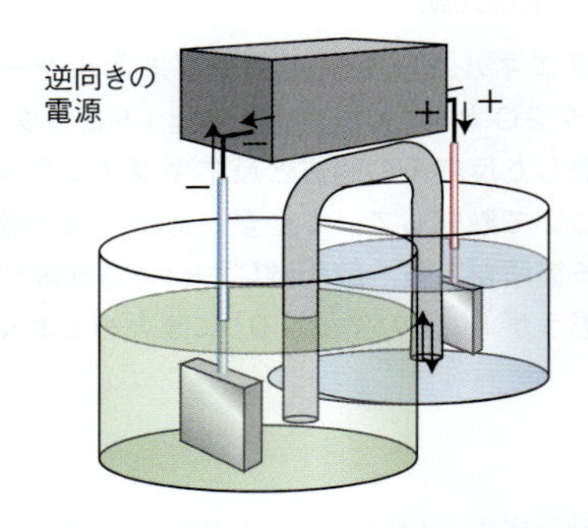

図5B・3　無電流電池電位は，電池反応に対抗するように外部電圧を加え，両者を均衡させて測定する．電流が全く流れなくなったときの外部電圧は，電池の無電流電池電位に等しい．

電池反応が起こり，反応事象1 mol 当たり νN_A 個の電子が還元剤から酸化剤に向かって移動したとしよう．このとき電極間を移動した電荷は $\nu N_A \times (-e)$，すなわち $-\nu F$ である．F はファラデー定数 $(F = eN_A)$ である．これだけの電荷がアノードからカソードに移動したとき行われた非膨張（電気的な）仕事 $w_{\text{non-exp}}$ は，その電荷と電位差との積で表せる．しかも，この仕事が一定温度，一定圧力のもとで可逆的に行われたとすれば，つぎのように書ける．

$$w_{\text{non-exp, max}} = -\nu F \times E_{\text{cell}}$$

---

†1　訳注：｜は異なる相の界面を表す．また，‖は塩橋の存在（界面が2個ある）を表す．
†2　以前は，化学電池の起電力（electromotive force）あるいはemfともいわれた．しかし，電位差は力ではないという理由で，IUPACではこの名称が排除された．
1) galvanic cell　2) electrolytic cell　3) anode　4) cathode　5) cell reaction　6) zero-current cell potential
7) cell potential

この電気的な仕事は反応ギブズエネルギーに等しいとおくことができるから，

$$-\nu FE_{\text{cell}} = \Delta_r G \qquad \text{電池電位と}\Delta_r G\text{の関係} \qquad (2)$$

が得られる．正方向の電池反応が自発的なとき $\Delta_r G < 0$ であり，$E_{\text{cell}} > 0$ である．一方，$\Delta_r G > 0$ なら逆反応が自発的であり，$E_{\text{cell}} < 0$ である．平衡では $\Delta_r G = 0$ であるから $E_{\text{cell}} = 0$ である．この電池は“使い切った”状況にある．

(2) 式は，任意の組成をもつ反応混合物の反応ギブズエネルギーを電気的な測定で求める方法を与えている．すなわち，無電流電池電位を測定するだけで，それを $\Delta_r G$ に変換すればよい．逆に，ある特定の組成での $\Delta_r G$ の値がわかっていれば電池電位を予測することができる．

簡単な例示 5B・1

$\Delta_r G \approx -1 \times 10^2\,\text{kJ mol}^{-1}$ の反応を考えよう．ただし，$\nu = 1$ である．このとき，

$$E_{\text{cell}} = -\frac{\Delta_r G}{\nu F}$$

$$= -\frac{-1 \times 10^5\,\overbrace{\text{J}}^{1\text{J}=1\text{CV}}\,\text{mol}^{-1}}{1 \times (9.6485 \times 10^4\,\text{C mol}^{-1})} = 1\,\text{V}$$

と計算できる．実際，市販の化学電池の電圧はたいてい 1 V と 2 V の間にある．

電池電位は反応混合物の組成に依存している．その依存性は，(2) 式と反応ギブズエネルギーの組成依存性を反応比で表した式（$\Delta_r G = \Delta_r G^{\ominus} + RT \ln Q$，トピック 4A の 7 式）を組合わせれば非常に簡単に予測できる．そこで，この式の両辺を $-\nu F$ で割れば，

$$\overbrace{\frac{\Delta_r G}{-\nu F}}^{E_{\text{cell}}} = \frac{\Delta_r G^{\ominus}}{-\nu F} - \frac{RT}{\nu F}\ln Q$$

となる．ここで，**標準電池電位**[1] をつぎのように定義しておく．

$$E_{\text{cell}}^{\ominus} = -\frac{\Delta_r G^{\ominus}}{\nu F} \qquad \text{標準電池電位［定義］} \qquad (3\text{a})$$

そうすれば，つぎの**ネルンストの式**[2] が得られる．

$$E_{\text{cell}} = E_{\text{cell}}^{\ominus} - \frac{RT}{\nu F}\ln Q \qquad \text{ガルバニ電池に対するネルンストの式} \qquad (3\text{b})$$

標準電池電位は，標準反応ギブズエネルギーを電位（V 単位）で表したものにすぎないことに注意しよう．また，25.00 °C で使える便利な換算としてつぎの値がある．

$$\frac{RT}{F} = 25.693\,\text{mV}$$

電池反応が平衡にあるとき，ネルンストの式から重要なことがわかる．反応が平衡に達すれば，もはや電位を発生することはないから，$Q = K$ のとき $E_{\text{cell}} = 0$ であり，その反応の平衡定数が求められる．すなわち，トピック 4A で述べたように，平衡定数というのは反応物の活量と生成物の活量が平衡での値で表された反応比にすぎないからである．このときのネルンストの式は，$0 = E_{\text{cell}}^{\ominus} - (RT/\nu F) \ln K$ となるから，

$$\ln K = \frac{\nu F E_{\text{cell}}^{\ominus}}{RT} \qquad \text{電池反応の平衡定数} \qquad (4)$$

という関係が得られる．したがって，注目する反応の標準電池電位がわかっていれば，この式からその反応の平衡定数を予測することができる．このことは実用面で確かに重要なのだが，それ以上に根本的に重要な事実が示されたのである．つまり，ここではガルバニ電池を用いた測定について述べたが，同じ結論は生体細胞などどこで起こる反応についても適用できるということである．つぎの関係を覚えておこう．

$$E_{\text{cell}}^{\ominus} > 0 \text{ のとき } K > 1$$

$$E_{\text{cell}}^{\ominus} < 0 \text{ のとき } K < 1$$

簡単な例示 5B・2

電池 $Zn(s)|Zn^{2+}(aq)||Cu^{2+}(aq)|Cu(s)$ の 298 K での標準電池電位は +1.10 V であるから，その電池反応 $Cu^{2+}(aq) + Zn(s) \rightarrow Cu(s) + Zn^{2+}(aq)$ の平衡定数は，$\nu = 2$ として，

$$\ln K = \frac{2 \times (9.6485 \times 10^4\,\text{C mol}^{-1}) \times (1.10\,\text{V})}{(8.3145\,\text{J K}^{-1}\,\text{mol}^{-1}) \times (298\,\text{K})}$$

$$= 85.6\cdots$$

と計算できる（1 C V = 1 J である）．つまり，$K = 1.6 \times 10^{37}$ である．平衡における Zn^{2+} イオンの濃度が Cu^{2+} イオンの約 10^{37} 倍ということは，この銅と亜鉛の置換反応はほぼ完全に進行することを示している．この平衡定数の値は大きすぎて，従来の分析手法では測定できない．しかし，電気化学的な測定をすれば簡単に求められる．ここで，+1 V という標準電池電位は，非常に大きな平衡定数に（また，−1 V は，非常に小さな平衡定数に）対応していることに注意しよう．

1) standard cell potential　2) Nernst equation

5B・2　電極電位

電池電位は，右側電極と左側電極の電位の差として表すことができる．すなわち，

$$E_{cell} = E_R - E_L \qquad \text{電極電位［定義］} \qquad (5)$$

である．E_L は左側の（電池の表記で左側に書いた）**電極電位**[1] であり，E_R は右側の電極電位である．これに対応する標準電池電位も同じように書け，それを**標準電極電位**[2] $E_L^{\ominus}$ および $E_R^{\ominus}$ で表す．単一の電極の電池電位への寄与を取出して実際に測定することはできない．したがって，一つの電極を標準に指定し，それを標準値0とおいて，そのほかの電極はその相対値で表す．このような相対値の基準に用いている電極がつぎの**標準水素電極**[3]（SHE）である．

$$Pt(s)|H_2(g)|H^+(aq)$$

表 5B・1　25 °C での標準電極電位*

還元半反応				$E^{\ominus}$/V	
酸化剤			還元剤		
酸化力が強い側					
F_2	$+2\,e^-$	→	$2\,F^-$	+2.87	
$S_2O_8^{2-}$	$+2\,e^-$	→	$2\,SO_4^{2-}$	+2.05	
Au^+	$+e^-$	→	Au	+1.69	
Pb^{4+}	$+2\,e^-$	→	Pb^{2+}	+1.67	
Ce^{4+}	$+e^-$	→	Ce^{3+}	+1.61	
$MnO_4^- + 8\,H^+$	$+5\,e^-$	→	$Mn^{2+} + 4\,H_2O$	+1.51	
Cl_2	$+2\,e^-$	→	$2\,Cl^-$	+1.36	
$Cr_2O_7^{2-} + 14\,H^+$	$+6\,e^-$	→	$2\,Cr^{3+} + 7\,H_2O$	+1.33	
$O_2 + 4\,H^+$	$+4\,e^-$	→	$2\,H_2O$	+1.23	
				+0.81	pH=7のとき
Br_2	$+2\,e^-$	→	$2\,Br^-$	+1.09	
Ag^+	$+e^-$	→	Ag	+0.80	
Hg_2^{2+}	$+2\,e^-$	→	$2\,Hg$	+0.79	
Fe^{3+}	$+e^-$	→	Fe^{2+}	+0.77	
I_2	$+2\,e^-$	→	$2\,I^-$	+0.54	
$O_2 + 2\,H_2O$	$+4\,e^-$	→	$4\,OH^-$	+0.40	
				+0.81	pH=7のとき
Cu^{2+}	$+2\,e^-$	→	Cu	+0.34	
$AgCl$	$+e^-$	→	$Ag + Cl^-$	+0.22	
$2\,H^+$	$+2\,e^-$	→	H_2	0	定義
Fe^{3+}	$+3\,e^-$	→	Fe	−0.04	
$O_2 + H_2O$	$+2\,e^-$	→	$HO_2^- + OH^-$	−0.08	
Pb^{2+}	$+2\,e^-$	→	Pb	−0.13	
Sn^{2+}	$+2\,e^-$	→	Sn	−0.14	
Fe^{2+}	$+2\,e^-$	→	Fe	−0.44	
Zn^{2+}	$+2\,e^-$	→	Zn	−0.76	
$2\,H_2O$	$+2\,e^-$	→	$H_2 + 2\,OH^-$	−0.83	
				−0.42	pH=7のとき
Al^{3+}	$+3\,e^-$	→	Al	−1.66	
Mg^{2+}	$+2\,e^-$	→	Mg	−2.36	
Na^+	$+e^-$	→	Na	−2.71	
Ca^{2+}	$+2\,e^-$	→	Ca	−2.87	
K^+	$+e^-$	→	K	−2.93	
Li^+	$+e^-$	→	Li	−3.05	
			還元力が強い側		

＊　巻末の［資料］にもっと多くの値がある．

1) electrode potential　2) standard electrode potential　3) standard hydrogen electrode

ここで，$H_2(g)$ も $H^+(aq)$ も標準状態（1 bar で活量は1すなわち pH = 0）にある．この電極は，温度に関わらず0の標準値をとるとしている．そこで，注目する電極の標準電極電位は，その電極を右側におき，標準水素電極を左側においた電池を構築して測定される．たとえば，電極 $Pt(s)|NADH(aq), NAD^+(aq), H^+(aq)$ の標準電極電位は，つぎの電池の標準電池電位に等しい．

$$\mathrm{SHE}\|\mathrm{NADH(aq), NAD^+(aq), H^+(aq)|Pt(s)}$$

その 298 K での標準電極電位は −0.11 V である．これを表すときは $E^\ominus(\mathrm{NAD^+, H^+/NADH}) = -0.11\,\mathrm{V}$ と書く．こう書くことで，酸化還元対（**レドックス対**[1]）の概念が導入される．レドックス対は Ox/Red と書いて，反応に参加している還元される化学種（酸化剤，左側）と酸化される化学種（還元剤，右側）から成る．表5B･1に代表的な標準電極電位を掲げてある．巻末の［資料］にもっと多くの値がある．この表があれば，(5) 式を使って（標準）電極電位を組合わせれば，目的とする電池の電池電位を（その標準値も）予測することができる．

簡単な例示 5B･3

つぎの電池の標準電池電位を求めるには，

$$\mathrm{Pt(s)|NADH(aq), NAD^+(aq), H^+(aq)\|H_2O_2(aq), H^+(aq)|O_2(g)|Pt(s)}$$

右側電極と左側電極の標準電極電位がそれぞれつぎのように表せることに注目する．

$$E_R^\ominus = E^\ominus(\mathrm{O_2, H^+/H_2O_2}) = +0.70\,\mathrm{V}$$
$$E_L^\ominus = E^\ominus(\mathrm{NAD^+, H^+/NADH}) = -0.11\,\mathrm{V}$$

したがって，このときの標準電池電位はつぎのように計算できる．

$$\begin{aligned}E_{cell}^\ominus &= E_R^\ominus - E_L^\ominus \\ &= E^\ominus(\mathrm{O_2, H^+/H_2O_2}) - E^\ominus(\mathrm{NAD^+, H^+/NADH}) \\ &= +0.70\,\mathrm{V} - (-0.11\,\mathrm{V}) = +0.81\,\mathrm{V}\end{aligned}$$

コメント　標準電極電位は，単に標準電位[2]あるいは標準還元電位[3]ともいわれる．古いデータ集では，"標準酸化電位[4]"の値を見かけるかもしれない．その符号を逆転すれば，標準還元電位の値として使える．

標準電極電位を利用するときは，還元剤から酸化剤に移動する電子の個数 ν（ニュー）がわかっていなければならない．ν の値を知る一つの方法は，全反応を二つの"半反応"に分けてみることである．その方法については次の節で述べる．もう一つの方法は，還元剤と酸化剤の酸化数を調べて，還元剤または酸化剤の酸化数の変化（両者は一致しているはずである）から ν を求めることである．イオンや化合物に含まれる元素に対して酸化数を割り当てるやり方を［必須のツール9］にまとめておく．

必須のツール9　酸化数

注目する元素の**酸化数**[5] N_{ox} は，その原子が化合物の一部であるとき，反応によって電子を失ったとみなせる度合いを表す形式的な尺度である．ある反応で原子の酸化数が増加したということは，それが酸化されたということで，逆に減少していれば還元されている．このとき，その元素は特定の酸化数をもつ**酸化状態**[6]にあるという．"酸化数"と"酸化状態"はほとんどの場合，同じ意味で使っている†．

酸化数は，つぎのように割り当てる．そのときの規則は，結合のイオン性を強調することに基づいており，結合で共有する電子があっても，すべての電子が電気的により陰性の元素に一方的に属しているとみなす．こうして割り当てた酸化数をその化学種について合計すれば，その全電荷数に等しくなっているはずである．その規則をつぎに整理しておこう．

1. 注目する元素が異種元素と結合をもたないとき（単体）の酸化数は0である．
2. 単原子イオンの酸化数は，その電荷数に等しい．たとえば，Fe^{2+} の鉄の酸化数は+2であり，Cl^- の塩素の酸化数は−1である．
3. 酸素の酸化数については，つぎのように割り当てる．

化学種	酸素の酸化数
元素（単体，O_2）	0
超酸化物イオン（O_2^-）	$-\frac{1}{2}$
過酸化物イオン（O_2^{2-}）	−1
酸化物イオン（O_2^-）	−2

† 訳注：酸化数と酸化状態を厳密に区別して使うこともある．酸化状態は，元素がその酸化数にあるとみなせる物理状態をいう．たとえば，酸素の酸化数が−2のとき，それは−2の酸化状態にあるという．たとえば，SO_4^{2-} の硫黄は+6の酸化状態にあるという．

1) redox couple　2) standard potential　3) standard reduction potential　4) standard oxidation potential
5) oxidation number　6) oxidation state

4. 酸素以外の元素の酸化数については，上で述べたやり方で割り当てればよいが，化合物やイオン全体として酸化数の合計が電荷数の合計に等しくなっていることを確かめること．たとえば，H_2O_2 の水素の酸化数には+1を割り当てれば，分子としての正味の酸化数は0になる．また，生化学的に重要な化学種に含まれる窒素の酸化数は，つぎのようになる．

化学種	窒素の酸化数
元素（単体，N_2）	0
アンモニア（NH_3），アンモニウムイオン（NH_4^+），アミン類，アミド類，シアン化物イオン（CN^-）	−3
一酸化窒素（NO）	+2
亜硝酸イオン（NO_2^-）	+3
硝酸イオン（NO_3^-）	+5

生化学的に重要な分子の多くは複雑であるから，それ以外の情報を参考にして酸化数を求めている．たとえば，NADH の化学式は $C_{21}H_{27}N_7O_{14}P_2$ であるが，それが関与する反応に水素化物イオンの供与体として作用するものがあることに注目し，NAD^+H^- として扱う．つまり，酸化数 −1 のヒドリド型水素原子（H^-）とみなす．そこで，分子の残りの部分の（NAD^+としての）正味の酸化数は+1となっている．

簡単な例示 5B・4

NADH が酸素によって酸化され NAD^+ と過酸化水素を生じる反応について，このとき移動する電子の数を求めるために，NADH のイオン性を強調して NAD^+H^- と書くことによって，つぎのように（赤字で示してある）酸化数を割り当てる．そのやり方は［必須のツール9］で説明してあるが，H_2O_2 についても $(H^+)_2(O^-)_2$ と書いてみることである．そうすれば，

$$NAD^+\overbrace{H^-}^{-1}(aq) + \overbrace{H^+}^{+1}(aq) + \overbrace{O_2}^{0}(g) \longrightarrow NAD^+(aq) + \overbrace{(H^+)_2}^{+1}\overbrace{(O^-)_2}^{-1}(aq)$$

とできる．ここで，NAD^+については変化がないから構成する元素に酸化数を割り当てる必要はない．H^-の水素の酸化数は2増加しており，2個ある O 原子それぞれの酸化数は1ずつ減少している．そこで，合計2個の電子が移動している．したがって，$\nu = 2$ である．

5B・3 半反応

電極電位の解釈と応用について，あるいは全反応に関与している電子数の割り当て（酸化数を用いる代わり）については，“半反応”の概念を導入すれば非常に理解しやすくなる．**半反応**[1] とは，ある化学種から電子が移動して1個以上の電子を失う酸化事象と，その電子を獲得する還元事象を別々に表した化学方程式である．ただし，反応に伴っていろいろな原子の移動が起こることもある．無機系で見られる単純なレドックス反応の一例は，

$$Cu^{2+}(aq) + Zn(s) \longrightarrow Cu(s) + Zn^{2+}(aq)$$

である．このとき Cu^{2+} イオンは2個の電子を獲得し，還元されて Cu となる．一方，Zn は2個の電子を失い，酸化されて Zn^{2+} イオンとなる．これを半反応で表せば，

$$Cu^{2+}\text{の還元：}\ Cu^{2+}(aq) + 2e^- \longrightarrow Cu(s)$$

$$Zn\text{の酸化：}\ Zn(s) \longrightarrow Zn^{2+}(aq) + 2e^-$$

となる．このときの電子に，ある特定の状態を割り当てることはできない．すなわち，この反応式に現れる電子は“乗りかえ中”の電子であって，ガルバニ電池の場合でいえば，導電性の電極に存在するとみなせる電子なのである．すぐあとで明らかになるが，生体細胞で起こる反応など電極が存在しない反応であっても，電子移動反応を半反応に分解してみることはできるのである．このように，半反応というのは，全反応を酸化半反応と還元半反応の和として考察するための単なる概念的な方法とみなすべきものである．

ところで，すべての半反応を還元半反応として表しておけば，すべてを一つのリストにまとめられるから使いやすい．すなわち，酸化半反応も逆反応で表しておくのである．そうしておけば，全反応は二つの還元半反応の差として表される．すなわち，

$$Cu^{2+}\text{の還元：}\ Cu^{2+}(aq) + 2e^- \longrightarrow Cu(s)$$

$$Zn^{2+}\text{の還元：}\ Zn^{2+}(aq) + 2e^- \longrightarrow Zn(s)$$

としておけばよい．半反応の多くは電子の移動とともに原子の移動を伴う．一例は，過マンガン酸イオン（MnO_4^-）の還元であり，この場合はつぎのように MnO_4^-イオンから H^+イオンへと O 原子が移動している．

$$MnO_4^-(aq) + 8H^+(aq) + 5e^- \longrightarrow Mn^{2+}(aq) + 4H_2O(l)$$

レドックス対（Ox/Red）の半反応の一般的な形は，つぎのように表す．

$$\text{レドックス対：}\ Ox/Red \qquad \text{半反応：}\ Ox + \nu e^- \longrightarrow Red$$

1）half-reaction

例題 5B・1 半反応による反応の表し方

ニコチンアミドアデニンジヌクレオチド（NADH）は水溶液中で酸素により酸化され NAD^+（巻末の構造図 N4）となり，酸素は還元されて H_2O_2 になる．この反応を二つの還元半反応によって表せ．全反応は，$NADH(aq) + O_2(g) + H^+(aq) \rightarrow NAD^+(aq) + H_2O_2(aq)$ であり，ストレプトコッカス・ミュータンス（虫歯の原因菌の一つ）で誘導される２種類の NADH オキシダーゼの一つによって触媒される反応である．

考え方 まず，還元される反応物とその還元生成物を見つける必要があり，この過程に関与する均衡のとれた半反応を書き出すことである．ふつうは，まず原子について両辺で均衡をとり，それに電子を加えて電荷について均衡をとるのがよい．次に，こんどは酸化される反応物とその酸化生成物について同じことをして，その酸化半反応については反転して還元半反応として書き出す．そこで，最初の半反応から２番目の半反応を引いて，全反応が書けることを確かめればよい．

解答 酸素は還元されて過酸化水素が得られる．その均衡をとる前の式は $O_2(g) \rightarrow H_2O_2(aq)$ である．溶液中に $H^+(aq)$ が存在するから，つぎのように書いておけば原子について均衡がとれる．

$$O_2(g) + 2H^+(aq) \longrightarrow H_2O_2(aq)$$

電荷についても均衡をとるには左辺に $2e^-$ を加えておけばよい．これでつぎの還元半反応が得られる．

$$O_2(g) + 2H^+(aq) + 2e^- \longrightarrow H_2O_2(aq)$$

一方，$NADH(aq)$ は酸化されて $NAD^+(aq)$ が得られる．その均衡をとる前の式は $NADH(aq) \rightarrow NAD^+(aq)$ である．右辺に $H^+(aq)$ を加えれば原子について均衡がとれる．

$$NADH(aq) \longrightarrow NAD^+(aq) + H^+(aq)$$

電荷についても均衡をとるには右辺に $2e^-$ を加えておけばよい．

$$NADH(aq) \longrightarrow NAD^+(aq) + H^+(aq) + 2e^-$$

したがって，これを還元半反応の形で表せば，

$$NAD^+(aq) + H^+(aq) + 2e^- \longrightarrow NADH(aq)$$

となる．上の答を確かめるために，最初の還元半反応から２番目の還元半反応を引けば次式が得られる．

$$O_2(g) + 2H^+(aq) + 2e^- - NAD^+(aq) - H^+(aq) - 2e^- \longrightarrow H_2O_2(aq) - NADH(aq)$$

これを整理すれば，確かに目的とする全反応が得られるのがわかる．

$$NADH(aq) + O_2(g) + H^+(aq) \longrightarrow NAD^+(aq) + H_2O_2(aq)$$

(a) 生化学的標準電極電位

ほかの熱力学量でも同じことがいえるのだが，**生化学的標準電極電位**[1] $E^{\ominus\prime}$ を指定しておくと便利なことが多い．それは，水素イオンを除くすべてのレドックス対の成分が標準状態にあるときの電極電位であり，その水素イオンについては pH = 7 に相当する濃度とするものである．pH = 0 での熱力学的標準と pH = 7 での生化学的標準の変換を行うには，半反応のネルンストの式を立てることから始める必要がある．

導出過程 5B・1 熱力学的標準電極電位と生化学的標準電極電位の変換

純物質はすべて 1 bar の圧力下にあること，金属性の導電体の電子の活量は 1 として，つぎの手順で進める．

ステップ 1: 水素イオンが関与する半反応についてネルンストの式を立てる．

$Ox + \nu_p H^+(aq) + \nu e^- \longrightarrow Red$ の形の半反応の"半反応比"は，

$$Q = \frac{a_{Red}}{a_{Ox}\, a_{H^+}{}^{\nu_p}}$$

で表され，この半反応のネルンストの式は，つぎのように書ける．

$$E(Ox/Red) = E^{\ominus}(Ox/Red) - \frac{RT}{\nu F} \ln \frac{a_{Red}}{a_{Ox}\, a_{H^+}{}^{\nu_p}}$$

ステップ 2: ネルンストの式に，生化学的標準状態に基づく活量を代入する．

標準電極電位 $E(Ox/Red)$ は，$a_{Ox} = 1$ および $a_{Red} = 1$，水素イオンについては pH = 7 に相当する活量を代入すれば生化学的標準電極電位 $E^{\ominus\prime}(Ox/Red)$ となる．したがって，つぎのように計算を進めることができる．

1) biochemical standard electrode potential.〔訳注: 生化学的標準状態を生物学的標準状態ともいう（トピック 4B）から，生物学的標準電極電位（biological standard electrode potential）ともいう.〕

$$E^{\ominus\prime}(\mathrm{Ox/Red}) = E^{\ominus}(\mathrm{Ox/Red}) - \frac{RT}{\nu F}\ln\frac{1}{a_{\mathrm{H^+}}{}^{\nu_p}}$$
$$= E^{\ominus}(\mathrm{Ox/Red}) + \frac{RT}{\nu F}\ln a_{\mathrm{H^+}}{}^{\nu_p}$$
$$= E^{\ominus}(\mathrm{Ox/Red}) + \frac{\nu_p RT}{\nu F}\ln a_{\mathrm{H^+}}$$
$$= E^{\ominus}(\mathrm{Ox/Red}) + \frac{\nu_p RT}{\nu F}(\ln 10)\overbrace{\log_{10} a_{\mathrm{H^+}}}^{-\mathrm{pH}}$$
$$= E^{\ominus}(\mathrm{Ox/Red}) - \frac{\nu_p RT}{\nu F}(\ln 10)\mathrm{pH}$$

ステップ3: 生化学的標準状態のpHに値を代入する.

pH = 7の値を代入すれば次式が得られる.

$$E^{\ominus\prime}(\mathrm{Ox/Red}) = E^{\ominus}(\mathrm{Ox/Red}) - \frac{7\nu_p RT\ln 10}{\nu F}$$

熱力学的標準電極電位と生化学的標準電極電位の関係 (6)

簡単な例示 5B・5

レドックス対 $NAD^+/NADH$ の25 °Cでの熱力学的標準電極電位の値から, その生化学的標準電極電位を計算するには, つぎの半反応に注目する.

$$\mathrm{NAD^+(aq) + H^+(aq) + 2e^- \longrightarrow NADH(aq)}$$

水素イオンは1個しか関与しないから $\nu_p = 1$ である. また, 2個の電子が移動するから $\nu = 2$ である. したがって, このレドックス対の生化学的標準電極電位は,

$$E^{\ominus\prime}(\mathrm{Ox/Red}) = -0.11\,\mathrm{V} - \frac{7\times1\times(0.025\,693\,\mathrm{V})\times\ln 10}{2}$$
$$= -0.32\,\mathrm{V}$$

と計算できる. 代表的な生化学的標準電極電位の値は表5B・2にある.

(b) 半反応の扱い方と電池の表記

ガルバニ電池で起こっている反応を書くとき, 半反応は非常に役に立つ. すぐあと (トピック5C) でわかるが, どんな環境であっても電子の移動が関与する反応であれば, 半反応で表すと便利である. その手順は, 右側電極で起こっている還元反応と, 左側電極で起こっている酸化反応を見つけることである. 後者は逆転すれば還元半反応になるから, 全反応は最初の半反応から2番目の半反応を引けば得られる. この手続きの逆もまた役に立つ. すなわち, 二つの半反応を用いて, それぞれの電極で起こっている過程を選ぶことによって, ある全反応の電池を組立てることができる.

表5B・2 25 °Cでの生化学的標準電極電位*

還元半反応				$E^{\ominus\prime}$/V
酸化剤			還元剤	
酸化力が強い側				
$O_2 + 4H^+$	$+4e^-$	→	$2H_2O$	+0.81
Fe^{3+}(Cyt *f*)	$+e^-$	→	Fe^{2+}(Cyt *f*)	+0.36
$O_2 + 2H^+$	$+2e^-$	→	H_2O_2	+0.30
Fe^{3+}(Cyt *c*)	$+e^-$	→	Fe^{2+}(Cyt *c*)	+0.25
Fe^{3+}(Cyt *b*)	$+e^-$	→	Fe^{2+}(Cyt *b*)	+0.08
デヒドロアスコルビン酸 $+ 2H^+$	$+2e^-$	→	アスコルビン酸	+0.08
補酵素 Q $+ 2H^+$	$+2e^-$	→	補酵素 QH_2	+0.04
オキサロ酢酸$^{2-}$ $+ 2H^+$	$+2e^-$	→	リンゴ酸$^{2-}$	−0.17
ピルビン酸$^-$ $+ 2H^+$	$+2e^-$	→	乳酸$^-$	−0.18
FAD $+ 2H^+$	$+2e^-$	→	$FADH_2$	−0.22
グルタチオン(ox) $+ 2H^+$	$+2e^-$	→	グルタチオン(red)	−0.23
リポ酸(ox) $+ 2H^+$	$+2e^-$	→	リポ酸(red)	−0.29
$NAD^+ + H^+$	$+2e^-$	→	NADH	−0.32
O_2	$+e^-$	→	O_2^-	−0.33
$2H_2O$	$+2e^-$	→	$H_2 + 2OH^-$	−0.42
フェレドキシン(ox)	$+e^-$	→	フェレドキシン(red)	−0.43
			還元力が強い側	

* 巻末の[資料]にもっと多くの値がある.

例題5B・2 ある反応の電池を考案する方法

NADHとO_2の反応によってNAD^+とH_2O_2を得る反応系を調べるのに使える電池を組立てよ．

考え方 全反応を書き，それから二つの還元半反応を見つける．差し引く側の還元半反応は（実際には酸化半反応として）左側電極で起こるとし，もう一方の差し引く元の還元半反応は右側電極で起こるとする．次に，電池で起こるそれぞれの半反応に必要な電極のタイプを決めれば目的とする電池を表記することができる．

解答 全反応は，

$$\mathrm{NADH(aq)+O_2(g)+H^+(aq)\longrightarrow NAD^+(aq)+H_2O_2(aq)}$$

である．この反応はつぎの二つの還元半反応の差で表される．

右(R)：$\mathrm{O_2(g)+2H^+(aq)+2e^-\longrightarrow H_2O_2(aq)}$ $\quad E^{\ominus\prime}=+0.30\ \mathrm{V}$

左(L)：$\mathrm{NAD^+(aq)+H^+(aq)+2e^-\longrightarrow NADH(aq)}$ $\quad E^{\ominus\prime}=-0.32\ \mathrm{V}$

差し引く側の半反応は2番目のものであるから，$\mathrm{Pt(s)|NADH(aq),\ NAD^+(aq),\ H^+(aq)}$の形のレドックス電極でつくれる（これを左側におく）．もう一方の半反応は，$\mathrm{Pt(s)|O_2(g)|H_2O_2(aq),\ H^+(aq)}$の構造をもつ気体電極でつくれる（これを右側におく）．したがって，この反応を調べるのに使える電池は，つぎのように書ける．

$$\mathrm{Pt(s)|NADH(aq),\ NAD^+(aq),\ H^+(aq)||H_2O_2(aq),\ H^+(aq)|O_2(g)|Pt(s)}$$

(c) 標準電極電位の組合わせ

標準電池電位と標準反応ギブズエネルギーの関係$\Delta_r G^{\ominus}=-\nu FE^{\ominus}$は，あるレドックス対の標準電極電位を計算するのに，関連物質に関与する別の二つのレドックス対の標準電極電位から求めるという便利な道筋を提供している．その関係は，全反応だけでなく半反応にも適用できる．具体的な手順は，まず，二つのレドックス対の半反応を結びつければ望みのレドックス対の半反応が得られるという組合わせを見つけることである．それから，ギブズエネルギーが状態関数であること，つまり，二つの半反応のギブズエネルギーの和が望みの半反応のギブズエネルギーに等しいことを利用するのである．このとき，二つのレドックス対の標準電極電位をそのまま加えることはできない．それは，両者でνが異なる場合があるからである．

例題5B・3 二つの標準電極電位を使って別の標準電極電位を計算する方法

スーパーオキシドイオン（超酸化物イオン，O_2^-）は，酵素触媒反応で好ましくない副産物として生成することがある．それは，酵素スーパーオキシドジスムターゼ（SOD）によって代謝される．生化学的標準電極電位として$E^{\ominus\prime}(\mathrm{O_2/O_2^-})=-0.33\ \mathrm{V}$および$E^{\ominus\prime}(\mathrm{O_2/H_2O_2})=+0.30\ \mathrm{V}$が与えられている．$E^{\ominus\prime}(\mathrm{O_2^-/H_2O_2})$を計算せよ．

考え方 まず，与えられた二つのレドックス対の半反応を書く．次に，その生化学的標準電極電位を生化学的標準反応ギブズエネルギーに変換しておく．その二つの標準反応ギブズエネルギーを“正しく”加え，得られた標準反応ギブズエネルギーに対して再び(2)式を用いて，目的とする標準電極電位を求めればよい．計算に現れるFは最終的に消し合うので，途中ではそのままの形にしておく．

解答 与えられた二つのレドックス対の半反応はつぎの通りである．

(a) $\mathrm{O_2(g)+e^-\longrightarrow O_2^-(aq)}$ $\quad \nu=1$

$$E^{\ominus\prime}(\mathrm{O_2/O_2^-})=-0.33\ \mathrm{V}$$
$$\Delta_r G^{\ominus\prime}(\mathrm{a})=-F\times(-0.33\ \mathrm{V})=(+0.33\ \mathrm{V})\times F$$

(b) $\mathrm{O_2(g)+2H^+(aq)+2e^-\longrightarrow H_2O_2(aq)}$ $\quad \nu=2$

$$E^{\ominus\prime}(\mathrm{O_2/H_2O_2})=+0.30\ \mathrm{V}$$
$$\Delta_r G^{\ominus\prime}(\mathrm{b})=-2F\times(0.30\ \mathrm{V})=(-0.60\ \mathrm{V})\times F$$

目的とする反応は，

(c) $\mathrm{O_2^-(aq)+2H^+(aq)+e^-\longrightarrow H_2O_2(aq)}$ $\quad \nu=1$

$$E^{\ominus\prime}(\mathrm{O_2^-/H_2O_2})=?$$
$$\Delta_r G^{\ominus\prime}(\mathrm{c})=-FE^{\ominus\prime}(\mathrm{O_2^-/H_2O_2})$$

である．(c)＝(b)－(a)であるから結局，

$$\Delta_r G^{\ominus\prime}(\mathrm{c})=\Delta_r G^{\ominus\prime}(\mathrm{b})-\Delta_r G^{\ominus\prime}(\mathrm{a})$$

となり，したがって(2)式から，

$$FE^{\ominus\prime}(\mathrm{O_2^-/H_2O_2})=-\{(-0.60\ \mathrm{V})F-(+0.33\ \mathrm{V})F\}=(+0.93\ \mathrm{V})\times F$$

となる．ここでFは消し合うので，$E^{\ominus\prime}(\mathrm{O_2^-/H_2O_2})=+0.93\ \mathrm{V}$が答である．

5B・4 標準電位の応用

熱力学的諸性質を求めるのに熱量測定法がいつも実用的とは限らない．生化学的に重要な反応では特にそうであ

り，場合によっては電気化学的に測定することができる．それをどうするかであるが，化学電池の標準電池電位は標準反応ギブズエネルギーとの間に (2) 式の関係 ($\Delta_r G^{\ominus} = -\nu FE^{\ominus}$) があることに注目しよう．したがって，目的の反応で駆動している電池の標準電池電位を測定すれば，その標準反応ギブズエネルキーを求めることができるのである．もし，生化学的標準状態での値が必要なら，同じ形の式を書いて pH = 7 での標準電位で表せばよい ($\Delta_r G^{\ominus\prime} = -\nu FE^{\ominus\prime}$)．また，標準反応ギブズエネルギーとその温度依存性から，平衡定数や標準反応エントロピー，標準反応エンタルピーが計算できるのである．

(a) 平衡定数の計算

非常に重要な熱力学的性質の一つは反応の平衡定数である．標準電池電位から平衡定数を求めるのに (4) 式を使って計算する方法については［簡単な例示 5B·2］で示した．その標準電池電位を求めるには，標準電極電位を組合わせて (5) 式を使えばよい．その実例を［簡単な例示 5B·3］で示した．もっと複雑な反応，とりわけ生体細胞で起こっている反応でも，このように半反応を使えば同じように求めることができて便利である[†]．

つぎの二つの還元半反応の差で表される反応を考えよう．それぞれの半反応に関与するレドックス対の標準電位は与えられている．

$$\mathrm{A_{ox}} + \nu_\mathrm{a}\mathrm{e}^- \longrightarrow \mathrm{A_{red}} \qquad E^{\ominus}(\mathrm{A_{ox}}/\mathrm{A_{red}})$$

$$\mathrm{B_{ox}} + \nu_\mathrm{b}\mathrm{e}^- \longrightarrow \mathrm{B_{red}} \qquad E^{\ominus}(\mathrm{B_{ox}}/\mathrm{B_{red}})$$

全反応はこの二つの半反応の差である．まず，両者で電子数が等しい場合を考えよう．すなわち，ν_a と ν_b が同じであれば (両者は ν に等しい) 上の式はつぎのようになる．

$$\mathrm{A_{ox}} + \nu\mathrm{e}^- \longrightarrow \mathrm{A_{red}} \qquad E^{\ominus}(\mathrm{A_{ox}}/\mathrm{A_{red}})$$

$$\mathrm{B_{ox}} + \nu\mathrm{e}^- \longrightarrow \mathrm{B_{red}} \qquad E^{\ominus}(\mathrm{B_{ox}}/\mathrm{B_{red}})$$

移動する電子数はどちらも ν であるから，半反応はそのまま組合わせることができ，全反応と (理想希薄溶液を仮定すれば) その平衡定数が得られる．すなわち，

$$\mathrm{A_{ox}} + \mathrm{B_{red}} \longrightarrow \mathrm{A_{red}} + \mathrm{B_{ox}}$$

$$K_1 = \frac{[\mathrm{A_{red}}][\mathrm{B_{ox}}]}{[\mathrm{A_{ox}}][\mathrm{B_{red}}]} \qquad \text{反応 1}$$

である．この全反応に対する標準電位は $E^{\ominus}(\mathrm{A_{ox}}/\mathrm{A_{red}}) - E^{\ominus}(\mathrm{B_{ox}}/\mathrm{B_{red}})$ であるから，(4) 式を使って平衡定数を求めることができる．

$$\ln K_1 = \frac{\nu\{E^{\ominus}(\mathrm{A_{ox}}/\mathrm{A_{red}}) - E^{\ominus}(\mathrm{B_{ox}}/\mathrm{B_{red}})\}F}{RT}$$

反応 1 について標準電位から平衡定数を求める式 (7a)

しかし一般には，表に掲載されている半反応には電子の数が異なるデータもある．その場合は，はじめの半反応を ν_b 倍し，2 番目の半反応を ν_a 倍して，両方の電子数を合わせておく．すなわち，

$$\nu_\mathrm{b}\mathrm{A_{ox}} + \nu_\mathrm{a}\nu_\mathrm{b}\mathrm{e}^- \longrightarrow \nu_\mathrm{b}\mathrm{A_{red}} \qquad E^{\ominus}(\mathrm{A_{ox}}/\mathrm{A_{red}})$$

$$\nu_\mathrm{a}\mathrm{B_{ox}} + \nu_\mathrm{a}\nu_\mathrm{b}\mathrm{e}^- \longrightarrow \nu_\mathrm{a}\mathrm{B_{red}} \qquad E^{\ominus}(\mathrm{B_{ox}}/\mathrm{B_{red}})$$

とする．これで移動する電子数は $\nu_\mathrm{a}\nu_\mathrm{b}$ と等しくなる．そこで二つの半反応の差をとり，少し整理すれば，最終的に全反応とその平衡定数 (の理想値) がつぎのように得られる．

$$\nu_\mathrm{b}\mathrm{A_{ox}} + \nu_\mathrm{a}\mathrm{B_{red}} \longrightarrow \nu_\mathrm{b}\mathrm{A_{red}} + \nu_\mathrm{a}\mathrm{B_{ox}}$$

$$K_2 = \frac{[\mathrm{A_{red}}]^{\nu_\mathrm{b}}[\mathrm{B_{ox}}]^{\nu_\mathrm{a}}}{[\mathrm{A_{ox}}]^{\nu_\mathrm{b}}[\mathrm{B_{red}}]^{\nu_\mathrm{a}}} \qquad \text{反応 2}$$

この全反応の標準電位は $E^{\ominus}(\mathrm{A_{ox}}/\mathrm{A_{red}}) - E^{\ominus}(\mathrm{B_{ox}}/\mathrm{B_{red}})$ であるから，(4) 式を使えば平衡定数が得られる．

$$\ln K_2 = \frac{\nu_\mathrm{a}\nu_\mathrm{b}\{E^{\ominus}(\mathrm{A_{ox}}/\mathrm{A_{red}}) - E^{\ominus}(\mathrm{B_{ox}}/\mathrm{B_{red}})\}F}{RT}$$

反応 2 について標準電位から平衡定数を求める式 (7b)

生化学的標準電位 $E^{\ominus\prime}$ についても同様の式を使うことができ，それに対応する平衡定数 K' を求めることができる．

例題 5B·4 生化学的な電子移動反応の平衡定数を計算する方法

$\mathrm{NAD^+}$ は反応 $\mathrm{NAD^+(aq)}$ + リンゴ酸$^{2-}$(aq) ⟶ NADH(aq) + オキサロ酢酸$^{2-}$(aq) + $\mathrm{H^+(aq)}$ によってリンゴ酸を酸化し，オキサロ酢酸を与える．この反応の 298 K での平衡定数を求めよ．ただし，$E^{\ominus}(\mathrm{NAD^+/NADH}) = -0.113\ \mathrm{V}$ および $E^{\ominus}$(オキサロ酢酸$^{2-}$/リンゴ酸$^{2-}$) = +0.239 V である．

考え方 全反応を二つの半反応の差で表す．このとき，関与する電子の数に注意すること．両方の半反応で電子数が同じであれば (7a) 式を用い，違っていれば (7b) 式を用いればよい．

解答 二つの還元半反応はそれぞれ，

† 訳注: 生化学的な応用でレドックス対を扱う場合などでは，“電極”を意識することはほとんどないから，標準電極電位のことを単に標準電位といったり，標準還元電位といったりすることが多い．また，標準電池電位と標準電極電位とは，その文脈から区別できるであろう．

$NAD^+ + H^+ + 2e^- \longrightarrow NADH \quad \nu = 2$

$E^{\ominus}(NAD^+/NADH)$

オキサロ酢酸$^{2-}$ $+ 2H^+ + 2e^- \longrightarrow$ リンゴ酸$^{2-}$　$\nu = 2$

$E^{\ominus}$(オキサロ酢酸$^{2-}$/リンゴ酸$^{2-}$)

で表される．いずれの半反応も2個の電子が移動している ($\nu = 2$) から，両者の差から目的のつぎの全反応が得られる．

NAD^+ + リンゴ酸$^{2-}$ $\longrightarrow$ NADH + オキサロ酢酸$^{2-}$ + H^+

ここで，平衡定数は (溶液は理想的であるとして)，

$$K_1 = \frac{[\mathrm{NADH}][\text{オキサロ酢酸}^{2-}][\mathrm{H}^+]}{[\mathrm{NAD}^+][\text{リンゴ酸}^{2-}]}$$

である．[J] は正式に書けば $[J]/c^{\ominus}$ である．したがって，(7a) 式から，

$$\ln K_1 = \frac{2\{E^{\ominus}(\mathrm{NAD}^+/\mathrm{NADH}) - E^{\ominus}(\text{オキサロ酢酸}^{2-}/\text{リンゴ酸}^{2-})\}F}{RT}$$

$$= \frac{2 \times \{(-0.113\ \mathrm{V}) - (0.239\ \mathrm{V})\} \times (9.6485 \times 10^4\ \mathrm{C\ mol^{-1}})}{(8.3145\ \mathrm{J\ K^{-1}\ mol^{-1}}) \times (298\ \mathrm{K})}$$

$$= -27.4\cdots$$

と計算できる．ここで，$K_1 = e^{\ln K_1}$ であるから，$K_1 = e^{-27.4\cdots} = 1.2 \times 10^{-12}$ である．

コメント　この反応の平衡定数は非常に小さいが，好気的呼吸を駆動するクエン酸回路では実際にリンゴ酸からオキサロ酢酸への変換が起こっている．

(b) 標準反応エントロピーと標準反応エンタルピーの求め方

電池電位を測定して $\Delta_r G^{\ominus}$ が求められたり，あるいは標準電極電位の組合わせで $\Delta_r G^{\ominus}$ が計算できたりすれば，熱力学的な関係を使ってほかの性質を求めることができる．たとえば，注目する電池反応の反応エントロピーは，圧力一定の条件下で使えるトピック3Aの (5a) 式 ($dG_m = -S_m\,dT$) から求めることができる．この式は，反応物にも生成物にも適用されるから，$d(\Delta_r G^{\ominus}) = -\Delta_r S^{\ominus} \times dT$ となる．ここで，$\Delta_r G^{\ominus} = -\nu F E_{cell}^{\ominus}$ である．これを整理すれば，

$$\Delta_r S^{\ominus} = \nu F \frac{dE_{cell}^{\ominus}}{dT} \qquad (8)$$

標準電池電位から標準反応エントロピーを求める式

となる．(8) 式からわかるように，標準反応エントロピーが正なら標準電池電位は温度とともに増加し，温度に対して標準電池電位をプロットしたときの勾配は標準反応エントロピーに比例している (図5B・4)．これからわかるように，注目する電池反応が大量の気体を発生する反応 (標準反応エントロピーが正) であれば，標準電池電位は温度とともに上昇する．気体を消費する反応であれば，逆のことがいえる．

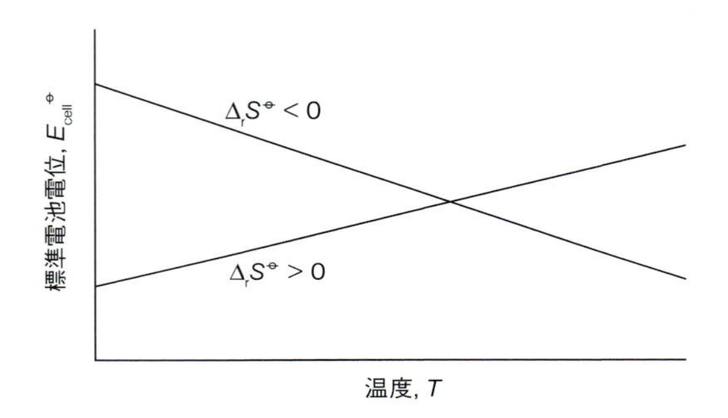

図5B・4　標準電池電位の温度変化は，その電池反応の標準反応エントロピーに依存している．

最後に，以上で得られた結果を組合わせれば標準反応エンタルピーを求めることができる．それには，$G = H - TS$ を $H = G + TS$ と変形しておく，そうすれば，

$$\Delta_r H^{\ominus} = \Delta_r G^{\ominus} + T\Delta_r S^{\ominus} = -\nu F\left(E_{cell}^{\ominus} - T\frac{dE_{cell}^{\ominus}}{dT}\right) \qquad (9)$$

標準電池電位から標準反応エンタルピーを求める式

が得られる．こうして，熱量測定によることなく反応エンタルピーを求める方法を導くことができた．

重要事項のチェックリスト

- □ 1. **ガルバニ電池**は，自発的に起こる化学反応を利用して外部回路に電子を押し流す化学電池である．
- □ 2. **カソード**は，還元が起こる側の電極である．**アノード**は，酸化が起こる側の電極である．
- □ 3. **電池電位**は，電池が可逆的に作動しているときの電極間の電位差である．
- □ 4. 注目するレドックス対の**標準電位**とは，標準水素電極を左側において構築したガルバニ電池の標準電池電位である．
- □ 5. **半反応**は，1個以上の電子を獲得する還元事象，あるいは1個以上の電子を失う酸化事象を表した化学方程式である．ふつうは還元半反応として表す．

重要な式の一覧

式の内容	式	備　考	式番号
電池電位と$\Delta_r G$の関係	$-\nu F E_{cell} = \Delta_r G$	可逆条件下	2
標準電池電位	$E_{cell}^{\ominus} = -\Delta_r G^{\ominus}/\nu F$	定　義	3a
ネルンストの式	$E_{cell} = E_{cell}^{\ominus} - (RT/\nu F)\ln Q$		3b
平衡定数	$\ln K = \nu F E_{cell}^{\ominus}/RT$		4
電極電位	$E_{cell} = E_R - E_L$	定　義	5
生化学的標準電位	$E^{\ominus\prime}(\mathrm{Ox/Red}) = E^{\ominus}(\mathrm{Ox/Red}) - 7\nu_p RT\ln 10/\nu F$		6
平衡定数	$\ln K_1 = \nu\{E^{\ominus}(\mathrm{A_{ox}/A_{red}}) - E^{\ominus}(\mathrm{B_{ox}/B_{red}})\}F/RT$	反応1	7a
	$\ln K_2 = \nu_a\nu_b\{E^{\ominus}(\mathrm{A_{ox}/A_{red}}) - E^{\ominus}(\mathrm{B_{ox}/B_{red}})\}F/RT$	反応2	7b
標準反応エントロピー	$\Delta_r S^{\ominus} = \nu F \mathrm{d}E_{cell}^{\ominus}/\mathrm{d}T$		8
標準反応エンタルピー	$\Delta_r H^{\ominus} = -\nu F(E_{cell}^{\ominus} - T\mathrm{d}E_{cell}^{\ominus}/\mathrm{d}T)$		9

トピック 5C

電子伝達鎖

> **学ぶべき重要性**
>
> タンパク質に結合した補因子間の電子移動やタンパク質間の電子移動は，好気的呼吸や光合成で重要な役割をしている．
>
> **習得すべき事項**
>
> 電子移動反応が自発的かどうかは，レドックス対の標準電位によって表すことができる．
>
> **必要な予備知識**
>
> 反応ギブズエネルギーの意義（トピック 4A）と生化学的標準状態の定義（トピック 4B），電子移動反応を半反応と電極電位を使って表す方法（トピック 5B），生体膜を介して発生しうる電位差（トピック 5A）についてよく理解している必要がある．

最も基本的な代謝過程のなかでもとりわけ二つの過程，すなわち好気的呼吸と光合成は，地球上で生命を維持するうえで非常に重要な役目を果たしており，いずれも一連の電子移動を必要としている．呼吸の最終結果は，炭水化物から CO_2 への変換に伴い ATP を生成することである．一方，光合成では太陽エネルギーを利用して水から CO_2 へと電子を移動させ，炭水化物などの“高エネルギー”分子を合成する†．このときの生成物は，光合成生物そのものを養っているが，同時に，その光合成生物を食物とみなす人類をはじめ他のすべての生物も養っているのである．この二つの重要な過程は，ある意味で協力し合っている．それは，光合成によって放出された酸素を呼吸で使って，炭水化物に蓄えてあるエネルギーを取出しているからである．熱力学的な見方からすれば，たいていの生物界は太陽エネルギーを捕捉し，それを熱として廃棄するエネルギー変換装置とみなせるのである．

どちらの過程でも，電子移動は複数の電子担体が関与する膜局在の電子伝達鎖で起こっている．その担体はタンパク質や他のタイプの分子であり，電子がこの伝達鎖を通れば，これらの分子はその酸化形と還元形を行き来することができる．それぞれのレドックス対（担体の酸化形と還元形の対，Ox/Red）には，その還元半反応に対応する固有の電位があり，自発的な電子移動の方向はふつう電位が増加する方向である．しかしながら，別のレドックス対と共役すれば電子の流れを反転させることができる．光合成では，集光性複合体による光子の捕捉によって，電位の高いサイトから低いサイトへと電子を駆動しているのである．

これらの電子伝達鎖のもう一つの重要な側面は，この電子の流れが，電子伝達鎖のある生体膜を介してのプロトン輸送と共役していることである．この輸送は，プロトンの電気化学的勾配をつくり出しており，それが ATP の合成を駆動するのに使えるのである．

5C・1 レドックス中心間の電子移動

電子伝達鎖は，たいていは膜に局在する有機分子や d-金属中心など一連の電子担体で構成されており，その間で 1 個以上の電子が受け渡しされて，一方は還元剤，他方は酸化剤の役目をしている．電子伝達鎖の一方から他方への電子の正味の移動が起こるためには，この伝達鎖が還元電位[1]の異なるレドックス中心で構成されている必要がある．

(a) 電子移動が自発的に進む方向

電子移動（レドックス）反応の一般的な形と，それを二つの還元半反応に分解した形はつぎのように表せる．ただし，両者で電子の数が一致している場合である．

$$\mathrm{Red_1 + Ox_2 \longrightarrow Ox_1 + Red_2}$$

還元半反応と還元電位：

$$\mathrm{Ox_2} + \nu \mathrm{e^-} \longrightarrow \mathrm{Red_2} \qquad E(\mathrm{Ox_2/Red_2})$$
$$\mathrm{Ox_1} + \nu \mathrm{e^-} \longrightarrow \mathrm{Red_1} \qquad E(\mathrm{Ox_1/Red_1})$$

---

† 訳注：“高エネルギー”の意味についてはトピック 4D に説明がある．

1) reduction potential．〔訳注：これまで述べてきた電極電位のことである．生体細胞で起こる反応では具体的な電極が存在せず，それでいて半反応に分解して電極電位を扱うことができる．そこで，この分野では電極電位のことを酸化還元電位（または単に還元電位）あるいはレドックス電位ということが多い．〕

このときの反応ギブズエネルギーは次式で表される．

$$\Delta_r G = -\nu F\{E(\mathrm{Ox_2/Red_2}) - E(\mathrm{Ox_1/Red_1})\}$$

反応ギブズエネルギーと還元電位の関係　(1a)

実際には，二つの半反応で電子数が異なっていることがあるだろう．たとえば，

$$\mathrm{B_{ox}} + \nu_b \mathrm{e^-} \longrightarrow \mathrm{B_{red}} \qquad E(\mathrm{B_{ox}/B_{red}})$$
$$\mathrm{A_{ox}} + \nu_a \mathrm{e^-} \longrightarrow \mathrm{A_{red}} \qquad E(\mathrm{A_{ox}/A_{red}})$$

という場合である．このときは，半反応の差をとる前に電子数を合わせておく必要がある．それには，最初の半反応に ν_a を掛けて，2番目の半反応に ν_b を掛ければよい．

$$\nu_a \mathrm{B_{ox}} + \nu_a\nu_b \mathrm{e^-} \longrightarrow \nu_a \mathrm{B_{red}}$$
$$\nu_b \mathrm{A_{ox}} + \nu_a\nu_b \mathrm{e^-} \longrightarrow \nu_b \mathrm{A_{red}}$$

そうすれば，電子数は二つの半反応とも $\nu_a\nu_b$ となり等しくなる．このときの全反応は両者の差をとって，

$$\nu_a \mathrm{B_{ox}} - \nu_b \mathrm{A_{ox}} \longrightarrow \nu_a \mathrm{B_{red}} - \nu_b \mathrm{A_{red}}$$

となるが，これを整理すれば次式が得られる．

$$\nu_b \mathrm{A_{red}} + \nu_a \mathrm{B_{ox}} \longrightarrow \nu_b \mathrm{A_{ox}} + \nu_a \mathrm{B_{red}}$$　反応1

そこで，この反応の反応ギブズエネルギーは，

$$\Delta_r G = -\nu_a\nu_b F\{E(\mathrm{B_{ox}/B_{red}}) - E(\mathrm{A_{ox}/A_{red}})\}$$

反応ギブズエネルギーと還元電位の関係　(1b)

と表される．"還元剤"（いまの場合は $\mathrm{A_{red}}$）というのは，相手の反応物（いまの場合は $\mathrm{B_{ox}}$）を還元する化学種である．あるいは，"酸化剤"（いまの場合は $\mathrm{B_{ox}}$）というのは，相手の反応物（いまの場合は $\mathrm{A_{red}}$）を酸化する化学種である．

$\mathrm{A_{red}}$ が $\mathrm{B_{ox}}$ を還元する反応が自発的であるには，$\Delta_r G < 0$ であること，それは $E(\mathrm{A_{ox}/A_{red}}) < E(\mathrm{B_{ox}/B_{red}})$ の場合である．すなわち，つぎのようにいえる．

還元電位の低いレドックス対は，それより還元電位の高いレドックス対を還元する熱力学的な傾向がある．

簡単に，低い方が高い方を還元すると覚えればよい．高い方が低い方を酸化すると覚えても同じである．

簡単な例示 5C・1

呼吸鎖では，タンパク質複合体 $\mathrm{CoQH_2}$-シトクロム c レダクターゼのサブユニットであるシトクロム c_1 のヘム基と，タンパク質シトクロム c のヘム基の間で電子移動が起こる．この2種のレドックス対の生化学的標準還元電位は，それぞれ，

$$E^{\ominus\prime}(\mathrm{Cyt}\,c_{1\,\mathrm{ox}}/\mathrm{Cyt}\,c_{1\,\mathrm{red}}) = +0.22\ \mathrm{V}$$
$$E^{\ominus\prime}(\mathrm{Cyt}\,c_{\mathrm{ox}}/\mathrm{Cyt}\,c_{\mathrm{red}}) = +0.25\ \mathrm{V}$$

である．シトクロム c_1 のヘム基の方が還元電位は低いから，シトクロム c_1 のヘム基からシトクロム c のヘム基への電子移動が（pH＝7の標準条件のもとでは）自発的である．

代表的な電子伝達鎖では，反応1に続いてつぎの反応2が起こる．

$$\nu_c \mathrm{B_{red}} + \nu_b \mathrm{C_{ox}} \longrightarrow \nu_c \mathrm{B_{ox}} + \nu_b \mathrm{C_{red}}$$　反応2

反応1で $\mathrm{A_{red}}$ から $\mathrm{B_{ox}}$ に供給された電子が（それで $\mathrm{B_{ox}}$ は $\mathrm{B_{red}}$ になっている），反応2では $\mathrm{B_{red}}$ から $\mathrm{C_{ox}}$ に電子が渡される（それで $\mathrm{C_{ox}}$ は $\mathrm{C_{red}}$ になる）．反応2は，つぎの二つの半反応の結果である（ただし，両者で電子数を合わせてある）．

$$\nu_b \mathrm{C_{ox}} + \nu_b\nu_c \mathrm{e^-} \longrightarrow \nu_b \mathrm{C_{red}} \qquad E(\mathrm{C_{ox}/C_{red}})$$
$$\nu_c \mathrm{B_{ox}} + \nu_b\nu_c \mathrm{e^-} \longrightarrow \nu_c \mathrm{B_{red}} \qquad E(\mathrm{B_{ox}/B_{red}})$$

この電子伝達鎖の各段階はどちらも自発的でなければならない．すなわち，各段階の反応ギブズエネルギーは負であり，いい換えれば，反応1については $E(\mathrm{A_{ox}/A_{red}}) < E(\mathrm{B_{ox}/B_{red}})$，反応2については $E(\mathrm{B_{ox}/B_{red}}) < E(\mathrm{C_{ox}/C_{red}})$ である．すなわち，全反応の自発性については，つぎのようにいえる．

反応の連鎖が起こるところでは，電子は還元電位の高い化学種へと次々と移動する．

(b) 還元電位のタンパク質の環境による依存性

［簡単な例示5C・1］は生物学でよく見られる状況を示している．すなわち，見かけは似ていながら還元電位の異なるレドックス対が多いのである．シトクロム c_1 にもシトクロム c にもヘム基があり，そのヘム基はポルフィリン環の中心にFe原子をもち，2個の軸配位子としてヒスチジン残基とメチオニン残基の側鎖が配位している．また，Fe原子は二つの酸化状態がとれ，その還元半反応はどちらの場合も，

$$\text{ヘム}(\mathrm{Fe^{3+}}) + \mathrm{e^-} \longrightarrow \text{ヘム}(\mathrm{Fe^{2+}})$$

である．ところが，この二つのタンパク質でヘム基の還元電位は異なっている．それは，タンパク質の三次構造によって，鉄(Ⅱ)と鉄(Ⅲ)にとって都合のよい環境がほんの少し異なっているからである．鉄(Ⅱ)に比べて鉄(Ⅲ)が安定化すれば，この還元反応は比較的不利になり，したがって $\Delta_r G$ の値は負で小さくなり，標準還元電位の値も

正で小さくなる．実際，いろいろなタンパク質のヘム基は，生化学的標準還元電位が0～+0.5 Vの範囲に見られる．

5C・2 呼吸鎖

グルコースの酸化の全反応はつぎのように表される．

$$C_6H_{12}O_6(s) + 6O_2(g) \longrightarrow 6CO_2(g) + 6H_2O(l)$$

これはつぎの二つの還元半反応の差で表される（ここでは両者で電子数を合わせてある）．

還元半反応：

$$6O_2(g) + 24H^+(aq) + 24e^- \longrightarrow 12H_2O(l)$$
$$6CO_2(g) + 24H^+(aq) + 24e^- \longrightarrow C_6H_{12}O_6(s) + 6H_2O(l)$$

このように，$C_6H_{12}O_6$分子1個を酸化するのに，6個のO_2分子に対して24個の電子を移動させる必要がある．しかし，電子がグルコースから直接O_2に流れるわけではない．生体細胞では，解糖とクエン酸回路を通して，グルコースはNAD^+とFADによりCO_2にまで酸化されるのである．その反応はつぎのように表せる．

$$C_6H_{12}O_6 + 10\,NAD^+ + 2\,FAD + 6\,H_2O \longrightarrow 6\,CO_2 + 10\,NADH + 2\,FADH_2 + 10\,H^+$$

この全過程に関与する反応は細胞質基質で行われる．真核生物では，この生成物のNADHと$FADH_2$はミトコンドリア（図5C・1）に送られる．ミトコンドリアでは，**呼吸鎖**[1]という一連の電子移動反応の最後にO_2の還元が起こる．この呼吸鎖に沿って電子が流れると，ミトコンドリアマトリックスからその膜間腔へとプロトンが運ばれる．酸化的リン酸化の過程では，このプロトンがミトコンドリアマトリックスに戻されてATPの合成が駆動されるのである．

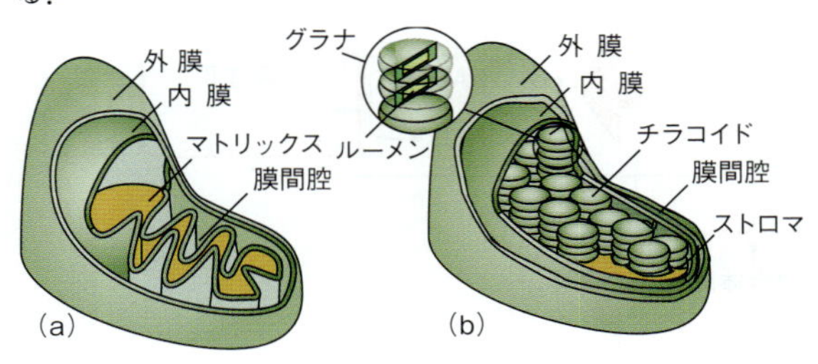

図5C・1 (a) ミトコンドリア，(b) 葉緑体の一般的な構造．黄色の部分は，pHの最も高い区画を示している．

(a) 電子移動反応

呼吸鎖は複合体 I（NADH–CoQレダクターゼ†）で始まる．ここで，NADHは2電子反応によって補酵素Q（Q，構造図M5）を還元する．この反応はつぎのように表せる．

$$NADH + Q + H^+ \xrightarrow{\text{複合体 I}} NAD^+ + QH_2$$

還元半反応：

$$Q + 2H^+ + 2e^- \longrightarrow QH_2$$
$$NAD^+ + H^+ + 2e^- \longrightarrow NADH$$

還元された補酵素Q（QH_2）は複合体III（$CoQH_2$–シトクロムcレダクターゼ）に移動し，そこでヘムタンパク質シトクロムc（Cyt c）を2段階の1電子反応で還元するから，合計2電子が移動する．

$$QH_2 + 2\,Fe^{3+}(\text{Cyt}\ c) \xrightarrow{\text{複合体III}} Q + 2\,Fe^{2+}(\text{Cyt}\ c) + 2\,H^+$$

還元半反応：

$$2\,Fe^{3+}(\text{Cyt}\ c) + 2\,e^- \longrightarrow 2\,Fe^{2+}(\text{Cyt}\ c)$$
$$Q + 2\,H^+ + 2\,e^- \longrightarrow QH_2$$

還元されたシトクロムcは複合体IIIから複合体IV（シトクロムcオキシダーゼ）へと電子を運び，そこでO_2はH_2Oに還元される．

$$2\,Fe^{2+}(\text{Cyt}\ c) + 2\,H^+ + \tfrac{1}{2}O_2 \xrightarrow{\text{複合体IV}} 2\,Fe^{3+}(\text{Cyt}\ c) + H_2O$$

還元半反応：

$$\tfrac{1}{2}O_2 + 2\,H^+ + 2\,e^- \longrightarrow H_2O$$
$$2\,Fe^{3+}(\text{Cyt}\ c) + 2\,e^- \longrightarrow 2\,Fe^{2+}(\text{Cyt}\ c)$$

この一連の反応では，NADHからそれぞれの担体へと電子は正のより大きな還元電位へと順次運ばれている（図5C・2）．すなわち，O_2に向かう電子の移動は自発的である．

以上の反応の正味の結果は（三つの全反応を足し合わせれば），つぎのように表せる．

$$NADH + \tfrac{1}{2}O_2 + H^+ \longrightarrow NAD^+ + H_2O$$

還元半反応：

$$\tfrac{1}{2}O_2 + 2\,H^+ + 2\,e^- \longrightarrow H_2O$$
$$NAD^+ + H^+ + 2\,e^- \longrightarrow NADH$$

簡単な例示5C・2

ミトコンドリア内の条件下では，$NAD^+/NADH$半反応の還元電位は−0.29 Vであり，O_2/H_2O半反応の還元

† 訳注：電子およびプロトンの伝達体であるユビキノン（補酵素Q）は，狭義では酸化形ユビキノン（CoQ）を表し，還元形はユビキノール（$CoQH_2$）と表すことが多い．そのため複合体にはいろいろな名称が付けられている．

1) respiratory chain

電位は$+0.84$ Vである．したがって，NADHによるO_2の還元反応のE_{cell}は$+1.13$ Vである．そこで，この反応の反応ギブズエネルギーは，つぎのように計算できる．

$$\Delta_r G = -\nu FE = -2 \times (9.6485 \times 10^4 \text{ C mol}^{-1}) \times (1.13 \text{ V})$$
$$= -218 \text{ kJ mol}^{-1}$$

複合体I，III，IVは電子移動反応を触媒すると同時に，ミトコンドリアマトリックスから膜間腔へとプロトンを運んでいる．複合体IとIIIそれぞれは，2個の電子の流れに伴い4個のプロトンをポンプしている．一方，複合体IVは，2個の電子の流れに伴い2個のプロトンをポンプしている．こうして，NADH分子1個を酸化すれば，ミトコンドリアマトリックス膜を介して10個のプロトンがポンプされる．その正味の結果として，プロトンの電気化学的勾配にギブズエネルギーの一部が蓄えられることになる．

電子は複合体II（コハク酸-CoQレダクターゼ）の呼吸鎖にも入り込むことができ，そこで$FADH_2$が2電子反応によって補酵素Qを還元する．この反応はつぎのように表せる．

$$FADH_2 + Q \xrightarrow{\text{複合体II}} FAD + QH_2$$

還元半反応：

$$Q + 2H^+ + 2e^- \longrightarrow QH_2$$
$$FAD + 2H^+ + 2e^- \longrightarrow FADH_2$$

複合体IIがプロトンをポンプすることはない．還元された補酵素Qは，複合体Iから移動したのと同じように複合体IIIへと移動する．こうして，$FADH_2$分子1個の酸化によって，ミトコンドリアマトリックスの膜を介して6個のプロトンがポンプされることになる．

(b) 酸化的リン酸化

プロトンの電気化学的勾配†は，トピック5Aの(9)式でつぎのように与えられる．

$$\Delta G_m = RT \ln \frac{a_J(\text{in})}{a_J(\text{out})} + z_J F\Delta\phi \qquad (2a)$$

$\Delta\phi$は膜電位差である．そこで，プロトンの電気化学的勾配に蓄えられているモルギブズエネルギーは（$J = H^+$，$z = +1$として），

$$\Delta G_m = RT \ln \frac{a_{H^+}(\text{in})}{a_{H^+}(\text{out})} + F\Delta\phi$$
$$= RT \ln a_{H^+}(\text{in}) - RT \ln a_{H^+}(\text{out}) + F\Delta\phi$$

と表される．そこで，$\ln x = (\ln 10)\log_{10} x$の関係を使って，

$$\Delta G_m = RT(\ln 10)\{\overbrace{\log_{10} a_{H^+}(\text{in})}^{-\text{pH(in)}} - \overbrace{\log_{10} a_{H^+}(\text{out})}^{-\text{pH(out)}}\} + F\Delta\phi$$
$$= -RT(\ln 10)\{\text{pH(in)} - \text{pH(out)}\} + F\Delta\phi$$

とする．膜の両側のpH差を$\Delta\text{pH} = \text{pH(in)} - \text{pH(out)}$で表せば，この式は，

$$\Delta G_m = F\Delta\phi - RT(\ln 10)\Delta\text{pH} \qquad (2b)$$

モルギブズエネルギー勾配

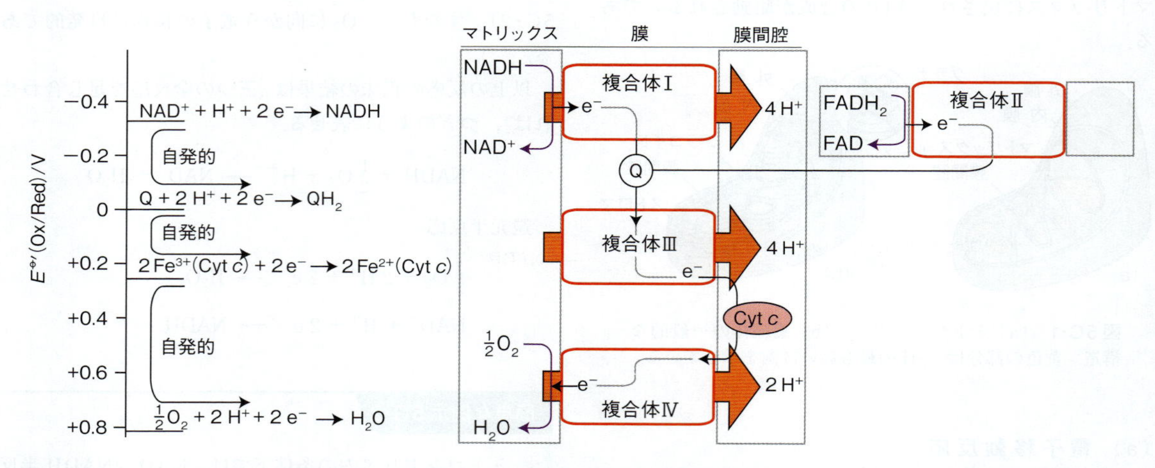

図5C・2　ミトコンドリアの電子伝達鎖では，NADHと$FADH_2$から電子伝達を担う一連の複合体を通してO_2に電子が流れる．それは，正の標準電位が増加する向き（発エルゴン的）に行われる．これと同時に複合体I，III，IVによって，プロトンがマトリックスから膜間腔へと運ばれる．このとき運ばれるプロトンの数は，電子伝達鎖を通る2個の電子に相当している．

† 訳注：電気化学的勾配（電気化学ポテンシャルの勾配）には，濃度勾配（化学的勾配）によるものと電位勾配（電気的勾配）によるものがあることに注意しよう．

となる．プロトンの電気化学的勾配に蓄えられたギブズエネルギーのことを**プロトン駆動力**[1]（あるいは化学浸透ポテンシャル[2]）ということがあり，Δp で表す．つぎのように定義され，単位はVで表される．

$$\Delta p = -\frac{\Delta G_m}{F} \qquad \text{プロトン駆動力 [定義]} \qquad (3a)$$

そうすれば（2b）式は，

$$\Delta p = \frac{RT}{F}(\ln 10)\Delta \text{pH} - \Delta\phi \qquad \text{プロトン駆動力} \qquad (3b)$$

となる．プロトンに作用する“力”は，pH勾配（実際にはプロトンの濃度勾配）と膜電位差で決まっている．

簡単な例示 5C・3

肝臓ミトコンドリアでは $\Delta\text{pH} \approx 0.5$ および $\Delta\phi \approx -0.17\,\text{V}$ であるから，（2b）式から $\Delta G_m \approx -19\,\text{kJ mol}^{-1}$，（3b）式から $\Delta p \approx +200\,\text{mV}$ が求められる．ADPのリン酸化（加水分解の逆反応の $\Delta_r G$）には約 $52\,\text{kJ mol}^{-1}$ が必要であるから，1 mol のADPをリン酸化するには膜を通して少なくとも 2.7 mol の H^+ が（おそらくもっと）流れなければならないことがわかる．Δp にはpHの勾配（濃度勾配）の寄与より，電位勾配の寄与の方が大きいことに注目しよう．

プロトンの電気化学的勾配に蓄えられたエネルギーを使って，ADPをATPにリン酸化する酵素は F_0F_1-ATP合成酵素である．ATP分子1個を合成するには，膜間腔からマトリックスへ移動したプロトンが合計4個必要である．このうち3個はATP合成酵素が必要とし，残りの1個はADPと P_i をミトコンドリアの中に運び込み，ATPを運び出すためにアデニンヌクレオチドとリン酸の担体が必要としている．こうして，1 mol のNADHを O_2 で酸化すれば，最終的に 2.5 mol のATPが合成される．したがって，呼吸鎖と酸化的リン酸化の熱力学的な効率は，つぎのように計算できる．

$$\frac{\text{捕捉した正味のギブズエネルギー}}{\text{使える合計のギブズエネルギー}} = \frac{2.5 \times 52\,\text{kJ mol}^{-1}}{218\,\text{kJ mol}^{-1}} = 60\,\text{パーセント}$$

5C・3　光 合 成

光合成では，太陽エネルギーが CO_2 からジヒドロキシアセトンリン酸（DHAP，“トリオースリン酸”）への吸エルゴン還元反応を駆動し，同時に水を酸化して O_2 をつくる．植物では，この過程が葉緑体を含む緑色組織で起こる．光合成でまずつくられる生成物トリオースリン酸は，その後スクロースやデンプンなど別の炭水化物に変換される．CO_2 からトリオースリン酸の合成にはATPとNADPHの供給が必要であり，その両者は一連の光駆動電子移動段階を経て得られる（図5C・3）．

この電子伝達鎖では，電子が一連の電子移動反応によって水から $NADP^+$ へと流れる．それらの反応は，光化学系Ⅰおよび光化学系Ⅱという膜内在性タンパク質複合体による太陽エネルギーの吸収と共役している†．光からのエネルギー吸収によって，P700（光化学系Ⅰ，PSⅠ）とP680（光化学系Ⅱ，PSⅡ）として知られるクロロフィル *a* 分子（構造図R3）の特殊な二量体の還元電位が減少する．こうして，P680とP700はその高エネルギー状態，つまり励起状態で電子移動反応を開始することになり，最終的に水か

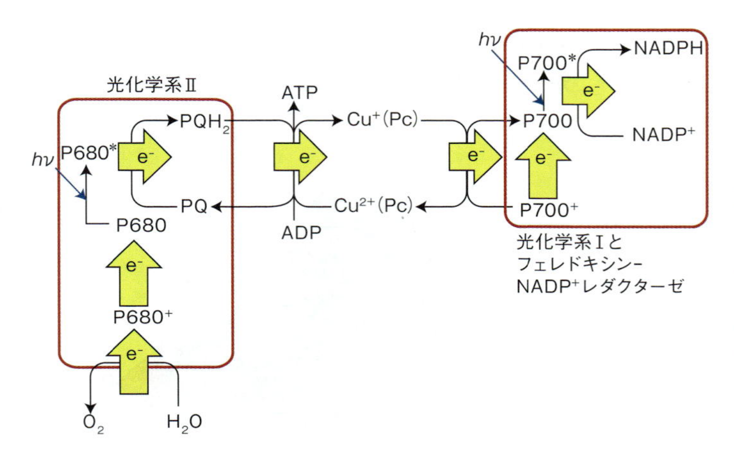

図 5C・3　植物の光合成では，光誘起電子移動過程によって水から O_2 への酸化と $NADP^+$ から NADPH への還元が行われ，それに伴い ATP が生成される．ATP と NADPH に蓄えられたギブズエネルギーを使って，別の一連の反応で CO_2 が炭水化物に還元される．この図では電子の流れの一般的な図式をまとめてあるだけで，光化学系ⅠとⅡ，あるいはシトクロム b_6f 複合体やフェレドキシン-$NADP^+$ レダクターゼにおける中間電子担体などは示していない．

† このエネルギー移動過程の詳細についてはトピック7Dを見よ．
1) proton motive force.〔訳注：この場合も“力”でない（電位である）ことに注意しよう．〕　2) chemiosmotic potential

らO_2への酸化と$NADP^+$（構造図N5）からNADPHへの還元が行われる．その反応はつぎのように表される．

$$2NADP^+ + 2H_2O \xrightarrow{光} O_2 + 2NADPH + 2H^+$$

還元半反応：

$$2NADP^+ + 2H^+ + 4e^- \longrightarrow 2NADPH$$
$$O_2 + 4H^+ + 4e^- \longrightarrow 2H_2O$$

この二つのレドックス対の生化学的標準還元電位は，$E^{\ominus\prime}(O_2/H_2O) = +0.81$ V および $E^{\ominus\prime}(NADP^+/NADPH) = -0.32$ V である．その差は-1.13 V あるから，これは$\Delta G^{\ominus\prime} = +440$ kJ mol^{-1}に相当し（4個の電子を移動させなければならないことを考えると）かなり吸エルゴン性の強い反応であるといえる．

さて，この過程の第一段階は，波長680 nmの光で励起された光化学系IIによる水からO_2への酸化である．これには，プラストキノン（PQ）からプラストキノール（PQH_2）への還元を伴う．この還元に必要な電子は，はじめは励起状態のP680によるものであるが，最終的には酸素発生複合体（OEC）で"水の分解反応"を起こす水分子から提供される．この反応はつぎのように表される．

$$2H_2O + 2PQ \xrightarrow{光，光化学系II} O_2 + 2PQH_2$$

還元半反応：

$$2PQ + 4H^+ + 4e^- \longrightarrow 2PQH_2$$
$$O_2 + 4H^+ + 4e^- \longrightarrow 2H_2O$$

次に，プラストキノールはシトクロム b_6f 複合体へと電子を渡す．この複合体は，ミトコンドリアの複合体IIIに類似の膜タンパク質複合体である．シトクロム b_6f 複合体はさらに，銅タンパク質プラストシアニン（Pc）へと電子を渡すのである．全反応はつぎのように表せる．

$$PQH_2 + 2Cu^{2+}(Pc) \xrightarrow{Cyt\ b_6f 複合体} PQ + 2H^+ + 2Cu^+(Pc)$$

還元半反応：

$$2Cu^{2+}(Pc) + 2e^- \longrightarrow 2Cu^+(Pc)$$
$$PQ + 2H^+ + 2e^- \longrightarrow PQH_2$$

光化学系Iは，鉄硫黄タンパク質フェレドキシン（Fd）の光誘起還元を触媒する．この過程に必要な電子は，はじめに波長700 nmの光吸収でつくられた励起状態のP700によるものであるが，最終的には還元形の電子担体プラストシアニンから提供される．レドックス対$Cu^{2+}(Pc)/Cu^+(Pc)$とFd_{ox}/Fd_{red}の生化学的標準還元電位は，それぞれ$+0.37$ V と-0.53 V である．正味の反応はつぎのように表される．

$$Cu^+(Pc) + Fd_{ox} \xrightarrow{光，光化学系I} Cu^{2+}(Pc) + Fd_{red}$$

還元半反応：

$$Fd_{ox} + e^- \longrightarrow Fd_{red}$$
$$Cu^{2+}(Pc) + e^- \longrightarrow Cu^+(Pc)$$

この反応は吸エルゴン的である（1電子の移動について$\Delta_r G^{\ominus\prime} = +87$ kJ mol^{-1}）．

こうして最後に，Fd-$NADP^+$レダクターゼが$NADP^+$をNADPHに還元するのである．

$$NADP^+ + H^+ + 2Fd_{red} \xrightarrow{Fd\text{-}NADP^+ レダクターゼ} NADPH + 2Fd_{ox}$$

還元半反応：

$$NADP^+ + H^+ + 2e^- \longrightarrow NADPH$$
$$2Fd_{ox} + 2e^- \longrightarrow 2Fd_{red}$$

植物では，二つの光化学系が葉緑体のチラコイド膜にある．酸素とNADPHの生成を導いた光駆動過程は，膜貫通プロトンの電気化学的勾配をつくることにもなる．チラコイド膜はチラコイドルーメンという区画を包んでおり，光誘起反応が起こっているあいだのチラコイドルーメンは葉緑体のストロマより酸性になっている．そのプロトン供給源の一つは，酸素発生複合体によって触媒されるつぎの反応である．

$$2H_2O \xrightarrow{光} O_2 + 4H^+ + 4e^-$$

この反応はチラコイド膜のルーメン側で起こり，プロトンはルーメンに放出される．プロトンの電気化学的勾配の原因となっている他の供給源は，シトクロム b_6f 複合体のプロトンポンピング活性である．すなわち，プラストキノールからプラストシアニンに電子が移動するとき，プロトンがルーメン側にポンプされるのである．こうしてできたプ

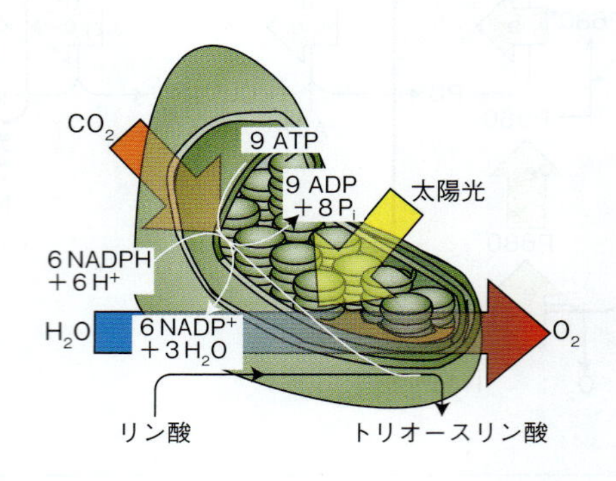

図5C･4　葉緑体におけるCO_2の光合成固定の概略．

ロトンの電気化学的勾配は，ATP合成酵素によって使われ，**光リン酸化**[1]という過程でATPが合成されるのである．

植物の光合成における光誘起電子移動反応によってつくられたATP分子とNADPH分子は，葉緑体で起こるCO_2からトリオースリン酸への還元に直接関与している（図5C･4）．ここでは簡単のためにトリオース（$C_3H_6O_3$）と表しておくが，反応式はつぎのように表される．

$$3\,CO_2 + 6\,NADPH + 9\,ATP + 6\,H^+ \longrightarrow C_3H_6O_3 + 6\,NADP^+ + 9\,ADP^+ + 9\,P_i + 3\,H_2O$$

簡単な例示5C･4

チラコイド膜は，Mg^{2+}イオンとCl^-イオンに対してかなりの透過性がある．そのため，たとえばシトクロムb_6f複合体でのプロトン輸送で膜電位差が発生するのだが，それを維持するのが困難になっている．その結果，この場合のプロトン駆動力は，塩基性の葉緑体ストロマと酸性のチラコイドルーメンのpH差（つまりプロトンの濃度差）が主役になっている．代表的なpH差は$\Delta pH = 3$であり，これは15 °Cにおける$\Delta G_m \approx -16.5\ \mathrm{kJ\,mol^{-1}}$および$\Delta p = 0.17\ \mathrm{V}$に相当している．

重要事項のチェックリスト

- □ 1．還元電位の低いレドックス対は，それより還元電位の高いレドックス対を還元する熱力学的な傾向がある．
- □ 2．反応の連鎖が起こるところでは，電子は還元電位の高い化学種へと次々と移動する．
- □ 3．**呼吸鎖**は一連の電子移動反応であり，NADHや$FADH_2$からO_2に電子を移動させて，プロトンの電気化学的勾配にギブズエネルギーを蓄える．
- □ 4．**光化学系**は，光の吸収で取込んだエネルギーを使ってH_2Oから$NADP^+$への電子移動を駆動し，プロトンの電気化学的勾配にギブズエネルギーを蓄える．
- □ 5．**酸化的リン酸化**および**光リン酸化**では，それぞれミトコンドリアと葉緑体で，いずれもプロトンの電気化学的勾配を使ってATPを合成している．

重要な式の一覧

式の内容	式	備　考	式番号
反応ギブズエネルギー	$\Delta_r G = -\nu F\{E(Ox_2/Red_2) - E(Ox_1/Red_1)\}$	電子数が合っているとき	1a
	$\Delta_r G = -\nu_a \nu_b F\{E(B_{ox}/B_{red}) - E(A_{ox}/A_{red})\}$	個々の半反応に基づく	1b
モルギブズエネルギー勾配	$\Delta G_m = F\Delta\phi - RT(\ln 10)\Delta pH$		2b
プロトン駆動力	$\Delta p = -\Delta G_m/F$	定　義	3a
	$\Delta p = (RT/F)(\ln 10)\Delta pH - \Delta\phi$		3b

1) photophosphorylation

テーマ5 イオンと電子の輸送

トピック5A 膜を介してのイオンの輸送

記述問題

Q5A·1 電解質溶液に関するデバイ-ヒュッケルの理論の内容を説明せよ．

Q5A·2 活量係数が必要なのはなぜか．

Q5A·3 能動輸送と受動輸送の違いを説明せよ．

Q5A·4 半透膜を介して一方に高分子電解質が存在するとき，その両側で電位差があるのはなぜか．

Q5A·5 神経を伝って信号が伝達するのに関与しているイオン過程について説明せよ．

演習問題

5A·1 (a) KCl，(b) $FeCl_3$，(c) $CuSO_4$ のそれぞれの水溶液について，イオン強度とモル濃度の関係を表せ．

5A·2 0.10 mol dm^{-3} の KCl(aq) と 0.2 mol dm^{-3} の $CuSO_4$(aq) を含む溶液がある．そのイオン強度を計算せよ．

5A·3 0.150 mol dm^{-3} の KNO_3(aq) 500 cm^3 のイオン強度を 0.250 にまで増加させるのに加えるべき (a) $Ca(NO_3)_2$，(b) NaCl の質量をそれぞれ計算せよ．

5A·4 $CaCl_2$ の水溶液中のイオンの幾何平均（相乗平均）活量係数を，個々のイオンの活量係数を用いて表せ．

5A·5 0.010 mol dm^{-3} の $CaCl_2$(aq) と 0.030 mol dm^{-3} の NaF(aq) を含む水溶液中に存在するイオンそれぞれについて，活量係数と活量を求めよ．

5A·6 25 °C における HBr の希薄水溶液 3 種の H^+ イオンと Br^- イオンの活量係数が，0.930 (5.0 mmol dm^{-3})，0.907 (10.0 mmol dm^{-3})，0.879 (20.0 mmol dm^{-3}) であった．拡張デバイ-ヒュッケル則（5a 式）における B の値を求めよ．

5A·7 つぎの反応について，それぞれの平衡混合物に 0.1 M の NaCl(aq) を加えたとき，その組成は反応物側にシフトするか，それとも生成物側にシフトするかを予測せよ．

(a) $CH_3COOH(aq) + H_2O(l) \rightleftharpoons CH_3CO_2^-(aq) + H_3O^+(aq)$

(b) $CaCl_2(s) \rightleftharpoons Ca^{2+}(aq) + 2Cl^-(aq)$

(c) グリセルアルデヒド 3-リン酸$^{2-}$(aq) + NAD^+(aq) + HPO_4^{2-}(aq) ⇌ 1,3-ビスホスホグリセリン酸$^{4-}$(aq) + NADH(aq) + H_3O^+(aq)

5A·8 電荷を帯びたタンパク質を含む溶液に $(NH_4)_2SO_4$ などの塩を少量添加すると，水に対するタンパク質の溶解度が増す．この現象を塩溶効果[1]という．しかしながら，塩を大量に添加するとタンパク質の溶解度が減少し，沈殿することがある．この現象を塩析効果[2]といい，タンパク質を単離したり純化したりするのに生化学者に広く応用されている．そこで，平衡 $PX_\nu(s) \rightleftharpoons P^{\nu+}(aq) + \nu X^-(aq)$ を考えよう．$P^{\nu+}$ は電荷数 ν の多価カチオン性タンパク質であり，X^- はその対イオンである．ルシャトリエの原理およびデバイ-ヒュッケルの理論の背後にある物理的な諸原理を使って，塩溶効果と塩析効果に対する分子論的な説明を加えよ．

5A·9 細胞膜を介して外側が比較的酸性で pH の差は 0.8 であり，プロトンによる膜電位差は 75 mV で内側が負である．20 °C での電気化学ポテンシャルの差を計算せよ．

5A·10 Na^+ イオンの毒性の発現は，植物によっては細胞質内にある膜結合液胞の中に蓄えておくことで回避できる．いま細胞質（外側）の pH が 7.4 で，液胞（内側）の pH が 5.6 のとき，液胞膜の Na^+/H^+ 交換輸送機構によって達成できる最大の $[Na^+]$ を計算せよ．ただし，液胞と細胞質の $[Na^+]$ の比で答えよ．

5A·11 Na^+/K^+ ポンプによる Na^+ と K^+ の能動輸送の全反応は，

$$3\,Na^+(\text{aq, 細胞内}) + 2\,K^+(\text{aq, 細胞外}) + ATP \longrightarrow ADP + P_i + 3\,Na^+(\text{aq, 細胞外}) + 2\,K^+(\text{aq, 細胞内})$$

で表せる．310 K での ATP の加水分解反応は $\Delta_r G^{\ominus\prime} = -31.3$ kJ mol^{-1} である．[ATP]/[ADP] の比は 100 程度であるとし，[具体例 5A·5] にある細胞内外のイオン濃度を用いる．このとき，1 mol の ATP の加水分解で Na^+ と K^+ を輸送するエネルギーを十分まかなえるか．ただし，$[P_i]$ = 10 mmol dm^{-3} とする．

5A·12 二つの区画それぞれに 0.350 M の NaCl(aq) 溶液が入っていて，半透膜で分けられている．一方の区画には，モル質量 65.0 kg mol^{-1} の高分子電解質 Na_8P が 45.0 g dm^{-3} の濃度で入っている．それぞれの区画の平衡での Na^+ と Cl^- のモル濃度の比を計算せよ．また，この膜

1) salting-in effect　2) salting-out effect

を介してのドナン電位差を計算せよ.

5A·13 視覚は，網膜にある特殊な細胞による光の吸収で始まる．最終的には，そのエネルギーがリガンド依存性イオンチャネルを閉じるのに使われ，それが膜貫通電位にかなりの変化をひき起こす．その電位パルスは視神経を通って視覚野へと伝搬する．そこで，はじめて信号と認識され，それからわれわれが視覚といっている複雑な過程に組込まれる．ここで，静止膜電位を −30 mV，温度を 310 K，K^+ および Cl^- イオンの透過率をそれぞれ $P_{K^+} = 1.0$ および $P_{Cl^-} = 0.45$，濃度を $[K^+]_{in} = 100$ mmol dm^{-3}，$[Na^+]_{in} = 10$ mmol dm^{-3}，$[Cl^-]_{in} = 10$ mmol dm^{-3}，$[K^+]_{out} = 5$ mmol dm^{-3}，$[Na^+]_{out} = 140$ mmol dm^{-3}，$[Cl^-]_{out} = 100$ mmol dm^{-3} とする．Na^+ イオンの相対透過率を計算せよ．

トピック5B 電子移動反応

記述問題

Q5B·1 電気化学的な測定をどのように利用すれば，熱力学的諸量を求めることができるかを説明せよ．

Q5B·2 生化学的標準電池電位が熱力学的標準電池電位と異なるのはなぜか．また，どういう場合にどれほど異なるかを説明せよ．

Q5B·3 ガルバニ電池の構造を示し，その電池電位の符号の意味について説明せよ．

Q5B·4 電気化学的測定から平衡定数を予測するには，どうすればよいかを説明せよ．

演習問題

5B·1 ある化学反応の反応途中の反応ギブズエネルギーは −250 kJ mol^{-1} である．これに対応する電池電位はいくらか．この反応が平衡に達したときの電池電位はいくらか．

5B·2 ガルバニ電池を利用して $\nu = 2$ の生化学反応を起こし，その標準電池電位は +0.14 V と測定された．この反応の平衡定数はいくらか．

5B·3 酸性溶液中で H_2 と O_2 から H_2O を生成する反応を二つの還元半反応で表せ．半反応はふつう最も単純な形で表すから，均衡のとれた全反応を再現するのに $2A^+ + 2e^- \rightarrow 4B$ と書く必要があるとしても，ふつうは $A^+ + e^- \rightarrow 2B$ と書く．

5B·4 アルコールデヒドロゲナーゼの存在下で，エタノールが NAD^+ によってエタナール（アセトアルデヒド）に変換される反応を二つの半反応の差として表せ．また，それぞれの半反応と全反応についての反応比を書け．

5B·5 システイン〔$HSCH_2CH(NH_2)COOH$〕が酸化されシスチン〔$HOOCCH(NH_2)CH_2SSCH_2CH(NH_2)COOH$〕となる反応を二つの半反応の差として表せ．ただし，半反応の一つは $O_2(g) + 4H^+(aq) + 4e^- \rightarrow 2H_2O(l)$ である．

5B·6 光合成を担う反応の一段階として，フェレドキシン–$NADP^+$ レダクターゼの存在下でフェレドキシン（Fd）により $NADP^+$ が還元される反応，$2Fd_{red}(aq) + NADP^+(aq) + H^+(aq) \rightarrow 2Fd_{ox}(aq) + NADPH(aq)$ がある．この反応を二つの半反応の差として表せ．この反応では電子が何個移動するか．

5B·7 つぎの電池で起こる電池反応と電極半反応をそれぞれ書け．

(a) $Pt(s)|H_2(g, p_L)|HCl(aq)|H_2(g, p_R)|Pt(s)$
(b) $Pt(s)|Cl_2(g)|HCl(aq)||HBr(aq)|Br_2(l)|Pt(s)$
(c) $Pt(s)|NAD^+(aq), H^+(aq), NADH(aq)||$
　オキサロ酢酸$^{2-}$(aq), H^+(aq), リンゴ酸$^{2-}$(aq)|Pt(s)
(d) $Fe(s)|Fe^{2+}(aq)||Mn^{2+}(aq), H^+(aq)|MnO_2(s)|Pt(s)$

5B·8 ［演習問題 5B·7］の電池について，ネルンストの式をそれぞれ書け．

5B·9 酸性溶液中で H_2 と O_2 から H_2O を生成する反応を調べるのに使える電池の式を書け．

5B·10 生化学的に重要なつぎの反応を研究するための電池を書け．それぞれの反応について，ネルンストの式に使う ν の値を示せ．

(a) $CH_3CH_2OH(aq) + NAD^+(aq) \rightarrow CH_3CHO(aq) + NADH(aq) + H^+(aq)$
(b) $2\text{Cyt}\,c(\text{red, aq}) + CH_3COCO_2^-(aq) + 2H^+(aq) \rightarrow 2\text{Cyt}\,c(\text{ox, aq}) + CH_3CH(OH)CO_2^-(aq)$

5B·11 ［演習問題 5B·10］の電池について，両電極の標準電極電位の値を用いて標準電池電位を計算せよ．

5B·12 過マンガン酸イオンはよく使われる酸化剤である．レドックス対（MnO_4^-, H^+/Mn^{2+}）の標準電極電位を (a) pH = 6.00 の場合，(b) 任意の pH の場合についてそれぞれ求めよ．

5B·13 (a) 電池 $Hg(l)|HgCl_2(aq)||TlNO_3(aq)|Tl(s)$ の 25 °C での標準電池電位を計算せよ．(b) Hg^{2+} イオンのモル濃度が 0.150 mol dm^{-3}，Tl^+ イオンのモル濃度が

0.93 mol dm^{-3} のとき，この電池の電池電位を計算せよ．

5B·14　銀–塩化銀電極 Ag(s)|AgCl(s)|Cl$^-$(aq) では，塩化銀（水に溶けない）の層で金属銀をコートしたものが，塩化物イオンを含む溶液と接触している．(a) 銀–塩化銀電極の半反応を書け．(b) つぎの電池の 25 °C での電池電位を求めよ．

$$\mathrm{Ag(s)|AgCl(s)|KCl(aq,\ 0.025\ mol\ kg^{-1})\|AgNO_3(aq,\ 0.010\ mol\ kg^{-1})|Ag(s)}$$

5B·15　標準電極電位として $E^\ominus(\mathrm{Fe^{3+}, Fe}) = -0.04$ V および $E^\ominus(\mathrm{Fe^{2+}, Fe}) = -0.44$ V が与えられている．$E^\ominus(\mathrm{Fe^{3+}, Fe^{2+}})$ を計算せよ．

5B·16　ピルビン酸イオンから乳酸イオンへのつぎの変換反応について，生化学的標準電池電位と熱力学的標準電池電位の差を求めよ．

$$\mathrm{CH_3COCO_2^-(aq) + NADH(aq) + H^+(aq) \longrightarrow CH_3CH_2(OH)CO_2^-(aq) + NAD^+(aq)}$$

5B·17　電池の反応過程を調べていて，pH = 6.5 を基準とした新しい標準電位が必要になったとしよう．その標準電位の値と従来の熱力学的標準電位の値にどんな関係があるか．また，ふつう使っている生化学的標準電位の値とどれだけの違いがあるか．ただし，温度は 25 °C とし，$\nu = 1$ とする．

5B·18　生化学的標準電極電位 $E^{\ominus\prime}(\mathrm{O_2, H^+, H_2O}) = +0.81$ V および $E^{\ominus\prime}(\mathrm{NAD^+, H^+, NADH}) = -0.32$ V を用いて，NADH が酸化され NAD$^+$ となる反応の標準電池電位を計算せよ．また，その反応の生化学的標準反応ギブズエネルギーを計算せよ．

5B·19　25 °C の HBr(aq) で水素電極を 1.45 bar で使った場合を考えよう．この溶液濃度を 5.0 mmol dm^{-3} から 25.0 mmol dm^{-3} に変えたとき，その電極電位の変化を求めよ．

5B·20　(a) 電池 Pt(s)|システイン(aq)，シスチン(aq)||H$^+$(aq)|O$_2$(g)|Pt(s) の 25 °C での標準電池電位，その電池反応の標準反応ギブズエネルギーと標準反応エンタルピーを計算せよ．(b) 35 °C での $\Delta_r G^\ominus$ の値を計算せよ．ただし，レドックス対（シスチン/システイン）の標準電位 $E^{\ominus\prime} = -0.34$ V を用いよ．

5B·21　レドックス対（ピルビン酸/乳酸）の生化学的標準電極電位は −0.18 V である．このときの熱力学的標準電極電位はいくらか．ピルビン酸は $\mathrm{CH_3COCOOH}$，乳酸は $\mathrm{CH_3CH(OH)COOH}$ である．

5B·22　[演習問題 5B·20] の (a) の電池で，310 K での二つの電極電位と電池電位の生化学的標準値を計算せよ．

5B·23　酸性溶液中の二クロム酸イオンは，有機化合物に対してよく使う酸化剤である．酸性溶液中で $\mathrm{Cr_2O_7^{2-}}$ イオンが $\mathrm{Cr^{3+}}$ イオンに還元される反応を半反応とする電極について，その電極電位を表す式を導け．

5B·24　電池 Pt(s)|H$_2$(g)|HCl(aq)|AgCl(s)|Ag(s) の 25 °C での電池電位は +0.312 V である．この電解質溶液の pH はいくらか．

5B·25　生物学的に活性な溶液では，弱酸のモル濃度変化を追跡するのに原理的には水素電極が使える．そこで，ガルバニ電池の一部として，乳酸溶液中の水素電極を 25 °C，1 bar のもとで用いたとしよう．この溶液の乳酸濃度が 5.0 mmol dm^{-3} から 25.0 mmol dm^{-3} に変化したときの電極電位の変化を求めよ．

5B·26　[演習問題 5B·7] の電池でつぎの変化が起きたとき，それぞれの電池電位にどんな変化が見られるかを述べよ．その予測が正しいことをネルンストの式を用いて確かめよ．(a) 左側の電極隔室で水素の圧力が増加したとき．(b) HCl の濃度が増加したとき．(c) 両方の電極隔室に酸を加えたとき．(d) 右側の電極隔室に酸を加えたとき．

5B·27　[演習問題 5B·10] の電池でつぎの変化が起きたとき，それぞれの電池電位にどんな変化が見られるかを述べよ．その予測が正しいことをネルンストの式を用いて確かめよ．(a) 溶液の pH が上昇したとき．(b) 溶液に乳酸ナトリウムを加えたとき．

5B·28　つぎの反応や半反応について，生化学的標準反応ギブズエネルギーを計算せよ．

(a) $\mathrm{2NADH(aq) + O_2(g) + 2H^+(aq) \longrightarrow 2NAD^+(aq) + 2H_2O(l)}$　　$E_{\mathrm{cell}}^{\ominus\prime} = +1.14$ V

(b) リンゴ酸$^{2-}$(aq) + NAD$^+$(aq) ⟶ オキサロ酢酸$^{2-}$(aq) + NADH(aq) + H$^+$(aq)　　$E_{\mathrm{cell}}^{\ominus\prime} = -0.154$ V

(c) $\mathrm{O_2(g) + 4H^+(aq) + 4e^- \longrightarrow 2H_2O(l)}$　　$E_{\mathrm{cell}}^{\ominus\prime} = +0.81$ V

5B·29　ラジカルは 1 個以上の不対電子をもち非常に反応性に富む化学種であり，代謝副生成物の一つである．ラジカルは老化の機構に関与しており，心臓血管病からがんに至るまで数々の病気をひき起こす原因に関わっているという証拠が集まりつつある．抗酸化剤[1]は，ラジカルを容易に減弱させる物質である．つぎの抗酸化剤のうち，どれが最も（熱力学的な見地から）効果的と思うか．アスコルビン酸（ビタミン C），還元形グルタチオン，還元形リポ酸，還元形補酵素 Q．

5B·30　酸素の NADH による還元反応 $\mathrm{O_2 + 2NADH + 2H^+ \rightarrow 2H_2O + 2NAD^+}$ の平衡定数を求めよ．ただし，レドックス対（O$_2$/H$_2$O）および（NAD$^+$/NADH）の標準電極電位はそれぞれ +1.229 V および −0.113 V である．

5B·31　298 K でのレドックス対（ピルビン酸/乳酸）の生

1) antioxidant

化学的標準電極電位は $-0.18\ \mathrm{V}$，レドックス対（フマル酸/コハク酸）では $+0.03\ \mathrm{V}$ である．ピルビン酸＋コハク酸 → 乳酸＋フマル酸 の反応の $\mathrm{pH}=7$ における平衡定数を求めよ．

5B·32　熱力学データが掲載された表を使えば，直接測定できない電池の標準電池電位を予測することができる．グリコール酸に酵素グリコール酸オキシダーゼが作用してできたグリオキシル酸が存在するかどうかは，つぎのレドックス反応で監視することができる．

$$2\ \mathrm{Cyt}\ c(\mathrm{ox,aq}) + \text{グリコール酸}^-(\mathrm{aq}) \longrightarrow 2\ \mathrm{Cyt}\ c(\mathrm{red,aq}) + \text{グリオキシル酸}^-(\mathrm{aq}) + 2\ \mathrm{H}^+(\mathrm{aq})$$

この反応の $\mathrm{pH}=7.0$，$298\ \mathrm{K}$ での平衡定数は 2.14×10^{11} である．(a) 対応するガルバニ電池の生化学的標準電池電位を計算せよ．(b) レドックス対（グリオキシル酸$^-$/グリコール酸$^-$）の生化学的標準電極電位を計算せよ．

5B·33　生態学的に重要な平衡として，天然水中での炭酸イオンと炭酸水素イオンの平衡がある．(a) $\mathrm{CO_3^{2-}(aq)}$ と $\mathrm{HCO_3^-(aq)}$ の標準生成ギブズエネルギーは，それぞれ $-527.81\ \mathrm{kJ\ mol^{-1}}$，$-586.77\ \mathrm{kJ\ mol^{-1}}$ である．レドックス対（$\mathrm{HCO_3^-/CO_3^{2-}, H_2}$）の標準電極電位を求めよ．(b) 電池反応が $\mathrm{Na_2CO_3(aq) + H_2O(l) \rightarrow NaHCO_3(aq) + NaOH(aq)}$ である電池の標準電池電位を計算せよ．(c) その電池のネルンストの式を書け．(d) pH を 7.0 に変えたときの電池電位の変化についてまず予測し，次にそれを計算せよ．(e) $\mathrm{HCO_3^-(aq)}$ の $\mathrm{p}K_\mathrm{a}$ の値を計算せよ．

5B·34　レドックス対（$\mathrm{AgCl/Ag, Cl^-}$）の標準電極電位は，つぎの式によく合う．

$$E^\ominus/\mathrm{V} = 0.23659 - 4.8564\times10^{-4}(\theta/{}^\circ\mathrm{C}) - 3.4206\times10^{-6}(\theta/{}^\circ\mathrm{C})^2 + 5.869\times10^{-9}(\theta/{}^\circ\mathrm{C})^3$$

θ はセルシウス温度である．$298\ \mathrm{K}$ での（$\mathrm{H^+}$ に相対的な）$\mathrm{Cl^-(aq)}$ の標準生成ギブズエネルギーと標準生成エンタルピー，標準生成エントロピーを計算せよ．

5B·35　化学電池の左側半電池として標準水素電極を用い，レドックス対（$\mathrm{Hg_2Cl_2(s)/2Hg(l), 2Cl^-(aq)}$）の標準電極電位を測定してつぎの値を得た．

$\theta/{}^\circ\mathrm{C}$	35	30	25	20	15	10
$E^\ominus/\mathrm{V}$	0.2656	0.2669	0.2682	0.2698	0.2715	0.2728

(a) この化学電池で起こっている全反応を書け．(b) これらのデータを用いて，この電池反応の $\Delta_\mathrm{r}S^\ominus$ を計算せよ．また，$298\ \mathrm{K}$ での $\Delta_\mathrm{r}G^\ominus$ および $\Delta_\mathrm{r}H^\ominus$ を計算せよ．使った仮定があればそれを述べよ．

トピック5C　電子伝達鎖

記述問題

Q5C·1　異なる生物に由来するシトクロム c タンパク質は，すべて同じタイプのヘム補因子をもつにも関わらず，そのレドックス対（$\mathrm{Fe^{3+}/Fe^{2+}}$）の生化学的標準還元電位（$E^{\ominus\prime}$）は異なっており，その範囲は $0\sim+500\ \mathrm{mV}$ に及ぶ．その理由を説明せよ．

Q5C·2　ミトコンドリアの電子伝達鎖と光合成の電子伝達鎖で起こっているエネルギー輸送過程における $\mathrm{H^+}$ の役割について説明せよ．

Q5C·3　プロトン駆動力に対する膜電位差の寄与が大きいかどうかを決めているのは何か．

Q5C·4　細胞条件が異なれば，ATP を合成するのに必要なプロトンの数が異なるのはなぜか．

演習問題

5C·1　(a) $\mathrm{FADH_2}$ は，$\mathrm{pH}=7$ で補酵素 Q を還元する熱力学的傾向をもつか．(b) 酸化形シトクロム b は，$\mathrm{pH}=7$ で還元形シトクロム f を酸化する熱力学的傾向をもつか．

5C·2　シトクロム c オキシダーゼは，還元形シトクロム c（$\mathrm{Cyt}\ c_\mathrm{red}$）から電子を受け取り，それを酸素分子に渡して水を生成する．(a) この過程が酸性溶液中で起こるとき，その化学反応式を書け．(b) この反応の $25\ {}^\circ\mathrm{C}$ での $E^{\ominus\prime}$，$\Delta_\mathrm{r}G^{\ominus\prime}$，$K'$ を計算せよ．

5C·3　ミトコンドリアのマトリックスと膜間腔の電位差が，ほかの生体膜で見られるように $70\ \mathrm{mV}$ だったとしよう．pH 差は変わらないとして，$4\ \mathrm{mol}$ の $\mathrm{H^+}$ の輸送によって ATP はどれだけ合成されるか．

5C·4　植物の光合成の電子伝達鎖の一部を構成しているシトクロム b_6f 複合体では，つぎの反応が起こっている．

$$\mathrm{Cyt}\ b(\mathrm{red}) + \mathrm{Cyt}\ f(\mathrm{ox}) \longrightarrow \mathrm{Cyt}\ b(\mathrm{ox}) + \mathrm{Cyt}\ f(\mathrm{red})$$

(a) この反応の生化学的標準反応ギブズエネルギーを計算せよ．(b) 葉緑体での諸条件のもとでは，ATP の加水分解の反応ギブズエネルギーは $-50\ \mathrm{kJ\ mol^{-1}}$ であり，ATP アーゼによる ATP の合成には，膜を通して 4 個のプロトンの移動が必要である．葉緑体で ATP の合成を駆動できるだけの大きな膜貫通プロトン勾配を発生させるのに，どれだけの電子がシトクロム b_6f を通して流れなければならないか.

5C·5 嫌気性細菌の炭素源にはグルコース以外の分子もあり，最終的な電子受容体は O_2 以外の分子である．細菌は進化して，代謝エネルギー源としてレドックス対（グルコース/O_2）の代わりに，レドックス対（エタノール/硝酸塩）を使えるようになると思うか.

テーマ5 発展問題

P5·1 タンパク質の標準電位は，本テーマで説明した方法ではふつう測定しない．それは，タンパク質が電極表面で反応するときに天然の構造や機能を失うことが多いからである．別法として，酸化形のタンパク質を溶液中で適当な電子供与体と反応させる．そのときのタンパク質の標準電位は，ネルンストの式と溶液内のすべての化学種の平衡濃度，その電子供与体の標準電位（既知のもの）から求める．タンパク質シトクロム c（Cyt c と書く）を例にこの方法について調べよう.

(a) シトクロム c と2,6-ジクロロインドフェノール（D と書く）の1電子反応は,

$$\mathrm{Cyt}\,c_{\mathrm{ox}} + \mathrm{D}_{\mathrm{red}} \longrightarrow \mathrm{Cyt}\,c_{\mathrm{red}} + \mathrm{D}_{\mathrm{ox}}$$

と書ける．$E_{\mathrm{Cyt}}{}^{\ominus}$ と $E_{\mathrm{D}}{}^{\ominus}$ をそれぞれシトクロム c と D の標準還元電位としよう．平衡(eq)では $\ln([\mathrm{D}_{\mathrm{ox}}]_{\mathrm{eq}}/[\mathrm{D}_{\mathrm{red}}]_{\mathrm{eq}})$ を $\ln([\mathrm{Cyt}\,c_{\mathrm{ox}}]_{\mathrm{eq}}/[\mathrm{Cyt}\,c_{\mathrm{red}}]_{\mathrm{eq}})$ に対してプロットすると直線になり，その勾配は1，y 切片は $F(E_{\mathrm{Cyt}}{}^{\ominus} - E_{\mathrm{D}}{}^{\ominus})/RT$ であることを示せ．ただし，平衡の活量を平衡のモル濃度で置き換えてある.

(b) pH = 6.5 および 298 K での酸化形シトクロム c と還元形 D の反応に関して以下のデータが得られた．$[\mathrm{D}_{\mathrm{ox}}]_{\mathrm{eq}}/[\mathrm{D}_{\mathrm{red}}]_{\mathrm{eq}}$ と $[\mathrm{Cyt}\,c_{\mathrm{ox}}]_{\mathrm{eq}}/[\mathrm{Cyt}\,c_{\mathrm{red}}]_{\mathrm{eq}}$ は，酸化形シトクロム c と還元形 D を含む溶液に対して，強い還元剤であるアスコルビン酸ナトリウムの溶液を既知体積だけ加えることによって変化させた．このデータと D の標準還元電位 +0.237 V とから，pH = 6.5 および 298 K におけるシトクロム c の標準還元電位を求めよ.

$[\mathrm{D}_{\mathrm{ox}}]_{\mathrm{eq}}/[\mathrm{D}_{\mathrm{red}}]_{\mathrm{eq}}$	0.00279	0.00843	0.0257	0.0497	0.0748	0.238	0.534
$[\mathrm{Cyt}\,c_{\mathrm{ox}}]_{\mathrm{eq}}/[\mathrm{Cyt}\,c_{\mathrm{red}}]_{\mathrm{eq}}$	0.0106	0.0230	0.0894	0.197	0.335	0.809	1.39

テーマ6

反応速度

熱力学は自発変化の方向を示してくれるが，化学反応によって生成物が生じる速さについては何も語ってくれない．**化学反応速度論**[1]は，反応の速さを研究する分野であり，どのようにして反応の速さを測定し，それで得られた結果をどう解釈し，あるいは反応の速さをどう変更できるのかを調べる．

トピック6A　反応速度

本トピックでは，反応の速さを定義したうえで，それをどう測定するかについて述べる．まず，反応速度の多くは反応物の濃度に比例し，場合によっては生成物の濃度にも比例することを示そう．このことから“速度式”の概念が生まれる．速度式は，反応の速さを反応物や生成物の濃度と，その反応に固有の“速度定数”を用いて表した式である．このような速度式を見いだすことで可能になるのは，速度論的に似た挙動をする同じタイプの反応を集めて，それと異なるものから分類することである．

6A・1　反応速度の定義
6A・2　速度式と速度定数
6A・3　反応の次数
6A・4　速度式の求め方
6A・5　実験法
6A・6　具体例：タンパク質のフォールディングの速度の測定

トピック6B　一段階反応の速度式

本トピックでは，速度式の概念を展開することによって，速度式を使えば反応物や生成物の濃度の時間変化をどのように表せるかを示そう．ここでは，反応物から生成物に一段階で変わる単純な反応に話を限るが，速度論的な概念である正反応と逆反応の速度定数と，熱力学的な概念である平衡定数との重要な関係が盛り込まれている．

6B・1　0次反応
6B・2　1次反応
6B・3　2次反応
6B・4　平衡への接近

トピック6C　多段階反応の速度式

本トピックでは，複雑な反応を扱うために速度式の概念をさらに展開し，固有の速度式でそれぞれ表せる一連の素過程を経て起こる場合の全反応の速度論的な振舞いを調べよう．このときの全反応の速度式はふつう非常に複雑であるから正確に解くには数値計算によるしかないが，それを単純化できる方法が二つある．すなわち，“定常状態の近似”を用いたり，“前駆平衡”の存在に注目したりすることによって，対象とする反応網の大まかな特徴を捉えることができるのである．

1）chemical kinetics

トピック 6D　速度定数の値を決めている因子

本トピックでは，話の焦点を速度定数そのものの性質に戻す．まず，反応物が互いに出会う速さと，出会ってから変化を起こす速さを区別して考えることから始める．後者が非常に重要になるのは，問題としている速度定数の温度依存性にある．その温度依存性は，たいていの場合，二つのパラメーターで表される式に従うことがわかっている．この考えによって，あるエネルギー障壁を反応物が越えて生成物になる速さの式がつくられ，触媒として作用する酵素の役目の一つを明らかにすることができる．この式から，熱力学で用いたパラメーターに似たものを導入することにもつながるのである．こうして得られたパラメーターを用いれば，温度以外の因子，とりわけ同位体置換やイオン強度などが反応速度にどう影響を与えるかを調べることができる．

トピック 6A

反応速度

> **➤ 学ぶべき重要性**
>
> 種々の化学反応が示す多様な反応速度は，生命体で起こっている諸過程が実際どのように均衡しているかを表している重要な要素の一つである．
>
> **➤ 習得すべき事項**
>
> 反応の速さは，実験で求めた速度式に要約されている．
>
> **➤ 必要な予備知識**
>
> 本トピックから新しい話題が始まるから，その内容が本テーマの他のトピックの基礎になることはあっても，これまでに学んだことを利用することは特にない．ただし，反応の量論関係やグラフを描いたときの直線の解析法などは習得しているものとする．

生命は，いろいろな速さで起こっている反応のネットワークによって支えられている．その速さは確定したものではなく，細胞や生命体の要請に応じて変化するものである．たとえば，筋肉に化学的に蓄えておいたエネルギーを取出す速さは，その筋肉の活動状況によって変わる．すなわち，筋肉が安静状態から収縮状態に移行すると解糖の速さは増加するのである．それでは，化学反応の“速さ”とはなんだろうか．フラスコや生体細胞など反応が起こる環境の組成によってどう変化するのだろうか．また，温度などのパラメーターにどう依存しているのだろうか．そのパラメーターには，生物が自分で制御できるものと制御できないものがあるだろう．生体内で起こっている個々の反応がどう組合わさって複雑な反応ネットワークができあがり，それが全体としてどう調子を合わせているかを考察する前に，単純な反応それぞれについて深く考えるだけで多くを学ぶことができる．ここで導入する概念は，単純な反応について説明するものの，酵素触媒反応や電子移動反応，生体膜を介しての分子やイオンの輸送など生物学的な過程を調べるときに使えるものである．

化学反応の速さとは，反応物がどれほどの速さで消費されるか，あるいは生成物がどれほどの速さで生成されるかを表す尺度である．その速さというのは一般に，反応の進行に伴って変化するものである．実験によってすぐに得られる生のデータは，反応開始後の一連の時間における反応物と生成物の濃度であったり分圧（気体の場合）であったりする．反応中間体が介在していれば理想的にはその情報も得られるはずであるが，その存在は非常にはかなく，濃度も低すぎるから研究できないことが多い．一方，いろいろな温度でデータが得られれば，反応についてもっと詳しい情報が引き出せるのである．

6A・1 反応速度の定義

反応の**平均速度**[1]は，ある指定した化学種の濃度の変化の速さで定義される．その化学種をJとすれば，

$$\text{平均速度} = \frac{\text{濃度変化}}{\text{時間}} = \left|\frac{\Delta[\mathrm{J}]}{\Delta t}\right|$$

平均速度［定義］　(1a)

である．ここで，$\Delta[\mathrm{J}]$ は時間 Δt の間に起こるJのモル濃度の変化である．濃度変化を絶対値の記号（符号を無視せよという指示）で挟んであるのは，速度をすべて正の量にするためである．濃度の単位を $\mathrm{mol\,dm^{-3}}$，時間を s で表すから，反応の平均速度の単位は $\mathrm{mol\,dm^{-3}\,s^{-1}}$ である．

反応物を消費して生成物が生成する速さは反応中も刻々と変化するから，反応の**瞬間速度**[2] $v(\mathrm{J})$，すなわち，ある瞬間での消費速度または生成速度を考えておく必要がある．反応物が消費される瞬間速度は，反応物のモル濃度を時間に対してプロットしたグラフで，注目する時刻での接線の傾きに相当し，それを正の量で表す（図6A・1）．同様にして生成物の生成の瞬間速度は，そのモル濃度を時間に対してプロットしたグラフでの接線の傾きに相当する正の量である．式で書けば，化学種Jについてつぎのように表せる．

---

1) average rate　2) instantaneous rate

$$v(\mathrm{J}) = \left|\frac{\mathrm{d}[\mathrm{J}]}{\mathrm{d}t}\right|$$

瞬間速度［定義］ (1b)

平均速度の場合と同じで，瞬間速度も $\mathrm{mol\,dm^{-3}\,s^{-1}}$ の単位で表す．

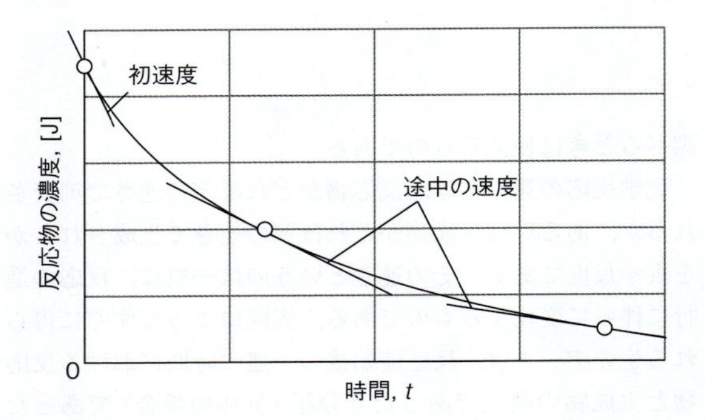

図6A・1 化学反応の速度は，ある化学種の濃度が時間的に変化する様子を示す曲線の接線の傾きである（ただし，符号を付けない）．このグラフは反応が進むにつれ消費される反応物濃度のプロットである．消費速度は反応の途中では，反応物の濃度が減少するとともに減少する．

一般には，反応に関与するいろいろな反応物はそれぞれ異なる速度で消費される．また，生成物もそれぞれ異なる速度で生成するが，これらの速度の間には反応の量論関係がある．たとえば，酸性溶液中での尿素 $CO(NH_2)_2$ の分解反応，

$$CO(NH_2)_2(aq) + 2H_2O(l) \longrightarrow 2NH_4^+(aq) + CO_3^{2-}(aq)$$

では，中間体の量が有意でない限り，NH_4^+ の生成速度は $CO(NH_2)_2$ の消費速度の2倍である．つまり $CO(NH_2)_2$ が 1 mol 消費されると NH_4^+ が 2 mol 生成するから，

NH_4^+ の生成速度 ＝ 2 × $CO(NH_2)_2$ の消費速度

の関係がある．あるいは，それぞれの量の導関数で表せば，

$$v(NH_4^+) = \left|\frac{\mathrm{d}[NH_4^+]}{\mathrm{d}t}\right|$$

$$v(CO(NH_2)_2) = \left|\frac{\mathrm{d}[CO(NH_2)_2]}{\mathrm{d}t}\right|$$

であるから，つぎのように表せる．

$$v(NH_4^+) = 2v(CO(NH_2)_2)$$

このような関係があるから，“反応速度”というとき，どの化学種の反応速度のことなのかをはっきり指定しなければならない．

同じ反応であるのにいろいろ異なる反応速度で表せてしまうという問題は，反応速度の定義に量論係数を取入れることで回避できる．たとえば，$a\mathrm{A} + b\mathrm{B} \rightarrow c\mathrm{C} + d\mathrm{D}$ というタイプの反応では，**固有の反応速度**[1] v として，つぎの四つの量のいずれを書いてもよい．

$$v = \frac{1}{d}\left|\frac{\mathrm{d}[\mathrm{D}]}{\mathrm{d}t}\right| = \frac{1}{c}\left|\frac{\mathrm{d}[\mathrm{C}]}{\mathrm{d}t}\right| = \frac{1}{a}\left|\frac{\mathrm{d}[\mathrm{A}]}{\mathrm{d}t}\right| = \frac{1}{b}\left|\frac{\mathrm{d}[\mathrm{B}]}{\mathrm{d}t}\right|$$

固有の反応速度［定義］ (2)

こうしておけば，この反応の反応速度は一つしかない．

簡単な例示 6A・1

上で指定した尿素の分解反応の場合は（$a=1$，$c=2$，$d=1$ であり，水はふつう大過剰にあるからその量を測定することはない），固有の反応速度をつぎの三つのどの量から計算してもよい．

$$v = \frac{1}{2}\left|\frac{\mathrm{d}[NH_4^+]}{\mathrm{d}t}\right| = \left|\frac{\mathrm{d}[CO_3^{2-}]}{\mathrm{d}t}\right| = \left|\frac{\mathrm{d}[CO(NH_2)_2]}{\mathrm{d}t}\right|$$

6A・2 速度式と速度定数

反応混合物の組成による反応速度の依存性を実験で調べておけば，ある過程の反応を遅くして別の過程を速くしたい場合に役立つことが多い．それは，鍵となる反応機構に迫るための手がかりにもなる．反応速度を実験で調べていて気づく重要なことは，

反応速度が反応物のモル濃度の簡単なべき乗に比例することがよくある．

ということである．たとえば，反応速度が反応物AとBの濃度に比例して，

$$v = k_\mathrm{r}[\mathrm{A}][\mathrm{B}] \tag{3}$$

となる場合がある．係数 k_r はその反応に固有なもので**速度定数**[2] という．それは反応に関与するどの化学種の濃度にも無関係であるが，温度には依存する．このように実験で求めた式を反応の“速度式”という．もっと厳密にいえば，つぎのようになる．

速度式[3] とは，反応全体に関与している化学種（生成物も関わるかもしれない）のモル濃度（または分圧）で反応速度を表した式のことである．

k_r の単位は，濃度の積を反応速度に変換するものになって

1) unique reaction rate　2) rate constant　3) rate law.〔訳注：速度法則とせず，日本の慣習に従って本書では速度式とする．〕

いるから．いろいろと変化する．それは，反応速度が常に単位時間当たりの濃度変化で表されるからである．たとえば，速度式が上の (3) 式で表されるときは，濃度の単位は $\mathrm{mol\,dm^{-3}}$ であるから，k_r の単位は $\mathrm{dm^3\,mol^{-1}\,s^{-1}}$ である．それは，

$$\underbrace{\mathrm{dm^3\,mol^{-1}\,s^{-1}}}_{k_r} \times \underbrace{\mathrm{mol\,dm^{-3}}}_{[\mathrm{A}]} \times \underbrace{\mathrm{mol\,dm^{-3}}}_{[\mathrm{B}]} = \underbrace{\mathrm{mol\,dm^{-3}\,s^{-1}}}_{v}$$

だからである．このようにすれば，速度式がどんな形をしていても，速度定数の単位を求めることができる．たとえば，速度式が $k_r[\mathrm{A}]$ の形の反応の速度定数はふつう $\mathrm{s^{-1}}$ で表されるのである．

反応の速度式と速度定数が求められれば，速度定数にそのときの濃度を掛けるだけで，任意の反応混合物組成について反応速度を予測することができる．しかし，ふつうもっと関心があるのは，速度式から速度そのものを予測することではなく，反応が開始してからの任意の時刻での反応混合物の組成を予測することであろう (トピック 6B)．さらに，速度式は反応の**機構**[1]，つまり分子レベルでの個々の過程を解明するときの重要な指針にもなる．それは，どんな機構を提案しても，それが実測の速度式と矛盾のないものでなければならないからである．

6A・3 反応の次数

反応の多くは，その**次数**[2] によって分類することができる．反応の次数とは，速度式で表したとき，ある化学種の濃度にかかる“べき”のことである．

A について 1 次：	$v = k_r[\mathrm{A}]$	(4a)
A について 1 次，B について 1 次：	$v = k_r[\mathrm{A}][\mathrm{B}]$	(4b)
A について 2 次：	$v = k_r[\mathrm{A}]^2$	(4c)

反応を次数で分類しておくことの利点は，反応混合物の組成が時間変化する様子や半減期 (トピック 6B で説明する) が反応物の濃度に依存する様子など，同じ次数の反応は速度論的に似た振舞いをすることである．反応の**全次数**[3] とは，すべての成分の次数の和のことである．(4b) 式と (4c) 式の速度式では，全次数はいずれも 2 次である．

簡単な例示 6A・2

DNA の二重らせんが温度や pH の上昇で 2 本のストランドに分かれた後に二重らせんを再構築する反応：

$$\text{ストランド} + \text{補ストランド} \longrightarrow \text{二重らせん}$$

では，つぎの速度式に従うことがわかっている．

$$v = k_r[\text{ストランド}][\text{補ストランド}]$$

この反応は各ストランドについて 1 次で，全次数は 2 である．一酸化炭素による二酸化窒素の還元反応，

$$\mathrm{NO_2(g) + CO(g) \longrightarrow NO(g) + CO_2(g)}$$

では，つぎの速度式に従うことがわかっている．

$$v = k_r[\mathrm{NO_2}]^2$$

そこで，$\mathrm{NO_2}$ について 2 次，それ以外の化学種は速度式に現れていないので全次数も 2 である．つまり，少しでも CO が存在すればよく，反応速度は CO の濃度には無関係である．したがって，CO については 0 次である．それは濃度の 0 乗が 1 ($[\mathrm{CO}]^0 = 1$，代数学では $x^0 = 1$) だからである．

整数の次数で表される反応ばかりとは限らない．たとえば，つぎの速度式で表される反応では，

$$v = k_r[\mathrm{A}]^{1/2}[\mathrm{B}] \qquad (5)$$

A について 1/2 次，B について 1 次，全体として 3/2 次である．

速度式が $v = k_r[\mathrm{A}]^x[\mathrm{B}]^y[\mathrm{C}]^z\cdots$ の形をしていない反応に全次数はない．たとえば，基質 S に対する酵素 E の作用についての代表的な速度式は (テーマ 7 を見よ)，

$$v = \frac{k_r[\mathrm{E}][\mathrm{S}]}{[\mathrm{S}] + K_\mathrm{M}} \qquad (6a)$$

で表される．K_M は定数である (速度定数ではない)．この速度式は酵素について 1 次であるが，基質については明確な次数がない．

全次数のない複雑な速度式でも，ある状況下では単純化できて速度式が明確な次数をもつ場合がある．たとえば，上の酵素触媒反応で基質濃度が非常に低くて $[\mathrm{S}] \ll K_\mathrm{M}$ であれば，(6a) 式は簡単に，

$$v = \frac{k_r}{K_\mathrm{M}}[\mathrm{E}][\mathrm{S}] = k_r'[\mathrm{E}][\mathrm{S}] \qquad [\mathrm{S}] \ll K_\mathrm{M}\text{ のとき} \qquad (6b)$$

となる．すなわち，S について 1 次，E について 1 次，全体としては $k_r' = k_r/K_\mathrm{M}$ を速度定数とする 2 次である．一方，$[\mathrm{S}] \gg K_\mathrm{M}$ の場合は，(6a) 式の速度式は，

$$v = k_r[\mathrm{E}] \qquad [\mathrm{S}] \gg K_\mathrm{M}\text{ のとき} \qquad (6c)$$

となり，反応は E について 1 次，S について 0 次であり，全反応は 1 次である．

つぎの点は非常に重要であるから覚えておこう．

1) mechanism　2) order　3) overall order

速度式は実験で求められるものであり，化学反応式から推測することは一般にはできない．

たとえば，酵素と基質の反応は化学量論的には非常に単純であるが，速度式（6a 式）は少し複雑である．しかし，速度式がたまたま反応の量論関係を反映する場合もある．［簡単な例示 6A·2］で示した DNA の復元がその例である．

6A・4　速度式の求め方

反応の次数は生化学反応を分類し，研究するうえで重要な概念であるから，実験でどう求めるかを知っておく必要がある．最も単純なやり方は，ある反応物について濃度の異なる二つの場合に注目することで，両者の反応速度を比較するだけで反応の次数がわかることがある．たとえば，濃度が 2 倍で反応速度が 2 倍であれば，その反応物について 1 次の反応であり，このとき反応速度が 4 倍であれば 2 次といえる．しかしながら，得られたデータを十分に検討するには，もっと系統的な解析を行う必要がある．それには主として二つのやり方がある．一つは，濃度変化から求めた速度の測定結果をそのまま使うもので，もう一つは，濃度の測定結果をそのまま使うやり方である．ここでは前者について，その基礎を説明しよう．後者については，もう少し準備が必要であり，それについてはトピック 6B で述べる．

(a)　分離法と見かけの反応次数

速度式を求めるとき**分離法**[1] を使えば簡単になる．それには，注目する反応物以外はすべて大過剰に存在するような条件をつくり出すことである．ほかの反応物を大過剰にすることで特定の反応物に注目し，反応物ごとに調べることによって順次その効果を分離する．次に，それらを集めて全体の速度式を組立てれば，反応物それぞれが反応速度にどう寄与しているかがわかる．

もし，反応物 B が大過剰にあれば，その濃度は反応中も一定とみなすのはよい近似である．

簡単な例示 6A·3

反応 A + 2B → 生成物 において，A と B の初濃度がそれぞれ 1×10^{-3} mol dm^{-3} および 0.1 mol dm^{-3} であったとしよう．A が完全に消費されて反応が停止すれば，B の濃度は始めから 2 パーセント下がるだけである．

このとき，本来の速度式は $v = k_r[A][B]^2$ であったとしても，[B] を（反応中ほとんど変化しないので）初濃度 $[B]_0$ で近似することができる．そうすれば，

$$v = k_r'[A] \qquad \text{ここで} \quad k_r' = k_r[B]_0{}^2$$

B が大過剰では擬 1 次反応　　(7a)

と書くことができる．この場合，B の濃度を一定と仮定することによって真の速度式を強引に 1 次の形で表したわけで，この実効的な速度式を**擬 1 次**[2] と分類し，k_r' を B の濃度を事実上一定に固定したときの**擬 1 次速度定数**[3] という．もし A の濃度を大過剰にして事実上一定とみなしたとすると，速度式 $v = k_r[A][B]^2$ は簡単になって，つぎの**擬 2 次の速度式**[4] が得られる．

$$v = k_r''[B]^2 \qquad \text{ここで} \quad k_r'' = k_r[A]_0$$

A が大過剰では擬 2 次反応　　(7b)

分離法で得られる速度式は一般に $v = k_r'[J]^j$ の形をしている．J は分離された反応物であり，j は未知の次数である．このときの反応次数や速度定数を求めるには，この式の常用対数（底が 10 の対数）をとり，

$$\log_{10} v \;=\; \log_{10} k_r' + j\log_{10}[J] \tag{8}$$

とすればよい．この式は，$\log_{10}[J]$ に対して $\log_{10} v$ をプロットすれば直線を与える形をしており，その勾配は反応次数 j に等しく，y 切片は $\log_{10} k_r'$ に等しい．ほかの反応物についても分離法で同じ手続きを繰返せば，全速度式を組立てることができる．全反応の速度定数は，このようにして求めた実効速度定数と過剰にした各反応物の初濃度から計算することができる．

分離法の利点は，全速度式を求めるのに，解析がずっと簡単な個々の速度式に分けて考えられるところである．しかしながら，この方法には限界がある．一つは，全速度式が $v = k_r[A]^x[B]^y[C]^z\cdots$ の形をしている場合にしか適用できないことである．さらに，ある特定の反応物を大過剰にすれば，それによって反応機構が変わってしまうかもしれない．たとえば，酵素触媒反応によっては，基質濃度が高くなると活性サイト以外でも結合が起こり，反応機構が変わってしまうのである．

(b)　初速度の方法

初速度[5] の方法は分離法と組合わせて用いることが多く，反応物の初濃度をいろいろ変えて，反応開始直後の瞬間速度を測定するものである．分離した反応物の初濃度が 2 倍のとき初速度が 2 倍になれば，その反応物について反応は 1 次であるという具合である．

1) isolation method　2) pseudofirst-order　3) pseudofirst-order rate constant　4) pseudosecond-order rate law
5) initial rate

得られたデータを十分に活用する方法を示すために，速度式が $v = k_\mathrm{r}[\mathrm{A}]^a[\mathrm{B}]^b$ で表される反応があったとしよう．この反応の初速度 v_0 は $k_\mathrm{r}[\mathrm{A}]_0{}^a[\mathrm{B}]_0{}^b$ で与えられる．ここで，$[\mathrm{A}]_0$ と $[\mathrm{B}]_0$ はそれぞれAとBの初濃度である．$[\mathrm{B}]_0$ を一定に保った一連の実験では，初速度の式はつぎのように表せる．

$$v_0 = k_\mathrm{r}'[\mathrm{A}]_0{}^a \qquad \text{ここで} \quad k_\mathrm{r}' = k_\mathrm{r}[\mathrm{B}]_0{}^b$$

a 次反応の初速度　(9)

この速度式は，分離法で得た式と全く同じであるから，データは同じように解析できる．したがって，初濃度を変えて測定し，初速度の対数をAの初濃度の対数に対してプロットすれば直線を与えるはずで，そのグラフの勾配がAに関する反応次数 a であり，$\log_{10} k_\mathrm{r}'$ は $\log_{10}[\mathrm{A}]_0 = 0$ での切片から求められる（図6A·2）．

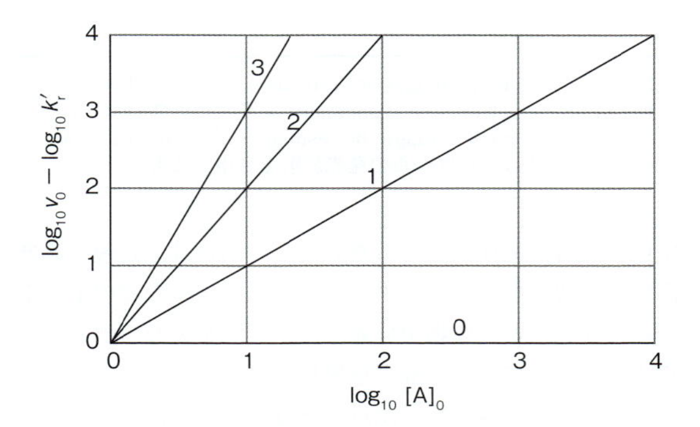

図6A·2　$\log_{10} v_0$（この図では $\log_{10} k_\mathrm{r}'$ だけずらしてある）を $\log_{10}[\mathrm{A}]_0$ に対してプロットすると直線が得られ，その勾配は反応の次数に等しい．

例題6A·1　初速度の方法の使い方

グルコースと酵素ヘキソキナーゼの結合反応について，初速度に関するつぎのデータが得られた．

$[\text{グルコース}]_0/(\mathrm{mmol\,dm^{-3}})$		1.00	1.54	3.12	4.02
$v_0/(\mathrm{mol\,dm^{-3}\,s^{-1}})$	(a)	5.0	7.6	15.5	20.0
	(b)	7.0	11.0	23.0	31.0
	(c)	21.0	34.0	70.0	96.0

酵素の濃度は (a) 1.34 $\mathrm{mmol\,dm^{-3}}$，(b) 3.00 $\mathrm{mmol\,dm^{-3}}$，(c) 10.0 $\mathrm{mmol\,dm^{-3}}$ であった．グルコースおよびヘキソキナーゼについての反応次数と速度定数をそれぞれ求めよ．

考え方　初速度の式が，

$$v_0 = k_\mathrm{r}[\text{グルコース}]_0{}^a[\text{ヘキソキナーゼ}]_0{}^b$$

の形で書けるとしよう．一定の $[\text{ヘキソキナーゼ}]_0$ に対

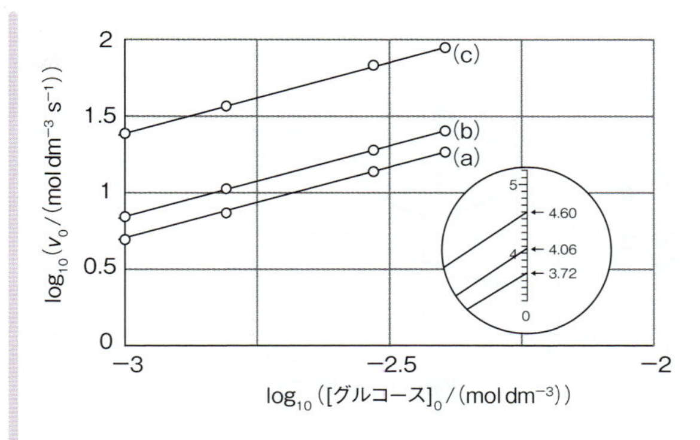

図6A·3　グルコースについての次数を求めるための，例題6A·1のデータのプロット．

し，初速度の式は $v_0 = k_\mathrm{r}'[\text{グルコース}]_0{}^a$ の形で表され，ここで $k_\mathrm{r}' = k_\mathrm{r}[\text{ヘキソキナーゼ}]_0{}^b$ である．したがって，

$$\log_{10} v_0 = \log_{10} k_\mathrm{r}' + a \log_{10}[\text{グルコース}]_0$$

である．ある与えられた $[\text{ヘキソキナーゼ}]_0$ について $\log_{10} v_0$ を $\log_{10}[\text{グルコース}]_0$ に対してプロットし，その勾配から反応次数 a を，さらに $\log_{10}[\text{グルコース}]_0 = 0$ における切片から k_r' の値を求める．次に，

$$\log_{10} k_\mathrm{r}' = \log_{10} k_\mathrm{r} + b \log_{10}[\text{ヘキソキナーゼ}]_0$$

であるから，$\log_{10} k_\mathrm{r}'$ を $\log_{10}[\text{ヘキソキナーゼ}]_0$ に対してプロットすると切片から $\log_{10} k_\mathrm{r}$，勾配から b が得られる．

解答　問題のデータから，グラフ上の点がつぎのように与えられる．

$\log_{10}([\text{グルコース}]_0/(\mathrm{mol\,dm^{-3}}))$		−3.00	−2.81	−2.51	−2.40
$\log_{10}(v_0/(\mathrm{mol\,dm^{-3}\,s^{-1}}))$	(a)	0.699	0.881	1.19	1.30
	(b)	0.845	1.04	1.36	1.49
	(c)	1.32	1.53	1.85	1.98

このデータのグラフを図6A·3に示してある．直線の勾配はいずれも1に近く，実効速度定数 k_r' はつぎのようになる．

$[\text{ヘキソキナーゼ}]_0/(\mathrm{mol\,dm^{-3}})$	1.34×10^{-3}	3.00×10^{-3}	1.00×10^{-2}
$\log_{10}([\text{ヘキソキナーゼ}]_0/(\mathrm{mol\,dm^{-3}}))$	−2.87	−2.52	−2.00
$\log_{10}(k_\mathrm{r}'/(\mathrm{dm^3\,mol^{-1}\,s^{-1}}))$	3.72	4.06	4.60

図6A·4は $\log_{10} k_\mathrm{r}'$ を $\log_{10}[\text{ヘキソキナーゼ}]_0$ に対してプロットしたものである．その勾配は1であるから $b = 1$ である．$\log_{10}[\text{ヘキソキナーゼ}]_0 = 0$ のところの切片は $\log_{10} k_\mathrm{r} = 6.62$ なので，$k_\mathrm{r} = 4.2\times10^6\,\mathrm{dm^3\,mol^{-1}\,s^{-1}}$ となる．こうして，ヘキソキナーゼに対するグルコース

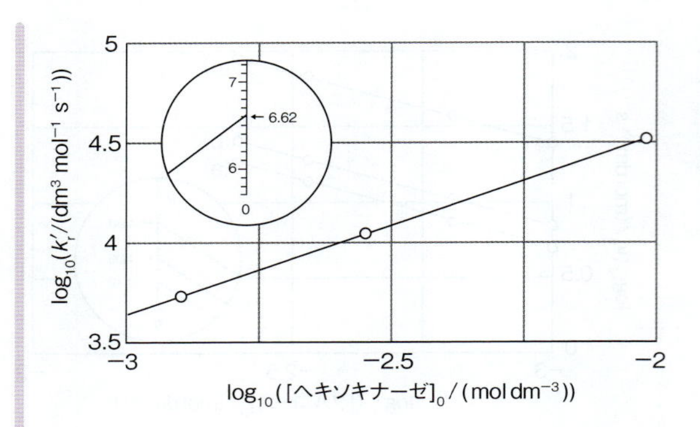

図6A・4 例題6A・1のデータをプロットしたグラフ．これによって，ヘキソキナーゼについての反応次数が求められる．

の結合反応の全体の速度式（初速度の式）は次式で表される．

$$v_0 = k_r\,[\text{グルコース}]_0\,[\text{ヘキソキナーゼ}]_0$$

ノート *x.xx*×10^n の形の数の常用対数をとるところで，答に3桁の有効数字を書いたが，小数点の前の数は10のべきを表すだけである．たとえば，$\log_{10}(1.23\times10^4)=4.0899\cdots$であり，四捨五入すれば4.09である．また，対数をとるときは，物理量を単位で割った数値について対数をとらなければならないので注意しよう．

初速度の方法は，大過剰の反応物を必要としないから，反応機構が変わってしまう可能性は回避できる．しかしながら，反応の開始直後に注目することになるから，反応機構の特徴を見逃しかねない．たとえば，生成物による反応速度の抑止効果などがあれば，それは生成物が蓄積して初めて反応速度に影響を与えるものだからである．

6A・5 実 験 法

反応速度の実験的研究には，時間とともに変化する反応物と生成物の濃度の測定が必要である．反応速度論の研究によく使われる実験手法を表6A・1に示す．

(a) 濃 度 の 測 定

反応進行中の特定の時刻に化学種の濃度を測定する方法は多くある．そのどれを選択するかは，“実時間で”（すなわち，反応進行とともに連続的に）行う必要のある測定かどうか，あるいは，反応開始後の一連の時刻で反応をいったん**クエンチ**[1]（急冷）して停止させることができるかどうかで決まることが多い．

反応をクエンチしてから分析できるのであれば，分析測定中は試料の組成は変わらない．この場合は，迅速な濃度測定の必要がないから，クロマトグラフィーなどの手法を使って反応物と生成物を分離してから，必要なら別々に分析することもできる．酵素触媒反応にはこの手法がよく用いられる．反応混合物の試料をある時間に取出し，温度やpHを急速に変更するなどして酵素を変性させることで反応をクエンチするのである．

表6A・1 反応速度の測定法．反応の開始または測定のための撹乱の開始に用いる手法（誘因法）と，反応の追跡に用いる測定手法（監視法）に分けて示してある．

方 法	時間スケールの範囲/s
誘因法	
閃光光分解	10^{-15}
電場ジャンプ	$10^{-7}\sim1$
温度ジャンプ	$10^{-6}\sim1$
圧力ジャンプ	$>10^{-5}$
ストップトフロー	$>10^{-3}$
監視法	
光吸収やUV吸収	$>10^{-12}$
EPR	$>10^{-9}$
NMR	$>10^{-5}$
超音波吸収	$10^{-10}\sim10^{-4}$
蛍光減衰	$10^{-10}\sim10^{-6}$
りん光減衰	$10^{-6}\sim10^{1}$

EPRはelectron paramagnetic resonance（電子常磁性共鳴）の略．〔ESR，electron spin resonance（電子スピン共鳴）ともいう〕．NMRはnuclear magnetic resonance（核磁気共鳴）の略．蛍光とりん光は，物質からの発光放射を利用するものである．

クエンチによって調べることのできない反応では，存在する化学種の濃度を連続的に監視するしかない．そのために最もよく用いられる手法は，いろいろな方式の分光法である．この場合は，特定の反応物もしくは生成物に固有の信号の強度を監視することになる．たとえば，NADHは波長340 nmの光を吸収するが，NAD$^+$はそこには吸収がないから，NADHの酸化反応は電子移動反応を利用して追跡することができる．

(b) 実時間での反応の追跡

実時間で追跡する必要のある反応にとって不可欠な要素は，どれだけ急速に反応を開始することができ，その最初の濃度測定ができるかである．**デッドタイム**[2]とは，反応をひき起こしてから最初の測定までの時間（不感時間）である．遅い反応であれば，反応容器内で反応物を混合したのち，クエンチするために試料を取出したり，分析のために試料容器を分光光度計に設置したりする時間的な余裕が

1) quench 2) dead time

あるだろう．しかし反応が速い場合は，分析手法に固有なデッドタイムを最小にするための工夫が必要である．

連続フロー法[1] では，反応物が混合室に注入され，そこで急速に（1 ms 以下で）混合される．混合室は，その中で乱流が生じて反応物が完全に，しかも急速に混合するように設計されている（図 6A・5）．完全に混合した溶液が混合室の出口から毛管を通って約 $10\ \mathrm{m\ s^{-1}}$ の一定速度で流れ出る間も，反応は連続的に起こっている．そこで，このときの混合室からの距離は反応開始からの経過時間に対応していることになる．したがって，この毛管に沿った複数の位置で分光光度計を使って組成を測定すれば，それは混合後の反応混合物の組成の時間変化を求めたことになる．この方法は，もともと酸素がヘモグロビンに結合する速さを研究するために開発されたものである．この方法の欠点は，大量の反応溶液が必要なことである．それは，この装置に沿って反応混合物を連続的に流さなければならないからである．この欠点は，非常に速く起こる反応の場合は致命的である．それは，長時間にわたり反応を観測するには，毛管を長くし流れを急速にする必要があるからである．

ストップトフロー法[2] は，この欠点を克服したものである（図 6A・6）．反応室の後方には棒ピストン（停止シリンジ）を取付けた観測セルがあり，液体が流入するにつれてピストンが押し出されるが，一定体積の混合液が導入されるとそこでピストンは止まるようになっている．この観測セルに反応混合物が満たされて初めて測定試料ができるから，混合室での混合から観測セルでの測定開始までの時間がデッドタイムである．反応は観測セル内で続くから，それを分光光度法で追跡する．反応容器が小さく 1 回だけの注入なので，連続フロー法に比べるとはるかに経済的である．

非常に速い反応の研究には**閃光光分解法**[3] を使う．この方法では，あらかじめ混合しておいた反応物試料を閃光に短時間さらして反応を開始させ，その後反応容器の内容物を分光光度法で追跡する．レーザー光を使えばナノ秒程度の閃光を手軽に発生させることができ，ピコ秒のものもごく簡単に，特別な装置を使えば数フェムト秒という短い閃光も使えるようになった．そのときの実効的なデッドタイムは $10^{-15}\ \mathrm{s}$ しかない．この閃光を照射後，一連の時間でスペクトルを記録するのである．この方法は，閃光照射によって開始する反応にしか使えず，ふつうは反応物の一つの光活性化を利用している．光合成や視覚などの光吸収に依存する生物過程の研究にも用いることができる．

緩和法[4] では，はじめ反応混合物を平衡にしておき，そこで温度の急上昇など，条件を急激に変化させて撹乱する．温度変化したのちの混合物の組成は，新しい平衡組成へと向かう．これを系の“緩和”といい，その状況を分光学的に追跡するのである．緩和法についてはトピック 6B で詳しく述べる．

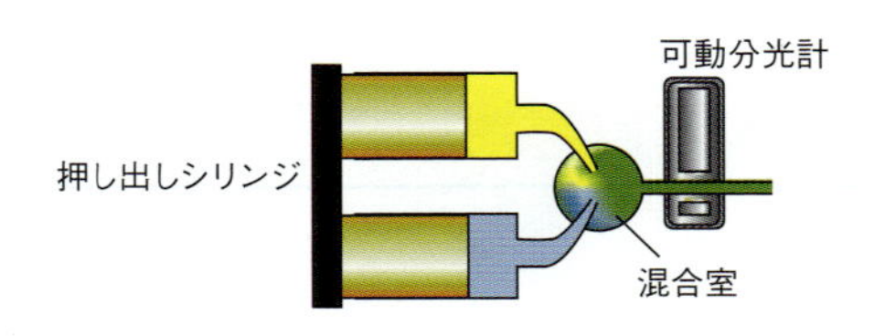

図 6A・5　反応速度研究用の連続フロー法の装置．反応物はシリンジから一定の速さで混合室へ噴出する．これにはチューブポンプ（ペリスタポンプともいう．血管のようにやわらかい管を通して液体を押し出すポンプ）を使ってもよい．混合室からの分光計（検出器）の距離が，反応開始後のいろいろな時間に対応する．

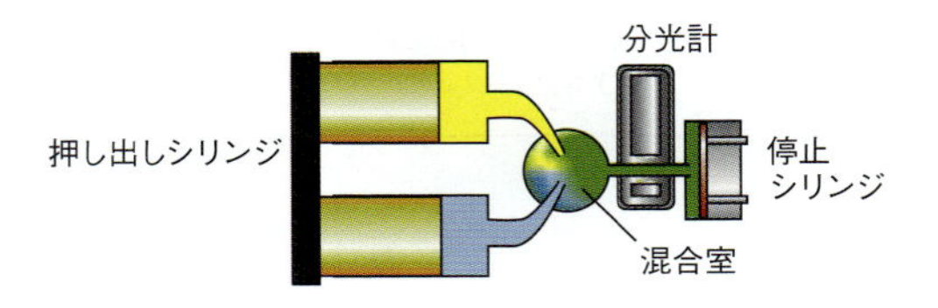

図 6A・6　ストップトフロー法では反応物を急速に混合室へ送り込み，濃度の時間依存性を追跡監視する．

6A・6　具体例：タンパク質のフォールディングの速度の測定

タンパク質のフォールディングの速度論の研究にはストップトフロー法が使える．代表的な実験では，尿素や塩酸グアニジンなどの化学変性剤を高濃度で含むタンパク質試料をつくっておき，それを水と混合する．混合室に入れば変性剤が薄められるから，そこでタンパク質のフォールディングが開始するのである．フォールディングの度合いの時間変化は，ペプチド鎖のコンホメーションに敏感な

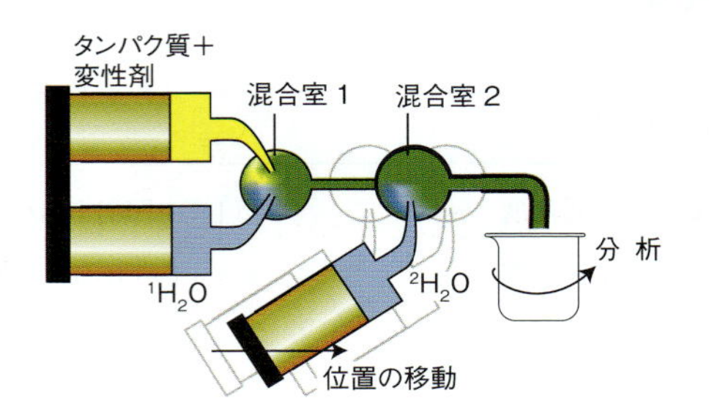

図 6A・7　水素–重水素の同位体交換を利用して，タンパク質のフォールディング速度を測定する実験．まず混合室 1 で，ふつうの水との迅速な混合によってフォールディングを開始させる．その後の時間 Δt は第二の混合室の位置を調節することで変化させ，そこで重水を加えれば，このとき依然として溶媒に露出しているタンパク質の領域にあるアミド基は重水素で置換（ラベル）されることになる．

1) continuous flow method　2) stopped-flow technique　3) flash photolysis　4) relaxation technique

円二色性分光法などを使って追跡する．

もっと手の込んだ実験で，同位体置換した水を使う方法を図6A·7に示す．はじめに対象とするタンパク質と変性剤を少量のふつうの水 $^{1}H_2O$ に溶かしておき，その溶液を最初の混合室に注入して水（$^{1}H_2O$）で薄めることでフォールディングを開始させる．その溶液を第二の混合室に導き，そこで過剰の重水 $^{2}H_2O$ で薄める．この時点で，アミド基に含まれる水素原子など同位体交換が可能な水素原子のうち，すでに最終的な折りたたみ状態になったタンパク質の領域に存在することで溶媒（重水）から守られている水素原子は置換されずそのままである．一方，タンパク質が折りたたまれた後でも溶媒に露出している水素原子は，重水素原子と置換されるのである．こうしてタンパク質のフォールディングがすべて終了してから，試料を回収して質量分析法や核磁気共鳴分光法で同位体分析をすればよい．

タンパク質の重水素置換の度合いは，第二の混合室に導入されたときにまだ折りたたまれていないタンパク質がどれだけあったかの尺度になる．タンパク質の配列に重水素原子が存在していれば，そこはまだ折りたたまれていない領域であったことを示している．そこで，最初の混合室を出て第二の混合室に入るまでの時間を変化させれば，タンパク質のフォールディングの度合いの時間変化を測定することができる．この分析法はタンパク質全体を対象とすることも，タンパク質の特定の領域を対象とすることもできるから，これを利用すればタンパク質の異なる箇所のフォールディング速度を求めることができる．

重要事項のチェックリスト

- □ 1．反応速度が反応物のモル濃度の簡単なべき乗に比例することがよくある．
- □ 2．**速度式**とは，反応全体に関与している化学種（生成物も関わるかもしれない）のモル濃度（または分圧）で反応速度を表した式のことである．
- □ 3．反応の**機構**とは，分子レベルで起こる個々の段階のことである．
- □ 4．反応の**次数**とは，速度式で表したとき，ある化学種の濃度にかかる“べき”のことである．
- □ 5．反応の**全次数**とは，すべての成分の次数の和のことである．
- □ 6．速度式は実験で求められるものであり，化学反応式から推測することは一般にはできない．
- □ 7．一つの反応物を除きすべてを分離したときに1次や2次の速度式で表せる反応は，それぞれ**擬1次**や**擬2次**と分類される．
- □ 8．**初速度**の方法は，反応物の初濃度をいろいろ変えて，反応開始直後の瞬間速度を測定するものである．
- □ 9．**緩和法**では，はじめ反応混合物を平衡にしておき，なんらかの条件を急激に変化させて撹乱する．

重要な式の一覧

式の内容	式	備 考	式番号
反応の瞬間速度	$v(\mathrm{J}) = \lvert \mathrm{d}[\mathrm{J}]/\mathrm{d}t \rvert$	定 義	1b
固有の反応速度	$v = (1/\nu_\mathrm{J}) \lvert \mathrm{d}[\mathrm{J}]/\mathrm{d}t \rvert$	定 義	2
反応の次数	$v = k_\mathrm{r}[\mathrm{A}]^x[\mathrm{B}]^y \cdots$	Aについて x 次，Bについて y 次，…，全反応の次数は $x+y+\cdots$	4

トピック 6B

一段階反応の速度式

➤ **学ぶべき重要性**

一段階反応の速度式がわかれば，反応開始後の任意の時間での反応混合物の組成を予測することができ，速度定数を求める方法が与えられる．

➤ **習得すべき事項**

反応混合物の組成を求めるには，速度式を積分すればよい．

➤ **必要な予備知識**

速度式と反応の“次数”の概念（トピック 6A）に慣れている必要がある．ここで用いる数学手法は［必須のツール 2 と 4］にまとめてある．必要な積分公式はすべて巻末の［資料］にある．

反応が進むにつれ反応物濃度は減少し，生成物濃度は増加しながら反応混合物の組成は平衡に向かって変化する．**積分形速度式**[1] は，化学反応における反応物または生成物の濃度の時間変化を表す式である．反応開始後の任意の時間における化学種の濃度を予測する以外にも，積分形速度式には二つの使い道がある．一つは，実験データから速度定数と反応次数を求めるのに用いることで，もう一つは，提案された反応の“機構”，つまり反応を起こしている個々の分子レベルでの過程を試すのに利用することである．

本トピックでは，トピック 6A で述べた簡単なタイプの一段階反応を対象とした手続きを示そう．それは，生化学で出会うもっと複雑な系を解析する手続きの基礎となるだろう．複雑な系の解析についてはトピック 6C とテーマ 7 で説明する．コンピューターを使えば，非常に複雑な速度式であっても数値解を求めることが可能である．しかしながら，ほとんどの単純な場合は，その解が比較的単純な関数で表されるから，それが非常に役に立つことがわかるだろう．

6B・1　0 次反応

生成物 P を生成する A → P の形の 0 次反応の速度式は，

$$v = -\frac{\mathrm{d}[\mathrm{A}]}{\mathrm{d}t} = k_\mathrm{r} \qquad \text{0 次の速度式} \qquad (1\mathrm{a})$$

で表される．この速度式は，無限小時間 $\mathrm{d}t$ の間に起こる A の濃度の無限小変化を与えている．そこで，反応開始の $t=0$（このときの A の濃度は $[\mathrm{A}]_0$）から注目する時間 t（このときの A の濃度は [A]）の間に起こる全変化を求めるには，この d[A] をすべて足し合わせなければならない．すなわち，この式を“積分”しなければならない．

$$\overbrace{\int_{[\mathrm{A}]_0}^{[\mathrm{A}]} \mathrm{d}[\mathrm{A}]}^{[\mathrm{A}]-[\mathrm{A}]_0} = -k_\mathrm{r}\overbrace{\int_0^t \mathrm{d}t}^{t}$$

ここで，$t=0$ で $[\mathrm{A}]_0$ であり，t で [A] であるという具合に，両辺で濃度と時間が合っていなければならない．この積分の結果は，

$$[\mathrm{A}] - [\mathrm{A}]_0 = -k_\mathrm{r}t$$

であるから，A の濃度は直線的に減少し，A がすべて消費されたところで反応は止まり，その後の A の濃度は 0 のままである（図 6B・1）．これを式で表せばつぎのようになる．

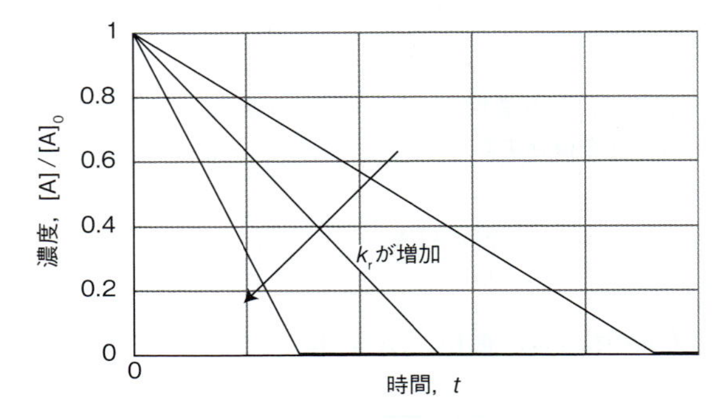

図 6B・1　0 次反応における反応物の直線的な減衰．速度定数が大きいほど急速に減衰し，そのまま反応物を消費し尽くす．

1）integrated rate law

$k_r t \le [A]_0$ のとき，$[A] = [A]_0 - k_r t$
$k_r t > [A]_0$ のとき，$[A] = 0$

0 次の積分形速度式　(1b)

反応物 A の**半減期**[1] $t_{1/2}$ とは，[A] の初期値から半分になるまでに要する時間のことである．いまの場合は，(1b) 式で $[A] = \frac{1}{2}[A]_0$，$t = t_{1/2}$ とおけば $t_{1/2} = [A]_0/2k_r$ が得られる．ただし，半減期を 1 回過ごしたときの新しい“初期”濃度は $\frac{1}{2}[A]_0$ であるから，次に半分になるまでの時間は $t_{1/2} = [A]_0/4k_r$ である．すなわち，0 次反応の反応物の半減期は，反応の進行とともに短くなる．酵素触媒反応は，基質が飽和している濃度では 0 次であるから，基本的にはこのような振舞いを示す．しかしながら，基質が消費されるにつれ 1 次に切り替わるから，この半減期と濃度の関係は反応が 0 次でなくなれば成り立たない．

6B・2　1 次反応

上と同じタイプの化学反応 A → P がつぎの 1 次の速度式で表される場合を考えよう．

$$v = -\frac{d[A]}{dt} = k_r[A] \qquad \text{1 次の速度式} \quad (2)$$

この速度式の場合も，反応開始後の任意の時間の A の濃度を求める式が得られる．

導出過程 6B・1　1 次の速度式と擬 1 次の速度式の積分形の求め方

d[A] や dt という量は代数の量と同じように扱えばよいから，(2) 式の速度式はつぎのように変形できる．

$$\frac{d[A]}{[A]} = -k_r dt$$

ここで，A の濃度が $[A]_0$ の $t=0$ から [A] の t まで，この式を積分する．

$$\int_{[A]_0}^{[A]} \frac{d[A]}{[A]} = -k_r \overbrace{\int_0^t dt}^{t}$$

左辺の積分は，巻末の [資料] にある積分公式を使えば，

$$\overbrace{\int_{[A]_0}^{[A]} \frac{d[A]}{[A]}}^{\text{積分公式A・2}} = \ln\frac{[A]}{[A]_0}$$

と計算できるから，つぎの式が得られる．

$$\ln\frac{[A]}{[A]_0} = -k_r t \qquad \text{1 次の積分形速度式} \quad (3a)$$

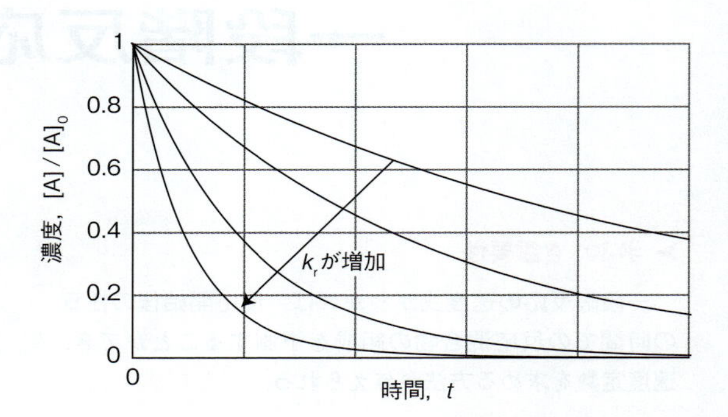

図 6B・2　1 次反応における反応物の指数関数的な減衰．速度定数が大きいほど減衰が速い．

この式を別の二つの形で表せば，

$$\ln[A] = \ln[A]_0 - k_r t \qquad (3b)$$

$$[A] = [A]_0 e^{-k_r t} \qquad (3c)$$

となる．(3c) 式は**指数関数的減衰**[2] の形をしている (図 6B・2)．したがって，1 次反応に共通する特徴として，反応物の濃度は時間とともに指数関数的に減衰する．(3c) 式を使えば，反応開始後の任意の時間における A の濃度を予測することができる．どんな性質の量であっても指数関数的減衰であれば同じように，その時間依存性を $e^{-t/\tau}$ と書いて表せる．τ (タウ) はその過程の“時定数”である．いまの場合の時定数は速度定数と $\tau = 1/k_r$ の関係がある．

1 次反応で減衰する反応物 A の半減期は，(3a) 式に $[A] = \frac{1}{2}[A]_0$ および $t = t_{1/2}$ を代入すれば求められる．すなわち，

$$k_r t_{1/2} = -\ln\frac{\frac{1}{2}[A]_0}{[A]_0} = -\ln\tfrac{1}{2} = \ln 2$$

であるから，つぎの関係が得られる．

$$t_{1/2} = \frac{\ln 2}{k_r} \qquad \text{1 次反応における反応物の半減期} \quad (4)$$

簡単な例示 6B・1

ヘモグロビンの変性は 1 次反応であり，60 °C での速度定数は $2.00 \times 10^{-4}\ s^{-1}$ であるから，正しく折りたたまれたヘモグロビンの半減期は，

1) half-life　2) exponential decay

$$t_{1/2} = \frac{\ln 2}{2.00 \times 10^{-4}\ \mathrm{s}^{-1}} = 3.46 \cdots \times 10^{3}\ \mathrm{s}$$

である．つまり 57.8 min である．したがって，折りたたまれたヘモグロビンの濃度は約 1 時間後に初期値の半分になる．

(4) 式で覚えておくべき大事なことは，

1 次反応では反応物の半減期はその濃度に無関係である．

ということである．したがって，反応途中のある点での A の濃度を [A] とすれば，[A] が実際にどんな値かによらず，それから $(\ln 2)/k_\mathrm{r}$ だけ時間がたてば濃度は $\frac{1}{2}$[A] にまで減少している（図 6B·3）．このことから 1 次反応を見分ける簡単な方法がわかるだろう．すなわち，t に対して [A] をプロットしたグラフで半減期を求め，その値が一定であれば，その反応は A について 1 次（または擬 1 次）なのである．

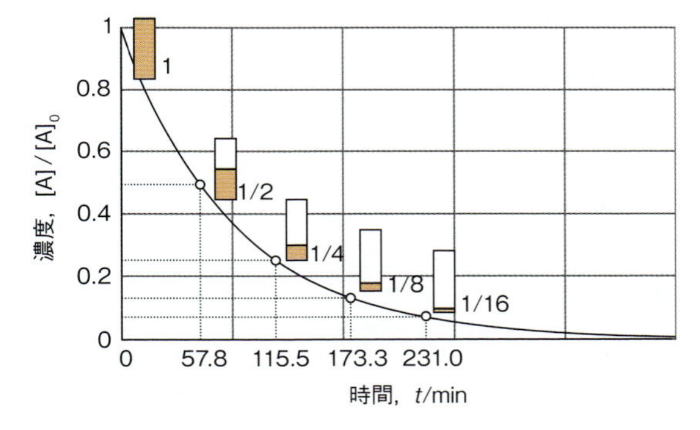

図 6B·3　1 次反応の反応物の濃度は，$t_{1/2}$ の時間が経過するごとに，その時間のはじめの濃度の半分に減衰する．

簡単な例示 6B·2

二糖のスクロース（ショ糖，巻末の構造図 S6）は，酸性溶液中で擬 1 次反応によって単糖のグルコース（構造図 S4）とフルクトース（構造図 S3）の混合物に変わる．ある pH ではスクロースの半減期は 28.4 min である．試料濃度が 8.0 mmol dm^{-3} から 1.0 mmol dm^{-3} になるのに要する時間を計算するには，

[スクロース]/(mmol dm^{-3})：

$$8.0 \xrightarrow{28.4\ \mathrm{min}} 4.0 \xrightarrow{28.4\ \mathrm{min}} 2.0 \xrightarrow{28.4\ \mathrm{min}} 1.0$$

であることに注意すれば，必要な時間は 3 × 28.4 min = 85.2 min である．

例題 6B·1　速度定数と半減期の求め方

交感神経 β 受容体遮断薬（"β 遮断薬"）は，高血圧治療薬として使われる薬剤である．β 遮断薬を静脈内投与したのち，患者の血漿に残留する薬剤を分析したところ，つぎのデータが得られた．c は，注射後の時間 t で測定したこの薬剤の質量濃度である．

t/min	30	60	120	150	240	360	480
c/(ng cm^{-3})	699	622	413	292	152	60	24

患者の血液から薬剤が排出される過程が 1 次で表されることを示し，その速度定数と半減期を計算せよ．

考え方　患者の血液からの薬剤の排出過程が 1 次であれば速度式は，

$$\frac{\mathrm{d}c}{\mathrm{d}t} = -k_\mathrm{elim}\, c$$

と書ける．(3b) 式の積分形速度式から，

$$\ln c = \ln c_0 - k_\mathrm{elim}\, t$$

である．そこで，t に対して $\ln c$（c は c/(ng cm^{-3}) を省略したものである）をプロットすれば，薬剤の排出が 1 次過程なら直線が得られるはずである．得られた直線の勾配の符号を変えた（正の）値が速度定数であり，半減期は (4) 式を用いて求められる．

解答　プロットすべきデータはつぎの通りである．

t/min	30	60	120	150	240	360	480
$\ln c$	6.550	6.433	6.023	5.677	5.024	4.094	3.178

t に対して $\ln c$ をプロットしたグラフが図 6B·4 である．

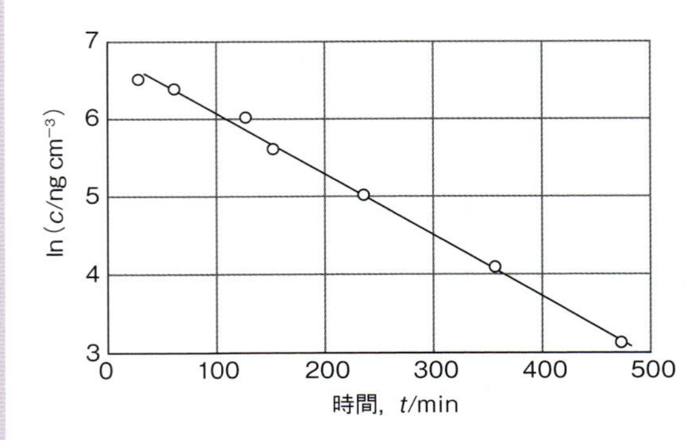

図 6B·4　1 次反応の速度定数の求め方．t に対して $\ln c$ をプロットすれば直線が得られる．その勾配は $-k_\mathrm{r}$ である．このデータは例題 6B·1 のものである．

直線が得られるから 1 次過程であることがわかる．最小二乗法で勾配を求めれば -7.6×10^{-3} が得られるから，$k_\mathrm{elim} = 7.6 \times 10^{-3}\ \mathrm{min}^{-1}$ である．そこで，半減期はつぎのように計算できる．

$$t_{1/2} = \frac{\ln 2}{k_{\rm elim}} = \frac{\ln 2}{7.6 \times 10^{-3}\ \rm min^{-1}} = 91\ \rm min$$

コメント　たいていの薬剤は体内から１次過程で排出される．その過程には肝臓や腸，腎臓などでの代謝に続く分解生成物の排出がある．薬剤開発で重要な側面は，排出の半減期の最適化にある．すなわち，標的とする臓器に薬剤が到達し，そこで作用する十分な時間が必要であるが，有害な副作用が重大になるほど滞在時間が長すぎないことである．

ノート　グラフを描くときは，それぞれ次元のない軸を用意して，数値をプロットしなければならない．そうすれば，得られた切片や勾配は単なる数値で与えられる．

6B・3　２ 次 反 応

反応 A → P で，つぎの２次の速度式で表される場合を考えよう．

$$v = -\frac{\mathrm{d}[\mathrm{A}]}{\mathrm{d}t} = k_{\rm r}[\mathrm{A}]^2 \qquad \text{２次の速度式} \qquad (5)$$

[A] がどう時間変化するかを知るには，この速度式を積分する必要がある．

導出過程 6B・2　２次の速度式と擬２次の速度式の積分形の求め方

微分形の速度式をつぎのように変形しておく．

$$\frac{\mathrm{d}[\mathrm{A}]}{[\mathrm{A}]^2} = -k_{\rm r}\mathrm{d}t$$

ここで，A の濃度が $[\mathrm{A}]_0$ の $t=0$ から [A] の t まで，この式を積分する．

$$\int_{[\mathrm{A}]_0}^{[\mathrm{A}]} \frac{\mathrm{d}[\mathrm{A}]}{[\mathrm{A}]^2} = -k_{\rm r}\overbrace{\int_0^t \mathrm{d}t}^{t}$$

左辺の積分は，巻末の［資料］にある積分公式を使えば，

$$\overbrace{\int_{[\mathrm{A}]_0}^{[\mathrm{A}]} \frac{\mathrm{d}[\mathrm{A}]}{[\mathrm{A}]^2}}^{\text{積分公式 A・1}, n=-2} = \frac{1}{[\mathrm{A}]_0} - \frac{1}{[\mathrm{A}]}$$

と計算できるから，つぎの式が得られる．

$$\boxed{\frac{1}{[\mathrm{A}]_0} - \frac{1}{[\mathrm{A}]} = -k_{\rm r}t} \qquad \text{２次の積分形速度式} \qquad (6\mathrm{a})$$

この式を別の二つの形で表せば，

$$\frac{1}{[\mathrm{A}]} = \frac{1}{[\mathrm{A}]_0} + k_{\rm r}t \qquad (6\mathrm{b})$$

$$[\mathrm{A}] = \frac{[\mathrm{A}]_0}{1 + k_{\rm r}t[\mathrm{A}]_0} \qquad (6\mathrm{c})$$

となる．(6c) 式を使えば，反応開始後の任意の時間における A の濃度を予測することができる（図 6B・5）．ここで１次反応と比較すると，初速度が同じでも２次反応の方が A の濃度はゆっくり 0 に近づくことがわかる（図 6B・6）．

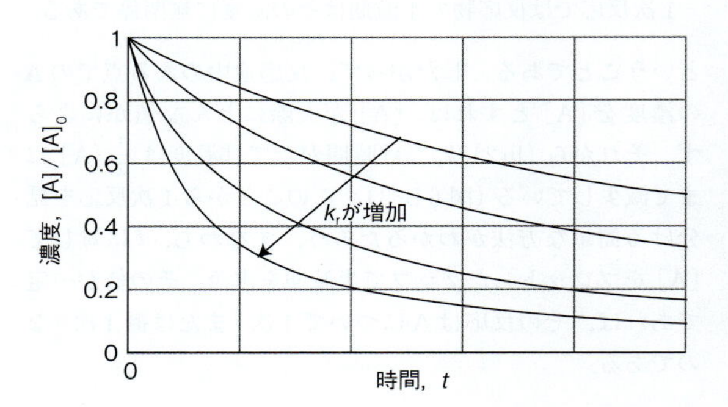

図 6B・5　２次反応の反応物濃度の時間変化．

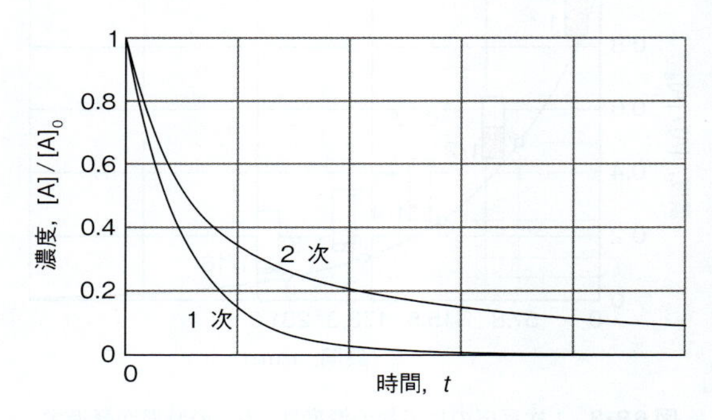

図 6B・6　２次反応の最初の減衰は速くても，その後は同じ初速度の１次反応より濃度はゆっくりと 0 に近づく．

(6b) 式によれば，２次反応であるためには，t に対して $1/[\mathrm{A}]$ をプロットして直線が得られることを確かめればよい．直線が得られれば，その反応は A について２次（または擬２次）であり，その勾配は速度定数に等しい（図 6B・7）．

(6a) 式で $t = t_{1/2}$，$[\mathrm{A}] = \frac{1}{2}[\mathrm{A}]_0$ を代入すれば，

$$\frac{1}{[\mathrm{A}]_0} - \frac{1}{\frac{1}{2}[\mathrm{A}]_0} = \overbrace{\frac{1}{[\mathrm{A}]_0} - \frac{2}{[\mathrm{A}]_0}}^{-1/[\mathrm{A}]_0} = -k_{\rm r}t_{1/2}$$

となるから，２次反応で消費される化学種 A の半減期は，

$$t_{1/2} = \frac{1}{k_{\rm r}[\mathrm{A}]_0} \qquad \text{２次反応における反応物の半減期} \qquad (7)$$

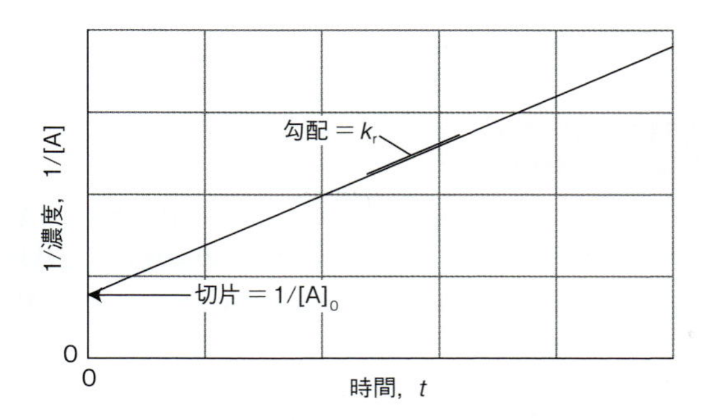

図 6B·7　2 次反応の速度定数の求め方．$1/[A]$ を t に対してプロットすると直線が得られる．その勾配が速度定数 k_r である．

で表されることがわかる．したがって，1 次反応の場合と違って 2 次反応の反応物の半減期は，その初濃度によって変わるのである．この依存性が実用面で重要になるのは，2 次反応で減衰する化学種（環境に有害な物質が含まれる）が低濃度であっても長期間にわたって残存することである．それは，濃度が低くなるにつれ半減期も長くなるからである．

もう一つのタイプの 2 次反応は，二つの反応物 A と B それぞれについて 1 次で，全反応が 2 次の場合である．すなわち，

$$v = -\frac{d[A]}{dt} = k_r[A][B]$$

全反応が 2 次の速度式　(8)

で表される．二つの相補的なストランドから DNA が生成する反応は，この速度式で表される．この微分方程式は，B の濃度と A の濃度がどう関係しているかがわかれば，積分することで解くことができる．

導出過程 6B·3　全反応が 2 次の速度式の積分形の求め方

反応 A + B → P を考え，初濃度を $[A]_0$ および $[B]_0$ とする．つぎのステップに従って進めればよい．

ステップ 1：反応の量論関係を考える．

A が 1 個消費されると B も 1 個消費されるから，A の濃度が $[A]_0 - x$ に減少すれば（速度式で $[A] = [A]_0 - x$ とおく）B の濃度は $[B]_0 - x$ に減少する（速度式で $[B] = [B]_0 - x$ とおく）．そこで (8) 式は，

$$\frac{d[A]}{dt} = -k_r([A]_0 - x)([B]_0 - x)$$

と書ける．ここで，$d[A]/dx = -1$ であるから，$d[A]$ を $-dx$ で置き換えれば，

$$\frac{dx}{dt} = k_r([A]_0 - x)([B]_0 - x)$$

となる．したがって，つぎのように表せる．

$$\frac{dx}{([A]_0 - x)([B]_0 - x)} = k_r dt$$

ステップ 2：積分の形にしておく．

初期条件は $t = 0$ で $x = 0$ であり，t では x であるから，必要な積分はつぎの形をしている．

$$\int_0^x \frac{dx}{([A]_0 - x)([B]_0 - x)} = k_r \overbrace{\int_0^t dt}^{t}$$

ステップ 3：巻末の［資料］にある積分公式を使って計算する．

$[B]_0$ と $[A]_0$ が等しくないとき，左辺の積分計算には巻末の［資料］にある積分公式 A·4 が使える．そこで，

$$\int_0^x \frac{dx}{([A]_0 - x)([B]_0 - x)} = \frac{1}{[B]_0 - [A]_0} \ln \frac{[A]_0([B]_0 - x)}{([A]_0 - x)[B]_0}$$

とできるから，上の式はつぎのようになる．

$$\frac{1}{[B]_0 - [A]_0} \ln \frac{[A]_0([B]_0 - x)}{([A]_0 - x)[B]_0} = k_r t$$

ステップ 4：ステップ 3 で得た式を変形して，濃度の時間依存性を求める．

まず両辺に $[B]_0 - [A]_0$ を掛けてから，自然対数の真数を求める形にすれば（真数を y とすれば，$y = e^{\ln y}$ であるから），

$$\frac{[A]_0([B]_0 - x)}{([A]_0 - x)[B]_0} = e^{k_r([B]_0 - [A]_0)t}$$

となる．この式の左辺の分母 $([A]_0 - x)[B]_0$ を両辺に掛けてから，x について解けば，

$$x = \frac{[A]_0[B]_0(e^{k_r([B]_0 - [A]_0)t} - 1)}{[B]_0 e^{k_r([B]_0 - [A]_0)t} - [A]_0}$$

が得られる．最後に $[A] = [A]_0 - x$ であるから，つぎの式が得られる．

$$[A] = \frac{[A]_0([B]_0 - [A]_0)}{[B]_0 e^{k_r([B]_0 - [A]_0)t} - [A]_0}$$

A + B → P の全反応が 2 次の速度式の積分形　(9)

反応物Bについても $[\mathrm{B}]=[\mathrm{B}]_0-x$ とおいて同じように計算すれば求められる．[A] と [B] の時間依存性を図6B･8に示す．

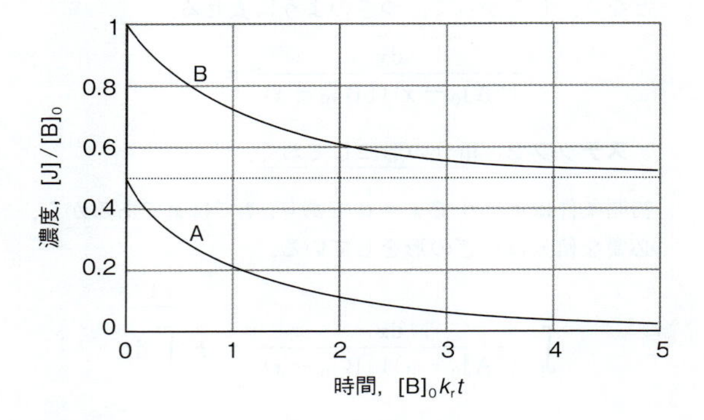

図6B･8 全体として2次の速度式に従い，(9)式で表される反応の反応物AとBの濃度の時間変化．ここでは $[\mathrm{B}]_0=2[\mathrm{A}]_0$ とした．

6B・4 平衡への接近

正反応は必ず，その逆反応を伴うものである．正反応が逆反応よりずっと速い場合には逆反応を無視してもよい．しかし，そうでない場合は，速度式やその積分形を求めるときには，双方向の反応を考慮に入れなければならない．

正反応 A → P と逆反応 P → A が共に1次の反応を考えよう．正反応の速度定数を k_r，逆反応の速度定数を k_r' とする．このとき，Pの正味の生成を表す速度式は，

$$\frac{\mathrm{d}[\mathrm{P}]}{\mathrm{d}t}=k_\mathrm{r}[\mathrm{A}]-k_\mathrm{r}'[\mathrm{P}] \tag{10}$$

である．平衡であればPの正味の生成速度は0であるから $k_\mathrm{r}[\mathrm{A}]_\mathrm{eq}=k_\mathrm{r}'[\mathrm{P}]_\mathrm{eq}$ である．ここで，$[\mathrm{A}]_\mathrm{eq}$ と $[\mathrm{P}]_\mathrm{eq}$ はそれぞれAとPの平衡濃度である．このとき，平衡定数の定義により，平衡定数は平衡濃度の比で表せるから，つぎの式が成り立つ．

$$K=\frac{[\mathrm{P}]_\mathrm{eq}}{[\mathrm{A}]_\mathrm{eq}}=\frac{k_\mathrm{r}}{k_\mathrm{r}'} \tag{11}$$

速度定数で表した平衡定数

これは，熱力学量である平衡定数と速度論的な量の速度定数を結ぶ重要な式である．この式によれば，正反応の速度定数が逆反応の速度定数より大きければ $K>1$ である．この式そのものは，状況が少し変わって，正反応と逆反応の次数が異なっていても使える．しかし，任意の初期条件から平衡に接近したとき，AとPの濃度がどう変化するかなど，別の疑問が湧いてくる．たとえば，反応開始時にAしか存在しない場合があるだろう．あるいは，AとBがすでに平衡にあるとき，温度が急上昇するなど条件が変化することもあるだろう．この場合は，それぞれの濃度は新しい平衡に向かって変化するわけで，その平衡定数は新しい条件での値になっているのである．

導出過程 6B･4 平衡へ接近する状況の求め方

AとPの初濃度をそれぞれ $[\mathrm{A}]_0$ と $[\mathrm{P}]_0$ とし，[A] の濃度が x だけ減少したとすれば，Pの濃度は x だけ増加している．したがって，$[\mathrm{A}]=[\mathrm{A}]_0-x$ および $[\mathrm{P}]=[\mathrm{P}]_0+x$ である．

ステップ1： x を使って速度式を表す．

Pの生成を表す速度式は，つぎのように書ける．

$$\frac{\mathrm{d}[\mathrm{P}]}{\mathrm{d}t}=\frac{\mathrm{d}x}{\mathrm{d}t}=k_\mathrm{r}([\mathrm{A}]_0-x)-k_\mathrm{r}'([\mathrm{P}]_0+x)$$
$$=k_\mathrm{r}[\mathrm{A}]_0-k_\mathrm{r}'[\mathrm{P}]_0-(k_\mathrm{r}+k_\mathrm{r}')x$$

これを整理すると次式が得られる．

$$\frac{\mathrm{d}x}{k_\mathrm{r}[\mathrm{A}]_0-k_\mathrm{r}'[\mathrm{P}]_0-(k_\mathrm{r}+k_\mathrm{r}')x}=\mathrm{d}t$$

ステップ2： 速度式の積分形を書いて計算する．

はじめは $x=0$ であり，時間 t 後には $x(t)$ になっている．したがって必要な積分は，

$$\int_0^{x(t)}\frac{\mathrm{d}x}{k_\mathrm{r}[\mathrm{A}]_0-k_\mathrm{r}'[\mathrm{P}]_0-(k_\mathrm{r}+k_\mathrm{r}')x}=\overbrace{\int_0^{t}\mathrm{d}t}^{t}$$

である．左辺の積分は，巻末の［資料］の積分公式A･3の形をしているから，

$$\int_0^{x(t)}\frac{\mathrm{d}x}{k_\mathrm{r}[\mathrm{A}]_0-k_\mathrm{r}'[\mathrm{P}]_0-(k_\mathrm{r}+k_\mathrm{r}')x}$$
$$=-\frac{1}{k_\mathrm{r}+k_\mathrm{r}'}\ln\frac{k_\mathrm{r}[\mathrm{A}]_0-k_\mathrm{r}'[\mathrm{P}]_0-(k_\mathrm{r}+k_\mathrm{r}')x(t)}{k_\mathrm{r}[\mathrm{A}]_0-k_\mathrm{r}'[\mathrm{P}]_0}$$

とできる．したがって次式が得られる．

$$\ln\frac{k_\mathrm{r}[\mathrm{A}]_0-k_\mathrm{r}'[\mathrm{P}]_0-(k_\mathrm{r}+k_\mathrm{r}')x(t)}{k_\mathrm{r}[\mathrm{A}]_0-k_\mathrm{r}'[\mathrm{P}]_0}=-(k_\mathrm{r}+k_\mathrm{r}')t$$

ステップ3： 結果を解析する．

最後の式は煩雑な形をしているが，つぎのように解釈できる．まず，はじめは生成物が存在しなかったとしよう．つまり，$[\mathrm{P}]_0=0$ である．そうすれば，

$$\ln\frac{k_\mathrm{r}[\mathrm{A}]_0-(k_\mathrm{r}+k_\mathrm{r}')x(t)}{k_\mathrm{r}[\mathrm{A}]_0}=-(k_\mathrm{r}+k_\mathrm{r}')t$$

である．そこで，自然対数の真数を求める形に変形すれば次式が得られる．

$$\frac{k_\mathrm{r}[\mathrm{A}]_0-(k_\mathrm{r}+k_\mathrm{r}')x(t)}{k_\mathrm{r}[\mathrm{A}]_0}=\mathrm{e}^{-(k_\mathrm{r}+k_\mathrm{r}')t}$$

この式を整理して $x(t)$ について解けば，

$$x(t) = \frac{k_r}{k_r + k_r'}(1 - e^{-(k_r+k_r')t})[A]_0$$

と表せる．したがって，反応開始後の任意の時間における A と P の濃度は，それぞれつぎの式で表される．

$$[A] = f_A(t)[A]_0 \qquad f_A(t) = \frac{1}{k_r + k_r'}(k_r' + k_r e^{-(k_r+k_r')t})$$

$$[P] = f_P(t)[A]_0 \qquad f_P(t) = \frac{k_r}{k_r + k_r'}(1 - e^{-(k_r+k_r')t}) \tag{12}$$

ここで時間を長く無限に待てば，上の式の指数関数は 0 になるから，両者の濃度比はつぎのように収束する．

$$t \longrightarrow \infty \text{のとき} \quad \frac{[P]}{[A]} \longrightarrow \frac{k_r/(k_r + k_r')}{k_r'/(k_r + k_r')} = \frac{k_r}{k_r'} \tag{13}$$

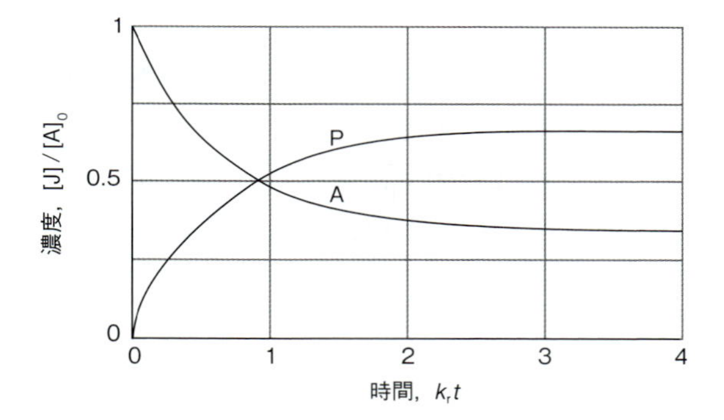

図 6B・9　双方向に 1 次の反応が平衡に近づく様子．ここでは $k_r = 2k_r'$ としてある．$K = 2$ に対応して，濃度比が平衡では 2 : 1 になることがわかる．

これは，目的としたこの反応の平衡定数である．この状況を表したのが図 6B・9 である．以上の考察から得られる重要な点は，このときの濃度は時間に対して指数関数的に（$e^{-t/\tau}$ に比例して）緩和しているということである．その時定数はつぎのように表される．

$$\tau = \frac{1}{k_r + k_r'} \qquad \text{時定数［1 次反応］} \tag{14}$$

初期条件が違っても同じ時定数が得られる．たとえば，もう一つの重要な場合は，はじめ反応混合物がある温度で平衡にあったものが突然，温度ジャンプが起こった場合である．新しい平衡定数はふつう違う値に変わっているから，それに応じて濃度も調整される．このときの時定数も (14) 式で表される．すなわち，このとき観測される時定数は，正反応と逆反応の速度定数の和で与えられる．また，両者の速度定数の比は (13) 式で与えられる．この二つの式を組合わせれば，両方の速度定数を求めることもできる．

簡単な例示 6B・3

温度ジャンプ法を使った実験で，Ala–Pro ジペプチドのシス-トランス異性化を調べた．はじめの温度は 0 °C で pH = 7.0 であり，これを 39.8 °C までジャンプさせた．そこで，新しい平衡への緩和の時定数を測定したところ 34 s であった．39.8 °C でのシス形からトランス形への速度定数（$k_{c\to t}$）とトランス形からシス形への速度定数（$k_{c\leftarrow t}$）の和は $2.9\times10^{-2}\,s^{-1}$ である．また，同じ条件下でのシス-トランス異性化の平衡定数は 1.23 である．したがって，$k_{c\to t} + k_{c\leftarrow t} = 2.9\times10^{-2}\,s^{-1}$ および $K = k_{c\to t}/k_{c\leftarrow t} = 1.23$ である．これから，39.8 °C では $k_{c\to t} = 1.6\times10^{-2}\,s^{-1}$ および $k_{c\leftarrow t} = 1.3\times10^{-2}\,s^{-1}$ であると求められる．

重要事項のチェックリスト

□ 1．**積分形速度式**は，化学反応における反応物または生成物の濃度の時間変化を表す式である．

□ 2．反応物の**半減期** $t_{1/2}$ とは，その濃度が半分の値になるのに要する時間のことである．

重要な式の一覧

式の内容	式	備考	式番号
反応物の濃度	$k_r t \leq [A]_0$ のとき，$[A] = [A]_0 - k_r t$	0次反応	1b
	$k_r t > [A]_0$ のとき，$[A] = 0$		
	$\ln[A] = \ln[A]_0 - k_r t$	1次反応	3b
	$[A] = [A]_0 e^{-k_r t}$		3c
	$1/[A] = 1/[A]_0 + k_r t$	2次反応	6b
	$[A] = [A]_0/(1 + k_r t[A]_0)$		6c
半減期	$t_{1/2} = [A]_0/2k_r$	0次反応	本文を見よ
	$t_{1/2} = (\ln 2)/k_r$	1次反応	4
	$t_{1/2} = 1/k_r[A]_0$	2次反応	7
平衡定数	$K = k_r/k'_r$	双方向に1次	11

トピック 6C

多段階反応の速度式

➤ 学ぶべき重要性

生化学的に興味のある反応の多くは何段階かを経て進行するから，個々の段階の速度式から注目する反応の速度式を組立てる方法について理解しておく必要がある．

➤ 習得すべき事項

全反応の速度式は，提案された反応機構に現れる各段階の速度式を組合わせて導かれる．

➤ 必要な予備知識

単純な速度式（トピック 6A）と積分形速度式の重要性（トピック 6B）について理解している必要がある．

トピック 6A と 6B では，反応物が消費されて生成物が生成するという非常に簡単な速度式について考えた．しかし，反応の多くは生体細胞で起こる反応ネットワークで見られるように，一つ以上の中間体を経由して生成物に至る．場合によっては，すでに行った解析を拡張することで積分形速度式の解析的な解を得ることもできるが，細胞内での反応の緻密なネットワークの場合はそうはいかない．その場合の方程式を解くには適切なソフトウエアを用いるしかない．

6C・1 逐次反応

二つの逐次 1 次反応からなる最も単純なネットワークで，しかも実際にありうるつぎの場合について考えよう．ただし，ここでは逆反応はないものとする．

$$\mathrm{A} \xrightarrow{k_{\mathrm{r},1}} \mathrm{I} \xrightarrow{k_{\mathrm{r},2}} \mathrm{P}$$

I は反応中間体である．生化学過程は複雑な形をとるが，このような単純なモデルで表せるものが多い．たとえば，制限酵素 *Eco*RI は，DNA をヌクレオチドの特定のシーケンスのところで（具体的には，両方のストランドの塩基配列 GAATTC の G と A の間で）切断する反応を触媒する．その一連の反応は，

$$\text{スーパーコイル DNA} \longrightarrow \text{開環状 DNA} \longrightarrow \text{直鎖状 DNA}$$

で表される．この単純なネットワークの特徴を示すには，それぞれの物質について，その濃度の正味の変化速度を表す速度式を立てることである．たとえば，A についての速度式は，

$$\frac{\mathrm{d[A]}}{\mathrm{d}t} = -k_{\mathrm{r},1}[\mathrm{A}]$$

である．積分形の速度式で書けば，

$$[\mathrm{A}] = f_{\mathrm{A}}(t)[\mathrm{A}]_0 \qquad f_{\mathrm{A}}(t) = \mathrm{e}^{-k_{\mathrm{r},1}t} \tag{1a}$$

となる．（ほかの化学種の濃度を表す式にも同じ形の式が現れるので，ここでは $f(t)$ のように表しておく．）一方，I についての速度式は，A から生成されながら消費されて P になるから，

$$\frac{\mathrm{d[I]}}{\mathrm{d}t} = k_{\mathrm{r},1}[\mathrm{A}] - k_{\mathrm{r},2}[\mathrm{I}] = k_{\mathrm{r},1}[\mathrm{A}]_0\mathrm{e}^{-k_{\mathrm{r},1}t} - k_{\mathrm{r},2}[\mathrm{I}]$$

と書ける．積分形の速度式は，

$$[\mathrm{I}] = f_{\mathrm{I}}(t)[\mathrm{A}]_0$$

$$f_{\mathrm{I}}(t) = \frac{k_{\mathrm{r},1}}{k_{\mathrm{r},2}-k_{\mathrm{r},1}}(\mathrm{e}^{-k_{\mathrm{r},1}t} - \mathrm{e}^{-k_{\mathrm{r},2}t}) \tag{1b}$$

で表される（これを微分して確かめるとよい）．最終生成物 P の濃度を求めるには，その速度式を積分するのもよいが，これら三つの化学種の全濃度 $[\mathrm{A}]_0$ が一定であることに注目するのが簡単である．すなわち，$[\mathrm{A}]+[\mathrm{I}]+[\mathrm{P}] = [\mathrm{A}]_0$ であるから，どの段階であっても P の濃度はつぎの式で表される．

$$[\mathrm{P}] = f_{\mathrm{P}}(t)[\mathrm{A}]_0$$

$$f_{\mathrm{P}}(t) = 1 + \frac{1}{k_{\mathrm{r},2}-k_{\mathrm{r},1}}(k_{\mathrm{r},1}\mathrm{e}^{-k_{\mathrm{r},2}t} - k_{\mathrm{r},2}\mathrm{e}^{-k_{\mathrm{r},1}t}) \tag{1c}$$

これら三つの式で与えられる A, I, P の濃度の時間依存性を図 6C・1 に示す．

中間体 I の濃度は $\mathrm{d[I]}/\mathrm{d}t = 0$ で最大値に到達するから，

$$\frac{\mathrm{d}[\mathrm{I}]}{\mathrm{d}t} = \frac{k_{\mathrm{r},1}}{k_{\mathrm{r},2}-k_{\mathrm{r},1}}\frac{\mathrm{d}}{\mathrm{d}t}(\mathrm{e}^{-k_{\mathrm{r},1}t}-\mathrm{e}^{-k_{\mathrm{r},2}t})[\mathrm{A}]_0$$
$$= -\frac{k_{\mathrm{r},1}}{k_{\mathrm{r},2}-k_{\mathrm{r},1}}(k_{\mathrm{r},1}\mathrm{e}^{-k_{\mathrm{r},1}t}-k_{\mathrm{r},2}\mathrm{e}^{-k_{\mathrm{r},2}t})[\mathrm{A}]_0$$
$$= 0$$

とおける．こうなる条件は，

$$k_{\mathrm{r},1}\mathrm{e}^{-k_{\mathrm{r},1}t_{\max}} = k_{\mathrm{r},2}\mathrm{e}^{-k_{\mathrm{r},2}t_{\max}}$$

すなわち，$\mathrm{e}^{-(k_{\mathrm{r},1}-k_{\mathrm{r},2})t_{\max}} = \dfrac{k_{\mathrm{r},2}}{k_{\mathrm{r},1}}$

の場合である．[I] が最大値を示す時間 $t_{\max}$ を求めるには両辺の対数をとればよい．そうすれば，つぎの式が得られる．

$$t_{\max} = \frac{1}{k_{\mathrm{r},2}-k_{\mathrm{r},1}}\ln\frac{k_{\mathrm{r},2}}{k_{\mathrm{r},1}} \quad \text{[I] が最大になる時間} \qquad (2)$$

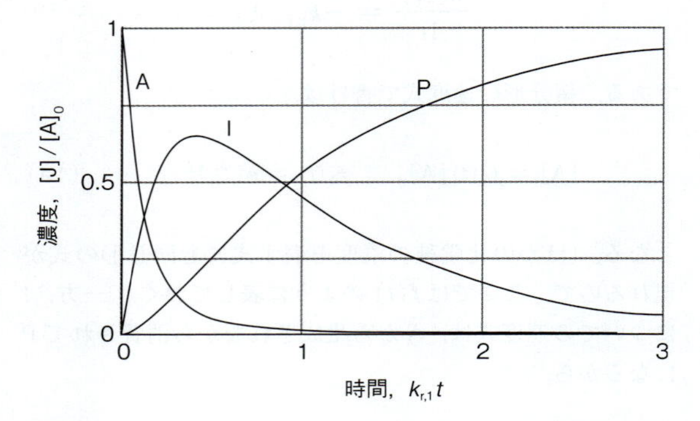

図 6C・1 逐次反応 A → I → P に関与する物質の濃度の時間変化．I は中間体，P は生成物である．$k_{\mathrm{r},1} = 5k_{\mathrm{r},2}$ とした．どの時間でも三つの濃度の和は一定である．

簡単な例示 6C・1

ある医薬品の細胞ベースの製造過程を考えよう．上の反応スキームで $k_{\mathrm{r},1} = 0.120\ \mathrm{h}^{-1}$，$k_{\mathrm{r},2} = 0.012\ \mathrm{h}^{-1}$ の場合である．この過程の開始後，中間体の最大濃度が得られる時間は，

$$t_{\max} = \frac{1}{(0.012-0.120)\,\mathrm{h}^{-1}}\ln\frac{0.012\ \mathrm{h}^{-1}}{0.120\ \mathrm{h}^{-1}} = 21\ \mathrm{h}$$

である．バッチ操作で中間体をつくり，その細胞を取出そうとする生産者にとっては，これが最適な時間である．

反応中間体の $t_{\max}$ での濃度 $[\mathrm{I}]_{\max}$ を予測するには，$t_{\max}$ を表す (2) 式を，[I] を求める (1b) 式に代入すればよい．図 6C・2 は，$[\mathrm{I}]_{\max}$ が速度定数の比にどう依存しているかを示している．この図から，$k_{\mathrm{r},2}$ が $k_{\mathrm{r},1}$ よりかなり大きければ，I が生成してもすぐに P の生成に使われるから，$[\mathrm{I}]_{\max}$ は低くおさえられることがわかる．その逆であれば，I から P への生成が遅いから，中間体 I はかなり蓄積されることになる．

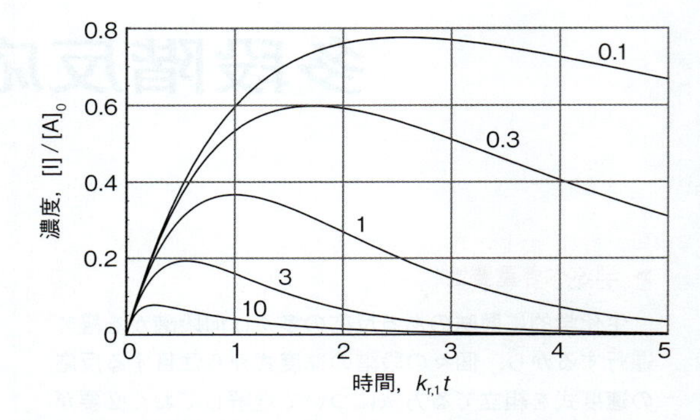

図 6C・2 逐次反応 A → I → P における中間体 I の濃度の時間依存性．速度定数の比 $k_{\mathrm{r},2}/k_{\mathrm{r},1}$ を変えて得られる曲線（比の値を添えてある）をプロットしてある．

この種の考察は，薬剤が体内に摂取されてから体外に排出されるまでの動きを研究する薬物動態学で重要になる．たとえば，ビンブラスチンとコルヒチンはいずれも細胞毒である．これらが細胞に摂取されると 2 段階の逐次過程，すなわち細胞膜を通しての細胞毒の拡散に続いて，細胞内の標的との結合が起こる．いずれの薬剤も標的は微小管（マイクロチューブル）である．また，どちらの段階も 1 次過程として扱うことができる．ビンブラスチンについては，この細胞内標的への結合の速度定数は，細胞内への拡散の速度定数よりずっと大きい（$k_{\mathrm{r},2} \approx 10\,k_{\mathrm{r},1}$）から，細胞内の遊離のビンブラスチン濃度は非常に低い．一方，コルヒチンについては逆であるから，遊離の細胞内コルヒチン濃度は時間とともに増加していくのである．

ビンブラスチンとコルヒチンの細胞内への取込み速度に影響を与えているもう一つの過程は，膜を通して逆向きの細胞外への拡散である．この逆過程（一般的な反応スキームの I → A）を取入れると方程式は一段と複雑になるが，その極限的な状況を定性的に理解することはできる．すなわち，ビンブラスチンの場合は細胞内の遊離ビンブラスチン濃度は非常に低いままであるから，細胞外への拡散はほとんどない．これに対してコルヒチンでは，細胞内の遊離コルヒチン濃度が上昇して，細胞外への拡散が細胞内への拡散と競合し始めるから，それを無視することはできない．そこで，細胞内外で遊離コルヒチン濃度が等しくなったところで，膜を通しての細胞内へのコルヒチンの正味の拡散速度は細胞内の標的への結合速度と等しくなるのである．

6C・2 速度式のつくり方

これまでのところで明らかになったと思うが，二つの正方向の逐次反応というごく単純な反応ネットワークであっ

ても厳密な取扱いは複雑をきわめる．したがって，細胞内で実際に起こっている反応ネットワークは複雑すぎて同じ方法では解析できない．そんな場合でも，先に進めるには二つのやり方がある．一つは，とにかく速度式を書いて，ソフトウエアを使ってそれを解くことである．もう一つのやり方は，単純な解析式を導くことによって，テーマ 7 で扱う酵素反応など，関与する反応ネットワークを総合的に理解できるように，何らかの近似を使うことである．そこでは，つぎの概念と手法を用いることになる．

まず覚えておくべきことは，反応の多くは一連の**素反応**[1]という段階で起こっているということである．それぞれの素反応には反応物分子が 1〜2 個しか関与していない．素反応の**分子度**[2]とは，互いに接近して反応する分子の数のことである．**1 分子反応**[3]では 1 個の分子が自分から分裂するか，または原子の新しい配置をつくる．一例は，エネルギー励起したレチナールの異性化で，それは視覚に関与する生化学的なカスケード反応を開始する過程である．原子核の放射性壊変は，原子核 1 個が自分から分裂するという意味では“1 分子反応”である．(たとえば，トリチウム原子核が β 粒子を放出して壊変するのがその例である．これは，生化学反応で特定の原子団の行方を追跡するのに使われる．) **2 分子反応**[4]では分子 2 個が出会い，エネルギーや原子，あるいは原子団を交換し，場合によってはその他の変化も起こす (図 6C･3)．有機化学の置換反応の多くは (たとえば，S_N2 求核置換反応などは) 2 分子反応であり，2 個の反応分子から形成された過渡的な反応性中間体が関与している．溶媒分子が反応に関与することもあり，それは 1 分子反応のことも 2 分子反応のこともある．しかし分類上は除外される．酵素触媒反応を正確に記述するのはもっと複雑である．酵素への基質の結合は，逐次 2 分子反応に続き，結合サイト内の基質間で起こる一つ以上の素反応によるものと考えられる (テーマ 7)．

反応の次数と分子度は区別しておくことが重要である．

> 反応の次数は実験的に得られる量で，実験で求めた速度式からわかるものである．

> 反応の分子度は，提案された反応機構の各段階を構成する個々の素反応についての概念である．

素反応の速度式は，その化学方程式を見れば書ける．ただし，一般に全反応というわけにはいかない．まず，1 分子反応について考えよう．同じ時間で比べれば，A 分子がはじめ 100 個しか存在しない場合に比べて，1000 個存在するときの方が 10 倍の分子が崩壊するだろう．つまり，A の分解速度はその濃度に比例している．したがって，1 分子反応は 1 次であると結論でき，つぎのように表せる．

$$\mathrm{A} \longrightarrow \mathrm{P} \qquad v = k_\mathrm{r}[\mathrm{A}] \tag{3}$$

2 分子反応では，反応速度は反応物が出会う頻度に比例し，それぞれの濃度に比例するから 2 次である．したがって，反応速度は二つの濃度の積に比例し，2 分子素反応は全体として 2 次である．ただし，その可能性としてつぎの二通りがあることに注意しよう．

$$\mathrm{A} + \mathrm{B} \longrightarrow \mathrm{P} \qquad v = k_\mathrm{r}[\mathrm{A}][\mathrm{B}] \tag{4a}$$

$$\mathrm{A} + \mathrm{A} \longrightarrow \mathrm{P} \qquad v = k_\mathrm{r}[\mathrm{A}]^2 \tag{4b}$$

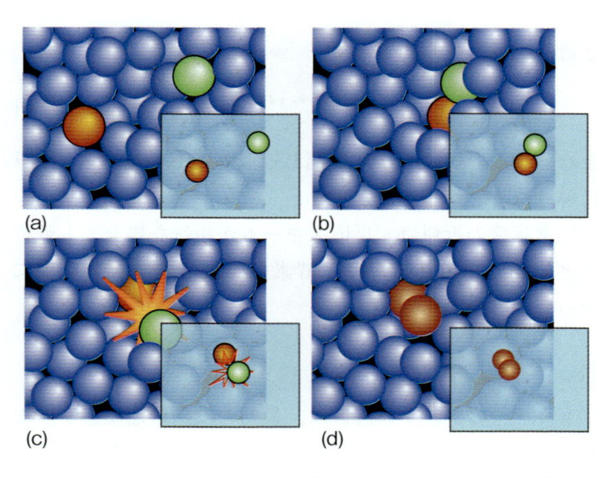

図 6C･3　2 分子素反応では，(a) 反応物が溶液中を拡散する．(b) 互いに出会う．(c) 溶媒分子から，または分子内の他の部分からエネルギーを獲得する．(d) 反応物または生成物として離れ，拡散が始まる．はじめに出会う速度は二つの反応物の濃度に比例している．

(a) 律速段階

ここで再び，逐次 1 次の反応スキーム $\mathrm{A} \xrightarrow{k_{\mathrm{r},1}} \mathrm{I} \xrightarrow{k_{\mathrm{r},2}} \mathrm{P}$ について考えよう．この反応の第二段階の速度定数が非常に大きく，I の分子が生成してもただちに消費されて P になるとする．すなわち，(1c) 式を $k_{\mathrm{r},2} \gg k_{\mathrm{r},1}$ という条件で使えば，最初の指数関数の項は無視でき，分母の $k_{\mathrm{r},2} - k_{\mathrm{r},1}$ を $k_{\mathrm{r},2}$ に置き換えることができる．そうすれば，

$$[\mathrm{P}] \approx (1 - \mathrm{e}^{-k_{\mathrm{r},1}t})[\mathrm{A}]_0 \tag{5}$$

と書ける．この式は，最終生成物 P の生成が速度定数の小さい方 $k_{\mathrm{r},1}$ にだけ依存することを示している．すなわち，P の生成速度は，I の生成の速度定数によるが，I が P に変化する速度定数にはよらない．そこで，A → I の段階をこの反応の“律速段階”という．もっと複雑な反応機構でも同じことがいえる．一般に**律速段階**[5]とは，反応機構のうち反応全体の速度を制約している段階のことである．

---

1) elementary reaction　2) molecularity　3) unimolecular reaction　4) bimolecular reaction
5) rate-determining step (RDS)

律速段階は，反応機構のうち単に最も遅い段階というわけでないことに注意しよう．直線的に続く逐次反応では，反応中間体が一定濃度に達しさえすれば，すべての段階は同じ速度で起こっている．そうなっていなければ，まだ濃度が変化するだけのことである．律速段階というのは，提案された反応機構のうち速度定数が最も小さい段階のことである．注目する反応が進むために越えなければならないエネルギー障壁のことを“活性化エネルギー”というが（トピック6D），その概念によれば，速度定数が小さいことはふつう，活性化エネルギーが大きいことに相当している（別の要素もあり，反応物の遭遇速度が小さくても速度定数は小さくなる）．図6C·4には，この種の機構で見られる反応プロファイルを示してある．最も遅い段階は活性化エネルギーが最大のものであり，この最初の障壁を越えると，あとは中間体から生成物へなだれ込むのである．

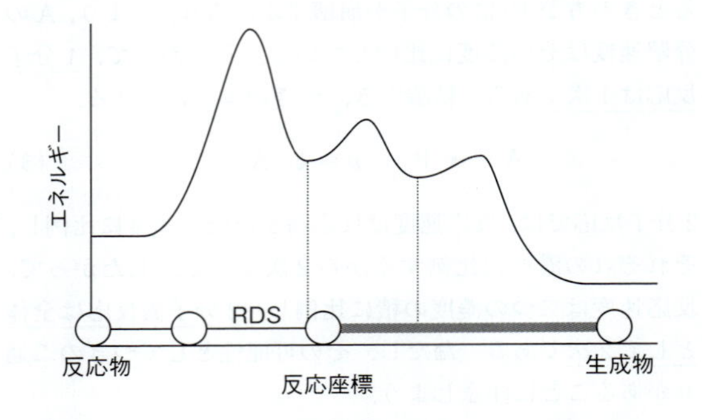

図6C·4　第一段階が律速段階（RDS）である機構の反応プロファイル．“反応座標”は反応進行度を表している．

(b) 定常状態の近似

定常状態の近似[1]では，反応中間体Iが生成し始めてから反応の大部分が起こっている間，その濃度が0に近い値でほぼ一定に保たれていると仮定する（図6C·5）．すなわち，

$$\frac{d[I]}{dt} \approx 0 \qquad [I] \approx 0 \qquad \text{定常状態の近似} \tag{6}$$

とする．この近似によって反応速度の議論は格段に単純化される．たとえば，二つの1次反応からなる逐次反応 $A \xrightarrow{k_{r,1}} I \xrightarrow{k_{r,2}} P$ に定常状態の近似を適用すれば，

$$\frac{d[I]}{dt} = k_{r,1}[A] - k_{r,2}[I] \approx 0$$

となり，つぎの関係が得られる．

$$[I] \approx \frac{k_{r,1}}{k_{r,2}}[A] \tag{7a}$$

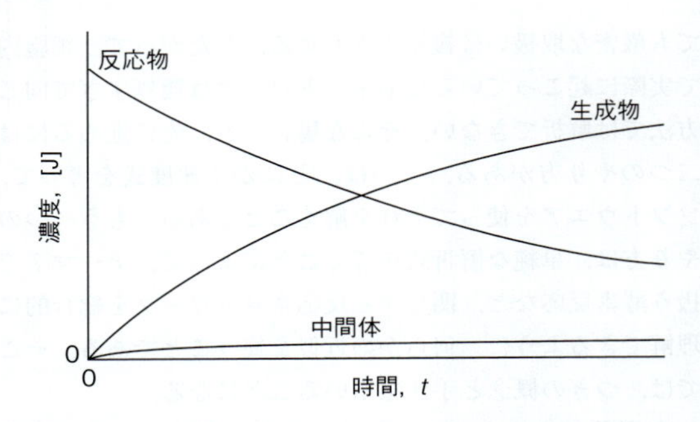

図6C·5　定常状態の近似の根拠．中間体の濃度は常に低く，反応の間ほとんど変化しないと仮定している．

一方，生成物PはIの1分子減衰過程によって生成するから，

$[I] \approx (k_{r,1}/k_{r,2})[A]$

$$\frac{d[P]}{dt} = k_{r,2}[I] \approx k_{r,1}[A] \tag{7b}$$

である．この式の積分形を得るには，[A]を表す（1a）式を代入する．

$$d[P] \approx k_{r,1}e^{-k_{r,1}t}[A]_0\,dt$$

次に，両辺を$t=0$での$[P]=0$から時間tでの濃度[P]まで積分する．左辺の積分は[P]そのものである．一方，右辺は，

$$k_{r,1}[A]_0\overbrace{\int_0^t e^{-k_{r,1}t}\,dt}^{\text{積分公式 E·1}} = k_{r,1}[A]_0 \times \frac{1-e^{-k_{r,1}t}}{k_{r,1}}$$

と計算できる．したがって，

$$[P] \approx (1-e^{-k_{r,1}t})[A]_0 \tag{7c}$$

となる．この式は（5）式と同じ近似解でありながら，簡単に導けたことがわかるだろう．

定常状態の近似は，反応スキームが複雑な場合でも解析できる強力な方法であり，酵素触媒反応の解析の基礎になっている（テーマ7）．

(c) 前駆平衡

もう一つのタイプの近似は，最初の段階の逆反応が無視できず，AとIの間の平衡が速いときに可能となる．ここでの反応スキームは，

$$A \underset{}{\overset{K=k_{r,1}/k'_{r,1}}{\rightleftharpoons}} I \xrightarrow{k_{r,2}} P$$

である．この最初の段階を**前駆平衡**[2]という．平衡定数の式から$K=[I]/[A]$であるから，$[I]=K[A]$である．し

1) steady-state approximation　2) pre-equilibrium

たがって，Pの生成の速度式は，

$$\frac{\mathrm{d}[\mathrm{P}]}{\mathrm{d}t}=k_{\mathrm{r},2}[\mathrm{I}]=k_{\mathrm{r},2}K[\mathrm{A}]=k_{\mathrm{r},2}\frac{k_{\mathrm{r},1}}{k'_{\mathrm{r},1}}[\mathrm{A}]$$

と書ける．この速度式は (7b) 式と同じ形をしているから，その積分形は (7c) 式と似たものになる．

この手法は，もっと複雑な反応スキームにも適用できる．たとえば，最初の正反応が全体として 2 次のつぎの場合である．

$$\mathrm{A}+\mathrm{B}\underset{}{\overset{K}{\rightleftharpoons}}\mathrm{I}\xrightarrow{k_{\mathrm{r},2}}\mathrm{P}$$

これは，2 本のポリヌクレオチド鎖AとBから 1 個のDNA分子をつくる反応のスキームである．このときの最初の段階は，不安定な二重らせんと考えられる中間体の生成とその逆反応であり，第二段階は安定形の二重らせんの生成である．

この反応スキームを扱うには，最初の正反応と逆反応の速度定数がその平衡定数 (無次元である) と関係があることに注目する．そこで，

$$\text{平衡では}\quad k_{\mathrm{r},1}[\mathrm{A}][\mathrm{B}]=k'_{\mathrm{r},1}[\mathrm{I}]$$

であり，さらに，

$$K=\frac{[\mathrm{I}]/c^{\ominus}}{([\mathrm{A}]/c^{\ominus})([\mathrm{B}]/c^{\ominus})}=\frac{[\mathrm{I}]c^{\ominus}}{[\mathrm{A}][\mathrm{B}]}=\frac{k_{\mathrm{r},1}c^{\ominus}}{k'_{\mathrm{r},1}}$$

と書ける．この前駆平衡が成り立てば，Pの生成速度は，

$$\frac{\mathrm{d}[\mathrm{P}]}{\mathrm{d}t}=k_{\mathrm{r},2}[\mathrm{I}]=k_{\mathrm{r},2}\frac{K}{c^{\ominus}}[\mathrm{A}][\mathrm{B}]=\frac{k_{\mathrm{r},1}k_{\mathrm{r},2}}{k'_{\mathrm{r},1}}[\mathrm{A}][\mathrm{B}]$$

と表せる．この速度式は，トピック 6B で扱ったタイプの 2 次の速度式の形をしている．ただし，ここでは複合速度定数で表されている．

$$\frac{\mathrm{d}[\mathrm{P}]}{\mathrm{d}t}=k_{\mathrm{r}}[\mathrm{A}][\mathrm{B}]\qquad k_{\mathrm{r}}=\frac{k_{\mathrm{r},1}k_{\mathrm{r},2}}{k'_{\mathrm{r},1}}\tag{8}$$

ここで注目すべきことは，(8) 式に現れる速度定数それぞれは温度とともに増加する (トピック 6D で説明する) が，それをまとめた k_{r} はどうなるかわからないということである．たとえば，分母にある速度定数 $k'_{\mathrm{r},1}$ が分子の速度定数の積 $k_{\mathrm{r},1}k_{\mathrm{r},2}$ より急速に温度上昇すれば，k_{r} としては温度上昇とともに減少することになるから，その反応は温度上昇とともに遅くなることになる．この考察でわかる重要な点は，複数の段階からなる反応の温度効果を予測するときは非常に注意しなければならないということである．酵素触媒反応でも複雑な温度依存性を示すことがあり，酵素が高温で変性して機能を停止する場合がそうである (トピック 6D)．

この解析を拡張すれば，二つの化学種が互いに平衡にありながら，その一方だけがさらに反応を起こす場合に適用できる．その重要な例は，ある酸またはその共役塩基 (どちらか一方に限る) を反応物とする反応の速度の pH 依存性に見られる．つぎの反応について考えよう．

$$\mathrm{HA}+\mathrm{H_2O}\overset{K_{\mathrm{a}}}{\rightleftharpoons}\mathrm{A^-}+\mathrm{H_3O^+}$$

$$\mathrm{A^-}+\mathrm{B}\xrightarrow{k_{\mathrm{r},2}}\mathrm{P}$$

ここでは，$\mathrm{A^-}$ は B と反応するが，HA は B と反応しないとしている．A の全濃度は $[\mathrm{A}]_{\mathrm{total}}=[\mathrm{HA}]+[\mathrm{A^-}]$ であるから，その酸定数は (ここでは $[\mathrm{J}]/c^{\ominus}$ を単に $[\mathrm{J}]$ と書く)，

$$K_{\mathrm{a}}=\frac{[\mathrm{A^-}][\mathrm{H_3O^+}]}{[\mathrm{HA}]}=\frac{[\mathrm{A^-}][\mathrm{H_3O^+}]}{[\mathrm{A}]_{\mathrm{total}}-[\mathrm{A^-}]}$$

である．この式を変形して $\mathrm{A^-}$ の濃度を求め，HA についても濃度の式を書けば，

$$[\mathrm{A^-}]=\frac{K_{\mathrm{a}}[\mathrm{A}]_{\mathrm{total}}}{K_{\mathrm{a}}+[\mathrm{H_3O^+}]}$$

$$[\mathrm{HA}]=\frac{[\mathrm{A^-}][\mathrm{H_3O^+}]}{K_{\mathrm{a}}}=\frac{[\mathrm{A}]_{\mathrm{total}}[\mathrm{H_3O^+}]}{K_{\mathrm{a}}+[\mathrm{H_3O^+}]}$$

となる．$\mathrm{A^-}$ が反応性に富む反応物であるときの反応速度は，

$$\frac{\mathrm{d}[\mathrm{P}]}{\mathrm{d}t}=k_{\mathrm{r},2}[\mathrm{A^-}][\mathrm{B}]=\frac{K_{\mathrm{a}}}{K_{\mathrm{a}}+[\mathrm{H_3O^+}]}k_{\mathrm{r},2}[\mathrm{A}]_{\mathrm{total}}[\mathrm{B}]$$

と表せる．これを書き直せば，

$$\frac{\mathrm{d}[\mathrm{P}]}{\mathrm{d}t}=k_{\mathrm{r,eff}}[\mathrm{A}]_{\mathrm{total}}[\mathrm{B}]\qquad k_{\mathrm{r,eff}}=\frac{K_{\mathrm{a}}}{K_{\mathrm{a}}+[\mathrm{H_3O^+}]}k_{\mathrm{r},2}\tag{9a}$$

となる．この実効速度定数は，図 6C･6 に示すように，pH が増加するにつれ (つまり $[\mathrm{H_3O^+}]$ が減少するにつれ) 増加する．一方，HA が反応性に富む反応物であるときの反応速度は，

$$\frac{\mathrm{d}[\mathrm{P}]}{\mathrm{d}t}=k_{\mathrm{r},2}[\mathrm{HA}][\mathrm{B}]=k_{\mathrm{r,eff}}[\mathrm{A}]_{\mathrm{total}}[\mathrm{B}]\tag{9b}$$

$$k_{\mathrm{r,eff}}=\frac{[\mathrm{H_3O^+}]}{K_{\mathrm{a}}+[\mathrm{H_3O^+}]}k_{\mathrm{r},2}$$

と表せる．この場合の実効速度定数は，同じ図に示すように，pH が増加するにつれ減少する．グラフを描いてデータを解析するときは，実効速度定数の逆数を用いてプロットする．すなわち，

$$\mathrm{A^-}\text{が反応するとき：}\quad\frac{1}{k_{\mathrm{r,eff}}}=\frac{1}{k_{\mathrm{r},2}}+\frac{[\mathrm{H_3O^+}]}{K_{\mathrm{a}}k_{\mathrm{r},2}}\tag{10a}$$

$$\text{HAが反応するとき：}\quad\frac{1}{k_{\mathrm{r,eff}}}=\frac{1}{k_{\mathrm{r},2}}+\frac{K_{\mathrm{a}}}{k_{\mathrm{r},2}[\mathrm{H_3O^+}]}\tag{10b}$$

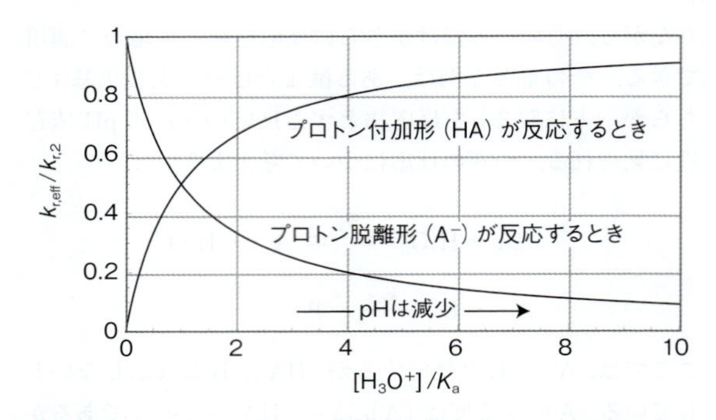

図6C・6 プロトン付加形の反応物またはプロトン脱離形の反応物のどちらかが反応する（両方が反応する場合は除く.）場合の実効速度定数のヒドロニウムイオン濃度（つまりpH）による依存性.

としておく. 二つの場合について実効速度定数の $[H_3O^+]$ 依存性（つまりpH依存性）の違いから, どちらが反応する化学種かを特定できるのである.

例題6C・1 反応速度のpH依存性による反応スキームの判定

ペプチドやタンパク質の第一級アミンをラベルするのに2,4,6-トリニトロベンゼンスルホン酸（TNBS）という試薬を使う. TNBSとグリシンの反応の反応速度のpH依存性を24.5 °Cの緩衝溶液中で調べたところ, その実効速度定数についてつぎの値が得られた.

pH	7.5	8.5	9.5	10.5	11.5
$k_{r,eff}/(dm^3\,mol^{-1}\,s^{-1})$	0.094	0.872	5.246	10.525	11.703

グリシンのアミノ基のプロトン付加形とプロトン脱離形のどちらがTNBSと反応するかを示し, このアミノ基の pK_a とこの反応段階の速度定数を求めよ. ただし, pH範囲7.5〜11.5でTNBSのプロトン付加状態に目立った変化はない.

考え方 pHの増加で実効速度定数が増加するのか減少するのかを確かめ, (9) 式を参考にして反応する反応物を特定することである. それがわかれば, (10) 式のいずれか適切な式を使ってプロットすればよい. ただし, $[H_3O^+]/c^{\ominus} = 10^{-pH}$ である. 描いたグラフの切片と勾配から $pK_a = -\log_{10} K_a$ と $k_{r,2}$ の値を計算すればよい.

解答 与えられたデータを見れば, pHの増加につれ $k_{r,eff}$ は増加していることがわかるから, アミノ基のプロトン脱離形がTNBSと反応する. したがって, (10a) 式を使ってプロットできるようにデータを計算し直してから, そのグラフの $[H_3O^+] = 0$ での切片から $1/k_{r,2}$ を求め, 勾配から $1/K_a k_{r,2}$ を求める.

pH	7.5	8.5	9.5	10.5	11.5
$[H_3O^+]/c^{\ominus}$	3.2×10^{-8}	3.2×10^{-9}	3.2×10^{-10}	3.2×10^{-11}	3.2×10^{-12}
$k_{r,eff}/(dm^3\,mol^{-1}\,s^{-1})$	0.094	0.872	5.246	10.525	11.703
$1/(k_{r,eff}/(dm^3\,mol^{-1}\,s^{-1}))$	10.6	1.15	0.191	0.095	0.0854

グラフを描いても, x 軸の広い範囲に対してデータは原点近傍に片寄っているから, あまり意味がないかもしれない. しかし最小二乗法によれば, 切片の値は0.0862…と得られるから $k_{r,2} = 11.6\,dm^3\,mol^{-1}\,s^{-1}$ となる. 勾配の値は $3.337\cdots\times10^8$ であるから $K_a = 2.584\cdots\times10^{-10}$ となる. そこで pK_a の値はつぎのように計算できる.

$$pK_a = -\log_{10}(2.584\cdots\times10^{-10}) = 9.6$$

コメント 第一級アミンのグリシンと第二級アミンのプロリンでは $k_{r,2}$ の値が異なっている. このことは, ペプチドやタンパク質の第一級アミノ基を選択的にラベルするのにTNBSが使えることを示している.

6C・3 具体例: タンパク質のアンフォールディングの速度論

ヘリックスからランダムコイルへのアンフォールディングの機構の速度論的研究の多くは, アラニンに富む小さな合成ポリペプチドで行われてきた. アラニンはα-ヘリックスを形成する強い傾向があるからである. その実験と理論の両面の研究から, アンフォールディングの機構は少なくとも二つの段階から成ることがわかっている. 一つは速度定数の大きな段階であり, ヘリックス部の両端にあるアミノ酸がコイル領域へと転移を起こす. もう一つは速度定数の小さな段階であり, これが律速段階になっている. これは, 鎖の残りの部分が協同的に融解する過程に対応している. ヘリックス部とコイル部にあるアミノ酸残基をそれぞれhとcで表し, この機構を表せばつぎのように書ける.

$$\text{hhhh}\cdots \rightleftharpoons \text{chhh}\cdots \quad 非常に速い$$
$$\text{chhh}\cdots \longrightarrow \text{cccc}\cdots \quad 律速段階$$

21個のアミノ酸残基を含み, アラニンに富むポリペプチドについて温度ジャンプ法で緩和が測定されており, 平衡への指数関数的な戻りが160 nsという時定数で観測されている. 律速段階はこの実験事実を説明するものと考えられている. すなわち, このペプチドにおけるヘリックス-コイル転移の速度の限界が, 鎖の中央部で起こる…hhhh… → …hhch…の事象に対するエネルギー障壁によって生じていると考えられているのである. 理論的なモデルからも, ヘリックス部の両端でのhhhh… → chhh…の転移は, 変換しつつあるアミノ酸残基がh領域から邪魔されないため, エネルギー障壁はかなり低いことが示されている.

ヘリックスのアンフォールディングの反応速度は，天然のタンパク質についても測定されている．エングレイルド・ホメオドメイン（En-HD）は三つの短いヘリックスから成るタンパク質（**1**）であるが，298 K では約 630 μs の半減期でアンフォールディングが起こる．しかし，この結果を解釈するのは難しい．それは，折りたたまれたタンパク質のアミノ酸シーケンスやヘリックス間の相互作用がヘリックス-コイル転移の速度にどう影響を及ぼすのか，いまのところよくわかっていないからである．タンパク質のアンフォールディングだけでなくフォールディングの機構を完全に記述するには，ポリペプチドに関わる相互作用（テーマ 10）を安定化させている規則は何かを解明する必要があるだろう．

1

6C・4　速度論的支配と熱力学的支配

同じ反応物からいろいろな生成物ができる場合がある．そこで，競合する反応によって 2 種の生成物 P_1 と P_2 が生成する場合を考えよう．

$$\mathrm{A + B \longrightarrow P_1} \qquad v = k_{\mathrm{r},1}[\mathrm{A}][\mathrm{B}]$$
$$\mathrm{A + B \longrightarrow P_2} \qquad v = k_{\mathrm{r},2}[\mathrm{A}][\mathrm{B}]$$

平衡に達する前の反応途中のある段階で，この 2 種の生成物が生じる量の相対比はその二つの速度の比，つまり速度定数の比で決まる．

$$\frac{[\mathrm{P_2}]}{[\mathrm{P_1}]} = \frac{k_{\mathrm{r},2}}{k_{\mathrm{r},1}} \qquad \text{速度論的支配} \qquad (11)$$

この比は，生成物の割合に対する**速度論的支配**[1] を表している．あるいは，反応を平衡に達するまで進行させれば，生成物の割合は速度論的な要素でなく熱力学的な要素で決まることになる．このときの濃度比は，**熱力学的支配**[2] のもとで決まり，すべての反応物と生成物の標準ギブズエネルギーに依存している．

生体細胞は，外界との物質とエネルギーの絶え間ないやりとりによって，平衡からかけ離れた状態に維持されている．熱力学的支配は，それによって競合する反応を分離することができない機構である．これと違って，細胞は速度論的支配を利用しており，酵素の活性を変更して，細胞の必要に応じた経路で反応の流れを調節している．これとは対照的に，細胞内での結合事象や輸送過程の一部は熱力学的支配にあると考えてよいだろう．

重要事項のチェックリスト

- □ 1．**素反応**は，反応機構で提案されている一段階である．
- □ 2．素反応の**分子度**とは，互いに接近して反応する分子の数のことである．
- □ 3．**1 分子反応**では 1 個の分子が自分から分裂するか，または原子の新しい配置をつくる．
- □ 4．**2 分子反応**では分子 2 個が出会い，エネルギーや原子，あるいは原子団を交換し，場合によってはその他の変化も起こす．
- □ 5．**律速段階**とは，反応機構のうち反応全体の速度を制約している段階のことである．
- □ 6．**定常状態の近似**では，反応中間体が生成し始めてから反応の大部分が起こっている間は，その濃度が 0 に近い値でほぼ一定に保たれていると仮定する．
- □ 7．**前駆平衡**では，反応機構の初期段階で反応物と生成物が平衡に到達しているとみなす．
- □ 8．**速度論的支配**にある反応では，生成物の割合は速度論的な考察によって決まる．
- □ 9．**熱力学的支配**にある反応では，生成物の割合は熱力学的な考察，つまり反応ギブズエネルギーによって決まっている．

1）kinetic control　2）thermodynamic control

重要な式の一覧

式の内容	式	備考	式番号
$A \xrightarrow{k_{r,1}} I \xrightarrow{k_{r,2}} P$	$[A] = f_A(t)[A]_0 \quad f_A(t) = e^{-k_{r,1}t}$		1a
	$[I] = f_I(t)[A]_0 \quad f_I(t) = (k_{r,1}/(k_{r,2} - k_{r,1}))(e^{-k_{r,1}t} - e^{-k_{r,2}t})$		1b
	$[P] = f_P(t)[A]_0 \quad f_P(t) = 1 + (1/(k_{r,2} - k_{r,1}))(k_{r,1}e^{-k_{r,2}t} - k_{r,2}e^{-k_{r,1}t})$		1c
[I] が最大になる時間	$t_{max} = (1/(k_{r,2} - k_{r,1}))\ln(k_{r,2}/k_{r,1})$		2
A^- と HA で反応性が異なるときの実効速度定数	$1/k_{r,eff} = 1/k_{r,2} + [H_3O^+]/K_a k_{r,2}$	A^- が反応	10a
	$1/k_{r,eff} = 1/k_{r,2} + K_a/k_{r,2}[H_3O^+]$	HA が反応	10b
速度論的支配	$[P_2]/[P_1] = k_{r,2}/k_{r,1}$		11

トピック 6D

速度定数の値を決めている因子

➤ 学ぶべき重要性

生物の生存は無数の化学反応に支えられており，それぞれの反応は決められた速さで進行している．その反応の速度定数はいろいろな因子に依存しており，一部は制御可能である．とりわけ温度は反応速度に大きな影響を与えている．

➤ 習得すべき事項

反応速度は，反応物の活性化エネルギーを越える能力で決まっている．

➤ 必要な予備知識

速度定数を用いて反応速度を表す方法（トピック 6A）について熟知している必要がある．

速度式をつくってその内容が理解できたところで，速度定数の値を決めている因子について知っておくことが重要である．一部の反応を除けば，反応物から生成物への反応がどう進行するかは，あるエネルギー障壁を越える能力に依存している．エネルギー障壁は反応を遅らせる作用をしている．そうでなければ，すべての反応はすぐに終わり，場合によっては瞬時に完了するだろう．この障壁のことをその反応の**活性化エネルギー**[1]という．活性化エネルギーが大きければ，ふつうは速度定数が小さい．つまり反応は遅い．したがって，反応速度を制御する一つの方法は，活性化エネルギーを変えることである．この方策は生命にとって不可欠である．それは，細胞に関わる化学が，活性化エネルギーの大きな本質的に遅い反応を中心に構築されているからである．そこで，これらの反応の活性化エネルギーを低下させ，それによって生命に不可欠な反応を加速させる機構を提供しているのが酵素なのである．

6D・1 拡散律速と活性化律速

生化学過程の多くは，2 個以上の分子が細胞内の水溶液環境または脂質二重層の非水環境の中を移動し，互いに遭遇する必要がある．したがって，反応の速度定数 k_r に寄与する要素として二つ考える必要がある．一つは，互いが出会う速度定数 k_d（d は“拡散過程”を表す）であり，もう一つは反応物が出会って反応が起こるための活性化過程の速度定数 k_a（a は“活性化過程”を表す）である．

つぎの機構によって溶液中の 2 個の溶質分子 A, B が反応を起こす場合を考えよう．まず，A と B が相手の近傍へと互いに拡散†，すなわち異なる物質の分子が互いに入り交じる過程によって動き，ある種の**遭遇対**[2] AB を形成するのである．これは，

$$\mathrm{A} + \mathrm{B} \longrightarrow \mathrm{AB} \qquad v = k_{\mathrm{d}}[\mathrm{A}][\mathrm{B}]$$

と表せる．A と B はまわりにある溶媒分子を通り抜けて急速に逃げ出すことができないから，互いに近くに留め置かれる．この**籠効果**[3]のために遭遇対はしばらくの時間そこにとどまるが，A と B が拡散によって離れるとき遭遇対は壊れる．そこで，つぎの過程も考慮に入れる必要がある．

$$\mathrm{AB} \longrightarrow \mathrm{A} + \mathrm{B} \qquad v = k_{\mathrm{d}}'[\mathrm{AB}]$$

この過程は AB について 1 次であると考えてきた．この過程と競合するものとして，遭遇対として存在する間に A と B の間で起こる反応がある．この過程は，反応するだけの十分なエネルギー，つまり活性化エネルギーを獲得できるかどうかにかかっている．そのためのエネルギーは，溶媒分子の熱運動によるぶつかり合いからくるものと考えてよいだろう．この遭遇対が反応して生成物 P を生成する過程は AB について 1 次である．ただし，もし溶媒分子が反応に関与していれば，溶媒はいつも大過剰で一定量存在するとして，反応を擬 1 次とみなすのが正確である．いずれにしても，この反応は，

$$\mathrm{AB} \longrightarrow \mathrm{P} \qquad v = k_{\mathrm{a}}[\mathrm{AB}]$$

と考えることができる．全過程 A + B → AB → P の速度定数 k_r は，k_d と k_d'，k_a の組合わせで表せると予測される．これからそれを求めなければならない．

† 拡散についてはテーマ 7 で詳しく述べる．

1) activation energy　2) encounter pair　3) cage effect

導出過程 6D・1　複合過程の速度定数の求め方

上の反応スキームの速度定数は，定常状態の近似（トピック 6C）を使って求めることができる．まず，AB の正味の生成速度がつぎの式で表せることに注目しよう．

$$\frac{\mathrm{d}[\mathrm{AB}]}{\mathrm{d}t} = \overbrace{k_\mathrm{d}[\mathrm{A}][\mathrm{B}]}^{\text{ABの生成}} - \overbrace{k'_\mathrm{d}[\mathrm{AB}]}^{\text{ABの分裂}} - \overbrace{k_\mathrm{a}[\mathrm{AB}]}^{\text{ABの反応}}$$

定常状態ではこの速度が 0 であるから，

$$k_\mathrm{d}[\mathrm{A}][\mathrm{B}] \overbrace{- k'_\mathrm{d}[\mathrm{AB}] - k_\mathrm{a}[\mathrm{AB}]}^{-(k'_\mathrm{d}+k_\mathrm{a})[\mathrm{AB}]} = 0$$

とできる．これを変形して［AB］について解けば，

$$[\mathrm{AB}] = \frac{k_\mathrm{d}[\mathrm{A}][\mathrm{B}]}{k'_\mathrm{d} + k_\mathrm{a}}$$

となる．したがって，生成物の生成速度（つまり，反応による AB の消費速度）$v = k_\mathrm{a}[\mathrm{AB}]$ は，つぎの式で表される．

$$v = k_\mathrm{r}[\mathrm{A}][\mathrm{B}] \qquad k_\mathrm{r} = \frac{k_\mathrm{a}k_\mathrm{d}}{k'_\mathrm{d} + k_\mathrm{a}}$$

拡散と活性化を考慮に入れた速度式　(1)

ここで，二つの極限を区別して考えることができる．まず，反応速度は遭遇対が分裂する速度よりずっと速いとしよう．この場合は $k_\mathrm{a} \gg k'_\mathrm{d}$ であるから，(1) 式の分母にある k'_d を無視できる．k_a は分子と分母で消し合うから，

$$v = k_\mathrm{r}[\mathrm{A}][\mathrm{B}] \qquad k_\mathrm{r} = k_\mathrm{d}$$

拡散律速極限　(2a)

となる．この**拡散律速極限**[1] では，反応速度は反応物が拡散する速度（k_d で表される）で支配されている．それは，反応物がいったん出会うと反応自体は非常に速いので，反応せずに拡散して分かれるより生成物を確実に生成するからである．一方，遭遇対が反応に十分なエネルギーを蓄積する速度が非常に遅く，遭遇対が分裂する方が起こりやすいとしよう．この場合は k_r の式で $k_\mathrm{a} \ll k'_\mathrm{d}$ とおけるから，

$$v = k_\mathrm{r}[\mathrm{A}][\mathrm{B}] \qquad k_\mathrm{r} = \frac{k_\mathrm{a}k_\mathrm{d}}{k'_\mathrm{d}}$$

活性化律速極限　(2b)

が得られる．この**活性化律速極限**[2] では，反応速度は遭遇対にエネルギーがたまる速度（k_a で表される）で決まる．

実は，液体中の小分子の拡散速度の詳しい解析から，速度定数 k_d は媒質の**粘性率**[3] η とつぎの関係があることがわかっている†．

$$k_\mathrm{d} = \frac{8RT}{3\eta}$$

拡散の速度定数と媒質の粘性率の関係　(3)

すなわち，粘性率が大きいほど拡散の速度定数が小さいから，拡散律速の反応はますます遅くなるのである．

簡単な例示 6D・1

いろいろな酵素触媒反応は，つぎの簡単な機構で説明できる（トピック 7A で詳しく説明する）．

E + S ⟶ ES	ES の生成速度 $= k_\mathrm{d}[\mathrm{E}][\mathrm{S}]$
ES ⟶ E + S	ES の解離速度 $= k'_\mathrm{d}[\mathrm{ES}]$
ES ⟶ E + P	P の生成速度 $= k_\mathrm{a}[\mathrm{ES}]$

E は酵素，S は基質（酵素による作用を受ける物質），ES は酵素と基質の遭遇対，P は生成物である．溶液中での反応が酵素と基質の拡散で支配されていれば，反応速度は $v = k_\mathrm{d}[\mathrm{E}][\mathrm{S}]$ である．25 °C の水溶液中では $\eta = 8.9 \times 10^{-4}\ \mathrm{kg\ m^{-1}\ s^{-1}}$ であるから，$k_\mathrm{d} = 7.4 \times 10^9\ \mathrm{dm^3\ mol^{-1}\ s^{-1}}$ である．この値は，酵素触媒反応の速度の上限を示す目安として役に立つ．トリオースリン酸イソメラーゼなど大多数の酵素はこの拡散律速極限の近くで作用している．

6D・2　速度定数の温度依存性

たいていの化学反応の速度は，温度が上昇すれば速くなる．このことは，温度 T での温度係数 $Q_{10}(T)$ をつぎのように定義しておけば簡単に理解できる．

$$Q_{10}(T) = \frac{v\,(T + 10\,\mathrm{K})}{v\,(T)}$$

温度係数［定義］　(4a)

$v(T)$ は温度 T での固有の瞬間速度である．ここで，Q_{10} は便宜的な量であり，反応比 Q（トピック 4A）と関係がないから注意しよう．さて，反応速度が $v = k_\mathrm{r}[\mathrm{A}]^x[\mathrm{B}]^y\cdots$ で表せる過程で，その濃度が注目する温度域で温度に依存しないとみなせるとき，この定義は速度定数を使ってつぎのように表せる．

$$Q_{10}(T) = \frac{k_\mathrm{r}\,(T + 10\,\mathrm{K})}{k_\mathrm{r}\,(T)}$$

温度係数［別の形］　(4b)

T が慣用温度 298 K であるときは $Q_{10}(T)$ を単に Q_{10} と書くことにする．

溶液中で起こる有機反応の多くは $2 < Q_{10} < 4$ である．

† “アトキンス物理化学”第10版，邦訳（2017）を見よ．
1) diffusion-controlled limit　2) activation-controlled limit　3) coefficient of viscosity

たとえば，エタン酸メチル（酢酸メチル）やスクロースの加水分解反応の Q_{10} の値は，それぞれ 1.8 と 4.1 である．一方，気相反応の速度はふつう温度にわずかしか依存せず，Q_{10} は 1 より少し大きい程度である．Q_{10} の定義はこれ以外の過程にも適用できる．たとえば，タンパク質のコンホメーション変化の速度では $Q_{10} > 3$ であり，イオンチャネルのコンホメーション変化の速度の温度依存性については $10 < Q_{10} < 20$ である．同様にして，いろいろな多重反応からなる生理過程についても Q_{10} を測定することができ，たとえば植物の呼吸過程では $1.5 < Q_{10} < 3$ であることがわかっている．

酵素触媒反応はもっと複雑な温度依存性を示すことがある．たとえば，温度が上昇することによって不利なコンホメーション変化，つまり変性が起こるときには $Q_{10}(T) < 1$（温度上昇によって反応速度が遅くなる）のこともある．一方，温度低下によって変性が起こる（疎水性効果による．トピック 2B）こともあるから，酵素は温度低下で効力を失う場合がある．このときは $Q_{10}(T) \gg 1$ である．温血動物は自ら体温を制御しているから，冬眠によって体温を下げるとき以外は反応速度の温度依存性はあまり重要でない．体温を自ら制御できない生物が体験する温度変化は，細胞を持続させている諸反応の均衡を撹乱する効果となりうるのである．

(a) アレニウスの式

反応速度に関するデータがかなり蓄積された 19 世紀の末，スウェーデンの化学者アレニウス[1] は実験によって，ほとんどすべての反応速度がよく似た温度依存性を示すことを見いだした．特に注目したのは $\ln k_r$（k_r は反応の速度定数）を $1/T$（T は k_r を測定した熱力学温度）に対してプロットしたグラフは直線で，その勾配がその反応に特有なものである点であった（図 6D·1）．この結論を数学的に表せば，速度定数はつぎのように温度変化するということである．

$$\ln k_r = \text{切片} + \text{勾配} \times \frac{1}{T} \qquad \text{実験で得られる温度依存性} \qquad (5a)$$

この式はふつう，**アレニウスの式**[2] というつぎの形に書く．

$$\ln k_r = \ln A - \frac{E_a}{RT} \qquad \text{アレニウスの式} \qquad (5b)$$

あるいは，つぎのようにも書く．

$$k_r = A\mathrm{e}^{-E_a/RT} \qquad (5c)$$

パラメーター A（単位は k_r と同じ†）を**頻度因子**[3] といい（前指数因子[4] ともいう），パラメーター E_a（モルエネルギーであり，単位は kJ mol^{-1}）はすでに述べた活性化エネルギーである．A と E_a を合わせて反応の**アレニウスパラメーター**[5] という．

（5a）式と（5b）式を見比べてわかる実用上重要な点は，活性化エネルギーが大きいと反応速度が温度に非常に敏感である（アレニウスプロットの勾配が急，図 6D·2）ということである．反対に活性化エネルギーが小さいと，反応速度が温度によってほんの少ししか変化しない（勾配がさほど急でない）．気相でのラジカルの再結合反応やミトコンドリアのシトクロム bc_1 複合体のサイト間の電子移動反応などのように，活性化エネルギーが 0 の反応（つまり，$k_r = A$）では，温度にほとんど無関係な反応速度を示す．酵素の場合にアレニウスプロットの勾配が変化するのは，コンホメーション変化が起こる現れであり，高温または低温で直線から著しくずれるのは，変性によってその酵素が効力を失うことを示している（図 6D·3）．

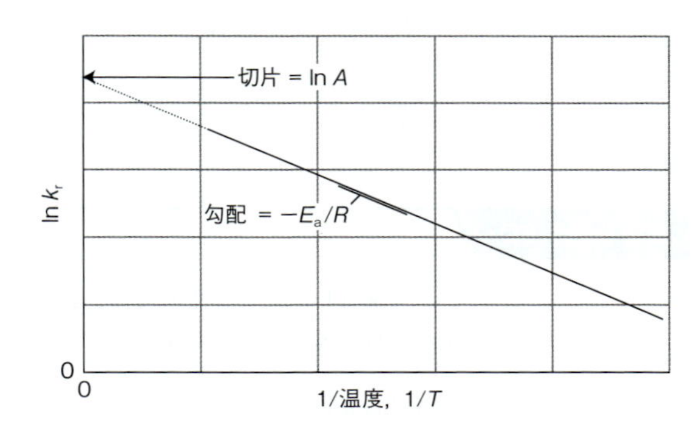

図 6D·1　$\ln k_r$ 対 $1/T$ のアレニウスプロットの一般形．勾配は $-E_a/R$ に等しく，$1/T = 0$ での y 切片は $\ln A$ に等しい．

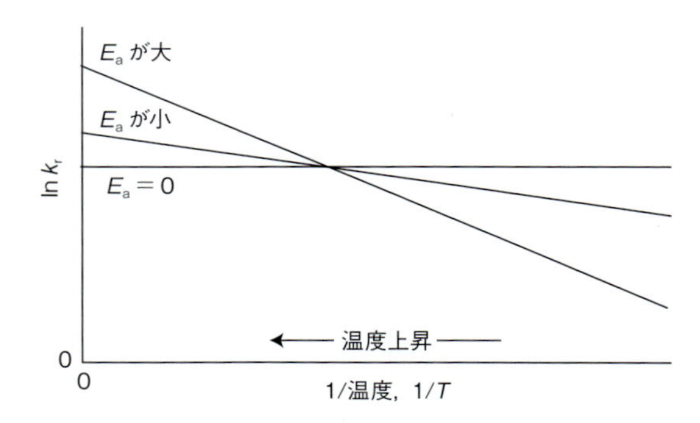

図 6D·2　活性化エネルギーの異なる三つの反応についてのアレニウスプロット．活性化エネルギーが大きい反応ほど反応速度は温度に敏感である．

† 単位付きの量のまま対数をとることはできない．（5b）式は実際には，$\ln(k_r/A) = -E_a/RT$ であるから注意しよう．

1) Svante Arrhenius　2) Arrhenius equation　3) frequency factor　4) pre-exponential factor　5) Arrhenius parameter

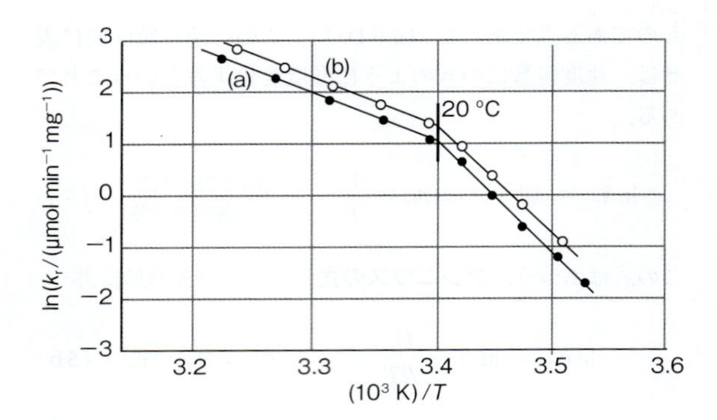

図6D・3　筋小胞体の膜標本で観測された(a) Ca-ATPアーゼの活性，(b) Ca^{2+}イオンの取込み速度のアレニウスプロット．〔A.M. Rubtsov, M. Šentjurc, and M. Schara, *Gen. Physiol. Biophys.*, 5, 551 (1986) に基づく〕

例題6D・1　アレニウスパラメーターの求め方

スクロースの酸加水分解の速度定数は，つぎのように温度変化する．その活性化エネルギーと頻度因子を求めよ．

T/K	297	301	305	309	313
$k_r/(10^{-3}\ s^{-1})$	4.8	7.8	13	20	32

考え方　$1/T$に対して$\ln k_r$をプロットすれば直線が得られるはずである．その勾配は$-E_a/R$で，$1/T=0$における切片は$\ln A$である．最小二乗法で直線式を得るのがよい．本文でも注意したが，Aの単位はk_rと同じである．

解答　アレニウスプロットを図6D・4に示す．最小二乗法によって合わせた最適直線の勾配は-1.10×10^4，y切片（グラフからずっとはみ出している）は38.6である．したがって，

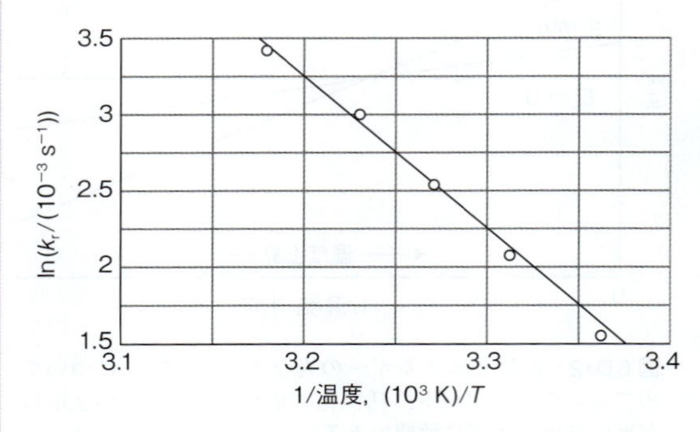

図6D・4　スクロースの酸加水分解反応のアレニウスプロットと，データ点に最も合う（最小二乗法で求めた）直線．データは例題6D・1から採った．

$$\begin{aligned}E_a &= -R\times 勾配\\ &= -(8.3145\ J\ K^{-1}\ mol^{-1})\times(-1.10\times10^4\ K)\\ &= 91.5\ kJ\ mol^{-1}\end{aligned}$$

が得られる．頻度因子を求めるには，グラフの縦軸を$\ln(k_r/(10^{-3}\ s^{-1}))$でプロットしていたことを忘れてはならない．本来の切片は$38.6+\ln 10^{-3}=31.7$であるから，つぎのように求められる．

$$A = e^{31.7}\ s^{-1} = 5.8\times10^{13}\ s^{-1}$$

反応の活性化エネルギーがわかれば温度T'での速度定数$k_r(T')$から，別の温度Tでの速度定数$k_r(T)$を予測するのは簡単である．ただし，酵素反応の場合は，その酵素が正しく機能する温度範囲でなければならない．まず，それぞれの温度での(5b)式を書いておく．

$$\ln k_r(T) = \ln A - \frac{E_a}{RT} \qquad \ln k_r(T') = \ln A - \frac{E_a}{RT'}$$

次に，2番目の式から最初の式を引けば，

$$\overbrace{\ln k_r(T') - \ln k_r(T)}^{\ln\{k_r(T')/k_r(T)\}} = \frac{E_a}{RT} - \frac{E_a}{RT'}$$

となるから次式が得られる．

$$\ln\frac{k_r(T')}{k_r(T)} = \frac{E_a}{R}\left(\frac{1}{T}-\frac{1}{T'}\right) \quad 速度定数の温度依存性 \qquad (6a)$$

もし，反応の温度係数を表す(4b)式が使える条件を満たす速度式であれば，$Q_{10}(T)$を用いてこの式を表せる．すなわち，$T'=T+10\ K$とおけばつぎの式が得られる．

$$\begin{aligned}\ln Q_{10}(T) &= \frac{E_a}{R}\left(\frac{1}{T}-\frac{1}{T+10\ K}\right)\\ &= \frac{E_a}{RT}\left(1-\frac{T}{T+10\ K}\right) \qquad (6b)\end{aligned}$$

簡単な例示6D・2

活性化エネルギーが$50\ kJ\ mol^{-1}$の反応では，25 °Cから35 °Cまで温度が上昇すると，それに対応して，

$$\ln Q_{10} = \frac{50\times10^3\ J\ mol^{-1}}{8.3145\ J\ K^{-1}\ mol^{-1}}\left(\frac{1}{298\ K}-\frac{1}{308\ K}\right) = 0.65\cdots$$

となる．自然真数をとる（すなわちe^xをつくる）と，$Q_{10}=1.9$となる．

(b) 活性化速度定数

ここからは，反応物AとBが遭遇対を形成して，反応を起こすときの速度定数k_aの大きさに注目しよう．**反応プロファイル**[1]とは，反応物から生成物へと反応が進むにつれ変化するポテンシャルエネルギーの状況を表したグラフのことである(図6D･5)．反応が進行するにつれ，AとBの形は歪みながら原子を交換したり，再配列したり，切り離したりしはじめる．そのエネルギーが最大値まで上昇したとき，その近傍で生じる原子クラスターを**活性錯合体**[2]という．その最大を越えれば，原子が再配列してクラスターができるにつれエネルギーは降下し，やがて生成物に固有な値に達する．この反応過程の最高潮は，このエネルギーのピークで起こり，それがその反応の活性化エネルギーE_aである．反応物が出会って，少なくとも活性化エネルギーを獲得することがあれば，そのときは生成物を生成できる．それには，まわりの溶媒分子の運動からエネルギーをもらうか，それとも同じ反応物の他の運動モードからエネルギーを引き出すかしなければならない．非常に一般的な考察(本書末尾の［エピローグ］を見よ)からいえることは，温度Tで少なくともE_aというエネルギーをもって反応物が出会う確率は$e^{-E_a/RT}$に比例しているから，活性化速度定数はつぎの形をしている．

$$k_a = Ae^{-E_a/RT}$$

Aは比例定数であり，これはアレニウスの式の形をしている．

(c) 遷移状態理論

以上の考察を**遷移状態理論**[3]という(活性錯合体理論[4]ともいう)モデルで正式に表しておこう．この理論では，反応物AとB(すでにどちらも拡散している)と活性錯合体C‡の間に前駆平衡が成立していると考える．この前駆平衡を平衡定数$K^‡$で表せば，

$$A + B \rightleftharpoons C^‡ \qquad K^‡ = \frac{[C^‡]/c^{\ominus}}{([A]/c^{\ominus})([B]/c^{\ominus})} = \frac{[C^‡]c^{\ominus}}{[A][B]} \tag{7}$$

と書ける．この活性錯合体では，反応座標に沿った運動は，すべての原子の集団的な振動運動(もし溶媒分子も関与しているなら，それも含めての振動)に似た複雑な運動に対応している．この運動が，そのまま原子配列を生成物のものに移行させる場合もある．このような瀬戸際の状況を**遷移状態**[5]という．この遷移状態をC‡がうまく通過する速度を考察すれば，活性化速度定数k_aを表す，つぎの**アイリングの式**[6]を導くことができる．

$$k_a = \kappa \times \frac{kT}{h} \times K^‡ \qquad \text{アイリングの式} \tag{8}$$

kはボルツマン定数†，hはプランク定数(これら基礎物理定数の値は巻末の見返しに掲載してある)．この式のkT/hという因子は振動数の次元(単位はs^{-1})をもち，活性錯合体が遷移状態に近づくときの振動数を表している．κ(カッパ)という因子は**透過係数**[7]であり，活性錯合体が遷移状態に近づいたとき，これを通り抜ける確率を表しており，0と1の間の値をとる．特別な情報がない限り，κは約1と仮定する．

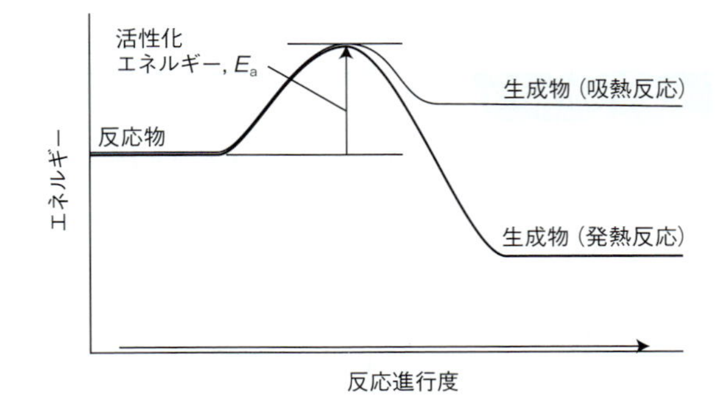

図6D･5　発熱反応(太線)と吸熱反応(細線)のエネルギープロファイル．この図は，反応物が互いに近づき，出会い，そして生成物を生成するときに変化するエネルギーを模式的に表したものである．活性化エネルギーは，反応物側から見たときのエネルギー障壁の高さである．

(d) 熱力学パラメーターとの関係

$K^‡$を計算するのは，気相での単純なモデル以外では非常に難しい．そこで注目すべき重要な点は，活性化速度定数を熱力学パラメーターで表す方法と，反応をいろいろな実験値で表す方法を(8)式が示唆していることである．すなわち，トピック4Aで説明したように，平衡定数は標準反応ギブズエネルギーで表せる($-RT\ln K = \Delta_r G^{\ominus}$)．そこで，ここでも同じように表せると考え，**活性化ギブズエネルギー**[8]$\Delta^‡ G^{\ominus}$を用いて平衡定数$K^‡$を表すのである．

$$\Delta^‡ G^{\ominus} = -RT\ln K^‡ \quad \text{あるいは} \quad K^‡ = e^{-\Delta^‡ G^{\ominus}/RT}$$

$$\text{活性化ギブズエネルギー［定義］} \tag{9a}$$

したがって，熱力学的な関係として，

$$\Delta^‡ G^{\ominus} = \Delta^‡ H^{\ominus} - T\Delta^‡ S^{\ominus} \tag{9b}$$

---

† ボルツマン定数をk_Bとしている教科書もある．
1) reaction profile　2) activated complex　3) transition-state theory　4) activated complex theory　5) transition state
6) Eyring equation　7) transmission coefficient
8) activation Gibbs energy.〔訳注：標準活性化ギブズエネルギーとすべきだが，本書では"標準"が省略されている.〕

と書けば，**活性化エンタルピー**[1] $\Delta^{\ddagger}H^{\ominus}$ と**活性化エントロピー**[2] $\Delta^{\ddagger}S^{\ominus}$ が定義される．そうすれば，

$$k_a = \kappa\frac{kT}{h}\,\mathrm{e}^{-(\Delta^{\ddagger}H^{\ominus}-T\Delta^{\ddagger}S^{\ominus})/RT} = \overbrace{\kappa\frac{kT}{h}\,\mathrm{e}^{\Delta^{\ddagger}S^{\ominus}/R}}^{A} \times \mathrm{e}^{-\Delta^{\ddagger}H^{\ominus}/RT}$$

熱力学パラメーターで表したアイリングの式　(10)

となる．この式はアレニウスの式の形（5c 式）をしている．すなわち，活性化エネルギーの代わりに $\Delta^{\ddagger}H^{\ominus}$ を用いており，A を頻度因子とみなせばよい．これで明らかになったことは，活性化律速の反応であれば，$1/T$ に対して $\ln k_a$ をプロットしたアレニウスプロットの勾配から活性化エンタルピーが得られ，$1/T=0$ での切片から（A からさらに）活性化エントロピーが得られるということである．

もし，注目する反応に分子配向に関する厳しい要請がある場合（たとえば，ある酵素に対して基質分子が結合するとき）には，活性化エントロピーは負で大きく（活性錯合体を形成するときに配向の乱れが減少するから），しかも頻度因子 A は小さいであろう．実際，活性化エントロピーの符号と大きさを求め，速度定数を予測するのが可能な場合がある．遷移状態理論が一般的に重要視されるのは，一連の複雑な事象であってもアレニウス型の振舞いが見られ，いろいろな局面で活性化エネルギーの概念を広く適用できることである．

熱力学パラメーターで表すことには，もう一つの観点がある．反応ギブズエネルギーは自発変化の方向を表し，その標準値は平衡定数と関係している．一方，活性化ギブズエネルギーは，この自発変化の速度を表しているのである．したがって，化学反応というのは，ギブズエネルギーで定義されたランドスケープ（地形にたとえられるさまざまな状況）を行き交う旅（遍歴）と捉えることができる．そのギブズエネルギーのピークの高さが，反応混合物が混ざり合い，より低いギブズエネルギーへと向かい，最終的に平衡へと向かう速度を支配しているのである．

6D・3　速度定数に影響を与える温度以外の因子

以上の考察によれば，速度定数を変える方法として温度上昇以外に二つ考えられるだろう．一つは，アレニウスの式のもとの形（5c 式）を見ればわかるが，目的とする反応の活性化エネルギーを減少させることである．それには別の反応経路を提供すればよい．もう一つは，遷移状態理論による（9a）式を見ればわかるが，そこでの平衡定数 $K^{\ddagger}$（すなわち活性化ギブズエネルギー）を変える方法を見いだすことである．前者のアプローチには触媒効果だけでなく，同位体置換効果も含まれるだろう．後者のアプローチには，媒質のイオン強度を変更したときの効果がある．

(a) 酵素による触媒作用

酵素はふつうの触媒と同じで一般に，活性化エネルギーのより低い別の反応経路を提供することによって作用する（図 6D・6）．活性化エネルギーの低下によって，反応速度の温度依存性は減少するから（図 6D・2 に示してある），酵素触媒反応は触媒を用いない反応に比べて本質的に温度変化に鈍感である．

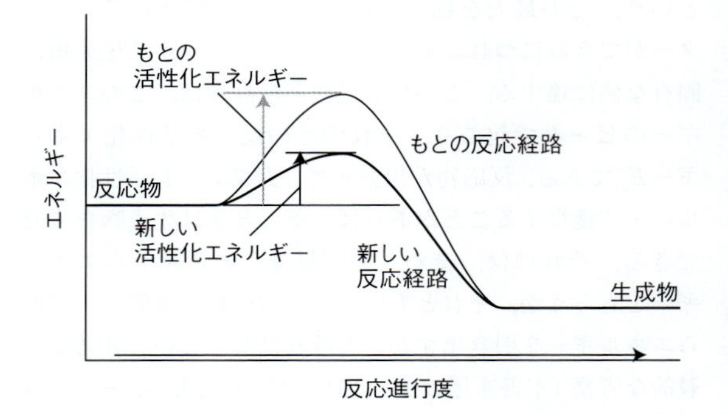

図 6D・6　触媒は，反応原系と生成系の間に，もとの反応経路より低い活性化エネルギーをもつ新しい反応経路を提供することで作用している．

酵素は非常に特異的に作用することが多く，それが支配している反応に絶大な影響を及ぼす．たとえば酵素カタラーゼは，過酸化水素の分解の活性化エネルギーを 76 kJ mol^{-1} から 8 kJ mol^{-1} にまで減少させる．これは，298 K で起こる反応の速度を 10^{12} 倍も加速することに相当する．酵素についてはテーマ 7 でもっと詳しく扱う．

簡単な例示 6D・3

H_2O_2 の分解速度に与えるカタラーゼの効果は，つぎの速度定数の比を見ればわかる．

$$\frac{k_{\mathrm{r,\,触媒あり}}}{k_{\mathrm{r,\,触媒なし}}} = \frac{A\,\mathrm{e}^{-E_{\mathrm{a,\,触媒あり}}/RT}}{A\,\mathrm{e}^{-E_{\mathrm{a,\,触媒なし}}/RT}} = \mathrm{e}^{-(E_{\mathrm{a,\,触媒あり}}-E_{\mathrm{a,\,触媒なし}})/RT}$$

$$= \mathrm{e}^{(68\times10^{3}\,\mathrm{J\,mol^{-1}})/(8.3145\,\mathrm{J\,K^{-1}\,mol^{-1}}\times 298\,\mathrm{K})}$$

$$= 8.3\times10^{11}$$

ここで，頻度因子 A は変わらず同じとして，分子と分母で消し合っていることに注意しよう．この仮定は必ずしも成り立たないから，ここでの結論は目安にすぎないと考えておくべきである．

1) enthalpy of activation　2) entropy of activation

(b) 速度論的同位体効果

ばねに取り付けたおもりが重いと，同じばねでも軽いおもりの場合よりゆっくりと振動する．これと同じで，C−D 結合（D は重水素原子，^{2}H）では，結合がばねのように作用して，ほぼ静止した C 原子に対して D 原子が振動しているのだが，C−H 結合（ここでの H は ^{1}H のこと）よりも低い振動数で振動している．振動数の低い振動というのはエネルギーが低いことに相当している（これについてはテーマ 8 で詳しく説明する†）．この結合は，反応が始まる前は小さな振動エネルギーしかもたないから，C−D 結合を切断するのに供給すべきエネルギーは，C−H 結合を切断するのに必要なエネルギーよりも大きい（図 6D・7）．したがって，反応の律速段階が C−H 結合の開裂であれば，その活性化エネルギーは重水素化によって増大することになる．もとの活性化エネルギー E_a が重水素化によって $E_a + \delta E$ になったとすれば，そのときの速度定数の比は，つぎのように表される．

$$\frac{k_r(\mathrm{H})}{k_r(\mathrm{D})} = \frac{A\mathrm{e}^{-E_a/RT}}{A\mathrm{e}^{-(E_a+\delta E)/RT}} = \mathrm{e}^{\delta E/RT}$$

速度論的同位体効果　(11)

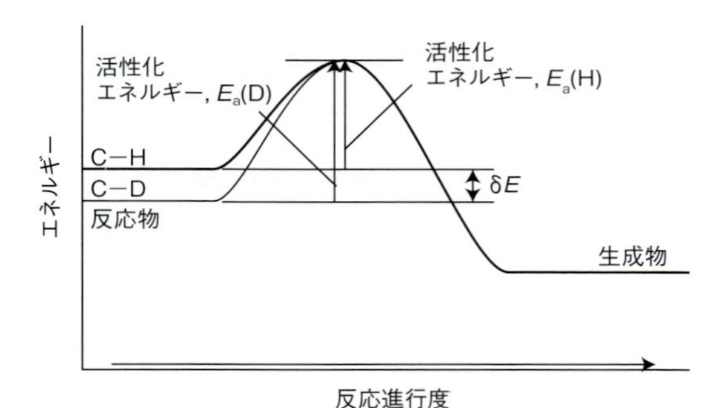

図 6D・7　速度論的同位体効果は，C−H 結合のエネルギー状態に与える重水素置換効果によって生じるもので，結合が開裂するときの活性化エネルギーが重水素化によって大きくなることによる．ここでは，生成物の重水素効果については示していない．それは，正反応の活性化エネルギーに無関係だからである．

簡単な例示 6D・4

C−D 結合の結合強度は C−H 結合よりふつう 5 kJ mol^{-1} 大きい．298 K での速度定数の比は，(11) 式からつぎのように計算できる．

$$\frac{k_r(\mathrm{H})}{k_r(\mathrm{D})} = \mathrm{e}^{(5\times10^3\,\mathrm{J\,mol^{-1}})/(8.3145\,\mathrm{J\,K^{-1}\,mol^{-1}}\times298\,\mathrm{K})} = 7.5$$

この 7.5 倍という値は，律速段階で C−H 結合が完全に開裂したと仮定しての値である．もし部分的にしか結合が壊れなければ，H を D に置換したときに供給すべき余分のエネルギーは 5 kJ mol^{-1} の一部ですむから，この比はもっと小さくなる．また，もし C−H 結合が律速段階で切断されないなら，D に置換しても E_a には全く影響がない．したがって，同位体置換効果は律速段階で起こっている変化を探る方法を提供している．すなわち，関与していると考えられる原子があれば，それを別の同位体に置換することによって，反応速度に現れる影響を観測すればよい．

例題 6D・2　速度論的同位体効果の解析法

マラリア原虫由来の酵素乳酸デヒドロゲナーゼは，NADH からピルビン酸へのヒドリドイオン（$\mathrm{H^-}$）の移動を触媒する．この反応の速度論が，ストップトフロー法の装置を使って pH = 7.5 および 25 °C で調べられた．ここで，基質として NADH とその重水素化物 NADD を用いて，それぞれの濃度の時間変化が追跡された．いずれの実験でも，ピルビン酸の初濃度は 4.00 mmol dm^{-3}，酵素の初濃度は 75.0 μmol dm^{-3} であった．

t/ms	0	5	10	20	30	40
[NADH]/(μmol dm^{-3})	75.0	35.8	17.0	3.87	0.88	0.20
[NADD]/(μmol dm^{-3})	75.0	40.5	21.8	6.35	1.85	0.54

$k_r(\mathrm{H})/k_r(\mathrm{D})$ を計算せよ．この結果から，この反応の律速段階について何がいえるか．

考え方　ピルビン酸は大過剰に存在するから，この反応は擬 1 次の速度式に従うだろう．そこで，トピック 6B で説明したように，t に対して ln[NADH] をプロットしたグラフで直線が得られ，その勾配から $-k_r(\mathrm{H})$ が求められる．同様にして，NADD については $-k_r(\mathrm{D})$ が求められる．そこで，$k_r(\mathrm{H})/k_r(\mathrm{D})$ の実験値を理論値の 7.5 と比較すればよい．この理論値 $k_r(\mathrm{H})/k_r(\mathrm{D}) = 7.5$ は，NADH 内のヒドリド結合が律速段階として完全に開裂したと仮定したときの値である．もし，律速段階に関与していなければ $k_r(\mathrm{H})/k_r(\mathrm{D}) = 1$ が予測される．

解答　プロットするための準備として，つぎの表をつくる．

t/ms	0	5	10
ln([NADH]/(mol dm^{-3}))	−9.498	−10.238	−10.982
ln([NADD]/(mol dm^{-3}))	−9.498	−10.114	−10.734

t/ms	20	30	40
ln([NADH]/(mol dm^{-3}))	−12.462	−13.943	−15.425
ln([NADD]/(mol dm^{-3}))	−11.967	−13.200	−14.432

† 訳注："零点エネルギー" の概念を理解すれば単純である．

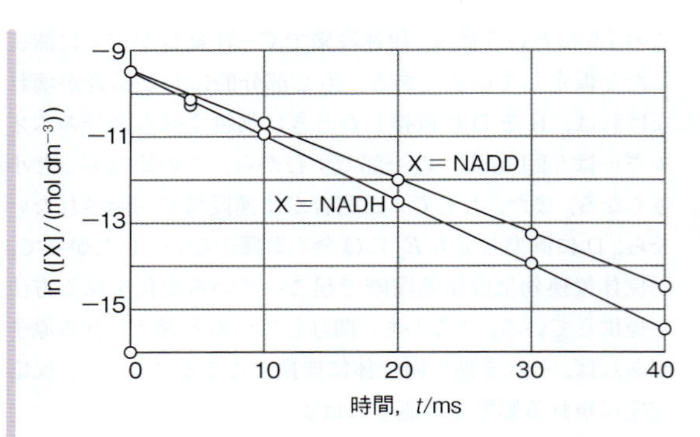

図 6D・8 例題 6D・2 のデータをプロットしたグラフ.

いずれのプロットも直線を与え，その勾配は（最小二乗法により）−0.1482（NADH）および −0.1234（NADD）と求められる（図 6D・8）．すなわち，$k_r(\mathrm{H}) = 0.148\ \mathrm{ms}^{-1}$ および $k_r(\mathrm{D}) = 0.123\ \mathrm{ms}^{-1}$ であり，$k_r(\mathrm{H})/k_r(\mathrm{D}) = 1.20$ である．観測された 1.20 という値から，結合解離が律速段階として起こっている可能性は低く，ヒドリドイオンの移動以外の機構で何か別の段階が律速段階であることがわかる．

コメント　この酵素の作用機構として，ヒドリドイオンの移動が起こる以前に，活性サイトにある反応物を取巻くペプチドループに大きなコンホメーション変化が起こることが関与している．もっと詳しい速度論的同位体効果の解析によれば，このコンホメーション変化の速度定数は $160\ \mathrm{s}^{-1}$ であり，ヒドリドイオン移動の速度定数は $2000\ \mathrm{s}^{-1}$ であることがわかっている．したがって，このコンホメーション変化が律速段階である．

(c) 速度論的塩効果

速度論的塩効果[1] は，反応混合物に不活性な塩を加えたときの反応速度に及ぼす効果である．この効果の物理的な起源は，添加イオンによって形成されるイオン雰囲気（トピック 5A）が反応物イオンや活性錯合体を安定化させる度合いが異なるところにある．たとえば，活性錯合体が前駆平衡にある反応 $\mathrm{A^+ + B^- \rightleftharpoons C^\ddagger}$ では，反応物はどちらもイオン雰囲気によって安定化するが，電気的に中性な活性錯合体 $\mathrm{C^\ddagger}$ は安定化しないから，平衡状態で予測される $\mathrm{C^\ddagger}$ は少量しかない．したがって，生成物の生成速度は減少する．一方，反応が $\mathrm{A^+ + B^+ \rightleftharpoons C^{\ddagger 2+}}$ のように同種電荷の間で起こる場合は，2 価の電荷をもつ活性錯合体のイオン雰囲気は 1 価の電荷しかもたない反応物のイオン雰囲気よりも大きな効果をもち，この活性錯合体はどちらの反応物イオンよりも安定化する．そこで，平衡での活性錯合体の存在量は増加し，したがって生成物の生成速度も増加する．これらの概念は定量的に扱うことができる．

導出過程 6D・2　速度論的塩効果の解析法

反応 $\mathrm{A + B \rightleftharpoons C^\ddagger \rightarrow P}$ について考えよう．A と B は電荷をもつ化学種であり，$\mathrm{C^\ddagger}$ との間には迅速な前駆平衡が成立している．この律速段階の活性化速度定数は k_a である．ここでの目標は，溶液中に存在するイオン間の電気的相互作用を表す尺度を用いて，速度定数 k_a を表す式を書くことである．

ステップ 1: 活性錯合体の濃度と反応物の濃度の関係を明らかにしておく．

ここでは，溶液のイオン強度 I のときの熱力学的平衡定数 $K^\ddagger(I)$ を，活量 $a_\mathrm{J} = \gamma_\mathrm{J}[\mathrm{J}]/c^\ominus$ と活量係数 γ_J を用いてつぎのように表しておく．

$$K^\ddagger(I) = \frac{a_{\mathrm{C}^\ddagger}}{a_\mathrm{A}a_\mathrm{B}} = \frac{\gamma_{\mathrm{C}^\ddagger}[\mathrm{C}^\ddagger]/c^\ominus}{(\gamma_\mathrm{A}[\mathrm{A}]/c^\ominus)(\gamma_\mathrm{B}[\mathrm{B}]/c^\ominus)}$$

$$= \frac{\gamma_{\mathrm{C}^\ddagger}[\mathrm{C}^\ddagger]c^\ominus}{\gamma_\mathrm{A}\gamma_\mathrm{B}[\mathrm{A}][\mathrm{B}]} = K_\gamma K^\ddagger \qquad K_\gamma = \frac{\gamma_{\mathrm{C}^\ddagger}}{\gamma_\mathrm{A}\gamma_\mathrm{B}}$$

$K^\ddagger$ は (7) 式で定義された平衡定数である．アイリングの式（8 式）によれば，$k_a = \kappa(kT/h)K^\ddagger$ であるから，

$$k_a = \kappa(kT/h)K^\ddagger = k_a^\circ/K_\gamma$$

となる．$k_a^\circ = k_a K_\gamma$ は，イオン強度 0 のときの速度定数である．

ステップ 2: デバイ-ヒュッケルの極限則を使える式をつくる．

両辺の対数（底は 10）をとれば，$k_a = k_a^\circ/K_\gamma$ の式は，

$$\log_{10} k_a = \log_{10} k_a^\circ - \log_{10} K_\gamma$$
$$= \log_{10} k_a^\circ - \{\log_{10}\gamma_{\mathrm{C}^\ddagger} - \log_{10}\gamma_\mathrm{A} - \log_{10}\gamma_\mathrm{B}\}$$

となる．ここで，低濃度での活量係数は，デバイ-ヒュッケルの極限則を使って溶液のイオン強度 I で表せる（トピック 5A の (3) 式）．すなわち，

$$\log_{10}\gamma_\mathrm{J} = -Az_\mathrm{J}^2 I^{1/2}$$

である．298 K の溶液では $A = 0.509$，z_J は化学種 J の電荷数（符号付き）である．ここでの活性錯合体は，A のイオン 1 個と B のイオン 1 個からつくられるから，その電荷数は $z_\mathrm{A} + z_\mathrm{B}$ である．したがって，

$$\log_{10}\gamma_{\mathrm{C}^\ddagger} = -A(z_\mathrm{A}+z_\mathrm{B})^2 I^{1/2}$$

と表せるから，

1) kinetic salt effect

$$\log_{10} k_a = \log_{10} k_a^{\circ} + A\{(z_A + z_B)^2 - z_A^2 - z_B^2\} I^{1/2}$$

となる．これを整理すると次式が得られる．

$$\log_{10} k_a = \log_{10} k_a^{\circ} + 2Az_Az_BI^{1/2}$$

速度論的塩効果　(12)

(12) 式を見ればわかるように，反応物に逆符号の電荷をもつものがあれば（つまり，z_Az_B が負なら），定性的な予測と合って，イオン強度が増加するほど反応速度は減少する（図 6D･9）．しかし，反応物が同符号をもつ場合は（このとき z_Az_B は正），塩を加えると反応速度は増加する．この種の知見は，溶液中で起こる反応の機構を解明したり，活性錯合体の性質を明らかにしたりするのに役立つ．

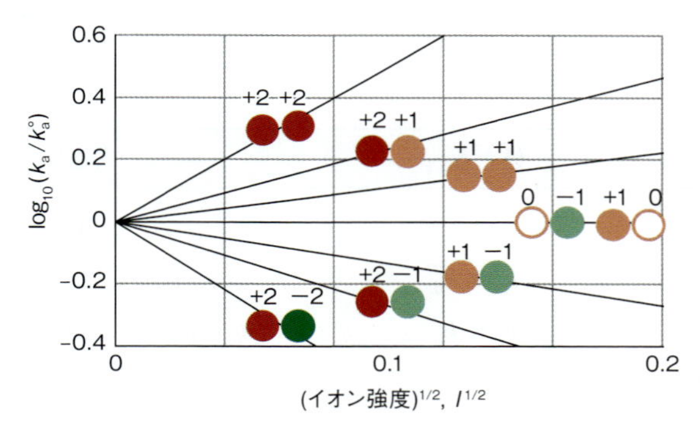

図 6D･9　速度論的塩効果を示す図．反応物が逆符号の電荷をもっていれば，イオン強度 I が増加したとき反応速度は減少する．一方，同符号のときは，塩を加えれば反応速度は増加する．

例題 6D･3　速度論的塩効果の解析法

溶液中でのタンパク質の会合の最適条件を研究すれば，トピック 12B で述べる X 線回折法に用いる構造解析ができるほど大きな結晶の作成指針が得られる．実は，対称的な二量体（ホモ二量体）タンパク質の方が非対称な単量体タンパク質より結晶化しやすいという証拠があり，ある種のタンパク質では二量化が結晶成長の律速段階であるらしいことがわかっている．そこで，あるカチオン性タンパク質 P の水溶液で，そのイオン強度を変えたときの二量化の速度定数の変化を考えよう．

I	0.0100	0.0150	0.0200	0.0250	0.0300	0.0350
k_a/k_a°	8.10	13.30	20.50	27.80	38.10	52.00

P の電荷についてわかることは何か．

考え方　タンパク質分子 1 個の電荷が z であれば，(12) 式は，

$$\log_{10}(k_a/k_a^{\circ}) = 1.02\, z^2 I^{1/2}$$

となる．したがって，$I^{1/2}$ に対して $\log_{10}(k_a/k_a^{\circ})$ をプロットする必要があり，その直線の勾配 $1.02\,z^2$ からこのタンパク質の電荷数 z が求められる．

解答　つぎの表をつくる．

$I^{1/2}$	0.100	0.122	0.141	0.158	0.173	0.187
$\log_{10}(k_a/k_a^{\circ})$	0.908	1.124	1.312	1.444	1.581	1.716

これをプロットしたのが図 6D･10 である．直線の勾配は 9.2 であり $z^2 = 9$ を示している．このタンパク質はカチオン性であるから，この pH での電荷数は +3 である．

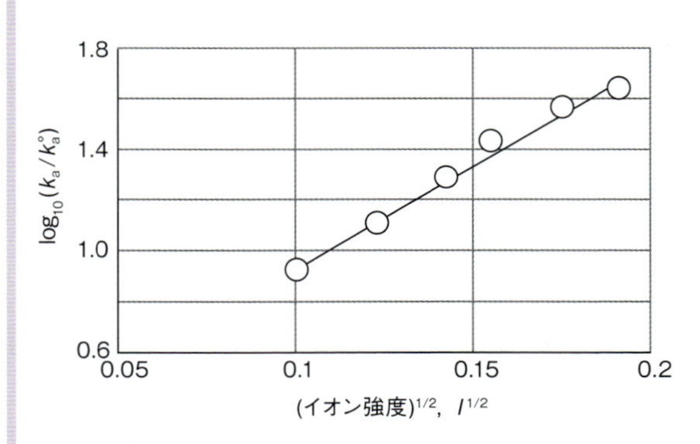

図 6D･10　例題 6D･3 のデータをプロットしたグラフ．

重要事項のチェックリスト

- □ 1．反応は，**拡散律速**と**活性化律速**に分類できる．
- □ 2．**温度係数** $Q_{10}(T)$ は，反応温度が 10 K 上昇したときの反応速度の効果を表す．
- □ 3．**アレニウスの式**は，ふつう観測される反応速度定数の温度依存性を表している．
- □ 4．**頻度因子** A は，反応に至る出会いが起こる頻度の目安である．
- □ 5．**活性化エネルギー** E_a は，生成物の生成に至るための反応物の出会いに必要な最小限のエネルギーの目安である．
- □ 6．**反応プロファイル**は，反応物から生成物へと反応が進むにつれ変化するポテンシャルエネルギーの状況を表したグラフのことである．
- □ 7．**遷移状態理論**では，反応物（すでにどちらも拡散している）と活性錯合体の間に前駆平衡が成立していると考える．
- □ 8．**遷移状態**は，活性錯合体がおかれた瀬戸際の状況を表しており，生成物への入り口である．
- □ 9．活性化速度定数は，**活性化ギブズエネルギー**や**活性化エンタルピー**，**活性化エントロピー**という熱力学パラメーターで表すことができる．
- □ 10．**速度論的同位体効果**は，反応速度に与える同位体置換効果のことである．
- □ 11．**速度論的塩効果**は，不活性な塩を反応混合物に加えたときの反応速度に与える効果のことである．

重要な式の一覧

式の内容	式	備 考	式番号
活性化律速と拡散律速	$k_r = k_a k_d/(k'_d + k_a)$		1
拡散律速	$k_r = k_d$	$k_a \gg k'_d$	2a
活性化律速	$k_r = k_a k_d/k'_d$	$k_a \ll k'_d$	2b
温度係数	$Q_{10}(T) = v(T + 10\,\mathrm{K})/v(T)$	定 義	4a
	$Q_{10}(T) = k_r(T + 10\,\mathrm{K})/k_r(T)$	速度式 $v = k_r[\mathrm{A}]^x[\mathrm{B}]^y\cdots$ で表される反応	4b
アレニウスの式	$\ln k_r = \ln A - E_a/RT$	一般形	5b
	$k_r = A\mathrm{e}^{-E_a/RT}$	別の形	5c
温度係数と活性化エネルギーの関係	$\ln Q_{10}(T) = (E_a/RT)\{1-T/(T+10\,\mathrm{K})\}$	アレニウスの式に従う反応	6b
アイリングの式	$k_a = \kappa(kT/h)K^{\ddagger}$	遷移状態理論	8
活性化ギブズエネルギー	$\Delta^{\ddagger}G^{\ominus} = -RT\ln K^{\ddagger}$	定 義	9a
活性化エンタルピーと活性化エントロピー	$\Delta^{\ddagger}G^{\ominus} = \Delta^{\ddagger}H^{\ominus} - T\Delta^{\ddagger}S^{\ominus}$	定 義	9b
速度論的同位体効果	$k_r(\mathrm{H})/k_r(\mathrm{D}) = \mathrm{e}^{\delta E/RT}$	E_a が $E_a + \delta E$ になったとき	11
速度論的塩効果	$\log_{10} k_a = \log_{10} k_a^{\circ} + 2Az_A z_B I^{1/2}$	希薄溶液（イオン強度が低い）	12

テーマ6 反応速度

トピック6A 反応速度

記述問題

Q6A・1 反応速度は，反応物と生成物それぞれの濃度の変化速度によってどう表されるか．

Q6A・2 つぎの用語について説明せよ．0次反応，1次反応，2次反応，擬1次反応．

Q6A・3 反応の化学方程式を見ただけで速度式を予測できないのはなぜか．

Q6A・4 文献を探して，つぎの過程がどんな時間スケールで起こるものかを調べよ．プロトン移動反応，視覚の初期過程，光合成におけるエネルギー移動，光合成における初期の電子移動，ポリペプチドのヘリックス-コイル転移．

Q6A・5 反応の速度式を求めるための分離法と初速度の方法について，その利点と欠点を説明せよ．

演習問題

6A・1 (a) 反応 $2A + B \rightarrow 3C + 2D$ における C の生成速度が $2.2\ \mathrm{mol\ dm^{-3}\ s^{-1}}$ である．A, B, D の生成速度と消費速度をそれぞれ求めよ．(b) この反応の速度式は $v = k_r[A][B][C]$ で表されると報告されている．モル濃度を $\mathrm{mol\ dm^{-3}}$，時間を s の単位で表したとき，k_r の単位はどうなるか．

6A・2 速度式を表すのに，(a) 濃度の単位として $\mathrm{molecules\ m^{-3}}$ を使ったとき，(b) 圧力の単位として kPa を使ったときの2次および3次の速度定数の単位をそれぞれ示せ．

6A・3 ある複雑な反応の速度式が非整数の次数で表され，$v = k_r[A]^a[B]^b$ の形をしている．A と B の濃度を変えて速度の測定を行ったところ，つぎの結果を得た．

$[A]/(\mathrm{mmol\ dm^{-3}})$	1.0	2.0	3.0	4.0	50	50	50	50
$[B]/(\mathrm{mmol\ dm^{-3}})$	50	50	50	50	1.0	2.0	3.0	4.0
$v/(\mathrm{mmol\ dm^{-3}\ min^{-1}})$	0.35	1.00	1.84	2.83	17.7	25.0	30.6	35.3

反応物それぞれについての反応次数とこの反応の速度定数を求めよ．

6A・4 ある反応の初速度が，つぎのように物質 J の濃度に依存することがわかった．

$[J]_0/(\mathrm{mmol\ dm^{-3}})$	5.0	10.2	17	30
$v_0/(10^{-7}\ \mathrm{mol\ dm^{-3}\ s^{-1}})$	3.6	9.6	41	130

J についての反応次数とこの反応の速度定数を求めよ．

6A・5 ある化合物 S が酵素 E で触媒される異性化反応について，初速度に関するつぎのデータが得られた．

$[S]_0/(\mathrm{mmol\ dm^{-3}})$		1.00	2.00	3.00	4.00
$v_0/(\mathrm{mmol\ dm^{-3}\ s^{-1}})$	(a)	4.5	9.0	15.0	18.0
	(b)	14.8	25.0	45.0	59.7
	(c)	58.9	120.0	180.0	238.0

酵素の濃度は (a) $1.00\ \mathrm{mmol\ dm^{-3}}$，(b) $3.00\ \mathrm{mmol\ dm^{-3}}$，(c) $10.0\ \mathrm{mmol\ dm^{-3}}$ であった．S と E についての反応次数とこの反応の速度定数を求めよ．

6A・6 スクロースは酸性溶液中で容易に加水分解され，グルコースとフルクトースになる．0.50 M の HCl(aq) 中でのスクロースの加水分解実験で，つぎのデータが得られた．

t/min	0	14	39	60	80
[スクロース]$/(\mathrm{mol\ dm^{-3}})$	0.316	0.300	0.274	0.256	0.238

t/min	110	140	170	210
[スクロース]$/(\mathrm{mol\ dm^{-3}})$	0.211	0.190	0.170	0.146

このデータをプロットして，それぞれの時間での反応の速度を求めよ．また，スクロースについての反応次数とこの反応の速度定数を求めよ．

6A・7 ヨードアセトアミドと N-アセチルシステインは量論比 1 : 1 で反応する．$1.00\ \mathrm{mmol\ dm^{-3}}$ の N-アセチルシステインと $1.00\ \mathrm{mmol\ dm^{-3}}$ のヨードアセトアミドの 298 K での反応について，つぎのデータが得られた．

t/s	10	20	40
[N-アセチルシステイン]$/(\mathrm{mmol\ dm^{-3}})$	0.770	0.580	0.410

t/s	60	100	150
[N-アセチルシステイン]$/(\mathrm{mmol\ dm^{-3}})$	0.315	0.210	0.155

このデータをプロットして，それぞれの時間での反応の速度を求めよ．また，反応次数と速度定数を求めよ．

6A・8 ある液相反応 $2A \rightarrow B$ の組成を分光光度法で追跡し，つぎの結果を得た．

t/min	0	10	20	30	40	∞
$[B]/(\mathrm{mol\ dm^{-3}})$	0	0.089	0.153	0.200	0.230	0.312

このデータをプロットして，それぞれの時間での反応の速度を求めよ．また，反応次数と速度定数を求めよ．

トピック6B 一段階反応の速度式

記述問題

Q6B・1 積分形速度式の応用について要約せよ．

Q6B・2 1次反応で半減期を求めると役に立つのに，2次反応ではあまり役に立たないのはなぜか．

Q6B・3 得られたデータに合わせて積分形の速度式を得ることによって，反応次数を求めることの利点と欠点はなにか．どのような条件であれば，分離法や初速度の方法を使って考察する利点があるか．

Q6B・4 熱力学的平衡定数と反応の速度定数の関係を説明せよ．その関係は近似的なものか，それとも厳密なものか．

Q6B・5 正逆両反応がともに2次であるとき，濃度の時間変化が平衡に向かう状況を，計算せずにグラフで概略を描け．また，そのグラフは図6B・9とどこが違うか．

演習問題

6B・1 放射性同位体 ^{57}Co の試料について，つぎの測定結果が記録されている．

t/日	0	4	8	12	16	20
崩壊数/min	10000	9899	9797	9702	9603	9501

^{57}Co の崩壊の速度定数と半減期を求めよ．

6B・2 アルコールデヒドロゲナーゼが触媒するエタノールの酸化反応の研究で，エタノールのモル濃度が1次反応によって 220 mmol dm^{-3} から 56.0 mmol dm^{-3} まで 1.22×10^4 s かかって減少することがわかった．この反応の速度定数はいくらか．

6B・3 炭酸デヒドラターゼは亜鉛を含む酵素で，二酸化炭素を炭酸に変換する反応を触媒する．その効果を調べる実験で，溶液中の二酸化炭素のモル濃度が 38.2 mmol dm^{-3} から 10.4 mmol dm^{-3} まで 860 s かかって減少した．この1次反応の速度定数はいくらか．

6B・4 塩素が大過剰の条件下で，NO から NOCl が生成する反応は NO について擬2次である．NO のはじめの分圧が 300 Pa のとき，522 s かかって NOCl の分圧が 0 から 100 Pa まで増加した．この反応の速度定数を求めよ．

6B・5 演習問題6A・6のデータを用い，積分形速度式を使って解析し直し，スクロースについての反応次数とこの反応の速度定数を求めよ．

6B・6 ヨードアセトアミドと *N*-アセチルシステインは量論比1：1で反応する．1.00 mmol dm^{-3} の *N*-アセチルシステインと 1.00 mmol dm^{-3} のヨードアセトアミドの 298 K での反応について，つぎのデータが得られた．

t/s	10	20	40
[*N*-アセチルシステイン]/(mmol dm^{-3})	0.770	0.580	0.410

t/s	60	100	150
[*N*-アセチルシステイン]/(mmol dm^{-3})	0.315	0.210	0.155

(a) このデータを解析すれば反応の全次数が得られるが，それは *N*-アセチルシステインについての次数ではない(ヨードアセトアミドでもない)．その理由を説明せよ．(b) 適切と思うやり方でデータをプロットし，この反応の全次数を求めよ．(c) そのグラフから速度定数を求めよ．

6B・7 1.00 mmol dm^{-3} の *N*-アセチルシステインと 2.00 mmol dm^{-3} のヨードアセトアミドの 298 K での反応について，つぎのデータが得られた．演習問題6A・7とは異なる条件である．

t/s	5	10	25	35	50	60
[*N*-アセチルシステイン]/(mmol dm^{-3})	0.74	0.58	0.33	0.21	0.12	0.09

(a) これらのデータと演習問題6B・6の答を使って，反応物それぞれについての反応次数を求めよ．(b) この反応の速度定数を求めよ．

6B・8 アミノトランスフェラーゼという酵素の存在下で，ピルビン酸の(アラニンに変換される)半減期が 221 s であることがわかった．この1次反応で，ピルビン酸の濃度が初期値の 1/64 まで減少するのにどれだけの時間がかかるか．

6B・9 反応 $2A \rightarrow P$ は2次の速度式に従い，$k_r = 1.24$ cm^3 mol^{-1} s^{-1} である．A の濃度が 0.260 mol dm^{-3} から 0.026 mol dm^{-3} まで変化するのに要する時間を計算せよ．

6B・10 $v = k_r[A]^3$ の形の3次の速度式の積分形をつくれ．ある反応が3次であることを確かめるには，何をプロットすればよいか．

6B・11 量論関係が $2A + B \rightarrow P$ のタイプの反応で，最初に存在した反応物が，(a) これと同じ量論比の場合，(b) B の物質量がその2倍あった場合について，3次の速度式 $v = k_r[A]^2[B]$ の積分形を導け．

6B・12 不安定原子核の放射性壊変は1次過程である．^{14}C の(1次)放射性壊変の半減期は 5730 a である(1 a は1年を表す単位である．この核種は 0.16 MeV のエネルギーをもつ高エネルギー電子，つまりβ粒子を放出する)．ある古木を含む考古学試料の ^{14}C 含有量は，生きている木の 69 パーセントしかなかった．その年齢を求めよ．

6B・13 核爆発が及ぼす危害の一つは ^{90}Sr の発生によって，それが骨のカルシウムに代わって体内に取込まれる問題である．この核種は 0.55 MeV のエネルギーのβ粒子を放出し，その半減期は 28.1 a である(1 a は1年を表す単位）．この核種が 1.00 μg だけ新生児に取込まれてしまったとする．代謝によって排出されないと仮定して，(a) 19 a 後，(b) 75 a 後にどれだけ残留しているかを計算せよ．

6B・14 P−O 結合の半減期は 1.3×10^5 a（1 a は 1 年を表す単位）と見積もられている．DNA のストランド 1 本にはこのような結合が約 10^9 個ある．修復酵素が存在しないと仮定して，DNA のストランド 1 本に全く欠損が見当たらない時間はどれだけか（半減期で表せ）．

6B・15 犬の手術前の準備として，体重 1 kg 当たり約 30 mg のフェノバルビタールを静脈注射しなければならない．この麻酔薬は 1 次の速度論によって代謝され，その半減期は 4.5 h である．体重 15 kg の犬では，約 2.0 h 後に薬の効力がなくなりはじめる．この時点で，体重 15 kg のこの犬を元のレベルの麻酔状態まで戻すには，どれだけの質量のフェノバルビタールを再び注射しなければならないか．

6B・16 2次反応 $CH_3COOC_2H_5(aq) + OH^-(aq) \longrightarrow CH_3CO_2^-(aq) + CH_3CH_2OH(aq)$ の速度定数は 0.11 $dm^3\,mol^{-1}\,s^{-1}$ である．初濃度を $[NaOH] = 0.055\ mol\,dm^{-3}$，$[CH_3COOC_2H_5] = 0.150\ mol\,dm^{-3}$ として，水酸化ナトリウムにエタン酸エチル（酢酸エチル）を加えたとき，(a) 15 s 後，(b) 15 min 後のこのエステルの濃度を求めよ．

6B・17 A について n 次の反応について，$t_{1/2}$ を A の半減期，$t_{3/4}$ を A の初濃度が $\frac{3}{4}$ まで減衰する時間としたとき（すなわち，$t_{3/4} < t_{1/2}$），$t_{1/2}/t_{3/4}$ の比が反応の次数 n だけの関数で書けること，したがってこの比が反応次数を迅速に求める指標として使えることを示せ．

6B・18 (a) A について n 次の反応では，$t_{1/2}$ が次式で表されることを示せ．

$$t_{1/2} = \frac{2^{n-1}-1}{(n-1)k_r[A]_0^{\,n-1}}$$

(b) n 次反応について，物質の濃度が初期値の $\frac{1}{3}$ まで減衰する時間を表す式を導け．

6B・19 微生物の成長は，一般につぎのように記述できる．(a) はじめのうち細胞は目に見える成長をしない．(b) その初期期間を過ぎれば細胞は 1 次の速度式に従い急速に成長する．(c) この成長期を過ぎると細胞数は最大となり，その後は減少に転じる．このような速度論的な挙動を参考にして，t に対して log（微生物の数）をプロットした概略図を描け．

6B・20 レーザー閃光光分解は，ミオグロビン（Mb）などのヘムタンパク質への CO の結合速度の測定によく使われる．それは，強くて短いパルス光からエネルギーを吸収して CO が束縛状態から比較的容易に解離を起こすからである．この反応はふつう擬 1 次反応の設定条件で行われる．$[Mb]_0 = 10\ mmol\,dm^{-3}$，$[CO]_0 = 400\ mmol\,dm^{-3}$，速度定数 $5.8\times10^5\ dm^3\,mol^{-1}\,s^{-1}$ の反応について，[Mb] を時間に対してプロットした曲線で示せ．観測している反応は Mb + CO → MbCO である．

6B・21 酵素の肝臓アルコールデヒドロゲナーゼの存在下で，肝臓でエタノールが NAD^+ によってエタナール（アセトアルデヒド）に酸化される反応，

$$CH_3CH_2OH(aq) + NAD^+(aq) + H_2O(l) \longrightarrow CH_3CHO(aq) + NADH(aq) + H_3O^+(aq)$$

ではエタノールが過剰で，NAD^+ の濃度は正常な代謝過程によって一定に保たれるから，全次数は事実上 0 である．血中のエタノール濃度が，足がふらつき話も滑らかでなくなる 1.5 $g\,dm^{-3}$ から，その 50 パーセントまで低下するのに体温では 49 min かかるとして，肝臓でエタノールがエタナールに変換される反応の速度定数を計算せよ．答を $g\,dm^{-3}\,h^{-1}$ の単位で表せ．

6B・22 酵素デカルボキシラーゼを使ってピルビン酸イオンから二酸化炭素を除く反応を，293 K で 250 cm^3 のフラスコ内で生成する二酸化炭素の分圧を測定することによって追跡した．ある実験で，100 cm^3 の溶液中のピルビン酸イオンの初濃度が 3.23 $mmol\,dm^{-3}$ のとき，分圧が 0 から 100 Pa まで増加するのに 1 次の反応速度式に従い 522 s かかった．この反応の速度定数はいくらか．

6B・23 反応 $H_2O(l) \rightleftharpoons H^+(aq) + OH^-(aq)$ ($pK_w = 14.01$) は，298 K および pH ≈ 7 では時定数 37 μs で平衡へと緩和する．(a) 正反応（速度定数 k_r）は 1 次反応であり，逆反応は全体として 2 次（速度定数 k_r'）であるとして，次式が成り立つことを示せ．

$$\frac{1}{\tau} = k_r + k_r'([H^+]_{eq} + [OH^-]_{eq})$$

(b) 正反応と逆反応の速度定数を計算せよ．

6B・24 あるタンパク質は反応 $2A \rightleftharpoons A_2$ により二量化する．この正反応の速度定数を k_r，逆反応の速度定数を k_r' とするとき，緩和の時定数が次式で表されることを示せ．

$$\tau = \frac{1}{k_r' + 4k_r[A]_{eq}}$$

6B・25 演習問題 6B・24 と同様，タンパク質の二量化を考える．(a) タンパク質の全濃度 $[A]_{total} = [A] + 2[A_2]$ を使って，緩和の時定数を表すつぎの式を導け．

$$\frac{1}{\tau^2} = k_r'^2 + 8k_rk_r'[A]_{total}$$

(b) いろいろな $[A]_{total}$ に対する τ の測定から，速度定数 k_r および k_r' を求めるための計算手法を述べよ．

6B・26 水素結合で結ばれた分子複合体の生成の速度論を学べば，核酸の塩基対の生成反応が理解できるだろう．そこで，以下のデータと演習問題 6B・25 で答えた手法を

使って，2-ピリドンの水素結合による二量体生成の速度定数 k_r と k_r'，平衡定数 K を計算せよ．

$[P]/(mol\ dm^{-3})$	0.500	0.352	0.251	0.151	0.101
τ/ns	2.3	2.7	3.3	4.0	5.3

トピック6C 多段階反応の速度式

記述問題

Q6C·1 定常状態の近似をどのように使えば，多段階反応の速度式を求められるかを説明せよ．

Q6C·2 前駆平衡の仮定をどのように使えば，多段階反応の速度式を求められるかを説明せよ．

Q6C·3 定常状態の近似と前駆平衡の近似で同じ式が得られるのは，ある特別な場合に限られるのはなぜか．

Q6C·4 反応の律速段階とは何か．また，どうすればそれを見分けることができるか．

Q6C·5 反応の速度論的支配と熱力学的支配の違いはなにか．生物反応では，熱力学的支配が認められると危険なのはなぜか．

演習問題

6C·1 本トピックの (1a) 式，(1b) 式，(1c) 式の3式が逐次1次反応の速度式の正しい解であることを (微分によって) 確かめよ．

6C·2 2種の放射性核種がつぎの逐次1次過程で崩壊する．

$$X \xrightarrow{22.5\ d} Y \xrightarrow{33.0\ d} Z$$

(ここに記す時間は半減期で，単位は日である．) Yは医療用の同位体であるとしよう．Xがはじめに生成した後，Yが最も大量に存在するのはいつか．

6C·3 反応機構 $A \xrightarrow{k_a} I \xrightarrow{k_b} P$ について，数学ソフトウエアまたは表計算ソフトウエアを使って本トピックの (1b) 式をプロットすることにより [I] の時間依存性を調べよ．つぎの計算では，$[A]_0 = 1\ mol\ dm^{-3}$ とし，0〜5 s の時間領域について答えよ．(a) $k_a = 10\ s^{-1}$ および $k_b = 1\ s^{-1}$ のとき t に対して [I] をプロットせよ．(b) k_a の値を少しずつ小さくして k_a/k_b の比を減少させたとき，それぞれについて t に対して [I] をプロットし，その変化の傾向を調べよ．d[I]/dt に近似を行うとき，どのような近似が有効になるか．

6C·4 反応 $2H_2O_2(aq) \rightarrow 2H_2O(l) + O_2(g)$ は Br^- イオンによって触媒される．その反応機構がつぎの式で表されるとき，反応に関与する化学種それぞれについて予測される反応次数を示せ．

$$H_2O_2(aq) + Br^-(aq) \longrightarrow H_2O(l) + BrO^-(aq) \quad (遅い)$$

$$BrO^-(aq) + H_2O_2(aq) \longrightarrow H_2O(l) + O_2(g) + Br^-(aq) \quad (速い)$$

6C·5 つぎの反応機構には中間体Aが関与している．

$$A_2 \rightleftharpoons A + A \quad (速い)$$

$$A + B \longrightarrow P \quad (遅い)$$

Pの生成を表す速度式を導け．

6C·6 ストランドAとBから二重へリックスが生成する反応について，つぎの機構を考えよう．

A + B ⇌ 不安定へリックス (速い)

不安定へリックス ⟶ 安定二重へリックス (遅い)

二重へリックス生成の速度式を導き，この反応の速度定数をそれぞれの段階の速度定数を使って表せ．

6C·7 大気中でのオゾンの分解についてつぎの機構が提案されている．

(1) $O_3 \rightarrow O_2 + O$ およびその逆反応 (k_a, k_a')

(2) $O + O_3 \rightarrow O_2 + O_2$ (k_b, この逆反応は無視できるほど遅い)

Oを中間体として扱って定常状態の近似を用い，O_3 の分解の速度式を求めよ．また，第2段階が遅いとすれば，分解速度は O_3 について2次，O_2 について−1次であることを示せ．

6C·8 プロパノン (アセトン) CH_3COCH_3 の水溶液中での縮合反応は，塩基Bによって触媒される．この塩基はプロパノンと可逆的に反応してカルボアニオン $C_3H_5O^-$ をつくる．そのカルボアニオンはプロパノン1分子と反応して生成物を与える．これらの機構を単純化して表すと，

(1) $HA + B \rightarrow HB^+ + A^-$

(2) $A^- + HB^+ \rightarrow HA + B$

(3) $A^- + HA \rightarrow$ 生成物

となる．HAはプロパノンを，A^- はそのカルボアニオンを表す．定常状態の近似を使って，カルボアニオンの濃度を

求め，生成物の生成反応の速度式を導け．

6C・9　つぎの酸触媒反応，

$$HA + H^+ \underset{k'_{r,1}}{\overset{k_{r,1}}{\rightleftharpoons}} HAH^+ \qquad \text{（速い）}$$

$$HAH^+ + B \xrightarrow{k_{r,2}} HB^+ + HA \qquad \text{（遅い）}$$

について速度式を導き，$[H^+]$ に無関係な形にできることを示せ．

6C・10　人口増加のモデルは，化学反応の速度式に類似している．マルサスのモデル（1798 年）では，地球の人口 N の変化速度を $dN/dt =$（誕生数）−（死亡数）とおく．誕生数と死亡数は人口に比例し，その比例定数はそれぞれ b および d である．その積分形速度式をつくれ．時間の関数で表した以下に示す地球人口の（非常に大雑把な）データは，その式にどれほどよく合っているか．

年	1750	1825	1922	1960	1974	1987	2000	2020
$N/10^9$	0.5	1	2	3	4	5	6	7

6C・11　TNBS とプロリンの 24.5 °C での反応について，2 次の実効速度定数がつぎのように得られた．

pH	8.5	9.5	10.5	11.5
$k_{r,eff}$/ ($dm^3\ mol^{-1}\ s^{-1}$)	3.00×10^{-4}	2.80×10^{-3}	1.69×10^{-2}	3.38×10^{-2}

反応物が反応するのはプロトン脱離形か，それともプロトン付加形か．また，速度定数を求めよ．

トピック 6D　速度定数の値を決めている因子

記述問題

Q6D・1　$\ln k_r = \ln A - E_a/RT$ の式の各項を説明し，この式の一般性の限界を述べよ．

Q6D・2　アレニウスの速度式にある活性化エネルギーと頻度因子について，分子論的な解釈を与えよ．

Q6D・3　拡散律速反応と活性化律速反応の違いを説明せよ．

Q6D・4　速度論的塩効果の物理的な起源について説明せよ．

Q6D・5　同位体置換した反応物を用いると反応速度が異なることがあるのはなぜか．

Q6D・6　アイリングの式がどのようにつくられたかを述べ，説明を加えよ．

Q6D・7　速度定数の内容を特徴づけるのに，熱力学で定義されたパラメーターをどう使えばよいかを説明せよ．

演習問題

6D・1　速度定数が 19 °C で $1.78 \times 10^{-4}\ dm^3\ mol^{-1}\ s^{-1}$，37 °C では $1.38 \times 10^{-3}\ dm^3\ mol^{-1}\ s^{-1}$ の反応がある．この反応のアレニウスパラメーターを求めよ．

6D・2　O_2 が結合したタンパク質ヘモシアニンの変性の活性化エネルギーは $408\ kJ\ mol^{-1}$ である．25 °C での速度より 10 パーセント速い変性速度を示す温度を求めよ．

6D・3　活性化エネルギーが $52\ kJ\ mol^{-1}$ の反応と $25\ kJ\ mol^{-1}$ の反応では，どちらが温度変化に敏感か．

6D・4　ある反応の速度定数は，20 °C から 27 °C になったとき 1.23 倍になった．この反応の活性化エネルギーはいくらか．

6D・5　食品の腐敗は，4 °C で保存するより 25 °C の方が約 40 倍の速さで進行する．この分解に関わる全過程の見かけの活性化エネルギーを求めよ．

6D・6　つぎのデータが与えられている．A と E_a を求めよ．

T/K	300	350	400	450	500
k_r/ ($10^6\ dm^3\ mol^{-1}\ s^{-1}$)	7.9	30	79	170	320

6D・7　酵素の炭酸デヒドラターゼに対するある阻害剤の結合反応について，つぎのデータを使ってアレニウスプロットをつくり，この反応の活性化エネルギーを計算せよ．

T/K	289.0	293.5	298.1
k_r/ ($10^6\ dm^3\ mol^{-1}\ s^{-1}$)	1.04	1.34	1.53
T/K	303.2	308.0	313.5
k_r/ ($10^6\ dm^3\ mol^{-1}\ s^{-1}$)	1.89	2.29	2.84

6D・8　酵素ウレアーゼは，尿素を加水分解してアンモニアと二酸化炭素を生じる反応を触媒する．ある量のウレアーゼに対して，この擬 1 次反応での尿素の半減期は温度が 20 °C から 10 °C に低下すると 2 倍になる．また，この酵素に対する尿素の結合反応の平衡定数はほとんど変化しない．この反応の活性化エネルギーはいくらか．

6D・9　ある複合反応の機構によれば，はじめ速い前駆平衡があり，その正反応の活性化エネルギーは $25\ kJ\ mol^{-1}$，逆反応の活性化エネルギーは $38\ kJ\ mol^{-1}$ である．また，これに続く素過程の活性化エネルギーは10 kJ mol^{-1}である．この複合反応の活性化エネルギーはいくらか．

6D·10 ある反応の活性化ギブズエネルギーが，触媒を用いることで100 kJ mol^{-1}から10 kJ mol^{-1}に減少したとしよう．この反応の触媒ありと触媒なしの場合の37 °Cでの反応速度の比を計算せよ．

6D·11 酵素の炭酸デヒドラターゼに対するある阻害剤の結合について，つぎのデータを使って，300 Kでの活性化ギブズエネルギー，活性化エンタルピー，活性化エントロピーを計算せよ．

T/K	289.0	293.5	298.1
k_r/(10^6 dm^3 mol^{-1} s^{-1})	1.04	1.34	1.53
T/K	303.2	308.0	313.5
k_r/(10^6 dm^3 mol^{-1} s^{-1})	1.89	2.29	2.84

6D·12 ある実験で反応 $A^- + H^+ \rightarrow P$ の速度定数が $k_r = (8.72\times10^{12})\,e^{(6134\,K)/T}$ dm^3 mol^{-1} s^{-1} と求められている．25 °Cでの活性化エンタルピーと活性化エントロピーを求めよ．

6D·13 尿素の加水分解反応 $CO(NH_2)_2(aq) + 2H_2O(l) \longrightarrow 2NH_4^+(aq) + CO_3^{2-}(aq)$ の活性化ギブズエネルギーを求めよ．ただし，この擬1次反応の速度定数は60 °Cで1.2×10^{-7} s^{-1}，70 °Cでは4.6×10^{-7} s^{-1}である．

6D·14 演習問題6D·13の反応について，各温度での活性化エントロピーを計算せよ．

6D·15 C−^{3}H結合の結合強度はC−^{1}H結合強度より6.3 kJ mol^{-1}大きい．律速段階でC−H結合が完全に開裂する300 Kでの反応において，^{1}Hを^{3}Hで置き換えたために予測される反応速度の変化を計算せよ．^{1}Hを^{3}Hで置き換えたとき主として速度論的同位体効果として観測される反応速度の減少は，通常は $\frac{1}{5}\sim\frac{1}{9}$ の程度である．これらの値は，この反応の遷移状態の性質について何を表しているか．

6D·16 ベンズアルデヒド(C_6H_5CHO)および重水素化ベンズアルデヒド(C_6H_5CDO)の擬1次の条件下での *cis*-$[Ru(bpy)_2(py)(O)]^{2+}$による酸化反応について，つぎの結果が得られた．

t/min	0	15	30	45	60
$[C_6H_5CHO]$/(mmol dm^{-3})	1.000	0.310	0.096	0.030	0.009
$[C_6H_5CDO]$/(mmol dm^{-3})	1.000	0.859	0.738	0.634	0.545

$k_r(H)/k_r(D)$を計算せよ．また，反応機構についてわかることを述べよ．

6D·17 律速段階として1価のカチオン2個からなる遭遇対が関与する反応があり，25 °Cでイオン強度が0.0241のとき $k_r = 1.55$ dm^6 mol^{-2} min^{-1}である．デバイ-ヒュッケルの極限則を使って，イオン強度が0のときの速度定数を求めよ．

6D·18 電荷数+1のイオンが，ある反応の活性錯合体に関与していることがわかっている．つぎのデータから，もう一方のイオンの電荷数を求めよ．

I	0.0050	0.010	0.015	0.020	0.025	0.030
k_a/k_a°	0.850	0.791	0.750	0.717	0.689	0.666

テーマ6 発展問題

P6·1 前生物的反応とは，地球上で最初の生物体が出現する以前の環境条件のもとで起こったと考えられる反応で，現在知られている生命維持に必須の分子の仲間の生成にいたる可能性のある反応である．そのためには，この反応はかなりの速さで進行し平衡定数も都合のよいものでなければならない．前生物的反応の例としては，ウラシルとメタナール（ホルムアルデヒド，HCHO）から5-ヒドロキシメチルウラシル（HMU）が生成する反応がある．H_2S，HCN，インドール，イミダゾールなどの求核試薬を使った反応により，前生物的条件のもとでHMUからアミノ酸類をつくることができる．pH = 7でHMUを合成する反応の速度定数の温度依存性は，

$$\log_{10}(k_r/(\mathrm{dm^3\,mol^{-1}\,s^{-1}})) = 11.75 - 5488/(T/\mathrm{K})$$

で与えられる．また，平衡定数の温度依存性は次式で与えられる．

$$\log_{10}K = -1.36 + 1794/(T/\mathrm{K})$$

(a) この反応について，0〜50 °Cという前生物的と考えられる温度範囲で，速度定数と平衡定数を計算し，それを温度に対してプロットせよ．

(b) 25 °Cでの活性化エネルギー，標準反応ギブズエネルギー，標準反応エンタルピーを計算せよ．

(c) 前生物的条件は標準状態とは思えない．実際の反応ギブズエネルギーと反応エンタルピーが標準状態での値からどれほど違っているかを推論せよ．それでもこの反応は起こると思うか．

P6·2 薬物の体内への吸収と排出には，二つの逐次反応から成るつぎの機構がモデルとして考えられる．

$$\mathrm{A} \xrightarrow{k_a} \mathrm{B} \xrightarrow{k_b} \mathrm{C}$$

投与場所の薬物　血中に分散した薬物　排出された薬物

（a）吸収は速くて瞬時に起こり，Aが初濃度 $[A]_0$ で投与された瞬間のBの血中濃度を $[B]_0$ とし，排出は1次の速度式に従うと仮定しよう．
（i）時間間隔 τ で等量の薬物を N 回連続的に投与したとき，血中の薬物Bのピーク濃度 $[P]_N$ は $[B]_0$ を超えて上昇し，最終的にはつぎに示す $[P]_\infty$ という一定の最大値に到達することを示せ．

$$[P]_\infty = \frac{[B]_0}{1 - e^{-k_b \tau}}$$

$[P]_N$ は，N 回目の投与直後のBの（ピーク）濃度であり，$[P]_\infty$ は N が非常に大きいときの値である．
（ii）Bの残留濃度 $[R]_N$ を表す式を書け．$[R]_N$ は，($N+1$) 回目の投与直前の薬物Bの濃度で定義される．薬物投与の間隔 τ の間には薬物の排出が行われるから，$[R]_N$ は $[P]_N$ より常に小さいことに注意せよ．$[P]_\infty - [R]_\infty = [B]_0$ を示せ．

（b）$k_b = 0.0289\ h^{-1}$ の薬物を考えよう．
（i）$[P]_\infty/[B]_0 = 10$ となる τ の値を計算せよ．N に対して $[P]_N/[B]_0$ と $[R]_N/[B]_0$ をプロットしたグラフをつくれ．
（ii）$[P]_N$ の値をその最大値の75パーセントとするには何回投与しなければならないか．また，このとき各投与の間にどれだけの時間が経過したか．
（iii）$[P]_\infty$ を同じ値に保ちながら $[P]_\infty - [R]_\infty$ の差を縮めるには，どのような措置をとればよいか．

（c）次に，1回きりの投与 $[A]_0$ を行い，薬物の吸収が1次，排出は0次の速度式に従う場合を考えよう．初濃度 $[B]_0 = 0$ では，血中の薬物濃度は次式で表せることを示せ．

$$[B] = [A]_0(1 - e^{-k_a t}) - k_b t$$

また，$k_a = 10\ h^{-1}$，$k_b = 4.0 \times 10^{-3}\ mmol\ dm^{-3}\ h^{-1}$，$[A]_0 = 0.1\ mmol\ dm^{-3}$ の場合について，t に対して $[B]/[A]_0$ をプロットせよ．得られた曲線の形について解説せよ．

（d）上の（c）の例で $d[B]/dt = 0$ とおいたとき，[B] の最大値が得られる時間は次式で表せることを示せ．

$$t_{max} = \frac{1}{k_a} \ln \frac{k_a [A]_0}{k_b}$$

また，このときの血中薬物濃度の最大値が次式で表せることを示せ．

$$[B]_{max} = [A]_0 - k_b/k_a - k_b t_{max}$$

P6·3 ポリペプチド鎖の中ほどで核生成が起こるつぎのようなヘリックス-コイル転移の機構を考えよう．

$$\text{hhhh}\cdots \rightleftharpoons \text{hchh}\cdots$$
$$\text{hchh}\cdots \rightleftharpoons \text{cccc}\cdots$$

このタイプの核生成は比較的遅いから，ふつうは別のタイプの核生成が優先的に起こる．したがって実際のところ，これらの段階が全反応の律速段階になることはあまりない．

（a）この機構に従う速度式をつくれ．

（b）定常状態の近似を適用することによって，この状況下でこの機構は，hhhh…⇌cccc… と等価であることを示せ．

（c）（b）の結果から考えて，つぎの見解に同意するか，それとも反論するか．
“簡単な速度測定からではタンパク質のフォールディングにおける中間体について実験的な証拠を得るのは困難であり，特殊なフロー法，緩和法あるいはトラッピングの方法を使わなければ中間体を直接検出することはできない．”

P6·4 自触媒作用[1]は，生成物による反応の触媒作用である．たとえば，反応 A → P の速度式は $v = k_r[A][P]$ で表され，反応速度はPの濃度に比例している．ふつうは，はじめに少量のPを生成する別の反応過程があり，それで開始するが，その後は自触媒反応が主となって反応が進行する．生物過程や生化学過程の多くに自触媒段階が関与している．ここではその一つ，感染症の広がりを例にしよう．

（a）A → P のタイプの自触媒反応の速度式 $v = k_r[A][P]$ を積分し，つぎの関係が成り立つことを示せ．

$$\frac{[P]}{[P]_0} = \frac{(1+b)e^{at}}{1+be^{at}}$$

ここで，$a = ([A]_0 + [P]_0)k_r$ および $b = [P]_0/[A]_0$ である．〔ヒント：$v = -d[A]/dt = k_r[A][P]$ の式からはじめ，$[A] = [A]_0 - x$ および $[P] = [P]_0 + x$ と書いてから，x を用いてそれぞれの化学種の変化速度を表す式を書けばよい．こうして得られた式の積分には，つぎの関係を用いる．〕

$$\frac{1}{([A]_0 - x)([P]_0 + x)} = \frac{1}{[A]_0 + [P]_0}\left(\frac{1}{[A]_0 - x} - \frac{1}{[P]_0 + x}\right)$$

（b）b の値をいくつか選び，t に対して $[P]/[P]_0$ をプロットしたグラフを描け．そのプロットの形に与える自触媒作用の効果について，$[P]/[P]_0 = 1 - e^{-k_r t}$ で表され

1）autocatalysis

る1次過程のプロットと比較して説明せよ.

(c) 上の (a) と (b) で考察した自触媒過程について, その反応速度は $t_{max} = -(1/a)\ln b$ で最大になることを示せ.

(d) 感染症の流行と終息を表すSIRモデルでは, 人口を三つの種別に分ける. 感受性人口 S は感染するかもしれない人数, 感染人口 I はすでに感染していて他に感染させるかもしれない人数, 隔離人口 R は以前に感染して回復したか, 死亡したか, 免疫ができたか, あるいは隔離されている人数である. この過程のモデル機構では, つぎの速度式が立てられる.

$$\frac{\mathrm{d}S}{\mathrm{d}t} = -rSI \qquad \frac{\mathrm{d}I}{\mathrm{d}t} = rSI - aI \qquad \frac{\mathrm{d}R}{\mathrm{d}t} = aI$$

(i) この機構の自触媒段階はどれか.

(ii) この感染症が広がるか (伝染病となる) それとも終息するかを決めている比 a/r の条件を求めよ.

(iii) この系には人口が一定であることが組込まれている, つまり $S+I+R=N$ であることを示せ. これは誕生や他の原因による死亡, 移動などが起こる時間スケールが, 感染症流行の時間スケールよりずっと長いと仮定していることに相当する.

テーマ 7

生化学反応速度論

テーマ6で述べた化学反応速度論の全般的なアプローチは，生命体で起こる反応という特殊な場合にも適用することができる．ただし，たいていの生化学反応は酵素の支配下で起こっている．したがって，生化学反応の速度を研究すれば，酵素が作用している反応機構について貴重な知見が得られる．そこで得られた知識はそのまま，薬理活性のある化合物の開発に役立てることができる．一方，生命を支える重要な役割を演じているという観点から，非常に特殊な二つのタイプの生化学過程があることがわかる．それは，生体膜を介してのプロトンの移動と，あるサイトから別のサイトへの電子の移動である．

トピック 7A 酵素の作用

本トピックでは，酵素が関与するときの反応速度を定義し，その速度式をどう組立てるかを示すことで，あとに続くトピックの基礎を築いておくことにする．まず，ミカエリス-メンテン機構を導入する．この機構は本トピックでも形をいろいろ変えて登場することになるが，簡単な酵素反応を説明するための速度論の骨格になっている．本トピックではまた，酵素がその役割を果たしている効率について，それをどう評価するかを述べる．

7A・1　酵素反応の速度
7A・2　ミカエリス-メンテン機構
7A・3　複雑な反応機構の解析
7A・4　酵素の触媒効率

トピック 7B 酵素阻害

生体内では，酵素の活性を抑制することでいろいろな反応速度の均衡をとっている．そこで重要になるのは，ある化合物が注目する酵素の作用を阻害する可能性があるかどうかである．本トピックでは，いろいろな酵素阻害モデルに基づく速度式のつくり方を示す．たいていの酵素阻害は，生物みずからの生化学的な方策の一環とみなせるものであるが，外部からの薬物や毒物の摂取によって起こる酵素阻害もある．

7B・1　阻害の速度論
7B・2　阻害の分類
7B・3　具体例：治療目的の酵素阻害剤の使用

トピック 7C 生物系での拡散

細胞や細胞内区画の生化学的な機能を理解するには，その内部でいろいろなイオンや分子がどのように移動し，あるいは生体膜を介してそれらがどのように出入りしているかを知っておくことが重要である．これらのイオンや分子を移動させている駆動力の一つはその濃度勾配である．イオンの場合にもう一つの駆動力になるのは電場である．生体膜に見られる特徴のいくつかは，イオンの選択的輸送のために特別に用意されたものである．

7C・1　液体の分子運動
7C・2　濃度勾配による拡散
7C・3　電場中のイオンの移動
7C・4　具体例：電気泳動
7C・5　生体膜を介しての拡散
7C・6　具体例：K^+イオンチャネルを介してのイオンの移動

トピック7D　電子移動

レドックス反応における電子の移動は，呼吸や光合成で重要な役目をしているから，生命を維持しているもう一つの重要な側面である．本トピックでは，遷移状態理論を適用したマーカスの理論を導入する．この理論は，電子移動の速度を説明するのに広く用いられている．

トピック 7A

酵素の作用

➤ 学ぶべき重要性

酵素が果たしている役割は，生物が存在するうえで不可欠なものであり，その作用は物理化学を用いて解き明かすことができる．ここではごく初歩的な機構について説明し，それを展開するが，それは酵素作用を速度論的に解析するうえでの基礎になっている．

➤ 習得すべき事項

ミカエリス-メンテン機構は，多くの酵素の触媒作用を理解するうえで格好の出発点である．

➤ 必要な予備知識

速度式の意味（トピック 6A）だけでなく，定常状態の近似を使ったり，前駆平衡を仮定したりして速度式をつくる方法（トピック 6C）について知っている必要がある．

酵素は生物学的な触媒であり，触媒作用のない反応に比べて，活性化エネルギーの低い反応経路を提供することで有効に作用している．細胞が採用している化学反応の多くは本質的に速度が遅いから，生命にとって酵素は不可欠な存在である．酵素は，これらの反応を空間的にも時間的にも支配しているのである．

酵素は**活性サイト**[1]をもつ特異な生体高分子であり，反応物である**基質**[2]と活性サイトで結合し，それを生成物に変える役目をしている．ほかの触媒と同じで，生成物が離れた後の酵素はもとの状態に戻っている．たいていの酵素はポリペプチドであり，しかも多くは補因子あるいは“補欠分子族”を含んでいる．補因子は，アミノ酸で構成されていないが，酵素の機能に重要な役目をしているグループであり，シトクロム P450 にあるヘム基などがそうである．ある種のリボ核酸（RNA）分子は生物触媒として作用することもでき，それらは**リボザイム**[3]といわれている．リボザイムの非常に重要な例は**リボソーム**[4]で，それは種々のタンパク質と触媒活性を有する RNA 分子との巨大な複合体であり，細胞中でのタンパク質の合成を担っている．

活性サイトの構造は触媒する反応に特有なものになっていて，水素結合や静電相互作用，あるいはファンデルワールス相互作用などの分子間相互作用（テーマ 10）によって，基質の官能基は活性サイトの官能基と相互作用できる．**鍵と鍵穴モデル**[5]では，活性サイトと基質は互いを補い合う三次元構造をもっており，完璧に合体できると考えられている（図 7A·1）．しかし，このモデルに代わり**誘導適合モデル**[6]が提案された．このモデルでは，基質が結合すれば活性サイトのコンホメーションに変化が起こる．たいていの場合，基質の側にも変化が見られるのである．

基質が酵素の活性サイトに結合することによって生じる新たな分子間相互作用は，酵素や基質のコンホメーションの変化をひき起こすことになる．このときの一つの可能性として，基質が歪むことによって，酵素が触媒する反応の遷移状態に近くなることがある．その結果，反応の活性化エネルギーが減少する．もう一つの可能性は，遷移状態が形成されると，活性サイトとより強く結合できる幾何構造になることである．このときも活性化エネルギーを下げることになる．この二つの可能性は排他的でないから，どちら

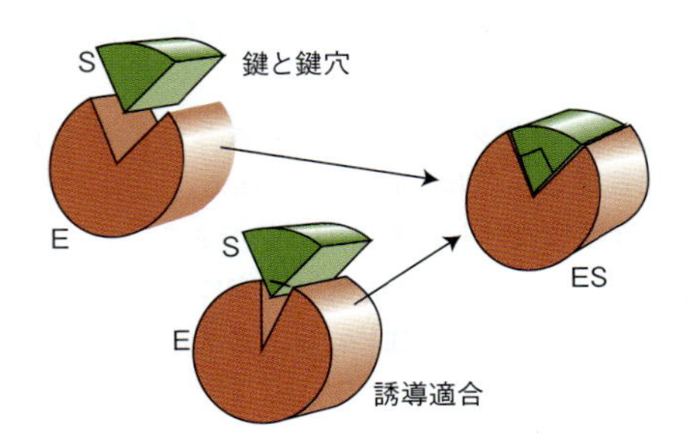

図 7A·1 酵素（E）の活性サイトへの基質（S）の結合を説明する二つのモデル．“鍵と鍵穴モデル”では，活性サイトと基質は相補的な三次元構造をもち，原子の大幅な再配置がなくてもぴったりと結合する．一方，このモデルに代わって“誘導適合モデル”が提案された．誘導適合モデルでは，基質が結合するときに活性サイトのコンホメーションの変化が誘導される．多くの場合，基質のコンホメーションにも変化が見られる．

1) active site　2) substrate　3) ribozyme　4) ribosome　5) lock-and-key model　6) induced fit model

もありうる．ほかの可能性もあり，結合した基質が活性サイトの反応性の基の近くにたまたま押しやられ，もっと低い活性化エネルギーの別の機構に乗り換える場合もある．

7A・1 酵素反応の速度

化学反応速度論では，反応速度はふつう v で表され，それは濃度変化の速さで定義される（トピック6A）．たとえば，生成物Pを生じる反応では $v = \mathrm{d}[\mathrm{P}]/\mathrm{d}t$ であり，その単位はふつう $\mathrm{mol\,dm^{-3}\,s^{-1}}$ で表されるが，関連するほかの単位を用いることもある．一方，触媒，とりわけ酵素が関与する反応では異なるアプローチをすることがある．速度をPの物質量 n_P（単位 mol）そのもので表すとき，その**モル速度**[1] は，

$$v_\mathrm{m} = \frac{\mathrm{d}n_\mathrm{P}}{\mathrm{d}t} \quad \text{モル速度［定義］} \quad (1\mathrm{a})$$

で定義される．モル速度の単位は $\mathrm{mol\,s^{-1}}$ である．この単位は酵素反応論でよく用いられるもので，酵素活性の単位としてSI組立単位の**カタール**[2]（単位の記号 kat）が認められている．$1\,\mathrm{kat} = 1\,\mathrm{mol\,s^{-1}}$ である．モル速度は，通常の（濃度で表した）反応速度と，

$$v_\mathrm{m} = \frac{\mathrm{d}n_\mathrm{P}}{\mathrm{d}t} = V\frac{\mathrm{d}(n_\mathrm{P}/V)}{\mathrm{d}t} = V\frac{\mathrm{d}[\mathrm{P}]}{\mathrm{d}t} = Vv \quad \text{二つの反応速度の関係} \quad (1\mathrm{b})$$

の関係がある．V は反応体積である．

酵素の有効性は，同じ質量の酵素を使って達成される最大の反応速度で表される．**比速度**[3] v_s は，モル速度を系に存在する酵素の全質量 m_E で割ったものである．すなわち，

$$v_\mathrm{s} = \frac{v_\mathrm{m}}{m_\mathrm{E}} = \frac{Vv}{m_\mathrm{E}} \quad \text{比速度［定義］} \quad (1\mathrm{c})$$

である．モル速度の単位を kat で表し，質量を kg で表せば，比速度の単位は $\mathrm{kat\,kg^{-1}}$ である．このときの質量は，触媒作用に関与した酵素の質量である．$1\,\mathrm{kat\,kg^{-1}} = 1\,\mathrm{\mu kat\,mg^{-1}}$ であるから，酵素の研究にはこの方が使いやすいだろう．酵素の**比活性**[4] a_s は，最大の比速度で定義される．すなわち，

$$a_\mathrm{s} = v_\mathrm{s,max} = \frac{v_\mathrm{m,max}}{m_\mathrm{E}} = V\frac{v_\mathrm{max}}{m_\mathrm{E}} \quad \text{比活性［定義］} \quad (1\mathrm{d})$$

である．比活性の場合も比速度の単位と同じで，酵素の質量を用いて $\mathrm{kat\,kg^{-1}}$ あるいは $\mathrm{\mu kat\,mg^{-1}}$ で表す．最後に，酵素の質量濃度 m_E/V は全モル濃度 $[\mathrm{E}]_\mathrm{total}$ との間に，$m_\mathrm{E}/V = M[\mathrm{E}]_\mathrm{total}$ の関係がある．M は酵素のモル質量である．そこで，上の式はつぎのように書き換えて使うこともある．

$$a_\mathrm{s} = \frac{v_\mathrm{max}}{M[\mathrm{E}]_\mathrm{total}} \quad \text{比活性} \quad (1\mathrm{e})$$

7A・2 ミカエリス-メンテン機構

酵素の速度論を調べる実験研究では，基質と酵素の濃度を変えたときの生成反応の速度を監視することが多い．ただし，ふつうは溶液中に酵素はごく低い濃度でしか存在しない．事実，酵素は効率的な触媒であるから，基質濃度の3桁以上も低い濃度であっても測定できるほどの反応速度で観測することができる．

単一の基質が関与する酵素触媒反応が共通して示すおもな特徴は，つぎのようなものである．

1. 基質の濃度［S］が同じであれば，生成物の生成速度は酵素の全濃度 $[\mathrm{E}]_\mathrm{total}$ に比例する．
2. $[\mathrm{E}]_\mathrm{total}$ が同じなら，［S］が小さいときの生成物の生成速度は［S］に比例する．
3. $[\mathrm{E}]_\mathrm{total}$ が同じで［S］が大きくなれば，生成物の生成速度は［S］とは無関係に，**最大速度**[5] v_max という最大値に達する．

ミカエリス-メンテン機構[6] はこれらの特徴をうまく説明する†．この機構（**1**）によれば，第一段階でまず酵素-基質複合体 ES が形成される．それから，基質はもとの形で外れるか，それとも何らかの変更を受けて生成物が形成される．

S P
E ES E
1

ミカエリス-メンテン機構

$\mathrm{E + S \longrightarrow ES}$	$v = k_\mathrm{r,1}[\mathrm{E}][\mathrm{S}]$
$\mathrm{ES \longrightarrow E + S}$	$v = k'_\mathrm{r,1}[\mathrm{ES}]$
$\mathrm{ES \longrightarrow E + P}$	$v = k_\mathrm{r,2}[\mathrm{ES}]$

この機構を使えば，実験で調べることのできる形の速度式を導くことができる．

† ミカエリス（Leonor Michaelis）とメンテン（Maud Menten）が1913年に速度式を導いたときは，急速な前駆平衡を仮定した制限つきのものであった．ここでは，1925年に発表されたブリッグス（Briggs）とハルデイン（Haldane）による定常状態の近似を用いた一般的な手法を採用する．

1) molar rate　2) katal　3) specific rate　4) specific activity　5) maximum velocity　6) Michaelis–Menten mechanism

導出過程 7A・1 酵素作用を表す速度式のつくり方

生成物の生成速度 ($v = k_{r,2}$[ES]) を求めるには，[ES] を知る必要がある．

ステップ1：ESの濃度を求める．

酵素-基質複合体の濃度を表す式を求めるには，定常状態の近似（トピック6C）が使える．すなわち，

$$\frac{d[ES]}{dt} = \overbrace{k_{r,1}[E][S]}^{\text{ESの生成}} - \overbrace{k'_{r,1}[ES]}^{\text{ESの分裂}} - \overbrace{k_{r,2}[ES]}^{\text{ESの反応}} \overset{\text{定常状態の近似}}{=} 0$$

と書ける．そこで，[ES] について解けば，

$$[ES] = \frac{k_{r,1}}{k'_{r,1} + k_{r,2}}[E][S]$$

である．[E] と [S] は，酵素と基質のいずれも遊離の濃度である．ここで，**ミカエリス定数**[1] K_M をつぎのように定義しておく．

$$K_M = \frac{k'_{r,1} + k_{r,2}}{k_{r,1}} \qquad \text{ミカエリス定数［定義］} \qquad (2)$$

そうすれば，

$$[ES] = \frac{[E][S]}{K_M}$$

と書ける．このように，K_M はES複合体からのSの解離の度合いを表しており，K_M が大きいほど解離の度合いは大きい．すなわち，K_M の値が大きいと，基質が酵素の結合サイトに弱く結合していることを示している．ミカエリス定数は**解離定数**[2] の一種であり，ほかの解離定数も以後の議論で現れることになる．

ステップ2：酵素の全濃度を用いて速度式を表す．

[E] は遊離の酵素であり，全濃度 $[E]_{total}$ とは違うことに注意しよう．$[E]_{total}$ には，複合体ESとして存在するEも含まれるからである．すなわち $[E]_{total}$ は，

$$[E]_{total} = [E] + [ES] = [E] + \frac{[E][S]}{K_M} = \left(1 + \frac{[S]}{K_M}\right)[E]$$

と表すことができる．したがって，ES複合体の濃度は次式で表される．

$$[ES] = \frac{[E][S]}{K_M} = \frac{1}{K_M} \times \frac{[E]_{total}[S]}{1 + [S]/K_M}$$

ステップ3：速度式を書く．

こうして，生成物の生成速度 ($v = k_{r,2}$[ES]) はつぎのように表される．

$$v = \frac{k_{r,2}}{K_M} \times \frac{[E]_{total}[S]}{1 + [S]/K_M}$$

これを整理すると次式が得られる†．

$$\boxed{v = \frac{k_{r,2}[E]_{total}[S]}{K_M + [S]}} \qquad (3)$$

(3) 式はつぎのことを示しており，いずれも実験による観測結果と一致している．

1. [S] ≪ K_M のとき，反応速度は [S] に比例する．

$$v = \frac{k_{r,2}}{K_M}[E]_{total}[S] \qquad (4a)$$

2. [S] ≫ K_M のとき，反応速度は最大値に達し，それは [S] と無関係である．

$$v_{max} = \frac{k_{r,2}[E]_{total}[S]}{[S]} = k_{r,2}[E]_{total} \qquad (4b)$$

したがって，この最大の反応速度を使って (3) 式を表すことができる．それを**ミカエリス-メンテンの式**[3] という．

$$v = \frac{v_{max}[S]}{K_M + [S]} \qquad \text{ミカエリス-メンテンの式} \qquad (5a)$$

この式が表す内容を図7A・2に示す．

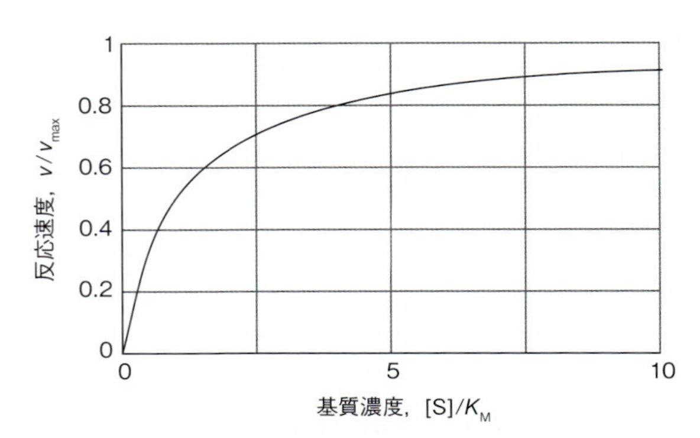

図7A・2 不可逆的な酵素触媒反応の速度の基質濃度による変化．[S] の大きいところで最大速度 v_{max} に近づくのはミカエリス-メンテン機構で説明できる．

† 訳注：遊離の基質濃度 [S] はその初濃度 $[S]_0$ にほぼ等しいから，この段階で [S] の代わりに $[S]_0$ または $[S]_{total}$ としている教科書もある．

1) Michaelis constant　2) dissociation constant　3) Michaelis-Menten equation

遊離の基質濃度を測定するのは困難である．しかしながら，酵素の全濃度が基質の全濃度に比べてずっと小さければ，$[ES]$ は $[S]$ に比べてずっと小さいから，$[S] \approx [S]_{total}$ である．一方，酵素の変性によって酵素活性が時間とともに減少することがあり，その場合は全基質濃度がわかっている最初の基質濃度を $[S]_0$ とおいて，反応の初速度 v_0 を測定しておくと役に立つ．そのときは次式が成り立っている．

$$v_0 = \frac{v_{max}[S]_0}{K_M + [S]_0} \qquad \text{初速度} \qquad (5b)$$

ミカエリス-メンテンの式は，線形回帰によるデータ解析に適したいくつかの形に変形することができる．たとえば，(5a) 式の右辺の分子と分母を $[S]$ で割れば，

$$v = \frac{v_{max}}{K_M/[S] + 1}$$

が得られる．この両辺の逆数をとって，

$$\frac{1}{v} = \frac{K_M/[S] + 1}{v_{max}}$$

とすれば，解析に便利なつぎの形が得られる．

$$\frac{1}{v} = \frac{1}{v_{max}} + \frac{K_M}{v_{max}} \times \frac{1}{[S]} \qquad \text{ラインウィーバー-バークの式} \qquad (6)$$

ラインウィーバー-バークのプロット[1] は，$1/v$ を $1/[S]$ に対してプロットしたものであり，(6) 式によれば，勾配が K_M/v_{max}，y 切片が $1/v_{max}$，x 切片が $-1/K_M$ の直線が得られるはずである（図 7A･3）．ラインウィーバー-バークのプロットの代わりに，**イーディー-ホフステーのプロット**[2]（v に対して $v/[S]$ をプロットしたもの†や**ヘインズのプロット**[3]（$[S]$ に対して $[S]/v$ をプロットしたもの）が推奨されることもある．それは同じ線形回帰によるデータ解析でありながら，誤差の分布が改善されるという理由からである．しかし，いまでは K_M と v_{max} を求める目的には，もとのミカエリス-メンテンの式を使って非線形回帰による解析が最善のアプローチとされている．

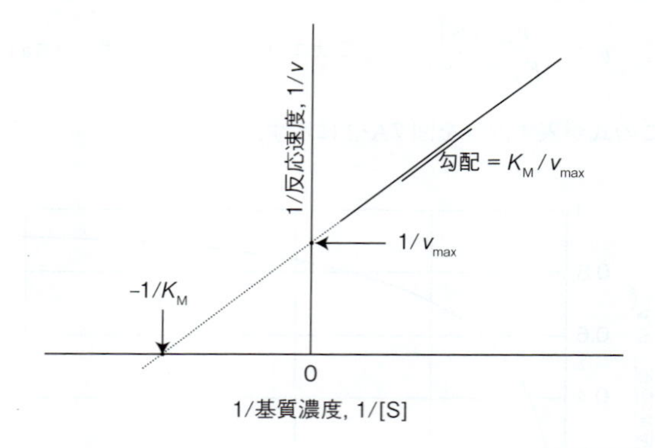

図 7A･3　ラインウィーバー-バークのプロットを用いた酵素触媒反応の速度データの解析．生成物の生成速度の逆数 ($1/v$) を基質濃度の逆数 ($1/[S]$) に対してプロットしてある．データ点はすべて（だいたい図の実線の領域にある）同じ全酵素濃度 $[E]_{total}$ に対応する．補外した直線（点線）の横軸上の切片からミカエリス定数 K_M が得られる．縦軸上の切片からは $v_{max} = k_{r,2}[E]_{total}$ が得られ，それから $k_{r,2}$ が求められる．勾配を使ってもよいが，その場合の勾配は K_M/v_{max} に等しい．

例題 7A･1　ラインウィーバー-バークのプロットの解析法

モル質量 $29\ \mathrm{kg\ mol^{-1}}$ の炭酸デヒドラターゼ（巻末の構造図 P2）は，赤血球で CO_2 を水和する反応を触媒する酵素で，炭酸水素イオン（重炭酸イオン）を生成する．

$$CO_2(g) + H_2O(l) \longrightarrow HCO_3^-(aq) + H^+(aq)$$

この反応について，pH = 7.1，273 K，酵素濃度 $2.3\ \mathrm{nmol\ dm^{-3}}$ でつぎの初速度のデータが得られた．

$[CO_2]_0/(\mathrm{mmol\ dm^{-3}})$	1.25	2.5	5	20
$v_0/(\mathrm{mmol\ dm^{-3}\ s^{-1}})$	2.78×10^{-2}	5.00×10^{-2}	8.33×10^{-2}	1.67×10^{-1}

この反応の最大速度とミカエリス定数，この酵素の比活性を求めよ．

考え方　$1/[S]_0$ と $1/v_0$ の表をつくっておき，それをもとにラインウィーバー-バークのプロットをつくる必要がある．プロットした点を通る直線の $1/[S]_0 = 0$ での切片が $1/v_{max}$ で，勾配が K_M/v_{max} であるから，勾配を切片で割れば K_M が得られる．v_{max} が求められると，(1e) 式を使えば，比活性は酵素の濃度とモル質量から計算できる．

解答　つぎの表をつくる．

$1/([CO_2]_0/(\mathrm{mmol\ dm^{-3}}))$	0.800	0.400	0.200	0.050
$1/(v_0/(\mathrm{mmol\ dm^{-3}\ s^{-1}}))$	36.0	20.0	12.0	5.99

図 7A･4 はこれをプロットしたグラフである．最小二乗法により，切片が 4.00，勾配が 40.0 となる．したがって，つぎのように計算できる．

† 訳注：教科書によっては，軸を反転させて $v/[S]$ に対して v をプロットしたものが多いから注意が必要である．

1) Lineweaver–Burk plot　2) Eadie–Hofstee plot　3) Hanes plot

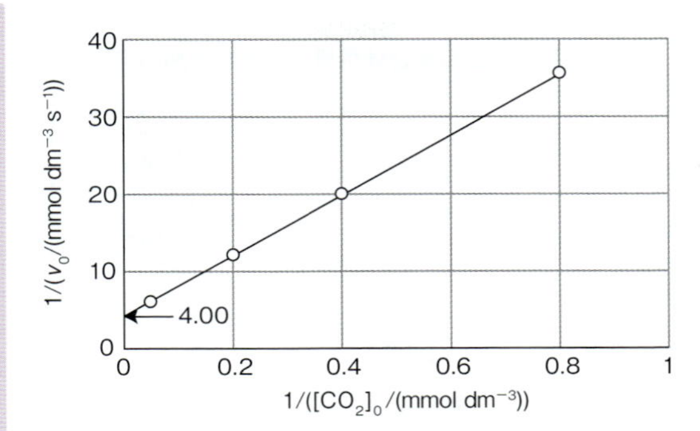

図 7A・4　例題 7A・1 のデータに基づくラインウィーバー-バークのプロット．

$$v_{max}/(\text{mmol dm}^{-3}\,\text{s}^{-1}) = \frac{1}{\text{切片}} = \frac{1}{4.00} = 0.250$$

$$K_M/(\text{mmol dm}^{-3}) = \frac{\text{勾配}}{\text{切片}} = \frac{40.0}{4.00} = 10.0$$

したがって，$v_{max} = 0.250\,\text{mmol dm}^{-3}\,\text{s}^{-1}$，$K_M = 10.0\,\text{mmol dm}^{-3}$ である．比活性は，

$$a_s = \frac{250\times10^{-6}\,\text{mol dm}^{-3}\,\text{s}^{-1}}{(2.3\times10^{-9}\,\text{mol dm}^{-3})\times(29\,\text{kg mol}^{-1})} = 3.7\times10^{3}\,\text{mol kg}^{-1}\,\text{s}^{-1}$$

と計算できる．これは，3.7 kkat kg^{-1} すなわち 3.7 mkat mg^{-1} である．

$k_{r,2}$ の値は，v_{max} の値と（4b）式を使えば計算できる．しかし，K_M の式にある個々の速度定数 $k_{r,1}$ と $k'_{r,1}$ の値は，どのプロットからも得ることはできない．酵素-基質複合体の生成速度は，ストップトフロー法（トピック 6A）を使って，酵素と基質を混合したのちの濃度を監視すれば求められる．この方法で得られるのは $k_{r,1}$ の値であり，これに $k_{r,2}$ と K_M の値を組合わせれば $k'_{r,1}$ の値が得られる．$k_{r,1}$ と $k'_{r,1}$ の値を求めるためのもう一つのアプローチは，活性サイトに結合する基質の能力に影響を与えないように，部位特異的変異導入法を用いて不活性な酵素を作成することである．そうすれば，表面プラズモン共鳴法（SPR，トピック 11A）を用いた $k_{r,1}$ と $k'_{r,1}$ の直接的な測定が可能である．

簡単な例示 7A・1

酵素ピリドキサールキナーゼは，ビタミン B_6 に分類される化合物の一つであるピリドキサミンのリン酸化を触媒する．ピリドキサールキナーゼに対するピリドキサミンの pH = 6 での結合を表面プラズモン共鳴法で調べたところ，$k_{r,1} = 2.35\times10^4\,\text{dm}^3\,\text{mol}^{-1}\,\text{s}^{-1}$ および $k'_{r,1} = 6.01\times10^{-2}\,\text{s}^{-1}$ を得た．ミカエリス定数の定義（2 式）からの関係 $k_{r,2} = K_M k_{r,1} - k'_{r,1}$ および $K_M = 1.00\times10^{-5}\,\text{mol dm}^{-3}$ の値から，$k_{r,2}$ の値はつぎのように求められる．

$$k_{r,2} = (1.00\times10^{-5}\,\text{mol dm}^{-3})\times(2.35\times10^4\,\text{dm}^3\,\text{mol}^{-1}\,\text{s}^{-1}) - (6.01\times10^{-2}\,\text{s}^{-1}) = 0.175\,\text{s}^{-1}$$

酵素触媒反応の多くは，変更版のミカエリス-メンテン機構にうまく合う．この機構では，ES 複合体から生成物が生成する反応も可逆であるとして，つぎの段階も含めて考える．

$$\text{E} + \text{P} \longrightarrow \text{ES} \qquad v = k'_{r,2}[\text{E}][\text{P}]$$

演習問題 7A・4 では，[ES] に対して定常状態の近似を適用することによって，この反応の速度式が次式で表されることがわかる．

$$v = \frac{(v_{max}/K_{M1})[\text{S}] - (v'_{max}/K_{M2})[\text{P}]}{1 + [\text{S}]/K_{M1} + [\text{P}]/K_{M2}} \tag{7a}$$

ここで，

$$v_{max} = k_{r,2}[\text{E}]_{total} \qquad v'_{max} = k'_{r,1}[\text{E}]_{total} \tag{7b}$$

$$K_{M1} = \frac{k'_{r,1} + k_{r,2}}{k_{r,1}} \qquad K_{M2} = \frac{k'_{r,1} + k_{r,2}}{k'_{r,2}} \tag{7c}$$

である．（7a）式によれば，反応速度は生成物の濃度に依存している．しかし，反応の初期段階では $[\text{S}] \approx [\text{S}]_0 \gg [\text{P}]$ であるから [P] を含む項を無視することができ，（7a）式が（5a）式となることはすぐにわかる．

7A・3　複雑な反応機構の解析

前節で述べた単純な反応機構は出発点の一つにすぎない．キモトリプシンなど多くの酵素は，一つの基質から複数の生成物を生成することがあるから，その過程で複数の中間体を生じうる．酵素によっては複数の基質に作用するものもあり，ヘキソキナーゼはその一例である．それは，解糖の第一段階で ATP とグルコースの反応を触媒する．

複雑な反応スキームの速度式は，それ自身が複雑であるから，何らかの近似は避けられない．トピック 6C では，定常状態の近似と前駆平衡の近似という二つのタイプの近似について説明した．ミカエリス-メンテンの式をつくるのに用いた定常状態の近似に基づく計算は，明快であるが長々としていて，これには数学ソフトウエアを用いるのが最適である．しかし，そうしてできた式は複雑すぎて，実際には使い物にならないことが多い．一方，前駆平衡のアプローチはずっと単純で，非常によく似た速度式が得られ

る．しかも，速度式のおおまかな形を表すには十分である．前駆平衡のアプローチが非常に簡単な理由の一つは，式に現れる定数の数が少ないことである．たとえば，平衡定数は二つの速度定数（正反応と逆反応の）をまとめたものであり，解離定数やミカエリス定数という量も2個以上の量をまとめたものである．このような単純さには何らかの犠牲が伴うものである．すなわち，速度定数をまとめてあるから，それぞれを独立に変化させることができない．このように，前駆平衡のスキームは定常状態のスキームに比べて一般に融通が利かないのである．

前駆平衡の近似が使えないことがあるのには，もっと根本的な理由がある．提案された機構が一連の逐次前駆平衡であるとき，全過程は（最後の不可逆段階で生成物が生成するまでは）実質的に平衡なのである．ところが，提案された中間段階が不可逆的であることで，平衡が連続していなければ，全過程を前駆平衡として扱うことはできない．このような欠点が実感できる一例をつぎに示しておこう（それは“ピンポン機構”である）．そのときの唯一の頼みの綱は，定常状態の近似を使うことである．

(a)　三重複合体反応

三重複合体反応[1]では，生成物へと処理が進む前に，酵素の活性サイトには二つの基質 S_1 と S_2 が結合する．そのうち**定序三重複合体機構**[2]では，二つの基質が特定の順で結合する（**2**）．この反応の前駆平衡モデルでは，二つの逐次でありながら連続した速い前駆平衡段階があると考える．そこで，この機構はつぎのように表せる．

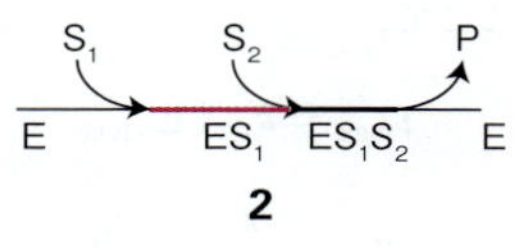

2

定序三重複合体機構

$$E + S_1 \rightleftharpoons ES_1 \qquad K_{M1} = \frac{[E][S_1]}{[ES_1]}$$

$$ES_1 + S_2 \rightleftharpoons ES_1S_2 \qquad K_{M12} = \frac{[ES_1][S_2]}{[ES_1S_2]}$$

$$ES_1S_2 \longrightarrow E + P \qquad v = k_{r,2}[ES_1S_2]$$

ここで，ミカエリス定数は（単位のことを考えなければ）各段階の平衡定数の逆数であるから，それぞれの解離定数であることに注目しよう．もう一つの逐次反応，**ランダム三重複合体機構**[3]では，基質は順序を問わずランダムに結合できる（**3**）．

3

ランダム三重複合体機構で必要な追加の過程

$$E + S_2 \rightleftharpoons ES_2 \qquad K_{M2} = \frac{[E][S_2]}{[ES_2]}$$

$$ES_2 + S_1 \rightleftharpoons ES_1S_2 \qquad K_{M21} = \frac{[ES_2][S_1]}{[ES_1S_2]}$$

この反応スキームによれば，

$$[ES_1] = \frac{[E][S_1]}{K_{M1}} \qquad [ES_2] = \frac{[E][S_2]}{K_{M2}}$$

$$[ES_1S_2] = \frac{[ES_1][S_2]}{K_{M12}} = \frac{[E][S_1][S_2]}{K_{M1}K_{M12}}$$

である．また，生成物の生成の速度式は，

$$v = k_{r,2}[ES_1S_2] = \frac{k_{r,2}[E][S_1][S_2]}{K_{M1}K_{M12}}$$

で表される．一方，酵素の全濃度は，

$$\begin{aligned}[E]_{total} &= [E] + [ES_1] + [ES_2] + [ES_1S_2] \\ &= \left(1 + \frac{[S_1]}{K_{M1}} + \frac{[S_2]}{K_{M2}} + \frac{[S_1][S_2]}{K_{M1}K_{M12}}\right)[E] \\ &= \frac{1}{K_{M1}K_{M12}}(K_{M1}K_{M12} + [S_1]K_{M12} \\ &\qquad + [S_2]K_{M1}K_{M12}/K_{M2} + [S_1][S_2])[E]\end{aligned}$$

で表されるから，この式を上の速度式に代入すれば，

$$v = \frac{\overbrace{k_{r,2}[E]_{total}}^{v_{max}}[S_1][S_2]}{K_{M1}K_{M12} + [S_1]K_{M12} + [S_2]K_{M1}K_{M12}/K_{M2} + [S_1][S_2]}$$

となる．すなわち，

$$v = \frac{v_{max}[S_1][S_2]}{K_{M1}K_{M12} + K_{M12}[S_1] + (K_{M1}K_{M12}/K_{M2})[S_2] + [S_1][S_2]}$$

である．この式を簡単に表すために，つぎの関係に注目する．

$$\begin{aligned}K_{M1}K_{M12} &= \frac{[E][S_1]}{[ES_1]} \times \frac{[ES_1][S_2]}{[ES_1S_2]} = \frac{[E][S_1][S_2]}{[ES_1S_2]} \\ &= \frac{[ES_2][S_1]}{[ES_1S_2]} \times \frac{[E][S_2]}{[ES_2]} = K_{M21}K_{M2}\end{aligned}$$

そうすれば次式が得られる．

1) ternary complex reaction　2) ordered ternary complex mechanism　3) random ternary complex mechanism

$$v = \frac{v_{\max}[S_1][S_2]}{K_{M1}K_{M12} + K_{M12}[S_1] + K_{M21}[S_2] + [S_1][S_2]}$$

前駆平衡があるときの三重複合体の反応速度　(8)

この式を物理的に解釈するには，ES_1S_2 として存在する酵素の分率で表しておくことである．

$$f_{ES_1S_2} = \frac{[ES_1S_2]}{[E]_{total}} = \frac{[E][S_1][S_2]}{K_{M1}K_{M12}[E]_{total}} = \frac{[S_1][S_2]/K_{M1}K_{M12}}{1 + [S_1]/K_{M1} + [S_2]/K_{M2} + [S_1][S_2]/K_{M1}K_{M12}}$$

したがって次式が得られる．

$$\frac{v}{v_{\max}} = f_{ES_1S_2} \quad (9)$$

この $v = fv_{\max}$ の形の式を見て直感的にも明らかなように，このときの反応速度は ES_1S_2 の形で存在している酵素の分率に直接依存しているのである．

もし，一方の基質の濃度が一定であれば，(8) 式はもう一方の基質についてミカエリス－メンテンの形になることがわかる．たとえば，$[S_2]$ が一定であれば，(8) 式の右辺の分子と分母を $[S_2]$ で割れば，

$$v = \frac{v_{\max}[S_1]}{K_{M1}K_{M12}/[S_2] + K_{M21} + (1 + K_{M12}/[S_2])[S_1]} = \frac{\overbrace{v_{\max}[S_1]/(1 + K_{M12}/[S_2])}^{v_{\max}^{\text{effective}}[S_1]}}{\underbrace{(K_{M1}K_{M12}/[S_2] + K_{M21})/(1 + K_{M12}/[S_2])}_{K_M^{\text{effective}}} + [S_1]}$$

となる．この式はつぎのようにまとめることができる．

$$v = \frac{v_{\max}^{\text{effective}}[S_1]}{K_M^{\text{effective}} + [S_1]} \quad (10)$$

さらに，$[S_2] \gg K_{M12}$ であれば，$v_{\max}^{\text{effective}} \approx v_{\max}$ および $K_M^{\text{effective}} \approx K_{M21}$ となる．これが多重基質の酵素速度論の一般的な特徴である．すなわち，一つを除いてすべての基質濃度を一定に保てば，残りの基質についてその反応はミカエリス－メンテンのタイプの速度論に従うのである．

(10) 式は，(6) 式と全く同じようにプロットできる形に整理することができる．すなわち，右辺の分子と分母を $[S_1]$ で割ってから両辺の逆数をとればよい．

$$\frac{1}{v} = \frac{1}{v_{\max}^{\text{effective}}} + \frac{K_M^{\text{effective}}}{v_{\max}^{\text{effective}}} \times \frac{1}{[S_1]}$$

三重複合体反応の解析　(11 a)

そこで，$[S_2]$ を一定として，$1/[S_1]$ に対して $1/v$ をプロットすれば直線が得られるはずで，その y 切片と勾配はつぎのように表される．

$$y\text{切片} = \frac{1}{v_{\max}^{\text{effective}}} = \frac{1 + K_{M12}/[S_2]}{v_{\max}}$$

$$\text{勾配} = \frac{K_M^{\text{effective}}}{v_{\max}^{\text{effective}}} = \frac{K_{M21} + K_{M1}K_{M12}/[S_2]}{v_{\max}} \quad (11\text{b})$$

(b) ピンポン反応

いわゆる**ピンポン反応**[1] (**4**) では，基質が結合し（ピン）生成物が脱離する（ポン）過程が段階的に起こる．2 基質反応の場合，最初の基質 (S_1) が酵素 E と結合し，それから生成物 (P_1) が脱離しても，酵素は基質の一部によって化学的に修飾を受けたままである（これを E^* とする）．この修飾された酵素に第二の基質 (S_2) が結合し，第二の生成物 (P_2) を生成してはじめて酵素はもとの天然形に戻る．このスキームをつぎのようにまとめることができる．

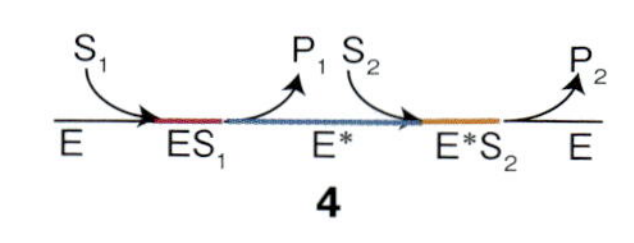

4

ピンポン機構

反応	速度
$E + S_1 \longrightarrow ES_1$	$v = k_{r,1}[E][S_1]$
$ES_1 \longrightarrow E + S_1$	$v = k'_{r,1}[ES_1]$
$ES_1 \longrightarrow E^* + P_1$	$v = k_{r,2}[ES_1]$
$E^* + S_2 \longrightarrow E^*S_2$	$v = k_{r,3}[E^*][S_2]$
$E^*S_2 \longrightarrow E^* + S_2$	$v = k'_{r,3}[E^*S_2]$
$E^*S_2 \longrightarrow E + P_2$	$v = k_{r,4}[E^*S_2]$

ピンポン機構で働く酵素として，いろいろな転移酵素や酸化還元酵素，プロテアーゼなどがある．たとえば，プロテアーゼの一種であるキモトリプシンが作用して形成される中間体 E^* は，その活性サイトにあるセリン残基が修飾を受けたものである．

この機構には中間に不可逆段階 $ES_1 \rightarrow E^* + P_1$ が存在しているから，前駆平衡の方法は使えない．その代わり定

1) ping-pong reaction

常状態の近似を使わなければならず，それをE^*とES_1，E^*S_2の濃度に適用する．すなわち，

$$\frac{d[E^*]}{dt} = k_{r,2}[ES_1] - k_{r,3}[E^*][S_2] + k'_{r,3}[E^*S_2] \approx 0$$

$$\frac{d[ES_1]}{dt} = k_{r,1}[E][S_1] - (k'_{r,1}+k_{r,2})[ES_1] \approx 0$$

$$\frac{d[E^*S_2]}{dt} = k_{r,3}[E^*][S_2] - (k'_{r,3}+k_{r,4})[E^*S_2] \approx 0$$

とする．これは，三つの中間体の濃度$[E^*]$，$[ES_1]$，$[E^*S_2]$を表す三つの方程式である．残りの三つの濃度$[E]$，$[S_1]$，$[S_2]$は一定の係数として扱うから（ただし，方程式を解くうえで一定とおくだけの話である），これで方程式は解ける．このうち$[E]$は，すぐあとで$[E]_{total}$と関係づけることで一定とする．その$[E]_{total}$は，$[S_1]$や$[S_2]$と同様に，実験者が調節できる濃度なのである．簡単な代数計算（数学ソフトウエアを使うのもよい）によって，つぎの三つの解が得られる．

$$[E^*] = \frac{k_{r,1}k_{r,2}(k'_{r,3}+k_{r,4})[E][S_1]}{(k'_{r,1}+k_{r,2})k_{r,3}k_{r,4}[S_2]}$$

$$[ES_1] = \frac{k_{r,1}[E][S_1]}{k'_{r,1}+k_{r,2}} \qquad [E^*S_2] = \frac{k_{r,1}k_{r,2}[E][S_1]}{(k'_{r,1}+k_{r,2})k_{r,4}}$$

ここで，酵素の全濃度は，

$$\begin{aligned}[E]_{total} &= [E] + [E^*] + [ES_1] + [E^*S_2] \\ &= \left(1 + \frac{k_{r,1}[S_1]}{k'_{r,1}+k_{r,2}} + \frac{k_{r,1}k_{r,2}[S_1]}{k_{r,4}(k'_{r,1}+k_{r,2})} + \frac{k_{r,1}k_{r,2}(k'_{r,3}+k_{r,4})[S_1]}{k_{r,3}k_{r,4}(k'_{r,1}+k_{r,2})[S_2]}\right) \times [E]\end{aligned}$$

で表される．また，P_2の生成速度は，

$$v = k_{r,4}[E^*S_2] = \frac{k_{r,1}k_{r,2}}{k'_{r,1}+k_{r,2}}[E][S_1]$$

である．この式に，上で$[E]_{total}$から求められる$[E]$を代入する．煩雑な代数計算を行った結果は，以下の囲みの式としてまとめられる．

ここで，$k_{r,4} \ll k_{r,2}$であれば（最後の段階が律速であると仮定したことに相当する），最右辺の最初の因子は1となるから，最終結果は，

$$v = \frac{v_{max}[S_1][S_2]}{K_{M2}[S_1]+K_{M1}[S_2]+[S_1][S_2]} \qquad (12)$$

で表される．前に行ったように，この式の逆数をとって整理すれば，

$$\frac{1}{v} = \frac{1+K_{M2}/[S_2]}{v_{max}} + \frac{K_{M1}}{v_{max}} \times \frac{1}{[S_1]}$$

ピンポン機構の解析　(13a)

となる．一定の$[S_2]$について，$1/[S_1]$に対して$1/v$をプロットすれば直線が得られるはずである．それを解析すれば，

$$y\,切片 = \frac{1+K_{M2}/[S_2]}{v_{max}} \qquad 勾配 = \frac{K_{M1}}{v_{max}} \qquad (13b)$$

が得られる．同じ条件下，つまり$k_{r,4} \ll k_{r,2}$での二つのミカエリス定数は，つぎのように表される．

$$K_{M1} = \frac{(k'_{r,1}+k_{r,2})k_{r,4}}{k_{r,1}k_{r,2}} \qquad K_{M2} = \frac{k'_{r,3}+k_{r,4}}{k_{r,3}}$$

ピンポン反応のミカエリス定数　(13c)

（11b）式と（13b）式は，三重複合体反応とピンポン反応をグラフ上で区別する方法を与えている．三重複合体反応なら，$1/[S_1]$に対する$1/v$のプロットの勾配が$[S_2]$に依存するから，$[S_2]$の値を変えた一連のプロットで平行な直線は得られない（図7A・5a）．一方，ピンポン反応では，同じ$1/[S_1]$に対する$1/v$のプロットで勾配は$[S_2]$に無関係であるから，$[S_2]$の値を変えた一連のプロットで平行な直線が得られるのである（図7A・5b）．

$$v = \frac{\overbrace{\{k_{r,2}/(k_{r,2}+k_{r,4})\}k_{r,4}[E]_{total}}^{v_{max}}[S_1][S_2]}{\underbrace{\{k_{r,2}(k'_{r,3}+k_{r,4})/k_{r,3}(k_{r,2}+k_{r,4})\}}_{K_{M2}}[S_1]+\underbrace{\{(k'_{r,1}+k_{r,2})k_{r,4}/k_{r,1}(k_{r,2}+k_{r,4})\}}_{K_{M1}}[S_2]+[S_1][S_2]}$$

$$= \frac{k_{r,2}}{k_{r,2}+k_{r,4}} \times \frac{v_{max}[S_1][S_2]}{K_{M2}[S_1]+K_{M1}[S_2]+[S_1][S_2]}$$

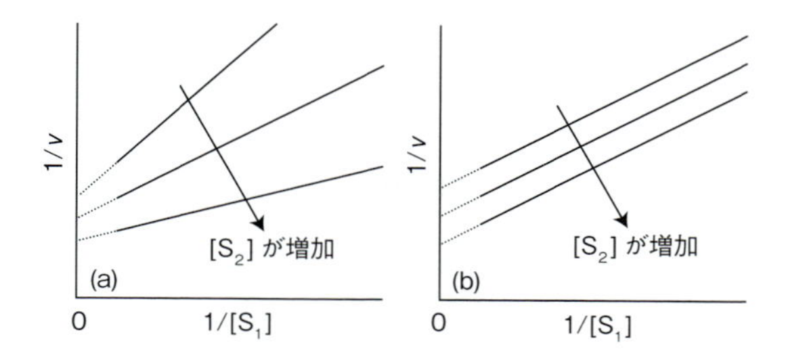

図 7A・5　二つの基質が関与する酵素触媒反応の速度データの解析．$1/[S_1]$ に対する $1/v$ のプロットを $[S_2]$ の値をいろいろ変えてグラフに描けば，(a) 三重複合体反応では互いに平行でない直線が得られ，(b) ピンポン反応では平行な直線が得られるから両者の区別ができる．

例題 7A・2　2 基質反応の機構の識別法

酵素ヌクレオシド二リン酸キナーゼは，グアノシン三リン酸（GTP）からデオキシグアノシン二リン酸（dGDP）へのリン酸基の移動を触媒する．

$$\mathrm{GTP + dGDP \xrightarrow{Mg^{2+}} GDP + dGTP}$$

この反応の比速度が pH = 7.0 および 273 K で測定され，つぎのデータが得られた．

[dGDP]/(μmol dm^{-3})	v_s/(kat kg^{-1}) [GTP]/(μmol dm^{-3}) 22	30	50	200
20	0.095	0.112	0.141	0.196
25	0.102	0.120	0.155	0.223
40	0.112	0.136	0.180	0.284
100	0.125	0.156	0.218	0.385

この反応について考えられる機構を推論せよ．

考え方　三重複合体反応であれば，$1/[S_1]$ に対して $1/v$ をプロットしたグラフの直線の勾配は $[S_2]$ に依存するから，$[S_2]$ を変えて一連のプロットを行えば互いに平行でない直線が得られるはずである．一方，ピンポン反応であれば，同じプロットの勾配は $[S_2]$ に無関係であるから，平行な直線が得られるはずである．そこで，dGDP を S_1，GTP を S_2 として，ラインウィーバー–バークのプロットをすればよい．そのために，1/[dGDP] と $1/v_s$ の表をつくることである．

解答　つぎの表をつくる．

1/([dGDP]/(μmol dm^{-3}))	1/(v_s/(kat kg^{-1})) [GTP]/(μmol dm^{-3}) 22	30	50	200
0.050	10.5	8.93	7.09	5.10
0.040	9.80	8.33	6.45	4.48
0.025	8.93	7.35	5.56	3.52
0.010	8.00	6.41	4.59	2.60

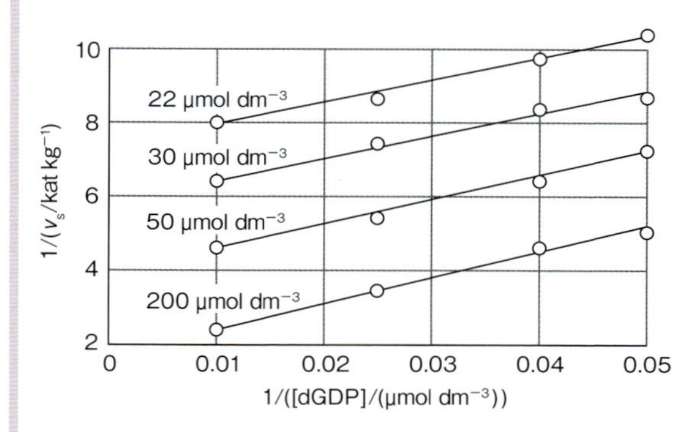

図 7A・6　例題 7A・2 のデータのプロット．それぞれの直線に添えた濃度は [GTP] の値である．

このデータをプロットしたのが図 7A・6 である．四つの平行な直線が得られる．これは，この触媒がピンポン機構に従うことを示している．

コメント　この機構ではおそらく，まず GTP から酵素にある基へとリン酸基の移動があり，その後，そのリン酸基は酵素から dGDP へと移動するのであろう．

7A・4　酵素の触媒効率

酵素の効率を議論するには，速度論的な効率を表す定量的な尺度があると便利である．酵素の**ターンオーバー頻度**[1] あるいは**触媒定数**[2] k_{cat} とは，ある時間に活性サイトで実行可能な触媒サイクル（ターンオーバー）の最大数を，それに要した時間で割ったものである．生成物の生成（モル）速度は $k_{r,2}$[ES] である．もし [ES] が一定であれば，ある時間 Δt に体積 V 内で生成する P 分子の数は，$N_A V k_{r,2}[\mathrm{ES}]\Delta t$ である．N_A はアボガドロ定数である．この体積中には $N_A V$[ES] 個の複合体があるから，ES 複合体 1 個当たりに生成される P 分子の数は $N_A V k_{r,2}[\mathrm{ES}]\Delta t / N_A V[\mathrm{ES}] = k_{r,2}\Delta t$ である．したがって，複合体 1 個当たりの生成速度は単に $k_{r,2}$ で表される．すなわち，$v_{max} = k_{r,2}[\mathrm{E}]_{total}$ であれば次式が成り立つ．

1) turnover frequency　2) catalytic constant

$$k_{cat} = k_{r,2} = \frac{v_{max}}{[E]_{total}}$$

ターンオーバー頻度
[ミカエリス-メンテンのモデル]　(14)

酵素の**触媒効率**[1] η（イータ）は，ミカエリス定数 K_M で測定される活性サイトへの基質の結合能力を考えに入れた指標である．触媒効率とは，$[S] \ll K_M$ のときの酵素反応の実効速度定数と考えてよい．この条件下では $v = (k_{cat}/K_M)[E]_{total}[S]$ である．このように，触媒効率は k_{cat}/K_M の比で定義されるから，ターンオーバー頻度が大きく，ミカエリス定数が小さければ触媒効率が高い．$K_M = [E][S]/[ES]$ が小さい値をとるということは，基質が活性サイトに結合して ES を生成する強い傾向があることを示しており，合体さえすれば生成物が生成するという状況ならターンオーバー頻度は大きい．したがって，この定義と $K_M = (k'_{r,1} + k_{r,2})/k_{r,1}$ の関係，および (14) 式から，ミカエリス-メンテンのモデルでは次式が成り立つ．

$$\eta = \frac{k_{cat}}{K_M} = \frac{k_{r,1}k_{r,2}}{k'_{r,1} + k_{r,2}}$$

触媒効率
[ミカエリス-メンテンのモデル]　(15)

この触媒効率は，$k_{r,2} \gg k'_{r,1}$ のとき $k_{r,1}$ の最大値に到達する．$k_{r,1}$ は，溶液中を自由に拡散できる二つの化学種から複合体が生成する反応の速度定数であるから，その最大効率は溶液中での E と S の拡散の最大速度と関係がある（トピック 7C）．小さな基質分子はふつう，大きな酵素分子よりずっと速く拡散するから，拡散律速の反応（トピック 6D）の速度定数は 10^8〜$10^9\ \mathrm{dm^3\,mol^{-1}\,s^{-1}}$ の範囲にある．酵素カタラーゼでは $\eta = 4.0 \times 10^8\ \mathrm{dm^3\,mol^{-1}\,s^{-1}}$ であり“触媒極致”に達しているといわれる．それは，触媒する反応の速度が拡散支配であり，基質が酵素に出会えばただちに反応が起こるからである．その酵素は，この機構内ではほかにどんな改善をしようとも，反応が拡散速度で制限されているので，反応速度を改善できないという意味で“完全”なのである．

触媒効率 η は**特異性定数**[2] ともいわれる．これを使えば，競合する基質の反応速度の比を表せるからである．たとえば，つぎの形の競合する二つの過程があるとしよう．

$$E + S_1 \underset{k'_{r,1}(1)}{\overset{k_{r,1}(1)}{\rightleftharpoons}} ES_1 \xrightarrow{k_{r,2}(1)} E + P_1$$

$$E + S_2 \underset{k'_{r,1}(2)}{\overset{k_{r,1}(2)}{\rightleftharpoons}} ES_2 \xrightarrow{k_{r,2}(2)} E + P_2$$

基質濃度が低いときの反応速度はそれぞれ，

$$v_1 = k_{r,2}(1)[ES_1] = \frac{k_{r,2}(1)}{K_M(1)}[E][S_1]$$

$$v_2 = k_{r,2}(2)[ES_2] = \frac{k_{r,2}(2)}{K_M(2)}[E][S_2]$$

と表せる．そこで，両者の比はつぎのように表される．

$$\frac{v_1}{v_2} = \frac{k_{r,2}(1)/K_M(1)}{k_{r,2}(2)/K_M(2)} \times \frac{[S_1]}{[S_2]} = \frac{\eta(1)}{\eta(2)} \times \frac{[S_1]}{[S_2]}$$

基質選択性　(16)

したがって，この二つの反応の速度の比は，二つの基質の濃度比と特異性定数の比に比例するのである．

簡単な例示 7A・2

酵素リブロース 1,5-ビスリン酸カルボキシラーゼ（rubisco，ルビスコともいう）は葉緑体のストロマに局在しているが，その本来の基質である CO_2 と酸素 O_2 をうまく識別できない．カルボキシ化反応と酸素化反応の特異性定数の比は，葉ではふつう 90 である．したがって，葉緑体のストロマで $[CO_2] = 7.5\ \mathrm{\mu mol\,dm^{-3}}$ および $[O_2] = 250\ \mathrm{\mu mol\,dm^{-3}}$ のときのカルボキシ化と酸素化の速度の比は，

$$\frac{v(CO_2)}{v(O_2)} = 90 \times \frac{7.5\ \mathrm{\mu mol\,dm^{-3}}}{250\ \mathrm{\mu mol\,dm^{-3}}} = 2.7$$

と計算できる．すなわち，4 回の触媒事象につき約 1 回はカルボキシ化でなく酸素化が起こっていることになる．

1) catalytic efficiency　2) specifiicity constant

重要事項のチェックリスト

☐ 1．酵素は**活性サイト**をもつ特異な生体高分子であり，反応物である**基質**と活性サイトで結合し，それを生成物に変える役目をしている．

☐ 2．**誘導適合モデル**では，基質が酵素に結合するとき活性サイトのコンホメーションが変化する．たいていの場合，基質の側にも変化が見られる．

☐ 3．**ミカエリス-メンテン機構**では，第一段階でまず酵素-基質複合体が形成される．それから，基質はもとの形で外れるか，それとも何らかの変更を受けてから生成物が形成される．

☐ 4．**ラインウィーバー-バークのプロット**は，$1/v$ を $1/[\mathrm{S}]$ に対してプロットしたものである．

☐ 5．**三重複合体反応**では，酵素に二つの基質 S_1 と S_2 が結合してから生成物へと処理が進む．

☐ 6．**定序三重複合体機構**では，二つの基質が特定の順で酵素に結合する．**ランダム三重複合体機構**では，基質は順序を問わずランダムに結合できる．

☐ 7．**ピンポン反応**では，酵素に第二の基質が結合する前に最初の生成物が脱離する．

☐ 8．**ターンオーバー頻度**あるいは**触媒定数**とは，ある時間に活性サイトで実行可能な触媒サイクル（ターンオーバー）の最大数を，それに要した時間で割ったものである．

☐ 9．酵素の**触媒効率**は，ミカエリス定数で測定される活性サイトへの基質の結合能力を考えに入れた指標である．

重要な式の一覧

式の内容	式	備　考	式番号
モル速度	$v_\mathrm{m} = \mathrm{d}n_\mathrm{P}/\mathrm{d}t$	定　義　$v_\mathrm{m} = Vv$	1a
比速度	$v_\mathrm{s} = v_\mathrm{m}/m_\mathrm{E}$	定　義	1c
比活性	$a_\mathrm{s} = v_\mathrm{s,max}$	定　義	1d
	$a_\mathrm{s} = v_\mathrm{max}/M[\mathrm{E}]_\mathrm{total}$		1e
ミカエリス定数	$K_\mathrm{M} = (k'_\mathrm{r,1} + k_\mathrm{r,2})/k_\mathrm{r,1}$	定　義	2
ミカエリス-メンテンの式	$v = v_\mathrm{max}[\mathrm{S}]/(K_\mathrm{M} + [\mathrm{S}])$		5a
ラインウィーバー-バークの式	$1/v = 1/v_\mathrm{max} + K_\mathrm{M}/v_\mathrm{max}[\mathrm{S}]$		6
分率速度	$v/v_\mathrm{max} = f_{\mathrm{ES_1S_2}}$	三重複合体機構	9
ターンオーバー頻度	$k_\mathrm{cat} = k_\mathrm{r,2} = v_\mathrm{max}/[\mathrm{E}]_\mathrm{total}$	ミカエリス-メンテンのモデル $k_\mathrm{cat} = Ma_\mathrm{s}$	14
触媒効率	$\eta = k_\mathrm{cat}/K_\mathrm{M}$	ミカエリス-メンテンのモデル	15

トピック 7B

酵素阻害

➤ 学ぶべき重要性

代謝過程やシグナル伝達過程を制御するために，生体細胞や臨床医は非基質分子の可逆的な結合を利用している．

➤ 習得すべき事項

阻害剤は，酵素や酵素-基質複合体もしくはその両方に結合するかどうかで，異なる方法によって酵素の活性を変化させている．

➤ 必要な予備知識

酵素が関与する反応の速度式のつくり方（トピック7A），とりわけ前駆平衡の近似と定常状態の近似（トピック6C）の使い方に習熟している必要がある．また，ミカエリス-メンテンの式とその扱い方，ラインウィーバー-バークのプロット（トピック7A）を解釈するときの使い方に慣れている必要がある．

自動車に使われている触媒コンバーターには，排気ガスに含まれる窒素酸化物を窒素に変換する比較的効率のよい仕組みが採用されている．しかしながら，酵素とは比べものにならず，このコンバーターに使われている無機の触媒物質はごく素朴なものである．それは，活性を調節する手立てとしては触媒の量を変えるしか方法がないからである．これと対照的に酵素では，活性化剤または阻害剤として作用する“エフェクター分子”の結合を利用すれば，その活性を上げたり下げたり，場合によっては作用のオンとオフを切り替えたりすることもできる．エフェクター分子は，活性サイトへの接近をブロックしたり，酵素のコンホメーションを変化させたりすることによって，酵素の速度論的な性質を変更している．なかでもコンホメーションの変化は，生化学反応を触媒する生体高分子のコンホメーションが柔軟であることを利用しているのである．もしタンパク質のコンホメーションが剛直であったなら，その活性サイトはきわめて効率の悪い触媒であるだけでなく，エフェクター分子が結合しても役に立たないであろう．

エフェクター分子による酵素活性の調節は，細胞内で起こっている膨大な数の反応を調整するのに不可欠である．たとえば，光合成は日中にしか起こらないから，酵素は明所で活性，暗所で不活性でなければならない．この切り替えをするために，暗所では酵素を劣化させ，明所で再び合成してその量を変更することで対応できるかもしれない．しかし，それは資源の無駄遣いというものである．もっと優れた方法は，細胞が明所か暗所かを感知し，関与する酵素の活性を上げたり下げたりすることである．それはコンホメーションの変化によって実現できる．すなわち，酵素を共有結合によって修飾するか，あるいは活性化や阻害を可能にする分子が可逆的に結合することで，酵素のコンホメーション変化をひき起こすのである．これと全く同じ過程が薬理学の中心で行われている．すなわち，薬剤は標的に結合するのだが，その多くは酵素または受容体であるから，その活性を変更して治療効果をひき起こすのである．

酵素に対する阻害剤の効果を定量的に理解するには，トピック7Aで説明した速度論的解析を拡張すればよい．原理的には，阻害剤が結合することで，基質に対する酵素の親和性を変更するか（K_M に影響を及ぼす）あるいは基質を生成物に変換する酵素の能力を変更する（v_{max} に影響を及ぼす）ことによって，酵素の活性を変更することができる．どれを選ぶかによって異なるタイプの阻害が起こるのであり，それは速度論的な解析に基づいて区別することができる．

トピック7Aで説明したように，酵素の速度論研究では，反応速度をふつうの単位（濃度/時間を表す単位，$\mathrm{mol\,dm^{-3}\,s^{-1}}$ など）で表すか，それとも比速度，つまり酵素1 kg当たりの速度（$\mathrm{kat\,kg^{-1}}$ あるいは $\mathrm{mol\,kg^{-1}\,s^{-1}}$）の単位で表すことになっている．

7B・1 阻害の速度論

阻害剤Iは，酵素と結合したり，ES複合体と結合したり，あるいは酵素とES複合体の両方に結合したりすることによって，基質から生成物が生成される速度を低下させる（**1**）．酵素阻害の最も一般的な速度論スキームはつぎのようなものである．

S, I, ES, ESI, E, EI, I, P, E

1

阻害のある反応

$E + S \longrightarrow ES$	$v = k_{r,1}[E][S]$
$ES \longrightarrow E + S$	$v = k'_{r,1}[ES]$
$ES \longrightarrow E + P$	$v = k_{r,2}[ES]$
$EI \rightleftharpoons E + I$	$K_{d,EI} = \dfrac{[E][I]}{[EI]}$
$ESI \rightleftharpoons ES + I$	$K_{d,ESI} = \dfrac{[ES][I]}{[ESI]}$

この速度論スキームでは，EI や ESI から生成物が生じることはない．

解離定数 $K_{d,EI}$ や $K_{d,ESI}$ の値が小さいほど阻害は効率的である．ここからの作業は，この機構に基づく速度式を導出することである．

導出過程 7B・1　酵素阻害の解析法

生成物の生成速度は $v = k_{r,2}[ES]$ であるから，まず [ES] を求め，それを酵素の全濃度と関係づけることである．

ステップ 1：各成分の濃度を明らかにしておく．

ミカエリス定数 ($K_M = [E][S]/[ES]$) と二つの解離定数 ($K_{d,EI}$ と $K_{d,ESI}$) を用いれば，E を含む化学種すべての濃度をつぎのように表すことができる．

$$[ES] = \frac{[E][S]}{K_M} \qquad [EI] = \frac{[E][I]}{K_{d,EI}}$$

$$[ESI] = \frac{[ES][I]}{K_{d,ESI}} = \frac{[E][S][I]}{K_M K_{d,ESI}}$$

ステップ 2：酵素の全濃度を計算する．

酵素の全濃度はつぎのように表される．

$$[E]_{total} = [E] + [EI] + [ES] + [ESI]$$

この式に，上で求めた各成分の濃度を代入すれば，

$$[E]_{total} = [E] + \frac{[E][I]}{K_{d,EI}} + \frac{[E][S]}{K_M} + \frac{[E][S][I]}{K_M K_{d,ESI}}$$

$$= \left(1 + \frac{[I]}{K_{d,EI}} + \frac{[S]}{K_M} + \frac{[S][I]}{K_M K_{d,ESI}}\right)[E]$$

が得られる．したがって，[ES] について解けば次式が得られる．

$$[ES] = \frac{[E][S]}{K_M}$$

$$= \frac{[E]_{total}[S]}{K_M\{1+[I]/K_{d,EI}+[S]/K_M+[S][I]/K_M K_{d,ESI}\}}$$

$$= \frac{[E]_{total}[S]}{K_M(1+[I]/K_{d,EI}) + (1+[I]/K_{d,ESI})[S]}$$

ステップ 3：$[E]_{total}$ を用いて速度を表す．

生成物の生成速度を表す式は，

$$v = \frac{\overbrace{k_{r,2}[E]_{total}}^{v_{max}}[S]}{K_M(1+[I]/K_{d,EI}) + (1+[I]/K_{d,ESI})[S]}$$

で表される．ここで，右辺の分子と分母を $1+[I]/K_{d,ESI}$ で割り，つぎのように定義してパラメーターにまとめておく．

$$v_{max}^{inhibited} = \frac{v_{max}}{1+[I]/K_{d,ESI}}$$

$$K_M^{inhibited} = \frac{1+[I]/K_{d,EI}}{1+[I]/K_{d,ESI}} \times K_M$$

阻害パラメーター［定義］　(1)

そうすれば，阻害の状況を説明できる速度式をつぎのように表せる．

$$v = \frac{v_{max}^{inhibited}[S]}{K_M^{inhibited} + [S]}$$

阻害反応の速度　(2a)

この式は，阻害がない酵素のミカエリス－メンテンの式と同じ形（トピック 7A の 5a 式，$v = v_{max}[S]/(K_M + [S])$）をしているから，つぎのラインウィーバー-バークのプロットの変更版などを用いて，その解析を同じように行うことができる．

$$\frac{1}{v} = \frac{1}{v_{max}^{inhibited}} + \frac{K_M^{inhibited}}{v_{max}^{inhibited}} \times \frac{1}{[S]}$$

阻害反応のラインウィーバー-バークのプロット　(2b)

このプロットの y 切片と勾配は阻害剤によって異なり，つぎのように表される．

$$y\text{ 切片} = \left(1 + \frac{[I]}{K_{d,ESI}}\right)\frac{1}{v_{max}}$$

$$\text{勾　配} = \left(1 + \frac{[I]}{K_{d,EI}}\right)\frac{K_M}{v_{max}}$$

ラインウィーバー-バークのプロットで得られる阻害反応のパラメーター　(2c)

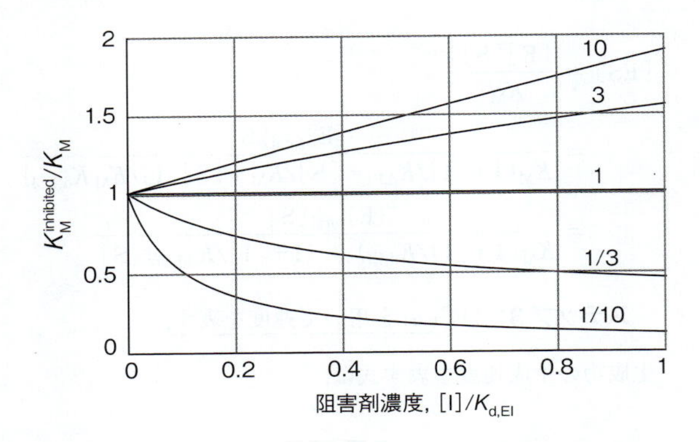

図7B·1　$K_{d,ESI}/K_{d,EI}$ の値を変えたときの阻害剤濃度に対する $K_M^{inhibited}$ の変化．K_M との比で表してある．

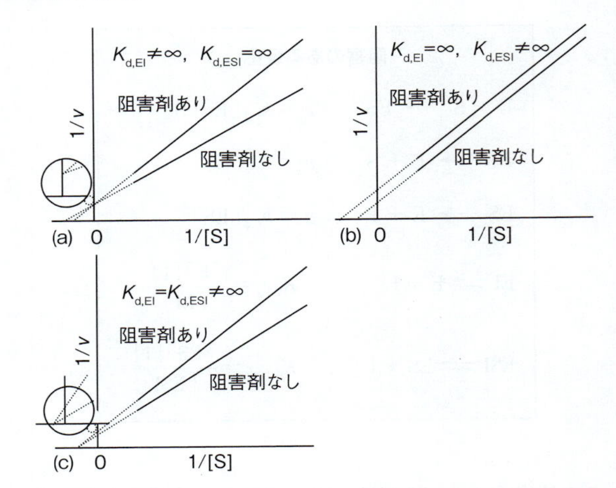

図7B·2　酵素阻害の三つの様式の特徴を表すラインウィーバー-バークのプロット．(a) 競合阻害，(b) 不競合阻害，(c) 混合阻害．ここでは $K_{d,EI}=K_{d,ESI}$ という特別な場合を示してあり，これは非競合阻害である．

もしESI複合体が生成されるなら，この反応の最大速度は阻害剤によって減少する．しかし，その効果には $K_{d,ESI}$ が関与するだけで，$K_{d,EI}$ は関与しない．$K_{d,EI}$ は溶液中の遊離の酵素の量に影響を与えるが，$K_{d,ESI}$ はEの濃度だけでなく（ここで重要になる）反応に使える基質の量に影響を与える．実効的なミカエリス定数は，EとS，ESの平衡濃度を反映しているから，阻害剤によって増加したり減少したりし，それは $K_{d,ESI}$ と $K_{d,EI}$ の相対値によって決まる．その状況を図7B·1に示す．

7B·2　阻害の分類

阻害剤は，その結合性質，あるいはそれと等価であるが，阻害のない酵素の v_{max} と K_M の値に対する影響によって分類することができる．

- **競合阻害**[1]：阻害剤はEに結合するが，ESには結合しない．阻害剤は活性サイトに結合することが多いが常にというわけでなく，EIが生成すれば基質は結合できない（**2**）．

この場合，ESIは生成しないから $K_{d,ESI}\to\infty$ である．ラインウィーバー-バークのプロットの y 切片は変化しないが，勾配は $1+[\mathrm{I}]/K_{d,EI}$ の因子の分だけ増加する．そこで，[I] が増加するにつれ $K_M^{inhibited}$ は増加するが，v_{max} は影響を受けない（図7B·2a）．

- **不競合阻害**[2]：阻害剤はESに結合するが，Eには結合しない．したがって，ESIが生成することで触媒活性のあるESの濃度は低下する（**3**）．

この場合，EIは生成しないから $K_{d,EI}\to\infty$ である．ラインウィーバー-バークのプロットの勾配は変化しないが，y 切片は $1+[\mathrm{I}]/K_{d,ESI}$ の因子の分だけ増加する．そこで，[I] が増加するにつれ $K_M^{inhibited}$ は減少し，$v_{max}^{inhibited}$ も同じだけ減少する（図7B·2b）．

- **混合阻害**[3]：阻害剤は（**1**）で示したように，EとESの両方に結合する．

この場合のラインウィーバー-バークのプロットは，阻害剤が加わることで勾配も y 切片も増加する．

- **非競合阻害**[4]：混合阻害の特別な場合であり，活性サイトへの基質の結合に対して阻害剤は影響を及ぼさない．したがって，阻害剤の結合に対しても基質が影響を及ぼすことはない．

このとき $K_{d,ESI}=K_{d,EI}$ である．それは，ESIにSが存在することで，解離平衡 $\mathrm{ESI}\rightleftharpoons\mathrm{ES}+\mathrm{I}$ および $\mathrm{EI}\rightleftharpoons\mathrm{E}+\mathrm{I}$ は影響を受けないからである．この場合は，ラインウィーバー-バークのプロットにおける阻害なしの酵素と阻害ありの酵素の直線が x 軸上で交わるから（図7B·2c），K_M は阻害剤によって影響を受けないことを示している．一例として，基質への結合に影響を与えず，プロトン付加によって酵素が不活性化されるときには，非競合阻害が起こっている．このときの H^+ が阻害剤であり，$K_{d,EI}$ はプロトン付加された酵素の酸定数 $K_a=[\mathrm{E}][\mathrm{H_3O^+}]/[\mathrm{EH^+}]$ とみなすことができる．そこで，$K_{d,ESI}=K_{d,EI}$ であるから（1）式からつぎのように表すことができる．

1) competitive inhibition　2) uncompetitive inhibition　3) mixed inhibition　4) non-competitive inhibition

$$v_{\max}^{\text{inhibited}} = \frac{v_{\max}}{1+[\mathrm{H_3O^+}]/K_\mathrm{a}} \qquad K_\mathrm{M}^{\text{inhibited}} = K_\mathrm{M}$$

上のいずれの場合も，阻害のない酵素の速度測定から K_M と $v_{\max}$ を求め，次に，既知濃度の阻害剤を用いて速度測定を繰返せば阻害剤の効果が得られる．阻害のある酵素についてのラインウィーバー-バークのプロットの勾配と y 切片から（2c 式），阻害の様式と $K_\mathrm{d,ESI}$ および $K_\mathrm{d,EI}$ の値が得られるのである．

例題 7B・1 異なるタイプの阻害の見分け方

酵素触媒反応によって基質から生成物が生成される初速度 v_0 が，阻害剤ありと阻害剤なしの場合について，基質濃度 $[\mathrm{S}]_0$ と阻害剤濃度 $[\mathrm{I}]$ を変えて測定され，つぎの結果が得られた．この阻害剤は競合阻害として作用しているか，それとも非競合阻害として作用しているか．また，$K_\mathrm{d,EI}$ と K_M を求めよ．

$[\mathrm{S}]_0/(\mathrm{mmol\ dm^{-3}})$	$v_0/(\mu\mathrm{mol\ dm^{-3}\ s^{-1}})$ $[\mathrm{I}]/(\mathrm{mmol\ dm^{-3}})$ 0	0.20	0.40	0.60	0.80
0.050	0.033	0.026	0.021	0.018	0.016
0.10	0.055	0.045	0.038	0.033	0.029
0.20	0.083	0.071	0.062	0.055	0.050
0.40	0.111	0.100	0.091	0.084	0.077
0.60	0.126	0.116	0.108	0.101	0.094

考え方 阻害剤の異なる濃度ごとにラインウィーバー-バークのプロットをしてみる必要がある．その状況が図 7B・2a に似ていれば，その阻害は競合的である．一方，プロットが図 7B・2c に似ていれば，その阻害は非競合的である．$K_\mathrm{d,EI}$ と K_M を求めるには，$[\mathrm{I}]$ のそれぞれの値での勾配を求める必要がある．その勾配は $(1+[\mathrm{I}]/K_\mathrm{d,EI})(K_\mathrm{M}/v_{\max})$ に等しいから，これを $[\mathrm{I}]$ に対してプロットすればよい．このときの直線の $[\mathrm{I}]=0$ での切片が $K_\mathrm{M}/v_{\max}$ の値に等しく，その勾配は $K_\mathrm{M}/(K_\mathrm{d,EI}\,v_{\max})$ である．

ノート グラフはすべて無次元の量としてプロットしなければならない．したがって，グラフから読みとった切片や勾配も無次元の単なる数値である．物理化学では正式な手順が存在するのだが，よくやるのは，まず単位を無視しておいて，計算の最後に適切な単位をあてがうことである†1．いまの場合，すべての速度（v_0 と $v_{\max}$）を $\mu\mathrm{mol\ dm^{-3}\ s^{-1}}$ の単位で表し，すべての濃度（$[\mathrm{S}]_0$ と $[\mathrm{I}]$ に加え，すべての K も）を $\mathrm{mmol\ dm^{-3}}$ の単位で表しておけば間違いが少ない．

解答 まず，$1/[\mathrm{S}]_0$ と $[\mathrm{I}]$ のそれぞれの値に対する $1/v_0$ の表をつくっておく．

$1/([\mathrm{S}]_0/(\mathrm{mmol\ dm^{-3}}))$	$1/(v_0/(\mu\mathrm{mol\ dm^{-3}\ s^{-1}}))$ $[\mathrm{I}]/(\mathrm{mmol\ dm^{-3}})$ 0	0.20	0.40	0.60	0.80
20	30	38	48	56	62
10	18	22	26	30	34
5.0	12	14	16	18	20
2.5	9.0	10	11	12	13
1.67	7.9	8.6	9.3	9.9	11

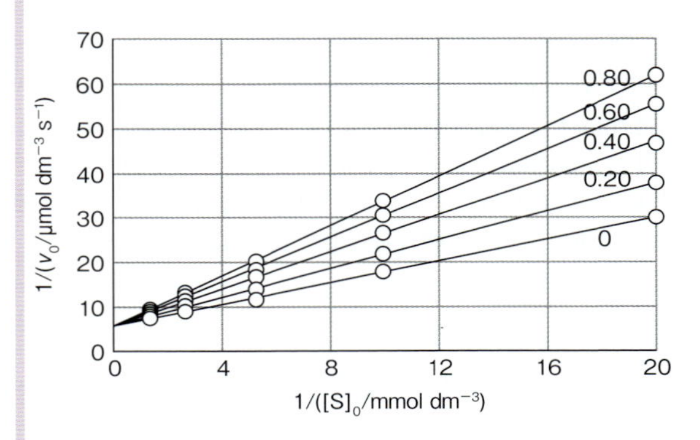

図 7B・3 例題 7B・1 のデータを用いたラインウィーバー-バークのプロット．各直線は，阻害剤の異なる濃度 $[\mathrm{I}]$（図中の数値の単位は $\mathrm{mmol\ dm^{-3}}$）に対応している．

それぞれの $[\mathrm{I}]$ について（合計 5 種）のプロットを図 7B・3 に示す．すべてのプロットが，y 軸上の同じ点に切片をもつことから，これは競合阻害である．そこで，$v_{\max}$ は影響を受けず，$K_\mathrm{d,ESI}\to\infty$ である．まず，このグラフで得られる y 切片$_1$ の“単位”は $1/(\mu\mathrm{mol\ dm^{-3}\ s^{-1}})$ であること，勾配$_1$ の“単位”は $1/\mathrm{ms^{-1}}$ であることを確認しておこう†2．最小二乗法により得られた y 切片$_1$ の平均値の数値は 5.83 であるから，それに単位を添えて物理量として表せば，

$$v_{\max} = \frac{\mu\mathrm{mol\ dm^{-3}\ s^{-1}}}{5.83} = 0.172\ \mu\mathrm{mol\ dm^{-3}\ s^{-1}}$$

となる．有効数字は 2 桁と考えられるから，$v_{\max} = 0.17\ \mu\mathrm{mol\ dm^{-3}\ s^{-1}}$ とする．それぞれの直線の（最小二乗法により求めた）勾配は，つぎのようになる．

†1 訳注：物理化学ではこれを推奨しない．余分な手間が増えるかもしれないが，正式な手続きを踏むほうがわかりやすいし，確実である．そこで，［解答］では正式な表し方に変更しておいた．

†2 訳注：物理量は（数値×単位）で表されることを思い出そう．

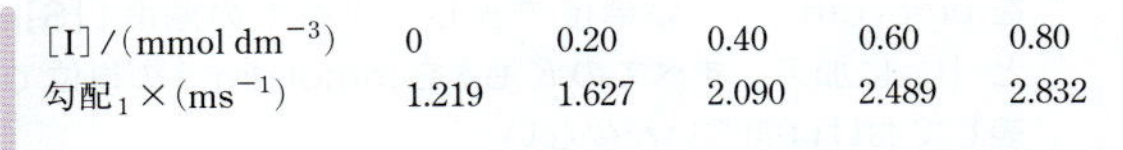

$[\mathrm{I}]/(\mathrm{mmol\ dm^{-3}})$	0	0.20	0.40	0.60	0.80
勾配$_1$ × $(\mathrm{ms^{-1}})$	1.219	1.627	2.090	2.489	2.832

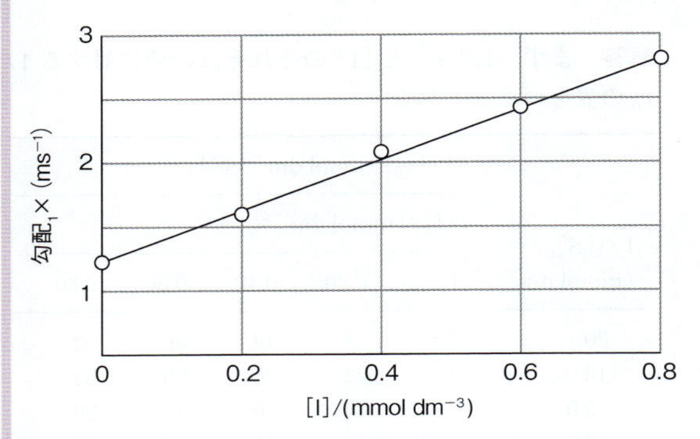

図7B・4　例題7B・1のデータを用いて，図7B・3のそれぞれの直線の勾配を［I］に対してプロットしたグラフ．

これをプロットしたのが図7B・4である．このグラフで得られるy切片$_2$の“単位”は図7B・3の勾配$_1$と同じで$1/\mathrm{ms^{-1}}$である．また，このグラフの勾配$_2$の“単位”は$1/(\mathrm{\mu mol\ dm^{-3}\ s^{-1}})$であることを確認しておこう．この図の$[\mathrm{I}]=0$での切片$_2$の数値は1.234であるから，それに単位を添えて物理量として表せば，

$$\begin{aligned} K_{\mathrm{M}} &= \frac{1.234}{\mathrm{ms^{-1}}} \times v_{\max} \\ &= \frac{1.234}{\mathrm{ms^{-1}}} \times 0.172\ \mathrm{\mu mol\ dm^{-3}\ s^{-1}} \\ &= 0.212\ \mathrm{mmol\ dm^{-3}} \end{aligned}$$

である．したがって，有効数字2桁として$K_{\mathrm{M}} = 0.21\ \mathrm{mmol\ dm^{-3}}$としておく．この直線の（最小二乗法により求めた）勾配$_2$の数値は2.045であるから，それに単位を添えて物理量として表せば，

$$\frac{K_{\mathrm{M}}}{K_{\mathrm{d,EI}}\, v_{\max}} = \frac{2.045}{\mathrm{\mu mol\ dm^{-3}\ s^{-1}}}$$

となって，$K_{\mathrm{d,EI}}$はつぎのように求められる．

$$\begin{aligned} K_{\mathrm{d,EI}} &= \frac{0.212\ \mathrm{mmol\ dm^{-3}} \times \mathrm{\mu mol\ dm^{-3}\ s^{-1}}}{2.045 \times 0.172\ \mathrm{\mu mol\ dm^{-3}\ s^{-1}}} \\ &= 0.603\ \mathrm{mmol\ dm^{-3}} \end{aligned}$$

したがって，有効数字2桁として$K_{\mathrm{d,EI}} = 0.60\ \mathrm{mmol\ dm^{-3}}$である．

7B・3　具体例：治療目的の酵素阻害剤の使用

“ゴーシェ病”は，リソソーム酵素β-グルコセレブロシダーゼの遺伝子変異によってひき起こされる遺伝性代謝障害である．この酵素の役目は，産生される糖脂質グルコシルセラミド（グルコセレブロシド）を分解することである．ゴーシェ病による遺伝子変異はこの酵素のミスフォールディングを起こし，このタンパク質は15パーセント以下しか正しく折りたたまれていない．そうなるとグルコシルセラミドの分解速度が合成速度より遅くなってしまうから，グルコシルセラミドが体内に蓄積するのである．ふつうは特定のタイプの細胞に蓄積するが，特定の臓器に蓄積することもよくある．病理学の研究対象となるのは，この糖脂質の過剰な蓄積である．

ゴーシェ病の治療に使われる医薬の一つは，*N*-ブチル-1-デオキシノジリマイシン（NB-DNJ，商品名ザベスカ）である．これは，いろいろな種類のグルコシダーゼやグルコシルトランスフェラーゼを阻害するグルコース類似体である．体内での作用の一つは，酵素セラミドグルコシルトランスフェラーゼを阻害することによって，グルコシルセラミドの合成を遅らせることである．そこで，ゴーシェ病の患者にNB-DNJを使えば，その効果によってグルコシルセラミドの合成と分解の速度を均衡させることができる．この酵素セラミドグルコシルトランスフェラーゼは，UDP-グルコース（ウリジン二リン酸グルコース）から脂質セラミドへとグルコースを転移させる作用をするのである（図7B・5）．ここで，NB-DNJはグルコース模倣体であるから，この酵素の結合サイトに対してUDP-グルコースと競合すると期待される．ところが，この阻害の速度論的な研究によれば，NB-DNJはセラミドの競合阻害剤であることがわかったのである．それは，セラミドの濃度変化に対するラインウィーバー-バークのプロットのy切片が同じ点に交点をもつからであった（図7B・6a）．一方，UDP-グルコースの濃度変化に対するラインウィーバー-バークのプロットは，x切片で同じ交点をもつことから，NB-DNJはUDP-グルコースの非競合阻害剤であることがわかる（図7B・6b）．この阻害様式の違いは，NB-DNJがこの酵素のセラミド結合サイトには結合するが，UDP-グルコースの結合サイトには結合しないという観測結果と矛盾がない．この事実は，医薬の今後の最適化にとって間違いなく重要な知見となることだろう．

さて，阻害剤NB-DNJが酵素セラミドグルコシルトランスフェラーゼに結合するとき，速度論研究によれば$K_{\mathrm{d,EI}} = 7.4\ \mathrm{\mu mol\ dm^{-3}}$である．そこで，セラミドが極端に過剰でない限りは，細胞内NB-DNJの濃度が$7.4\ \mathrm{\mu mol\ dm^{-3}}$もあれば，50パーセントの酵素阻害を実現することが可能なはずである．ところが，医薬の細胞内濃度というのは一般に，細胞外の濃度とは異なるのである．そこで，医薬の体内での活性は“$\mathrm{IC_{50}}$値”を用いて評価することが多い．これは，50パーセントの生体内効果を生み出すのに必要な血漿濃度である（50パーセント阻害濃度ともいう）．ヒトの酵素セラミドグルコシルトランスフェラーゼに対するNB-DNJの$\mathrm{IC_{50}}$値は約$20\ \mathrm{\mu mol\ dm^{-3}}$とされている．

UDP-グルコース　＋　セラミド

セラミドグルコシルトランスフェラーゼ

NB-DNJによる阻害

グルコシルセラミド

図7B・5　酵素セラミドグルコシルトランスフェラーゼによる触媒反応では，基質であるUDP-グルコース（ウリジン二リン酸グルコース）から脂質セラミドへとグルコースが転移し，グルコシルセラミドが生成する．この反応は，グルコース類似体のNB-DNJによって阻害される（標準表記法としてT形の記号を用いて阻害を表す．反応式に赤字で示してある）．

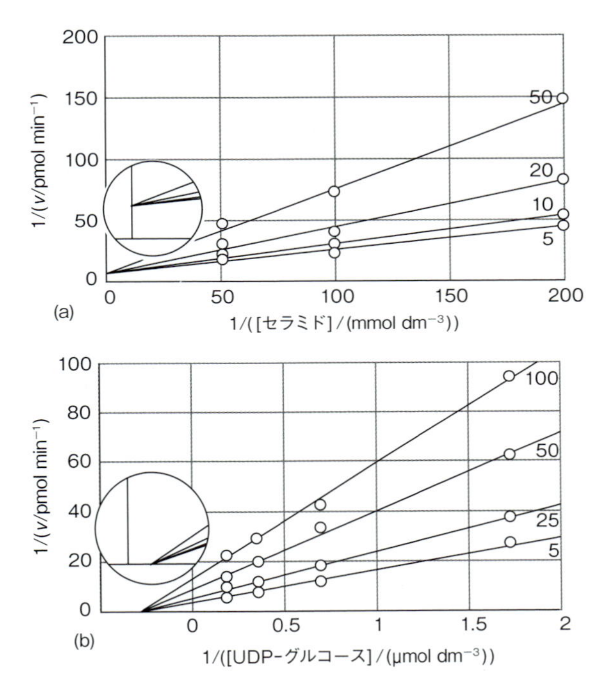

図7B・6　NB-DNJによる酵素セラミドグルコシルトランスフェラーゼの阻害についての速度論研究の結果．(a) 基質のUDP-グルコースの濃度を一定とし，セラミドの濃度を変化させたときのラインウィーバー-バークのプロット．ただし，NB-DNJの濃度を5, 10, 20, 50 μmol dm^{-3}としてある．(b) セラミドの濃度を一定とし，UDP-グルコースの濃度を変化させたときのラインウィーバー-バークのプロット．ただし，NB-DNJの濃度を5, 25, 50, 100 μmol dm^{-3}としてある．ここでの速度の単位はpmol min^{-1}であり，細胞抽出物1 mLについて1 minで得られた生成物の物質量（単位pmol）で表してある．

実は，NB-DNJはリソソーム酵素β-グルコセレブロシダーゼも阻害してしまう．この阻害によってゴーシェ病は悪化することになる．NB-DNJは，通常はグルコースが占めるべき酵素の結合サイトの一部に結合し，その加水分解反応の遷移状態の模倣体として作用するのである（図7B・7）．ここで，ヒトのリソソーム酵素β-グルコセレブロシダーゼに対するNB-DNJのIC_{50}は約500 μmol dm^{-3}であるから，この薬物血漿濃度を約50 μmol dm^{-3}に設定すれば，セラミドグルコシルトランスフェラーゼを有効に阻害しながら，β-グルコセレブロシダーゼには阻害が及ばない状況をつくれることになる．

図7B・7　(a) グルコシルセラミドの加水分解反応について提案されている遷移状態．グルコース環の酸素のところに正の部分電荷が生じる．−XH基は，活性サイトのアミノ酸残基から提供される．(b) NB-DNJの構造．pH = 7では環の窒素の50パーセント以上がプロトン付加している．この状況は，遷移状態でグルコース環の酸素に正の電荷がある状況と似ているのである．

実際，NB-DNJの濃度を低くすれば，ゴーシェ病の患者のリソソーム酵素β-グルコセレブロシダーゼの活性が増加することがわかっている．また，小胞体内で酵素が折りたたまれる一方，NB-DNJは変異酵素に結合することで，それがテンプレート（鋳型）の役目をして，そのまわりには活性サイトができると考えられている．この酵素シャペロン効果のおかげで，正しく折りたたまれた酵素がより高い収量で生成される．このNB-DNJはその後，酵素がリソソームに到着すればグルコシルセラミドに置き換わる．

重要事項のチェックリスト

- □ 1．**競合阻害**では，阻害剤がEに結合するがESには結合しない．
- □ 2．**不競合阻害**では，阻害剤がESに結合するがEには結合しない．
- □ 3．**混合阻害**では，阻害剤がEにもESにも結合する．
- □ 4．**非競合阻害**では，阻害剤は基質の活性サイトへの結合に影響を与えない．また，基質は阻害剤の結合に影響を与えない．

重要な式の一覧*

式の内容	式	備　考	式番号
阻害パラメーター	$v_{max}^{inhibited} = v_{max}/(1+[I]/K_{d,ESI})$	定義 前駆平衡の近似	1
	$K_M^{inhibited} = \{(1+[I]/K_{d,EI})/(1+[I]/K_{d,ESI})\}\times K_M$		
阻害があるときの速度	$v = v_{max}^{inhibited}[S]/(K_M^{inhibited} + [S])$	定義 前駆平衡の近似	2a
阻害があるときのラインウィーバー-バークの式	$1/v = 1/v_{max}^{inhibited} + (K_M^{inhibited}/v_{max}^{inhibited}) \times (1/[S])$		2b
	y切片 $= (1 + [I]/K_{d,ESI})/v_{max}$		2c
	勾配 $= (1 + [I]/K_{d,EI})K_M/v_{max}$		

＊ 単一基質反応の場合

トピック 7C

生物系での拡散

➤ **学ぶべき重要性**

生化学変化で重要になるのは，化学種がいろいろな環境下で移動する速度である．

➤ **習得すべき事項**

分子やイオンは，その濃度勾配を下る向きに自発的に動く一方，外部電場に応答して移動する．

➤ **必要な予備知識**

トピック 5A で述べたイオンの輸送とイオンチャネルの熱力学的な取扱いに慣れている必要がある．

細胞とその内容物をつくっている分子の多くは，そこで自由に動くことができる．細胞内区画にある可溶性の酵素とその基質も自由に移動でき，両者は出会って酵素-基質複合体を生成する．同じように，化学信号が細胞機構によって解読されるためには，その受容体を見つける必要があるから，真核細胞に行き着くのにステロイドホルモンが移動して，核内にあるタンパク質の活性サイトを見つけなければならない．また，多くのシグナル伝達経路で Ca^{2+} イオンの局所的な濃度上昇が起これば，それが媒質内で広がり，やがてそのシグナルに応答できるカルシウム結合タンパク質に出会うのである．

分子の並進運動は，細胞内の水溶液区画に限ったものではない．液体に似て，その機能が重要な細胞膜の液晶状態という条件であっても，脂質分子は隣接分子から最小限の制約しか受けておらず，脂質二重層の面内ではすばやく動くことができる．同じ条件下で，膜タンパク質にはかなりの速さで移動できるものもある．また，分子によっては細胞膜を貫通して，細胞の内外や細胞内区画の間で入れ替わりが起こることもある．

これらの移動に共通する重要な特徴は，すべて駆動される過程ではないことである．イオンや分子が特定の方向に動くのにエネルギー入力は必要ない．そうではなく，その動きは自発的であり，濃度と膜電位を組合わせた効果に対する応答として動いているのである．細胞膜を介してこのような過程が自発的に起こるとき，これを**受動輸送**[1] という．これと逆向きの過程で，エネルギー入力を必要とする過程を**能動輸送**[2] という．能動輸送はまた，細胞内の小胞やミトコンドリアなどの方向性のある動きをもたらす．これら比較的大きな部品の運動は本質的に非常に遅く，小胞やオルガネラを特定の方向へ加速する“分子モーター”によってエネルギーは消費されている．

7C・1 液体の分子運動

生物は，栄養素や老廃物をいろいろな場所から別の場所へ輸送するのに，さまざまな機構を利用している．液体全体としての動きは**対流**[3] という．風は気相における対流である．人体にある全長 100 000 km に及ぶ血管を流れる血流も対流である．すべての血管を順に流れるのではなく，体内を血液が巡るのに約 20〜40 s かかる速さで心臓がポンプしているのである．この対流は約 $2\ \mathrm{m\ s^{-1}}$ で起こっているから，血液が心臓に戻ってくるのに 30 秒ほどかかるとして，動脈のネットワークを出て，いろいろな行き先の毛細血管を通り，静脈で返ってくるまでにいろいろな道筋に分かれて体中を巡るので，この間に血液は実際に 50 m ほどしか移動していない．

特に何もしない（撹拌しない）静かな液体中の動きを**拡散**[4] という．この過程は細胞内で起こっている．細胞内で生成したり外から入ってきたりした物質が溶けた状態で移動しているのである．植物の葉の内部構造を通して気体が移動するのも拡散である．また，血液に溶解した気体が肺で肺胞へと移動するのも拡散であるが，このときは“呼吸”による気体の対流も加わっている．拡散は，電場の影響下にあるイオンの移動にも関わっている．しかし，この場合の液体媒質中を移動するおもな向きは電場の向きで決められている．

拡散の分子過程は基本的に，隣接分子がある中での分子のランダム歩行に近い運動である（図 7C・1）．液体中の分子は他の分子に囲まれているから，それぞれのステップでは分子直径のほんの一部の距離しか動けない．おそらく，

1) passive transport　2) active transport　3) convection　4) diffusion

まわりの分子が一瞬の間だけ少し脇に動いたからであろう．液体中の分子運動は，一連の短いステップで絶え間なく向きを変えている．それはちょうど，あてもなく押し合いへし合いの雑踏にいる人たちに似ている．気体中の拡散もこれに似ていて，分子はランダム歩行しているが，それぞれのステップは液体中よりもずっと長く，これを“平均自由行程”という．気体分子はほかの分子との衝突によって向きが変わるまでは空間を飛び続けている．液体中の拡散も気体の拡散も同様の過程でモデル化できるということは，両者とも似た性質をもつということであるから，ここでは液体を念頭に説明するが，同じことは気体にも適用できる．拡散の分子運動の特徴は絶え間ないということである．この微視的な現象は，分子の分布の変化として巨視的なレベルで明らかになることがある．それは，濃度が不均一であるとき，とりわけ系の一部に濃度勾配があるときである．

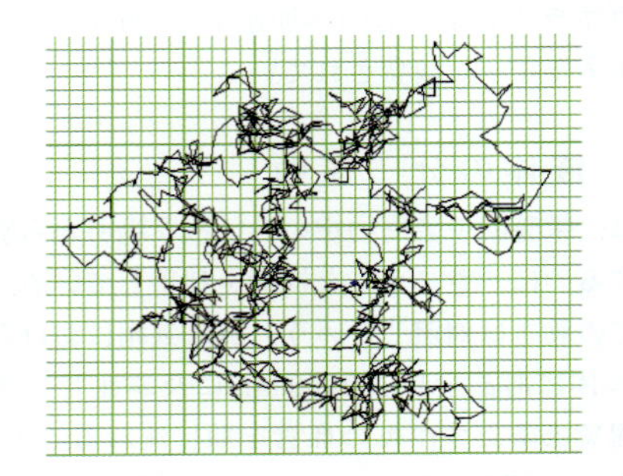

図7C·1 二次元のランダム歩行の径路の一例．この一般的な場合では，ステップ長もまたランダムな変数としてある．

7C・2 濃度勾配による拡散

拡散がひき起こす濃度変化の速度は，単純な法則に従うことがわかっている．注目する液体に始めから濃度勾配があるときは（たとえば，溶液の一部に高濃度の箇所がある場合など），分子がまわりに広がる速度は濃度勾配に比例することがわかっている．すなわち，

$$\text{濃度の変化速度} \propto \text{濃度勾配}$$

である．“流束”の概念を用いれば，これをもっと正確に表せる．**流束**[1] J は，ある時間 Δt の間に面積 A の（仮想的な）窓を通り抜ける分子の数 N を，その窓の面積と時間 Δt で割ったものに等しい．すなわち，

$$J = \frac{N}{A\,\Delta t} \qquad \text{流束［定義］} \qquad (1a)$$

で定義される．また，窓を通り抜ける分子の物質量 n（単位 mol）で流束を表し，つぎのように“モル流束”J_m を定義することもできる．

$$J_m = \frac{n}{A\,\Delta t} \qquad (1b)$$

流束の単位は $m^{-2}\,s^{-1}$（分子の実体を指定したときには molecules $m^{-2}\,s^{-1}$）であり，モル流束の単位は mol $m^{-2}\,s^{-1}$ である．窓を通過した分子の数もしくは物質量を計算するには，上の定義を $N = JA\,\Delta t$ や $n = J_m A\,\Delta t$ と変形して用いればよい．拡散に関する**フィックの第一法則**† によれば，

$$J = -D\frac{dc}{dx} \qquad J_m = -D\frac{dc_m}{dx} \qquad \text{フィックの第一法則} \qquad (2)$$

である．c は数濃度（たとえば molecules m^{-3}）であり，c_m（あるいは化学種Jの［J］）はモル濃度（たとえば mol dm^{-3}）である．(2) 式の負号は，濃度勾配が負のときに（図7C·2では右向きに減少）流束を正の値（図7C·2では右向きであり，高い側から低い側へ流れる）で表すためである．係数 D は面積を時間で割った次元をもち（単位はふつう $m^2\,s^{-1}$），これを**拡散係数**[2]（表7C·1）というが，溶質と溶媒，温度に依存している．濃度勾配が同じなら，D の値が大きいほど拡散は速い．D は (2) 式で定義されるが，分子そのものは濃度勾配がなくても絶えず運動しているから，D は媒質中での移動度の尺度とみなすことができる．そこで，特に濃度勾配がなくても，NMR分光法（トピック11E）など，分子の移動度に注目するいろいろな測定法で拡散係数の値を測定することができる．

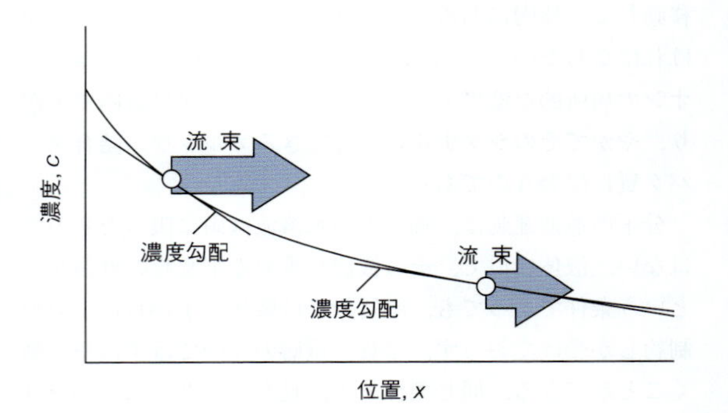

図7C·2 溶質分子の流束は濃度勾配に比例している．この図では左から右へ向かって濃度が減少している．その勾配は負（右向きに減少）で，流束は正（右向き）である．流束が最大になるところは勾配が最も急なところ（左端）である．

---

† Fick's first law. この法則や拡散方程式（3）式の導出については，“アトキンス物理化学”第10版，邦訳（2017）を見よ．

1）flux　2）diffusion coefficient

表 7C・1 水中での拡散係数，$D/(10^{-9}\,\mathrm{m^2\,s^{-1}})$

水，H_2O[a]	2.26
グリシン，NH_2CH_2COOH[a]	1.055
スクロース，$C_{12}H_{22}O_{11}$[a]	0.522
リゾチーム[b]	0.112
血清アルブミン[b]	0.0594
カタラーゼ[b]	0.0410
フィブリノーゲン[b]	0.0202
ブッシースタントウイルス[b]	0.0115

a） 25 °C での測定値.
b） 20 °C での測定値.

簡単な例示 7C・1

25 °C の水中でのスクロースは，$D = 5.22\times10^{-10}\,\mathrm{m^2\,s^{-1}}$ である．スクロース水溶液を撹拌せずにおいたとき，ある領域でのモル濃度勾配が $-0.10\,\mathrm{mol\,dm^{-3}\,cm^{-1}}$ とする．$1\,\mathrm{dm} = 10^{-1}\,\mathrm{m}$（つまり $1\,\mathrm{dm^{-3}} = 10^3\,\mathrm{m^{-3}}$）および $1\,\mathrm{cm} = 10^{-2}\,\mathrm{m}$（つまり $1\,\mathrm{cm^{-1}} = 10^2\,\mathrm{m^{-1}}$）であるから，この勾配によって生じるモル流束は，

$$\begin{aligned}J_\mathrm{m} &= -(5.22\times10^{-10}\,\mathrm{m^2\,s^{-1}})\times(-0.10\,\mathrm{mol\,dm^{-3}\,cm^{-1}})\\ &= 5.22\times0.10\times10^{-10}\,\mathrm{m^2\,s^{-1}\,mol}\times(10^3\,\mathrm{m^{-3}})\times(10^2\,\mathrm{m^{-1}})\\ &= 5.2\times10^{-6}\,\mathrm{mol\,m^{-2}\,s^{-1}}\end{aligned}$$

すなわち $5.2\,\mathrm{\mu mol\,m^{-2}\,s^{-1}}$

である．したがって 10 分間に 1.0 cm 四方の窓を通過するスクロースの量は，つぎのように計算できる．

$$\begin{aligned}n &= J_\mathrm{m}A\Delta t\\ &= (5.2\times10^{-6}\,\mathrm{mol\,m^{-2}\,s^{-1}})\times(1.0\times10^{-2}\,\mathrm{m})^2\times(10\times60\,\mathrm{s})\\ &= 3.1\times10^{-7}\,\mathrm{mol}\quad すなわち\quad 0.31\,\mathrm{\mu mol}\end{aligned}$$

溶質は供給源からの補充がなくなれば，拡散によってその領域から次第に除去される．また，たとえ補充されても，その状況はいろいろな位置での濃度変化によって表される．すなわち，拡散は濃度の一時的かつ空間的な変化を伴っている．拡散によって起こる現象は，流体を扱う物理化学で最も重要な方程式の一つ，**拡散方程式**[1] を使って考察することができる．一次元系の拡散方程式は，

$$\frac{\partial c}{\partial t} = D\frac{\partial^2 c}{\partial x^2} \qquad \text{一次元の拡散方程式（フィックの第二法則）} \qquad (3)$$

で表される．三次元では，y と z についての偏導関数が右辺に追加されるだけである．左辺と右辺にある濃度は，数濃度でもモル濃度でもかまわない．拡散方程式は“偏導関数”（d の代わりに記号 ∂“カーリーディー”を用いる）で表されることに注意しよう．それは，c が二つの変数（一次元の場合）に依存しているからで，指定した変数それぞれについての微分が必要だからである．

拡散方程式には，直感的でわかりやすい物理的な解釈がある．まず，濃度が一様であるとしよう．そのとき，方程式の右辺は 0 であるから，濃度の変化速度も 0 である．すなわち，濃度は均一なままである．濃度に一様な勾配があっても，右辺は依然として 0 であるから，どの領域の濃度にも変化がない．このとき，注目する領域に流れ込む速度が流れ出る速度と等しいから，その領域内の濃度は不変なのである．この結論は逆もまた真である．すなわち，ある領域の濃度が一定（つまり，$\partial c/\partial t = 0$）であれば $\partial c/\partial x$ ＝一定であるから，その領域内の濃度が一様であるか，それともその領域の一方と他方で一定の勾配があるかのどちらかである．注目する領域内で濃度変化があれば，その領域への流れの出入りが釣り合っていないから，その場合に限りその領域の濃度は変化する．もっと具体的に表せば，二階導関数は関数の曲率の目安を与えるから，$\partial^2 c/\partial x^2$ は濃度の空間依存性の曲率の目安である．この曲率が正の箇所（図 7C・3 の谷）では，濃度変化が正であるからこの谷は埋められる傾向がある．一方，曲率が負の箇所（図 7C・3 の山）では，濃度変化が負であるからこの山は崩される傾向がある．すなわち，分布にしわ（曲率が正や負の箇所）があれば，そのしわは広がって，分布は一様になる傾向がある．

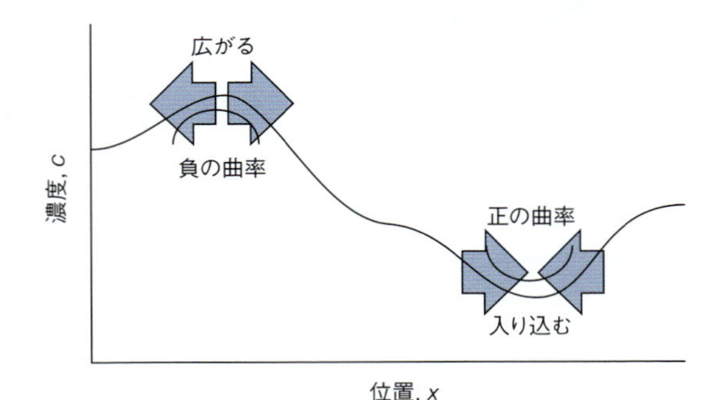

図 7C・3 自然はしわを嫌う．拡散方程式によれば，分布の山（負の曲率の領域）では広がり，分布の谷（正の曲率の領域）ではまわりから入り込む．

1） diffusion equation

微分方程式では全てそうだが，この場合の数学的な解も，溶質が閉じ込められていた領域の形に依存して決まる．この依存性は，動物の毛皮の色の特徴的なパターンに見られる．その色素（メラニン色素など）は動物の成長とともに拡散していくのである．さほど特殊でない拡散方程式の解はいろいろな現象に見ることができるが，その数学的な解を求めるには困難な作業を伴うことが多く，本書の範囲を超えている．しかしながら，得られた解そのものは比較的単純なものが多い．たとえば，ある平面上に N 個の可動粒子からなる円形の沈着物があり，その中心からの距離に対する初濃度がつぎのようにガウス分布していたとしよう．

$$c(r,0) = \frac{N}{2\pi r_e^{\,2}}\,\mathrm{e}^{-r^2/r_e^{\,2}} \qquad (4\mathrm{a})$$

r_e は，分布がピーク値の 1/e になる箇所の半径である．時間が経つとこの沈着物粒子は広がり，ガウス分布を保ったまま，任意の時間および任意の位置で濃度は次式で表される．

$$c(r,t) = \frac{N}{2\pi r_e(t)^2}\,\mathrm{e}^{-r^2/r_e(t)^2} \qquad (4\mathrm{b})$$

$$\text{ただし，}\ r_e(t) = r_e\sqrt{1+4Dt/r_e^{\,2}}$$

この状況を図7C･4に示してある．これに似た結果は三次元でも得ることができ，溶媒内の溶質がつくる球面ガウス分布は，ガウス型を維持したまま広がる状況が見られる．

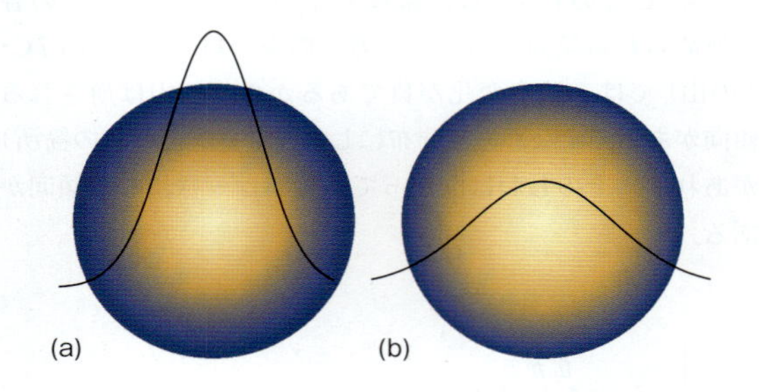

図7C･4　二次元ガウス分布の拡散による時間変化．（a）初期状態．（b）$Dt = 3$．

拡散係数は温度とともに増大する．それは，温度が上がるとまわりの分子による引力から逃れるのが容易になるからである．ランダムな運動の頻度がアレニウス型の温度依存性に従い，（モル）活性化エネルギーが E_a であるとすれば，拡散係数はつぎの式に従う．

$$D = D_0\,\mathrm{e}^{-E_a/RT} \qquad D\text{の温度依存性} \qquad (5)$$

ここで，D_0 は定数である．

分子が流体中を拡散する速度はその粘度に依存し，粘度が低い流体ほど拡散係数が大きいと予測される．つまり，$D \propto 1/\eta$ となると思われる．ここでの η は**粘性率**[1] である．実際，**ストークス-アインシュタインの式**[2] によれば，

$$D = \frac{kT}{f} \qquad \text{ストークス-アインシュタインの式} \qquad (6)$$

である．k はボルツマン定数，f は**摩擦係数**[3] である．f は，分子が溶液中を動く速さ s とそれを減速する力として働く摩擦力 $\mathcal{F}$ の比例定数を表している．そこで，分子はつぎの摩擦力を受けている．

$$\mathcal{F} = fs \qquad \text{摩擦力} \qquad (7)$$

球形の粒子であれば $f = 6\pi\eta a$ である．a は粒子の**流体力学的半径**[4] である．それは，分子の挙動をモデル化したときの球の半径であり，分子が水和水などを引き連れていれば実際の半径とは異なる．摩擦力をこの形で表したのが**ストークスの法則**[5] である．ここで，η は温度変化することに注意しよう．すなわち，粘性率には温度に対して指数関数的な依存性があるから，温度がわずか変化しただけで，(6) 式の分子にある温度に比例する依存性を凌駕することになる．図7C･5は水の粘性率について測定された温度依存性である．生体分子や生体高分子集合体の多くは球形ではないが，その流体力学的な挙動を表す実効的な半径が割り当てられている．それには，D を測定し，(6) 式とストークスの法則を用いて，a の実効的な値を求めるのである．分子の形が異なれば流体力学的半径も異なる．たとえば，ホスホグリセリン酸キナーゼの流体力学的半径は 2.77 nm である．この酵素に基質が結合すると半径は約4パーセント小さくなる．それは，この酵素がペプチドリンカーでつながれた2個のドメインから成り，その間に割れ

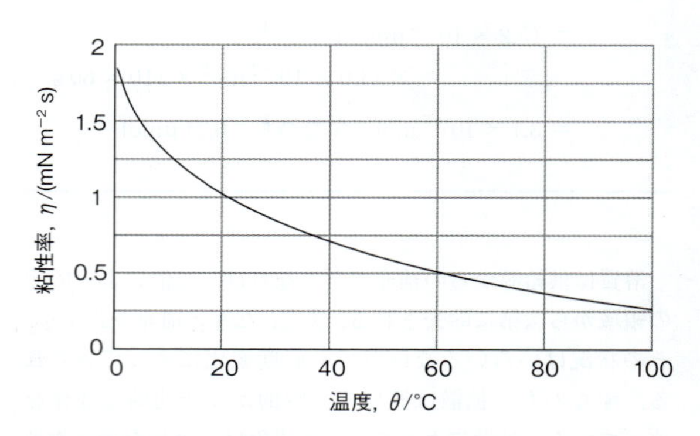

図7C･5　水の粘性率の温度変化の実験値．温度が上がるとまわりの分子がつくるポテンシャルの井戸の中から逃げ出せる分子の数が増えるので，液体の流動性が増す．

1) coefficient of viscosity　2) Stokes–Einstein relation　3) coefficient of friction　4) hydrodynamic radius　5) Stokes' law

目のある構造をしているからである．この割れ目には基質の結合サイトが2個あり，これに基質が結合すると二つのドメインは合体し，その割れ目は閉じて複合体全体の形が変わり，実効的な半径は減少するのである．

拡散を分子レベルで見ればランダム歩行とみなすことができ，拡散する化学種は任意の方向にランダムに短距離をジャンプしている．拡散方程式を使えば，溶質分子が時間 t で進める平均二乗距離を予測することができる．三次元における根平均二乗変位は，

$$\langle r^2 \rangle^{1/2} = (6Dt)^{1/2} \qquad (8)$$

で与えられる．統計手法を使えば，拡散定数と各ステップの距離 d および各ジャンプ間の時間 τ を関係づけることができ，その結果はつぎの**アインシュタイン–スモルコフスキーの式**[1]で表される．

$$D = \frac{d^2}{2\tau} \qquad \text{アインシュタイン–スモルコフスキーの式} \qquad (9)$$

7C・3　電場中のイオンの移動

溶液中のイオンは電場があればこれに応答して溶液中を移動し，それによって電荷をある場所から別の場所へ運ぶ．微視的なレベルで見れば，拡散に特徴的なイオンのランダム歩行が電場の方向に向けられるのである．電位勾配を下るイオンの動きを調べれば，その大きさの目安や溶媒和の効果，その運動様式の詳細を知ることができる．

イオンを電場中に置けば加速される．しかし，イオンが溶液中を速く動けば，媒質の粘性のために逆向きに受ける力もそれだけ大きくなる．その結果，イオンの速さは**ドリフト速さ**[2] s というある極限の速さに落ち着く．たとえば，電荷 ze のイオンは電場 $\mathcal{E}$(SI 単位は $\mathrm{V\,m^{-1}}$) の中で $ze\mathcal{E}$ の力を受けており，これによって加速される．一方，この運動によって媒質から摩擦力も受けるから，(7) 式で表されるように，イオンが速く移動すればそれだけ抵抗力も大きくなる．イオンがそのドリフト速さに達したところで加速する力と粘性による抵抗力が等しくなり，$ze\mathcal{E} = fs$ となる．したがって，

$$s = \frac{ze\mathcal{E}}{f} \qquad \text{ドリフト速さ} \qquad (10a)$$

が成り立つ．ドリフト速さは外部電場の強さに比例している．この式はふつう，イオンの**電気泳動移動度**[3] u でつぎのように表される．

$$s = u\mathcal{E} \qquad \text{電気泳動移動度［定義］} \qquad (10b)$$

すなわち，$u = ze/f$ である．ストークスの法則が成り立つとすれば，

$$u = \frac{ze}{6\pi\eta a} \qquad (10c)$$

となる．そこで，移動度はイオンの流体力学的半径 a とその電荷数 z，および媒質の粘性率 η に依存していることがわかる．

タンパク質その他の生体高分子では，分子全体の電荷は媒質の pH に依存する．たとえば，酸性環境ではプロトンが塩基に付くから正味の電荷は正になる．一方，塩基性の媒質中ではプロトンを失うから正味の電荷は負である．**等電点**[4] での pH は，注目する生体高分子の正味の電荷がない値である．そこで，生体高分子のドリフト速さは媒質の pH に依存することになり，等電点では $s=0$ である．

簡単な例示 7C・2

ウシ血清アルブミン（BSA）の水溶液に電場をかけたところ，その移動する速さはつぎのように pH で変化した（正と負の速さがあるのは向きが逆だからである）．

pH	4.20	4.56	5.20	5.65	6.30	7.00
速さ / ($\mathrm{\mu m\,s^{-1}}$)	0.50	0.18	−0.25	−0.65	−0.90	−1.25

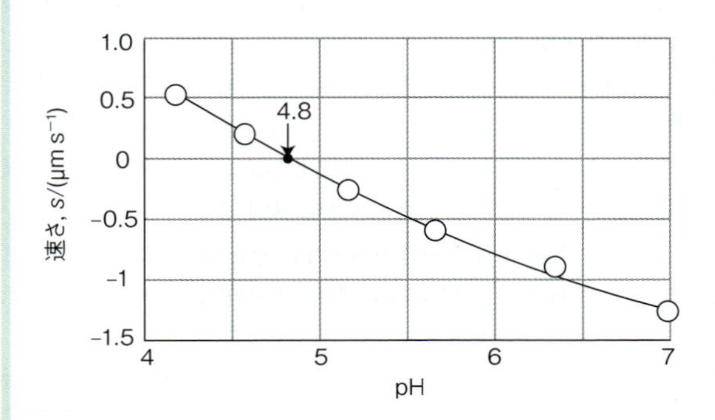

図7C・6　ある生体高分子についてその移動の速さを測定し，それを pH に対してプロットすれば，速さ0となる等電点が検出でき，そのときの pH の値を求めることができる．データは簡単な例示 7C・2 のものである．

データを図7C・6にプロットしてある．pH ＝ 4.8 で速さ0を横切っているから，pH ＝ 4.8 が等電点である．

イオンの移動度は，イオンが小さくて電荷が大きいほど，また，溶液の粘度が低いほど大きい．しかし，これは代表

1) Einstein–Smoluchowski equation　2) drift speed　3) electrophoretic mobility
4) isoelectric point.〔訳注：pI と略記することもある.〕

表7C・2　水中での電気泳動移動度（298 K），$u/(10^{-8}\ m^2\ s^{-1}\ V^{-1})$

カチオン		アニオン	
$H^+(H_3O^+)$	36.23	OH^-	20.64
Li^+	4.01	F^-	5.74
Na^+	5.19	Cl^-	7.92
K^+	7.62	Br^-	8.09
Rb^+	7.92	I^-	7.96
Cs^+	8.00	CO_3^{2-}	7.46
Mg^{2+}	5.50	NO_3^-	7.41
Ca^{2+}	6.17	SO_4^{2-}	8.29
Sr^{2+}	6.16		
NH_4^+	7.62		
$[N(CH_3)_4]^+$	4.65		
$[N(CH_2CH_3)_4]^+$	3.38		

的なイオンについて実際に得られた移動度（表7C・2）の示す傾向に反している．たとえば，第1族のカチオンに注目すれば，周期表で下へ向かってイオン半径が増加しても移動度はむしろ増加している．これを説明するには，(10c)式で使うべきイオンの半径として，イオンの移動に伴って動く実体すべてを考慮に入れた実効的な半径，つまり流体力学的半径をとればよい．すなわち，イオンが移動するとき，水和している水分子もいっしょに動くからである．小さなイオンは大きなイオンより水和が高度に起こっているから（小さなイオンほど，その近傍には強い電場が生じているから），イオン半径の小さなイオンほど大きな流体力学的半径をもつのである．したがって，第1族で周期表を下にたどれば，イオン半径の増加とともに水和の度合いは減少するから，流体力学的半径が減少するわけである．

イオン移動度のこのような傾向から逸脱しているのはプロトンであり，プロトンは水中で非常に高い移動度を示す．その原因として考えられたのは，上で考えたのと全く異なる伝導機構である**グロッタスの機構**[1]によるものである．それによれば，ある H_2O 分子に属するプロトンが隣の H_2O 分子に移動し，その H_2O にもともと属していたプロトンはそのまた隣の H_2O 分子へ移動するというように，ある鎖に沿って次々に移動するというものである（図7C・7）．このときの運動はプロトンの見かけの運動であって，1個のプロトンが端から端まで実際に動いていくわけではない．

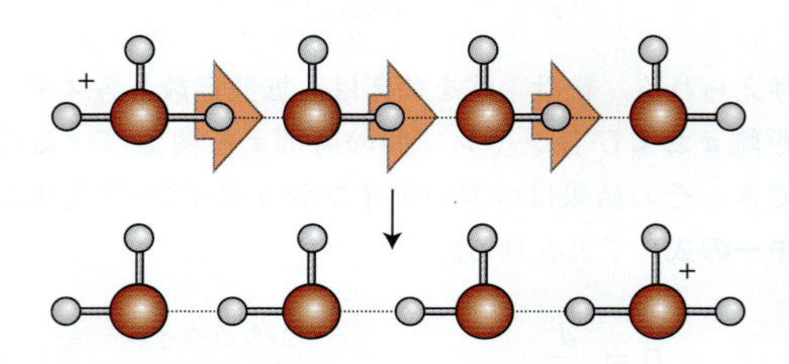

図7C・7　水中で起こるプロトン伝導についてのグロッタスの機構を単純にモデル化したもの．右下のヒドロニウムイオンのプロトンは，左上のヒドロニウムイオンのプロトンと同一のものではない．

7C・4　具体例：電気泳動

電気泳動[2]は，電荷を帯びた化学種が電場に応答して流体中もしくはゲル（媒質）内を動くことである．化学種の電気泳動移動度は，その正味の電荷と大きさ，形によって決まっている．そこで，試料の条件や媒質，電場をうまく選べば，生体高分子やその集合体の性質の違いに基づいて分離することができる．電気泳動の代表的な手法を表7C・3にまとめておく．

変性ポリアクリルアミドゲル電気泳動（SDS-PAGE）では，タンパク質試料を界面活性剤（ドデシル硫酸ナトリウム，

表7C・3　電気泳動のいろいろな手法

手　法	試　料	原　理	応　用
ポリアクリルアミドゲル電気泳動（PAGE）	ネイティブタンパク質	多孔性ゲルの平板内を移動．ゲルは弾力のある半固体の分散体	電荷やサイズ，形状により分離．ゲルのポアの大きさは分子質量に合わせて変える
等電点電気泳動	ネイティブタンパク質	ゲルにpH勾配がある．タンパク質は正味の電荷がなくなるまでpH勾配を移動	等電点 pI により分離
SDS-PAGE	変性タンパク質	PAGEと同じ	鎖長により分離．分子質量とも関係
二次元電気泳動	タンパク質	等電点電気泳動に続きSDS-PAGE	pI と鎖長により分離
アガロースゲル電気泳動	DNA や RNA	多孔性ゲルの平板内を移動	20キロ塩基対以下のヌクレオチドの数で分離
パルスフィールドゲル電気泳動	DNA	二つの異なる方向に交互に電場をかけて泳動	2000キロ塩基対以下のヌクレオチドの数で分離
キャピラリー電気泳動	ペプチドやオリゴ糖	内径20〜100 μmのキャピラリー内を移動	電荷と形状により分離

1) Grotthuss mechanism　2) electrophoresis

SDS）と還元剤（β-メルカプトエタノール，$HSCH_2CH_2OH$）の溶液中で沸騰させ，存在するジスルフィド結合を還元してタンパク質を変性させる．この変性タンパク質にSDSが結合すると一定の電荷/質量比が得られ，均一に伸びた棒状の分子になる．それでゲル電気泳動を適用すれば，棒状の分子長のみに基づいてタンパク質は分離されるから，それは分子の質量に比例している．分子の質量は，同じゲルを用いて質量が既知のタンパク質で泳動測定を行い，質量が未知のタンパク質の電気泳動移動度と比較すれば求めることができる．

非変性（ネイティブ）ポリアクリルアミドゲル電気泳動では，電気泳動測定の前にタンパク質試料を変性させることはしない．その結果，同じ電荷と大きさをもちながら形状の異なるタンパク質を分離することができる．この手法は，メラノソーム内でメラニン生合成に関与している酵素チロシナーゼについて，その生体内での成熟を追跡するのに用いられてきた．まず，細胞を放射性標識したシステインで30 min処理しておくと，その後の注目する期間に合成されたタンパク質はすべて放射性に標識されることになる（この段階を"パルス"という）．次に，免疫沈降法（特定のタンパク質を分離する方法）によりパルスを与えた後に，所定の時間間隔で細胞からチロシナーゼを抽出する（この段階は"チェイス"である）．この試料について非変性ポリアクリルアミドゲルを用いて電気泳動測定を行い，放射能を検知することで結果を可視化するのである．このパルス-チェイス実験の結果を図7C・8(a)に示す．ゲル上には二つの異なるバンドが見える．一つは，69 kDaを超える分子質量で移動したチロシナーゼの形態に相当し，もう一つは69 kDa以下の分子質量で移動したチロシナーゼの

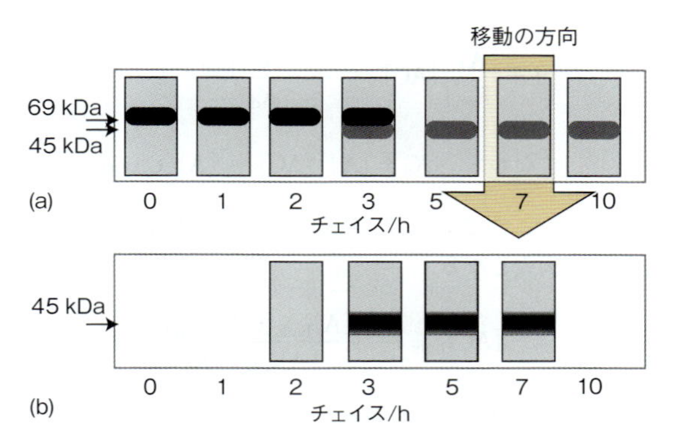

図7C・8 非変性PAGEによるチロシナーゼの合成と成熟を追跡するパルス-チェイス実験の結果．(a) 細胞全体から抽出したチロシナーゼ試料．(b) メラノソームから抽出したチロシナーゼ試料．左端の矢印は，分子質量が既知のタンパク質で求めた移動度に相当する位置を示している．〔Nichita *et al*., 'Tyrosinase Folding and Copper Loading *in vivo*: A Crucial Role for Calnexin and α-Glucosidase II', *Biochem. Biophys. Res. Commun*., **261**, 720-725, ©1999に基づく〕

形態に相当している．前者は，あまり密な形をとらず流体力学的半径の大きな分子に相当し，したがって後者より電気泳動移動度が小さい．

密でない形態はチェイス開始直後から観測されているのに対し，密な形態は3 h後から少し現れるだけである．同じ実験で，ただし，チロシナーゼを細胞全体から抽出せずに，メラノソームだけから抽出した試料について行った測定結果を図7C・8(b)に示す．この図は，チロシナーゼが活性を示すメラノソームで検出されていること，合成されてから3 h後まではほとんど観測されないが，その後は密な形態のみが現れていることを示している．小胞体から抽出したチロシナーゼを使って実験を繰返しても，この酵素は最初の3 hの間しか検出されず，それは密でない形態であった．このように，チロシナーゼが合成されてから，最初の密でない形態から活性を示す形態へと成熟するのに約3 hかかること，この酵素はメラノソームに輸送される前に小胞体ですでに成熟が起こっていることがわかる．

7C・5 生体膜を介しての拡散

生化学変化で重要になるのは化学種が生体膜を通り抜ける速度であるから，その輸送を促進または阻害している速度論的な要因を理解しておく必要がある．

電荷をもたない化学種Aが，厚さLの脂質二重層を通り抜けて受動輸送される状況を考えよう．問題を単純化するために，Aの濃度はこの膜の"外側"表面では$c = c_{\text{outer}}$で常に一定に保たれており，内側では$c_{\text{inner}} = 0$と仮定しよう．これは，外側でAを生成する過程と内側でAを完全に消費する過程の速度が完全に均衡している状況と考えてよいだろう．このモデルでは，どちらの表面が"外側"でも"内側"でもかまわない．ただし，この領域では濃度に正味の変化はない（上で述べたように）から，膜内の濃度勾配は一様である．そこで，

$$c = (1 - x/L)c_{\text{outer}} \qquad \text{濃度プロファイル} \qquad (11)$$

である．x/Lは膜を横切る分率距離（外側表面で0）である．フィックの第一法則を使えば，膜を通過するAの流束Jを計算することができる．すなわち，(2)式より$\mathrm{d}c/\mathrm{d}x = -c_{\text{outer}}/L$であるから，(1a)式と(1b)式から流束はつぎのように表される．

$$J = \frac{D}{L}c_{\text{outer}} \qquad J_{\text{m}} = \frac{D}{L}[\text{A}]_{\text{outer}} \qquad (12)$$

この式は，Dが膜内で一定であれば，流束は膜内のどの点でも一様である（高濃度から低濃度へと直線的に変化している）ことを示している．

この単純な結果を用いる前に，膜表面のAの濃度はバルクの溶液内の濃度とは異なる可能性があることを知ってお

く必要がある．この違いは，バルクの水溶液環境と溶液－膜の界面とでAの溶解度にかなりの差があることから生じる．この問題に対処する一つの方法は，**分配係数**[1] κ（カッパ）をつぎのように定義しておくことである．

$$\kappa = \frac{[A]_{outer}}{[A]_{bulk}} \quad \text{分配係数［定義］} \quad (13)$$

$[A]_{bulk}$ は，バルク水溶液中のAのモル濃度である．したがって，

$$J_m = \kappa \frac{D}{L}[A]_{bulk} \quad \text{拡散流束} \quad (14a)$$

である．膜の両側でAの濃度が0でない一般の場合の正味のモル流束は，

$$J_m = \frac{D}{L}(\kappa_{outer}[A]_{bulk,\,outer} - \kappa_{inner}[A]_{bulk,\,inner}) \quad \text{拡散流束} \quad (14b)$$

で表せる．直感的な予想と合って，バルク溶液中のAの濃度が高く，膜が薄ければ，流束は大きい．それは，Aの膜貫通濃度勾配が大きいことに相当している．場合によっては $\kappa_{outer} = \kappa_{inner}$ と仮定できるから，このとき（14b）式はつぎのように書ける．

$$J_m = P_A([A]_{bulk,\,outer} - [A]_{bulk,\,inner}) \quad (14c)$$

P_A は膜を介してAが拡散するときの**透過係数**[2]である．

この最終結果を導くために仮定をいくつかおいたにも関わらず，（14b）式は細胞膜を通しての多くの非電解質の拡散をうまく記述している．（14b）式を適用するには，κ と D の値が必要であるが，これらはふつう，モデル二重層についての測定から求めることが可能である．しかし，多くの場合，モデル二重層を横切る流束は細胞膜の流束の測定値より小さいことがわかっている．それは，生体膜が予想以上に透過性がよいことを示している．

簡単な例示 7C・3

ホスファチジルセリンから成るモデル二重層を横切る塩化物イオンの透過係数は $1.5 \times 10^{-11}\ \mathrm{cm\ s^{-1}}$ である．一方，塩化物イオンの赤血球膜に対する透過係数は $1.4 \times 10^{-4}\ \mathrm{cm\ s^{-1}}$ である．促進輸送が起こることで，赤血球膜を通る拡散速度は 10^7 倍に増加している．

ところで，透過率はある輸送化学種についてのみ増加するから，その場合の拡散は担体分子によって促進されていると考えられる．促進輸送には2種類ある．よくあるのは，Aそのものが固定チャネルCを拡散する輸送である．この移動は拡散問題として扱えるが，その拡散係数はバルクの値と異なるというものである．もう一つは，Aが脂溶性の担体に結合し，それが膜を拡散するというものである．この過程の速度は，結合分子の流束がわかれば計算することができる．

導出過程 7C・1 脂溶性の担体による促進輸送の解析

ここでの計算手順は，まず輸送複合体の濃度を計算し，次にフィックの法則を使ってその流束を計算することである．

ステップ1：担体の全濃度によって複合体の濃度を表す．

Aが担体Cに結合し，バルクの媒質中でのACの解離をつぎのように表すとしよう†．

$$AC \rightleftharpoons A + C \qquad K_d = \frac{[A][C]}{[AC]}$$

濃度はすべてバルク媒質でのものである．$[C]_{total} = [C] + [AC]$ であるから，

$$[AC] = \frac{[A][C]}{K_d} = \frac{[A]([C]_{total} - [AC])}{K_d} = \frac{[A][C]_{total}}{K_d} - \frac{[A][AC]}{K_d}$$

とできる．したがって，

$$\left(1 + \frac{[A]}{K_d}\right)[AC] = \frac{[A][C]_{total}}{K_d}$$

すなわち，$(K_d + [A])[AC] = [A][C]_{total}$

である．ここで，下付きの添字として“bulk”を加えておけば次式となる．

$$[AC]_{bulk} = \frac{[A]_{bulk}[C]_{bulk,\,total}}{[A]_{bulk} + K_d}$$

ステップ2：流束を求める．

ここで，特に促進がない拡散の場合と同じで，ACの濃度は $[AC]_{outer}$ から $[AC]_{inner} = 0$ へと直線的に減少す

---

† 解離定数 K_d はトピック7Bで導入し，それをモル濃度で定義した．どの解離定数も無次元の平衡定数 K と似ているが，平衡定数は活量で定義される熱力学量である．一方，解離定数はモル濃度の次元をもつから，その違いに注意しよう．

1）partition coefficient

2）permeability coefficient.〔訳注：膜の透過性を表す透過係数という用語はトピック5Aでも用いた．同じ透過係数（ただし，transmission coefficient）は，トピック6Dでは遷移状態を通り抜ける確率を表す用語として用いた．〕

るとすれば，AC のモル流束は，

$$J_m = \frac{D_{AC}}{L}[AC]_{outer} = \kappa_{AC}\frac{D_{AC}}{L}[AC]_{bulk}$$

で表される．そこで次式が得られる．

$$J_m = \frac{\kappa_{AC} D_{AC}[C]_{bulk,\,total}}{L} \times \frac{[A]_{bulk}}{[A]_{bulk} + K_d}$$

ステップ3: 最大流束を求める．

解離定数が 0 であれば，平衡ではすべての A は AC として存在しているから，担体化学種の全濃度が同じであれば，その流束が最大である．すなわち，$J_{m,max} = \kappa_{AC} D_{AC}[C]_{bulk,total}/L$ であるから次式が得られる．

$$J_m = \frac{J_{m,\,max}[A]_{bulk}}{[A]_{bulk} + K_d} \quad \text{促進輸送流束} \quad (15)$$

この式あるいは図7C·9のグラフから，つぎのことがわかるだろう．

- $[A]_{bulk} \ll K_d$ のとき，$J_m = J_{m,max}[A]_{bulk}/K_d$ であり，流束は $[A]_{bulk}$ に比例する．
- $[A]_{bulk} \gg K_d$ のとき，$J_m = J_{m,max}$ であり，流束は最大値を示す．

この挙動は担体輸送の特徴である．

固定チャネルを通しての流束を解析しても，これと定性的に似た結果が得られる．すなわち，$[A]_{bulk}$ が大きいときにチャネルが飽和して，流束は限界値に達するのである．ここで重要なことは，$J_{m,max}$ つまり J_m そのものが膜内の担体濃度に比例しているということである．

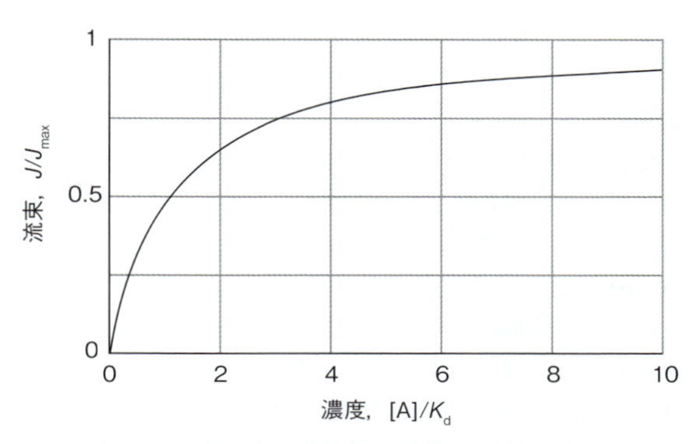

図7C·9 生体膜を通る化学種 AC の流束は，化学種 A の濃度によって変化する．この図に示す挙動は，本文で説明してあるように，C を担体分子とする A の仲介輸送に特徴的なものである．

簡単な例示 7C·4

モデル脂質二重層を通るグルコースの透過係数は $4\ \mathrm{pm\ s^{-1}}$ であり，これはふつうの生化学機能としてはかなり遅い速度である．そこで，細胞内へのグルコース輸送はチャネル形成 Glut4 輸送体によって仲介されることになる．ただし，その静止状態での細胞内へのグルコースの流束は非常に小さい．それは，細胞内の Glut4 の全濃度は比較的高いが，細胞膜に存在するのはその 5 パーセントしかなく，残りは細胞内の輸送小胞体に蓄えられているからである．インスリンはこの細胞内分布を変更し，Glut4 を細胞膜へと移行させる．この移行によって細胞内へのグルコース流束は 10～40 倍にもなる．

7C・6 具体例：K^+ イオンチャネルを介してのイオンの移動

KcsA チャネル（構造図 P12）は，放線菌由来の pH で活性化される膜貫通タンパク質であり，K^+ の受動輸送を

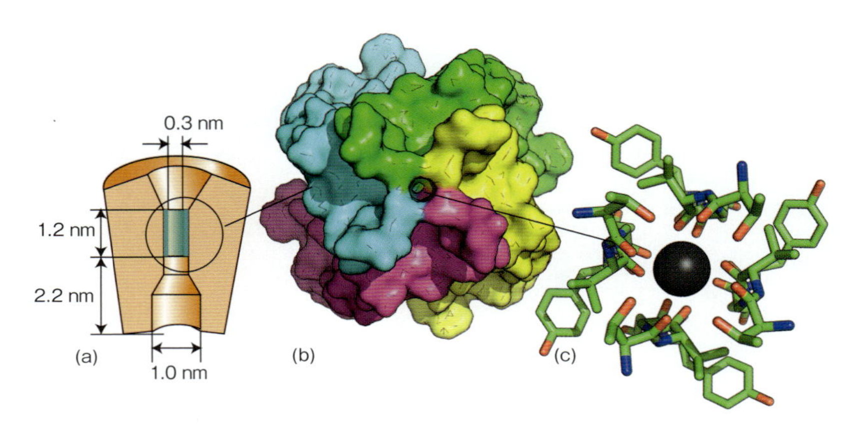

図7C·10 (a) 膜貫通 K^+ イオンチャネルの断面と (b) このタンパク質の模式図．(c) この選択フィルターには，通過するイオンと相互作用できるカルボニル基が多くある．

担っている．Na^+イオンのイオン半径のほうが小さいにも関わらず，Na^+イオンよりK^+イオンに対して10000倍も選択的である．

KcsAの構造は，2個の膜貫通（TM）ヘリックスから成る．膜内では四量体として存在し，8個のTMヘリックスが一緒になって膜を貫通するチャネルを形成している（図7C･10）．イオンが通る細孔（ポア）の長さは3.4 nmであり，三つの領域に分かれている．狭い領域は長さ1.2 nm，直径0.3 nmであり（選択フィルターという），広い領域は長さ2.2 nm，直径1.0 nmであり（キャビティという），それにプロトン付加の度合いで開閉できるゲートが存在している．チャネルが開けばK^+イオンは非常に速く通過でき，このとき$D \approx 1000\ \mathrm{pm^2\,ps^{-1}}$である．これに対して水中での$K^+$イオンは$D \approx 1960\ \mathrm{pm^2\,ps^{-1}}$である．チャネルが開いていると約$10\ \mathrm{\mu s^{-1}}$でイオンは通過するのである．KcsAチャネル内でのK^+のこの拡散係数は，ほかの多くのK^+チャネルより大きい．たとえば，グラミシジンAのK^+の拡散係数は$D \approx 100\ \mathrm{pm^2\,ps^{-1}}$である．

Na^+イオンについては，KcsAチャネルが開いているときの拡散係数は$D \approx 700\ \mathrm{pm^2\,ps^{-1}}$である．一方，水中での$Na^+$は$D \approx 1330\ \mathrm{pm^2\,ps^{-1}}$である．このように$K^+$も$Na^+$も水中での移動速度の約50パーセントでチャネル内を移動できるから，このチャネルのイオン選択性は拡散係数の違いでは説明がつかない．イオン選択性は，チャネルに入るときのイオンの速さで決まっているのである．フィルタリングは，イオンの大きさとイオンが水和水を失う熱力学的な傾向に依存する繊細な過程なのである．水和したイオンは大きくて選択フィルターに入れないからである．この選択フィルターに入るとき，K^+イオンはもっていた水和殻を失い，その水分子はタンパク質のカルボニル基で置き換えられる．K^+イオンの脱水は吸エルゴン的（$\Delta_{\mathrm{dehyd}} G^{\ominus} = +203\ \mathrm{kJ\,mol^{-1}}$）であるが，イオンとタンパク質の相互作用エネルギーによって駆動される．Na^+イオンはK^+イオンより小さいにも関わらず，K^+イオンチャネルの選択フィルターを通過できないのは，Na^+の脱水ギブズエネルギー（$\Delta_{\mathrm{dehyd}} G^{\ominus} = +301\ \mathrm{kJ\,mol^{-1}}$）が大きくて，タンパク質との相互作用では埋め合わせができないからである．

K^+イオンチャネルはNa^+よりK^+に対して非常に選択的であるが，ほかのイオンで通過できるものはある．たとえば，K^+とTl^+イオンはイオン半径も脱水ギブズエネルギーもよく似ているから，Tl^+はK^+イオンチャネルを通って膜を通過することができる．Tl^+としてのタリウムは神経毒であり，細胞内とりわけミトコンドリアに酸化損傷をひき起こす．

重要事項のチェックリスト

- □ 1．**受動輸送**では，自発過程により細胞膜を介して物質が移動する．
- □ 2．**能動輸送**は，そのためのエネルギー入力が必要な輸送である．
- □ 3．**対流**は，流体全体としての動きである．
- □ 4．**拡散**は，じっとして動かない媒質中の物質の動きである．
- □ 5．**ドリフト速さ**は，粒子が駆動力とそれと逆向きの摩擦力を受けたときの終端速度である．
- □ 6．分子やイオンの**流体力学的半径**とは，ストークスの法則による摩擦力と同じ力を受けるとしたときの球の半径である．
- □ 7．**電気泳動**は，電荷を帯びた化学種が電場に応答して流体媒質中を動くことである．

重要な式の一覧

式の内容	式	備　考	式番号
流　束	$J = N/A\Delta t$	定　義	1a
フィックの第一法則	$J = -D\, \mathrm{d}c/\mathrm{d}x \quad J_\mathrm{m} = -D\, \mathrm{d}c_\mathrm{m}/\mathrm{d}x$		2
拡散方程式	$\partial c/\partial t = D\, \partial^2 c/\partial x^2$	一次元	3
拡散係数	$D = D_0\, \mathrm{e}^{-E_\mathrm{a}/RT}$	活性化過程	5
ストークス-アインシュタインの式	$D = kT/f$	f は摩擦係数	6
摩擦力	$\mathcal{F} = fs$		7
ストークスの法則	$f = 6\pi\eta a$	a は流体力学的半径	—
根平均二乗距離	$\langle r^2\rangle^{1/2} = (6Dt)^{1/2}$	三次元のランダム歩行	8
アインシュタイン-スモルコフスキーの式	$D = d^2/2\tau$		9
ドリフト速さ	$s = ze\mathcal{E}/f$	電場 $\mathcal{E}$ の中	10a
電気泳動移動度	$s = u\mathcal{E}$	定　義	10b
	$u = ze/6\pi\eta a$	ストークスの法則を仮定	10c
分配係数	$\kappa = [\mathrm{A}]_\mathrm{outer}/[\mathrm{A}]_\mathrm{bulk}$	定　義	13
拡散流束	$J_\mathrm{m} = (\kappa D/L)[\mathrm{A}]_\mathrm{bulk}$	直線的な勾配	14a
正味の拡散流束	$J_\mathrm{m} = (D/L)(\kappa_\mathrm{outer}[\mathrm{A}]_\mathrm{bulk,\,outer} - \kappa_\mathrm{inner}[\mathrm{A}]_\mathrm{bulk,\,inner})$		14b
	$J_\mathrm{m} = P_\mathrm{A}([\mathrm{A}]_\mathrm{bulk,\,outer} - [\mathrm{A}]_\mathrm{bulk,\,inner})$	$\kappa_\mathrm{outer} = \kappa_\mathrm{inner}$ を仮定	14c
促進輸送流束	$J_\mathrm{m} = J_\mathrm{m,\,max}[\mathrm{A}]_\mathrm{bulk}/([\mathrm{A}]_\mathrm{bulk} + K_\mathrm{d})$		15

トピック 7D

電 子 移 動

➤ 学ぶべき重要性

電子移動過程は，生体内で起こっている生化学過程の重要な側面である．

➤ 習得すべき事項

電子移動速度は，活性化ギブズエネルギーを用いて表すことができる．

➤ 必要な予備知識

反応速度に関する遷移状態理論（トピック6D）とレドックス対の標準電位の意義（トピック5B）をよく理解している必要がある．

生物過程の多くは，電子の供与体と受容体の間の電子移動に依存している．たとえば，光合成や窒素固定細菌による大気窒素のアンモニウムイオンへの還元，ATP の合成における酸化的リン酸化などがそうである．電子の供与体と受容体は，鉄イオンや銅イオンなどの金属イオンか，あるいは NAD^+/NADH や $NADP^+$/NADPH の補酵素におけるニコチンアミド基などの有機分子のいずれかである．場合によっては，電子供与体と受容体は細胞内の水溶液や生体膜をつくっている流動性の脂質二重層の中を自由に拡散することができ，その供与体と受容体が出会えばそこで電子移動が起こる．しかし，それ以外の多くの場合は，タンパク質分子のレドックス中心として供与体と受容体がそれぞれ存在しており，そこで起こる供与体から受容体への電子移動には拡散による出会いを必要としない．ふつうは，これらのレドックス中心はタンパク質の別の部分によって隔てられており，タンパク質の構造解析によれば，有意な電子移動が起こりうる最大の距離が存在することがわかっている．

7D・1 電子移動の速度

溶液中での電子供与体 D から電子受容体 A への電子移動について考えよう．その正味の反応 $\mathrm{D + A \rightarrow D^+ + A^-}$ について予想される速度式と実際の平衡定数は，

$$v = k_\mathrm{r}[\mathrm{D}][\mathrm{A}] \qquad K = \frac{[\mathrm{D}^+][\mathrm{A}^-]}{[\mathrm{D}][\mathrm{A}]} \qquad \text{電子移動} \qquad (1)$$

と書ける．この速度定数は，遷移状態理論およびアイリングの式によれば，

$$k_\mathrm{r} = \kappa \frac{kT}{h} \mathrm{e}^{-\Delta^{\ddagger}G^{\ominus}/RT} \qquad (2)$$

と表せる．κ は透過係数であり，$\Delta^{\ddagger}G^{\ominus}$ は活性化ギブズエネルギーである．同じ式はトピック 6D の (8) 式にある．そこでも説明したが，アイリングの式にある因子 kT/h は振動数の次元をもち，活性錯合体が遷移状態に近づく速度と解釈することができる．κ は，活性錯合体が遷移状態に近づいたとき，これを通り抜ける確率である．活性化ギブズエネルギーは，活性錯合体を生成する過程の平衡定数が形を変えたものとみなせるから，その存在量の目安と考えてよい．つぎの節では，アイリングの式をどう解釈すれば電子移動に適用できるかを説明しよう．

(a) マーカス理論

マーカス1) による理論によれば，活性錯合体が遷移状態を通り抜ける速度は，基本的にはアイリングの式の因子 $\kappa(kT/h)$ に相当しているが，活性錯合体の D と A の距離 r が増加するにつれて減少する．この距離依存性を $\mathrm{e}^{-\beta r}$ と書いておく．β は電子が移動する媒質で決まる一定の値である．

次に，活性化ギブズエネルギーを求めるのであるが，それは D と A が活性錯合体を生成するのに行うべき変化を考えることによって求める．このときの分子の再配置には，D と A の分子の再配向や周囲の溶媒分子の再配向も含まれる．これらの寄与は，単純なモデルで求めることができる．

導出過程 7D・1　電子移動のための活性化ギブズエネルギーの求め方

反応物が互いに接近し活性錯合体になろうと歪むと，

1) R.A. Marcus

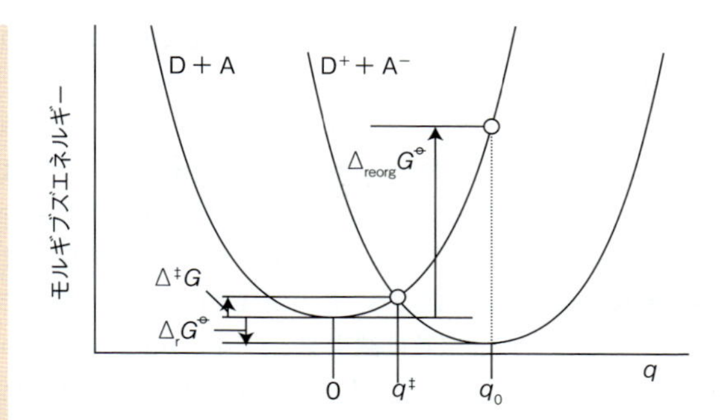

図7D・1　電子移動の反応座標に対して表した始状態（D＋A）と終状態（D^+＋A^-）のギブズエネルギー．それぞれを放物線で表してある．

そのギブズエネルギーは変化する．これを，ギブズエネルギーが $\frac{1}{2}k_f q^2$ で変化するというモデルで考える．q は反応進行度を表す座標である．k_f は定数である．このエネルギー変化は，ばねの伸び縮みに伴うエネルギー変化と同じものである．そこで，$G^{‡}(q)=\frac{1}{2}k_f q^2$ と書いておく．生成物も同じように振舞うが，同じ座標を使ってギブズエネルギーを表すには，$G^{‡}(q)=\frac{1}{2}k_f(q-q_0)^2+\Delta_r G^{\ominus}$ と書いておく必要がある．q_0 は生成物に相当する座標の値であり，$\Delta_r G^{\ominus}$ は標準反応ギブズエネルギーである．話を簡単にするために，k_f はすべての化学種で同じとしてある（図7D・1）．遷移状態では，活性錯合体の形をどちらから見ても q は同じであるから，それを $q^{‡}$ としておく．このときの二つの形の活性錯合体のギブズエネルギーも等しいから，

$$\frac{1}{2}k_f q^{‡2} = \frac{1}{2}k_f(q^{‡}-q_0)^2+\Delta_r G^{\ominus}$$
$$= \frac{1}{2}k_f q^{‡2}+\frac{1}{2}k_f q_0{}^2 - k_f q^{‡} q_0 + \Delta_r G^{\ominus}$$

と書ける．したがって，これを整理して $q^{‡}$ の値を表せば，

$$q^{‡} = \frac{\frac{1}{2}k_f q_0{}^2+\Delta_r G^{\ominus}}{k_f q_0}$$

となる．この段階で，$\frac{1}{2}k_f q_0{}^2$ を**標準再編ギブズエネルギー**[1]としておく．これは，反応が進行してDとAが活性錯合体になるときのギブズエネルギー変化であり，$\Delta_{reorg}G^{\ominus}$ で表す．そうすれば，

$$q^{‡} = \frac{\Delta_{reorg}G^{\ominus}+\Delta_r G^{\ominus}}{k_f q_0}$$

である．活性化ギブズエネルギーは $\Delta^{‡}G^{\ominus}=\frac{1}{2}k_f q^{‡2}$ であるから，これに上の $q^{‡}$ を代入すれば，

$$\Delta^{‡}G^{\ominus} = \frac{(\Delta_{reorg}G^{\ominus}+\Delta_r G^{\ominus})^2}{2k_f q_0{}^2}$$

が得られる．最終的に得られる活性化ギブズエネルギーはつぎの形で表される．

$$\Delta^{‡}G^{\ominus} = \frac{(\Delta_{reorg}G^{\ominus}+\Delta_r G^{\ominus})^2}{4\Delta_{reorg}G^{\ominus}}$$

活性化ギブズエネルギーで表したマーカスの式　（3）

（3）式によれば，$\Delta_r G^{\ominus}=-\Delta_{reorg}G^{\ominus}$ という状況は，標準再編ギブズエネルギーと標準反応ギブズエネルギーが相殺しているところであるから，$\Delta^{‡}G^{\ominus}=0$ である．すなわち，この反応の進行を遅らせる活性化障壁がない状況である．

最後に，（3）式と遷移速度について仮定した距離依存性を組合わせると，k_r の式は，

$$k_r = \kappa\left(\frac{kT}{h}\right)e^{-\beta r}e^{-\Delta^{‡}G^{\ominus}/RT}$$

電子移動の速度定数を表すマーカスの式　（4）

と表せる．こうして，マーカス理論の予測によれば，k_r はつぎの要素に依存している．

- 供与体と受容体の距離．すなわち，距離が短くなるほど電子移動の速度は増加する．
- 標準反応ギブズエネルギー．すなわち，生成物側の放物線を下げて $\Delta_r G^{\ominus}$ を負で大きくするほど，活性化ギブズエネルギーを下げることになるから（すぐあとで説明する），電子移動の速度は増加する．たとえば，トピック5Bで導入した電気化学的な概念と $\Delta_r G^{\ominus}=-F\{E^{\ominus}(D^+,D)-E^{\ominus}(A,A^-)\}$ の関係によれば，速度論的に効率よくDを酸化するには，レドックス対 D^+/D の標準電位がレドックス対 A/A^- より小さくなければならない．
- 標準再編ギブズエネルギー．すなわち，$\Delta_{reorg}G^{\ominus}$ が標準反応ギブズエネルギーの値に近づくほど，電子移動の速度は増加する．

（b）実験によるマーカス理論の検証

モデル系では，供与体と受容体の電子移動は，その距離が3.0 nm以下のときに起こることがわかっている．この距離は分子レベルで考えれば十分遠いもので，炭素原子30個分の距離に相当している．反応物が溶液中で自由に動いているイオンや分子であれば，k_r の距離依存性を測定するのは困難である．このような場合には，供与体－受容体の複

1）standard Gibbs energy of reorganization

合体が形成されてから電子移動が起こるから，供与体と受容体の距離 r を制御するのは不可能である．したがって，k_r の r 依存性を実験的に検証する意味があるのは，同種の供与体と受容体がいろいろな距離に固定されている場合であり，おそらくは分子リンカーが共有結合で付いて隔てられている場合であろう．このような条件下では，$e^{-\Delta^{\ddagger}G^{\ominus}/RT}$ は一定であるから，(4) 式の両辺の自然対数をとれば，

$$\ln k_r = -\beta r + 定数 \tag{5}$$

となる．この式によれば，$\ln k_r$ を r に対してプロットすれば直線が得られ，その勾配は $-\beta$ である．実験によれば，真空中では $28\,\mathrm{nm}^{-1} < \beta < 35\,\mathrm{nm}^{-1}$ であり，供与体と受容体の間に介在する媒質が分子リンカーの場合は $\beta \approx 9\,\mathrm{nm}^{-1}$ である．

k_r に対する標準反応ギブズエネルギーの依存性は，一連の反応で距離と再編ギブズエネルギーが一定の系について調べられている．この場合の (4) 式は，

$$\ln k_r = \overbrace{\ln\left(\kappa \frac{kT}{h} e^{-\beta r}\right)}^{定数} - \frac{\Delta^{\ddagger}G^{\ominus}}{RT}$$

となるから，(3) 式をつぎの形にしてから，

$$\Delta^{\ddagger}G^{\ominus} = \frac{(\Delta_r G^{\ominus})^2}{4\,\Delta_{\mathrm{reorg}}G^{\ominus}} + \frac{1}{2}\Delta_r G^{\ominus} + \frac{1}{4}\Delta_{\mathrm{reorg}}G^{\ominus} \tag{6a}$$

上の式に代入すれば，

$$\ln k_r = -\frac{RT(\Delta_r G^{\ominus}/RT)^2}{4\,\Delta_{\mathrm{reorg}}G^{\ominus}} - \frac{1}{2}(\Delta_r G^{\ominus}/RT) + 定数 \tag{6b}$$

が得られる．この式は $\ln k_r = -ax^2 - \frac{1}{2}x + 定数$ の形をしており，$a = RT/4\Delta_{\mathrm{reorg}}G^{\ominus}$ および $x = \Delta_r G^{\ominus}/RT$ である．したがって，$\Delta_r G^{\ominus}$ に対して $\ln k_r$ をプロットすれば，下に開いた放物線が予測される（図7D・2）．最大値（放物線のピーク値）は $\mathrm{d}(\ln k_r)/\mathrm{d}x = -2ax - \frac{1}{2} = 0$，つまり $x = -\frac{1}{4a}$ にある．これは $\Delta_r G^{\ominus} = -\Delta_{\mathrm{reorg}}G^{\ominus}$ に相当している．すなわち，$\Delta_r G^{\ominus}$ が減少するほど速度定数は増加するが，それは $\Delta_r G^{\ominus} = -\Delta_{\mathrm{reorg}}G^{\ominus}$ までである．それ以上に $\Delta_r G^{\ominus}$ が減少して，$-\Delta_{\mathrm{reorg}}G^{\ominus}$ より負でもっと大きくなれば，この反応は**逆転領域**[1] に入ることになる．この領域では，$\Delta_r G^{\ominus}$ が負で大きくなるほど速度定数は減少する．図7D・3を見ればわかるように，逆転領域では“生成物”の放物線の左端が“反応物”の放物線の左端に差し掛かっており，“生成物”の放物線が下がるほど活性化ギブズエネルギーが増加するので

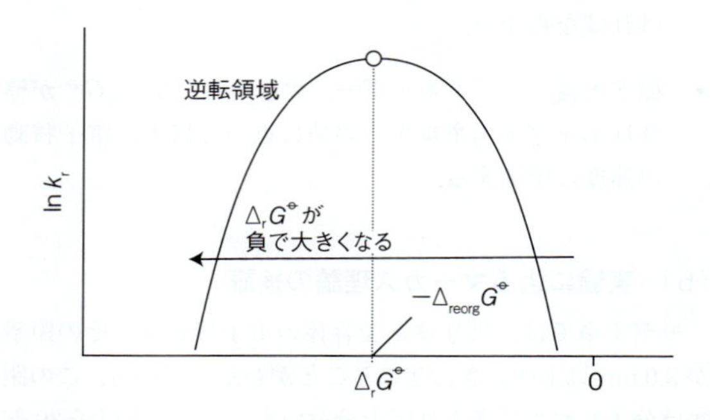

図7D・2 標準反応ギブズエネルギーが $-\Delta_{\mathrm{reorg}}G^{\ominus}$ に向かって（この図の右から左に向かって）減少する（負で大きくなる）につれて，電子移動の速度定数は増加する．しかし，逆転領域に入ると，こんどは電子移動の速度定数が減少する．

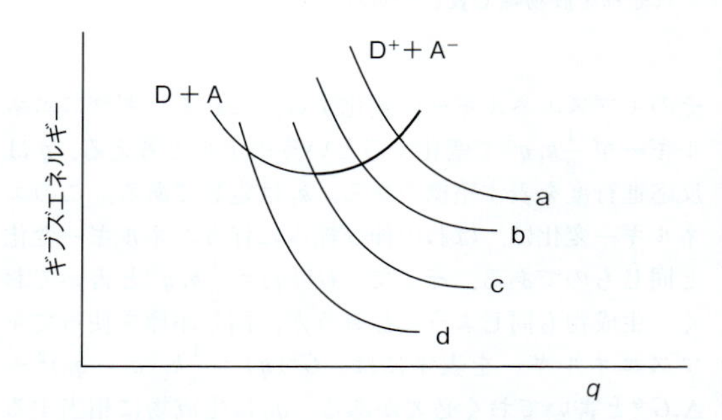

図7D・3 反応 D + A → D$^+$ + A$^-$ の標準反応ギブズエネルギーが負で大きくなるにつれ，D$^+$ + A$^-$ の状況を表す放物線のギブズエネルギーは低下してくる．それが図の a から b，さらには c へと変化するにつれ活性化ギブズエネルギーは低下し，c ではついに 0 になる．それより低下して d に至ると活性化ギブズエネルギーは再び上昇する．

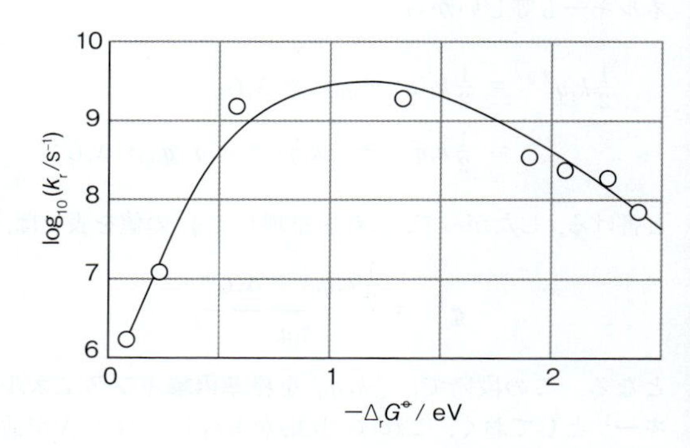

図7D・4 一連の化合物における $\log_{10} k_r$ の $-\Delta_r G^{\ominus}$ による変化．すべての化合物について，供与体（還元形のビフェニル基）と受容体の距離は一定である．受容体はそれぞれ固有の標準電位をもつから，電子移動過程の標準反応ギブズエネルギーは化合物によって異なっている．(6b) 式で合わせた曲線が示してある．供与体と受容体の距離が固定されているときの D…A という実体について，この反応は1次であることに注意しよう．この曲線の最大は $-\Delta_r G^{\ominus} = \Delta_{\mathrm{reorg}}G^{\ominus} = 1.2\,\mathrm{eV}$ にあり，$1.2 \times 10^2\,\mathrm{kJ\,mol^{-1}}$ に相当する．〔J.R. Miller, L.T. Calcaterra, and G.L. Closs, *J. Am. Chem. Soc.*, **106**, 3047 (1984) より許可を得て転載〕

1) inverted region

ある．このような逆転領域は，電子の供与体と受容体が既知の固定した長さの分子スペーサーと共有結合でつながっている化合物で観測されている（図 7D·4）．

(c) マーカスの交差式

(4) 式から k_r を求めるのは困難である．それは，β や $\Delta_{reorg}G^{\ominus}$, κ の値が非常に不確かだからである．ここで，信頼度の高い別の求め方がある．

導出過程 7D·2 パラメーター間の関係の導き方

つぎの二つの自己電子交換過程を考えよう．

$$D + D^+ \longrightarrow D^+ + D \qquad v = k_{r,DD}[D][D^+]$$
$$A^- + A \longrightarrow A + A^- \qquad v = k_{r,AA}[A][A^-]$$

どちらの過程も正味の反応がないから $\Delta_rG^{\ominus} = 0$ である．表記を簡単にするために，(4) 式をつぎのように書くことにしよう．

$$k_{r,JJ} = Z_{JJ}e^{-\Delta^{\ddagger}G^{\ominus}/RT} \qquad Z_{JJ} = \kappa_{JJ}\left(\frac{kT}{h}\right)e^{-\beta r_{JJ}}$$

ここで，J = A または D である．

ステップ 1: 二つの反応の速度定数の式を書く．

$\Delta_rG_{DD}^{\ominus}$ と $\Delta_rG_{AA}^{\ominus}$ は 0 であるから，これを (3) 式に代入すれば $\Delta^{\ddagger}G_{JJ}^{\ominus} = \frac{1}{4}\Delta_{reorg}G_{JJ}^{\ominus}$ となる．したがって次式が得られる．

$$k_{r,JJ} = Z_{JJ}e^{-\Delta_{reorg}G_{JJ}^{\ominus}/4RT}$$

ステップ 2: 再編ギブズエネルギーに近似を適用する．

D と A が活性錯合体を形成してもその配位構造に変化がないと仮定すれば，活性錯合体生成の標準再編ギブズエネルギー $\Delta_{reorg}G_{DA}^{\ominus}$ は，それぞれの自己交換反応の標準再編ギブズエネルギーの算術平均（相加平均）に等しいとすることができる．すなわち，

$$\Delta_{reorg}G_{DA}^{\ominus} = \frac{1}{2}(\Delta_{reorg}G_{DD}^{\ominus} + \Delta_{reorg}G_{AA}^{\ominus})$$

である．反応 $D + A \rightarrow D^+ + A^-$ について $\Delta_{reorg}G_{DA}^{\ominus} \gg \Delta_rG^{\ominus}$ ならば，$\Delta^{\ddagger}G^{\ominus}$ を表す (6a) 式の第 1 項は無視できるから，この反応の標準活性化ギブズエネルギーは，

$$\Delta^{\ddagger}G_{DA}^{\ominus} \approx \frac{1}{2}\Delta_rG_{DA}^{\ominus} + \frac{1}{4}\Delta_{reorg}G_{DA}^{\ominus}$$
$$\approx \frac{1}{2}\Delta_rG_{DA}^{\ominus} + \frac{1}{8}\Delta_{reorg}G_{DD}^{\ominus} + \frac{1}{8}\Delta_{reorg}G_{AA}^{\ominus}$$

と表せる．したがって，反応 $DA \rightarrow D^+A^-$ の速度定数はつぎのように表せる．

$$k_{r,et} = Z_{DA}e^{-\Delta^{\ddagger}G_{DA}^{\ominus}/RT}$$
$$\approx Z_{DA}e^{-\Delta_rG_{DA}^{\ominus}/2RT}\overbrace{e^{-\Delta_{reorg}G_{DD}^{\ominus}/8RT}}^{(k_{r,DD}/Z_{DD})^{1/2}}\overbrace{e^{-\Delta_{reorg}G_{AA}^{\ominus}/8RT}}^{(k_{r,AA}/Z_{AA})^{1/2}}$$

ステップ 3: 平衡定数の存在に注目する．

ここで，トピック 4A の (9) 式 ($\ln K = -\Delta_rG^{\ominus}/RT$) を使う．ただし，反応 $D + A \rightarrow D^+ + A^-$ の平衡定数を表す形 $e^{-\Delta_rG_{DA}^{\ominus}/2RT} = K_{DA}^{1/2}$ にしておく．そうすれば，

$$k_{r,et} = (k_{r,DD}\,k_{r,AA}\,K_{DA})^{1/2}f \qquad f = \frac{Z_{DA}}{(Z_{DD}Z_{AA})^{1/2}}$$

と表すことができる．実際には因子 f を 1 とおいて，それを**マーカスの交差式**[1] という．

$$k_{r,et} = (k_{r,DD}\,k_{r,AA}\,K_{DA})^{1/2} \qquad \text{マーカスの交差式} \quad (7)$$

(7) 式で求めた速度定数は，タンパク質の間の電子移動について実験で求めた値とよく一致することがわかっている．

例題 7D·1 マーカスの交差式の使い方

シトクロム c とシトクロム c_{551} について，つぎのデータが得られた．この二つのタンパク質では，ヘム結合鉄イオンが酸化状態 Fe(II) と Fe(III) を行ったり来たりしている．

	$k_{r,JJ}/(dm^3\,mol^{-1}\,s^{-1})$	$E^{\ominus}/V$
シトクロム c	1.5×10^2	+0.260
シトクロム c_{551}	4.6×10^7	+0.286

つぎの過程の速度定数 $k_{r,et}$ を求めよ．

シトクロム c_{551}(red) + シトクロム c(ox) ⟶
シトクロム c_{551}(ox) + シトクロム c(red)

また，求めた値を実験値 $6.7 \times 10^4\,dm^3\,mol^{-1}\,s^{-1}$ と比較せよ．

考え方 標準電位とトピック 5B の (4) 式 ($\ln K = \nu FE_{cell}^{\ominus}/RT$) および (5) 式 ($E_{cell}^{\ominus} = E_R^{\ominus} - E_L^{\ominus}$) を用いて，平衡定数 K（ここでは K_{DA}）を計算する．次に，(7) 式に K_{DA} の計算値と自己交換速度定数 $k_{r,JJ}$ を用いて速度定数 $k_{r,et}$ を計算すればよい．

1) Marcus cross-relation

解答 二つの還元半反応は，つぎのように表せる．

右側：シトクロム c(ox) + e^- ⟶ シトクロム c(red)　$E_R{}^{\ominus} = +0.260$ V

左側：シトクロム c_{551}(ox) + e^- ⟶ シトクロム c_{551}(red)　$E_L{}^{\ominus} = +0.286$ V

両者の差をとれば，

$$E_{cell}{}^{\ominus} = (0.260\ \mathrm{V}) - (0.286\ \mathrm{V}) = -0.026\ \mathrm{V}$$

であるから，トピック5Bの(4)式より，$\nu = 1$ および $RT/F = 25.69$ mV として，

$$\ln K_{DA} = \frac{0.026\ \mathrm{V}}{25.69 \times 10^{-3}\ \mathrm{V}} = 1.01\cdots$$

と計算できる．したがって，$K_{DA} = 2.75\cdots$ である．本トピックの(7)式と自己交換速度定数から，この過程の速度定数はつぎのように計算できる．

$$\begin{aligned} k_{r,et} &= \{(1.5 \times 10^2\ \mathrm{dm^3\ mol^{-1}\ s^{-1}}) \\ &\quad \times (4.6 \times 10^7\ \mathrm{dm^3\ mol^{-1}\ s^{-1}}) \times 2.75\cdots\}^{1/2} \\ &= 1.4 \times 10^5\ \mathrm{dm^3\ mol^{-1}\ s^{-1}} \end{aligned}$$

コメント この計算値と実験値 $6.7 \times 10^4\ \mathrm{dm^3\ mol^{-1}\ s^{-1}}$ には2倍の違いがあるものの，これはマーカスの式による電子移動の速度定数の見積もりが妥当であることを示している．

7D・2 タンパク質の電子移動過程

これまでの取扱いは，流動性の媒質を自由に拡散できる供与体と受容体の分子を対象にしてきた．ミトコンドリアの電子伝達鎖で，可溶性タンパク質の還元形シトクロム c から膜結合タンパク質の複合体Ⅳの Cu_A 中心への電子移動がその場合である．ところが，その後の電子は Cu_A 中心からシトクロム a 中心を経て，O_2 の還元が起こるシトクロム a_3/Cu_B の二核中心へと伝達される．これら Cu_A 中心やシトクロム a 中心，シトクロム a_3 中心，Cu_B 中心はすべて複合体Ⅳの一部であるから，相対的には固定した位置にある．

マーカス理論によれば，電子移動の速度定数は定数 β とレドックス中心間の距離 r に依存するということであった．

タンパク質における電子移動について入手できるデータの多くは，$\beta \approx 14\ \mathrm{nm^{-1}}$ として説明できる．一方，二次構造による個々の効果を取入れた詳細な研究によれば，介在する媒質が主として α ヘリックスから成る場合は $12.5\ \mathrm{nm^{-1}} < \beta < 16.0\ \mathrm{nm^{-1}}$ であり，β シートの場合は $9.0\ \mathrm{nm^{-1}} < \beta < 11.5\ \mathrm{nm^{-1}}$ であることが示されている．

ここで，距離 r を求めるときの問題は，供与体や受容体が単純な金属イオンでなく，ヘム基などのように比較的かさ高いことが多いことである．この場合は中心間の距離ではなく，一方の基の端からもう一方の基の端までの距離を採用することにしている．タンパク質の構造解析によれば，電子を交換するレドックス中心間の端から端の距離は，活性なコンホメーションでは 1.4 nm を超えることはない．この距離の値と β や $\Delta_r G^{\ominus}$，$\Delta_{reorg} G^{\ominus}$ の代表的な値を用いたときの電子移動の速度の予測値は $10^4\ \mathrm{s^{-1}}$ である．一方，その距離が 2.5 nm になれば同じ過程の速度は数時間にもなる．速度定数が非常に大きい，つまり半減期が短いという例は，1.4 nm より近い距離の場合に観測されている．

(4)式によれば，活性化ギブズエネルギーが大きいときの速度定数 k_r は温度に強く依存する．しかしながら，たとえばミトコンドリアの電子伝達鎖に見られるように，タンパク質のレドックス中心間の電子移動はあまり温度に敏感でないことがわかっている．マーカス理論によれば実際に活性化障壁が存在するものの，活性化障壁がないかのような振舞いをすることがあるのである．これは量子力学的なトンネル効果（トピック8B）で説明される．この過程では，電子の波動関数が障壁内に広がっており，古典粒子であれば越えられない障壁でも，電子はごくわずかなエネルギーで障壁を通り抜けられるのである．トンネル効果により，液体ヘリウム温度でも速い電子移動が観測されるタンパク質がある．

7D・3 具体例：光化学系Ⅰにおける電子移動

酸素を発生する光合成生物で行われる太陽エネルギーの捕捉には，光化学系Ⅰ（PSⅠ）と光化学系Ⅱ（PSⅡ）という二つの大きな膜貫通タンパク質複合体が関与している．前者には，ほぼ直線上に並ぶ電子移動中心がいくつか含まれており，その端と端の距離はいずれも 1.2 nm 以下である．このアンテナ複合体にあるクロロフィルによって光子が吸収され，そのエネルギーが PSⅠにある P700 中心（修飾クロロフィルの一つ）に渡されて，励起状態 P700* が生成する．ここで電荷分離が起こり，高エネルギーの電子は励起した P700 中心から A_0 中心（これも修飾クロロフィル）を経由して A_1 中心（フィロキノン）へと 50 ps 以内で移動する．その後，この電子は約 25 ns かけて F_X 鉄-硫黄中心に移動する．その電子は，F_A 鉄-硫黄中心から F_B 鉄-硫黄中心に移動するが，これらは PSⅠに付いているタンパク質サブユニットにある．最終的にこの電子はフェレドキシンに移動し，$NADP^+$ を NADPH に還元するのに使われる．これらの移動はすべて自発過程であり，たいていの過程では電子が正のより大きな標準電位をもつ中心へと移動している（図7D・5）．

生成した高エネルギー電子には，もう一つ別の行方がある．A_1 中心から酸化された P700 中心へと戻る移動である．P700 中心は，F_X 中心より正で大きなレドックス電位

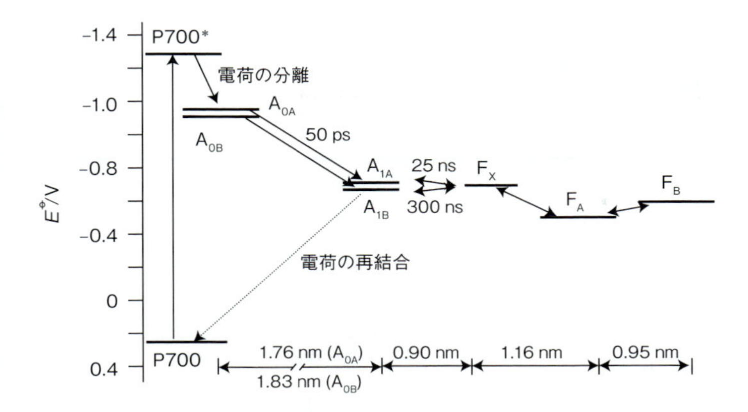

図7D･5 光化学系Ⅰでの電子移動に関与している一連の事象.

をもつからである. この過程では使われなかった電荷の再結合が行われる. PSⅠの量子効率, つまり励起電子の数に対するフェレドキシンにまで移動した電子の数の比は, 結局のところ, A_1から酸化されたP700に戻る電子の移動速度に対するA_1からF_Xへの電子の移動速度の比から求めることができる. この電荷再結合の過程の$\Delta_r G^{\ominus}$は, 電子移動を前方に進める有益な過程より負でずっと大きな値をもつから, その速度もずっと速いと予測するかもしれない. しかしながら, この電荷再結合はマーカスの逆転領域で起こり, そこでは$\Delta_r G^{\ominus}$が$-\Delta_{reorg}G^{\ominus}$より負で大きいから, $\Delta_r G^{\ominus}$が負で大きくなるにつれ速度は遅くなるのである. こうして, $A_1 \rightarrow F_X$の移動速度より遅くなるため, 298 Kでの量子効率は98パーセントにもなる. $A_1 \rightarrow F_X$の電子移動は77 Kではずっと遅くなるから, A_1と酸化されたP700との間の電子移動の半減期が測定できるようになり, それは約300 μsであることがわかっている. この値は, 電荷再結合の段階が, フェレドキシンの還元へと導く電子移動より何桁も遅いことを示している.

重要事項のチェックリスト

- □ 1. 電子移動反応についての**マーカス理論**によれば, 活性錯合体が遷移状態を通り抜ける速度は反応ギブズエネルギーと再編ギブズエネルギーの均衡によって決まる.
- □ 2. **逆転領域**では, $\Delta_r G^{\ominus}$が負で大きくなるほど速度定数は減少する.

重要な式の一覧

式の内容	式	備　考	式番号
活性化ギブズエネルギー	$\Delta^{\ddagger}G^{\ominus} = (\Delta_{reorg}G^{\ominus}+\Delta_r G^{\ominus})^2/4\,\Delta_{reorg}G^{\ominus}$	$D + A \rightarrow D^+ + A^-$	3
速度定数	$k_r = \kappa(kT/h)e^{-\beta r}\,e^{-\Delta^{\ddagger}G^{\ominus}/RT}$	遷移状態理論	4
実験による検証	$\ln k_r = -\beta r +$ 定数	固定距離rにある分子間	5
マーカスの交差式	$k_{r,et} = (k_{r,DD}\,k_{r,AA}\,K_{DA})^{1/2}$	$Z_{DA}/(Z_{DD}Z_{AA})^{1/2} \approx 1$を仮定	7

テーマ7 生化学反応速度論

トピック7A 酵素の作用

記述問題

Q7A・1 酵素作用のミカエリス-メンテン機構の特徴とその限界について説明せよ．また，つぎの酵素にミカエリス-メンテンの式を適用できると思うか．(a) イソメラーゼ(異性化酵素)，(b) ヒドロラーゼ(加水分解酵素)，(c) トランスフェラーゼ(転移酵素)．

Q7A・2 つぎの用語について説明せよ．"三重複合体機構"，"定序三重複合体機構"，"ピンポン機構"．

Q7A・3 グラフを描いて，逐次酵素触媒反応とピンポン酵素触媒反応を区別する方法について説明せよ．

Q7A・4 "触媒効率"の代わりに"特異性定数"という用語を用いるのが適切な理由を説明せよ．

Q7A・5 ある酵素が触媒極致に達しているといわれる理由はなにか．

演習問題

7A・1 ある酵素の活性サイトに基質が結合する反応の平衡定数が 235 と測定された．別の実験で，この結合の 2 次反応の速度定数が $7.4\times10^{7}\ \mathrm{dm^{3}\ mol^{-1}\ s^{-1}}$ であることがわかった．この結合サイトから基質がとれる反応の速度定数を求めよ．

7A・2 ある基質の酵素触媒による変換反応があり，25 °C でのミカエリス定数は $0.045\ \mathrm{mol\ dm^{-3}}$ である．基質の濃度が $0.110\ \mathrm{mol\ dm^{-3}}$ のときの反応速度は $1.15\ \mathrm{mmol\ dm^{-3}\ s^{-1}}$ である．この反応の最大速度を求めよ．

7A・3 フマル酸イオンのマレイン酸イオンへの変換反応 フマル酸$^{2-}$(aq) + H_2O(l) ⟶ マレイン酸$^{2-}$(aq) は，酵素フマラーゼによって触媒される．(a) この反応の反応プロファイルを描け．ただし，つぎの情報が与えられている．(i) フマル酸イオンとフマラーゼとから両者の複合体を生成する反応の標準生成エンタルピーは $17.6\ \mathrm{kJ\ mol^{-1}}$ である．(ii) 正反応の活性化エンタルピーは $41.3\ \mathrm{kJ\ mol^{-1}}$ である．(iii) マレイン酸イオンとフマラーゼとから両者の複合体を生成する反応の標準生成エンタルピーは $-5.0\ \mathrm{kJ\ mol^{-1}}$ である．(iv) 標準反応エンタルピーは $-20.1\ \mathrm{kJ\ mol^{-1}}$ である．(b) この逆反応の活性化エンタルピーはいくらか．

7A・4 本文の (7a) 式であるつぎの式は，

$$v = \frac{(v_{\max}/K_{\mathrm{M1}})[\mathrm{S}] - (v'_{\max}/K_{\mathrm{M2}})[\mathrm{P}]}{1 + [\mathrm{S}]/K_{\mathrm{M1}} + [\mathrm{P}]/K_{\mathrm{M2}}}$$

ミカエリス-メンテン機構の変更版として，第 2 段階の反応も可逆であるときの生成物の生成速度を与える式である．この式を導出し，基質濃度が高い場合と低い場合の極限的な振舞いを示せ．

7A・5 キモトリプシンなど酵素の多くは，その作用機構に二つの中間体の生成が関与している．

$$\begin{aligned}
&\mathrm{E + S \longrightarrow ES} && v = k_{\mathrm{a}}[\mathrm{E}][\mathrm{S}]\\
&\mathrm{ES \longrightarrow E + S} && v = k'_{\mathrm{a}}[\mathrm{ES}]\\
&\mathrm{ES \longrightarrow ES'} && v = k_{\mathrm{b}}[\mathrm{ES}]\\
&\mathrm{ES' \longrightarrow E + P} && v = k_{\mathrm{c}}[\mathrm{ES'}]
\end{aligned}$$

生成物の生成速度を表す式が，本文の (5a) 式と同じつぎの形をしていることを示せ．

$$v = v_{\max} f([\mathrm{S}]) \qquad f([\mathrm{S}]) = \frac{1}{1 + K_{\mathrm{M}}/[\mathrm{S}]}$$

ただし，この場合の $v_{\max}$ と K_{M} は次式で与えられる．

$$v_{\max} = \frac{k_{\mathrm{b}}k_{\mathrm{c}}[\mathrm{E}]_{\mathrm{total}}}{k_{\mathrm{b}} + k_{\mathrm{c}}} \qquad K_{\mathrm{M}} = \frac{k_{\mathrm{c}}(k'_{\mathrm{a}} + k_{\mathrm{b}})}{k_{\mathrm{a}}(k_{\mathrm{b}} + k_{\mathrm{c}})}$$

7A・6 本文で述べたように，ミカエリスとメンテンは，E, S, ES の間に速い前駆平衡が成り立つと仮定して速度式を導いた．この方法で速度式を導き，それが定常状態の近似に基づき得られる式 (5a 式) と同じになる条件を述べよ．

7A・7 ミカエリス-メンテンの速度論に従う酵素触媒反応の速度が最大値の半分の値となる条件を示せ．

7A・8 酵素 α キモトリプシン (構造図 P3) は哺乳類のすい臓で分泌され，特定のアミノ酸をつないでいるペプチド結合を開裂する．小さなペプチドである *N*-グルタリル-L-フェニルアラニン *p*-ニトロアニリドを含む溶液の濃度を変えた試料をいくつか調製し，それぞれに等量の α キモトリプシンを加えた．このときの生成物生成の初速度について，つぎのデータが得られた．

$[\mathrm{S}]_0/(\mathrm{mmol\ dm^{-3}})$	0.334	0.450	0.667	1.00	1.33	1.67
$v_0/(\mathrm{mmol\ dm^{-3}\ s^{-1}})$	0.152	0.201	0.269	0.417	0.505	0.667

この反応の最大速度とミカエリス定数を求めよ．

7A·9 イソクエン酸リアーゼは，イソクエン酸 ⟶ グリオキシル酸＋コハク酸 の反応を触媒する．イソクエン酸イオンの濃度を変えて 25 °C での反応速度 v を測定し，つぎの結果が得られた．

[イソクエン酸]/(μmol dm^{-3})	31.8	46.4	59.3	118.5	222.2
v/(pmol dm^{-3} s^{-1})	70.0	97.2	116.7	159.2	194.5

この反応のミカエリス定数と最大速度を求めよ．

7A·10 ATP に対する ATP アーゼの作用について，20 °C でつぎの結果が得られた．ここで，ATP アーゼの濃度は 20 nmol dm^{-3} であった．

[ATP]/(μmol dm^{-3})	0.60	0.80	1.4	2.0	3.0
v/(μmol dm^{-3} s^{-1})	0.81	0.97	1.30	1.47	1.69

この反応のミカエリス定数と最大速度，ターンオーバー頻度，酵素の触媒効率を求めよ．

7A·11 酵素触媒反応は，v に対して $v/[S]_0$ をプロットしたイーディー-ホフステーのプロットを使って解析されることがある．(a) 単純なミカエリス-メンテン機構を用いて，$v/[S]_0$ と v の関係を導出せよ．(b) イーディー-ホフステーのプロットを解析して K_M と v_{max} の値を求める方法を示せ．(c) イーディー-ホフステーのプロットを使って演習問題 7A·9 の反応のミカエリス定数と最大速度を求めよ．

7A·12 酵素触媒反応は，$[S]_0$ に対して $[S]_0/v$ をプロットしたヘインズのプロットを使って解析されることがある．(a) 単純なミカエリス-メンテン機構を用いて，$[S]_0/v$ と $[S]_0$ の関係を導出せよ．(b) ヘインズのプロットを解析して K_M と v_{max} の値を求める方法を示せ．(c) ヘインズのプロットを使って演習問題 7A·9 の反応のミカエリス定数と最大速度を求めよ．

7A·13 ラットの肝臓には，ATP を使ってグルコース (G) をグルコース 6-リン酸に変換する 2 種の酵素が含まれている．ヘキソキナーゼ (グルコースに対する K_M = 40 μmol dm^{-3}，v_{max} = 0.7 μmol g^{-1} min^{-1}) とグルコキナーゼ (グルコースに対する K_M = 10 mmol dm^{-3}，v_{max} = 4.3 μmol g^{-1} min^{-1}) である．ただし，最大速度については組織 1 g 当たりに代謝される G の物質量で表してある．ATP は飽和濃度で存在していると仮定して，つぎの場合について二つの酵素によって代謝されるグルコースの比を計算せよ．(a) 絶食中のラット ([G] = 3 mmol dm^{-3})，(b) 太ったラット ([G] = 9.5 mmol dm^{-3})．

7A·14 反応速度 v が $-\mathrm{d}[S]/\mathrm{d}t$ に等しいとおいてミカエリス-メンテンの式を書け．S は基質である．その式を積分して [S] の時間依存性を表す式を導出し，基質の濃度測定からグラフを描いて K_M と v_{max} の値を得るための手続きを説明せよ．

7A·15 400 mmol dm^{-3} の尿素溶液にウレアーゼを加えたところ，つぎのデータが得られた．

t/min	0	4.22	8.58	17.95	29.24
[尿素]/(mmol dm^{-3})	400	350	300	200	100

グラフを描いてウレアーゼの K_M と v_{max} を求めよ．

7A·16 ある 2 基質酵素を用いてつぎのデータが得られた．考えられる反応機構を示せ．

	v/(μmol dm^{-3} min^{-1})			
	$[S_2]$/(μmol dm^{-3})			
$[S_1]$/(μmol dm^{-3})	5	10	50	150
1	3.68	6.52	17.06	23.37
2	5.51	9.77	25.60	35.05
4	7.35	13.03	34.13	46.74
8	8.82	15.64	40.95	56.09

7A·17 酵母アルコールデヒドロゲナーゼは，つぎの反応でエタノールの NAD$^+$による酸化を触媒する．

$$CH_3CH_2OH(aq) + NAD^+(aq) \longrightarrow CH_3CHO(aq) + NADH(aq) + H^+(aq)$$

この反応でつぎの結果が得られた．

$[CH_3CH_2OH]_0$/(10^{-2} mol dm^{-3})		1.0	2.0	4.0	20.0
v/(mol s^{-1} (kg protein)$^{-1}$)	(a)	0.30	0.44	0.57	0.76
v/(mol s^{-1} (kg protein)$^{-1}$)	(b)	0.51	0.75	0.99	1.31
v/(mol s^{-1} (kg protein)$^{-1}$)	(c)	0.89	1.32	1.72	2.29
v/(mol s^{-1} (kg protein)$^{-1}$)	(d)	1.43	2.11	2.76	3.67

ここで，NAD$^+$ の濃度は (a) 0.050 mmol dm^{-3}，(b) 0.10 mmol dm^{-3}，(c) 0.25 mmol dm^{-3}，(d) 1.0 mmol dm^{-3} である．この反応は逐次反応か，それともピンポン反応か．この反応の v_{max} と関与している定数 K の値を求めよ．

7A·18 脳での化学メッセージ伝達で鍵となる事象の一つは，酵素アセチルコリンエステラーゼによる神経伝達物質アセチルコリンの加水分解である．この反応の速度論的パラメーターは，$k_{cat} = 1.4\times10^4$ s^{-1} および $K_M = 9.0\times10^{-5}$ mol dm^{-3} である．アセチルコリンエステラーゼの機能は触媒極致に達しているか．

トピック7B 酵素阻害

記述問題

Q7B・1 可逆的かつ非共有結合で起こるいろいろなタイプの酵素阻害について，分子の観点から説明せよ．ただし，それぞれの阻害について，酵素の K_M と v_{max} の値に与える影響を述べよ．

Q7B・2 阻害剤を加えたとき基質に対する酵素の親和性が増すのは，どのタイプの阻害の場合か．また，その挙動をどう説明できるか．

Q7B・3 グラフを描いて，競合阻害と非競合阻害，不競合阻害を区別する方法について説明せよ．

Q7B・4 阻害剤が酵素の活性サイトに結合することなく，競合阻害剤として作用するにはどうすればよいか．

Q7B・5 非競合阻害剤または混合阻害剤を抗菌剤として使う方が，競合阻害剤を使うよりよいのはなぜか．

演習問題

7B・1 ミカエリス-メンテンの速度論に従う $K_M = 3.0$ mol dm^{-3} の酵素触媒反応について考えよう．基質濃度を 0.10 mmol dm^{-3} で一定に保ち，$K_{d,EI} = 2.0 \times 10^{-5}$ mol dm^{-3} の競合阻害剤を使ったとき，生成物の生成速度が 50 パーセントに減少するときの阻害剤の濃度を求めよ．

7B・2 酵素触媒反応の速度を表す一般式を阻害剤が存在するときに使える形に変形して，$1/v$ を表す式を求め，$1/v$ が [S] に無関係となる阻害剤濃度を示せ．また，非競合阻害と仮定して，[S] の値をいくつか変えたときの [I] に対する $1/v$ のプロットの概略を示せ．

7B・3 ある基質の酵素触媒による生成物生成の初速度が，阻害剤がある場合とない場合について測定された．基質濃度と阻害剤濃度を広い範囲で変えて求めたところ，つぎの結果が得られた．この阻害剤は競合阻害として作用しているか，それとも非競合阻害として作用しているか．また，$K_{d,EI}$ と K_M を求めよ．

	$v_0/(\mu mol\ dm^{-3}\ s^{-1})$				
	[I]/(mmol dm^{-3})				
[S]$_0$/(mmol dm^{-3})	0	0.20	0.40	0.60	0.80
0.050	0.020	0.015	0.012	0.0098	0.0084
0.20	0.056	0.042	0.033	0.028	0.024
0.40	0.080	0.059	0.047	0.039	0.034
0.60	0.093	0.069	0.055	0.046	0.039

7B・4 酵素カルボキシペプチダーゼはポリペプチドの加水分解を触媒する．ここでは，その阻害について考えよう．まず，阻害剤が存在しない条件下で，カルボベンゾキシ-グリシル-D-フェニルアラニン（CBGP）の酵素性分解の反応速度を測定したところ，つぎの結果が得られた．

[CBGP]$_0$/(mmol dm^{-3})	12.5	38.4	58.1	71.3
相対反応速度	0.398	0.669	0.859	1.000

この演習問題で示す反応速度はすべて同じ酵素濃度で測定したものである．また，その速度は阻害剤がないときに $[CBGP]_0 = 0.0713$ mol dm^{-3} で測定した速度との相対値で表してある．次に，この酵素と基質を含む溶液にフェニル酪酸イオン 2.0 mmol dm^{-3} を加えたところ，つぎの結果が得られた．

[CBGP]$_0$/(mmol dm^{-3})	12.5	25.0	40.0	55.0
相対反応速度	0.169	0.301	0.383	0.548

別の実験で，安息香酸イオン 50 mmol dm^{-3} を加えたときの効果を調べたところ，つぎの結果が得られた．

[CBGP]$_0$/(mmol dm^{-3})	17.5	25.0	50.0	100.0
相対反応速度	0.183	0.201	0.231	0.246

フェニル酪酸イオンと安息香酸イオンによるカルボキシペプチダーゼの阻害様式について説明せよ．

7B・5 酵素には，高濃度の基質によって反応が阻害されるものがある．(a) 基質阻害が問題になるとき，反応速度 v は次式で与えられることを示せ．

$$v = v_{max} f([S]) \qquad f([S]) = \frac{1}{1+K_M/[S]+[S]/K_I c^{\ominus}}$$

K_I は阻害された酵素-基質複合体の解離平衡定数である．(b) 基質阻害があれば $1/[S]$ に対する $1/v$ のプロットにどのような影響があるか．

7B・6 乳酸デヒドロゲナーゼは NAD^+ を使って，乳酸を酸化してピルビン酸と NADH を生成する．この反応に与えるピルビン酸の効果を調べ，つぎの結果を得た．

NAD^+ の濃度を 1.5 mmol dm^{-3} で一定としたときの酵素 1 kg 当たりの初速度：

	初速度 /(mol kg^{-1} s^{-1})			
	[乳酸]/(mmol dm^{-3})			
[ピルビン酸]/(μmol dm^{-3})	1.5	2.0	3.0	10.0
0	1.88	2.36	3.10	5.81
80	0.73	0.94	1.34	3.27

乳酸の濃度を 15 mmol dm^{-3} で一定としたときの酵素 1 kg 当たりの初速度:

[ピルビン酸]/(μmol dm^{-3})	初速度/(mol kg^{-1} s^{-1})			
	[NAD$^+$]/(mmol dm^{-3})			
	0.5	0.7	1.0	2.0
0	3.33	3.91	4.50	5.42
60	1.97	2.30	2.66	3.21

上の二つの場合の阻害のタイプは何か．それぞれについて阻害定数の値を求めよ．

7B·7 ある酵素へのプロトン付加によって，基質の結合に影響を与えることなく酵素が不活化するとしよう．v_{max} の pH 依存性が次式で与えられることを示せ．

$$v'_{max} = \frac{v_{max}K_a}{K_a + [H^+]/c^\ominus}$$

v_{max} は阻害が最小のとき，つまり酵素がプロトン脱離形のときの v'_{max} の値である．また，K_a はこの酵素の酸定数である．この酵素が 50 パーセント阻害されるときの pH はいくらか．この式とつぎのデータをグラフで解析することによって，pH 依存性に関わっている側鎖の pK_a の値を求めよ．

pH	4.0	5.0	6.0	7.0	8.0	8.5
v'_{max}/(katal kg^{-1})	0.0040	0.037	0.248	0.586	0.677	0.685

トピック7C 生物系での拡散

記述問題

Q7C·1 拡散方程式は“自然はしわを嫌う”と結論づけた．それは適切な表現と思うか．

Q7C·2 イオンや電荷を帯びた分子が電場の影響下で溶液中を動くとき，その速さに影響を及ぼす要因について説明せよ．

Q7C·3 生化学的分析に電気泳動法を使うときの具体的な手法について概説せよ．

Q7C·4 生体膜を通過するのにイオンの促進輸送が必要なのはなぜか．また，それをどのように実現しているか．

演習問題

7C·1 生体膜を介しての化学種の輸送について，その濃度が非常に高いときには，仲介輸送によれば最大流束 J_{max} が得られるという観測結果がある．これに分子論的な説明を与えよ．

7C·2 (a) 濃度勾配が 0.15 mol dm^{-3} m^{-1} のところを流れるスクロース分子の流束はいくらか．(b) 面積 5.0 mm^2 の断面積を通って 20.0 min の間に通過するスクロース分子の量は (mol 単位で) いくらか．ただし，観測した温度におけるスクロースの水溶液中での拡散係数の値は 5.22×10^{-10} m^2 s^{-1} である．

7C·3 水に溶けたスクロース分子が 25 °C で出発点から (a) 1 μm，(b) 1 mm，(c) 1 cm，(d) 1 m を拡散するのにどれだけの時間がかかるか．

7C·4 湖でも拡散は重要だろうか．H_2O 程度の大きさの汚染物質の分子が幅 100 m の湖を横断するのにどれだけの時間がかかるか．ただし，$\eta = 1.139 \times 10^{-3}$ kg m^{-1} s^{-1} である．

7C·5 ある粒子が一次元ランダム歩行をするとき，N ステップ後の原点からの平均距離は $N^{1/2}d$ で与えられる．d は 1 回のステップ長である．汚染物質は，対流 (風や海流など) や拡散によって環境中を広がるものである．分子が一次元ランダム歩行をすると仮定して，その 1000 ステップ長に相当する距離だけ原点から離れるには何ステップが必要か．

7C·6 液体中の化学種の移動度は，栄養吸収に関わる過程で最も重要な性質である．(a) 1.8 ps ごとに 150 pm ジャンプする分子の拡散係数を求めよ．(b) 各ステップで半分の距離しかジャンプしないとしたら，この分子の拡散係数はどうなるか．

7C·7 ある種の tRNA 分子の細胞内媒質中での拡散係数は 37 °C で $D = 1.0 \times 10^{-11}$ m^2 s^{-1} である．細胞核でつくられた分子が，その細胞の半径 8.0 μm の距離にある細胞膜に到達するのにどれだけの時間がかかるか．

7C·8 形質膜および脂質二重層にある脂質の拡散係数は，それぞれ 1.0×10^{-10} m^2 s^{-1}，1.0×10^{-9} m^2 s^{-1} である．この脂質が形質膜や脂質二重層の中を 10 nm だけ拡散するのに必要な時間はどれだけか．

7C·9 タンパク質の拡散係数は，モル質量の目安に使えることが多い．球状タンパク質では $D \propto M^{-1/2}$ である．一次元の拡散だけを考えるとして，リボヌクレアーゼ ($M =$ 13.683 kg mol^{-1}) が 10 nm だけ拡散するのにかかる時間と，酵素カタラーゼ（$M = 250\ \mathrm{kg\ mol^{-1}}$）が同じ距離を拡散するのにかかる時間を比較せよ．

7C·10　水溶液中のNa^+イオンの移動度は25 °Cで$5.19 \times 10^{-8}\ \mathrm{m^2\ s^{-1}\ V^{-1}}$である．この溶液中に置いた二つの電極間の電位差は12.0 Vである．電極が1.00 cm離れていたら，イオンのドリフト速さはどれだけか．

7C·11　チャネルを通り抜けるには，イオンはまずその水和水を捨てなければならない．水和したNa^+イオンの運動を調べるには，アインシュタインの式$D = uRT/zF$によって拡散定数Dが移動度uと関係があるのを知っておく必要がある．ここで，zはイオンの（符号なしの）電荷数，Fはファラデー定数である．(a) 25 °Cの水中でのNa^+イオンの拡散係数と実効的な流体力学的半径aを求めよ．水では$\eta = 8.91 \times 10^{-4}\ \mathrm{kg\ m^{-1}\ s^{-1}}$である．(b) このカチオンと一緒になって動く水分子のおおよその数を求めよ．Na^+のイオン半径は102 pmである．

7C·12　タンパク質の一次構造から，その等電点を見積もることができる．(a) 仔牛胸腺ヒストンの分子には1個のアスパラギン酸，1個のグルタミン酸，11個のリシン，15個のアルギニン，2個のヒスチジン残基がある．このタンパク質はpH = 7で電荷をもつか．もつとすれば正味の電荷は正か負か．また，このタンパク質の等電点は7以下か，7か，それとも7以上か．(b) 卵アルブミンは51個の酸性残基（アスパラギン酸とグルタミン酸），15個のアルギニン，20個のリシン，7個のヒスチジン残基をもつ．このタンパク質の等電点は7以下か，7か，それとも7以上か．(c) 仔牛胸腺ヒストンと卵アルブミンの混合物を等電点電気泳動法によるゲル電気泳動で分離することは可能か．

トピック7D　電子移動

記述問題

Q7D·1　生命は，電子移動反応なしではありえない．これについて説明せよ．

Q7D·2　電子移動に関するマーカス理論の原理を概説せよ．そこで使われている近似はなにか．

Q7D·3　マーカス理論の実験による検証についてまとめよ．

Q7D·4　マーカスの逆転領域が存在する物理的な理由はなにか．

Q7D·5　つぎの要素が，生物系における電子移動の速度にどのような影響を及ぼすかを説明せよ．(a) 電子の供与体と受容体の距離，(b) レドックス活性な化学種とまわりの媒質の再編ギブズエネルギー．

演習問題

7D·1　ある電子供与体と受容体の組合わせについて，標準反応ギブズエネルギー$\Delta_r G^{\ominus} = -0.665\ \mathrm{eV}$では$k_{et} = 2.02 \times 10^5\ \mathrm{s^{-1}}$である．その受容体に置換基を導入し，電子移動の速度定数が$k_{et} = 3.33 \times 10^6\ \mathrm{s^{-1}}$に変化すれば$\Delta_r G^{\ominus} = -0.975\ \mathrm{eV}$となる．この二つの実験で供与体と受容体の距離は同じとしたとき，その再編ギブズエネルギーの値を求めよ．

7D·2　ある電子供与体と受容体の組合わせについて，$r = 1.11\ \mathrm{nm}$では$k_{et} = 2.02 \times 10^5\ \mathrm{s^{-1}}$，$r = 1.23\ \mathrm{nm}$では$k_{et} = 2.80 \times 10^4\ \mathrm{s^{-1}}$である．(a) この二つの実験で$\Delta_r G^{\ominus}$や$\Delta_{reorg} G^{\ominus}$が同じとしたとき，$\beta$の値を求めよ．(b) $r = 1.48\ \mathrm{nm}$のときのk_{et}の値を求めよ．

7D·3　アズリンは酸化状態+2と+1を行き来する銅イオンを含むタンパク質であり，シトクロムcはヘム結合鉄イオンが酸化状態+3と+2を行き来するタンパク質である．還元形アズリンから酸化形シトクロムcへの電子移動の速度定数は$1.6 \times 10^3\ \mathrm{dm^3\ mol^{-1}\ s^{-1}}$である．つぎのデータを使ってアズリンの電子の自己交換の速度定数を求めよ．

	$k_{ii}/(\mathrm{dm^3\ mol^{-1}\ s^{-1}})$	$E^{\ominus}/\mathrm{V}$
シトクロムc	1.5×10^2	+0.260
アズリン	?	+0.304

7D·4　プラストシアニンは酸化状態+2と+1を行き来する銅イオンを含むタンパク質である．そのシトクロムcによる還元反応の$k_{r,et}$を求めよ．ただし，$k_{r,AA} = 6.6 \times 10^2\ \mathrm{dm^3\ mol^{-1}\ s^{-1}}$，$E^{\ominus} = +0.350\ \mathrm{V}$である．また，シトクロム$c$については$k_{r,DD} = 1.5 \times 10^2\ \mathrm{dm^3\ mol^{-1}\ s^{-1}}$，$E^{\ominus} = +0.260\ \mathrm{V}$である．

テーマ7　発展問題

P7・1　トピック4Gでは，複数の結合サイトをもつタンパク質へのリガンド結合の熱力学を導入した．それは，アロステリック酵素による酵素触媒作用にとって重要である．アロステリック酵素は，エフェクターという小分子の非共有結合によって変化する触媒活性を示すからである．一例として，数個の同一なサブユニットと数個の活性サイトから成る酵素を考えよう．アロステリックの特徴の一つは，基質がエフェクターとして作用することであり，サブユニットの一つに基質分子が結合することで他の活性サイトの触媒効率を上げたり下げたりするのである．その結果，アロステリック酵素によって触媒される反応は，ミカエリス-メンテンの振舞いから大きなずれを示す．

(a) 複数のサブユニットをもつアロステリック酵素について，基質濃度に対して反応速度をプロットしたグラフの概略を描け．ただし，触媒効率は占有サイトの数によって変化し，活性サイトがすべて占有されている酵素は結合基質分子が一つ以上少ない酵素よりも効率が高いと仮定する．作成したプロットと，ミカエリス-メンテンの振舞いを示す図7A・2を比較せよ．

(b) (a)で作成したプロットは，アロステリック酵素に特徴的なシグモイド形(S字形)をしているはずである．その反応機構は，$E + nS \rightleftharpoons ES_n \rightarrow E + nP$ と書くことができ，反応速度 v は次式で表される．

$$v = v_{max} f([S]) \qquad f([S]) = \frac{1}{1 + K_d (c^{\ominus})^n / [S]^n}$$

K_d は，ES_n 生成の解離平衡定数である．K_d の値を適当に設定し，n の値をいくつか選んで，[S] に対して v/v_{max} をプロットしたグラフを描け．v を表す式の形を見て予測できたシグモイド形の速度論を確認したうえで，この曲線の形に与える n の効果について分子論的な解釈をせよ．

(c) アロステリック酵素によって触媒される反応の速度を表す式が，つぎのように書けることを示せ．

$$\log_{10} \frac{v}{v_{max} - v} = n \log_{10}([S]/c^{\ominus}) - \log_{10} K_d$$

(d) 上の式とつぎのデータを用いて，シグモイド形の速度論を示す酵素触媒反応の n の実効値を求めよ．

$[S]/(10^{-5}\ mol\ dm^{-3})$	0.10	0.40	0.50
$v/(\mu mol\ dm^{-3}\ s^{-1})$	0.0040	0.25	0.46
$[S]/(10^{-5}\ mol\ dm^{-3})$	0.60	0.80	1.0
$v/(\mu mol\ dm^{-3}\ s^{-1})$	0.75	1.42	2.08
$[S]/(10^{-5}\ mol\ dm^{-3})$	1.5	2.0	3.0
$v/(\mu mol\ dm^{-3}\ s^{-1})$	3.22	3.70	4.02

なお，基質濃度が $0.10\ mmol\ dm^{-3}$ から $10\ mmol\ dm^{-3}$ の範囲では，反応速度は $4.17\ \mu mol\ dm^{-3}\ s^{-1}$ で一定であった．

P7・2　一般に，酵素の触媒効率はその反応が行われた媒質のpHに依存する．この挙動を説明する一つの方法は，酵素や酵素-基質複合体が特定のプロトン付加状態でだけ活性であるとすることである．この問題はつぎの機構にまとめることができる．

$$EH + S \underset{k_a'}{\overset{k_a}{\rightleftharpoons}} ESH \xrightarrow{k_b} P$$

$$EH \rightleftharpoons E^- + H^+ \qquad K_{E,a} = [E^-][H^+]/[EH]c^{\ominus}$$

$$EH_2^+ \rightleftharpoons EH + H^+ \qquad K_{E,b} = [EH][H^+]/[EH_2^+]c^{\ominus}$$

$$ESH \rightleftharpoons ES^- + H^+ \qquad K_{ES,a} = [ES^-][H^+]/[ESH]c^{\ominus}$$

$$ESH_2^+ \rightleftharpoons ESH + H^+ \qquad K_{ES,b} = [ESH][H^+]/[ESH_2^+]c^{\ominus}$$

ここで，EHとESHだけが活性である．

(a) 上で示される機構では，

$$v = \frac{v'_{max}}{1 + K'_M/[S]}$$

ただし，

$$v'_{max} = v_{max} f_1([H^+])$$

$$f_1([H^+]) = \frac{1}{1 + [H^+]/K_{ES,b} + K_{ES,a}/[H^+]}$$

$$K'_M = K_M f_2([H^+])$$

$$f_2([H^+]) = \frac{1 + [H^+]/K_{E,b} + K_{E,a}/[H^+]}{1 + [H^+]/K_{ES,b} + K_{ES,a}/[H^+]}$$

が成り立つことを示せ．ここで，v_{max}，K_M はEH形の酵素のものである．

(b) ある仮想的な反応が $v_{max} = 1.0\ \mu mol\ dm^{-3}\ s^{-1}$，$K_{ES,b} = 1.0\ \mu mol\ dm^{-3}$，$K_{ES,a} = 10\ nmol\ dm^{-3}$ の値を示すとき，0から14まで変化するpHに対して v'_{max} をプロットしたグラフを描け．v_{max} が最大値を示すようなpHが存在するか．もしあれば，そのときのpHを求めよ．

(c) (b)の場合と v_{max} は同じで，$K_{ES,b} = 0.10\ mmol\ dm^{-3}$，$K_{ES,a} = 0.10\ nmol\ dm^{-3}$ のときのプロットを描け．このプロットと(b)のプロットの違いを説明せよ．

P7・3　光の吸収で開始する生化学反応の研究は明らかに，電子移動過程の速度論の理解に少なからず貢献してきた．その実験は時間分解分光法によるもので，レーザーのような強い光源からエネルギーを吸収することにより，多くの物質がずっと効率のよい電子供与体になるという実験事実によっている．電子受容体をうまく選ぶことによって，暗状態では(弱い電子供与体のみが存在するので)電子移動は起こらないが，レーザーパルスの照射後は（ずっとよい電子供与体がつくられるので）電子移動が起こるという実験系を組むことが可能である．自然はこのやり方を利用しており，光合成生物で最終的にはATPのリン酸化につながる電子移動現象の連鎖を開始している．

（a）タンパク質の電子移動を研究する賢明な方法の一つは，タンパク質表面に電子活性な化学種を付加し，その化学種と電子活性なタンパク質補因子との間の k_{et} を測定するものである．ある論文〔J. W. Winkler and H. B. Gray, *Chem. Rev.*, **92**, 369 (1992)〕では，シトクロム *c* のヘム鉄を Zn^{2+} イオンに置換してタンパク質内部に亜鉛ポルフィリン（ZnP）をもたせ，表面のヒスチジン残基にルテニウムイオン錯体を付加したものについて得られたデータをまとめている．こうして，電子活性種の末端間距離は1.23 nmで一定とした．いろいろな標準還元電位をもつ種々のルテニウムイオン錯体が実験に使われた．それぞれのルテニウム修飾タンパク質について，レーザーパルスで亜鉛ポルフィリンを励起し，$Ru^{2+} \rightarrow ZnP^{+}$ あるいは $ZnP^{*} \rightarrow Ru^{3+}$ の遷移が観測された．この系では，電子励起されたポルフィリンがより強力な還元剤となり，レドックス対 ZnP^{+}/ZnP および ZnP^{+}/ZnP^{*} は異なる標準電位をもつから，異なる標準反応ギブズエネルギーを示す．つぎのデータを使って，この系の再編ギブズエネルギーを計算せよ．

	$Ru^{2+} \rightarrow ZnP^{+}$			$ZnP^{*} \rightarrow Ru^{3+}$		
$\Delta_r G^{\ominus}$/eV	−0.665	−0.745	−1.015	−0.705	−0.975	−1.055
$k_{et}/(10^6\ s^{-1})$	0.657	1.52	5.76	1.52	8.99	10.1

（b）紫光合成バクテリア *Rhodopseudomonas viridis* の光合成反応中心は，電子移動反応に参加する数多くの補酵素を結合したタンパク質複合体である．つぎの表は，ある論文〔C. C. Moser *et al*., *Nature*, **355**, 796, (1992)〕で異なる補因子間の電子移動の速度定数やその末端間距離のデータをまとめたものである．（BChl，バクテリオクロロフィル；$BChl_2$，バクテリオクロロフィル二量体，機能はBChlと異なる；Bph，バクテリオフェオフィチン；Q_A および Q_B，2ヵ所の異なるサイトに結合したキノン分子；Cyt c_{559}，反応中心複合体に結合したシトクロム）．これらのデータは，トピック7Dの（5）式（$\ln k_r = -\beta r +$ 定数）で予測される挙動と合っているか．合っているなら，β の値を求めよ．

反　応	$BChl^{-} \rightarrow BPh$	$BPh^{-} \rightarrow BChl_2^{+}$	$BPh^{-} \rightarrow Q_A$	Cyt $c_{559} \rightarrow BChl_2^{+}$
r/nm	0.48	0.95	0.96	1.23
k_r/s^{-1}	1.58×10^{12}	3.98×10^{9}	1.00×10^{9}	1.58×10^{8}
反　応	$Q_A^{-} \rightarrow Q_B$	$Q_A^{-} \rightarrow BChl_2^{+}$		
r/nm	1.35	2.24		
k_r/s^{-1}	3.98×10^{7}	63.1		

テーマ 8

原　　子

原子は，化学や生物学のあらゆる局面で中心的な存在となっている．その構造を理解しておくことは，物質の諸性質やそれがひき起こす反応を説明するうえで不可欠である．原子の有核モデルは 20 世紀初頭に提唱されていたが，中央の原子核のまわりに電子が配置されている状況は，量子力学が 1920 年代に発展するまでは確かなものとして理解されていなかった．この量子力学の発展は，電子の振舞いに対するわれわれの理解を激変させただけでなく，物質が起こすいろいろな現象を分子レベルで理解することを可能にしたのであった．

トピック 8A　量子論の原理

量子論は，ものと放射線に関するいろいろな実験事実が，古典力学の予測と異なるのが明確になったときに出現した．すなわち，粒子が波の性質をもち，波もまた粒子の性質をもつことがわかったのである．この波-粒子二重性は，波動関数の導入によってシュレーディンガー方程式に取込まれている．なかで最も古典力学が予期しなかった結果は，不確定性原理として具体的に現れた．不確定性原理によれば，ある対をなす性質については，これを同時に指定することは不可能である．一方，波-粒子二重性がもたらした影響は，顕微鏡法と回折法を電磁スペクトルの広い領域へと拡張することにつながった．

トピック 8B　運動の量子力学

シュレーディンガー方程式は，注目する粒子の運動状態を表す力学情報をすべて含んだ波動関数という解をもつ．その運動には並進，回転，振動という三つの基本的なタイプがあり，それぞれに特徴的な量子力学的挙動が見られる．たとえば，古典力学では立ち入れないはずの禁止領域に粒子が入り込む能力，エネルギーや角運動量の量子化，注目する系から取除けないエネルギーの存在など古典力学で予想できなかったいろいろな性質が現れるのである．この禁止領域へのトンネル現象を利用すれば，表面にある分子の像を描いてみせることができる．

トピック 8C　原子オービタル

シュレーディンガー方程式が厳密に解ける原子は，水素型原子に限られる．それは，電子が 1 個しかない原子番号 Z の原子である．そのシュレーディンガー方程式の解のことを“原子オービタル”という．原子の電子構造を一般的に説明するときや分子の電子構造を論じるときなど，原子オービタルは化学全般で用いられる．

トピック8D　多電子原子

水素型原子について求めた原子オービタルを使えば，それに構成原理を用いることで多電子原子の電子構造を表すことができる．構成原理とは，電子が占有可能なエネルギー状態のうち実際に占める順序を予測するための一組の規則であり，それは電子間の反発とパウリの排他原理を考慮に入れた規則である．構成原理によれば周期表の構造をうまく説明でき，原子半径やイオン化エネルギー，電子親和力などの周期表での原子の位置や順序を理解することができる．ここでは，生命に対する無機物の寄与として重要な亜鉛の役割を取上げる．

トピック 8A

量子論の原理

➤ 学ぶべき重要性

生化学過程に対して分子レベルでどのような力学的解釈を与えるかは，量子力学によって原子構造や分子構造をどう表しているかで違ってくる．

➤ 習得すべき事項

ものと放射線はどちらも同じ二重性を備えている．また，エネルギーは量子化されている．

➤ 必要な予備知識

古典力学の基礎概念（必須のツール 10）と波動の性質（必須のツール 11）をよく理解している必要がある．

量子力学の役割はもちろんのこと，その存在ですら 20 世紀になってはじめて認められた．それまでは，17 世紀にニュートン[1]によって導入された物体の挙動を記述する**古典力学**[2]の諸法則を使えば，原子やその構成粒子の運動も表せると考えられていた．古典力学によって惑星の運動や振り子，投射物など日常的な物体の運動が見事に説明されたからである．

古典物理学は“あたりまえ”と思える三つの仮定に基づいている．

1. 粒子はある“軌道”を運動しており，どの瞬間も厳密な位置と厳密な運動量で表せる．
2. どんな物体も，任意のエネルギーをもつ運動状態に励起することができる．
3. 波と粒子は，識別できる別の概念である．

これらの仮定はいずれも，日常経験しているものと一致している．たとえば，振り子については，任意の角度まで引き上げて離すだけで，それに応じた任意のエネルギーで振動させることができる．古典力学（[必須のツール 10] にまとめてある）を使えば，揺れている振り子のどの瞬間の位置も速さも予測することができる．

20 世紀が始まる前には，原子や電子など非常に小さな粒子の個々の挙動について，古典力学で説明できないという実験的な証拠が蓄積されていた．1927 年になってようやく，それらをうまく説明できる概念と方程式が見いだされたのである．いまでは，古典力学は粒子の運動を近似的に表しているにすぎず，その近似は分子や原子，電子に適用できないことがわかっている．当時は，もの（と放射線）の振舞いに関する何らかの新しい理論が必要とされていた．この新しい理論，**量子論**[3]（あるいは量子力学）は，生化学の中心にある分子過程を理解するうえでも不可欠である．量子論は，原子の構造，つまり周期表で表される原子の関係性を説明し，あるいは分子の構造と分子間相互作用のメカニズムを説明するための基礎になっている．一方で，電子移動や呼吸，光合成などの過程を説明したり，生化学過程を解明するための近代的な研究手法を開発したりするための基礎にもなっている．生化学のあらゆる側面で，量子論の足跡が感じられることだろう．

必須のツール 10　古典力学

物体の**速さ**[4] v は，位置の変化の速さと定義される．**速度**[5]では，物体の速さだけでなく向かう方向も指定するから，同じ速さでも異なる方向に向かう粒子であれば，その速度は異なる．**直線運動量**[6] p は，

$$p = mv \qquad \text{直線運動量［定義］}$$

と定義される．運動量も向かう方向をもつという点で速度と似ている．したがって，同じ質量の物体が同じ速さで運動していても，異なる方向に向かっていれば両者の直線運動量は異なる．

加速度[7] a は速度の変化の速さである．速さが変化すれば物体は加速される．一方，速さの変化がなくても運動の方向が変化していれば，その物体は加速している．したがって，環上を一定の速さで運動している

1) Isaac Newton　2) classical mechanics　3) quantum theory　4) speed　5) velocity　6) linear momentum　7) acceleration

物体は絶えず加速している．ニュートンの**運動の第二法則**[1]によれば，質量 m の物体の加速度はそれに作用している力 F に比例しており，

$$F = ma$$ 力

で表される．**運動量の保存則**[2]によれば，物体の運動量はそれに作用する力がない限り一定である．

物体の**エネルギー**[3] E は，運動エネルギー E_k とポテンシャルエネルギー E_p（V で表すことが多い）の和である．**運動エネルギー**[4]は，物体が運動することによるエネルギーである．質量 m の物体が速さ v で運動しているときの運動エネルギーは，

$$E_k = \frac{1}{2}mv^2$$ 運動エネルギー［定義］

で表される．**ポテンシャルエネルギー**[5]は，物体が置かれた場所によってもっているエネルギーである．その表し方は，注目する物体に作用している力の性質によって異なる．地球表面で（地上に近い）高さ h にある質量 m の物体のポテンシャルエネルギーは，

$$E_p = mgh$$ ポテンシャルエネルギー［重力場］

で表される．g は自然落下の加速度である．地球の標準値は 9.80665 m s^{-2} である．ばね（化学結合も同じ）の平衡位置からの変位距離 x でのポテンシャルエネルギーは，

$$E_p = \frac{1}{2}k_f x^2$$ ポテンシャルエネルギー［ばね］

である．k_f は力の定数であり，ばねの硬さの尺度である．このほかに生化学で関係あるのはクーロンポテンシャルエネルギーであり，電荷 Q_1 から距離 r に別の電荷 Q_2 があるときは，

$$E_p = \frac{Q_1 Q_2}{4\pi\varepsilon_0 r}$$ ポテンシャルエネルギー［クーロン］

で表される．ε_0 は電気定数（真空の誘電率ともいう）であり，基礎物理定数（巻末の見返しに一覧がある）の一つである．**エネルギーの保存則**[6]によれば，孤立している物体の全エネルギー（$E = E_k + E_p$）は一定である．

8A・1 量子論の出現

量子論は19世紀の終わりに行われた一連の実験結果から生まれた．そこから二つの重要な結論が導かれたのであった．一つは，それまで2世紀にわたり正しいとされてきた考えと違って，系と系の間で起こるエネルギーの移動は，ある量の塊としてしかできないというものであった．もう一つは，電磁放射線と粒子が共通する性質をもつというものである．すなわち長年の間，波と考えられてきた電磁放射線が実は粒子の流れのようにも振舞い，一方，1897年に発見されて以来，粒子であると考えられてきた電子が実は波のようにも振舞うということである．この節では，これらの結論を導くことになった証拠を振返り，正しい力学が備えていなければならない性質を明らかにしておこう．

（a）原子スペクトルと分子スペクトル

スペクトル[7]というのは，原子や分子が吸収したり放出したりした電磁放射線の振動数 ν（ニュー）または波長 λ（ラムダ）を図に表したものである（両者には $\lambda = c/\nu$ の関係がある．［必須のツール11］を見よ）．図8A・1は代表的な原子発光スペクトルであり，図8A・2は代表的な分子

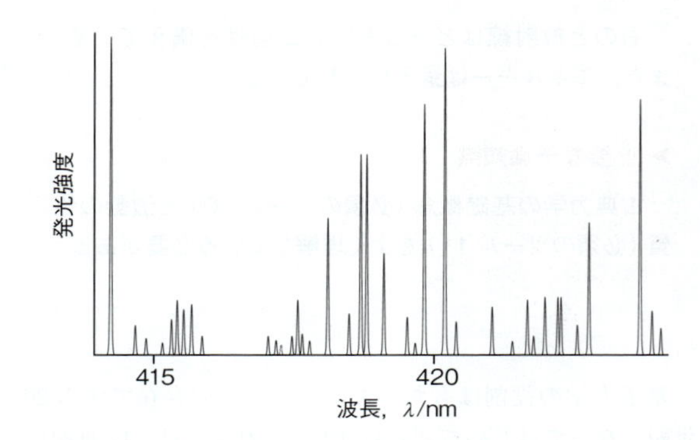

図8A・1　励起した鉄原子が放出した放射線のスペクトルの一部．一連のとびとびの波長（または振動数）の放射線から成る．

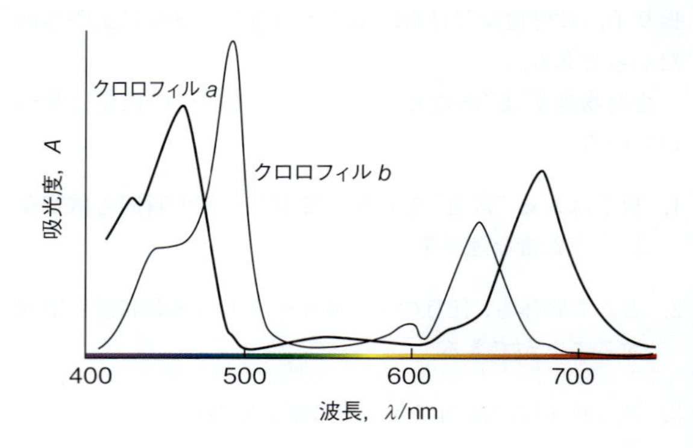

図8A・2　分子が状態を変えるときは，ある明確な振動数の放射線を吸収している．クロロフィル（巻末の構造図R3）のこのスペクトルから，分子のエネルギーは連続的に変化しておらず，分子は特定のエネルギーしかもてないことがわかる．

1）second law of motion　2）law of conservation of momentum　3）energy　4）kinetic energy　5）potential energy
6）law of conservation of energy　7）spectrum

吸収スペクトルである．両方のスペクトルの特徴は，

　一連の離散的な振動数の電磁放射線が吸収されたり放出されたりしている．

ということである．この特徴は，つぎのように考えれば理解できる．

- 原子や分子のエネルギーは**量子化**[1]されており，離散的な値に限られるとする．そうすれば，原子や分子に許された状態の間で飛び移るとき，エネルギーの塊としてだけ放出，吸収できるからである（図 8A･3）．
- 吸収されたり放出されたりした放射線の振動数は，その系の始状態と終状態のエネルギー差と関係がある．

これらの仮定をまとめたのが**ボーアの振動数条件**[2]で，これは放射線の振動数 ν（ニュー）が，原子や分子の二つの状態間のエネルギー差 ΔE とつぎの関係にあるというものである．

$$\Delta E = h\nu \qquad \text{ボーアの振動数条件} \qquad (1)$$

h は比例定数である．すぐあとで説明する実験的な証拠から，この簡単な関係が正しいことがわかり，h として $h = 6.626 \times 10^{-34}$ J s という値が得られている．この定数はいまでは**プランク定数**[3]として知られているが，それはドイツの物理学者プランク[4]が，彼の理論の中で導入したことによる．

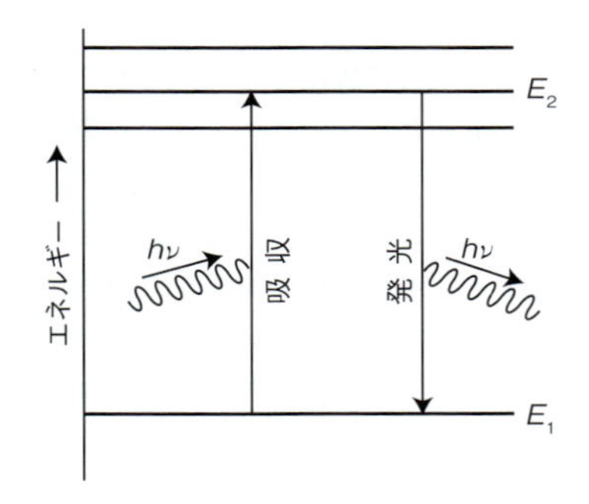

図 8A･3　分子がもつ離散的なエネルギー準位の間で変化が起こるとき，ある特定のフォトンが放出（もしくは吸収）されると仮定すればスペクトルの特徴を説明することができる．その遷移に関わる二つの準位のエネルギーが大きく異なるときは高振動数の放射線が放出（吸収）され，二つの準位のエネルギーが近いときは低振動数の放射線が放出（吸収）される．いずれの場合も，分子のエネルギー変化 ΔE は $h\nu$ に等しい．ν は観測される放射線の振動数である．

必須のツール 11　波動

波は，**波長**[5] λ（ラムダ）と**振幅**[6] A で表すことができる．波長は波のピーク間の距離であり，振幅は最大の変位である（最初の図を見よ）．x 方向の定常波（定在波ともいう）を表す数学式はつぎのように書ける．

$$\psi(x) = A\sin(2\pi x/\lambda) \qquad x\text{ 方向の定常波}$$

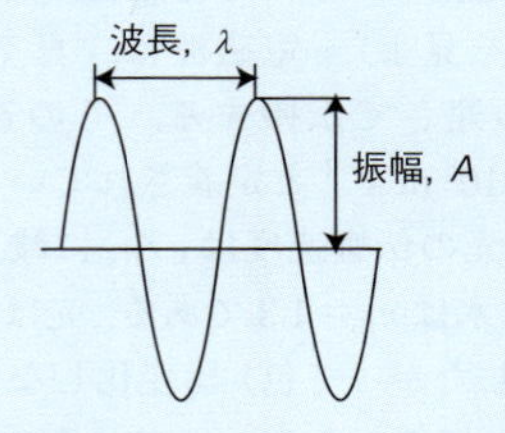

この波が右向きに（x の正の側に）速さ v で進むとすれば，ある特定の位置での波の高さは A と $-A$ の間で振動する．その**振動数**[7] ν（ニュー）は，波の高さがもとに戻る速さである．振動数はヘルツ（Hz）で表す．1 Hz = 1 s^{-1} である．つまり，1 ヘルツは 1 秒間に 1 周期の振動に相当する．波の波長と振動数にはつぎの関係がある．

$$\lambda\nu = v \qquad \text{波長と振動数の関係}$$

波を表すのに**波数**[8] $\tilde{\nu}$（ニュー チルダ）を用いることもよくある．それは，

$$\tilde{\nu} = \frac{1}{\lambda} = \frac{\nu}{v} \qquad \text{波数［定義］}$$

で定義される．すなわち，波数は波長の逆数であり，与えられた距離内に含まれる波長の数と解釈できる．

　波の特徴は互いに干渉することである．波の変位が加算されるところで振幅が大きくなり，変位が差し引かれるところでは振幅が小さくなる（2 番目の図を見よ）．前者を**強め合いの干渉**[9]といい，後者を**弱め合いの干渉**[10]という．

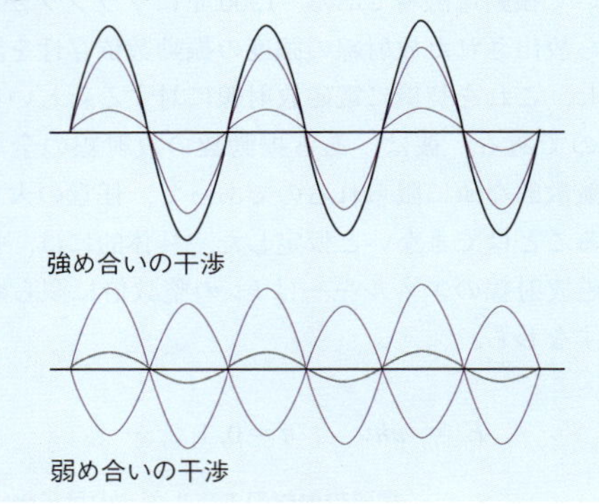

1）quantized　2）Bohr frequency condition
3）Planck's constant.〔訳注：いまでは厳密に $h = 6.62607015 \times 10^{-34}$ J s と定義されている.〕　4）Max Planck　5）wavelength
6）amplitude　7）frequency　8）wavenumber　9）constructive interference　10）destructive interference

強め合いと弱め合いの干渉領域は，振幅が増大および減少する領域としてそれぞれ現れる．**回折**[1]という現象は，波の進路に置かれた物体がひき起こす干渉であり，それを起こす物体の大きさが放射線の波長と同じ程度のときに起こる．

電磁放射線[2]は，振動電場と振動磁場から成る擾乱(じょう)であり，それは波として伝搬する．この2成分の振動方向は互いに垂直で，しかも電磁波の伝搬方向に垂直である（下図を見よ）．電磁波は，真空中を**光速**[3] c という一定の速さで伝搬する．その速さは厳密に $2.997\,924\,58\times10^{8}\ \mathrm{m\ s^{-1}}$ と定義されている．屈折率 n_r の媒質中での光の伝搬速度は c/n_r に減速される．空気は $n_\mathrm{r}=1.0$，水は $n_\mathrm{r}=1.3$ である．光は媒質中に入っても振動数（したがって色）は変化しないから，波長が λ から λ/n_r に短くなる．一方，その屈折率は振動数によって変わるから注意しよう．光は人間の眼に見える電磁放射線であり，その振動数領域は 790 THz（紫色，真空中での波長 380 nm）から 400 THz（赤色，真空中での波長 750 nm）に及ぶ．

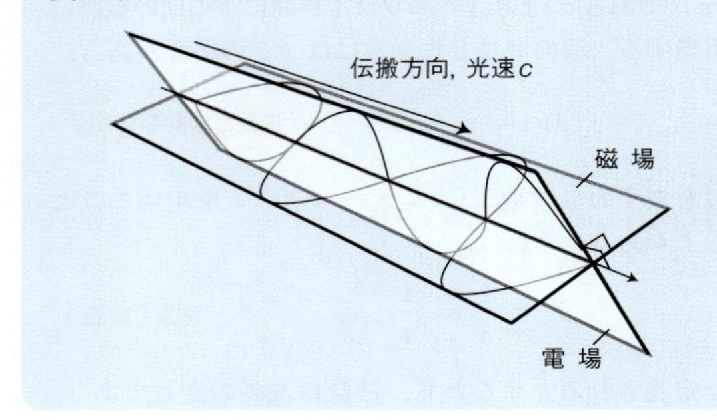

(b) 波-粒子二重性

古典物理学では光を電磁放射線とみなす．それは何もない空間，つまり真空中をある波として一定の速さ c で広がっていく振動電磁場である．1900年にプランクが，熱い物体から放出された放射線の強度の振動数依存性を説明しようとし，これを契機に電磁放射線に対する新しい見方が現れたのである．彼は，ある振動数の放射線の全エネルギーは離散的な値に限られるのであって，任意の大きさに変化することはできないと仮定した．具体的には，振動数 ν の電磁放射線のエネルギーは $h\nu$ の整数倍に限られるとした．すなわち，

$$E = nh\nu \qquad n=0,1,2,\cdots$$

電磁放射線のエネルギーの量子化　(2)

である．h はプランク定数である．この結論に刺激されたアインシュタイン[4]は，電磁放射線は粒子の流れから成るのであって，その粒子それぞれはエネルギー $h\nu$ をもつと考えるに至った．このような粒子が1個だけ存在するとき，その放射線のエネルギーは $h\nu$，その振動数の粒子が2個あるときは全エネルギーが $2h\nu$ と考える．このような電磁放射線の粒子をいまでは**フォトン**[5]という．放射線をフォトンとみなす立場では，単色（一つの振動数）の電磁放射線の強い流れはフォトンの密な流れである．同じ振動数でも弱い電磁放射線は，比較的少数の同じタイプのフォトンからできている．

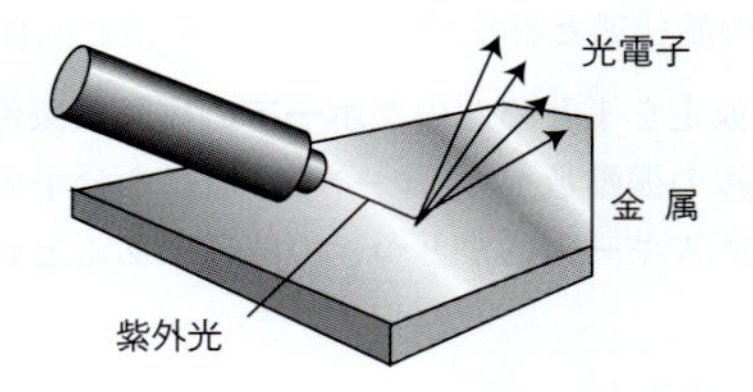

図8A・4　光電効果を立証する実験．金属表面の一部に紫外光を照射すると，その光の振動数が金属の種類で決まるしきい値を超えていれば，表面から電子が放出される．

電磁放射線を粒子の流れと解釈するこのような見方を実証したのは**光電効果**[6]であった．これは，金属に紫外光を当てたとき電子が飛び出てくる現象である（図8A・4）．実験によれば，光の振動数がその金属に固有のあるしきい値を超えない限り，光の強度に関わらず電子は全く放出されない．一方，弱い光であっても振動数がそのしきい値以上ならば，電子はただちに放出される．これらの観測事実から，光電効果の解釈としてつぎのような見方が明確になったのである．すなわち，何らかの粒子状の投射物，つまりフォトンが衝突することによって電子が放出される．このとき，そのフォトンが金属中の電子をたたき出すのに必要なエネルギーをもっていればよいというわけである．フォトンが電子1個と衝突すれば，フォトンのエネルギーは全部電子に渡るから，各フォトンが十分なエネルギーをもって衝突が起こればただちに電子が現れると予測される．すなわち，エネルギー保存の原理によって，フォトンのエネルギーは電子の運動エネルギーと金属の**仕事関数**[7] Φ（大文字のファイ，電子を金属から引き離すのに必要なエネルギー）の和となる（図8A・5）．

光電効果はフォトンが存在する強い証拠であるとともに，光が粒子としての性質を備えているという，古典的な光の波動理論とは相容れない見解を示している．一方，**回折パターン**[8]は波と波の干渉によって生じるもので，波の

1) diffraction　2) electromagnetic radiation　3) speed of light　4) Albert Einstein　5) photon　6) photoelectric effect
7) work function　8) diffraction pattern

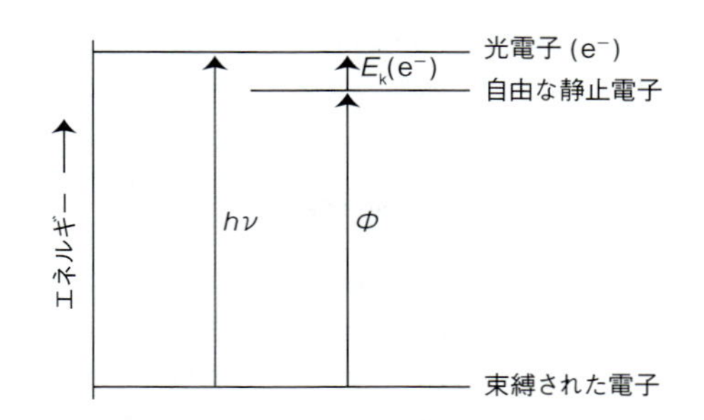

図8A･5 光電効果では，入射するフォトンはある決まった量のエネルギー$h\nu$を運んでくる．そのフォトンが標的金属の表面に近い電子と衝突してそのエネルギーを移す．仕事関数Φとエネルギー$h\nu$との差が，フォトンによりたたき出された電子，つまり光電子の運動エネルギー$E_k(e^-)$として現れる．

進行経路に置いた物体で回折されて起こる（図8A･6）．波が観測される場所では，明暗に分かれた一連の縞模様が見られる．回折現象は波が示す典型的な特徴の一つであるから，回折が現れることは波であることの有力な証拠である．1927年にアメリカの物理学者デビソン[1]とガーマー[2]によって行われた実験で，電子を用いて回折パターンを観測した当時の驚きは想像できるだろう（図8A･7）．

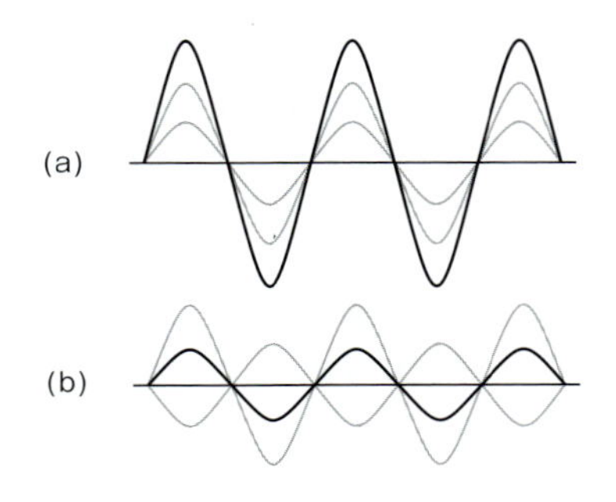

図8A･6 同じ空間領域に二つの波（どちらも薄い曲線で示してある）が存在すると，両者は干渉を起こす．干渉が起これば，両方の波の山と谷の相対的な位置関係によって，(a) 強め合って振幅が大きくなったり，(b) 弱め合って振幅が小さくなったりする．

デビソン-ガーマーの実験は，その後もさまざまな粒子線を用いて（水素分子やフラーレンC_{60}についても）行われ，その結果は"粒子"が波としての性質を備えていることを明確に示した．一方で"波"は粒子の性質も備えている．こうしてわれわれは近代物理学の核心に迫ることになる．原子スケールで調べれば，粒子と波動の概念は融合してしまい，粒子は波の性質を帯び，波は粒子の性質を帯びている．ものと放射線が波と粒子の両方の性質をもち合わせている，このような性質を**波-粒子二重性**[3]という．ものや放射線を原子スケールで考えるときはいつも，この風変わりで込み入った，当時としては革命的な考えを思い起こすことにしよう．

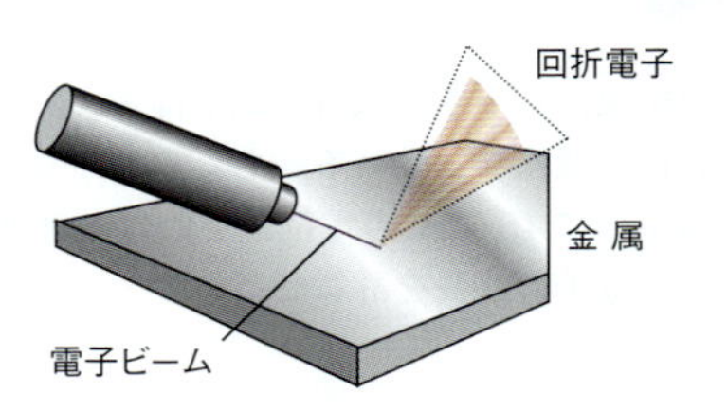

図8A･7 デビソン-ガーマーの実験ではニッケルの単結晶に電子ビームが当てられた．このとき散乱された電子の強度は，角度によって異なっていた．その強度変化は，電子が波動性をもち，固体の原子層で回折されるとしたときに予測されるパターンに相当するものであった．

これらの概念が現れて，混乱が生じたのは当然の成り行きであった．ものと放射線の両方に見られる二つの側面を組合わせて，一つの表し方にするにはどうすればよいだろうか．その混乱は今日まで続いている．ある程度の進展は1924年，ドブローイ[4]によってもたらされた．彼は，直線運動量p（質量mと速さvの積，$p=mv$）で運動する粒子はすべて，**ドブローイの式**[5]，

$$\lambda = \frac{h}{p} \qquad \text{ドブローイの式} \quad (3)$$

で与えられる波長λを（ある意味で）もつはずであると提案した．この波長に相当する波をドブローイは"物質波[6]"と名付けたが，数学的には$\sin(2\pi x/\lambda)$の形をしている．ドブローイの式によれば，粒子の速さが速くなれば"物質波"の波長は短くなる（図8A･8）．また，速さが同じなら重

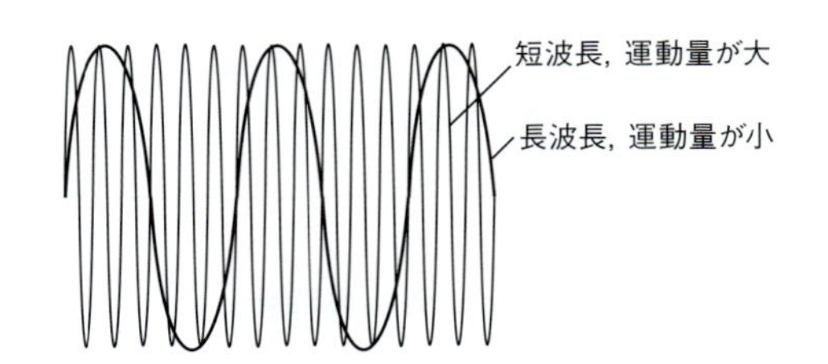

図8A･8 ドブローイの式によれば，運動量の小さな粒子は波長が長く，運動量の大きな粒子は波長が短い．運動量が大きいのは質量が大きいか速さが速いかである（$p=mv$）．マクロな物体は質量が非常に大きいから，たとえ非常にゆっくり運動していても，その波長は検出できないほど短い．

1) Clinton Davisson 2) Lester Germer 3) wave-particle duality 4) Louis de Broglie 5) de Broglie relation 6) matter wave

い粒子は軽い粒子より波長の短い波を伴う．(3) 式は，デビソン-ガーマーの実験で確かめられたのである．それは，実験に用いた電子について予測される波長が，観測された回折パターンの詳細まで一致していたからである．

例題 8A・1　電子のドブローイ波長の求め方

電子顕微鏡法で小さな試料の像が得られるのには，電子の波動性が鍵になっている．ある電子顕微鏡で，静止している電子に 15.0 kV の電位差をかけて加速したとしよう．この電子の波長を計算せよ．

考え方　ドブローイの式を使うには，運動エネルギー E_k と直線運動量 p の関係が必要である．どちらも古典力学の概念であり，要点は［必須のツール 10］にまとめてある．$p = mv$ および $E_k = \frac{1}{2}mv^2$ であるから，$E_k = \frac{1}{2}m(p/m)^2 = p^2/2m$ となって，$p = (2mE_k)^{1/2}$ が得られる．静止していた電子が電位差 $\Delta\phi$ で加速されて獲得する運動エネルギーは $e\Delta\phi$ である．ここで，$e = 1.602 \times 10^{-19}$ C は電子の電荷† であるから $E_k = e\Delta\phi$ と書ける．したがって，$p = (2m_e e\Delta\phi)^{1/2}$ である．電子の質量 $m_e = 9.109 \times 10^{-31}$ kg を使えばよい．

解答　ドブローイの式 (3 式) に $p = (2m_e e\Delta\phi)^{1/2}$ を使えば，

$$\lambda = \frac{h}{(2m_e e\,\Delta\phi)^{1/2}}$$

が得られる．あとは数値を代入すればよい．ここで，1 C V = 1 J および 1 J = 1 kg m^2 s^{-2} を使えばつぎの結果が得られる．

$$\lambda = \frac{6.626 \times 10^{-34}\,\mathrm{J\,s}}{\{2 \times (9.109 \times 10^{-31}\,\mathrm{kg}) \times (1.602 \times 10^{-19}\,\mathrm{C}) \times (1.50 \times 10^4\,\mathrm{V})\}^{1/2}}$$

$$= 1.00 \times 10^{-11}\,\mathrm{m} = 10.0\,\mathrm{pm}$$

コメント　このタイプの計算は，本トピック最後の［具体例］でも必要になる．

8A・2　シュレーディンガー方程式

ドブローイの式は，新しい力学を構築するための出発点であり，これによって粒子が軌道上を運動するという古典的な考え方を捨てる．ここからは，つぎの量子力学的な見方を採用しよう．

粒子は波のように空間を広がっている．

この“二重の”様相については，すぐあとで詳しく説明する．いまのところは，水面の波を思い浮かべればよい．すなわち，水はある場所に集まり高くなっているが，別の場所では低くなっている．これと同じで，粒子には他よりずっと見つかりやすい場所がある．そこで，その分布を表すために，軌道の代わりに**波動関数**[1] ψ（プサイ）という概念を導入し，ψ を計算し解釈する方式をつくりだす．“波動関数”というのはドブローイの“物質波”の現代版の用語であり，ごく粗い第一近似としては，ぼやけた軌道を表すものとみてもよい (図 8A・9)．

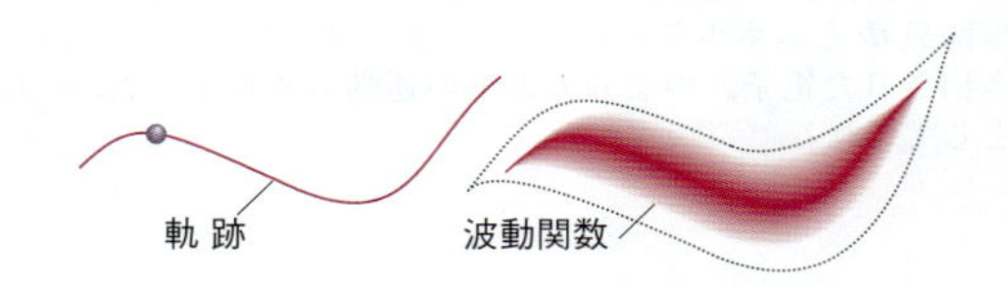

図 8A・9　古典力学によれば，粒子は明確な軌跡を描き，各瞬間に厳密に指定できる位置と運動量をもつ (図には正確な経路を示してある)．量子力学によれば，正確な軌跡を描くことはなく，どの瞬間にも，ある位置にその粒子を見いだす確率が存在するだけである．その確率分布を決めている波動関数は，いわばぼやけた軌跡である．この図では，影を付けた領域で波動関数を表している．影が濃い領域ほどそこに粒子を見いだす確率が大きい．

(a)　シュレーディンガー方程式の構成

1926 年，オーストリアの物理学者シュレーディンガー[2]は，波動関数を計算するための方程式を提案した．粒子の全エネルギーは運動エネルギーとポテンシャルエネルギーの和で表される ($E_k + V = E$) という古典力学の結果を踏襲して，質量 m の粒子 1 個が，エネルギー E で一次元運動をしているときの**シュレーディンガー方程式**[3] をつぎのように表す．

$$\overbrace{-\frac{\hbar^2}{2m}\frac{\mathrm{d}^2\psi}{\mathrm{d}x^2}}^{\text{運動エネルギー}} + \overbrace{V\psi}^{\text{ポテンシャルエネルギー}} = \overbrace{E\psi}^{\text{全エネルギー}}$$

シュレーディンガー方程式［一次元］　(4a)

この式は，非常にコンパクトなつぎの形で表すことがよくある．

$$\hat{H}\psi = E\psi$$

シュレーディンガー方程式の簡略形　(4b)

$\hat{H}\psi$ は (4a) 式の左辺全体を表す．$\hat{H}$ を注目する系の**ハミルトニアン**[4] という．これは，この概念を使う形に古典力学を整理した数学者ハミルトン[5] に因んだ命名である．文

† 訳注：電気素量の値は，いまでは厳密に $e = 1.602176634 \times 10^{-19}$ C と定義されている．トピック 1C の［必須のツール 5］を見よ．

1) wavefunction　2) Erwin Schrödinger　3) Schrödinger equation　4) hamiltonian　5) William Hamilton

字の上にキャレット（ˆ）を付けてあるのは，それが“演算子[1)]”であることを示すためのもので，演算子とはただψにそれをかける（$E\psi$はψにEをかけてある）のではなく，ある特定の作用をするものである．量子力学ではいろいろな演算子を使った式がたくさん出てくるが，本書で現れることはあまりない[†]．

数学的にいえば，シュレーディンガー方程式は“二階微分方程式”である．この式で，V（これは粒子の位置xに依存する）はポテンシャルエネルギーである．$\hbar$（エイチバーと読む）はよく使うプランク定数の変形で，$\hbar = h/2\pi = 1.054\times10^{-34}$ J s である．その解を具体的な形で示す必要がまれに出てきても，そこには非常に単純な関数しか出てこない．たとえば，単純な場合を三つ，定数は別として，波動関数の形を見せるだけで例を挙げておこう．

1. 自由に動ける粒子の波動関数は〔ドブローイの物質波，$\sin(2\pi x/\lambda)$ と全く同じで〕$\sin x$ である．
2. ある点の付近で行ったり来たり自由に振動する粒子について，その最低エネルギー状態の波動関数は e^{-x^2} である．x はその点からの変位を表す（すぐあとで説明する）．
3. 最低エネルギー状態にある水素原子について，その電子の波動関数は e^{-r} である．r は核からの距離を表す（すぐあとで説明する）．

見てわかるように，どの波動関数も数学的に特に複雑なものでない．

シュレーディンガー方程式に共通する解の性質として，それは微分方程式すべてに共通する性質でもあるが，数学的には無限個の解が許容される．たとえば，$\sin x$ がこの方程式の解であれば，a と b を任意の定数としたときの $a\sin bx$ も解であり，いずれの解も特定の E の値に対応している．しかし，注目する粒子の運動に何らかの制約が加えられているときは（水素原子の電子がプロトンの電場の影響下で運動する場合など），物理的にはこれらの解のうちあるものだけが許容される．このとき許容される解であるためには，**境界条件**[2)] というある制約を満足しなければならない（図 8A・10）．ここで一気に，量子力学の中心命題に足を踏み入れることになった．

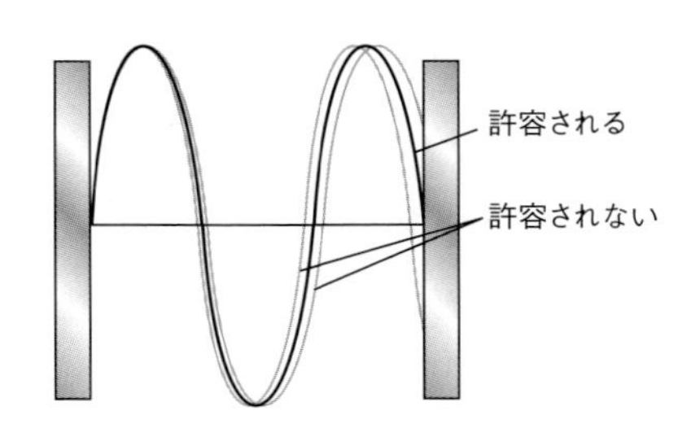

図 8A・10　シュレーディンガー方程式の数学解は無限に存在するが，全部が物理的に許容されるわけではない．許容される波動関数は，系ごとに異なる境界条件を満足していなければならない．ここに示す例では，粒子は透過できない壁と壁の間に閉じ込められていて，許容される波動関数は（いっぱいに伸びた糸の振動のように）壁と壁の間にちょうどはまるものだけである．波動関数一つずつが固有のエネルギーに対応しており，ほかの多くの解が境界条件によって除外されるから，特定のエネルギーだけが許されることになる．

> シュレーディンガー方程式のある解だけが許容され，しかも，それぞれが特定のエネルギー値に対応しているということは，そのエネルギーは量子化されていることを示している．

プランクとその後継者たちは，対象とする系ごとに量子化を仮定しなければならなかった．ところが，量子化というのはシュレーディンガー方程式というただ一つの方程式から自動的に出てくる性質であることがわかる．それは，すべての系に当てはまるのである．

(b)　波動関数の解釈

話を進める前に，波動関数の物理的な意味を理解したうえで，粒子が波のように空間を広がっているのを具体的に調べておこう．ドイツの物理学者ボルン[3)] は光の波動理論からの類推を利用し，電磁波の振幅の 2 乗をその強度，つまり（量子の言葉でいえば）存在するフォトンの数と解釈した．**ボルンの解釈**[4)] ではつぎのことを主張している．

> 注目する粒子をある微小体積 δV に見いだす確率は $\psi^2\delta V$ に比例している．ψ はその領域における波動関数の値である．

すなわち ψ^2 は**確率密度**[5)] である．質量密度（ふつうの密度）など，ほかの種類の密度でも同じことだが，確率そのものは，確率密度に注目する領域の体積を掛けてはじめて得られる．タンパク質をはじめ生化学で興味ある分子の X 線回折研究によって得られる“電子密度”というのも，分子に多数の電子が存在するときの確率密度を直接描写したものである．

ノート　記号 δ はあるパラメーターの小さな（極限としては無限小の）変化を表し，x が $x+\delta x$ に変化するというような場合に使う．一方，Δ は二つの量の測定可能な大きさの差を表し，$\Delta X = X_{\text{final}} - X_{\text{initial}}$ のように使う．

コメント　本書では ψ を実関数（すなわち，$i = (-1)^{1/2}$ を含まない関数）としている．しかし，一般には ψ は

---

† “アトキンス物理化学”第 10 版，邦訳（2017）を見よ．

1) operator　2) boundary condition　3) Max Born　4) Born interpretation　5) probability density

複素関数である（実部と虚部がある）．複素関数の場合は ψ^2 を $\psi^*\psi$ で置き換える．ψ^* は ψ の複素共役[1]である．本書では複素関数を扱わない†．

ボルンの解釈によれば，ψ^2 が大きければ（そこは“確率密度の高い”場所である），そこに粒子を見いだす確率は高い．逆に，ψ^2 が小さければ（そこは“確率密度の低い”場所である），そこに粒子を見いだす確率は低い．図8A･11で示した影の濃さは，このような**確率論的な解釈**[2]を表したものである．この解釈では，粒子をどこかに見いだす確率についてだけ予測が可能である．古典物理学ではある瞬間に粒子がその経路上のある決まった位置にいると予測できるが，この解釈はそれと対照的である．

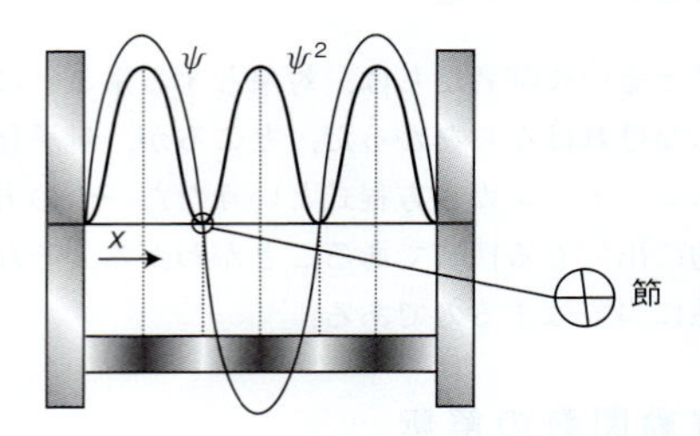

図 8A･11 波動関数 ψ には直接の物理的解釈はないが，その2乗 ψ^2（複素関数の場合は絶対値の2乗）から粒子をいろいろな位置に見いだす確率がわかる．この波動関数からの確率密度を図の下部に影の濃さで表してある．

例題 8A･2 波動関数の解釈

水素原子の最低のエネルギー状態にある電子の波動関数は e^{-r/a_0} に比例している．ここで $a_0 = 52.9$ pm であり，r は核からの距離である（図8A･12）．(a) $r=0$（つまり，核の位置），(b) 核から $r = a_0$ だけ離れた場所で，微小体積のなかに電子を見いだす相対的な確率をそれぞれ計算せよ．

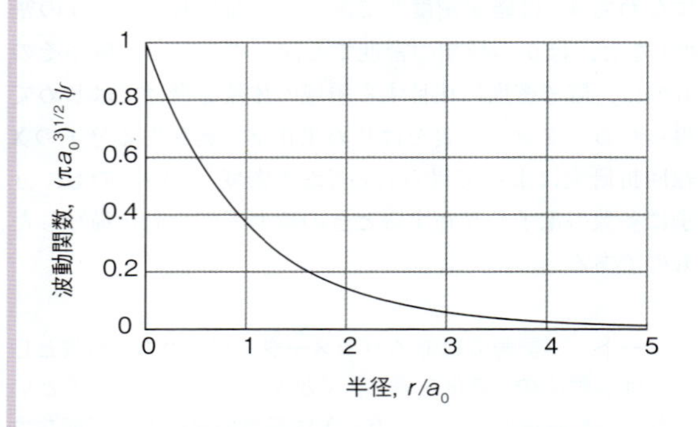

図 8A･12 水素原子の基底状態にある電子の波動関数は e^{-r/a_0} の形をしており，指数関数的に減少する関数である．$a_0 = 52.9$ pm は水素原子のボーア半径である．

考え方 確率は，ある指定した場所で求めた $\psi^2\delta V$ に比例している．ここで，$\psi \propto e^{-r/a_0}$，$\psi^2 \propto e^{-2r/a_0}$ である．注目している体積は非常に小さい（原子スケールでも小さい）から，その中で ψ が変化することは無視できる．そこで，つぎのように書ける．

$$\text{確率} \propto \psi^2 \delta V$$

ただし，ψ^2 はその指定した点で計算したものである．

解答 (a) $r=0$ では $\psi^2 \propto 1.0$（$e^0 = 1$ だから）であり，核の位置に電子を見いだす確率は $1.0 \times \delta V$ に比例している．(b) 核から任意の方向の距離 $r = a_0$ の場所では $\psi^2 \propto e^{-2}$ であるから，そこに見いだす確率は $e^{-2} \times \delta V = 0.14 \times \delta V$ に比例している．両者の確率の比は $1.0/0.14 = 7.1$ である．したがって，同じ大きさの体積要素内に電子を見いだす確率は，核から距離 a_0 だけ離れた場所よりも核の位置のほうが（7.1倍）高い．

8A・3 不確定性原理

ドブローイの式によれば，波長一定の波〔つまり，その波動関数が $\sin(2\pi x/\lambda)$ で表せる場合〕は，明確な直線運動量 $p = h/\lambda$ をもつ粒子に相当している．しかし，波は空間の特定の場所に存在するわけではないから，粒子が明確な運動量をもっていれば，その厳密な位置を予測することはできない．事実，sin 波は空間全体に広がっているから，粒子の位置については何もいえない．すなわち，波はあらゆるところに広がっているから，粒子は宇宙全体のどこにあってもよいのである．この主張はハイゼンベルク[3]によって1927年に提唱された**不確定性原理**[4]の一部（半分）で，量子力学で最も有名な帰結の一つである．

> 注目する粒子の運動量と位置を同時に，任意の正確さで指定することは不可能である．

この原理について説明する前に，残りの半分の内容を知っておくべきであろう．それは，粒子の位置を正確に知れば，運動量については何も言えないということである．仮に，粒子が特定の位置に存在すると認識できるなら，その粒子の波動関数はそこでは0でなく，それ以外のところすべてで0でなければならない（図8A･13）．このような波動関数は，多数の波動関数の**重ね合わせ**[5]によってつく

† 複素波動関数の役割や性質，解釈については，“アトキンス物理化学”第10版，邦訳（2017）を見よ．
1) complex conjugate.〔訳注：複素関数のなかの i を −i で置換した関数を複素共役な関数という．〕
2) probabilistic interpretation 3) Werner Heisenberg 4) uncertainty principle 5) superposition

りだすことができる．つまり，多数の sin 関数の振幅を足し合わせるのである（図 8A・14）．この方法を使えば，ある位置では波の振幅が互いに足し合わされるが，それ以外のところでは打ち消し合ってしまう．いい換えれば，さまざまな波長，あるいはドブローイの式によれば，さまざまな直線運動量に対応する波動関数を足し合わせることによって，鋭く局在した波動関数をつくりだすことができるというわけである．

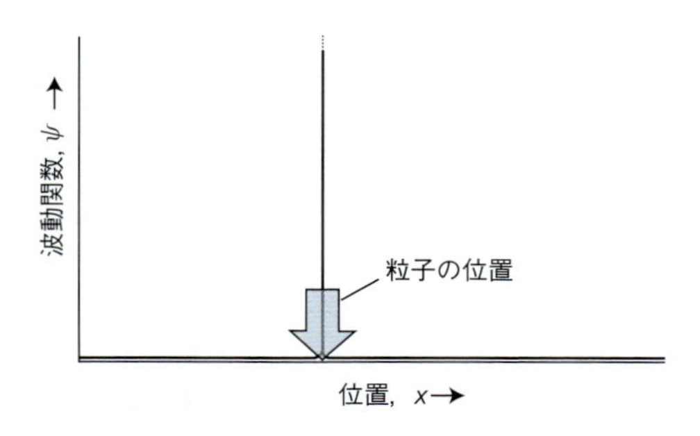

図 8A・13　明確に決まった場所にある粒子の波動関数は，その粒子の位置以外はどこでも振幅が 0 の鋭く尖った関数である．

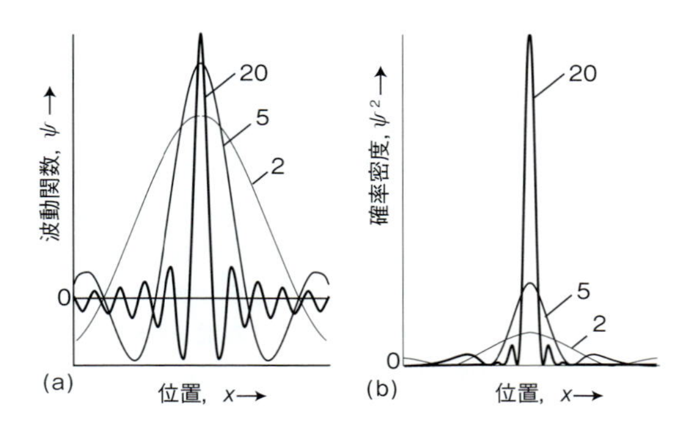

図 8A・14　場所が明確に決まらない粒子の波動関数は，あるところで強め合い，ほかのところでは弱め合う干渉をしている波長の異なる数個の波動関数の和（重ね合わせ）とみなせる．この重ね合わせに使う波動関数の数が多ければ多いほど，その粒子の場所は次第に明確になるが，その代わり粒子の運動量は次第に不確かになる．完全に局在した粒子の波動関数をつくるには無限個の波が必要である．図で曲線に添えた数は重ね合わせに使った sin 波の数である．(a) 波動関数，(b) 対応する確率密度．

数個の sin 関数を足し合わせるだけでは幅の広い，位置があまり明確でない波動関数しか得られない．しかし，関数の数を増やせば，その成分の間で正と負の領域がうまく干渉し合って，波動関数はますます鋭くなる．無限個の成分を使えば，図 8A・13 で示したように限りなく幅の狭い，鋭い波動関数が得られる．それは，粒子が完全に局在していることに相当する．こうして粒子は完全に局在化したが，そのために運動量に関する情報をすべて放棄したという対価を払っているのである．

位置-運動量の不確定性の正確な定量的関係は，

$$\Delta p \Delta x \geq \frac{1}{2}\hbar \qquad \text{位置-運動量の不確定性関係 [一次元]} \qquad (5)$$

で表される．ここで，Δp は直線運動量の“不確かさ”であり，Δx は位置の不確かさである（図 8A・14 のピークの幅に比例している）．(5) 式が定量的に表していることは，粒子の位置を厳密に指定（Δx の値を小さく）しようとすれば，その座標に沿った運動量の不確かさは増し（Δp の値が大きくなり），逆に運動量を厳密に指定しようとすれば位置の不確かさが増すということである（図 8A・15）．

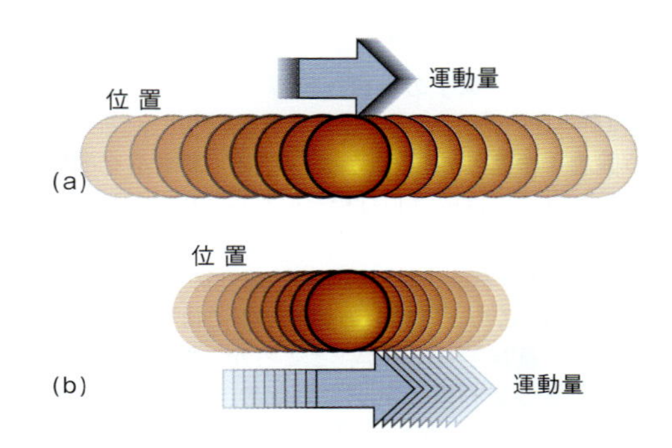

図 8A・15　不確定性原理の内容の説明．粒子のいる場所の範囲は円で，運動量の範囲は矢で示してある．(a) では位置はかなり不確かで，運動量の範囲は狭い．(b) では粒子の位置はもっとはっきりしているが，運動量はかなり不確かである．

不確定性原理は，同じ軸上の位置と運動量に適用すべきものである．x 軸上の位置と y 軸に平行な運動量などのように，ある軸での位置と，それに垂直な軸に沿った運動量については不確定性原理による制約がない．

例題 8A・3　不確定性原理の使い方

不確定性原理が生物学にとって重要か，さほどでもないかを見きわめるために，つぎのものの位置の不確かさが少なくともどれだけかを求めよ．ただし，それぞれの速さは 1.0 μm s^{-1} 以下とする．(a) 水素原子の電子，(b) べん毛という尾状構造をくねらせて液体中を泳いだり，表面上を滑ったりできる質量 1.0 pg の大腸菌（*E. coli*）．また，電子や細胞の動きを記述するのに量子力学効果を考慮することの重要性について述べよ．

考え方　速さ v の不確かさを Δv とすれば，$m\Delta v$ から Δp を求められる．次に (5) 式を使えば，位置についての最小限の不確かさ Δx を求めることができる．x はこの投射物が飛ぶ方向である．

解答　(5) 式を $\Delta x \geq \hbar/2\Delta p = \hbar/2m\Delta v$ の形にしてお

けば，位置の不確かさはそれぞれつぎのように求められる．

(a) 質量 9.109×10^{-31} kg の電子では（$1\,\mathrm{J}=1\,\mathrm{kg\,m^2s^{-2}}$ を用いて），

$$\Delta x \geq \frac{1.054\cdots\times10^{-34}\,\mathrm{J\,s}}{2\times(9.109\times10^{-31}\,\mathrm{kg})\times(1.0\times10^{-6}\,\mathrm{m\,s^{-1}})}$$
$$=58\,\mathrm{m}$$

(b) 大腸菌については（$1\,\mathrm{kg}=10^3\,\mathrm{g}$ を用いて），

$$\Delta x \geq \frac{1.054\cdots\times10^{-34}\,\mathrm{J\,s}}{2\times(1.0\times10^{-15}\,\mathrm{kg})\times(1.0\times10^{-6}\,\mathrm{m\,s^{-1}})}$$
$$=5.3\times10^{-14}\,\mathrm{m}$$

コメント　電子の場合，位置の不確かさは原子の直径（約 100 pm）よりずっと大きい．したがって，軌道の概念，つまり厳密な位置と厳密な運動量を同時にもつということは成立しない．しかし，バクテリアでは不確かさを実際上まったく無視できる．実際，水素原子の直径の 0.05 パーセント以内で細胞の位置を知ることができる．このように，細胞生物学では不確定性原理は直接的な意味をもたない．ところが，原子や分子における原子核のまわりの電子の動きや，代謝における分子やタンパク質の間の電子移動を対象とするときには不確定性原理が主役を演じることになる．

不確定性原理は，古典力学と量子力学の違いを象徴している．古典力学では，いまでは間違いとわかっているのだが，粒子の位置も運動量も任意の精度で同時に指定できるとした．一方，量子力学では位置と運動量は**相補的**[1]であり，同時に指定できない量であるから，どちらかを選ばなければならない．すなわち，運動量を犠牲にすれば位置が指定できるし，位置を犠牲にすれば運動量が指定できるのである．

8A・4 具体例：顕微鏡法

量子論の基本的な特徴の一つである波–粒子二重性は，ある重要な手法の拠り所になっている．それが果たす役割は，従来の“広視野顕微鏡法”では分解能に限界があることに注目すれば理解できるだろう．その従来法では，試料に光を照射し，その散乱光を 1 個以上のレンズを使って集光している．この顕微鏡では，レンズの異なる部分で散乱された波の間の干渉によって，小さな点の像が少しぼやけた同心円状の明暗パターン（これを“エアリー ディスク”または“点像分布関数”という）として観測されるのである．ところで，観察している二つの物体が非常に接近している場合は，この 2 個のぼやけた像が重なって一つのぼやけたパターンに見える．この種の顕微鏡の分解能は，二つの物体が像のうえでも二つとして分離して見える最短距離で定義される．その距離 d を“レイリー限界[2]”といい，アッベの式 $d=0.61\,\lambda/n_{\mathrm{r}}\sin\theta$ で表される．λ は照射光の波長，n_{r} は媒質の屈折率（真空なら $n_{\mathrm{r}}=1$），θ はレンズを見る角度の半分である（**1**）．可視光の場合は，$d\approx(200\,\mathrm{nm})/\sin\theta$ である．

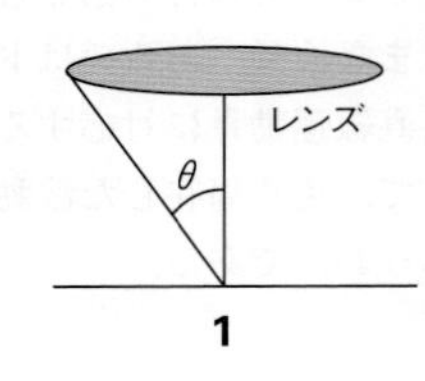

1

もう一つの手法“走査型顕微鏡法”では，細いビーム光を利用して試料の微小領域を照射し，そこからの散乱光を集束させずに検出する．このビームで試料上を走査することによって，それぞれの領域から散乱された光の強度を測定し，そのデータを使って一つの像として再構築するのである．しかしながら，このビーム自体がレンズで集光してつくったものであるから，この場合も広視野顕微鏡法と同じ干渉効果が起こる．そこで，得られる分解能は広視野顕微鏡法より良くはならない．

分解能のもっと良い（d の小さな）像を得るアプローチとしてすぐに思いつくのは，λ を短くすることである．しかしながら，X 線や γ 線など波長の非常に短い電磁放射線を集光させるレンズはつくれない．ここで，波–粒子二重性の出番が“電子顕微鏡法”としてやってくるのである．電子は波として振舞うし，しかも電子ビームを集束させるのに電磁レンズを使うことができる．速い電子は，原子のサイズよりずっと短い波長をもつから，理論的には，電子顕微鏡を使えば試料内の個々の原子像を分解できるはずである．実際には，いまのところ得られる電子顕微鏡の分解能は，レイリー限界ではなく，電磁レンズの質や検出器の感度，試料の質などで決まっている．生物学的な応用ではたいていの場合，代表的な分解能は 0.5〜1.0 nm に限られるが，0.5 nm より良い分解能が達成できている場合もある（生物学的な応用でなければもっと良い分解能も得られている）．

電子顕微鏡法の限界は，高エネルギーの電子ビームを使えば過剰な加熱やイオン化，ラジカル生成などによる試料の損傷が起こりうることである．これによって変性が起こったり，結合の切断や天然構造にない新しい結合の生成など，生物分子に致命的な化学変化が起こったりするのである．このような損傷を最小限に抑えるために，試料の温度を 77 K や 4 K まで（液体窒素や液体ヘリウムに浸すことによって）冷やすのが一般的になってきた．この手法を低温電子顕微鏡法[3]という．

1) complementary　2) Rayleigh limit．回折限界（diffraction limit）ともいう．
3) cryo-electron microscopy．クライオ電子顕微鏡法ともいう．“cryo”はギリシャ語の“kryos”に由来し，“冷たい”あるいは“霜”の意味である．

近年開発された“超解像顕微鏡法（SRM）[†]”と総称される手法では，可視光の使用に戻りながらレイリー限界を回避する方法を見いだしている．これらの手法では，試料内の蛍光発色団や蛍光色素を励起し，その蛍光発光を用いて結像させる．ただし，手法によっては〔誘導放出抑制（STED）顕微鏡法など〕分解能が 50 nm に達しており，それはレイリー限界よりずっと小さな領域にある蛍光色素を励起することで実現している．STED 法では，第一の励起ビームで試料を蛍光状態に励起してから，その領域の一部（ドーナツ状の部分）の蛍光色素を第二のレーザーパルス（これを STED 光という）で脱励起させる．そうすれば，励起スポットの中央から誘導放出による光が収集できる．このときの励起パルスと脱励起パルスの組合わせを試料全体にわたって走査するのである．これ以外の手法〔光活性化局在顕微鏡法（PALM）など〕では分解能が 5 nm にもなる．この方法では，試料にある蛍光色素のうち一度で 1 個だけを活性化することができる．そこで，1 個の蛍光色素から発せられた多数のフォトンを広視野顕微鏡で収集し，得られた像に点像分布関数を模した理論関数を当てはめる．その関数の最大位置を蛍光色素の正確な位置とするのである．このとき，一度で 1 個の発光体しか観測していないことが重要であるが，隣接する 2 個の蛍光色素が同時に活性化する確率は非常に小さいことがわかっている．こうして，すべての蛍光色素の正確な位置から最終的な像を構築するのである．これらの手法はいずれも従来の広視野顕微鏡法よりずっと高い分解能を提供するが，そのためには時間分解を含め多数回の測定と，それで得られた像の再構築という作業が必要である．したがって，これらの手法は空間分解能で得た利点を時間分解能で失っている（つまり，運動の追跡は困難である）といえる．

重要事項のチェックリスト

- ☐ 1．原子や分子のエネルギーは**量子化**されており，離散的な値に限られる．
- ☐ 2．単色の電磁放射線は**フォトン**の流れから成り，それぞれのフォトンはすべて同じエネルギー $h\nu$ をもつ．
- ☐ 3．**光電効果**は，金属に紫外光を当てたとき電子が飛び出てくる現象である．
- ☐ 4．**波-粒子二重性**は，ものと放射線が波と粒子の両方の性質をもち合わせていることをいう．
- ☐ 5．**波動関数**には，注目する粒子の運動状態を表す力学情報がすべて含まれており，シュレーディンガー方程式の解として得られる．
- ☐ 6．**量子化**は，波動関数に対して境界条件という制約を与えることで自然に導入される．
- ☐ 7．**ボルンの解釈**によれば，ある場所に粒子を見いだす確率密度はその波動関数の 2 乗で表される．
- ☐ 8．**不確定性原理**によれば，粒子の運動量と位置を同時に任意の精度で指定することは不可能である．
- ☐ 9．**相補的な変数**とは，同時に任意の精度で指定できない関係にある性質のことである．

重要な式の一覧

式の内容	式	備　考	式番号
ボーアの振動数条件	$\Delta E = h\nu$	h はプランク定数	1
ドブローイの式	$\lambda = h/p$		3
シュレーディンガー方程式	$-(\hbar^2/2m)(\mathrm{d}^2\psi/\mathrm{d}x^2) + V\psi = E\psi$	$\hbar = h/2\pi$	4a
	$\hat{H}\psi = E\psi$	$\hat{H}$ は演算子	4b
位置-運動量の不確定性関係	$\Delta p \Delta x \geq \frac{1}{2}\hbar$		5

† 訳注：2014 年のノーベル化学賞は“超解像顕微鏡法の開発”に授与された．

トピック 8B

運動の量子力学

➤ **学ぶべき重要性**

量子力学では，基本的な運動モードについて古典力学と全く異なる表し方をするから，分子構造や分光法を理解するためにも，その結論を知っておく必要がある．

➤ **習得すべき事項**

系の波動関数と許容されるエネルギーは，そのシュレーディンガー方程式を解き，それに与えられた境界条件を課すことで求められる．

➤ **必要な予備知識**

波–粒子二重性や波動関数に対するボルンの解釈，シュレーディンガー方程式の形などについて（トピック 8A）よく知っておく必要がある．また，トピック 8A で述べた“境界条件”の概念をよく理解している必要がある．

運動が起これば，そこには量子力学の出番がある．ただし，生体やそれを構成する個々の細胞にしても巨視的な物体として扱えるから，量子力学の役目は無視でき，古典力学で十分である．一方，個々の原子や電子の運動について考察するときは量子力学が不可欠である．原子や分子の構造や性質には電子が重要な役目を果たしているから，量子力学を使わなければこれらを説明することはできない．また，生化学過程の多くは電子やプロトンの供与体から受容体への移動が関与しているから，この動きを理解するには量子論の概念によるしかない．電磁放射線とものの相互作用にしても，量子力学の助けがなければ理解することができない．それが，視覚などの生化学過程における相互作用であろうと，生化学分野で役に立つ分光法などの基礎に関わる相互作用であろうと量子力学は不可欠である．

8B・1 並　進

並進とは直線上の運動である．空間を自由に運動する粒子のシュレーディンガー方程式の解は，場合によっては，古典力学で全く説明のつかない驚くべき特徴を示す．それは，気体中を自由に飛び交う分子やレドックス反応で供与体から受容体に移動する電子，酸から塩基へと移動するプロトンなどの並進運動に見られる．

(a) 一次元の並進運動

量子力学を使って考察するのに最も単純な問題は，“箱の中の粒子”の並進運動であろう．質量 m の粒子が，一次元の（x 軸に沿った）直線上を並進運動していて，距離 L だけ離れた二つの壁の間に閉じ込められている状況である．この粒子のポテンシャルエネルギーは，箱の内部では 0 であり，壁では急に上昇して無限大である（図 8B・1）．量子力学であっても，粒子が無限大のポテンシャルエネルギーをもつことは許されないから，この粒子は箱から逃げ出ることはできない．すなわち，$x=0$ と $x=L$ の間の箱の中のどこかにいなければならない．

この系は単純であるから，シュレーディンガー方程式を解かなくても量子力学的に表すことができる．まず，この粒子の箱の内部（ここでしか粒子は見つからない）でのポテンシャルエネルギーが 0 であることに注目する．したがって，全エネルギーは運動エネルギーのみから成り，それは $p^2/2m$ に等しい．p は直線運動量である．ドブローイの式（トピック 8A の 3 式，$\lambda=h/p$）を $p=h/\lambda$ の形にしておけば，この粒子のエネルギーは $E=h^2/2m\lambda^2$ と表され，その波動関数は $\sin(2\pi x/\lambda)$ の形の波で表されることがわかる．

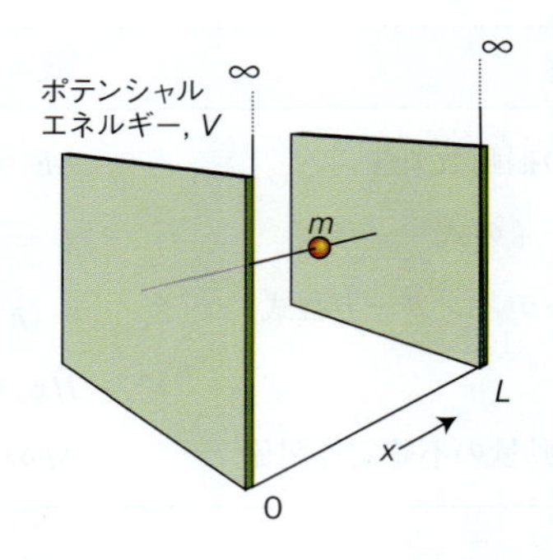

図 8B・1　両端に侵入できない壁があるときの一次元領域にいる粒子．$x=0$ と $x=L$ の間では粒子のポテンシャルエネルギーは 0 で，粒子がどちらかの壁に触れると急に無限大に上昇する．

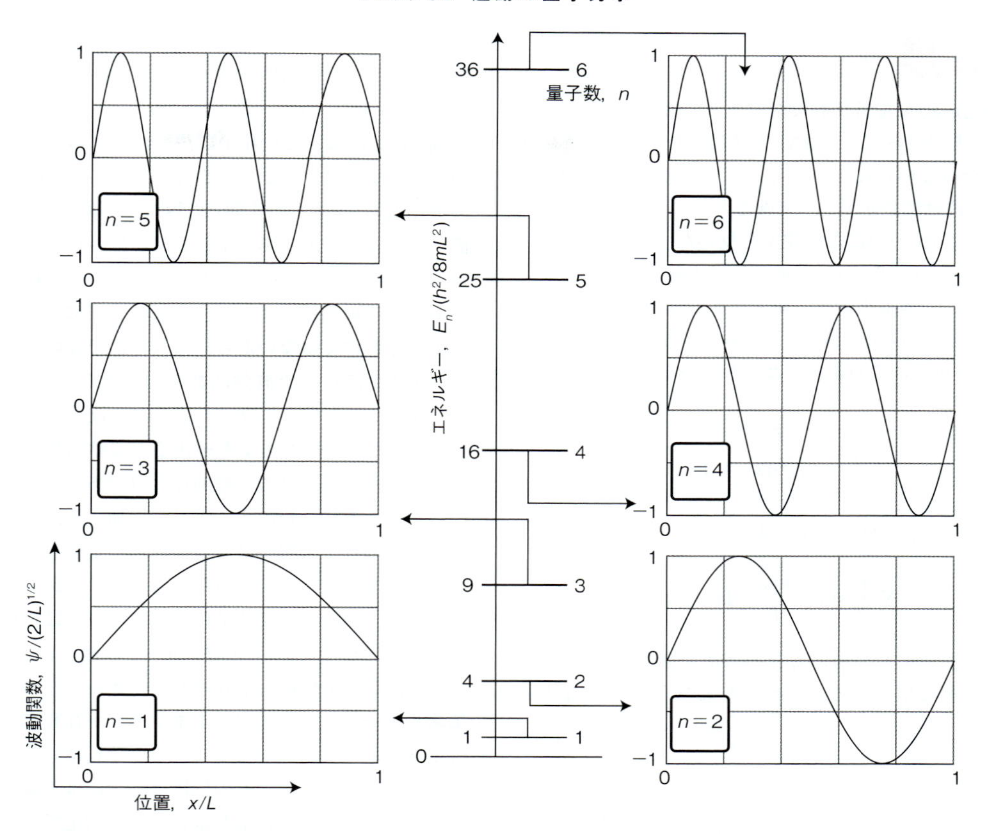

図 8B・2　箱の中の粒子の許されるエネルギー準位と対応する（sin 波）波動関数．エネルギー準位は n^2 に比例して増加するから，その間隔は n が大きくなるにつれ増加する．波動関数はすべて定在波で，n が一つ進むごとに半波長増え，それに応じて波長が短くなる．

これに課すべき境界条件を考えよう．量子力学の要請の一つとして，波動関数は連続でなければならない．すなわち，隣り合う点で波動関数はある値から別の値にジャンプしてはならない．ところで，この粒子が壁の内部で見つかることはないから，壁の内部の波動関数は0である．したがって，$x=0$ および $x=L$ の壁の表面で波動関数が連続であるためには，そこでの波動関数も0でなければならない．この制約によれば，ある波長の波しか許容できないことになる．具体的には，半波長の整数倍の波しか許されないことがわかる（図 8B・2）．すなわち，$n\lambda_{\text{allowed}}/2 = L$ であるから，$\lambda_{\text{allowed}} = 2L/n$ に限られる．n は整数である．したがって，許容されるエネルギーは，$E = h^2/2m\lambda^2$ の式に許容される λ の値を代入すれば，

$$E_n = n^2 \frac{h^2}{8mL^2} \qquad n = 1, 2, \cdots$$

一次元の箱の中の粒子の量子化されたエネルギー　（1a）

が得られる．そこで，許容される唯一の波動関数は，

$$\psi_n(x) = N \sin\left(\frac{n\pi x}{L}\right) \qquad n = 1, 2, \cdots$$

一次元の箱の中の粒子の波動関数　（1b）

で表される．N は定数である（すぐあとの［導出過程 8B・1］を見よ）．さて，$n=0$ はなぜ除外されたのだろうか．もし $n=0$ なら，$\sin 0 = 0$ であるから，波動関数はどこでも0になってしまう．壁の内部だけでなく，壁と壁の間でも0なのである．つまり，粒子はどこにも存在していないことになる．しかし，粒子はどこかに存在してなければならないから，$n=0$ は許されないのである．

定数 N は**規格化定数**[1] である．その値は，粒子がどこかに見つかる全確率が1になるように決める．それは，波動関数に対するボルンの解釈を利用して計算するのである．

1) normalization constant

導出過程 8B・1　規格化定数の求め方

規格化定数 N を具体的に計算するには，波動関数 ψ がボルンの解釈（トピック 8A）と矛盾しない形をしていなければならない点に注目する．ボルンの解釈によれば，位置 x で波動関数が $\psi(x)$ であるときの $\psi(x)^2\mathrm{d}x$ は，無限小の長さ $\mathrm{d}x$ の中にこの粒子を見いだす確率に等しい．したがって，$x=0$ と $x=L$ の間にこの粒子を見いだす全確率は，この無限小領域に粒子がある確率を全領域にわたって足し合わせた（積分した）ものに等しい．全確率は 1 である（粒子はこの領域のどこかにいる）から，

$$\overbrace{\int_0^L \psi(x)^2 \mathrm{d}x}^{\text{全確率}} = 1$$

である．これに（1b）式を代入すれば，

$$N^2\int_0^L \sin^2\left(\frac{n\pi x}{L}\right)\mathrm{d}x = 1$$

となる．ここで左辺の計算につぎの公式を使う．なお，本書で必要な積分公式はすべて巻末の［資料］にまとめてある．

$$\overbrace{\int \sin^2 ax\,\mathrm{d}x}^{\text{積分公式T・2}} = \frac{1}{2}x - \frac{\sin 2ax}{4a} + \text{定数}$$

ここで，$a = n\pi/L$ とおき，n が整数のとき $\sin 0 = 0$ および $\sin 2n\pi = 0$ であることに注意すれば，

$$\int_0^L \sin^2\left(\frac{n\pi x}{L}\right)\mathrm{d}x = \frac{1}{2}L$$

となる．したがって，$N^2 \times \frac{1}{2}L = 1$ となるから $N = (2/L)^{1/2}$ と求められる．この場合は，n の値に関係なく同じ規格化因子がすべての波動関数に当てはまる．ただし，これは一般に成り立つわけではない．こうして得られた規格化された波動関数は，つぎのように表せる．

$$\psi_n(x) = \left(\frac{2}{L}\right)^{1/2} \sin\left(\frac{n\pi x}{L}\right) \qquad n = 1, 2, \cdots$$

一次元の箱の中の粒子の波動関数　（1c）

箱の中の粒子の波動関数とエネルギーは，n というラベル付きで表されている．これは“量子数”である．**量子数**[1]は，系の状態にラベルとして付けている整数（トピック 8C で述べるように，場合によっては半整数）である．量子数は，ラベルの役目をしているだけでなく，系の物理的性質の値を計算するのに用いる式に現れることも多い．上の例では，（1a）式を使って粒子のエネルギーを計算するとき n を用いている．

図 8B・2 には，この粒子に許されるエネルギーと波動関数の形を $n=1$〜6 について示してある．最低エネルギーの波動関数（$n=1$ の状態）以外のすべてに 0 をよぎる点，**節**[2]があるのがわかる．0 をよぎるというのは節の定義の重要なところである．単に 0 になるというだけでは不十分である．箱の両端で $\psi=0$ であるが，そこで波動関数が 0 をよぎるわけではないから，これは節でない．

図 8B・2 に示した波動関数の節の数は 0（$n=1$）から 5（$n=6$）まであり，一般に，箱の中の粒子の節の数は $n-1$ 個である．最低エネルギー状態の波動関数には節がないというのが量子力学の一般的な性質であり，波動関数の節の数が増えるにつれエネルギーも増加する．

箱の中の粒子の解には，量子力学の重要な一般的性質がもう一つ現れている．この系の場合の量子数 n は 0 になれないから，粒子がもてる最小のエネルギーは古典力学で許される 0 ではなく，$h^2/8mL^2$（$n=1$ のときのエネルギー）である．この最低の，取除けないエネルギーのことを**零点エネルギー**[3]という．零点エネルギーが存在することは不確定性原理の要請にかなっている．それは，有限の領域に粒子を閉じ込めれば，その位置は完全には不確定でないから，結果として，運動量を厳密に 0 と指定できないのである．したがって，運動エネルギーも厳密に 0 にはなり得ない．零点エネルギーはべつに神秘的な，特別なエネルギーというわけではない．粒子にとっては，放出できないエネルギーの最後の残り物にすぎない．古典力学で表現すれば，この粒子は箱の中で静止することはありえないのである．

エネルギー準位については，隣り合う準位の差は，

$$\begin{aligned} E_{n+1} - E_n &= (n+1)^2\frac{h^2}{8mL^2} - n^2\frac{h^2}{8mL^2} \\ &= (2n+1)\frac{h^2}{8mL^2} \end{aligned} \qquad (2)$$

で表される．この差は，箱の長さ L が大きくなるほど減少し（図 8B・3），壁と壁の間隔が無限に広くなれば隣接するエネルギー準位の間隔は 0 になることを示している．このときエネルギーはすべて許容されるから事実上，量子化されていないことになる．したがって，実験室で用いる程度の大きな容器では L が非常に大きいから，その中で自由に運動している原子や分子の並進エネルギーは量子化されていないかのように扱える．この式は，粒子の質量が増えてもエネルギー間隔が狭くなることを示している．そこで，マクロな質量をもつ粒子（ボールや惑星，ウィルスも）の並進運動は量子化されていないかのように振舞うから，そ

1）quantum number　2）node　3）zero-point energy

の運動を表すには古典力学が優れた近似となるのである．一方，空間の狭い領域に閉じ込められた電子やプロトンなどでは，質量が非常に小さな粒子の並進エネルギー準位間の差は大きいから，量子化を無視することはできない．一般につぎのことがいえる．

1. 系の大きさが大きいほど，量子化の効果は重要でなくなる．
2. 閉じ込められた粒子の質量が大きいほど，量子化の効果は重要でなくなる．

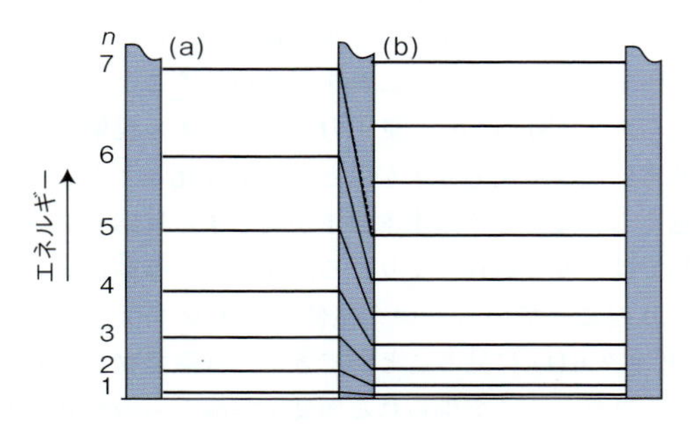

図 8B・3 (a) 狭い箱に閉じ込められた粒子では，エネルギー準位の間隔が広い．(b) 箱が広ければエネルギー準位の間隔は狭い．どちらの場合も，その間隔は粒子の質量に依存している．

例題 8B・1　ポリエンの吸収波長の求め方

β-カロテンは 22 個の炭素原子から成る直鎖ポリエン分子で，合計 21 個の結合は 10 個の単結合と 11 個の二重結合が交互に並んでできている．この分子を一次元の箱と考え，分子内の電子を励起するのに必要な光の最も長い波長を求めよ．この分子の平均の C−C 結合長は 140 pm である．

考え方　まず，このポリエンを表す箱の長さを求める必要がある．次に，最も低いエネルギー遷移を特定する必要がある．そのためには，初等化学で学んだと思うが，どのエネルギー準位も 2 電子を超えて占有されることがないことに注目する．各 C 原子は，共役結合に対して電子を 1 個ずつ提供するから合計 22 個の電子が存在している．そこで，L と n を使って，この遷移に関与する 2 状態のエネルギー差を求め，ボーアの振動数条件（トピック 8A の 1 式，$\Delta E = h\nu$）を用いて遷移を励起するために必要な放射線の振動数を求めればよい．最後に，$\lambda = c/\nu$ の関係を使って，振動数を波長に変換すればよい．

解答　C−C 結合はそれぞれ約 140 pm とすれば，22 個の原子間に 21 個の結合があるから，β-カロテン分子がつくる箱の長さ L は，$L = 21 \times (1.40 \times 10^{-10}\,\mathrm{m}) = 2.94 \times 10^{-9}\,\mathrm{m}$ である．ここで，$n = 11$ 以下の準位は電子対で占有されている．(2) 式から，最高被占準位 ($n = 11$) と最低空準位 ($n = 12$) のエネルギー間隔は，

$$
\begin{aligned}
&E_{12} - E_{11} \\
&= (2 \times 11 + 1) \\
&\quad \times \frac{(6.626 \times 10^{-34}\,\mathrm{J\,s})^2}{8 \times (9.109 \times 10^{-31}\,\mathrm{kg}) \times (2.94 \times 10^{-9}\,\mathrm{m})^2} \\
&= 1.60\cdots \times 10^{-19}\,\mathrm{J}
\end{aligned}
$$

と計算できる．エネルギー $h\nu$ のフォトンでこの遷移を励起するとき，その振動数は，

$$\nu = \frac{1.60\cdots \times 10^{-19}\,\mathrm{J}}{6.626 \times 10^{-34}\,\mathrm{J\,s}} \overbrace{=}^{1\,\mathrm{Hz} = 1\,\mathrm{s}^{-1}} 2.42 \times 10^{14}\,\mathrm{Hz}$$

である．これは波長 1240 nm に相当する．

コメント　実験値は 497 nm である．このモデルは粗いものであるから，実験との一致はあまりよくない．とりわけ，これらの電子と炭素原子核や分子内に存在する他の電子との相互作用で生じるポテンシャルエネルギーの存在を無視した影響は大きい．にもかかわらず，非常に単純化したこのようなモデルで，まずまずの一致が得られるのは興味深い．

同様の計算が［演習問題］にあるから，同じモデルを使えば共役系の炭素原子数が増加するにつれ，隣のエネルギー準位との間隔が減少する（共役鎖の C 原子の数を N_{C} とすれば，ほぼ $1/N_{\mathrm{C}}$ に比例している）ことが予測できるのを確かめておくとよい．いい換えれば，共役ポリエンに吸収される光の波長は，共役鎖長が長くなるにつれ長くなるのである．

(b) トンネル現象

この粒子のポテンシャルエネルギー E_{p}（シュレーディンガー方程式を論じるときはふつう V を用いる）が無限大まで上昇しない場合を考えよう．粒子を閉じ込めている容器の壁は何らかの材料でつくられているから，ふつうは有限の高さであろう．この場合は，箱の中の粒子で用いた単純な考察は通用しない．それは，ポテンシャルエネルギーが 0 でなくても（無限大でなければ）粒子は存在しうるからである．そこで，容器内部の領域が壁の材料に出会った箇所を含め，波動関数はどこでも連続であるという条件を満たしながら，全体のシュレーディンガー方程式を解く必要がある．その壁が薄くて粒子が軽いとき（電子やプロトンなど）の解は，箱の内部で波動関数が振動し，壁の内部でも滑らかに変化し，壁を通り抜けた箱の外で再び振動する状況を示すであろう（図 8B・4）．したがって，古典力学によれば粒子が箱から逃げ出すのに十分なエネルギーをもた

ないにもかかわらず，箱の外でも粒子が見いだされることになる．このように古典的には禁じられた領域への侵入や透過が起こる現象を**トンネル現象**[1]という．トンネル現象は物質の波動性から生じるもので，ラジオ電波が壁を通過したり，X線が軟らかい組織を透過したりするのと同じように，“物質波”は薄い壁をトンネルできるのである．

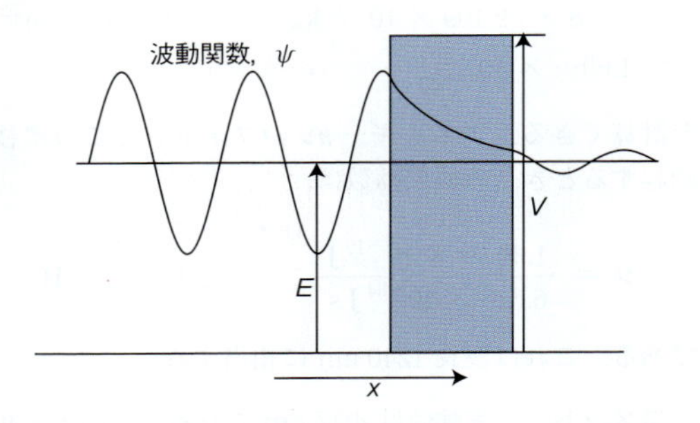

図8B·4 左から障壁に近づく粒子の波動関数は振動しているが，障壁の中では振動しない（$E < V$だから）．障壁が厚すぎない限り，波動関数は反対側の表面でも0になっていないから，そこから再び振動が始まる．

シュレーディンガー方程式を使えば，障壁にぶつかった粒子がトンネルする確率，**透過確率**[2] Tを求めることができる．障壁が高く（$V/E \gg 1$）厚ければ（波動関数の振幅が障壁内で一気に減衰すれば）次式が書ける†．

$$T \approx 16\varepsilon(1-\varepsilon)\mathrm{e}^{-2\kappa L} \qquad \kappa = \{2m(V-E)\}^{1/2}/\hbar$$

一次元の障壁が高くて厚い場合の透過確率 (3)

$\varepsilon = E/V$であり，Lは障壁の厚さである．透過確率は，Lや$m^{1/2}$に対して指数関数的に減少する．したがって，質量の大きな粒子より小さいものほど障壁をトンネルできる（図8B·5）．そのため，トンネル現象は電子では非常に重要で，プロトンでもかなり重要だが，それより重い粒子では無視できる．

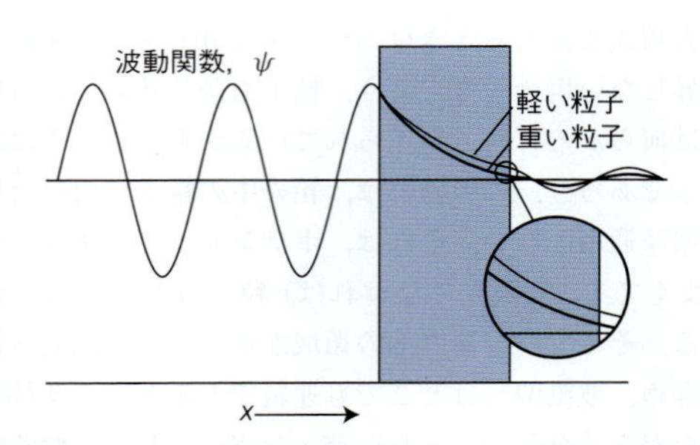

図8B·5 重い粒子の波動関数は，軽い粒子より障壁の中で速く減衰する．したがって，軽い粒子の方が障壁をトンネルして通過する確率が大きい．

プロトン移動反応で平衡到達が非常に速いのは，水素イオンが障壁を通ってトンネルし，供与体から受容体へと急速に移動できる能力の現れである．供与体と受容体の基の間でプロトンや水素イオンがトンネルするのは，ある種の酵素触媒反応の機構の重要な特徴でもある．顕著な例は酵素リポキシゲナーゼに見られる．この酵素は，炭素原子間の二重結合の一方から他方へと水素原子を移動させる反応を触媒する．ここで，水素原子（^{1}H）を重水素原子（Dすなわち^{2}H）に置換すれば，その反応速度は60分の1に遅くなる．この速度の非常に大きな減少は，重水素の質量が大きいために透過確率が小さくなったことによる．この過程では，原子が活性化障壁を乗り越えるだけの十分なエネルギーをもたなくても，これを通り抜けることができると考えられる（図8B·6）．量子力学的トンネル現象は，温度が非常に低くて反応分子がほとんど活性化エネルギー障壁を越えられないとき，水素原子が関与する反応やプロトン移動では主要な過程となりうる．プロトン移動がトンネルにより起こっているという兆候は，アレニウスプロット（トピック6D）に見ることができる．低温でプロットが直線から外れ，そこで得られる頻度が室温からの補外で予想される値より大きいからである．

（3）式は，電子のトンネルの頻度が電子供与体と電子受容体の距離に対して指数関数的に減少することを示している．この予測は，トピック7Dで述べた実験事実により支持されている．すなわち，温度と活性化ギブズエネルギーが一定のとき，電子移動の速度定数k_{et}が$\mathrm{e}^{-\beta r}$に比例しているのである．ここで，rは電子供与体と電子受容体の距離であり，βは電子が移動するときに通る媒質に依存する定数である．したがって，タンパク質の間の電子移動過程（トピック7D）の本質的な力学的特徴としてトンネル現象がありうるのである．

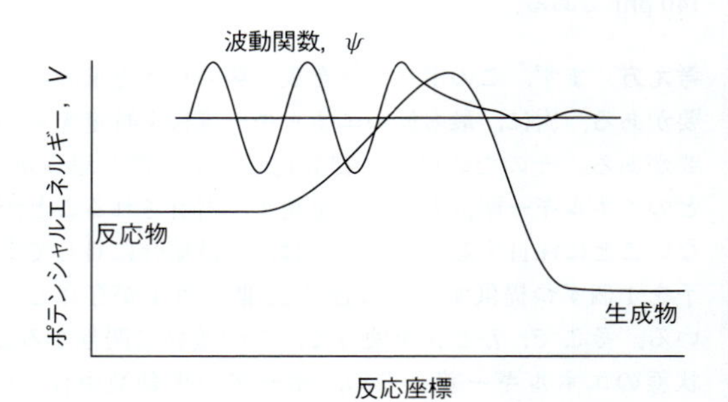

図8B·6 プロトンは，反応物と生成物を隔てている活性化エネルギー障壁をトンネルすることができる．そのため，障壁の実効的な高さは減少し，プロトン移動反応の速度は速くなる．この効果を，障壁近くのプロトンの波動関数を描いて示してある．

† 計算の詳細は“アトキンス物理化学”第10版，邦訳（2017）を見よ．

1) tunneling 2) transmission probability

(c) 二次元の並進運動

一次元の並進運動が扱えたから，次元を高くするのは簡単である．しかも，それによって量子力学の新たな特徴に触れることができる．ある粒子が長方形の箱に閉じ込められた状況を考えよう．その箱は，x 方向の長さが L_X で y 方向の長さが L_Y である (図 8B·7)．このときの波動関数は箱の中の位置によって変化するから x と y の両方の関数であり，これを $\psi(x,y)$ と書く．この波動関数は，それぞれの方向の波動関数の積で表すことができる．すなわち，

$$\psi(x,y) = \psi(x)\psi(y) \qquad (4)$$

と書ける．それぞれの波動関数は，一次元の箱の中の粒子のシュレーディンガー方程式の解である．そこで，二次元の解は (1c) 式にそれぞれの式 (x 方向と y 方向の式) を代入するだけで，つぎのように書くことができる．

$$\psi_{n_X,n_Y}(x,y) = \psi_{n_X}(x)\psi_{n_Y}(y) = \left(\frac{4}{L_XL_Y}\right)^{1/2}\sin\left(\frac{n_X\pi x}{L_X}\right)\sin\left(\frac{n_Y\pi y}{L_Y}\right)$$

二次元の箱の中の粒子の波動関数　(5a)

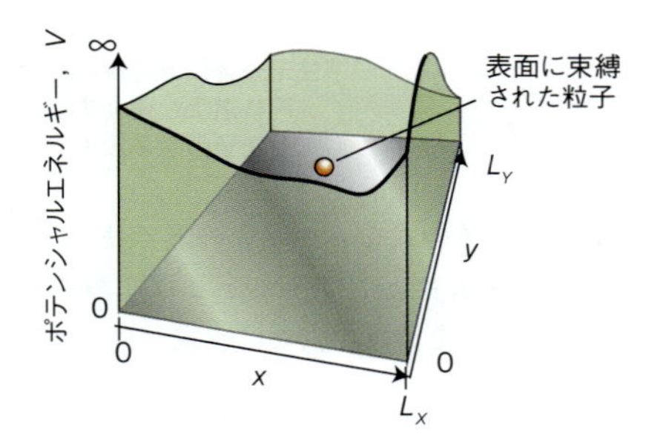

図 8B·7　二次元の長方形の箱．粒子は侵入できない壁で囲まれた平面長方形の中に閉じ込められている．粒子が壁に触れると，そこではポテンシャルエネルギーが無限大である．

図 8B·8 に二次元の波動関数の例を示してある．そのエネルギーは，一次元の場合の和で表されるから，それぞれについて (1a) 式を用いれば次式が得られる．

$$E_{n_X,n_Y} = E_{n_X} + E_{n_Y} = \frac{n_X^2h^2}{8mL_X^2} + \frac{n_Y^2h^2}{8mL_Y^2} = \left(\frac{n_X^2}{L_X^2} + \frac{n_Y^2}{L_Y^2}\right)\frac{h^2}{8m}$$

二次元の箱の中の粒子のエネルギー　(5b)

このときの量子数は 2 個あり (n_X, n_Y)，それぞれ独立に 1, 2, … の値が許される．ここまでくれば，三次元の箱の中の粒子の式を書くのは難しくないだろう．そうすれば，直方体の容器に閉じ込められた 1 個の気体分子を扱うことができる．

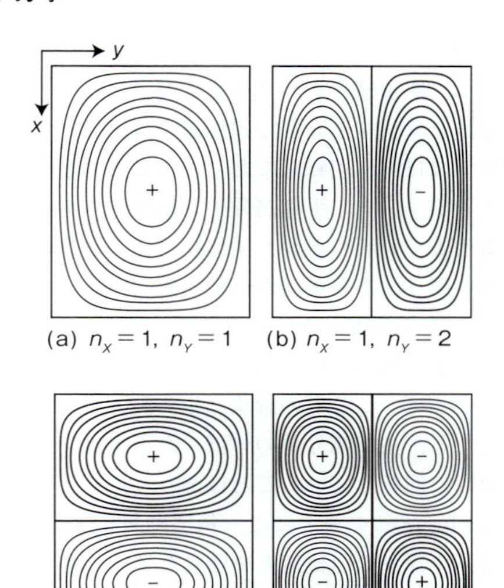

図 8B·8　長方形の表面に束縛された粒子の代表的な 4 個の波動関数．

さて，二次元で正方形の領域，つまり $L_X = L_Y = L$ のときは量子力学の新しい性質に出会う．このとき許容されるエネルギーと波動関数は，つぎのように表される．

$$\psi_{n_X,n_Y}(x,y) = \frac{2}{L}\sin\left(\frac{n_X\pi x}{L}\right)\sin\left(\frac{n_Y\pi y}{L}\right) \qquad (6a)$$

$$E_{n_X,n_Y} = (n_X^2 + n_Y^2)\frac{h^2}{8mL^2} \qquad (6b)$$

この式は，異なる二つの波動関数が同じエネルギーに対応していることを示している．たとえば，$n_X = 1$，$n_Y = 2$ の波動関数と $n_X = 2$，$n_Y = 1$ の波動関数は異なる．

$$\psi_{1,2}(x,y) = \frac{2}{L}\sin\left(\frac{\pi x}{L}\right)\sin\left(\frac{2\pi y}{L}\right) \qquad E_{1,2} = \frac{5h^2}{8mL^2}$$

$$\psi_{2,1}(x,y) = \frac{2}{L}\sin\left(\frac{2\pi x}{L}\right)\sin\left(\frac{\pi y}{L}\right) \qquad E_{2,1} = \frac{5h^2}{8mL^2}$$

しかし，どちらも同じエネルギーをもつのである．このように，異なる状態が同じエネルギーをもつ状況を**縮退**[1]しているという．縮退はふつう対称性の高い系で起こる．たとえば，上の二つの波動関数は箱を 90° 回転した関係にあるから縮退している．また，原子の波動関数は球対称であるから縮退はごくふつうに見られる．縮退は，周期表の構造の根底にもある特徴なのである．

1) degenerate

8B・2　回　転

原子では，原子核のまわりを電子が自由に回転しているから，原子を考察するうえで回転運動は出発点となる．分子も気相では自由に回転しており，ここでの議論がそのまま適用できる．一方，生体高分子も細胞環境中で全体回転しているとよくいわれるが，生体膜や他の構造によって束縛されない限り，ある配向から別の配向へと分子全体が目まぐるしく向きを変える運動をしている．その運動では，気相中の分子の自由回転と同じような量子化は起きていない．したがって，ここでの議論は生体高分子には適用できない．ただし，生体高分子の一部，たとえばメチル基などがほぼ自由に回転していることはありうる．

自由な回転運動を表すには，**角運動量**[1] J に注目する必要がある．半径 r の円軌道上を運動している粒子の角運動量の大きさは，つぎのように定義される．

$$J = pr \quad \text{円軌道上を運動する粒子の角運動量の大きさ} \tag{7}$$

p は任意の瞬間での直線運動量の大きさ（$p = mv$）である．円軌道上を高速で運動している粒子は，同じ質量でゆっくり運動している粒子より大きな角運動量をもつ．大きな角運動量をもつ物体（遠心機のローターなど）を停止させるには，強い力（正確にいえば，大きな“トルク”）でブレーキをかける必要がある．このときの“粒子”は，実際の粒子1個である必要はなく，分子全体の回転運動を表す何らかの“点”であればよい．たとえば，メチル基のその軸のまわりの回転は，3個の水素原子すべてが同時に動くことを表す質量 $3m_{\mathrm{H}}$ の点で表すことができる．

円運動の向きは回転面に垂直な矢で表され（図8B・9），その長さは角運動量の大きさに比例している．ただし，角運動量の向きについては，回転面を下から見たとき時計回りに回転していれば，矢は回転面から上向きに向いている†1．

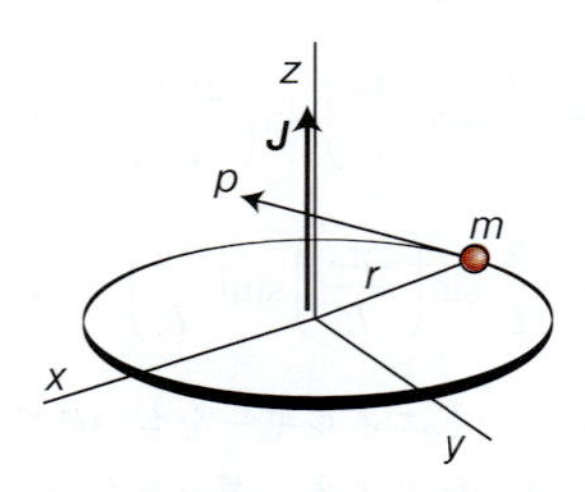

図8B・9　xy 平面内にある半径 r の円軌道上を運動する質量 m の粒子の角運動量は，平面に垂直で pr に比例した長さの矢で表す．角運動量はベクトル量であることに注意しよう．

(a)　二次元の回転運動

水平な半径 r の円軌道上を運動する質量 m の粒子を考えよう．すでに述べたように，このときの“点”は，ある点のまわりを回る1個の電子でもよいが，生体高分子の CH_3 基がその結合軸のまわりに回転するときのように，原子の集合体全体を表す場合もある．この粒子のポテンシャルエネルギーはどこでも一定であるから，これを0とおくことができる．すなわち，この粒子のエネルギーはすべて運動エネルギーであるから，$E = p^2/2m$ と書ける．ここで，(7)式を $p = J_z/r$ の形で使う．J_z は z 軸（回転面に垂直な軸）まわりの回転の角運動量である．そうすれば，この角運動量を使ってエネルギーをつぎのように表すことができる．

$$E = \frac{J_z^2}{2mr^2} \quad \text{円軌道上を運動する粒子の運動エネルギー} \tag{8a}$$

mr^2 は回転運動を論じるとき必ず現れる量であり，この粒子の z 軸まわりの**慣性モーメント**[2] といい，これを I で表す．半径の大きな軌道を回る重い粒子は大きな慣性モーメントをもつから，CD_3 基は CH_3 基より回転軸まわりの慣性モーメントは大きい．したがって，粒子のエネルギーはつぎのように表される†2．

$$E = \frac{J_z^2}{2I} \quad \text{慣性モーメントで表した円軌道上を運動する粒子のエネルギー} \tag{8b}$$

ここで，ドブローイの式を $p = h/\lambda$ の形で使って，z 軸まわりの角運動量を $J_z = pr = (h/\lambda)r$ としておこう．そこで，回転エネルギーを波長で表せば次式が得られる

$$E = \frac{(hr/\lambda)^2}{2I} = \frac{h^2r^2}{2I\lambda^2} \tag{8c}$$

ここでは当面，λ は任意の値をとれるものとしておこう．その場合，波動関数の振幅は図8B・10に示すように角度 ϕ に依存する．その角度が 2π（つまり360°）を超えても波動関数は変化し続ける．しかし，波長が任意であれば，各点で振幅の値が異なるから，つぎつぎに周回する波の間で起こる干渉によって，それまでの波を相殺してしまう．したがって，このような任意の波はこの系では生き残れない．円周上をひき続き回ったとき波動関数が1周前の状況を再現するような場合，つまり $\psi(\phi + 2\pi) = \psi(\phi)$ にのみ妥当な解が得られる．すなわち，波動関数は**周期的境界条件**[3] を満たさなければならない．したがって，許容される波動関数は，この円周上にぴったり合わなければならない．その円周の長さは $2\pi r$ であるから，許容される波長は

---

†1　訳注：“右ねじの法則”を思い起こすとよい．

†2　直線運動のエネルギーの式 $E = p^2/2m$ をもとに回転運動のエネルギーの式をつくるには，$p \to J_z$ および $m \to I$ と置き換えればよいことに注意しよう．m は直線運動の変化に対する抵抗の目安であるが，同じように，I は円運動の変化に対する抵抗の目安である．

1) angular momentum　2) moment of inertia　3) cyclic boundary condition

次式で与えられる．

$$\lambda = \frac{2\pi r}{n} \qquad n = 0, 1, 2, \cdots \tag{9}$$

$n=0$ が含まれているからと心配してはいけない．$n=0$ は波長の無限大に相当するから，0 でない均一な振幅の“波”である．箱の中の粒子では，境界条件によって両端の波動関数が 0 に固定されるから，波動関数が曲率をもたなければ全域で 0 になってしまう．これと違って，円軌道上の回転運動における周期的境界条件では，1 周の端が合えばよいだけであるから，全体が 0 になることはない．したがって，許容されるエネルギーは (8c) 式により，

$$E = \frac{h^2 r^2}{2I\lambda^2} = \frac{h^2 r^2}{2I(2\pi r/n)^2} = \frac{n^2(h/2\pi)^2}{2I}$$

である．ここで，$n = 0, 1, 2, \cdots$ である．

このエネルギーを他の表し方に変更すべき点が二つある．一つは，回転運動をはじめそれ以外の議論でも $h/2\pi$ の組合わせが頻繁に現れるから，これに特別な記号 $\hbar$（エイチ バー）が与えられているのである．第二に，回転運動を扱うときの量子数には n の代わりに m_l を用いる約束である（その理由はすぐあとで明らかになる）．さらに，粒子は時計回りと反時計回りに回転できるから，その J_z の符号は反対であり，したがって m_l にも正と負がありうる．こうして，エネルギー準位を表す最終的な式は，

$$E_{m_l} = \frac{m_l{}^2\hbar^2}{2I} \qquad m_l = 0, \pm 1, \pm 2, \cdots$$

円軌道上を運動する粒子の量子化されたエネルギー　(10)

となる．このエネルギー準位の状況を図 8B・11 に示す．このエネルギーを表す式に m_l が 2 乗の形で現れるのは，運動に $m_l = +1$ と $m_l = -1$ に対応する二つの状態があることを示している．両者のエネルギーは等しい．このような縮退が現れるのは，m_l の符号の違いで表される回転の向きの違いが，この粒子のエネルギーに影響を与えないからである．それぞれの $|m_l|$ の値に対して二つの状態があり，どちらも同じエネルギーを与えるから，$|m_l| \neq 0$ の状態はすべて二重縮退している．$m_l = 0$ の状態は粒子の最低のエネルギー状態であり**非縮退**[1] である．あるエネルギー（いまの場合は 0）をもつ状態が一つしかないという意味である．

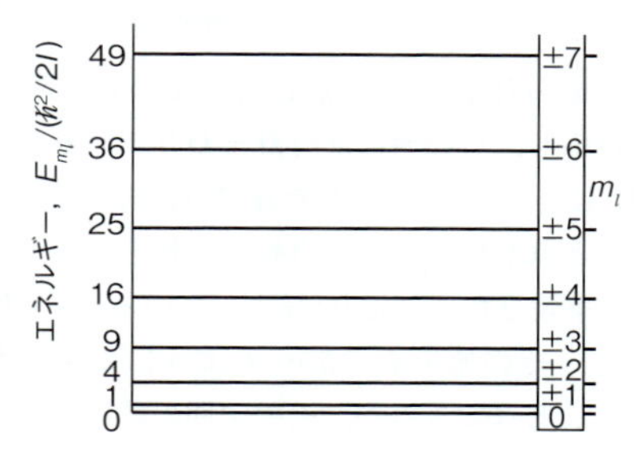

図 8B・11　円軌道上を回転できる粒子のエネルギー準位．古典物理学では粒子は任意のエネルギーで運動できる．しかし，量子力学では，離散的なエネルギーだけが許される．$m_l=0$ のもの以外のエネルギー準位はすべて二重に縮退している．これは粒子の回転が時計回りでも反時計回りでも同じエネルギーをもつからである．

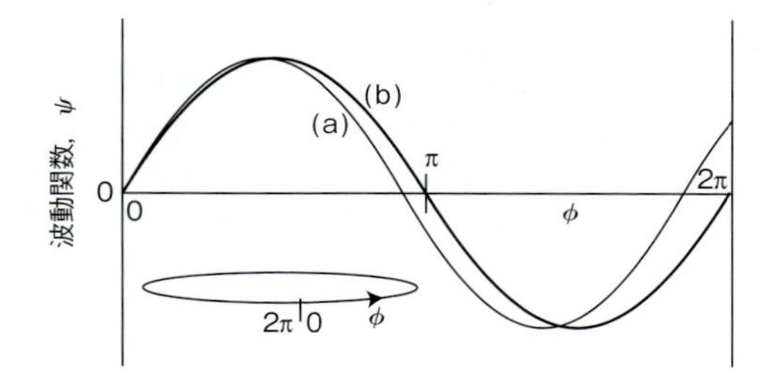

図 8B・10　円軌道に沿って動く粒子のシュレーディンガー方程式の二つの解．円周を切り開いて直線で表してある．$\phi=0$ と $\phi=2\pi$ とは円周上の同じ点である．(a) の解は，1 周ごとに違う値になり，前の周回と打ち消し合いの干渉を起こすから，受け入れられない解である．(b) の解は周回のつど 1 周前と重なるから受け入れられる解である．

簡単な例示 8B・1

生体高分子に付いているメチル基を励起して自由回転させるのに必要な最小エネルギーは（ただし，メチル基が何らかのポテンシャルの井戸に捕捉されている可能性は無視する），(10) 式により $E_{\pm 1} = \hbar^2/2I$ で求められる．ここで，$I = 3m_{\mathrm{H}}R^2$ であり，m_{H} は水素原子の質量，R はメチル基の回転軸からの H 原子までの垂直距離 (107 pm) である．このエネルギーを計算すれば，

$$E_{\pm 1} = \frac{(1.054 \times 10^{-34}\,\mathrm{J\,s})^2}{2 \times (3 \times 1.673 \times 10^{-27}\,\mathrm{kg}) \times (1.07 \times 10^{-10}\,\mathrm{m})^2} = 9.67 \times 10^{-23}\,\mathrm{J}$$

となり，$60\,\mathrm{J\,mol^{-1}}$ に近い値に相当している．まわりの分子との衝突で得られるエネルギーは $kT \approx 4 \times 10^{-20}\,\mathrm{J}$ ($2\,\mathrm{kJ\,mol^{-1}}$ 以上) であるから，何らかのポテンシャルの井戸に捕捉されていない限り，メチル基は常温でも回転していると考えられる（［簡単な例示 8B・2］のすぐあとで，メチル基の回転的な振動運動について述べる）．

もうひとつ重要な結論は，円軌道を動く粒子の角運動量は量子化されていることである．これは，$J_z = (h/\lambda)r$ の式に (9) 式で表された波長の許される値を代入すれば得

1) nondegenerate

られる．ただし，n を m_l に置き換えておく必要がある．そうすれば，粒子の z 軸まわりの角運動量はつぎの値に限られることがわかる．

$$J_z = \frac{hr}{\underbrace{2\pi r/m_l}_{\lambda}} = m_l\frac{h}{2\pi}$$

すなわち，この粒子の回転軸まわりの角運動量は，

$$J_z = m_l\hbar \qquad m_l = 0, \pm 1, \pm 2, \cdots$$

円軌道上の粒子の角運動量の z 成分　(11)

という値に限られる．正の m_l は時計まわり（下から見て）の回転に対応し，負の値は反時計まわりの回転を示している（図8B・12）．その量子化した運動は，角運動量がとびとびの値しかとれない自転車の車輪の回転を想像すれば理解できよう．車輪を角運動量0（静止している）から回して加速するとき，その値を $\hbar, 2\hbar, \cdots$ のようにガタンガタンと上げていくことはできるが，その中間の値はとれない自転車である．

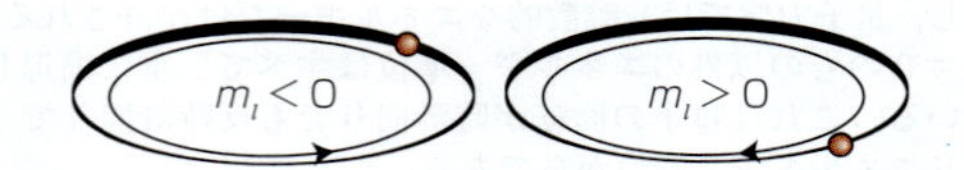

図8B・12　m_l の符号の意味．$m_l < 0$ のとき，粒子はこちらから（下から）見て反時計回りの方向に動いている．$m_l > 0$ のときの動きは時計回りである．

粒子の回転運動で最後にもうひとつ重要な点は，それには零点エネルギーがないということである．すなわち m_l は0，つまり $E=0$ でありうる．この結論は不確定性原理とも矛盾していない．それは，粒子は円軌道上の角度0°から360°までのどこかに存在するのであるが，どこにいるかは全くわからないからである．したがって，その角運動量は厳密に指定することができ，0もまた可能なのである．粒子の角運動量が厳密に0であれば，そのエネルギーもまた厳密に0である．

例題8B・2　電子遷移エネルギーの求め方

アミノ酸フェニルアラニン（構造図A14）のフェニル基の π 電子について，炭素原子がつくるC–C結合長139 pmの円環上を電子が運動しているものと考えよう．このときに起こる電子遷移で最低エネルギーに相当する波長を求めよ．

考え方　このモデルによれば，エネルギー準位は(10)式で与えられるから，円環上の電子の慣性モーメントを知る必要がある．それには，電子が軌道を描く円環の半径を知る必要がある．この円環を6個の正三角形で表せば（**1**），その半径はちょうどC–C結合長に等しい．次に，この6個の電子は最低の3準位，つまり $m_l = 0, \pm 1$ をすべて占めている状況を知っておく必要がある．したがって，最低エネルギーの遷移は $|m_l| = 1$ の状態から $|m_l| = 2$ の状態への遷移である．あとは，このエネルギー差を計算し，ボーアの振動数条件（$\Delta E = h\nu$）を使って振動数を計算してから波長（$\lambda = c/\nu$）を求めればよい．

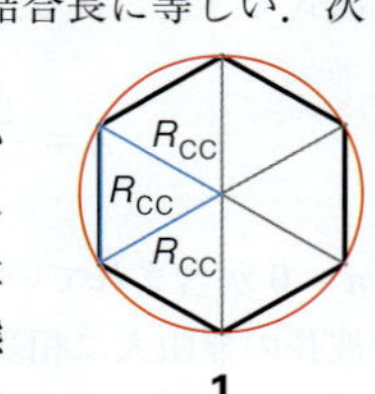

解答　半径 $R_{CC} = 139$ pm の円環をまわる電子の慣性モーメントは，

$$I = m_e R_{CC}{}^2 = (9.109 \times 10^{-31}\,\text{kg}) \times (1.39 \times 10^{-10}\,\text{m})^2 = 1.759\cdots \times 10^{-50}\,\text{kg m}^2$$

である．(10)式から，$m_l = \pm 1$ の準位と $m_l = \pm 2$ の準位のエネルギー間隔は，

$$\Delta E = E_{\pm 2} - E_{\pm 1} = (4-1)\frac{\hbar^2}{2I} = 3 \times \frac{(1.054 \times 10^{-34}\,\text{J s})^2}{2(1.759\cdots \times 10^{-50}\,\text{kg m}^2)} = 9.46\cdots \times 10^{-19}\,\text{J}$$

と計算できる．このエネルギー間隔を吸収振動数に変換すれば，

$$\nu = \frac{\Delta E}{h} = \frac{9.46\cdots \times 10^{-19}\,\text{J}}{6.626 \times 10^{-34}\,\text{J s}} = 1.42\cdots \times 10^{-15}\,\text{s}^{-1}$$

となる．これは2000 THzに近い振動数である．波長にすれば，

$$\lambda = \frac{2.998 \times 10^8\,\text{m s}^{-1}}{1.42\cdots \times 10^{15}\,\text{s}^{-1}} = 2.09\cdots \times 10^{-7}\,\text{m}$$

である．約210 nmである．

コメント　この種の遷移で得られている実験値は260 nmである．［例題8B・1］のカロテンの計算結果と同じで，実験値との不一致にがっかりしてはならない．このような粗いモデルで（核との相互作用や電子間の相互作用などによるポテンシャルエネルギーを無視している）これほど近い値が得られるのはむしろ有望というべきであろう．

(b) 三次元の回転運動

さて，ある中心点から一定の半径 r のところを三次元で自由に動ける質量 m の粒子を考えよう．すなわち，その粒子は半径 r の球面上ならどこでも自由に動けるとする．この場合も“粒子”というのは，メタン分子の4個ある水素原子全部が回転していたり，原子内で1個の電子が回転し

ていたり，とにかく何かが回転していることを表す“点”であることを知っておく必要がある．分子の自由回転は，生物学では（大気の研究を除けば）あまり関心がないかもしれない．しかし，核のまわりの電子の回転そのものは非常に重要であり，原子の構造を決めている基礎になっている（トピック 8C）．

三次元の自由回転では，あらゆる角度に関してポテンシャルエネルギーは 0 であるから，そのエネルギーは運動エネルギーだけである．また，球の表面のどの経路をとっても，二つの円のまわりの角度で表すことができる．すなわち，一つは赤道を通る円であり，もう一つは両極を通る円である（図 8B·13）．そこで，波動関数がどの経路でもぴったり合っていなければならないという要請を考慮すれば，二つの周期的境界条件を定義することができる．この二つの条件を満たすシュレーディンガー方程式の解から，粒子の許容されるエネルギーとしてつぎの式が導ける†．

$$E_{l,m_l} = l(l+1)\frac{\hbar^2}{2I}$$

$$l = 0, 1, 2, \cdots \qquad m_l = 0, \pm 1, \cdots, \pm l$$

球面上の粒子の量子化されたエネルギー　(12)

粒子の状態が 2 個の量子数（l と m_l）で指定されていること，しかし，そのエネルギーは m_l の値に無関係であることに注目しよう（すぐあとに説明がある）．

この場合も前と同じで，回転している粒子のエネルギーは角運動量 J と古典的には $E = J^2/2I$ の関係がある．したがって，$E = J^2/2I$ と (12) 式を比較すれば，エネルギーは量子化されているから角運動量の大きさもつぎの値に限られるとすることができる．

$$J = \{l(l+1)\}^{1/2}\hbar \qquad l = 0, 1, 2, \cdots$$

球面上の粒子の角運動量の大きさ　(13 a)

ここで，l は，**オービタル角運動量量子数**[1] である（負の値はとらない）．二次元の回転の場合と同じで，z 軸まわりの角運動量は量子化されていて，$J_z = m_l\hbar$ の値をとる．しかしながら，角運動量の成分（ここでは z 軸まわりの角運動量）は角運動量全体の大きさ（13 a 式で与えられる）を超えることはないから，$|m_l|$ が量子数 l を超えることはない．したがって，角運動量の z 成分はつぎのように表される．

$$J_z = m_l\hbar \qquad m_l = 0, \pm 1, \pm 2, \cdots, \pm l$$

球面上の粒子の角運動量の z 成分の大きさ　(13 b)

m_l を**磁気量子数**[2] という．ある l の値に対して m_l は $2l+1$ 個の値が許される．したがって，エネルギーは m_l に無関係であるから，量子数 l の準位は $(2l+1)$ 重に縮退している．この縮退が存在することの物理的な理由は，回転が異なる向きに起こることによるものであり，その向きがエネルギーに影響を与えることはないのである．

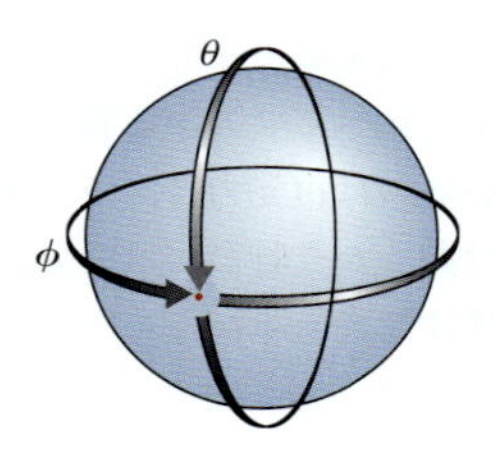

図 8B·13　球面上の粒子の波動関数は，二つの周期的境界条件を満足しなければならない．すなわち，角度 ϕ および θ それぞれについて 360°（つまり 2π）回ると，波動関数は元と同じでなければならない．この要請により，角運動量の状態を示す二つの量子数が必要となる．

8B・3　振　　動

分子内の原子は，平衡位置のまわりで振動している．**基準モード**[3] は分子の振動様式のことであるが，その数は原子数とともに非常に多くなりうる．N 個の原子から成る分子を考えれば，すべての原子の位置を指定するには $3N$ 個の座標が必要である．ただし，それぞれの原子についてばらばらに指定するのではなく，物理的に便利な座標の選び方がある．たとえば，分子全体の質量中心（重心）には 3 個の座標が必要であり，それを指定すれば容器内にある分子の位置がわかる．次に，分子全体の向き（配向）を指定する座標としてさらに 3 個が必要である（図 8B·14；注目する分子が CO_2 のように直線形であれば，その向きを指定するには 2 個の角度しか必要でないが，この可能性は考えな

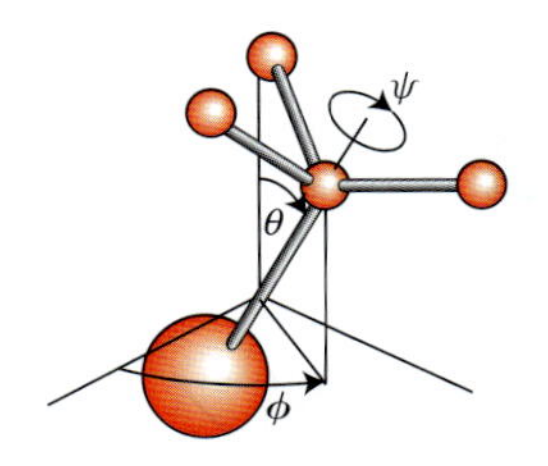

図 8B·14　非直線形分子の向きを指定するのに必要な三つの座標（ここでは角度）．この分子の質量中心の位置を指定するには，これとは別に三つの座標が必要である．

† この運動のシュレーディンガー方程式を解くのは簡単でない．その解き方については Peter Atkins, Ronald Friedman, “Molecular Quantum Mechanics”, Oxford University Press, Oxford (2011) を見よ．

1) orbital angular momentum quantum number　2) magnetic quantum number　3) normal mode.〔訳注：ここでは“基準モード”の定義が明らかでないが，当面はつぎのように考えておくのがよい．基準モードとは，原子群の独立で同期のとれた運動様式であり，ほかの基準モードを励起することなく独立に励起できるものである．〕

いでおこう）．こうして，すべての原子の位置を指定するのに必要な残りの座標は $3N-6$ 個ある[†]．このそれぞれの座標は，分子全体を移動させたり，分子全体の向きを変えたりすることなく変更することができるから，これが分子の振動に対応している．比較的小さな原子数100個のポリペプチドでも全部で300に近い振動モードがあり，その中には分子全体が呼吸するかのような振動モードや分子の一部が相対的にねじれる振動モードなどがある．それぞれの振動モードは以下で述べる共通する振舞いをする．それぞれを特徴づけているのは復元力と，その振動モードによって分子がどれだけ動くかを特徴づける質量である．

分子振動を記述する最も単純なモデルは**調和振動子**[1]である．このモデルでは，力に関する**フックの法則**[2]に従うばね（化学結合など）によって粒子（原子など）の運動は制約される．フックの法則によれば，この復元力は平衡位置からの変位 x に比例している．

$$\text{復元力} = -k_\mathrm{f} x \qquad \text{フックの法則} \qquad (14\mathrm{a})$$

この比例定数 k_f を**力の定数**[3]という．硬い ばね では力の定数が大きく，弱い ばね では力の定数が小さい．この ばね がすでに伸びていて変位 x にあるとき，この ばね を無限小の距離 $\mathrm{d}x$ だけ伸ばすのに必要な仕事（逆向きの力×距離）は $k_\mathrm{f} x\,\mathrm{d}x$ である．したがって，ばね の平衡位置（$x=0$）から変位 x まで伸ばす全仕事は，

$$\text{ばねを伸ばす仕事} = \int_0^x k_\mathrm{f} x\,\mathrm{d}x = \frac{1}{2}k_\mathrm{f} x^2$$

で表される．この仕事が行われたため ばね に蓄えられて上昇したポテンシャルエネルギーは，

$$V(x) = \frac{1}{2}k_\mathrm{f} x^2 \qquad \text{調和振動子のポテンシャルエネルギー} \qquad (14\mathrm{b})$$

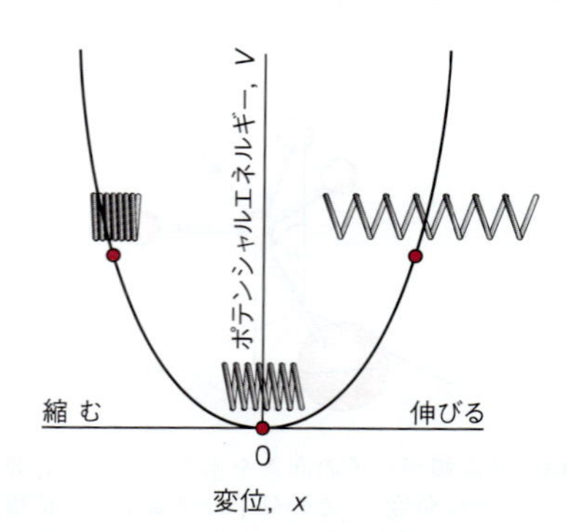

図 8B･15　調和振動子に特有な放物線形ポテンシャルエネルギー．変位が正の領域ではばねが伸び，負の領域ではばねが縮む．

である．$V(x)$ の x による変化を図 8B･15 に示す．このポテンシャルエネルギーは放物線の形（$y=ax^2$ の形の曲線）をしており，調和振動をしている粒子は“放物線形のポテンシャルエネルギー”をもつという．

本トピックで述べたほかの場合と違って，ポテンシャルエネルギーは位置によって変化するから，シュレーディンガー方程式には $V(x)$ を使う必要がある．その解は境界条件を満たしていなければならず，いまの場合，許容される波動関数はすべて $x=0$ から両側に大きく変位したところで0にならなければならない．しかし，x が増加して出会う障壁で波動関数が急激に0になる必要はない．それは，このポテンシャルエネルギーの障壁が急激に無限大になるわけではなく，無限大まで滑らかに上昇しているからである．

調和振動子のシュレーディンガー方程式を解くのはかなり難しいが，わかってしまえば結果は非常に単純であ

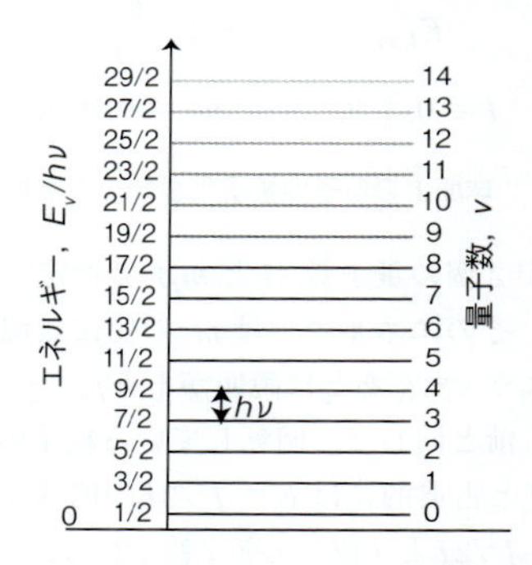

図 8B･16　調和振動子のエネルギー準位の並び．隣の準位との間隔の大きさは，質量と力の定数によって変化する．零点エネルギーの存在に注意しよう．

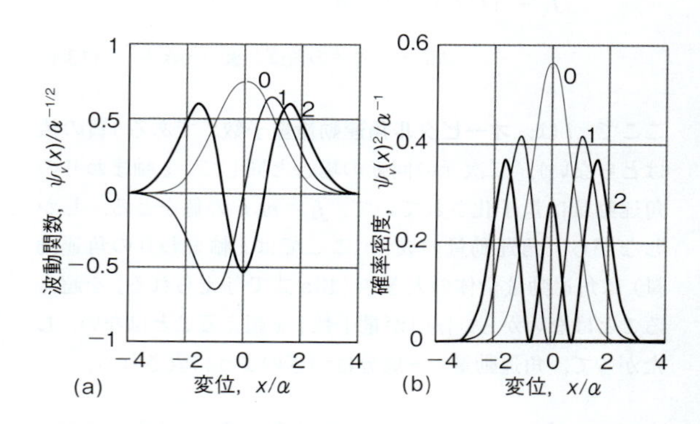

図 8B･17　調和振動子について，はじめの三つの状態の（a）波動関数と（b）確率密度．励起の程度が増すにつれ，振動子を変位の大きな領域に見いだす確率が増加する状況に注目しよう．この図では，$\alpha = (\hbar^2/mk_\mathrm{f})^{1/4}$ として表してある．

† 訳注：直線形分子では $3N-5$ 個である．
1) harmonic oscillator　2) Hooke's law　3) force constant

る†1．たとえば，この境界条件を満足する波動関数のエネルギーは，

$$E_v=\left(v+\frac{1}{2}\right)h\nu \quad v=0,1,2,\cdots \quad \nu=\frac{1}{2\pi}\left(\frac{k_f}{m}\right)^{1/2}$$

調和振動子の量子化されたエネルギー　(15)

で表される．m はばねにつながっている粒子の質量，v は**振動の量子数**[1]である．このエネルギー準位は，間隔が一定で $h\nu$ のはしご形をしている（図 8B・16）．ばねが硬いか質量が小さいとき，この間隔は広い．

調和振動子について，はじめの 3 個の波動関数の形を図 8B・17 に示す．基底状態の波動関数（$v=0$ に対応し，零点エネルギー $\frac{1}{2}h\nu$ がある）は釣鐘形の曲線，つまり e^{-x^2} の形の曲線で，節がない．この形から，粒子が $x=0$（変位が 0）の位置にいる確率が最大で，それから遠くなるにつれ（伸び縮みした両方で）確率が減少することがわかる．第一励起状態の波動関数は xe^{-x^2} に比例しているから $x=0$ に節があり，その 2 乗には変位 0 の 両側 にピークがある．したがって，この状態では，粒子は“ばね”が伸びているか，または同じだけ縮んだところにいる確率が最も高い．調和振動子ではどの状態にあっても，波動関数は古典的な振動子の運動の限界を超えて広がっている（図 8B・18）．しかし，その度合いは v が増加するにつれ減少する．このように，古典的には禁止された領域へのしみ出しは，量子力学的なトンネル現象のもう一つの例である．この場合のトンネル現象は，障壁を通り抜けるのではなく，障壁に入り込むのである．

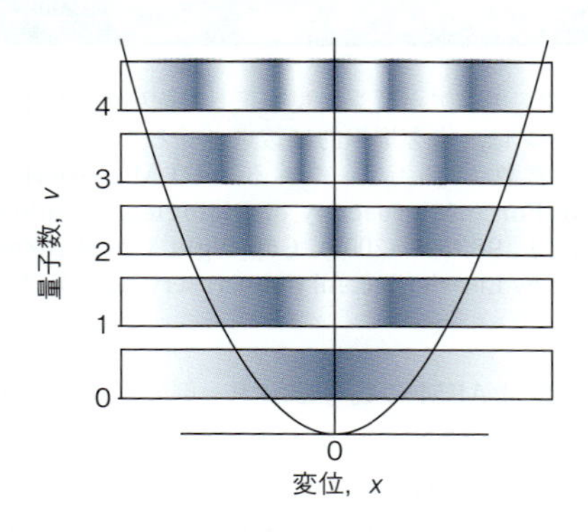

図 8B・18　ある変位の位置に調和振動子を見いだす確率を表した図．古典的には，ポテンシャルエネルギーが全エネルギーより大きくなる（運動エネルギーが負になってしまう）変位の位置には振動子を見いだせない．しかし，量子振動子はトンネル現象によって，古典的には禁止されている領域へ入り込むことができる．

簡単な例示 8B・2

ペプチド結合 −CO−NH− にある N−H 結合の力の定数は約 700 N m^{-1} であり，^{1}H 原子の質量は $m_H=1.67\times10^{-27}$ kg である．この N 原子は分子に固定されているから，N−H 結合が伸縮して大きく動くのは H 原子と考えてよい．そこで，この結合原子の振動数は，

$$\nu=\frac{1}{2\pi}\left(\frac{700\ \mathrm{N\,m^{-1}}}{1.67\times10^{-27}\ \mathrm{kg}}\right)^{1/2}\overset{1\,\mathrm{N}=1\,\mathrm{kg\,m\,s^{-2}}}{=}1.03\times10^{14}\ \mathrm{s^{-1}}$$

と計算できる．103 THz である．したがって，電磁スペクトルの赤外領域にある 103 THz の振動数の放射線が，この振動子の $v=0$ の準位から $v=1$ の準位への分光学的な遷移をひき起こすと予想できる．

ノート　振動数を正確に計算するには，その核種まで指定する必要がある．また，計算に使うべき質量は実際の原子質量（単位は kg）であり，元素のモル質量ではない．トピック 11B では，振動子の“実効質量”を導入することにより，結合でつながれた両方の原子の運動を考慮に入れる方法を説明する．

メチル基は，振動のもう一つ別の様式を提供している．これまでメチル基は自由に回転するとして扱ってきたが，実際には，ポテンシャルの井戸の底で振動していると考えるほうが近い状況である．それは，与えられた障壁を越えて自由に回転するほどの十分なエネルギーがないからである．このときのポテンシャルエネルギーは $1-\cos3\phi$ で変化している．ϕ は，分子の残りの部分との間にある C−C 結合まわりの回転角である（**2**）．回転変位が小さいときは，$1-\cos3\phi\approx(3\phi)^2=9\phi^2$ で表せるから，ポテンシャルエネルギーはやはり放物線形をしている．したがって，回転変位が小さければメチル基は調和振動子として振動しているとみなせる．その回転障壁を越えるだけのエネルギーを獲得したとき，メチル基を回転子として，すぐ前で述べたような取扱いができる†2．

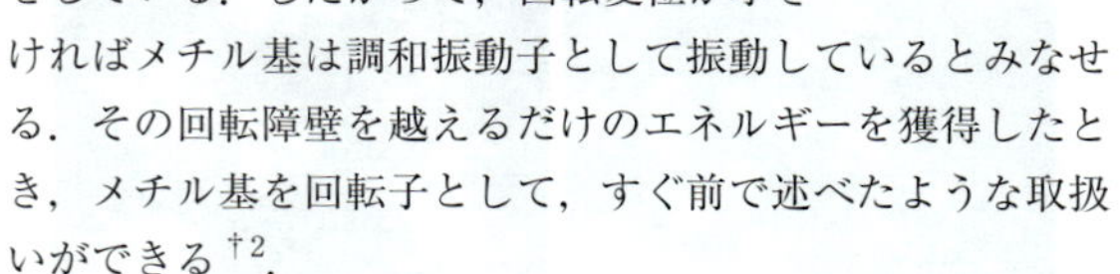

8B・4　具体例：トンネル現象と顕微鏡法

量子力学的なトンネル現象は，表面やそれに付着する物質を調べる手法に大きな刺激を与えた．電子顕微鏡法と同じく**走査プローブ顕微鏡法**（SPM）[2]もまた，ナノメートルサイズの試料の研究に道を拓いた実験手法である．場合によっては原子レベルでの観察も可能である．SPM の一種

†1　その解の具体的な形については，Peter Atkins, Ronald Friedman, “Molecular Quantum Mechanics”（2011）を見よ．
†2　訳注：メチル基の“回転”は正確にいえば，ここでの“回転的な振動”と“自由回転”の間に“束縛回転”という運動様式がある．すなわち，ポテンシャル障壁を越えながらも自由ではない回転をする場合である．
1）vibrational quantum number．量子数は v であるから，振動数の ν（ニュー）と混同しないこと．　2）scanning probe microscopy

に，白金-ロジウムあるいはタングステンの針（探針，プローブともいう）で導電性固体の表面を走査する**走査トンネル顕微鏡法**（STM）[1]がある．探針を表面に非常に近づけると電子がその隙間をトンネルするのである（図8B・19）．

その定電流モードでは，表面の形状に沿って針が上下し，吸着物も含めた表面の地形図を原子レベルで描くことができる．圧電円筒素子は受けた電圧に応じて伸びたり縮んだりするから，これに針を固定しておけば針を垂直方向に動かせる．また，z一定のモードでは，探針の高さを固定しておき，トンネル電流を監視する．トンネルの確率は，探針と試料の隙間の大きさに非常に敏感である〔(3) 式を見ればわかるように，TはLの指数関数で依存している〕から，STMはごくわずかな表面の高さの変化を原子レベルで検出することができる（図8B・20）．生体高分子のような巨大分子では個々の原子を観測するのは難しい．

これと関連する手法であるが，トンネル現象を利用しないものとして**原子間力顕微鏡法**（AFM）[2]がある．AFMでは，尖った針（チップ）を板ばね（カンチレバー）に取付け，それを表面に接触させながら走査する．このチップは表面から反発力を受けるから，表面の高さが変化するのに応じて上下に動く．この動きがカンチレバーをたわませる（図8B・21）．そのたわみを，レーザービームを使って監視するのである．試料とプローブの間に電流が流れる必要がないので，この手法は非伝導性の表面や液体中で固定した分子にも適用できる．

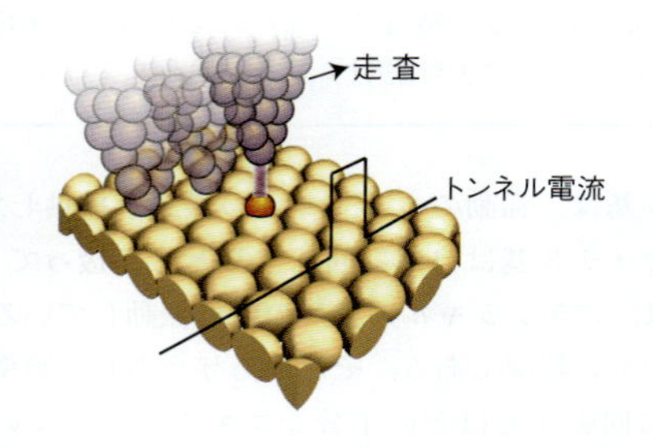

図8B・19　走査トンネル顕微鏡は，針の先端（チップ）と表面との間をトンネル現象で通り抜けた電子による電流を利用している．この電流は，チップと表面の距離に非常に敏感である．

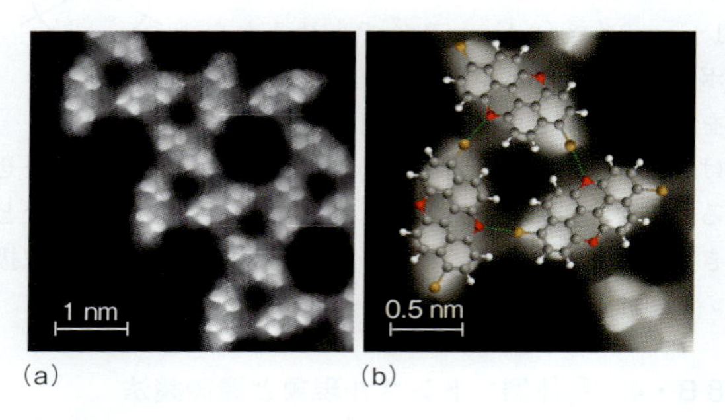

図8B・20　3,9-ジブロモ-ペリ-キサンテノキサンテン分子のSTM像．この分子は電子供与体であり，その関連分子を使えば有機薄膜のp型半導体をつくれることがわかっている．(a) 金表面での像，(b) 分子構造を重ね合わせた拡大図．〔J. Lawrence, G.C. Sosso, L. Đorđević *et al.*, 'Combining high-resolution scanning tunnelling microscopy and first-principles simulations to identify halogen bonding', *Nat. Commun.*, **11**, 2103 (2020). https://doi.org/10.1038/s41467-020-15898-2 より再録〕

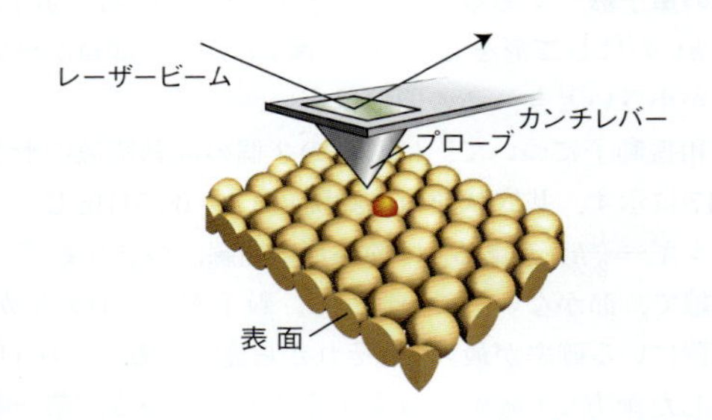

図8B・21　原子間力顕微鏡法ではレーザービームを使って，表面とプローブの間に働く引力や反発力によってプローブの位置が微小な変化をするのを監視する．

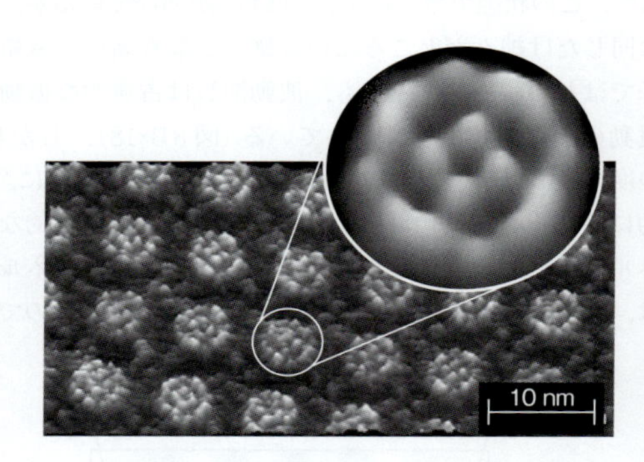

図8B・22　アクアポリンの規則正しい配列のAFM像．アクアポリンは，水を選択的に透過させるチャネルであり，水の恒常性に関与している．〔L.T.M. Frederix *et al.*, 'Atomic Force Microscopy of Biological Membranes', *Biophys. J.*, **96**, 329 (2009). Copyright ©2009 *Biophys. J.* Pulished by Elsevier Inc. All rights reserved. に基づく〕

図8B・22はAFMの威力を示す一例で，固体表面に並ぶタンパク質分子を観察したものである．この手法を使えば，表面で起こるDNAの酵素分解やタンパク質のコンホメーション変化などの過程を実時間で観察することもできる．また，このチップを使って生体高分子を開裂させることもでき，溶液中や生体内で酵素が行っている事象を表面で力学的に達成することができる．さらなる応用として，小さな生体分子などの化学試薬でチップを修飾しておく手法がある．この場合は，この試薬と表面の間で働く引力や反発力を定量的に測定することが可能である．

1) scanning tunneling microscopy　2) atomic force microscopy

重要事項のチェックリスト

- □ 1．**量子化**は，シュレーディンガー方程式の解に境界条件を課すと生じる．
- □ 2．**量子数**は，系の状態にラベルとして付けている整数（場合によっては半整数）であり，系の物理的性質の値を計算するための式に現れることも多い．
- □ 3．**節**は，波動関数が 0 をよぎる点である．
- □ 4．**零点エネルギー**は，系がとりうる最低のエネルギーである．
- □ 5．量子力学的**トンネル現象**は，古典的には禁じられた領域への侵入や透過が起こる現象である．
- □ 6．異なる状態が同じエネルギーをもつ状況を**縮退**しているという．
- □ 7．**周期的境界条件**は，周回軌道をもつ系の解を制約する条件である．
- □ 8．**基準モード**は，分子をつくっている原子の集団的な振動様式である．N 個の原子から成る非直線分子には $3N-6$ 個の基準振動モードがある．
- □ 9．**フックの法則**によれば，復元力は平衡位置からの変位に比例している．

量子数の一覧*

記　号	名　称	系	とりうる値
n		箱の中の粒子	$n = 1, 2, \cdots$
l	オービタル角運動量量子数	3D の回転	$l = 0, 1, 2, \cdots$
m_l	磁気量子数	2D の回転	$m_l = 0, \pm 1, \pm 2, \cdots$
		3D の回転	$m_l = 0, \pm 1, \pm 2, \cdots, \pm l$
v	振動量子数	調和振動子	$v = 0, 1, 2, \cdots$

＊　物理的性質を指定する量子数の役目についてはつぎの表を見よ．

重要な式の一覧

式の内容	式*	備　考	式番号
箱の中の粒子			
エネルギー	$E_n = n^2(h^2/8mL^2)$	一次元	1a
波動関数	$\psi_n(x) = (2/L)^{1/2}\sin(n\pi x/L)$		1c
角運動量	$J = pr$	二次元	7
2D の回転	$E_{m_l} = m_l^{\,2}\hbar^2/2I$		10
3D の回転			
エネルギー	$E_{l,m_l} = l(l+1)\hbar^2/2I$		12
角運動量	$J = \{l(l+1)\}^{1/2}\hbar$		13a
z 成分	$J_z = m_l\hbar$		13b
フックの法則	復元力 $= -k_f x$		14a
放物線形のポテンシャルエネルギー	$V(x) = \frac{1}{2}k_f x^2$		14b
調和振動子	$E_v = (v+\frac{1}{2})h\nu \qquad \nu = (1/2\pi)(k_f/m)^{1/2}$		15

＊　許容される量子数の値については上の表を見よ．

トピック 8C

原子オービタル

➤ 学ぶべき重要性

原子オービタルは，すべての原子や分子の電子構造を表すときの基礎である．

➤ 習得すべき事項

原子内の電子の空間分布は，原子オービタルという1電子波動関数で表される．

➤ 必要な予備知識

波動関数をボルンの解釈に基づいて（トピック8A）その意味を理解している必要がある．また，いろいろな境界条件のもとでシュレーディンガー方程式を解いて波動関数が得られること（トピック8B）を知っている必要がある．ここでの説明には量子力学における角運動量の表し方（トピック8B）も用いる．

生化学での関心の中心は分子にあり，個々の原子にはない．しかしながら，分子の構造や性質は，それをつくっている原子の知識がなければ理解することができない．たとえば，原子間の結合は，それに関与している原子の構造に依存している．ここでの“構造”は，原子核のまわりを電子がどう分布しているかを問題にしている．周期表そのものは元素それぞれの性質をまとめた便利なものであるが，よく考えれば，その原子の電子構造を反映したものである．周期表を理解するには原子の電子構造の知識が不可欠である．さらに，言うまでもないことだが，原子構造は電子の分布を表したものであるから，その説明には量子力学が重要な役目を果たしており，原子や分子の構造を論じるときに化学全般で使ういろいろな用語を導入している．

原子の構造を説明するときには，すべての原子の中で最も単純な電子1個から成る水素原子を取上げて，関連するいろいろな概念を確かなものとしてから，それ以外のすべての元素について議論を拡張する．本トピックでは，原子番号が2以上の1電子イオンについて，たとえば$Z=2$のHe^+イオンについて考察することによって，核電荷の効果を含めた議論をする．**水素型原子**[1]とは原子番号Zは何でもよく，電子が1個しかない原子またはイオンをいう．水素型原子にはH, He^+, Li^{2+}, C^{5+}などがあり，U^{91+}もそうである．**多電子原子**[2]とは，2個以上の電子をもつ原子またはイオンである．多電子原子にはH以外のすべての中性原子が含まれる．たとえば，ヘリウムには電子が2個あるから，この意味で多電子原子である．水素型原子，とりわけHはそのシュレーディンガー方程式が解けるから重要である．さらに，水素型原子を調べることで得られる諸概念を使えば，多電子原子の構造や分子の構造も説明できるのである．

8C・1 水素型原子のエネルギー準位

水素型原子の構造を量子力学的に表すには，ラザフォードの**有核モデル**[3]に基づく．それは，電荷$+Ze$の核を中心にその外側を電子1個が回っているという描像である．このタイプの原子の詳しい構造を明らかにするには，シュレーディンガー方程式を立てて，それを解く必要がある．このときのポテンシャルエネルギー$V(x)$は，$Q_1=+Ze$の核電荷と電子の電荷$Q_2=-e$の相互作用のクーロンポテンシャルエネルギーである（トピック1Aの［必須のツール1］．ただし，量子論でポテンシャルエネルギーを表すときはE_pではなくVを用いる）．それは，

$$V(r) = -\frac{Ze^2}{4\pi\varepsilon_0 r} \qquad (1)$$

で表される．ε_0は“電気定数（あるいは真空の誘電率）”という基礎物理定数である．核に相対的な電子の位置を表すには，図8C･1に示す三つの“球面極座標”r, θ, ϕを用いる．このポテンシャルエネルギーを用いれば，かなりの計算を経てシュレーディンガー方程式を解くことができる．量子力学ではいつもそうであるが，許容される解はいろいろな境界条件を満足するものでなければならない（トピック8Bで説明した）．原子の場合の条件は，波動関数がどこでも無限大になることがあってはならない．また，核のまわりを回るとき，両極を通る円周と赤道を通る円周で（球

1) hydrogenic atom　2) many-electron atom　3) nuclear model

面上の粒子で考えたように）波動関数が繰返していなければならない．そうすれば，許容される波動関数は三つの量子数 n, l, m_l で指定されることになり（あとで詳しく述べる），それに対応する許容されるエネルギー準位はつぎのように表される．

$$E_{n,l,m_l} = -Z^2\frac{\mathcal{R}}{n^2} \qquad \mathcal{R} = \frac{m_e e^4}{32\pi^2\varepsilon_0{}^2\hbar^2}$$

水素型原子のエネルギー準位　(2)

$n = 1, 2, \cdots$ である（エネルギーは量子数 l や m_l によらないことに注意しよう．これについてはあとで説明する）．$\mathcal{R}$ という量は**リュードベリ定数**[1] である．その値は 2.180×10^{-18} J である．原子の性質を表すときは eV の単位で表すことが多い．1 eV は，電子を電位差 1 V で加速したときに電子が獲得するエネルギーである．1 eV $= 1.602\times10^{-19}$ J であるから，$\mathcal{R} = 13.61$ eV である．

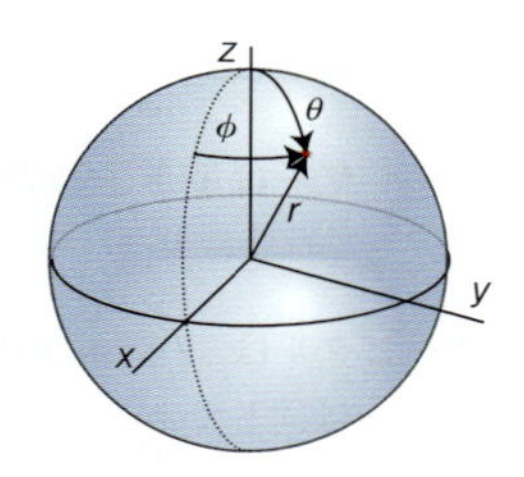

図 8C・1　原子内での位置を特定するために用いる球面極座標．

(2) 式の内容は，つぎのようにまとめることができる．

1. 量子数 $n = 1, 2, \cdots$ を**主量子数**[2] という．(2) 式に n の値を代入すれば原子内の電子のエネルギーが得られる．

水素原子（$Z = 1$）について得られたエネルギー準位を図 8C・2 に示す．n が小さいときは準位の間隔が広いが，n が増加するにつれてある値に収束していることに注目しよう．n の値が小さいと，反対電荷の間に働く引力によって電子は核の近くにあるから，狭い箱の中の粒子のエネルギーと同じでエネルギー準位の間隔は広い．n の値が大きくなると，電子のエネルギーが大きくなり，核から離れて遠くまで行くことができ，大きな箱の中の粒子のようにエネルギー準位が互いに接近するのである．

2. ここでのエネルギーはすべて負である．それは原子内の電子のエネルギーが，自由な場合よりも低いことを表している．

エネルギーの零点（$n = \infty$ のとき）は，電子と核が無限遠に離れていて（つまり，クーロンポテンシャルエネルギーが 0），電子は静止している場合（運動エネルギーが 0）に対応している．最低のエネルギー（つまり負で最大の値）の状態は原子の**基底状態**[3] であり，$n = 1$（n に許される最小値で，エネルギーは負で最も大きい）の状態である．この状態のエネルギーは $-Z^2\mathcal{R}$ である．この負号は，電子と核が無限遠で静止しているときのエネルギーより $Z^2\mathcal{R}$ だけ低いところに基底状態があることを示している．

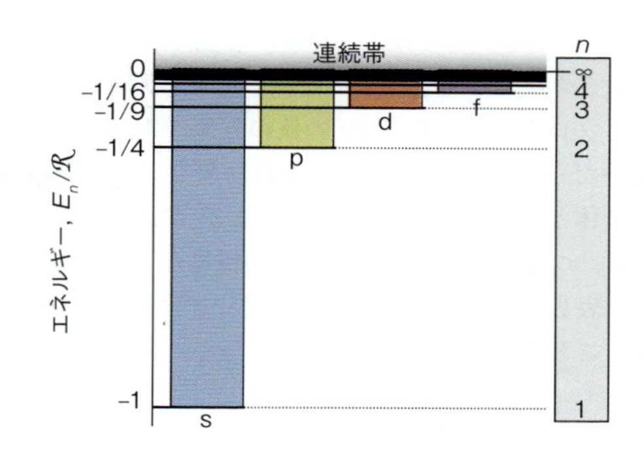

図 8C・2　水素原子（$Z = 1$）のエネルギー準位．エネルギー値は，電子がプロトンから無限遠に離れて静止している状態を基準にしている．各準位を副殻（すぐあとで説明する）に分けて示してある．$n = \infty$ の電子は束縛されておらず，エネルギーが量子化されていないから連続である．

原子から電子を 1 個完全に取除くのに必要な最小のエネルギーを**イオン化エネルギー**[4] I という．水素原子のイオン化エネルギーは，エネルギーが $-\mathcal{R}$ の基底状態から電子が完全に取除かれた状態（$n = \infty$ の状態，エネルギー 0）まで上げるのに必要なエネルギーである．したがって，加えるべきエネルギーは 13.61 eV（1313 kJ mol^{-1} に相当する）である．

簡単な例示 8C・1

(2) 式によれば，水素型原子に許されるエネルギーは Z^2 に比例している．したがって，1 電子原子のイオン化エネルギーも Z^2 に比例している．H のイオン化エネルギーは 13.61 eV であるから，He^+ イオン（$Z = 2$）のイオン化エネルギーは 54.42 eV である．実際，この値が実験値である．

3. ある準位のエネルギー値，したがって隣り合う準位のエネルギー間隔も Z^2 に比例している．

この Z^2 の依存性は，つぎの二つの効果によるものである．第一に，電荷 $+Ze$ の核からある距離にある電子は，プロトン（$Z = 1$）から同じ距離にある電子に比べて Z 倍も（負

1) Rydberg constant.〔訳注：波数（$\tilde{\nu}$）の単位で表すことが多い．$\mathcal{R} = 1.09737\times10^5$ cm^{-1} である．エネルギーへの変換にはプランク定数(h)と光速(c)を用いて，$E = hc\tilde{\nu}$ から計算する．〕　2) principal quantum number　3) ground state　4) ionization energy

で）大きいポテンシャルエネルギーをもつ．しかし，核電荷が大きくなると電子はずっと核の近くに引きつけられるから，プロトンより電荷 Ze の核の方が，電子は核の付近に見いだされやすいだろう．この効果も Z に比例するから，全体として電子のエネルギーは Z^2 に比例すると予測される．つまり，第一の効果で核の電場が Z 倍に強くなることを表し，第二の効果で核の付近に Z 倍見いだされやすくなることを表している．

8C・2 水素型原子の波動関数

水素型原子の電子1個の波動関数を**原子オービタル**[1]という．オービタルという名称は古典力学で使う“軌道（オービット）”よりあいまいなことを表すためである．ある特定の波動関数で表された電子は，そのオービタルを“占めている”という．そこで，注目する原子の基底状態の電子は，最低エネルギーのオービタル（$n=1$ のオービタル）を占めているのである．

(a) 殻と副殻

上で述べた波動関数には境界条件が三つあるから，量子数も3個必要である．角運動量量子数は，三次元の回転運動の扱い（トピック8B）と同じで，2個の量子数 l と m_l が必要である．波動関数が無限大になってはならないというもう一つの境界条件によって，3番目の量子数 n が必要である．この三つの量子数に許される値は互いに関係している．たとえば，極を通る（θ が変化するときの）オービタルの正しい形を知るには，赤道を通る（ϕ が変化するときの）波動関数がどう変化しているかを知る必要があるのである．

ここで，三つの量子数をまとめておこう．

- **主量子数** n．これは(2)式でオービタルのエネルギーを決めており，つぎの値をとる．

$$n = 1, 2, \cdots \ (\text{上限はない}) \qquad \text{主量子数}$$

- **オービタル角運動量量子数**[2] l．これはつぎの値に限られる．

$$l = 0, 1, 2, \cdots, n-1 \qquad \text{オービタル角運動量量子数}$$

n の値が指定されると，l の値は n 個だけ許され，0または正の値である（たとえば，$n=3$ なら，l は0, 1, 2のいずれかである）．

- **磁気量子数**[3] m_l．これはつぎの値に限られる．

$$m_l = 0, \pm1, \pm2, \cdots, \pm l \qquad \text{磁気量子数}$$

l の値が与えられると，m_l は $2l+1$ 通りの値をとれる（たとえば，$l=3$ なら，m_l は0, ±1, ±2, ±3の7個の値をとれる）．

簡単な例示8C・2

量子数がとれる値の制限からわかるように，$n=1$ ならオービタルは1個しかない．それは，$n=1$ では l の値は0しかとれないからで，m_l の値も0しかとれないからである．同じようにして，$n=2$ のオービタルは4個ある．このとき，l の値は0か1だけで，$l=1$ なら m_l は $+1, 0, -1$ の3通りの値をとれる．一般に，ある n の値に対して，n^2 個のオービタルがある．

ノート　m_l の値が正であっても，いつも符号を付けておくのがよい．たとえば，$m_l=1$ とせずに $m_l=+1$ と書いておく．

水素型原子のエネルギーは主量子数だけで決まる（2式）．そこで，

> n の値が同じオービタルは，l や m_l の値が違っていても，そのエネルギーは同じである．

といえる．したがって，n が同じ値のオービタルはすべて縮退しており，その原子の同じ**殻**[4]に属しているという．しかし注意すべきことは，同じエネルギーをもつのは水素型原子に限っていえることである．

n の値が同じで l の値が違うオービタルは，同じ殻の異なる**副殻**[5]に属している．その副殻はs, p, d, f, … という文字で表す†．その対応は，

l	0	1	2	3 …
	s	p	d	f …

である．$n=1$ の殻では副殻は $l=0$ の1個しかない．$n=2$（$l=0, 1$ が許容）の殻では副殻は2個で，2s副殻（$l=0$）と2p副殻（$l=1$）がある．はじめの3個の殻について，その副殻の現れ方を図8C・3に示してある．水素型原子では，同じ殻の副殻はすべて同じエネルギーに対応している（エネルギーは n だけで決まり，l によらないからである）．

オービタル角運動量量子数が l のとき，m_l は $2l+1$ 通りの値，$m_l = 0, \pm1, \cdots, \pm l$ をとれる．それに伴い，それぞれの副殻には $2l+1$ 個の個別のオービタルが存在することになる．それぞれの副殻に属するオービタルの数は，

† これはスペクトル線の歴史的な分類に由来している．それぞれ，sharp(s)，principal(p)，diffuse(d)，fundamental(f) である．
1) atomic orbital　2) orbital angular momentum quantum number〔この量子数の古い名称である“方位量子数（azimuthal quantum number）”も使われている．〕　3) magnetic quantum number　4) shell　5) subshell

s	p	d	f	g …
1	3	5	7	9 …

である．$l=0$（必然的に $m_l=0$）のオービタルを **s オービタル**[1] という．p 副殻（$l=1$）は 3 個の **p オービタル**[2]（$m_l=+1, 0, -1$）から成る．s オービタルを占める電子を **s 電子**[3] という．同じように，占有するオービタルによって，p 電子，d 電子，… などという．

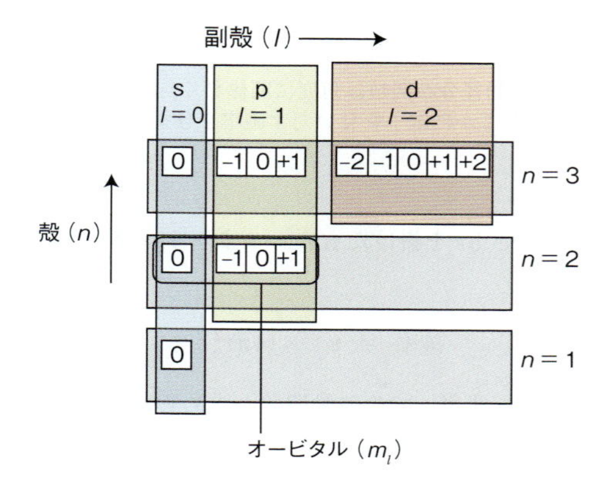

図 8C・3　水素型原子のオービタルは，殻と副殻に分けて整理される．それぞれの殻は，すべて同じ n の値をもつオービタルから成る．同じ殻の副殻は，すべて同じ l の値をもつオービタルから成る．それぞれの副殻には $2l+1$ 個のオービタルがある．

(b)　s オービタルの形

トピック 8B で述べた平面長方形に閉じ込められた粒子では，その波動関数 $\psi(x, y)$ がそれぞれの次元の波動関数の積で表すことができた．すなわち，$\psi(x,y)=\psi(x)\,\psi(y)$ である．これと同じ "変数分離法" がここでも使える．いまの場合の全波動関数は半径 r と二つの角度変数 θ と ϕ に依存するが，これを二つの因子の積で表す．そこで，$\psi(r,\theta,\phi)=\psi(\theta,\phi)\,\psi(r)$ と書く．関数 $\psi(\theta,\phi)$ はさらに二つに分離できるが，ここでは角度依存性を一緒に表しておくのが便利である．そこで，これを水素型原子について量子数を添えて書けば，

$$\psi_{n,l,m_l}(r,\theta,\phi) = \psi_{l,m_l}(\theta,\phi)\,\psi_{n,l}(r)$$

水素型原子の波動関数　(3)

となる．$\psi(r)$ は核からの距離 r の関数であり，これを**動径波動関数**[4] という．その形は n と l に依存するが m_l にはよらない．すなわち，同じ殻の同じ副殻のオービタルはすべて同じ動径波動関数をもつ．具体的には，ある殻の p オービタルはすべて同じ動径波動関数をもち，ある殻の d オービタルはすべて同じ動径波動関数をもつ（ただし，p オービタルの動径波動関数とは異なる）という具合である．もう一つの因子 $\psi(\theta,\phi)$ は**方位波動関数**[5] である．これは核からの距離にはよらないが，角度 θ と ϕ によって変化する．方位波動関数は量子数 l と m_l のみに依存し，n や Z の値とは無関係である．つまり，n の値や水素型原子の種類によらず，l と m_l がいずれも同じ値のオービタルは同じ方位波動関数をもつ．たとえば，p オービタルは，それが属する殻が何かによらず同じ形の角度依存を示すのである．

水素型原子の 1s オービタル（$n=1$，$l=0$，$m_l=0$ の波動関数）を数式で表せば，

$$\underbrace{\psi_{1,0,0}}_{n,l,m_l}(r,\theta,\phi) = \overbrace{\left(\frac{1}{4\pi}\right)^{1/2}}^{\psi_{0,0}(\theta,\phi)}\overbrace{\left(\frac{4Z^3}{a_0^{\,3}}\right)^{1/2}\mathrm{e}^{-Zr/a_0}}^{\psi_{1,0}(r)} = \frac{Z^{3/2}}{\pi^{1/2}a_0^{\,3/2}}\,\mathrm{e}^{-Zr/a_0}$$

水素型原子の 1s オービタル　(4)

となる．この場合の方位波動関数 $\psi_{0,0}(\theta,\phi)=(1/4\pi)^{1/2}$ は角度 θ, ϕ によらず定数である．また，定数 a_0 は**ボーア半径**[6] である（デンマークの物理学者ボーア[7] が提案した水素原子の初期の構造モデルに現れたことに由来している）．具体的に表せば，

$$a_0 = \frac{4\pi\varepsilon_0\hbar^2}{m_\mathrm{e}e^2}$$

ボーア半径［定義］　(5)

であり，その値は 52.92 pm である．

1s オービタルを表す波動関数 $\psi_{1,0,0}$ の値は，半径 r に依

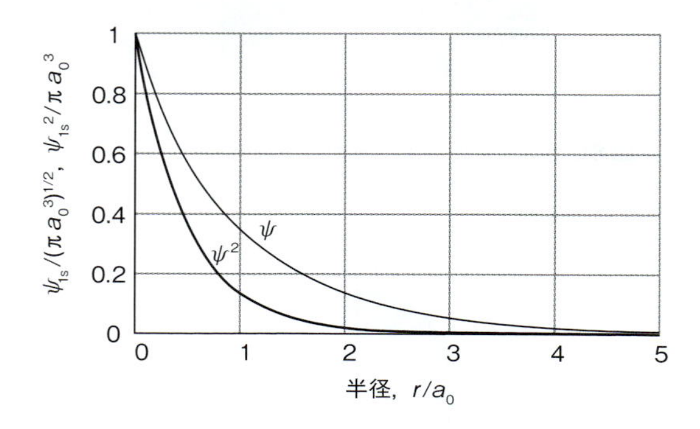

図 8C・4　1s オービタル（$n=1$，$l=0$）の波動関数の動径方向の変化とそれに対応する確率密度．a_0 はボーア半径（52.9 pm）である．

---

1) s orbital　2) p orbital　3) s electron　4) radial wavefunction　5) angular wavefunction　6) Bohr radius
7) Niels Bohr

存するが角度（その点での緯度や経度）にはよらない．したがって，原子核からの距離が同じであれば，このオービタルは方向によらずすべての点で同じ振幅をもつ．ボルンの解釈（トピック8A）によれば，電子の確率密度は波動関数の2乗に比例するから，1s電子は（核からの距離がわかれば）どの方向でも同じ確率で見いだされることがわかる．このように角度に依存しないことを一言でいえば，1sオービタルは**球対称**[1]であるということである．これと同じ方位波動関数は$l=0$のすべてのオービタルについて見られるから，nの値が違ってもsオービタルは（動径方向の依存性は異なるものの）すべて同じ球対称をもつといえる．

（4）式の波動関数は，核の位置での最大値から0に向かって指数関数的に減少している（図8C･4）．すなわち，電子を見いだす確率が最も高いのは核の位置である．空間の各点で電子を見いだす確率を図示する方法には，ψ^2を影の濃さで表すやり方がある（図8C･5）．もっと簡単な方法は，電子の存在確率の約90パーセントを内部に含む**境界面**[2]だけで示すことである．1sオービタルの境界面は核を中心とする球で表される（図8C･6）．

一方，角度を問わず，核から特定の距離に電子を見いだす確率を知りたいことがある（図8C･7）．この確率は，波動関数とボルンの解釈を組合わせれば計算できる．たとえば，同じ核を中心とする二つの球を考えよう．一つの半径はr，もう一つは$r+\delta r$である．ボルンの解釈によれば，その方向を問わず，この二つの球に挟まれた球殻に電子を見いだす確率は，rでの波動関数の2乗に球殻の体積を掛けたものに等しい．その体積は，内側の球の表面積$4\pi r^2$に球殻の厚さδrを掛けたもの，つまり$4\pi r^2\delta r$に等しい．したがって，

$$確率 = \psi^2 \times (4\pi r^2 \delta r)$$

であるから，半径rでの波動関数が求められれば計算できる．sオービタルであれば，

$$確率 = P(r)\delta r \qquad ただし，P(r) = 4\pi r^2 \psi^2$$

sオービタルの動径分布関数　(6)

である．この関数Pを**動径分布関数**[3]という．たとえば，水素型原子の1s波動関数は（4）式で表されるから，このオービタルの動径分布関数は，

$$P(r) = 4\pi r^2\left(\frac{Z^{3/2}}{\pi^{1/2}a_0^{3/2}}\mathrm{e}^{-Zr/a_0}\right)^2 = \frac{4Z^3}{a_0^3}r^2\mathrm{e}^{-2Zr/a_0}$$

である．r^2はrが増加するにつれ0から次第に増加するが，1sオービタルのψ^2は指数関数的に0に向かって減少するから，Pは0から始まり極大を通り，再び減少して0に向かう．その極大は電子が見いだされる確率最大の半径（点ではない）に相当している．水素原子の1sオービタルの極大はボーア半径a_0にある．電子の動径分布関数の意味を理解するには，地球が完全な球であるとして地球上の人口分布に相当すると考えればよいだろう．地球の中心から6400 kmのところ（地球表面）までは動径分布関数は0で，そこで鋭いピークになってから再び急速に0に向かう．表面から約10 kmを超える半径ではほとんど0である．ほとんどすべての人口が$r=6400$ kmに非常に近いところに見いだされる．緯度と経度の非常に広い範囲で人口が均一でないことはここでは関係がない．世界中を見ると6400 kmの上下にも人がいる確率が小さいながらもあるのは，たまたま地下の坑道にいる人や，デンバーやチベット

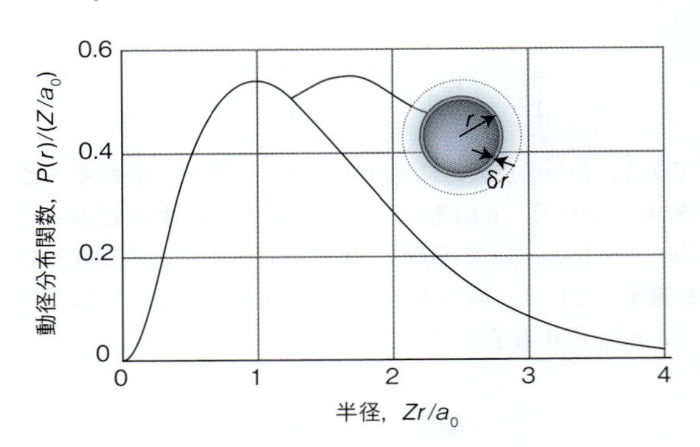

図8C･7　動径分布関数は角度に関係なく，半径r，厚さδrの球殻のどこかに電子を見いだす確率を与える．

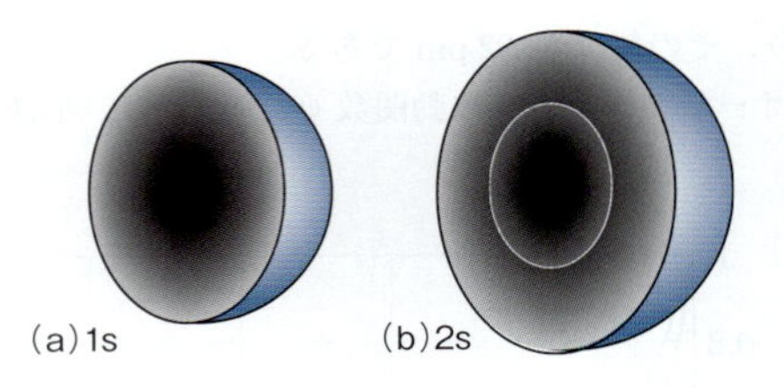

図8C･5　水素型原子の最初の2個のsオービタル，(a) 1s，(b) 2sを電子密度で表した図（影の濃さで表してある）．

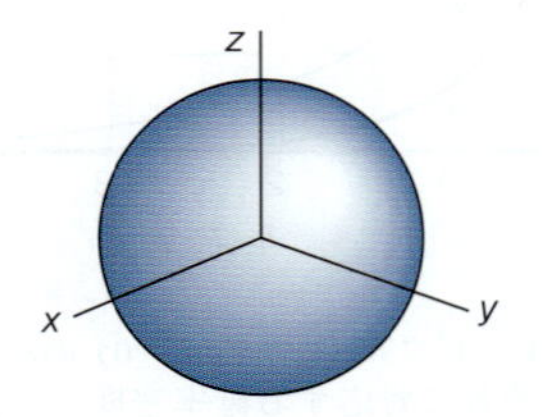

図8C･6　sオービタルの境界面．この内側に電子を見いだす確率が高い．

1) spherically symmetrical　2) boundary surface　3) radial distribution function

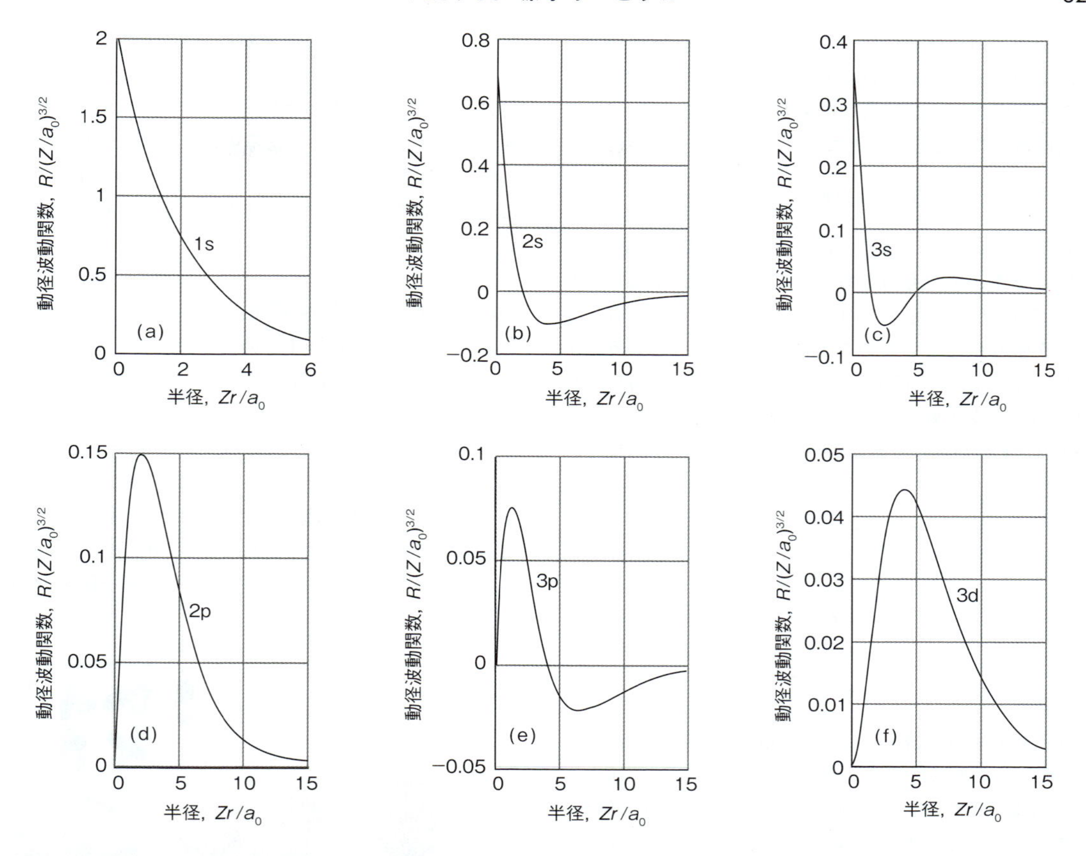

図 8C・8　水素型原子の (a) 1s, (b) 2s, (c) 3s, (d) 2p, (e) 3p, (f) 3d オービタルの動径波動関数. R は (3) 式の $\psi(r)$ のことである. s オービタルは核の位置である値をもつ. 縦軸の目盛はそれぞれの場合で異なることに注意しよう.

のような高地に住んでいる人がいるからである.

2s オービタル ($n=2$, $l=0$, $m_l=0$) も球対称だから, その境界面は球である. 2s オービタルは 1s よりも核から遠いところまで広がっているから, 境界面の半径は大きい. また, 動径方向の依存性でも 1s とは異なっている (図 8C・8). それは, 波動関数が核の位置で 0 でない値からスタートする (s オービタルはすべてそうである) のだが, 途中で一度 0 をよぎってから再び増加し, もっと遠くで指数関数的に 0 へ向かうからである. このように, ある半径のところで波動関数が 0 をよぎる性質を, そのオービタルに**動径節**[1] があるという. 3s オービタルには 2 個の動径節があり, 4s オービタルには 3 個ある. 一般に, ns オービタルには $n-1$ 個の動径節がある.

(c) p オービタルの形

次に, p オービタル ($l=1$) を考えよう. それは, 図 8C・9 に示す二重ローブの形をしている. この二つのローブの間には, 核の位置をよぎる**節面**[2] がある. この面上では電子の確率密度が 0 である. 一例として, 水素原子の $m_l=0$ の 2p オービタルの式を具体的に書くと,

$$\underbrace{\psi_{2,1,0}}_{n,\,l,\,m_l}(r,\theta,\phi) = \left(\frac{1}{32\pi a_0^{\,5}}\right)^{1/2} r\cos\theta\, \mathrm{e}^{-r/2a_0}$$

水素原子の $2p_z$ オービタル　(7a)

である. ψ は r に比例するから核の位置では 0 であり, 核

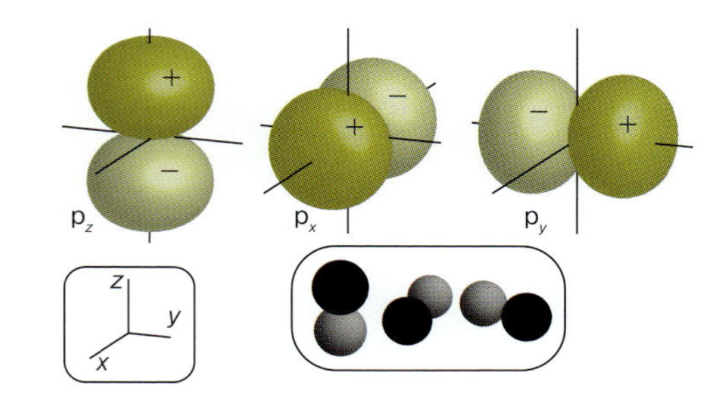

図 8C・9　p オービタルの境界面. 節面は核を通り, それぞれのオービタルを二つのローブに分けている.

1) radial node　2) nodal plane

を中心とする微小体積に電子を見いだす確率は0である．また，このオービタルは$\cos\theta=0$の面（$\theta=90°$の面）ではどこも0である．ここで，$r\cos\theta=z$であるから（**1**）この波動関数はもっと簡単な形で，

$$\psi = zf(r) \tag{7b}$$

と書けることに注目しよう．$f(r)$は（7a）式の$r\cos\theta$以外の因子をまとめたものである．この波動関数は$z=0$の面で0であるから，$m_l=0$のpオービタルでz軸に沿ってローブが張り出しているのを"p_zオービタル"という．p_xオービタルとp_yオービタルも同様で，それぞれ$xf(r)$および$yf(r)$の波動関数であるから，$x=0$および$y=0$に節面があり，x軸およびy軸に沿ってローブが張り出しているのである．

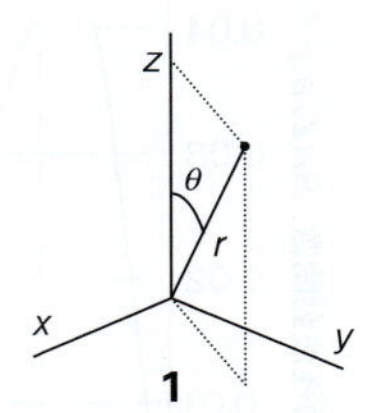

核が占めている領域（$r=0$）から電子が排除される状況は，sオービタル以外の原子オービタルすべてに共通する性質である．その原因を理解するには，量子数lの値が，核のまわりの電子の角運動量の大きさを表していること〔トピック8Bの（13a）式，$J=\{l(l+1)\}^{1/2}\hbar$〕に注目すればよい．sオービタルのオービタル角運動量は0（$l=0$より）であるから，古典的には，電子は核のまわりを回っていないことになる．すなわち，sオービタルは核のまわりに分布しているだけで，正味の周回運動をしていないのである．pオービタルでは$l=1$であるから，p電子の角運動量の大きさは0でない（$2^{1/2}\hbar$である）．したがって，p電子はその運動から生じる遠心力によって核から投げ飛ばされるが，s電子は周回運動をしていないからそうならない．これと同じ遠心効果はdオービタル（$l=2$）やfオービタル（$l=3$）など角運動量のある（$l>0$の）オービタルすべてに現れ，これらのどのオービタルの電子も核の位置に見いだされることはない．このように電子が核を回避する度合いがいろいろとあるのは，周期表（トピック8D）の構造に重要な影響を及ぼしており，その結果として現れる元素の諸性質を通して生体の生化学にも影響を及ぼしているのである．

（d） dオービタルの形

$n=3$のとき，lは0, 1, 2の値をとれる．その結果，この殻は3sオービタル1個，3pオービタル3個，3dオービタル5個から成る．3dオービタルは，オービタル角運動量量子数の値$l=2$の5通りの磁気量子数（$m_l=+2, +1, 0, -1, -2$）に対応している．pオービタルと同じように，dオービタルの場合も直交座標を使えば，たとえば$xyf(x)$などと表せるから，これによってd_{xy}, d_{yz}, d_{zx}, $d_{x^2-y^2}$, d_{z^2}と表せるオービタルが得られる．それぞれの形を図8C・10に示す．

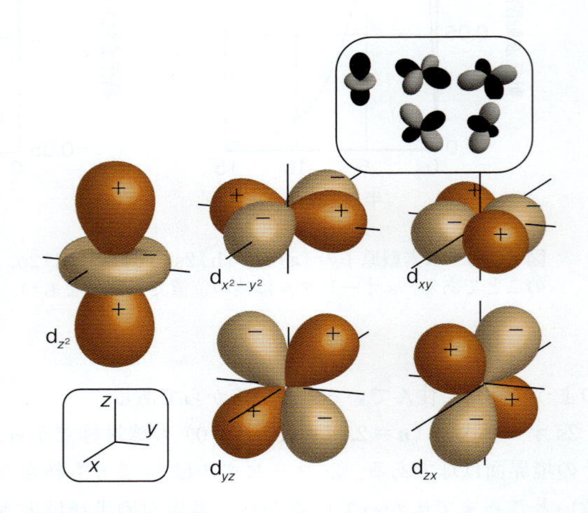

図8C・10 dオービタルの境界面．各オービタルにある2個の節面は核の位置で交差し，それぞれのオービタルを四つのローブに分けている．ただし，d_{z^2}の節面は合体して2個の円錐面をつくっている．

重要事項のチェックリスト

- □ 1．**水素型原子**は，電子が 1 個しかない原子番号 Z の原子またはイオンである．**多電子原子**は，2 個以上の電子をもつ原子またはイオンである．
- □ 2．**イオン化エネルギー**は，原子の基底状態から電子を 1 個取除くのに必要な最小のエネルギーである．
- □ 3．**原子オービタル**は，原子にある電子 1 個の波動関数である．
- □ 4．原子の**殻**は，主量子数が同じオービタルすべてから成る．
- □ 5．同じ殻に属する**副殻**は，オービタル角運動量量子数が同じオービタルすべてから成る．
- □ 6．原子オービタルの**境界面**は，電子の存在確率の約 90 パーセントを内部に含む表面である．

量子数の一覧

記　号	名　称	とりうる値
n	主量子数	$n = 1, 2, \cdots$
l	オービタル角運動量量子数	$l = 0, 1, 2, \cdots, n-1$
m_l	磁気量子数	$m_l = 0, \pm1, \pm2, \cdots, \pm l$

重要な式の一覧

式の内容	式	備　考	式番号
エネルギー準位	$E_{n,l,m_l} = -Z^2\mathcal{R}/n^2$	l, m_l に無関係	2
波動関数	$\psi_{n,l,m_l}(r,\theta,\phi) = \psi_{l,m_l}(\theta,\phi)\,\psi_{n,l}(r)$		3
動径分布関数	$P(r) = 4\pi r^2\psi^2$	s オービタルの場合	6

トピック 8D

多電子原子

➤ 学ぶべき重要性

水素以外のすべての元素では，原子に電子が２個以上あるから，その性質や周期性を理解するには，電子構造を知っておくことが不可欠である．

➤ 習得すべき事項

電子はエネルギーの低いオービタルから順に占有するが，どのオービタルにも電子は２個を超えて入ることはできない．

➤ 必要な予備知識

水素型原子の構造と原子オービタルの重要性（トピック 8C）をよく理解している必要がある．

生化学は，周期表に凝縮された元素の“個性”が現れる舞台である．中でも重要な個性をもつのは炭素であり，ネットワークや鎖の構造をつくる並外れた能力を有している．生命の維持には約 30 の元素が不可欠であり，その電子構造で決まるやり方でそれぞれが作用している．実際，周期表というのはこれらの構造を描写したものである．したがって，いろいろな生化学過程や構造を理解するには，原子の電子構造を理解しておくことが重要である．生化学は，これらの構造に基づいているからである，

とはいうものの，はじめから大問題が立ちはだかることになる．多電子原子の波動関数は非常に込み入っているのである．それは，存在する電子すべてが互いに相互作用しているからである．厳密解が得られる望みはない．電子が 2 個しかない He 原子でさえ，オービタルやエネルギーを表す数学式は得られない．そこで近似が必要になる．

8D・1 オービタル近似

多電子原子のシュレーディンガー方程式の解を求めるための妥当な第一近似として，**オービタル近似**[1] では，各電子がそれぞれ“自分の”オービタルを占める（すなわち，それぞれに対応する波動関数をもつ）と考えて，つぎのように書く．

$$\psi = \psi(1)\,\psi(2)\cdots \qquad \text{オービタル近似} \qquad (1)$$

$\psi(1)$ は電子 1 の波動関数，$\psi(2)$ は電子 2 の波動関数という具合である．その個々のオービタルは，トピック 8C で述べた水素型原子のオービタルに似ていると考えればよい．

オービタル近似によれば，電子の**配置**[2]，すなわち占有されたオービタルのリストを示すことによって，その原子の基底状態や励起状態の電子構造を表せる．たとえば，水素原子の基底状態は 1s オービタルの電子 1 個から成るから，その配置を $1s^1$ と書く（イチエスイチと読む）．ヘリウム原子には電子が 2 個ある．この場合は（電荷が $+2e$ の）裸の原子核のオービタルに電子を順に加えて組立てると考えればよい．最初の電子は水素型原子の 1s オービタルを占めるが，$Z = 2$ であるから，このオービタルは H の場合より小さくなっている．第二の電子も同じ 1s オービタルに入るから He の基底状態の電子配置は $1s^2$（イチエスニと読む）である．

話を先に進めるには，ここで**スピン**[3] の概念を導入しておく必要がある．スピンは，すべての電子に本来備わっている固有の角運動量であり，（質量や電荷と同じように）変えることも消すこともできない．“スピン”という名称は，ボールが自分の中心軸のまわりに自転している状況を思い起こさせる．この古典的な解釈を用いれば，その運動を可視化する助けにはなる．しかしながら，スピンというのは純粋に量子力学的な現象であり，これに対応する概念は古典論にはないから，類推で説明するときは注意が必要である．

ここでの議論に重要になる電子スピンの二つの性質は，トピック 8B で述べたオービタル角運動量に似ている．つぎにまとめておこう．

1. 電子スピンは**スピン量子数**[4] s（オービタル角運動量の l に似ている）で表す．ただし，s はすべての電子について，常に $\frac{1}{2}$ というただ一つの（正の）値に固定されている．
2. スピンは，時計回りか反時計回りである．この二つの状態は**スピン磁気量子数**[5] m_s で区別される．m_s は $+\frac{1}{2}$ ま

1) orbital approximation　2) configuration　3) spin　4) spin quantum number　5) spin magnetic quantum number

たは$-\frac{1}{2}$の値をとり，それ以外の値にならない(図8D･1)．$m_s=+\frac{1}{2}$の電子†1を↑で表す("上向きのスピン"という)．$m_s=-\frac{1}{2}$の電子†2は↓で表す("下向きのスピン"という)．

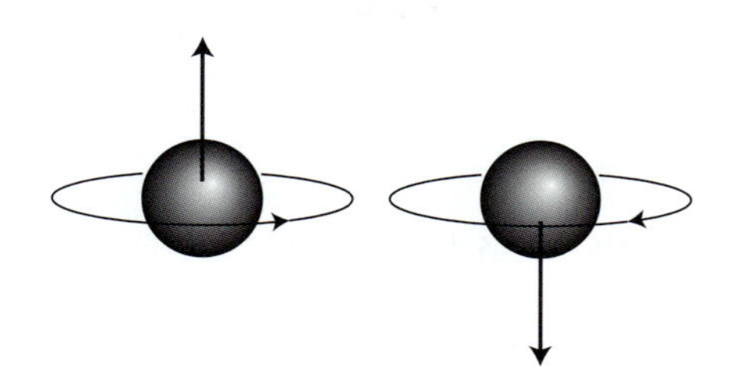

図8D･1　電子に許される二つのスピン状態の古典的な表現．スピン角運動量の大きさはどちらも$(3^{1/2}/2)\hbar$であるが，スピンの向きは反対である．

原子に2個以上の電子があるときは，電子のスピン状態の役割について考えなければならない．電子が3個あるリチウム($Z=3$)を考えよう．2個の電子は，Heより電荷の大きな核の近くに引きつけられた1sオービタルを占める．しかし，3番目の電子は，1sオービタルの2個の電子に合流して$1s^3$の配置になることはない．これは，オーストリアの物理学者パウリ[1)]によってまとめられた**パウリの排他原理**[2)]という自然界の基本的な性質によって禁止されるからである．この原理を原子内の電子に当てはめるとつぎのようになる．

> どのオービタルにも2個より多くの電子は入れない．2個の電子が1個のオービタルを占めたときは，その2個のスピンは対をつくっていなければならない．

対になったスピン[3)]の電子を↑↓で表す．この電子対は，一方の電子のスピン角運動量が他のスピンで打ち消されているので，正味のスピン角運動量は0である．

リチウムでは1sオービタルがすでに満員になっているから，3番目の電子がこれに入ることはできない．このとき，$n=1$の殻は**完成**[4)]しているといい，電子2個で**閉殻**[5)]をつくっているという．同様の閉殻はHe原子でも存在するから，それを[He]と書く．第三の電子はこの殻から排除されるから，次にエネルギーの低いオービタルを占めなければならない．それは$n=2$の殻にある．ところが，次に使えるオービタルが2sなのか2pなのかを決めなければならない．つまり，リチウム原子の最低エネルギーの配置が$[He]2s^1$なのか$[He]2p^1$なのかという問題である．

8D･2　電子反発の役割

多電子原子の電子それぞれは，ほかのすべての電子からクーロン反発を受けている．この状況を具体的に表すのに，つぎのようなモデルを考える．いま注目する電子が核から距離rの位置にあるとき，その電子が他の電子から受ける平均の反発力は，核の位置に置いた負の点電荷に置き換えて表せるとする．このとき，半径rの球内にある全電子の電荷に等しい大きさの負電荷が核の位置にあるとする(図8D･2)．この負の点電荷と核の本来の電荷を合計した効果により，核の全電荷Zeは**実効核電荷**[6)]$Z_{\rm eff}e$にまで減少していると考えるわけである．このように，他の電子の存在によって変更を受けた核電荷を見ている状況を表すのに，注目する電子は**遮蔽核電荷**[7)]を見ているという．このとき内側にある電子が，核のクーロン引力を完全に"遮断"しているわけではない．すなわち，実効核電荷というのは，核からの引力と電子間の反発力の正味の効果を，原子の中心においた等価な電荷1個で表すという簡便法にすぎないのである．

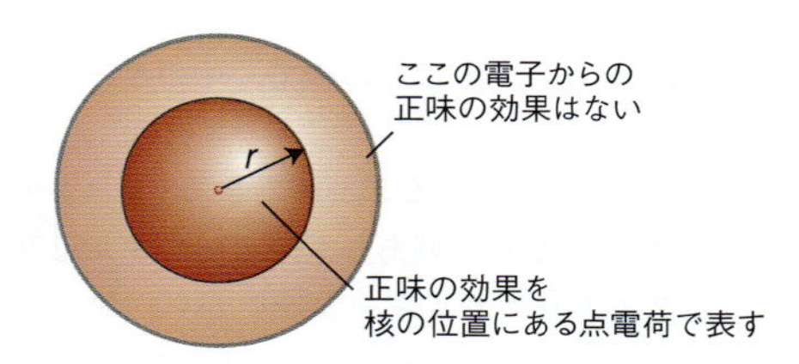

図8D･2　核からの距離rにある電子は，半径rの球内にある全電子からクーロン反発を受けている．その効果は，ある負の点電荷を核の位置に置いたときの反発と等価である．その正味の効果として，核電荷はZeから見かけの核電荷$Z_{\rm eff}e$まで減少している．

同じ殻でもs電子とp電子が見る実効核電荷は異なる．それは，電子の波動関数が異なるため，核のまわりの電子の分布が違っているからである(図8D･3)．核の近くではs電子の方がp電子より見いだされやすいから，s電子は同じ殻のp電子よりも内側の殻を通り抜けて**浸透**[8)]する傾向が強いといえる．ここで，pオービタルは(いろいろな定数を無視すれば)re^{-r}に比例していることを思い出そう．すなわち，p電子の核の位置での確率密度は0なのである．s電子の浸透が大きい結果，同じ殻のp電子より遮蔽は小さく，したがって$Z_{\rm eff}$が大きい．その結果として，s電子は同じ殻のp電子よりも核に強く束縛されている．同様にして，d電子(その波動関数はr^2e^{-r}に比例している)は，同じ殻のp電子よりもっと浸透が小さく，遮蔽は大き

---

†1　これをα電子ということがある．
†2　これをβ電子ということがある．
1) Wolfgang Pauli　2) Pauli exclusion principle　3) paired spins　4) complete　5) closed shell
6) effective nuclear charge．$Z_{\rm eff}$のことを"実効核電荷"ということが多いが，正確には$Z_{\rm eff}e$である．
7) shielded nuclear charge　8) penetration

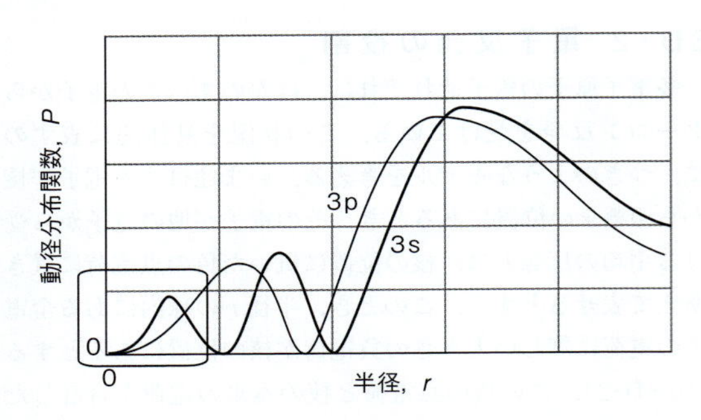

図8D・3　s オービタル（ここでは 3s オービタル）の電子は，同じ殻の p 電子に比べ，核に近いところに見いだされる確率が大きい．したがって，s 電子が受ける遮蔽効果は小さく，核により強く束縛されている．

いから，Z_{eff} はさらに小さいのである．

浸透と遮蔽の結果として，多電子原子の同じ殻に属するオービタルのエネルギーは s ＜ p ＜ d ＜ f の順になる．同じ副殻の個々のオービタル（たとえば，p 副殻の 3 個の p オービタル）は動径方向の性質がすべて同じであるから，同じ実効核電荷を見ることになるので，そのオービタルは縮退したままである．

これで Li の話を完結させることができる．$n = 2$ の殻には縮退していない副殻が 2 個あり，2s オービタルは 3 個ある 2p オービタルよりエネルギーが低いから，第三の電子は 2s オービタルに入る．このような順であるから，基底状態の配置は $1s^2 2s^1$ すなわち [He] $2s^1$ となる．そこで，Li 原子の構造は，1s 電子 2 個で満員のヘリウムに似た殻が中心の核を囲み，もっと広がった 2s 電子がその外側を囲んでいるものと考えることができる．基底状態の原子の最外殻にある電子を**原子価電子**[1] という．それは，その原子がつくる化学結合におもに関与しているからである（テーマ 9 で説明するが，原子が結合をつくれる度合いを“原子価”という）．たとえば，Li の原子価電子は 1 個の 2s 電子で，リチウムの残りの 2 個の電子は**芯**[2] に属しているから，芯電子は結合形成にあまり関与しない．

8D・3 構成原理

H, He, Li に用いた手法を他の原子へと拡張することを**構成原理**[3] という．構成原理によれば，原子オービタルの占有順を指定することができ，それは実験で求めた原子やイオンの基底状態の配置をたいていうまく再現している．

(a) 中性原子

原子番号 Z の裸の原子核を想像し，その利用できるオービタルに Z 個の電子を順に入れるのである．構成原理の最初の二つの規則は，

1. オービタルの占有順をつぎのようにする．

   1s 2s 2p 3s 3p 4s 3d 4p 5s 4d 5p …

2. パウリの排他原理により，各オービタルは電子を 2 個まで収容できる．

占有順序はだいたい各オービタルのエネルギーの順になっている．それは一般には，オービタルのエネルギーが低いほど，そのオービタルを占めれば原子全体として全エネルギーが低くなるからである．s 副殻は 2 個の電子が入れば満員になる．同じ殻の 3 個ある p オービタルはそれぞれ 2 個ずつ電子が入れば満員であるから，p 副殻は 6 個の電子で満員である．d 副殻にはオービタルが 5 個あるから，電子を 10 個まで収容できる．

簡単な例示 8D・1

炭素原子を考えよう．炭素は $Z = 6$ であるから，収容すべき電子は 6 個ある．2 個は 1s オービタルに入ってこれを満たし，次の 2 個は 2s オービタルに入ってこれを満たし，残りの 2 個の電子は 2p 副殻のオービタルを占める．したがって，基底配置は $1s^2 2s^2 2p^2$，あるいは簡潔に書けば [He] $2s^2 2p^2$ である．ここで，[He] はヘリウム型の $1s^2$ 原子芯である．

［簡単な例示 8D・1］で示したように，炭素原子の基底状態の電子配置は [He] $2s^2 2p^2$ で表される．ところで，これをもっと詳しく指定することが可能である．すなわち，静電相互作用を考えれば，最後の 2 個の電子は異なる 2p オービタルを占めると予測できる．そうすれば，この 2 個の電子は同じオービタルに入る場合に比べて，平均として互いに遠く離れることができ，反発を少なくできるからである．そこで，1 個の電子は $2p_x$ オービタルを占め，もう 1 個は $2p_y$ オービタルを占めると考えることができ，炭素原子の最低エネルギー配置を [He] $2s^2 2p_x^{\,1} 2p_y^{\,1}$ と表せる．同じ規則は，副殻の縮退したオービタルが占有の対象になるときはいつも適用できる．したがって，構成原理のもう一つの規則をつぎのように表せる．

3. 副殻のどれか一つのオービタルを 2 個の電子で占めてしまう前に，電子は同じ副殻の異なるオービタルを占める．

したがって，窒素原子（$Z = 7$）の配置は [He] $2s^2 2p_x^{\,1} 2p_y^{\,1} 2p_z^{\,1}$

1) valence electron　2) core
3) building-up principle．組立てるという意味のドイツ語から，Aufbau principle ともいう．

となる．酸素（$Z=8$）まで進めば，一つの2p オービタルが2電子で占有されはじめ，酸素の配置は［He］$2s^2 2p_x^2 2p_y^1 2p_z^1$ である．

電子が縮退しているオービタル（3個の2p オービタルなど）に1個ずつ入っているときには別の問題が生じている．C, N, O の場合がそうである．このとき，スピンが対をつくらねばならないという要請はないからである．そこで，最低エネルギーが達成されるのは電子スピンが同じときか（C のように問題の電子が2個あるとき，どちらも↑，つまり↑↑のとき），それとも対をつくったときか（↑↓）を知っておく必要がある．この問題を解決してくれるのが**フントの規則**[1] である．

4. 基底状態の原子は，原子価電子の不対電子の数が最大になる配置をとる．

フントの規則の説明は込み入っている．それは**スピン相関**[2] という量子力学的性質を反映したものである．スピン相関とは，異なるオービタルに入っている電子のスピンが互いに平行であれば，両者は十分に離れようとする量子力学的傾向のことである．（この傾向は電荷とは何の関係もない．仮に2個の“電荷のない電子”としても同じ挙動をする）．互いに相手の電子を避けようとして原子はわずかに縮むから，スピンが平行のときには電子-核の相互作用が強くなる．こうして C 原子の基底状態では2個の2p 電子が同じスピンをもち，N 原子では3個の2p 電子が全部同じスピンをもち，O 原子では電子が1個ずつ入っている2p オービタルの電子は同じスピンをもつ（$2p_x$ オービタルの2個は必ず対をつくる）ことがわかる．

ネオンは $Z=10$ で［He］$2s^2 2p^6$ の配置をもち，この殻を完成させている．この閉殻配置を［Ne］と表し，これに続く元素の芯として働く．次の電子は3s オービタルに入って新しい殻を始めなければならない．そこで，Na 原子は $Z=11$ で［Ne］$3s^1$ という配置をもつ．配置が［He］$2s^1$ の Li の場合と同じように，ナトリウムは満員の芯の外側に s 電子を1個もっている．

以上の解析で，元素の化学的な周期性の起源がわかったことであろう．すなわち，$n=2$ の殻は8個の電子で満員である．$Z=11$ の元素（Na）は $Z=3$ の元素（Li）と似た電子配置をもち，閉殻の芯の外側に s 電子1個をもつ．したがって，化学的性質は似たものになると予測できる．同じようにして，Mg（$Z=12$）は Be（$Z=4$）に似ているという具合である．He（$Z=2$）や Ne（$Z=10$），Ar（$Z=18$）などすべての貴ガスは閉殻の原子価配置をもつから，化学的な性質はよく似ており，化学的にほぼ不活性である．

アルゴンでは3s 副殻と3p 副殻は完成している．3d オービタルのエネルギーは高いから，この原子はこれで事実上，閉殻配置なのである．実際，4s オービタルは核の近くに浸透する能力があってエネルギーが低いから，次の電子（カリウムの場合）は3d オービタルに入らず4s オービタルを占める．そのため，K 原子は Na 原子と似ている．同じことは Ca 原子についてもいえ，同族元素の Mg（［Ne］$3s^2$ の配置）と似て［Ar］$4s^2$ の配置をもつ．

5個ある3d オービタルは電子を10個まで収容できる．このことから，スカンジウムから亜鉛までの電子配置が説明できる．しかし，構成原理はこれらの元素の基底状態の配置について明確な予測を示すことができず，単純な解析はうまくいかない．そこで，数値計算に基づき（すなわち，特殊なソフトウエアを用いてシュレーディンガー方程式を解くことによって）エネルギーが求められている．その計算によれば，これらの原子については，3d オービタルのエネルギーが常に4s オービタルのエネルギーより低くなっている．しかしながら，計算でも実験でも，Sc は［Ar］$3d^3$ や［Ar］$3d^2 4s^1$ ではなくて［Ar］$3d^1 4s^2$ の配置を示している．この結果を理解するには，3d オービタルと4s オービタルでの電子-電子反発の性質を考慮しなければならない．3d 電子の核からの最確距離は4s 電子の場合より短いから，2個の3d 電子間の反発は2個の4s 電子間の反発よりも強いのである．その結果，Sc は他の二つの配置ではなく，［Ar］$3d^1 4s^2$ の配置をとるのである．そうすれば，3d オービタルにある電子の間の強い反発が最小に抑えられるからである．この原子の全エネルギーは，電子を高エネルギーの4s オービタルに入れるという代償を払っても，なお最低にとどまることができるのである（図8D・4）．この効果は Sc から Zn までの原子に成り立つから，その電子配置は［Ar］$3d^n 4s^2$ の形になる．Sc では $n=1$ で，Zn では $n=10$ である．実験によれば重要な例外が二つある．Cr の電子配置は［Ar］$3d^5 4s^1$ であり，Cu の電子配置は［Ar］$3d^{10} 4s^1$ である．

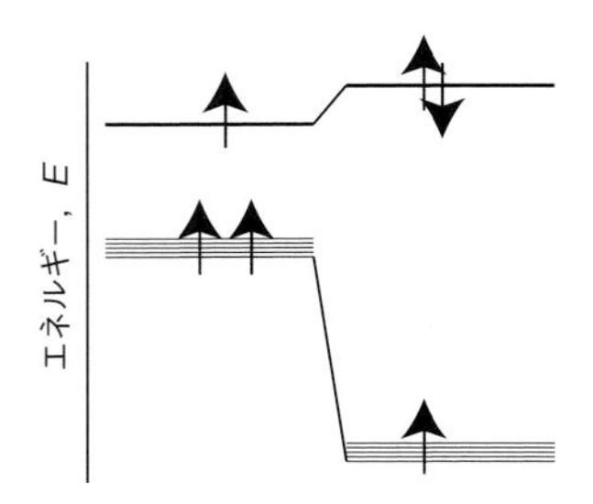

図8D・4　スカンジウム原子の基底状態では，電子配置が（左に示す）［Ar］$3d^2 4s^1$ でなく（右に示す）［Ar］$3d^1 4s^2$ であれば，3d オービタルの強い電子-電子反発を回避できる．エネルギーの高い4s に電子を入れるという代償を払っても，［Ar］$3d^1 4s^2$ の配置の方が原子の全エネルギーは低い．

1) Hund's rule　2) spin correlation

ガリウムになると3dオービタルのエネルギーは4sオービタルや4pオービタルよりもずっと低いところまで下がっているから，3dオービタル（いまは満員）の存在は関係なくなって，前の周期と同じように構成原理が使えるようになる．そこで，4sおよび4pの副殻が原子価殻を形成し，この周期はクリプトンで終了する．アルゴンから数えて18個の電子がこの周期に関与しているので，これを周期表の第一**長周期**[1]という．このような**dブロック**[2]元素（3族から11族の"遷移金属"を含む）の存在は3dオービタルが段階的に詰まっていくことを反映したもので，この系列ではエネルギー差が微妙になっているために，d金属の無機化学（無機生化学もそうである）は複雑で変化に富んだものになっている．第6周期と第7周期でもfオービタルによる同様の割り込みがあり，周期表に**fブロック**[3]（ランタノイドとアクチノイドが正式名称だが，ランタニドやアクチニドも使われている）が存在することが説明できる．

(b) カチオンとアニオン

周期表のs, p, dのブロックにある元素のカチオンの配置を導くには，中性原子の基底状態の配置から特定の順序で電子を取除いていけばよい．まず原子価殻p電子，つぎに原子価殻s電子を取除く．それから望みの電荷が得られるまで必要なd電子を取除くのである．

簡単な例示8D·2

カルシウムは骨のおもな構成成分であり，多くの生化学過程（筋収縮や細胞分裂，血液凝固，神経インパルスの伝搬など）で鍵となる役目をしており，Ca^{2+}イオンの形で細胞に取込まれ，そこで機能している．Caの配置は[Ar]$4s^2$であるから，Ca^{2+}カチオンはアルゴン原子と同じ配置[Ar]をとる．鉄や銅，マンガンは，同じカチオンでも異なる形をとってその間を行き来することができ，生体エネルギー論の中核をなす電子移動反応に参加している．たとえば，Feの配置は[Ar]$3d^6 4s^2$であるから，Fe^{2+}およびFe^{3+}のカチオンはそれぞれ[Ar]$3d^6$および[Ar]$3d^5$の配置をとる．これは，ミトコンドリアの電子伝達鎖でタンパク質のシトクロム*c*が複合体Ⅲと複合体Ⅳの間で電子のやり取りをするときに，これに結合している鉄イオンがとる酸化状態である．

アニオンの電子配置を得るには，構成原理の手順を続けて，次の貴ガス配置が達成されるまで中性原子に電子を加える．

簡単な例示8D·3

膜電位差（トピック5A）を発生させ，細胞内の浸透圧（トピック3D）や電荷均衡を維持するためにNa^+やK^+イオンと一緒に働いているのは塩化物イオンであり，単体の塩素ではない．Cl^-イオンの配置は[Ne]$3s^2 3p^5$に電子を1個加えればよく，それでArの配置になる．

8D·4 原子の三つの重要な性質

ある元素が生物学的に重要な役割を担えるかどうかは，その電子構造で決まる．原子半径やイオン半径，さらには原子が電子を放出したり獲得したりすることでイオンや化学結合を形成する能力に対して，電子構造がどのような影響を与えているかを理解しておく必要がある．

(a) 原子半径とイオン半径

元素の**原子半径**[4]とは（Cuのような）固体中の隣接原子間の距離の半分をいう．非金属の場合は（H_2やS_8のような）等核分子の中の隣接原子間距離の半分をとる．もし，元素の化学的性質を決めている属性をひとつだけ挙げようということであれば，それは原子半径である（直接影響を及ぼすだけでなく，他の性質に変化を及ぼしたのち間接的に影響する場合もある）．

一般に，周期表を左から右へ進むにつれ原子半径は小さくなり，同じ族では下ほど大きい（表8D·1，図8D·5）．このように同じ周期内で次第に減少するのは，核の電荷が大

表8D·1 水素と主要族元素の原子半径，r/pm*

H							He
30							128
Li	Be	B	C	N	O	F	Ne
157	112	88	77	74	66	64	150
Na	Mg	Al	Si	P	S	Cl	Ar
191	160	143	118	110	104	99	174
K	Ca	Ga	Ge	As	Se	Br	Kr
235	197	153	122	121	117	114	189
Rb	Sr	In	Sn	Sb	Te	I	Xe
250	215	167	158	141	137	133	218
Cs	Ba	Tl	Pb	Bi	Po		
272	224	171	175	182	167		

* 貴ガスの値は"ファンデルワールス半径"であり，最密構造の原子間距離の半分である．

1) long period　2) d block　3) f block　4) atomic radius

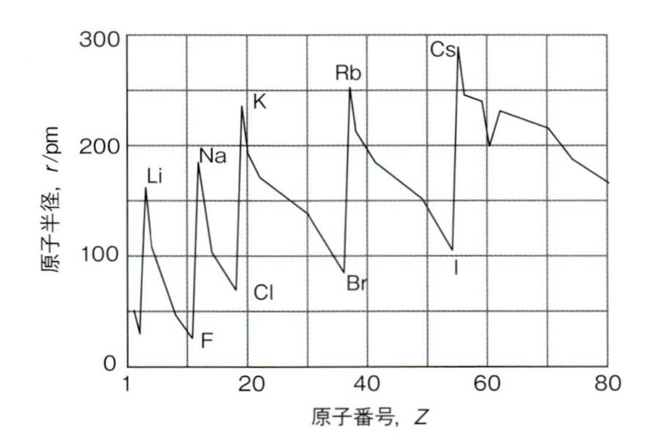

図 8D・5　周期表の 80 番元素までの原子半径の変化．第 6 周期のランタノイド（ルテチウム，$Z=71$ 以降）に続く原子半径の収縮に注目しよう．

きくなって電子をいっそう近くに引きつけるためである．核電荷の増加は電子数の増加によって一部は打ち消されるが，電子は空間に広がっていて，1 個の電子で核の電荷 1 単位を完全には遮蔽できないから，核電荷が増える効果が勝るわけである．同じ族で下ほど（核電荷が増えるにもかかわらず）原子半径が大きくなるのは，一つ周期が進めば原子価殻が大きな主量子数に対応するものになるからと説明できる．すなわち，原子の殻は玉ねぎのような構造をしていて，各周期のはじめで次の殻（だんだん遠くへ行く）を満たしはじめ，それが内側の殻を囲みながらこれを満員にしてその周期を終わるのである．こうして，次第に遠くの殻に入らなければならないから，核電荷が大きくなるにもかかわらず原子は大きくなるのである．

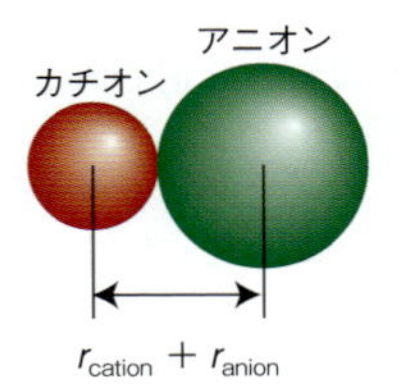

1

元素の**イオン半径**[1] は，イオン固体で隣接するイオン間の距離から求められる（**1**）．イオン半径は，中性分子と接しているイオンを扱うときも注意して用いることができる．

原子が 1 個以上の価電子を失いカチオンになれば，そのカチオンは一般に親原子よりずっと小さい．たとえば，$[Ne]3s^1$ の配置をとる Na の原子半径は 191 pm であるが，[Ne] 配置の Na^+ のイオン半径は 102 pm しかない．原子半径の場合と同じように，カチオンの半径も同じ族なら下へ行くほど大きくなる．それは，電子が主量子数のより大きな殻を占めるからである．

アニオンでは原子価殻に加えた電子が互いに反発するから，イオン半径は親原子より大きい．イオン化しても電子を核に引きつけている核電荷の増加があるわけでないから，イオンは大きくなるのである．アニオンのイオン半径の変化は，原子やカチオンと同じ傾向を示し，周期表の右上にあるフッ素の付近で最も小さい．

簡単な例示 8D・4

電子数が同じ原子やイオンを等電子的[2] であるという．たとえば，Ca^{2+}, K^+, Cl^- は [Ar] の電子配置をもつから等電子的である．ただし，核電荷が違うのでイオン半径は異なる．Ca^{2+} イオンの核電荷が最も大きく，電子に対し最も強い引力を及ぼすからイオン半径は最も小さい．この三つの等電子イオンの中で Cl^- イオンの核電荷は最も小さいから，最も大きなイオン半径を示す．

(b)　イオン化エネルギー

多電子原子から電子を 1 個取除くのに必要な最小のエネルギーが**第一イオン化エネルギー**[3] I_1 である．**第二イオン化エネルギー**[4] I_2 は（1 価のカチオンから）もう 1 個電子を取除くのに必要な最小のエネルギーである．すなわち，

$$
\begin{aligned}
&\mathrm{X(g)} \longrightarrow \mathrm{X^+(g)} + \mathrm{e^-(g)} \\
&\qquad I_1 = E(\mathrm{X^+}) - E(\mathrm{X}) \\
&\mathrm{X^+(g)} \longrightarrow \mathrm{X^{2+}(g)} + \mathrm{e^-(g)} \\
&\qquad I_2 = E(\mathrm{X^{2+}}) - E(\mathrm{X^+})
\end{aligned}
\qquad (2)
$$

である．周期表に見られる第一イオン化エネルギーの変化を図 8D・6 に示し，代表的な数値を表 8D・2 に掲げる．イオン化エネルギーは，結合生成に関与する原子の能力を決める中心的な役割を果たしている．それは，結合生成によって，ある原子から別の原子へと電子の再配置を伴うか

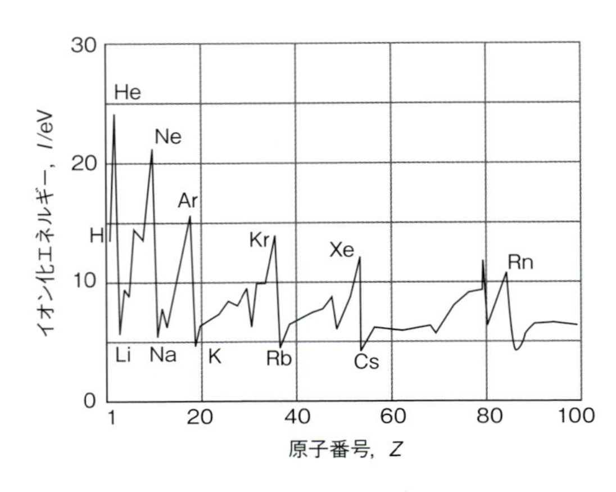

図 8D・6　100 番元素までの第一イオン化エネルギーの周期的な変化．

1) ionic radius　2) isoelectronic　3) first ionization energy　4) second ionization energy

表 8D・2 水素と主要族元素の第一イオン化エネルギー，I/eV*

H							**He**
13.61							24.59
Li	**Be**	**B**	**C**	**N**	**O**	**F**	**Ne**
5.32	9.32	8.30	11.26	14.53	13.62	17.42	21.56
Na	**Mg**	**Al**	**Si**	**P**	**S**	**Cl**	**Ar**
5.14	7.65	5.98	8.15	10.49	10.36	12.97	15.76
K	**Ca**	**Ga**	**Ge**	**As**	**Se**	**Br**	**Kr**
4.34	6.11	6.00	7.90	9.81	9.75	11.81	14.00
Rb	**Sr**	**In**	**Sn**	**Sb**	**Te**	**I**	**Xe**
4.18	5.70	5.79	7.34	8.64	9.01	10.45	12.13
Cs	**Ba**	**Tl**	**Pb**	**Bi**	**Po**	**At**	**Rn**
3.89	5.21	6.11	7.42	7.29	8.42	9.64	10.78

* 1 eV は 96.485 kJ mol^{-1} に相当している．

らである．

リチウムの第一イオン化エネルギーは小さい．その最外殻電子は，芯電子によって電荷の小さな核からよく遮蔽されており（$Z=3$ に対して $Z_{\mathrm{eff}}=1.3$）簡単に取除けるからである．ベリリウムは Li より大きな核電荷をもつから，最外殻電子（2 個ある 2s 電子の一つ）を取除くのはもっと困難であり，イオン化エネルギーはより大きい．Be と B の間でイオン化エネルギーが減少するのは，B の最外殻電子が 2p オービタルを占めているからで，それが 2s 電子ほど束縛されていないからである．B と C の間でイオン化エネルギーが増加するのは，C の最外殻電子も 2p であり，核電荷が増加しているからである．窒素の核電荷はもっと大きいから，そのイオン化エネルギーはさらに大きくなる．

ところで，この曲線には“こぶ”があり，O のイオン化エネルギーは単純な補外で予測されるより小さくなっている．O では 2p オービタルの一つが 2 電子で占有されなければならず，電子-電子の反発がその周期内で単純に補外から予測されるより大きいからである．（次の周期の P と S の間では“こぶ”は目立たない．どちらのオービタルも広がっているからである．）O, F, Ne がほぼ一直線上にあるのは，最外殻電子に対する核の引力の増加がイオン化エネルギーの増加にそのまま反映されているからである．

Na の最外殻電子は 3s である．それは核から遠く離れており，核の電荷はネオン型の引き締まった満員の芯によってよく遮蔽されている．その結果，Na のイオン化エネルギーは Ne に比べてかなり小さくなっている．この列から周期的な繰返しが再びはじまり，上で述べたのと同じ論法でイオン化エネルギーの変化が解釈できる．

(c) 電子親和力

電子親和力[1] E_{ea} は，中性原子とそのアニオンとのエネルギー差である．これは，つぎの過程で放出されるエネルギーである．

$$\mathrm{X(g)} + \mathrm{e^-(g)} \longrightarrow \mathrm{X^-(g)} \qquad E_{\mathrm{ea}} = E(\mathrm{X}) - E(\mathrm{X^-}) \quad (3)$$

アニオンが中性原子よりエネルギーが低ければ，その電子親和力は正である．

ノート　本書で $E_{\mathrm{ea}}>0$“正の電子親和力”というのは，電子を付加したときエネルギーが放出されること（発

表 8D・3 水素と主要族元素の電子親和力，E_{ea}/eV*

H							**He**
+0.75							<0**
Li	**Be**	**B**	**C**	**N**	**O**	**F**	**Ne**
+0.62	−0.19	+0.28	+1.26	−0.07	+1.46	+3.40	−0.30**
Na	**Mg**	**Al**	**Si**	**P**	**S**	**Cl**	**Ar**
+0.55	−0.22	+0.46	+1.38	+0.46	+2.08	+3.62	−0.36**
K	**Ca**	**Ga**	**Ge**	**As**	**Se**	**Br**	**Kr**
+0.50	−1.99	+0.3	+1.20	+0.81	+2.02	+3.37	−0.40**
Rb	**Sr**	**In**	**Sn**	**Sb**	**Te**	**I**	**Xe**
+0.49	+1.51	+0.3	+1.20	+1.05	+1.97	+3.06	−0.42**
Cs	**Ba**	**Tl**	**Pb**	**Bi**	**Po**	**At**	**Rn**
+0.47	−0.48	+0.2	+0.36	+0.95	+1.90	+2.80	−0.42**

* 1 eV は 96.485 kJ mol^{-1} に相当している．
** シュレーディンガー方程式の数値解による計算値．

1) electron affinity

熱過程）に対応している．電子親和力は，電子付加エンタルピーと区別しなければならない．電子付加エンタルピーの符号は，電子親和力と反対である．しかも，ごくわずかであるが両者の値は異なる．

電子親和力（表 8D･3）の周期表での変化は，イオン化エネルギーほど規則的でない．あえて大雑把ないい方をすれば，最大の電子親和力は F の付近にある．ハロゲンでは，付加された電子は原子価殻に入るから，その電子は核から強い引力を受けるのである．一方，貴ガスの電子親和力は負である．すなわち，貴ガスのアニオンは中性原子よりエネルギーが高い．それは，付加された電子が満員の原子価殻の外側のオービタルを占めるからである．その電子は核から遠くにあり，内側にある閉じた殻の電子から反発を受けるのである．O の第一電子親和力は正であり，その理由はハロゲンの場合と同じであるが，第二電子親和力（O^- から O^{2-} の生成に相当）は負でかなり大きくなっている．それは，付加した電子は原子価殻に入るのであるが，2 個目の電子は O^- イオンの正味の負電荷から強い反発を受けるからである．

8D・5　具体例：ルイスの酸性度と Zn^{2+} の生物学的な役割

ヒドロラーゼ（加水分解酵素）は，基質と水の反応を触媒する酵素である．ルイス酸触媒作用やルイス塩基触媒作用をするこの酵素の活性サイトには，ルイス酸やルイス塩基として作用する基がある．**ルイス酸**[1] は電子対を受容できる化学種（原子やイオン，分子）であり，**ルイス塩基**[2] は電子対を供与できる化学種である．金属カチオンは良好なルイス酸でありうる．また，H_2O など孤立電子対をもつ分子は良好なルイス塩基でありうる．

金属イオンのルイス酸性度はその電荷 ze とともに増加し，イオン半径 r_{ion} とともに減少する．つまり，両者の比 $\zeta = z/r_{ion}$ とともに増加すると予測される．それは，この比が増加すれば，金属イオンとその相手になる塩基の電子対との間に働くクーロン引力が増加することに対応しているからである．金属イオンのルイス酸性度の尺度の一つとして，水和した金属イオン錯体のプロトン脱離の pK_a（トピック 4E）がある．その反応は，

$$[M(OH_2)_m]^{n+}(aq) + H_2O(l) \longrightarrow [M(OH_2)_{m-1}(OH)]^{(n-1)+}(aq) + H_3O^+(aq)$$

で表される．ここで，ζ（ゼータ）の値が大きければ，共役塩基にある水酸化物イオンの負電荷を安定化させるから，pK_a の値は小さい（プロトン脱離の度合いが大きい）と予測することができる．表 8D･4 と図 8D･7 は，2 族のイオンについて両者の相関の度合いを示したものである．表には，酵素の活性サイトにある代表的な d 金属イオンの $\zeta = z/r_{ion}$ と pK_a の値も与えてある．d 金属イオンは比較的弱い相関しか示さないものの，2 族のイオンの pK_a の値より有意に小さいことがわかる．この pK_a が小さくなる状況から，d 金属イオンの酸性度に対して静電効果とは別の因子（たとえば共有原子価）が寄与していることが考えられる．

表 8D･4　代表的な水溶カチオンのイオン半径と比 $\zeta = z/r_{ion}$，プロトン脱離反応の pK_a 値

イオン*	r_{ion}/pm	$z/(r_{ion}$/pm)	pK_a
2 族の M^{2+} カチオン			
Be^{2+}	27	0.074	5.4
Mg^{2+}	72	0.028	11.4
Ca^{2+}	100	0.020	12.9
Sr^{2+}	118	0.017	13.3
d 金属カチオン			
Mn^{2+}	83	0.024	10.6
Fe^{2+}	78	0.026	9.3
Ni^{2+}	69	0.029	9.9
Cu^{2+}	73	0.027	8.0
Zn^{2+}	74	0.027	9.0
Fe^{3+}	65	0.046	2.2

* Be^{2+} に生物学的な役目はない．Sr^{2+} はバイオミネラルとしての役割だけが知られている．それ以外のイオンは金属タンパク質によく見られる．

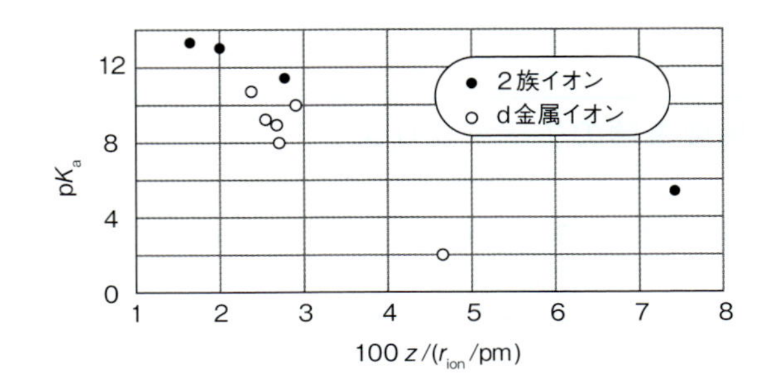

図 8D･7　いろいろな酵素の活性サイトに見られる金属イオンの pK_a 値とパラメーター $\zeta = z/r_{ion}$ の相関．

表 8D･4 の pK_a の値によれば，生体にあるイオンの中では Fe^{3+} イオンや Cu^{2+} イオンは強い部類のルイス酸といえる．したがって，ヒドロラーゼの活性サイトには他の金属イオンよりこのイオンが入るものと予測される．しかしながら，どちらのイオンもルイス酸として作用するだけでな

1）Lewis acid　2）Lewis base

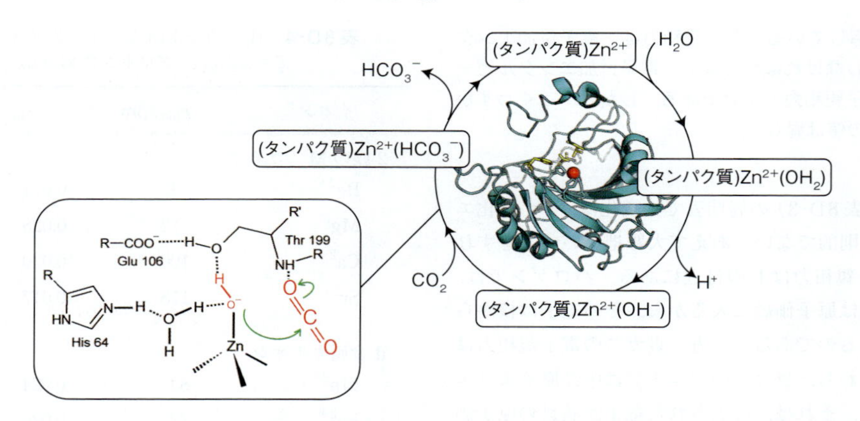

図 8D·8　炭酸デヒドラターゼによる CO_2 の水和反応の機構．活性サイトでは Zn に結合した水酸化物イオンが CO_2 を攻撃する．活性サイトの構造を示してある．

く，レドックス反応を触媒する能力もある．この両方の特性をもつために，活性サイトで望ましくない副反応が起こるリスクやラジカルを生成する可能性があり，どちらも生物にとっては有害なのである．そこで自然がとった絶妙な選択は，実に注意深いものであった．すなわち，メタロヒドロラーゼの活性サイトには主として Zn^{2+} を置くことによって，このリスクを回避したのであった．いい換えれば，生物が Fe^{3+} イオンや Cu^{2+} イオンを採用するというリスクを冒していたら，その子孫を残せなかったであろう．

Zn ヒドロラーゼの一例は炭酸デヒドラターゼであり，この酵素は CO_2 の水和を触媒する．その作用機構を図 8D·8 に示す．最初の 2 段階で，まずタンパク質に結合した Zn^{2+} イオンと水分子の間でルイス酸–塩基複合体ができ，次にその水分子がプロトン脱離される．上で述べたように，このときの Zn^{2+} イオンは生成した水酸化物イオンをかなり安定化させている．それは，水そのものの pK_w 値 14 から複合体部分の $pK_a = 9$ にまで下げる効果によっている．活性サイトのそれ以外の基も水酸化物イオンをさらに安定化させており，pK_a を約 7 まで低下させている．こうして，この活性サイトは強力な求核剤である OH^- イオンをつくり出しているのである．OH^- イオンは H_2O そのものより効率よく CO_2 を攻撃することができる．次の 2 段階で CO_2 が活性サイトに結合し，結合していた OH^- イオンと反応して炭酸水素イオンを生成するのである．こうして炭酸水素イオンが水分子に置き換えられると触媒反応サイクルが完成するのである．

重要事項のチェックリスト

- □ 1．**オービタル近似**では，各電子がそれぞれ“自分の”オービタルを占めると考える．
- □ 2．原子の**電子配置**は，占有されているオービタルのリストである．
- □ 3．電子スピンは，**スピン量子数** s と**スピン磁気量子数** m_s で表す．
- □ 4．**パウリの排他原理**によれば，どのオービタルにも 2 個より多くの電子は入れない．2 個の電子が 1 個のオービタルを占めたときは，その 2 個のスピンは対をつくっていなければならない．
- □ 5．オービタルのエネルギーは，核により近づける**浸透**効果と，原子内の他の電子との反発を反映した**遮蔽**効果を考え合わせれば理解できる．
- □ 6．**構成原理**によれば，原子オービタルのエネルギーとパウリの排他原理に注目することで，原子オービタルの占有順を指定することができる．
- □ 7．**原子半径**は，隣接している原子間の距離の半分である．
- □ 8．**イオン半径**は，イオン固体で隣接するイオン間の距離から求められる．
- □ 9．**イオン化エネルギー**は，気相にある原子から電子を 1 個取除くのに必要な最小のエネルギーである．
- □ 10．**電子親和力**は，気相にある原子に電子を 1 個付加したときに放出されるエネルギーである．

テーマ8 原　　子

トピック8A 量子論の原理

記述問題

Q8A·1 量子論が導入されるに至った証拠についてまとめよ．

Q8A·2 ものと放射線の二重性を表す証拠は何か．

Q8A·3 波動関数とは何か．波動関数にはどんな情報が含まれているか．

Q8A·4 不確定性原理について述べ，その意味について解説せよ．

演習問題

8A·1 つぎの励起に関与している量子の大きさを計算せよ．(a) 振動数 1.0 PHz の電子の運動，(b) 周期 20 fs の分子の振動，(c) 周期 0.50 s の振り子．結果を J および $\mathrm{kJ\ mol^{-1}}$ の単位で表せ．

8A·2 静止状態にあった電子を電位差 1.0 MV で加速したときの波長を計算せよ．

8A·3 ある光検出器を使って，つぎの波長の単色光フォトンを 3.8 ms の間に 8.0×10^7 個集めた．その平均出力を計算せよ．(a) 市販の LED でつくった波長 470 nm の光，(b) CD プレイヤーでよく使われるレーザーでつくった波長 780 nm の光．〔ヒント：ある時間内に光源から放射された全エネルギーや検出器で集めた全エネルギーは，その仕事率に時間を掛けたものである ($1\ \mathrm{J} = 1\ \mathrm{W\ s}$)．〕

8A·4 つぎのもののドブローイ波長を計算せよ．(a) $1.0\ \mathrm{m\ s^{-1}}$ で運動している質量 1.0 g の物体，(b) $1.00\times10^5\ \mathrm{km\ s^{-1}}$ で運動している同じ物体，(c) $1000\ \mathrm{m\ s^{-1}}$ で運動している He 原子 (室温での速さはこの程度である)，(d) $8\ \mathrm{km\ h^{-1}}$ で移動している読者，(e) 静止している読者．

8A·5 波長が (a) 600 nm (赤)，(b) 550 nm (黄)，(c) 400 nm (紫)，(d) 200 nm (紫外)，(e) 150 pm (X 線)，(f) 1.0 cm (マイクロ波) の放射線について，フォトン 1 個当たりの直線運動量とエネルギー，フォトン 1 モル当たりのエネルギーをそれぞれ計算せよ．

8A·6 電子顕微鏡は電子ビームの短い波長を利用できるから，従来の光学顕微鏡に比べて数百倍の高分解能で像を得ることができる．光速 c に近い速さまで加速した電子では，ドブローイ波長の式 (3 式) に相対論効果によるつぎの補正を加える必要がある．

$$\lambda = \frac{h}{p} \qquad p = \left\{2m_\mathrm{e}e\Delta\phi\left(1+\frac{e\Delta\phi}{2m_\mathrm{e}c^2}\right)\right\}^{1/2}$$

c は真空中での光の速さ，$\Delta\phi$ は電子を加速した電位差である．(a) 50 kV で加速した電子のドブローイ波長を計算せよ．(b) この相対論効果の補正は重要か．

8A·7 フォトン圧で作動する宇宙船を設計したとしよう．帆は光を完全に吸収する布でできており，その面積は $1.0\ \mathrm{km^2}$ である．それに向かって月面の基地から出力 100 kW，波長 650 nm の赤色レーザー光を照射した．(a) その力の大きさはいくらか．(b) この放射線が帆に及ぼす圧力はいくらか．(c) 宇宙船の質量を 1.0 kg とし，静止状態からある時間加速したとき，宇宙船が $1.0\ \mathrm{m\ s^{-1}}$ の速さになるのにかかる時間を求めよ．(速さ)＝(力/質量)×(時間) である．

8A·8 $\mathrm{He^+}$ イオンの最低の電子エネルギー状態の波動関数は e^{-2r/a_0} に比例している．$a_0 = 52.9\ \mathrm{pm}$ であり，r は核からの距離である．つぎの位置にある微小体積内に電子を見いだす相対確率を計算せよ．(a) $r=0$ (つまり核の位置)，(b) 核から $r=a_0$ の位置．

8A·9 あるプロトンの速さが $350\ \mathrm{km\ s^{-1}}$ である．その運動量の不確かさが 0.0100 パーセントとすれば，位置の不確かさはどこまで許容できるか．

8A·10 長さ 2.0 nm の共役ポリエン (β-カロテンなど) の炭素骨格に閉じ込められた電子について，その速さの不確かさの最小値を求めよ．

8A·11 ある電子が原子の直径程度の長さ (約 100 pm) の直線上に閉じ込められている．その速さの不確かさを計算せよ．

8A·12 $\tau\Delta E \approx \hbar$ の式の形は不確定性原理と似ている．ΔE は，ある状態のエネルギーの不確かさであり，τ はその寿命である．蛍光分光法における励起状態の寿命は約 10 ns である．一方，NMR 分光法での励起状態の寿命は約 0.1 s である．この二つのタイプの分光法で得られる吸収のピーク幅の理論的な最小値を Hz 単位で求めよ．1 Hz は毎秒 1 周期に相当する振動数である．

トピック8B　運動の量子力学

記述問題

Q8B・1　一次元の箱および環上に閉じ込められた粒子の運動について，そのエネルギーの量子化の物理的起源を説明せよ．

Q8B・2　つぎの用語を説明せよ．節，規格化，縮退．

Q8B・3　零点エネルギーとは何か．なぜ現れるかについて例を挙げて説明せよ．

Q8B・4　量子力学的なトンネル現象の物理的起源を説明せよ．トンネル現象は生物学に関連があるか．

演習問題

8B・1　長さ $L = 10\,\text{nm}$ の箱の中で，(a) $x = 0.1\,\text{nm}$ と $0.2\,\text{nm}$ の間，(b) $4.9\,\text{nm}$ と $5.2\,\text{nm}$ の間に電子を見いだす確率を計算せよ．その波動関数は $\psi = (2/L)^{1/2}\sin(2\pi x/L)$ である．〔ヒント：注目する微小領域では波動関数は一定であるとし，δV は δx として扱えばよい．〕

8B・2　［演習問題8B・1］で，注目する領域内で波動関数が変化するとして再び解け．［演習問題8B・1］の解き方だと誤差は何パーセントあるか．〔ヒント：注目する範囲で $\psi^2\text{d}x$ を積分する必要がある．積分公式は巻末の［資料］にある．〕

8B・3　長さ L の箱の中で，$n=1$ の状態にある質量 m の粒子が (a) 左側 $\frac{1}{3}$ の領域，(b) 中央の $\frac{1}{3}$ の領域，(c) 右側 $\frac{1}{3}$ の領域に見いだされる確率はいくらか．

8B・4　ある波動関数は $x=0$ と $x=L$ の間では一定値 A で，それ以外では0である．この波動関数を規格化せよ．

8B・5　β-カロテンのペルオキシラジカルによるエポキシ化によって，この共役系は二つの等価な共役系に分けられ，それぞれに10個の炭素原子がある．この分子の電子を励起できる光の最も長い波長を求めよ．平均の C−C 結合長は 140 pm である．

8B・6　レチナールの共役系は，11個の炭素原子と1個の酸素原子から成る．レチナールの基底状態では，$n=6$ までの準位はすべて2個の電子で占有されている．平均の核間距離を 140 pm と仮定して，(a) 電子1個が $n=7$ の準位を占める第一励起状態と基底状態のエネルギー間隔を計算せよ．(b) これら二つの準位間の遷移を起こすのに必要な放射線の最小の振動数を計算せよ．

8B・7　生物学的なエネルギー変換に伴う電子移動反応など多くの生物学的電子移動反応は，シトクロムやキノン，フラビン，クロロフィルなどのタンパク質に結合した補因子の間で起こる電子のトンネル現象によると考えられる．このトンネル現象は 1.0 nm 以上の距離にわたって起こることが多く，電子供与体と電子受容体の間はタンパク質で隔てられている．ある電子供与体と電子受容体の組合わせでは，電子のトンネルの頻度は透過確率に比例し（本トピックの3式），$\kappa \approx 7\,\text{nm}^{-1}$ である．両者の距離が 2.0 nm から 1.0 nm に変化したとき，二つの補因子の間の電子のトンネルの頻度は何倍になるか．

8B・8　走査トンネル顕微鏡では，電子が高さ 2 eV で厚さ d のポテンシャル障壁を通してトンネルする頻度 v は $v = A\,\text{e}^{-d/l}$ で表される．ここで，$A = 5\times10^{14}\,\text{s}^{-1}$，$l = 70\,\text{pm}$ である．(a) 幅 750 pm の障壁を通して電子がトンネルする頻度を計算せよ．(b) プローブをさらに 100 pm 遠くに離せばトンネル電流は何分の1に減少するか．

8B・9　二次元の井戸の中の粒子は，トリプトファンの側鎖に見られる共役系のインドール環を回る電子の動きを記述する便利なモデルである．インドールを一辺が 280 pm と 450 pm の長方形とし，この共役 π 系に電子が10個あると考えてよい．この分子の基底状態では，量子化した各準位は電子2個で満たされている．(a) 最高被占準位の電子のエネルギーを計算せよ．(b) 最高被占準位と最低空準位の間の遷移をひき起こせる放射線の振動数を計算せよ．

8B・10　環上の粒子は，ヘム基やクロロフィルの基本構造をつくっている共役大環状構造のポルフィリン環を回る電子の運動を記述する便利なモデルである．ポルフィリン環を半径 440 pm の円環とし，この環上を共役系の電子20個が運動しているとしよう．［演習問題8B・9］と同じように，この分子の基底状態では量子化した各準位は電子2個で満たされていると仮定する．(a) 最高被占準位の電子のエネルギーと角運動量を計算せよ．(b) 最高被占準位と最低空準位の間の遷移をひき起こせる放射線の最小振動数を計算せよ．

8B・11　二次元正方形の井戸の中の粒子について，数学ソフトウエアもしくは表計算ソフトウエアを使って，波動関数 $\psi_{1,1}$，$\psi_{1,2}$，$\psi_{2,1}$，$\psi_{2,2}$ とそれに対応する確率密度をプロットせよ．

8B・12　(a) 三次元の各辺が L_X, L_Y, L_Z の箱の中に閉じ込められた粒子について，波動関数とエネルギーを表す式を書け．(b) 一辺が L の立方体という特別な場合について考えよ．この系では縮退が存在することを示せ．

8B・13　HI 分子では，I 原子が静止していて，そのまわりを H 原子が運動していると考えてよい．H 原子が，I 原子から 161 pm の距離を保って一平面内で回転していると仮定して，(a) この分子の慣性モーメント，(b) この分子の回転を励起できる放射線の最大波長を計算せよ．水素原子の質量は $1.673\times10^{-27}\,\text{kg}$ である．

8B・14　［演習問題8B・13］と同様，ここでも HI 分子を考えよう．H 原子が I 原子に近づいたり離れたり振動をしており，HI 結合の力の定数を 314 N m^{-1} と仮定して，(a) この分子の振動数，(b) この分子の振動を励起するのに必要な放射線の最大波長を計算せよ．(c) 同位体置換しても結合の力の定数は変化しないと仮定して，H を重水素に置き換えれば，HI の振動数は何倍になるかを計算せよ．

8B·15　調和振動子の基底状態の波動関数は $e^{-ax^2/2}$ に比例している．a は質量と力の定数に依存する．(a) この波動関数を規格化せよ．(b) この振動子が基底状態にあるとき，それが見いだされる確率が最大になるのはどの変位のところか．〔ヒント：(a) については巻末の［資料］にある積分公式が必要である．(b) については，ある関数 $f(x)$ の極大（または極小）は $\mathrm{d}f/\mathrm{d}x = 0$ のところにあることを使えばよい．〕

8B·16　調和振動子のシュレーディンガー方程式の解は，二原子分子の振動にも使える．ただし，結合で結ばれている両方の原子が動くから，振動子の“質量”の解釈が複雑になるので注意が必要である．詳しい計算によれば，力の定数 k_f の結合で結ばれている質量 m_A と m_B の 2 原子については，エネルギー準位は本トピックの (15) 式で与えられるが，その振動数は次式で表される．

$$\nu = \frac{1}{2\pi}\left(\frac{k_f}{\mu}\right)^{1/2} \qquad \mu = \frac{m_A m_B}{m_A + m_B}$$

μ を分子の実効質量[1] という．O_2 の輸送と貯蔵を妨げる毒物の一酸化炭素の振動を考えよう．$^{12}C^{16}O$ 分子の結合の力の定数は 1860 N m^{-1} である．(a) この分子の振動の振動数 ν を計算せよ．(b) 赤外分光法では，分子の振動数を振動の波数 $\tilde{\nu}$ ($\tilde{\nu} = \nu/c$) で表すのがふつうである．$^{12}C^{16}O$ 分子の振動波数はいくらか．(c) C≡O 結合の力の定数が，同位体置換の影響を受けないと仮定して，つぎの分子の振動波数を計算せよ．$^{12}C^{16}O$，$^{13}C^{16}O$，$^{12}C^{18}O$，$^{13}C^{18}O$．

トピック 8C　原子オービタル

記述問題

Q8C·1　水素型原子の電子状態を指定するのに必要な量子数を挙げ，それぞれの意味を説明せよ．

Q8C·2　水素型原子のオービタルの (a) 境界面，(b) 動径分布関数の意味を説明せよ．

Q8C·3　原子オービタルを殻と副殻にどう分類しているかを説明せよ．

Q8C·4　水素型原子の基底状態の構造を物理的に説明せよ．電子が核に落ちて原子が崩壊してしまうのを妨げているのは何か．

演習問題

8C·1　He^+ のイオン化エネルギーが 54.36 eV であることを使って Li^{2+} のイオン化エネルギーを予測せよ．

8C·2　つぎの原子の殻には何個のオービタルがあるか．(a) $n = 4$，(b) 任意の n．

8C·3　H 原子の基底状態を考えよう．(a) ある点を中心とする微小体積中に電子を見いだす確率が，その最大値の 25 パーセントになる場所は半径がいくらのところか．(b) 電子の核からの最確距離はどれだけか．〔ヒント：動径分布関数の最大を探せばよい．〕(c) 動径分布関数が，その最大値の 25 パーセントになる場所は半径がいくらのところか．

8C·4　ある一つの p オービタルを占めている電子が，その p オービタルのローブの一つの中のどこかに見いだされる確率はいくらか．

8C·5　水素原子の 2s オービタルの規格化した波動関数は，

$$\psi = \left(\frac{1}{32\pi a_0^3}\right)^{1/2}\left(2 - \frac{r}{a_0}\right)e^{-r/2a_0}$$

である．a_0 はボーア半径である．つぎの場所における 1.0 pm^3 の体積中に，この波動関数で表される電子を見いだす確率を計算せよ．(a) 核の中心，(b) ボーア半径のところ，(c) ボーア半径の 2 倍のところ．

8C·6　(a) 水素型原子の 2s 電子の動径分布関数を表す式をつくれ．その関数を r に対してプロットせよ．電子がもっとも見つかりやすい半径はいくらか．(b) H2s オービタルで電子が最も見つかりやすい半径を，もっと正確に求めるために，動径分布関数を微分して極大の場所を求めよ．

8C·7　H 原子の (a) 3s オービタル，(b) 4s オービタルの動径節は，ボーア半径の何倍のところにあるか．

8C·8　d オービタルの一つの波動関数は $\sin\theta\cos\theta$ に比例している．どの角度に節面があるか．

8C·9　(a) 1s，(b) 3s，(c) 3d，(d) 2p，(e) 3p オービタルの電子のオービタル角運動量はいくらか．$\hbar$ を単位として表せ．また，それぞれについて方位節と動径節の数はいくらか．

---

1) effective mass．二原子分子の実効質量は，換算質量（reduced mass）に等しい．

トピック8D　多電子原子

記述問題

Q8D·1　多電子原子の波動関数に対するオービタル近似について説明せよ．また，この近似の限界は何か．

Q8D·2　原子の電子構造と関係づけて，電子スピンの役割についてまとめよ．

Q8D·3　構成原理について説明せよ．また，その周期表の構造との関係について説明せよ．

Q8D·4　原子半径とイオン化エネルギー，電子親和力について，周期表で見られる傾向をまとめよ．

Q8D·5　d 金属の多くが酸化状態の異なるカチオンを複数つくれる理由は何か．

演習問題

8D·1　l の値が (a) 0, (b) 3, (c) 5 の副殻には最大何個の電子が入れるか．

8D·2　シトクロム c の中心の鉄イオンは，呼吸鎖（トピック 5C）の複合体 III と複合体 IV の間で電子を運ぶとき，その酸化状態を +2 と +3 の間で変えている．Fe^{2+} と Fe^{3+} のどちらのイオンが大きいと予測されるか．それはなぜか．

8D·3　ナトリウムとカリウム，カルシウムの原子とイオンについて，つぎの表に見られる傾向を説明せよ．

	Na	K	Ca
Z	11	19	20
$I_1/(\mathrm{kJ\,mol^{-1}})$	495	419	590
$I_2/(\mathrm{kJ\,mol^{-1}})$	4562	3052	1145
もっとも一般的な酸化状態についての性質			
$r_{\mathrm{ion}}/\mathrm{pm}$	90	130	90
$r_{\mathrm{hydrated}}/\mathrm{pm}$	360	330	420
$\Delta_{\mathrm{hydr}}H^{\ominus}/(\mathrm{kJ\,mol^{-1}})$	−406	−320	−1579

イオンチャネルに選択性を与えているのはイオン半径だけで十分説明できるか．〔ヒント：トピック 7C を見よ．〕

8D·4　神経毒のタリウムは周期表の 13 族に属しており，ふつうは +1 の酸化状態にある．貧血や認知症をひき起こすアルミニウムも同じ族であるが，その化学的な性質は +3 の酸化状態によるのが圧倒的に多い．13 族元素の第一，第二，第三イオン化エネルギーを原子番号に対してプロットして，この問題を吟味せよ．明らかになった傾向について説明せよ．〔ヒント：第三イオン化エネルギー I_3 は，2 価のカチオンから電子を 1 個取除くのに必要な最小のエネルギーである．すなわち，$E^{2+}(g) \rightarrow E^{3+}(g) + e^-(g)$，$I_3 = E(E^{3+}) - E(E^{2+})$ である．ウエブサイトで提供されているデータが必要になるだろう．〕

8D·5　アニオンのイオン化エネルギーは，その親原子の電子親和力とどんな関係があるか．

8D·6　生物学的に多彩な機能を果たすには，ルイス酸である Mg^{2+} や Ca^{2+} は，（ATP^{4-} のような）ヌクレオチドや，タンパク質の負電荷を帯びたアミノ酸側鎖などのルイス塩基と結合しなければならない．2 価のカチオン M^{2+} とルイス塩基の会合の平衡定数はつぎの順である．$Ba^{2+} < Sr^{2+} < Ca^{2+} < Mg^{2+}$．ルイス塩基の性質によらないこの傾向に対して，分子論的な解釈を与えよ．〔ヒント：イオン半径の効果を考えればよい．〕

テーマ8　発展問題

P8・1　ここでは，ヘムタンパク質への二原子分子の結合を調べるのに赤外分光法がどう使えるかを調べよう．一酸化炭素に注目する．一酸化炭素は，ヘモグロビンやミオグロビンのヘム基の Fe^{2+} に強く結合し，O_2 の輸送や貯蔵を阻害するから有毒である．

(a)［演習問題 8B・16］のデータを用い，つぎの四つの仮定を使ってミオグロビンに結合した CO の振動数と波数を求めよ．まず，ヘム基に結合している原子は動けないとする．また，タンパク質は C 原子や O 原子に比べて無限に重く，C 原子は Fe^{2+} イオンに結合している．さらに，CO がタンパク質に結合しても C≡O 結合の力の定数は変化しないと仮定する．

(b) (a) の四つの仮定のうち，後半の二つの有効性について調べることにしよう．そこで，前の二つの仮定はなお妥当であるとして，ミオグロビンをはじめタンパク質を懸濁させておく緩衝液や，同位体置換した一酸化炭素の試料（$^{12}C^{16}O$，$^{13}C^{16}O$，$^{12}C^{18}O$，$^{13}C^{18}O$），さらには振動数を測定するための赤外分光器が自由に使えるとしよう．つぎの目的が果たせる実験について説明せよ．(i) C と O のどちらの原子がミオグロビンのヘム基に結合しているかを確かめる．(ii) ミオグロビンに結合した一酸化炭素の C≡O 結合の力の定数を求める．

P8・2　何らかの妥当な反応機構を立てるには，生成物の生成過程で原子の運命をたどるよう計画した多くの実験と，その慎重な解析が必要である．反応物の 1 原子を重い同位体に置換したとき，化学反応速度が減少するという速度論的同位体効果（トピック 6D）を観測すれば，結合解離が律速段階で起こっているかどうかの判別ができる．同位体が関わっている結合の切断が律速段階として起これば，一次の速度論的同位体効果[1] が観測される．生成物の生成に同位体が関わる結合の切断を伴わない場合でも，二次の速度論的同位体効果[2] によって反応速度は減少する．いずれの場合もこの効果は，ある原子を重い同位体で置換すれば零点振動エネルギーが変化し，それに伴い活性化エネルギーが変化することによるものである．ここでは，一次の速度論的同位体効果について詳しく調べよう．

ビタミン B_{12} によって触媒される転位反応など，C−H 結合が開裂する反応を考えよう．この結合の切断が律速段階で起これば，その反応座標は C−H 結合の伸長に対応するから，そのポテンシャルエネルギープロファイルは図に示すようになるだろう．重水素化による大きな変化は，この結合の零点エネルギーの減少に見られる（重水素原子は重いから）．一方，活性複合体の対応する振動は，その力の定数が非常に小さいため，全体の反応プロファイルを低下させることはない．すなわち，活性複合体がどんな形をしていても反応座標に関係する零点エネルギーは小さい．

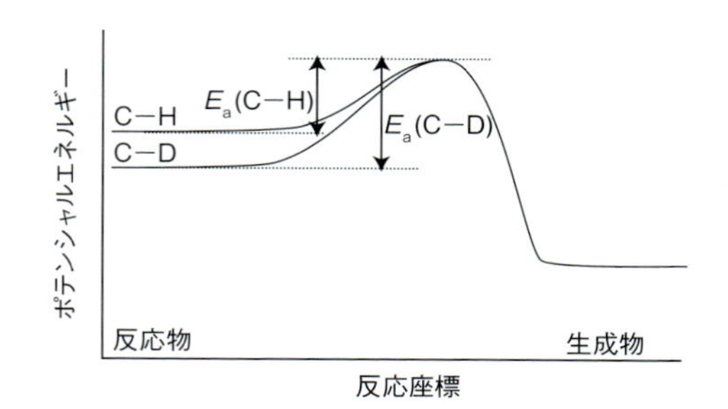

(a) 活性化エネルギーの変化は，伸縮振動の零点エネルギーの変化にのみ起因していると仮定し，次式を示せ．

$$E_a(\mathrm{C-D}) - E_a(\mathrm{C-H}) = \frac{1}{2}N_A hc\tilde{\nu}(\mathrm{C-H})\left\{1-\left(\frac{\mu_{CH}}{\mu_{CD}}\right)^{1/2}\right\}$$

$\tilde{\nu}$ は関与している振動の波数であり，μ は関与している実効質量（演習問題 8B・16）である．

(b) ここで，この反応の速度定数 k_r への重水素置換効果を考えよう．(i) アレニウスの式（トピック 6D）からはじめ，重水素化によって頻度因子は変化しないものと仮定して，この二つの化学種の速度定数が比の形として次式で表されることを示せ．

$$\frac{k_r(\mathrm{D})}{k_r(\mathrm{H})} = \mathrm{e}^{-\kappa}$$

$$\text{ここで}\quad \kappa = \frac{hc\tilde{\nu}(\mathrm{C-H})}{2kT}\left\{1-\left(\frac{\mu_{CH}}{\mu_{CD}}\right)^{1/2}\right\}$$

(ii) 温度が下がると，比 $k_r(\mathrm{D})/k_r(\mathrm{H})$ は増加するか，それとも減少するか．

(c) 赤外分光法によれば，C−H 結合の伸縮の基本振動の波数は約 $3000\ \mathrm{cm^{-1}}$ である．298 K での比 $k_r(\mathrm{D})/k_r(\mathrm{H})$ の値を予測せよ．

(d) 場合によっては（酵素触媒反応を含む），水素を重水素で置換したときに得られる比 $k(\mathrm{D})/k(\mathrm{H})$ の値が小さすぎて，上で述べたモデルでは説明できないことがある．この効果について説明せよ．

1) primary kinetic isotope effect　2) secondary kinetic isotope effect

テーマ 9

分　子

分子といえども，単純な二原子分子から，タンパク質や核酸を構成している膨大な数の原子から成る巨大分子に至るまで，その複雑さの内容はさまざまである．しかし，二原子分子の構造を決めている諸原理はこれら生体高分子にも適用できるから，本テーマでは単純な分子を考察することによって，化学結合形成について基礎固めをしておこう．結合形成で重要なのは，原子が結びつくときに起こる電子の再分布にあるから，量子力学は分子の構造を説明する重要な部分を占めている．ここでは，読者はすでにルイス構造や共有電子対，原子価殻電子対反発（VSEPR）理論に基づく分子構造の初歩的な表し方について学習しているものとして進める．

はじめに

化学結合に関する理論では，分子内の電子分布やエネルギーを計算するときは必ず，原子核は固定した位置にあるものと仮定している．

トピック 9A　原子価結合法

化学結合をはじめて量子力学的に扱ったのは原子価結合法であった．原子価結合法では，原子オービタルが合体して，電子は対をつくると考える．いまでは他の理論にほとんど取って代わられたのであるが，原子価結合法で導入された混成や共鳴という用語は化学に深く浸透しており，生化学的に重要な分子を議論するときにはいまでも広く用いられている．

トピック 9B　分子軌道法：二原子分子

近年の計算化学では，分子が複雑かどうかに関わりなく，原子価結合法に代わる分子軌道法という化学結合理論をほとんど採用している．分子軌道法は，原子オービタルの概念を分子内の原子すべてに広がる波動関数へと拡張したものであり，結合性オービタルと反結合性オービタルの概念を導入している．原子を扱うのに最も単純なH原子からはじめたように，分子では最も単純な分子イオン H_2^+ に注目し，関連する概念を用いて説明することにしよう．

トピック 9C　分子軌道法：多原子分子

二原子分子で明らかになった分子軌道法の原理はそのまま多原子分子に拡張できる．それは，すべての原子の原子オービタルが参加して分子オービタルをつくるからである．ただし，特殊な場合が二つある．一つは，炭素原子の共役鎖を備えた分子の場合である．この種の分子を扱うのにここで用いる理論は，非常に粗いものでありながら，単純なやり方でオービタルとエネルギー準位が得られる．実際，それがもっと洗練された計算法の基礎になっている．もう一つはd金属錯体である．d金属錯体の高い対称性を利用すれば，その分光学的な性質と磁気的な性質を明らかにできる．しかしながら，分子構造を計算する近年の計算手法はこれらの側面をすべて取込んでおり，どんな複雑な分子の性質についても見事な描画で視覚化し，それに基づく深い洞察を提供してくれている．

はじめに

原子と原子をつないでいる**化学結合**[1]は，化学や生化学のあらゆる局面で中心的な役割を担っている．**化学結合論**[2]では，原子間の化学結合の数や強さ，原子の三次元配列の起源を研究する．この理論は，生体高分子を含めすべての分子に適用できるから，その構造の詳細を理解する道筋を与えてくれる．こうして得られる構造情報は，分子の機能を理解するのにも必要不可欠なものであるから，分子生物学の関心の多くは構造と機能の関連性に向けられることになる．

化学結合論の考え方については，すでに初等化学である程度学んだであろう．相互作用している原子の核間の電子密度分布は，注目する結合によって変更を受けているが，その再分布の度合いで化学結合を分類できることも知っている．

- **イオン結合**[3]は，ある原子から別の原子に電子が移動し，その結果できたカチオンとアニオンの間に引力が生じることで形成される．
- **共有結合**[4]は，二つの原子が一対の電子を共有するときに形成される．

本テーマでおもに注目する共有結合の特徴は，量子力学がまだ完全には確立していない1916年に，G. N. ルイス[5]によって指摘された．ただ，ルイスの最初の理論では分子の形を説明することはできなかった．分子の形状を説明した最も初歩的な（しかし，定性的には非常に成功した）理論は**原子価殻電子対反発モデル**[6]（VSEPRモデル）である．このモデルも初等化学で学んだと思うが，原子価殻の電子対の間に働く反発力が分子の形を決めているとする．本テーマの目的は，これら初歩的な議論を拡張することであり，加えて，原子が結合してできた分子が固有の形をとるのはなぜかを理解するのに量子論が果たした役割を示すことである．

分子構造の計算にはおもな方法が二つある．**原子価結合法**[7]（VB法）と**分子軌道法**[8]（MO法）である．近年，ほとんどすべての研究がMO法を利用しているから，本テーマでもこれを中心に説明しよう．一方，VB法で使った用語の名残がいまもあるから，化学者が日常使っている用語の内容を知っておくことは重要だろう．

VB法でもMO法でも，分子構造の理論では**ボルン-オッペンハイマーの近似**[9]を採用している．この近似では，核は電子に比べずっと重いから比較的ゆっくりとしか動けず，電子が核のまわりを回っている間，核は静止していると考える．そうすれば，核は任意の位置に固定されていると考えてよいから，電子だけのシュレーディンガー方程式を解けばよいことになる．この近似は，電子の基底状態にある分子についてはかなりよい．計算によれば，H_2では（古典的ないい方をすれば）電子が1000 pm動く間に核は約1 pmしか動かないからである．

ボルン-オッペンハイマー近似を使えば，二原子分子の核間距離を一つ選んで，その核間距離での電子のシュレーディンガー方程式を解くことができる．次に，別の核間距離を選び同じ計算を繰返す．そうすれば，分子のエネルギーが結合長とともにどう変化するかを調べることができ，これによって**分子のポテンシャルエネルギー曲線**[10]が求められる．それは，分子のエネルギーが核間距離によってどう変化するかを表したグラフである．これをポテンシャルエネルギー曲線というのは，核が静止していて運動エネルギーは関与しないからである．この曲線が計算できれば，その極小での核間距離である**平衡結合長**[11]と，原子が互いに無限遠にあるときのエネルギーを基準としたポテンシャルの極小の深さを求めることができるのである．

---

1) chemical bond　2) valence theory　3) ionic bond　4) covalent bond　5) G. N. Lewis
6) valence-shell electron pair repulsion model　7) valence bond theory　8) molecular orbital theory
9) Born-Oppenheimer approximation　10) molecular potential energy curve　11) equilibrium bond length

トピック 9A

原子価結合法

➤ 学ぶべき重要性

原子価結合法は，そのアプローチ自体はかなり時代遅れであるが，そこで用いていた用語はいまなお化学全般で広く使われている．

➤ 習得すべき事項

化学結合は，異なる原子に属するオービタルの電子スピンが対をつくるとき形成される．

➤ 必要な予備知識

原子オービタルの形状（トピック 8C）と多電子原子の電子構造（トピック 8D）をよく理解している必要がある．初等化学で学んだルイス構造による結合の表し方についても熟知している必要がある．

原子価結合法（VB 法）では，ある原子オービタルを占める電子のスピンが別の原子の原子オービタルの電子のスピンと対をつくるとき，そこに結合が形成されると考える．このような電子の対形成がなぜ結合形成につながるのかを理解するには，その結合をつくる電子 2 個の波動関数を調べる必要がある．

9A・1　二原子分子

生物学的に重要な二原子分子はいくつかある．たとえば，O_2 は好気性生物の異化作用での酸化力の供給源である．また，N_2 はタンパク質や核酸の合成に必要な窒素の最終供給源である．さらに，NO は多くの生理学過程の協調に不可欠なシグナル伝達分子である．これらの分子の結合様式が，その物理的性質や化学的性質，結局のところ生物学的な機能をどう決めているかについて知っておく必要がある．その解析の出発点は，最も単純な化学結合である水素分子 H−H の結合である．その結合を表すのに導入される概念は他の分子にも拡張することができる．

VB 法で注目するのは原子の最外殻電子，つまり**価電子**[1]によってつくられる結合である．もっと内側にある芯電子は核に強く束縛されているから，位置を変えたり結合に参加したりはできないのである．

(a)　VB 波動関数の表し方

基底状態の H 原子 2 個が遠く離れているとき，電子 1 は確かに原子 A の 1s オービタルにあるから $\psi_A(1)$ と表せる．電子 2 も確かに原子 B の 1s オービタルにあるから $\psi_B(2)$ と表せるだろう．互いに相互作用していない複数の粒子の波動関数は，各粒子の波動関数の積で表せるというのが量子力学の一般則であるから，$\psi(1,2) = \psi_A(1)\psi_B(2)$ と書ける．この 2 原子が結合をつくるほどの距離にあるときも，電子 1 は A にあり，電子 2 は B にあるかもしれない．しかし，この距離では，電子は一方の原子からもう一方の原子に移ることも可能である．したがって，電子 1 が A から逃げ出して B に行き，電子 2 が A に行くような状況も同じく可能である．このときの波動関数は，$\psi(1,2) = \psi_A(2)\psi_B(1)$ である．量子力学の規則では，二つの結果が同等に可能な場合は，その二つに対応する波動関数を加えるのである．したがって，水素分子の 2 電子の（規格化してない）波動関数は，

$$\psi_{H-H}(1,2) = \psi_A(1)\psi_B(2) + \psi_A(2)\psi_B(1)$$

VB 波動関数　(1)

と書ける．これが水素分子の結合を表す VB 波動関数である．パウリの排他原理に関わる非常に専門的な理由†によって，この波動関数は 2 電子が反対スピンをもつときに限って存在できる．電子が対をつくろうとする傾向があるから結合ができるのではない．電子 2 個のスピンが対をつくれば結合の形成が許容されるのである．

VB 波動関数はすべて同じやり方でつくられる．すなわち，結合に参加する原子に用意された原子オービタルを使って，それを占有する電子が対をつくればよい．したがって一般に，A−B 結合を表す（規格化していない）VB

† “アトキンス物理化学” 第 10 版，邦訳（2017）を見よ．
1) valence electron

波動関数は (1) 式の形をしており，これに参加する二つの波動関数，つまり結合形成に使う原子オービタルで表されるのである．

(b)　相互作用のエネルギー

それにしても，この VB 波動関数でなぜ結合形成を表せるのだろうか．図 9A·1 を見ればわかるように，2 個の原子が接近するにつれ，二つの核の間では 2 個の原子オービタルが重なり，その振幅が足し合わされるから電子密度が蓄積される．この核間に蓄積された電子は 2 個の核を引きつけるから，ポテンシャルエネルギーは低下する．一方，正に帯電した核どうしのクーロン反発によるエネルギー増加によって，このエネルギー低下の一部は打ち消される．ほどよい核間距離であればこの引力は核間の反発力に勝るが，核間が非常に短くなると反発力が引力に勝って，全エネルギーは遠く離れた 2 個の原子の全エネルギーを超えて大きくなってしまう．この描像によって少なくとも定性的には，図 9A·2 で示すような分子のポテンシャルエネルギー曲線を導くことができ，これによって結合の存在を説明することができる．

このモデルを定量的に調べるには，この分子のシュレーディンガー方程式に VB 波動関数を代入して，一連の核間距離で分子のエネルギーを計算すればよい．そのエネルギーを核間距離に対してプロットすれば，図 9A·2 に似た曲線が実際に得られる．ただし，結合長とポテンシャルの深さについては計算値と実験値の一致はさほどよくない．

(c)　σ 結合と π 結合

(1) 式の波動関数は 2 個の H1s オービタルからつくられるから，分子内の電子の全体としての分布はソーセージ形になる (図 9A·3)．核間軸のまわりに円柱対称をもつこのような VB 波動関数を **σ 結合**[1] という．この名称の由来は，結合に沿って見たとき s オービタルにある一対の電子と似ていることにある (σ は s に対応するギリシャ文字)．

結合形成に 2 個以上の電子が参加できる原子から分子がつくられる場合も，同じような表し方ができる．たとえば，N_2 を VB 法で表すには，それぞれの原子の価電子の配置，つまり $2s^2 2p_x^{\,1} 2p_y^{\,1} 2p_z^{\,1}$ を考える必要がある．核間軸を z 軸にとる習慣であるから，一方の原子の $2p_z$ オービタルは他方の $2p_z$ オービタルと向き合っており，$2p_x$ と $2p_y$ のオービタルはいずれも z 軸に垂直である (図 9A·4)．これらの

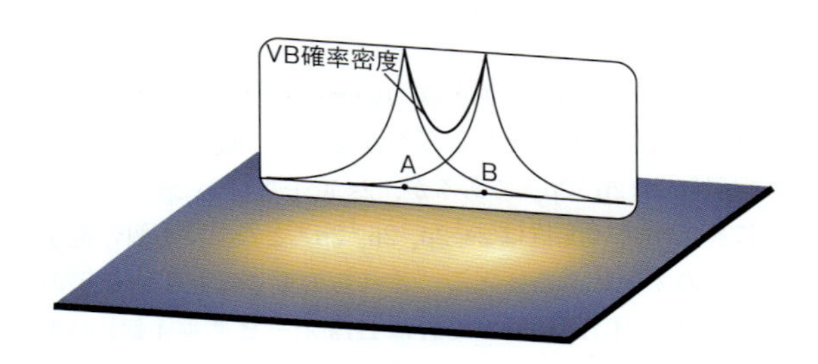

図 9A·1　化学結合の原子価結合モデルによる H_2 の電子密度の図．それぞれの原子オービタルの電子密度も示してある．核は水平線上の点で示してある．核間の領域に電子密度が蓄積している．

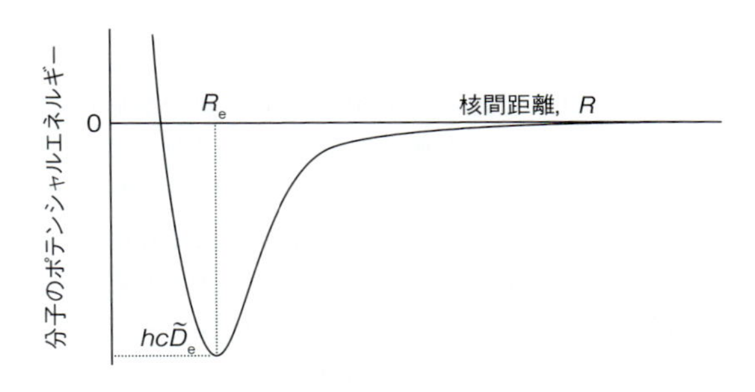

図 9A·2　分子のポテンシャルエネルギー曲線．平衡結合長 R_e はエネルギーの極小 $hc\tilde{D}_e$ に対応している．$hc\tilde{D}_e$ は，2 個の原子が無限遠に離れているときのエネルギーを基準として，それ以下で極小を示すエネルギーである．$\tilde{D}_e$ は，波数 (ふつう用いる単位は cm^{-1}) で表す．

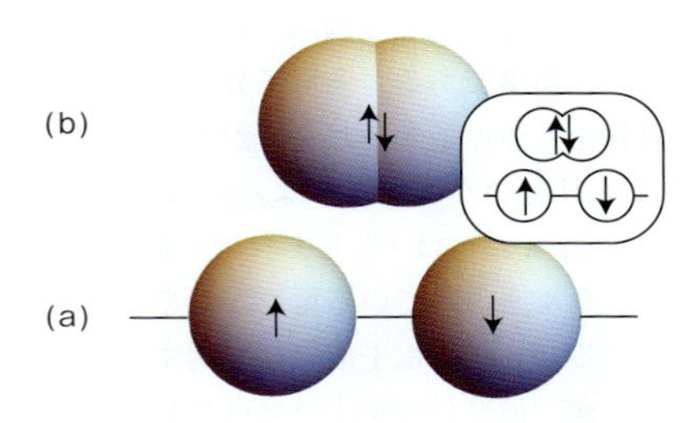

図 9A·3　原子価結合法では，(a) σ 結合は隣接原子のオービタルにある電子 2 個が対をつくるときにできる．(b) オービタルどうしは合体して円柱形の電子雲になる．

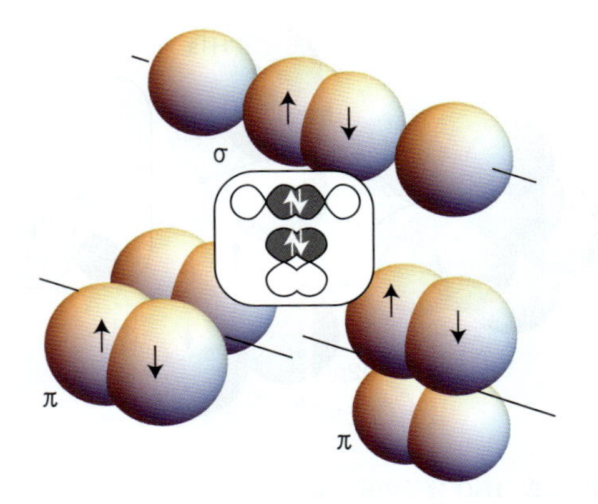

図 9A·4　N_2 の結合は，N2p オービタルの電子が対をつくることで形成される．しかし，σ 結合をつくれるのは各原子の 1 個のオービタルだけで，核間軸と垂直な 2 個の N2p オービタルはそれぞれで π 結合を形成する．

1) σ bond

p オービタルには電子がそれぞれ1個あるから，相手の原子の対応するオービタルと合体して，それを占めていた電子が対をつくることで結合ができると考えられる．$2p_z$ オービタル2個が合体して，その電子が対を形成することで円柱対称の σ 結合が1個得られるのである．

残りの N2p オービタルは核間軸のまわりに円柱対称をもたないから，合体して σ 結合をつくることができない．その代わり，$2p_x$ オービタル2個が合体して，その電子が対をつくると **π 結合**[1] が1個できる．この名称の由来は，核間軸に沿って見たとき p オービタルにある一対の電子と似ていることにある（π は p に対応するギリシャ文字）．同じように，$2p_y$ オービタル2個が合体して電子が対をつくれば π 結合がもう1個できる．一般に，p オービタル2個が側面方向に接近して合体し，その電子が対をつくれば π 結合が1個できる．したがって，N_2 の全体としての結合様式は σ 結合1個と π 結合2個であり，これは N 原子が三重結合で結ばれたルイス構造 :N≡N: と合っている．

9A・2 多原子分子

これまで導入した諸概念を3個以上の原子から成る分子へと拡張するのは簡単である．多原子分子でも，核間軸まわりに円柱対称をもつ原子オービタルがあれば，そこにある電子がスピン対をつくることによって σ 結合が形成される．同様にして，π 結合は（もしあれば）適切な対称性をもつ原子オービタルを占めている電子が対をつくることによって形成される．H_2O の電子構造を説明すればこのことが明らかになるが，同時に VB 法の欠点も明らかになるだろう．

O 原子の価電子の配置は $2s^2 2p_x^2 2p_y^1 2p_z^1$ である．O2p オービタルの不対電子2個はそれぞれ，H1s オービタルの電子と対をつくることができ，いずれも σ 結合を形成する（それぞれの O−H 核間軸のまわりに円柱対称をもつ．図9A・5）．$2p_y$ オービタルと $2p_z$ オービタルは互いに 90° の角度にあるから，それぞれがつくる2個の σ 結合も互いに 90° の角度をなしている．このように，H_2O は屈曲形の（"曲がった"）分子のはずで，実際そうなっているのだが，このモデルでは結合角として 90° を予測しているのに対し，実際の結合角は 104° なのである．VB モデルを改良すべきなのは明らかである．

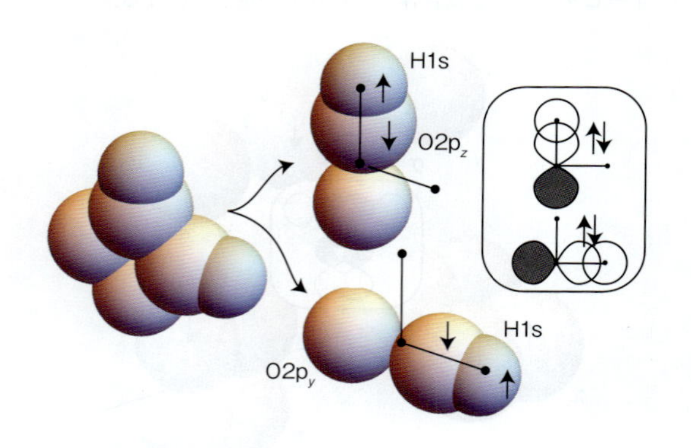

図9A・5　H_2O 分子の結合は，一つの H 原子に属する電子1個が O2p オービタルの電子1個と対をつくることによると考えられる．もう一方の結合も，これに垂直な O2p オービタルを使えばつくれる．その結果，予測される結合角は 90° で，実験値（104°）との一致はよくない．

以上の考察を炭素に当てはめると，もっと重大な VB 法の欠点が明らかになる．炭素原子の基底状態での原子価電子の配置は $2s^2 2p_x^1 2p_y^1$ であるから，結合を2個しかつくれないことになり，4個の結合形成というこの元素のきわだった特徴を説明できないのである．

(a) 昇　位

VB 法の欠陥をどちらも解決するには，二つの点で改良をすればよい．それは，予めエネルギーを少し投資する方が，結局のところ得策だという考えに基づいている．すなわち，結合角を変える一方で，もっと強く，場合によってはもっと多くの結合を形成できれば，結果として全体のエネルギーを大きく低下できるというものである．

原子価電子1個が，ある満員のオービタルから空のオービタルに**昇位**[2] したとしよう．たとえば，炭素の基底状態の配置は $2s^2 2p_x^1 2p_y^1$ であるが，2s 電子1個が 2p オービタルに昇位すれば配置は $2s^1 2p_x^1 2p_y^1 2p_z^1$ となり，4個の電子は別々のオービタルに入る．これらの電子は相手の原子のオービタル（CH_4 分子の場合は H1s オービタル4個）の電子4個と対をつくることができ，σ 結合を4個つくることができる．昇位のためにはエネルギーが必要であるが，結合を形成したために結合が強くなるか，または結合の数が多くなることによって，それ以上のエネルギーを回収できれば，昇位した値打ちがあるというものである．ここで，原子がはじめに何らかの励起状態に遷移したと考えてはならない．すなわち，昇位というのは，実際に結合が形成して可能な最低エネルギーが獲得できたとき，それによって生じた電子の再配置を説明する一方法にすぎないのである．

これで，4価の炭素がごくふつうに見られる理由がわかるだろう．炭素の昇位エネルギーは小さいのである．それは，昇位した電子1個は，2個入っていた 2s オービタルから空の 2p オービタルに移った結果，2s オービタルで受けていた電子−電子の反発がかなり緩和されたからである．さらに都合のよいことに，昇位しない原子の2個の結合の代わりに4個の結合形成ができるから，昇位に必要なエネルギーを補って余りがあるのである．

1) π bond　2) promotion

(b) 混　成

ところで，昇位が起これば，あるタイプのσ結合が3個（CH_4 の場合は H1s と C2p のオービタルの合体）と全く異なるタイプの第4のσ結合（H1s と C2s の合体）ができることになる．しかし実際は，メタンの4個の結合はすべて化学的性質も物理的性質（結合の長さ，強さ，硬さ）も厳密に等価であることがよく知られているのである．

この問題は，同じ電子分布でありながらいろいろな仕方で表現できるという量子力学のもう一つの特徴によって，VB 法の範囲内で克服することができる．いまの場合は，昇位した原子内の電子分布を，1個の s オービタルと3個の p オービタルの4個の電子から生じるものとしてもよいが，これらのオービタルが違う仕方で混合した4種のオービタルにある4個の電子から生じるものとしても記述できる．同じ原子にある原子オービタルの混合物（正式には"一次結合"）を**混成オービタル**[1] という．混成オービタルは，炭素のもとの4個の原子オービタルをつぎのように考えれば理解できる．すなわち，原子オービタルは核を中心とする波であり，それはちょうど池の表面で一点を中心に広がる波のようなものである．波は場所によって打ち消し合ったり（振幅が相殺される）強め合ったり（振幅が加算される）して干渉の仕方が違う．その結果，新しい形をした四つの波が起こるわけである．このような特別な対称性を備えた4個の等価な混成オービタルを生じる一次結合は，

$$h_1 = s + p_x + p_y + p_z \qquad h_2 = s - p_x - p_y + p_z$$

$$h_3 = s - p_x + p_y - p_z \qquad h_4 = s + p_x - p_y - p_z$$

sp^3 混成オービタル　(2a)

で表される．これら成分オービタルの正の領域と負の領域の間で強め合いと弱め合いの干渉が起こった結果，できた混成オービタルは，いずれも正四面体の角を向いた大きなローブでできている（図 9A･6）．各混成オービタルは s オービタル1個と p オービタル3個によるものだから，これを **sp^3 混成オービタル**[2] という．

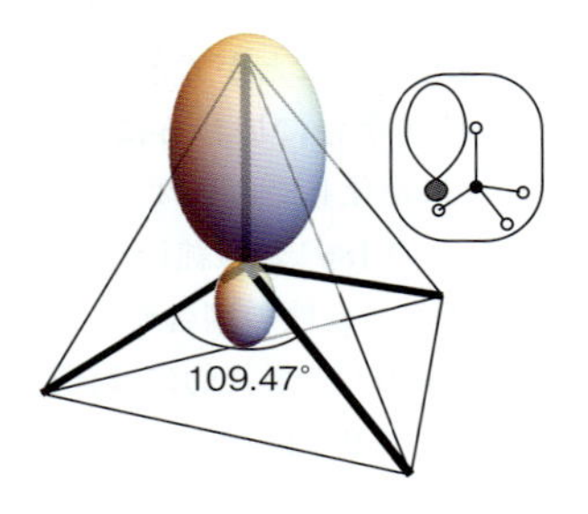

図 9A･6　炭素原子の 2s オービタルと3個ある 2p オービタルが混成を起こす．それでできた混成オービタルは（ここでは1個しか示していない）正四面体の頂点を向いている．

CH_4 を VB 法でこのように表せば，4個の等価な C−H 結合をもつ四面体形分子がどのようにしてできるかを理解できる．C 原子が昇位を起こせば（結合形成を考慮に入れた後は結局のところ）エネルギーの点で有利である．昇位後の配置は，四面体形の4個の混成オービタルそれぞれを電子が1個ずつ占めているのと同じ電子分布になっている．昇位した原子の混成オービタルはそれぞれ不対電子を1個もつから，H1s 電子がそれぞれと対を形成して，四面体の頂点を向いたσ結合が合計4個できるのである．sp^3 混成オービタルはどれも同じ組成をもつから，できたσ結合は空間的な向き以外は4個とも等価である（図 9A･7）．

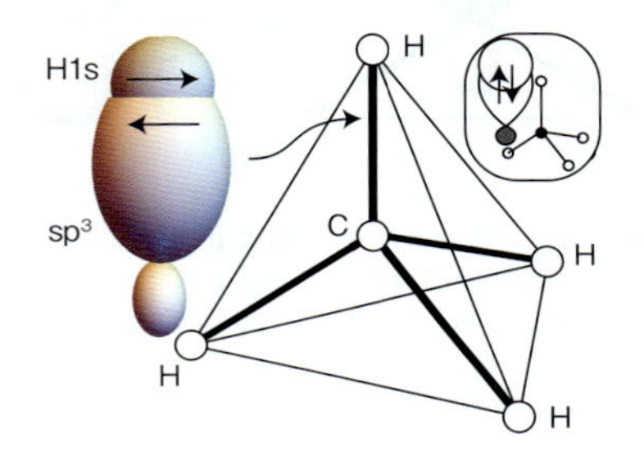

図 9A･7　CH_4 の構造を VB 法で表したもの．それぞれのσ結合は，H1s オービタルの電子と図 9A･6 で示した混成オービタルの電子が対を形成してできる．できた分子は正四面体形である．

混成はアルケン分子を VB 法で表すのにも使われる．エテン（エチレン）分子を考えよう．それは，工業的に重要な気体というだけでなく果実の成熟に影響を及ぼす植物ホルモンでもある．エテン分子は平面形で，HCH 結合角も HCC 結合角も 120° に近い．この分子のσ結合の構造を再現するのに，それぞれの C 原子が $2s^1 2p_x^{\,1} 2p_y^{\,1} 2p_z^{\,1}$ の配置に昇位したと考える．ただし，混成を形成するのに4個のオービタル全部は使わず，s オービタル1個と p オービタル2個だけの干渉によって **sp^2 混成オービタル**[3] をつくる．その一次結合はつぎのように表される．

$$h_1 = s + 2^{1/2} p_x \qquad h_2 = s + \left(\frac{3}{2}\right)^{1/2} p_y - \left(\frac{1}{2}\right)^{1/2} p_x$$

$$h_3 = s - \left(\frac{3}{2}\right)^{1/2} p_y - \left(\frac{1}{2}\right)^{1/2} p_x$$

sp^2 混成オービタル　(2b)

図 9A･8a に示すように，この3個の混成オービタルは同じ平面内にあり，正三角形の角を向いている．3番目の 2p オービタル（$2p_z$）はこの混成に含まれず，混成オービ

1) hybrid orbital　2) sp^3 hybrid orbital　3) sp^2 hybrid orbital

タルがある面に垂直に突き出ている（図9A・8b）．混成オービタルに係数 $2^{1/2}$ などが付いているのは，混成オービタルの向きが正しくなるように選んだものである．この混成の成分が“sp^2”であることを確かめるには，たとえば h_2 オービタルの係数に注目すればよい．p_y の割合は $\frac{3}{2}$ であり（量子力学で確率を得るには必ず係数を2乗する），p_x の割合は $\frac{1}{2}$ であるから，p オービタルからの合計の寄与は2である．一方，s オービタルの寄与は1であるから，両者の比から sp^2 混成が理解できる．

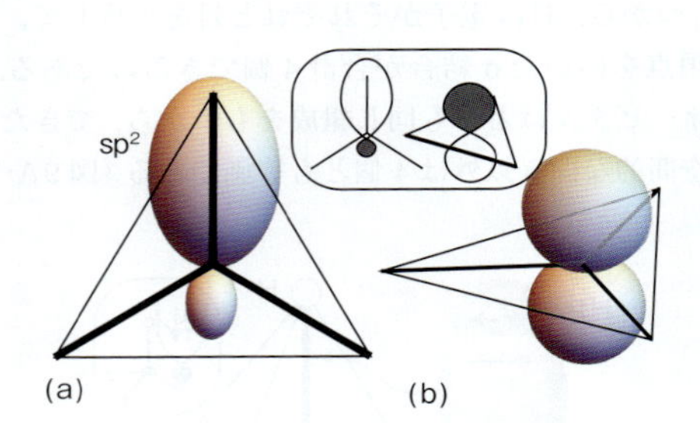

図9A・8 (a) s オービタル1個と p オービタル2個の混成から平面三角形の混成オービタルができる．三つのローブは同じ平面上にあり，互いに120°の角度をなしている．(b) sp^2 混成した原子の原子価殻に残っている p オービタルは，3個の混成オービタルの面から垂直に突き出ている．

sp^2 混成したC原子それぞれはσ結合を3個つくる．一つは別のC原子の h_1 混成オービタルとσ結合をつくり，ほかの二つは2個ある H1s オービタルとσ結合をつくるのである．したがって，このσ結合の骨格は互いに120°の角をなす結合でできている．しかも，この2個ある CH_2 基が同じ面内にあり，この面に垂直な軸を z 軸とすれば，混成に使わなかった $C2p_z$ オービタルにある電子2個は対となってπ結合をつくるのである（図9A・9）．このπ結合の形成によって分子骨格は一平面内に固定される．それは，ある CH_2 基がほかの部分に対して回転すればπ結合が弱まる（つまり分子のエネルギーが上昇する）からである．

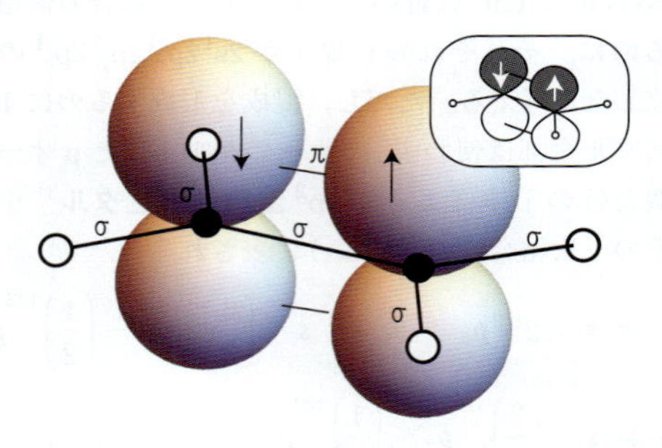

図9A・9 エテンで見られる炭素–炭素二重結合の構造をVB法で表したもの．sp^2 混成オービタルのうち互いに向かい合った2個のオービタルの電子は対を形成してσ結合をつくる．その混成オービタルの面から垂直に突き出た2個の p オービタルどうしは，電子対を形成してπ結合が1個できる．残った混成オービタルの電子を使って，他の原子（エテンの場合はH原子）との間でσ結合をつくる．

同じような表し方は，直線形分子エチン（アセチレン）分子 H−C≡C−H でもできる．この場合の炭素原子は **sp 混成**[1] しており，つぎの形の混成原子オービタルからσ結合がつくられる．

$$h_1 = s + p_z \qquad h_2 = s - p_z \qquad \text{sp 混成オービタル} \quad (2c)$$

この二つの混成オービタルは z 軸に沿っている（このときの z 軸は炭素原子2個を結ぶ分子軸にとるのが慣習である）．この混成オービタルの電子は，向かい合うC原子の混成オービタルの電子と対をつくり，これと反対側で H1s オービタルの電子と対をつくる．それぞれのC原子には p オービタル2個が残っており，互いに分子軸に垂直に突き出ている，その電子がそれぞれ対をつくって互いに垂直なπ結合が2個できるのである（図9A・10）．

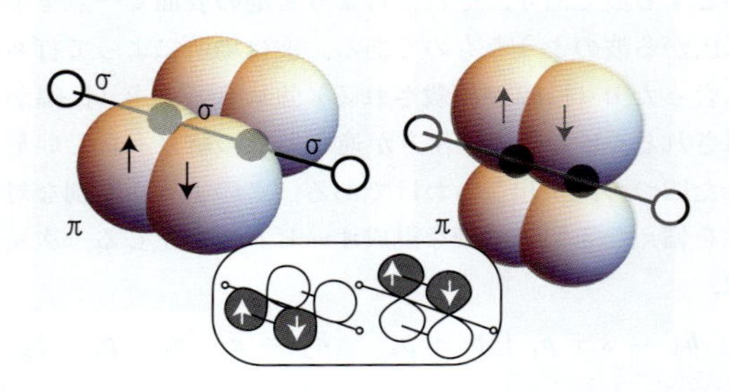

図9A・10 エチン（アセチレン）の電子構造．それぞれのC原子にできた2個の sp 混成オービタルの電子は，もう一方のC原子またはH原子の電子と対をつくって，それぞれσ結合を形成する．C原子の混成しない2個の 2p オービタルは，いずれも核間軸に垂直に突き出ている．そこで，C原子どうしの対応する 2p オービタルの電子は対をつくり，π結合が2個形成される．

原子オービタルの混ざり具合によっては，中間的な組成の混成オービタルをつくることができる．たとえば，sp 混成に p オービタル性が余分に加わるにつれ，混成様式は sp^2 に向かって徐々に変化し，混成オービタル間の角度は純粋な sp 混成のときの180°から純粋な sp^2 混成のときの120°に向かって変わる．p 性の割合がもっと増えれば（s オービタルの割合が減れば）最終的には純粋な p オービタルとなり，互いの角度は90°になる（図9A・11）．d オービタルが関与する混成も（表9A・1）分子の立体構造を解釈するのに使われる（少なくとも矛盾なく説明できる）．しかし，生物学ではあまり関係がないだろう．混成に使うオービタルのタイプに関係なく重要なことは，つぎのようにま

1) sp hybridization

表 9A・1　混成オービタル*

オービタルの数	形	混成*
2	直　線	sp
3	平面三方	sp^2
4	四面体	sp^3
5	三方両錐	sp^3d
6	八面体	sp^3d^2

＊ これ以外の組合わせの混成もある.

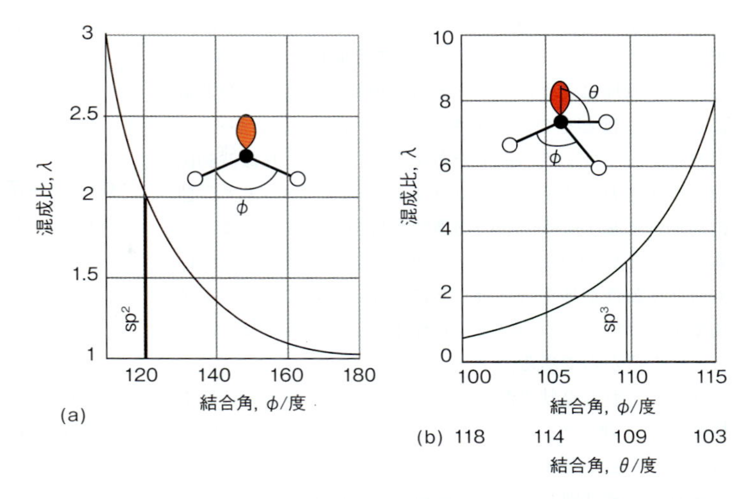

図 9A・11　(a) 屈曲形分子, (b) 三角錐形分子における混成の結合角による変化. 非結合性オービタルは赤塗りの楕円で示してある. 縦軸は p 性の s 性に対する比で, 大きいほど p 性が大きい.

とめられる.

> *N* 個の原子オービタルの混成からは必ず *N* 個の混成オービタルができる.

混成を使えば, 結合角が 104° の H_2O の構造を説明できる, あるいは少なくとも矛盾のない説明ができる. それぞれの O−H の σ 結合は, O 原子の混成オービタルの組成が純粋な p (この場合は結合角が 90°) と純粋な sp^2 (この場合は結合角が 120°) の間のある組成のときに形成される. 実際の結合角とその混成様式は, 結合角を変化させて分子のエネルギーを計算し, そのエネルギーが最小になる角度を求めればわかる.

(c)　共　鳴

これまで述べた VB 法では実験結果を説明できない場合がある. たとえば, ペプチド鎖に関する実験データによれば, (**1**) に示す 6 原子はすべて同じ平面上にある. この幾何構造は, N 原子のふつうの sp^3 混成 (アンモニアでは N−H 結合 3 個と孤立電子対 1 個である) と矛盾している. ふつうは, 結合電子対と孤立電子対からなる四面体配置を表すから, C, N, H, $C_{\alpha2}$ の原子は平面構造をとらないはずである. そこで, VB 法をさらに改良する必要がある.

O　Cα1　N　Cα2　H

1　ペプチド鎖

これまで何を見過ごしてきたのだろうか. 上のペプチド鎖の構造は (**2**) のルイス構造に合うものと考えた. しかしそうではなく, そのルイス構造は (**3**) で表されるとしよう. すなわち, O 原子と N 原子に大きさの等しい反対符号の電荷があるとする. この場合は, CO と CN の間に二重結合が存在し, C も N も sp^2 混成であるから平面形となる. もしこの構造をとるなら, O, C, $C_{\alpha1}$, N, H, $C_{\alpha2}$ は同じ平面上にあるはずで, 実験結果とも合う.

O　Cα1　N　Cα2　H　⟷　O⁻　Cα1　N⁺　Cα2　H

2　　　**3**

二つのルイス構造のエネルギーが似ていれば, 真の波動関数は両者の一次結合で表される. この場合は,

$$\psi = a\psi_1 + b\psi_2 \qquad \text{共鳴混成} \qquad (3)$$

と書ける. ψ_1 は構造 (**2**) の波動関数, ψ_2 は構造 (**3**) の波動関数, a と b は係数であり, エネルギーの最小化からその数値が求められる. 2 個 (あるいはそれ以上) の波動関数が混ざると, 組合わせの一方はエネルギーが低く, もう一方は高くなる. したがって, (3) 式のような組合わせでは, もとの構造のどちらよりも低いエネルギーが得られる. このエネルギー低下は, 係数 a と b がある特定の値のとき最も大きくなる. 量子力学によれば, a^2 の値はペプチド鎖が構造 (**2**) をとる確率, b^2 の値はペプチド鎖が構造 (**3**) をとる確率と解釈できる. しかも $a^2+b^2=1$ である. このときの真の波動関数は, これに寄与する構造の**共鳴混成**[1] であるという. この寄与する構造の重ね合わせのことを**共鳴**[2] といい, もとの構造の間に両矢印を書いて共鳴であることを表す. 共鳴は, 寄与している複数の状態の間で揺れ動いているわけではない. それぞれの本来の特徴が混ざったものであって, 馬とロバの子がラバであるのと似ている.

1) resonance hybrid　2) resonance

共鳴によって分子のエネルギーが低下するのを不思議に思うことだろう．その答の一部は**変分原理**[1]で説明できる．変分原理によれば，いまある波動関数が真の波動関数に近くなるほどそのエネルギーは低くなる．したがって，共鳴によって分子内の電子分布がより正確になれば波動関数は改善されるから，そのエネルギーは分子の“真の”値に向かって減少する．その物理的な理由は，共鳴によってもっとうまいやり方で電子を分布させることができれば，もっと柔軟性が与えられることになり，それによって電子間や電子と核のいろいろな相互作用をより正確に取入れることになるからである．

共鳴にはおもな効果が二つある．分子内に多重結合性を振り分ける効果と，全エネルギーを低下させる効果である．最も有名な例はベンゼンで，そのケクレ構造（**4**）は二つある．両者は同じエネルギーをもち共鳴混成に同じ寄与をしている．同じエネルギーをもつ構造の間の共鳴は，全エネルギーを最も大きく低下させる．そこで，フェニル基が分子内にあれば，それがどこにあっても化学的にきわめて安定していることが（VB 法で）共鳴によって説明される．共鳴はまた，C−C 結合が全部等価になるようにベンゼン環全体にわたって二重結合性を分散させている．

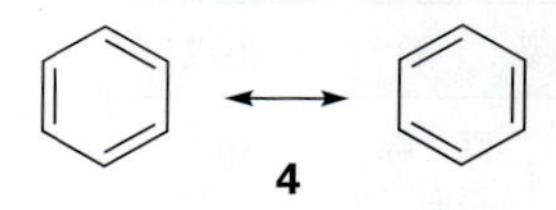

4

(d)　VB 法で使う用語

VB 法によって化学に導入された概念をまとめておこう．これらの概念は現在も化学全般で使われている．

1. 結合タイプの名称：σ 結合や π 結合は，隣り合う原子の電子がスピン対をつくることによって形成される．
2. 昇位：原子価電子は，結果として全体のエネルギーが低下するなら，空のオービタルへと昇位されることがある．
3. 混成：原子オービタルは混成されることがあり，それで分子の実際の幾何構造が得られる．
4. 共鳴：個々の構造の重ね合わせのこと．共鳴によって多重結合性は分子内に振り分けられ，分子全体のエネルギーが低下する．

重要事項のチェックリスト

- □ 1．**VB 波動関数**は，結合に参加する原子に用意された原子オービタルを使って，それを占有する電子が対をつくることでつくられる．
- □ 2．**σ 結合**は，核間軸のまわりに円柱対称をもつ波動関数で表され，そこで対になった電子 2 個から成る．
- □ 3．**π 結合**は，p オービタル 2 個が側面方向に接近して合体し，その電子が対をつくれば形成される．
- □ 4．**昇位**は，結合形成の過程で電子がより高いエネルギーの原子オービタルに移動することである．これに必要なエネルギーは，結合を形成したために結合の数が多くなるか，または結合が強くなることによって回収される．
- □ 5．**混成**は，同じ原子にある原子オービタルの混合であり，それによって分子の形状に合った波動関数をつくる．
- □ 6．**共鳴**は，核がつくる分子骨格は同じでありながら異なる分布を示す電子の波動関数の重ね合わせであり，共鳴によって結合性は非局在化され，分子全体のエネルギーが低下する．

1) variation principle

トピック 9B

分子軌道法：二原子分子

➤ 学ぶべき重要性

分子軌道法によれば，分子内の電子分布とそれによって決まる分子の諸性質に関する詳しい情報が得られる．二原子分子を調べれば関連する原理が導入される．

➤ 習得すべき事項

分子オービタルは注目する分子の原子全体に広がっている波動関数であり，分子オービタル 1 個には電子を 2 個まで収容できる．

➤ 必要な予備知識

いろいろな原子オービタルの形（トピック 8C）を知っている必要がある．複数の結果がありうるとき量子力学では，個々の結果の波動関数の一次結合が波動関数として採用されること（トピック 9A）を知っている必要がある．本トピックでは，原子の構成原理（トピック 8D）を分子に拡張する．

分子軌道法[1]（MO 法）では，電子が分子全体に広がったものとして扱う．MO 法は VB 法よりはるかに進歩しており，計算を実行するにも簡単なことがわかっている．有機分子や無機分子，d 金属錯体などの結合について最新の説明を行うのに広く用いられる体系を提供している．MO 法はまた，分光学的性質の計算やいろいろな分子間相互作用（治療薬と細胞の受容サイトの相互作用など）のモデリング，化学反応の結果の予測の基礎にもなっている．ここで取上げる二原子分子には死活的に重要な酸素分子 O_2 と有毒な CO 分子，生物学的に活性な NO 分子がある．どの場合もその電子構造を知っておけば，生化学的な活性を理解するうえで助けになるだろう．これ以外にも，多原子分子のすべての原子をつないでいる電子について，MO 法は本来これを全体として扱うのだが，アミノ酸の一部である NH フラグメントなど，分子の一部を構成する二原子フラグメントを考えるのを可能にしており，その中で電子がどう分布しているかを調べることができる．

9B・1　原子オービタルの一次結合

分子オービタル[2] は 1 電子波動関数で，分子全体に広がった電子 1 個についてのものである．このオービタルの数学的な形は，H_2^+ のような単純な分子種でも非常に複雑で，一般にはよくわかっていない．従来の MO 法に限らず近年の研究でもすべて，分子内に存在する原子の原子オービタルを使って分子オービタルをつくり，それを真の分子オービタルに対する近似として用いている．以下の議論では，つぎの三つの考え方を念頭においておくべきである．

1. 核は，選んだ核間距離でそれぞれ静止しているものとみなし，その核間距離での分子オービタルがつくられる．

2. シュレーディンガー方程式を解いて，使える原子オービタルからつくれる可能なすべての分子オービタルを見いだす．このとき，その分子オービタルを実際に電子が占有するかどうかは関係がない．また，対象とする原子オービタルを電子が占有しているかどうかも関係がない．

3. 初歩的な計算であれば，原子価殻の原子オービタルだけを考慮に入れる．それは，芯電子は核に強く束縛されていて結合に寄与しないと考えられるからである．

原子の電子構造を表すとき最も単純な原子として 1 電子の H 原子を対象としたように，分子の MO 法では，最も単純な分子として 1 電子の水素分子イオン H_2^+ を考察することからはじめよう．真の分子オービタル，つまり二つの核を取巻く電子の波動関数の分布は，それぞれの核に属する H1s オービタル（原子価殻のみ）を使ったモデルで表される．すなわち，

$$\psi = c_A\psi_A + c_B\psi_B \qquad \text{原子オービタルの一次結合} \qquad (1a)$$

とする．c_A と c_B は数値で表される係数である．この手順を**原子オービタルの一次結合**[3]（LCAO）をつくるといい，できた分子オービタルを LCAO-MO という．この係数の

1) molecular orbital theory　2) molecular orbital　3) linear combination of atomic orbitals

2乗から，分子オービタルに寄与している原子オービタルの相対比がわかる．等核二原子分子では両原子の寄与は等しいから，その係数の2乗は等しくなければならず，$c_B = \pm c_A$ である．したがって，この二つの可能な波動関数は，

$$\psi = \psi_A \pm \psi_B \quad \text{等核二原子分子の LCAO} \quad (1b)$$

である．簡単のため，また，数値の詳しいところを気にせず分子オービタルの組立て方だけを示すためにも，ここでは全体の規格化因子を無視している．

(a) 結合性オービタル

まず，プラス符号の LCAO-MO，$\psi = \psi_A + \psi_B$ を考えよう．これがエネルギーの低い方の分子オービタルになるからである．このオービタルの形を図 9B・1 に示す．核間軸に沿って見たとき s オービタルに似ているから，これを **σ オービタル**[1] という．これが最低エネルギーの σ オービタルであるから，1σ という記号を使う．σ オービタルを占める電子を **σ 電子**[2] という．H_2^+ の基底状態では 1σ 電子が 1 個あるから，H_2^+ の基底状態の配置を $1\sigma^1$ と表す．

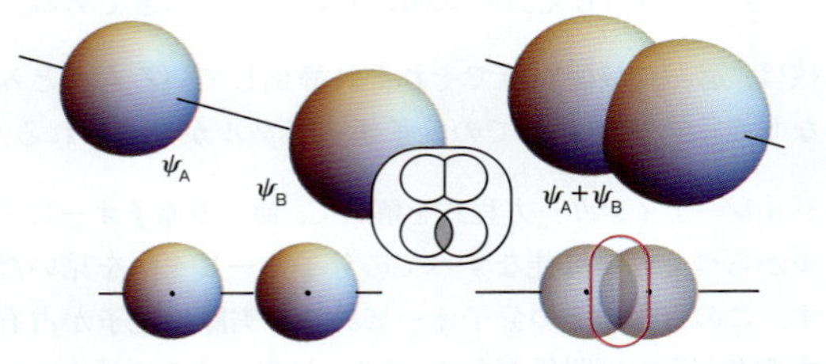

図 9B・1 結合性分子オービタル（σ オービタル）の形成．(a) H1s オービタル 2 個が近づく．(b) 原子オービタルが重なり，強め合いの干渉が起こり，核間の領域で振幅が大きくなる．生じたオービタルは核間軸のまわりに円柱対称をもつ．これを 1 個の電子が占めるか（σ^1 の配置），対になった電子 2 個が占めるか（σ^2 の配置）すれば，σ 結合が 1 個できる．

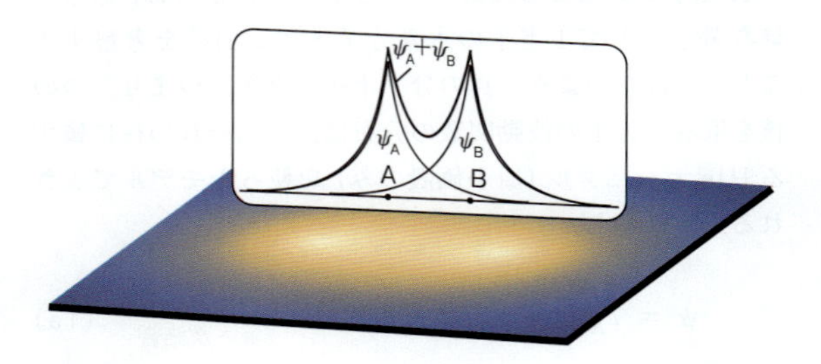

図 9B・2 核間軸に沿う結合性分子オービタルの波動関数．核間に振幅の増加が見られるから，その領域でこのオービタルを占める電子を見いだす確率が増加することに注目しよう．

波動関数 $\psi = \psi_A + \psi_B$ に寄与する二つの原子オービタルは，隣り合う核それぞれを中心とする波のようなものである．核間の領域では，波の振幅が強め合う干渉をするから，そこでは波動関数の振幅が大きくなる（図 9B・2）．振幅が大きくなると核間に電子を見いだす確率が増加し，そこでは電子が両方の核と強く相互作用できる．そうすると，原子が離ればなれのときには 1 個の核と強く相互作用するだけであるのと比べて，分子のエネルギーが低下する．初歩的な MO 法では，分子オービタルを占める電子の結合効果は，原子オービタルどうしの強め合いの干渉の結果，核間の領域に電子が蓄積することによると考える．

1σ オービタルは**結合性オービタル**[3] の一例である．結合性オービタルが占有されると，その結合は強まり，分子のエネルギーが低下する．この分子イオンの波動関数を核の間隔 R を固定したシュレーディンガー方程式に代入して解くことができ，いろいろな R についてエネルギーを求めることができる．この分子エネルギーを核間距離に対してプロットした結果が**分子のポテンシャルエネルギー曲線**[4] である（図 9B・3）．これを“ポテンシャルエネルギー曲線”というのは，核が静止していて運動エネルギーがないからである．分子のエネルギーは，無限遠から R が減少するにつれて下がる．それは，2 個の原子オービタルが効率よく干渉できるにつれ，核間領域に電子が見いだされる確率が増加するからである．しかし，核間距離がもっと短くなると，核間の空間が狭くなりすぎて電子密度の蓄積が十分でなくなる．また，核-核の反発も大きくなる．その結果，はじめにエネルギーは低下するものの，核間距離が小さくなると，ポテンシャルエネルギー曲線は極小を通り，その後，急速に上昇する．H_2^+ についての計算では，極小での結合長は 130 pm，極小の深さは 171 kJ mol^{-1} である．実験値は 106 pm，250 kJ mol^{-1} であるから，この単純な LCAO-MO 法による分子の表し方は不正確ではあるが，ひどく間違っているわけでもない．

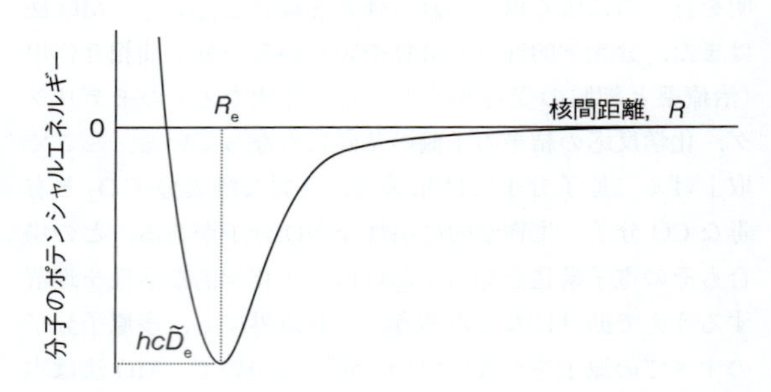

図 9B・3 分子のポテンシャルエネルギー曲線．平衡結合長 R_e はエネルギーの極小 $hc\tilde{D}_e$ に対応している．

1) σ orbital 2) σ electron 3) bonding orbital 4) molecular potential energy curve

(b) 反結合性オービタル

さて，もう一方のLCAO-MO，すなわち負号をもつ $\psi = \psi_A - \psi_B$ を考えよう．この波動関数も核間軸のまわりに円柱対称であるから，やはり σ オービタルであり，これを $1\sigma^*$ と表す（図 9B･4）．この波動関数をシュレーディンガー方程式に代入すれば，1σ オービタルよりエネルギーが高いことがわかる．しかも，2 個の原子オービタルのどちらよりもエネルギーが高いのである．

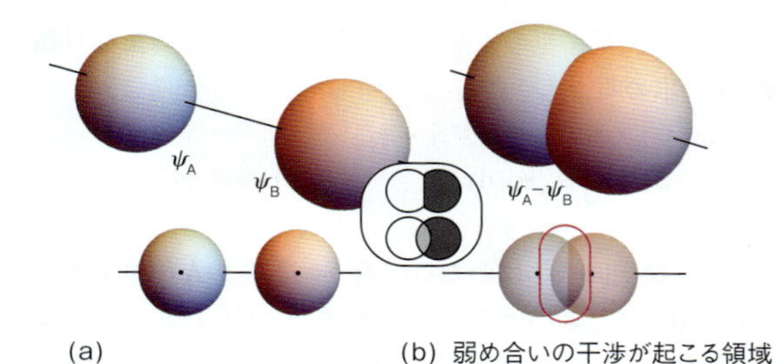

図 9B・4　反結合性分子オービタル（σ^* オービタル）の形成．(a) H1s オービタル 2 個が近づく．(b) 符号が反対の原子オービタル（色合いを変えて表してある）が重なると弱め合いの干渉が起こり，核間領域で振幅が減少する．核間の中央に節面が存在し，その面上ではこのオービタルを占める電子は見いだせない．

$1\sigma^*$ オービタルのエネルギーが高い原因をたどれば，核間の領域で 2 個の原子オービタルの間で起こる弱め合いの干渉にあることがわかる．この弱め合いの干渉は，核間のエネルギー的に好都合な領域に電子を見いだす確率密度を減少させ，それをエネルギー的に不利な領域（外側）へと移動させている（図 9B･5）．この弱め合いの干渉は核間の中央で完全となり，そこに**節面**[1] ができる．節面は波動関数が 0 をよぎる面である．図 9B･1 や図 9B･4 のような図

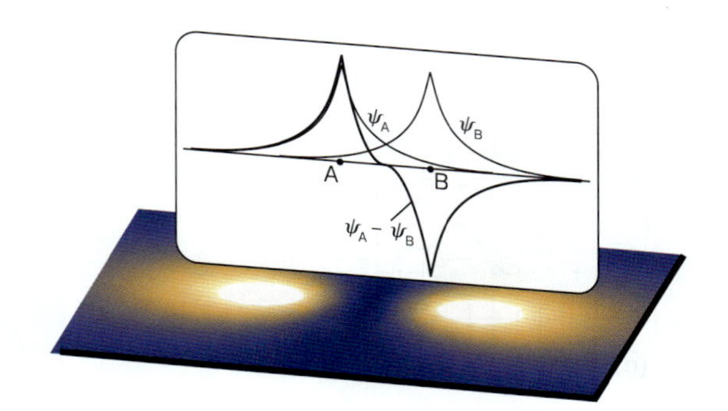

図 9B・5　核間軸に沿った反結合性分子オービタルの波動関数．核間で振幅の減少が見られるから，その領域でこのオービタルを占める電子を見いだす確率は減少している．

を描くときは，同じ符号のオービタルの重なりを（1σ ができるときのように）同じ色合いで表し，反対符号のオービタルの重なりを（$1\sigma^*$ ができるときのように）異なる色合いで表す†．

$1\sigma^*$ オービタルは**反結合性オービタル**[2] の一例である．反結合性オービタルに電子が入ると 2 原子間の結合を弱める．反結合性オービタルは，対応する結合性オービタルが結合性である以上に，わずかに反結合性が強いことが多い．そうなる理由の一つは，電子の“のり”作用と“逆のり”作用とは同程度だが，どちらの場合も核どうしは反発するから，それで両方のエネルギー準位がもち上がるからである（図 9B･6）．

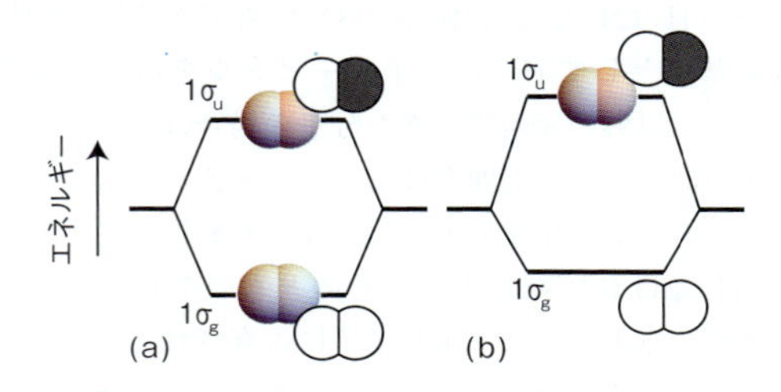

図 9B・6　(a) 核と核の反発を無視するとき，反結合性オービタルのエネルギーがもとの原子オービタルより大きくなる分は，結合性オービタルのエネルギーがもとの原子オービタルより小さくなる分とほぼ同じである．(b) 核間の反発を含めると，どちらのエネルギーも上昇する．

(c) 表　記　法

等核二原子分子では，分子オービタルの**反転対称性**[3] に注目し，それにラベルを付けて区別している．反転対称性は，波動関数の符号について，分子の中心に対して等距離の反対側で符号が反転しているかどうかで判定する．たとえば，1σ オービタルのある点での符号に注目すれば，分子の中心に対して反転した箇所の符号も同じである（図 9B･7）．この**“偶”の対称性**[4] を下付き文字 g で表し $1\sigma_g$ と書く．一方，同じ操作を反結合性 $1\sigma^*$ オービタルに行うと，波動関数の符号は反対である．この**“奇”の対称性**[5] を下付き文字 u で示し $1\sigma_u$ と書く．

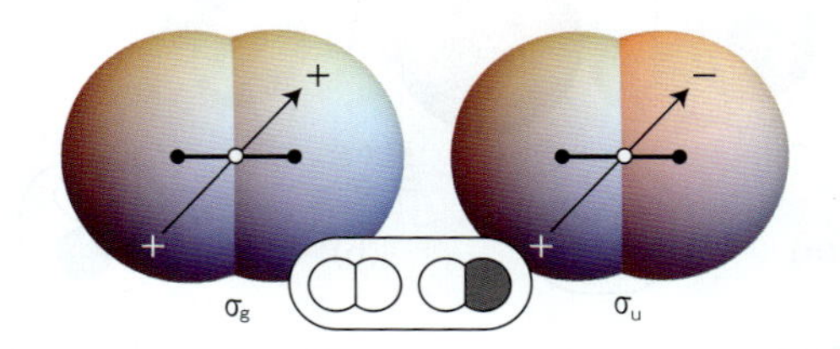

図 9B・7　結合性 σ オービタルと反結合性 σ オービタルの反転対称性（偶奇性）．

† 訳注：わかりやすくするため，それぞれの挿入図では白黒で符号の違いを表してある．
1) nodal plane　2) antibonding orbital　3) inversion symmetry　4) gerade symmetry（gerade は even に当たるドイツ語）
5) ungerade symmetry（ungerade は odd に当たるドイツ語）．このような反転対称性による分類を“パリティ”という．

g や u という表記は，分子の電子スペクトルを説明したり，多電子系の化学種のオービタルを分類したりするときに役に立つ．しかしながら，オービタルが結合性か反結合性かを表すだけで十分なときは，オービタルのラベルに * を付けて反結合性を表すことにする．g か u かという分類は，対称性が関与する場合に重要となる．* の表示は補助的な役目しかない．

9B・2　等核二原子分子

トピック 8D では，水素型原子オービタルと構成原理を使って多電子原子の基底電子配置を導き出した．ここでも同じ手順を多電子二原子分子に適用する（2 個しか電子をもたない H_2 だけでなく 16 個の O_2 でもできる）．ただし，議論の基礎として H_2^+ の分子オービタルを用いて説明しよう．水素以外の元素でできた分子の場合は，収容すべき電子が多数存在する問題だけでなく，考えるべき原子価殻オービタル（つまり分子オービタル）が多数存在する問題に対処しなければならない．そのときの手順はこうである．まず，原子オービタルが電子に占有されているかどうかに関わりなく，使える原子オービタルから可能なすべての LCAO-MO をつくる．次に，それに電子を入れていく．それぞれの原子に N 個の原子価オービタルがあれば（占有されているかどうかに関わりなく），全部で $2N$ 個の原子オービタルがあるから，このとき $2N$ 個の LCAO-MO がつくれる．すぐあとでわかるが，これらの分子オービタルのうち多少の違いはあっても約 N 個が結合性であり，約 N 個は反結合性である．

(a)　分子オービタルを形成するときの指針

分子オービタルをつくるには，核間軸に関して同じ対称性をもつ原子オービタルの一次結合だけを考える必要がある．この規則によって除外される組合わせがある．s オービタルは核間軸のまわりに円柱対称をもつが p_x オービタル（x は核間軸に垂直）はそうではないから，この 2 個の原子オービタルは同じ分子オービタルには寄与できない．対称性に基づいて区別する理由は，s オービタルと p_x オービタルの間の干渉を考えればわかる（図 9B・8）．すなわち，核間軸の一方の側ではこの 2 個のオービタルは強め合いの干渉をするが，その反対側でそれを完全に相殺してしまうような干渉が起こり，正味には結合効果も反結合効果もなくなるからである．

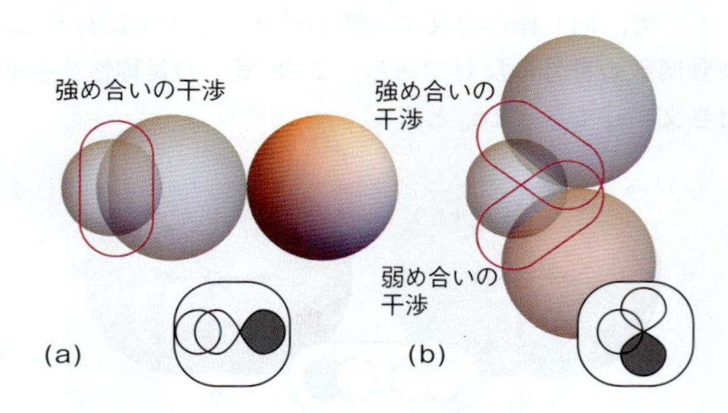

図 9B・8　s オービタルと p オービタルの重なり方．(a) エンドオン配向の（末端を前向きにした）重なりでは，重なりは 0 とならず軸対称の σ オービタルができる．(b) ブロードサイド配向の（側面を向けた）重なりでは，正味の重なりがないから結合に寄与しない．

2 個のオービタルの重なりの度合いは，つぎの**重なり積分**[1] S で求める．

$$S = \int \psi_A \psi_B \mathrm{d}\tau \qquad \text{重なり積分［定義］} \qquad (2)$$

この積分は空間全体にわたって行う．もし，A の原子オービタル ψ_A が大きいところでいつも B の原子オービタル ψ_B が小さいとき，あるいはその逆の場合にも，両者の振幅の積はどこでも小さく，その積の和である積分も小さい（図 9B・9a）．もし，ψ_A と ψ_B が空間のどこかで同時に大きい領域があれば S は大きくなれる（図 9B・9b）．その 2 個の原子オービタルが同じものの場合には（どちらも同じ原子の 1s オービタルのときなど）$S = 1$ である．しかし，同じ原子に属していても一方が s オービタルで他方が p オービタルの場合は（図 9B・9c）対称性によって $S = 0$ である．距離 R だけ離れた 2 個の H1s オービタルの間の重なり積分は，

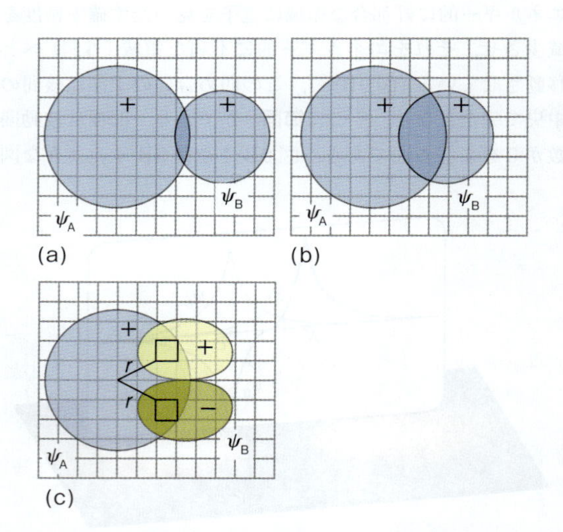

図 9B・9　重なり積分に対する寄与を模式的に表したもの．(a) オービタルどうしが遠く離れていてその積が常に小さいから $S \approx 0$ である．(b) 積 $\psi_A \psi_B$ が広い領域にわたって大きいから S は大きい（しかし 1 より小さい）．(c) 正の重なり領域が負の重なり領域とちょうど相殺するから $S = 0$ である．

1) overlap integral

$$S = \left\{1 + \frac{R}{a_0} + \frac{1}{3}\left(\frac{R}{a_0}\right)^2\right\}e^{-R/a_0} \qquad (3)$$

である．a_0 はボーア半径である．この関数を図 9B・10 にプロットしてある．大きく離れたところでは指数因子が重要になるから，それによって S が 0 に近づくことがわかる．ns オービタルと np オービタルの代表的な S の値として，$n=2$ では（上の式と異なる式で求める必要がある）0.2〜0.3 の範囲である．

コメント　量子力学では無限小の体積を表すのに $d\tau$（τ はタウと読む）という記号を使う．直交座標では $d\tau = dx\,dy\,dz$ で，球面極座標では $d\tau = r^2\,dr\sin\theta\,d\theta\,d\phi$ である．

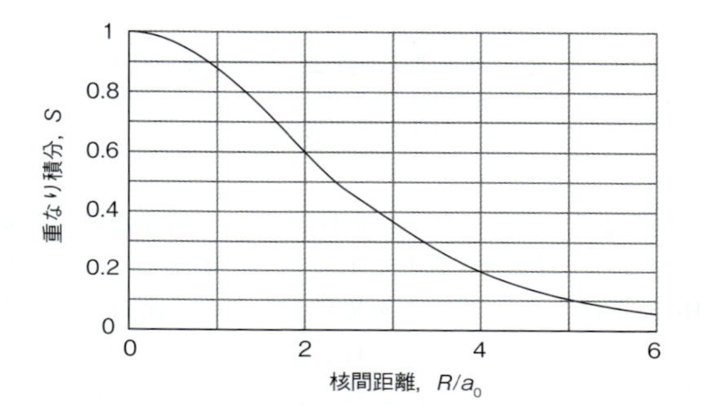

図 9B・10　H1s オービタル 2 個の重なり積分の核間距離による変化．

ここからは，それぞれの原子の $2p_x$ と $2p_y$ のオービタルについて考えよう．どちらも核間軸に垂直であり，相手のオービタルと側面で並んで重なり合える．この重なりでは強め合いの干渉も弱め合いの干渉も可能で，それで結合性と反結合性の **π オービタル**[1] ができる．それぞれを 1π および $1\pi^*$ と表す．π という表記は原子の p に対応するもので，分子軸に沿って見たとき π オービタルが p オービタルに似ているからである（図 9B・11）．2 個の $2p_x$ オービタルが重なり合って結合性 π オービタルと反結合性 π^* オービタルをつくり，2 個の $2p_y$ オービタルも同様の分子オービタルをつくる．この二つの結合性オービタルは同じエネルギーをもち，二つの反結合性オービタルも同じエネルギーをもつ．したがって，どちらの π エネルギー準位も二重に縮退していて，異なる二つのオービタルから成る．π オービタルを少なくとも 1 個の電子が占有すれば，それで **π 結合**[2] をつくる．電子が 2 個存在していれば，その結合は VB 法の π 結合に似たものになる．しかし，両者の電子分布は少し異なっている．それは，MO 法では同じ原子に 2 個の電子が見つかるのも許容されるが，VB 法ではイオン-共有共鳴を考えない限り許されないからである．

反転対称による分類は π オービタルにも適用される．図 9B・12 を見ればわかるように，結合性 π オービタルは反転によって符号が変わるから u と分類される．一方，反結合性 π^* オービタルは符号が変わらないから g である．したがって，結合性と反結合性の一次結合はそれぞれ $1\pi_u$ と $1\pi_g$ と表される（あるいは，反結合性を強調したければ $1\pi_g{}^*$ と書く）．

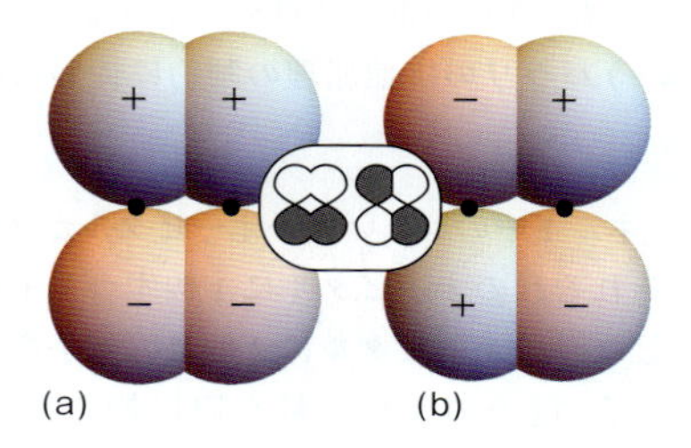

図 9B・11　(a) 結合性 π オービタルの形成と (b) 反結合性 π オービタルの形成．

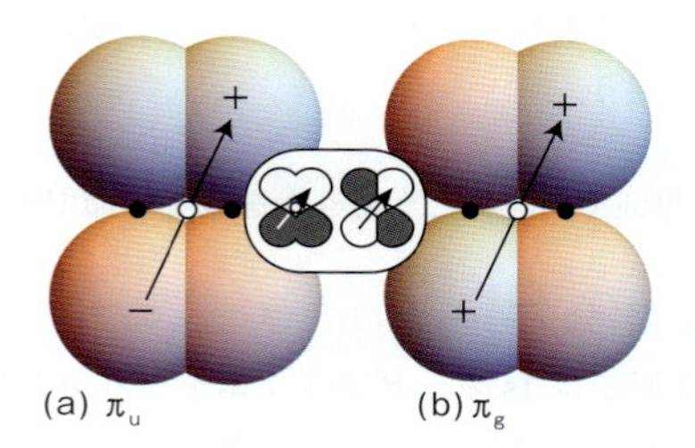

図 9B・12　(a) 結合性 π オービタルと (b) 反結合性 π オービタルの偶奇性．

これで，分子オービタルを組立てるとき，使うべき原子オービタルをどう選ぶかについて詳しい指針がわかったことだろう．それをまとめておこう．

1. 原子オービタルを核間軸に関して σ 対称をもつものと π 対称をもつものに分類し，同じ対称性をもつ原子オービタルすべてを使って，それぞれ σ オービタルと π オービタルをつくる．

2. σ 対称をもつ原子オービタル N_σ 個から σ 分子オービタルを N_σ 個つくる．このときのエネルギーは，結合性の最も強い（核間に節面のない）ものから反結合性の最も強いものへと順に高くなる．

3. π 対称をもつ原子オービタル N_π 個から π 分子オービタルを N_π 個つくる．このときのエネルギーは，結合性の最も強い（核間に節面のない）ものから反結合性の最も強いものへと順に高くなる．π オービタルには二重縮退が見られ，それが対になっている．

1) π orbital　2) π bond

こうして分子オービタルを組立てたら，原子の場合の構成原理と同じ手順で基底状態の電子配置をつくる．それをまとめておこう．

1. 原子から供給された原子価電子を，全体として最低のエネルギーが達成される仕方でオービタルに収容する．そのとき，オービタル1個に電子は2個を超えて入れない（しかも，2個の電子は対をつくらなければならない）というパウリの排他原理の制約に従わなければならない．

2. もし，エネルギーの等しい分子オービタルが2個以上あれば，それぞれのオービタルに1個ずつ電子を加えてから，どれかのオービタルに2個目の電子を入れはじめる（電子−電子の反発を最小限に抑えるためである）．

3. 縮退した異なるオービタルを電子が占めるときは，両者のスピンは平行であるというフントの規則（トピック8D）に従う．

これらの規則を実際にどう使うかを以下の節で示そう．

(b) 水素分子

H_2 の H 原子は 1s オービタル1個をそれぞれ提供するから（H_2^+ の場合と同じ），それを使って $1\sigma_g$ 結合性オービタルと $1\sigma_u^*$ 反結合性オービタルをつくる．平衡核間距離では，これらのオービタルは図 9B・13 の水平線で示すエネルギーをもつ．

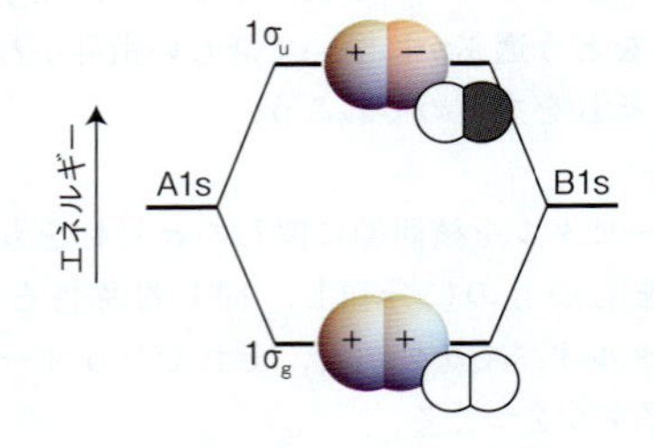

図 9B・13　(1s,1s) の重なりでできる分子オービタルのエネルギー準位図．（ここでは，図 9B・6 で示した核間の反発によるエネルギー準位の歪み効果は無視している．）

収容すべき電子は2個ある（各原子から1個ずつ）．そのスピンが対をつくればどちらも $1\sigma_g$ に入れる（図 9B・14）．したがって，基底状態配置は $1\sigma_g^2$ であり，両原子は結合性 σ オービタルの電子対から成る結合によって結ばれている．この2個の電子は，H_2^+ の電子1個の場合に比べて2個の核を強く結び付け，しかも近くに引き寄せているから，分子のポテンシャルエネルギー曲線の極小位置は 106 pm から 74 pm に減少している．

ここでの重要な結論は，結合形成に電子対が重要であるというのは，結合性分子オービタル1個に入れる最大の電子数は2個という事実に由来しているということである．電子は“対をつくりたい”わけではない．パウリの排他原理があるから対をつくるのであって，電子2個がどちらも結合性オービタルに入れるのは，両者のスピンが対をつくる場合に限られるからである．

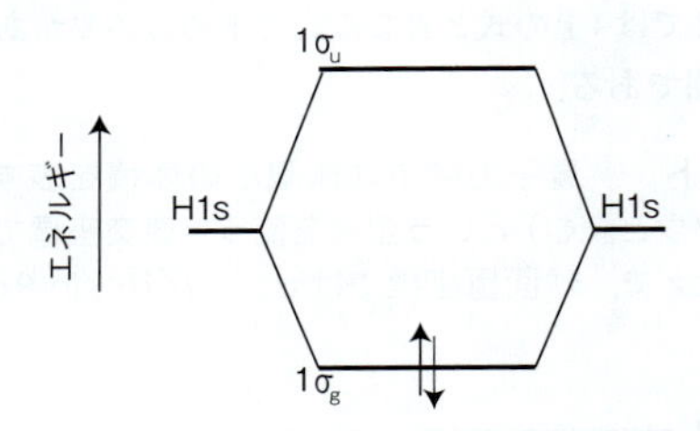

図 9B・14　H_2 の基底電子配置は，使えるオービタルのうちエネルギーが最も低いもの（結合性オービタル）に電子を2個収容することにより得られる．

同じように考えれば，なぜ He が単原子分子なのかを説明できる．仮想分子として He_2 を考えよう．それぞれの He 原子は 1s オービタルを提供し，その一次結合で分子オービタルができるから，$1\sigma_g$ と $1\sigma_u^*$ の分子オービタルをつくることができる．この分子オービタルは H_2 の場合と細部で違っている．それは，He1s オービタルは H1s オービタルより引き締まっているからである．しかし，分子オービタルの形はほぼ同じであるから，定性的な検討には H_2 と同じ分子オービタルのエネルギー準位図が使える．それぞれの原子は電子を2個ずつ提供するから，収容すべき電子は4個ある．そのうち2個は $1\sigma_g$ に入れるが，それで（パウリの排他原理によって）満員である．残りの2個は反結合性 $1\sigma_u^*$ オービタルに入らなければならない（図 9B・15）．したがって，He_2 の基底電子配置は $1\sigma_g^2 1\sigma_u^{*2}$ である．反結合性オービタルは，結合性オービタルが結合的である以上に反結合的であるから，He_2 分子は離れた2個の He 原子でいるよりエネルギーが高く，不安定なのである．つまり，基底状態の He 原子が互いに結

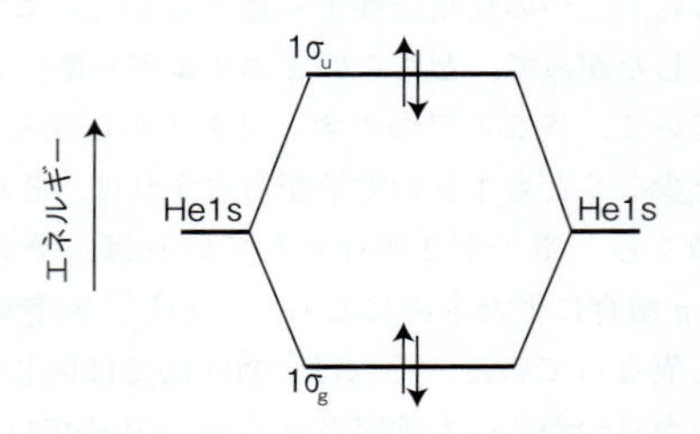

図 9B・15　四電子分子の He_2 の基底電子配置には，結合性電子2個と反結合性電子2個がある．この配置は，He 原子が別々に存在する場合よりエネルギーが高い．つまり，He_2 は He 原子2個に比べて不安定である．

合をつくることはなく，ヘリウムは単原子気体なのである．

(c) 多電子の等核二原子分子

第 2 周期の元素（Li から Ne まで）では，原子価殻オービタルは 2s と 2p である．まず，この二つのタイプのオービタルを別々に考えよう．それぞれの原子の 2s オービタルは重なり合って，結合性オービタルと反結合性オービタルをつくる．それぞれを $1\sigma_g$ と $1\sigma_u{}^*$ で表す．同じように，2 個の $2p_z$ オービタルは（ふつうは核間軸を z 軸とする）核間軸まわりに円柱対称をもつ．したがって，σ オービタルの形成に参加して結合性 $2\sigma_g$ オービタルと反結合性 $2\sigma_u{}^*$ オービタルをつくれる（図 9B･16）．一方，$2p_x$ オービタル 2 個が重なれば，結合性と反結合性の π オービタルが 1 個ずつできる．$2p_y$ オービタルでも同じことが起こる．π オービタルに見られる結合性と反結合性の効果の違い（両者のエネルギーの差）は，σ オービタルの場合ほど大きくない．それは，σ オービタルを形成するときの重なりと違って，π の重なりで電子密度が増えるのは影響の少ない（核間軸から外れた）場所だからである．その結果，これらオービタルのエネルギー準位は，図 9B･17 の MO エネルギー準位図になる．

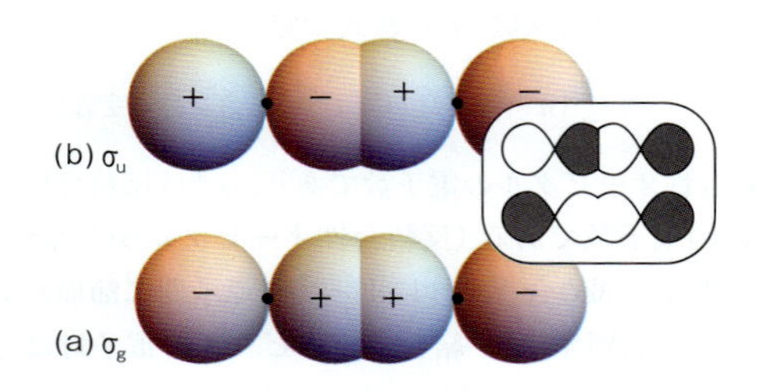

図 9B･16　p_z オービタル 2 個が核間軸に沿って重なり合うと，(a) 干渉により結合性 σ_g オービタルと，(b) それに対応する反結合性 σ_u オービタルが形成される．

ここで，少し複雑な状況がある．それは，p_x オービタルと p_y オービタルは p_z オービタルとは（前者は π オービタルをつくり，後者は σ 結合をつくるという点で）異なる対称性をもち，p_z オービタルは s オービタルと（どちらも σ 結合に寄与できるという点で）同じ対称性をもつからである．第 2 周期の右側の元素で起こるように，2s オービタルと 2p オービタルでエネルギーがかなり違うときは，すでに述べたように，これら 2 個のオービタルを別々に扱うことができる．しかし，両者のエネルギーが似ているときは，4 個のオービタル（両原子の 2s オービタルと $2p_z$ オービタル）全部が σ オービタルの形成に参加して，どの σ オービタルも $\psi = c_1\psi_{A2s} + c_2\psi_{B2s} + c_3\psi_{A2p_z} + c_4\psi_{B2p_z}$ の形をしている．それぞれの分子オービタルについて 4 個の係数とエネルギーを求めるには，そのシュレーディンガー方程式を解く必要がある．しかし実際には，この種の一次結合で得られる最も低いエネルギーは，2s オービタルだけからつくった $1\sigma_g$ オービタルと $1\sigma_u$ オービタルのエネルギーとほとんど同じである．同様に，この一次結合で得られる最も高いエネルギーは，$2p_z$ オービタルどうしの一次結合で得られる $2\sigma_g$ と $2\sigma_u$ のエネルギーと非常に近い．これらの違いはあまり大きくないから，この場合も，$1\sigma_g$ と $1\sigma_u$ が結合性と反結合性の対をつくり，$2\sigma_g$ と $2\sigma_u$ はもう一対をつくると考えてよい．

分子の σ オービタルと π オービタルのエネルギーの順序は詳しい計算をしないと簡単には予測できず，原子の 2s オービタルと 2p オービタルのエネルギー差によって変わる．2s オービタルと 2p オービタルのエネルギーがかなり違う原子（第 2 周期の右側，具体的には O と F）から成る分子で，両者を別々に扱える場合は，そのエネルギーは図 9B･17 に示す順となる．一方，2s 原子オービタルと 2p 原子オービタルのエネルギーが似ていて（第 2 周期の N とその左側），両者を全体として扱う必要がある場合は，分子オービタルの順序は図 9B･18 のようになる．その順序が移り変わる状況を図 9B･19 に示してある．これは第 2 周期の等核二原子分子のエネルギー準位を計算によって求めたものである．これらの結果をつぎにまとめておこう．

- 図 9B･17 は O_2 と F_2 に該当している．
- 図 9B･18 は，それ以前の第 2 周期の原子から成る等核二原子分子に該当している．

このようなオービタルのエネルギー準位図が準備できれば，構成原理を使って分子の基底状態の電子配置を予測することができる．たとえば，N_2 には価電子が 10 個ある．

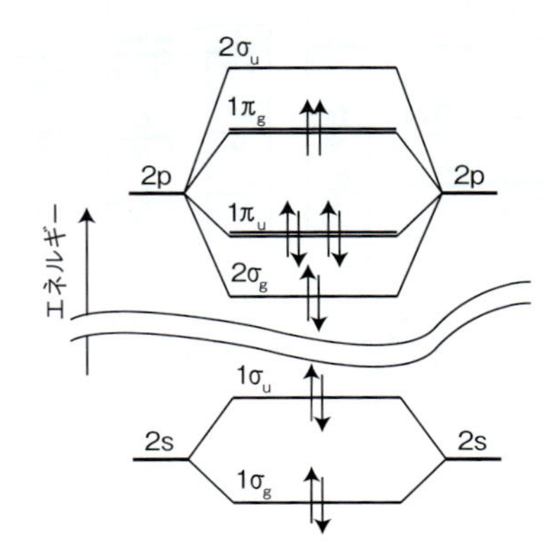

図 9B･17　第 2 周期の等核二原子分子で見られる代表的な分子オービタルのエネルギー準位図．左右に価電子の原子オービタルを，中央には分子オービタルをそれぞれ示してある．どちらの π オービタルも二重に縮退していることに注目しよう．分子オービタルと原子オービタルを結ぶ斜めの線は，分子オービタルのおもな成分を示したものである．この準位の並びは O_2 と F_2 に使える．図は O_2 の配置である．エネルギーのスケールは途中を省略してあるから注意しよう．

この分子の場合は図9B･18を適用する．はじめに2個の電子が対をつくって$1\sigma_g$オービタルに入り，これを満たす．次の2個は$1\sigma_u$オービタルに入って，これを満たす．あと6個の電子が残っている．$1\pi_u$オービタルは2個あるから4個の電子を収容できる．最後に残った2個の電子は$2\sigma_g$オービタルに入る．こうしてN_2の基底状態の配置は，$1\sigma_g{}^2 1\sigma_u{}^2 1\pi_u{}^4 2\sigma_g{}^2$となる．この電子配置は図9B･18に示してある．

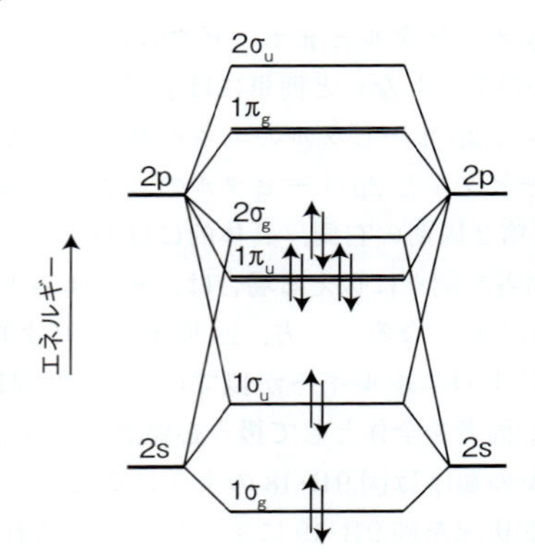

図9B･18　第2周期の等核二原子分子で見られる代表的な分子オービタルのエネルギー準位図．N_2とそれ以前の元素の分子に適用できる．図はN_2の配置である．2sオービタルと2pオービタルのエネルギー差は，図9B･17の場合ほど開いていないことに注目しよう．

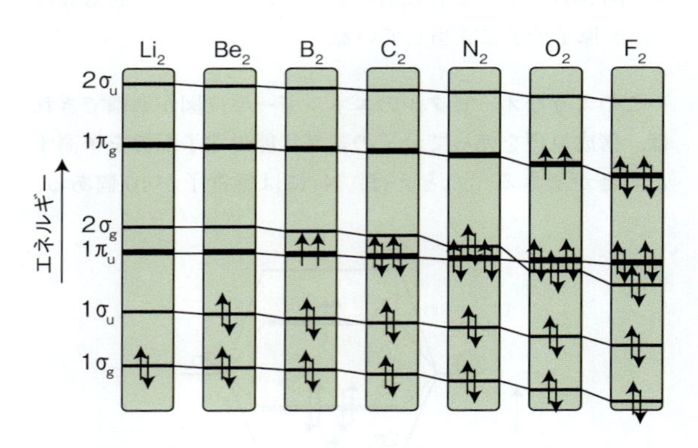

図9B･19　第2周期の等核二原子分子の各オービタルのエネルギー準位の移り変わり．原子価殻のオービタルだけを示してある．

図9B･17はO_2のMOエネルギー準位図である．収容すべき原子価電子は全部で12個あるから，その電子配置は$1\sigma_g{}^2 1\sigma_u{}^2 2\sigma_g{}^2 1\pi_u{}^4 1\pi_g{}^2$である（図9B･17に示してある）．構成原理によれば，O_2の$1\pi_g$電子2個は違うオービタルを占める．一つは$2p_x$オービタルの重なりでできた$1\pi_{g,x}$オービタルに入る．もう一つは，これと縮退している仲間で，$2p_y$オービタルの重なりでできた$1\pi_{g,y}$オービタルに入る．この2個の電子は別々のオービタルを占めているから，フントの規則によってスピンが平行(↑↑)となり，O_2分子は2個の不対電子をもつラジカル，**ビラジカル**[1]であるということがある．しかし，注意しなければならないことは，本当のビラジカルは2個の電子スピンが互いに無関係な向きを向いているものであり，O_2では2個のスピンが平行に固定されているから本来の意味ではビラジカルでない．

MO法から導ける顕著な予測として，O_2分子は2個の不対電子をもつから**常磁性**[2]物質，つまり磁場の中に引き込まれる性質をもつといえる．たいていの物質は（電子スピンが対をつくっているから）**反磁性**[3]であり，磁場から押し出される性質をもつ．実際，O_2が常磁性の気体であることは，ルイスの記述やVB法（すべての電子は対をつくる必要があるとした）に比べ，分子オービタルによる表し方が優れたものであることを示す顕著な証拠なのである．酸素の常磁性は，インキュベーター内の気体の磁性を測定して，その酸素濃度を監視するのに利用されている．

(d)　結合次数

分子内の結合の強さは，占有オービタルの電子の結合性の効果と反結合性の効果の正味の結果で決まる．ここで，二原子分子の**結合次数**[4] bを次式で定義する．

$$b = \frac{1}{2}(n - n^*) \qquad \text{結合次数［定義］} \qquad (4)$$

nは結合性オービタルの電子数であり，n^*は反結合性オービタルの電子数である（反結合性オービタルかどうかは，オービタルの弱め合う干渉によって2原子間に節面があるかどうかで判別する）．結合性オービタルの電子対はそれぞれ結合次数を1だけ増加させ，反結合性オービタルの電子対は1だけ減少させる．N_2では$1\sigma_g$，$2\sigma_g$，$1\pi_u$が結合性オービタルであるから$n = 2+2+4 = 8$である．一方，$1\sigma_u$は反結合性オービタルであるから$n^* = 2$であり，N_2の結合次数は$b = \frac{1}{2}(8-2) = 3$である．この値は，2原子間に三重結合があるルイス構造 :N≡N: と合う．

結合次数は結合の特性を議論するうえで役に立つパラメーターである．それは，結合長と関係があり，同じ原子対でも原子間の結合次数が大きいほど結合は短い．結合次数は結合の強さとも関係があり，同じ2原子については結合次数が大きいほど結合は強い．N_2の結合次数が大きいのは解離エネルギーが大きい（942 kJ mol^{-1}）ことと合う．

O_2の場合は，$1\sigma_g$と$2\sigma_g$，$1\pi_u$が結合性で，$1\sigma_u$と$1\pi_g$は反結合性であるから，その結合次数は$b = \frac{1}{2}(8-4) = 2$である．この値はO_2が二重結合をもつという古典的な見方と合っている．

MO法によるさらなる予測として，O_2のイオン化で結

1) biradical　2) paramagnetic　3) diamagnetic　4) bond order

合長の異なる化学種が生成されるが，その結合長の変化が結合次数の変化に基づいて説明できるというものである．O_2^+ カチオンが生成するときには，最もエネルギーの高い準位の反結合性 $1\pi_g$ オービタルから電子が放出される．O_2^- アニオン（超酸化物イオン）や O_2^{2-} アニオン（過酸化物イオン）の結合長は長く，弱い結合である．それは，加えた電子が反結合性オービタルを占めるからである．酸素分子のいろいろな化学種の結合次数と結合長をつぎに示す．

	O_2^+	O_2	O_2^-	O_2^{2-}
結合次数	2.5	2	1.5	1
結合長，R/pm	112	121	132	149

9B・3　具体例：生化学的に活性な等核二原子分子，O_2

酸素 O_2 は細胞内へと容易に拡散するが，そこにはいろいろな酸素結合タンパク質が存在していて組織と組織の間を運搬しやすくしており，細胞内の遊離酸素濃度を制御している．赤血球内のヘモグロビンや筋肉細胞中のミオグロビンは，ヒトの有酸素運動のための酸素を供給する役目をしている．一方，レグヘモグロビンは細胞内の遊離の O_2 の濃度を抑える役目もしている．レグヘモグロビンはマメ科植物の根粒内で見つかったのであるが，ある種のバクテリアが，窒素の固定に好都合な微好気性環境をつくるのに必要としている．

これらの酸素運搬タンパク質は，その結合サイトにある1個以上の Fe イオンや Cu イオンが O_2 と相互作用することで結合する．O_2 が金属イオンと結合するとき，中性分子 O_2 のままの場合もあるが，金属を酸化することにより還元形の超酸化物アニオンや過酸化物アニオンとして存在することもある．ヘモグロビン（**1**）とヘモシアニン（**2**），ヘムエリトリン（**3**）について，X 線結晶解析で求めた O−O 結合長をつぎに示す．

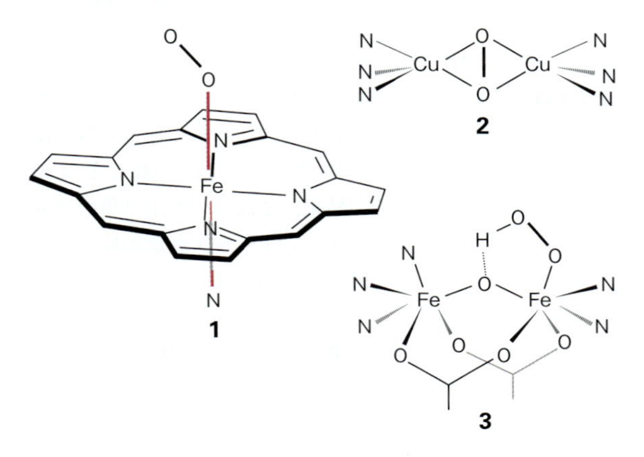

	ヘモグロビン	ヘモシアニン	ヘムエリトリン
O−O 結合長/pm	124	136	148

ヘモグロビンの O−O 結合長は中性分子の値と似ており，結合によって酸素は還元されていないことがわかる．一方，ヘモシアニンやヘムエリトリンの結合長は，それぞれ O_2^- アニオンと O_2^{2-} アニオンに近い．この酸素の還元の度合いは，金属イオンに結合する能力に影響を与えていると予測される．それは，金属と酸素の電荷が増すとその間の静電相互作用が強くなるからである．実際，これらのタンパク質の50パーセント酸素飽和度に必要な酸素分圧 $p_{50}(O_2)$ との相関が見られる（つぎの表を見よ）．

	ヘモグロビン	ヘモシアニン	ヘムエリトリン
$p_{50}(O_2)$/Torr	25	10〜20	1

分子軌道法を使えば，O_2 と金属の結合の幾何配置を説明することもできる．この結合には，エネルギーの最も高い $1\pi_g$ オービタルの電子がおもに関わっている．このオービタルの形を図 9B・20 に示してあるが，金属への結合が折れ曲がり構造（トピック 9C を見よ）をしているのがわかる．この配置は，金属と直線的に特異な結合をする CO の場合と対照的である．ヘモグロビンの結合サイトに二原子分子を受け入れるときは，直線的な配置より折れ曲がりの配置の方が有利である．このことは，ヘモグロビンの選択性が CO より O_2 に片寄っている要因の一つである．

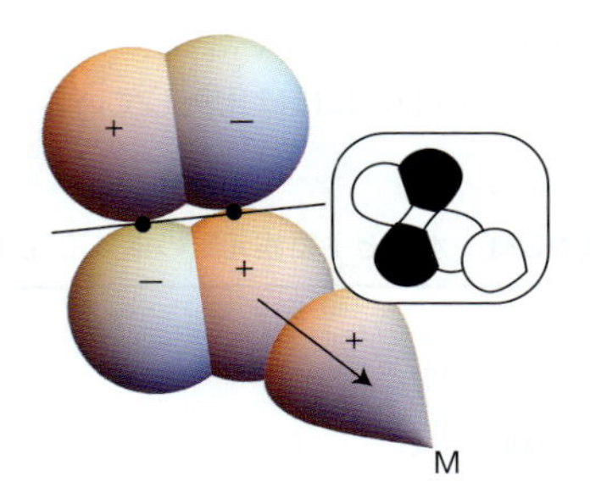

図 9B・20　酸素分子が金属原子と結合するときは，その反結合性 π オービタルの電子を供与する．この図に示すように，酸素分子は曲がった配置で金属に付いている．

9B・4　異核二原子分子

初等化学では，異核二原子分子の特徴として，2種の原子間の電子分布が対称的でないと学んだことであろう．それは，結合電子対にとっては一方の原子の近くにある方が，もう一方の近くにあるよりエネルギー的に有利だからである．この不均衡のために**極性結合**[1]ができる．これは

1）polar bond

2個の原子が電子対を平等でない仕方で共有する結合である．

(a) 極性と電気陰性度

電荷分布の不均衡はふつう**電気陰性度**[1] χ(カイ) で表す．それは，注目する元素が化合物の一部にあるとき，それが電子を自分の方へ引きつける能力のことである．ポーリング[2] は結合解離エネルギー $hc\widetilde{D}_e(\mathrm{A-B})$ の考察に基づいて，つぎの電気陰性度の数値目盛をつくった．

$$|\chi_A - \chi_B| = 0.102 \times \{\Delta E/(\mathrm{kJ\ mol^{-1}})\}^{1/2}$$

ポーリングの電気陰性度目盛 (5a)

ここで，

$$\Delta E = hc\widetilde{D}_e(\mathrm{A-B}) - \frac{1}{2}\{hc\widetilde{D}_e(\mathrm{A-A}) + hc\widetilde{D}_e(\mathrm{B-B})\} \quad (5b)$$

である．表9B·1には主要族元素の値を掲げてある．一方，マリケン[3] はべつの定義を提案し，元素のイオン化エネルギー I と電子親和力 E_{ea} を電子ボルト (eV) 単位で表した数値を用いた．

$$\chi = \frac{1}{2}(I + E_{ea})/\mathrm{eV}$$

マリケンの電気陰性度目盛 (5c)

この式は妥当な形をしている．すなわち，電気陰性度の高い原子はイオン化エネルギーが大きいはずで (つまり，分子内にある他の原子に電子を譲りにくい)，しかも電子親和力が大きいはずだからである (つまり，電子がそこへ近づく方がエネルギー的に有利である)．マリケンの電気陰性度はポーリングのものにほぼ比例している．電気陰性度は周期性を示し，周期表で (貴ガスを除いて) フッ素に近い元素が最大の電気陰性度をもつ．

異核二原子分子の一方の原子に結合電子対が片寄っていれば，その原子は正味の負電荷をもつことになる．これを**部分負電荷**[4] といい $\delta-$ で表す．このとき，もう一方の原子にはこれを補う**部分正電荷**[5] $\delta+$ がある．代表的な異核二原子分子では，電気陰性度の高い方の元素が部分負電荷をもち，低い方は部分正電荷をもつ．しかしながら，すぐあとでわかるように，この一般則は注意して用いる必要がある．

表9B·1 水素と主要族元素の電気陰性度*

H 2.20						
Li 0.98	Be 1.57	B 2.04	C 2.55	N 3.04	O 3.44	F 3.98
Na 0.93	Mg 1.31	Al 1.61	Si 1.90	P 2.19	S 2.58	Cl 3.16
K 0.82	Ca 1.00	Ga 1.81	Ge 2.01	As 2.18	Se 2.55	Br 2.96
Rb 0.82	Sr 0.95	In 1.78	Sn 1.96	Sb 2.05	Te 2.10	I 2.66
Cs 0.79	Ba 0.89	Tl 2.04	Pb 2.33	Bi 2.02	Po 2.00	

* ポーリングの値

(b) 異核分子の分子オービタル

分子軌道法は，異核二原子分子とその極性結合についてもうまく扱うことができる．その分子オービタルは (1a) 式 ($\psi = c_A\psi_A + c_B\psi_B$) の形で表せるが，このときの係数は同じでない．$c_B{}^2 > c_A{}^2$ であれば，電子はAよりBの方で見つかりやすく，$^{\delta+}\mathrm{A-B}^{\delta-}$ となるからこの結合には極性がある．**非極性結合**[6]，すなわち電子対が2原子に平等に共有され，どちらの原子も部分電荷をもたない共有結合 (等核二原子分子の場合) では $c_A{}^2 = c_B{}^2$ である．純粋なイオン結合では (第一近似では，$\mathrm{Cs^+F^-}$ のように) 一方の原子が電子対をほとんど専有するから，片方の係数は0である (それで $\mathrm{A^+B^-}$ では $c_A{}^2=0$，$c_B{}^2=1$ である)．

異種原子間の分子オービタルで見られる一般的な特徴は，エネルギーの低い原子オービタルの方が (ふつうは電気陰性度の高い原子に属していて) 最低エネルギーの分子オービタルへの寄与が大きいということである．最高のエネルギーの (最も反結合性の強い) オービタルではこれが逆で，おもな寄与はエネルギーの高い原子オービタル (ふつうは電気陰性度の低い原子に属するオービタル) から生じる．すなわち，つぎのように整理できる．

	結合性オービタル	反結合性オービタル
$E_A < E_B$ のとき	$c_A{}^2 > c_B{}^2$	$c_B{}^2 > c_A{}^2$

この状況を図9B·21に模式的に表してある．異核二原子分子COとNOの電子分布を考察すれば，この特徴は生物学的にも関係があることがわかる．これらの分子では，反結合性オービタルが占有されるから，それぞれCとNの電子密度が高くなる．その結果，これらの原子は負の部分電荷を帯びる．これによって，COやNOが金属原子と結合するとき，M−COやM−NOの配置をとることが説明できる．

極性結合のもう一つの特徴は，ペプチド鎖のN−H結合を考えればよくわかる．マリケンの電気陰性度によれば，

1) electronegativity 2) Linus Pauling 3) Robert Mulliken 4) partial negative charge 5) partial positive charge 6) nonpolar bond

N (3.08) は H (3.06) と似ているから，この結合はほぼ無極性であると予測される．簡単のために，NH フラグメントを取出して個別に扱うことにしよう．このときの分子オービタルは $\psi = c_{\rm H}\psi_{\rm H} + c_{\rm N}\psi_{\rm N}$ で表される．$\psi_{\rm H}$ は H1s オービタルであり，$\psi_{\rm N}$ は N2p$_z$ オービタルである．

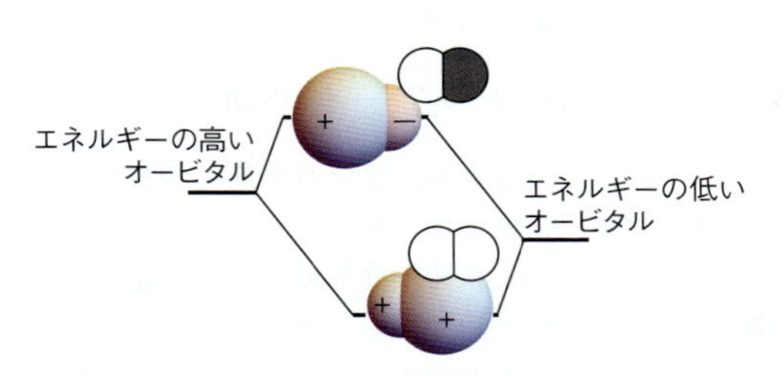

図 9B・21　結合性分子オービタルと反結合性分子オービタルについて，エネルギーの異なるオービタル（ふつうは電気陰性度の異なる原子）が寄与するときの相対関係を模式的に表してある．結合性オービタルでは，エネルギーの低い原子オービタルが比較的大きな寄与をしており（大きな球で表してある），結合電子はその原子の側に見いだされる確率が高い．反結合性オービタルでは，その逆のことがいえる．

ところで，この 2 個の原子オービタルのエネルギーは一般に，つぎのようにして求めることができる．分子内の原子 X が，提供した電子を引き止めておけない極限的な場合は $\rm X^+$ で表される．一方，結合相手と電子対を等しく共有する場合は X，その結合電子を両方とも獲得する場合は $\rm X^-$ で表される．ここで，$\rm X^+$ の状態をエネルギー 0 の基準にとれば，X は $-I(\rm X)$ にあり，$\rm X^-$ は $-\{I({\rm X}) + E_{\rm ea}({\rm X})\}$ にある．I はイオン化エネルギーであり，$E_{\rm ea}$ は電子親和力である．分子内の電子の実際のエネルギーはどこか中間的な値にあり，ほかに情報がなければ低い方の値の半分，つまり $-\frac{1}{2}\{I({\rm X}) + E_{\rm ea}({\rm X})\}$ としておくのが妥当である

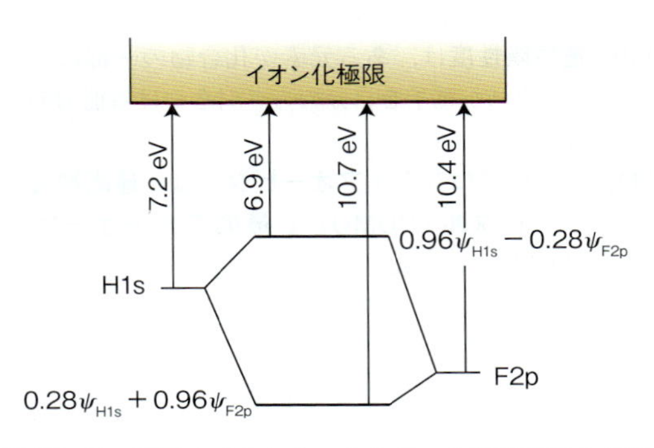

図 9B・22　原子のイオン化エネルギーと電子親和力の値（実際にはその平均値）を用いて，それぞれの原子オービタルのエネルギーを求め，それをもとに分子オービタルをつくる．ここでは，わかりやすい例として HF 分子のデータを用いて示してある（ヒュッケル計算で $\beta = -1$ eV とした結果である）．結合性オービタルは主として F 原子の性質を帯びており，反結合性オービタルは主として H 原子の性質を帯びている．

（HF 分子の場合を図 9B・22 に示す）．この値は（符号を除けば）マリケンの電気陰性度の定義（5c 式）と同じである．窒素と水素の（マリケンの）電気陰性度は非常によく似ており，つぎのように表される．

	I/eV	$E_{\rm ea}$/eV	$-\frac{1}{2}\{I + E_{\rm ea}\}$/eV
H	13.6	0.75	−7.2
N	14.5	−0.07	−7.2

したがって NH の場合は，どちらの原子オービタルも結合性オービタルと反結合性オービタルに等しく寄与しているから，結合性オービタルにある 2 個の電子は二つの原子に等しく分布している．分子軌道法のソフトウエアを使った正確な計算によれば，その結果はこれとほぼ一致している．ただし，N−H 結合では電子が N 原子の側にわずかに蓄積しており，C−O 結合では O 原子の側に蓄積していることを示している．この余分の電子密度の一部は，隣接する C 原子からのものである．

9B・5　具体例：生化学的に活性な異核二原子分子，NO

一酸化窒素（酸化窒素，NO）は細胞間を迅速に拡散できる小さな分子であり，動植物の組織内で種々の過程を開始するのに助けになる化学情報を伝達している．その例は，動物の場合は血圧の調節や血小板凝集阻害，炎症や免疫系への攻撃に対抗する防御などに見られる．一方，植物の場合は，成長発展や病原体に対する防御，不利な環境条件に対する応答などに関係している．このような小さく反応性に富む分子が生物学的に重要な意味をもつという提案には，はじめ多くの反論があった．しかし時を経て 1998 年のノーベル生理学・医学賞の受賞を機に，その主張は認められることになった．この分子は，一酸化窒素シンターゼによって触媒される一連の反応によって，$\rm O_2$ と NADPH を

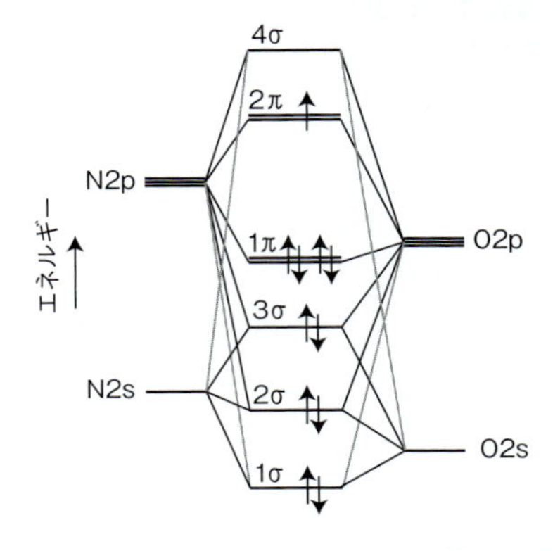

図 9B・23　NO の分子オービタルのエネルギー準位図．

使ってアミノ酸のアルギニンから合成される．

NOの生化学を理解するには，その電子構造を考える必要がある．図9B・23はNOの結合様式を示したもので，異核二原子分子で指摘したいろいろな点を説明してくれる．その基底配置は$1\sigma^2 2\sigma^2 3\sigma^2 1\pi^4 2\pi^1$である．（異核分子であるからg,uの表示はできない．オービタルに番号を付けてエネルギーが増える順に並べてある．）酸素の方が電気的に陰性であるから，3σオービタルと1πオービタルはほぼOの性格をもつ．**最高被占分子オービタル**[1]（HOMO）は2πであり，そこには電子が1個入っていて，Oの性格よりNの性格をもつ．そのため，NOは不対電子がO原子よりN原子に局在しているとみなせるラジカルである．**最低空分子オービタル**[2]（LUMO）は4σであり，このオービタルも主としてNに局在している．HOMOとLUMO合わせて分子の**フロンティアオービタル**[3]をつくっている．

NOの生理学的効果の多くは，タンパク質のシステインチオール基のニトロソ化が介在している．すなわち，

$$\text{タンパク質-SH} + \text{NO} \longrightarrow \text{R-S-NO}$$

である．しかしながら，NOはラジカルであるからO_2と同じで反応性に富み，細胞にとってよくない反応に参加している．実際，ラジカル$O_2^{\cdot-}$と$NO\cdot$は結合して，ペルオキシ亜硝酸イオン（**4**）を形成する．

$$NO\cdot + O_2^{\cdot-} \longrightarrow ONOO^-$$

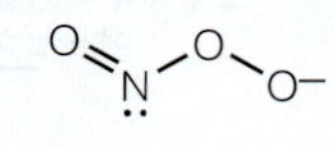

4 $ONOO^-$

ペルオキシ亜硝酸イオンは，タンパク質やDNA，脂質に損傷を与える活性酸素種であり，おそらく心疾患や筋萎縮性側索硬化症（ルー・ゲーリック病），アルツハイマー病，多発性硬化症をひき起こす原因である．このイオンの構造は，図9B・23に示すNOの結合様式と合っていることに注目しよう．すなわち，NOの不対電子はN原子の側にわずかに局在しているから，このN原子がO_2^-イオンのO原子と結合をつくるものと予測できる．

重要事項のチェックリスト

- □ 1．**分子軌道法**（MO法）では，電子が分子全体に広がったものとして扱う．
- □ 2．**分子オービタル**は1電子波動関数で，分子全体に広がった電子1個についてのものである．
- □ 3．**原子オービタルの一次結合**（LCAO）は，原子オービタルの重み付きの和で分子オービタルを表したものである．
- □ 4．二原子分子の分子オービタルは，核間軸のまわりの回転対称性によって**σオービタル**と**πオービタル**に分類される．また，等核二原子分子の場合は，その反転対称性によって**g**（偶のパリティ，ゲラーデ）と**u**（奇のパリティ，ウンゲラーデ）に分類される．
- □ 5．**結合性オービタル**は，それが占有されると結合は強さを増し，分子のエネルギーの低下につながるオービタルである．
- □ 6．**反結合性オービタル**は，それが占有されると結合は弱くなり，分子のエネルギーの上昇につながるオービタルである．
- □ 7．**分子のポテンシャルエネルギー曲線**は，核間距離に対して分子エネルギーをプロットしたものである．
- □ 8．**常磁性**物質は磁場の中に引き込まれる．一方，**反磁性**物質は磁場から押し出される．
- □ 9．**極性結合**は，2個の原子が電子対を平等でない仕方で共有する結合である．
- □ 10．**電気陰性度**は，ある元素が化合物の一部にあるとき，それが電子を自分の方へ引きつける能力のことである．
- □ 11．分子の**フロンティアオービタル**は，**最高被占分子オービタル**（HOMO）と**最低空分子オービタル**（LUMO）から成る．

1）highest occupied molecular orbital　2）lowest unoccupied molecular orbital　3）frontier orbital

重要な式の一覧

式の内容	式	備　考	式番号
一次結合	$\psi = c_A\psi_A + c_B\psi_B$	等核二原子分子では $c_A{}^2 = c_B{}^2$	1a
重なり積分	$S = \int\psi_A\psi_B\,d\tau$	全空間にわたる積分	2
結合次数	$b = \frac{1}{2}(n - n^*)$	定　義	4

トピック 9C

分子軌道法：多原子分子

➤ 学ぶべき重要性

多原子分子は生命体の構成要素として重要であるから，その電子構造や性質を説明するのに分子軌道法は不可欠である．

➤ 習得すべき事項

多原子分子の分子オービタルは，その分子のすべての原子のうち対称性が合致している原子オービタルの一次結合でつくられる．

➤ 必要な予備知識

本トピックは，トピック 9B で説明した二原子分子を対象とした議論の延長上にある．VB 法（トピック 9A）を用いて説明する箇所もある．数学的に進める必要のあるところでは，連立方程式を解くために行列式の性質を利用している（必須のツール 12）．

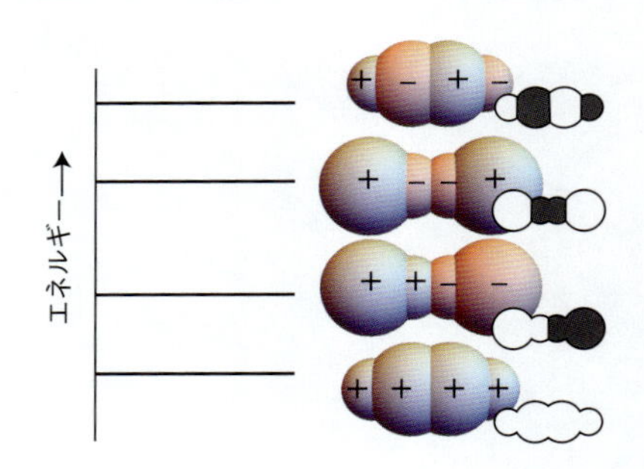

図 9C･1　4 個の s オービタルからつくれる 4 個の分子オービタル．核間の節面（隣のオービタルが異符号をもつところで生じる）の数が増えるほどエネルギーは高い．この並びでは，最低エネルギーのオービタルは隣接原子すべてについて結合性である．一方，最高エネルギーのオービタルは，隣り合う原子それぞれについてすべて反結合性である．

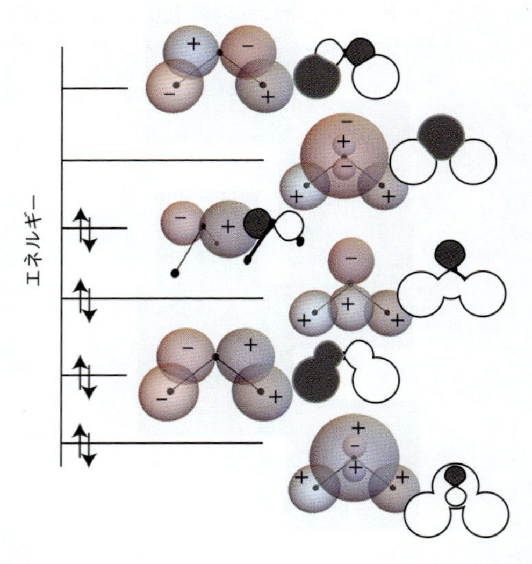

図 9C･2　H_2O の分子オービタルの組立てとそれぞれのエネルギーを示す模式図．

多原子分子の分子オービタルは，二原子分子の場合と同じようにしてつくられる．唯一の違いは，使うべき原子オービタルが多数存在することであるが，結果として得られる分子オービタルはやはり分子全体に広がっており，結合している隣接原子だけではない．一般的にいえば，分子オービタルは分子内の原子すべてのうち対称性が合致する原子オービタルすべての一次結合である．しかし実際には，原子価殻オービタルだけを考えればよい．

N 個の原子オービタルからは N 個の分子オービタルがつくれる．最低エネルギーの最も結合性が強いオービタルでは，隣接原子間の節の数が最小である．一方，最高エネルギーの最も反結合性が強いオービタルでは，隣接原子間の節の数が最も多い（図 9C･1）．MO 法によれば，電子 1 個の結合への影響がすべての原子に広がっている．

LCAO 近似では，それぞれの分子オービタルは，分子内のすべての原子の原子オービタルのうち，対称性が合致したものの一次結合によって表される．たとえば，H_2O の代表的な分子オービタルは H1s オービタル（ψ_A と ψ_B と書く）と O2s，O2p_y，O2p_z のオービタルからつくられ，つぎの構成から成る．

$$\psi = c_1\psi_A + c_2\psi_B + c_3\psi_{O2s} + c_4\psi_{O2p_y} + c_5\psi_{O2p_z} \quad (1)$$

O2p_x オービタル（x 方向は分子面に垂直）は，H1s オービタルと重なりのない対称性をもつから，この一次結合には参加できない．しかし，O 原子に局在する 1 個の分子オービタルであることは忘れてはならない．それ以外の 5 個の原子オービタルを使って 5 個の LCAO–MO がつくれる．収容すべき原子価電子は 8 個あるから，その電子構造は図 9C·2 に示すようになる．

9C·1　ヒュッケル法

光合成や視覚，植物の色を担う分子など生物学的な分子の多くは，分子面に垂直な p オービタルからつくられる共役 π 電子系をもつ．代表的な例は，アミノ酸フェニルアラニンのフェニル環とヘモグロビンのポルフィリン環に見られる．その計算法の一つはヒュッケル[1)] が提案したもので，π 電子系，とりわけエテンやベンゼンとその誘導体などの炭化水素について，分子オービタルを求める単純な方法を与えてくれる．そのアプローチは非常に単純なものであるが，すぐあとで述べる近年の洗練された計算法の基礎になっている．

一般的な（必ずしも必須ではない）やり方では，VB 法の考えに基づいて σ 結合による骨格をつくり，それとはべつに MO 法で π 電子系を扱う．ここでもそのアプローチを採用しよう．

(a)　エテン

エテン $CH_2{=}CH_2$ の炭素原子はどちらも sp^2 混成しており，C−C と C−H の σ 結合は互いに 120° をなすと考えられる．それは（VB 法の考えから）スピン対の形成と，(Csp^2 と Csp^2) あるいは (Csp^2 と H1s) の重なりによるものである．この σ 結合骨格から垂直に張り出した混成に参加していない $C2p_z$ オービタル (ψ_A と ψ_B) は，つぎの分子オービタルをつくるのに使われる（図 9C·3）．

$$\psi = c_A\psi_A + c_B\psi_B \qquad (2)$$

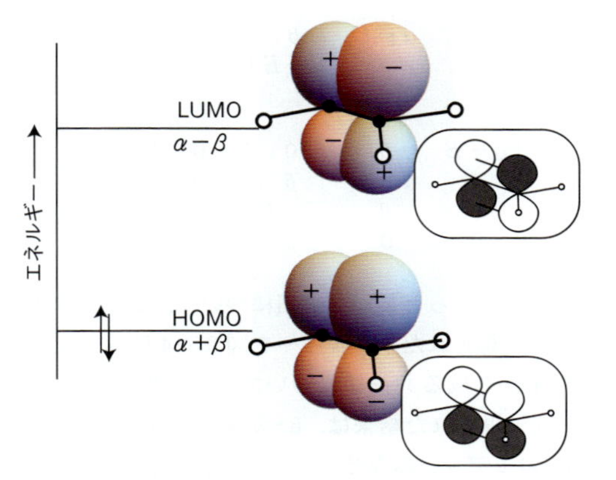

図 9C·3　エテンの結合性および反結合性の π 分子オービタルとそのエネルギー．

この波動関数は等核二原子分子（トピック 9B）の場合と同じ形をしているから，そのシュレーディンガー方程式も同じ二つの解をもつ．一つは結合性 ($\psi = \psi_A + \psi_B$) もう一つは反結合性 ($\psi = \psi_A - \psi_B$) である．この形で書けば "あたりまえ" の解であるが，炭素原子から成る鎖や環に拡張できる解析を系統的に行える方法がある．

導出過程 9C·1　**LCAO の係数と MO エネルギーを求める方程式のつくり方**

シュレーディンガー方程式を $\hat{H}\psi = E\psi$ の形に書いて，これに (2) 式を代入することから始めよう．ここで，このハミルトニアン $\hat{H}$ には，分子内の電子のエネルギーへの寄与がすべて含まれている．まず，両辺それぞれについてつぎの式が得られる．

$$\hat{H}\psi = \hat{H}(c_A\psi_A + c_B\psi_B) = c_A\hat{H}\psi_A + c_B\hat{H}\psi_B$$

$$E\psi = E(c_A\psi_A + c_B\psi_B) = c_AE\psi_A + c_BE\psi_B$$

これをまとめて等式の形にすれば，

$$c_A\hat{H}\psi_A + c_B\hat{H}\psi_B = c_AE\psi_A + c_BE\psi_B$$

となる．ここで，両辺に ψ_A を掛ける（演算子を作用させない）．

$$c_A\psi_A\hat{H}\psi_A + c_B\psi_A\hat{H}\psi_B = c_AE\psi_A\psi_A + c_BE\psi_A\psi_B$$

これを空間全体について積分すれば（$d\tau$ は三次元の無限小の体積素片），

$$c_A\overbrace{\int\psi_A\hat{H}\psi_A\,d\tau}^{H_{AA}} + c_B\overbrace{\int\psi_A\hat{H}\psi_B\,d\tau}^{H_{AB}}$$

$$= c_AE\overbrace{\int\psi_A\psi_A\,d\tau}^{1} + c_BE\overbrace{\int\psi_A\psi_B\,d\tau}^{S}$$

となる．3 番目の積分は，原子オービタルは規格化されているから 1 であり，4 番目の積分は重なり積分（トピック 9B）と解釈できるだろう．こうして方程式はつぎのように簡単に表せる．

$$c_AH_{AA} + c_BH_{AB} = c_AE + c_BES$$

もとの式に ψ_A を掛ける代わりに，こんどは ψ_B を掛けて同じように積分すれば，

$$c_AH_{BA} + c_BH_{BB} = c_AES + c_BE$$

が得られる．上の二つの方程式は，2 個の係数 (c_A と c_B) をもつ連立方程式とみなすことができ，次式で表せる．

1) Erich Hückel

$$(H_{AA}-E)c_A+(H_{AB}-ES)c_B=0$$
$$(H_{BA}-ES)c_A+(H_{BB}-E)c_B=0$$

エテンの永年方程式　(3)

MO 法ではこの連立方程式のことを**永年方程式**[1]という．H_{AA} は，電子が原子オービタル ψ_A にあるときのエネルギーと解釈できる．同じように，H_{BB} は，電子が原子オービタル ψ_B にあるときのエネルギーである．どちらも負の値である．それは，核に束縛されている電子を表しているからである．H_{AB} は，ψ_A と ψ_B が重なる領域に電子があるときのエネルギー寄与であり，これも負の値をとる（電子と核の引力を含むからである）．いずれの寄与についても，電子−電子の間の反発はすでに考慮されているものとする．この永年方程式の解を単純化するために，ヒュッケルは大胆なつぎの近似を導入した．

- H_{JJ} については，すべて α（負の値）に等しいとする．これを**クーロン積分**[2]という．
- H_{JK} については，原子 J と原子 K が隣り合わない限りすべて 0 に等しいとする．隣り合う場合は，すべて β（負の値）に等しいとする．これを**共鳴積分**[3]という．
- 重なり積分 S はすべて 0 に等しいとする．

この“ヒュッケル近似”を使えば，エテンの永年方程式は，

$$(\alpha-E)c_A+\beta c_B=0$$
$$\beta c_A+(\alpha-E)c_B=0$$

エテンのヒュッケル近似　(4a)

となる．この連立方程式を初歩的な方法で解くには，はじめの式に β を掛け，2 番目の式に $\alpha-E$ を掛けて，両者の差をとることで c_A の項を消去すればよい．すなわち，

$$\left.\begin{aligned}(\alpha-E)\beta c_A+\beta^2c_B&=0\\(\alpha-E)\beta c_A+(\alpha-E)^2c_B&=0\end{aligned}\right\}\xrightarrow{\text{差}}$$

$$\{\beta^2-(\alpha-E)^2\}c_B=0$$

となる．この式は，係数 c_B にかかる因子が 0 となる E でなければならないことを示している．もっと一般的な手法（必須のツール 12）によれば，この二元連立方程式は，つぎの**永年行列式**[4]が 0 となる場合に限って解をもつといえる．

$$\begin{vmatrix}\alpha-E & \beta\\ \beta & \alpha-E\end{vmatrix}=(\alpha-E)^2-\beta^2=0$$

エテンのヒュッケル永年行列式　(4b)

この条件は上の初歩的なアプローチで得られたものと同じであり，これを満足するのは，

$$E=\alpha\pm\beta$$

エテンのヒュッケルエネルギー　(4c)

の場合である．それぞれの E の値を (4a) 式に代入すれば，

$E=\alpha+\beta$ のとき，$c_A=c_B$
そこで　$\psi=c_A(\psi_A+\psi_B)$

$E=\alpha-\beta$ のとき，$c_A=-c_B$
そこで　$\psi=c_A(\psi_A-\psi_B)$

が得られる．$\beta<0$ であるから，$E=\alpha+\beta$ は低い方のエネルギーである．c_A の具体的な値は，両方の波動関数を規格化すれば求められるが，ここでは無視して $c_A=1$ としてある．得られたエネルギーとオービタルは図 9C･3 に示したものである．予想したとおり，C2p$_z$ 原子オービタルの一次結合によって，結合性オービタルと反結合性オービタルがつくられたことがわかる．

この場合の収容すべき電子は 2 個あるから，どちらもエネルギーの低い方に入ることで分子のエネルギーに対して $2\alpha+2\beta$ の寄与をする．また，π 電子 1 個を反結合性オービタルへと励起するのに必要なエネルギーは $2|\beta|$ であることがわかる．種々の炭化水素の代表的な β の値は約 -2.4 eV，すなわち -230 kJ mol^{-1} である．

3 個以上の炭素原子が関与する共役鎖を考察する場合は，ヒュッケル法の一般的なアプローチの利点が明らかになる．それは，正しい永年行列式を書けば，あとは数学ソフトウエアを使ってエネルギーと係数がすぐに求められるからである．たとえば，炭素 3 原子から成るアリルラジカル（$CH_2=CH-CH_2\cdot$）や炭素 4 原子から成るブタジエン分子（$CH_2=CH-CH=CH_2$）では，それぞれつぎの永年行列式を解くだけである．

$$\begin{vmatrix}\alpha-E & \beta & 0\\ \beta & \alpha-E & \beta\\ 0 & \beta & \alpha-E\end{vmatrix}=0$$

$$\begin{vmatrix}\alpha-E & \beta & 0 & 0\\ \beta & \alpha-E & \beta & 0\\ 0 & \beta & \alpha-E & \beta\\ 0 & 0 & \beta & \alpha-E\end{vmatrix}=0$$

この共役鎖ともっと長い共役鎖について，数学ソフトウエアを使って得られたエネルギーを図 9C･4 に示す．22 個の炭素原子から成る共役鎖について（22×22 の永年行列式を解いて）得られた結果は，β-カロテン分子（巻末の構造図 E1）のモデルとみなせる．共役鎖が長くなるにつれ，フロンティアオービタル（HOMO と LUMO）の間の間隔が

1) secular equation　2) Coulomb integral　3) resonance integral　4) secular determinant

狭くなっていることに注目しよう．したがって，最低のエネルギー遷移は，低い振動数（長い波長）で起こることがわかる．また，最も結合性の強いオービタルと最も反結合性の強いオービタルの間隔がほぼ一定である（共役鎖が長くなるにつれ $4|\beta|$ に近づく）ことにも注意しよう．

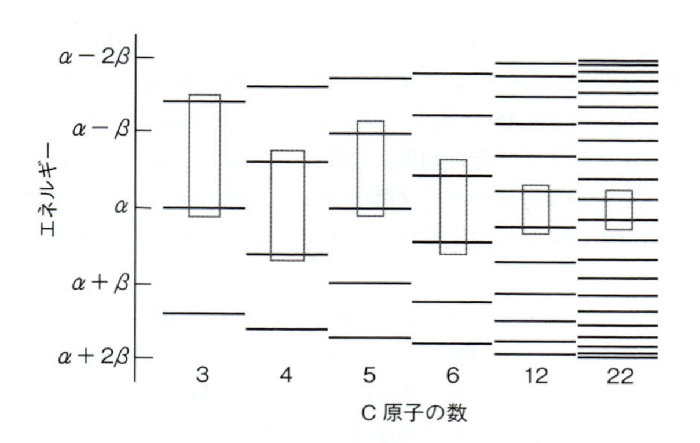

図 9C・4　ヒュッケル近似で求めた炭素原子鎖の π オービタルのエネルギー準位．長方形で示してあるのは，それぞれのフロンティアオービタル（HOMO と LUMO）である．

(b) ベンゼン

ベンゼン C_6H_6 にも全く同じ方法が使える．C 原子はいずれも sp^2 混成（これも VB 法の考え）をしていて，σ 結合でできた平面六角形の骨格構造を形成している（図 9C・5）．各原子には混成に参加していない $C2p_z$ オービタルが 1 個ずつあり，いずれもベンゼン環に垂直に出ているから，それを使って分子オービタルがつくれる．この 6 個の原子オービタルから，つぎの形の 6 個の分子オービタルをつくる．

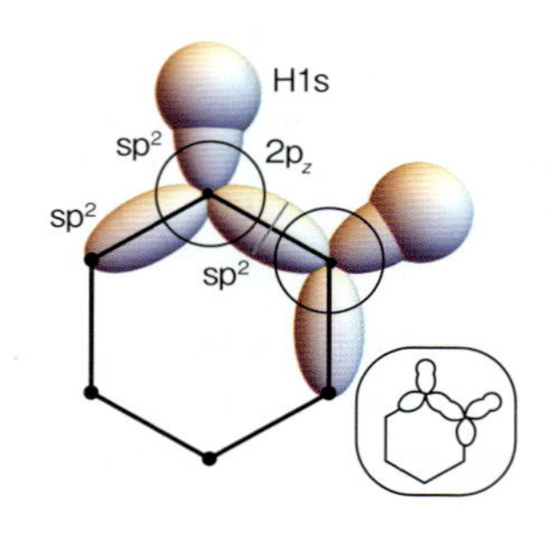

図 9C・5　ベンゼンの σ 分子オービタルをつくるのに使うオービタル．

必須のツール 12　行列式

つぎの形の二元連立方程式を考えよう．

$$a_1x + b_1y = 0 \qquad a_2x + b_2y = 0$$

これらの係数でつくった行列式 D の値が 0 のときに限って，この方程式は意味のある解をもつ（$x=y=0$ はこの方程式を満たすが，無意味な解である）．ここで，

$$D = \begin{vmatrix} a_1 & b_1 \\ a_2 & b_2 \end{vmatrix} = a_1b_2 - b_1a_2 \qquad \text{2×2 の行列式}$$

である．この計算規則は，これと形の似た（$a_1x+b_1y+c_1z=0$ などの）多元連立方程式に拡張することができる．たとえば 3×3 の行列式は，2×2 の行列式の和としてつぎのように展開して求めることができる．

$$D = \begin{vmatrix} a_1 & b_1 & c_1 \\ a_2 & b_2 & c_2 \\ a_3 & b_3 & c_3 \end{vmatrix} = a_1\overbrace{\begin{vmatrix} b_2 & c_2 \\ b_3 & c_3 \end{vmatrix}}^{b_2c_3-c_2b_3} - b_1\overbrace{\begin{vmatrix} a_2 & c_2 \\ a_3 & c_3 \end{vmatrix}}^{a_2c_3-c_2a_3} + c_1\overbrace{\begin{vmatrix} a_2 & b_2 \\ a_3 & b_3 \end{vmatrix}}^{a_2b_3-b_2a_3} \qquad \text{3×3 の行列式}$$

ここで，$D=0$ のときに限り意味のある解が得られる．この式の展開で，交互に符号が反転している（b_1 の前の符号が負である）ことに注意しよう．

行列式の重要な性質の一つとして，任意の二つの行または二つの列をそれぞれ交換した場合は，行列式の値は符号を変える．すなわち，

列の交換：

$$\begin{vmatrix} b & a \\ d & c \end{vmatrix} = bc - ad = -(ad - bc) = -\begin{vmatrix} a & b \\ c & d \end{vmatrix}$$

行の交換：

$$\begin{vmatrix} c & d \\ a & b \end{vmatrix} = cb - da = -(ad - bc) = -\begin{vmatrix} a & b \\ c & d \end{vmatrix}$$

である．これからわかるように，任意の二つの行または二つの列の要素が全く同じであれば，その行列式は 0 である．

連立方程式がつぎの形をしているとしよう．

$$a_1x + b_1y = k_1 \qquad a_2x + b_2y = k_2$$

ただし，k_1 と k_2 はどちらも 0 でない値とする．このとき **クラメルの公式**[1] を使えば，その解は $x=D_x/D$ および $y=D_y/D$ で与えられる．ここで，

$$D_x = \begin{vmatrix} k_1 & b_1 \\ k_2 & b_2 \end{vmatrix} \qquad D_y = \begin{vmatrix} a_1 & k_1 \\ a_2 & k_2 \end{vmatrix}$$

である．未知数が多い方程式の場合も同じように行列式をつくればよい．この形の連立方程式では，$D\neq0$ の場合に限って意味のある解が存在することに注意しよう．

1) Cramer's rule

$$\psi = c_A\psi_A + c_B\psi_B + c_C\psi_C + c_D\psi_D + c_E\psi_E + c_F\psi_F \quad (5)$$

次に，6×6の永年行列式をつくる．ここで，6個の炭素原子は環をつくっているから，原子AとFは隣接していることに注意しよう．すなわち，永年行列式に0でない要素が追加で2個加わり（行列式の右上と左下），

$$\begin{vmatrix} \alpha-E & \beta & 0 & 0 & 0 & \beta \\ \beta & \alpha-E & \beta & 0 & 0 & 0 \\ 0 & \beta & \alpha-E & \beta & 0 & 0 \\ 0 & 0 & \beta & \alpha-E & \beta & 0 \\ 0 & 0 & 0 & \beta & \alpha-E & \beta \\ \beta & 0 & 0 & 0 & \beta & \alpha-E \end{vmatrix} = 0$$

となる．結果として得られる波動関数とそのエネルギーを図9C·6に示す．エネルギーが最低で，最も結合性の強いオービタルでは核間に節がないことに注目しよう．隣り合うpオービタルどうしで強め合いの干渉が起これば，電子密度が核間でうまく蓄積されるから（ただし，二原子分子のπ結合と同じように，核間軸からわずかに外れている），結合性は強くなるのである．最も反結合性が強いオービタルでは，上の一次結合で符号が交互に変わるから，すぐ隣りのpオービタルと弱め合いの干渉が起こり，隣接対の間に節面のある分子オービタルができる．残る4個の中間的なオービタルは二重に縮退した対2個から成り，そのうち一対は正味の結合性，もう一対は正味の反結合性があることがわかる．

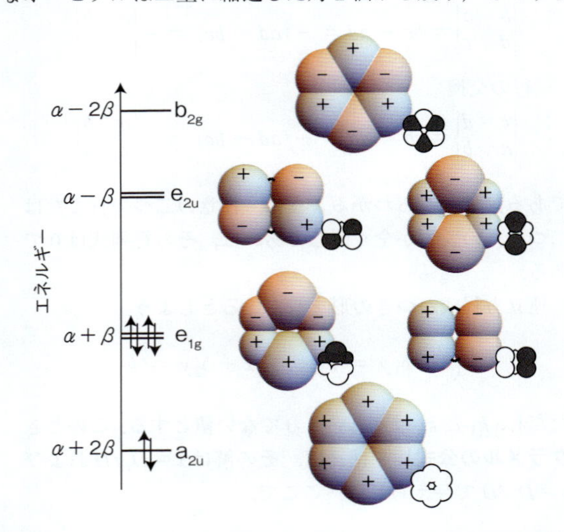

図9C·6　ベンゼン環を上から見たときのπオービタルとそのエネルギー．エネルギーが最も低いオービタルは隣接原子間で完全に結合性であるが，エネルギーが最も高いオービタルはすべての隣接原子間で反結合性である．その間にある二重縮退した二対の分子オービタルでは，核間の節の数は中間的である．これまで通り，色合いの違いは波動関数の符号の違いを示している．

収容すべき電子は6個（各C原子から1個ずつ）あり，それらは低い方の3個のオービタルを占める．これから生じる電子分布は二重のドーナッツ形である．占有されているオービタルがすべて正味の結合性をもつということは，それがベンゼン分子の安定性†に（エネルギーが低いという意味で）役立っているから重要な特徴である．ベンゼンと N_2（図9B·18を見よ）の分子オービタルエネルギー準位図を比べて，その類似点に注目しておくとよい．ベンゼンや芳香環のあるアミノ酸のフェニル環の強い結合力とそのために生じる安定性は，窒素分子の強い結合力と相通じるものがある．

ベンゼンを分子軌道法で表したときの特徴は，各分子オービタルが C_6 環に沿って分子全体または一部に広がっていることである．すなわち，π結合が**非局在化**[1]していて，各電子対がC原子数個または全部を結びつけるのに役立っている．電子密度が非局在化していることは分子軌道法の最も重要な特徴であり，特定のアミノ酸側鎖（フェニルアラニンやチロシン，ヒスチジン，トリプトファン），核酸内のプリンやピリミジン塩基，ヘム基，光合成や視覚に関与する色素などの共役系について考えるときによく用いられる．ベンゼン分子の非局在化による安定化については，定量的に表すことができる．6個のπ電子が3個の局在したエテン型オービタルを占めたと仮定すれば，そのエネルギーは $3(2\alpha + 2\beta) = 6\alpha + 6\beta$ となるだろう．しかし，ベンゼンではそのエネルギーは $2(\alpha + 2\beta) + 4(\alpha + \beta) = 6\alpha + 8\beta$ である．したがって，この二つのエネルギーの差，すなわち**非局在化エネルギー**[2]は 2β であり，それは約 $-460\ \mathrm{kJ\ mol^{-1}}$ である．

9C・2　具体例：生化学における炭素のユニークな役割

炭素は第2周期元素の中では中間的な電気陰性度をもつから，多くの元素と共有結合をつくることができる．その相手は水素や窒素，酸素，硫黄，もっと重要なのは別の炭素原子である．さらに，炭素は原子価電子を4個もつから，炭素原子はC−C単結合だけでなく二重結合や三重結合をもつ鎖状や環状の構造をつくれる．このようにさまざまなタイプの結合があるから，タンパク質や核酸，細胞膜を構築する複雑な分子構造体をつくれるのである．

生化学的に活性のある分子の結合は，細胞内で構造を保つのに十分強くなければならない．しかし一方，化学反応で解離したり再配列したりできる必要もある．C−C単結合が特異的であるのを理解するために，N−N結合と

---

†　訳注：ベンゼンの標準生成ギブズエネルギーは正であり，熱力学的には不安定な化合物である（トピック4B）．
1) delocalization　2) delocalization energy

Si−Si 結合のエネルギー論を考えよう．窒素とケイ素は周期表で炭素の近くにある元素で，地球上に大量に存在するから，この比較は大事である．ケイ素の原子半径は炭素より大きいから，Si−Si 結合は C−C 結合より長く，そのためオービタルの重なりは少ないと予測される．窒素の原子半径は炭素より小さいが，N−N の結合距離や結合エネルギーは，ヒドラジン（H_2N-NH_2）に見られるように，電子密度（VB 法では孤立電子対）が窒素原子に蓄積しているから影響を受ける．この電子の蓄積によって電子は互いに反発し合うから，N−N 結合は C−C 結合より弱い．これらの結合の強さはいろいろ変化するものの，pH＝7 および常温の水溶液中であれば結合は強いまま存在できる．それほど強いのであるが，細胞内では酵素が化学結合の寿命を決めているから，もはやその強度については一概にいえない状況にある．

9C・3 d 金属錯体

d 金属のイオンは一般に，d 電子の不完全な殻をもつ（トピック 8D）．この電子は d 金属錯体で特別な役目を果たしており，化学的な性質や色，磁気的性質などを決めている．多くのタンパク質の構造にこのイオンが含まれており，生体内の電子移動などの諸過程や O_2 の結合と輸送，多くの酵素の作用機構にも重要な役目を果たしているのである．タンパク質における d 金属原子の役目を十分に理解するには，両者のあいだの結合形成に関する理論が必要である．

そのための取組み方が二つある．一つは**結晶場理論**[1]であり，d 金属錯体の分光学的性質と磁気的性質を説明する簡単なアプローチである．もう一つの**配位子場理論**[2]は分子軌道法に基づくもので，結晶場理論よりずっと強力な理論である．実際のところ，“配位子場理論”という名称はもはや歴史的な意義でしかほとんどなく，いまでは対称性の高い系に特化した分子軌道法の明快な応用とみなされている．

(a) 結晶場理論

八面体形 d 金属錯体では，正八面体の中心に金属原子があり，その 6 個の頂点に配位子[3]という同じイオンまたは分子が配位している．この配置の錯イオンの一例は $[Fe(H_2O)_6]^{2+}$（**1**）である．この場合は，ルイス酸の Fe^{2+} が，ルイス塩基の H_2O 分子 6 個に囲まれている．結晶場理論では，配位子を負の点電荷とみなし，それが中心イオンの d 電子から反発を受けているものとする．

1 $[Fe(H_2O)_6]^{2+}$

中心金属カチオンに 6 個の配位子が接近すれば，その正電荷と配位子がもつ孤立電子対の間の引力的なクーロン相互作用により，系全体のエネルギーは低下する．一方，配位子を表す点電荷は中心カチオンの d 電子から反発を受けるから，比較的小さな効果であるが全体のエネルギー低下に変更が加わる．図 9C・7 は，中心金属イオンの 5 個の d オービタルが二つのグループに分かれることを示している．すなわち，d_{z^2} オービタルと $d_{x^2-y^2}$ オービタルは配位子の方向を向いている．一方，d_{xy}，d_{yz}，d_{zx} の各オービタルは配位子と配位子の間に張り出している．結晶場理論によれば，前者のグループのオービタルに電子が入れば，後者のグループのどのオービタルに入るよりもポテンシャルエネルギーは不利である．そこで，d オービタルは 2 組に分かれる（**2**）．一方は，d_{xy}，d_{yz}，d_{zx} のオービタルから成る三重縮退の組で，これを t_{2g} で表す．もう一方は，d_{z^2} と $d_{x^2-y^2}$ オービタルから成る二重縮退の組で，これを e_g で表す（この表記は対称性に関する数学理論の群論による）．この 2 組のオービタルのエネルギー差のことを**結晶場分裂**[4]といい，Δ_O で表す†．この分裂の大きさは，配位子と中心金属イオンとの全相互作用エネルギーの約 10 パーセントである．

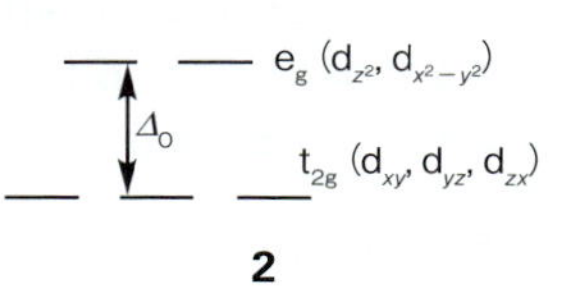

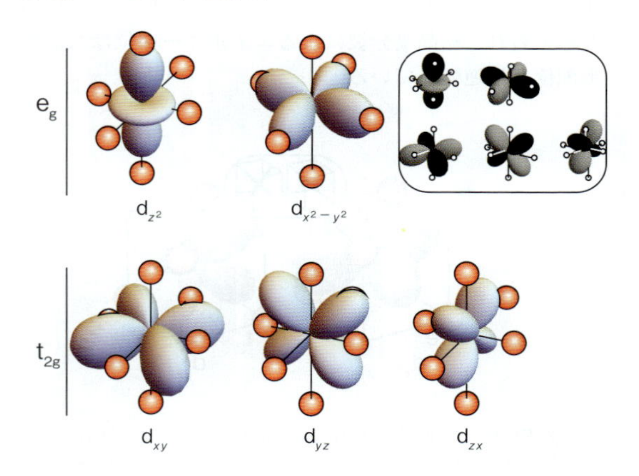

図 9C・7 八面体対称の場に置かれた d オービタルの分類．

例題 9C・1 プラストシアニンにおける結晶場分裂

プラストシアニンは，多くの植物に見いだされる電子伝達を媒介する銅含有タンパク質である．レドックス中心には Cu イオンがあり，酸化状態 +1 と +2 を行き来

† 訳注：この結晶場分裂 Δ_O は八面体対称の場合である．d オービタルは四面体形錯体でも二つの組に分かれる（例題 9C・1）．その場合の結晶場分裂は Δ_T で表す．

1）crystal-field theory 2）ligand-field theory 3）ligand.〔訳注：この分野では“リガンド”より“配位子”をよく用いるからそうした.〕 4）crystal-field splitting

している．この Cu は，四面体形配置にある四つの配位子に囲まれている．それは，ヒスチジン残基2個からのN原子2個と，システイン残基とメチオニン残基からのS原子2個である．このタンパク質における Cu の d オービタルのエネルギーの大きさを予測せよ．このときの結晶場分裂は，同じ配位子による八面体環境にあるときの結晶場分裂に比べて大きいか，それとも小さいか．

考え方　d オービタルエネルギーの大きさを予測するには，四面体形配置の配位子が d オービタルのローブのどの位置にあるかを考え，そのオービタルの電子が配位子からどれほどの反発を受けるかを考える必要がある．八面体形配位と比較して四面体形配位の結晶場分裂の大きさがどれほどかは，配位子の数と d オービタルのローブが配位子のどれほど近くにあるかで決まっている．

解答　四面体形配位の配位子は，立方体の四つの角（図9C・8）に存在していると考えてよい．d_{z^2} オービタルと $d_{x^2-y^2}$ オービタルはどちらも，x 軸や y 軸，z 軸に沿ってローブを出しており，この立方体のそれぞれの面心に向かっている．したがって，これらのオービタルはどの配位子とも直接には向き合っていない．一方，d_{xy}，d_{yz}，d_{zx} の各オービタルは配位子と直接には向き合っていないものの，d_{z^2} オービタルや $d_{x^2-y^2}$ オービタルよりは近い配向をしている．したがって，d_{xy}，d_{yz}，d_{zx} の各オービタルの方が d_{z^2} や $d_{x^2-y^2}$ オービタルよりエネルギーは高いと考えられ，結晶場分裂によるエネルギー準位は八面体形配位とは逆転している．

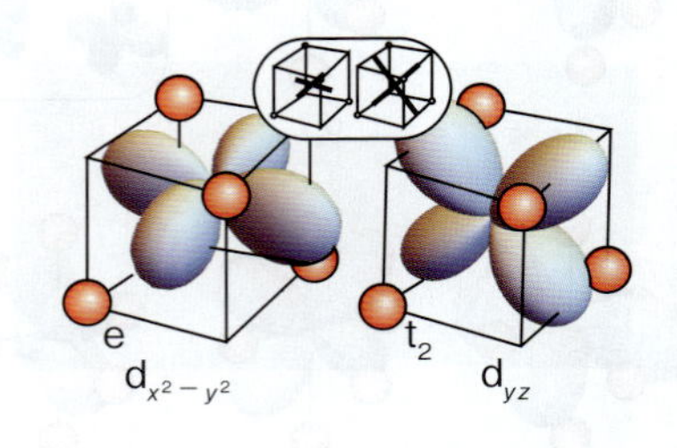

図9C・8　四面体形錯体での配位子の位置と対称性の異なる2組（e と t_2）の d オービタル．ここでは，それぞれ代表的なオービタルを示してある．

八面体形配位の6個の配位子の場合と比較して，四面体形配位では4個の配位子が d オービタルの電子と静電反発を起こすだけである．加えて，四面体形配位での最高エネルギーのオービタルは配位子の方を向いていないが，八面体形配位では向き合っている．そこで，四面体形配位の最高エネルギーのオービタルの電子は，八面体形配位の最高エネルギーのオービタルの電子より受けている静電反発が小さい．したがって，その結晶場分裂は小さいのである．

コメント　四面体形配位の結晶場分裂は，八面体形配位の場合に比べてふつうは 4/9 である．四面体形配位の対称性は八面体形配位と異なるから，その準位の表記も少し違っている．四面体形配位では，d_{xy}，d_{yz}，d_{zx} のオービタルの組を t_2 と表し，d_{z^2} と $d_{x^2-y^2}$ オービタルの組を e で表す．

もし，中心イオンから供給される電子の数がわかれば，構成原理を使ってその電子配置に到達できる．すなわち，いつものようにパウリの排他原理を念頭におきながら，とりうる最低のエネルギーが実現できるように電子を特定の d オービタルに入れるのである．もし，Ti^{3+} のように八面体形錯体のイオンが d 電子を1個もつ場合は，その錯体の配置は $t_{2g}{}^1$ である．d 電子が2個または3個の場合の配置は，それぞれ $t_{2g}{}^2$（V^{3+} の場合）や $t_{2g}{}^3$（Cr^{3+} の場合）である．フントの規則によれば，これらの電子のスピンは平行である（図9C・9）．

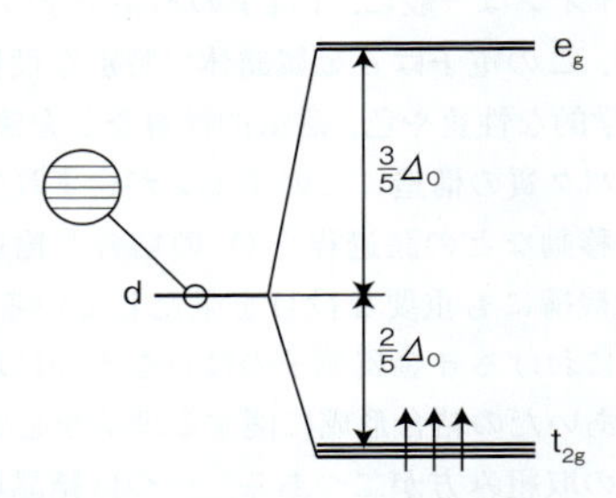

図9C・9　d^3 の八面体形錯体におけるエネルギー準位と占有の仕方．

問題はその次である．4番目の d 電子（Mn^{3+} の場合）は，すでに半分占有されている t_{2g} のオービタルに入るか，それとも空の e_g オービタルに入るのかである．前者の配置が有利になるのは，t_{2g} オービタルが e_g オービタルよりエネルギーが低いからである．一方，同じオービタルを2電子が占めると電子–電子間の反発が大きく不利になる．後者の配置 $t_{2g}{}^3e_g{}^1$ では，エネルギーの高いオービタルを

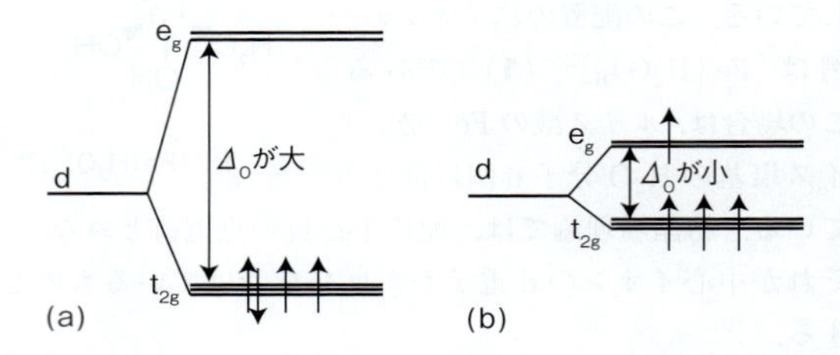

図9C・10　エネルギー分裂の大きさ Δ_O は，八面体形の d 金属錯体の電子配置を決めている．ここでは d 電子を4個もつ金属について示す．(a) Δ_O が大きければ $t_{2g}{}^4$ 配置の低スピン錯体ができる．(b) Δ_O が小さいと，$t_{2g}{}^3e_g{}^1$ 配置の高スピン錯体が有利になる．

占めなければならない点で不利であるが，電子−電子反発が小さいことでは有利である．この利点は予想以上に重要である．それは，$t_{2g}{}^3e_g{}^1$ では 4 個の電子全部が平行スピンをもつことになり，フントの規則によれば，スピンが平行の方がエネルギー的に有利な配置なのである．

実際に $t_{2g}{}^3e_g{}^1$ と $t_{2g}{}^4$ のどちらの配置をとるかはさまざまな要因による．一方，重要なのは結晶場分裂の大きさである．もし Δ_O が大きければ，スピンが対をつくる配置の $t_{2g}{}^4$ が有利である．このような分子を**低スピン錯体**[1]（図 9C･10a）という．もし Δ_O が小さければ，エネルギーの高いオービタルを占めるという不利な点よりも，電子−電子反発を最小にするという利点を優先して $t_{2g}{}^3e_g{}^1$ 配置をとると予測される．この場合は，対をつくらない電子の数を最大にした**高スピン錯体**[2]（図 9C･10b）ができる．

例題 9C･2　ヘモグロビンにおける Fe(II) の低スピン錯体と高スピン錯体

ヘモグロビン（構造図 P7）は，Fe（II）の錯体であるヘム基（構造図 P6）をもつタンパク質であるが，これに酸素が結合して体中に運ばれる．脱酸素したデオキシヘムは高スピン錯体であり，Fe（II）の配位子として O_2 が結合すれば低スピン錯体に転移する．デオキシヘムとオキシヘムにある不対電子の数を予測せよ．ただし，デオキシヘムもオキシヘムと同じように，金属イオンに対して八面体環境を提供しているものとする（デオキシヘムの実際の結晶場分裂の様式は八面体環境の様式と似ている）．

考え方　Fe^{2+} イオンの電子配置を求めておく必要がある．そこで，二つの組の d オービタルについてそれぞれ構成原理を適用する．高スピン錯体をつくる主たる要因は不対電子の数を最大にすることであるが，低スピン錯体ではそうでない．

解答　基底状態の Fe 原子の電子配置は [Ar]$3d^6 4s^2$ であるから，Fe^{2+} イオンの配置は [Ar]$3d^6$ である．高スピン錯体のデオキシヘムでは Δ_O が小さいから，最初の 5 個の電子は平行スピンとして t_{2g} オービタルと e_g オービタルに入る．6 番目の電子は t_{2g} オービタルを占めるから対をつくらなければならない．したがって，電子配置は $t_{2g}{}^4e_g{}^2$ であり，不対電子は 4 個ある．オキシヘムでは Δ_O が大きく，6 個の電子は全部 t_{2g} オービタルを占める．そのためには，全部の電子のスピンが対をつくらなければならない．その電子配置は $t_{2g}{}^6$ であり，このとき不対電子は存在しない．

(b)　配位子場理論：σ結合

結晶場理論には重大な欠陥がある．それは，錯体における結合を，中心金属イオンに局在する d 電子と配位子のオービタルに局在する電子対とのクーロン相互作用で説明しようとしたことである．ところが，分子オービタルは金属原子と配位子の両方に広がっているのである．配位子場理論では，この見方を分子オービタルによって展開する．そこで，つぎの三つのステップで議論を進めよう．

- 中心金属イオンの d オービタルの対称性と合う対称性の配位子オービタルの組合わせを探す．
- その組合わせと同じ対称性の d オービタルとの重なりでできる分子オービタルをつくる．
- 結晶場理論と同じやり方で構成原理を使う．

ここでは単に見やすくする目的で，注目する配位子オービタルを 6 個の球で表し，それぞれに 2 個の電子が入っているとしよう（たとえば，NH_3 分子の孤立電子対を球で表したようなものと考えればよい）．これら 6 個の原子オービタルを使って，6 個の配位子へと広がりをもつ金属オービタル（s, p, d オービタル）との組合わせを考える．図 9C･11 に示すように，6 個の組合わせのうち 2 個では，中心イオンの 2 個の e_g オービタルと合う対称性をしている．一方，残り 4 個の組合わせでは，金属オービタルの e_g や t_{2g} とはどちらとも正味の重なりをもたないという点で，間違った対称性をしている．したがって，d オービタルと配位子との間では e_g 分子オービタルだけがつくれる．こうして，e_g の d オービタル 2 個と配位子オービタルの組合わせが 2 個存在している．これら四つのタイプのオービタルから，2 個の e_g 結合性分子オービタルと 2 個の $e_g{}^*$ 反結合性分子オービタルができる．一方，3 個の金属 t_{2g} オービタルは，配位子オービタルと相互作用しないから，結合性の組合わせや反結合性の組合わせをつくることがないという点で，非結合性に分類される．残りの 4 個の配位子オービタル（群論による表記で a_{1g} と t_{1u} で示してある）は，金属の s オービタル，p オービタルとそれぞれ重なりができる対称性をもつから，それらと結合性の組合わせと反結合性の組合わせをつくる．すべての分子オービタルの配列について，そのエネルギーを図 9C･12 に示してある．

ここから構成原理によって，錯体の分子オービタルに正しい数の電子を収容する必要がある．配位子はそれぞれ電子を 2 個ずつ提供し，d^n の中心イオンは電子を n 個提供するから，合計 $12 + n$ 個の電子を収容しなければならない．このうち 4 個は 2 個ある e_g の結合性分子オービタルに入り，2 個は a_{1g} オービタル，6 個は 3 個ある t_{1u} オービ

1) low-spin complex　2) high-spin complex

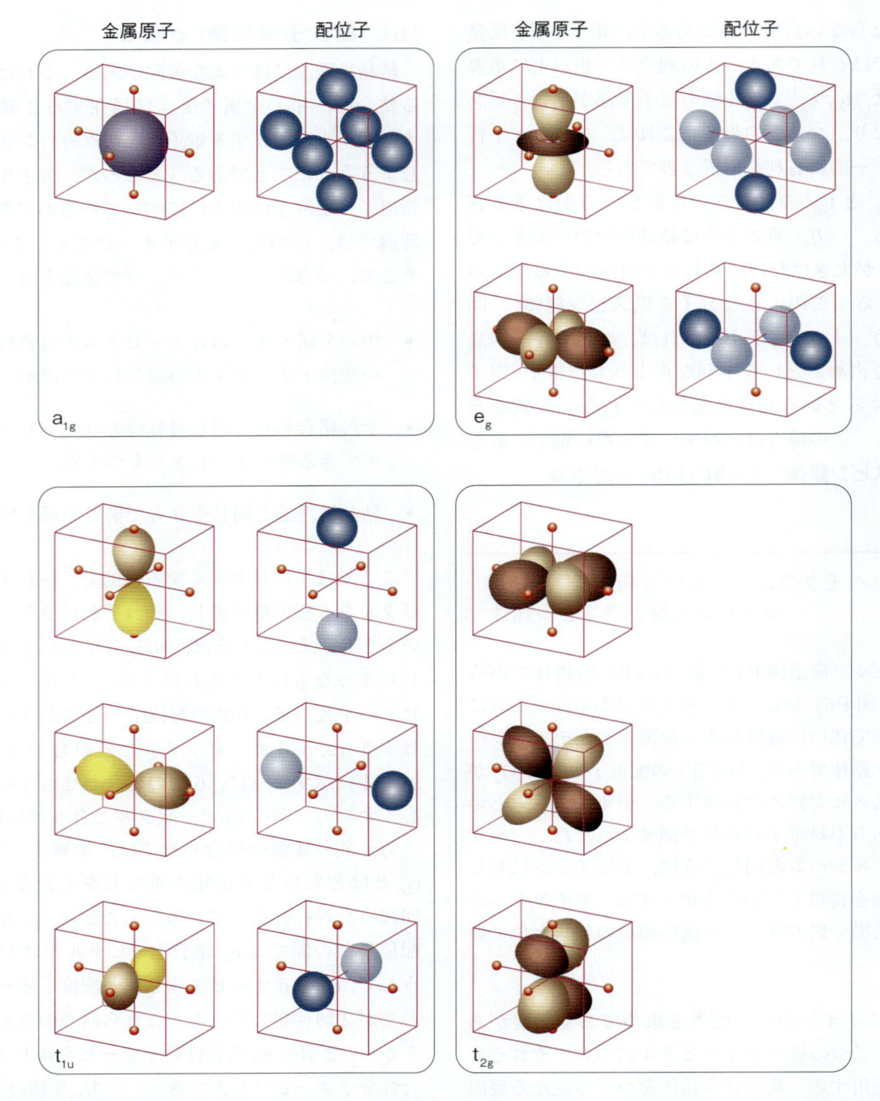

図 9C·11 八面体形錯体における d 金属オービタルと配位子オービタル（球で表してある）の組合わせ．それぞれ左側には中心金属の原子オービタル（左上枠には s オービタル，左下枠には p オービタル，右側の二つの枠には d オービタル）を示してある．e_g と書いてある配位子オービタルの並びは，d 金属の e_g オービタルとの間で重なりが 0 でない正しい形をとれる．d 金属の t_{2g} オービタルはどの配位子オービタルとも組合わせることができない．

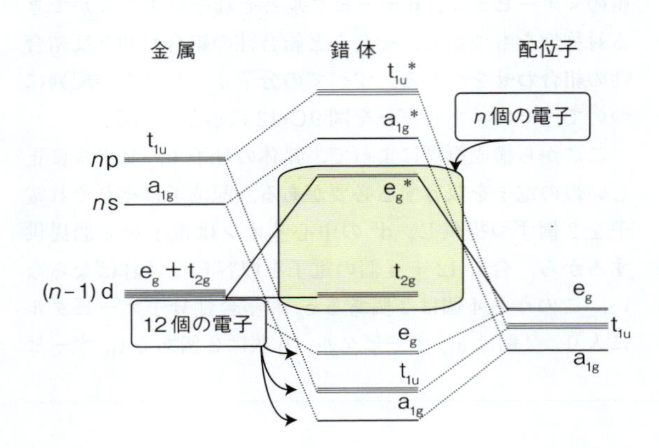

図 9C·12 八面体形錯体における分子オービタルのエネルギー準位図．6 個の配位子から提供された 12 個の電子は，エネルギーの低い 6 個のオービタルに入る．それらはすべて結合性オービタルである．中心金属原子やイオンから提供された n 個の d 電子は，枠で囲んであるオービタルに入る．（金属オービタルに添えた殻を意味する n は，電子数の n と異なることに注意しよう．）

タルに入る．いずれも結合性である．残りの n 個の電子については，金属を中心とした t_{2g} の非結合性オービタルと $e_g{}^*$ の反結合性分子オービタルに振り分ける必要がある．このとき，金属原子から錯体に提供された n 個の電子は，3 個のオービタルの組 (t_{2g}) と 2 個のオービタルの組 ($e_g{}^*$) という二つの組に分裂した合計 5 個のオービタルに入るわけであるから，この点では配位子場理論と結晶場理論に類似性のあることがわかる．しかしながら，両方の理論でエネルギー分裂 Δ_O の起源が異なるし，配位子場理論では配位子への $e_g{}^*$ オービタルの広がりがある．低スピン錯体と高スピン錯体のいずれが起こるかは，結合性分子オービタルと反結合性分子オービタルが形成された結果として生じるエネルギー分裂の大きさで決まるのであって，単に金属-配位子間のクーロン相互作用によるのではない．

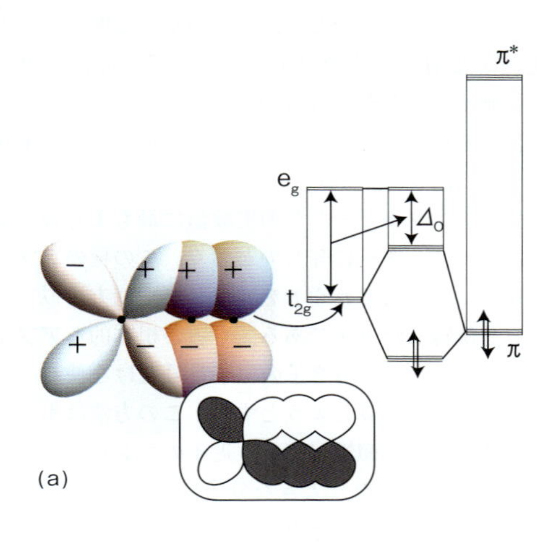

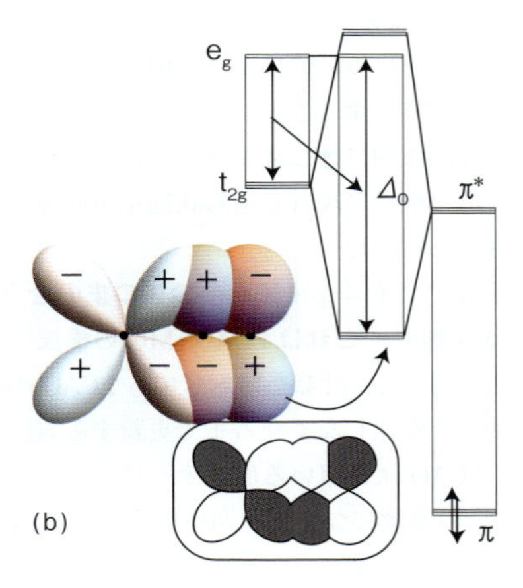

図 9C·13　Δ_O の大きさに与える π 結合の影響．(a) この場合，配位子の反結合性 π^* オービタルはエネルギーが高すぎるため，この準位は結合に関与しない．あるいは，そもそも存在しない．そこで，配位子の (満員の) π オービタルと相互作用することによって Δ_O は減少する．(b) この場合は，配位子の反結合性 π^* オービタルが金属オービタルと似たエネルギーのところにある．そこで，配位子の (空の) π^* オービタルと相互作用することによって Δ_O は増加する．

(c)　配位子場理論: π 結合

これまでは，金属イオンのオービタルに真っ直ぐ向かう配位子オービタルだけに注目し，両者で σ 分子オービタルをつくると考えてきた．配位子場理論では，配位子のオービタルが金属イオンのオービタルと π 分子オービタルをつくる効果についても考慮に入れる．図 9C·13 には，金属-配位子の結合軸に垂直な向きにある配位子の π オービタルが t_{2g} オービタルの一つと重なることができる状況を示してある．こうしてできる結合性の組合わせは，もとの非結合性 t_{2g} オービタルよりエネルギーが低く，反結合性の組合わせはそれより高いところにある．

金属イオンのオービタルと配位子の π オービタルが相互作用すると，Δ_O が減少したり増加したりしうる．それがどのように起こるかを見るために，図 9C·13 で結合様式を考えよう．もし，配位子の π オービタルと金属イオンの非結合性 t_{2g} オービタルのエネルギーが似ていれば，この両者が相互作用して，図 9C·13a で示す結果が得られるだろう．この相互作用によって Δ_O は減少する．一方，金属の t_{2g} オービタルと配位子の π^* オービタルのエネルギーが似ていれば，図 9C·13b に示すやり方で相互作用できる．この相互作用によって Δ_O は増加する．

9C・4　具体例: 配位子場理論とヘモグロビンへの O_2 の結合

配位子場理論は，金属タンパク質における金属イオンと配位子の相互作用を非常にうまく説明する．ヘモグロビンへの O_2 の結合については，トピック 9B で酸素分子の視点から考察したが，ここではヘム基の視点で考えることにしよう．

ヘム基 (構造図 P6) は，Fe 原子が Fe(II) として存在するとき酸素と結合する (図 9C·14)．Fe−O_2 錯体の形で存

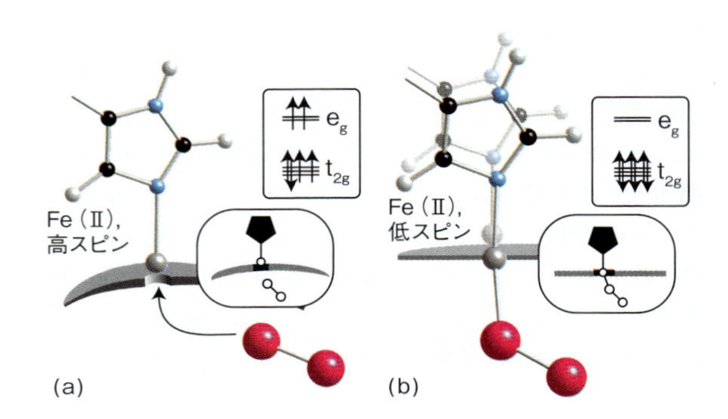

図 9C·14　ヘモグロビン分子の Fe 原子に O_2 分子が結合するときに起こる分子構造の変化．(a) Fe(II) イオンが高スピン配置をとるデオキシ形のヘム基．(b) Fe(II) イオンが低スピン配置をとるオキシ形のヘム基．鉄原子が位置を変えることによって，ヒスチジン残基が引っ張られ位置を変えていることに注目しよう (この図はその効果を誇張して描いてある)．

在しているのは二つのタイプの結合による．一つは，Fe(II) の空の e_g オービタルと O_2 の満員の $\pi_g{}^*$ オービタルの間の σ 結合である．もう一つは，Fe(II) の満員の t_{2g} オービタルと O_2 の空の $\pi_g{}^*$ オービタルの間の π 結合である．この配置で説明するためには，二つの結合が形成されている限りは，O_2 の基底状態 $\pi_{gx}{}^{*1}\pi_{gy}{}^{*1}$（両スピンは平行）が $\pi_{gx}{}^{*2}\pi_{gy}{}^{*0}$（スピンは必然的に対をつくっている）へと変換する過程が最初になければならない．すなわち，このとき一方の電子スピンは反転している必要がある．ここで，O_2 分子が Fe 原子に結合するときは傾いた配向をとっている（図 9C·14）．その理由の一つは，この配向によってオービタル間の相互作用が最大になるからであるが，ヘム基をもつタンパク質のポケットにペプチド残基を収納することで課せられる空間的な制約と折り合いをつけた結果なのである．

Fe 原子がオキシ形になるときに起こるもう一つの重要な変化は，Fe(II) の高スピン d^6 配置から Fe(II) の低スピン d^6 配置への転移である．この変化に伴い，Fe イオンの配位子の数は 5 から 6 に増加しているのである．デオキシ形のアキシアルの位置はヒスチジン残基（His）の N 原子によって占められている．一方，オキシ形ではこの結合を保持しながらヘム環の反対側から O_2 が結合している（図 9C·14 に示してある）．高スピンから低スピンに変われば原子はわずかに小さくなるから，ヘム環の面から 60 pm も離れたところにあった Fe 原子はわずか 20 pm のところに存在している．Fe 原子がヘム環に引き寄せられる（後退する）と，それに伴いヒスチジン残基も引っ張られ，このタンパク質の三次構造を通して伝搬するコンホメーション変化をひき起こすのである．

ヘモグロビンは，4 個のサブユニットから成る四量体であり，それぞれのサブユニットにはヘム基が 1 個ずつ含まれている．そこで，このサブユニットの一つが O_2 分子と結合すれば，Fe 原子の後退によってコンホメーション変化が始まり，サブユニットの 1 対が別の 1 対に対して 15° 回転することになる．このサブユニットの再配置によって，デオキシ形を安定化させていた $His^+\cdots Asp^-$ のイオン間相互作用が壊され，ますますデオキシ形が不安定になる．その結果，一部しかオキシ形でなかったヘモグロビンは，次の O_2 分子を受け入れる能力が増すことになる．熱力学的にいえば，2 番目の O_2 分子の結合平衡定数は 1 番目の O_2 分子の結合平衡定数よりも大きい．こうして，四つのサブユニットのどれかに酸素が結合すれば，酸素が結合していない残りのサブユニットにも O_2 が結合した方がもっと熱力学的に有利になる．いい換えると，ヘモグロビンでは O_2 分子の協同的な取込みが起こる．このようなヘモグロビンによる O_2 の協同的な結合は**アロステリック効果**[1]の一例である．アロステリック効果では，あるリガンド（配位子）分子の結合で起こるコンホメーションの調整によって，次のリガンド分子の結合しやすさが変更を受けるのである．

9C・5 構造研究のための計算手法

計算化学は，いまでは化学研究の標準的な手法の一部になっている．計算化学によって，分子の性質やコンホメーションを含む構造，分光学的な性質，反応性などについて信頼性のある妥当な予測が得られている．そのおもな応用の一つは創薬化学にある．ある分子について期待される薬理学的な性質を調べるには，対象とする標的を明確にするために長期間を要するのだが，経費のかかる開発プログラムを実施する前に，その分子の形と電子分布から計算によって評価することができるのである．

計算による構造研究は二つの種類に大別できる．**半経験的方法**[2]では，シュレーディンガー方程式に現れるある積分を，生成エンタルピーなどの実験値に最もよく合うように選んだパラメーターに等しいとおく．この種のアプローチは，ヒュッケル法で α や β を導入したやり方に似ているが，もっと洗練した方法である．もっと根本的な**アブイニシオ法**[3]では，存在する原子の原子番号だけを使って，第一原理から構造を計算しようとする．この方法は本来，半経験的方法よりも信頼性が高く，近年のコンピューターの能力からすれば，かなり大きな分子にも広く応用できる．生体高分子など非常に大きな分子については，酵素の活性サイトなど注目する部分についてアブイニシオ法を適用し，分子の残りの部分については半経験的方法や古典的な取扱いをして結果を統合することが可能である．このアプローチの最も一般的な例は**オニオム法**[4]である．この方法は，酵素触媒反応の機構に現れる遷移状態や中間体の構造を調べるのに使われてきた．

半経験的方法もアブイニシオ法も，**つじつまの合う場**[5]（SCF）の手続きを踏む．これは LCAO–MO の構成についての初期予想から出発し，計算を繰返しても LCAO の係数や系のエネルギーが変化しなくなるまで更新する方法である．はじめに，LCAO 法に用いる原子オービタルの形を決め，その一次結合の係数について初期値を設定する．次に，対応するシュレーディンガー方程式を立てて，(3) 式のような永年方程式をつくり，それを解いて係数とエネルギーを求める．このステップで新しい LCAO–MO の係数の組ができる．この手続きを繰返し，予め設定した範囲内で，

1) allosteric effect　2) semi-empirical method　3) *ab initio* method
4) ONIOM method．ONIOM は "our own *n*-layered integrated molecular orbital and molecular mechanics" の略語．量子力学（QM）法と分子力学（MM）法を組合わせた計算手法である．
5) self-consistent field

係数とエネルギーが変化しなくなるまで続ける．こうして求めたオービタルの係数とエネルギーは“つじつまが合っている”といい，これが計算の終点である．

半経験的方法は，コンピューターの能力が限られていた時代と比較すればあまり重要でなくなったが，なかで**密度汎関数法**[1]（DFT）は近年，有力な方法として広く使われている．DFT の利点として，計算に必要な労力が比較的軽くてコンピューターの所要時間が短く，場合によっては（とくに d 金属錯体の場合など）ほかの半経験的方法より実験値との一致がよいことがわかっている．DFT の一つの応用として，分子内や分子間の水素結合の形成と分布の研究では，最も低いエネルギーのコンホーマーを特定したり，ペプチドやグリコシドの分光学的性質を計算したりするのに使われてきた．

DFT で注目するのは波動関数 ψ ではなく電子密度 ρ（ロー）である．ρ を使ってシュレーディンガー方程式を表すと，**コーン-シャム方程式**[2] という一組の方程式に変わる．シュレーディンガー方程式そのものと同じように，この方程式も循環法でつじつまが合うように解く．まず，何らかの電子密度を求めておく．この段階では，原子の電子密度の重ね合わせを使うのがふつうである．次に，そのコーン-シャム方程式を解いて，最初のオービタルの組を得る．この一組のオービタルを使って電子密度の改善した値を求める．こうした手続きを繰返して，電子密度とエネルギーが一定値になるまで続けるのである．

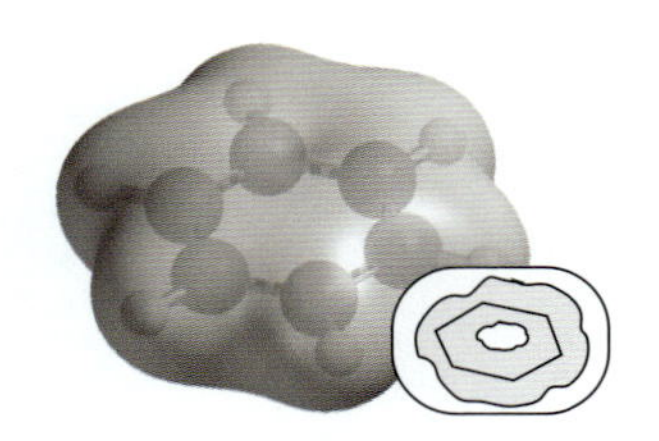

図 9C・15　ベンゼンの等密度面．

これらすべてのアプローチでは，分子の電子密度が得られると，その結果を**等密度面**[3] で表すことができる．これは電子密度が一定の面を表している（図 9C・15）．これと関連する表示に**溶媒探査面**[4] がある．それは，原子が露出した表面上を（溶媒分子を意味する）小さな球が転がって行くと考えて，その球の中心の軌跡をたどる図である．

分子の幾何学的な形状のほかに，その表面上の電位の分布も重要な性質の一つである．ふつうのやり方は，まず等電子密度面上の各点で，ある“プローブ”電荷のポテンシャルエネルギーを計算し，そのエネルギーを各点での電位との相互作用と解釈することである．こうしてできるのが**静電ポテンシャル面**[5]（**エルポット面**[6]）で，正味の正のポテンシャルをある色で表し，正味の負のポテンシャルは別の色で表し，中間には色の勾配をつける（図 9C・16）．

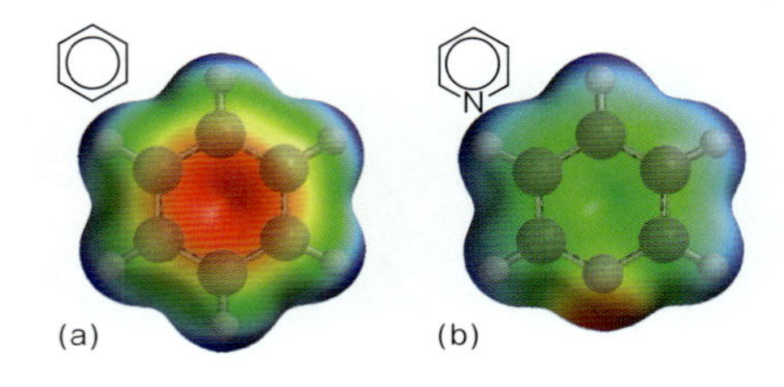

図 9C・16　(a) ベンゼン (b) ピリジンの静電ポテンシャル面．ピリジンでは N 原子に電子密度が蓄積し，その代わり他の原子で減少している．赤色は正味の電位が負で最も大きく，青色は正味の電位が正で最も大きいことを示している．

分子軌道計算によって反応性に関する情報を得るにはいくつかの方法がある．たとえば，医薬とその標的の最適な結合を実現するためには，その二つの分子の結合時のコンホメーションの静電ポテンシャル面が合致している必要がある．構造の似た関連する医薬分子について分子軌道計算を行えば，やがて最もよい組合わせが見つかるのである．

1) density functional theory　2) Kohn–Sham equation　3) isodensity surface　4) solvent-accessible surface
5) electrostatic potential surface　6) elpot surface

重要事項のチェックリスト

- □ 1．**ヒュッケル法**では，H_{JJ} はすべて α に等しいとし，H_{JK} は原子Jと原子Kが隣り合わない限りすべて0に等しいとするが，隣り合う場合はすべて β に等しいとする．また，重なり積分 S はすべて0に等しいとする．
- □ 2．α は**クーロン積分**，β は**共鳴積分**である．
- □ 3．LCAO–MO のエネルギーと係数は，**永年行列式**を0に等しいとおけば求められる．
- □ 4．d金属錯体の電子配置は，**結晶場理論**またはMO法に基づくより洗練された**配位子場理論**で表される．
- □ 5．**低スピン錯体**はd電子のスピン対の数が最大の錯体であり，**高スピン錯体**は不対電子の数が最大の錯体である．
- □ 6．**アロステリック効果**は，タンパク質の結合サイトにリガンドが結合することによって，ほかの1個以上の結合サイトの性質が変更を受けることである．
- □ 7．**半経験的方法**では，シュレーディンガー方程式に現れるある積分を，実験値に最もよく合うように選んだパラメーターに等しいとおく．
- □ 8．**アプイニシオ法**では，存在する原子の原子番号だけを使って第一原理から構造を計算しようとする．
- □ 9．**つじつまの合う場**（SCF）の手続きでは，LCAO–MO の構成についての初期予想が，計算を繰返してもLCAOの係数や系のエネルギーが変化しなくなるまで更新される．

テーマ9 分　子

トピック9A 原子価結合法

記述問題

Q9A·1 原子価結合法のおもな特徴を説明せよ．

Q9A·2 原子価結合法によれば，結合の起源は何か．

Q9A·3 昇位と混成の役目を説明せよ．

Q9A·4 原子価結合法に共鳴の概念が必要なのはなぜか．また，共鳴によって何が理解できるようになるか．

Q9A·5 原子価結合法と化学結合に関するルイス理論の相違点をあげよ．

演習問題

9A·1 窒素分子の波動関数を原子価結合法で書け．

9A·2 2個の水素原子核が H_2 における距離（74.1 pm）だけ離れているときのモル反発エネルギーを計算せよ．結合をつくる電子からの引力によって，このエネルギーに打ち勝つ必要がある．

9A·3 SO_2 分子と SO_3 分子を原子価結合法で表せ．

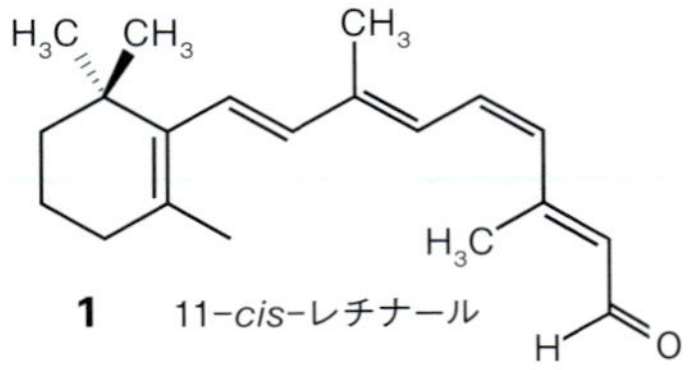

1　11-*cis*-レチナール

9A·4 ペルオキシ亜硝酸イオン $ONOO^-$ のルイス構造を書け．それぞれの原子の混成状態を表し，タイプの異なる結合がどういう構成で存在しているかを示せ．

9A·5 視覚の色素であるレチナールの構造を（**1**）に示す．各原子の混成状態を記し，タイプの異なる結合がそれぞれどんな構成になっているかを示せ．

9A·6 オービタル $h_1 = s + p_x + p_y + p_z$ と $h_2 = s - p_x - p_y + p_z$ がどちらも混成オービタルであるとき，$S = \int h_1 h_2 \mathrm{d}\tau = 0$ であることを示せ．〔ヒント：原子オービタルはそれぞれが1に規格化されている．また，$S = \int sp\,\mathrm{d}\tau = 0$ であり，互いに垂直に向いているpオービタルどうしも重なりをもたない．〕

9A·7 sオービタルとpオービタルがそれぞれ1に規格化されていれば，sp^2 混成オービタル $(s + 2^{1/2}p)/3^{1/2}$ も1に規格化されていることを示せ．

9A·8 ［演習問題9A·7］の混成オービタルとの重なりが0であるもう1個の sp^2 混成オービタルを書け．

9A·9 ベンゼンはふつう二つのケクレ構造の共鳴混成であるとみなされているが，ほかにも寄与する構造がある．共有π結合だけをもつ（隣接しないC原子間の結合も許して）他の3個の構造を書け．また，イオン結合を一つもつ構造2個も書け．この分子の単純な記述では，これらの構造を無視してもよいのはなぜか．

トピック9B 分子軌道法：二原子分子

記述問題

Q9B·1 分子軌道法のおもな特徴を説明せよ．原子価結合法より優れているのはなぜか．

Q9B·2 分子軌道法によれば，結合の起源は何か．

Q9B·3 分子軌道法と化学結合に関するルイス理論の相違点をあげよ．

Q9B·4 分子軌道法をどう使えば二原子分子の電子配置を導けるかを説明せよ．

Q9B·5 電気陰性度の概念を説明せよ．ポーリングの定義とマリケンの定義には関係があるか．

Q9B·6 分子軌道法を用いて O_2, N_2, NO の生化学的な反応性を説明せよ．

演習問題

9B·1 隣接原子間のpオービタルとdオービタルとが，結合性オービタルと反結合性分子オービタルをつくるためのいろいろな配向を示す図を描け．

9B·2 結合にとってs, p, d, fの原子価殻オービタルがすべて重要である二原子分子では，何個の分子オービタルがつくれるか．

9B·3 つぎの化学種の基底状態の電子配置と結合次数を記せ．(a) H_2^-，(b) N_2，(c) O_2.

9B·4 つぎの三つの二原子分子は，生命現象を促進したり阻害したりという点で生物学的に重要である．(a) CO，(b) NO，(c) CN^-．CO はヘモグロビンに結合する．NO は化学情報の伝達物質であり，CN^-は呼吸の電子伝達鎖を切断する．これらの生化学作用はそのオービタル構造の現れである．それぞれについて基底状態の電子配置と結合次数を求めよ．

9B·5 化学反応のなかには，はじめに電子を失うことで進行するもの，あるいは二原子分子に電子を譲り渡すことで進行するものがある．N_2, NO, O_2, C_2, F_2, CN のうち，(a) 電子が付加されて AB^-となる，(b) 電子を失って AB^+となることによって安定化するのは，どの分子かを指摘せよ．

9B·6 g や u という記号は，波動関数の“パリティ”を表している．箱の中の粒子の最初の4個の準位の波動関数のパリティを示せ．

9B·7 (a) 調和振動子の最初の4個の準位の波動関数の (g, u) 対称性を示せ．(b) その分類は量子数 v を使ってどのように表せるか．

9B·8 NO と N_2 の電子配置を用いて，どちらの分子の結合解離エネルギーが大きく，結合長が短いかを予測せよ．

9B·9 O_2^+, O_2, O_2^-, O_2^{2-} を結合長が長くなる順に並べよ．

9B·10 つぎの分子やイオンのうち，それぞれの原子より不安定なのはどれか．また，最も安定なのはどれか．

He_2^+，He_2，Li_2^{2+}，Li_2，Be_2，Be_2^-，C_2^+，O_2^{2-}，F_2^{2-}

9B·11 NO の分子オービタルのエネルギー準位図（図9B·23）を用いて，つぎの事実を説明せよ．(a) NO に双極子モーメントがあること．(b) N 原子に部分負電荷があり，O 原子に部分正電荷があること，(c) この分子では N 側の方が O 側より反応性に富むこと．

9B 12 ある分子オービタルは $N(0.145\psi_A + 0.844\psi_B)$ の形をしている．オービタル ψ_A と ψ_B の一次結合でありながら，この分子オービタルと直交するオービタルを求めよ．

9B·13 重なりが無視できるとしてつぎに答えよ．(a) 2個の原子オービタルの一次結合で表される分子オービタルはすべて $\psi = \psi_A \cos\theta + \psi_B \sin\theta$ の形で書けることを示せ．ただし，θ は 0 と $\frac{1}{2}\pi$ の間で変化するパラメーターである．(b) ψ_A と ψ_B が直交し，どちらも 1 に規格化されているとき，ψ も 1 に規格化されていることを示せ．(c) 等核二原子分子の結合性オービタルと反結合性オービタルは，それぞれ θ のどの値に対応するか．

トピック9C 分子軌道法：多原子分子

記述問題

Q9C·1 共役炭化水素分子のヒュッケル法で用いる近似を説明せよ．

Q9C·2 つじつまの合う場の手続きとは何かを説明せよ．

Q9C·3 アプイニシオ法と半経験的方法はどの点で異なるか．

Q9C·4 配位子場理論と結晶場理論はどこが似ているか．また，両者の違いは何か．

Q9C·5 d 金属錯体の磁気的性質と分光学的性質の関連性は何か．

演習問題

9C·1 (a) エテン（エチレン），(b) エチン（アセチレン）の分子オービタルのエネルギー準位図を作成せよ．ただし，これらの分子は，適切に混成した CH_2 フラグメントや CH フラグメントからできているものとする．

9C·2 シクロブタジエンのヒュッケル永年行列式を書け．

9C·3 アリルラジカル $CH_2{=}CHCH_2\cdot$ の永年行列式を解け．〔ヒント：$-CH_2\cdot$ フラグメントにある不対電子は $C2p_z$ オービタルにあるものとする．そうすれば，この電子は分子の π 系で非局在化している．〕

9C·4 直鎖共役分子は，動植物で重要な生物学的役割を果たしているから，その安定性の起源を理解しておくことは重要である．ヒュッケル法によれば，ブタジエン $CH_2{=}CH{-}CH{=}CH_2$ の結合性 π 分子オービタルのエネルギーは $E = \alpha + 1.62\beta$ と $E = \alpha + 0.62\beta$ である．また，反結合性 π^* 分子オービタルのエネルギーは $E = \alpha - 1.62\beta$ と $E = \alpha - 0.62\beta$ である．全 π 電子結合エネルギー E_π は，各 π 電子のエネルギーの和である．エテンとブタジエンの π 電子結合エネルギーを計算せよ．ブタジエン分子のエネルギーは，二つの個々の π 結合の和よりも低いか，それとも高いか．

9C·5 ある波長の光の吸収によって，ブタジエンの2個のコンホーマーの相互変換の速さが促進されるのはなぜか．

9C･6　環状共役系は生体高分子によく見られる．その例として，フェニルアラニンのフェニル基，核酸にあるプリン塩基やピリミジン塩基などの複素環分子の骨格がある．一般に，共役系の非局在化エネルギーは，

$$E_{\mathrm{deloc}} = E_{\pi} - N_{\mathrm{db}}(2\alpha + 2\beta)$$

で表される．N_{db} は二重結合の数であり，共役がなければ1個当たりエネルギーとして $2\alpha + 2\beta$ だけ寄与する．非局在化によってもっと安定化する有名な例は，ベンゼンやその構造に基づく芳香族分子である．(a) ベンゼンアニオンと (b) ベンゼンカチオンについて，その電子配置と非局在化エネルギーを予測せよ．

9C･7　植物の色の多くは，共役π電子系の電子遷移によるものである．自由電子分子オービタル[1]（FEMO）理論では，共役分子の電子は長さ L の箱の中の独立な粒子として扱う．ブタジエンについて，このモデルで予測される二つの占有オービタルの形を描き，この分子の最小励起エネルギーを予測せよ．

テトラエン $CH_2{=}CHCH{=}CHCH{=}CHCH{=}CH_2$ は長さ $8R$ の箱として扱える．ここで，$R = 140\,\mathrm{pm}$ である（それぞれの場合に，箱の両端に結合長の半分の長さを余分に加えることが多い）．この分子の最小励起エネルギーを計算せよ．また，HOMO と LUMO の図を描け．

9C･8　共役分子の FEMO 理論はかなり粗いものであるから，単純ヒュッケル法の方がもっとよい結果が得られる．(a) N_{C} 個の炭素原子のそれぞれが 2p オービタルの電子を1個提供する直鎖共役ポリエンについては，できたπ分子オービタルのエネルギー E_k は，次式で与えられる．

$$E_k = \alpha + 2\beta\cos\frac{k\pi}{N_{\mathrm{C}}+1} \qquad k = 1, 2, 3, \cdots, N_{\mathrm{C}}$$

この式を使って，エテン，ブタジエン，ヘキサトリエン，オクタテトラエンから成る同族系列におけるパラメーター β の経験的で妥当な値を求めよ．ただし，HOMO から LUMO への光誘起吸収が，それぞれ 61 500，46 080，39 750，32 900 $\mathrm{cm^{-1}}$ にあるものとする．(b) オクタテトラエン（演習問題 9C･7 を見よ）の非局在化エネルギーを計算せよ．(c) このヒュッケルモデルでは，π分子オービタルを炭素の 2p オービタルの一次結合で書く．このとき，k 番目の分子オービタルの j 番目の原子オービタルの係数は，

$$c_{kj} = \left(\frac{2}{N_{\mathrm{C}}+1}\right)^{1/2}\sin\frac{jk\pi}{N_{\mathrm{C}}+1} \qquad j = 1, 2, 3, \cdots, N_{\mathrm{C}}$$

で与えられる．ヘキサトリエンの6個のπ分子オービタルそれぞれにある6個の 2p オービタルの係数の値を求めよ．それぞれの分子オービタルについて得られた一組の係数を，(a) で与えた式から計算される分子オービタルのエネルギーの値と合わせてみよ．分子オービタルのエネルギーとその“形”の関連性の傾向は，分子オービタルを表している一次結合の係数の大きさと符号から推測できる．それについて説明せよ．

9C･9　N_{C} 個の炭素原子のそれぞれが 2p オービタルの電子を1個提供する単環式共役ポリエン（シクロブタジエンやベンゼンなど）で，単純ヒュッケル法で得られるπ分子オービタルのエネルギー E_k はつぎの式で与えられる．

$$E_k = \alpha + 2\beta\cos\frac{2k\pi}{N_{\mathrm{C}}} \qquad k = 0, \pm1, \cdots, \pm N_{\mathrm{C}}/2 \quad (N\text{が偶数のとき})$$

$$k = 0, \pm1, \cdots, \pm(N_{\mathrm{C}}-1)/2 \quad (N\text{が奇数のとき})$$

(a) ベンゼンとシクロオクタテトラエンのπ分子オービタルのエネルギーを計算せよ．縮退したエネルギー準位は存在するか．(b)（上の式を使って）ベンゼンとヘキサトリエン（演習問題 9C･8 を見よ）の非局在化エネルギーを計算して両者を比較せよ．その結果から，どんな結論が得られるか．(c) シクロオクタエンとオクタテトラエンの非局在化エネルギーを計算して両者を比較せよ．この2種の分子についての結論は，上の (b) で調べた2種の分子についてのものと同じか．

9C･10　つぎの観測結果について説明せよ．(a) ある四面体形錯体の結晶場分裂が，八面体形錯体の結晶場分裂の大きさのほぼ半分であった．(b) ある金属イオンに硫黄原子が結合したことによる結晶場分裂が，同じ金属イオンに酸素原子が結合したことによる分裂よりかなり小さかった．(c) ヘモグロビンの Fe(II) に酸素が結合すると，Fe(II) のイオン半径が減少し，その磁気的性質が変化した．

9C･11　実験により Δ_{O} の値の大きさは，配位子の分光化学系列に従う化学的性質によって，つぎのように変化することがわかっている．それは，$S^{2-} < Cl^- < OH^- \approx RCO_2^- < H_2O \approx RS^- < NH_3 \approx$ イミダゾール（ヒスチジンの側鎖）$< CN^- < CO$ である．(a) 図 9C･9 のようなエネルギー準位図を描いて，$[Fe(H_2O)_6]^{3+}$ と $[Fe(CN)_6]^{3-}$ の金属イオンの d 電子の配置を示せ．(b) それぞれの錯体について不対電子の数を予測せよ．

9C･12　低スピンと高スピンという用語は，ある特定の数の d 電子をもつ d 金属イオン錯体のみに使う．別のいい方をすれば，ある d 金属イオンはただ一つの電子配置をとり，低スピン錯体と高スピン錯体を区別できない．八面体形錯体で高スピンと低スピンの両方がありうるのは，d 電

1) free-electron molecular orbital

子の数が何個の場合か．

9C·13　Co 原子は生理学条件下では三つの酸化状態で存在しうる．コバルト（I）は平面正方形の4配位である．Co のこの酸化状態での d オービタルのエネルギーの順序を予測せよ．

9C·14　Co^{2+} イオンの高スピン錯体と低スピン錯体の不対電子の数を予測せよ．

9C·15　シトクロム b_6f 複合体は，電子移動に関与する数個の Fe 中心があり，そのなかには四面体形配位の Fe 中心がある（2個のシステインと2個の S^{2-} イオンが配位している）．この中心は別の八面体形配位の Fe 中心（ヘム基とヒスチジン，アミノ基が配位）へと電子を自発的に移動させる．この電子移動の向きを決めるのに，結晶場安定化エネルギーはどんな役目を果たしているか．

9C·16　d 金属と相互作用する図 9C·11 に示すような配位子を σ 供与配位子という．π 結合が重要なときには，π 受容配位子や π 供与配位子が図 9C·13 に示すように振舞う．もし，配位子が d 金属イオンのまわりに弱い配位子場をつくれば，Δ_O は小さな値をとり，高スピン錯体となる．逆に強い配位子場をつくれば，Δ_O は大きな値をとり，低スピン錯体となる．(a) つぎの記述について説明せよ：Cl^- は π 受容体であるから弱い場をつくる配位子であり，CO は π 供与体であるから強い場をつくる配位子である．(b) O_2 は π 受容配位子であることを示せ．(c) 上の (a) と (b) およびトピック 4A で説明したことから，CO の毒性について詳しい機構を提案せよ．

テーマ9　発展問題

P9·1　一酸化炭素と二酸化炭素の分子オービタル図をつぎに示す．

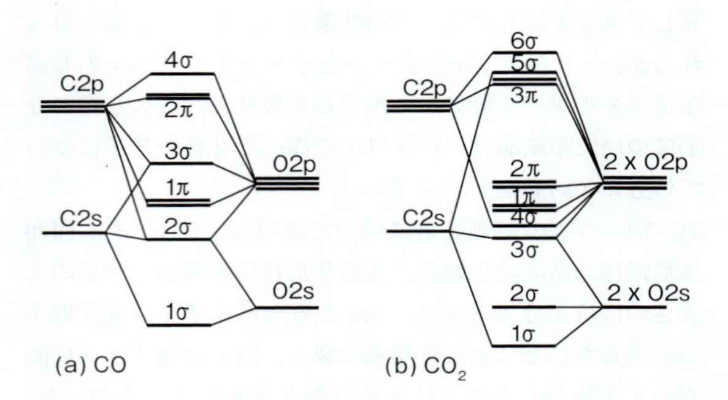

(a) CO と CO_2 のフロンティアオービタル（HOMO と LUMO）を示せ．

(b) CO_2 の 1π オービタルのエネルギーが，CO の 1π オービタルより低いのはなぜか．

(c) この二つの準位図に基づいて，CO の C−O 結合解離エネルギー（1079 kJ mol^{-1}）が CO_2 の C−O 結合解離エネルギー（798 kJ mol^{-1}）より大きいのはなぜかを説明せよ．

(d) CO の C−O 結合は強いにも関わらず反応性は CO_2 より高く，しかも金属タンパク質の金属イオンにずっと強く結合している．この事実について解説せよ．

P9·2　ペプチド鎖の平面配座は，ポリペプチド鎖を機能的な形状に折りたたむのに重要な影響を及ぼしている．この平面性に対する原子価結合法の説明では，真の電子構造は共鳴混成にあり，そのうちの一つは CO と NH を結ぶ二重結合であるとする．ここでは，ペプチド鎖の平面配座を安定化させている諸因子について，もっと豊富な表し方のできる分子軌道法による扱いを展開することにしよう．

(a) VB 法をヒントに考えれば，酸素と炭素，窒素の原子間でできる π 結合による非局在化というモデルで説明できるだろう．そこで，これらの原子がつくる平面に垂直な 2p オービタルを基に LCAO−MO をつくる．その三つの組合わせはつぎの形をしている．

$$\psi_1 = a\psi_O + b\psi_C + c\psi_N$$
$$\psi_2 = d\psi_O - e\psi_N$$
$$\psi_3 = f\psi_O - g\psi_C + h\psi_N$$

係数 a〜h はすべて正である．オービタル ψ_1, ψ_2, ψ_3 を描き，各分子オービタルを結合性，非結合性，反結合性に分類せよ．

(b) この取扱いが，ペプチド鎖の平面配座だけに有効である理由を説明せよ．

(c) これらの分子オービタルの相対的なエネルギーを示す図を描き，各オービタルの占有状況を求めよ．〔ヒント：これらの分子オービタルに入るべき電子は4個ある．〕

(d) 次に，ペプチド鎖の非平面配座を考えよう．このとき，O2p と C2p オービタルは，O と C，N 原子がつくる平面に垂直であるが，N2p オービタルはこの平面上にある．その LCAO−MO は，

$$\psi_4 = a\psi_O + b\psi_C \qquad \psi_5 = e\psi_N \qquad \psi_6 = f\psi_O - g\psi_C$$

で表される．上と同じように，これらの分子オービタルを描き，それぞれ結合性，非結合性，反結合性に分類せよ．また，エネルギー準位図を描き，オービタルの占有状況を求めよ．

(e) 平面配座に関与する結合性 MO のエネルギーは，非

平面配座に関与する結合性MOと同じか．同じでなければ，どちらの結合性MOのエネルギーが低いか．非結合性MOと反結合性MOについても同じ解析をせよ．

(f) (a)～(e) の結果を使って，ペプチド鎖の平面モデルを支持する論拠をまとめよ．

以下の問題を解くには分子モデリングのソフトウエアが必要である．

P9·3 ここでは，共役分子の分光学的性質を予測するための分子軌道計算の応用について詳しく調べよう．

(a) つぎの表のデータを使って，エテンとブタジエン，ヘキサトリエン，オクタテトラエンの π–π* 紫外吸収について，実験で得られた振動数に対して HOMO–LUMO のエネルギー間隔をプロットせよ．次に，数学ソフトウエアを使って，このデータに最も良く合う多項式を求めよ．

	$\Delta E_{\mathrm{HOMO-LUMO}}/\mathrm{eV}^*$	$\lambda_{\mathrm{transition}}/\mathrm{nm}$
エテン	18.1	163
ブタジエン	14.5	217
ヘキサトリエン	12.7	252
オクタテトラエン	11.6	304

* $1\ \mathrm{eV} = 1.602 \times 10^{-19}\ \mathrm{J}$

(b) 推奨されている分子モデリングのソフトウエアや計算法（拡張ヒュッケル法や半経験的方法，アプイニシオ法，DFT法など）を使って，デカペンタエンの HOMO と LUMO のエネルギー間隔を計算せよ．

(c) (a) で求めた多項式を使って，上で計算した HOMO–LUMO のエネルギー間隔からデカペンタエンの π–π* 吸収の振動数を求めよ．

(d) なぜ (a) に補正が必要かを説明せよ．

(e) 結合性や反結合性は HOMO か LUMO かで異なるから，分子の電子励起によって結合が弱まったり強まったりする．たとえば，直鎖ポリエンの炭素–炭素結合では HOMO が結合性を示し，LUMO は反結合性を示す．したがって，HOMO から LUMO へ電子が昇位することがあれば，基底電子状態に比べ励起状態では炭素–炭素結合が弱まる．(i) 分子モデリングのソフトウエアを使って，ここで考えた各分子の HOMO と LUMO を描け．(ii) これらの分子で起こる π–π* 紫外吸収に伴う結合次数の変化について詳しく説明せよ．

P9·4 分子軌道計算を行えば，生物学的な電子移動反応（トピック 5C）に参加しているキノンやフラビンなどの共役分子の標準電位に見られる傾向を予測することができる．ここで，LUMO のエネルギーが下がれば LUMO に電子を受け入れる分子の能力が高まるとふつうは想定される．それに伴い分子の標準電位の値も大きくなるのである．また，多くの研究でも芳香族炭化水素の LUMO のエネルギーと還元電位に直線的な相関があることが示されている．

(a) メチル置換した種々の *p*-ベンゾキノン (**2**) からそれぞれのセミキノンラジカルアニオンへの一電子還元について，標準電位がつぎのように与えられている．

R_2	R_3	R_5	R_6	$E^{\ominus}/\mathrm{V}$
H	H	H	H	+0.078
CH_3	H	H	H	+0.023
CH_3	H	CH_3	H	−0.067
CH_3	CH_3	CH_3	H	−0.165
CH_3	CH_3	CH_3	CH_3	−0.260

推奨されている分子モデリングのソフトウエアや計算法（拡張ヒュッケル法や半経験的方法，アプイニシオ法，DFT法など）を使って，*p*-ベンゾキノン置換体それぞれの LUMO のエネルギー E_{LUMO} を計算し，$E^{\ominus}$ に対して E_{LUMO} をプロットせよ．計算結果は，E_{LUMO} と $E^{\ominus}$ の直線関係を示しているか．

(b) $R_2 = R_3 = CH_3$ および $R_5 = R_6 = OCH_3$ である 1,4-ベンゾキノンは，呼吸電子伝達鎖（トピック 5C）の構成要素である補酵素 Q のモデル化合物である．このキノンの E_{LUMO} を求め，(a) の結果を用いて標準電位を求めよ．

(c) $R_2 = R_3 = R_5 = CH_3$ および $R_6 = H$ である *p*-ベンゾキノンは，光合成電子伝達鎖の構成要素であるプラストキノンのモデル化合物である．このキノンの E_{LUMO} を求め，(a) の結果を用いて標準電位を求めよ．プラストキノンは補酵素 Q よりもよい酸化剤といえるか．それとも悪い酸化剤か．

(d) 上で得た予測と生物学的電子伝達の基本概念に基づいて，補酵素 Q が呼吸鎖で使われ，プラストキノンが光合成で使われる理由を説明せよ．

テーマ 10

高分子と自己構築

生物は種々の分子で満ちており，なかでも多種多様な高分子は構造面での役割と速度論的な役割を果たしている．個々の高分子をまとめている相互作用の起源は，電荷や部分電荷，分子に生じる瞬間的な電荷に帰着でき，その強さを具体的に求めることができる．

トピック 10A　分子間相互作用

分子は互いに作用し合っている．すなわち，分子が互いに近寄れば凝集し，もっと押し付ければ反発するのである．本トピックでは，これらの相互作用について調べる．まず，分子内の原子には部分電荷が存在しており，その間で静電的な相互作用をしていることを知っておこう．ここで，部分電荷が電気双極子として存在していると考え，その双極子間の静電相互作用として扱うことができれば便利である．このときの双極子は永久双極子でなくてもかまわない．隣接する電荷によって誘起された双極子や，電子密度の瞬間的なゆらぎによって生じる双極子であってもよい．

トピック 10B　高分子の構造

ここでの説明は，無秩序な構造からはじめる．このときの高分子は，分子全体を整然と組織する力が働いていないときの形状をしている．もちろん，秩序はなくてもトピック 10A で述べた力は働いている．次に扱う 3 種の高分子，すなわち糖質と核酸，タンパク質の秩序ある構造には，これらの力は絶大で重要な影響を及ぼしている．

トピック 10C　立体構造の安定性と分子の凝集

高分子はすべて剛直というわけでなく，実際のところ，その多くは柔軟でなければ本来の機能を発揮することができない．高分子がその形状を適合させる能力を表すのに，ある種の融解温度という概念が生み出され，バルクなものの相転移を扱う熱力学的な議論を適用することによって，相図を用いて高分子の性質や挙動を理解することが可能である．

トピック 10D　コンピューター支援のシミュレーション

生化学や分子生物学における計算手法は，ますます重要な研究手段になっている．それは電子構造の計算だけでなく，分子のコンホメーションや運動，機能の予測にも用いられている．高分子の形状を突き止めるには，分子内に働いている力を明らかにし，それによって何が起こるかを計算してみる必要がある．これとは別のアプローチとして，電子密度分布と生物学的な活性，とりわけ薬理学的な活性との関連を明らかにするやり方がある．

トピック 10A

分子間相互作用

➤ 学ぶべき重要性

分子の形状は，その分子の性質に影響を与えるきわめて重要な要素である．そこで，分子の形を決めている種々の力についてよく知っておく必要がある．

➤ 習得すべき事項

分子間の相互作用のほとんどは，点電荷の並びの間に生じる静電相互作用で表される．

➤ 必要な予備知識

本トピックでは，電荷間の静電相互作用の式（トピック 8A の［必須のツール 10］）を利用する．また，本トピックの終わりでは分子軌道法の単純な考え（トピック 9B および 9C）を用いる．

生体分子の形状は，互いがどう相互作用できるかを決めている重要な因子である．生体分子には，細胞骨格や細胞膜などの広がりのある集合体を形成しているものがある．一方，代謝や細胞シグナル伝達，生体エネルギー変換などの細胞機能の多くは，分子間の結合に関与している特殊な分子認識の事象に依存している．これらの過程はすべて，分子間の非結合的な相互作用によって仲介されている．

二酸化炭素やエテンなどの単純な分子の形は，共有結合によって決まっている．もっと大きな分子，とりわけ生化学で関心のある生体高分子の形状は，共有結合のみならず種々の分子間相互作用で決まっている．その相互作用には，電荷や部分電荷の間の引力や反発力，あるいは物質が潰れて原子核ほどの大きさの高密度になるのを防いでいる反発力もある．後者の反発相互作用は，閉殻のオービタルが重なる空間領域から電子が排除されることで生じている．

これらの相互作用はいずれも非常に弱く，化学結合の形成を担う相互作用より場合によっては何桁も弱い．相互作用の一種で距離の 6 乗に反比例するのは**ファンデルワールス相互作用**[1] である．

10A・1　部分電荷間の相互作用

生物学的に重要な構造がどう構築されているかについて，電荷（あるいは部分電荷）の間に働くクーロン相互作用から考えよう．分子内の原子には一般に部分電荷が存在している．表 10A・1 にはペプチド類の原子でよく見られる部分電荷を示してある．電荷が真空で隔てられているなら，クーロンの法則に従って引き合うか反発し合う（トピック 8A の［必須のツール 10］）．この相互作用のポテンシャルエネルギーは，

$$E_{\mathrm{p}} = \frac{Q_1 Q_2}{4\pi\varepsilon_0 r} \qquad \text{クーロンポテンシャルエネルギー（真空中）} \qquad (1\mathrm{a})$$

である．Q_1 と Q_2 は部分電荷，r はその間の距離である．ε_0 は**電気定数**[2]（真空の誘電率[3] ともいう）である．しかしながら，同じ分子の他の部分や別の分子が電荷の間に割り込んで相互作用を弱める可能性を考慮に入れておく必要がある．最も簡単な方法は，媒質を一様な連続体として扱い，

$$E_{\mathrm{p}} = \frac{Q_1 Q_2}{4\pi\varepsilon r} \qquad \text{クーロンポテンシャルエネルギー（媒質中）} \qquad (1\mathrm{b})$$

と書くことである．ε は電荷の間にある媒質の誘電率である．誘電率は $\varepsilon = \varepsilon_{\mathrm{r}}\varepsilon_0$ と書いて，ふつうは電気定数（$\varepsilon_0 = 8.85418\cdots\times10^{-12}\,\mathrm{C^2\,J^{-1}\,m^{-1}}$）の倍数の形で表す．$\varepsilon_{\mathrm{r}}$ を**相対誘電率**[4] という（以前は誘電定数[5] といった）．媒質の影響は非常に大きいことがある．水は $\varepsilon_{\mathrm{r}} = 78$ であるから，2

表 10A・1　ポリペプチドの部分電荷*

原　子	部分電荷 / e
C(=O)	+0.45
C(−CO)	+0.06
H(−C)	+0.02
H(−N)	+0.18
H(−O)	+0.42
N	−0.36
O	−0.38

* H(−O) の場合を除いて，すべては主鎖の値である．

1) van der Waals interaction　2) electric constant　3) vacuum permittivity　4) relative permittivity　5) dielectric constant

個の電荷の間に液体の水が入り込んだときのポテンシャルエネルギーは，真空中の場合に比べてほとんど2桁も小さくなってしまう（図10A･1）．ポリペプチドや核酸での計算では，二つの部分電荷の間に水や生体高分子鎖が入り込むかもしれないので，この問題はかなり深刻である．この面倒な問題を処理するためにいろいろなモデルが提案されたが，最も簡単なのはε_rとして1～40のどれかの値（ふつうは4）を用いて，うまくいくことを祈るわけである．最近のアプローチでは，水分子そのものを計算に含めて処理していることが多い（トピック10D）．

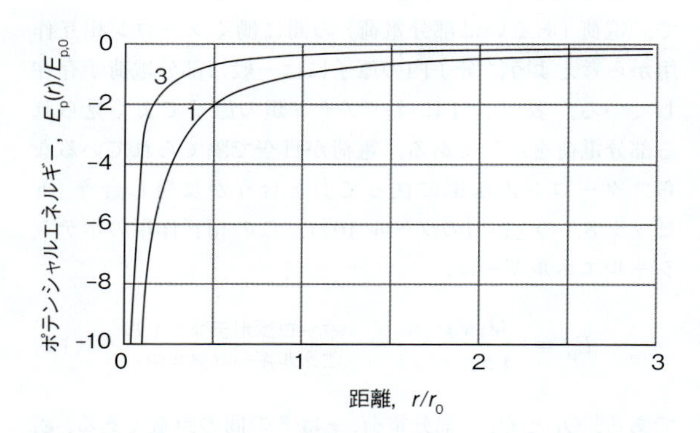

図10A･1　符号が反対の2個の電荷Q_1とQ_2のクーロンポテンシャルエネルギーとその間の距離依存性．二つの曲線は相対誘電率の異なる場合に対応している（真空では$\varepsilon_r=1$，流体では3）．縦軸を$E_{p,0}=Q_1Q_2/4\pi\varepsilon_0 r_0$の倍数で表し，横軸を$r_0$の倍数で表してある．$r_0$は任意の距離である．

簡単な例示10A･1

部分電荷は電気素量（$e=1.60217\cdots\times10^{-19}$ C）の倍数で表すのがふつうである．ペプチド鎖のN原子上の部分電荷−0.36（すなわち，$Q_1=-0.36e$）と，それから3.0 nm離れたカルボニルのC原子上の部分電荷+0.45（$Q_2=+0.45e$）の間の相互作用エネルギーは，その間の媒質を真空としたとき，

$$E_p=\frac{(-0.36e)\times(0.45e)}{4\pi\varepsilon_0\times(3.0\ \text{nm})}$$
$$=\frac{-0.36\times0.45\times(1.602\times10^{-19}\ \text{C})^2}{4\pi\times(8.854\times10^{-12}\ \text{C}^2\ \text{J}^{-1}\ \text{m}^{-1})\times(3.0\times10^{-9}\ \text{m})}$$
$$=-1.2\times10^{-20}\ \text{J}$$

となる．このエネルギーは（アボガドロ定数を掛ければ），$-7.5\ \text{kJ mol}^{-1}$に相当している．しかしながら，媒質の相対誘電率が“典型的な”値である4ならば，この相互作用エネルギーは$-1.9\ \text{kJ mol}^{-1}$に減少する．媒質が水の場合は，電場に応じてH_2O分子は回転できるから，相互作用エネルギーは78分の1に減少して$-0.096\ \text{kJ mol}^{-1}$となる．

10A･2　電気双極子モーメント

物質の物理的性質や化学的性質の多くは，分子やグループ（ペプチド鎖など）の部分電荷の分布と関係している．最も単純な場合の**電気双極子**[1]は，距離Lだけ離れた2個の電荷Qと$-Q$から成るものである．その積QLを**電気双極子モーメント**[2]μという．双極子モーメントは，μに比例する長さで負電荷から正電荷に向かう矢印（**1**）で表す[†1]．

$\delta+$　μ　$\delta-$

1

双極子モーメントは電荷（単位クーロン，C）と長さ（m）の積であるから，双極子モーメントのSI単位はC mである．しかし，双極子モーメントを非SI単位である**デバイ**（D）で表すほうがずっと便利なことが多い．1 D = 3.33564×10^{-30} C mである[†2]．こうすれば分子についての実験値が1 Dに近くなるからである[†3]（表10A･2）．二つの電荷eと$-e$が100 pmだけ離れている場合，その双極子モーメントは1.6×10^{-29} C mであり，これは4.8 Dに相当する．小さな分子の双極子モーメントはふつうこれよりも小さく，約1 Dである．

極性分子[3]とは，各原子にある部分電荷から生じる永久電気双極子モーメントをもつ分子である．**無極性分子**[4]は永久電気双極子モーメントをもたない分子である．異核二

表10A･2　双極子モーメント（μ）と平均分極率体積（α'）

	μ/D	$\alpha'/(10^{-30}\ \text{m}^3)$
Ar	0	1.66
CCl_4	0	10.5
C_6H_6	0	10.4
H_2	0	0.819
H_2O	1.85	1.48
NH_3	1.47	2.22
HCl	1.08	2.63
HBr	0.80	3.61
HI	0.42	5.45

†1　この向きの約束には注意が必要で，歴史的な事情から逆向きの表し方がまだ広く使われている．
†2　訳注：この変換因子は，デバイ単位の定義が静電単位系（esu）に由来することによる．電荷の静電単位系の単位はフランクリン（Fr）であり，1 Fr = 1/(2.99792458 × 10^9) C によってSI単位に変換される．すなわち，ここで真空中の光速が関与している．1 Dの本来の定義は，符号の異なる2個の電荷の大きさが10^{-10} Frで等しく，1 Å（= 10^{-10} m）の距離を隔てているときの双極子モーメントの大きさである．
†3　この単位の名称は分子の双極子モーメントの研究の先駆者であるオランダのピーター デバイ（Peter Debye）に因んだものである．
1）electric dipole　2）electric dipole moment　3）polar molecule　4）nonpolar molecule

原子分子は，占有されている結合性オービタルと反結合性オービタルの電子分布が両原子で均等でなく，その部分電荷は0でないから極性分子と予測される．双極子モーメントの代表的な値は，HCl の 1.08 D や HI の 0.42 D などである．その2原子間の電気陰性度の差を使えば，双極子モーメントの大きさを求めることができる．きわめて粗い近似でしかないが，双極子モーメントと2個の原子のポーリングの電気陰性度（表 9B･1）の差 $\Delta\chi$ との間にはつぎの関係がある．

$$\mu/\mathrm{D} \approx \Delta\chi \qquad (2)$$

双極子モーメントと電気陰性度の関係

簡単な例示 10A･2

水素と臭素の電気陰性度はそれぞれ 2.20 と 2.96 である．この差は 0.76 であるから，HBr の電気双極子モーメントは約 0.8 D と予測される．実験値は 0.80 D である．

電気陰性度の大きい原子の方が電子を強く引きつけているから，双極子の負の端になるのがふつうである．しかし例外もあり，反結合性オービタルが占められているときは特にそうである．たとえば，NO の双極子モーメントはごく小さいが（0.07 D），電気陰性度は O 原子の方が大きいにも関わらず双極子の負の端は N 原子の側にある．これはパラドックスのように思われるが，NO では反結合性オービタルが占有されていることを考えれば理解できる．反結合性オービタルに入った電子は，電気陰性度の小さい原子の近くで見いだされる確率が高いから，その原子に負の部分電荷をもたらすのである．この寄与が，結合性オービタルに入った電子からの反対向きの寄与よりも大きければ，その正味の効果は電気陰性度の小さい方の原子に小さな負の部分電荷をつくることになる．

ある多原子分子が極性かどうかを決めるのに，分子の対称性は最も重要な役目を果たしている．実は，分子内の原子が同じ元素かどうかよりも重要なくらいである．等核多原子分子は，対称性が低くて原子が互いに非等価な位置を占めていれば極性になるかもしれないのである．たとえば，曲がった分子であるオゾン O_3（**2**）は等核分子であるが，中央の O 原子が他の2個の原子と違うし（結合する相手が2個か1個か），各結合にある双極子モーメントは互いに角度をもっているので打ち消し合わないからである．一方，異核多原子分子でも対称性が高ければ結合の双極子が消し合って無極性になる場合がある．たとえば，異核の直線形三原子分子である CO_2（**3**）では，この3原子すべてに部分電荷があるが，OC 結合の双極子が CO 結合の双極子と向きが反対で消し合うために無極性である．

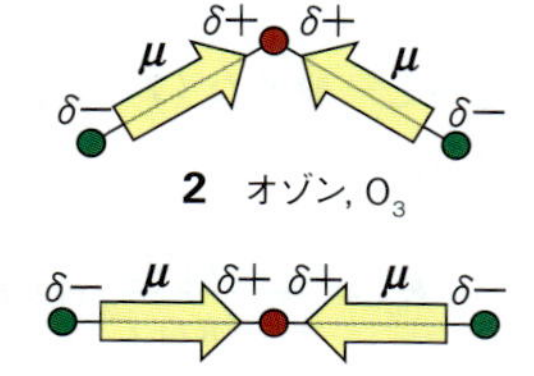

2 オゾン, O_3

3 二酸化炭素, CO_2

双極子モーメントを計算する便利な方法は，全原子について部分電荷の位置と大きさを考慮することである．その部分電荷の値は多くの分子構造関係のソフトウエアの出力に含まれている．そのプログラムでは，つぎに説明する仕方で分子の双極子モーメントを計算している．電気双極子モーメントはベクトル量 $\boldsymbol{\mu}$ であり，3個の成分 μ_x，μ_y，μ_z（**4**）がある．$\boldsymbol{\mu}$ の向きは分子の双極子の向きを示し，その長さは双極子モーメントの大きさ μ を示している．ベクトル量に共通する性質であるが，その大きさと3成分の間には，

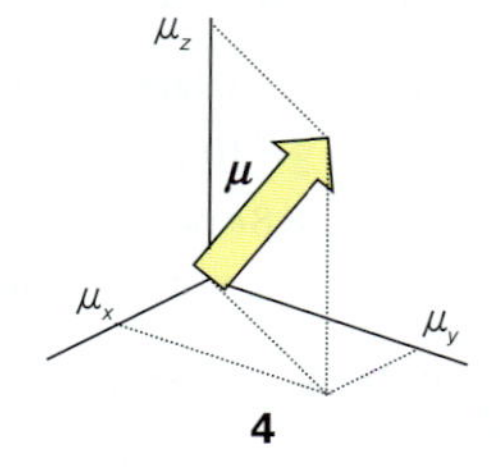

4

$$\mu = (\mu_x{}^2 + \mu_y{}^2 + \mu_z{}^2)^{1/2} \qquad (3a)$$

双極子モーメントベクトルの大きさ

の関係がある．ここでの x 成分は，分子のある点を基準（原点）としたときの原子 J の相対座標 x_J に，その原子の部分電荷 Q_J を掛けたものの分子全体にわたる和である．すなわち，

$$\mu_x = \sum_J Q_J x_J \qquad (3b)$$

双極子モーメント・ベクトルの x 成分の計算

である．y 成分と z 成分についても同様の式が使える．電気的に中性な分子であれば座標の原点をどこにとっても結果は同じであるから，測りやすいところを原点に選べばよい．

例題 10A･1　ペプチド鎖の双極子モーメントの計算

ペプチド鎖（**5**）について，各原子に与えた部分電荷と pm 単位で表した原子の位置を使って，その電気双極子モーメントを求めよ[†]．

考え方　（3b）式および他の成分についての同様の式を

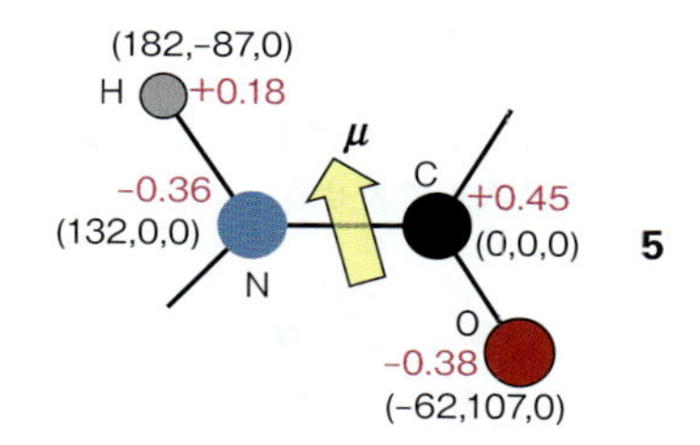

5

† 訳注：（**5**）は完全な分子でなく，部分電荷の和が0でないから，この部分だけの双極子モーメントを（3b）式から求めるのは適切でない．完全な分子ならばこの計算でよい．

使って，双極子モーメントの各成分を計算する．次に，その三つの成分をまとめるのに (3a) 式を使って，双極子モーメントの大きさを求める．部分電荷は，電気素量 $e = 1.602 \times 10^{-19}$ C を単位とした倍数で表してあることに注意しよう．

解答　μ_x の式は，

$$\mu_x = (-0.36e) \times (132\,\mathrm{pm}) + (0.45e) \times (0\,\mathrm{pm}) + (0.18e) \times (182\,\mathrm{pm}) + (-0.38e) \times (-62\,\mathrm{pm}) = 8.8e\,\mathrm{pm} = 8.8 \times (1.602 \times 10^{-19}\,\mathrm{C}) \times (10^{-12}\,\mathrm{m}) = 1.4 \times 10^{-30}\,\mathrm{C\,m}$$

となる．これは $\mu_x = +0.42$ D に相当している．μ_y の式は，

$$\mu_y = (-0.36e) \times (0\,\mathrm{pm}) + (0.45e) \times (0\,\mathrm{pm}) + (0.18e) \times (-87\,\mathrm{pm}) + (-0.38e) \times (107\,\mathrm{pm}) = -56e\,\mathrm{pm} = -9.0 \times 10^{-30}\,\mathrm{C\,m}$$

であり，$\mu_y = -2.7$D が得られる．$\mu_z = 0$ であるから，

$$\mu = \{(0.42\,\mathrm{D})^2 + (-2.7\,\mathrm{D})^2\}^{1/2} = 2.7\,\mathrm{D}$$

となる．双極子モーメントの向きは，長さが 2.7 単位の矢印を，x, y, z 成分がそれぞれ 0.42, −2.7, 0 単位になるようにおけば求められる．その向きを (**5**) に重ね書きして示してある．

10A・3　双極子間の相互作用

極性のある分子や原子団が互いに遠く離れていれば，個々の部分電荷を使って相互作用を表すよりも，双極子モーメントを使って表す方が簡単である．電荷 Q_2 が存在するときの双極子 $\boldsymbol{\mu}_1$ のポテンシャルエネルギーを表す式を導出するには，この双極子の 2 個の部分電荷と電荷 Q_2 との相互作用 (一方は反発力，他方は引力) を考えればよい．

導出過程 10A・1　**電荷と双極子の相互作用の求め方**

この式の導出には，2 個の電荷のポテンシャルエネルギーを表す式を用いる．

ステップ 1：相互作用を表す全ポテンシャルエネルギーの式をたてる．

電荷と双極子が一直線上にある場合 (**6**) のポテンシャルエネルギーは次式で表せる．

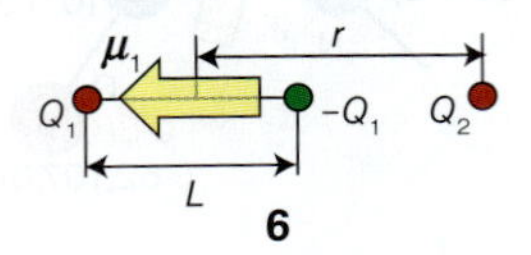

6

$$E_\mathrm{p} = \frac{Q_1Q_2}{4\pi\varepsilon_0(r+\frac{1}{2}L)} - \frac{Q_1Q_2}{4\pi\varepsilon_0(r-\frac{1}{2}L)} = \frac{Q_1Q_2}{4\pi\varepsilon_0 r(1+L/2r)} - \frac{Q_1Q_2}{4\pi\varepsilon_0 r(1-L/2r)} = \frac{Q_1Q_2}{4\pi\varepsilon_0 r}\left(\frac{1}{1+L/2r} - \frac{1}{1-L/2r}\right)$$

ステップ 2：双極子内の電荷間の距離が非常に短いと仮定する．

ここで，双極子内の電荷の間隔が電荷 Q_2 への距離よりもずっと小さく $L/2r \ll 1$ であるとしよう．このとき，つぎの近似が使える．

$$\frac{1}{1+x} \approx 1 - x \qquad \frac{1}{1-x} \approx 1 + x$$

そこで，

$$\frac{1}{1+L/2r} - \frac{1}{1-L/2r} \approx (1 - L/2r) - (1 + L/2r) = -L/r$$

と書ける．すなわち次式が得られる．

$$E_\mathrm{p} = \frac{Q_1Q_2}{4\pi\varepsilon_0 r}\left(-\frac{L}{r}\right) = -\frac{Q_1Q_2L}{4\pi\varepsilon_0 r^2}$$

ステップ 3：$Q_1L = \mu_1$ を用いて，双極子モーメントで表す．

双極子モーメントと電荷が (**6**) の並びにあるときは，つぎの式で表される†．

$$E_\mathrm{p} = -\frac{\mu_1Q_2}{4\pi\varepsilon_0 r^2} \qquad \text{電荷-双極子の相互作用エネルギー (6 の並びの場合)} \quad (4\mathrm{a})$$

もっと一般的な (**7**) に示す向きについて同様な計算をすれば，

$$E_\mathrm{p} = -\frac{\mu_1Q_2}{4\pi\varepsilon_0 r^2}\cos\theta \qquad \text{電荷-双極子の相互作用エネルギー (7 の並びの場合)} \quad (4\mathrm{b})$$

が得られる．Q_2 が正であれば，$\theta = 0$ (つまり $\cos\theta = 1$) のとき相互作用エネルギーは最低である．それは，双極子の負の部分電荷の方が正の部分電荷より点電荷に近く，引力が反発力を上回るからである．この相互作用エネルギーは距離が伸び

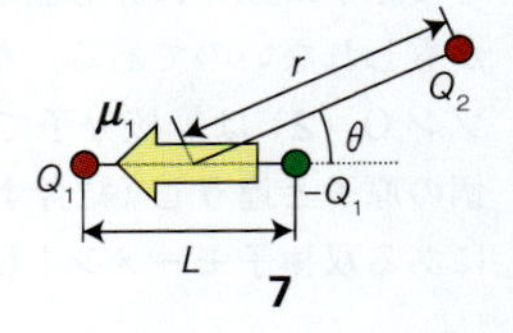

7

† 訳注：この式は Q_1 と Q_2 それぞれが負でも成立する．ただし，$Q_1 < 0$ のときは $\mu_1 < 0$ であり，(**6**) の双極子の向きは反転している．

ると急速に減少し，2 個の点電荷の場合よりも急である（$1/r$ でなく $1/r^2$ に依存する）．それは，独立な電荷の方から見ると，双極子の電荷は合体して点双極子[†1]となるのだが，その部分電荷の効果は距離 r が増加するにつれて打ち消し合うからである．

2 個の双極子 $\boldsymbol{\mu}_1, \boldsymbol{\mu}_2$ の間の相互作用エネルギーも，(**8**) に示す一般の向きについて，その 2 個の双極子の 4 個の電荷全部を考慮して同様に計算できる．その結果は[†2]，

$$E_\mathrm{p} = \frac{\mu_1\mu_2}{4\pi\varepsilon_0 r^3}(1-3\cos^2\theta) \quad (5)$$

双極子-双極子の相互作用エネルギー（**8** の並びの場合）

である．このポテンシャルエネルギーは (4) 式よりも急速に（$1/r^3$ に依存して）減少する．それは，双極子間の間隔が増加するにつれて，どちらの双極子の電荷も合体しているように見えるからである．角度を含む因子は，双極子の相対的な向きが変化するとき，同符号または反対符号の電荷がどのように接近するかを考慮に入れる部分である．$\theta = 0$ または $180°$ のとき（$1-3\cos^2\theta = -2$ のとき），反対符号の部分電荷の方が同符号の部分電荷よりも接近するから，相互作用エネルギーは最低である．

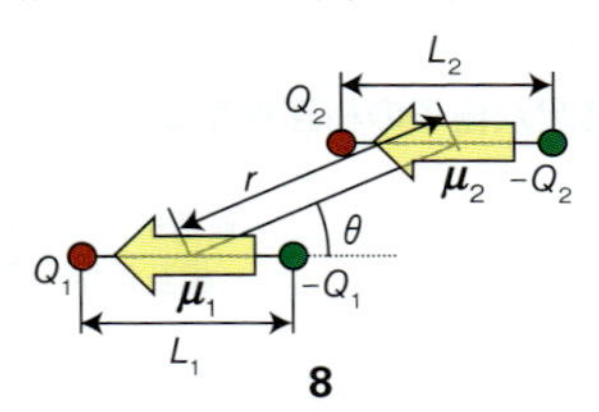

8

簡単な例示 10A・3

2 個のペプチド鎖の間に働く双極子相互作用を (5) 式を使って計算すれば，モル当たりのポテンシャルエネルギーが得られる．2 個のペプチド鎖が 1 本のポリペプチド鎖の中で互いに 3.0 nm 離れていて $\theta = 180°$ とすれば，$\mu_1 = \mu_2 = 2.7\,\mathrm{D}$（$9.0\times10^{-30}$ C m に相当）として，$1\,\mathrm{V\,C} = 1\,\mathrm{J}$ を使えば，

$$E_\mathrm{p} = \frac{(9.0\times10^{-30}\,\mathrm{C\,m})^2\times(-2)}{4\pi\times(8.854\times10^{-12}\,\mathrm{C^2J^{-1}m^{-1}})\times(3.0\times10^{-9}\,\mathrm{m})^3} = -5.4\times10^{-23}\,\mathrm{J}$$

を得る．この値は，$-32\,\mathrm{J\,mol^{-1}}$ に相当する．二つの双極子の間の媒質の相対誘電率を 4 とすれば，相互作用エネルギーはそれだけ減少し，$-8\,\mathrm{J\,mol^{-1}}$ となる．このエネルギーの値は，同じ距離だけ離れた二つの部分電荷の相互作用エネルギーに比べ（簡単な例示 10A・1）かなり小さいことに注意しよう．

(5) 式は，$\theta < 54.7°$〔$\theta = 54.7°$ では，$1-3\cos^2\theta = 0$，$\cos\theta = (\frac{1}{3})^{1/2}$〕の向きでは，反対符号の電荷の方が同符号の電荷よりも近くなるから，ポテンシャルエネルギーは負（引力）になることを示している．一方，$\theta > 54.7°$ のときは同符号の電荷の方が近くなるから，ポテンシャルエネルギーは正（反発）になる．$54.7°$ の線上および $180° - 54.7° = 125.3°$ の線上では，二つの引力項と二つの反発項とが打ち消し合うからポテンシャルエネルギーは 0 である (**9**)．

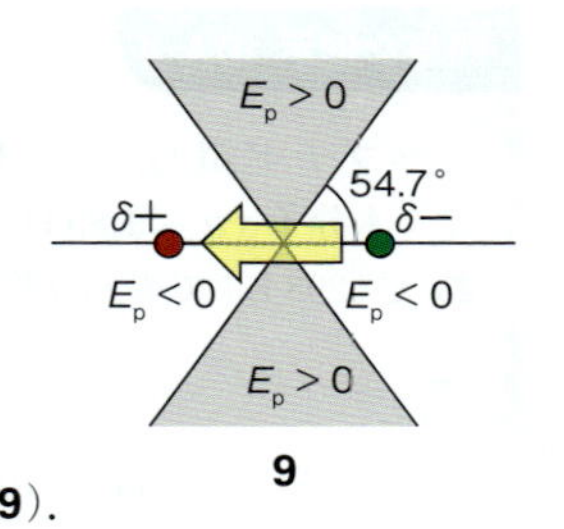

9

流体（気体または液体）で極性分子が完全に自由に回転している場合は，その引力と反発力のエネルギーは相殺するから，双極子間の相互作用のポテンシャルエネルギーは平均化されて 0 となる．しかし，別の双極子が近くにあれば，双極子のポテンシャルエネルギーは相対的な向きによるから，実際には気体中でも分子は相互に力を及ぼし合い，完全に自由に回転することはない．その結果，分子は少しでも低いエネルギーの配向をとろうとして，極性分子間の相互作用は回転していても 0 にはならない（図 10A・2）．この平均の相互作用エネルギーの詳しい計算はきわめて煩雑であるが，その最終的な答は簡単である．

$$E_\mathrm{p} = -\frac{2\mu_1^2\mu_2^2}{3(4\pi\varepsilon_0)^2 kTr^6} \quad (6)$$

双極子-双極子の平均相互作用エネルギー（双極子が自由回転している場合）

この式の重要な特徴は，平均の相互作用エネルギーが距離の 6 乗に反比例していること（ファンデルワールス相互作用であること），また温度に反比例していることである．このような温度依存をすることは，温度が高くなれば熱運動が激しくなって，それが双極子間相互の配向効果を上回ることを反映している．(6) 式は，2 個の分子がどちらも自

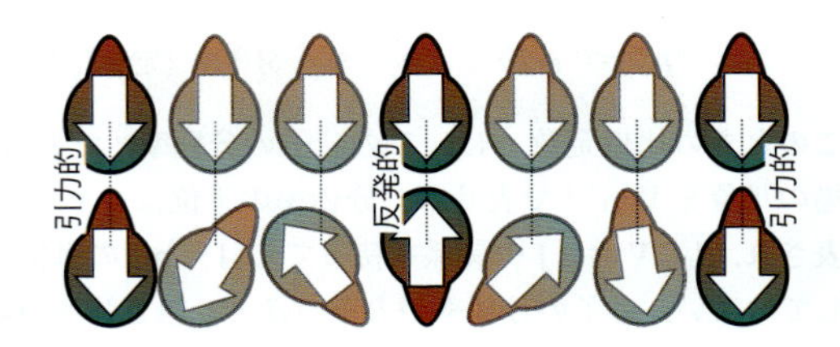

図 10A・2　双極子-双極子相互作用．一対の極性分子が相対的にあらゆる方向を等確率でとれるときは，引力になる配向と反発力になる配向とが打ち消し合うから，平均の相互作用は 0 になる．しかし，実際の流体では引力的な相互作用がわずかに優勢である．

†1 訳注：点双極子（point dipole）とは，双極子をつくっている 2 個の部分電荷の間隔が狭くなって合体した極限の双極子をいう．
†2 (5) 式の導出については，アトキンス物理化学，第 10 版，邦訳（2017）を見よ．

由に回転できる場合，あるいは，高分子の近くに極性の小さな分子がある場合のように，一方が固定されもう一方が自由に回転できる場合，そのいずれの場合にも適用できる．

簡単な例示 10A・4

ペプチド鎖（$\mu = 2.7\,\mathrm{D}$）から 1.0 nm 離れたところで，水分子（$\mu = 1.85\,\mathrm{D}$）が自由に回転できるとしよう．25 °C（298 K）での相互作用エネルギーは，

$$E_\mathrm{p} = -\frac{2\times(1.85\times3.336\times10^{-30}\,\mathrm{C\,m})^2\times(2.7\times3.336\times10^{-30}\,\mathrm{C\,m})^2}{3\times(4\pi\times8.854\times10^{-12}\,\mathrm{C^2\,J^{-1}\,m^{-1}})^2\times(1.381\times10^{-23}\,\mathrm{J\,K^{-1}})\times(298\,\mathrm{K})\times(1.0\times10^{-9}\,\mathrm{m})^6}$$

$$= -4.0\times10^{-23}\,\mathrm{J}$$

である．この相互作用エネルギーは（アボガドロ定数を掛ければ）$-24\,\mathrm{J\,mol^{-1}}$ に相当している．この温度が体温（37 °C，310 K）まで上がると，H_2O 分子はより激しく回転するから，平均相互作用エネルギーの大きさはわずかに減少し，$-23\,\mathrm{J\,mol^{-1}}$ となる．

10A・4　誘起双極子が関与する相互作用

タンパク質のペプチド残基にある無極性のグループや無極性分子であっても，生物学的な分子や分子集合体の構造や性質に影響を与える．無極性分子（あるいは無極性グループ）でも，近くのイオンや極性分子のつくる電場の影響を受けると，一時的な**誘起双極子モーメント**[1] $\boldsymbol{\mu}^*$ をもちうるからである．この電場が分子の電子分布を歪ませ，その中に電気双極子を生じさせる．このときの分子は**分極性**[2] であるという．この誘起双極子モーメントの大きさは外部電場 $\mathcal{E}$ の強さに比例するから，これをつぎのように表す．

$$\mu^* = \alpha\mathcal{E} \qquad \text{分極率［定義］} \qquad (7)$$

このときの比例定数 α は，この分子の**分極率**[3] である．電場の単位を $\mathrm{V\,m^{-1}}$ で表せば，分極率の単位は $\mathrm{C\,V^{-1}\,m^2}$ で表され，$1\,\mathrm{C\,V} = 1\,\mathrm{J}$ の関係を使って $\mathrm{C^2\,J^{-1}\,m^2}$ の単位で表してもよい．分子の分極率が大きいほど，同じ強さの電場でも生じる歪みは大きい．分子に電子が少数しかなければ，その電子は核の電荷でしっかりと制御されていて分極率は小さい．一方，大きな原子を含んでいる分子では，核から電子まで距離があるから核による制御が弱く，したがって分子の分極率は大きい．また，分子が四面体形（CCl_4 など）や八面体形（SF_6 など），二十面体形（C_{60}）でない限り，電場に対する分子の向きによって分極率は異なる．原子や四面体形，八面体形，二十面体形の分子は等方的な（向きによらない）分極率を示すが，これ以外の分子はすべて異方的な（向きに依存する）分極率を示す．

表 10A・2 にはつぎの**分極率体積**[4] α' が掲げてある．

$$\alpha' = \frac{\alpha}{4\pi\varepsilon_0} \qquad \text{分極率体積［定義］} \qquad (8)$$

分極率体積の次元は，α/ε_0 の単位 $(\mathrm{C^2\,J^{-1}\,m^2})/(\mathrm{C^2\,J^{-1}\,m^{-1}}) = \mathrm{m^3}$ からわかるように体積である（それでこの名称がある）．分極率体積の大きさは分子の体積と同程度である．

(a)　双極子–誘起双極子の相互作用

双極子モーメント μ_1 をもつ極性分子は，分極性の分子（この分子自体は極性でも無極性でもよい）に双極子モーメントを誘起させることができる．それは，極性分子の中の部分電荷が第二の分子を歪ませるような電場を発生するからである．こうして誘起された双極子は元の分子の永久双極子と相互作用して互いに引き合うことになる（図 10A・3）．**双極子–誘起双極子の相互作用エネルギー**[5] の式は，

$$E_\mathrm{p} = -\frac{\mu_1{}^2\alpha_2'}{4\pi\varepsilon_0 r^6} \qquad \text{双極子–誘起双極子の相互作用エネルギー} \qquad (9)$$

である．α_2' は第二の分子の分極率体積である．符号が負であることは，この相互作用が引力的であることを示している．$\mu = 1\,\mathrm{D}$ の分子（HCl など）が，分極率体積が $\alpha' = 1.0\times10^{-29}\,\mathrm{m^3}$ の分子（ベンゼンなど）のそばにあって，その距離が 0.3 nm のときの平均の相互作用エネルギーは約 $-0.8\,\mathrm{kJ\,mol^{-1}}$ である．

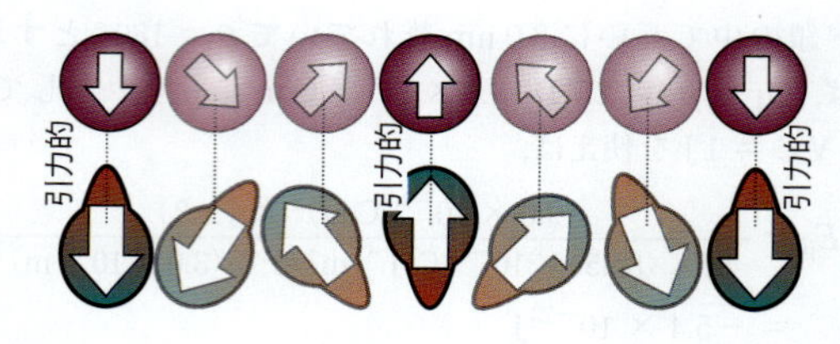

図 10A・3　双極子–誘起双極子の相互作用．誘起双極子は永久双極子の向きの変化に追随する．

(b)　分散相互作用

分子に部分電荷がなくても，帯電していない無極性の分子であっても互いに相互作用して，ベンゼンや液体水素や

1) induced dipole moment　2) polarizable　3) polarizability　4) polarizability volume
5) dipole-induced-dipole interaction energy

液体キセノンのような凝縮相を形成することができる．無極性分子間の**分散相互作用**[1] すなわち**ロンドン相互作用**[2] は，分子内の電子が瞬間ごとに位置を変える“ゆらぎ”によって生じる瞬間的な双極子によるものである（図 10A・4）．たとえば，分子内の電子の位置がゆらいで分子に部分正電荷と部分負電荷ができ，μ_1 という瞬間双極子モーメントが生じたとしよう．この双極子が存続している間，それが相手の分子を分極させて，瞬間双極子モーメント μ_2 を誘起させることができる．この二つの双極子は互いに引き合い，2 分子のポテンシャルエネルギーは低くなる．第一の分子の双極子の大きさや向きが変わり続けても（おそらく 10^{-16} s くらいの時間），第二の分子はそれに追随する．すなわち，二つの双極子の間には噛み合った歯車のような，向きの相関がある．それは，一方の分子の正の部分電荷が常に相手の分子の負の部分電荷の近くにあるという具合である．このように，部分電荷の相対的な位置関係に相関があり，それで引力的な相互作用が生じるため，二つの瞬間双極子の間の引力は平均しても 0 になることはなく，正味の引力相互作用が生じる．極性分子は双極子-双極子の相互作用のほか，分散相互作用によっても相互作用している．

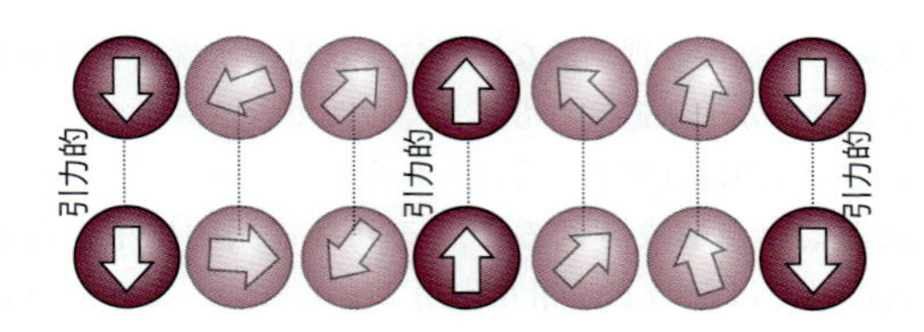

図 10A・4　分散相互作用では，一方の分子の瞬間的な双極子が他方の分子に双極子を誘起し，両者の双極子が相互作用してエネルギーを下げる．この二つの瞬間的な双極子の向きには相関があり，時々刻々異なる配向をとるものの，両者の相互作用は常に引力的である．

分散相互作用の強さは，第一の分子の分極率に依存する．すなわち，瞬間双極子モーメントの大きさ μ_1 は，核の電荷が外殻電子に及ぼす支配力がどれくらい弱まっているかに依存しているのである．その支配力が弱ければ電子分布が比較的大きなゆらぎを起こすことができる．しかも，このときの電子分布は外部電場に対して強く応答できるから分極率が大きいのである．分極率が大きいということは，局所的な電荷密度のゆらぎが大きいことの現れである．分散相互作用の強さは，第二の分子の分極率にも依存している．それは，第一の分子によって，第二の分子にどれほど容易に双極子が誘起されるかは，その分極率によって決まるからである．そこで，$E_\mathrm{p} \propto \alpha_1\alpha_2$ となるだろうと予測できる．分散相互作用の実際の計算はきわめて込み入ったものであるが，この相互作用エネルギーに対する妥当な近似がつぎの**ロンドンの式**[3] である．

$$E_\mathrm{p} = -\frac{3\alpha_1'\alpha_2'}{2r^6} \times \frac{I_1 I_2}{I_1 + I_2} \qquad \text{ロンドンの式} \qquad (10\mathrm{a})$$

I_1 と I_2 は二つの分子のイオン化エネルギーである．同じ分子どうしであれば，$\alpha_1' = \alpha_2' = \alpha'$ および $I_1 = I_2 = I$ であるから次式が得られる．

$$E_\mathrm{p} = -\frac{3\alpha'^2}{4r^6} \times I \qquad \text{ロンドンの式（同じ分子の場合）} \qquad (10\mathrm{b})$$

簡単な例示 10A・5

あるポリペプチドの 2 個のフェニルアラニン残基が 3.0 nm だけ離れているとき，このフェニル基の間の分散相互作用のモルポテンシャルエネルギーを求めるには，フェニル基を分極率体積 $1.0 \times 10^{-29}\ \mathrm{m^3}$ のベンゼン環として扱い，そのフェニル基のイオン化エネルギーを約 5 eV（$500\ \mathrm{kJ\ mol^{-1}}$）として計算すればよい．すなわち，つぎのように求められる．

$$E_\mathrm{p,m} \approx -\frac{3 \times (1.0 \times 10^{-29}\ \mathrm{m^3})^2}{4 \times (3.0 \times 10^{-9}\ \mathrm{m})^6} \times (500\ \mathrm{kJ\ mol^{-1}})$$
$$= -51\ \mathrm{mJ\ mol^{-1}}$$

10A・5　水素結合

帯電していない分子間の相互作用として最も強いのは**水素結合**[4] の形成による．水素結合では，電気陰性度の高い 2 個の原子間に水素原子が介在して両者を結びつけている．水素結合はふつう X−H ⋯ Y と書いて表す．X と Y は N, O, F のいずれかである．ただし，あまり例は多くないが，ポリペプチドのシステイン側鎖にある −SH 基などにも水素結合が認められている．すでに説明したほかの相互作用と違って，水素結合はどんな場合でも存在するわけでなく，これらの原子を含む分子に限られる．

水素結合の形成を示すための最も初歩的な表し方では，$^{\delta-}$X−H$^{\delta+}$ ⋯ :Y の形に書く．すなわち，X−H 基にある電子求引性の X 原子に結合している水素原子の部分正電荷と，第二の原子 Y にある孤立電子対の負電荷との間にクーロン相互作用が働いていると考える．もう少し洗練された静電的な記述によれば，水素結合の形成を X−H + :Y → X−H:Y によるルイス酸-ルイス塩基の複合体形成とみなす．すなわち，X−H 基の部分的に露出したプロトンをルイス酸とし，孤立電子対をもつ :Y をルイス塩基と考えるのである．

1）dispersion interaction　2）London interaction　3）London formula　4）hydrogen bond

簡単な例示 10A・6

よくある水素結合は，液体の水や氷で見られるO−H基とO原子の間で形成されるものである．演習問題10A・17では静電モデルを使って，相互作用のポテンシャルエネルギーがOOH角（**10**のθ）によってどう変化するかを計算することになる．図10A・5はその結果をプロットしたものである．$\theta = 0$つまりOHOの原子が一直線上にあれば，そのモルポテンシャルエネルギーは$-19\ \mathrm{kJ\ mol^{-1}}$であることがわかる．このエネルギーの角度依存性が非常に急なことに注目しよう．ポテンシャルエネルギーが負になるのは直線配置からわずか$\pm 12°$の範囲でしかない．

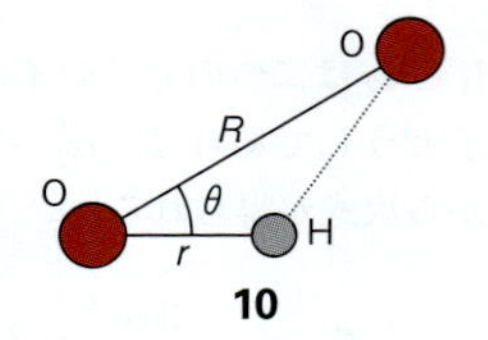

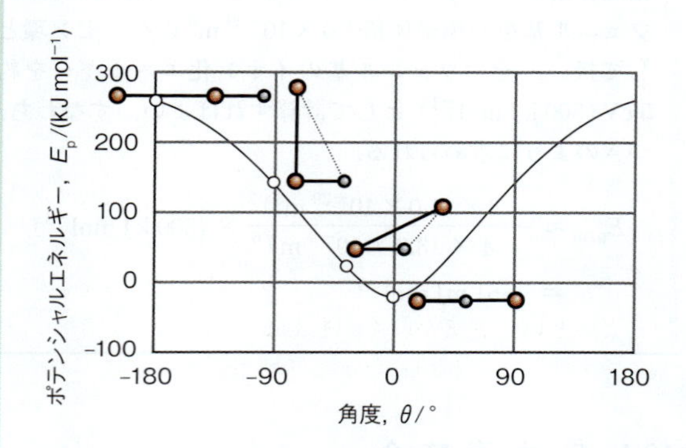

図10A・5　水素結合を表す静電モデル．O−Hと:Oのなす角度θが変化したときの相互作用エネルギーの変化．

分子軌道法によればもっとよい表し方ができる．それは，非局在結合の考えに沿ったもので，一つの電子対が1対以上の原子を結びつける能力をもつと考えるのである．たとえば，X−H結合はXのオービタル（ψ_X）と水素の1sオービタル（ψ_H）の重なりから形成されており，Yにある孤立電子対はYのオービタル（ψ_Y）を占めている．この両者が近づけば，これら3個のオービタルの一次結合から，つぎの形の分子オービタルを3個つくることができる．

$$\psi = c_1\psi_X + c_2\psi_H + c_3\psi_Y$$

この分子オービタルのうち一つは結合性で，一つはほとんど非結合性，3番目は反結合性である（図10A・6）．この3個の分子オービタルに電子を4個収容する必要がある（もとのX−H結合の2個とYの孤立電子対の2個）．そこで，2個は結合性オービタルに入り，あと2個は非結合性オービタルに入る．反結合性オービタルは空のままであるから，非結合性オービタルがどこにあるかにもよるが，正味の効果としてエネルギーの低下が得られる．

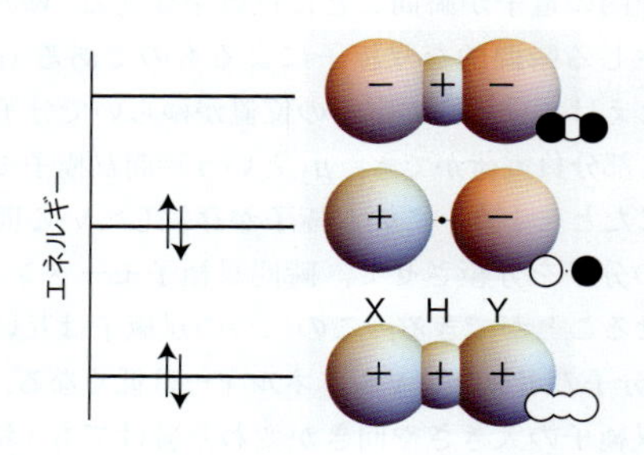

図10A・6　X, H, Yの原子オービタルからつくれる分子オービタルの模式図．これによってX−H…Y水素結合の形成が理解できる．最低エネルギーの一次結合は完全に結合性，その次は非結合性，最高エネルギーのものは反結合性である．X−H結合と:Yの孤立電子対からの電子は，反結合性オービタルに入らない．したがって，ここに示した配置から，ある場合には（すなわちX, Y原子がN, O, Fの場合）正味のエネルギー低下が生じる．このエネルギー低下は，孤立電子対の間の反発で生じるほかのエネルギー寄与より大きい．

実験的な証拠と理論的な検討によれば，水素結合は静電モデルでも分子軌道法でもうまく説明できる．ただし，いまでは後者のほうが広く受け入れられている．

水素結合が形成されると，それは電気的に中性な分子間に働くほかのどの相互作用よりも強い．その強さは$20\ \mathrm{kJ\ mol^{-1}}$程度であり，水の蒸発エンタルピー$40.7\ \mathrm{kJ\ mol^{-1}}$と比較すればその強さが理解できるだろう．これは，水が蒸発すれば水分子1個当たり2個の水素結合が切れるからである．水素結合によって理解できる現象は非常に多い．たとえば，スクロースや氷などの分子固体における“かたさ”，水などの液体の低い蒸気圧と大きな表面張力，タンパク質の二次構造（ポリペプチド鎖のヘリックスやシートの形成），DNAの塩基対生成と遺伝情報の伝達，多くの医薬のタンパク質のレセプター（受容体）サイトへの結合などである．水素結合はまた，アンモニアやヒドロキシ基を含む化合物などの水への溶解度やアニオンの水和にも関与している．アニオンの水和については，Cl^-やHS^-などのイオンでさえ水と水素結合をつくる．それは，この負電荷がH_2Oのヒドロキシ基のプロトンと相互作用できるからである．

10A・6　立体反発

分子どうしを押しつけると，たとえば衝突によって衝撃を加えたり，物質におもりを載せて力をかけたり，あるいは単に分子を引きつける引力の結果などにより，反発項が次第に重要になり引力を上回りはじめるだろう（図10A・7）．この反発相互作用の大部分は，複数の電子対が同じ空間領域を占めるのを禁止するパウリの排他原理から生じるものである．この反発は距離が縮まれば急激に大きくなるが，その増加の仕方は，非常に大規模で複雑な分子構造の計算によらなければ求めることができない．しかし，たいていの場合は，ポテンシャルエネルギーを非常に簡単な形で表すことによって議論を先に進めることができる．すなわち，細かいところは無視して，全般的な特徴を調整可能な少数のパラメーターで表すのである．

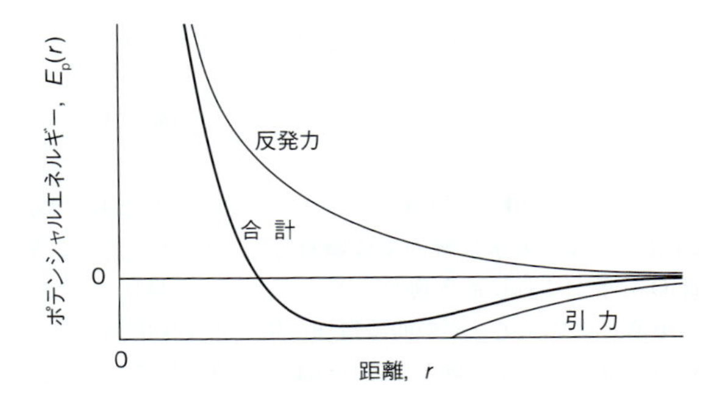

図 10A・7　分子間のポテンシャルエネルギー曲線の一般形（2 個の閉殻分子間の距離が変化したときのポテンシャルエネルギーのグラフ）．引力のエネルギー寄与（負）は長距離に及ぶ．反発力のエネルギー寄与（正）は，分子が接触するほど接近すれば急速に増大する．

そのような近似の一つは，短距離で作用する反発ポテンシャルエネルギーを r の高次のべきに反比例する形で表すものである．

$$E_p = \frac{C^*}{r^n} \qquad (11)$$

C^* は正の定数である（＊印は反発項を表している）．ふつうは n を 12 とする．このとき，短距離では $C^*/r^{12} \gg C/r^6$ であるから，反発項が $1/r^6$ の引力項よりもはるかに大きくなる．ここで，C はファンデルワールスの引力項の定数である．$n=12$ の反発相互作用と引力相互作用の和を**レナード-ジョーンズ（12,6）ポテンシャルエネルギー**[1] という（図 10A・8）．生化学で用いるときはつぎの形に書くことが多い．

$$E_p = 4\varepsilon\left\{-\frac{\sigma^6}{r^6}+\frac{\sigma^{12}}{r^{12}}\right\} = -\frac{A}{r^6}+\frac{B}{r^{12}} \qquad (12)$$

レナード-ジョーンズ（12, 6）ポテンシャルエネルギー

ε はポテンシャルの井戸の深さである．σ は相互作用が働く範囲を表すパラメーターであり，$r=\sigma$ で $E_p=0$ となるように引力項と反発項の均衡を調節している．たいていは

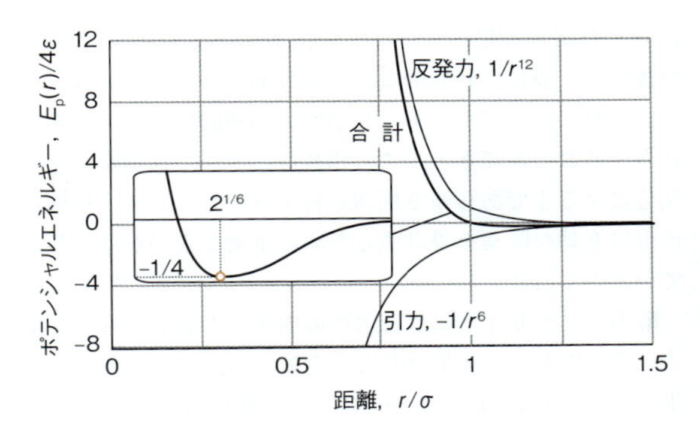

図 10A・8　レナード-ジョーンズのポテンシャルは，真の分子間ポテンシャルエネルギー曲線に対する一つの近似である．このモデルでは，引力成分を $1/r^6$ に比例する寄与で表し，反発成分を $1/r^{12}$ に比例する寄与で表す．このように選んだものをレナード-ジョーンズの（12,6）ポテンシャルという．引力項については妥当な理論的根拠があるが，曲線の反発エネルギーを表す $1/r^{12}$ の項については非常に貧弱な近似にすぎないとする証拠が多くある．

（12）式の最右辺の形で表すだけで十分である．分子対によって決まる ε と σ を用いれば，$A=4\varepsilon\sigma^6$ および $B=4\varepsilon\sigma^{12}$ で表される．計算には（12,6）ポテンシャルがよく用いられるが，反発ポテンシャルを $1/r^{12}$ で表すのは非常に貧弱な近似で，指数関数の形 $a\mathrm{e}^{-br/\sigma}$ で表した方がずっとよいという証拠がいくつもある．指数関数の方が，原子の波動関数が少し離れたところで指数関数的に減衰する状況，つまり反発の原因である波動関数の重なりの距離依存性を忠実に表しているのである．しかし，指数関数の欠点は計算に時間がかかることで，この時間の問題は液体や生体高分子のように多数の原子間の相互作用を考えるときには重要である．（12,6）ポテンシャルの方が計算に便利であった歴史的な理由がもう一つある．それは，r^6 を計算すれば r^{12} はそれを 2 乗するだけですむということである．実際のところ，$1/r^{12}$ 項を採用した理由はこの程度でしかなかったのである．

10A・7　具体例：生物学と薬理学における分子認識

タンパク質や核酸，細胞膜などの生体高分子の三次元構造には，水素結合と疎水効果がおもに関わっている．生体高分子（ホストとして作用する）に対するリガンド（ゲストとして作用する）の結合も分子間相互作用で支配されている．生化学的なホスト-ゲスト複合体の例には，酵素-基質複合体や抗原-抗体複合体，医薬-レセプター複合体などがある．どの場合もゲストのサイトに官能基があり，ホストにはそれと相補的な官能基があって，両者の間で相互作用することができる．たとえば，ゲストにある水素結合供与基は，ホストの水素結合受容基の近くになければしっ

1）Lennard-Jones (12,6) potential energy

かりした結合が起こらない．生化学的なホスト-ゲスト複合体では一般に，特異的な分子間接触が多数なければならず，それによってゲストは化学的に相補的なホストにのみ結合することができる．この相補性こそが，代謝から免疫反応に至るまであらゆる生物過程を支配しており，疾病の治療に有効な医薬を設計するための重要な手がかりを与えているのである．

酵素の活性サイトには疎水性のポケットをもつものが多く，そこで基質の無極性基と結合できる．一方，ホストの生体高分子の内部ではクーロン相互作用も重要になりうる．それは，水系の外部より相対誘電率がずっと小さい場所だからである．たとえば，生理的 pH では，カルボン酸を含むアミノ酸側鎖やアミノ基が負と正にそれぞれ帯電しているから，互いに引き合うことができる．また，生体高分子にはペプチド鎖（−CONH−）などもあり，その構造成分の多くが極性であるから，双極子-双極子相互作用も可能である．しかしながら，やはり水素結合が支配的な相互作用である．有効な阻害剤というのは多くの場合，本来の基質との酵素の結合サイトに対して，同じ水素結合をつくることができるのである．ただし，医薬の場合は酵素に対して化学的に不活性でなければならない．

この種の作戦は，ヒトの免疫不全ウイルス（HIV）でひき起こされる後天性免疫不全症候群（AIDS）の治療薬の設計に使われてきた．ホストである生体細胞の中で分化した HIV 粒子が形成されるためには，そのウイルスの遺伝物質がコードされたいくつかの大きなタンパク質が，プロテアーゼ（タンパク質分解酵素）によって切断されなければならない．治療薬であるクリキシバン（**11**）は HIV プロテアーゼの競合阻害剤であり，この酵素の活性サイトに結合するのに都合のよい分子論的な特徴をいくつか備えている．第一に，（**11**）で強調してあるヒドロキシ基であるが，通常の基質の加水分解の求核物質として作用してしまう H_2O 分子がこれに置き換わっている．この置換によって，治療薬とプロテアーゼの間に追加の結合相互作用が生じている．第二は，その鍵となる−OH 基に結合している炭素原子が，ペプチドの加水分解反応における遷移状態の構造に似た四面体形構造をもつことである．この類似性は重要である．それは，酵素は遷移状態の幾何配置に合うように結合することが多いからである．ところが，クリキシバンのこの四面体形フラグメントは，この酵素によって切断されることがない．第三に，（**11**）に示すように，クリキシバンのカルボニル基と水分子，酵素のペプチドの NH 基の間には水素結合ネットワークが形成されているから，この阻害剤は活性サイトに強く固定されることである．これらの相互作用の正味の効果として，この薬は通常の基質よりプロテアーゼに強く結合できるから，注目する結合サイトに対する効果的な競合剤になっているのである．

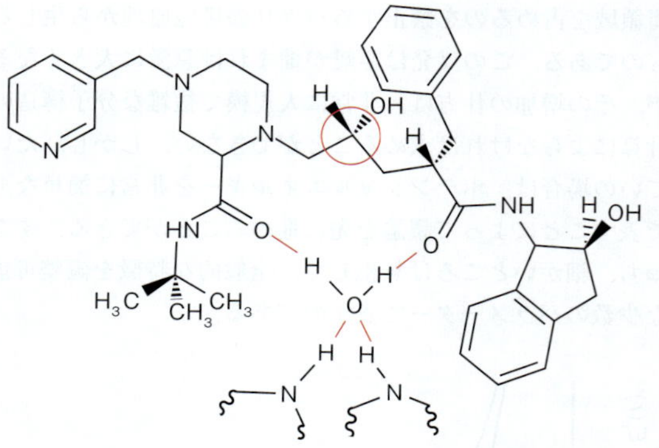

11

重要事項のチェックリスト

- □ 1．**電気双極子**は，大きさが等しく符号は反対の 2 個の電荷から成り，その静電的な性質は**電気双極子モーメント**で表される．
- □ 2．**極性分子**とは，0 でない永久電気双極子モーメントをもつ分子である．
- □ 3．**分子間相互作用**の多くは**ファンデルワールス相互作用**ともいわれ，それは永久双極子モーメントまたは誘起双極子モーメントの間の相互作用に帰着する．
- □ 4．分子と分子の電子分布に重なりが十分あるとき，分子は互いに**反発**する．
- □ 5．流体中の帯電していない分子間の引力相互作用の**ポテンシャルエネルギー**は，ふつう $1/r^6$ に比例して変化する．
- □ 6．**水素結合**は X−H … Y の形の接触型相互作用であり，X と Y はふつう N, O, F の原子である．

重要な式の一覧

式の内容	式	備 考	式番号
クーロンポテンシャルエネルギー	$E_p = Q_1Q_2/4\pi\varepsilon r$	$\varepsilon = \varepsilon_r\varepsilon_0$	1b
双極子モーメントと電気陰性度	$\mu/\mathrm{D} \approx \Delta\chi$	ポーリングの電気陰性度目盛	2
電荷-双極子の相互作用	$E_p = -(\mu_1 Q_2/4\pi\varepsilon_0 r^2)\cos\theta$	(**7**) の相対配向	4b
双極子-双極子の相互作用	$E_p = (\mu_1\mu_2/4\pi\varepsilon_0 r^3)(1-3\cos^2\theta)$	(**8**) の相対配向	5
	$E_p = -2\mu_1{}^2\mu_2{}^2/3(4\pi\varepsilon_0)^2 kTr^6$	回転している分子	6
分極率	$\mu^* = \alpha\mathcal{E}$	定 義	7
分極率体積	$\alpha' = \alpha/4\pi\varepsilon_0$	定 義	8
双極子-誘起双極子の相互作用	$E_p = -\mu_1{}^2\alpha_2'/4\pi\varepsilon_0 r^6$		9
ロンドンの式	$E_p = -\frac{3}{2}(\alpha_1'\alpha_2'/r^6)I_1I_2/(I_1+I_2)$	分散相互作用	10a
レナード-ジョーンズ (12,6) ポテンシャルエネルギー	$E_p = -A/r^6 + B/r^{12}$	$A = 4\varepsilon\sigma^6$ および $B = 4\varepsilon\sigma^{12}$	12

トピック 10B

高分子の構造

> ➤ 学ぶべき重要性
>
> 生体高分子がとっている形状は，その機能を発揮するうえできわめて重要である．
>
> ➤ 習得すべき事項
>
> 生体高分子は，分子内の非共有結合性の相互作用によって特定の形に折りたたまれている．
>
> ➤ 必要な予備知識
>
> 生体高分子の一般的な共有結合構造とその構造の階層による分類について，よく知っている必要がある．また，トピック 10A で述べた相互作用についてもよく理解している必要がある．

分子の構造と形状は，生化学的な解析を行ううえで繰返し登場するテーマである．見方によっては，分子に存在する化学結合によって分子を特徴づけることもできる．分子の**立体配置**[1]とは，化学結合を開裂したり新しくつくったりすることでしか変更できない構造的な特徴のことである．そこで，−A−B−C−という鎖と−A−C−B−という鎖とでは立体配置が異なる．異性体やアノマーの関係にある分子対でも立体配置は異なる．たとえば，α-D-グルコースとβ-D-グルコースとは，キラルな炭素原子つまり不斉炭素原子のまわりの共有結合の配置が異なるのである．一方，分子の**立体配座**[2]（コンホメーション）とは，同じ立体配置でありながら原子の空間的な配列が特異なものをいう．多くの分子は複数のコンホメーションをとることができ，1 個以上の結合軸のまわりに回転することで別のコンホメーションに変われる．分子によっては柔軟性があり，いろいろなコンホメーションがとれるものがある．一方で，エネルギーの最小に相当する優先的なコンホメーションが明確に決まっている分子もある．たとえば，あるタンパク質のフェニルアラニン残基のフェニル環そのものにはコンホメーションの柔軟性はない．しかし，フェニル環全体はそのタンパク質の他の部分に対して異なる配向をとることができ，それは折りたたまれたタンパク質の局所構造によって変われるのである．

細胞内で起こる結合事象や輸送過程，化学反応はすべて，分子間の相互作用に依存している．これらの過程がうまく進行するためには，相互作用しているグループの三次元配列が互いにうまく合致していることが不可欠である．たとえば，酵素は正しいコンホメーションに折りたたまれており，特定の形の基質のために結合サイトを用意している．その後の触媒作用では，このタンパク質と基質の両方のコンホメーションの柔軟性が触媒機構にとって必然的に重要になる．そこで，生体高分子の形状と柔軟性に影響を与える要素について理解しておくことが大切である．

10B・1 ランダムコイル

高分子の**ランダムコイル**[3]状態というのは，その原子が同じ空間領域を占めると生じてしまう立体反発を避けながら，立体配置と合致したコンホメーションならどんなものでもとれる状態である．試料内でランダムコイル状態にある高分子はそれぞれ異なるコンホメーションをとれるから，その試料はコンホメーションの統計分布で表すことができる．完全に乱れたランダムコイルでは，同じ高分子鎖の離れた領域間で引力相互作用は働いていないから，たとえば飽和炭化水素鎖で見られるように，立体的に許されるコンホメーションを等確率でとる．一方，生体高分子では，同じ分子の異なる部分の間で別の弱い相互作用があることが多いから，コンホメーションの分布に片寄りが見られる．本質的に構造のないタンパク質や熱変性した核酸やタンパク質を含め，多くのタイプの生体高分子はこのような分布の片寄りで表すことができる．

ランダムコイルのモデルとして，概念としては最も単純だが化学的には現実的でない**自由連結鎖**[4]がある．このモデルでは，どの結合もその一つ前の結合に対して任意の角度を自由にとれるとする（図 10B・1）．まず，残基が占める体積を 0 と仮定するから，鎖の異なる部分が空間の同じ領域を占めることになってしまう（このモデルの非現実的な

1）configuration　2）conformation　3）random coil　4）freely jointed chain

部分の一つである）．別のいい方で表せば，この鎖は**ランダム歩行**[1] の経路に従うから，その歩行者は行ったり来たり，あるいは交差したりすることもできる．このモデルの二番目の非現実的なところは，実際の高分子には共有結合があるから，ステップ間の角度が限定されてしまうのである．仮想的な一次元自由連結鎖では，残基はすべて一直線上にあり，隣接残基の間の角度は 0° か 180° のどちらかである．一方，少し現実味のある三次元自由連結鎖では，残基が同一直線や同一平面上にあるという制約はないから，ランダム歩行モデルは三次元空間では起こりうるものと考えられる（図 10B･2）．この二つのモデルは数学的に扱うことができる．三次元の場合は，鎖の末端間の距離が r と $r+\mathrm{d}r$ の範囲にある確率は $\mathrm{d}p = f(r)\,\mathrm{d}r$ で表され，

$$f(r) = 4\pi\left(\frac{a}{\pi^{1/2}}\right)^3 r^2 \mathrm{e}^{-a^2r^2} \qquad a = \left(\frac{3}{2Nl^2}\right)^{1/2}$$

三次元鎖の末端間の距離の分布 (1)

である†．N は鎖を構成する単位の数，l はその単位の長さである．関数 $f(r)$ を図 10B･3 にプロットしてある．鎖によっては末端間が遠く離れているかもしれないが，近いものもあるだろう．しかし，$r \to 0$ のとき式中の因子は $r^2 \to 0$ であるから，末端間が非常に接近して見つかることはあまりないことに注目しよう．また，$ar \gg 1$ のとき指数関数因子は 0 に近づくから，鎖が伸びきっているものもあまりない．ここで，コンホメーションの異なる多数の分子が存在していると考える代わりに，$f(r)$ にはもう一つの解釈がある．それは，試料中のそれぞれの鎖がある配置から別の配置へと絶えず形を変えている（時間変化している）とみなすものである．このときの $f(r)\,\mathrm{d}r$ は，任意の瞬間に個々の分子の鎖の末端間の距離が r と $r+\mathrm{d}r$ の間にある確率と解釈できる．

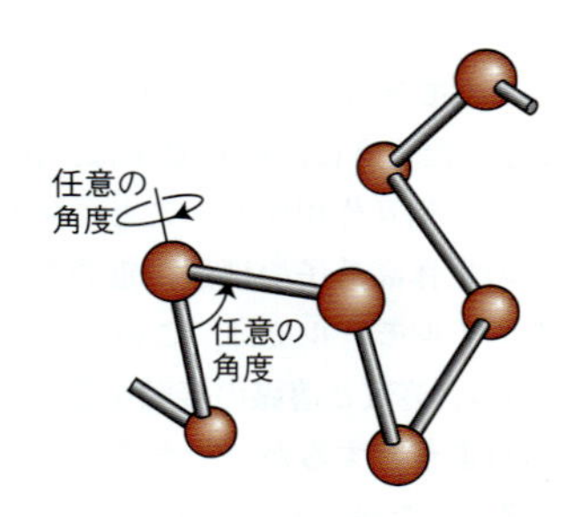

図 10B･1 自由連結鎖は三次元ランダム歩行に似た振舞いをする．各ステップで任意の方向に進んでよいが，ステップの長さは同じである．

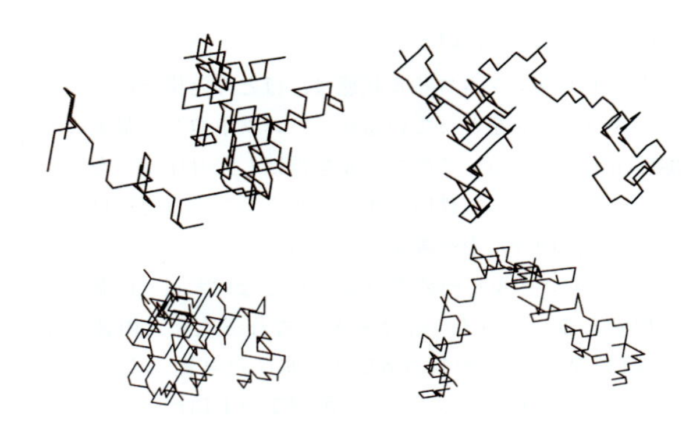

図 10B･2 200 個の単位から成る三次元自由連結鎖がとる 4 通りのコンホメーション．

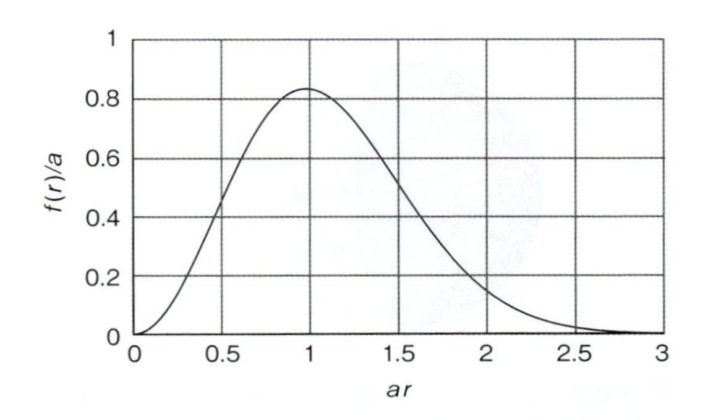

図 10B･3 ランダム歩行モデルによる三次元自由連結鎖の末端間距離の分布．

(a) 大きさの尺度

高分子の幾何学的な大きさを表す尺度にはいろいろある．**実鎖長**[2] R_c は，原子から原子へ主鎖に沿って測った鎖の長さである．N 個の残基から成る三次元鎖については，それぞれの残基の長さを l とすれば，

$$R_c = Nl$$

実鎖長 (2)

で表せる．**根平均二乗距離**[3] R_{rms} は，鎖の末端間の平均距離の尺度である．三次元自由連結鎖の場合は，

$$R_{rms} = N^{1/2}l$$

根平均二乗距離 (3)

である．残基の数が増えるにつれ，両端の根平均二乗距離は $N^{1/2}$ に従って増加する．その結果，鎖が占める体積は $N^{3/2}$ に従って増加する．生体高分子の長い二本鎖 DNA 分子は，その短いセグメントこそ局所的に曲がりにくいものの，全体としてはランダムコイルのようにしなやかに曲がる．このような分子では，DNA の構造を三次元自由連結鎖として扱うのは妥当な近似といえる．ただし，このモデルの N と l は，剛直な単位の数と長さと解釈すべきである．このときの長さ l をその高分子の**持続長**[4] という．

力学で定義されている物体の**慣性半径**[5] とは，ある回転

† この式やあとに続く式の導出については，“アトキンス物理化学”第 10 版，邦訳（2017）を見よ．

1) random walk 2) contour length 3) root mean square separation 4) persistence length 5) radius of gyration

軸まわりの慣性モーメントと質量が物体と等しくなる点を求めたとき．その点の質量中心（重心）からの距離（つまり，点質量と回転軸との垂直距離）のことである（図 10B·4）．たとえば，半径 R の固体の（中身の詰まった均質な）球の慣性半径は $R_g = (2/5)^{1/2}R$ である．ここで，R_g というのは，物体の半径が 0 から R まで広がった全体について，ある種の平均をとったものであるから必ず $R_g < R$ であることに注意しよう．また，長さ l の細長い（中身の詰まった均質な）棒では，長軸に垂直な軸まわりの回転については $R_g = l/(12)^{1/2}$ である．一方，高分子科学でいう慣性半径とは，注目する高分子全体の質量中心からの距離で，それは各モノマー単位の質量を重みとしてつけた根平均二乗距離に等しい．三次元自由連結鎖（ランダムコイル）の場合は，

$$R_g = \left(\frac{N}{6}\right)^{1/2} l \quad \text{三次元自由連結鎖の慣性半径} \quad (4)$$

である．同じ高分子であれば，$R_{rms} = 6^{1/2} R_g \approx 2.4 R_g$ が成り立つ．表 10B·1 には，光散乱と小角 X 線散乱（SAXS）の実験（トピック 12A を見よ）で得られた代表的な値を掲げてある．

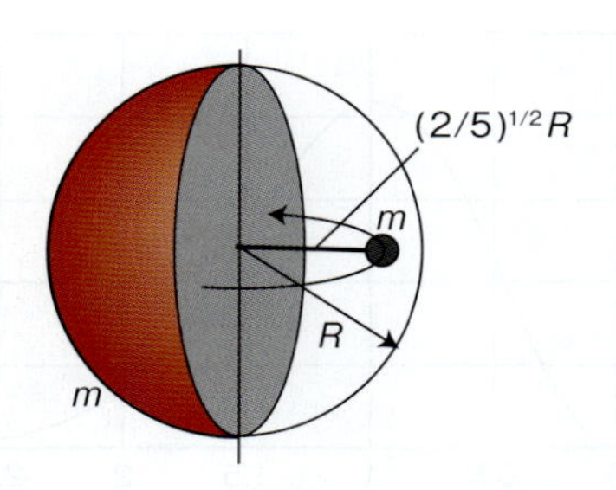

図 10B·4　球形分子（半径 R）の断面図．この分子と同じ回転特性を示す同じ質量（m）の位置を示してある．質量中心からこの点までの距離（半径）がこの分子の慣性半径（R_g）である†．

表 10B·1　生体高分子や分子集合体の慣性半径*1

	$M/(\text{kg mol}^{-1})$	R_g/nm
ニワトリのカルデスモンの C 末端ドメイン*2	14.4	4.1
ウシ血清アルブミン*3	66.5	2.98
ウサギ骨格筋のミオシン*4	493	46.8
プラスミド DNA	3.8×10^3	
直鎖状		174
環　状		130
超らせん		102
タバコモザイクウイルス*5	4.95×10^4	94.0

*1　光散乱および SAXS の実験によるデータ
*2　カルデスモンの C 末端ドメインは本質的に無秩序なタンパク質（天然変性タンパク質，IDP）である．同じ質量のタンパク質で理想的なランダムコイルなら $R_g = 5.2$ nm である．
*3　ウシ血清アルブミンは球状タンパク質で折りたたまれている．
*4　ウサギ骨格筋のミオシンは，2 個の球状頭部ドメイン（頭部ドメイン 1 個は $R_g = 4.4$ nm）と 160 nm の長く伸びた尾部から成る．
*5　タバコモザイクウイルスは棒状で，長さ約 300 nm，直径 18 nm である．ウイルス RNA を包む約 2130 個のサブユニットタンパク質から成る．

簡単な例示 10B·1

ある DNA 分子の持続長は約 45 nm で，これは約 130 個の塩基対に相当している．そこで，剛直な単位 200 個，つまり $N = 200$ のこの DNA の幾何学パラメーターはつぎのように計算できる．

(2)式から，　$R_c = 200 \times 45\ \text{nm} = 9.0\ \mu\text{m}$
(3)式から，　$R_{rms} = (200)^{1/2} \times 45\ \text{nm} = 0.64\ \mu\text{m}$
(4)式から，　$R_g = (200/6)^{1/2} \times 45\ \text{nm} = 0.26\ \mu\text{m}$

ランダムコイルのモデルでは溶媒の役割を無視している．トピック 2B で述べたように，疎水効果は，溶媒（水）と溶質の間に都合のよい相互作用がないことで生じるのであるが，水溶液中での生体高分子の構造に重要な影響を与えている．ランダムコイルモデルでは，このような溶媒を“貧”溶媒という．それは，溶質と溶媒の接触を最小にするためにコイルをひき締めようとするからである．一方，“良”溶媒ではその逆である．したがって，このモデルに基づいて得た計算値は，良溶媒中で実際に得られる高分子の寸法の下限とみなし，貧溶媒の場合は上限とみなすのがよい．

(b)　配座エントロピー

高分子のランダムコイル状態は，ほとんど構造のないコンホメーションをとっているから，エントロピー最大の状態に相当している．このコイルを伸ばしたり圧縮したりしても，それによって秩序が生じるからエントロピーは下がる．逆に，伸びた形や縮んだ形からランダムコイルができるのは（エンタルピーの寄与が介在しなければ）自発的な過程である．長さ l の結合を N 個含む三次元自由連結鎖（実鎖長 $R_c = Nl$）が長さ δL だけ伸びたり縮んだりすれば，結合の配列によって生じる**配座エントロピー**[1]は，

† 訳注：この図は，半径 R の固体の（中身の詰まった均質な）球の慣性半径を示している．同じ質量 m，同じ半径 R の中空の球と中身の詰まった球があるとき，その慣性モーメントはそれぞれ $\frac{2}{3}mR^2$ と $\frac{2}{5}mR^2$ で表される．ところで，ランダムコイルの慣性半径は，その分子と同じ質量と慣性モーメントをもつ中空の球殻（ピンポン球を想像すればよい）で置き換えたときの半径で表される．そこで，ランダムコイル分子を実際に中身の詰まった球（半径 R）とみなし，これと同じ慣性モーメントをもつ中空の球の半径（R_g）を求めれば，$\frac{2}{3}mR_g{}^2 = \frac{2}{5}mR^2$ より，$R_g = (\frac{3}{5})^{1/2}R$ となる．

$$\Delta S = -\tfrac{1}{2} Nk \ln\{(1+\nu)^{1+\nu}(1-\nu)^{1-\nu}\} \qquad \nu = \delta L/R_c$$

配座エントロピー　(5a)

である．k はボルツマン定数である．この関数を図 10B·5 にプロットしてある．伸び縮みが最小の状態がエントロピー最大であることがわかる．(5a) 式で計算した値は，エントロピー変化への分子 1 個の寄与である．試料全体のモルエントロピー変化 ΔS_m は，アボガドロ定数 N_A を掛け，$kN_A = R$ の関係を使えば，気体定数を用いてつぎの式で表される．

$$\Delta S_m = -\tfrac{1}{2} R \ln\{(1+\nu)^{1+\nu}(1-\nu)^{1-\nu}\} \qquad \nu = \delta L/R_c$$

モル配座エントロピー　(5b)

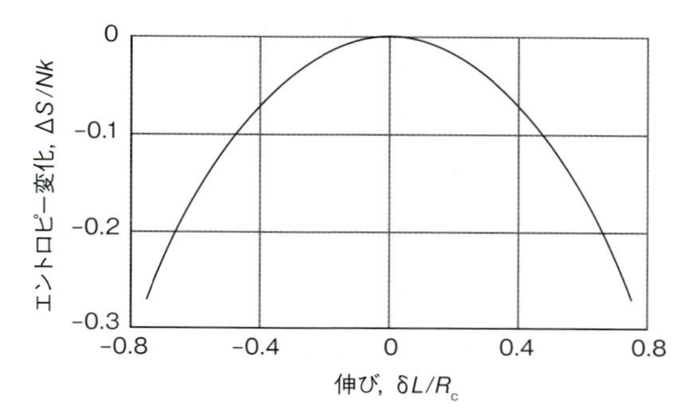

図 10B·5　自由連結鎖の伸長 $\nu = \delta L/R_c$ の変化に伴うモルエントロピー変化．$\nu = 1$ は完全に伸びた状態に対応する．$\nu = 0$ は最大エントロピーの配座であり，ランダムコイルに対応している．$\nu = -1$ は完全に縮んだ状態に対応する．

10B・2　具体例: オリゴ糖と多糖

オリゴ糖と多糖はいずれも炭水化物の重合体である．炭水化物の基本ユニットが**グリコシド結合**[2] によってつながっている．グリコシド結合は，ヒドロキシ基どうしが結合し，H_2O が抜けて（脱水縮合で）つくられ，C−O−C エーテル結合がある．つながった環どうしの相対的な向きは，どのヒドロキシ基が結合し，その立体化学がどうかで決まる．たとえば，グルコースの α アノマーと β アノマー（それぞれ **1a** と **1b**）では，C1 位の炭素（アノマー炭素）の配置が異なる．C1 位と C4 位の炭素の結合，いわゆる 1,4-グリコシド結合によって，モノマーが α-グルコースであれば屈曲形の鎖構造（**2**）となり，β-グルコースであれば直線形（**3**）の鎖構造となる．また，モノマー 1 個が 3 個のグリコシド結合をつくれば分岐構造（**4**）をとることも可能である．

個々のモノマーは剛体として扱えるから，オリゴ糖や多糖のコンホメーションは，グリコシド結合のねじれ角 ϕ と ψ で表せる（図 10B·6）．グリコシド結合の角度 ϕ は**エキソアノマー効果**[3] によってほぼ決まっている．すなわち，環の O 原子と C1 位，グリコシド結合の O 原子を含む非局在結合による．これによって特定のねじれ角が有利になるのである（図 10B·7）．

1a　　**1b**

2　屈曲形グリコシド鎖

3　直線形グリコシド鎖

4　分岐形グリコシド鎖

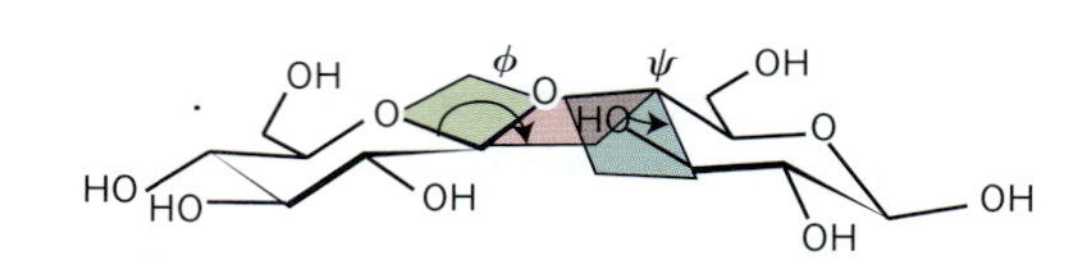

図 10B·6　オリゴ糖のコンホメーションは，グリコシド結合（この図は Glu β1−4 Glu の結合）のねじれ角 ϕ と ψ で決まっている．

簡単な例示 10B·2

NMR のデータによれば，二糖の Gal β1−4 GlcNAc は溶液中で $\phi = -70°$ のコンホメーションをとり，これはエ

1) conformational entropy　2) glycosidic linkage　3) exo-anomeric effect

キソアノマー効果によると解釈できる．これと対照的に，X線結晶学データによれば，IgGのFcドメインに付いた糖鎖のGal β1-4 GlcNAc結合の一つは$\phi = -169°$のコンホメーションを示している．このときのガラクトース残基は，このタンパク質表面にあるポケットに結合しているから，そのグリコシド結合は最低エネルギーのコンホメーションから歪んでいるのである．

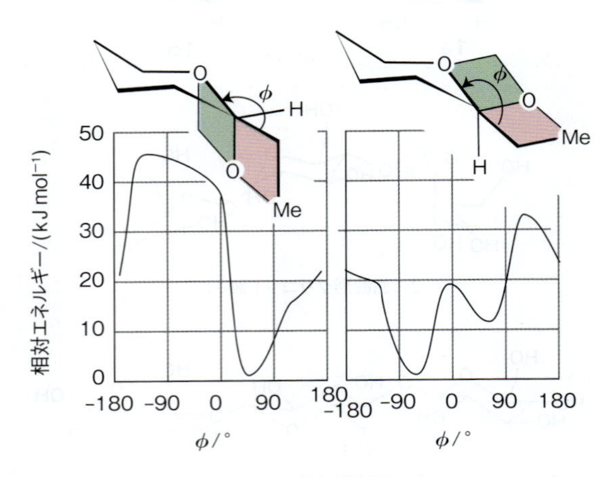

図10B·7　あるモデル化合物のαアノマー（左図）とβアノマー（右図）について，ねじれ角ϕに対して相対エネルギーを計算した結果．エネルギーが最低のコンホーマーが示されている．［R. J. Woods *et al.*, *J. Phys. Chem.*, 99, 3832 (1995) に基づく］

ねじれ角ψは，おもにグリコシド結合の両側にある原子間の反発相互作用で決まっており，モノマー間の比較的長距離の反発相互作用にも依存している．オリゴ糖では特定のコンホメーションに引き込むような長距離の引力は働いていないから，その結果，柔軟なコンホメーションをとれるのである．

大きな多糖体分子では水素結合ネットワークが広がっているから，もっと規則的で剛直なコンホメーションをとることができる．セルロースでは，(**3**) で見られたようなグルコースの直鎖状 (β1-4) 結合鎖があり，ヒドロキシ基と環のO原子を結ぶ分子間水素結合によって互いに相互作用している．これによって細くて強い繊維の構造ができ，セルロースは植物の細胞壁をつくるのに使われている．デンプンの一成分である (α1-4) 結合のグルカンであるアミロースは，(**2**) のような屈曲の鎖が水素結合でらせんをつくりヘリックス構造を形成している．動物や微生物でグルコースが蓄えられた形のグリコーゲンや，植物デンプンのもう一つの主成分であるアミロペクチンも (α1-4) 結合をつくる．しかし，(**4**) のような (α1-6) 分岐点があるから，これらの高分子は規則的な二次構造をとることがない．

10B・3　具体例: 核酸

ポリヌクレオチドのDNAとRNAは，塩基-糖-リン酸が単位となってホスホジエステル結合でつながった高分子であり，自己構築によって複雑な三次元構造を形成している．オリゴ糖と違って，ポリヌクレオチドのコンホメーションは主として引力によるものであり，それで剛直な構造をしている．

DNAのヌクレオチド塩基は，水素結合の供与体と受容体を非常に特異で相補的な幾何配置で提供している．その結果，相補的な塩基配列をもつ2本のストランドは二量化して，一方のストランドのアデニン (A) はもう一方のストランドのチミン (T) と水素結合で結ばれ，同じようにシトシン (C) はグアニン (G) と塩基対を形成している．この配列は，可能な水素結合の数を最大化するやり方である．この塩基対が示す非極性とデオキシリボースリン酸主鎖が示す極性とが存在することによって，この二量体は折りたたまれて，この塩基対をまわりの水の環境から遠ざけて，代わりに主鎖を水に向けようとする．しかしながら，この傾向は$pH \approx 7$の環境では負に帯電しているリン酸基の静電反発相互作用で均衡がとられている．これらの相互作用の正味の結果として，二重らせん構造が形成される．このとき，らせんを巻くデオキシリボースリン酸基の主鎖は塩基対を完全には包み込んでいないのである（図10B·8）．

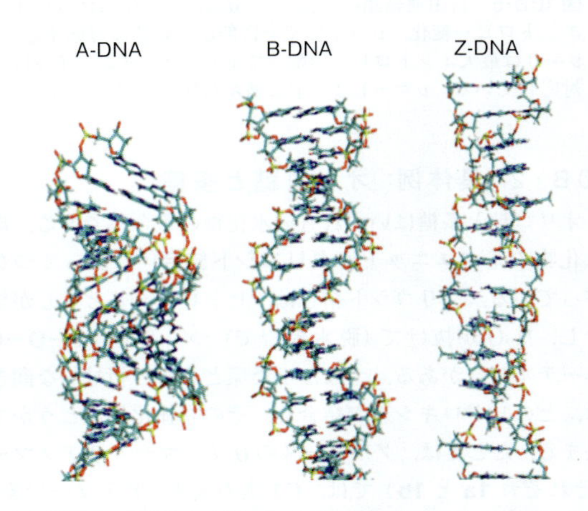

図10B·8　DNAの3種の二重らせん構造．A-DNAとB-DNA, Z-DNA.［B. R. Wood, *Chem. Soc. Rev.*, 45, 1980 (1982) より転載］

図10B·8には，二重らせんに異なる形態が可能なことも示してある．細胞内のDNAで最も豊富に存在する形態のB-DNAは棒状の二重らせんが右巻きであり，直径2.0 nmで3.4 nmのピッチである．このときの塩基対は互いにほぼ平行で，長軸方向に垂直に出ており，1巻き当たり10.5個の塩基対がある．A-DNAの二重らせんは右巻きであり，直径は約2.6 nmでわずかに大きく，ピッチは

2.8 nm である．このときの塩基対は互いに平行であるが，ヘリックスの長軸方向に対して垂直ではなく，1 巻き当たり 11 個の塩基対がある．Z-DNA という DNA の第三の形態は左巻きヘリックス構造で，直径 1.8nm，ピッチ 4.5 nm で，塩基対はヘリックスの長軸方向に対してやや傾いた配列をとり，1 巻き当たり 12 個の塩基対がある．

平面 π 電子系をもつ薬剤には，図 10B･9 の長方形で示すように，スタッキング相互作用によって DNA の塩基対の間に入り込み（インターカレート），効力を発揮するものがある．このインターカレーションによって二重らせん構造に変化を起こさせ，DNA の複製と転写に必要なタンパク質との結合による認識をさせなくするのである．

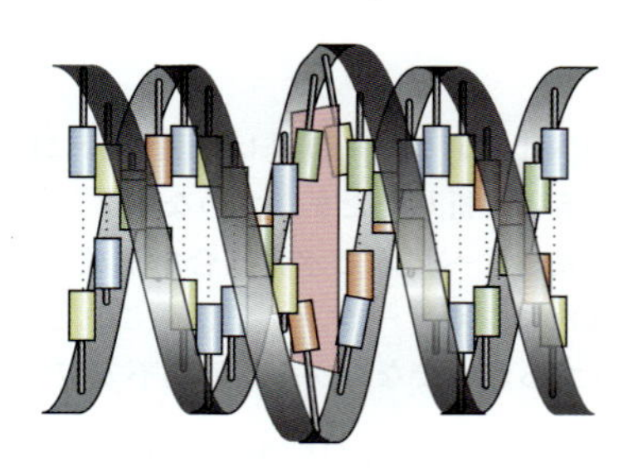

図 10B･9　平面 π 系（長方形で示してある）をもつ薬剤には，DNA の塩基対の間に挿入（インターカレート）されるものがある．

DNA の長く伸びた部分は柔軟であるから，もっと折りたたまれていろいろな高次構造をとることができる．最もよく見られるのは**スーパーコイル DNA**[1] であり，これは二重らせん鎖が余分にねじれたもので，コイルドコイル（coiled-coil）のコンホメーションをとっている．その余分のねじれには，二重らせんと同じ向きにねじれた"正のスーパーコイル"と逆向きにねじれた"負のスーパーコイル"がある．このスーパーコイル化は，細菌の DNA をコンパクトにする役目をしている．また，細菌のゲノムは閉じた円形（closed circular）の DNA（ccDNA）から成るから，ccDNA が形成される前に DNA のスーパーコイル化をしておけば，自分自身を包み込んでしまう DNA 二重らせんができる（図 10B･10）．

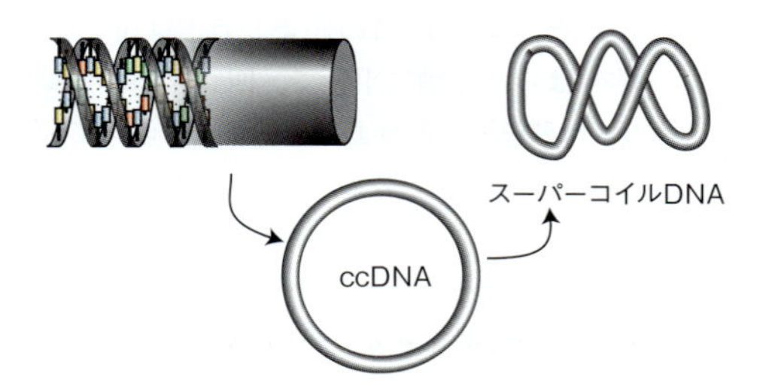

図 10B･10　DNA の長い切片では，鎖の両端が共有結合で閉じた円形の DNA（ccDNA）をつくることがある．この ccDNA をつくるまえに DNA を余分にねじればスーパーコイル DNA ができる．

簡単な例示 10B･3

大腸菌（*E. coli*）細胞はふつう直径 1 μm，長さ 3 μm である．そのゲノムは約 500 万個の塩基対から成る．もし，このゲノムが円形に巻かれず伸び切ってしまえば，その長さは約 1.7 mm にもなる．それが仮に，ccDNA の円形になったとすれば，その直径は 0.54 mm である．すなわち，このゲノムが細胞内にうまく収まるには，ぎっしり詰め込む必要がある．

スーパーコイル DNA は，遺伝情報の転写に関与する前には巻き戻しておかなければならない．コイル化もその巻き戻しも，トポイソメラーゼに属する酵素によって触媒される．

構造の違うものに転換された RNA と DNA であるが，この両者には化学的な組成にも重要な違いがある．RNA の糖が β-D-リボフラノース（リボース，巻末の構造図 S1）であるのに対して，DNA では β-D-2- デオキシリボフラノース（デオキシリボース，構造図 S2）である．塩基としてアデニン，シトシン，グアニンは DNA にも RNA にも見られるが，RNA ではチミンの代わりにウラシル（U，構造図 B5）になっている．DNA と同じように，2 個の相補的な RNA の塩基配列は塩基間に水素結合をつくることは可能である．疎水効果と主鎖のリン酸基の間の静電反発とによって，二重らせんのコンホメーションになる．そのコンホメーションが一本鎖の二重らせん構造をとるか，二本鎖の二重らせん構造をとるかは，相補的な塩基配列が同じ鎖内にあるか，それとも異なる鎖にあるかによって決まる．D-2-デオキシリボースと比較して D-リボースに余分にある −OH 基と，それによって生じる立体反発とによって，B-DNA に類似のコンホメーションは不安定になってしまう．その結果，二重らせん構造の RNA は A-DNA と似たコンホメーションをとることになる．RNA 分子が二本鎖の二重らせんの形態で見つかることがほとんどないのは，生物学的な状況で相補的なストランドが合成されないからにすぎない．感染性の胃腸炎の原因となるロタウイルスなど一部のウイルスは，ゲノムとして二本鎖 RNA をもつ．一方，相補的な塩基配列が鎖内にある一本鎖 RNA は，折りたたまれて複雑な構造を示す．この効果の一例は**転移 RNA**[2]（tRNA，構造図 T1）の構造に見られる．転移 RNA では塩基対の存在する領域が閉じた円やコイルでつながっており，細胞内でタンパク質を合成するとき，増え続ける

1) supercoiled DNA．超らせん DNA ともいう．2) transfer RNA

ポリペプチド鎖に正しいアミノ酸残基を加える役目を担っている．

10B・4 具体例：タンパク質

ポリペプチド鎖は，ギブズエネルギー最小に相当するコンホメーションをとっている．それは**配座エネルギー**[1]，すなわち鎖内のいろいろな部分の間の相互作用エネルギーや，鎖とそのまわりの分子との相互作用エネルギー，まわりの分子間の相互作用エネルギーに依存している．生物細胞の水性の環境のもとでは，可溶な単量体タンパク質分子の表面が水分子と相互作用するから，その内部に水分子が含まれていることが多い．これらの水分子は疎水効果と鎖内のアミノ酸への水素結合とによって，鎖のコンホメーションが決まるうえできわめて重要な役目を果たしている．

(a) 二次構造

タンパク質の**一次構造**[2]とは，共有結合でつながったアミノ酸残基の配列順序のことである．二次構造は，この主鎖を水素結合構造に配置したものである．この構造では，ペプチド鎖がH原子の供与体（NH部分）にも受容体（COの部分）にもなっている．ポーリング[3]とコーリー[4]は1951年に，二次構造で最もよく見られる形態を予測する規則を提案した．**コーリー–ポーリングの規則**[5]によれば，つぎのことがいえる．

1. ペプチド鎖の4個の原子は，比較的剛直な一平面内にある（図10B・11）．ペプチド鎖の平面性はO, C, N原子にわたってπ電子が非局在化し，そのπオービタルの最大重なりを維持しようとするためである（図10B・12）．
2. 水素結合に関わるN, H, O原子は，ほぼ一直線上にある（N−O方向からのHの変位は，角度にして30°以内である）．

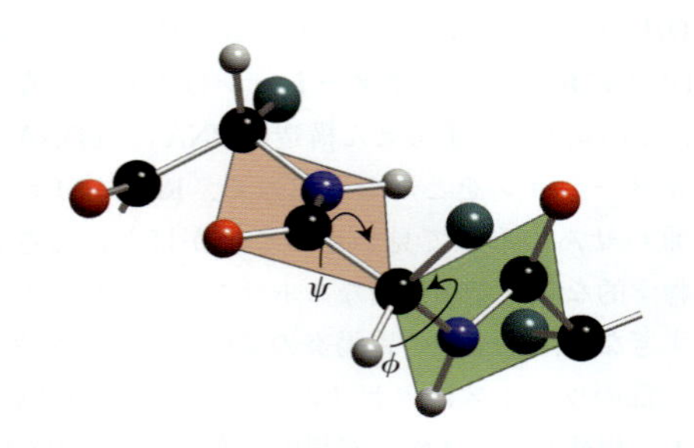

図10B・11 それぞれのペプチド鎖にある原子C−CO−NH−Cは一平面上にある（四角形で示してある）．一方，NH−C結合とC−CO結合のまわりには，それぞれ回転の自由度がある．それを2個のねじれ角 ϕ と ψ で表している．

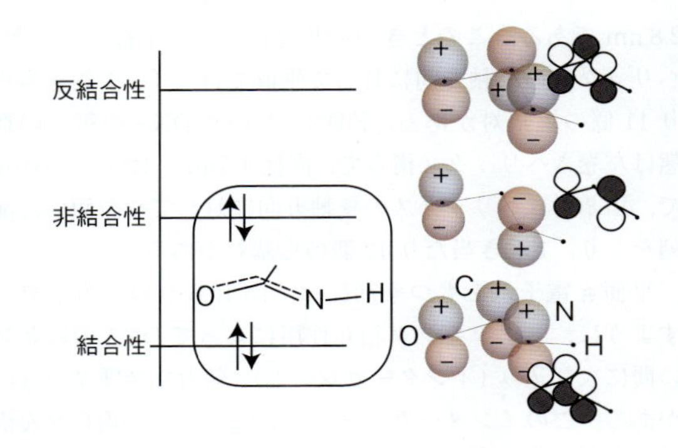

図10B・12 N原子の孤立電子対とカルボニル基のπ結合にある2個の電子は，ペプチド結合のpオービタルの重なりによって非局在化している．それによってペプチド鎖の平面性が保たれている．

3. すべてのNH基およびCO基は水素結合に関与している．水に溶けた折りたたまれていないタンパク質では，これらの基はすべて水と水素結合を形成するが，折りたたまれたコンホメーションでは，これと同じ水素結合に関与するわけでないから比較的不安定である．

コーリー–ポーリングの規則を満たす構造が二つある．一つは，ペプチド鎖間の水素結合によってらせん構造ができるもので，これは**αヘリックス**[6]である．もう一つは，ペプチド鎖間の水素結合によって平面構造ができるもので，これは**βシート**[7]である．あまり一般的でないが，ほかにも水素結合に基づく二次構造が存在する．たとえば，βターンや 3_{10} ヘリックス，πヘリックスなどがあるが，いずれもコーリー–ポーリングの規則から予測されない．主鎖のコンホメーションは，それぞれのアミノ酸の二つのねじれ角 ϕ と ψ で表せる（図10B・11）．同じ二次構造が広がる領域では，隣接するアミノ酸とのねじれ角 ϕ と ψ の同じ値が繰返されるだけである．

αヘリックスを図10B・13に示す．ヘリックスの1巻きには3.6個のアミノ酸残基があるから，このヘリックスの周期は5巻き（残基18個分）である．1巻きのピッチ（360°回転したときの2点間の距離）は544 pmである．N−H…O結合はらせん軸に平行で，四つ目の基と結合している（残基 i は残基 $i-4$ および $i+4$ と結合している）．すべてのR基は，ヘリックスの主軸から外向きに出ている．このヘリックスには，らせんが右巻きになるか左巻きになるかの自由度がありうる．しかし，天然に産するアミノ酸ではLの配置が優勢であるから，ヘリックスは圧倒的に右巻きである．なぜL配置が優勢なのかはわかっていない．完全に右巻きのαヘリックスでは，すべて $\phi=-57°$，すべて $\psi=-47°$ である．左巻きのαヘリックスでは，ど

1) conformational energy　2) primary structure　3) Linus Pauling　4) Robert Corey　5) Corey–Pauling rule　6) α helix
7) β sheet．ひだ付きβシートといわれることもある．

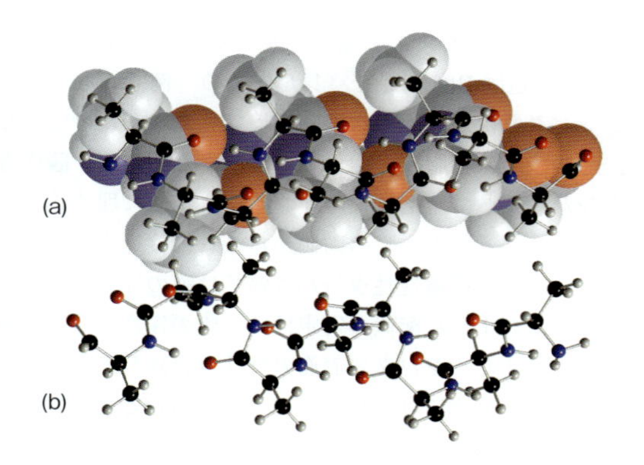

図 10B・13　(a) 空間充塡モデル，(b) 球棒モデルで表したαヘリックス．一例としてポリ-L-アラニンを示してある．1 回転当たり 3.6 個の残基があり，らせんに沿って残基 1 個当たり 150 pm 進み，そのピッチは 544 pm である．その直径は（側鎖を無視すれば）約 600 pm である．

ちらのねじれ角も正の値をとる．

βシートは，二つの伸びたポリペプチド鎖（ねじれ角 ϕ と ψ が大きな絶対値をもつ）の間の水素結合によって形成される．R 基は，このシートの上側と下側を交互に向いている．構成している鎖間の水素結合の様式の違いで，2 種のタイプの構造を区別できる．**反平行βシート**[1]（図 10B・14a）では $\phi=-139°$，$\psi=+135°$ であり，水素結合 N−H…O の原子は同じ直線上にある．鎖が反平行に配列するとこうなり，一方の鎖のそれぞれの N−H 結合がもう一方の鎖の C−O 結合と一直線上に揃うのである．反平行βシートはタンパク質で非常に一般的である．一方，**平行βシート**[2]（図 10B・14b）では $\phi=-119°$，$\psi=+113°$ であり，水素結合 N−H…O の原子は完全には揃っていない．

ポリペプチド主鎖のコンホメーションは，それぞれのアミノ酸について二つの角度だけで指定することができるから，分子全体のコンホメーションの状況は**ラマチャンドランのプロット**[3]で表せる．すなわち，このプロットは一方

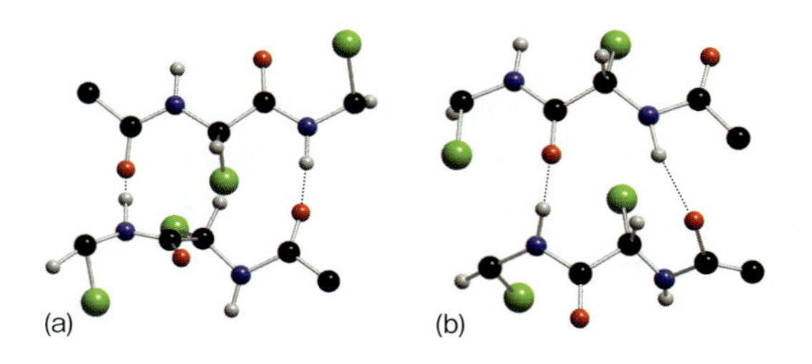

図 10B・14　(a) 反平行βシート（$\phi=-139°$，$\psi=+135°$）．水素結合 N−H…O の原子は一直線上にある．(b) 平行βシート（$\phi=-119°$，$\psi=+113°$）．水素結合 N−H…O の原子は完全には直線上にない．

の軸で ϕ を表し，もう一方の軸で ψ を表している．ラマチャンドランのプロットには立体的に許容される ϕ と ψ の組合わせと，立体的に許容されない組合わせが示してあるから，これによって通常の二次構造の領域を知ることができる．注目するタンパク質について，ラマチャンドランのプロットの上に各アミノ酸を 1 個の点で表す（図 10B・15）．ここで，すべての残基が許容領域内に収まるわけでないことに注意しよう．それは，タンパク質全体にとって最も好ましいやり方で折りたたまれるには，局所的な歪みがどうしても必要になるからである．

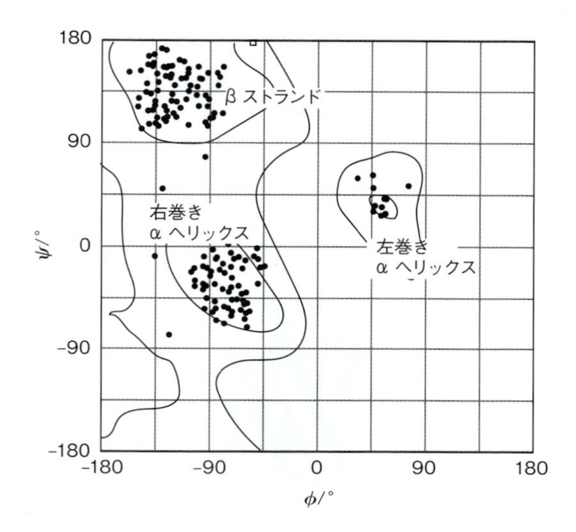

図 10B・15　IgG の Fab ドメインのラマチャンドランのプロット．小さく囲った領域は，通常の二次構造に見られる ϕ と ψ の領域に相当している．大きく囲った領域は，アミノ酸のコンホメーションが立体的に許容される ϕ と ψ の領域．ただし，Pro と Gly を除くアミノ酸についてプロットしてある．

(b) 三次構造

タンパク質の二次構造の各部は，水溶液中で安定なことはあまりない．それは，ペプチド主鎖に水素結合の供与体と受容体が共存していて，それに水が競合するからであり，代わりに互いに密に詰まった安定な**三次構造**[4]をつくるのである．タンパク質のフォールディングを促進する因子には，酸化環境区画にあるタンパク質で見られるシステイン残基の間で共有結合している −S−S− **ジスルフィド結合**[5]（**5**）の存在やイオン間のクーロン相互作用（官能基のプロトン付加の度合い，つまり pH による），水素結合（O−H…O な

5 ジスルフィド結合

1) antiparallel β sheet　2) parallel β sheet　3) Ramachandran plot　4) tertiary structure　5) disulfide linkage

ど）の存在，ファンデルワールス相互作用，疎水効果などがある．

水溶液の環境では，鎖のフォールディングは無極性のR基が内側にきて（そこでは溶媒に接触することがあまりない），帯電したR基は表面（極性溶媒と直接接触するところ）に出る仕方で起こる．このように無極性のアミノ酸がタンパク質の内部に集まるのを駆動しているのは，おもに疎水効果である．この大雑把な規則に基づいて多種多様な構造が生じる．なかでも**4ヘリックスバンドル**[1]（図10B･16）は，シトクロムb_{562}（電子輸送タンパク質の一つ，構造図P5）などのタンパク質に見られる構造である．これは，各ヘリックスが残基3個または4個ごとに無極性のアミノ酸側鎖を有するときに形成されるもので，その結果，ヘリックスの片側が無極性になる．こうしてできた4個の無極性領域が集まると，その内側は無極性になるのである．同じように，βシートは互いに相互作用して**βバレル**[2]（図10B･17）を形成する．その内側は無極性のR基で占められており，外側は帯電した残基に富んでいる．血漿中に存在しビタミンAの輸送を担うレチノール結合タンパク質（構造図P8）は，βバレル構造の一例である．

図10B･16 4ヘリックスバンドルは，各ヘリックスの表面にある無極性アミノ酸どうしが相互作用して形成される．このとき，極性のアミノ酸は溶媒の水溶液環境に露出している．

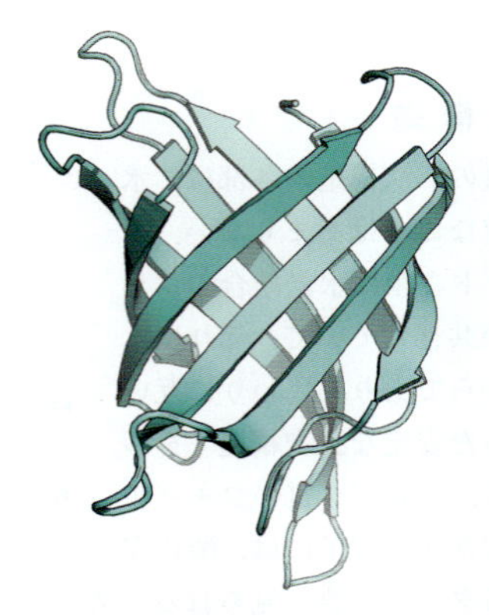

図10B･17 ヒト血清中のレチノール結合タンパク質に見られる8本鎖のβバレル．反平行βシートを矢印で示してあり，それぞれは短いランダムコイルでつながっている．無極性のアミノ酸はβバレルの内側にある．

タンパク質は，細胞の水溶液環境で見つかるだけではない．その多くは細胞膜と関係しているからである．**膜内在性タンパク質**[3]は，生体膜のリン脂質二重層に埋め込まれて貫通しているから，膜の両側からこれに接近することができる．一方，**膜表在性タンパク質**[4]は膜の片側でのみ関われる．このような配置の安定性は，膜の極性領域と非極性領域に対するタンパク質表面の特性が合致しているかどうかで決まる．水に可溶なタンパク質の場合と違って，膜内部の非極性部と接触している膜タンパク質は折りたたまれて，その表面には非極性のR基が置かれている．一方，膜の極性表面では静電相互作用が優勢であるから，この領域のタンパク質表面は極性でなければならない．水に可溶なタンパク質の場合と同じで，ペプチド主鎖は折りたたまれて水素結合を最大限つくりやすくなっているから，同じタイプの二次構造ができている．なかでもαヘリックスバンドルとβバレルは，主として膜貫通輸送を可能にする特殊な機能を有する膜タンパク質をつくるのに重要である．このほかにも，非水環境で安定な配列をもつ単一の膜貫通型αヘリックスがあり，これによって自らを膜に固定しておくことができる．

天然のタンパク質には約2000種の異なる折りたたみ構造がある．そのほとんどは200個以下の残基しか含んでおらず，大半は100個に近い残基から成る．自然選択によって，限られたサイズの折りたたみ構造しかつくられなかった理由はいくつか考えられる．まず，たいていのタンパク質はその構造のごく一部（たとえば酵素の活性サイト）しか生物学的な機能に関与していないから，大きなタンパク質を合成しても生化学的なエネルギーの無駄遣いになるということである．第二に，生体内でペプチド鎖の折りたたみが始まっても，それはまだ合成途中である．したがって，配列の遠く離れた残基間の相互作用を反映したある折りたたみ構造ができたとしても，その相互作用が実際に及ぶほど遠くまで合成される前にペプチド鎖にミスフォールディングが起こるかもしれないからである．一方，200個以上の残基を含むペプチド鎖から成るタンパク質も多い．これらの**モジュールタンパク質**[5]の多くは，配列の短い領域がそれぞれ独立に，構造的に特異なドメインに折りたたまれる．たとえば，タイチン（コネクチンともいう）はヒトの筋肉に3番目に豊富に存在するタンパク質であり，34000個を超える残基から成る長いタンパク質である．しかし，それは244個の折りたたまれたドメインに分かれており，それぞれの間は構造のないペプチド配列によって結ばれているのである．

1) four-helix bundle　2) β barrel　3) integral membrane protein　4) peripheral membrane protein　5) modular protein

(c) 四次構造

四次構造[1]は，明確な三次構造の単位の集合でつくられる．この集合体は，三次構造の領域を安定化させているのと同じ相互作用（すなわち，水素結合やジスルフィド結合，静電相互作用，疎水効果など）によって安定化している．これら三次構造の単位は，それぞれ独立に折りたたまれたタンパク質でオリゴマー構造に集まる能力をもっていたり（たとえば，フマル酸／硝酸レダクターゼ調節タンパク質，FNR），集合体の一部が完全に折りたたまれた別々のペプチド鎖（たとえば，ヘモグロビンなど）であったり，あるいは単一のポリペプチド鎖の中にある複数の構造ドメイン（たとえば，プラスミノーゲン）であったりする．

タンパク質 FNR は，いろいろな細菌の中で好気性呼吸から嫌気性呼吸への切り替えを行うマスター調節因子である．この切り替えを駆動するのは FNR のモノマーからダイマーへの転換である．また，ヘモグロビン（構造図 P7）はミオグロビン類似の 4 個のドメインから成る酸素輸送タンパク質である．ただし，これらのドメインが独立に折りたたまれることはない．O_2 が結合すると一つのドメインにコンホメーション変化が起こり，それが別のドメインのコンホメーション変化をひき起こすから，これによって O_2 の結合が協同的に起こるのである（トピック 9C）．プラスミノーゲンは酵素前駆体であり，組織プラスミノーゲン活性化因子によって，血栓溶解作用を有する酵素プラスミンへと変換される．プラスミノーゲンは単一のペプチド鎖から成り，独立に折りたたまれた 7 個のドメインをもつ．この 7 個のドメインが集まってコンパクトな四次構造をつくっている（図 10B・18）．プラスミンへの変換の第一段階はリガンド結合によって誘起され，これによって四次構造を失うのである．

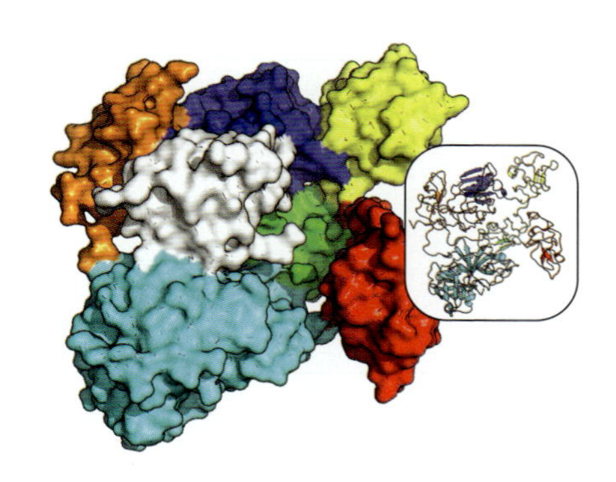

図 10B・18　プラスミノーゲンに見られる 7 個の独立に折りたたまれたドメイン．

タンパク質は，自己構築により非常に大きな集合体をつくることもできる．コラーゲン（構造図 P4）は哺乳類に最も豊富に存在するタンパク質で，いろいろな組織や器官に力学的な強さを与える役目をしている．コラーゲンは，3 個の左巻きらせんのペプチド鎖が互いに絡み合って右巻きの三重らせん構造をしている．それぞれの鎖のアミノ酸配列の 3 個目ごとにグリシンが存在している．それは，水素原子 1 個分より大きなアミノ酸側鎖を収容するだけの空間が三重らせんの中央にないからである．タンパク質のアクチンは細いフィラメントを形成し，タンパク質のミオシン数個と会合すると，筋収縮の機構に重要な役割を果たす．細胞分裂のあいだ染色体の分割に参加し，細胞に構造的な強さを与え，べん毛運動に関与する微小管は，タンパク質のチューブリンが凝集してできた中空の円筒構造をしている．

タンパク質の凝集体すべてが有益であるわけではない．鎌状赤血球貧血の患者では，ヘモグロビン分子が棒状に凝集し，赤血球細胞は O_2 分子を効率的に運べなくなる．また，脳内にタンパク質の凝集体が存在すると，重篤な症状を伴うとされている．たとえば，アルツハイマー病患者の死後の脳を解剖して見つかったアミロイド斑は，損傷ニューロンと伸びた反平行 β シート構造をもつ β アミロイドタンパク質の凝集体とが混合したものである．

1）quaternary structure

重要事項のチェックリスト

□ 1．分子の**立体配置**は，化学結合を開裂したり新しくつくったりすることでしか変更できない構造的な特徴である．

□ 2．分子の**立体配座**（コンホメーション）は，同じ立体配置でありながら原子の空間的な配列が特異なものをいう．

□ 3．高分子の**ランダムコイル**状態というのは，その原子が同じ空間領域を占めると生じてしまう立体反発を避けながら，立体配置と合致したコンホメーションならどんなものでもとれる状態である．

□ 4．**グリコシド結合**は，炭水化物分子のヒドロキシ基どうしの結合で脱水縮合により形成され，C−O−C エーテル結合がつくられる．

□ 5．タンパク質の**一次構造**とは，共有結合でつながったアミノ酸残基の配列順序のことである．

□ 6．タンパク質の**二次構造**とは，ペプチド結合に関与している原子間の水素結合形成による通常のコンホメーションのことである．

□ 7．タンパク質の**三次構造**とは，完全に折りたたまれたタンパク質または独立に折りたたまれたドメインのコンホメーションのことである．

□ 8．多量体タンパク質やマルチドメインタンパク質の**四次構造**とは，個々に折りたたまれた部分の集合体の全体としての構造のことである．

□ 9．**コーリー-ポーリングの規則**は，タンパク質の二次構造で最もよく見られる形態を予測しようとする．

重要な式の一覧*

式の内容	式	式番号
末端間の距離の分布	$f(r) = 4\pi(a/\pi^{1/2})^3 r^2 \mathrm{e}^{-a^2r^2} \quad a=(3/2Nl^2)^{1/2}$	1
実鎖長	$R_\mathrm{c} = Nl$	2
根平均二乗距離	$R_\mathrm{rms} = N^{1/2}l$	3
慣性半径	$R_\mathrm{g} = (N/6)^{1/2}l$	4
配座エントロピー	$\Delta S = -\frac{1}{2}Nk\ln\{(1+\nu)^{1+\nu}(1-\nu)^{1-\nu}\} \quad \nu=\delta L/R_\mathrm{c}$	5a

* ここに掲げた式はすべて，長さ l の単位が N 個つながった完全に自由な三次元鎖についてのものである．

トピック 10C

立体構造の安定性と分子の凝集

➤ 学ぶべき重要性

生体分子は，単一の生体高分子から多数の分子や高分子から成る複雑な凝集体に至るまで大きさはさまざまであるが，そのコンホメーションが柔軟な構造をとれることは本来の機能を発揮するうえできわめて重要である．

➤ 習得すべき事項

生体高分子や生体分子凝集体の熱力学的な安定性は，そのコンホメーションに変化を起こせるかどうかに影響を与えている．

➤ 必要な予備知識

高分子がとるさまざまな構造（トピック 10B）や疎水効果（トピック 2B）について知っている必要がある．本トピックでは，すでに述べたギブズエネルギーの温度依存性（トピック 3A）や標準反応ギブズエネルギーと平衡定数の関係（トピック 4A）を用いて説明することになる．

細胞内の生体高分子の構造は，ふつう特定の折りたたまれたコンホメーションをとっており，その安定性は温度に依存している．そのフォールド形のコンホメーションの安定性は温度上昇によって低下し，最終的には乱れた状態になる．このときのアンフォールディングの過程を**変性**[1]というが，特にこの場合には“熱変性”という．この現象はふつう比較的狭い温度範囲で起こるから相転移とよく似ている．この類似性を根拠に，“融解”という用語を用いてアンフォールディングの現象を表すことが多い．本来の相転移（固体の融解など）の場合と同じで，温度が上昇すれば原子の動きに対する制約が緩和される．脂質二重層にも温度によって変化する構造が見られ，低温での制約された分子間運動の状態から高温での流動的な状態への転移が起こるのである．この転移は生化学的には非常に重要である．それは，たいていの生体高分子はフォールド形の状態で機能を発揮する一方で，生体膜がその機能を最大限に発揮するには流動性が必要だからである．

フォールド形の生体高分子の**融解温度**[2] T_m とは，その高分子の半分がアンフォールド形になる温度である．本トピックの後半で用いることになる便利な指標があるから，それをここで示しておこう．T_m は，アンフォールディングの平衡定数 K_{unfold} = [unfolded]/[folded] が 1 に等しい温度である．融解温度は，そのものの分子内や分子間で働く相互作用の強さと数に依存している．変性現象は，ある種の**協同過程**[3]である．それは，その生体高分子で変性がいったん始まれば，その影響をますます受けやすくなるからである．この協同性によって，部分的にアンフォールド形という分子は過渡的にしか存在しないことが説明できる．すなわち，アンフォールド状態というのは多くの場合，事実上“すべてか無か”なのである（図 10C･1）．

細胞内にはアンフォールド状態の分子もある．**本質的にアンフォールド状態のタンパク質**[4]（IUP）あるいは**本質的に無秩序なタンパク質**[5]（IDP）といわれる天然変性タンパク質には，アンフォールド–フォールド転移に依存す

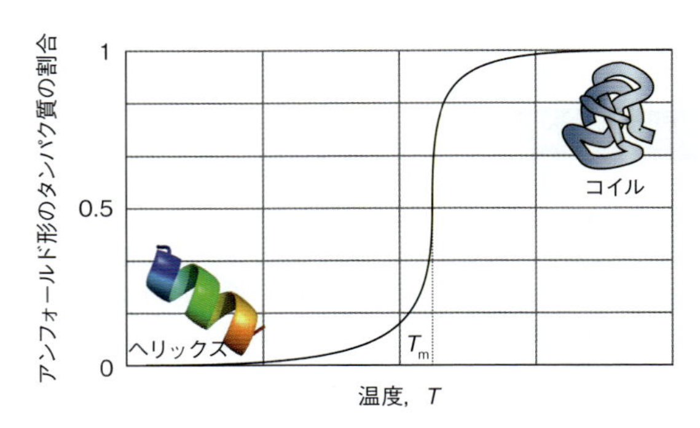

図 10C･1 タンパク質分子には温度上昇でアンフォールド形になるものがある．アンフォールド形の割合を温度に対してプロットしたときシャープな段が見られれば，この転移は協同的である．融解温度 T_m は，タンパク質分子の半分がアンフォールド形になる温度である．

1）denaturation　2）melting temperature　3）cooperative process　4）intrinsically unfolded protein
5）intrinsically disordered protein

る機能がある．また，タンパク質はすべてアンフォールド状態で合成されるから，正しいフォールディング経路に導くために多くは分子シャペロンの助けが必要である．望まないアンフォールディングが，たとえば外部環境の温度変化によって起こることもあるから，アンフォールド形のタンパク質の凝集体が細胞内で蓄積するのを回避する機構を細胞は用意している．このようなコンホメーションの規制は，タンパク質のリフォールディング（構造復元）を促進するか，アンフォールド形のタンパク質を劣化の標的にするかによって達成されている．アンフォールド形の核酸も細胞や組織内で重要な役目をしている．フォールド構造をもたない数種の低分子（20〜30 個のヌクレオチドから成る）RNA 分子は，たいていの真核細胞で生物活性を制御するのに重要である．たとえば，短鎖干渉 RNA（siRNA）やマイクロ RNA（miRNA）などの低分子の RNA は，遺伝子の発現と展開の転写後制御に重要な働きをしている．

10C・1　核酸の安定性

フォールド形の分子の熱的な安定性は，そのフォールドを起こしている相互作用の強さによって変わる．たとえば DNA では，アミノ酸配列の G–C 塩基対の数が増えるほど熱的な安定性は増す．それは，G–C 塩基対（**1**）には水素結合が三つあるのに対して，A–T 塩基対（**2**）では二つしかないからである．水素結合相互作用の割合が少ない二重らせん構造より，多い二重らせん構造を融解する方が大きなエネルギーが必要なのである．

1　G–C塩基対　　**2**　A–T塩基対

例題 10C・1　DNA の融解温度の予測

DNA 分子の融解温度は，示差走査熱量測定（トピック 1C）で求めることができる．一連の異なる塩基対組成の DNA 分子について，ここでは G–C 塩基対の割合 f を変えて 0.010 M の Na_3PO_4(aq) 中で測定し，つぎのデータが得られた．

f	0.375	0.509	0.589	0.688	0.750
T_m/K	339	344	348	351	354

G–C 塩基対を 40.0 パーセント含む DNA 分子の融解温度を求めよ．

考え方　DNA の融解温度と組成の間の定量的な関係を探す必要がある．まず，G–C 塩基対の割合に対して T_m をプロットし，得られる曲線の形を調べることから始めよう．そのプロットに直線関係が見られれば，与えられたデータにフィットして得られる式から任意の組成における融解温度が予測できる．その式を線形回帰で求めればよい．

解答　図 10C・2 は，G–C 塩基対の割合に対して，少なくともこの組成域では T_m が直線的に変化していることを示している．データに合わせて得られる直線式は，

$$T_m/\mathrm{K} = 324 + 39.7f$$

である．したがって，G–C 塩基対が 40.0 パーセント（$f = 0.400$）の場合は $T_m = 340$ K である．

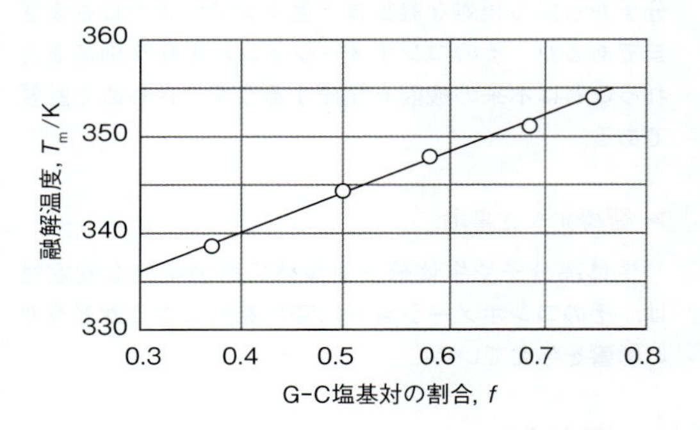

図 10C・2　例題 10C・1 のデータのプロット．DNA 分子の G–C 塩基対の割合に対する融解温度の変化を示している．

コメント　この例では，別の数学モデルを用いたからといって，もっと広い範囲の条件下で系の振舞いを正しく記述できる理論が存在するわけではない．そこで，ここでは単純な一次式を使った．この範囲で与えられたデータに合う経験式を見つけるしかない．すなわち，データが存在する狭い範囲を超えて何らかの予測をしようとしてはならない．それは，妥当な数学モデルが存在してはじめて（高次多項式を使うなどして），もっと広い領域の条件下での系の振舞いを表せるからである．この例題の場合は，$0.375 < f < 0.750$ の範囲外で DNA 分子の T_m を予測してはならない．

この例題から，DNA は熱変性に対してかなり安定であることがわかる．すなわち，T_m は約 340 K から 354 K まで変化しているが，いずれも体温（310 K）より十分高い．同様の計算によれば（演習問題 10C・1），溶液中のイオン濃度が増えれば，DNA の融解温度は上昇することがわかる．このようなイオンの存在による安定化効果は，DNA の表面に負に帯電したリン酸基があることに基づいている．溶液中のイオン濃度が低ければ，隣接するリン酸基の間に働く反発的なクーロン相互作用が二重らせん構造を不安定化

して，DNA の融解温度を下げる．一方，上の例題のように Na^+ イオンなどの正の電荷のイオンがあれば，それが DNA 分子の表面に静電的に結合して，リン酸基の間に働く反発的な相互作用を効果的に和らげる．その結果，二重らせんのコンホメーションが安定化し，T_m は上昇するのである．

10C・2　具体例：ポリメラーゼ連鎖反応

適切な条件下であれば，いったん熱変性した生体高分子の温度をその T_m 以下に下げれば，もとのフォールド形に復元させることができる．このように DNA の可逆的な融解現象を活用した手法がポリメラーゼ連鎖反応（PCR）である．これは，温度サイクルを用いて DNA の特定のセグメントを増幅させる方法である．

この手法は，プライマーという DNA の短い 2 個の鎖の合成から始める．そのプライマーはそれぞれ，増幅したいセグメントの両端の塩基配列に相補的でなければならない．次に，このプライマーを目的の DNA と DNA ポリメラーゼ（合成したプライマーから始めて新しい DNA を合成するための酵素）および DNA ポリメラーゼ反応に必要な試薬を混合する．こうしてつくった試料をつぎの順序に従って扱うのである（図 10C･3）．

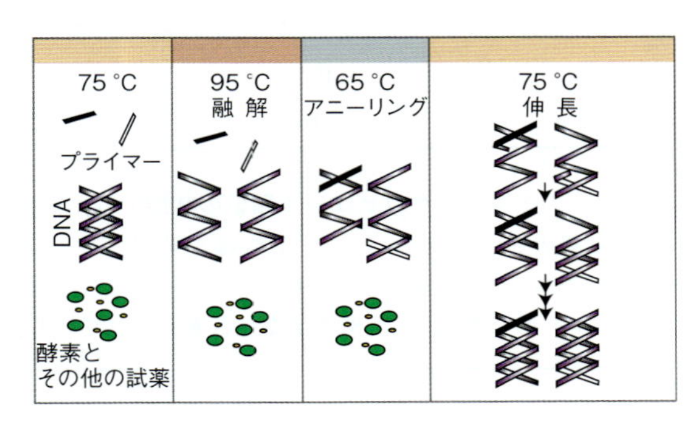

図 10C･3　DNA のある領域を増幅する PCR 機構の 1 サイクルで起こる一連の事象．

（1）　融解（熱変性）：95 °C に昇温して DNA を“融解”させると 2 本鎖が分離する．

（2）　アニーリング（熱処理）：約 65 °C まで（正確な温度は用いたプライマーによる）徐々に冷却するとプライマーが 1 本鎖の標的 DNA に結合する．

（3）　伸長（相補鎖の合成）：75 °C まで昇温すると，DNA ポリメラーゼが作用してプライマーを起点として新たな DNA が合成される．

（4）　（1）に戻って，新しくできた DNA の融解からサイクルを繰返す．

この手法には，よく似たアニーリング温度をもつ 2 種のプライマーが必要である．プライマーの最適なアニーリング温度は，DNA プライマー複合体の融解温度の約 5 °C 下である．もし，ある特定のプライマーにとってアニーリング温度が低すぎると，そのプライマーは標的 DNA の親和性の高いサイトにも低いサイトにも非特異的に結合してしまう．一方，アニーリング温度が高すぎるとプライマーは全く結合しない．したがって，よく似たアニーリング温度をもつ 2 種のプライマーを設計しておくことが非常に重要である．それは，その鎖長と G-C 含有量を調節すれば達成できる．G-C 含有量が大きく長いプライマーほど DNA と強く結合するから，アニーリング温度も高い．

この手法ではまた，DNA ポリメラーゼが 95 °C まで安定に存在し，しかも 70 °C 以上で最大の活性を示すものでなければならない．これらの酵素は好熱性細菌（高温で生育できる細菌）から得られるから，高温でもフォールド形のタンパク質を生成できるのである．好熱性細菌サーマス・アクアティカス（*Thermus aquaticus*）の DNA ポリメラーゼの融点は $T_m = 373\ K$（100 °C）である．

10C・3　タンパク質の安定性

それぞれのタンパク質には，その種類とそれが溶解している媒質で決まる融解温度がある．たとえば，大腸菌（*Escherichia coli*）由来の DNA ポリメラーゼは $T_m = 310\ K$ であり，室温よりあまり高くない．さらに驚くべきことに，DNA ポリメラーゼのアンフォールディングのモルギブズエネルギー変化は，pH = 7.0 および 298 K では $+20.9\ kJ\ mol^{-1}$ しかない．このエネルギーの大きさは，ヘリックスやシートの形成に多数の水素結合が関与しているにも関わらず，水素結合を数個切るのに要するエネルギーにすぎないのである．したがって，DNA の場合と違って，アンフォールディングの反応ギブズエネルギーの測定でわかるように，タンパク質の熱力学的な安定性は，単純に分子内の水素結合相互作用の数に従って増加するわけではない．すなわち，タンパク質のアンフォールド状態と比較したときのフォールド状態の限界安定性[†]は，タンパク質をその活性なコンホメーションに折りたたんでいる分子内と分子間のすべての相互作用の微妙な均衡のうえにあるといえる（トピック 10B）．このようにフォールド形のタンパク質の低い安定性とその結果としてのコンホメーションの柔軟性は，フォールディングの機構や多くの機能にとっ

† 訳注：限界安定性（marginal stability）という用語はいろいろな分野で用いられているが，ここでは“限界ギリギリ”の安定性と考えておくのがよい．すなわち，いろいろな要素や条件の兼ね合いにより，わずかなギブズエネルギー変化で“かろうじて”安定性が確保できている状況である．

て，あるいは最終的に起こる劣化や再生利用にとってもきわめて重要である．

(a) フォールディングの熱力学

タンパク質のフォールディングに伴うエンタルピー変化やエントロピー変化には，タンパク質とその溶媒の両方の寄与が含まれている．タンパク質のフォールディングの正確な機構は複雑であり，そこには多くの中間体が関与している．

水溶液中でのタンパク質のフォールディングを熱力学的に解析するための単純なモデルでは，3 状態過程を考える．すなわち，ある完全にアンフォールド形のペプチド鎖が，“モルテングロビュール状態†”を経由して完全にフォールド形のコンホメーションになる過程を考えるのである．実際には，たいていのタンパク質のフォールディング経路で，モルテングロビュールが中間体であるというわけではない．しかしながら，タンパク質によってはある条件のもとで安定なモルテングロビュール状態を示すから，フォールド形のタンパク質の安定性に異なるタイプの相互作用が果たしている役割を調べるうえで，この状態と比較するのは役に立つだろう．

はじめ完全にアンフォールド形のペプチドがランダムコイル状態にあり，すべてのアミノ酸側鎖が溶媒に露出しているとしよう．したがって，タンパク質がもつ水素結合の可能な供与体と受容体はすべて溶媒の水分子と水素結合をしている．これがモルテングロビュール状態になると，ペプチド主鎖には二次構造がないものの無極性のアミノ酸側鎖は溶媒から遠ざかるから，ある範囲で何らかのコンホメーションをとることになる．ただし，明確な二次構造はないから，主鎖にある多くの水素結合の供与体と受容体は水素結合をつくっていない状況である．

完全にフォールド状態にあるペプチドは，無極性のアミノ酸側鎖が溶媒から遠ざかるだけでなく，分子内水素結合と分子間水素結合の相互作用を最大化するような単一のコンホメーションをとる．このとき，主鎖にある水素結合の供与体と受容体はすべて水素結合を形成している．

アンフォールド状態からモルテングロビュール状態への転移に伴い，ペプチド鎖は比較的短距離のコンホメーションを確保できるから，そのエントロピーは減少する．また，これによって分子内や分子間の水素結合の数は少し増えるから，ペプチド鎖のエンタルピーも減少する．このペプチド鎖のエンタルピーとエントロピーの減少は，疎水効果に伴う溶媒の大きなエントロピー増加によって埋め合わせされる．すなわち，無極性のアミノ酸側鎖が溶媒である水を避けてクラスターを形成するのだが，それで自由になった周りの水分子は室温で広範囲の配置をとれるのである．

モルテングロビュール状態から完全なフォールド状態のコンホメーションへの転移では，溶媒側のエンタルピーやエントロピーにはこれ以上の変化はほとんどない．一方，ペプチド鎖のエントロピーにはさらなる減少が見られる．それは，フォールド形では単一のコンホメーションしかとれないからである．それに加えて，ペプチド鎖の分子内相互作用を最大化することによるエンタルピー変化も大きくなる．（すなわち，そのエネルギーは外界に流れ出て，外界のエントロピーを増加させることになる．）

簡単な例示 10C・1

タンパク質のアポ α ラクトアルブミンは，低い pH または中程度の濃度の変性剤のもとではモルテングロビュール類似の状態を示す．完全にアンフォールド形の溶媒和したペプチドからグアニジン塩酸塩の中程度の濃度で形成されるモルテングロビュール類似の状態への転移，およびモルテングロビュール状態から完全なフォールド形への転移に伴うエンタルピー変化とエントロピー変化をつぎの表に示す．

	アンフォールド → モルテングロビュール	モルテングロビュール → フォールド
$\Delta H_m/(\mathrm{kJ\ mol^{-1}})$	−101	−32
$\Delta S_m/(\mathrm{J\ K^{-1}\ mol^{-1}})$	−316	−99

この場合のモルテングロビュール類似の状態では，無極性の残基の 80〜84 パーセントが溶媒を避けてクラスターを形成し，二次構造の 90 パーセントは完全にフォールド形であり，三次構造はないと考えられている．

(b) 協同的なフォールディング

たいていのタンパク質は，完全にフォールド形のコンホメーションにあるか，そうでなければ完全にアンフォールド形の状態にある．それは，この転移が協同的なものであり，したがって事実上“すべてか無か”なのである．タンパク質が折りたたまれるにつれ，ペプチド鎖の異なる部分間の非共有結合性の相互作用は増加するから，この過程はもっと進行することになる．これとは逆に，アンフォールディングによって非共有結合性の相互作用がなくなれば，残された相互作用はすべて不利になって，非共有結合性の相互作用は次々となくなりやすくなる．部分的なフォールド状態というのはふつう，フォールディングの過程やアンフォールディ

† 訳注：タンパク質は変性の途中で，特異的な二次構造はあまり変化しないものの三次構造が大きく崩れた中間的な構造をとることがあり，この状態はフォールディングの初期過程を反映したものと考えられている．

ングの過程の中間体として存在するだけである．

このような挙動の起源は，フォールディングの過程におけるタンパク質の鎖のエントロピー変化にある．アンフォールド形のタンパク質分子1個には，エントロピーの非常に大きなランダムコイルのコンホメーションがある．そこで，最初の非共有結合性の相互作用が形成されると，そのエントロピーの多くが失われて，この鎖はもはやランダムでなく，そこで結ばれている．二番目の非共有結合性の相互作用が形成されるときには，もっと小さなエントロピーしか失われない．その鎖は最初にランダムさを大きく失ったからである．こうして最後の非共有結合性の相互作用が形成されるときは，ほとんどエントロピーの喪失がない．この鎖はそれまでに完全に折りたたまれているのも同然だからである．このように，エントロピーの観点からは，それぞれの逐次ステップでは次第に負担が小さくなっているのである．同じように，アンフォールディングが起こるときは，それぞれの逐次ステップは，エントロピー獲得が次第に大きくなるから，それで起こりやすくなるのである．

フォールディング過程の協同性は，単純なモデルを適用することで定量的に扱うことができる．まず，別の分子にある水素結合の供与体や受容体との相互作用を，ある平衡定数 K_{inter} を用いて表せるとしよう（図 10C・4a）．基が異なれば平衡定数も異なるから，K_{inter} はある平均値として扱うことにしよう．次に，フォールド形のタンパク質で分子内相互作用の形成に関与している基のペアについての平衡定数 $K_{\text{intra}}(i)$ を考えよう．このとき，$K_{\text{intra}}(1)$ というのは，このペプチドが折りたたまれるとき最初の相互作用を形成する平衡定数であり，$K_{\text{intra}}(2)$ は二番目の相互作用形成という具合である（図 10C・4b）．そうすれば，このような相互作用 n 個の形成についての全平衡定数 $K_{\text{intra}}(\text{overall})$ は，

$$K_{\text{intra}}(\text{overall}) = K_{\text{intra}}(1)\,K_{\text{intra}}(2)\cdots K_{\text{intra}}(n) = \prod_{i=1}^{n} K_{\text{intra}}(i) \qquad (1)$$

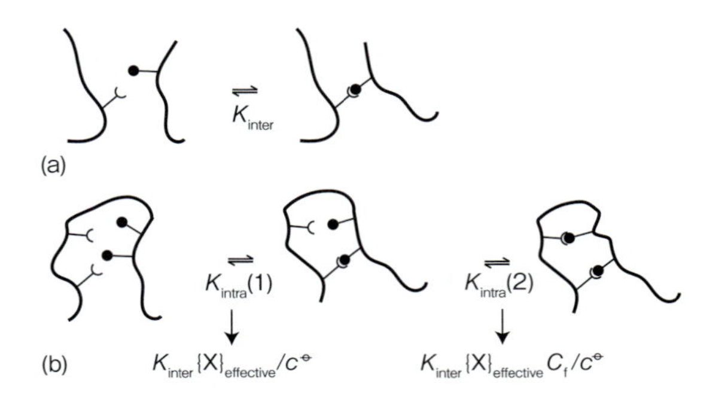

図 10C・4　協同的な挙動を再現するためのモデル．(a) 異なる分子に属する供与体と受容体の平衡．(b) 同じ高分子内のサイト間の協同的な相互作用から生じる平衡．

で表される．ここで，$K_{\text{intra}}(1)$ と K_{inter} はつぎの関係にあるとしよう．

$$K_{\text{intra}}(1) = K_{\text{inter}}\{X\}_{\text{effective}}/c^{\ominus} \qquad (2)$$

実効濃度[1] $\{X\}_{\text{effective}}$ は，2個の基が同じ分子内にあるときの近接性（どれほど近くにあるか）を考慮に入れる因子である．この実効濃度は，基と基の平均距離に依存しており，その距離が長くなるほど実効濃度は低くなる．ランダムコイルのタンパク質の $\{X\}_{\text{effective}}$ は，ふつう 10^{-2}～10^{-5} mol dm^{-3} にあり，鎖が長くなるほど $\{X\}_{\text{effective}}$ の値は小さくなる．長く伸びたペプチドでは，可能な最大距離に基があるから，可能な最小の実効濃度が得られる．一方，タンパク質が折りたたまれるほど基は互いに近づいて実効濃度は大きくなるから，その後の相互作用の K_{intra} は大きくなる．ここで，$\{X\}_{\text{effective}}$ を一定の値に固定しておくと便利であり，その変化はつぎのようにモデル化できる．

$$\{X\}_{\text{effective}}(i) = \{X\}_{\text{effective}}C_{\text{f}}^{\,i-1} \qquad (3)$$

C_{f} は**協同性因子**[2] である．これは，前の相互作用で基が近くにもたらされると，次の相互作用を形成する確率が上がるのを取込む因子である．$i=1$ のとき $C_{\text{f}}^{0}=1$ であり，協同性はない．一方，$i=3$ のときの C_{f} は C_{f}^{2} である．それは，最初の相互作用と2番目の相互作用が重なった結果，3番目の相互作用によって基をもっと互いに近づけることになるからである．以下同様である．こうして $K_{\text{intra}}(i)$ は次式で与えられる．

$$K_{\text{intra}}(i) = K_{\text{inter}}\{X\}_{\text{effective}}C_{\text{f}}^{\,i-1}/c^{\ominus} \qquad (4)$$

例題 10C・2　安定なフォールド形ペプチドを得るのに必要な相互作用の数の予測

ペプチド鎖は，フォールディングに際して分子内のアミノ酸残基と多重の相互作用をしている．そこで，平均として相互作用に関われる3個の基をとることにする（これらの“相互作用”は水素結合以外の結合によるものもありうる．たとえば，分散力による数個のフェニル環の凝集などである）．いま，$K_{\text{inter}} = 7.0\times10^{-3}$（水素結合で相互作用している1対の基の代表的な値），$\{X\}_{\text{effective}} = 1.0\times10^{-4}$ mol dm^{-3}，$C_{\text{f}} = 3.0$ としよう．このとき，安定なフォールド形の構造をつくるのに必要なアミノ酸の最小数を求めよ．

考え方　(4)式を使えば増加する i の値について $K_{\text{intra}}(i)$ の値をそれぞれ求めることができる．また，(1)式から $K_{\text{intra}}(\text{overall})$ の値も求められる．フォールド形は，

1) effective concentration　2) cooperativity factor

K_{intra} (overall) > 1 となる i の値を境に安定になる．いまのところ，$2i$ 個の基が分子内相互作用に関与しているとしている．また，それぞれのアミノ酸は三つの相互作用に参加できるとしているから，少なくとも $2i/3$ 個のアミノ酸残基が必要である．

解答 つぎの値がそれぞれ求められる．

$i=1$ のとき

$$K_{\text{intra}}(1) = \overbrace{(7.0\times10^{-3})}^{K_{\text{inter}}}\times\overbrace{(1.0\times10^{-4})}^{[\text{X}]/c^{\ominus}}\times\overbrace{1.0}^{C_f^{\,0}} = 7.0\times10^{-7}$$

$i=2$ のとき

$$K_{\text{intra}}(2) = \overbrace{(7.0\times10^{-3})}^{K_{\text{inter}}}\times\overbrace{(1.0\times10^{-4})}^{[\text{X}]/c^{\ominus}}\times\overbrace{3.0}^{C_f^{\,1}} = 2.1\times10^{-6}$$

$i=3$ のとき

$$K_{\text{intra}}(3) = \overbrace{(7.0\times10^{-3})}^{K_{\text{inter}}}\times\overbrace{(1.0\times10^{-4})}^{[\text{X}]/c^{\ominus}}\times\overbrace{9.0}^{C_f^{\,2}} = 6.3\times10^{-6}$$

i の値が増加したときの $K_{\text{intra}}(i)$ の値と相互作用の総数 n が増加したときの K_{intra} (overall) の値をつぎの表に示す．

個々の値		全体の値	
i	$K_{\text{intra}}(i)$	n	K_{intra} (overall)
1	7.0×10^{-7}	1	7.0×10^{-7}
2	2.1×10^{-6}	2	1.5×10^{-12}
3	6.3×10^{-6}	3	9.3×10^{-18}
4	1.9×10^{-5}	4	1.8×10^{-22}
5	5.7×10^{-5}	5	9.9×10^{-27}
⋮	⋮	⋮	⋮
26	5.9×10^{5}	26	1.1×10^{-5}
27	1.8×10^{6}	27	1.9×10^{1}

このように，K_{intra} (overall) の値は 27 個の相互作用で 1 を超えている．27 個の相互作用を生み出すのに必要な残基の数は，$2\times27/3 = 18$ である．

コメント 実際に必要なアミノ酸残基の数は，18 個よりずっと多いだろう．それは，表面の残基で相互作用している基が，すべて分子内相互作用に寄与しているわけではないからである．表面にない残基だけで約 18 個必要なのである．

非共有結合性の相互作用によってフォールド形のコンホメーションに保たれている生体高分子は，すべての相互作用の間に強い協同性があるから安定である．この協同性が生じるのは，関与している基が同じ鎖上にあり，おもに相互作用している別の基を一つの相互作用によって一段と近くに引き寄せているからである．もし，タンパク質の加水分解などで鎖が壊れると，協同性の度合いは著しく減少する．タンパク質の多くは，数回の分解で分子全体がアンフォールド形になってしまう．

(c) アンフォールディングの温度依存性

同じタンパク質のフォールド状態とアンフォールド状態には熱容量に大きな差があるから，アンフォールディングのエンタルピー変化とエントロピー変化は温度に敏感である．同じ状態の熱容量は温度によらないとすれば，アンフォールディングのギブズエネルギー変化を求めるには，トピック 3A で導出した関係を用いればよい．

導出過程 10C・1 アンフォールディングのギブズエネルギー変化の温度依存性の導出

トピック 3A の (5a) 式 ($\mathrm{d}G = -S\,\mathrm{d}T$) を $\mathrm{d}G/\mathrm{d}T = -S$ と書いてから始めよう．ここで，$G = H - TS$ であるから，$S = (H-G)/T$ と変形してから代入すれば，$\mathrm{d}G/\mathrm{d}T = (G-H)/T$ となり，整理すれば $\mathrm{d}G/\mathrm{d}T - G/T = -H/T$ と書ける．ここで，この左辺の形を生み出すために，$\mathrm{d}(G/T)/\mathrm{d}T = (\mathrm{d}G/\mathrm{d}T)/T - G/T^2$ の関係を使えば次式が得られる．

$$\frac{\mathrm{d}(G/T)}{\mathrm{d}T} = -\frac{H}{T^2} \quad \text{ギブズ-ヘルムホルツの式} \qquad (5)$$

これは**ギブズ-ヘルムホルツの式**[1] である．この式は，タンパク質のフォールド形とアンフォールド形の両方に適用できるから，その差をとって，アンフォールディング形への変化に注目すれば，

$$\frac{\mathrm{d}(\Delta_{\text{unfold}}G/T)}{\mathrm{d}T} = -\frac{\Delta_{\text{unfold}}H}{T^2}$$

と書ける．したがって，

$$\mathrm{d}(\Delta_{\text{unfold}}G/T) = -\frac{\Delta_{\text{unfold}}H}{T^2}\,\mathrm{d}T$$

となる．ここで，アンフォールディングのエンタルピー変化の温度依存性を次式で表せるとする．

$$\Delta_{\text{unfold}}H(T) = \Delta_{\text{unfold}}H(T_{\text{m}}) + (T - T_{\text{m}})\Delta_{\text{unfold}}C_p$$

ここで，$\Delta_{\text{unfold}}C_p = C_p(\text{unfolded}) - C_p(\text{folded})$ である．そうすれば，ギブズ-ヘルムホルツの式は，

$$\mathrm{d}(\Delta_{\text{unfold}}G/T)$$
$$= -\frac{\Delta_{\text{unfold}}H(T_{\text{m}}) + (T - T_{\text{m}})\Delta_{\text{unfold}}C_p}{T^2}\,\mathrm{d}T$$
$$= -\frac{\Delta_{\text{unfold}}H(T_{\text{m}}) - T_{\text{m}}\Delta_{\text{unfold}}C_p}{T^2}\,\mathrm{d}T - \frac{\Delta_{\text{unfold}}C_p}{T}\,\mathrm{d}T$$

1) Gibbs-Helmholtz equation

となる．ここで，$\Delta G/T$ が $\Delta G(T_m)/T_m$ となる温度 T_m から，$\Delta G/T$ が $\Delta G(T)/T$ となる温度 T まで積分すれば，

$$\overbrace{\int_{\Delta_{\text{unfold}} G(T_m)/T_m}^{\Delta_{\text{unfold}} G(T)/T} d(\Delta_{\text{unfold}} G/T)}^{\Delta_{\text{unfold}} G(T)/T-\Delta_{\text{unfold}} G(T_m)/T_m} = -\{\Delta_{\text{unfold}} H(T_m) - T_m \Delta_{\text{unfold}} C_p\} \overbrace{\int_{T_m}^{T} \frac{dT}{T^2}}^{1/T_m-1/T} - \Delta_{\text{unfold}} C_p \overbrace{\int_{T_m}^{T} \frac{dT}{T}}^{\ln(T/T_m)}$$

となり，少し変形すれば次式が得られる．

$$\begin{aligned}\Delta_{\text{unfold}} G(T) &= \frac{T\Delta_{\text{unfold}} G(T_m)}{T_m} - \{\Delta_{\text{unfold}} H(T_m) - T_m \Delta_{\text{unfold}} C_p\} \times \left(\frac{T}{T_m} - 1\right) - T\Delta_{\text{unfold}} C_p \ln\frac{T}{T_m} \\ &= \frac{T\Delta_{\text{unfold}} G(T_m)}{T_m} - \Delta_{\text{unfold}} H(T_m)\left(\frac{T}{T_m} - 1\right) - \Delta_{\text{unfold}} C_p\left\{T_m - T + T\ln\frac{T}{T_m}\right\}\end{aligned}$$

ここで，アンフォールディングの標準ギブズエネルギー変化 $\Delta_{\text{unfold}}G^{\ominus}$ に注目しよう．融解温度では，フォールド形とアンフォールド形の量は等しいから $K_{\text{unfold}}=1$ である．ところで，$\Delta_{\text{unfold}}G^{\ominus}=-RT\ln K_{\text{unfold}}$ の関係があるから，この値は $\Delta_{\text{unfold}}G^{\ominus}(T_m)=0$ であることを示している．したがって，一般の温度 T でのアンフォールディングの標準ギブズエネルギー変化は次式で表される．

$$\Delta_{\text{unfold}} G^{\ominus}(T) = \Delta_{\text{unfold}} H^{\ominus}(T_m)\left(1-\frac{T}{T_m}\right) - \Delta_{\text{unfold}} C_p^{\ominus}\left\{T_m - T\left(1-\ln\frac{T}{T_m}\right)\right\} \quad (6)$$

この式で，$\Delta_{\text{unfold}}H^{\ominus}(T_m)$ は融解温度におけるアンフォールディングの標準エンタルピー変化である．また，$\Delta_{\text{unfold}}C_p^{\ominus}(T_m)$ は，アンフォールディングによって変化する熱容量である．

例題 10C・3　与えられた温度でのフォールド形タンパク質の割合の予測

リボヌクレアーゼAの融解温度は 60 °C (333 K) である．この温度でのアンフォールディングの標準モルエンタルピー変化は $+574.0\ \text{kJ mol}^{-1}$ であり，$\Delta_{\text{unfold}}C_{p,m}^{\ominus} = +9.4\ \text{kJ K}^{-1}\ \text{mol}^{-1}$ である．(a) 融解温度の両側それぞれ 10 °C の領域でのフォールド形タンパク質の存在分率をプロットせよ．(b) フォールド形コンホメーションが最も安定になる温度を求めよ．

考え方　(a) アンフォールド形の存在分率 $f_{\text{unfold}} = [\text{unfolded}]/([\text{unfolded}]+[\text{folded}])$ が平衡定数 $K_{\text{unfold}}=[\text{unfolded}]/[\text{folded}]$ で表せることに注目しよう．ここで，トピック 4A の (9) 式を $\Delta_{\text{unfold}}G_m^{\ominus} = -RT\ln K_{\text{unfold}}$ と書けばわかるように，この平衡定数はアンフォールディングの標準モルギブズエネルギー変化と関係づけることができる．そこで，これを $K_{\text{unfold}} = \exp(-\Delta_{\text{unfold}}G_m^{\ominus}/RT)$ と変形しておく．これらの式と (6) 式を組合わせれば，指定された範囲内での f_{unfold} を求めることができる．(b) 温度範囲をもっと広げて，アンフォールディングの標準モルギブズエネルギー変化をプロットし，その最大値を示す温度（つまり，フォールディングの標準モルギブズエネルギー変化の最小値を示す温度）を求めればよい．

解答　(a) 温度 T のときの (6) 式を用いれば，

$$\Delta_{\text{unfold}} G_m^{\ominus}(T) = (574.0\ \text{kJ mol}^{-1})\left(1-\frac{T}{333\ \text{K}}\right) - (9.4\ \text{kJ K}^{-1}\ \text{mol}^{-1}) \times \left\{333\ \text{K} - T\left(1-\ln\frac{T}{333\ \text{K}}\right)\right\}$$

である．一方，温度 T でのアンフォールディングの平衡定数は，

$$K_{\text{unfold}} = \exp\left(-\frac{\Delta_{\text{unfold}} G_m^{\ominus}(T)}{(8.3145\ \text{J K}^{-1}\ \text{mol}^{-1})\times T}\right)$$

であるから，アンフォールド形の存在分率は，

$$f_{\text{unfold}} = \frac{[\text{unfolded}]}{[\text{unfolded}]+[\text{folded}]} = \frac{[\text{folded}]K_{\text{unfold}}}{[\text{folded}]K_{\text{unfold}}+[\text{folded}]} = \frac{K_{\text{unfold}}}{K_{\text{unfold}}+1}$$

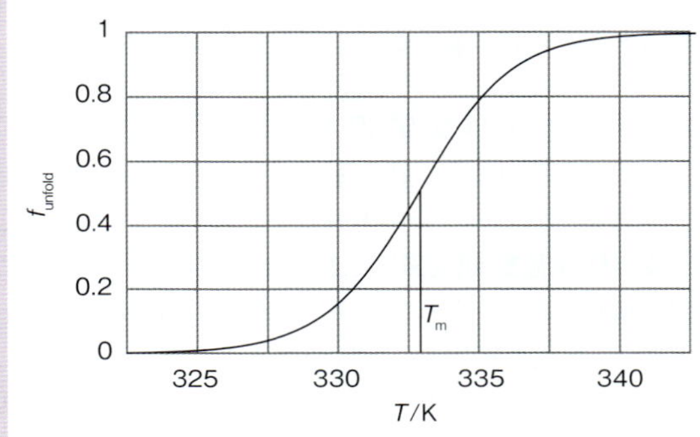

図 10C・5　例題 10C・3 で計算したポリペプチドのアンフォールド形の存在分率．図 10C・1 と比較してみよう．

である．この分率を図10C·5にプロットしてある．(b) 図10C·6は，広い温度範囲で$\Delta_{\text{unfold}}G_{\text{m}}^{\ominus}$をプロットしたものであり，アンフォールディングのモルギブズエネルギー変化の最大が277 K(4 °C)にあることがわかる．

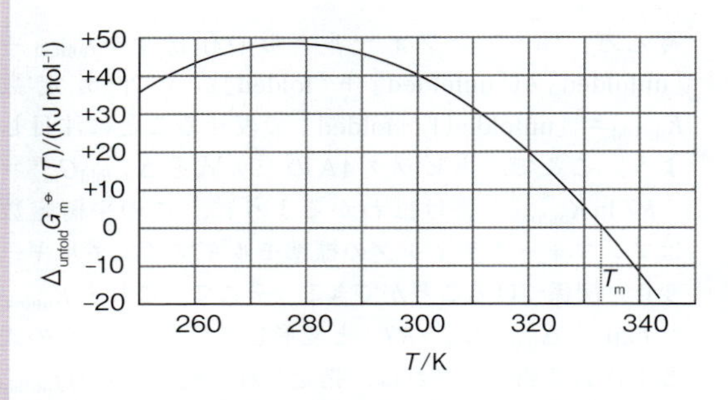

図10C·6 例題10C·3で計算したポリペプチドのアンフォールディングの標準モルギブズエネルギー変化の温度依存性．

コメント ここに示したように，タンパク質は比較的狭い温度範囲でアンフォールディングが起こる．リボヌクレアーゼAの場合は，約10 °Cの範囲でほぼ完全にアンフォールディングが完了している．

$\Delta_{\text{unfold}}C_{p,\text{m}}^{\ominus}$が温度によらないという仮定は，ペプチド鎖についてのみ，しかも完全なフォールド形のコンホメーションからランダムコイル状態への転移に関する限り妥当なものである．しかしながら，水溶液中でのタンパク質のフォールディングは主として疎水効果によって駆動されているから，その温度依存性がタンパク質のフォールディングの温度依存性に反映されるのである．疎水効果は，低温でも高温でも弱くなってしまう．低温では，水がもっと秩序だっているから，無極性の基に露出することによる秩序化効果はあまりない．一方，高温になると水素結合が少なくなるから水分子は無秩序になる．そのため，無極性の基を露出することで起こる水素結合の切断の効果はあまりなくなる．いずれの場合も，これらの効果はフォールディングが起こる熱力学的な傾向を減少させるから，低温でも高温でもタンパク質の変性が起こりやすくなるのである．

10C·4 タンパク質の相図

二成分系の相図は，一般には組成と温度，圧力に依存する．生物系ではたいてい圧力一定が想定されているから，相の安定性は**温度–組成図**[1]で表される．ふつうは，縦軸に温度，横軸に組成をとって表す．組成はふつうモル分率$x_{\text{J}} = n_{\text{J}}/(n_{\text{A}}+n_{\text{B}})$を用いて表す．J = A, Bである．

温度–組成図を使えば，タンパク質に化学的に誘発されたアンフォールディングに見られる中間体を特定することができる．たとえば，尿素$CO(NH_2)_2$はポリペプチドのNH基やCO基と競合して水素結合をつくろうとし，天然のコンホメーションを安定化している分子内相互作用を壊す．図10C·7は単純化した温度–組成図であるが，このようにポリペプチドがつくる種々の形態の存在条件を表すことができる．この図にはすでに述べた3種の構造が占める領域を表してある．すなわち，天然（ネイティブ）形とモルテングロビュール形，アンフォールド形である．共存曲線（つまり“相境界”）は2相が平衡で共存できる条件を表しており，三つの共存曲線が集まる三重点は3相が平衡で共存できる唯一の条件を表している．

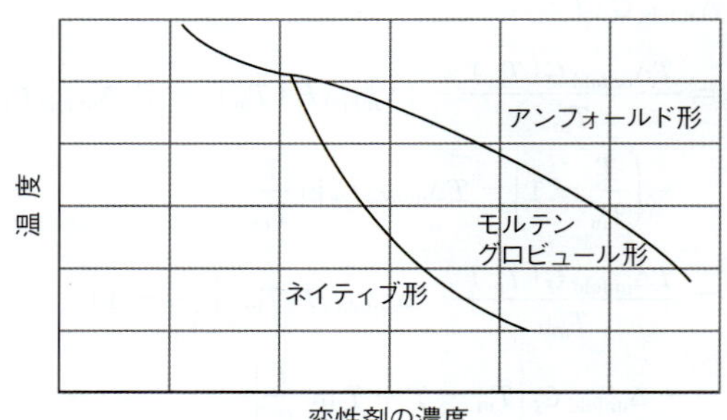

図10C·7 タンパク質の最も安定な形態が現れる条件を示す温度–組成図の一例．天然（ネイティブ）形のタンパク質は変性によって，モルテングロビュール形あるいは完全なアンフォールド形に変化する．

もう一つのタイプの相図では，温度および圧力が一定の条件下での混合物中のタンパク質などのある成分の濃度（またはモル分率）が，沈殿剤などの第二の成分の濃度（またはモル分率）に対してプロットされる（図10C·8）．タンパク質と沈殿剤の濃度が低いときの溶液は熱力学的に安定である．すなわち，それがこの系のギブズエネルギーが最

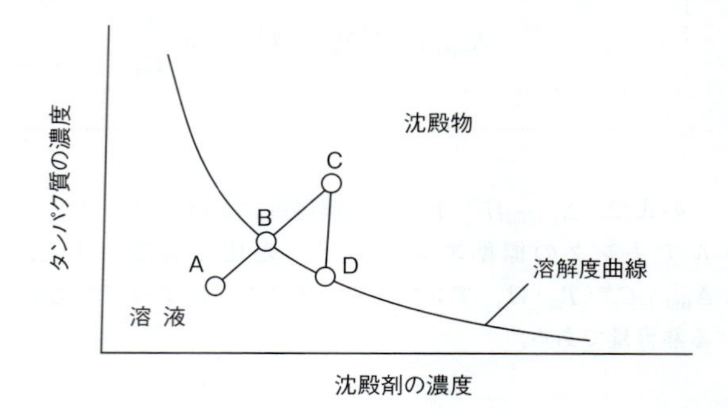

図10C·8 タンパク質の濃度を沈殿剤濃度に対してプロットした相図の一例．溶解度曲線は飽和溶液に相当している．この曲線の下側の溶液は熱力学的に安定であり，上側の溶液は不安定である．（点A〜Dの状況の説明については本文を見よ．）

1) temperature–composition diagram

低の状態である．もし，その濃度が高すぎることになれば，その溶液のギブズエネルギーが本来可能な最低の状態でないという点で熱力学的に不安定になる．しかしながら，熱力学は速度論的なことは何もいわないことを思い起こそう．したがって，その溶液は熱力学的には不安定にも関わらず，そのままであり続ける．このときの溶液は**過飽和**[1]であるという．この状態がどこまで続くかは速度論的な要因で決まる．熱力学的に不安定であるにも関わらず存在し続ける相は**準安定**[2]であるという†．このとき，外部からの影響が少しでもあればより安定な状態へと落ち込むことがありうる．その溶液をごくわずか過飽和な状態に置いておけば，やがて“核生成サイト”が存在することによって沈殿が誘発される．その核生成サイトには不純物や塵などがなりうる．タンパク質の濃度がもっと高いと沈殿は急速に起こってしまう．このときの生成物は無定形の凝集体であることが多い．必ずしも熱力学的に最安定でなくても，それが最も迅速に形成される形態だからである．

10C・5　具体例：タンパク質の結晶化

図 10C・8 の相図を使えば，X 線散乱法（トピック 12B）に適したタンパク質の秩序結晶をつくれる条件を求めることができる．タンパク質を結晶化させるのによく用いる方法は，目的とするタンパク質の溶液に沈殿剤として $(NH_4)_2SO_4$ などの塩を加えるものである．このときの“塩析”効果は，無機イオンの水和が起こることによって，タンパク質の水和に使える水の量が減少することに起因するとされている．しかし，もっと複雑でよくわからないことが多く，無機イオンとタンパク質の間のより直接的な相互作用が関与しているのかもしれない．

実際にタンパク質の結晶をつくるには，過飽和に近い溶液（図 10C・8 の点 A）をつくる．次に，溶媒を徐々に蒸発させて，タンパク質と沈殿剤の両方の濃度を上昇させる．それが続けば，やがて過飽和の準安定状態に差し掛かる点（B）に到達する．さらに溶媒の蒸発が続けばタンパク質の小さな凝集体が自発的に形成され（C），それが核生成サイトとして作用して析出がさらに進む．こうしてタンパク質の析出が進んで濃度が減少すれば過飽和でない溶液濃度（D）に達する．この点で析出は停止する．そのための非常に特殊な条件を設定すればタンパク質は結晶として溶液から出てくる．しかしながら，その作業はふつう確率ランドスケープ上の果てしない探索作業である．そこで実際には，望まない沈殿物ではなく核生成によって正しい結晶化が起こる方法が見つかるまでは，数百にも及ぶ異なる条件で試みる必要がある．このような根気のいる作業は，一昔前は大学院生の仕事であったが，いまや無限の忍耐力を備えたロボットの出番になっている．

10C・6　ミセルと生体膜

両親媒性分子[3]は，分子内に親水性の部分と疎水性の部分を兼ね備えている．リン脂質は両親媒性であり，水系の環境では疎水効果によって集合して二重層構造や細胞膜を形成する．両親媒性分子の自己構築によっていろいろな構造ができることは，生物学や医学にとってきわめて重要な意味をもっている．

(a) ミ セ ル

水系の環境では，両親媒性の脂質分子は**ミセル**[4]として集まれる．ミセルでは，親水性の頭部を溶媒に露出したまま無極性の尾部が凝集する（図 10C・9）．ミセルには可溶化の機能があるから，工業的にも生物学的にも重要である．つまり，ミセル内部の炭化水素に溶解させた物質を，あとから水で輸送することができる．

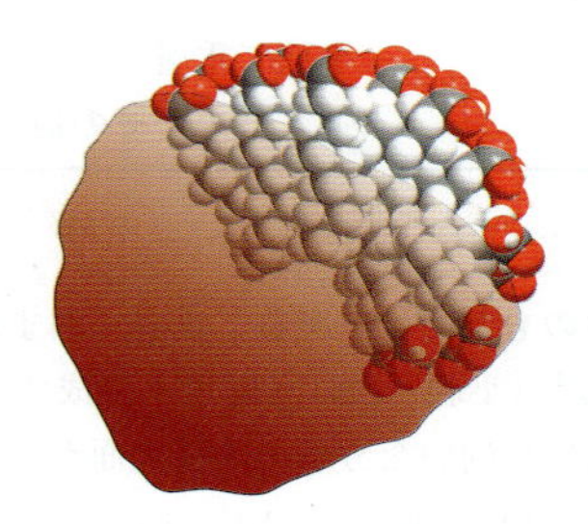

図 10C・9　球状ミセルのモデル．親水性の基は赤色の小球で，疎水性の炭化水素鎖はそれから伸びた棒状部で灰色と白色で表してある．白色の部分は動くことができる．

ミセルは，両親媒性分子の**臨界ミセル濃度**[5]（CMC）という濃度以上で，しかも**クラフト温度**[6]以上でしか生成しない．非イオン性の両親媒性分子なら 1000 個以上でも集まってクラスターをつくれるが，イオン性の化学種の場合は頭部の基どうしの静電反発によって崩壊する傾向があり，ふつうは 100 個以下の分子の集合体に限られる．ミセルの内部は油滴のようなもので，実験によれば疎水性の尾部は動きやすいが，その運動はバルクの場合よりわずかに制約されている．

分子が異なると違う形のミセルが形成される傾向がある．たとえば，ドデシル硫酸ナトリウム（SDS）やセチルトリメチルアンモニウムブロミド（CTAB）などのイオン

---

† 訳注：過冷却や過飽和で生じる準安定相は，正確には準安定平衡相である．準安定相が凍結して真に熱力学的に不安定なのは非平衡相である．

1）supersaturated　2）metastable　3）amphipathic molecule　4）micelle　5）critical micelle concentration
6）Krafft temperature

性の化学種は，中程度の濃度では棒状ミセルを形成するが，糖脂質は pH > 7 でほぼ球形の小さいミセルを形成する．おおまかにいえば，ミセルの形状は構成分子の形とその濃度，温度によって変化する．ミセルの形状を予測する便利な量として**界面活性剤分子の充填パラメーター**[1] N_s が定義されている．

$$N_s = \frac{V_{tail}}{A_{head}\, l_{tail}} \quad \text{界面活性剤分子の充填パラメーター〔定義〕} \quad (7)$$

V_{tail} は疎水性の尾部の体積，A_{head} は親水性の頭部の面積，l_{tail} は尾部の最大長である．この充填パラメーターによるミセルの形状の変化を表 10C･1 にまとめてある．

表 10C･1　界面活性剤の充填パラメーターによるミセルの形状の変化

パラメーターの値，N_s	ミセルの形状
< 0.33	球　状
0.33 〜 0.50	円柱状の棒
0.50 〜 1.00	ベシクル
1.00	平面二重層
> 1.00	逆ミセルとその他の形状

ある実験条件のもとでは，脂質二重層で囲まれた内腔から成る**ベシクル**[2]（小胞）という構造が生成することがある．これは，内側に向いた分子の内部表面が，外側に向いた外層で囲まれている（図 10C･10）．ベシクルは，血液中で無極性の薬剤分子を運ぶのに使われる．無極性の溶媒中では**逆ミセル**[3] が形成され，このミセルの中心部には小さな極性の頭部があり，長い疎水性の尾部はバルクの有機溶媒へと伸びている．これらの球状の凝集体は，捕捉した水分子の“溜め”をミセルの中心部につくるというやり方で，水を有機溶媒に溶解させることができる．

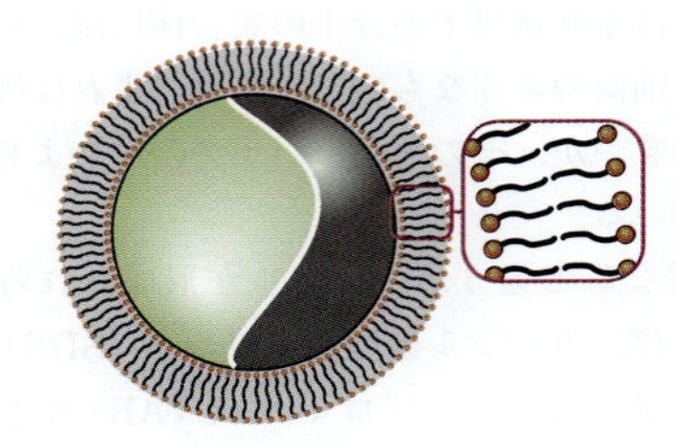

図 10C･10　球状ベシクルの断面構造.

(b) 二重層，ベシクル，膜

CMC よりもかなり高い濃度でできるミセルには，2 分子の厚みをもち二次元的に伸びた平行シートをつくるものがある．これを**平面二重層**[4] という．個々の分子はシートに垂直で，水溶液中では親水基は外側を向いているが，無極性の媒質中では内側を向いている．平面二重層の部分が折り返されると**単一ラメラベシクル**[5] ができる．これには疎水性の二重層でできた球形の殻があり，それが水溶性の内部空間を外部の水溶性環境から分けている．

二重層は，生体膜によく似たところがあるから，生物学的な構造を研究するための基礎として役立つことが多い．しかしながら，実在する生体膜には両親媒性の脂質分子だけでなく，タンパク質やコレステロールなどの小さな疎水性分子も含まれている．たとえば，膜内在性タンパク質は二重層の幅方向に広がっており（トピック 10B）ぎっしり詰まった α ヘリックスや場合によっては β シートから成る．そこには，二重層の炭化水素領域内にうまく収まる疎水性残基が含まれているのである（トピック 2B）．

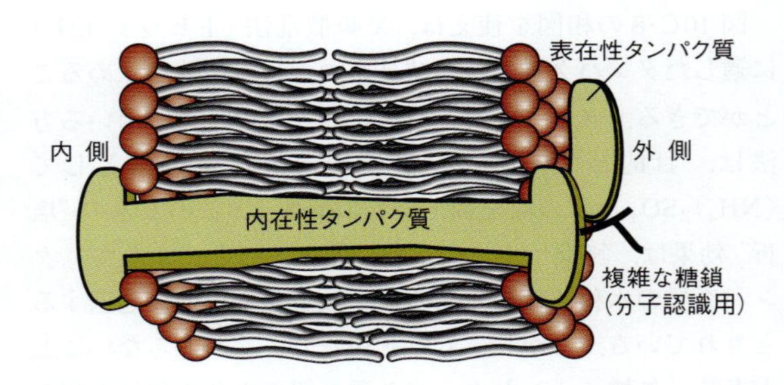

図 10C･11　生体細胞膜の流動モザイクモデルでは，脂質や内在性タンパク質は脂質二重層内で拡散している．

図 10C･11 に示す生体細胞膜の構造に関する**流動モザイクモデル**[6] によれば，脂質やタンパク質の多くは動きやすい．炭化水素鎖が極性基と極性基の間の領域で絶え間なくねじれたり折れたりしているだけでなく，脂質分子も二重層の平面内を移動している．この膜は恒久的な構造体と考えるよりは，粘度が水の 100 倍ほどもある流体と考える方がよい．拡散の一般的な挙動（トピック 7C）であるが，リン脂質分子が拡散する平均距離は時間の平方根に比例している．もっと正確にいえば，二次元平面内に閉じ込められた分子に対しては，時間 t に動く平均距離は $(4Dt)^{1/2}$ に等しい．D は拡散定数である．ふつうは $D = 1\,\mu m^2\, s^{-1}$ 程度であるから，リン脂質分子は約 1 s の間に 2 μm 動いている．一方，タンパク質の拡散係数は脂質より小さく，たとえば比較的動きやすいタンパク質のロドプシンでは

1) surfactant packing parameter　2) vesicle　3) reverse micelle　4) planar bilayer　5) unilamellar vesicle
6) fluid mosaic model

$D = 0.4\,\mu m^2\,s^{-1}$ である．しかし，細胞骨格や細胞壁と相互作用しているタンパク質の拡散係数は何桁も小さいものである．

生体膜の面内の脂質の分布は必ずしもランダム（均等な分散）ではなく，スフィンゴ脂質やコレステロールの優先的な会合に基づくミクロドメイン構造が形成されることがある．この微小領域の**脂質ラフト**[1] は過渡的な構造で，その代表的な寿命は 100 ns であり，直径 10〜200 nm に及ぶ．膜タンパク質には脂質ラフトに優先的に振り分けられているものがあり，その過程は細胞からのシグナル伝達やある種の神経変性疾患の進行に重要な役目をしていると考えられている．

二重層は流動性があるから自らを変形させて，外部表面近くにある分子や粒子を取込んでしまうことができる．その取込まれた物質は，**エンドサイトーシス**[2] という過程によって細胞内に運ばれる．あるいは，脂質二重層で包まれた細胞内部にある物質が細胞膜自身と合体することで，細胞膜はその物質を引き出した後，**エキソサイトーシス**[3] という過程によって外部へ放出することもできる．

10C・7　膜の流動性相転移

脂質二重層はいずれも，脂質の構造に依存するある温度で，鎖状部の移動度が高い状態から低い状態へと転移を起こす．温度を下げたとき，この転移によって膜に何が起こるかを考えよう．通常の温度では十分エネルギーがあるから，限られた範囲であるが結合は回転でき，無極性の鎖は柔軟にうねっているだろう．しかし，二重層構造が壊れずにいるという点では，膜は依然として高度に組織化されたままである．したがって，このときの系は**液晶**[4] として表すのが最適である．すなわち，少なくとも一方向は長距離秩序が欠落した液体状の物質でありながら，別の少なくとも一方向では位置もしくは配向の秩序を備えている．低温になると，鎖の内部運動の振幅は次第に減少し，ある特定の温度でついに運動はほとんど凍結してしまう．このときの膜は**ゲル**[5] として存在しているという．ふつうの生理的な温度にある生体膜は液晶とみなせる．

生体膜の相転移は，ゲルから液晶相への“融解”として示差走査熱量測定によって観測されることが多い．得られたデータは，脂質の構造とその融解温度の相関を示している．たとえば，脂質の炭化水素鎖が長くなれば融解温度は上昇する．この相関は妥当なものである．それは，鎖が長くなるほど，炭化水素に特有の分散力で強く結び付けられると予測されるからである．鎖長の長い脂質から成る膜ではゲル相が安定化するから，膜の融解温度は相対的に高くなるのである．二重層の反対側と共有結合で結ばれることがあれば，融解温度はもっと高くなる．ある種のアーキア（古細菌）は，この戦略を採用して極限的な環境に耐えているのである．一方，ゲル相で無極性の鎖が配列するのを妨げる何らかの構造要因があれば融解温度は下がる．実際，不飽和鎖を含む脂質，とりわけ *cis* C=C 結合を含む脂質では鎖内にねじれが導入されていてパッキングが悪いから，そのような脂質膜は完全飽和鎖の脂質でできた膜よりも融解温度は低い．このような構造的な相関は，体温を制御する機能を持ち合わせていない生物にとっては，低温でなお膜の流動性を維持するうえで重要である．

生体膜のリン脂質には，コレステロール（構造図 L1）などのステロール類が点在している．その大部分は疎水性であるが，極性の −OH 基も含まれている．ステロールは，いろいろなタイプの細胞内にいろいろな割合で存在しており，二重層が融解する温度域を広げる役目をしている．それは，脂質にある疎水性の鎖のパッキングを悪くする一方で，膜の極性表面で相互作用を強める働きもしているからである．このように膜の融解温度に幅をもたせることは，脂質の流動性が急激に変化して膜の機能が失われるのを妨げることにつながるから，生物学的には重要なのである．

---

1) lipid raft　2) endocytosis　3) exocytosis　4) liquid crystal　5) gel

重要事項のチェックリスト

- □ 1．**変性**が起これば，生体高分子の秩序あるコンホメーションが消失する．
- □ 2．フォールド形の生体高分子の**融解温度** T_m とは，その高分子の半分がアンフォールド形になる温度である．
- □ 3．**液晶**は，少なくとも一方向は長距離秩序が欠落した液体状の物質でありながら，別の少なくとも一方向では位置もしくは配向の秩序を備えている．
- □ 4．**温度-組成図**は，縦軸に温度，横軸に組成をとって表す相図の一種で，組成はふつうモル分率を用いて表す．
- □ 5．溶液から溶質が沈殿せず熱力学的に不安定であるにも関わらず，そのままであり続けるとき，その溶液は**過飽和**であるという．
- □ 6．**準安定相**は，熱力学的に不安定であるにも関わらず存在し続ける相である．

重要な式の一覧

式の内容	式	備考	式番号
協同性のモデル	$K_{\mathrm{intra}}(i) = K_{\mathrm{inter}}\{\mathrm{X}\}_{\mathrm{effective}}C_{\mathrm{f}}^{i-1}/c^{\ominus}$		4
ギブズ-ヘルムホルツの式	$\mathrm{d}(G/T)/\mathrm{d}T = -H/T^2$		5
界面活性剤分子の充塡パラメーター	$N_{\mathrm{s}} = V_{\mathrm{tail}}/A_{\mathrm{head}}l_{\mathrm{tail}}$	定　義	7

トピック 10D

コンピューター支援のシミュレーション

➤ 学ぶべき重要性

コンピューターによるシミュレーションは，高分子の構造やダイナミクスだけでなく，その結合性質についても詳細を明らかにしてくれる．

➤ 習得すべき事項

高分子のポテンシャルエネルギーを計算するには，対象とする系の共有結合による相互作用と非共有結合性の相互作用を取入れる必要がある．そこでニュートン力学を用いれば，分子の運動状態を予測することができる．

➤ 必要な予備知識

生体高分子の構造と分子内で働いているいろいろな力についての説明（トピック 10A）をよく理解している必要がある．ここでの導出過程では古典力学の方程式を用いている．

トピック 9C で述べた半経験的方法やアプイニシオ法，密度汎関数法は，中程度の大きさの分子には非常に効率よく使えるが，高分子の構造を予測するには膨大な計算量と計算時間が必要である．生体高分子のまわりの水や脂質分子が構造を決める重要な役目をしている場合，この問題は特に深刻である．したがって，生化学者はしばしば別の手法に頼って，タンパク質や核酸，脂質二重層，薬剤–受容体複合体などの三次元構造モデルをつくっている．古典物理学の原理に基づく計算方法を使って生体高分子の原子の動きが可視化できるようになったおかげで，タンパク質のフォールディングや酵素の触媒作用などの動的な過程を担う分子レベルの要因が明らかになってきた．また，それ以外の方法を使って，受容体サイトに結合しやすくなるように仕向けている薬剤の構造的な特徴についても理解できるようになっている．

10D・1 分子力場

ポリペプチド鎖のコンホメーションエネルギーの最も単純な計算法では，エントロピーや特殊な溶媒効果を無視して，振動の基底状態における結合エネルギー以外の原子間で働くすべての相互作用による全ポテンシャルエネルギーへの寄与に注目する．こうして得られるエネルギーはコンホメーションのポテンシャルエネルギーであって，ギブズエネルギーでないことに注意しよう．この相互作用にはトピック 10A で述べた相互作用に加えて，つぎの寄与がある（場合によってはもっと特殊なものもある）．

1. 結合の伸縮．結合は剛直なものでなく，ある結合が伸びれば別の結合は縮んでいる．

トピック 8B で述べたフックの法則によれば，

$$E_{\mathrm{p,\,stretch}} = \frac{1}{2}k_{\mathrm{f,\,stretch}}(R - R_{\mathrm{e}})^2$$

コンホメーションエネルギーに対する結合の伸縮の寄与　(1)

である．R は結合長，R_{e} は平衡結合長，$k_{\mathrm{f,stretch}}$ は伸縮の力の定数（注目する結合の硬さの尺度）である．

2. 結合角の変化．結合角はわずかに開いたり閉じたりしている．

結合角を θ，平衡結合角を θ_{e} とすれば，結合角の変化による全ポテンシャルエネルギーへの寄与は，

$$E_{\mathrm{p,\,bend}} = \frac{1}{2}k_{\mathrm{f,\,bend}}(\theta - \theta_{\mathrm{e}})^2$$

コンホメーションエネルギーに対する変角の寄与　(2)

である．$k_{\mathrm{f,bend}}$ は変角の力の定数であり，結合角の変化がどれほど難しいかの尺度である．

3. 結合のねじれ．注目する結合には特定のとりやすいねじれ角があったり，（エタンに回転異性体があるように）あまり安定でない角度に収まっていたりすることがある．

結合のねじれ角を ϕ とすれば，全ポテンシャルエネルギーに対するねじれの寄与は，

$$E_{\mathrm{p,\,torsion}} = \frac{1}{2}A\{1 + \cos(n\phi - \phi_0)\}$$

コンホメーションエネルギーに対する結合のねじれの寄与　(3)

で表せる．A は回転のエネルギー障壁，n は周期性（回転によるエネルギー極小の数），ϕ_0 は基準とする角度である．ペプチド主鎖にある $N-C_\alpha$ 結合や $C_\alpha-C$ 結合に見られるように，回転異性体が 3 種あり $\phi=\pm\pi/3$ および π に極小をもつ結合では，$n=3$，$\phi_0=0$ として，A の代表的な値は $2\,\mathrm{kJ\,mol^{-1}}$ である．

4. 電荷や部分電荷の間の相互作用．電荷や部分電荷のある原子はすべて別の電荷と静電相互作用をしている．

2 原子にある電荷や部分電荷 Q_i と Q_j が距離 r_{ij} を隔てているとすれば，全ポテンシャルエネルギーに対する静電相互作用の寄与は，

$$E_{\mathrm{p,\,electrostatic}} = \frac{Q_i Q_j}{4\pi\varepsilon r_{ij}} \qquad \varepsilon = \varepsilon_\mathrm{r}\varepsilon_0 \tag{4}$$

コンホメーションエネルギーに対する静電相互作用の寄与

で表せる．個々の原子間の静電相互作用を取入れることによって，双極子が関与する相互作用を考える必要がなくなる．それぞれの部分電荷を具体的に取扱うから，それで双極子相互作用を処理したことになるからである．

5. 分散と反発の相互作用．すべての原子は，隣接するすべての原子と分散相互作用および反発相互作用をしている．

距離 r_{ij} を隔てている 2 原子間の分散相互作用と反発相互作用のエネルギー寄与は，トピック 10A の (12) 式で表したつぎのレナード-ジョーンズ (12,6) ポテンシャルで与えられる．

$$E_{\mathrm{p,\,Lennard\text{-}Jones}} = -\frac{A_{ij}}{r_{ij}^{\,6}} + \frac{B_{ij}}{r_{ij}^{\,12}} \tag{5}$$

コンホメーションエネルギーに対する分散相互作用と反発相互作用の寄与

6. 水素結合．構造モデルによっては，部分電荷間の相互作用によって水素結合の効果がすでに取込まれていると判断するものがある．しかし，別のモデルでは，つぎの項を付け加えている．

$$E_{\mathrm{p,\,H\text{-}bond}} = -\frac{C_{ij}}{r_{ij}^{\,10}} + \frac{D_{ij}}{r_{ij}^{\,12}} \tag{6}$$

コンホメーションエネルギーに対する水素結合の寄与

C_{ij} および D_{ij} は，原子 i と j の対についての経験的なパラメーターである．このときの引力成分は短距離にも働くものであり，結合の接触的な相互作用を表していることに注意しよう．

あるコンホメーションの全ポテンシャルエネルギーは，分子内のすべての結合とすべての原子対について，これらすべての寄与を全部足し合わせれば計算できる．

分子力場[1] は，注目するコンホメーションの全ポテンシャルエネルギー $E_{\mathrm{p,conf}}$ を計算するための式と，異なるタイプの原子や結合について表した各項に必要なパラメーターから成っている．そのパラメーターの値は，分子の種類に応じて最適化してあることが多い．たとえば，AMBER や CHARMM の力場はポリペプチド用に最適化してある．ある力場で用いられているパラメーターを他の力場のパラメーターと混ぜて使ってはならない．対象にしている分子のタイプに合った力場を選ぶことが重要である．

分子力場を使えば，分子のどれかのコンホメーションを選んで，そのポテンシャルエネルギーを計算することが可能である．図 10D・1 には，キラルでないアミノ酸グリシン（R＝H）とキラルなアミノ酸 L-アラニン（$R=CH_3$）でできたそれぞれのポリペプチド鎖について，ポテンシャルエネルギーの等高線図を示してある．この等高線図は，主鎖の角度 ϕ と ψ をそれぞれ変えてポテンシャルエネルギーを計算し，その値の等しいところをプロットしたものである．グリシンの地図は対称的であり，右巻きと左巻きのヘリックス形成に相当する極小がある．これと対照的に L-アラニンの地図は非対称であり，極小の最も深いところが α ヘリックスの形成と合っている．ポリアラニンのプロットによれば，通常のラマチャンドランのプロット（図 10B・15）に見られるような立体的に許される領域があまりなく，非常に限定されている．その理由は，ポテンシャルエネルギー計算で水素結合を完全に最適化できるコンホメーションが限られることにある．

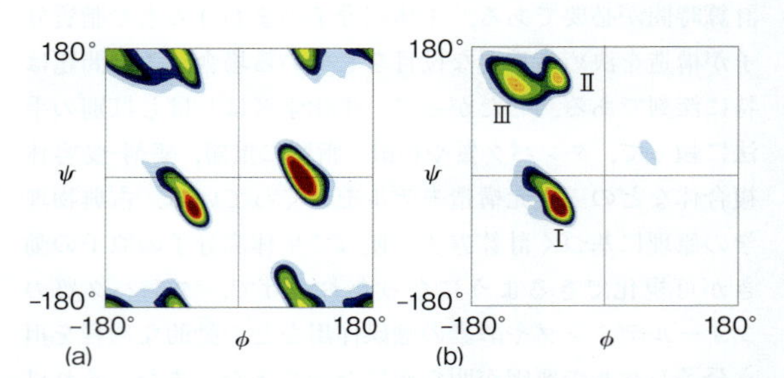

図 10D・1　ポテンシャルエネルギーをねじれ角 ψ と ϕ に対してプロットした等高線図．(a) ポリペプチド鎖のグリシル残基，(b) アラニル残基．(Ⅰ) 右巻きの α ヘリックス，(Ⅱ) コラーゲンヘリックス，(Ⅲ) β ストランドの領域．グリシルの図は対称であるが，アラニルの図は非対称である．〔T. Hovmoller *et al.*, *Acta Cryst.*, D58, 768 (2002) による．〕

1) molecular force field

もっと洗練されたアプローチの**明示的な溶媒モデル**[1]では，問題としている分子とそのまわりの溶媒分子の両方を対象にする．すなわち，$E_{\mathrm{p,conf}}$ を計算して和に含めるのは，その分子だけでなく隣接する溶媒分子まで含めたすべての原子である．このとき，含めるべき原子があまりに多くて計算が手に負えなくなれば，**粗視化モデリング**[2]が採用できる．この方法では，共有結合した小さな原子群を単一の擬原子として扱う．このとき，それぞれの擬原子が系内の別の擬原子と結合性相互作用と非結合性相互作用を行うのである．

10D・2　分子力学と分子動力学

分子力学[3]シミュレーションでは，分子のコンホメーションの初期条件を選んでそのエネルギーを計算し，$E_{\mathrm{p,conf}}$ が最小のコンホメーションが得られるまで原子の位置を繰返し変更する．高分子では，結合距離や結合角に対してコンホメーションエネルギーをプロットすると複数の局所的な極小と真の最小が得られることが多く，後者が安定なコンホメーションである（図 10D・2）．市販の分子モデリングソフトウエアのパッケージは，原子位置を変更し，これらの極小を系統的に探索する手順を備えている．

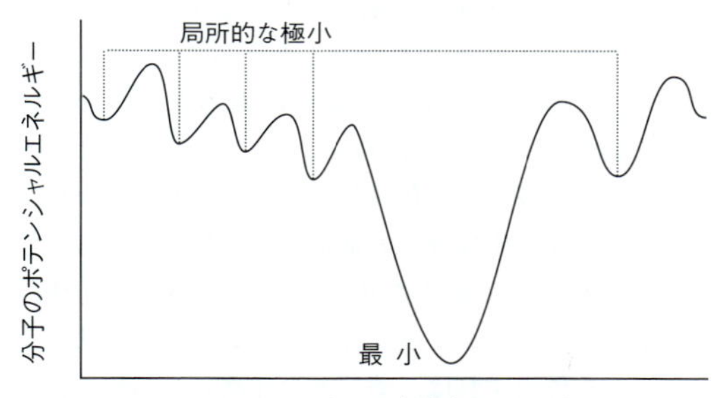

図 10D・2　大きな分子では，ポテンシャルエネルギーを分子の立体座標に対してプロットすると，数個の局所的な極小と真の最小が現れることが多い．

分子力学計算は速く，膨大な計算資源を必要としない．しかしながら，分子力学計算で得られる真の最小に相当する構造は $T=0$ での分子のスナップショットであるから，その用途は限られる．すなわち，計算にはポテンシャルエネルギーのみが考慮されていて，全エネルギーに対する運動エネルギーの寄与は除外されているのである．

分子動力学[4]シミュレーションでは，それぞれの原子に対して，目的とする温度で予測される速さ分布に基づく速さをランダムな向きに与えて，分子運動を開始させる．生体高分子は柔軟で絶えず動いているから，このモデルによる分子動力学計算が適している．原子のゆらぎや側鎖の動きは 1〜500 pm 程度の振幅で，その運動の特性時間は 1 fs〜0.1 s の範囲にある．ヘリックスやサブユニットの運動など剛体としての運動は 0.1〜1.0 nm 程度の振幅で，その運動の特性時間は 1 ns〜1 s である．フォールディング転移や，複数のドメインから成るタンパク質で四次構造が形成されるものでは 0.5 nm より大きな振幅をもち，生体外での 100 ns から生体内での数時間の範囲にわたって変化が起こっている．

初期条件のコンホメーションを設定してからは，ニュートンの運動法則を用いて，分子力場の影響下におけるすべての原子の軌跡を計算するのである．具体的な取扱い方を説明するには，一次元の原子の運動を考えるだけでよいだろう．

導出過程 10D・1　分子動力学による原子の軌跡の計算法

質量 m の原子が x 方向に沿って初速度 v_1 で動いたとしよう．$v_1 = \Delta x/\Delta t$ である．ここで，下付きの添字 1（一般に i で表す）は仮想的な時計による時の刻みを表している．

ステップ 1：前の位置から新しい位置を計算する．

この原子の最初の位置と（時計が一刻みした後の）新しい位置をそれぞれ x_1, x_2 とすれば，$x_2 = x_1 + v_1\Delta t$ である．これを一般的に表せば，

$$x_i = x_{i-1} + v_{i-1}\Delta t \qquad (7)$$

と書ける．これは，一つ前の位置 x_{i-1} と速度 v_{i-1} とから，いまの位置 x_i を計算するための式である．

ステップ 2：前の速度から新しい速度を計算する．

この原子は，同じ分子内にある他の原子との相互作用で生じる力のもとで運動している．そこで，$F = -\mathrm{d}E_{\mathrm{p}}/\mathrm{d}x$ であり，x_1 の位置にある原子に働く力は隣接する原子との相互作用のポテンシャルエネルギー，つまりコンホメーションエネルギー $E_{\mathrm{p,conf}}(x_1)$ とつぎの関係がある．

$$F(x_1) = -\frac{\mathrm{d}E_{\mathrm{p,conf}}(x_1)}{\mathrm{d}x_1}$$

この力はニュートンの運動の第二法則（$F = ma$）によるものであり，加速度 $a(x_1) = F(x_1)/m$ をもたらす．ここで，x_1 での加速度は $a_1(x_1) = \Delta v(x_1)/\Delta t$ で与えられる．ただし，$\Delta v(x_1) = v_2(x_1) - v_1(x_1)$ である．したがって，最初に x_1 にあった原子の（2 番目の刻み後の）新しい速度は，

1) explicit solvent model　2) coarse-grained modeling　3) molecular mechanics　4) molecular dynamics

$$v_2(x_1) = v_1(x_1) + a(x_1)\Delta t = v_1(x_1) + \frac{F(x_1)}{m}\Delta t$$

で与えられる．したがって，

$$v_2(x_1) = v_1(x_1) - \frac{1}{m}\frac{\mathrm{d}E_{\mathrm{p,conf}}(x_1)}{\mathrm{d}x_1}\Delta t$$

である．この式を一般化すれば次式が得られる．

$$v_i = v_{i-1} - \frac{1}{m}\left(\frac{\mathrm{d}E_{\mathrm{p,conf}}(x)}{\mathrm{d}x}\right)_{x=x_{i-1}}\Delta t \qquad (8)$$

ここでの時間間隔 Δt は約 1 fs（10^{-15} s）をとる．この値は，生体高分子の最も速い原子運動の平均時間よりも短い．このような x_i と v_i を求める計算ステップを何万回と繰返すのである．

市販のソフトウエアは（7）式や（8）式に相当する式を使って，三次元空間にある膨大な数の原子の軌跡を計算している．その軌跡は，シミュレーション計算を行うのに選んだ温度で分子がとるコンホメーションに対応している．非常に低い温度では，(1)～(6) 式で与えられるポテンシャルエネルギー障壁には乗り越えられないものがあるから，ごく少数のコンホメーションしかとれない．高温では多くのポテンシャルエネルギー障壁を乗り越えることができるから，より多くのコンホメーションがとれる．計算手法には，高分子のまわりの溶媒籠のシミュレーションができるものもある．こうして，この軌跡によってつくられた幾つかのコンホメーションを使えば，分子の平均的な性質を計算することができる．

モンテカルロ法[1] では，高分子の原子をランダムに短い距離だけ移動させ，コンホメーションエネルギーの変化 $\Delta E_{\mathrm{p,conf}}$ を計算する．もし，変化前よりコンホメーションエネルギーが大きくならなければ，そのコンホメーションを受け入れる．しかし，コンホメーションエネルギーが変化前より大きければ，もっと別のコンホメーションが妥当であろう．そこで，シミュレーション計算を行った温度で，コンホメーションエネルギーのもっと低い構造が熱平衡で存在しないかを検討する必要がある．ここから先に進むにはボルツマン分布を利用する．すなわち，エネルギー差 $\Delta E_{\mathrm{p,conf}}$ の二つの状態があるとき，平衡であればその占有数の比は $\mathrm{e}^{-\Delta E_{\mathrm{p,conf}}/kT}$ で表されることに注目する．k はボルツマン定数である．いまの計算では，直前の構造に比べ大きなコンホメーションエネルギーの構造が存在するかどうかを調べているから，$\Delta E_{\mathrm{p,conf}} > 0$ なら，この指数因子は 0 と 1 の間の値である．この指数因子を 0 と 1 の間の乱数と比較する．すなわち，乱数の値より大きければそのコンホメーションを受け入れ，大きくなければそのコンホメーションを却下する．最終的な結果として一組のコンホメーションが選ばれ，それぞれにボルツマンの確率の重みがついているから，それをもとに分子動力学の軌跡と同じやり方で解析することができる．

モンテカルロ法のアプローチを用いれば，短時間でコンホメーション空間の大半を埋め尽くすことができるが，分子動力学シミュレーションほど組織的に行うことはできない．また，分子動力学シミュレーションと違って，起こっているコンホメーション変化に対して力学的な知見を得ることはできない．それは，得られたコンホメーションが時間経過と関係づけられていないからである．たとえば，どのコンホメーションが別のどのコンホメーションから直接変化したかはわからないのである．

分子動力学とモンテカルロ法のシミュレーションは，量子化学計算よりずっと速く，生体高分子の構造に与える溶媒効果を比較的簡単に扱うことができる．しかしながら，計算の過程で膨大な数の状態を扱わねばならないので，いずれの方法も巨大な生体高分子の天然構造をそのアミノ酸配列から求めることはできない．にもかかわらず，これらの方法を使えば，構造が既知の核酸やタンパク質について配列を少し変えた効果を予測できる．このような場合は，化学的な置換は天然構造を大きく変えることがないから，わずかな（とはいえ，まだ多数ではあるが）コンホメーションを試すだけでよいからである．このアプローチによって，非常に多くの生体高分子について系統的な検討を行うことができ，生体分子の構造の安定化に関する化学的な規則を決めるのに強力な道具となっている．同様にして，分子動力学シミュレーションとモンテカルロ法シミュレーションを併用すれば，薬剤と生体高分子の相互作用に関する熱力学について調べることができる．

10D・3 定量的構造活性相関

新薬の開発過程において，計算手法を使ったアプローチは大きな影響を及ぼしてきた．効果的な治療法を考案するには，医薬の三次元構造だけでなく，医薬とその標的物質との分子間相互作用を明らかにし，これらの情報を最大限活用する方法を知っておく必要がある．トピック 9C と本テーマで説明したタイプの計算研究を行うことによって，分子には電子密度の高い領域や低い領域があること，それがホストタンパク質とゲスト薬剤の間の特有の相互作用の鍵になっていることを突き止められる．計算で得られた数値結果を図に表すことで，これらの相互作用を鮮明に表現することができ，その特異性を改善するときの解析が容易になっている．

1）Monte Carlo method

構造に基づく薬剤設計では，標的が既知でその受容体サイトの構造も既知のとき，それに基づいて新薬が開発される．しかしながら，たいていの場合は，多数のいわゆる先導化合物（リード化合物という）について何らかの生物活性のあることが知られているだけで，標的に関する情報はほとんどない．薬理効果を向上させた分子を設計する場合には，先導化合物の活性と実験または計算から得られる分子の諸性質（分子記述子あるいは化学構造記述子という）の相関データを基にした**定量的構造活性相関**[1]（QSAR）がしばしば採用される．

QSAR 法の第一段階は，膨大な数の先導化合物の分子記述子を集積することである．モル質量や分子の大きさと体積，水や無極性溶媒への相対溶解度などの分子記述子は，所定の実験手法で得られるものである．トピック 9C で述べたタイプの計算手法で得られる量子力学的な分子記述子には，結合次数のほかに HOMO や LUMO のエネルギーがある．

この手順の第二段階では，生物活性を分子記述子の関数で表す．QSAR 式の一例は，

$$\text{活性} = c_0 + c_1 d_1 + c_2 d_1^2 + c_3 d_2 + c_4 d_2^2 + \cdots \quad \text{QSAR の式} \quad (9)$$

である．d_i はそれぞれの記述子の値であり，c_i は回帰分析でデータに合わせて得た係数である．この 2 次の項で，その記述子のある特定の値のところで生物活性が最大もしくは最小の値をとるのを示している．たとえば，分子があまりに親水的であれば生体膜を透過できず，細胞内部にある標的と結合してしまう．この場合，分子は生体膜の疎水層に入り込めないだろう．一方，分子が疎水的すぎても生体膜に強く結合してしまうから，やはり生体膜を透過できない．したがって，この薬剤の水と有機溶媒に対する相対的な溶解度の目安となるパラメーターが，どこか中間的な値のときこの活性は最大になることがわかる．

QSAR 法の最後の段階では，分子記述子と QSAR 式とから，使えるデータを内挿もしくは補外することによって，候補である薬剤の活性を推測することができる．できるだけ多数の先導化合物と分子記述子を使って QSAR 式をつくれば，予測の信頼度はそれだけ高いものとなる．

従来の QSAR 法は改良されて **3D QSAR 法**となっている．この方法では，もっと精緻な計算手法を使うことによって，標的の受容体サイトに強く結びつけるような候補薬剤の三次元的な特徴について，さらに詳細な知見を得ている．その手順で最初に行うのは，コンピューターを使って先導化合物の三次元構造モデルを重ね合わせ，その形の類似性や官能基の場所，静電ポテンシャルのプロットなどを検討し，共通する特徴を探すことである．この方法でよりどころとしている仮定は，構造の特徴が共通していれば分子の性質も，受容体への薬剤の結合を推進するはずということである．次に，重ね合わせた分子の集団を三次元の格子（方眼）の中に置いてみる．そこで，各格子点に原子プローブ，ふつうは sp^3 混成した炭素原子を置いたときの 2 種の相互作用エネルギーを計算する．一つは，このプローブと薬剤の帯電していない領域の電子との相互作用を反映することになる空間配置によるエネルギー E_{steric} であり，もう一つは，プローブと薬剤分子の部分電荷をもつ領域との相互作用から生じる静電エネルギー E_{elec} である．そこで，薬剤と標的分子の実測の結合平衡定数 K_{bind} は，各点 $\boldsymbol{r}$ における相互作用エネルギーとつぎの 3D QSAR 式で表される関係があると仮定する．

$$\log_{10} K_{\text{bind}} = c_0 + \sum_{\boldsymbol{r}} \{c_{\text{steric}}(\boldsymbol{r}) E_{\text{p,steric}}(\boldsymbol{r}) + c_{\text{elec}}(\boldsymbol{r}) E_{\text{p,elec}}(\boldsymbol{r})\} \quad \text{3D QSAR の式} \quad (10)$$

$c(\boldsymbol{r})$ は回帰分析で求める係数である．c_{steric} と c_{elec} は，それぞれ格子点 $\boldsymbol{r}$ における空間配置の相互作用と静電相互作用の大きさを表しており，どちらがより重要かを反映している．回帰分析の結果を可視化するには，係数の大きさに応じて各格子点を色分けする．図 10D・3 は，ヒトコルチコステロイド結合グロブリン（CBG）へのステロイド（図で炭素骨格を示した分子）の結合に関する 3D QSAR 解析の結果を示したものである．この手法によって，結合相手の構造が未知の場合でも結合サイトの化学的性質を得るための確かな道が拓けたことがわかる．

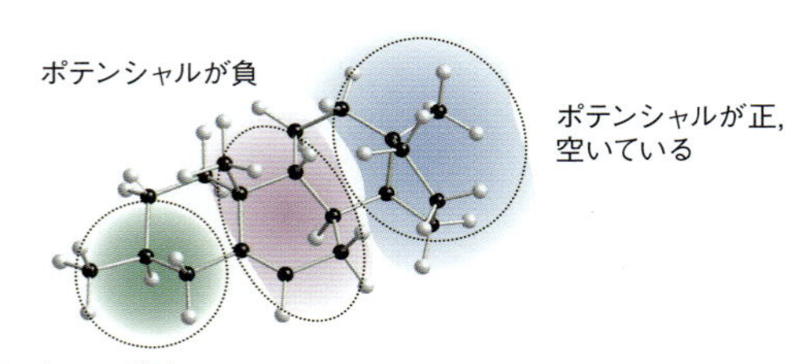

図 10D・3　ヒトコルチコステロイド結合グロブリン（CBG）へのステロイドの結合に関する 3D QSAR 解析．色をつけて曲線で囲んだ領域は，このタンパク質の結合サイトを示しており，正か負の静電ポテンシャルをもち，立体障害のほとんどない領域と大きな領域がある．これに，ステロイドに共通する環構造の部分を重ね書きしてある．〔P. Krogsgaard-Larsen *et al.*, "Textbook of drug design and discovery" から引用．Copyright @2022. Taylor and Francis Group, LLC, a division of informa plc. の許可を得て再録．〕

1）quantitative structure-activity relationship

重要事項のチェックリスト

- □ 1．**分子力場**は，注目するコンホメーションの全ポテンシャルエネルギー $E_{p,conf}$ を計算するための式と，異なるタイプの原子や結合について表した各項に必要なパラメーターから成っている
- □ 2．**明示的な溶媒モデル**では，問題としている分子とそのまわりの溶媒分子の両方を対象にする．
- □ 3．**粗視化モデリング**では，共有結合した小さな原子群を単一の擬原子として扱う．
- □ 4．**分子力学**シミュレーションでは，エネルギーが最小のコンホメーションが得られるまで原子の位置を繰返し変更する．
- □ 5．**分子動力学**シミュレーションでは，それぞれの原子に対してランダムな向きと大きさの速度をもたせて分子運動を開始させ，古典力学を用いてコンホメーションの時間発展を追跡する．
- □ 6．**モンテカルロ法**では，高分子の原子をランダムに短い距離だけ移動させ，コンホメーションエネルギーの変化を計算し，それをボルツマン分布に照らして評価する．
- □ 7．**定量的構造活性相関**（QSAR）では，先導化合物の活性と分子の諸性質の相関データを基にして化合物の薬理効果を評価する．

重要な式の一覧

式の内容	式	備　考	式番号
コンホメーションエネルギーに対する寄与	$E_{\mathrm{p,\,stretch}} = \frac{1}{2}k_{\mathrm{f,\,stretch}}(R-R_{\mathrm{e}})^2$	結合の伸縮	1
	$E_{\mathrm{p,\,bend}} = \frac{1}{2}k_{\mathrm{f,\,bend}}(\theta-\theta_{\mathrm{e}})^2$	結合角の変化	2
	$E_{\mathrm{p,\,torsion}} = \frac{1}{2}A\{1+\cos(n\phi-\phi_0)\}$	結合のねじれ	3
	$E_{\mathrm{p,\,electrostatic}} = Q_iQ_j/4\pi\varepsilon r_{ij} \quad \varepsilon=\varepsilon_{\mathrm{r}}\varepsilon_0$	静電相互作用	4
	$E_{\mathrm{p,\,Lennard\text{-}Jones}} = -A_{ij}/r_{ij}^{6} + B_{ij}/r_{ij}^{12}$	分散相互作用と反発相互作用	5
	$E_{\mathrm{p,\,H\text{-}bond}} = -C_{ij}/r_{ij}^{10} + D_{ij}/r_{ij}^{12}$	水素結合	6

テーマ 10 高分子と自己構築

トピック 10A 分子間相互作用

記述問題

Q10A・1 いろいろな分子間引力によるポテンシャルエネルギーへの寄与の多くが，距離に対して $1/r^6$ に比例する形で表されるのはなぜか．

Q10A・2 相互作用エネルギーを求めるのに，双極子モーメントを用いるべきでないのはどういうときか．

Q10A・3 無極性分子が 2 個あるとき，どのように互いを引き付け合ったり反発し合ったりしているかを説明せよ．

Q10A・4 分子の分極率が，極性分子や無極性分子と相互作用する能力の指標となるのはなぜか．

Q10A・5 水素結合を分子オービタルによって説明するやり方を述べよ．同じ考えで，水素結合の形成に関与する元素がごく少数に限られる理由を説明せよ．

演習問題

10A・1 α ヘリックスは，ペプチド主鎖に起因する永久双極子モーメントを有している．その双極子は，ヘリックスの C 末端に電荷 $-0.50e$，N 末端に電荷 $+0.50e$ を置いたモデルで表される．長さ 2.0 nm の α ヘリックスがあるとき，その双極子モーメントを計算せよ．フォールド形のタンパク質に見られる α ヘリックスの充塡状況に対して，この双極子モーメントが存在することの意味合いはなにか．

10A・2 3 個以上の電荷 $Q_a, Q_b, \cdots$ が互いの距離 $r_{ab}, r_{ac}, r_{bc}, \cdots$ にあるとき，そのポテンシャルエネルギーを表す式を書け．その式を使って，あるタンパク質内部の反平行 β シートにある水素結合のポテンシャルエネルギーを計算せよ．ただし $\varepsilon_r = 4$ とする．また，$r_{OH} = 0.196$ nm，$r_{CN} = 0.414$ nm，$r_{NO} = 0.292$ nm，$r_{CH} = 0.314$ nm，$Q_H = +0.25e$，$Q_N = -0.46e$，$Q_O = -0.50e$，$Q_C = +0.62e$ とする．

10A・3 HCl 分子の双極子モーメントをその構成元素の電気陰性度から計算し，答をデバイ単位 (D) とクーロン・メートル単位 (C m) で表せ．

10A・4 ベクトル加法を使えば，分子の双極子モーメントを予測できる．分子内にある 2 個の双極子モーメント μ_1 と μ_2 が角度 θ をなすとき，その分子の双極子モーメントは $\mu_{res} \approx (\mu_1{}^2 + \mu_2{}^2 + 2\mu_1\mu_2\cos\theta)^{1/2}$ で表される．(a) 双極子モーメントの大きさが 1.50 D と 0.80 D の 2 個の双極子が，互いに 109.5° の角度をなすときの合成モーメントを計算せよ．(b) オルト (1,2-) とメタ (1,3-) の 2 置換ベンゼンの電気双極子モーメントの比を求めよ．

10A・5 メタナール（ホルムアルデヒド）の電気双極子モーメントを計算せよ．ただし，つぎの構造 (**1**) を参考にせよ．原子座標の単位は pm である．

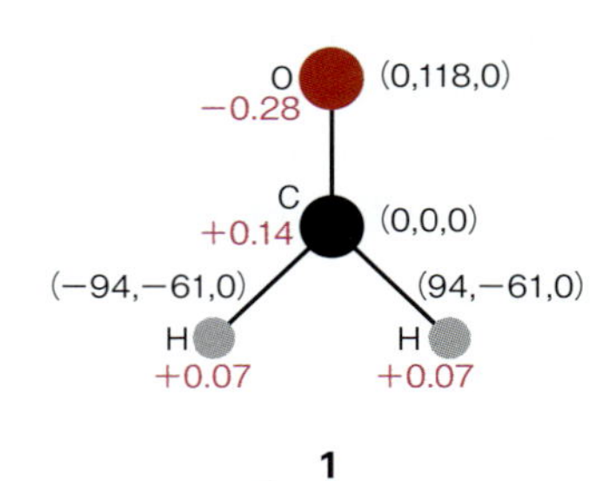

1

10A・6 表 10A・1 にある部分電荷と (**2**) に示す原子座標（単位は pm）を使って，グリシン分子の電気双極子モーメントを計算せよ．

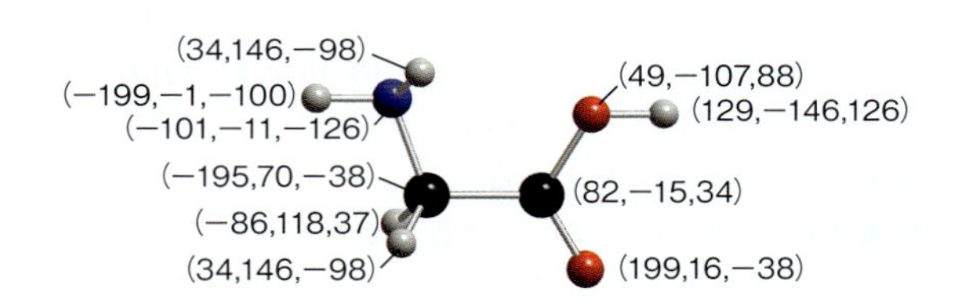

2 グリシン

10A・7 (a) 過酸化水素の H−O−O−H 角（方位角）ϕ が変化したときの電気双極子モーメントの大きさの変化をプロットせよ．(**3**) に示した寸法（長さの単位は pm）を用いよ．(b) 角度と大きさがどう変化するかを図示する方法を考案せよ．

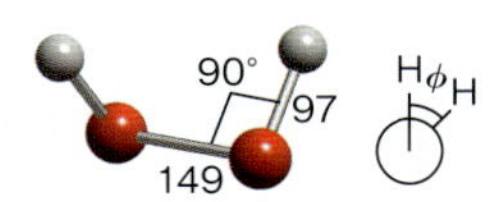

3 過酸化水素

10A・8 水溶液中で，Li^+ イオンから最も近い O 原子との距離が (a) 100 pm，(b) 300 pm である水分子の向きを反転させるのに必要なモル当たりのエネルギーを計算せよ．水の双極子モーメントを 1.85 D とする．

10A・9 同じ電気双極子モーメント 2 個がトピック 10A の構造 (**8**) に示した向きにあるとき，［導出過程 10A・1］

の手順に従って，(5) 式がそのポテンシャルエネルギーを表していることを示せ．

10A・10 点電荷 Q から距離 r での電場の大きさは $Q/4\pi\varepsilon_0 r^2$ である．プロトンが水分子（分極率体積は $1.48\times10^{-30}\,\mathrm{m^3}$）に接近したとき水に誘起される双極子モーメントが，この分子の永久双極子モーメント（1.85 D）と等しくなるためには，プロトンはどこまで接近しなければならないか．

10A・11 フェニルアラニン（**4**，構造図 A14）は，ベンゼン環をもつ天然に存在するアミノ酸である．このベンゼン環とその近くにあるペプチド鎖1個の電気双極子モーメントとの間の相互作用エネルギーはいくらか．その間の距離を 4.0 nm とし，フェニル基はベンゼン分子として扱えるものとする．また，ペプチド鎖の双極子モーメントは $\mu=2.7\,\mathrm{D}$ で，ベンゼンの分極率体積は $\alpha'=1.04\times10^{-29}\,\mathrm{m^3}$ である．

4 フェニルアラニン

10A・12 2個の Phe 残基（［演習問題 10A・11］を見よ）のベンゼン環の間のロンドン相互作用を考えよう．4.0 nm 離れた2個の環（ベンゼン分子として扱う）の間の引力のポテンシャルエネルギーを求めよ．ただし，そのイオン化エネルギーを $I=5.0\,\mathrm{eV}$ とする．

10A・13 酸素貯蔵のタンパク質ミオグロビンのある領域では，チロシン残基の OH 基がヒスチジン残基の N 原子に（**5**）の形で水素結合する．この図の長さの単位は pm である．表 10A・1 の部分電荷の値を使って，この相互作用のポテンシャルエネルギーを求めよ．

5 Tyr-His

10A・14 ポテンシャルエネルギーの距離に対する勾配の符号を変えたものが働く力であることから，同じポリペプチド鎖の中の結合していない2個の原子にはロンドンの分散相互作用が働くとして，両者の間に働く力の距離依存性を計算せよ．また，その力が0になる距離はいくらか．〔ヒント：R と $R+\delta R$（ただし $\delta R\ll R$ とする）におけるポテンシャルエネルギーを考え，$\{E_\mathrm{p}(R+\delta R)-E_\mathrm{p}(R)\}/\delta R$ で勾配を計算する．［導出過程 10A・1］にある展開式とつぎの展開式が使える．

$$(1+x+\cdots)^n = 1+nx+\cdots \quad ただし，x\ll 1 のとき$$

計算の最後で，δR を無視できるほど小さいとすればよい．〕

10A・15 $F=-\mathrm{d}E_\mathrm{p}/\mathrm{d}r$ を使い，E_p の式を微分することによって演習問題 10A・14 の問題をもう一度解け．

10A・16 エタン酸蒸気には，水素結合した平面形の二量体（**6**）がある割合で含まれている．気体の純粋なエタン酸では，分子の見かけの双極子モーメントは温度の上昇とともに増加する．これをどう解釈すればよいか．

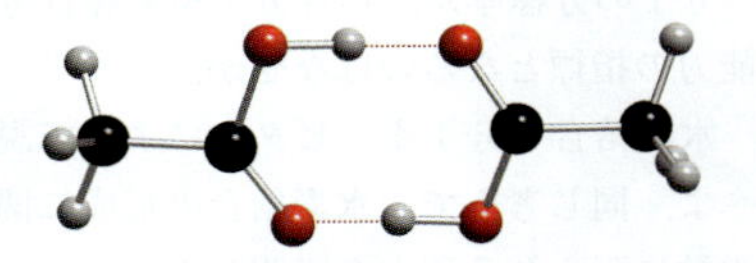

6 エタン酸分子の二量体

10A・17 O−H 基と O 原子からなる系で，トピック 10A の図 10A・5 と構造（**10**）に示した配置の場合を考えよう．水素結合の静電モデルを使って，相互作用のモルポテンシャルエネルギーが角度 θ にどう依存しているかを計算せよ．ただし，H と O の部分電荷をそれぞれ $+0.45e$ と $-0.83e$ とし，$R=200\,\mathrm{pm}$，$r=95.7\,\mathrm{pm}$ とする．

10A・18 N-メチルエタンアミド（N-メチルアセトアミド）はタンパク質主鎖の水素結合のモデル分子であるが，テトラクロロメタン（四塩化炭素）中では二量体を形成し，水中では単量体である．この観測結果について，二つの溶媒の性質の違いから熱力学的に説明せよ．

10A・19 β シートにおける水素結合様式（図 10B・14 を見よ）と［演習問題 10A・17］の答を考慮して，タンパク質で平行 β シートが一般的でない理由を説明せよ．

10A・20 脂質に見られる飽和炭素鎖の結合まわりの内部回転の障壁について理解するために，エタンのねじれ運動を考えよう．エタンの CH_3 基を C−C 結合まわりに回転したときのポテンシャルエネルギーは，$V=\frac{1}{2}V_0(1+\cos3\phi)$ と書ける．ここで ϕ は方位角（**7**）で，$V_0=11.6\,\mathrm{kJ\,mol^{-1}}$ である．(a) トランス配座と完全な重なり配座との間のポテンシャルエネルギーの差はいくらか．(b) 小さな角度変化なら C−C 結合のまわりのねじれ運動を調和振動子の運動と考えてよいことを示せ．(c) このねじれ振動の振動数を求めよ．

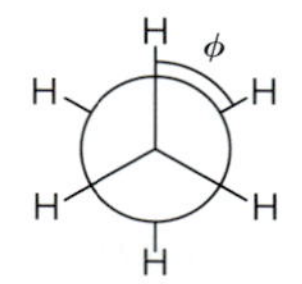

7　エタン

10A・21　演習問題10A・17で与えた数値を用いて，つぎの条件下でこの水素結合を切るのに必要なエネルギーを（$\mathrm{kJ\,mol^{-1}}$の単位で）求めよ．(a) 真空中（$\varepsilon_r = 1$），(b) 生体膜中（液体の炭化水素の値，$\varepsilon_r = 2.0$），(c) 水中（$\varepsilon_r = 78$）．

10A・22　あるポリペプチド鎖のコンホメーションを検討するのに，レナード-ジョーンズ（12,6）ポテンシャルでは不十分だと考え，その反発項を$e^{-r/a}$の形の指数関数で置き換えたとしよう．(a) そのポテンシャルエネルギーの形を描き，それが最小となる距離を示せ．(b) exp-6ポテンシャルエネルギーが最小となる距離を求めよ．

10A・23　2個のネオン原子について，レナード-ジョーンズ（12,6）ポテンシャル（本トピックの12式）の定数は，$A = 1\times10^{-24}\ \mathrm{J\,nm^6}$，$B = 4\times10^{-28}\ \mathrm{J\,nm^{12}}$である．(a) グラフ上で求めるか，それとも微分計算によって，2個のネオン原子の平衡での核間距離と相互作用エネルギーを求めよ．(b) 計算で求めた相互作用エネルギーは300 Kでの熱運動エネルギー（約4×10^{-21} J）と比較してどうか．(c) この2原子間に働く反発力が引力をちょうど上回る核間距離を計算せよ．

トピック10B　高分子の構造

記述問題

Q10B・1　立体配置と立体配座（コンホメーション）の違いを説明せよ．

Q10B・2　高分子の実鎖長と根平均二乗距離，ランダムコイルの慣性半径をそれぞれ定義せよ．

Q10B・3　高分子の配座エントロピーがその伸びとともにどう変化するかを説明し，解説を加えよ．

Q10B・4　タンパク質の一次構造，二次構造，三次構造，四次構造をそれぞれ説明せよ．

Q10B・5　高分子の構造の安定性に対する疎水効果の寄与について説明せよ．

演習問題

10B・1　アミノ酸のうち，pH＝7でほかの分子（ほかのアミノ酸や酵素基質など）との間で (a) クーロン相互作用，(b) 水素結合，(c) ファンデルワールス相互作用のみで相互作用できる側鎖をもつものをそれぞれ挙げよ．

10B・2　ある高分子が長さ0.90 nmのセグメント700個からできている．もし，この鎖が理想的な柔軟性をもっているとしたら，鎖の両端の間の根平均二乗距離はいくらになるはずか．

10B・3　モル質量280 $\mathrm{kg\,mol^{-1}}$でC−C結合から成る高分子鎖の実鎖長（鎖に沿った長さ）と根平均二乗距離（鎖の末端間の距離）を計算せよ．

10B・4　ある高分子の慣性半径は7.3 nmであることがわかっている．この鎖はC−C結合でできている．この鎖がランダムコイルであると仮定して，鎖の中の結合の数を求めよ．

10B・5　半径Rの球状高分子の慣性半径は$R_g = (\frac{3}{5})^{1/2}R$で表される．(a) 球状高分子のモル体積をその半径で表した式を書き，つぎの式が得られることを示せ．

$$R_g/\mathrm{nm} = 0.0567 \times \{(v_s/\mathrm{cm^3\,g^{-1}})(M/\mathrm{g\,mol^{-1}})\}^{1/3}$$

v_sは比体積（質量密度の逆数）で，Mはモル質量である．(b) つぎの情報と (a) で求めた慣性半径を表す式とから，つぎに示す物質種を球状か棒状かに分類せよ．

	$M/(\mathrm{g\,mol^{-1}})$	$v_s/(\mathrm{cm^3\,g^{-1}})$	R_g/nm
血清アルブミン	66×10^3	0.752	2.98
ブッシースタント ウイルス	10.6×10^6	0.741	12.0
DNA	4×10^6	0.556	117.0

10B・6　ランダムコイルとして扱える高分子が，完全なコイルから10パーセントだけ伸びたとき，配座エントロピーはどれだけ変化するか．

10B・7　完全なコイル状態から少しずれたところでは，トピック10Bの（5b）式が$\Delta S_m \propto \delta L^2$で表されることを示せ．内部エネルギーは変化しないとして，同様の小さな伸びに対してコイルのモルギブズエネルギーはどう依存するか．

トピック 10C　立体構造の安定性と分子の凝集

記述問題

Q10C･1　水溶性の球状タンパク質のフォールディングによるエンタルピー変化とエントロピー変化について説明し，解説を加えよ．

Q10C･2　ポリメラーゼ連鎖反応に関連して，融解温度に関する考察の重要性を説明せよ．

Q10C･3　タンパク質のフォールディングを熱力学的に考察するうえで，モルテングロビュール状態が役に立つのはなぜか．

Q10C･4　タンパク質のフォールディングとアンフォールディングにおいて，協同性はどんな役割を果たしているか．アミノ酸残基が 100 個以下で三次構造を有するタンパク質が比較的少ないのはなぜか．

Q10C･5　ミセルの形状を予測するうえで，界面活性剤分子の充塡パラメーターが関係する理由を述べよ．

Q10C･6　コレステロールが生体膜の構造と機能に果たしている役割はなにか．

演習問題

10C･1　例題 10C･1 で考えた一連の DNA 分子について，0.15 M の NaCl(aq) を含む溶液の熱量測定によってつぎのデータが得られた．この条件下で，G–C 塩基対を 40.0 パーセント含む DNA 分子の融解温度を求めよ．

f	0.375	0.509	0.589	0.688	0.750
T_m/K	359	364	368	371	374

10C･2　塩基対の組成が異なる一連の DNA 分子について，0.020 M の Na_3PO_4(aq) を含む溶液の熱量測定によってつぎのデータが得られた．f は G–C 塩基対の割合である．

f	0.249	0.400	0.673	0.773	0.922
T_m/K	328	334	345	349	355

G–C 塩基対を 50.0 パーセント含む DNA 分子の融解温度を求めよ．

10C･3　例題 10C･2 で考えたペプチドについて，帯電したアミノ酸側鎖の間に働く弱い静電相互作用の“塩橋”としての代表的な値 $K_{inter}=0.1$ であれば，このペプチドが折りたたまれるために必要な残基の数はどれだけか．

10C･4　ペプチド鎖が折りたたまれるとき，アミノ酸残基の間にいろいろな分子内相互作用が効果的に働いている．その相互作用に関与できる基が平均として 4 個あるとしよう．$K_{inter}=6.2\times10^{-3}$，$\{X\}_{effective}=1.5\times10^{-4}$ mol dm^{-3}，$C_f=3.4$ として，安定なフォールド形の構造をとるために必要なアミノ酸の最小数を求めよ．

10C･5　塩化グアニジニウム〔GuHCl：グアニジニウムイオンは $(NH_2)_2C{=}NH_2^+$ で表される〕はカオトロピック剤であり，水溶液中での疎水効果の役割を低下させることによって，無極性物質の水に対する溶解度を増加させる．この変性剤の存在下で，あるタンパク質のフォールディングのギブズエネルギー変化を測定したところ，つぎの結果が得られた．

[GuHCl]/(mol dm^{-3})	1.50	2.00	2.50	3.00	3.25	3.50
$\Delta_{fold}G$/(kJ mol^{-1})	−5.94	−2.72	2.22	4.69	6.49	9.38

グラフを描いて，この変性剤がないときのフォールディングのギブズエネルギー変化を求めよ．

10C･6　つぎの図は，液体の $CH_3C(CH_3)_2CH_3$ を水中に移送したときの標準エンタルピー変化，標準エントロピー変化，標準ギブズエネルギー変化の温度依存性である．この温度効果について説明せよ．図に示す温度 T_h と T_s について，疎水効果の起源との関連で熱力学的な意味を説明せよ．

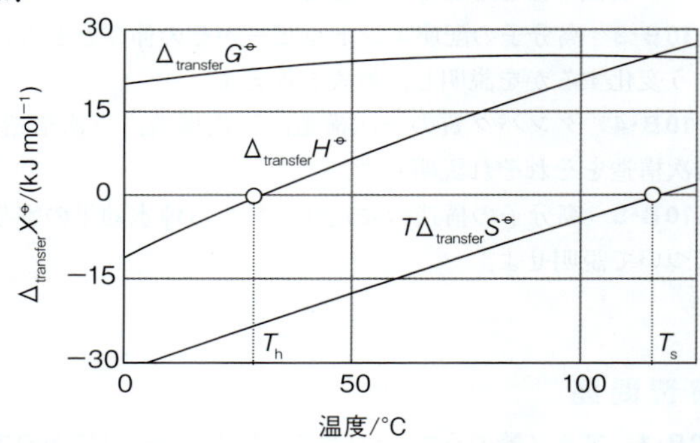

10C･7　水溶液の温度を凝固点近くまで低下させると，ある水溶性タンパク質はアンフォルード形になり，あるウイルスはサブユニットに分解してしまう．その理由を説明せよ．

10C･8　協同的にフォールディングを起こすリボヌクレアーゼの融解温度は 55 °C である．この温度におけるアンフォールディングの標準エンタルピー変化は +562.0 kJ mol^{-1} であり，$\Delta_{unfold}C_p^{\ominus}=+8.4$ kJ K^{-1} mol^{-1} である．(a) 融解温度の前後 10 °C の範囲で，フォールド形タンパク質の割合をプロットせよ．(b) フォールド形のコンホメーションが最安定になる温度はどこか．(c) 協同性因子 C_f が 1 に等しいと，この転移はシャープに起こるか．

トピック 10D　コンピューター支援のシミュレーション

記述問題

Q10D・1　分子力場とは何かを説明せよ．また，分子力場に寄与する事象の一覧を示せ．

Q10D・2　高分子の構造を決めている溶媒の役割はなにか．

Q10D・3　分子力学と分子動力学の違いを説明せよ．

Q10D・4　モンテカルロ法はどのように実行されるかを説明せよ．

Q10D・5　新しい治療薬を開発するとき QSAR 解析はどの場面で役に立つか．

演習問題

10D・1　演習問題 10A・22 では，レナード-ジョーンズのポテンシャルエネルギーの反発項を指数関数に置き換えて考察した．ここでは，引力項も反発項も指数関数で表した場合を考えよう．(a) つぎの関数について，a と b の値をいくつか変えた曲線をグラフに描いて表せ．

$$E_{\mathrm{p}} = \varepsilon\,(a\mathrm{e}^{-br/\sigma} - \mathrm{e}^{-r/\sigma})$$

(b) 同じグラフに復元力をプロットし，その力がポテンシャルエネルギー曲線の最小の点で 0 であることを示せ．(c) 変位が小さいとき，2 個の分子はこの exp-exp ポテンシャルで相互作用して調和振動を行うことを示せ．また，a と b がそれぞれの値のときの力の定数を示せ．

10D・2　化合物 TIBO の誘導体 (**8**) は，レトロウイルスの RNA を DNA に変換する反応を触媒する逆転写酵素を阻害する．多数の TIBO 誘導体について活性 A を QSAR 解析した結果によれば，つぎの式が成り立つ．

$$\log_{10} A = b_0 + b_1 S + b_2 W$$

8　TIBO 誘導体

S はこの薬剤の水への溶解度に関係するパラメーターで，W は (**8**) に示す置換基 X の一番目の原子の大きさに関係するパラメーターである．(a) つぎの表のデータを使って，b_0, b_1, b_2 の値を求めよ．〔ヒント：ここでの QSAR 式は，従属変数 $\log_{10} A$ を二つの独立変数 S, W と関係づけるものである．データに合わせるには，多重回帰の数学手法を使わなければならない．それは，数学ソフトウエアや表計算ソフトウエアを利用すればできる．〕

X	H	Cl	SCH_3	OCH_3	CN
$\log_{10} A$	7.36	8.37	8.3	7.47	7.25
S	3.53	4.24	4.09	3.45	2.96
W	1.00	1.80	1.70	1.35	1.60

X	CHO	Br	CH_3	CCH
$\log_{10} A$	6.73	8.52	7.87	7.53
S	2.89	4.39	4.03	3.80
W	1.60	1.95	1.60	1.60

(b) $S = 3.80$, $\log_{10} A = 7.70$ の薬剤の W の値はいくらでなければならないか．

テーマ 10　発展問題

P10・1　ある生体高分子の変性はつぎの平衡で表せる．

$$\text{ネイティブ形} \rightleftharpoons \text{変性形}$$

その平衡定数は K_{denat} である．

(a) 変性形の存在分率 f_{denat} が K_{denat} によって次式で表されることを示せ．

$$f_{\mathrm{denat}} = \frac{K_{\mathrm{denat}}}{1 + K_{\mathrm{denat}}}$$

(b) 変性の標準エンタルピー変化と標準エントロピー変化を用いて，K_{denat} の温度依存性を表す式を書け．

(c) 酵素キモトリプシンの pH＝2 での変性の標準エン

タルピー変化と標準エントロピー変化は，それぞれ $+418\ \mathrm{kJ\ mol^{-1}}$ および $+1.32\ \mathrm{kJ\ K^{-1}\ mol^{-1}}$ である．このデータと上の (a) および (b) の答を用いて，T に対して f_{denat} をプロットせよ．

(d) 生体高分子の“融解温度”は，$f_{\mathrm{denat}}=\frac{1}{2}$ となる温度である．(c) の答を用いて，キモトリプシンの pH＝2 での融解温度を計算せよ．

(e) キモトリプシンの pH＝2 および $T=310\ \mathrm{K}$（体温）での変性の標準ギブズエネルギー変化と平衡定数を計算せよ．この条件下でこのタンパク質は安定であるか．

P10·2　演習問題 10C·5 で述べたように，タンパク質を GuHCl などの変性剤で処理すればアンフォールディングを起こすことができる．変性剤は，生体高分子の天然の三次元コンホメーションを担っている分子内相互作用を壊す物質である．尿素や GuHCl によって変性したいくつかのタンパク質のデータによれば，タンパク質の変性の標準ギブズエネルギー変化 $\Delta_{\mathrm{denat}}G^{\ominus}$ と変性剤のモル濃度 [D] の間にはつぎの直線関係がある．

$$\Delta_{\mathrm{denat}}G^{\ominus}=\Delta_{\mathrm{denat}}G^{\ominus}_{\mathrm{water}}-m[\mathrm{D}]$$

m は，変性剤の濃度に対するアンフォールディングの感度を表す経験的なパラメーターである．また，$\Delta_{\mathrm{denat}}G^{\ominus}_{\mathrm{water}}$ は，変性剤がないときのタンパク質の変性の標準ギブズエネルギー変化であるから，その生体高分子の熱的な安定性の尺度である．

ネイティブ形のキモトリプシン分子の存在分率 f_{native} は，27 °C および pH = 6.5 では GuHCl の濃度によってつぎのように変化する．

f_{native}	1.00	0.99	0.78	0.44
$[\mathrm{GuHCl}]/(\mathrm{mol\ dm^{-3}})$	0.00	0.75	1.35	1.70
f_{native}	0.23	0.08	0.06	0.01
$[\mathrm{GuHCl}]/(\mathrm{mol\ dm^{-3}})$	2.00	2.35	2.70	3.00

(a) [GuHCl] に対して変性キモトリプシン分子の存在分率 f_{denat} をプロットせよ．

(b) 発展問題 P10·1 で示した f の式を用いて，この実験条件下でのキモトリプシンの m と $\Delta_{\mathrm{denat}}G^{\ominus}_{\mathrm{water}}$ を計算せよ．

(c) (a) のプロットの意味を明らかにするために，f_{denat} と [D] の関係を表す式を導出せよ．そのためにまず，$\Delta_{\mathrm{denat}}G^{\ominus}_{\mathrm{water}}=m[\mathrm{D}]_{1/2}$ であることを示せ．$[\mathrm{D}]_{1/2}$ は，$f_{\mathrm{denat}}=\frac{1}{2}$ に相当する変性剤のモル濃度である．次に，f_{denat} を [D] と $[\mathrm{D}]_{1/2}$, m, T の関数で表した式を書け．最後に，(a) のプロットからの $[\mathrm{D}]_{1/2}$ の値と (b) で求めた m の値，T の値を用いて，この式をプロットせよ．このプロットの形は，(a) で得られたプロットと矛盾のないものか．

P10·3　分子軌道計算を行えば，分子間複合体の構造を予測できる．プリン塩基とピリミジン塩基の間の水素結合は，DNA が二重らせん構造をつくる原因になっている．DNA で水素結合をつくれる 2 個の塩基モデルとして，メチルアデニン (**9**, R＝CH_3) とメチルチミン (**10**, R＝CH_3) を考えよう（DNA では，R はデオキシリボースである）．

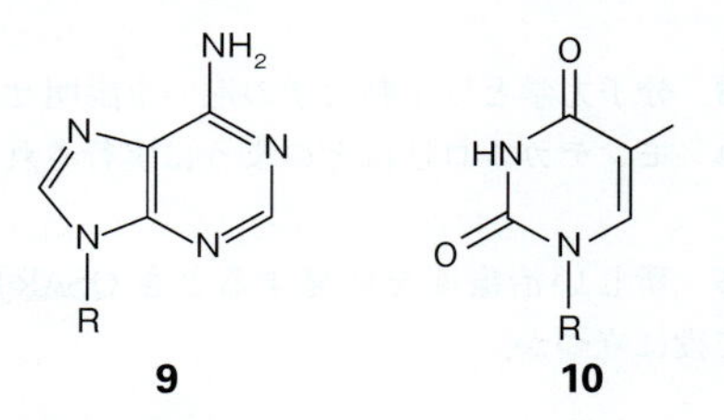

(a) 推奨されている分子モデリングソフトウエアと計算方法を使って，メチルアデニンとメチルチミンのすべての原子について原子電荷を計算せよ．

(b) 計算した原子電荷の値の表に基づいて，メチルアデニンとメチルチミンで水素結合に参加すると思われる原子を示せ．

(c) 水素結合によって結合できる可能なアデニン–チミン対をすべて描け．ただし，DNA では A−H ⋯ B フラグメントの直線形配置が多い．このとき，分子を正しく並べるのに分子モデリングソフトウエアを使うとよい．

(d) (c) で描いた対のうち，どれが天然の DNA 分子か．

(e) DNA で塩基対をつくる別の例として，シトシンとグアニンについて (a)〜(d) の問題に答えよ．

P10·4　ここでは，推奨されている分子力学ソフトウエアを使って，図 10D·1 のようなプロットができる複雑な計算を行おう．そのタンパク質のモデルは (**11**) に示すペプチドで，ポリペプチド鎖の末端をメチル基に置換したものである．

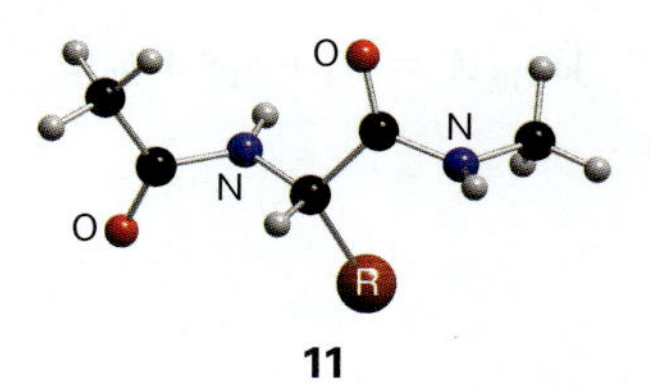

(a) R＝H とする (**11**) のコンホーマーをいろいろ選び，分子力学ソフトウエアを用いて各コンホーマーの構造を最適化し，それぞれについて全ポテンシャルエネルギーを求めよ．

(b) (a) の方法を用いて，R＝CH_3 の場合について調べよ．その初期コンホーマーには，R＝H で得られた最適化したコンホメーションを用いよ．

テーマ 11

生化学のための分光法

ものの構造を調べるために電磁場を利用するのは科学全般に共通している．それは生化学でも強力な道具であり，濃度を求める簡単なものから電子分布やエネルギー準位に関する詳細な情報を求めるものまで，その応用は多種多様である．生命は分子間の相互作用に負うところが大きいから，これを調べることで生命の本質的な側面を研究しようと種々の分光法が開発されてきた．

トピック 11A　分光法の一般原理

分光法すべてに共通する特徴があるから，本トピックではそれについて学ぼう．まず，実験的ないろいろな手続きについて説明してから，吸収や発光の強度をどう表すかについて述べる．スペクトル強度を理解するための分子論的な中心概念は“遷移双極子モーメント”という量にあるから，この量子力学的な性質を解析して，注目する遷移がスペクトルとして観測されるかどうかを左右する選択律の基礎に迫ろう．一方，表面に付着した分子を調べる特殊な分光法を利用すれば，生体高分子の相互作用を研究することができる．

トピック 11B　振動分光法

分子の振動運動を分光学的に観測すれば，結合の硬さや高分子の構造の剛直性を調べることができる．その中心原理は，二原子分子の唯一の振動モードを考察すれば理解できるから，それを生化学的に重要な生体高分子に見られる多数の振動モードに拡張すればよい．タンパク質の研究に特化した研究手法や，分光器に顕微鏡を組込むことで分子が数個しか含まれない試料の研究を可能にした手法がいろいろ開発されてきた．

トピック 11C　紫外・可視分光法

可視領域や紫外領域の電磁放射線を用いる分光法によれば，電子分布が変化する遷移を調べることができる．ところが，ある分子オービタルから別の分子オービタルへと電子が励起されると，分子は激しく振動し始めるから，生化学的に重要な媒質中では吸収が広い波長領域に広がってしまう．この電磁スペクトル領域における吸収の一般的な特徴は，原子群に特徴的な吸収や金属タンパク質の d 電子の遷移によって説明できる．一方，放射線のもう一つの特徴である偏光を利用した分光法も開発されてきた．

トピック 11D　光活性化による諸過程

電子励起された分子は，反応するか，それとも獲得した励起エネルギーを蛍光など別の方法で失うことになる．光励起された後に起こる過程の速度論は，化学反応速度論で用いた速度式を立てて調べられるから，特定の目的で加えた消光分子の影響を定量的に調べることができる．これらの過程を理解すれば，それを光生物学の中心課題に応用することができる．それには，視覚や光合成，日光にさらすことによるDNAの損傷などがある．

トピック 11E　核磁気共鳴

最も強力で広く用いられている分光法の一つは，磁性核を強い磁場中に置くことで起こるラジオ波振動数の放射線の共鳴吸収を利用している．共鳴吸収が起こる正確な振動数は，外部磁場および隣接する別の磁性核との相互作用によって発生する局所磁場に依存している．この方法は，ラジオ波振動数の放射線の一連のパルスに核がどう応答するかを観測する手法を採用することによって，その応用範囲が大きく拡張されており，天然環境にある分子の構造や分子運動に関する詳細な情報が得られる．

トピック 11F　電子常磁性共鳴

磁場中に置かれた不対電子のエネルギーは，その配向に依存し，ある共鳴条件が満たされればその状態間で遷移が起こる．電子スピンのエネルギー準位は，局所磁場と隣接する磁性核との相互作用に依存している．線幅のデータは，分子の運動や高分子につながれた分子の局所的な挙動によって解釈できる．

トピック 11A

分光法の一般原理

> **➤ 学ぶべき重要性**
>
> 分光法は，生化学的に重要な分子を調べる主要な実験手法である．
>
> **➤ 習得すべき事項**
>
> 分子の遷移は，フォトンの放出または吸収を伴って起こる．
>
> **➤ 必要な予備知識**
>
> スペクトル遷移は，離散的な（とびとびの値の）振動数で起こる．それは，もとになっているエネルギー準位が量子化しているからである（テーマ 8 および 9）．

分光法[1] では，ものによる電磁放射線の吸収や放出，非弾性散乱を解析する．それは，原子の構造や分子の構造を調べるのに鍵になる方法である．化合物に特有の分光学的特徴が見いだせれば，それは純物質や混合物の化学組成を分析する直接的な方法になる．生命科学での分光法の応用には，酵素活性の検討やリガンド結合の分析，生体高分子の構造やダイナミクスの測定に加え，細胞や臓器にあるいろいろな分子の空間分布の画像化（イメージング）も含まれる．分光法には多種多様な実験手法があるが，大きく見るとつぎの四つに分類されるだろう．

- **発光分光法**[2]：分子をエネルギーの高い（E_2）状態に励起してから，それがエネルギーの低い（E_1）状態へ戻るときに放出するフォトンを検出する（図 11A·1）．
- **吸収分光法**[3]：照射する電磁放射線の振動数をある範囲で掃引したときに起こる吸収を観測する．
- **ラマン分光法**[4]：試料に単色（単一の振動数）の強い入射ビームを当て，その試料から散乱された放射線の振動数を記録する（図 11A·2）．
- **磁気共鳴分光法**[5]：磁場によってエネルギー準位を変調することで電磁放射線との共鳴条件に合わせる．

放出または吸収されたフォトンのエネルギー $h\nu$，したがって放出または吸収された放射線の振動数 ν（ニュー）は，つぎのボーアの振動数条件（トピック 8A）で与えられる．

$$h\nu = |E_1 - E_2| \qquad \text{ボーアの振動数条件} \quad (1)$$

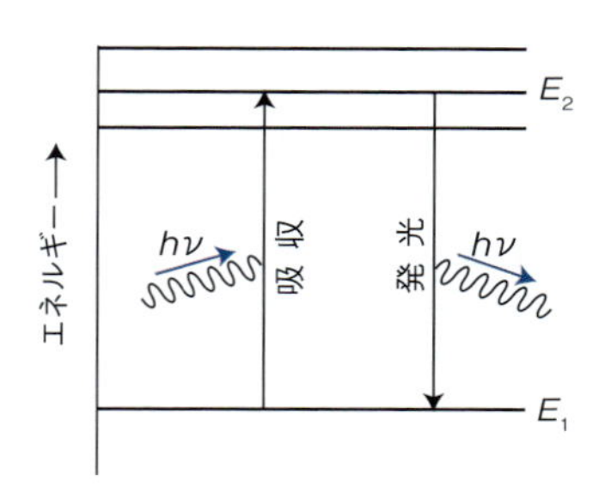

図 11A·1 発光分光法では，分子が励起状態からエネルギーの低い状態（ふつうは基底状態）に戻り，余分のエネルギーをフォトンとして放出する．同じ遷移は吸収でも観測することができ，入射放射線によって分子を基底状態からその励起状態へと励起できるフォトンを供給すればよい．

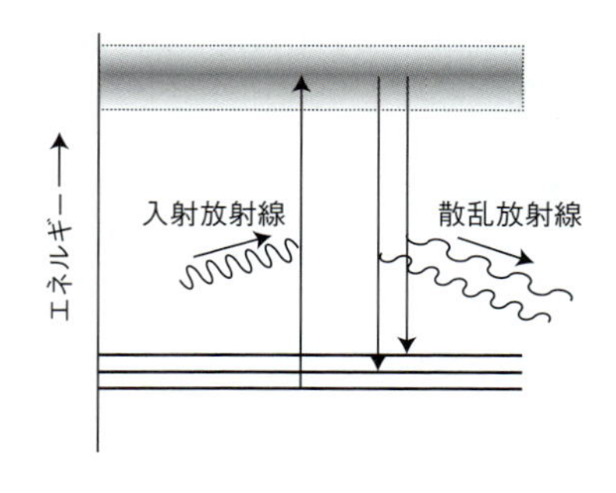

図 11A·2 ラマン分光法では入射フォトンが分子で散乱され，振動数が増加する（光が分子からエネルギーを奪う）か，あるいは図に示すように，分子にエネルギーを与えて低い振動数となる．この過程は分子がある幅をもった状態へと励起され（図で影をつけてある），その後，分子が励起前とは異なる状態に戻ることによる．

---

1) spectroscopy　2) emission spectroscopy　3) absorption spectroscopy　4) Raman spectroscopy
5) magnetic resonance spectroscopy

E_1 と E_2 は遷移が起きた二つの状態のエネルギーで，h はプランク定数である．この式は，放射線の波長 λ（ラムダ）で表すことがよくあり，その場合はつぎの式を使う．

$$\lambda = \frac{c}{\nu} \qquad \text{波長と振動数の関係} \qquad (2a)$$

c は真空中での光の速さである．また，波数 $\tilde{\nu}$（ニュー チルダ）で表されることもある．その定義は，

$$\tilde{\nu} = \frac{1}{\lambda} = \frac{\nu}{c} \qquad \text{波数［定義］} \qquad (2b)$$

である．波数の単位にはセンチメートルの逆数（cm^{-1}）を選ぶから，放射線の波数とは 1 cm 当たりの波長の数だと考えればよい．いろいろな領域の電磁スペクトルの振動数，波長，波数の関係を巻末の［資料］にまとめてある．振動数は（エネルギーの値に直結しているという点で）分光法で使うべき最も基本的な量であるが，便利で習慣になっているという理由で，分光学者は波長や波数を使うことが多い．

振動遷移および電子遷移では，それぞれ赤外放射線および紫外–可視放射線の吸収によって励起される．一方，磁気共鳴は根本的に異なる手法であり，電磁スペクトルのラジオ波領域やマイクロ波領域の振動数を用いる．

ラマン分光法では，分子によって非弾性的に散乱された可視光や紫外光の放射線の振動数を調べて，分子のエネルギー準位を求める．入射フォトン 10^7 個のうち 1 個くらいが分子と衝突し，そのエネルギーの一部を分子の振動に譲り渡し，その分だけ小さなエネルギーをもって散乱される．このように，入射光より低い振動数の散乱光を**ストークス放射線**[1] という．反対に，入射フォトンが分子からエネルギーをもらって（もし分子がすでに励起していれば）高振動数になって現れるものもある．それを**反ストークス放射線**[2] という．

11A・1 実験法

分光計[3] は，原子や分子によって吸収や放出，散乱された光の特性を検出する装置である．スペクトルの紫外–可視領域で作動する吸収分光計の一般的な構成を図 11A・3 に示す．まず，適切な光源からの放射線を試料に当てる．たいていの分光計では，試料を透過した光や試料から放出されたり散乱されたりした光を鏡あるいはレンズで集め，その光を各振動数に分解する分散素子に当てる．それで各振動数での光の強度を検出器で分析するのである．

分光計の光源は，ある範囲にわたる振動数の放射線を出すのがふつうである．しかし，（レーザーのように）ほとんど単色の放射線を出すものもある．遠赤外部（$35\ cm^{-1} < \tilde{\nu} < 200\ cm^{-1}$）については，光源はふつう石英管に入った水銀放電灯で，放射線の大部分は加熱された石英から発せられる．中赤外線（$200\ cm^{-1} < \tilde{\nu} < 4000\ cm^{-1}$）を発生させるにはネルンスト・フィラメント[4] あるいはグローバーランプ[5] が使われる．これはランタノイドの酸化物のセラミックで作ったフィラメントを加熱するものである．電磁スペクトルの可視領域には，強い白色光を出すタングステン–ヨウ素ランプ[6] を使う．近紫外領域では，石英管に重水素やキセノンの気体を封入した放電管がいまでも広く利用されている．

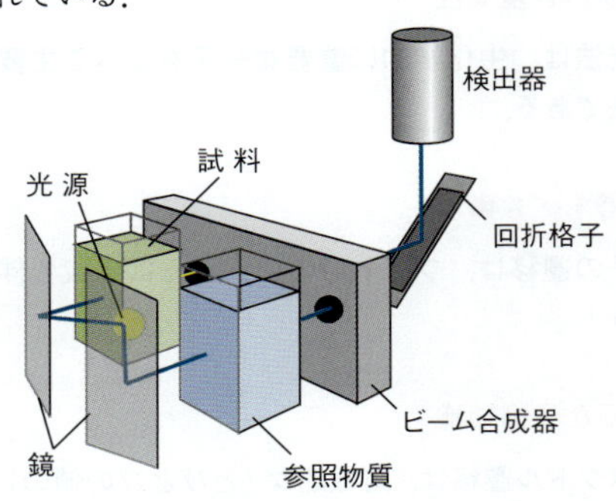

図 11A・3 代表的なツイン型の吸収分光計の配置．放射線の励起ビームが試料セルと参照セルを交互に照射する．検出器はそれと同期しているから，相対的な吸収を測ることができる．

紫外から可視領域で作動する装置には，いまでは分散光学素子として回折格子[7] が使われている．それは，ガラスやセラミックの板に約 1000 nm（可視光の波長に相当する）間隔で細い溝を刻み，アルミニウムの反射被膜をつけたものである．この格子によって，表面から反射した光は干渉を起こすから，入射放射線の波長によって決まる特別な方向で強め合う干渉になる．つまり，それぞれの波長の光が別々の決まった方向に向かう（図 11A・4）．単色器[8]

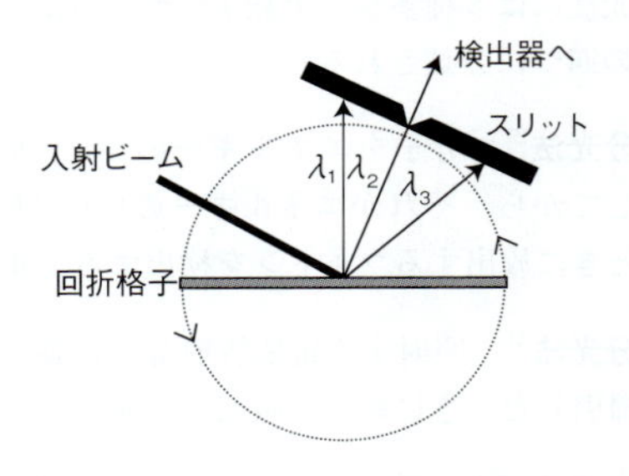

図 11A・4 光のビームが回折格子で 3 波長成分 $\lambda_1, \lambda_2, \lambda_3$ に分散されたとすると，この図の配置では，λ_2 の波長の光だけが狭いスリットを通って検出器に達する．回折格子を回転すれば，他の波長の光が検出器に達するようになる．

1) Stokes radiation　2) anti-Stokes radiation　3) spectrometer　4) Nernst filament　5) globar　6) tungsten–iodine lamp　7) diffraction grating　8) monochromator

には狭いスリットがあって，狭い波長範囲の光だけがこれを通り，検出器に到達する．そこで，回折格子を入射光と回折光とに垂直な軸のまわりに回せば，波長の異なる光に分解できる．このようにして，吸収スペクトルや発光スペクトルが狭い波長ごとに組立てられる．多色器[1] ではスリットがなく，広い波長領域の光を以下で説明するようなアレイ検出器[2] で同時に分析できる．

赤外と近赤外領域で作動する近代的な分光計では，ほとんどがスペクトルの検出と分析にフーリエ変換（FT）法を使っている．フーリエ変換分光計の心臓部はマイケルソン干渉計[3] であり，そこで複合信号に含まれる多くの振動数を分析する．試料からの信号は全体としてピアノで演奏する和音のようなもので，信号のフーリエ変換はその和音を個々の音符，つまりスペクトルに分離するのと同じである．フーリエ変換法のおもな長所は，光源から放射されるすべての光を連続的に観測できることである．これは，発生した光の大部分を捨ててしまう単色器を使う従来の分光計とは対照的である．このために，フーリエ変換分光計は従来の分光計よりも感度が高いのである．この感度の向上によって，スペクトルを迅速に収集することができ，速度論的な過程を調べるときも優れた時間分解能でスペクトルを得ることができる．

検出器は，そこに入った光を電流や電圧に変換して信号処理や表示ができるようにする．検出器は光に敏感な 1 個の素子であったり，小さな素子数個を一次元あるいは二次元に並べたものであったりする．ふつうの検出器はフォトダイオード[4] で，これはフォトンが当たったとき検出器の材料で光誘起反応により生じる可動な電荷担体（電子など）が流れる仕組みの固体素子である．材料を適切に選べば，フォトダイオードは広い波長範囲の光を検出するのに使うことができる．たとえば，ケイ素は可視領域で敏感であり，また近赤外領域のたいていの検出器ではゲルマニウムが使われる．

電荷結合素子[5]（CCD）は数百万個の小さなフォトダイオードを二次元に並べたものである．CCD を使うと，多色器から出る広範囲の波長が同時に検出されるから，狭い波長ごとにその強度を測る必要がない．CCD 検出器は吸収や発光，ラマン散乱を測定するのに広く使われている．

市販の赤外分光計によく見られる検出器は，中間の赤外領域で鋭敏である．その一例はテルル化水銀カドミウム（MCT）の検出器で，赤外線が当たると電位差が変化する．

ラマン分光法の代表的な実験では，レーザー光を試料に当て，試料の前面から散乱される光を調べる（図 11A･5）．この図の配置では気体や純液体，溶液，懸濁液，固体を試料とすることができる．

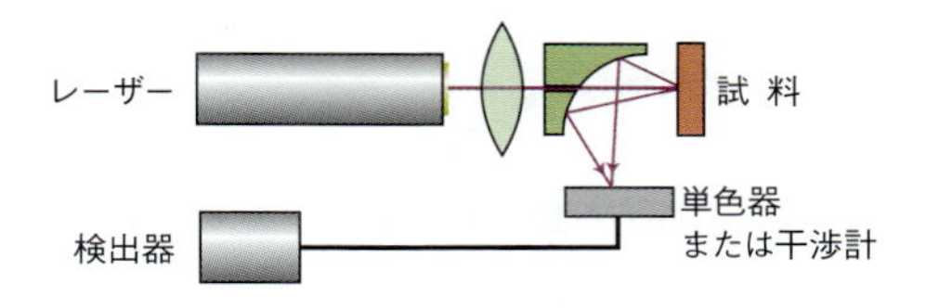

図 11A･5　ラマン分光法の一般的な装置．レーザービームがレンズを通った後，反射曲面をもつ鏡の小孔を通る．そのビームは試料で焦点を結び，そこで散乱された光は鏡で反射して別の焦点を結ぶ．スペクトルは単色器または干渉計で分析される．

11A・2　吸収の強度

均一な試料中をある波長の光が通過したときの吸収強度は，経験的な**ベール-ランベルトの法則**[6] によれば，この光を吸収した化学種 J の濃度 [J] と関係がある（図 11A･6，単に“ベールの法則”ということが多い）．一般にはつぎの形で表される．

$$I = I_0 10^{-\varepsilon[\mathrm{J}]L} \qquad \text{ベール-ランベルトの法則} \qquad (3)$$

I_0 と I はそれぞれ入射光と透過光の強度，L は試料の長さ，ε（イプシロン）は**モル吸収係数**[7] である（以前は吸光係数[8] といった）．モル吸収係数は入射光の波長によって変わる．ε の次元は 1/(濃度×長さ) であるから，その単位を $\mathrm{dm^3\,mol^{-1}\,cm^{-1}}$ で表すと便利である．それは，ふつう [J] を $\mathrm{mol\,dm^{-3}}$ で，L を cm で表すからである．ただし，試料の濃度に用いた単位によっては別の単位を用いることもある（たとえば，濃度の単位が $\mathrm{g\,dm^{-3}}$ であれば吸収係数の単位は $\mathrm{dm^3\,g^{-1}\,cm^{-1}}$ となる）．この法則を表すのに，試料の**吸光度**[9] A（以前は光学密度[10] といった）あるいは

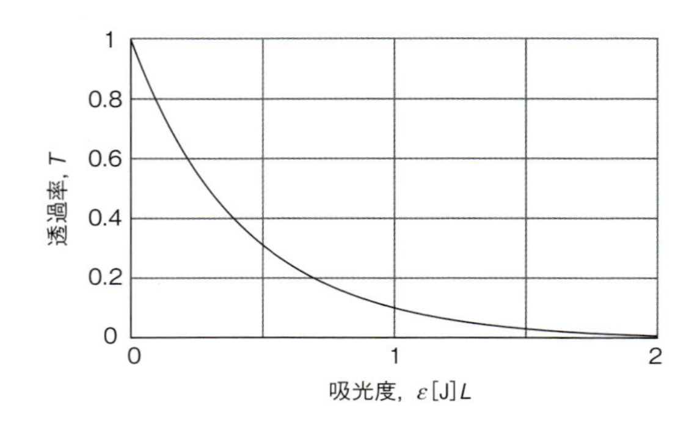

図 11A･6　光を一様に吸収する試料の透過率は，試料を通る経路長とともに指数関数的に減少する．また，濃度が均一で ε[J] が一定ならば，吸光度は経路長に比例している．

1) polychromator　2) array detector　3) Michelson interferometer　4) photodiode　5) charge coupled device
6) Beer–Lambert law　7) molar absorption coefficient　8) extinction coefficient　9) absorbance　10) optical density

透過率[1] T をつぎのように定義しておいてもよい．

$$A = \log_{10}\frac{I_0}{I} \qquad \text{吸光度［定義］} \qquad (4a)$$

$$T = \frac{I}{I_0} \qquad \text{透過率［定義］} \qquad (4b)$$

そうすれば，(3) 式からつぎの式が得られる．

$$A = \varepsilon[\mathrm{J}]L \qquad A = -\log_{10} T \qquad T = 10^{-A} = 10^{-\varepsilon[\mathrm{J}]L} \qquad (5)$$

ベール-ランベルトの法則は経験則にすぎないが，その式の形を理解するのは簡単である．

導出過程 11A・1　ベール-ランベルトの法則の説明

対象とする試料が，スライスした食パンのような無限に薄い層が積み重なってできていると考えよう（図 11A・7）．その各層の厚さを dx とする．

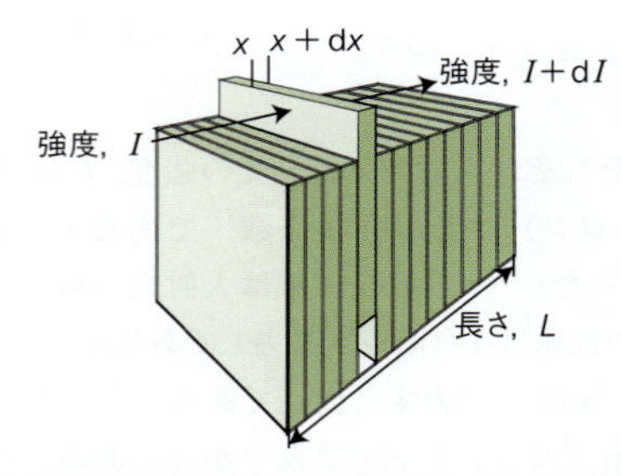

図 11A・7　経験則であるベール-ランベルトの法則の理論的な根拠を示すために，試料が多数の平面にスライスされているものと考える．1 枚の平面で起こる強度の減少は（直前の平面を通過して）これに入射する光の強度，この平面の厚さ，吸収する物質の濃度に比例している．

ステップ 1：1 枚の層による強度変化を表す．

ある 1 枚の層を光が通過したときの強度変化 dI は，この層の厚さ，吸収体 J の濃度，その層に入る光の強度に比例する．したがって，$\mathrm{d}I \propto [\mathrm{J}]I\,\mathrm{d}x$ である．実際には dI は負（吸収のために強度が減少する）だから，

$$\mathrm{d}I = -\kappa[\mathrm{J}]I\,\mathrm{d}x$$

と書ける．κ（カッパ）は比例係数である．両辺を I で割ると次式が得られる．

$$\frac{\mathrm{d}I}{I} = -\kappa[\mathrm{J}]\mathrm{d}x$$

ステップ 2：強度の全変化を求める．

試料の一方の面に入射する光の強度を I_0 とし，厚さ L の試料から出てくる光の強度を求めるには，すべての層についての変化を合計する必要がある．無限小の増分についての和は積分であるから，

$$\overbrace{\int_{I_0}^{I}\frac{\mathrm{d}I}{I}}^{\text{積分公式 A・2}} = -\kappa\int_0^L[\mathrm{J}]\,\mathrm{d}x$$

と書ける．もし濃度が一様であれば，[J] は位置によらないから，これを右辺の積分の外に出せる．そこで，

$$\ln\frac{I}{I_0} = -\kappa[\mathrm{J}]L$$

が得られる．自然対数と常用対数の間には $\ln x = \ln 10 \times \log_{10} x$ の関係があるから，$\varepsilon = \kappa/\ln 10$ と書け，

$$\log_{10}\frac{I}{I_0} = -\varepsilon[\mathrm{J}]L$$

となる．この真数をとれば (3) 式が得られる．

例題 11A・1　トリプトファンのモル吸収係数の求め方

波長 280 nm の光が，濃度 0.50 mmol dm^{-3} のアミノ酸トリプトファン水溶液 1.0 mm を通過した．光の強度は入射時の 54 パーセントに減少した（つまり $T = 0.54$）．波長 280 nm におけるトリプトファンの吸光度とモル吸収係数を計算せよ．厚さ 2.0 mm のセルでは透過率はいくらになるはずか．

考え方　$A = -\log_{10} T = \varepsilon[\mathrm{J}]L$ であるから，

$$\varepsilon = -\frac{\log_{10} T}{[\mathrm{J}]L}$$

と書ける．厚い方のセルを通過したときの透過率を求めるには，$T = 10^{-A}$ と，ここで計算した ε の値を使えばよい．

解答　モル吸収係数は，

$$\varepsilon = -\frac{\log_{10} 0.54}{(5.0\times10^{-4}\,\mathrm{mol\,dm^{-3}})\times(1.0\,\mathrm{mm})}$$
$$= 5.4\times10^{2}\,\mathrm{dm^3\,mol^{-1}\,mm^{-1}}$$

となる．あとの計算にはこの単位のままが都合がよい（必要なら $5.4\times10^{3}\,\mathrm{dm^3\,mol^{-1}\,cm^{-1}}$ としてもよい）．このときの吸光度は，

$$A = -\log_{10} 0.54 = 0.27$$

1) transmittance

である．厚さ 2.0 mm の試料の吸光度は，

$$A = (5.4 \times 10^2\ \mathrm{dm^3\ mol^{-1}\ mm^{-1}}) \times (5.0 \times 10^{-4}\ \mathrm{mol\ dm^{-3}}) \times (2.0\ \mathrm{mm}) = 0.54$$

である．したがって，このときの透過率は，

$$T = 10^{-A} = 10^{-0.54} = 0.29$$

となる．すなわち，出てくる光の強度は入射光の 29 パーセントに減少している．

モル吸収係数が既知の物質の濃度を求めるには，ベール-ランベルトの法則を使う．それには，(5) 式の最初の式をつぎのように変形しておき，試料の吸光度を測定する．

$$[\mathrm{J}] = \frac{A}{\varepsilon L} \qquad \text{濃度の求め方} \qquad (6)$$

この式によると，反応混合物の吸光度の変化を追跡すれば，反応中のある物質の出現や消滅を検出することができる．

生物学的な応用では，ふつう二つの波長で吸光度を測定し，混合物中の 2 成分 A と B の濃度をべつべつに求める．この分析のためには，一つの波長での全吸光度を，

$$A = A_\mathrm{A} + A_\mathrm{B} = \varepsilon_\mathrm{A}[\mathrm{A}]L + \varepsilon_\mathrm{B}[\mathrm{B}]L = (\varepsilon_\mathrm{A}[\mathrm{A}] + \varepsilon_\mathrm{B}[\mathrm{B}])L$$

と書いておく．次に，二つの波長 (λ_1 と λ_2) におけるモル吸収係数 ($\varepsilon_{\mathrm{J}1}$ と $\varepsilon_{\mathrm{J}2}$) を使って，その 2 回の測定から全吸光度を求めれば (図 11A・8)，

$$A_1 = (\varepsilon_{\mathrm{A}1}[\mathrm{A}] + \varepsilon_{\mathrm{B}1}[\mathrm{B}])L \qquad A_2 = (\varepsilon_{\mathrm{A}2}[\mathrm{A}] + \varepsilon_{\mathrm{B}2}[\mathrm{B}])L$$

が得られる．この連立方程式を未知数 (A と B のモル濃度) について解くことができ，次式が得られるのである．

$$[\mathrm{A}] = \frac{\varepsilon_{\mathrm{B}2}A_1 - \varepsilon_{\mathrm{B}1}A_2}{(\varepsilon_{\mathrm{A}1}\varepsilon_{\mathrm{B}2} - \varepsilon_{\mathrm{A}2}\varepsilon_{\mathrm{B}1})L} \qquad [\mathrm{B}] = \frac{\varepsilon_{\mathrm{A}1}A_2 - \varepsilon_{\mathrm{A}2}A_1}{(\varepsilon_{\mathrm{A}1}\varepsilon_{\mathrm{B}2} - \varepsilon_{\mathrm{A}2}\varepsilon_{\mathrm{B}1})L} \qquad \text{2つの濃度の求め方} \qquad (7)$$

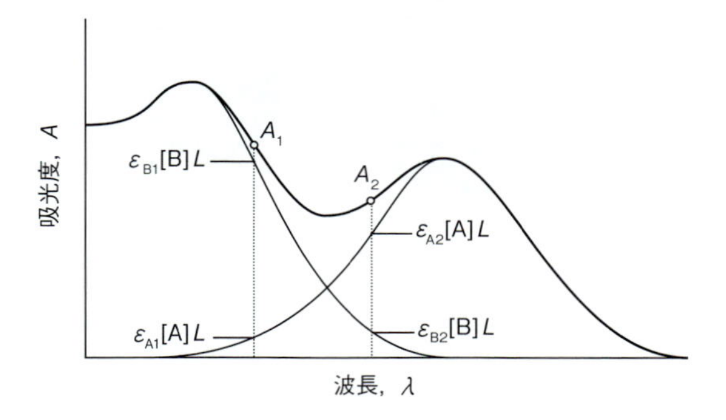

図 11A・8　混合物中の 2 種の吸収体の濃度は，それぞれのモル吸収係数と，両方の吸収が存在する波長領域の二つの異なる波長で吸光度を測定すれば求められる．

例題 11A・2　葉のクロロフィル含有量の求め方

湿った葉の組織 1.0 g からクロロフィルが抽出され，エタノール 95 パーセントと水 5 パーセントからなる溶液 0.250 dm^3 に溶けている．この溶液の吸光度がセル長 1.0 cm で波長 649 nm および 665 nm で測定された．この溶液の 649 nm での吸光度は 0.397 であった．また，この溶液を 3 倍に希釈した溶液について 665 nm で測定した吸光度は 0.522 であった．この混合物中のクロロフィル a とクロロフィル b のモル吸収係数はつぎの通りであった．

	$\varepsilon/(\mathrm{dm^3\ g^{-1}\ cm^{-1}})$	
	$\lambda = 649\ \mathrm{nm}$	$\lambda = 665\ \mathrm{nm}$
クロロフィル a	4.54	83.31
クロロフィル b	44.24	18.60

この葉の試料の合計のクロロフィル含量とクロロフィル b に対するクロロフィル a の存在比を計算せよ．

考え方　(7) 式を使えば，抽出物に含まれているクロロフィル a とクロロフィル b の濃度を求めることができる．そのためには，二つの試料で濃度が異なるから，$A \propto [\mathrm{J}] \propto c_\mathrm{J}$ の関係に注目して吸光度を補正しておく必要がある．c_J は質量濃度である．この葉の合計のクロロフィル含量は，クロロフィル a とクロロフィル b の含量の和で求められる．

解答　(5) 式からわかるように，試料を 3 倍に希釈すれば A は 3 分の 1 に薄まっているから，希釈する前の溶液の 665 nm での吸光度は 0.522 × 3 = 1.566 だったはずである．そこで，質量濃度を用いて (7) 式を表せば，

$$c_{\text{chlorophyll-}a} = \frac{(18.60\ \mathrm{dm^3\ g^{-1}cm^{-1}}) \times 0.397 - (44.24\ \mathrm{dm^3\ g^{-1}cm^{-1}}) \times 1.566}{\{(4.54\ \mathrm{dm^3\ g^{-1}cm^{-1}}) \times (18.60\ \mathrm{dm^3\ g^{-1}cm^{-1}}) - (83.31\ \mathrm{dm^3\ g^{-1}cm^{-1}}) \times (44.24\ \mathrm{dm^3\ g^{-1}cm^{-1}})\} \times (1.0\ \mathrm{cm})} = 0.0172\ \mathrm{g\ dm^{-3}}$$

$$c_{\text{chlorophyll-}b} = \frac{(4.54\ \mathrm{dm^3\ g^{-1}cm^{-1}}) \times 1.566 - (83.31\ \mathrm{dm^3\ g^{-1}cm^{-1}}) \times 0.397}{\{(4.54\ \mathrm{dm^3\ g^{-1}cm^{-1}}) \times (18.60\ \mathrm{dm^3\ g^{-1}cm^{-1}}) - (83.31\ \mathrm{dm^3\ g^{-1}cm^{-1}}) \times (44.24\ \mathrm{dm^3\ g^{-1}cm^{-1}})\} \times (1.0\ \mathrm{cm})} = 0.0072\ \mathrm{g\ dm^{-3}}$$

と求められる．抽出物に含まれるクロロフィルの合計の質量は，(0.0172 + 0.0072) g dm^{-3} × 0.250 dm^3 = 0.0061 g，つまり 6.1 mg である．したがって，湿重量 1.0 g の葉に含まれていた合計のクロロフィル含量は 6.1 mg である．また，クロロフィル b に対するクロロフィル a の存在比は，(0.0172 g)/(0.0072 g) = 2.4 と求められる．

物質 A と B のモル吸収係数が等しく，共通の ε° を示す波長 λ° が存在しうる．その波長を**等吸収波長**[1] という．等吸収波長では混合物の全吸光度は，

$$A^\circ = \varepsilon^\circ([\mathrm{A}] + [\mathrm{B}])L \quad \text{等吸収点での吸光度} \quad (8)$$

となる．A と B が A → B またはその逆反応で相互に変換しても，全濃度が一定であるから，A° も一定である．その結果，吸収スペクトルにおける不動点である**等吸収点**[2] が一つ以上観測される（図 11A·9）．ある一つの波長で三つ以上の物質が同じモル吸収係数をもつことはまずないから，等吸収点が一つ存在すること（あるいは二つ以上は存在しないこと）は，溶液が 2 種だけの溶質から成ることの決定的な証拠である．

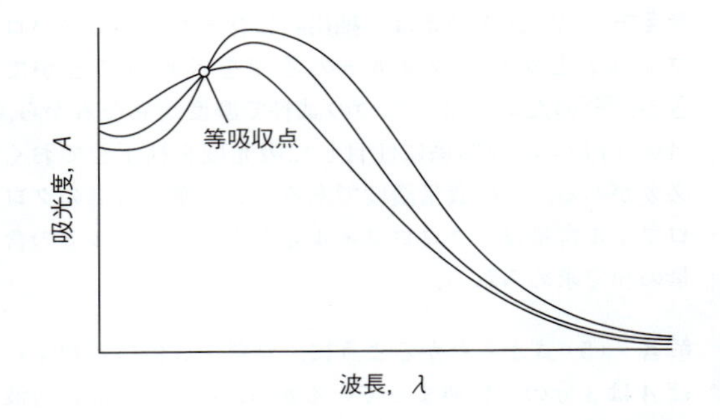

図 11A·9　溶液中に相互に関係のある 2 種の吸収体があるとき，一つ以上の等吸収点ができる．この 3 本の曲線は反応 A → B の途中の三つの段階に対応している．

11A・3　遷移強度の分子論的な起源

スペクトル遷移の強度は，分子の始状態と終状態における波動関数の形や始状態のエネルギー準位の占有数など，いろいろな要素に依存している．

分子の吸収バンドはかなりの波数範囲に広がっているから，ある一つの波長（あるいは波数）での吸収が真の強度を示すことにはならない．したがって，ある単一の波数や振動数，波長でのモル吸収係数よりよい尺度として**積分吸収係数**[3] $\mathcal{A}$，つまりモル吸収係数を波数に対してプロットしたときの面積を使うのがよい（図 11A·10）．

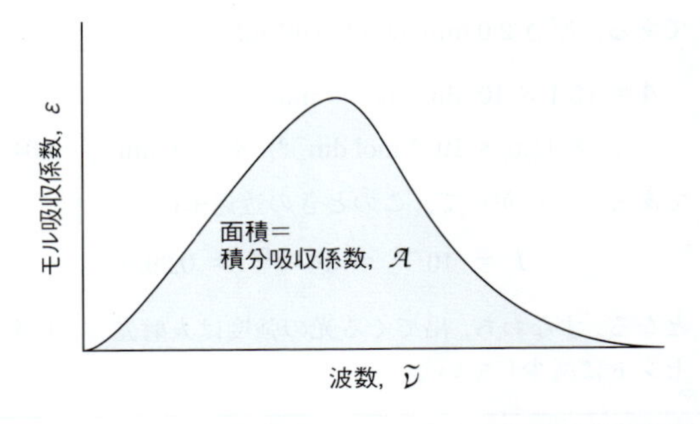

図 11A·10　遷移の積分吸収係数は，モル吸収係数を入射放射線の波数に対してプロットした曲線の下の面積である．

(a)　遷移双極子モーメント

注目する吸収バンドが大きな積分吸収係数をもつかどうかは，**遷移双極子モーメント**[4] $\boldsymbol{\mu}_{\mathrm{fi}}$ という量に依存している．その基礎となる古典的な考えによれば，分子が電磁場と相互作用して振動数 ν のフォトンを吸収もしくは発生できるためには，過渡的であるにせよ，その分子が同じ振動数で振動する双極子をもっていなければならない．この過渡的な双極子を量子力学では，

$$\boldsymbol{\mu}_{\mathrm{fi}} = \int \psi_{\mathrm{f}} \boldsymbol{\mu} \psi_{\mathrm{i}} \, \mathrm{d}\tau \quad \text{遷移双極子モーメント［定義］} \quad (9)$$

と表す．$\boldsymbol{\mu}$ は電気双極子モーメント演算子（ただし，いまの場合は双極子モーメントの式の単なる掛け算）である．また，ψ_{i} と ψ_{f} は，それぞれ始状態と終状態の波動関数である．遷移双極子モーメントの大きさは，遷移に伴う電荷の再分布の目安とみなせる．つまり，付随して発生する電荷の再分布が双極的であるときにのみ，遷移は活性となる（そしてフォトンを発生したり吸収したりできる）（図 11A·11）．その遷移の強度は遷移双極子モーメントの 2 乗に比例している．

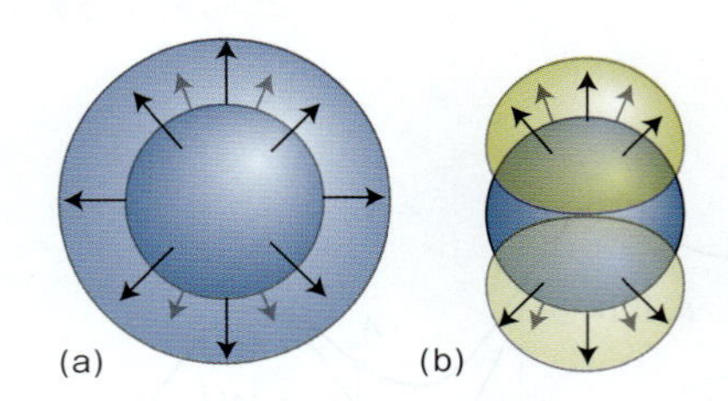

図 11A·11　遷移双極子モーメントは，遷移の間に起こる電荷のずれの大きさの尺度である．(a) この遷移のように球形の再分布では双極子モーメントを伴わないから電磁波を発生しない．(b) このような s から p への遷移では双極子モーメントが生じる．

1) isosbestic wavelength．isosbestic は，“同じ”と“消える”という意味のギリシャ語に由来する．　2) isosbestic point
3) integrated absorption coefficient　4) transition dipole moment

選択律[1] というのは，どの場合に遷移双極子モーメントが 0 でないかを示す規則である．**選択概律**[2] では，分子がその種類のスペクトルを示すためにもっていなければならない一般的な性質を指定している．たとえば，分子が振動吸収スペクトルを生じるのは，その振動によって分子の電気双極子モーメントが変化する場合に限ることがわかる．選択概律が成り立つことがわかれば，つぎに**個別選択律**[3] を考える必要がある．これは遷移によって量子数がどれだけ変化すべきかを示す規則である．個別選択律によって許される遷移が**許容遷移**[4] である．個別選択律によって許されない遷移を**禁制遷移**[5] という．個別選択律は少し不正確な近似に基づいていることがあるから，禁制遷移でも弱く観測されることがある．

(b) 誘導遷移と自然遷移

吸収バンドの強度は，ある指定した振動数の電磁放射線からのエネルギーが分子によって吸収される正味の頻度と関係がある．アインシュタインは 2 状態間の遷移の頻度には三つの寄与があるとした．まず，**誘導吸収**[6] は低エネルギー状態から高エネルギー状態へ，その遷移振動数で振動する電磁場によって駆動された遷移である．彼は，その振動数の電磁場が強ければ (つまり入射放射線が強ければ) 遷移が誘起される頻度も高く，それだけ試料による吸収も強いはずだと考えた．そこで，この誘導吸収の頻度を，

$$\text{誘導吸収の頻度} = N_\mathrm{l} B_{\mathrm{l}\to\mathrm{u}} I(\nu) \qquad (10\mathrm{a})$$

と書いた．N_l は低い状態の分子数，定数 $B_{\mathrm{l}\to\mathrm{u}}$ は**アインシュタインの誘導吸収係数**[7]，$I(\nu)$ は遷移振動数での放射線の強度である．もし $B_{\mathrm{l}\to\mathrm{u}}$ が大きければ，同じ入射放射線の強度でも遷移を強く誘導し，その試料は強い吸収を示す．

アインシュタインは，上の状態にある分子が下の状態へ遷移するのも放射線が誘導でき，その結果，振動数 ν のフォトンを発生できると考えた．そこで，この**誘導放出**[8] の頻度について，

$$\text{誘導放出の頻度} = N_\mathrm{u} B_{\mathrm{u}\to\mathrm{l}} I(\nu) \qquad (10\mathrm{b})$$

と書いた．N_u は励起状態にある分子数，$B_{\mathrm{u}\to\mathrm{l}}$ は**アインシュタインの誘導放出係数**[9] である．ここで，遷移と同じ振動数の放射線だけが，上の状態から下の状態へ落ちるのを誘導できることに注意しよう．ところが彼はまた，この誘導放出が，放射線を出して上の状態から下の状態に戻れる唯一の手段でないことも認めていた．そこで，励起状態はすでに存在する (任意の振動数の) 放射線の強度とは無関係な頻度で**自然放出**[10] を起こせると考えた．すなわち，アインシュタインは上から下の状態への遷移の頻度の合計を，

$$\text{放出の全頻度} = N_\mathrm{u}\{A_{\mathrm{u}\to\mathrm{l}} + B_{\mathrm{u}\to\mathrm{l}} I(\nu)\} \qquad (10\mathrm{c})$$

と書いた．定数 $A_{\mathrm{u}\to\mathrm{l}}$ を**アインシュタインの自然放出係数**[11] という．同じ 2 状態間の遷移については誘導吸収と誘導放出の係数は等しく，また自然放出係数はそれと，

$$A_{\mathrm{u}\to\mathrm{l}} = \frac{8\pi h\nu^3}{c^3} B_{\mathrm{u}\to\mathrm{l}} \qquad B_{\mathrm{u}\to\mathrm{l}} = B_{\mathrm{l}\to\mathrm{u}}$$

アインシュタインの係数の関係 (11)

の関係があることを示すことができる．この式の係数に ν^3 が存在することからわかるのは，遷移振動数が比較的低い振動遷移では自然放出を無視できても，可視・紫外領域の遷移では重要になりうることである．すぐあとで説明するが (トピック 11D)，蛍光とりん光の現象は自然放出で説明される．一方，誘導放出はレーザー作用のもとになっている〔レーザー (laser) という用語は放射の誘導放出を利用した光の増幅 (light amplification by stimulated emission of radiation) の頭字からつくった語である〕．

(c) 占有数と強度

以上の議論から，特定の 2 状態間で起こる遷移の正味の頻度は，

$$\text{吸収の正味の頻度} = (N_\mathrm{l} - N_\mathrm{u}) B_{\mathrm{l}\to\mathrm{u}} I(\nu) - N_\mathrm{u} A_{\mathrm{u}\to\mathrm{l}} \qquad (12\mathrm{a})$$

であるから，2 状態間の占有数の差に依存していることがわかる．この差は，ボルツマン分布 (トピック 1A) から計算でき，つぎの形に書ける．

$$\frac{N_\mathrm{u}}{N_\mathrm{l}} = \mathrm{e}^{-\Delta E/kT} \qquad \Delta E = E_\mathrm{u} - E_\mathrm{l} \qquad (12\mathrm{b})$$

k はボルツマン定数である．

簡単な例示 11A・1

分子の振動の 2 状態が 45 zJ ($1\,\mathrm{zJ} = 10^{-21}\,\mathrm{J}$) だけ離れていれば，それは $2300\,\mathrm{cm}^{-1}$ に相当するが，$T = 300\,\mathrm{K}$ では $N_\mathrm{u}/N_\mathrm{l} = 1.9\times10^{-5}$ と計算できる．そこで，通常の温度ではほぼすべての分子が基底振動状態にあることがわかる．また，電子遷移には振動遷移よりもっとエネルギーが必要であるから，圧倒的多数の分子は基底電子状態にある．

---

1) selection rule 2) gross selection rule 3) specific selection rule 4) allowed transition 5) forbidden transition
6) stimulated absorption 7) Einstein coefficient of stimulated absorption 8) stimulated emission
9) Einstein coefficient of stimulated emission 10) spontaneous emission 11) Einstein coefficient of spontaneous emission

室温付近の分子の振動分光と電子分光に注目する限り，振動吸収のほぼ全部と電子吸収の全部は，分子の基底状態から起こる．しかしながら，太陽光などの強力な光源を使った化学反応や放電，照射などでは，分子の短寿命の励起状態ができる場合がある．その場合は，準位の占有数が熱平衡の場合と全く異なるから，もし迅速な記録ができれば，吸収スペクトルも発光スペクトルもあらゆる準位からの遷移が観測されるだろう．

(d) 線　幅

凝縮性の媒体中で起こる電子遷移の“幅”(すなわち，波数や波長，振動数に見られる吸収スペクトルの大きな広がり)は，種々の分子振動が同時に励起されることによるものである．電子があるオービタルからべつのオービタルに移動することによってある振動が励起されると，振動励起が起こらないときに比べて高波数で遷移が起こるから，その吸収は少しずれる．振動数の異なる複数の振動モードが励起されて，それぞれについて振動準位が励起されれば，ある振動数範囲にわたって吸収が起こり，その電子遷移は幅広いスペクトルとして現れるのである(図11A･12)．

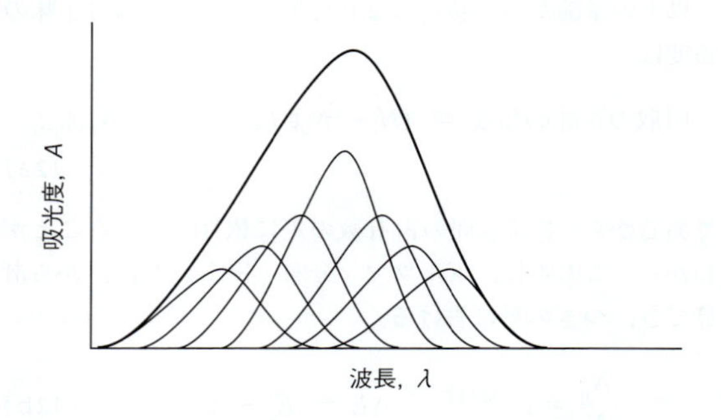

図11A･12　電子遷移による吸収バンドは，多数の吸収バンドが重なって幅広い一つのバンドに見えている．分離した振動構造は見られない．

電子遷移に伴い，単一の振動モードについて単一の準位が励起される場合でも，吸収の幅が無限に狭いとは限らない．個々のスペクトル線の幅の広がりの重要な原因の一つは，遷移に関わる状態の寿命が有限であることである．時間とともに変化する系のシュレーディンガー方程式を解くと，系の状態は厳密に指定されるエネルギーをもったものでないことがわかる．ある状態が時定数 τ (タウ)で $e^{-t/\tau}$ のように指数関数的に減衰すれば，この時定数をその状態の**寿命**[1]というが，そのエネルギー準位は δE だけぼやける．ここで，

$$\delta E \approx \frac{\hbar}{\tau} \qquad \text{寿命幅} \qquad (13\,\text{a})$$

である．状態の寿命が短いほど，エネルギーがぼやけることがわかる．有限の寿命をもつ系の状態の固有のエネルギー幅を**寿命幅**[2]という．エネルギーの広がりを $\delta E = hc\delta\tilde{\nu}$ と書いて波数で表せば，この関係の実用的な式は，

$$\delta\tilde{\nu} \approx \frac{5.3\ \text{cm}^{-1}}{\tau/\text{ps}} \qquad (13\,\text{b})$$

となる．τ が無限大のときだけ，注目する状態のエネルギーが厳密に指定される($\delta E=0$)．しかし，寿命が無限大の励起状態はないから，あらゆる状態にある程度の寿命幅があり，遷移に関わる状態の寿命が短いほど対応するスペクトル線の幅は広いのである．

自然放出以外にも，励起エネルギーの喪失に寄与して励起状態の寿命に影響を与える過程がいくつかある．その一つは**衝突失活**[3]で，これは分子どうしまたは分子と容器の壁との衝突によって生じる．もう一つは別の分子への無放射でのエネルギー移動であり，これを**共鳴エネルギー移動**[4]という．三番目は，励起状態が化学反応を起こす光化学過程である．光解離が起こらない限り，孤立している分子は自然放出でエネルギーを失うしかない．これが励起状態の寿命の本来の極限であって，その結果生じる寿命幅がその遷移の**自然幅**[5]である．(11)式によれば自然放出の頻度は ν^3 で増大するから，電子遷移(紫外から可視光で励起される)の自然寿命は，振動遷移(赤外光で励起される)の自然寿命よりはるかに短い．したがって，電子遷移の自然幅は振動遷移よりもはるかに大きい．たとえば，典型的な電子励起状態の自然寿命は約 10^{-8} s (10 ns)で，これは約 5×10^{-4} cm^{-1} (15 MHz)の自然幅に相当している．

11A・4　具体例：バイオセンサー分析

バイオセンサー分析[6]は，生体高分子の相互作用に関する速度論的あるいは熱力学的な測定に，いまではよく使われる非常に鋭敏で洗練された光学技術である．バイオセンサーは，生体高分子が固定された表面の光学的性質の変化を検出する．

金属の電気伝導率は，非局在化した原子価電子の移動度によって決まっている．動きやすい電子は，荷電粒子の高密度ガスである**プラズマ**[7]を形成する．このプラズマに光や電子ビームを当てると，電子の分布に一時的な変化が生じて，ある領域がまわりに比べて密になる．高密度領域ではクーロン反発により電子どうしは離れ，その密度を下げる．こうして起こる電子密度の振動を**プラズモン**[8]とい

1) lifetime　2) lifetime broadening．寿命幅のことを不確定性幅 (uncertainty broadening) ということもある．
3) collisional deactivation　4) resonance energy transfer　5) natural linewidth　6) biosensor analysis　7) plasma　8) plasmon

い，それは金属のバルクと表面の両方で励起される．バルク中のプラズモンは，固体中を伝搬する波として観測できる．表面プラズモンも，表面から少し出たところで伝搬するが，この**エバネッセント波**[1]という波の振幅は表面からの距離に応じて急激に減衰する．その減衰定数は使用した光の波長程度である．金属薄膜では，一方の表面で励起されたプラズモンはもう一方の表面にも広がれるから，両方の表面にエバネッセント波が生じる．

バイオセンサー分析は**表面プラズモン共鳴**（SPR）[2]という現象に基づいている．それは，表面プラズモンによって電磁放射線の入射ビームからエネルギーが吸収される現象である．吸収あるいは“共鳴”といってよいこの現象は，励起ビームの波長と入射角をうまく選ぶことによって観測できる．ふつうは単色光を使い，入射角 θ を変化させる（図 11A･13）．入射光はプリズムを通って，金や銀の薄膜の片側から照射される．光の吸収が見られる角度は，金属薄膜の反対側に直接結合している媒質の屈折率に依存している．この共鳴角の表面状態による変化は，表面からわずかに離れた物質とエバネッセント波との相互作用のしやすさを反映している．たとえば，一方の表面の物質やその量が変われば，もう一方の表面の共鳴角は変わる．こうして，バイオセンサー分析は，表面に結合した分子や表面に付いた生体高分子に結合したリガンドの結合に関する研究に使うことができる．表面に結合する分子は，屈折率の変化を起こせるほど大きくなければならないから，この方法は小さな分子を追跡するのには使えない．

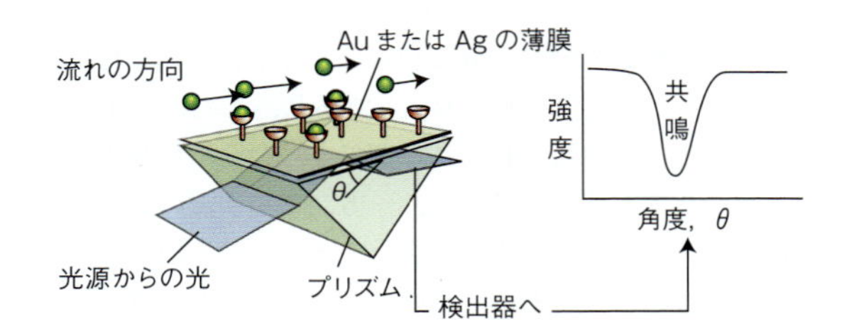

図 11A･13　表面プラズモン共鳴を観測するための実験配置．本文に説明がある．

リガンド結合の分析のための実験手法では，まず薄膜に結合相手となる物質を付着させる．次に，検出器を反射強度が最小になる共鳴角にセットし，その後の測定はこの角度を基準にして行う．リガンドの結合によって共鳴角に変化があれば，それは信号強度の増大として観測され，“応答単位”（RU）という任意の単位を用いて表される．このとき信号強度が上昇するのは，共鳴角からずれたために検出器が最小強度を捉えていないからである．そこで次に，ある緩衝液を薄膜の上に流す．続いて，結合可能なリガンドを含む緩衝液を流す．最後は再び緩衝液だけを流すのである．検出器の出力は時間変化する応答曲線として現れる（図 11A･14）．リガンドの会合や解離の速度定数は，この曲線の 2 番目と 3 番目の時間区画からそれぞれ求められる．この実験は，リガンド濃度をいろいろ変えて繰返し行われ，その平衡応答のリガンド濃度依存性から結合の平衡定数が求められる．

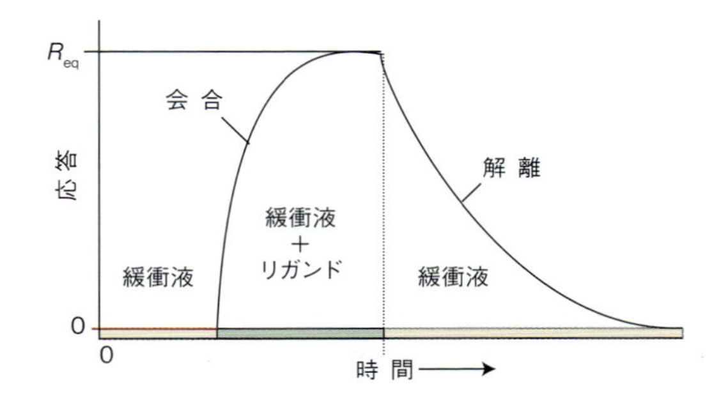

図 11A･14　代表的な SPR 応答曲線．

非協同的な結合であれば，タンパク質分子 1 個当たりに結合しているリガンドの量は，トピック 4G の（5b）式からつぎのように与えられる．

$$\frac{[\mathrm{L}]_{\mathrm{bound}}}{[\mathrm{P}]_{\mathrm{total}}}=\frac{N[\mathrm{L}]_{\mathrm{free}}/c^{\ominus}}{K_{\mathrm{d}}+[\mathrm{L}]_{\mathrm{free}}/c^{\ominus}}$$

K_d は（次元のない）解離定数，$[\mathrm{P}]_{\mathrm{total}}$ は薄膜に固定されているタンパク質の濃度，N はタンパク質にあるリガンド結合サイトの数である．この式をつぎのように変形しておく．

$$\frac{[\mathrm{L}]_{\mathrm{bound}}}{[\mathrm{L}]_{\mathrm{free}}}=\frac{N[\mathrm{P}]_{\mathrm{total}}/c^{\ominus}}{K_{\mathrm{d}}}-\frac{[\mathrm{L}]_{\mathrm{bound}}/c^{\ominus}}{K_{\mathrm{d}}} \qquad (14\mathrm{a})$$

リガンド溶液は連続的に薄膜上を流れているから，その溶液から動かないタンパク質へと結合するリガンドを補充している状況である．そこで，$[\mathrm{L}]_{\mathrm{free}}$ はリガンド溶液中のリガンドの濃度に等しい．このときの平衡応答 R_{eq} は $[\mathrm{L}]_{\mathrm{bound}}$ に比例しているから，最大平衡応答 $R_{eq,max}$ はすべてのサイトが占有されているときの結合リガンド濃度に比例している．すなわち，$N[\mathrm{P}]_{\mathrm{total}}$ に比例しているのである．したがって（14a）式は，

$$\frac{R_{\mathrm{eq}}}{[\mathrm{L}]_{\mathrm{free}}/c^{\ominus}}=\frac{R_{\mathrm{eq,max}}}{K_{\mathrm{d}}}-\frac{R_{\mathrm{eq}}}{K_{\mathrm{d}}} \qquad (14\mathrm{b})$$

となる．そこで，R_{eq} に対して $R_{eq}/[\mathrm{L}]_{\mathrm{free}}$ をプロットすれば，勾配が $-1/K_d$ で y 切片が $R_{eq,max}/K_d$ の直線が得られるはずである．また，このときの x 切片は $R_{eq,max}$ である．

1）evanescent wave　2）surface plasmon resonance

例題 11A・3　SPR による タンパク質の解離定数の求め方

分子質量 81479 Da のトランスフェリン受容体を SPR 膜に固定化したところ，1082 RU の共鳴角で信号の変化が見られた．この受容体の上に，分子質量 77080 Da のトランスフェリン（TF）のいろいろな濃度の溶液を流した．それぞれの濃度での平衡応答 R_{eq} はつぎの通りであった．

$[TF]/(nmol\,dm^{-3})$	3.25	7.50	15.0
R_{eq}/RU	270	470	640

$[TF]/(nmol\,dm^{-3})$	30.0	60.0	120.0
R_{eq}/RU	790	890	960

この受容体に対するトランスフェリンの結合解離定数を計算し，結合の量論比（N の値）を求めよ．ここで，$[TF]/(nmol\,dm^{-3}) = 10^9[TF]/c^{\ominus}$ である．

考え方　上で述べたように進めればよい．すなわち，R_{eq} に対して $R_{eq}/[L]_{free}$ をプロットし，その勾配と切片から K_d と $R_{eq,max}$ を求める．この受容体タンパク質が薄膜に固定されたときに観測された信号 $R_{eq,receptor}$ は，固定したタンパク質の質量に比例している．リガンドが結合したときの最大平衡応答は，すべての結合サイトが占有されたときの固定化したリガンドの質量に比例している．したがって，結合の量論比はつぎの式で与えられる．

$$N = \frac{n_{ligand}}{n_{protein}} = \frac{m_{ligand}/M_{ligand}}{m_{protein}/M_{protein}} = \frac{R_{eq,max}/M_{ligand}}{R_{eq,receptor}/M_{protein}}$$

解答　はじめに，つぎの表をつくる．

$10^9[TF]/c^{\ominus}$	3.25	7.50	15.0
R_{eq}/RU	270	470	640
$10^{-9}(R_{eq}/RU)/([TF]/c^{\ominus})$	83.1	62.7	42.7

$10^9[TF]/c^{\ominus}$	30.0	60.0	120.0
R_{eq}/RU	790	890	960
$10^{-9}(R_{eq}/RU)/([TF]/c^{\ominus})$	26.3	14.8	8.0

R_{eq} に対する $10^{-9}R_{eq}/([TF]_{free}/c^{\ominus})$ のプロットを図 11A・15 に示す．

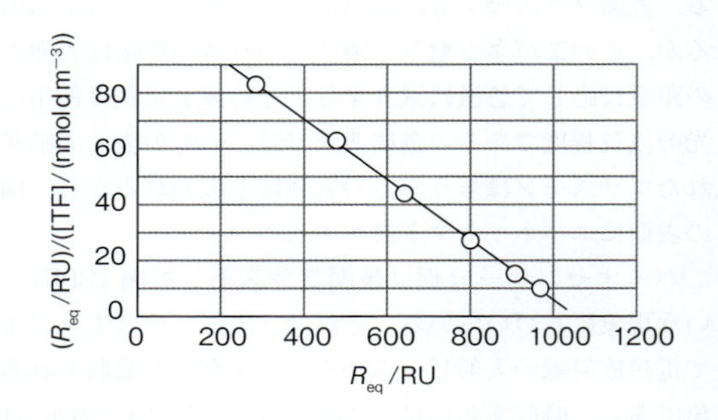

図 11A・15　例題 11A・3 のデータのプロット．

このグラフで直線が得られるから，この結合が協同的でないことがわかる．この直線の勾配は -0.110 であるから，$K_d = 9.08 \times 10^{-9}$ である．また，x 切片は 1030 である．したがって，結合の量論比は，

$$N = \frac{(1030\,RU)/(77.080\,kg\,mol^{-1})}{(1082\,RU)/(81.479\,kg\,mol^{-1})} = 1.006$$

と求められる．したがって，それぞれの受容体はトランスフェリン分子を 1 個ずつ結合している．

バイオセンサー分析法が威力を発揮するのは，抗原–抗体複合体やタンパク質–DNA 複合体を分析する場合である．この分析法の最も重要な利点は，分子に標識を付ける必要がないこと（ラベルフリー）であり，したがって比較的少ない労力で容易に行うことができ，会合や解離の速度論を定量化できることである．一方，この手法のおもな欠点は，研究したい系の成分の少なくとも一つを固定しなければならないことである．そのことで，有望なリガンドの結合能力に影響を与えたり，場合によっては結合能力をなくしてしまったりするかもしれないことである．

重要事項のチェックリスト

- □ 1．光が試料を通過したときの**吸収強度**は，ベール-ランベルトの法則にまとめられている．
- □ 2．遷移は**誘導吸収**と**誘導放出**，**自然放出**によって起こり，その頻度はそれぞれの**アインシュタインの係数**で表される．
- □ 3．遷移の強度は，**遷移双極子モーメント**の2乗と遷移の始状態の占有数に比例している．
- □ 4．**選択律**は，遷移双極子モーメントが0でない場合について述べたものである．**選択概律**では，分子がその種類のスペクトルを示すためにもっていなければならない一般的な性質を指定している．
- □ 5．**等吸収点**は，二つの物質が同じ吸光度をもつ波数である．
- □ 6．**寿命幅**は，励起状態の本来の寿命によるスペクトル線の幅である．
- □ 7．線幅は，**衝突失活**や**共鳴エネルギー移動**によっても生じる．
- □ 8．**表面プラズモン共鳴**（SPR）は，表面プラズモンによって電磁放射線の入射ビームからエネルギーが吸収される現象である．

重要な式の一覧

式の内容	式	備考	式番号
ベール-ランベルトの法則	$I = I_0 10^{-\varepsilon[\mathrm{J}]L}$	均一組成のとき	3
吸光度	$A = \log_{10}(I_0/I)$	定 義	4a
透過率	$T = I/I_0$	定 義	4b
遷移双極子モーメント	$\boldsymbol{\mu}_{\mathrm{fi}} = \int \psi_{\mathrm{f}} \boldsymbol{\mu} \psi_{\mathrm{i}} \mathrm{d}\tau$	定 義	9
誘導吸収の頻度	頻度 $= N_{\mathrm{l}} B_{\mathrm{l}\to\mathrm{u}} I(\nu)$		10a
誘導放出の頻度	頻度 $= N_{\mathrm{u}} B_{\mathrm{u}\to\mathrm{l}} I(\nu)$		10b
アインシュタイン係数の関係	$A_{\mathrm{u}\to\mathrm{l}} = (8\pi h\nu^3/c^3) B_{\mathrm{u}\to\mathrm{l}}$　$B_{\mathrm{u}\to\mathrm{l}} = B_{\mathrm{l}\to\mathrm{u}}$		11

トピック 11B

振動分光法

> ➤ **学ぶべき重要性**
>
> 振動（赤外）分光法は，分子を特定したり，結合の柔軟性を求めたりするのに重要である．
>
> ➤ **習得すべき事項**
>
> 振動遷移は，電磁スペクトルの赤外領域の吸収で観測される．
>
> ➤ **必要な予備知識**
>
> 振動運動のエネルギー準位（トピック 8B）と選択律（トピック 11A）をよく理解している必要がある．

分子はすべて振動することができ，複雑な分子では多数の異なるやり方で振動している．原子が 12 個しかないベンゼンでも，30 通りの異なる振動モードがある．その中には環が周期的に一様に膨らんだり縮んだりする振動もあるが，いろいろな形に屈曲する振動もある．タンパク質のような大きな分子では，何万もの異なる仕方で振動し，いろいろな部分でさまざまにねじれたり，伸びたり，折れ曲がったりする振動モードがある．分子振動は電磁放射線を吸収することによって励起される．そこで，吸収が起こる振動数を観測すれば分子の個性に関する貴重な情報が得られ，結合の柔らかさについて定量的な情報も得られる．その生化学的な応用には，タンパク質の二次構造の特定や溶媒の同位体（水素-重水素）交換過程の分析などがある．

11B・1 二原子分子の振動

非常に大きな生体高分子であっても，その振動特性は隣り合う原子間の調和運動によって理解できる．したがって，高分子の振動挙動を理解する第一歩は二原子分子の振動を解析することであり，それは図 11B・1 に基づいている．この図は，二原子分子の原子を互いに引き離したり押し縮めたりして，結合を伸縮させたときの代表的なポテンシャルエネルギー曲線である．平衡結合長（この曲線の極小の位置）R_e に近い領域では，ポテンシャルエネルギーが近似的に放物線（$y = x^2$ の形の曲線）で表されるから，

$$V = \frac{1}{2}k_f(R - R_e)^2 \qquad \text{調和振動ポテンシャル} \qquad (1)$$

と書ける．k_f はこの結合の**力の定数**[1]（単位は $\mathrm{N\,m^{-1}}$）である（トピック 8B）．結合が硬いほど力の定数は大きい（図 11B・2）．

(1) 式のポテンシャルエネルギーは調和振動子のものと同じ形をしているから，トピック 8B で示したシュレーディンガー方程式の解を使うことができる．いまの場合に

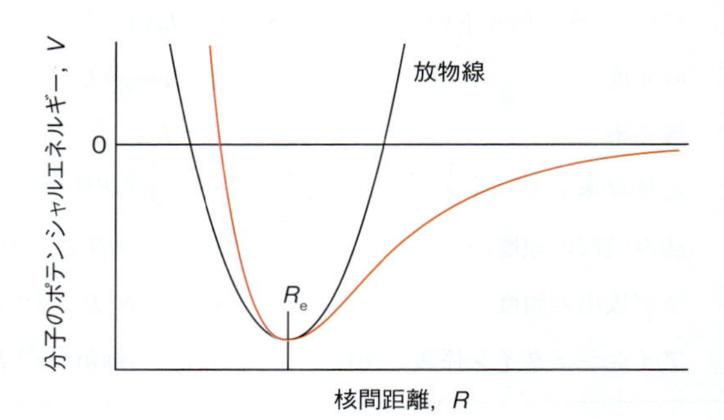

図 11B・1 分子のポテンシャルエネルギー曲線は，その井戸の底付近では放物線で近似できる．放物線形のポテンシャルからは調和振動が導かれる．振動励起エネルギーが大きくなれば放物線近似は悪くなる．

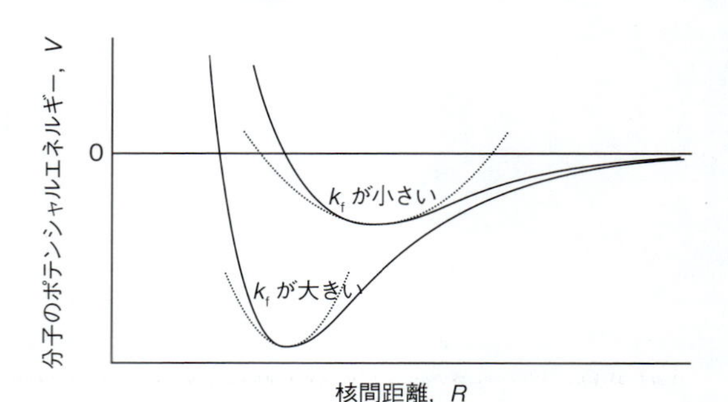

図 11B・2 力の定数 k_f が大きい結合は硬く，小さい結合は柔らかい．k_f の値は結合の強さと直接の関係はないが，この図からわかるように強い結合（極小が深い）では力の定数が大きいことが多い．

1) force constant

一つだけ複雑な点があって，それは結合している原子が両方とも動くから，振動子の“質量”の解釈には注意が必要である．詳しい計算によれば，力の定数 k_f の結合で結ばれた質量 m_A と m_B の2個の原子について，そのエネルギー準位は，

$$E_v = \left(v+\tfrac{1}{2}\right)h\nu \qquad v=0,1,2,\cdots$$

調和振動子のエネルギー準位　(2a)

で表される†．ここで，

$$\nu = \frac{1}{2\pi}\left(\frac{k_f}{\mu}\right)^{1/2} \qquad \mu = \frac{m_A m_B}{m_A+m_B} \qquad (2b)$$

である．μ はこの分子の**実効質量**[1]である（二原子分子の場合は**換算質量**[2]でもある）．このエネルギー準位を図11B·3（図8B·16と同じ図）に示してある．隣り合った準位の間隔が $h\nu$ の等間隔のはしごを形成している．

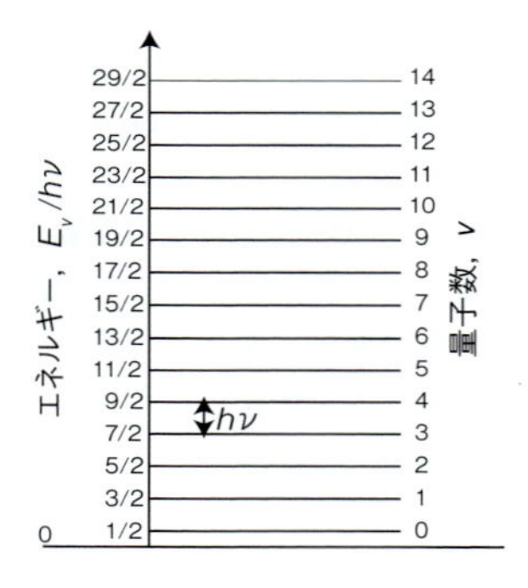

図 11B·3　調和振動子のエネルギー準位．量子数 v は0から無限大までとれる．許されるエネルギー準位は間隔が $h\nu$ で等間隔のはしごの形である．

ちょっと考えると，2原子の全質量でなく実効質量が現れるのはおかしいと思うかもしれない．しかし，μ が入っているのは物理的には妥当である．もし，原子Aが煉瓦塀のように重ければ，それは振動の間ほとんど動かないから，振動数は軽い方の動きやすい原子で決まるだろう．実際，Aが煉瓦塀なら，μ の式の分母の m_B は m_A に比べて無視することができ，$\mu \approx m_B$ となって，ほとんど軽い方の原子の質量になる．これは，たとえばHI分子のような場合で，このときのI原子はほとんど動かず $\mu \approx m_H$ である．一方，等核二原子分子の場合には $m_A = m_B = m$ だから，実効質量は1原子の質量の半分で $\mu = \frac{1}{2}m$ である．

(2) 式は，結合に関与している1個以上の原子を別の同位体で置き換えた**同位体置換体**[3]（たとえば CH_3OH と CH_2DOH，ここでDは ^2H のこと）では，その振動モードの振動数が異なることを示している．この効果は主として実効質量の変化に起因している．一方，力の定数は同位体置換の影響を受けない．それは，結合の強さを決めている主要な要因は，結合に関わっている原子の電子構造や核電荷であり，いずれも，核に中性子を加えたり核から中性子を取除いたりしても変化しないからである．

例題 11B·1　同位体置換効果の見積もり方

$^{16}O_2$ の伸縮振動の振動数が 47.37 THz として，$^{18}O_2$ の振動数を予測せよ．$1\,\mathrm{THz} = 10^{12}\,\mathrm{Hz}$ である．

考え方　両分子に同じ k_f の値を用いて (2b) 式を使い，比 $m(^{16}O)/m(^{18}O)$ によって比 $\nu(^{18}O)/\nu(^{16}O)$ を表す．次に，与えられた $\nu(^{16}O_2)$ の値から $\nu(^{18}O_2)$ を計算すればよい．

解答　(2b) 式から，$^{16}O_2$ と $^{18}O_2$ の振動数は，

$$\nu(^{16}O_2) = \frac{1}{2\pi}\left(\frac{k_f}{\mu(^{16}O_2)}\right)^{1/2} \qquad \mu(^{16}O_2) = \frac{1}{2}m(^{16}O)$$

$$\nu(^{18}O_2) = \frac{1}{2\pi}\left(\frac{k_f}{\mu(^{18}O_2)}\right)^{1/2} \qquad \mu(^{18}O_2) = \frac{1}{2}m(^{18}O)$$

である．これから，

$$\frac{\nu(^{18}O_2)}{\nu(^{16}O_2)} = \left(\frac{\mu(^{16}O_2)}{\mu(^{18}O_2)}\right)^{1/2} = \left(\frac{m(^{16}O)}{m(^{18}O)}\right)^{1/2}$$

となる．それぞれの原子質量は $16.00\,m_u$ および $18.00\,m_u$ であるから，その比で m_u を消去すれば，

$$\frac{\nu(^{18}O_2)}{\nu(^{16}O_2)} = \left(\frac{16.00}{18.00}\right)^{1/2} = 0.94\cdots$$

である．したがって，

$$\nu(^{18}O_2) = 0.94\cdots \times \overbrace{\nu(^{16}O_2)}^{47.37\,\mathrm{THz}} = 44.66\,\mathrm{THz}$$

である．すなわち，より重い同位体に置換すれば，O=O結合伸縮の振動数は低下する．

11B·2　振動遷移

例題11B·1で見たように，振動励起の代表的な振動数は10〜100 THzくらいである．この振動数領域は赤外放射線に相当するから，振動遷移は**赤外分光法**[4]で観測される．赤外分光法では遷移を波数で表すのがふつうで，それは 300〜3000 $\mathrm{cm^{-1}}$ の範囲にある．

† 前にも述べたが量子数 v と振動数 ν を混同しないこと．

1) effective mass　2) reduced mass　3) isotopolog　4) infrared spectroscopy

(a) 赤外遷移

赤外吸収スペクトルの選択概律は，分子の振動によってその電気双極子モーメントが変化しなければならないというものである．この規則の古典的な根拠は，分子が入射電磁波に応答してフォトンを吸収すれば，その電磁場は分子の双極子モーメントの変化を誘発する（図 11B·4）というものである．フォトンの放出では逆に，分子が振動運動したときに振動する電気双極子モーメントがある場合に限って，その分子は電磁場を振動させてフォトンを放出することができる．分子が永久双極子モーメントをもつ必要はない．すなわち，この規則は双極子モーメントが変化することだけを要請しており，それが 0 からの変化でもよい．一方，この規則の量子力学的な根拠は，上の古典的な根拠でもわかるように，振動の波動関数を ψ としたとき，トピック 11A の (9) 式で導入した遷移双極子モーメント ($\boldsymbol{\mu}_{\mathrm{fi}} = \int \psi_{\mathrm{f}} \boldsymbol{\mu} \psi_{\mathrm{i}} \mathrm{d}\tau$) が 0 であってはならないというものである．等核二原子分子の伸縮振動では分子の電気双極子モーメントは 0 から変化しないから，これらの分子の振動は放射線を吸収したり放出したりすることはない．したがって，等核二原子分子はその結合がどんなに長く伸びても，双極子モーメントは 0 のままだから**赤外不活性**[1] であるという．一方，異核二原子分子は結合が伸びたり縮んだりすると双極子モーメントが変化するから**赤外活性**[2] である．

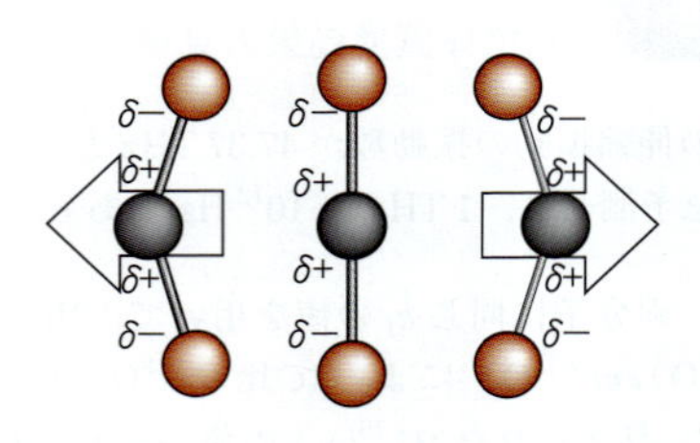

図 11B·4　分子が無極性であっても振動すれば，電磁場と相互作用できる振動双極子を生じることがある．この図は CO_2 の変角モードを表している．

赤外吸収の選択概律は気候変動を論じる際に重要な役目をする．地球の平均温度は，地球が吸収する太陽からの放射線と地球から宇宙へと再放出される赤外放射線のエネルギーの均衡で維持されている．後者の放射強度のほとんどは 200〜2500 cm^{-1} の領域にある．大気中のある種の気体によって赤外放射が閉じ込められ，それが地球を温め，地球の平均表面温度を氷点よりずっと高いところまで引き上げ，生命が維持できる環境をつくっている．ところが最近よくいわれるように，人類の活動が CO_2 や CH_4 などの大気中濃度を有意に上昇させたという懸念がある．これらの気体が赤外放射線を吸収し，その結果，地球のさらなる温暖化をもたらし，生物圏に深刻な影響を与える可能性があるというものである．

例題 11B·2　気候変動に関与する化学種の特定

大気を構成するつぎの成分のうち，どれが赤外放射線を吸収するか．O_2，N_2，H_2O，CO_2，CH_4．大気中の CO_2 と CH_4 の濃度上昇が気候変動をひき起こしているという懸念に根拠があると思うか．

考え方　赤外活性な分子は，振動によって変化する双極子モーメントをもつ．したがって，その分子を歪ませて双極子モーメントが変化するかどうか（0 からの変化でもよい）で判断すればよい．

解答　双極子モーメントの変化を起こす振動モードがないのは N_2 と O_2 だけであるから，CO_2，H_2O，CH_4 が赤外活性である．複雑な分子なら振動モードがすべて赤外活性というわけではない．たとえば，O−C−O 結合が対称的に伸びたり縮んだりする CO_2 の振動は，双極子モーメントを変えない（0 のままである）から赤外不活性である．しかし，CO_2 分子の変角振動は赤外活性であり吸収が起こる．したがって，CO_2 や CH_4 の大気中への継続的な放出は気候変動に関与しうる．水も同じく寄与しているが，これは大気中に以前からすでに大量に存在していた成分である．

赤外吸収スペクトルの個別選択律は，

$$\Delta v = \pm 1 \quad \text{振動の選択律} \quad (3)$$

である．量子数 v の状態から $v+1$ の状態への遷移のエネルギー変化は，

$$\Delta E = (v + \tfrac{3}{2})h\nu - (v + \tfrac{1}{2})h\nu = h\nu \quad \text{振動の遷移エネルギー} \quad (4)$$

である．そこで，入射放射線がこれだけのエネルギーのフォトンを供給するとき，したがって入射放射線が (2b) 式で与えられる振動数 ν（波数 $\tilde{\nu} = \nu/c$）をもつとき吸収が起こる．質量の小さな（μ が小さい）原子が関与する硬い（k_{f} が大きい）結合をもつ分子では振動数が高い．一方，変角モードは伸縮モードほど硬くないから，スペクトルの中で変角は伸縮よりも低振動数のところに現れる傾向がある．室温では，ほとんどすべての分子がはじめは振動の基底状態（$v=0$ の状態）にある．したがって，最も重要なスペクトル遷移は $v=0$ から $v=1$ へのものである．

1) infrared inactive　2) infrared active

(4)式の振動エネルギーは，実際のポテンシャルエネルギー曲線に対して放物線で近似しているから，近似的なものにすぎない．放物線では分子は解離できないから，どの結合長でも正しいというものではない．振動が高度に励起されたところでは，原子が大きく振れてポテンシャルエネルギー曲線の放物線近似があまりよくない領域までいく．このとき運動は**非調和的**[1]になる．それは復元力が変位に比例しなくなるという意味である．実際の曲線は放物線よりも開いているから，励起が大きいとエネルギー準位の間隔は狭くなると予測できる（図 11B･5）．この運動の非調和性によって，$\Delta v = +2, +3, \cdots$ の遷移に相当する**倍音**[2]という弱い吸収線も観測されることが説明できる．つまり，ふつうの選択律は調和振動子の波動関数の性質から導かれたものであり，非調和性があるときは近似的にしか正しくない．それで倍音が現れるのである．

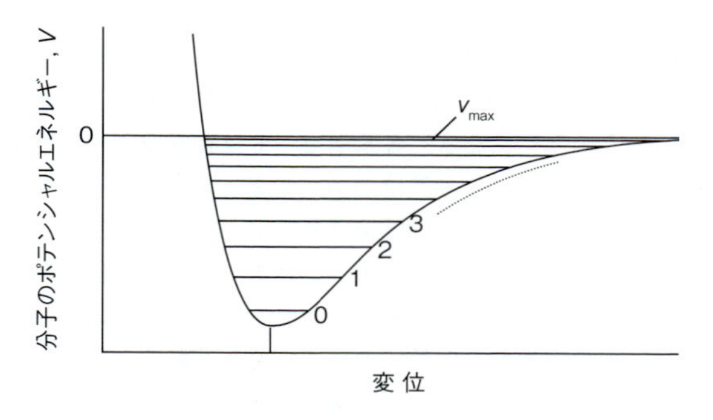

図 11B･5 分子のポテンシャルエネルギー曲線が一般の形の場合．それに伴う振動エネルギー準位は，高い励起状態ほど間隔は狭くなっており，v_{max} で終わっている．

(b) ラマン遷移

次に，**振動ラマン分光法**[3]について考えよう．振動ラマン分光法では，入射フォトンが分子と衝突してその振動モードにエネルギーの一部を渡すか，すでに励起している分子の振動からエネルギーの一部を奪う．このときのエネルギー変化が，散乱光の振動数で検出される．振動ラマン遷移の選択概律は，分子の振動によって分子分極率が変化しなければならないというものである．振動ラマン分光法で分極率が重要な役割を果たしている理由は，分子の電子密度が振動変位をすることで電磁放射線の散乱が起こっているからである．入射放射線が非弾性散乱を起こすことによって分子が伸び縮みしなければならず，このときフォトン−分子の衝突によって振動励起が起こっているのである．等核二原子分子と異核二原子分子は両方とも振動によって伸びたり縮んだりするから，電子に対する原子核のコントロール，つまり分子分極率も変化する．したがって，両方のタイプの二原子分子が振動ラマンについて活性である．その結果，振動ラマンスペクトルで得られる情報は，赤外分光法からの情報に余分に加わることになる．

振動ラマン遷移の個別選択律は赤外遷移と同じで $\Delta v = \pm 1$ である．入射光よりも低い波数で散乱されるフォトンは $\Delta v = +1$ で，これがストークス線である．反ストークス線（$\Delta v = -1$）はストークス線よりも弱い．それは，もともと振動励起状態に存在する分子が非常に少ないからである．ストークス線も反ストークス線も，散乱によって振動数変化のないレイリー散乱より強度はずっと弱い．

11B･3 多原子分子の振動

多原子分子では何個の振動モード（N_{vib}）があるだろうか．この問いに答えるには各原子が位置を変える仕方を考えればよい．

導出過程 11B･1 振動モードの数え方

各原子は三つの直交軸の任意の軸に沿って動くことができるから，N 個の原子から成る分子でこのような変位の総数は $3N$ 通りある．これらの変位のうち 3 個は分子全体の並進運動に相当しており，それは分子が形を変えずに質量中心が動くだけの運動である．残る $3N-3$ 個の変位が，分子の質量中心を不変に保つような“内部”モードである．非直線形分子の空間における向きを指定するには 3 個の角度が必要である（図 11B･6）．したがって，$3N-3$ 個の内部変位のうち 3 個は，分子の質量中心のまわりの回転に相当している．そこで，分子全体の並進でも回転でもない残りの $3N-6$ 個の変位が振動モードである．直線形分子では空間での向きを指定するのに 2 個の角度でよいから，同様の計算をするとこれらの分子では $3N-5$ 個の振動モードがある．まとめるとつぎのようになる．

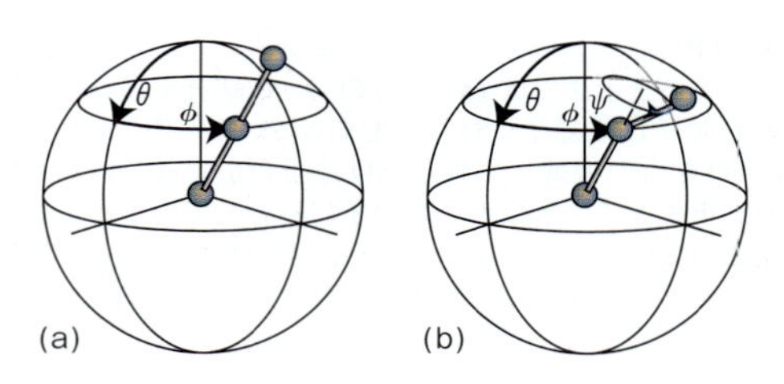

図 11B･6 (a) 直線形分子の向きは 2 個の角度を指定すれば決まる（分子の軸の緯度と経度）．(b) 非直線形分子の向きを指定するには 3 個の角度が必要である（分子軸の緯度，経度およびその軸のまわりの方位角）．

1) anharmonic　2) overtone　3) vibrational Raman spectroscopy

$$\text{非直線形分子:}\ N_{\mathrm{vib}} = 3N-6 \qquad \text{振動モードの数} \qquad (5)$$
$$\text{直線形分子:}\ N_{\mathrm{vib}} = 3N-5$$

簡単な例示 11B・1

水分子 H_2O は三原子分子（$N=3$）で非直線形であるから振動モードが3個ある．ナフタレン $C_{10}H_8$（$N=18$）には48個の異なる振動モードがある（この中には，振動数が同じという意味で縮退しているものもある）．二原子分子（$N=2$）はすべて振動モードが1個しかない．二酸化炭素（$N=3$）には4個の振動モードがある．

(a) 基準モード

多原子分子の振動では，個々の結合の伸縮運動と変角運動を組合わせて考えれば，そのモードはずっと単純に表せる．たとえば，CO_2 分子の4個の振動のうち2個を図11B・7のように個々の炭素-酸素結合の伸縮 ν_L, ν_R とみることもできるが，これらの振動の2種の組合わせをとる方がずっと単純になる．その一つの組合わせは図11B・8の ν_1 で，この組合わせを**対称伸縮**[1]という．もう一つの組合わせは ν_3 で，これは2個のO原子が，常に同じ方向に動くが，C原子とは反対方向に動く**逆対称伸縮**[2]である．この二つのモードは独立で，一方の振動モードが励起されても，そのために他方が励起されることはない．これは分子の4個の"基準モード"のうちの二つである．基準モードは互いに独立で，集団的な振動変位を示す．あと二つの基準モードは**変角モード**[3] ν_2 である．一般に，**基準モード**[4]というのは，原子や原子群の独立で同期のとれた運動であって，ほかの基準モードを励起することなく励起できるような運動である．振動の基準モードの数は，(5)式の振動モードの数と同じである．それは，基準モードが原子の振動変位の一次結合だからである．

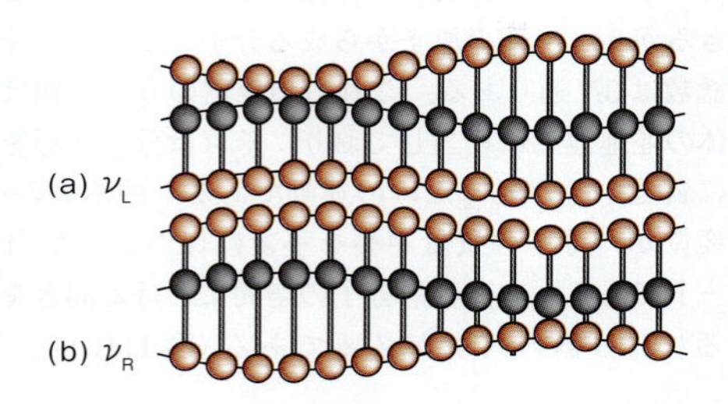

図 11B・7 CO_2 分子の伸縮振動はいろいろな表し方ができる．この表示法では (a) 一方のO=C結合が振動し，残りのO原子はC原子に対して止まっている．(b) もう一方のC=O結合が振動し，他方のO原子が止まっている．しかし，止まっている原子はC原子に結合しているから長い間止まっているわけにはいかない．すなわち，一方の振動が始まると，もう一方の振動も急速に刺激される．

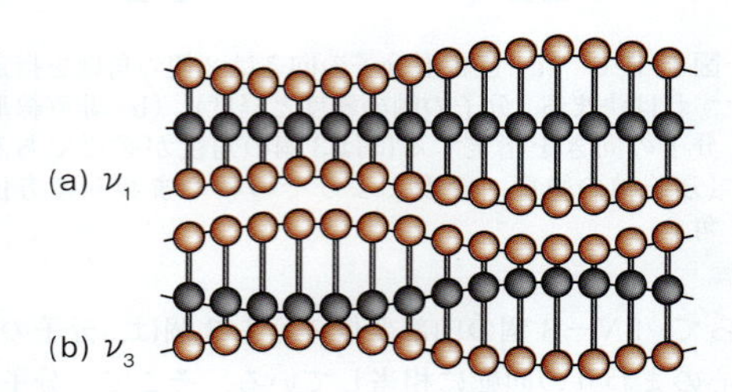

図 11B・8 図11B・7に示した CO_2 の2個の結合伸縮の一次結合をとれば，この分子の2個の基準モードをつくれる．(a) のモードは対称伸縮で，(b) のモードは逆対称伸縮である．この二つのモードは独立で，どちらかが励起されても，他方は励起されることがない．基準モードを使えば分子の振動の記述は非常に単純になる．

CO_2 の4個の基準振動モード，一般には多原子分子の $3N-6$（または $3N-5$）個の基準モードは分子振動を記述するときの基礎になる．各基準モードは独立な調和振動子のように振舞い，振動準位のエネルギーは (2b) 式と同じ式で与えられるが，実効質量は各原子が振動に際してどの程度動くかによって，その値が変わる．CO_2 の対称伸縮におけるC原子のように，動かない原子は実効質量に寄与しない．力の定数も，振動によって結合がどれくらい曲がるか，または伸びるかに複雑に関係している．ふつうは，ほぼ完全に変角振動で表せる基準モードは，ほぼ完全に伸縮振動で表せる基準モードより力の定数は小さい（振動数が低い）．

(b) 赤外遷移

基準モードの赤外活性に関する選択概律は，基準モードに相当する運動で，双極子モーメントの変化をひき起こすものでなければならないというものである．実際そうなるかどうかを見ただけで判断できる場合もある．たとえば，例題11B・2の CO_2 の場合は，逆対称伸縮モードと二つの変角モードは赤外活性であることがわかる．

有機分子の基準モードの中には，かなりよい近似で個別の官能基の運動とみなせるものがある．しかし，分子全体の集団運動とすべき場合もある．後者はだいたい振動数が低く，スペクトルには約 $1500\ \mathrm{cm}^{-1}$ 以下の波数に現れる．分子全体にわたる振動が吸収スペクトルに現れる領域をスペクトルの**指紋領域**[5]という．それは分子ごとに特有なものだからである．赤外スペクトル集の中の既知の化合物のスペクトルと指紋領域で比較すると，ある特定の物質の存在を確かめる強力な手段になる．

1) symmetric stretch　2) antisymmetric stretch　3) bending mode　4) normal mode　5) fingerprint region

指紋領域の外に出現する官能基に特有な振動は，未知の化合物の同定に役に立つ．これらの振動の多くは伸縮モードとみなせる．一方，低振動数の変角モードはふつう指紋領域に現れるから，その同定はさほど簡単ではない．官能基の特性波数を表 11B･1 に示してある．

表 11B･1　代表的な振動波数

振動のタイプ	$\tilde{\nu}$/cm^{-1}
C−H 伸縮	2850〜2960
C−H 変角	1340〜1465
C−C 伸縮，変角	700〜1250
C=C 伸縮	1620〜1680
C≡C 伸縮	2100〜2260
O−H 伸縮	3590〜3650
C=O 伸縮	1640〜1780
C≡N 伸縮	2215〜2275
N−H 伸縮	3200〜3500
水素結合	3200〜3570

(c) ラ マ ン 遷 移

多原子分子の振動ラマンスペクトルに関する選択概律は，振動の基準モードが分極率の変化を伴っていなければならないというものである．しかし，見ただけでそれを判定するのは非常に難しいことが多い．たとえば，CO_2 の対称伸縮では，分子が交互に膨張・収縮を繰返すので分極率が変化するから，このモードはラマン活性である．CO_2 の残りのモードでは分極率が不変なので (図から判断するのは難しい) ラマン不活性である．

場合によっては，振動モードの赤外活性とラマン活性に関するきわめて一般的なつぎの規則を利用することができる．

交互禁制律[1] によれば，分子が反転中心をもつとき，赤外活性で同時にラマン活性な振動モードはない．

(ただし，両方に不活性なモードはあってもよい．) 分子の各原子を，ある 1 点について反転して反対側の等距離の位置に置いたとき，もとのままに見えればその分子には反転中心 (対称中心) がある (図 11B･9)．あるモードで分子の双極子モーメントが変化するかどうかは直感的に判定できることが多いから，この交互禁制律を使ってラマン活性でないモードを求めることができる．この規則は CO_2 には成り立つが，H_2O や CH_4 には反転中心がないから適用できない．たとえば，ベンゼンの振動モードの一つに“呼吸”モードがあり，環が膨張と収縮を交互に繰返すモードである．これによって双極子モーメントが (0 から) 変化しないから，このモードは赤外不活性である．一方，ラマン活性の可能性は残る (実際にラマン活性である)．

基本のラマン効果の一つの変形にあたるラマン分光法がある．これは，その試料の電子遷移の振動数とほぼ一致するような入射放射線を使うものである (図 11B･10，トピック 11A の図 11A･2 と比較せよ．この場合の入射放射線は，試料の実際の電子遷移とは一致していない)．この方法を**共鳴ラマン分光法**[2] という．その特徴は散乱放射線の強度がはるかに強いことと，ほんの少数の振動モードだけが散乱に寄与するから，きわめて簡単なスペクトルになることである．

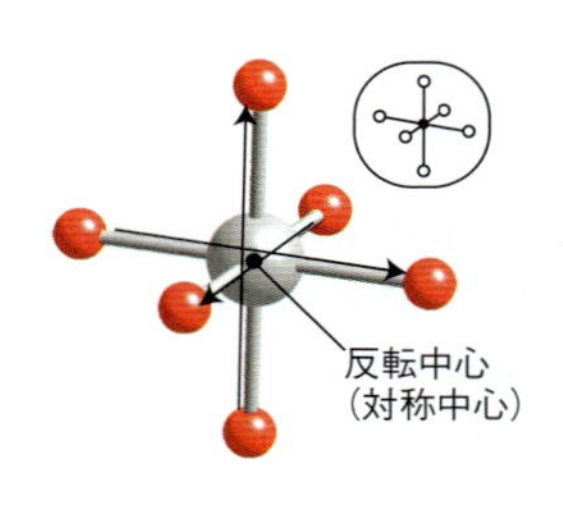

図 11B･9　反転の操作では，分子内のあらゆる点について，それを分子の中心を通り反対側の等距離のところに投影する．

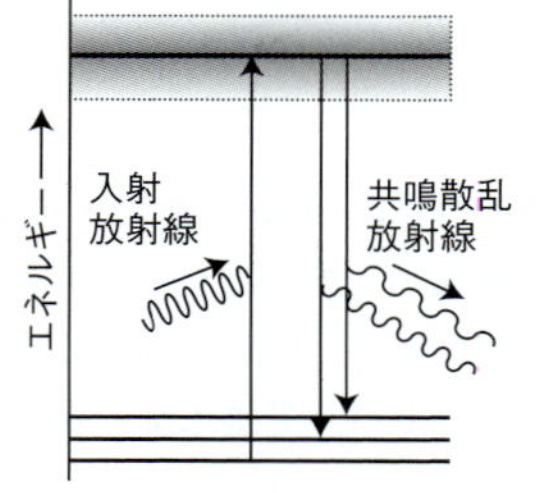

図 11B･10　共鳴ラマン効果では，入射放射線の振動数は分子の実際の電子励起に非常に近い．励起状態が基底状態の近くの状態に戻るときにフォトンが放出される．

11B・4　具体例：タンパク質の振動分光

N-メチルアセトアミド $CH_3CONHCH_3$ の赤外スペクトル (図 11B･11) のおもな特徴を説明することによって，ペプチド鎖−CONH−の振動スペクトルの要点を捉えることができるだろう．2800 cm^{-1} 以上の領域には，(a) と記した三つのバンドのかたまりが見える．波数が増える順にそ

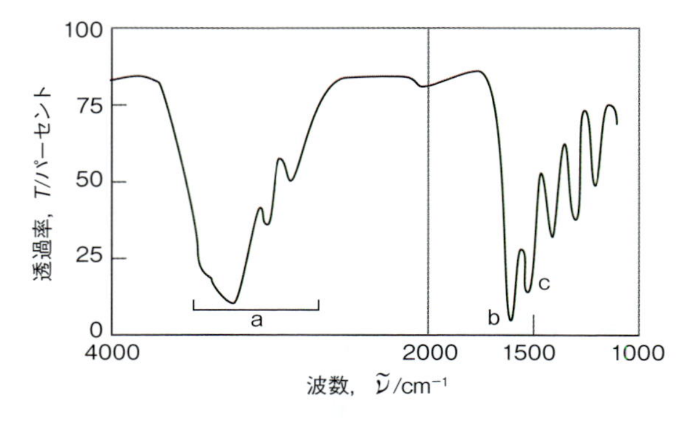

図 11B･11　薄い液膜にした *N*-メチルアセトアミドの赤外スペクトル．領域 a, b, c それぞれについては本文に説明がある．

1) exclusion rule　2) resonance Raman spectroscopy

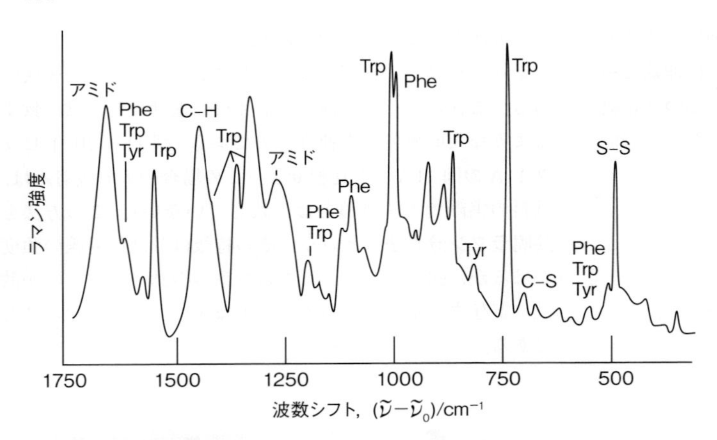

図 11B・12 リゾチーム水溶液の振動ラマンスペクトル.〔D.A. Long "Raman spectroscopy" (1977), McGraw-Hill, Inc. の許可を得て再録.〕

れぞれ, C-メチル基のメチル C−H の対称および逆対称伸縮振動, *N*-メチル基のメチル C−H の対称および逆対称伸縮振動, 幅広い N−H 伸縮振動である. (b) と記したアミドⅠバンドは大部分が CO 伸縮振動から成り, 1640〜1670 cm^{-1} の領域で見られる. (c) と記したアミドⅡバンドは CN 伸縮振動と NH 変角振動の組合わせから成り, 1520〜1550 cm^{-1} の領域で見られる.

タンパク質の振動スペクトルには, ペプチド鎖だけでなくアミノ酸側鎖に関係する数多くの吸収バンドがあり, その情報は豊富である (図 11B・12). しかし, 生化学者は第一にペプチド鎖のアミドⅠおよびアミドⅡバンドに注目する. それは, これらの波数が水素結合に敏感で, これによって二次構造がわかるからである. 一つのペプチド鎖の CO 基が別のペプチド鎖の NH 基と水素結合をつくれば, アミドⅠバンドが低波数側にシフトする. それは, 非局在化した N−H … O=C 結合が C=O 結合の力の定数を弱めるからである. 一方, 水素結合は N−H 基の変角振動を制約するから, C−N−H 変角の力の定数を事実上大きくし, アミドⅡバンドを波数の高い側にシフトさせる. さらに実験によって, アミドⅠおよびアミドⅡバンドの波数は α ヘリックス, β シート, ランダムコイルでわずかずつ異なることもわかっている (表 11B・2). このように, 振動分光法を使えば, タンパク質のコンホメーションの変化を監視することができる.

表 11B・2 ポリペプチドのアミドⅠバンドとアミドⅡバンドの代表的な振動波数

	振動波数 ($\tilde{\nu}$ /cm^{-1})		
振動のタイプ	α ヘリックス	β シート	ランダムコイル
アミドⅠ	1653	1640	1656
アミドⅡ	1545	1525	1535

タンパク質の複雑な赤外スペクトルや従来法によるラマンスペクトルでは, 補因子と帰属できる特徴を見つけるのは難しい. そこで, 生化学者はしばしば共鳴ラマン分光法を利用し, スペクトルの紫外から可視領域で強い吸収を示す補因子の研究を行っている. その研究例には, ヘモグロビン (巻末の構造図 P7) やシトクロム (構造図 P5) のヘム基, 植物の光合成の過程で太陽光エネルギーを捕えるβ-カロテン (構造図 E1) やクロロフィル (構造図 R3) などの色素がある.

図 11B・13 の共鳴ラマンスペクトルは, 緩衝液に溶けた非常に大きなタンパク質に結合している色素分子からの振動遷移を示している. 水 (溶媒) やアミノ酸残基, ペプチド鎖は, 実験に用いるレーザーの波長では電子遷移がないから選択的に観測できるのである. すなわち, ふつうのラマ

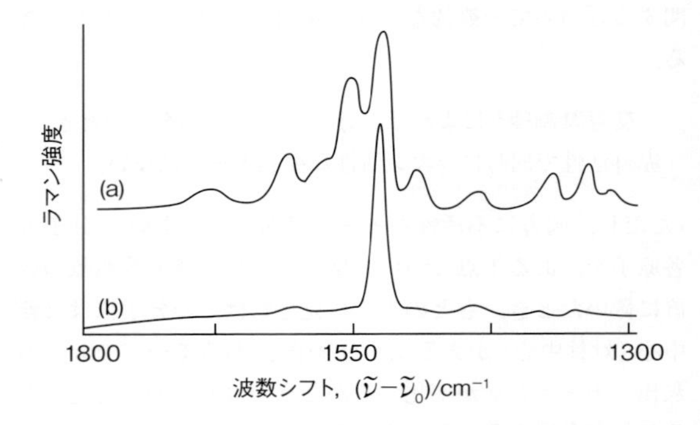

図 11B・13 植物の光合成における初期電子移動過程の一部に関与するタンパク質複合体の共鳴ラマンスペクトル. このラマンシフトは, 散乱光の波数と励起レーザー光の波数の差である. (a) 407 nm で試料をレーザー励起すれば, タンパク質に結合したクロロフィル *a* と β-カロテン分子の両方の色素がこの波長の光を吸収するので, いずれにも対応したラマンバンドが見える. (b) 488 nm でレーザー励起すれば, この波長ではクロロフィル *a* がさほど強く光を吸収しないので, β-カロテンだけのラマンバンドが見える.〔D.F. Ghanotakis *et al*., *Biochim. Biophys. Acta*, **974**, 44 (1989) より転載.〕

ンスペクトルは，増強された色素のスペクトルに比べて弱いのである．両方のスペクトルを比較すると，励起波長をうまく選ぶことによって，同じタンパク質に結合した色素のそれぞれの種を調べることも可能なのがわかる．たとえば，β-カロテンが強い吸収を示す 488 nm で励起すればβ-カロテンのみの振動バンドが見え，クロロフィル *a* とβ-カロテンが吸収を示す 407 nm で励起すれば，これら両方のタイプの色素からの特徴が明らかになるのである．

11 B・5 具体例：分子振動顕微鏡法

光学顕微鏡を赤外分光計やラマン分光計と組合わせれば，非常に小さな試料の振動スペクトルを得ることが可能である．**分子振動顕微鏡法**[1] という手法を使えば，電子顕微鏡法では観測できない細胞の諸現象を詳細に調べることができる．赤外顕微鏡やラマン顕微鏡では，光の照射方向に垂直な面に沿って試料をごくわずかずつ動かし，試料の微小断面の振動スペクトルを繰返し測定する．

分子振動顕微鏡法で扱える試料の大きさは，照射面積や照射領域に届く放射線の強度，入射放射線の波長などいくつかの要素に依存している．狭い照射域から散乱され検出器に届くフォトンの数を増やすには，強い入射放射線が必要である．そのため，光源にはレーザーやシンクロトロン放射光を使う．近代的な手法を使えば，サブミクロン（1 μm 以下の）分解能で細胞内構造を観察することができる．

ラマン顕微鏡法で最も一般的な分光計システムは，可視レーザーと多色器，CCD 検出器を組合わせたものであるが，近赤外フーリエ変換分光計も使える．CCD 検出器は，ラマンイメージングというラマン顕微鏡法の一種でも使われる．この方法では，二次元検出器に 1 本のストークス線のみが届くような特殊光学フィルターを使うことによって，照射域からのストークス線の強度分布図を得ることができる．

赤外顕微鏡法ではフーリエ変換分光計が一般的である．図 11B・14 にマウスの 1 個の生きた細胞と死んだ細胞の赤外スペクトルを示す．どちらのスペクトルも，1545 cm^{-1} と 1650 cm^{-1} にタンパク質のペプチドカルボニル基由来の特徴的な吸収を示している．また，1240 cm^{-1} の吸収は脂質のホスホジエステル基（$-PO_2^-$）由来に特徴的なものである．一方，死細胞は 1730 cm^{-1} に余分の吸収を示すが，これは同定できないが別の化合物のエステルカルボニル基によるものである．それぞれの吸収強度を細胞の場所の関数としてプロットすることにより，細胞分化や細胞死の過程におけるタンパク質や脂質の分布図を得ることが可能になっている．

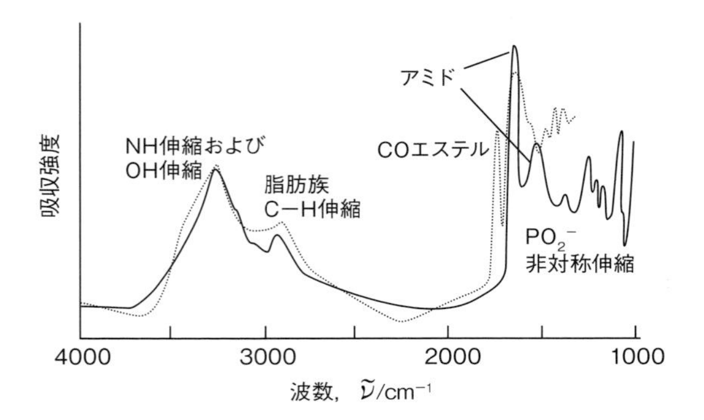

図 11B・14 マウス細胞 1 個の赤外吸収スペクトル．実線は生きた細胞，点線は死んだ細胞．〔N. Jamin *et al*., *Proc. Natl. Acad. Sci. USA*, **95**, 4837（1998）より転載．〕

分子振動顕微鏡法は，生物医学や薬学の研究室でも利用されている．その研究例には，錠剤中の薬剤の大きさと分布の測定，抗がん剤処理後のがん細胞に見られるタンパク質の構造変化の観察，動脈硬化組織や多発性硬化症の患者の大脳白質などの病変組織と正常組織の違いの測定などがある．

1) vibrational microscopy.〔訳注：顕微振動分光法ともいう．同じように，顕微赤外分光法や顕微ラマン分光法ともいう．〕

重要事項のチェックリスト

- □ 1．**赤外分光法**は，分子振動による赤外放射線の吸収または放出を測定する．
- □ 2．**基準モード**は，原子または原子群の互いに独立で同期のとれた運動様式であり，ほかの基準モードを励起することなく励起できる．
- □ 3．基準モードは，それが電気双極子モーメントの変化を起こさせば**赤外活性**である．
- □ 4．**倍音**は，$\Delta v = +2, +3, \cdots$ の遷移に相当している．
- □ 5．**振動ラマン分光法**は，フォトンと分子が非弾性的な衝突を起こすことに基づいている．
- □ 6．**交互禁制律**によれば，分子が反転中心をもつとき，赤外活性で同時にラマン活性な振動モードはない．

重要な式の一覧

式の内容	式	備　考	式番号
振動エネルギー準位	$E_v = (v + \frac{1}{2})h\nu \quad v = 0, 1, 2, \cdots$	調和近似	2a
	$\nu = (1/2\pi)(k_f/\mu)^{1/2} \quad \mu = m_A m_B/(m_A + m_B)$		2b
振動の選択律	$\Delta v = \pm 1$		3
基準振動モードの数	$N_{vib} = 3N - 6$	非直線形分子	5
	$N_{vib} = 3N - 5$	直線形分子	

トピック 11C

紫外・可視分光法

> ### ➤ 学ぶべき重要性
> 電子遷移は，天然に存在する多くの色の根幹を担っており，光合成を駆動する過程の第一段階でもある．
>
> ### ➤ 習得すべき事項
> 電子遷移は電磁スペクトルの可視・紫外領域で起こり，同時に振動励起を伴う．
>
> ### ➤ 必要な予備知識
> 分光法の一般原理と吸収強度の測定法（トピック 11A）をよく理解している必要がある．また，分子オービタルの分類と配位子場理論の原理（トピック 9C）について知っている必要がある．

あるオービタルの電子を別のオービタルへと励起することによって，分子内の電子密度分布を変えるのに必要なエネルギーは数 eV（数 100 kJ mol^{-1}）程度である．この種の変化が起こるときに放出または吸収されるフォトンは，電磁スペクトルの可視領域から紫外領域にある．それは約 14000 cm^{-1}（700 nm）の赤色光から 21000 cm^{-1}（470 nm）の青色光，さらに 50000 cm^{-1}（200 nm）の紫外放射線に及ぶ範囲である（表 11C·1）．実際，われわれを取巻く世界の物体の色の多くは，植物の緑色や花の色，合成染料の色，顔料や鉱物の色も，すべて分子やイオンのあるオービタルから別のオービタルへと電子が移動する遷移によって生じるものである．クロロフィルが赤色光と青色光を吸収（緑色を反射）したときに起こる電子密度分布の変化は，地球が太陽からエネルギーを取入れて，光合成という自発的には進行しない反応をひき起こすためのエネルギー獲得の主要なステップである．場合によっては，この電子密度の再分布によって結合が切れたり，二重結合が単結合になったり，あるいは分子が小さなフラグメントに解離してしまうこともある．このような過程は多種多様な光化学反応をひき起こし，なかには大気に損傷を与えるものも，またこれを守る反応もある．

白色光は，異なる色の光すべてが混合したものである．

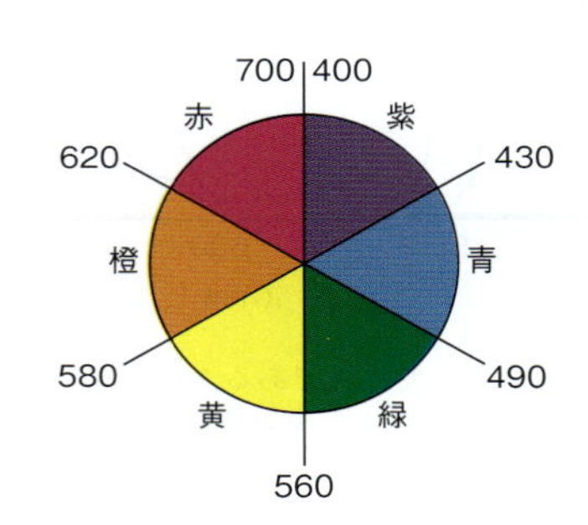

図 11C·1　画家の色相環．直径方向に向かい合うのが補色である．数字は対応する光の波長（単位は nm）．

表 11C·1　光の色と波長，振動数，波数，エネルギー

色	λ/nm	ν/(10^{14} Hz)	$\tilde{\nu}$/(10^{4} cm^{-1})	E/eV	E/(kJ mol^{-1})
赤 外	1000	3.00	1.00	1.24	120
赤	700	4.28	1.43	1.77	171
橙	620	4.84	1.61	2.00	193
黄	580	5.17	1.72	2.14	206
緑	530	5.66	1.89	2.34	226
青	470	6.38	2.13	2.64	255
紫	420	7.14	2.38	2.95	285
近紫外	300	10.0	3.33	4.13	399
遠紫外	200	15.0	5.00	6.20	598

吸収によって白色光からどれか一つの色がなくなるとその“補色”が観測される．たとえば，白色光のうち赤色光が物体に吸収されると，その物体は赤の補色である緑色に見える．逆に，緑が吸収されると赤に見える．補色の対は図 11C･1 に示す画家の色相環できれいに整理されている．この図で補色は直径の両端に位置している．

ここで強調しておかなければならないのは，色の感覚というのは非常に微妙な現象であるということである．たとえば，物体は赤色を吸収して緑色に見えるかもしれないが，入射光から緑以外の光を全部吸収しても，やはり緑に見えるだろう．これが植物の緑色の起源であって，実はクロロフィルはそのスペクトル（図 11C･2）で二つの領域に吸収があり，残った緑を反射している．また，吸収バンドは非常に幅広いことがあり，極大はある特定の波長にあっても，ほかの領域に長く尾を引いていることがある（図 11C･3）．このような場合は，どんな色に見えるかを吸収極大の位置から予測するのは非常に難しい．

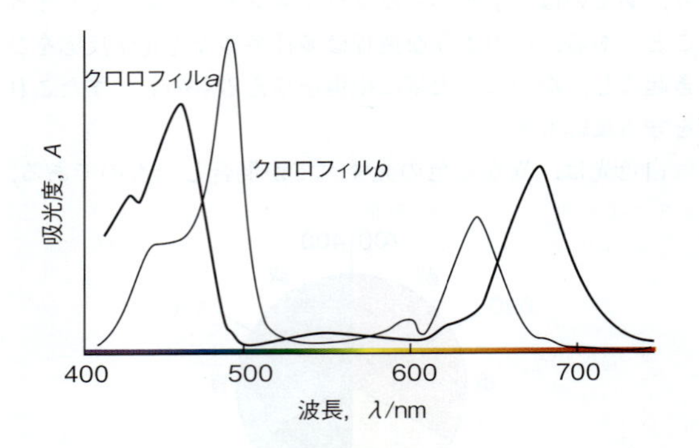

図 11C･2　植物の主要色素であるクロロフィル a とクロロフィル b（構造図 R3）の可視領域の吸収スペクトル．どちらも赤色と青色の領域に吸収があり，緑色の光はあまり吸収しないことがわかる．

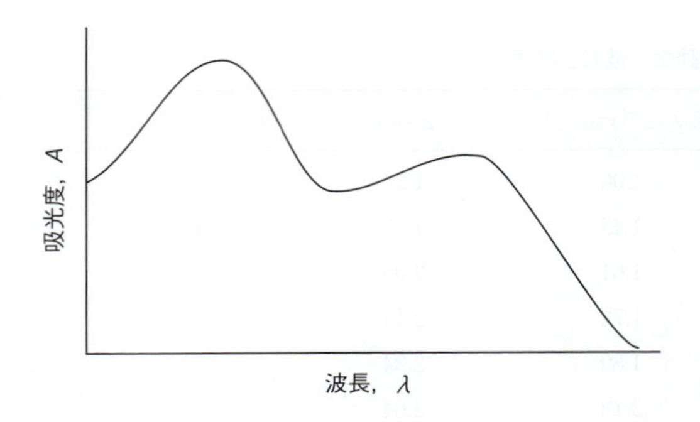

図 11C･3　溶液中の化学種の電子吸収バンドはふつう非常に幅広く，数個の幅広いバンドから成る．

11C・1　フランク-コンドンの原理

電子遷移が起これば分子の振動励起を伴うことが多い．分子の基底電子状態では，原子核はそれに働くクーロン力に応じた位置をとっており，その力は電子と他の原子核とから生じるものである．電子遷移が起こって，電子があるオービタルから別のオービタルに移動すれば，原子核はそれまでとは異なるクーロン力を受ける．このような急な変化に応じて分子は激しい振動をするようになる．その結果，電子を励起するのに使われるエネルギーの一部が分子の振動を励起するのに使われる．したがって，純粋な電子遷移による鋭い吸収線が 1 本観測されるのでなく，吸収スペクトルは多数の線からできている．試料が気体であれば，このような電子遷移の**振動構造**[1] が分裂して見える．しかし，トピック 11A で述べたように，液体や固体ではふつう線が合体して幅広くほとんど構造のない吸収バンドになる．

バンドの振動構造はつぎの**フランク-コンドンの原理**[2] で説明できる．

原子核は電子よりも非常に重いから，電子遷移は核が応答できないほどずっと速く起こる．

電子遷移が起これば，分子のある領域の電子密度が急に減り，他の領域で急速に増える．その結果，はじめ定常的な状態にあった原子核が急に新しい力場を受ける．この新しい力に応答するために振動を始め，（古典論的ないい方をすれば）もとの位置（急激な電子励起の間保たれていた位置）から，行ったり来たりして揺れることになる．したがって，遷移の前の電子状態における核の平衡間隔は，遷移後の電子状態では核の振動の端の終点の一つ，つまり**転回点**[3] になる（図 11C･4）．

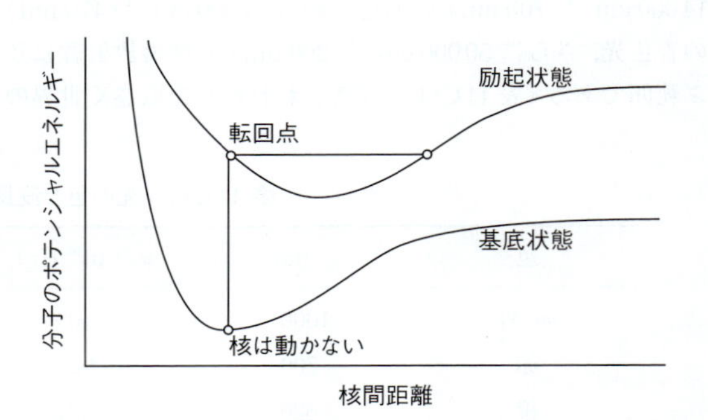

図 11C･4　分子の基底状態と励起状態のポテンシャルエネルギー曲線．エネルギーの高い励起状態の平衡結合長は基底状態より長い．フランク-コンドンの原理によれば，最も強い電子遷移は基底振動状態から，上の電子状態でその真上にある振動状態へのものである．他の振動準位への遷移も起こるが強度は弱い．

1）vibrational structure　2）Franck–Condon principle　3）turning point

図 11C･4 を使えば，最終的な振動状態がどこになるかを予測できる．すなわち，下の曲線の極小（遷移の出発点）から鉛直線を引いて，その線が上の電子状態を表す曲線と交わる点を求めればよい．この点が新しく誘起される振動の転回点になる．この操作から，フランク-コンドンの原理に従う遷移を**垂直遷移**[1]という．実際には，電子励起した分子が，数個の振動励起状態のどれかに入れるから，吸収は数個の異なる振動数のところに現れる．上で述べたように，凝縮相では個々の遷移が合体して，幅が広くほとんど構造のない吸収バンドを与える．

11C・2　発色団

フォトンの吸収は，もとをたどれば，ある小さな原子団に局在する電子の励起によることが多い．たとえば，ペプチド鎖に見られるように，カルボニル基が存在すればふつう約 190 nm に吸収がある．また，タンパク質のアミノ酸側鎖には 230 nm より長い波長に特有の吸収を示すものがある．一方，280 nm の吸収はタンパク質にある芳香族アミノ酸側鎖に特有である．このように固有の光学吸収を示す原子団を**発色団**（クロモホア）[2]という（もともとはギリシャ語の“色をつける物質”という意味である）．物質に色があるのは発色団によることが多い．

d 金属錯体では，配位子場（トピック 9C）で分裂した d オービタルの間で遷移が起こり，それで光を吸収する．錯体の d オービタル間のエネルギー差はあまり大きくないから，その間の **d-d 遷移**[3]はふつうスペクトルの可視領域で起こる．電気双極子 d-d 遷移は本来，純粋な八面体形環境にあれば禁制であるが，完全な八面体形環境でなかったり錯体の局所域に対称中心を壊す振動による歪みが生じたりしている場合は，弱いながらも観測される．また，配位子から中心原子の d オービタルへ，またその逆方向へ電子が移動することも可能である．このような**電荷移動遷移**[4]では電子がかなりの距離を動くため，遷移双極子モーメント（トピック 11A）で測った電荷の再分布が大規模になりうるから，それに対応して吸収が強い．このタイプの発色団活性は，バクテリア由来のタンパク質アズリンの銅結合サイトで見られる．すなわち，電子がシステイン配位子の硫黄原子から Cu^{2+} イオンへ移動することに伴う電荷の再分布によって，その強い青色（500〜700 nm の吸収による）が説明できる．

C=C 二重結合は，その π 電子 1 個が反結合性 π^* オービタルへ励起することでフォトンを吸収する（図 11C･5）．そこでこの発色作用を **π-π^* 遷移**[5]という．そのエネルギーは非共役二重結合では 7 eV くらいで，これは 180 nm（紫外領域）の吸収に相当する．二重結合が共役鎖の一部に

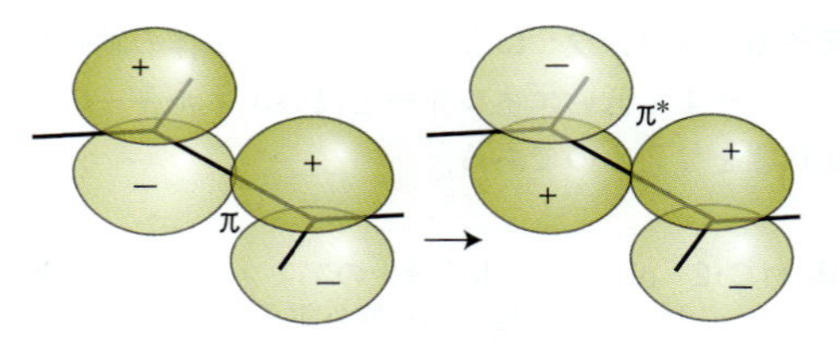

図 11C･5　炭素-炭素二重結合は発色団として働く．その重要な遷移の一つはここに示した π-π^* 遷移で，電子 1 個が結合性 π オービタルから対応する反結合性オービタルへと昇位する．

なっている場合は，この二つの分子オービタルのエネルギーはもっと近いから，その間の遷移はスペクトルの可視領域にずれる（例題 8B･1）．植物の赤色や黄色の多くはこの種の遷移による．たとえば，緑葉の中に存在する（ただし，秋になってクロロフィルがなくなるまでは，その強い吸収に隠れて見えない）長いポリエンのカロテン類は，その長鎖共役炭化水素において π-π^* 遷移を起こすことによって，葉にそそぐ太陽光の一部を取込む．視覚の一次過程でも似たタイプの吸収が重要な役目をしている．

カルボニル化合物の吸収の原因となる遷移の一つは，O 原子にある孤立電子対によるものである．孤立電子 1 個がカルボニル基の空の π^* オービタルに励起して（図 11C･6），いわゆる **n-π^* 遷移**[6]を起こす．n は非結合性オービタル（孤立電子対が占めるオービタルのように，結合性でも反結合性でもないオービタル）を示す．タンパク質では，ペプチド結合のカルボニル基の n-π^* 遷移が 220 nm で起こるが，スペクトルのこの領域はこの基のもっと強い 190 nm での π-π^* 遷移で占められている．

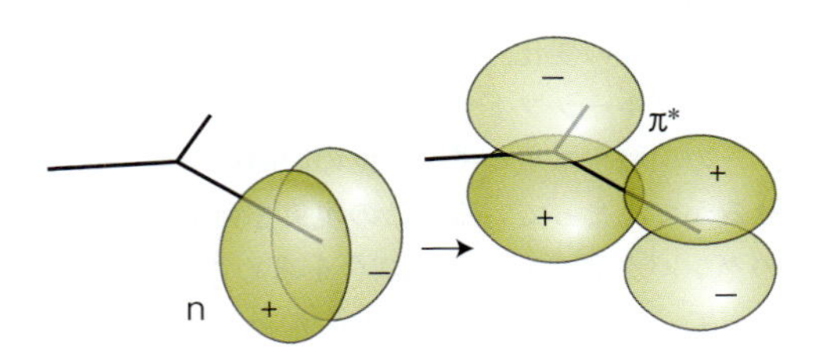

図 11C･6　カルボニル基は，非結合性の O の孤立電子 1 個が CO の反結合性 π^* オービタルへ励起することで発色団として働く．

表 11C･2 に代表的な生体分子の発色団の ε_{max}（モル吸収係数の最大位置，トピック 11A）と λ_{max}（$\varepsilon = \varepsilon_{max}$ での波長）の値を掲げてある．吸収バンドの位置と強度はどちらも分子間相互作用に敏感である．たとえば，α ヘリックスの紫外スペクトルには一つではなく二つの π-π^* 遷移がある．この効果は，遷移双極子間の相互作用に起因する

---

1) vertical transition　2) chromophore　3) d-d transition　4) charge-transfer transition　5) π-to-π^* transition
6) n-to-π^* transition

励起子カップリング[1] によるもので，単量体の励起状態のエネルギーより低いエネルギーと高いエネルギーの二つの励起状態を与えるのである．

表 11C・2　pH＝7の水溶液中のアミノ酸，プリン塩基，ピリミジン塩基の近紫外電子吸収バンド

化合物	λ_{max}/nm	ε_{max}/(10^3 dm^3 mol^{-1} cm^{-1})
トリプトファン	280	5.6
チロシン	274	1.4
フェニルアラニン	257	0.2
アデニン	260	13.4
グアニン	275	8.1
シトシン	267	6.1
ウラシル	260	9.5

紫外スペクトルや可視スペクトルの分解能は悪すぎるから，発色団の構造に関する情報はあまり得られない．そこで，生化学的なおもな応用はベール-ランベルトの法則（トピック 11A）を用いた濃度測定になる．酵素触媒反応の多くは，発色団の固有吸収を監視することで追跡される．たとえば，酸化還元酵素の多くは補酵素として NAD^+/NADH を用いるが，その吸収極大は 259 nm（両方）と 340 nm（NADH のみ）にある．したがって，NADH を生成する基質の酸化は 340 nm の吸収バンドを観測して追跡する．

溶媒摂動分光法[2] は，発色団のスペクトルが環境に敏感なことを利用する．π-π* 遷移や n-π* 遷移による電子密度分布の変化によって，溶媒に電子をさらすことになる．このときの溶媒の変化，とりわけ溶媒の極性の変化は，吸収バンドのブルーシフトやレッドシフトをひき起こす．それは，その環境がエネルギー準位の間隔を増加させるか減少させるかで決まっている．この現象を利用すれば，表面近くのタンパク質の発色団の割合を求めることができる．したがって，溶媒をたとえば水から水とジメチルスルホキシド（DMSO）の混合溶液に変更すれば敏感に検知できる．

タンパク質内部の発色団の環境も，その吸収スペクトルに影響を与えうる．ヒトの光受容器にあるオプシンにはすべて発色団として 11-*cis*-レチナールが含まれている．この発色団は赤色と緑色，青色の受容体でそれぞれ異なる波長で最大吸収を示す．その波長シフトは，発色団に隣接するアミノ酸残基がそれぞれの光受容体によって異なることによる．

11C・3　光学活性と円二色性

電場や磁場が一方向にのみ振動している**偏光**[3] を用いた実験を行えば，生体高分子の電子スペクトルから構造に関するもっと詳細な情報を得ることができる．光はその電場と磁場がそれぞれ一つの面内で振動しているとき**平面偏光**[4] であるという（図 11C・7）．偏光面は伝播方向（図 11C・7 の x 方向）のまわりのどの方向にも向けることができ，電場と磁場はこの方向に垂直（相互にも垂直）である．偏光のもう一つの様式は**円偏光**[5] で，これは電場と磁場が進行方向のまわりに時計回りまたは反時計回りに回転するが，相互にはやはり垂直である．

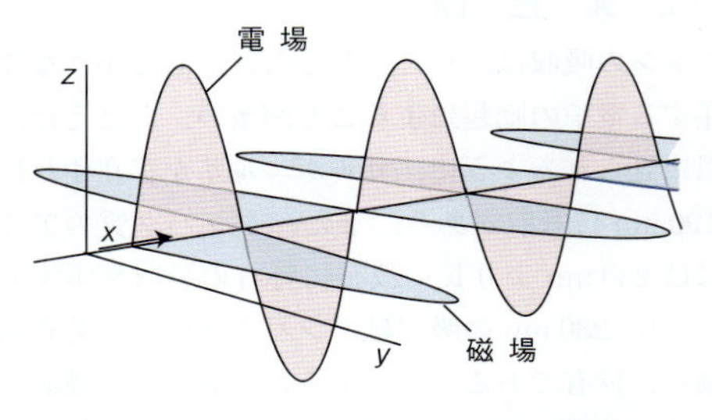

図 11C・7　電磁放射線は電場と磁場の波からなり，それぞれは伝播の方向（この図では x 方向）に垂直に振動し，互いに垂直である．この図は電場が xz 面内，磁場が xy 面内で振動する平面偏光を表している．

ある種の物質に平面偏光の光を通すと伝播方向のまわりで偏光面が回転する．この回転が**光学活性**[6] の現象である．光学活性は試料中の分子がその鏡像と区別できる**キラル**[7] なときに観測される（図 11C・8）．多くの場合に，キラルな有機化合物は四つの異なる基に結合した炭素原子を含んでいるから，見分けるのが簡単である．一例としてアミノ酸のアラニン $NH_2CH(CH_3)COOH$ がある．キラルな分子の鏡像のペアを**鏡像対**[8]（ギリシャ語の“両方の部分”に由来）というが，これはある与えられた振動数の光を同じ角度だけ，ただし反対向きに回転させる．

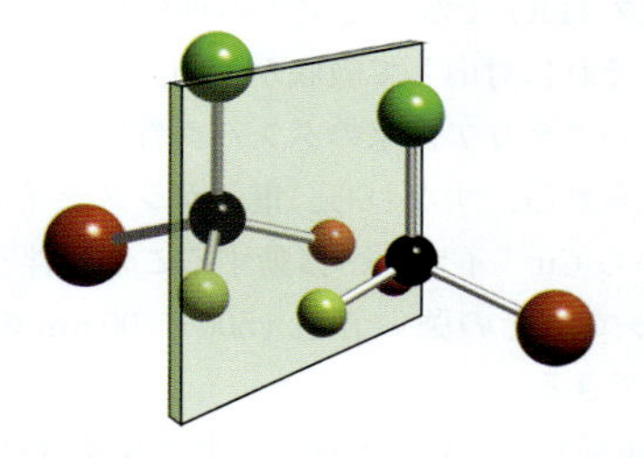

図 11C・8　キラルな分子とは，自分の鏡像と重ね合わせることができないものをいう．炭素原子に 4 個の異なる基がついた分子はその一例である．その炭素原子をキラル中心という．この種の分子は光学活性である．

1）exciton coupling　2）solvent perturbation spectroscopy　3）polarized light　4）plane polarization
5）circular polarization　6）optical activity　7）chiral　8）enantiomeric pair.〔訳注：鏡像対の一方を指すとき鏡像（異性）体またはエナンチオマーという.〕

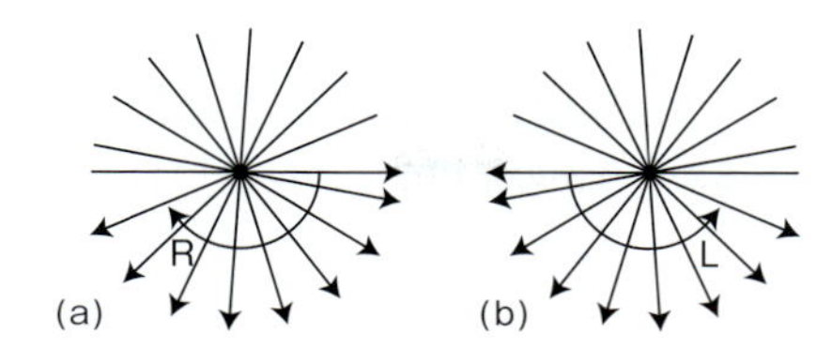

図 11C・9 円偏光では伝播方向の場所ごとに電場は回転している．この図では光が手前に進んで来るのを見て，電場を矢印で表している．(a) 右円偏光，(b) 左円偏光．

キラルな分子にはもう一つの特性がある．それは左と右の円偏光を違う程度に吸収することである．円偏光した光線では，電場は波が空間を進行するとき らせん状の経路を画き (図 11C・9)，その回転は時計回りまたは反時計回りになる．左と右の円偏光の吸収が違う現象を**円二色性**[1] (CD) という．その 2 成分の吸光度を A_L, A_R とすれば，モル濃度 [J] の試料の円二色性は，

$$\Delta\varepsilon = \varepsilon_L - \varepsilon_R = \frac{A_L - A_R}{[J]L} \qquad \text{円二色性} \quad (1)$$

で表す．L は試料の経路長である．

円二色性はふつうの可視・紫外分光法の補助として役に立つ．たとえば，CD スペクトルはポリペプチドや核酸の二次構造に関する情報を与えてくれる．ヘリックス構造をもつあるポリペプチドを考えよう．単量体の単位がそれぞれキラルなだけでなく，そのヘリックスもまたキラルである．このとき，この α ヘリックスは特異な CD スペクトルを与えると予測できる．β シートやランダムコイルとも違うスペクトルを与えるから (図 11C・10a)，円二色性はタンパク質のコンホメーション研究にとって重要な手法である．円二色性は核酸の研究にも強力な方法として使える (図 11C・10b)．

ラマン光学活性 (ROA)[2] 分光法では，タンパク質の二次構造に関する情報を集めるのに吸収ではなく偏光の散乱を利用する．それは，左と右の円偏光の入射放射線を用いて (入射円偏光法，ICP) 得られるラマン散乱強度のわずかな差を検知する方法である．ROA 法では 1230〜1310 cm^{-1} のアミドⅢ領域が重要であるが，それは N−H 変角振動と C_α−H 変角振動のカップリングが局所的な分子配置に非常に敏感だからである．得られる信号は，アミノ酸側鎖の

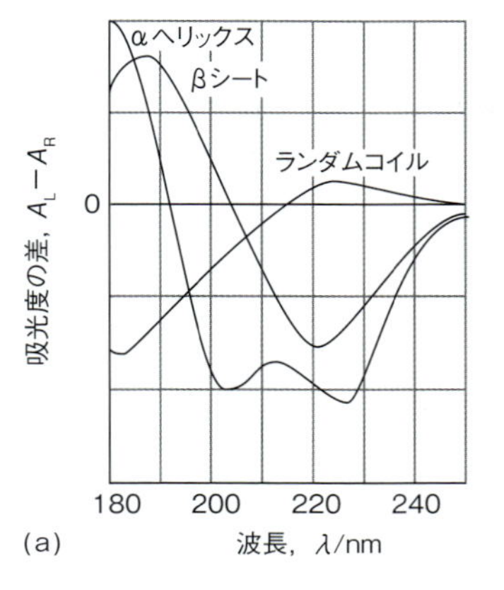

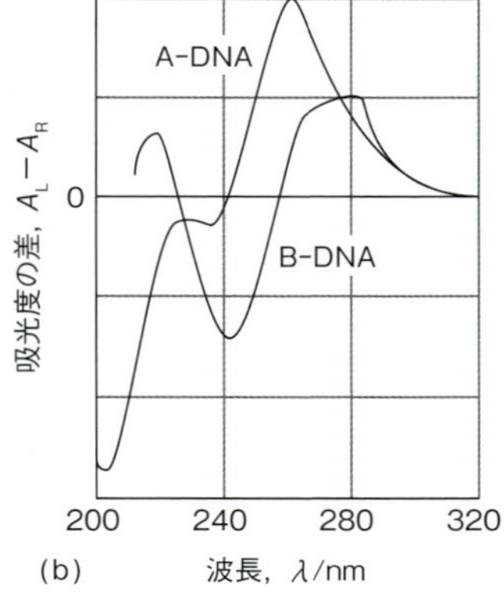

図 11C・10 ポリペプチドとポリヌクレオチドの代表的な CD スペクトル．(a) ランダムコイル，α ヘリックス，β シートの CD はそれぞれ，ペプチド結合が吸収するスペクトル領域で異なる特徴を示す．(b) A-DNA と B-DNA は，その塩基が吸収するスペクトル領域で CD 分光法を用いれば区別できる．

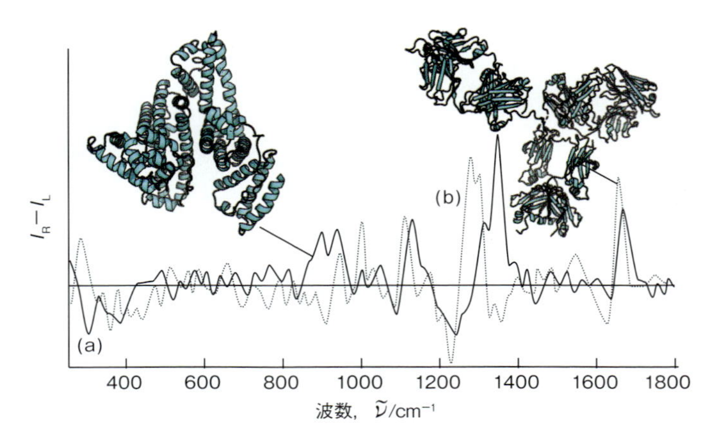

図 11C・11 (a) α ヘリックス領域を多数含むタンパク質，ヒト血清グロブリンの ROA スペクトル，(b) β シート領域を多数含むタンパク質，ヒト免疫グロブリンの ROA スペクトル．〔L.D. Barron *et. al.*, *J. Mol. Structure*, **7**, 834 (2007) より転載.〕

1) circular dichroism. 円偏光二色性ともいう．2) Raman optical activity

細部ではなく，ポリペプチド骨格の性質によってほぼ決まるから，二次構造に関する情報を与えるのである．たとえば，アミドⅠ領域の1650 cm^{-1} 付近のROAスペクトルは，ポリペプチドにαヘリックス領域があるかどうかのよい指標である．ROA法はまた，1240 cm^{-1} 付近でも，βシート領域があるかどうかの指標を与える（図11C·11）．

重要事項のチェックリスト

□ 1．**フランク-コンドンの原理**によれば，電子遷移は核が応答できないほどずっと速く起こる．

□ 2．**発色団**は特有の光学吸収を示す原子団である．

□ 3．d金属錯体の電子遷移は**d-d遷移**または**電荷移動遷移**である．

□ 4．**光学活性**は，試料中の分子がキラルなときに観測される．

□ 5．**円二色性**は，左右の円偏光で異なる吸収を示す現象である．

トピック 11D

光活性化による諸過程

➤ 学ぶべき重要性

光は，光合成や視覚，光誘起の DNA 損傷，光を用いた治療法などの重要な生物過程の多くで鍵となる役割を果たしている．

➤ 習得すべき事項

光生物学の諸過程は一般に，化学反応と励起エネルギーの減衰との競争関係で成り立っている．

➤ 必要な予備知識

フランク-コンドンの原理と遷移双極子モーメントの重要性（トピック 11A）についてよく理解している必要がある．光生物学で定量的に議論するには化学反応速度論の概念，とりわけ定常状態の近似（トピック 6C）を熟知している必要がある．ここでの説明には，電子移動に関するマーカス理論（トピック 7D）に関する情報を利用する．

フォトンを吸収した分子の励起エネルギーは，外界の乱雑な熱運動へと散逸することが多い．一方，電子励起された分子が，その過剰エネルギーを**放射減衰**[1]によって捨てることもある．放射減衰では，電子がより低いエネルギーのオービタルへと遷移するから，そのときフォトンが発生するのである．

放射減衰には主として二つの様式がある（図 11D･1）．

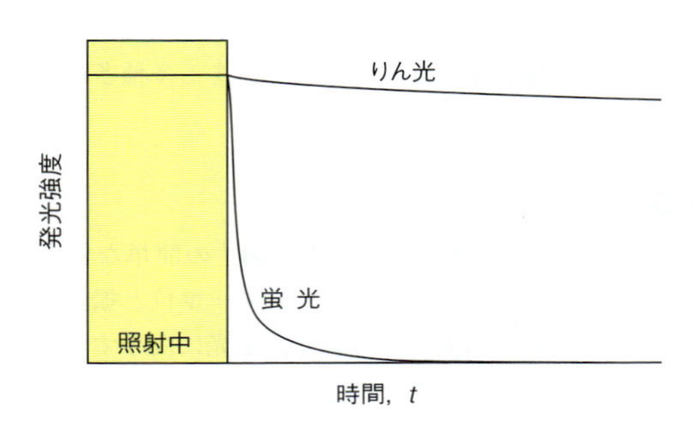

図 11D･1 蛍光とりん光の実験に基づく違いは，前者は励起光源がなくなれば直ちに消えるのに対し，後者は発光し続け，その強度は比較的ゆっくり減衰する．

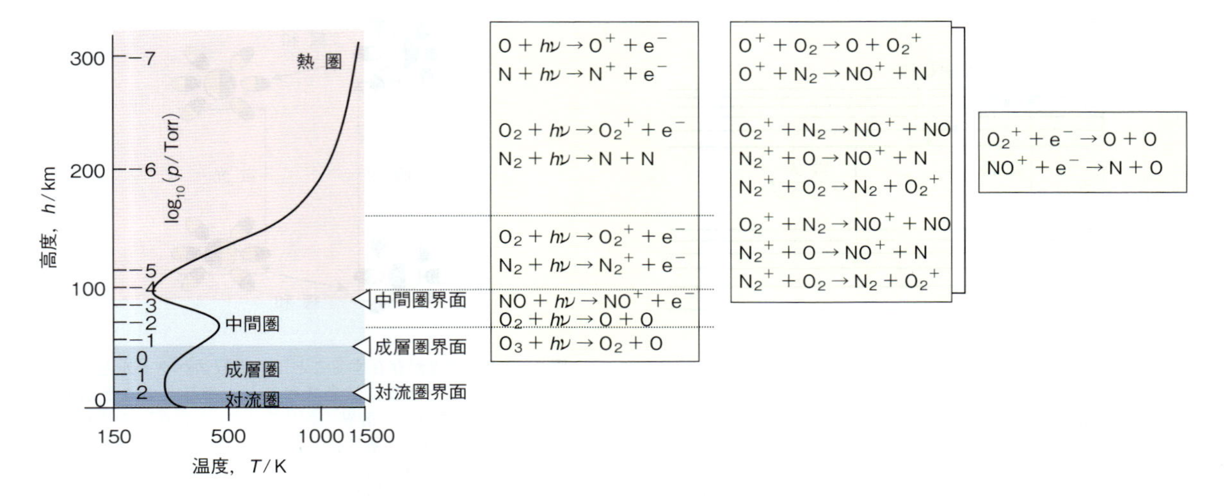

図 11D･2 大気の温度プロファイル．その各領域で起こる反応例を示してある．

1) radiative decay

蛍光[1]では，励起放射線が止まると自発的に放出されていた放射線も直ちに止まる．一方，**りん光**[2]では自発発光が長く（ときには何時間も．しかし，ふつうは数秒か何分の一秒くらい）続く．この違いから，蛍光では吸収光が直ちに発光の放射エネルギーに変換されるのに対して，りん光ではエネルギーがどこかに蓄えられて，そこから徐々に漏れ出ることがわかる．

もう一つの可能性は，光を吸収したあと化学変化が起こることである．この反応で最も重要なのは，太陽の放射エネルギーを捕らえる光化学過程である．なかには，昼間に紫外領域の光を吸収していろいろな反応を起こし（図 11D･2），その結果として大気を加熱する過程がある．また，クロロフィルによって赤と青の光を吸収し，そのエネルギーを利用して水から光化学的に酸素を生成したり，二酸化炭素から炭水化物を合成したりする生物学的に重要な過程もある．一方，動物が生存するうえできわめて重要な感覚である視覚は，一連の化学反応に基づいているが，それは太陽光に限らず，いろいろな光源からの光によって開始される．**光生物学**[3]は，光吸収で始まる多種多様な生化学反応を研究する分野である．

11D・1　蛍光とりん光

図 11D･3 は，**ジャブロンスキー図**[4]の簡単な例を示している．これは，分子の電子エネルギー準位と振動エネルギー準位を模式的に表したもので，蛍光に関与する一連の段階を示している．まず，はじめの光吸収によって分子は励起電子状態に上がる．そこでもし吸収スペクトルを観測すれば，図 11D･4a のようなスペクトルが得られるだろう．その後，この励起分子はまわりの分子と衝突してエネルギーを失いながら，はしご状の振動準位を下りてくる．しかし，基底状態まで落ちるとき放出する大きなエネルギーを周囲の分子が受け入れられない状況がある．そもそも，そのようなエネルギー移動を可能にするカップリング機構がないかもしれない．したがって，励起状態がしばらく続いてからフォトンをつくり，残された過剰エネルギーを放射線として放出することになる．それが蛍光である．この下向きの電子遷移はフランク–コンドンの原理（トピック 11C）に従っている．そこで，蛍光スペクトルには下の電子状態の振動構造の特徴が反映されるのである（図 11D･4b）．

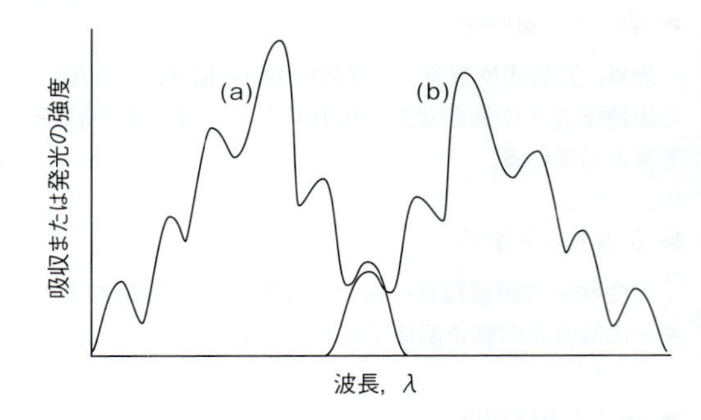

図 11D･4　吸収スペクトル（a）は上の電子状態に特有な振動構造を示す．蛍光スペクトル（b）は下の電子状態に特有な構造を示し，しかも低振動数（長波長）側にずれている．

蛍光が入射放射線より低い振動数（長い波長）で起こる理由は二つある．まず，蛍光放射線は，振動エネルギーの一部を周囲に捨てた後に発するからである．この効果は，蛍光染料の鮮やかな橙色や緑色を目にして感じていることだろう．すなわち，蛍光染料は紫外光や青色光を吸収して，

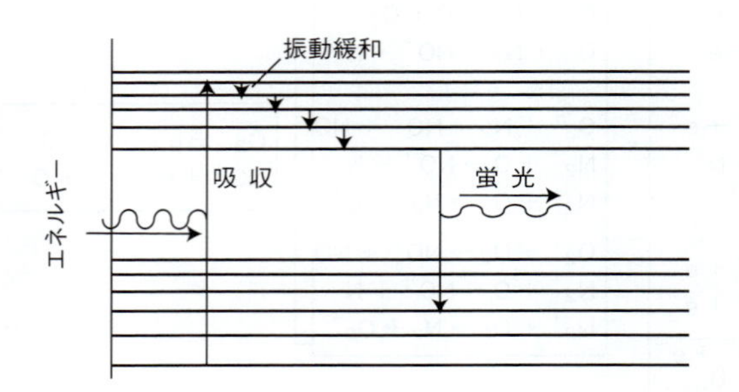

図 11D･3　蛍光を発するまでの一連の段階を示すジャブロンスキー図．はじめ光を吸収した後，上の振動状態は無放射減衰（振動緩和の過程）を起こしてエネルギーを周囲に捨てる．それから，上の電子状態の振動基底状態からの放射遷移が起こる．実際には，二つの電子状態の基底状態（それぞれの組の最低準位）の間の間隔は，振動準位の間隔の 10〜100 倍の大きさである．

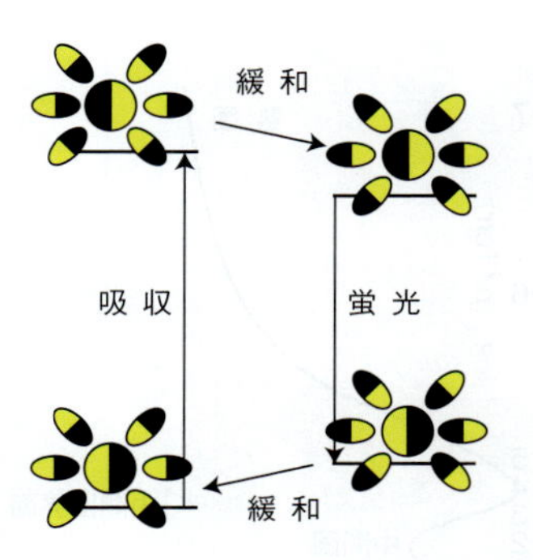

図 11D･5　溶媒が存在することで，吸収スペクトルと比較してシフトした位置に蛍光スペクトルを与えることがある．左に示すように，溶媒（楕円で示す）の存在下で注目する分子（球で示す）は基底状態の配置で吸収を起こす．しかし，蛍光が起こる前には溶媒分子は新しい配置に緩和しており，その配置はその後に起こる放射遷移の間も保持されている．

---

1) fluorescence　2) phosphorescence　3) photobiology　4) Jablonski diagram

振動数の低い可視光を蛍光として放出しているのである．吸収ピークと蛍光ピークで振動数がずれる第二の理由は，溶媒が基底状態の溶質と励起状態の溶質とで異なる相互作用をする可能性（たとえば，水素結合様式が違うなど）があるからである．すなわち，電子遷移の速い過程では溶媒分子が再配置する時間はないから，吸収は溶媒和した基底状態の特徴をもつ環境で起こり，蛍光は溶媒和した励起状態の特徴をもつ環境で起こるのである（図 11D·5）．

クロロフィルやフラビンなどの少数の補因子を除けば，タンパク質や核酸の構成成分には強い蛍光を発するものは少ない．特筆すべき四つの例外は，アミノ酸のトリプトファン（水溶液中で $\lambda_{\mathrm{abs}} \approx 280$ nm，$\lambda_{\mathrm{fluor}} \approx 348$ nm）とチロシン（水溶液中で $\lambda_{\mathrm{abs}} \approx 274$ nm，$\lambda_{\mathrm{fluor}} \approx 303$ nm），フェニルアラニン（水溶液中で $\lambda_{\mathrm{abs}} \approx 257$ nm，$\lambda_{\mathrm{fluor}} \approx 282$ nm），ある種のクラゲの緑色蛍光タンパク質（GFP）に含まれるセリン–チロシン–グリシン配列の酸化形（**1**）である．そのオワンクラゲ（*Aequora victoria*）由来の野生型 GFP では，$\lambda_{\mathrm{abs}} \approx 395$ nm および $\lambda_{\mathrm{fluor}} \approx 509$ nm である．

1　GFPの発色団

簡単な例示 11D·1

GFP からの蛍光を使えば，細胞内で発現した分子の位置を特定することができる．たとえば，GFP の標的を特定の細胞内オルガネラにすれば，オルガネラの形と分布を解析することができる（図 11D·6）．別の応用として，タンパク質に GFP をタグ付けする（正確には，ある種の GFP 融合タンパク質を細胞や組織内で発現させる）ことができ，そのタンパク質の細胞内での位置を GFP 蛍光によって特定することができる．

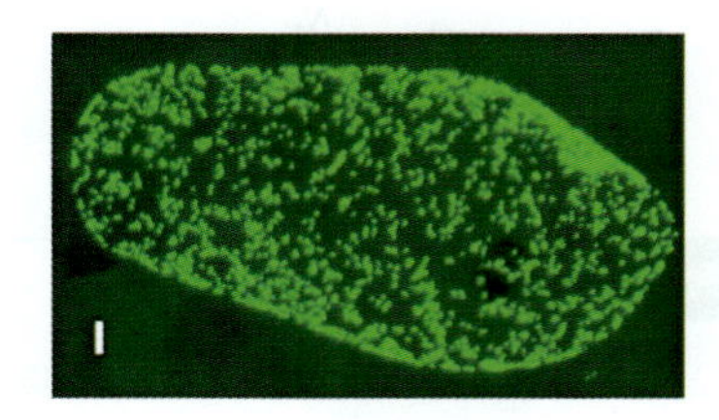

図 11D·6　ミトコンドリアを標的とした GFP を用いて，タバコ懸濁培養細胞内のミトコンドリアの三次元分布を観察したもの．左下のスケールバーは 10 μm を表している．〔R. H. Köhler, 'GFP for *in vivo* imaging of subcellular structures in plant cells', *Trend in Plant Sci.*, 3, 317-320, @1998. Elsevier 社より許可を得て転載.〕

図 11D·7 は，りん光を表すジャブロンスキー図である．最初の段階は蛍光と同じであるが，励起三重項状態が存在して決定的な役割を果たす．**一重項状態**[1]（電子スピンが対をつくっている状態，↑↓）と**三重項状態**[2]（電子スピンが平行な状態，↑↑）は，前者が全スピン $S=0$，$M_S=0$ の状態，後者は $S=1$，$M_S=0$，±1 の状態であり，その名称は M_S の値がとれる数を反映している．

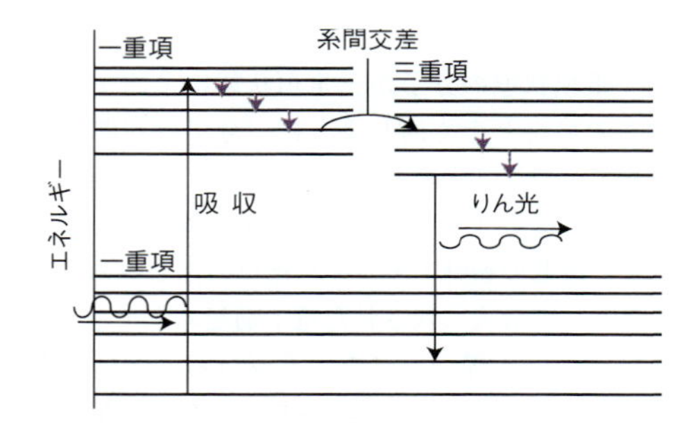

図 11D·7　りん光は一連の段階を経て起こる．重要な段階は，励起一重項状態から励起三重項状態への系間交差である．三重項状態から基底状態へ戻る遷移は非常に遅いから，三重項状態はゆっくり放射するエネルギーだめとして働く．

典型的なりん光分子の基底状態は，完全に占有されたオービタルで電子はすべて対になっているから一重項状態である．また，吸収によって分子が励起した励起状態でも一重項状態である．それは，対をつくっている電子の一方のスピンをフォトンが反転させることはできないからである．しかしながら，りん光分子には特殊な事情があり，励起一重項状態とほぼ同じエネルギーの励起三重項状態が存在していて，励起一重項状態からそこへ転換できるのである．そこで，2 個の電子スピンの対を解く（したがって，↑↓を ↑↑ に変換する）何らかの機構があれば，その分子は**系間交差**[3]を起こして三重項状態になる．

そのような機構が実は存在している．電子のスピンは小さな棒磁石のように振舞い，電子が軌道運動することで環電流が生じて磁場を発生する．その磁場は，外部磁場に応答する棒磁石と同じように電子スピンに作用するのである．このときの相互作用を**スピン–軌道カップリング**[4]という．分子レベルで見れば，一重項状態の電子が相手の電

1）singlet state　2）triplet state　3）intersystem crossing　4）spin–orbit coupling

子から異なるオービタル磁場を受けて（棒磁石を思い浮かべれば）新しい向きに転換するのである．こうしてスピン–軌道カップリングによって系間交差が起こり，その結果，一重項状態は三重項状態に転換（その逆の転換も）できるのである．

スピン–軌道カップリングは，硫黄やリンなどの重原子が存在すると強く働く．その強さは，オービタル磁場の起源を考えれば理解できるだろう．いま，原子核のまわりの軌道を回る電子に乗ったとしよう．そこからは原子核が電子のまわりの軌道を回っているように（前コペルニクス派が，地球のまわりを太陽が回ると考えたのと同じように）見えるだろう．もし，原子核が大きな原子番号のものなら電荷も大きいから，それによる強い電流の中心にいる電子は強い磁場を感じるはずである．一方，核の原子番号が小さければ，電子を取巻く核電流は弱いから，電子は微弱な磁場しか感じない．

励起一重項状態の分子が三重項状態に系間交差した後は，蛍光の場合と全く同じように，分子は周囲にエネルギーを捨て続けて振動状態のはしごを下りる．ところが，りん光の場合に下りているのは三重項状態のはしごであるから，その最低の振動エネルギー準位に閉じ込められてしまう．こうして最後に残された電子励起エネルギーの量子は大きいから，溶媒がこれを引き受けることはできないし，分子自身も基底状態へ戻る遷移は禁止されている．すなわち，三重項状態は放射によっては一重項状態に転換できないのである．それは，フォトンを放出しながら2個の電子スピンの一方を反転させることになるからである．しかし，系間交差を担っているスピン–軌道カップリングは，この規則を緩和することにも働くから，この放射遷移は完全に禁止されているわけではない．したがって，分子は徐々に発光することができ，その発光は最初の励起状態ができた後，長く続くことになる．

11D・2　光化学過程の速度論

光化学過程，すなわち蛍光や光誘起化学変化の速度と機構を調べるには，化学反応速度論の通常の方法に少し追加するだけでよい．まず，発光放射線の強度と吸収によって開始した反応の速度を解釈するには，フォトンを吸収する速度の尺度を用意しておく必要がある．また，その手続きは，励起エネルギーが注目する過程で消費されるだけでなく，それ以外で失われる可能性も考慮に入れたものでなければならない．たとえば，励起されてできた一重項状態の分子の寿命は約 10^{-12}～10^{-8} s であるから，その時間内でいろいろな過程を開始することができる．このような超高速反応の例として，視覚や光合成の初期事象がある．一方，大きな有機分子の三重項状態の寿命はずっと長く，10^{-6}～10^{-1} s の範囲にある．その励起三重項状態は，放射によってエネルギーを失ったり非放射過程で失活したりする前に，ほかの反応物と多数回の衝突を繰返すであろう．光化学過程の研究は，蛍光を監視することで得られる情報によることが多いから，以下ではその手続きについて述べよう．このような研究は，続く四つの具体例でわかるように，直接的にも間接的にも大きな役目を果たしてきた．

(a)　量子収量

分子1個がフォトン1個を吸収して，反応に必要なエネルギーを吸収したとしても，その励起分子から特定の一次生成物（原子，ラジカル，イオンなど）が生成するとは限らない．それは，その励起が失われる道筋がいくつもあるからである．その効率の尺度が**一次量子収量**[1] ϕ（ファイ）である．それは，一次生成物（フォトン，原子，イオンなど）を生じる特定の事象E（物理的変化でも化学反応でもよい）の数 N_{E} を，同じ時間内に分子が吸収したフォトンの数 $N_{\mathrm{photon\ abs}}$ で割ったものである．すなわち，

$$\phi_{\mathrm{E}} = \frac{\text{事象の数}}{\text{吸収したフォトンの数}} = \frac{N_{\mathrm{E}}}{N_{\mathrm{photon\ abs}}} \qquad \text{一次量子収量［定義］} \qquad (1)$$

である．もし，フォトン1個を吸収した分子がすべて（たとえば）解離するとすれば，$\phi_{\mathrm{dissociation}} = 1$ である．もし，分子が解離するだけの時間的余裕もなく励起エネルギーが失われて1個も解離しなければ $\phi_{\mathrm{dissociation}} = 0$ である．励起状態の分子は減衰して基底状態に戻るか，さもなければ光化学生成物を生成しなければならない．したがって，放射過程や非放射過程，光化学反応などすべての道筋で失活する分子の総数は，吸収したフォトンの数に等しくなければならない．これから，物理変化と光化学反応すべてに対する一次量子収量の和は1に等しくなければならない．すなわち，$\sum_{\mathrm{E}} N_{\mathrm{E}} = N_{\mathrm{photon\ abs}}$ であるから次式が成り立つ．

$$\sum_{\mathrm{E}} \phi_{\mathrm{E}} = \sum_{\mathrm{E}} \frac{N_{\mathrm{E}}}{N_{\mathrm{photon\ abs}}} = 1 \qquad (2)$$

簡単な例示 11D・2

小麦とトウモロコシの20 °Cでの二酸化炭素固定の量子収量はよく似ていて，いずれも0.06である．温度が上昇して35 °Cになれば，小麦の光合成の量子収量は0.045に落ちるが，トウモロコシの光合成の量子収量には変化がない．この違いが生じるのは，トウモロコシの葉が CO_2 濃縮の機構を働かせて，O_2 との競争反応の効

1）primary quantum yield

果を最小化しているためである．この競争反応は CO_2 の固定を妨げている．そこで，温度が上昇すると CO_2 と O_2 の相対溶解度が変化するから，この反応が重要になるのである．

(1) 式の分子と分母を光化学事象が起こっている時間 Δt で割るとわかるように，一次量子収量は，光誘起の一次事象の速度 $v_{E,induced} = N_E/\Delta t$ をフォトンの吸収速度 $I_{abs} = N_{photon\ abs}/\Delta t$ で割ったものでもある．そこで，

$$\phi_E = \frac{v_{E,induced}}{I_{abs}} \tag{3}$$

となる．したがって，(2) 式から次式が得られる．

$$\sum_E \frac{v_{E,induced}}{I_{abs}} = \sum_E \phi_E = 1 \tag{4}$$

反応速度と励起状態の崩壊速度との相互関係を調べるために，つぎの過程が起こるときの励起一重項状態の失活機構の考察から始めよう．

吸収：$S + h\nu_i \longrightarrow S^*$　　$v_{abs} = I_{abs}$

蛍光：$S^* \longrightarrow S + h\nu_f$　　$v_F = k_F[S^*]$

系間交差：$S^* \longrightarrow T^*$　　$v_{ISC} = k_{ISC}[S^*]$

内部転換：$S^* \longrightarrow S$　　$v_{IC} = k_{IC}[S^*]$

これ以外に，あとで "消光" の段階を加えることになる．消光は，つぎの2分子過程で分子Qが S^* の励起エネルギーを奪う過程である．

消光：$S^* + Q \longrightarrow S + Q$　　$v_Q = k_Q[S^*][Q]$

このように設定した機構において，Sは光を吸収する一重項の化学種，S^* は励起一重項状態，T^* は励起三重項状態である．また，$h\nu_i$ と $h\nu_f$ はそれぞれ入射フォトンと蛍光フォトンを表している．**内部転換**[1] は，励起一重項状態を別の一重項状態に転換するもので，これには S^* の衝突失活も含まれる．トピック6Cで説明した方法と励起一重項状態 S^* を生成したり崩壊したりする段階の速さとから，消光がないときの S^* の生成と崩壊の速度式はつぎのように書ける．

$$[S^*] \text{の生成速度} = I_{abs}$$

$$\begin{aligned}[S^*] \text{の崩壊速度} &= -k_F[S^*] - k_{ISC}[S^*] - k_{IC}[S^*] \\ &= -(k_F + k_{ISC} + k_{IC})[S^*]\end{aligned}$$

励起状態は1次反応過程で崩壊するから，光照射を止めたとき，$[S^*]$ の時間 t による変化は，

$$[S^*]_t = [S^*]_0 e^{-t/\tau_{F,0}} \tag{5}$$

で表される．ここで，消光剤が全く存在しないときの実測の**蛍光寿命**[2] $\tau_{F,0}$ は，

$$\tau_{F,0} = \frac{1}{k_F + k_{ISC} + k_{IC}} \quad \text{実測の蛍光寿命［定義］} \tag{6}$$

で定義される．以上の式を使えば，消光がないときの蛍光の量子収量 $\phi_{F,0}$ の式を導出することができる．

導出過程 11D・1　蛍光の量子収量の導出

蛍光測定はたいてい，比較的希薄な試料に強いビームを連続的に照射しながら行う．そこで，$[S^*]$ は一定でふつうは小さいから，定常状態の近似を適用して，

$$\begin{aligned}\frac{d[S^*]}{dt} &= I_{abs} - k_F[S^*] - k_{ISC}[S^*] - k_{IC}[S^*] \\ &= I_{abs} - (k_F + k_{ISC} + k_{IC})[S^*] \approx 0\end{aligned}$$

と書ける．すなわち，

$$I_{abs} = (k_F + k_{ISC} + k_{IC})[S^*]$$

である．この式と (3) 式を使えば，消光剤が存在しないときの蛍光の量子収量は，

$$\phi_{F,0} = \frac{v_F}{I_{abs}} = \frac{k_F[S^*]}{(k_F + k_{ISC} + k_{IC})[S^*]}$$

となる．ここで $[S^*]$ を消去すれば簡単になって次式が得られる．

$$\boxed{\phi_{F,0} = \frac{k_F}{k_F + k_{ISC} + k_{IC}}} \quad \text{蛍光の量子収量} \tag{7}$$

実測の蛍光寿命は，レーザーパルス法を用いて測定する．まず，レーザーの短いパルス光で試料を照射する．その波長はSが強く吸収するところを選ぶ．それで，このパルス後の蛍光の指数関数的減衰を追跡するのである．(6) 式と (7) 式から次式が得られる．

$$\tau_{F,0} = \frac{1}{k_F + k_{ISC} + k_{IC}} = \overbrace{\frac{k_F}{k_F + k_{ISC} + k_{IC}}}^{\phi_{F,0}} \times \frac{1}{k_F} = \frac{\phi_{F,0}}{k_F} \tag{8}$$

1) internal conversion　2) fluorescence lifetime

簡単な例示 11D･3

水中でのトリプトファンの蛍光量子収量と実測の蛍光寿命は，それぞれ $\phi_{F,0} = 0.20$ と $\tau_{F,0} = 2.6$ ns であった．そこで，(8) 式から蛍光の速度定数 k_F はつぎのように求められる．

$$k_F = \frac{\phi_{F,0}}{\tau_{F,0}} = \frac{0.20}{2.6 \times 10^{-9}\,\mathrm{s}} = 7.7 \times 10^7\,\mathrm{s}^{-1}$$

(b) 蛍光消光の速度論

ここで，消光剤分子 Q が存在する場合を考えよう．**蛍光消光**[1] とは，蛍光分子から励起エネルギーを非放射的に除去し，その蛍光を消すことである．消光は，エネルギーや電子の移動という面からは望ましい効果であるが，一方，目的とする光化学反応の量子収量を下げるという点では望ましくない副反応である．消光効果は，その光化学反応に関与する化学種の蛍光を追跡することで研究できる．

消光剤 Q が存在しないときと存在するときの，それぞれの蛍光の量子収量 $\phi_{F,0}$ と $\phi_{F,Q}$ の簡単な関係は，多くの消光研究の基礎になっている．ここでも，定常状態の近似を利用して導出することにしよう．

導出過程 11D･2　消光の効果の求め方

消光剤 Q を添加すると，S* が失活するもう一つの道が開かれる．

$$\text{消光:}\ \mathrm{S^* + Q \longrightarrow S + Q} \qquad v_Q = k_Q[\mathrm{S^*}][\mathrm{Q}]$$

[S*] について定常状態の近似を適用すれば，

$$\frac{\mathrm{d}[\mathrm{S^*}]}{\mathrm{d}t} = I_{abs} - k_F[\mathrm{S^*}] - k_{ISC}[\mathrm{S^*}] - k_{IC}[\mathrm{S^*}] - k_Q[\mathrm{S^*}][\mathrm{Q}]$$
$$= I_{abs} - (k_F + k_{ISC} + k_{IC} + k_Q[\mathrm{Q}])[\mathrm{S^*}] \approx 0$$

となり，消光剤の存在下での蛍光の量子収量 $\phi_{F,Q}$ は (7 式を導いたのと同じようにすれば)，

$$\phi_{F,Q} = \frac{k_F}{k_F + k_{ISC} + k_{IC} + k_Q[\mathrm{Q}]} \qquad (9a)$$

が得られる．こうして，消光剤が存在するときの蛍光寿命 $\tau_{F,Q}$ は，

$$\tau_{F,Q} = \frac{1}{k_F + k_{ISC} + k_{IC} + k_Q[\mathrm{Q}]} \qquad (9b)$$

となる．ここで，[Q] = 0 のときの量子収量は (7) 式で与えられるから，

$$\frac{\phi_{F,0}}{\phi_{F,Q}} = \overbrace{\frac{k_F}{k_F + k_{ISC} + k_{IC}}}^{\phi_{F,0}} \times \overbrace{\frac{k_F + k_{ISC} + k_{IC} + k_Q[\mathrm{Q}]}{k_F}}^{1/\phi_{F,Q}}$$
$$= \frac{k_F + k_{ISC} + k_{IC} + k_Q[\mathrm{Q}]}{k_F + k_{ISC} + k_{IC}}$$
$$= 1 + \underbrace{\frac{k_Q}{k_F + k_{ISC} + k_{IC}}}_{1/\tau_{F,0}}[\mathrm{Q}]$$

となる．この式を簡単にすれば，つぎの**シュテルン-フォルマーの式**[2] が得られる．

$$\boxed{\frac{\phi_{F,0}}{\phi_{F,Q}} = 1 + \tau_{F,0}k_Q[\mathrm{Q}]} \qquad \text{シュテルン-フォルマーの式} \qquad (10a)$$

この式は，$\phi_{F,0}/\phi_{F,Q}$ を [Q] に対してプロットすれば，勾配が $\tau_{F,0}\,k_Q$ の直線が得られることを示している．このプロットを**シュテルン-フォルマーのプロット**[3] という (図 11D･8)．この方法はりん光の消光にも適用できる．そのときは $\tau_{F,0}$ を $\tau_{P,0}$ に置き換えればよい．ただし，りん光の $\tau_{P,0}$ は $\tau_{F,0}$ よりずっと長い．りん光で考えるべき問題は [演習問題] にある．

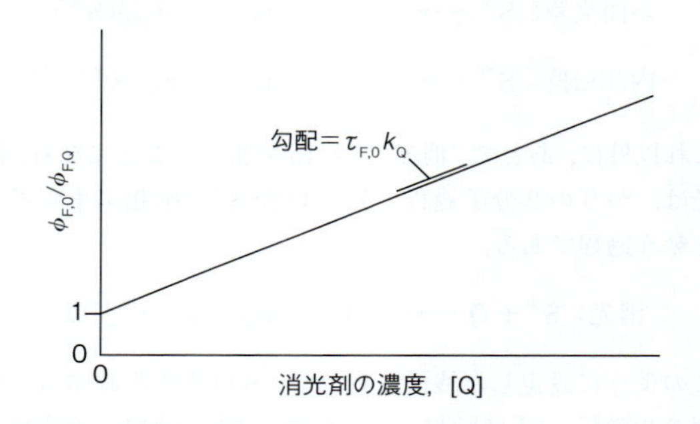

図 11D･8　シュテルン-フォルマーのプロット．このときの勾配は，消光の速度定数と消光がないときの実測の蛍光寿命の積である．

蛍光の強度と寿命はどちらも蛍光の量子収量に比例している (8 式から $\tau_{F,0} = \phi_{F,0}/k_F$)．したがって，$I_{F,0}/I_{F,Q}$ と $\tau_{F,0}/\tau_{F,Q}$ を [Q] に対してプロットしても，(10a) 式で示したのと同じ勾配と切片の直線が得られる．すなわち，(10a) 式の $\phi_{F,0}/\phi_{F,Q}$ を $\tau_{F,0}/\tau_{F,Q}$ で置き換えて，$\tau_{F,0}/\tau_{F,Q} = 1 + \tau_{F,Q}\,k_Q[\mathrm{Q}]$ とすれば次式が得られる．

$$\frac{1}{\tau_{F,Q}} = \frac{1}{\tau_{F,0}} + k_Q[\mathrm{Q}] \qquad (10b)$$

1) fluorescence quenching　2) Stern–Volmer equation　3) Stern–Volmer plot

例題 11D・1　消光の速度定数の求め方

トリプトファン水溶液に気体 O_2 が溶けたことによる蛍光の消光を，その発光寿命を 348 nm で測定することで監視した．つぎのデータからこの過程の消光の速度定数を求めよ．

$[O_2]/(10^{-2}\,\mathrm{mol\,dm^{-3}})$	0	2.3	5.5	8.0	10.8
$\tau_{F,Q}/(10^{-9}\,\mathrm{s})$	2.6	1.5	0.92	0.71	0.57

考え方　(10b) 式が使えるように，与えられた寿命のデータを計算しておく必要がある．それをプロットして直線を合わせればよい．

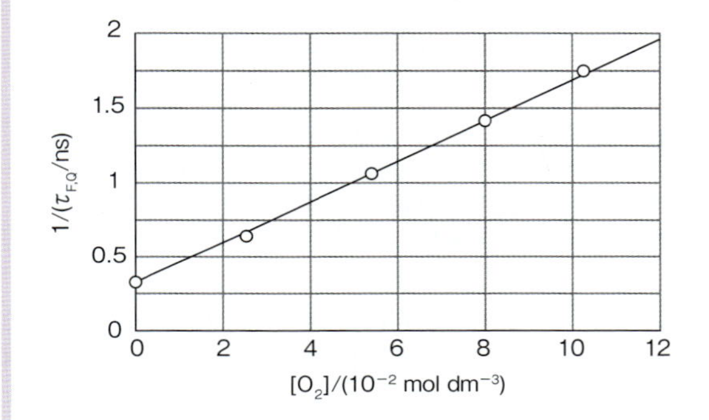

図 11D・9　例題 11D・1 のデータのシュテルン-フォルマーのプロット．

解答　図 11D・9 は，$[O_2]$ に対して $1/\tau_{F,Q}$ をプロットしたもので，結果を (10b) 式に合わせてある．その直線の勾配は 0.13 であるから，$k_Q = 1.3\times10^{10}\,\mathrm{dm^3\,mol^{-1}\,s^{-1}}$ である．

(c) 蛍光消光の機構

励起一重項状態 (三重項状態でも) の消光の機構として一般的なものが三つある．

衝突失活：$S^* + Q \longrightarrow S + Q$

電子移動：$S^* + Q \longrightarrow S^+ + Q^-$ または $S^- + Q^+$

共鳴エネルギー移動：$S^* + Q \longrightarrow S + Q^*$

消光の速度定数そのものからは消光の機構について詳しいことはわからない．しかしながら，衝突失活やエネルギー移動，電子移動の相対的な効率を支配している基準はいくつかある．エネルギー移動は特殊な場合であるから，すぐあとで述べる．ここではまず，衝突失活と光誘起の電子移動について考えよう．

消光剤がヨウ化物イオンのように重い化学種の場合は，衝突失活が特に効率的である．ヨウ化物イオンが蛍光種からエネルギーを受け取り，非放射的に崩壊して基底状態に落ちるのである．このことはフォールド形タンパク質のアミノ酸残基に溶媒が付加できるかどうかを調べるのに使われる．たとえば，トリプトファン残基からの蛍光は，その残基がタンパク質の表面に出ていて溶媒やほかに近づける溶質があるときは，ヨウ化物イオンによって消光される．逆に，タンパク質の疎水性内部に残基があるときは，ヨウ化物イオンによる消光は効率的に行われない．

電子移動に関するマーカス理論 (トピック 7D) によれば，基底状態または励起状態からの電子移動の速さ (ここでは蛍光の消光速度に相当する) はつぎの要素に依存している．

1. 供与体と受容体間の距離：この距離が減少するにつれ電子移動は効率的になる．
2. 反応ギブズエネルギー $\Delta_r G$：反応の発エルゴン性が強まるにつれ電子移動は効率的になる．いまの場合は，S の効率的な光酸化のためには，Q の還元電位が S^* の還元電位より高くなければならない．
3. 電子移動の間の再編エネルギー (供与体と受容体，媒質を再編するエネルギーコスト)：再編エネルギーが減少すれば，電子移動の速度は増大すると予測される．

電子移動は，時間分解分光法で調べることができる．それは，酸化されたり還元されたりすれば，中性の親化合物とは明確に異なる電子吸収スペクトルを示すからである．したがって，レーザーパルスによる励起の後で吸収スペクトルにこのような特徴が急速に現れれば，電子移動による消光を示すものと考えてよい．

次に，共鳴エネルギー移動について考えよう．$S^* + Q \rightarrow S + Q^*$ の過程はつぎのように捉えることができる．まず，入射電磁放射線の振動電場が S に振動電気双極子モーメントを誘起する．そこでもし，この入射放射線の振動数 ν が $\nu = \Delta E_S/h$ に合うものなら，S はエネルギーを吸収するだろう．ここで，ΔE_S は S の基底状態と励起状態間のエネルギー差で，h はプランク定数である．これは光の吸収についての“共鳴条件”にほかならない．このとき S に生じた振動双極子は付近の Q 分子に振動双極子モーメントを誘起して，Q に束縛されている電子に影響を及ぼすことができる．そこでもし，その振動の振動数が $\nu = \Delta E_Q/h$ に合うものであれば，Q は S からエネルギーを吸収するのである．

共鳴エネルギー移動の効率 η_T は，

$$\eta_T = 1 - \frac{\phi_{F,Q}}{\phi_{F,0}} \qquad \text{エネルギー移動の効率［定義］} \qquad (11)$$

で定義される．1959 年にフェルスター[1] が提案した共鳴エネルギー移動に関する**フェルスター理論**[2] によれば，エネルギー移動はつぎの場合に効率よく起こる．

1. エネルギーの供与体と受容体の間の距離が（ナノメートル程度で）短いとき．
2. フォトンが実際に供与体の励起状態から放出されたと想定されるとき．ただし，このときの振動数は受容体によって直接吸収される振動数でなければならない．

供与体と受容体が共有結合やタンパク質を共通の“足場”として固定されている系では，距離 R が減少するにつれ η_T は，

$$\eta_T = \frac{R_0^{\,6}}{R_0^{\,6} + R^6} \qquad \text{フェルスターの効率} \qquad (12)$$

に従って増加する．R_0 は供与体–受容体の組に固有のパラメーター（長さの次元）である．(12) 式は実験によって確かめられており，R_0 の値が多数の供与体–受容体の組について得られている（表 11D·1）．

分子の発光スペクトルや吸収スペクトルは広い波長範囲に広がっている．そこで，フェルスター理論の第二の要請が満たされるのは，供与体分子の発光スペクトルが受容体の吸収スペクトルとかなり重なっている場合である．その重なった領域でフォトンが供与体から放出されれば，そのフォトンは受容体が吸収するのに合ったエネルギーをもっていることになる（図 11D·10）．

表 11D·1 供与体–受容体の組に対する R_0 の値*

供与体	受容体	R_0/nm
ナフタレン	Dansyl	2.2
Dansyl	ODR	4.3
ピレン	クマリン	3.9
IAEDANS	FITC	4.9
トリプトファン	IAEDANS	2.2
トリプトファン	ヘム	2.9
ECFP	EYFP	4.9
CyOFP1	mCardinal	6.9

＊略語：
Dansyl：5-ジメチルアミノ-1-ナフタレンスルホン酸
FITC：フルオレシン-5-イソチオシアナート
IAEDANS：5-((((2-ヨードアセチル)アミノ)エチル)アミノ)ナフタレン-1-スルホン酸
ODR：オクタデシル-ローダミン
ECFP：増強シアン蛍光タンパク質
EYFP：増強黄色蛍光タンパク質
CyOFP1：シアン励起性橙色蛍光タンパク質
mCardinal：高輝度赤色励起性蛍光タンパク質

供与体分子と受容体分子が溶液中や気相で拡散するとき，フェルスター理論では供与体と受容体が衝突と衝突の間に移動する平均距離が減少するにつれて，エネルギー移動の効率は上昇すると予測している．すなわち，シュテルン-フォルマーの式で予測されるように，消光剤の濃度が増加するにつれてエネルギー移動の効率は上昇する．

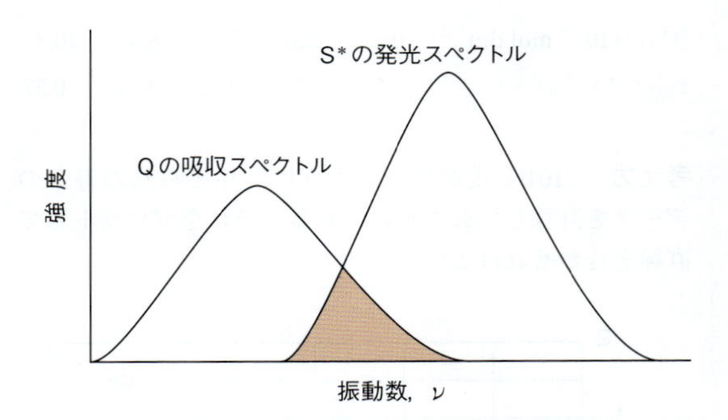

図 11D·10 フェルスター理論によれば，励起状態の S* 分子から消光剤分子 Q へのエネルギー移動の速さは，S* の発光スペクトルが Q の吸収スペクトルと図のように重なる振動数の光を使うと最大にできる．

たいていの場合，受容体の励起状態が固有の波長で蛍光またはりん光を発するときは，消光を決めるおもな機構がエネルギー移動であるといえる．パルスレーザーを用いた実験で，S* の蛍光減衰の時定数と同じ時定数で Q* の蛍光強度が上昇するのが観測されれば，S から Q へエネルギー移動が起こっているものとみなせる．

(12) 式は**蛍光共鳴エネルギー移動法**[3]（FRET 法）の基礎になっている．この名称は，この過程に限らずいまでは広く用いられており，エネルギー供与体と受容体の間の距離 R に依存するエネルギー移動効率 η_T を用いれば，生体系内での距離を測定することができる．代表的な FRET 法の実験では，生体高分子や生体膜のあるサイトにエネルギー供与体を標識として共有結合で付け，一方，ほかのサイトにはエネルギー受容体を標識として共有結合で付けておく．供与体や受容体がアミノ酸のグループであったり，補因子や酵素基質であったりするなど，系が天然成分から成る場合もある．その標識と標識の間の距離は R_0 の既知の値と (12) 式から計算する．いろいろなテストの結果，1〜9 nm の距離を測るのに FRET 法が有効であることがわかっている．

簡単な例示 11D·4

FRET 法を用いた例として，タンパク質ロドプシンの研究を考えよう．ロドプシンの表面にあるアミノ酸をエ

1) T. Förster　2) Förster theory　3) fluorescence resonance energy transfer

ネルギー供与体 IAEDANS（**2**）で共有結合によって標識したとき，視覚色素 11-*cis*-レチナール（構造図 E3）への蛍光共鳴エネルギー移動により，この標識の蛍光量子収量が 0.75 から 0.68 に減少した．(11) 式から $\eta_T = 1 - (0.68/0.75) = 0.093$ と計算できる．また，(12) 式と IAEDANS/11-*cis*-レチナール対に対する既知の値 $R_0 = 5.4$ nm から $R = 7.9$ nm と計算できる．したがって，このタンパク質の表面と 11-*cis*-レチナールの間の距離は 7.9 nm であることがわかる．

2　IAEDANS

11D・3　高度な蛍光法

従来の分光計では，試料全体を照射して試料中の全分子からの蛍光が観測される．これに対して，個々の分子からの蛍光を観測できる**単一分子分光法**[1] と総称する手法がいろいろ開発されてきた．

試料の異なる領域からの蛍光を記録するには広域（または広視野）落射蛍光顕微鏡[2] が用いられる（図 11D·11a）．この種の顕微鏡で達成できる分解能は回折限界で制約されるから（トピック 8A），通常は個々の分子を解像して観察することはできない．しかしながら，試料に存在する蛍光分子が互いに十分離れていれば，照射領域内での分布地図を得ることが可能である．たとえば図 11D·11b は，落射蛍光顕微鏡法を使えば細胞表面の主要組織適合性複合体（MHC）タンパク質の単一分子の分布がどのように観察できるかを示している．

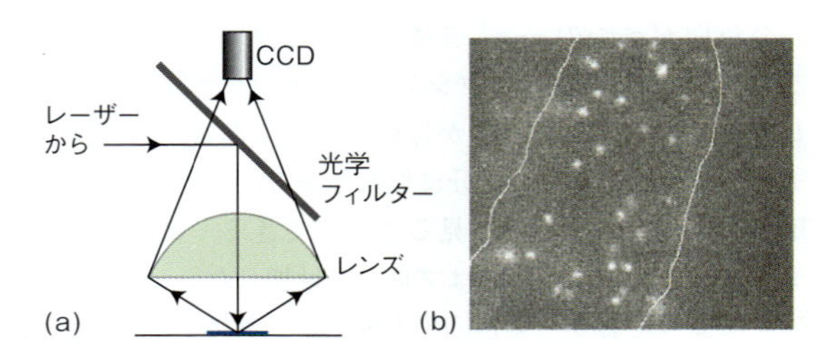

図 11D·11　(a) 落射蛍光顕微鏡のレイアウト図．レーザー放射線を特殊な光学フィルターを通して試料に当てる．そのフィルターは，特定の波長（この場合はレーザーの励起波長）の放射線を反射するが，それ以外の波長（この場合は蛍光標識の発光波長）の放射線を透過する．CCD 検出器は，照射領域からの蛍光信号の空間分布を分析する．(b) 蛍光標識を付けた細胞表面に結合している単一の MHC タンパク質からの蛍光の観測例（ここに示す領域は 12 µm × 12 µm である）．(W. E. Moerner, *Journal of Microscopy* @2012, Wadsworth Center, New York State Department of Health より転載).

遠視野共焦点顕微鏡法[3] では，対物レンズで集光したレーザー光を使って試料の約 1 µm^3 を照射する．この方法では，試料のどの部分からの蛍光も検知できるものの，蛍光化学種の濃度をきわめて低くして照射体積中に分子 1 個しか存在しないようにしておく必要がある．**近接場**（または**近視野**）**光学顕微鏡法**[4]（NSOM）では，金属被覆した非常に細いファイバーを使って光をごく狭い領域へと導く．先端の直径が 20～100 nm のファイバーをつくることができるから，それは実に可視光の波長よりも小さい．ファイバーの先端を近接場という試料に非常に近いところに置く．このチップの 5～10 nm 以内にある分子が励起されるから，これは表面研究にのみ使える方法である．

蛍光研究は，電磁放射線のもう一つの特性を利用して行うこともできる．それは偏光である．試料に平面偏光（トピック 11C）を照射したとき励起される蛍光の確率は $\cos^2\theta$ に比例している．θ は入射光の偏光面と励起分子の遷移双極子モーメントのなす角度である．したがって，入射光は存在する蛍光色素の一部しか励起せず，つまり**光選択性**[5] という過程で偏光面に平行な遷移双極子モーメントをもつ蛍光色素を主として励起するのである．そこでもし，励起した蛍光色素が吸収と発光の間で動いていなければ，入射放射線と同じ偏光でフォトンを放出するはずである．しかしながら，もし蛍光色素が回転していれば，その遷移双極子モーメントの向きは変化するから，放出されるフォトンは異なる偏光をもつことになる．そこで，発光フォトンの偏光を入射フォトンの偏光と比較することによって，分子の回転運動に関する情報が得られる．

蛍光異方性[6] A を使えば，平面偏光で励起した後に放出されたフォトンの偏光の度合いを次式で定量化することができる．

$$A = \frac{I_{\parallel} - I_{\perp}}{I_{\parallel} + 2I_{\perp}} \qquad \text{蛍光異方性［定義］} \qquad (13)$$

$I_{\parallel}$ と $I_{\perp}$ は，それぞれ入射ビームの偏光面に平行と垂直な蛍光強度である．もし，励起と発光の間で蛍光色素の運動がなければ，$I_{\perp} = 0$ であるから $A = 1$ である．実際には $A < 1$ である．それは，発光フォトンすべてが入射光と同じ偏光をもつことはなく，蛍光色素によっては $\theta \neq 0$ で励起されたものもあるからである．もし，励起した蛍光色素の配向が吸収と発光の間で完全にランダムであれば，$I_{\parallel} = I_{\perp}$ であるから $A = 0$ となる．

1) single-molecule spectroscopy　2) wide-field epifluorescence microscope　3) far-field confocal microscopy
4) near-field scanning optical microscopy　5) photoselection　6) fluorescence anisotropy

簡単な例示 11D・5

フルオレセインで標識したトリプトファンのオペレーター配列を含む 25 塩基対から成るオリゴヌクレオチドの蛍光異方性の研究によれば，$A = 0.083$ である．これに 10 nmol dm^{-3} のトリプトファンリプレッサータンパク質を加えたところ，A は 0.115 に増加した．これは，DNA-タンパク質複合体が生成し，それがゆっくりと回転しているためである．A の値は，トリプトファンリプレッサータンパク質の濃度が 1 μmol dm^{-3} に達するまでさらに上昇した．これは，トリプトファンリプレッサータンパク質がさらに DNA-タンパク質複合体に結合したことによる．

蛍光異方性を使えば，蛍光寿命のタイムスケールに限られるものの，遅い回転運動を調べることができる．これに関連する**偏光退色後の吸収回復法**[1]（PARAP）という手法を使えば，かなり遅い回転運動を追跡することができる．ここで“退色”というのは，発色団を励起したことで不可逆的な光化学反応が起こり，もはや同じ波長の光を吸収しない状態に至るような励起のことである．PARAP では，ある種の蛍光色素に偏光ビームを照射して，その偏光面に平行な遷移双極子モーメントをもつものを退色させる．そこで，偏光面に平行な吸収成分と垂直な吸収成分の強度を追跡すれば，それをもとにして異方性パラメーターを計算することができる．このときの異方性パラメーターは，いろいろな角度 θ での退色蛍光色素と未退色の蛍光色素の数が等しくなるにつれ減少するのである．

簡単な例示 11D・6

水溶性の F_1-ATP アーゼをビーズに固定し，そのガンマサブユニットをエオシン-5-マレイミド（EMA）で標識しておいた．まず，ATP が存在しないときの PARAP で求めた異方性パラメーターは 0.1 であった．この値は，ATP が存在しなくても EMA が回転の自由度をある程度もつことを示しており，それはガンマサブユニットに付いているリンカーが比較的柔軟なことによる．次に，ATP を加えると異方性パラメーターは 0.02 に減少した．これは，EMA の回転運動がより激しくなったことを示すが，すべての軸まわりに完全に自由な回転をしているわけでないことを示している．

11D・4　具体例：視覚

眼は光の放射エネルギーを電気信号に変え，それをニューロンに送り出す変換器として作用する精巧な光化学器官である．ここではヒトの眼で起こる事象に限定するが，同様の過程はすべての動物で起こっている．実際，動物界全体にわたって，ロドプシンという単一のタイプのタンパク質だけが光に対する一次受容体である．このことは，進化の歴史の中で，視覚がきわめて初期の段階で発生したことを示している．これは生存にとって非常に大きな価値があることから当然であろう．

フォトンは角膜を通って眼に入り，眼球を満たしている硝子体を通って網膜に達する．硝子体はほとんどが水であるが，光がこの媒質を通ることで眼の色収差が起こる．つまり，振動数の異なる光が少し異なる焦点を結ぶために像がぼやけるのである．この色収差は，網膜の一部を覆う黄斑色素という薄い色のついた領域で多少緩和される．この領域の色素はカロテン様のキサントフィル（**3**）であり，青色光の一部を吸収することによって像をシャープにする働きをする．これらの色素は，危険性のある高エネルギーのフォトンが光受容体分子に過剰に当たるのを防いでいる．キサントフィルには共役二重結合鎖に沿って広がる非局在電子があるから，可視領域に π-π* 遷移がある．

眼に入ったフォトンの約 57 パーセントが網膜に達し，残りは硝子体で散乱または吸収される．網膜に達したところで視覚の一次作用が起こる．すなわち，ロドプシン分子の発色団がべつの π-π* 遷移によってフォトンを吸収する．ロドプシン分子はオプシンというタンパク質に 11-*cis*-レチナール（構造図 E3）が付いたものである．11-*cis*-レチナールはカロテンの半分に似た分子で，手近な材料を利用する自然界の経済性を見ることができる．11-*cis*-レチナールとオプシンの接続はプロトン付加したシッフ塩基の形成によっており，発色団の CHO 基とオプシンのリシン残基の側鎖の末端の NH_2 基を利用している（**4**）．遊離の 11-*cis*-レチナール分子は紫外領域に吸収があるが，タンパク質分子であるオプシンに付くと吸収は可視領域へずれ

3　キサントフィルの一種（ルテイン）

1) polarized absorption relaxation after photobleaching

る．ロドプシン分子は網膜を覆っている特殊な細胞（“桿体”と“錐体”）の膜の中にある．オプシン分子は 2 個の疎水基によって細胞膜の中に根をおろしており，発色団をほぼ取囲んでいる（図 11D·12）．

4　リシンに付いた11-*cis*-レチナール

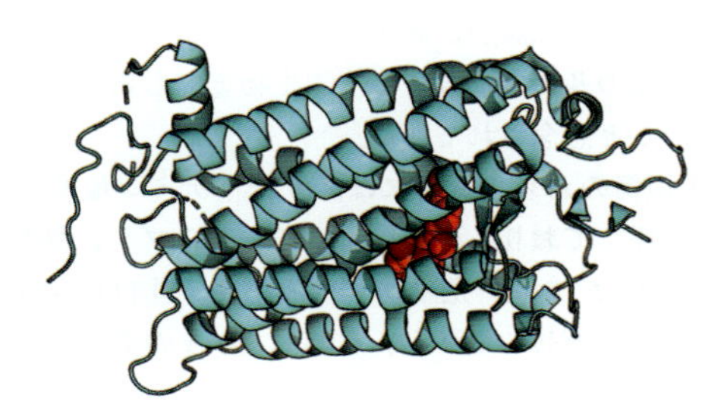

図 11D·12　ロドプシンの構造．視物質レチナールを固定している α ヘリックスを示してある．

11-*cis*-レチナール分子はフォトンを吸収するとすぐに光異性化を起こして，全部がトランスコンホメーションのレチナール（構造図 E2）になる．この光異性化には約 200 fs かかり，フォトンを 100 個吸収して 67 個の色素分子が異性化する割合である．この過程は電子の π-π^* 励起により π 結合の一つが弱くなり，ねじれに対する剛性が失われる．その結果，分子の一部が大きく向きを変えるのである．この時点で，分子は基底電子状態に戻るが，新しいコンホメーションのまま落ち着く．全部がトランスコンホメーションで尾がまっすぐの状態では，分子は 11-*cis*-レチナールよりも広い空間を必要とするから，そのまわりにあるオプシン分子のらせん部分を圧迫する結果になる．それで最初の吸収事象から約 0.25〜0.50 ms のうちに，ロドプシン分子はレチナールの異性化とオプシンにつながったシッフ塩基のプロトン脱離によって活性化し，メタロドプシンⅡという中間体を生成する．

これに続く一連の生化学事象，すなわち**シグナル伝達経路**[1]では，メタロドプシンⅡはタンパク質トランスデューシン（構造図 P13）を活性化する．トランスデューシンはホスホジエステラーゼ酵素を活性化し，環状グアノシン一リン酸（cGMP）を GMP に加水分解する．cGMP の濃度が低下すれば cGMP 依存性イオンチャネルが閉じ，その結果，膜間電位が大きく変化する．このパルス電位は視神経から視皮質へと移動し，そこで信号と認識され，“視覚”といわれるさまざまな複雑なプロセスに組込まれる．

ロドプシン分子は，非放射的な一連の化学事象を経て待機状態に戻る．この過程で，全部トランスのコンホメーションのレチナールがオプシン分子から外れて，全部トランスのコンホメーションのレチノールになる（$-CHO$ が還元されて $-CH_2OH$ になる）．この変化はロドプシンキナーゼという酵素で触媒され，もう一つのタンパク質分子アレスチンが付くことで起こる．一方，遊離した全部トランスコンホメーションのレチノール分子は酵素触媒で異性化して 11-*cis*-レチノールになり，続いて脱水素で 11-*cis*-レチナールになり，それでオプシン分子のところへ戻る．こうして，励起，光異性化，再生のサイクルが出発点に戻り待機状態になるのである．

11D·5　具体例：光合成

太陽からの放射線による約 $1\,\mathrm{kW\,m^{-2}}$ ものエネルギーが地球表面に届いている．その強度は緯度，1 日の時間帯，天候による．このうちかなりの割合のエネルギーは光合成によって使われる．また，光合成するしないにかかわらず，いろいろな生物でその他の光化学過程が起こる．人間が恩恵を受けている過程には，視覚や皮膚にある 7-デヒドロコレステロールで行われるビタミン D_3 の生合成がある．紫外線に長時間さらされたときの DNA の損傷など他の過程は，高等生物にも下等生物にも悪影響を及ぼす．しかし，注意深く制御すれば，これらのきわめて有害な光化学過程も，治療として有益なものに変えることができるのである．

太陽放射線のうち波長 400 nm 以下のものと 1000 nm 以上のものは大部分が大気中の気体によって吸収される．オゾンと O_2 は紫外放射線を吸収し，CO_2 と H_2O は赤外放射線を吸収する．その結果，植物や藻類，ある種の細菌は可視領域と近赤外領域の放射線を捕らえる光合成の仕組みを進化させたのである．植物は 400〜700 nm の波長の光を利用して，CO_2 からの吸エルゴン的還元を駆動し，同時に水を酸化して O_2 をつくっている（$\Delta_r G^{\ominus} = +2880\,\mathrm{kJ\,mol^{-1}}$）．

葉緑体の中では，クロロフィル *a* とクロロフィル *b*（構造図 R3）およびカロテノイド（一例は β-カロテン，構造図 E1）が集光性複合体（LHC）という膜内在性タンパク質に結合している．この複合体は太陽エネルギーを吸収し，それを反応中心というタンパク質複合体に転送する．そこで光誘起電子移動反応が起こる．集光性複合体と反応中心複合体の組合わせを**光化学系**[2]という．植物には二つの光化学系，光化学系Ⅰ（PSⅠ）と光化学系Ⅱ（PSⅡ）があり，水による $NADP^+$ の還元を駆動している．

$$2\,NADP^+ + 2\,H_2O \xrightarrow{\text{光}} O_2 + 2\,NADPH + 2\,H^+$$

1） signal transduction pathway　2） photosystem

集光性複合体は，放射線を捕捉するための広い面積を得ようとして多数の色素を結合している．光化学系Ⅰと光化学系Ⅱではフォトンを吸収して，クロロフィルやカロテノイド分子が励起一重項状態に上がり，0.1～5 ps の間にフェルスター機構によって近くにある色素にエネルギーを渡す．100～200 ps の間は，集光性複合体の中で数千回に及ぶエネルギーのやりとりがあってから，吸収したエネルギーの 90 パーセント以上が反応中心に達する．そこでは，クロロフィル *a* 二量体が電子的に励起され，超高速の電子移動反応を開始する．たとえば，光化学系Ⅱの反応中心にあるクロロフィル二量体 P680 の励起一重項状態から，その中間体の電子受容体であるフェオフィチン *a* 分子†への電子移動は 3 ps 以内に起こる．P680 の励起状態がこの最初の反応で効率よく消光されてしまうと，水の酸化やプラストキノンの還元に導く次のステップが，200 ps から 1 ms の幅をもつ反応速度でゆっくりと起こる．光化学系Ⅰの反応中心での電気化学反応もこの時間スケールで起こる．

以上をまとめると，光合成初期のエネルギー移動と電子移動の事象は速度論的支配のもとで集中的に行われている．クロロフィルの励起一重項状態は蛍光寿命（室温のジエチルエーテル中では約 5 ns）よりずっと短い時定数で起こる諸過程によって急速に消光されるから，光合成は太陽エネルギーを効率よく捕捉しているのである．

11D・6 具体例：DNA の放射線損傷

地球の成層圏（地表から 15～50 km の領域）にとどまっているオゾンは，危険な“UVB 領域”（290～320 nm）の紫外放射線の一部を遮断して生物圏を守っている．大気汚染物質（もっとも顕著なのはクロロフルオロカーボン）との反応による成層圏のオゾン層の減少によって，地表に到達する UVB 放射線の量が増えてきている．長期にわたり UVB 放射線にさらされると DNA の損傷や遺伝子の変異，細胞破壊，日焼け，皮膚がんなどの生理的な悪影響があるから，オゾンの保護層が減少すれば，動物だけでなく植物や食物連鎖の基礎を形成する下等生物までも死を早めるのではないかと懸念されている．

DNA 損傷のおもな機構には隣り合うチミン塩基の光二量化が関係しており，それによってシクロブタン型チミン二量体または（6-4）光産物が生成する（図 11D・13）．前者は細胞死に直接つながり，後者は DNA の変異や最終的にはがんの形成につながる．

光化学損傷からの防御と修復のための自然の仕組みがいくつかある．たとえば，ヒトを除く動植物界すべての生物

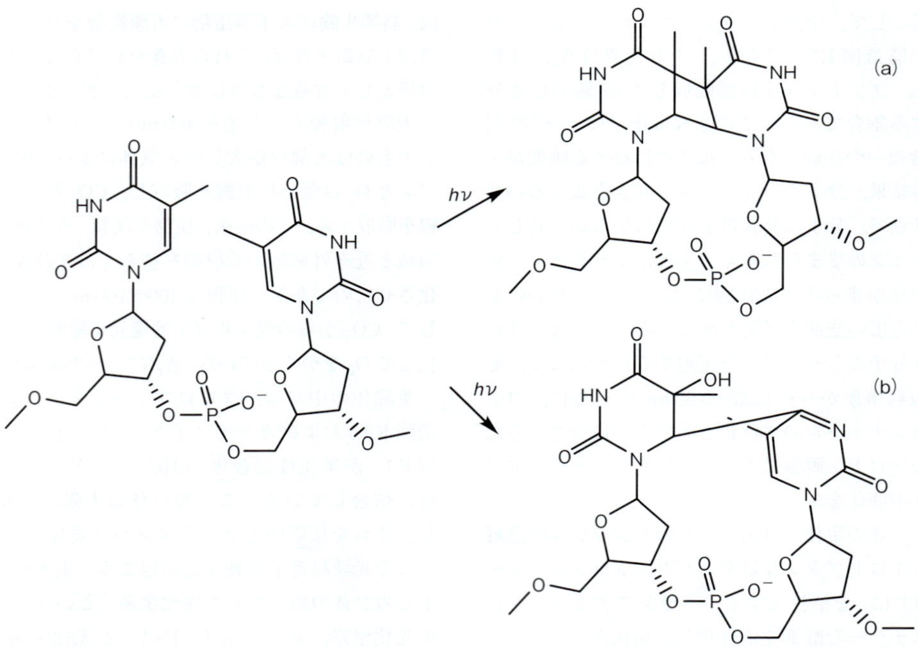

図 11D・13 チミン塩基の光二量化で生成する（a）シクロブタン型チミン二量体，（b）（6-4）光産物．

† フェオフィチン *a* は，クロロフィル *a* 分子の中心の Mg^{2+} イオンが 2 個のプロトンに置き換えられたもので，このプロトンはピロール環の窒素原子 2 個と結合している．

に備わっている酵素 DNA フォトリアーゼ（光回復酵素）は，シクロブタン型チミン二量体の分解を触媒する．紫外放射線はまた，色素メラミンの生成（“日焼け”）を促すが，それは損傷から皮膚を守っているのである．しかし，太陽放射線に持続して長時間さらされると，修復と防御の機構は有効でなくなる．

11D・7 具体例：光線力学療法

光を直接吸収しない分子でも，光を吸収する別の分子が存在すれば反応をひき起こすことが可能である．分子の衝突によって，後者が前者にエネルギーを移行できればよいからである．このような光増感[1]の一例として，**光線力学療法**[2]（PDT）という治療に使われ，励起状態の O_2 を生成する反応がある．PDT では，レーザー放射線はある種の薬剤によって吸収され，その第一励起三重項状態 ^3P において，O_2 の三重項基底状態 $^3O_2$ から励起一重項状態 $^1O_2$ の生成を光増感する．その $^1O_2$ 分子は非常に反応性に富み，細胞成分を破壊する．この場合のおもな標的は細胞膜と考えられている．こうして，つぎに示す光化学サイクルによって，病変組織の縮小（場合によっては完全な破壊）をひき起こす．

吸収：$P + h\nu \longrightarrow P^*$

項間交差：$P^* \longrightarrow {}^3P$

光増感：${}^3P + {}^3O_2 \longrightarrow P + {}^1O_2$

酸化反応：${}^1O_2$ + 反応物 ⟶ 生成物

この光増感剤は，$^1O_2$ を生成するための“光触媒”といえる．この目的には，ヘマトポルフィリン（**5**）の誘導体などのポルフィリン光増感剤を使うのが一般的である．しかし，光化学的な性質を強めたもっと性能のよい薬剤の開発に多くの努力が払われている．

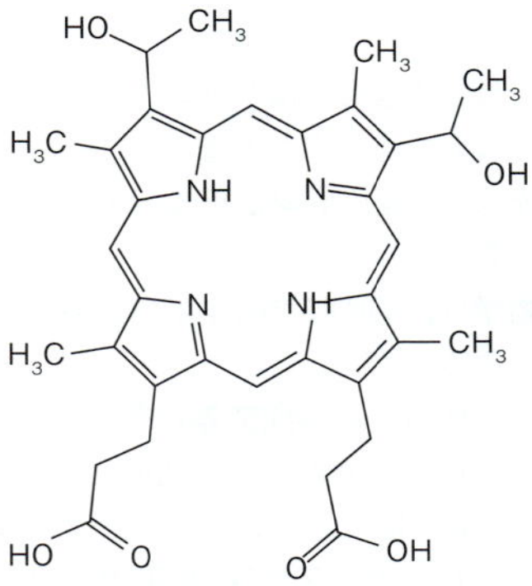

5 ヘマトポルフィリン

PDT の薬剤候補としては多くの基準を満たさねばならない．薬効の観点からは，薬剤が組織液に溶けなければならない．そうすれば，薬剤が血液を通し患部器官に運ばれ，尿として体内から排出されるからである．治療の副作用は最小限であるべきである．薬剤はまた，特異な光化学的性質を備えていなければならない．血液や皮膚では吸収されない波長によって光化学的に活性化されなければならない．具体的には，薬剤は $\lambda > 650$ nm に強い吸収がなければならない．ヘマトポルフィリンを基にした薬剤は，この基準を非常によく満たすというわけではない．そこで，電子的性質のもっとよい新奇なポルフィリンや関連の大員環化合物が合成され，試験を受けているところである．それと同時に，短時間のレーザー照射でできるだけ多くの薬剤分子が活性化し，多くの酸化反応が起こるように，三重項形成や $^1O_2$ 形成の量子収量は大きくなければならない．光線力学療法は，黄斑変性や失明につながる網膜の疾患，肺がんや膀胱がん，皮膚がん，食道がんなど多くのがん治療に有効に利用されている．

1) photosensitization　2) photodynamic therapy

重要事項のチェックリスト

- □ 1．**蛍光**では，励起放射線が止まると自発的に放出されていた放射線も直ちに止まる．
- □ 2．**りん光**は，励起放射線が止まっても長く続く自発発光である．
- □ 3．**光生物学**は，光吸収で始まる多種多様な生化学反応を研究する．
- □ 4．りん光の機構には**系間交差**が関与しており，これによって一重項状態が三重項状態になる．
- □ 5．系間交差は，電子スピンとオービタル運動量との磁気的な相互作用，**スピン-軌道カップリング**によって駆動される．
- □ 6．**一次量子収量**は，フォトン1個の吸収でひき起こされる事象の数の尺度である．
- □ 7．**蛍光消光**は，蛍光分子から励起エネルギーを非放射的に除去し，その蛍光を消すことである．
- □ 8．**フェルスター理論**は，共鳴エネルギー移動の機構について提案されたものである．
- □ 9．**蛍光共鳴エネルギー移動**（FRET）は，励起したエネルギー供与体から隣接する受容体への非放射的なエネルギー移動である．
- □ 10．**光選択性**は，平面偏光により分子を特定の向きに選択的に励起することである．
- □ 11．**蛍光異方性**によって，蛍光の偏光が入射放射線の平面偏光と合っている度合いを測る．

重要な式の一覧

式の内容	式	備　考	式番号
一次量子収量	$\phi_E = N_E / N_{\text{photon abs}}$	定義（Eは事象を表す）	1
	$\phi_E = v_{\text{E,induced}} / I_{\text{abs}}$	求め方	3
蛍光寿命	$\tau_{F,0} = 1/(k_F + k_{ISC} + k_{IC})$	定義（消光剤なし）	6
	$\tau_{F,Q} = 1/(k_F + k_{ISC} + k_{IC} + k_Q[Q])$	定義（消光剤あり）	9b
蛍光の量子収量	$\phi_{F,0} = k_F/(k_F + k_{ISC} + k_{IC})$	定義（消光剤なし）	7
	$\phi_{F,Q} = k_F/(k_F + k_{ISC} + k_{IC} + k_Q[Q])$	定義（消光剤あり）	9a
消光の濃度依存性	$\phi_{F,0}/\phi_{F,Q} = 1 + \tau_{F,0} k_Q[Q]$	シュテルン-フォルマーの式	10a
エネルギー移動の効率	$\eta_T = 1 - \phi_{F,Q}/\phi_{F,0}$	定　義	11
	$\eta_T = R_0{}^6/(R_0{}^6 + R^6)$	フェルスター理論	12

トピック 11E

核磁気共鳴

➤ 学ぶべき重要性

磁気共鳴は，いまや最も広く利用され役に立つ分光法の一つであり，化学や生化学，医学の分野に変革をもたらした．

➤ 習得すべき事項

磁性核を磁場中に置けば，核スピンによってエネルギー準位が分裂するが，そのエネルギー間隔が別のラジオ波振動数の磁場のエネルギーと合致したとき，その間で遷移が起こる．

➤ 必要な予備知識

角運動量の量子論と関連する量子数の意味（トピック 8B）をよく理解している必要がある．磁気モーメントの概念とその磁場中でのエネルギーについて，あるいは，電気双極子２個の相互作用（トピック 10A）と同じように磁気モーメントも磁気双極子間で相互作用をするのを知っている必要がある．また，本文中にはボルツマン分布（トピック 1A）を用いて説明する箇所もある．

原子核にスピンをもつ原子は自然界に多く存在している．電荷が動けば磁場を発生するように，スピンは磁気モーメントを生じるから原子核は小さな棒磁石として振舞う．また，身のまわりの棒磁石で経験しているように，外部磁場中に置いた核磁気モーメントのエネルギーは，その配向によって決まる．量子力学の用語を用いれば，スピンをもつ核は0でないスピン量子数 I をもつ（プロトン ^{1}H は $I=\frac{1}{2}$ である）．核スピンの配向，つまり核磁気モーメントの配向は量子数 m_I で指定することができ，その値として $m_I=I, I-1, \cdots, -I$ がとれる（したがって，$I=\frac{1}{2}$ の場合は $m_I=\pm\frac{1}{2}$ であり，その核は二つのエネルギー準位のどちらかにある）．ほかの分光法でもいえることだが，電磁場の強い吸収が起こるのは，その振動数をもつ入射フォトンのエネルギーが系のエネルギー準位間隔と合致したときである．つまり，このとき共鳴吸収が起こるのである．一方，ほかの分光法との違いは，磁気共鳴法ではこのエネルギー準位の間隔を自由に変えられることである．すなわち，エネルギー準位の間隔は外部磁場の強さで変更できる．ほかの分光法と違って“磁気共鳴”という用語を用いているのはそのためである．その共鳴が磁性核の遷移による場合は，これを**核磁気共鳴**[1]（NMR）という．

核磁気共鳴は生命科学の分野で広く応用されており，代謝物質の同定やタンパク質など生体高分子の三次元構造の測定，生体内で起こる種々の代謝過程の監視，ヒトを対象とした非侵襲的な（生体を傷つけない）イメージング法などが行われている．このように研究手法や分析手法として広く応用されるようになった要因はいくつかある．まず，生体分子に豊富に含まれる元素で，NMR で簡単に検出できる磁性同位体がいくつか存在することである．それには水素（^{1}H と ^{2}H）や炭素（^{13}C，^{12}C は $I=0$ であるから対象外），窒素（^{14}N と ^{15}N），りん（^{31}P）などがある．したがって，特別な発色団や蛍光色素がなければ成立しない分光法とは対照的に，生物学的に関心のある分子は本来すべて NMR で検出可能なのである．第二に，NMR の信号は個々の原子から発せられているものである．その信号は，個々の原子が接する外界の性質を敏感に反映しているから，その環境に関する詳細な情報を与えてくれる．第三に，非磁性の同位体（たとえば ^{12}C）の原子を同じ元素の磁性同位体（たとえば ^{13}C）に置換できるから，標識実験の道が開けていることである．このアプローチを使えば化学過程や代謝過程を追跡することができ，構造研究の守備範囲を一段と拡大することにもつながるのである．最後に，使用するラジオ波は生体組織に損傷を与えることなく内部に浸透できるという利点がある．この特長は生体 NMR 分光法の核心部分であり，生きた生体のスペクトルを収集できるのである．また，NMR イメージング（ともすれば懸念されがちな“核”という語を除いた略語が MRI である）は，その軟部組織の画像をつくる能力によって臨床現場を一変させたのである．

1）nuclear magnetic resonance

11E・1　磁場中の核

核スピンの状況は，表 11E・1 に示す基本パターンに従って仕分けられる．強度 $\mathcal{B}_0$ の外部磁場（正確には，$\mathcal{B}_0$ は磁束密度の尺度であり，その単位はテスラ T である†）を z 方向にかけたとき，磁気モーメントの z 成分 μ_z のエネルギーは $E = -\mu_z \mathcal{B}_0$ である．磁気モーメントの z 成分は，対応するスピン角運動量 $I_z = m_I \hbar$ をもち，この角運動量に比例しているから $\mu_z = \gamma_N I_z = \gamma_N m_I \hbar$ と書く．γ_N は，実験で求められる比例係数であり，これを**核の磁気回転比**[1] という．したがって，スピン I で磁気量子数 m_I の核のエネルギーは次式で表される．

$$E_{m_I} = -\gamma_N \hbar \mathcal{B}_0 m_I \qquad \text{磁場中の核のエネルギー} \qquad (1)$$

スピン $\frac{1}{2}$ の核（$I = \frac{1}{2}$ の核であり，最もよく研究されている核種）で磁気回転比が正のもの（^{1}H など）では，$m_I = +\frac{1}{2}$ の状態（α 状態ということが多い）は $m_I = -\frac{1}{2}$ の状態（β 状態ということが多い）よりもエネルギーが低い．そのエネルギーを表すのに，つぎの**核磁子**[2] μ_N を用いることがある．

$$\mu_N = \frac{e\hbar}{2m_p} \qquad \text{核磁子［定義］} \qquad (2a)$$

その値は $5.051 \times 10^{-27}\ \mathrm{J\,T^{-1}}$（$m_p$ はプロトンの質量）である．また，つぎの**核の g 因子**[3] を用いる．

$$g_I = \frac{\gamma_N \hbar}{\mu_N} \qquad \text{核の } g \text{ 因子［定義］} \qquad (2b)$$

核の g 因子は実験で求められる無次元の量であり，核種によって -6 と $+6$ の間の値をとる（表 11E・2）．こうして (1) 式を表しなおせば，次式が得られる．

$$E_{m_I} = -g_I \mu_N \mathcal{B}_0 m_I \qquad \text{磁場中の核のエネルギー} \qquad (3)$$

ここで，スピン $\frac{1}{2}$ の核については 2 状態間のエネルギー間隔（図 11E・1）は，

$$E_{-1/2} - E_{+1/2} = \tfrac{1}{2}\gamma_N \hbar \mathcal{B}_0 - (-\tfrac{1}{2})\gamma_N \hbar \mathcal{B}_0 = \gamma_N \hbar \mathcal{B}_0 \qquad \text{磁場中の核のエネルギー間隔} \qquad (4)$$

表 11E・1　原子核の構成と核スピン量子数

プロトン数	中性子数	I
偶　数	偶　数	0
奇　数	奇　数	整数（1, 2, 3, …）
偶　数	奇　数	半整数（$\frac{1}{2}$, $\frac{3}{2}$, $\frac{5}{2}$, …）
奇　数	偶　数	半整数（$\frac{1}{2}$, $\frac{3}{2}$, $\frac{5}{2}$, …）

で表される．ボルツマン分布によれば，温度 T で平衡にある系の占有数 $N_{-1/2}$ と $N_{+1/2}$ の比は，

$$\frac{N_{-1/2}}{N_{+1/2}} = \mathrm{e}^{-(E_{-1/2}-E_{+1/2})/kT} = \mathrm{e}^{-\gamma_N \hbar \mathcal{B}_0/kT} \qquad (5)$$

である．γ_N が正の核では，$N_{-1/2}/N_{+1/2} < 1$ である．すなわち，α スピン（↑）の数は β スピン（↓）の数より少し多い．この状態の試料にラジオ波振動数 ν の放射線を照射する．その振動数がつぎの**共鳴条件**[4] を満たせば，このエネルギー間隔が放射線と共鳴するのである．

$$h\nu = \gamma_N \hbar \mathcal{B}_0 \quad \text{つまり} \quad \nu = \frac{\gamma_N \mathcal{B}_0}{2\pi} \qquad \text{核の共鳴条件} \qquad (6)$$

ここで，$\hbar = h/2\pi$ である．共鳴点では，スピンが α（低エネルギー）から β（高エネルギー）へ飛び移るときに強い吸収が起こる．

NMR 分光計は，均一で強い磁場を発生できる磁石と，適切なラジオ波の放射線発生器とから成る（図 11E・2）．低磁場の装置では電磁石を使って外部磁場を供給する．高

表 11E・2　同位体とその核磁性

核種	天然存在比/パーセント	スピン, I	g_I	γ_N/($10^7\ \mathrm{T^{-1}\,s^{-1}}$)
^{1}H	99.98	$\frac{1}{2}$	5.5857	26.752
^{2}H(D)	0.0156	1	0.85744	4.1067
^{12}C	98.89	0		
^{13}C	1.11	$\frac{1}{2}$	1.4046	6.7272
^{14}N	99.64	1	0.40356	1.9328
^{15}N	0.36	$\frac{1}{2}$	−0.5661	−2.7126
^{16}O	99.76	0		
^{17}O	0.037	$\frac{5}{2}$	−0.7572	−3.627
^{19}F	100	$\frac{1}{2}$	5.2567	25.177
^{31}P	100	$\frac{1}{2}$	2.2634	10.840
^{35}Cl	75.4	$\frac{3}{2}$	0.5479	2.624
^{37}Cl	24.6	$\frac{3}{2}$	0.4561	2.184

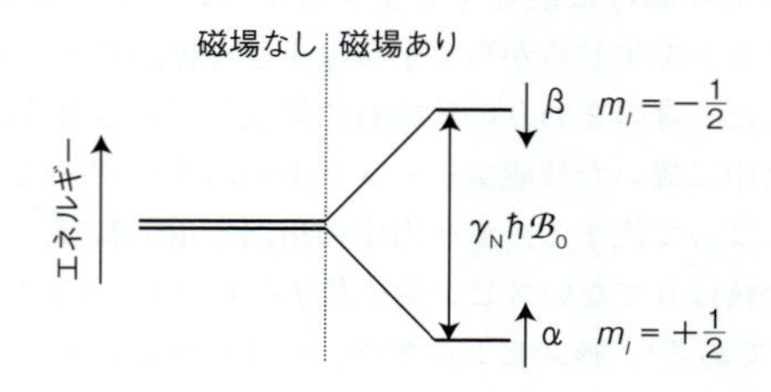

図 11E・1　磁場中に置かれたスピン $\frac{1}{2}$ の核（^{1}H, ^{13}C など）のエネルギー準位．この準位のエネルギー間隔が電磁場のフォトンのエネルギーと合ったとき共鳴が起こる．

† 磁束の単位（ウェーバー）で表せば，$1\ \mathrm{T} = 1\ \mathrm{Wb\,m^{-2}}$ であり，$1\ \mathrm{Wb} = 1\ \mathrm{V\,s}$ である．また，基本単位で表せば，$1\ \mathrm{T} = 1\ \mathrm{kg\,s^{-2}\,A^{-1}}$ である．

1) nuclear magnetogyric ratio　2) nuclear magneton　3) nuclear *g*-factor　4) resonance condition

磁場を用いる実験には，20 T 以上の強い磁束密度を発生できる超伝導磁石が使われる．高磁場を使う利点は二つある．一つは，磁場が強いほど遷移強度が増すことである．それは，強度が $N_{+1/2} - N_{-1/2}$ に依存しているからである．もう一つは高磁場では，ある種のスペクトルの現れ方が単純になることである．プロトン共鳴は 9.4 T では約 400 MHz で起こるから，NMR はラジオ波の技術となる（400 MHz は波長 75 cm に相当している）．

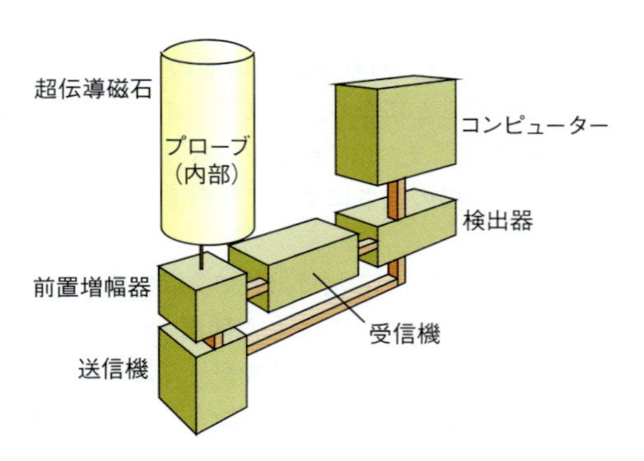

図 11E・2　代表的な NMR 分光計．送信機と検出器を結んでいるのは，高振動数から成る受信信号から送信機よりの高振動数を差し引き，残る低振動数の信号を処理していることを示している．

11E・2　時間ドメインのスペクトルと振動数ドメインのスペクトル

核スピン状態間のエネルギー差を検知する最近の方法は，単に共鳴が起こる振動数を探すだけでなく，もっと精巧なものである．NMR を観測する方法の新旧の違いを説明するには，鐘の振動スペクトルを検出する方法にたとえるのがよいだろう．ハンマーで鐘を叩けば，あらゆる振動数が混ざった“カーン”という音がする．NMR でこれと等価なのは，適当な刺激を与えた後で平衡に回復するときの核スピンからの放射を監視することである．こうして開発された**フーリエ変換 NMR**[1]（FT-NMR）はきわめて高い感度を有し，この方法の応用範囲を大きく広げたのである．

近代的な手法の原理を理解するには，つぎのように考えればよいだろう．外部磁場の方向とある角度をなす位置に置いた棒磁石は，その磁場の方向を中心としてそのまわりでねじれる**歳差運動**[2]という運動をする（図 11E・3）．この古典的な運動の速さは加えた磁場の強度に比例している．この歳差運動の量子力学版は，角運動量の大きさと向きを矢で表す**ベクトルモデル**[3]で考えれば理解できるだろう．核の角運動量の大きさ（トピック 8B の式では l を用いたが核では I を用いる）は $\{I(I+1)\}^{1/2}\hbar$ で表される．ここで，$I=\frac{1}{2}$ であれば $(\frac{3}{4})^{1/2}\hbar = 0.866\hbar$ であるから，角運動量の矢の長さは 0.866 単位である．このときの z 成分は $m_I\hbar = \pm\frac{1}{2}\hbar$ であるから，その矢は z 軸への投影が $\pm\frac{1}{2}$ 単位となる角度の向きを向いている．したがって，このスピンを 1 個のベクトルで表せば，そのベクトルは z 軸まわりの円錐の半頂角 $\arccos(1/3^{1/2}) = 55°$ のどこかを向いているはずで，z 軸に沿っているわけではない．この磁気モーメントは，スピン角運動量に平行（$\gamma_N > 0$ の場合は向きが同じ）であるから，角運動量ベクトルはスピン磁気モーメントを表していると考えてもよい．

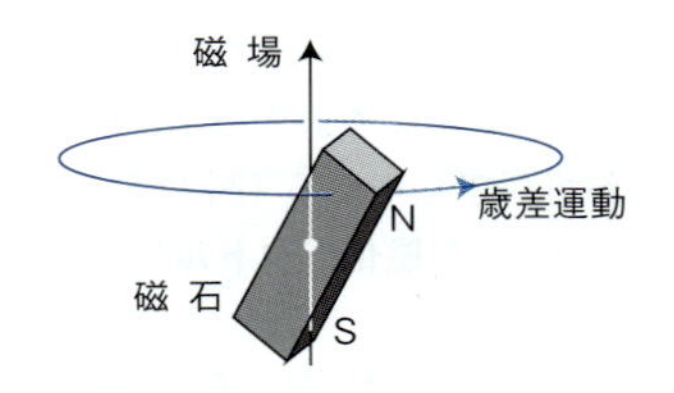

図 11E・3　磁場中に棒磁石を置くと歳差運動という運動を起こす．核スピンは磁気モーメントをもつから，これと同じ振舞いをする．歳差運動の振動数は，外部磁場と磁気モーメントの大きさに比例している．

外部磁場がないときのベクトルは，円錐面上のどこかの角度の位置で静止している（図 11E・4）．一方，z 軸方向の強さ $\mathcal{B}_0$ の磁場のもとでは，このベクトルはこの軸のまわりを**ラーモア振動数**[4]で歳差運動を行う．その振動数は $(\gamma_N/2\pi)\mathcal{B}_0$ である．このラーモア振動数は，(6) 式での共鳴振動数と同じものである．この両者が同じものであることは，これまで実験室系で考察していたものをラーモア振動数で回転する回転座標系に乗って考えることで理解できるだろう．すなわち，この回転座標系では，スピンや磁気モーメントを表すベクトルは円錐表面上のどこかに静止して見える．そこで，もし円偏光した入射放射線による磁場の振動数がラーモア振動数と合致していれば，それも静止して見えることだろう．こうして，その磁場は磁気モー

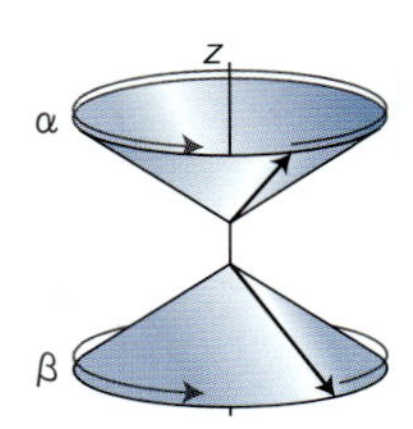

図 11E・4　外部磁場中に置かれたプロトンの α 状態と β 状態のエネルギーを模式的に表したもの．そのエネルギーは，角運動量を表すベクトル（プロトンの場合は，スピンによって生じる磁気モーメントベクトルと同じ）の歳差運動の速さで表すことができる．外部磁場がなければ，これらのベクトルは円錐表面上のランダムな向きで静止している．

1) Fourier-transform NMR　2) precession　3) vector model
4) Larmor frequency.〔訳注：この振動数はラジオ波の領域にあるから，周波数ということもある．単位は Hz (s^{-1}) を使う．〕

メントに対して定常的な影響を与えて，磁気モーメントとスピンをαからβに倒すことになる．もし，このラジオ波振動数の磁場がラーモア振動数と異なる振動数であれば，回転座標系でも静止して見えないから，磁気モーメントに対して定常的な力を及ぼすことにならず，スピンを効率的に倒すことはできない．

さて，試料にスピン$\frac{1}{2}$の同一核種が多数存在している場合を考えよう．そのスピンと磁気モーメントはどれも想定した55°の円錐面上にあるのだが，外部磁場方向のまわりにはランダムな角度にあるから，外部磁場に垂直なxy面内に正味の磁化は生じていない．ただし，αスピンの数はβスピンの数よりわずかに多いから，z方向には正味の核磁気モーメントが存在している（図11E･5）．この正味の磁気モーメントのことを**磁化ベクトル**[1]という．

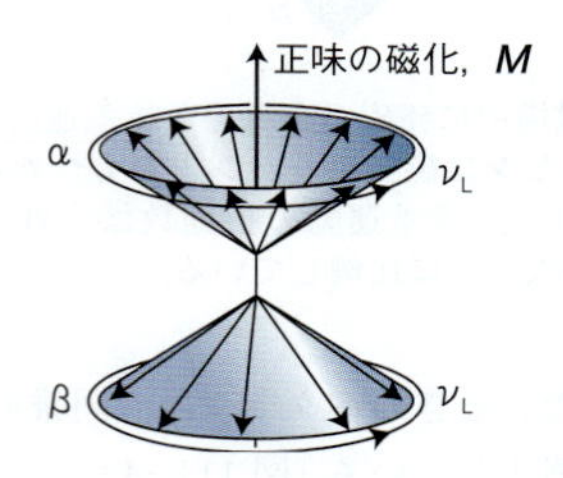

図11E･5　多数のプロトンを含む試料の磁化は，すべてのプロトンの磁気モーメントの合計である．外部磁場が存在すれば，スピンはその円錐面上を歳差運動（振動数ν_L）している．このとき，α状態とβ状態にはエネルギー差があるから，αスピンはβスピンよりわずかに多い．その結果，z軸に沿った正味の磁化$\boldsymbol{M}$が生じる．

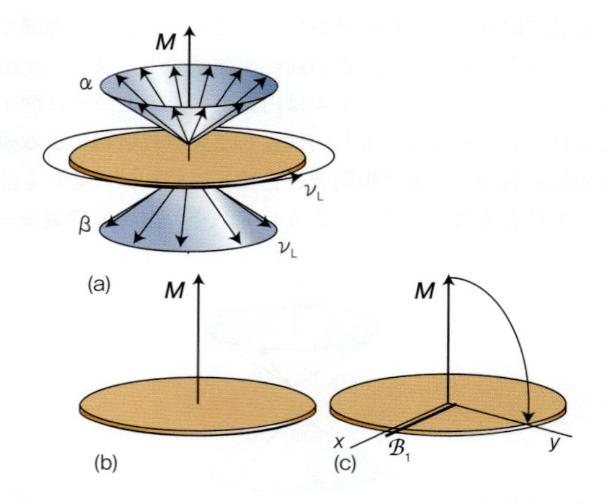

図11E･6　(a) ラーモア振動数（ν_L）で回転する回転座標系では，個々の磁気モーメントは静止して見える．(b) その回転座標系での磁化ベクトルは静止しており，z軸方向を向いている．(c) もし，円偏光したラジオ波振動数の磁場の位相を回転座標系のx軸に沿うように合わすことができれば，その磁化にトルクを働かせることになって，回転座標系のxy面上に磁化を倒すことになる（それで磁化は回転座標系のy軸に沿う）．

次に，ラジオ波振動数の磁場の効果について考えよう．それは，xy面内で回転する強さ$\mathcal{B}_1$の成分をもつ円偏光磁場である．もし，このラジオ波振動数の磁場がラーモア振動数と合致していれば，それは回転座標系では静止して見えるから，たとえば回転座標系のx軸方向に存在しているとしよう（図11E･6）．このときの核磁気モーメントは，振動数$(\gamma_N/2\pi)\mathcal{B}_1$でこの$x$軸まわりを歳差運動しており，その磁気ベクトルは$y$方向に回転している．ここでもし，$\mathcal{B}_1$の磁場を短時間のパルス（正確には$\pi/2\gamma_N\mathcal{B}_1$の時間のパルス）で加えたら，回転座標系のこの磁化はちょうど90°だけ回転することになる．それで，このパルスのことを“**90°パルス**[2]”（または“π/2パルス”）という．このパルス長は$\mathcal{B}_1$の磁場の強さによって変わるが，ふつうは数μs程度である．

最後に，回転座標系から抜け出して実験室系に戻ったと想像しよう．実験室にいる静止した観測者から見れば（ラジオ波振動数の磁場を発したコイルが，こんどは検出コイルの役目を果たす．図11E･7），磁化ベクトルはxy面内をラーモア振動数で回転している．それは，検出コイルの横をラーモア振動数で通り過ぎることで，同じ振動数で振動する信号をコイル内に発生させるのである．

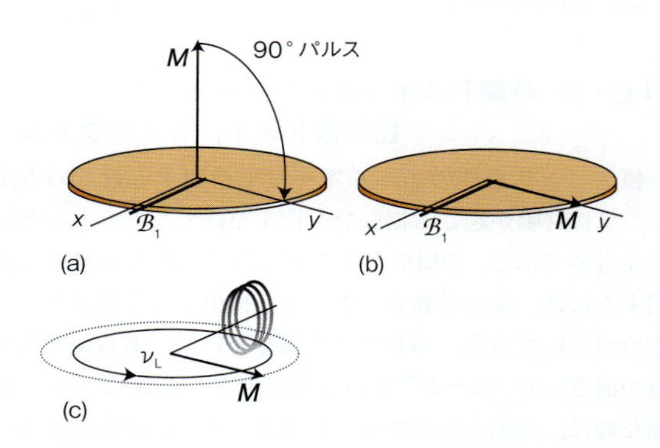

図11E･7　(a) ラジオ波振動数の磁場$\mathcal{B}_1$をある時間かけると，(b) 磁化ベクトル$\boldsymbol{M}$は90°回転しxy面内に倒れる．(c) この状況を外部の静止している観測者（検出コイル）から見れば，同じこの磁化ベクトルはラーモア振動数（ν_L）で回転しているから，コイルに信号が誘起される．

時間が経過するにつれ，個々のスピン磁気モーメントは同期から外れるから（あとで説明するように，その磁気モーメントはわずかずつ異なる速さで歳差運動することによる），磁化ベクトルは指数関数的に減少し，その減衰信号を検出コイルに与える．したがって，検出される信号の形は図11E･8に示すようなもので，振動しながら次第に減衰する**自由誘導減衰**[3]（FID）である．

ここで，スピン$\frac{1}{2}$の核が2種ある系（たとえば，異なる環境に置かれた2種のプロトン）を考えよう．それをAス

1) magnetization vector　2) 90° pulse　3) free-induction decay

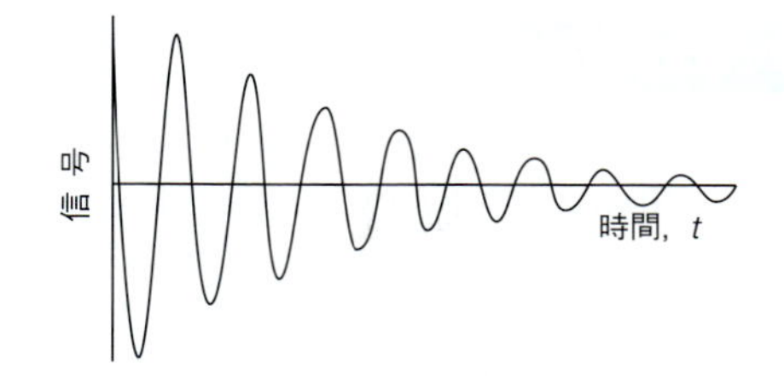

図 11E・8　単一の共鳴振動数をもつ多数のスピンから成る試料で観測される単純な自由誘導減衰.

ピンとXスピンとする．アルファベットの最初と最後の文字を（説明上）選ぶのは，両者の共鳴振動数がかなり異なることを想定しているからである．このAXスピン系の磁化ベクトルは，Aスピンによる磁化ベクトルとXスピンによる磁化ベクトルという二つの部分から成ると考えることができる．この系に90°パルスをかければ，どちらの磁化ベクトルもそれとは垂直な面に倒れるだろう．ところが，A核とX核ではかなり異なるラーモア振動数で歳差運動を行っているから，検出コイルにも異なる信号が誘起され，全体としてのFID曲線は図11E・9aに似たものになるだろう．この複合FID曲線は，可能なあらゆる振動数を合成した豊かな音色を出す鐘に似ている．

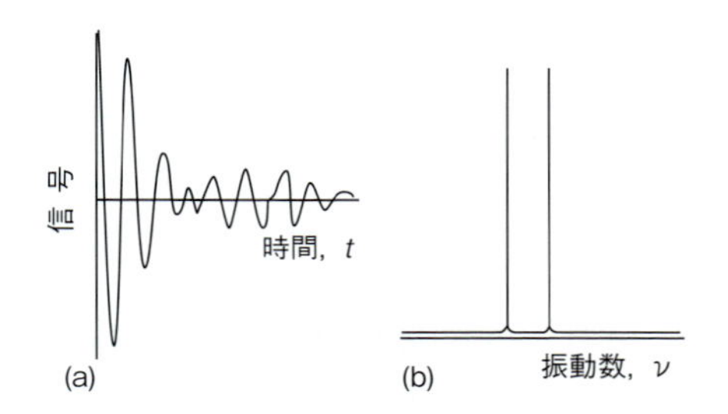

図 11E・9　(a) 共鳴振動数が異なり，互いに相互作用しない二つのタイプの核から成る試料（AXスピン系）で得られる自由誘導減衰信号．(b) その振動数成分の解析．

この FID 曲線を**時間ドメインのスペクトル**[1]という．時間ドメインのスペクトルは振動関数の和であるから，それを解析することによって成分振動数に分解しなければならない．そのための数学手法が“フーリエ変換”である．こうして図11E・9aの信号を変換して得られたのが図11E・9bに示す**振動数ドメインのスペクトル**[2]である．一方のスペクトル線はA核のラーモア振動数を表し，もう一方のスペクトル線はX核のラーモア振動数を表している．

11E・3　スペクトルの情報

NMRスペクトルに含まれる情報として注目すべきものに三つのタイプがある．一つは，異なる振動数で共鳴する基のグループ分け（“化学シフト”）である．第二は，その共鳴線が個々のスペクトル線に分裂すること（“微細構造”）である．第三は，共鳴線の幅（“線幅”）である．共鳴吸収の強度は含まれている化学種の量に依存しているから，速度論研究にとっては（MRIの画像診断にも）強度の情報は重要であり，スペクトルの微細構造に見られる相対強度は存在する化学種の同定に役立つ情報を与えてくれる．

(a) 化学シフト

同じ元素の同じ核種でありながら異なる振動数で共鳴する理由の一つは，外部磁場が注目する核を取囲む電子の循環流をひき起こすからである．この電子流が付加的な局所磁場 $\delta\mathcal{B}$ を生じさせるのである．この局所磁場は外部磁場に比例している．そこでこれを，

$$\delta\mathcal{B} = -\sigma\mathcal{B}_0 \tag{7}$$

と書く．無次元の量 σ（シグマ）は**遮蔽定数**[3]である．遮蔽定数は負でも正でもありうる．すなわち，誘起磁場が外部磁場と同じ向きで加わる場合（つまり $\sigma<0$）と，反対向きで差し引かれる場合（つまり $\sigma>0$）である．外部磁場が電子の周回運動（原子核がつくる分子骨格の間を動く運動）をひき起こす能力は，注目する磁性核付近の電子構造の詳細に依存するから，同じ元素の同じ核種であっても化学的に異なるグループにあれば遮蔽定数は異なるのである．それぞれの核は異なる局所磁場 $\mathcal{B}_{\text{loc}}=\mathcal{B}_0+\delta\mathcal{B}=(1-\sigma)\mathcal{B}_0$ を受けているから異なる振動数で共鳴するのである．このときの共鳴条件はつぎのように表される．

$$\nu = \frac{\gamma_N \mathcal{B}_{\text{loc}}}{2\pi} = (1-\sigma)\frac{\gamma_N \mathcal{B}_0}{2\pi}$$

遮蔽定数で表した共鳴条件　(8)

ある核の**化学シフト**[4]とは，その共鳴振動数 ν と基準とする標準物質の共鳴振動数 ν° との差を表す尺度である．プロトンについての標準はテトラメチルシラン $Si(CH_3)_4$（ふつうTMSといっている）のプロトン共鳴である．他の核には他の基準が使われている．^{13}C の基準の振動数はTMSの ^{13}C 共鳴であり，^{31}P については85パーセントの $H_3PO_4(aq)$ の ^{31}P 共鳴である．化学シフトは **δ 目盛**[5]で表す．その定義は，

$$\delta = \frac{\nu-\nu^\circ}{\nu^\circ}\times 10^6$$

δ 目盛［定義］　(9a)

---

1) time-domain spectrum　2) frequency-domain spectrum．分子生物学の分野で，生体高分子の構造を調べる実験手法としておもに用いられるのはX線回折とNMRである．面白いことに，両者とも解析手段にフーリエ変換法を採用している．X線回折法は空間のフーリエ変換を利用し，NMR法では時間のフーリエ変換を利用している．3) shielding constant　4) chemical shift　5) δ scale

である．δ 目盛で表す利点は，外部磁場の強さに無関係なことである．それは，共鳴振動数の磁場依存性からわかるように，(9a) 式の分子も分母も外部磁場に比例しているからである．しかし，共鳴振動数そのものは外部磁場に依存している (8式) から，δ 目盛を用いて共鳴振動数を表せばつぎのようになる．

$$\nu = \nu^\circ + (\nu^\circ/10^6)\delta \qquad (9\mathrm{b})$$

δ 目盛で表した共鳴振動数

簡単な例示 11E・1

アミノ酸アラニンのメチル基 ($-CH_3$) に属するプロトンは $\delta = 1.39$ で共鳴する．500 MHz (1 MHz = 10^6 Hz) で運転する分光計では，標準に対するシフトは，

$$\nu - \nu^\circ = \frac{\overbrace{500\,\mathrm{MHz}}^{10^6\,\mathrm{Hz}}}{10^6} \times 1.39 = 500\,\mathrm{Hz} \times 1.39 = 695\,\mathrm{Hz}$$

である．100 MHz で運転する分光計では，標準に対するシフトは 139 Hz しかない．

ノート　化学シフトは無次元であるが，ppm (100万分の一) を付けて記載していることが多い．それは，(9a) 式を $\delta = \{(\nu-\nu^\circ)/\mathrm{Hz}\}/(\nu^\circ/\mathrm{MHz})$ と書くことが多いから誤解を生じるのであろう．ppm を付ける必要は全くない．もし，たとえば [簡単な例示 11E・1] で 1.39 ppm と表すなら，(9a) 式を用いるときに "ppm" を無視しなければならない．ppm は単位でなく，習慣で付けてしまっているだけである．

図 11E・10 に ^{1}H の代表的な化学シフトを示してある．

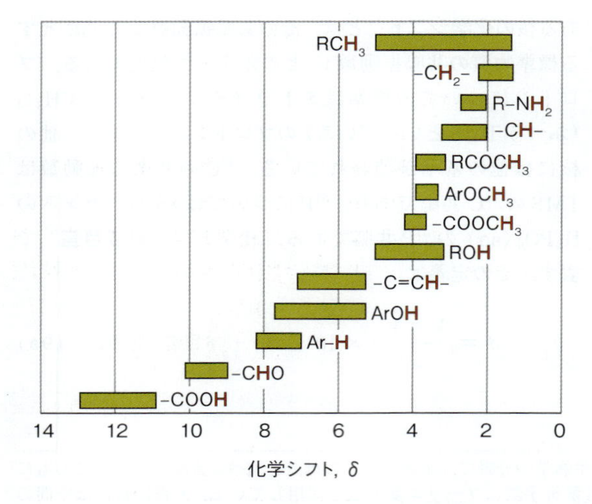

図 11E・10　^{1}H 共鳴の代表的な化学シフトの範囲．

簡単な例示 11E・2

化学シフトが存在することで，図 11E・11 に示すエタノールの NMR スペクトルの全般的な特徴を説明することができる．CH_3 の 3 個のプロトンは $\delta = 1.2$ ($\delta = 1$ ppm と書いてあることが多い) の核のグループをつくる．CH_2 の 2 個のプロトンは分子の異なる場所にあって，異なる局所磁場を受けており，$\delta = 3.7$ で共鳴する．最後に OH プロトンは上の二つとはさらに異なるべつの環境にあり，$\delta = 5.7$ の化学シフトを示す．共鳴線の相対強度は，対応する核の分子内の数に依存している．そこで，CH_3 基と CH_2 基，OH 基からのプロトン共鳴の吸収強度比は 3：2：1 である．

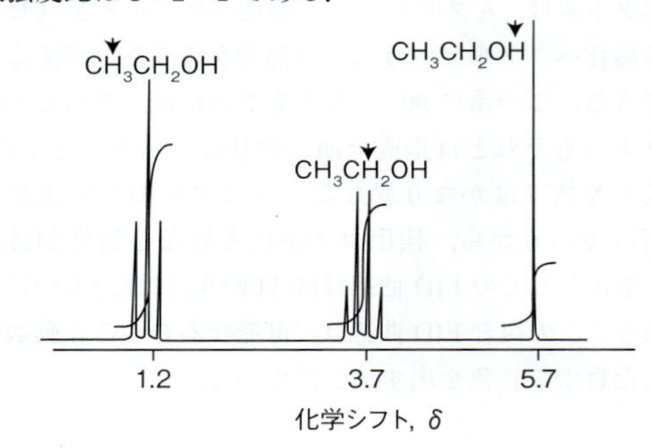

図 11E・11　エタノールの NMR スペクトル．矢印は，その共鳴ピークを生じているプロトンを示している．また，階段状の曲線はそれぞれの基についての積分強度である．

化学シフトは分子内の電子分布のわずかな変化に非常に敏感であるから，非常によく似た分子でも全く異なるスペクトルを示すことがある (図 11E・12)．また，同じ分子でもその環境によって (溶媒が異なったり，温度や pH が異なったりすると) 異なるスペクトルを示す．また，混合物

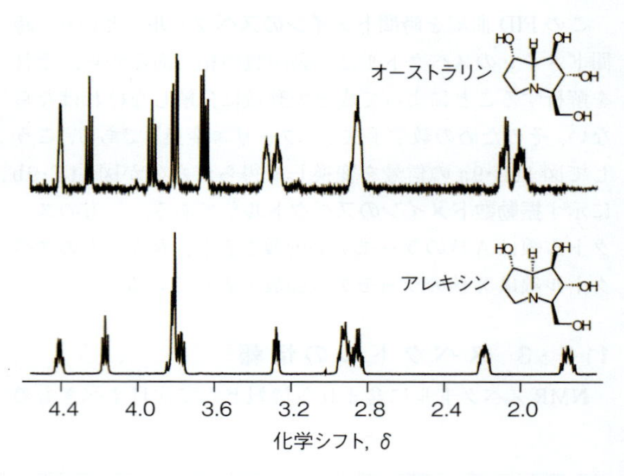

図 11E・12　植物アルカロイドのアレキシン (下) とオーストラリン (上) の ^{1}H-NMR スペクトル．両者の構造の違いは，炭素原子 1 個のエピマー化だけである．

の場合は，存在する化学種による共鳴の相対強度は試料中の存在比に比例している．そこで，これを使えば**メタボロミクス**[1]（代謝物の解析）における混合物の定量分析に利用でき，細胞抽出液や血清などの生物試料に存在する代謝物を調べることができる．また，生体内 ^{31}P-NMR を使えば，ATP や ADP，AMP に関係するピークの強度を測定することによって組織内の濃度を求めることもできる．

(b) 微細構造

共鳴振動数に影響を与えるもう一つの寄与は，スペクトルの**微細構造**[2]で説明できる．それは，図 11E·11 や図 11E·12 で見たように，共鳴線が個々のスペクトル線に分裂していることである．微細構造が現れるのは，分子内の個々の磁性核がつくる局所磁場が，他の磁性核が受ける局所磁場に寄与するからである．この**スカラーカップリング**[3]は，結合を通して伝わる相互作用であり（すぐあとで説明する）共鳴振動数を変化させる．メチル基にある 3 個の水素原子など磁気的に等価な核は互いに相互作用するものの，核スピン遷移の選択律（個々のスピンは同じ基内の別のスピンに対して回転できない）によれば，この相互作用がスペクトルの現れ方に影響を及ぼすことはない．化学シフトが異なる基の核に対してのみ，その微細構造に寄与するのである．このスカラー相互作用の強さは**スピン-スピンカップリング定数**[4] J で表され，ヘルツ（Hz）単位で表す．スピン-スピンカップリング定数は，外部磁場の強さには無関係である．

ここでもスピン $\frac{1}{2}$ の 2 個の核 A と X を含む分子を考えよう．X のスピンが α であるとしよう．このときの A が共鳴する振動数は，外部磁場と遮蔽定数，それに A に与える X の効果によって決まる．まず，スピン-スピンカップリングを無視して考えよう．磁場 $\mathcal{B}$ の中で 2 個のプロトンがもつ全エネルギーは，(1) 式の形をした 2 項の和である．ただし，$\mathcal{B}_0$ は $(1-\sigma)\mathcal{B}_0$ の形に変更しておく．また，A と X では σ が異なる（σ_A と σ_X）から次式が得られる．

$$E = -\gamma_N\hbar(1-\sigma_A)\mathcal{B}_0 m_A - \gamma_N\hbar(1-\sigma_X)\mathcal{B}_0 m_X$$

ここで，A と X のスピン状態，$m_A = \pm\frac{1}{2}$ と $m_X = \pm\frac{1}{2}$ の間で四つの組合わせができる．この式で予測される四つのエネルギー準位を図 11E·13 の左側に示す．

次に，スピン-スピンカップリングを考えよう．この相互作用エネルギーはふつうつぎのように書く．

$$E_{\text{spin-spin}} = hJm_Am_X$$

スピン-スピンカップリングエネルギー　(10)

ここで，量子数 m_A と m_X の値によってつぎの四つの可能性がある．

	$\alpha_A\alpha_X$	$\alpha_A\beta_X$	$\beta_A\alpha_X$	$\beta_A\beta_X$
$E_{\text{spin-spin}}$	$+\frac{1}{4}hJ$	$-\frac{1}{4}hJ$	$-\frac{1}{4}hJ$	$+\frac{1}{4}hJ$

こうしてできるエネルギー準位を図 11E·13 の右側に示す．

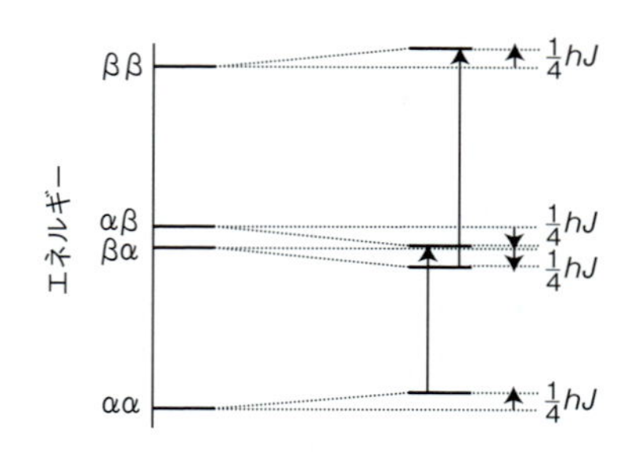

図 11E·13　磁場があるときの 2 プロトン系のエネルギー準位．左側の準位図はスピン-スピンカップリングがない場合，右側はスピン-スピンカップリングがある場合に相当している．許容される遷移は振動数の差が J のものだけである．

さてここで，準位間の遷移を考えよう．核 A がそのスピンを α から β に変えたとき，核 X はもとのスピン状態のままで，α でも β でもよい．この 2 種の遷移を図に示してあるが，その振動数の差は J であることがわかる．これとは別に，核 X が α から β に遷移することもありうる．こんどは核 A が同じスピン状態のままで，α でも β でもよい．この場合も振動数の差が J の 2 個の遷移ができる．この分裂によって，それぞれの共鳴が 2 本線に分かれた“二重線”のスペクトルが得られるのである（図 11E·14）．

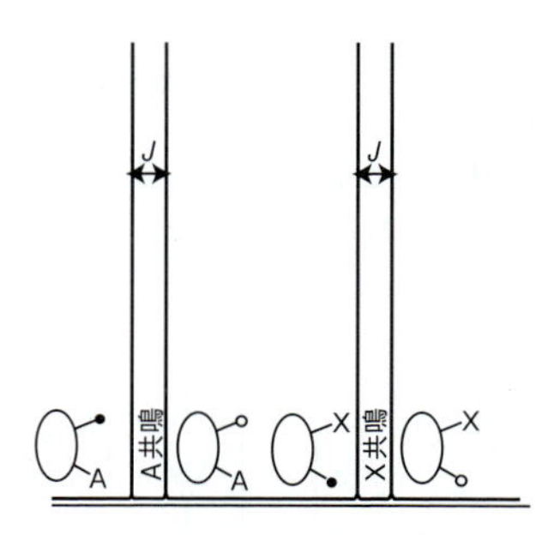

図 11E·14　化学シフトが非常に異なる 2 個のスピン $\frac{1}{2}$ 核の NMR スペクトルに対するスピン-スピンカップリングの影響．それぞれの共鳴が J だけ離れた 2 本線に分裂する．黒丸は α スピン，白丸は β スピンを示す．

もし，分子内に X 核がもう 1 個あって，化学シフトが最初の X と同じであると（AX_2 基になる），A の共鳴は 1 個の X によって分裂して二重線になり，その二重線のそれぞれが第二の X によってさらに同じ大きさだけ分裂する（図 11E·15）．その結果，3 本の線が得られ，強度比は 1 : 2 : 1

1) metabolomics　2) fine structure　3) scalar coupling　4) spin-spin coupling constant

である（中心の振動数が 2 回得られるから）．上で説明した AX の場合と同様に，AX_2 基の X の共鳴は A によって分裂して二重線になる．ただし，A 共鳴の強度は 2 倍になっている．X 核は互いに相互作用してはいるが，すでに述べたように，核スピン遷移の選択律によれば，その相互作用はスペクトルの現れ方に影響を及ぼさないのである．

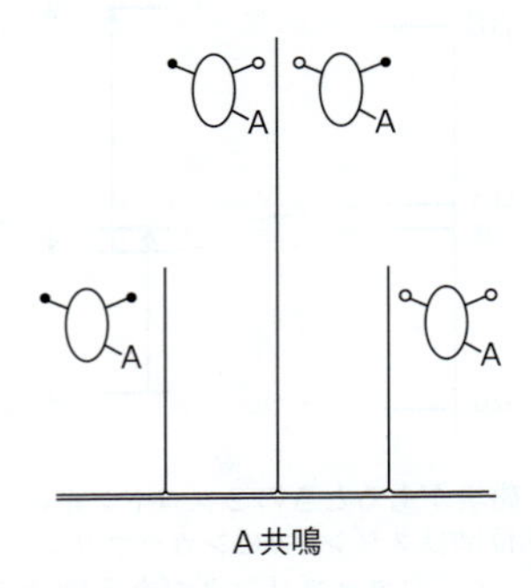

図 11E·15　AX_2 系の A 共鳴における強度比 1：2：1 の三重線の起源．2 個の X 核は $2^2 = 4$ 通りのスピン配列，(↑↑)，(↑↓)，(↓↑)，(↓↓) をとりうる．中央の二つの配列では A 共鳴が重なる．

等価な X 核が 3 個あると（AX_3 基），A の共鳴は強度比 1：3：3：1 の 4 本線に分裂する（図 11E·16）．X の共鳴は A によって分裂した二重線のままである（ただし，AX の強度に比べて 3 倍になっている）．一般に N 個の等価なスピン $\frac{1}{2}$ の核は，近くにある 1 個のスピンまたは一組の等価なスピンの共鳴を $N+1$ 本の線に分裂させ，その強度分布はパスカルの三角形[1]（**1**）で与えられる．この三角形の次の行を得るにはその上の行の隣り合った数を加えればよい．図 11E·15 でも図 11E·16 でも左右対称の構造になっているのはこのためである．

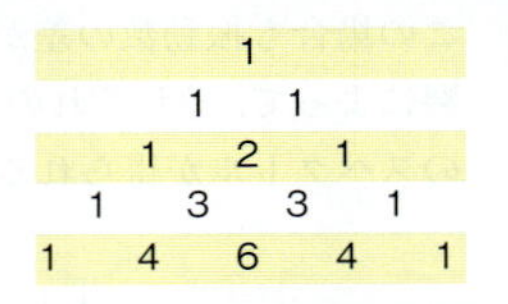
1
1　1
1　2　1
1　3　3　1
1　4　6　4　1

1 パスカルの三角形の一部

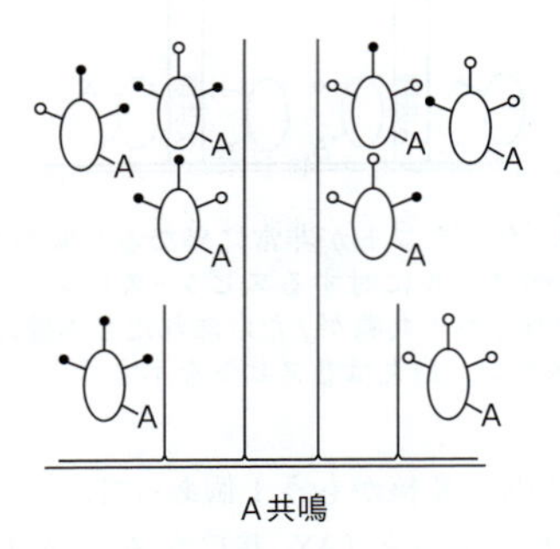

図 11E·16　AX_3 系の A 共鳴の強度比 1：3：3：1 の四重線の起源．A と X は化学シフトが非常に異なるスピン $\frac{1}{2}$ 核である．3 個の X 核のスピンには $2^3 = 8$ 通りの配列があるから，その A 核への影響から 4 本の共鳴が生じる．

簡単な例示 11E·3

エタノールの C−H プロトンの ^{1}H-NMR スペクトルの微細構造を説明するには，パスカルの三角形を参考にする．CH_3 基の 3 個のプロトンは CH_2 基のプロトンの 1 本の共鳴を強度比 1：3：3：1 の四重線に分裂させ，その間隔は J である．同じように，CH_2 基の 2 個のプロトンは CH_3 基の 1 本の共鳴を強度比 1：2：1 の三重線に分裂させる．また，この線はそれぞれ OH プロトンによってわずかに二重線に分裂している．ただし，本来の信号の幅が広すぎてこの微細構造は観測できない．

N 個の結合を介してつながった 2 個の核の間のスピン−スピンカップリング定数を ^NJ と書き，これに関与している 2 個の核を下付き添字で表す．たとえば，$^1J_{CH}$ は ^{13}C に直接結合したプロトンのカップリング定数で，$^2J_{CH}$ は同じ 2 個の核が 2 本の結合を介して（^{13}C−C−H のように）つながった場合のカップリング定数である．$^1J_{CH}$ はふつう 10^2〜10^3 Hz の値で，$^2J_{CH}$ はその $\frac{1}{10}$ の約 10〜10^2 Hz くらいの大きさである．^3J と ^4J もスペクトルで検出できるほどの大きさであるが，介在する結合がこれより多い場合のカップリング定数は通常無視できる．

簡単な例示 11E·4

図 11E·17 は，ジエチルエーテル $(CH_3CH_2)_2O$ の ^{1}H-NMR スペクトルである．$\delta = 3.4$ の共鳴はエーテルの CH_2 に対応し，$\delta = 1.2$ のものは CH_3CH_2 の CH_3 に対応する．［簡単な例示 11E·3］でわかるように，CH_2 基の微細構造（強度比 1：3：3：1 の四重線）は，CH_3 基による分裂に特有のものであり，CH_3 の共鳴の微細構造は CH_2 によって起こされた特有の分裂である．スピン−スピンカップリング定数は $J = -7.0$ Hz である．もし，磁場の強さが 5 倍の分光計を使ったとしたら，共鳴線の組と組の間は 5 倍遠くなる（ただし，δ の値は同じ）．スピン−スピン分裂には変化はない．

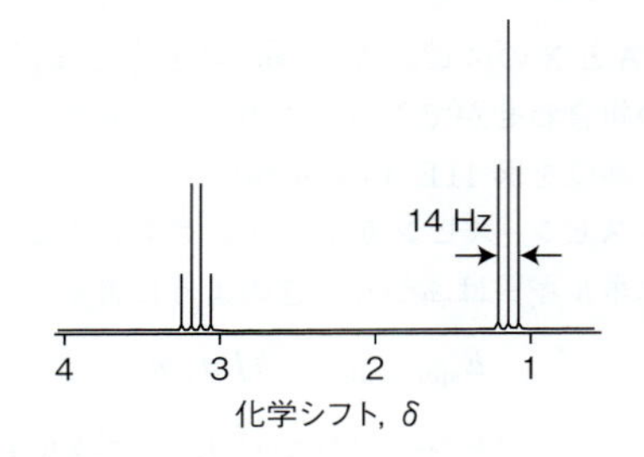

図 11E·17　［簡単な例示 11E·4］で取上げるジエチルエーテルの NMR スペクトル．

1）Pascal's triangle

$^3J_{HH}$ の大きさは2本のC−H結合の間の二面角 ϕ(**2**)によって変わる．その変化はつぎの**カープラスの式**[1] で非常によく表される．

$$^3J_{HH} = A + B\cos\phi + C\cos 2\phi \quad \text{カープラスの式} \qquad (11)$$

A, B, C の代表的な値はそれぞれ +7 Hz，−1 Hz，+5 Hz である．図11E·18には，この式から予測される角度変化を示してある．一連の関連化合物について $^3J_{HH}$ を測定すると，その化合物のコンホメーションを求めることができる．

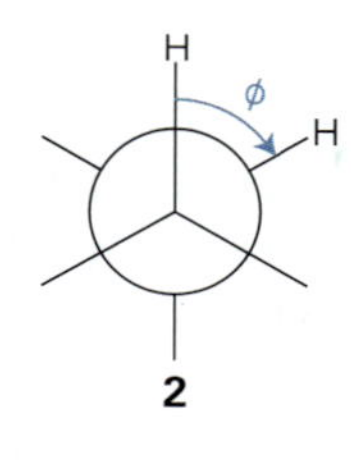

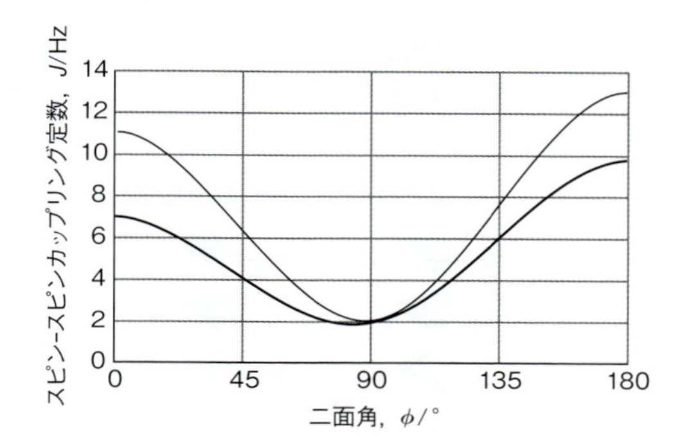

図 11E·18　カープラスの式による $^3J_{HH}$ の角度変化．下側の曲線はH−C−C−H，上側の曲線はH−N−C−Hに対するもの．

簡単な例示 11E·5

生体高分子の三次元構造の多くがNMR分光法によって求められてきた．構造生物学におけるNMRの威力を示す最初の例として，ポリペプチド中のH−N−C−Hのカップリングの解析からポリペプチドのコンホメーションがどのように解明できるかを考えよう．この基の $^3J_{HH}$ カップリングでは $A = +5.1$ Hz, $B = -1.4$ Hz, $C = +3.2$ Hz である．α ヘリックスについては ϕ が120° に近いから，$^3J_{HH} \approx 4.2$ Hz である．β シートでは ϕ は180° に近いから，$^3J_{HH} \approx 10$ Hz である．したがって，カップリング定数が比較的小さければ α ヘリックス，大きければ β シートであることを示している．

溶液中の分子のスピン−スピンのスカラーカップリングは，**分極機構**[2] によって説明できる．この機構では，相互作用は結合を通じて起こる．一番簡単な場合として考えられるのは $^1J_{XY}$ である．ここで，XとYは電子対結合で結ばれているスピン $\frac{1}{2}$ 核である（図11E·19）．この場合のカップリングの機構は，核スピンと隣接する電子スピンが平行になっている方（両方とも α か，両方とも β）が都合のよい原子もあるが，反平行になった方（片方が α で，他方が β）が都合のよい原子もあるという事情から生じる．電子−核のカップリングは，本来磁気的なもので，電子スピンと核スピンの磁気モーメントの間の双極子相互作用か，それとも**フェルミの接触相互作用**[3] のどちらかである．フェルミの接触相互作用は，電子が原子核のごく近くにあるかどうかで決まるから，その核磁気モーメントはもはや点として扱えない．つまり，その電子が s オービタルを占めている場合にしか起こらない．s 性が重要であることは，$^1J_{CH}$ の値がC原子の混成様式にも依存していることからわかる．

	sp	sp^2	sp^3
$^1J_{CH}$/Hz:	250	160	125

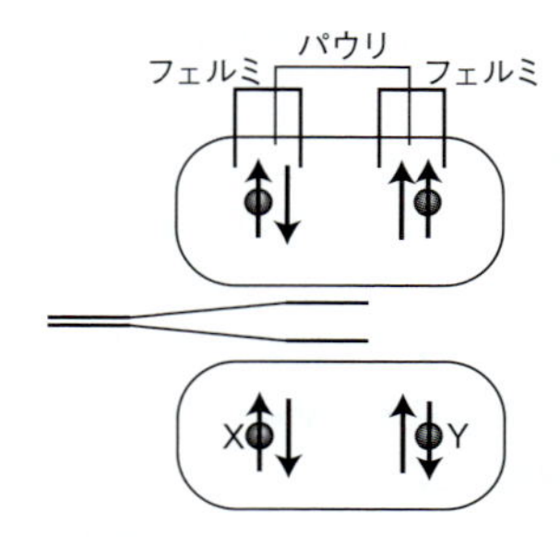

図 11E·19　スピン−スピンカップリング（^1J）の分極機構．二つの配列はエネルギーが少しだけ異なる．この図の場合は J が正で，核スピンが互いに反平行のときの方がエネルギーは低くなる．

スカラーカップリングの機構はつぎのようなものである．ここでは，電子スピンと核スピンが反平行になっている方が（水素原子内のプロトンと電子のように）エネルギー的に有利であると仮定しよう．つまり，電子と核をそれぞれ e と N とすれば，$\alpha_e\beta_N$ または $\beta_e\alpha_N$ が安定と仮定する．

そこでもし，X核が α_X であれば，結合対の β 電子がその近くに見いだされやすいだろう（エネルギー的に有利だから）．この結合の二つ目の電子は，一方が β であるから α スピンをもたねばならず（電子どうしはできるだけ離れて，互いの反発を減らそうとするから），主として結合の他端のY核の近くに見いだされるであろう．Y核のスピンは，電子スピンと反平行になった方がエネルギー的に有利と考えているから，Y核は α スピンより β スピンの方がエネルギーは低くなる．すなわち，つぎの状況である．

$$\text{低エネルギー：} \alpha_X\beta_e \cdots \alpha_e\beta_Y$$
$$\text{高エネルギー：} \alpha_X\beta_e \cdots \alpha_e\alpha_Y$$

一方，X が β のときは，これと反対のことが起きる．こん

1) Karplus equation　2) polarization mechanism　3) Fermi contact interaction

どは，Y の α スピンの方がエネルギーは低いからである．すなわち，

$$低エネルギー：\beta_X\alpha_e \cdots \beta_e\alpha_Y$$
$$高エネルギー：\beta_X\alpha_e \cdots \beta_e\beta_Y$$

である．つまり，核スピンと結合電子の磁気カップリングの結果として，核スピンが反平行の配置をとる方（$\alpha_X\beta_Y$ や $\beta_X\alpha_Y$）が，平行な配置（$\alpha_X\alpha_Y$ や $\beta_X\beta_Y$）よりもエネルギーが低くなる．m_X と m_Y が反対符号のときは hJm_Xm_Y は負であるから，${}^1J_{HH}$ は正になるのである．

フェルミの接触相互作用による核スピンと電子スピンのカップリングは，プロトンスピンについては最も重要であるが，他の原子核については必ずしも最重要な機構ではない．これらの核は，双極子機構によって電子の磁気モーメントや電子の軌道運動と相互作用することもあり，J が正になるか負になるかを判定する簡単な手段はない．

(c) 線　幅

NMR の線幅 $\Delta\nu_{1/2}$ は，共鳴の微細構造の個々の成分の半値幅と定義される．このときの線幅は寿命幅（トピック 11A の 13a 式，$\delta E = \hbar/\tau$）によって生じるものである．したがって，注目する状態の寿命を短くする要因があれば，それによって線幅は広くなる．

核磁気のエネルギー状態の寿命は，**緩和**[1] という過程によって短くなる．それは，系の占有数分布が非放射的な方法で平衡に回復する過程である．核スピンの緩和は，二つの緩和時間で表される．仮に，すべての核が β 状態にあるスピン系を想像しよう．このとき，系は指数関数的に平衡分布（β スピンより α スピンが少し多い状況）に戻ることになるが，その時定数を**縦緩和時間**[2] T_1 という（図 11E・20）．一方，緩和にはもう一つ精緻な仕組みのものがある．いま，スピンをもつ磁性核（つまり磁気モーメント）が，図 11E・21 の左側に示すように（強制的に）配置されたとしよう．すなわち，磁気モーメントがそれぞれの円錐面上をすべて同じ方位角を向いて揃っている状況である．すでに述べたように，それぞれの磁気モーメントのラーモア振動数がわずかずつ異なっていれば（磁気モーメントが受けている局所磁場は少しずつ異なるから）磁気モーメントの向きは徐々に散らばることになり，熱平衡状態では外部磁場の方向のまわりで全くランダムな方向を向くであろう．スピン系がこのようなランダムな配向に指数関数的に戻るときの時定数を**横緩和時間**[3] T_2 という．したがって，スピンが真の熱平衡状態であるためには，スピン状態がボルツマン分布で与えられる占有数の比になっているだけでなく，スピンの配向が磁場の方向のまわりでランダムになっていなければならない．

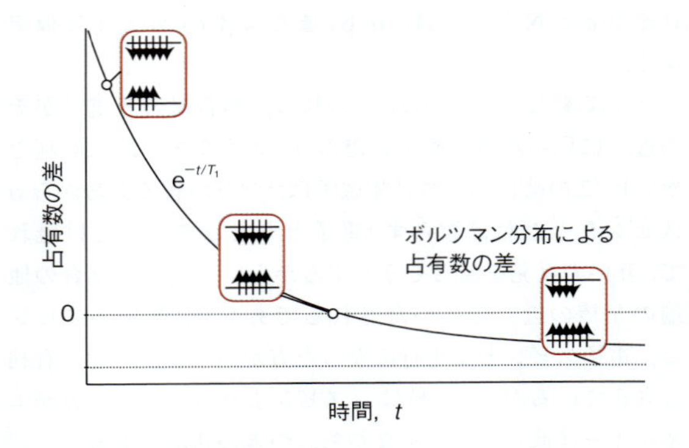

図 11E・20　縦緩和時間は，いろいろなスピン状態の占有数が平衡（ボルツマン）分布に指数関数的に回復するときの時定数である．

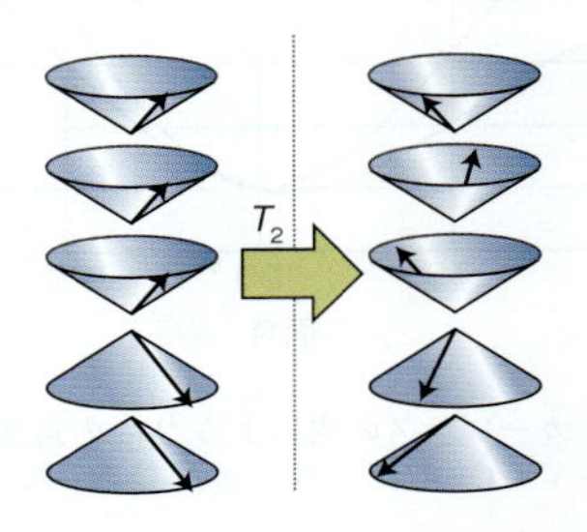

図 11E・21　横緩和時間は，スピンが磁場方向のまわりで指数関数的にランダムな分布に回復するときの時定数である．

それぞれのタイプの緩和は何によってひき起こされるのだろうか．どちらの場合も，スピンはそれをいろいろな方向に向けようと働く局所磁場に応答して動いている．しかし，この 2 種の過程には決定的な違いがある．

β から α への遷移（縦緩和の場合）を誘起するのに最適な局所磁場は，共鳴振動数に近い振動数でゆらぎを起こしている磁場である．このような局所磁場は，流体試料中で分子がとんぼ返りする運動から生じうる．もし，分子のとんぼ返り運動が共鳴振動数と比べて遅いと，この運動から生じる磁場のゆらぎは遅すぎて遷移をひき起こすことはできない．そのため T_1 は長い．もし，分子が共鳴振動数よりもずっと速くとんぼ返りすると，それによる磁場のゆらぎは遷移をひき起こすには速すぎることになり，この場合も T_1 は長い．分子がほぼ共鳴振動数くらいでとんぼ返りするときだけ，ゆらいでいる磁場が効果的に遷移を誘起することができる．そして，その場合だけ T_1 が短くなる．分子の

1) relaxation
2) longitudinal relaxation time．スピン–格子緩和時間（spin–lattice relaxation time）ともいう．
3) transverse relaxation time．スピン–スピン緩和時間（spin–spin relaxation time）ともいう．

とんぼ返りの頻度は温度とともに増加し，また溶媒の粘度が減少すると増加するから，図 11E･22 に示すような依存性が予測される．

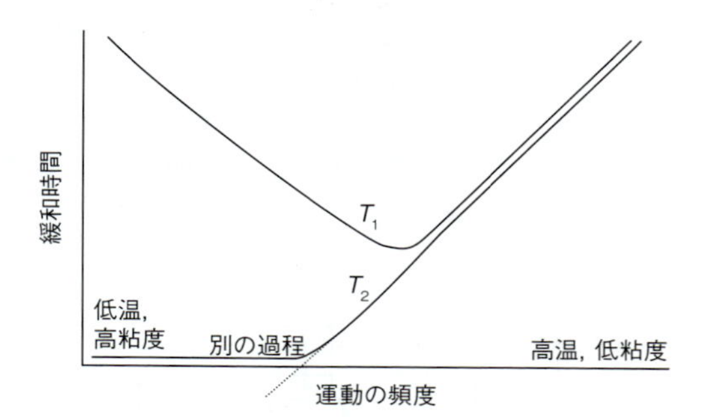

図 11E･22　分子の動き（分子のとんぼ返りや溶液中の分子移動）の頻度による 2 種の緩和時間の変化．横軸は温度や粘度を表すと考えられる．運動の頻度が高いときはこの 2 種の緩和時間は一致することがわかる．

横緩和をひき起こすのに最適な局所磁場は，あまり速く変化しない磁場である．その場合は，試料中の分子はそれぞれが見る局所磁場の環境に長時間とどまることになり，スピンの配向が外部磁場の方向のまわりでランダムになるだけの時間がとれることになる．分子がある磁場環境から別の磁場環境へ速く動き回ると，異なる磁場の効果は時間的に平均化されてしまい，ランダム化がさほど速く進行しない．つまり，分子運動が遅いと T_2 は短く，運動が速いと T_2 は長い（図 11E･22 に示してある）．詳しい計算によれば，運動が速いときの二つの緩和時間は等しく，図に描いたようになる．

ここで，T_1 に寄与する過程は T_2 にも寄与することに注意しよう．それは，スピンが β から α にひっくり返ると，円錐まわりの角度がランダムになる確率が上がってしまうからである．そのことによって xy 面内の磁化ベクトルも小さくなるのである．

スピン緩和の研究には高度な技法が使われている．ラジオ波のエネルギーをもつ複雑なパルス系列でスピンを駆動して，それを特殊な向きに配向させたのち，平衡状態に回復する過程を追跡する．このようなスピン緩和の研究には二つの応用がある．一つは，分子の一部や全体の運動性に関する情報が明らかになることである．たとえば，脂質二重層の炭化水素鎖にあるプロトンのスピン緩和時間の研究から，そのような鎖の運動の詳しい様子がわかるから，それを細胞膜の動きの理解につなげることができる．第二に，緩和時間は，その緩和をひき起こしている磁場の源から観測している核がどれだけ離れているかに依存している．その磁場源が同じ分子の別の磁性核の場合もあるだろう．そこで，緩和の研究から分子内の核間距離を求めることができ，それから分子の形状についてモデルを組立てることができるのである．

11E・4　コンホメーションの変換と化学交換

NMR スペクトルの現れ方は，異なる磁気環境の間を磁性核が速くジャンプしたり，**コンホメーション変換**[1] を行ったりしていると変わってくる．たとえば，N,N-ジメチルホルムアミドのような分子が N−C 結合軸のまわりに回転している場合を考えよう．このときのメチル基の化学シフトは，メチル基の位置がカルボニル基に対してシスであるかトランスであるかによって異なる（図 11E･23）．この間の相互変換が起こっても分子の形状に変化はないか

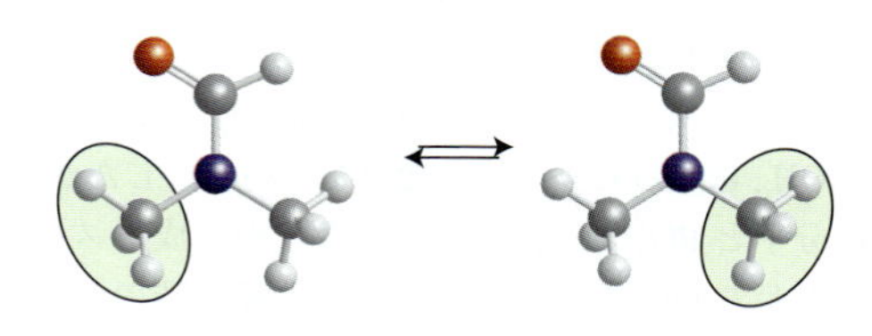

図 11E･23　丸で囲んだ二つのメチル基は，磁気的に異なる環境に置かれている．この図の垂直な結合のまわりに回転が起これば両者は交換されるから，その信号の線幅と化学シフトに影響が現れる．回転が速ければ，両方のメチル基は同じ信号を与える．

ら，これは本来のコンホメーション変換ではないが，ここでは単純なモデルとして取上げることにしよう．このときの回転の頻度が小さいときのスペクトルは，この 2 個のメチル基がそれぞれ異なる信号を与えるだろう．ところが，この相互変換が速いと，二つの化学シフトの平均位置に 1 本のスペクトル線を示す．その中間の速さのときは，非常に幅広いスペクトル線が得られる．幅の広がりが最大になるのは，メチル基がカルボニル基に対してシスかトランスかという寿命 τ が両者の共鳴振動数の差 $\delta\nu$ と同じくらいのときであり，このとき広くなった両者のスペクトル線は合体して非常に幅広い 1 本のスペクトル線を与えるのである．このように 2 本線の融合が起こる（つまり，$\delta E = \hbar/\tau$ となる）のはつぎの場合である．

$$\tau = \frac{2^{1/2}}{\pi\,\delta\nu} \qquad \text{NMR の 2 本線の融合が起こる条件} \qquad (12)$$

簡単な例示 11E･6

N,N-ジメチルニトロソアミン $(CH_3)_2N-NO$ の NO 基が N−N 結合のまわりに回転すれば，二つの CH_3 基の磁気的な環境が相互に変化する．600 MHz の分光計では，二つの CH_3 共鳴は 390 Hz だけ離れている．そこで，

1) conformation conversion

$$\tau = \frac{2^{1/2}}{\pi \times \underbrace{(390\ \mathrm{s}^{-1})}_{390\ \mathrm{Hz}}} = 1.2\ \mathrm{ms}$$

であるから，相互変換の頻度（$1/\tau$）が約 870 s^{-1} を超えたとき信号は 1 本線になる．

試料が溶媒とプロトンを交換できる状況があるとき，つまり**化学交換**[1] に関与する溶媒が存在するときの微細構造の喪失についても同様の説明ができる．たとえば，アミノ基やヒドロキシ基のプロトンは水のプロトンと交換できる．この化学交換が起こると，α スピンのプロトンをもつセリンやチロシンなどの ROH 分子（これを ROH_α と書く）は，溶媒分子が提供するプロトンがランダムなスピン配向をもって次々に交換するから，ROH_β に変換したり，また ROH_α に戻ったり高速で変換している．したがって，ROH_α 分子と ROH_β 分子の両方の寄与から成るスペクトル（すなわち OH プロトンによる二重線構造のスペクトル）でなく，OH プロトンのカップリングによる分裂のないスペクトル（図 11E･11）を観測することになる．この効果は，化学交換による分子の寿命が非常に短くて，寿命による広がりが二重線の分裂間隔よりも大きいときに観察される．この分裂はたいてい非常に小さい（数ヘルツ）ので，分裂が観察できるためにはプロトンは 0.1 s よりも長く同じ分子に付いていなければならない．水ではこの交換速度はこれよりずっと速いから，アルコール類は OH プロトンによる分裂を示さない．乾燥したジメチルスルホキシド（DMSO）では，交換速度は遅いから分裂が観測される．

11E・5　核オーバーハウザー効果

非常に単純な AX 系として，この 2 個のスピンが磁気的な双極子-双極子相互作用で互いに相互作用している場合を考えよう．2 本のスペクトル線が予測され，一つは A のもの，もう一つは X のものである．ところで，この系に X の共鳴振動数の強いラジオ波放射線を照射して，X の遷移を飽和させれば（つまり，X の準位の占有数を等しくする），A の共鳴に変化が現れるのである．その変化は共鳴吸収が強くなるか，それとも弱くなるか，あるいは吸収でなく放出に変わることさえある．ある共鳴を飽和させたとき，べつの共鳴に起こる変化を**核オーバーハウザー効果**（NOE）[2] という．

この効果を理解するには，AX 系の 4 個ある準位のそれぞれの占有数を考える必要がある（図 11E･24）．熱平衡では $\alpha_A\alpha_X$ 準位の占有数が最大で，$\beta_A\beta_X$ 準位の占有数は最小である．残りの 2 準位はエネルギーが等しく，占有数はその中間にある．熱平衡での吸収強度は，図のようにこれらの占有数を反映したものになるだろう．さて，X の遷移の飽和とスピン緩和の組合せ効果を考えよう（図 11E･25 および図 11E･26）．X の遷移を飽和させると，X の準位は互いに占有数が等しくなるが，この段階では A の準位の占有数には変化がない．もし，起こる変化がこれですべてならば，見かけ上は X の共鳴が消えて，A の共鳴には何の影響も現れないはずである．

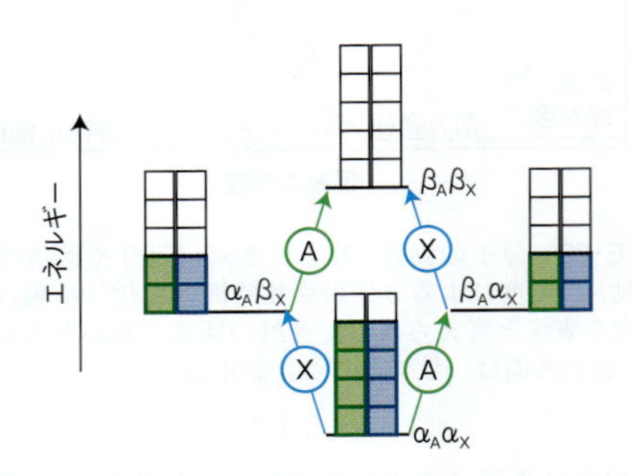

図 11E･24　AX 系のエネルギー準位とその相対占有数を示す図．四角で占有数の状況を表している．熱平衡での状況である．A 遷移と X 遷移を示してある．

ここでスピン緩和の効果を考えよう．A スピンと X スピンの間に双極子相互作用があれば緩和はいろいろな仕方で起こりうる．その一つの可能性は，両スピンの間に働く磁場によって，両方とも β から α へ飛び移ることで，それによって $\alpha_A\alpha_X$ と $\beta_A\beta_X$ の両状態が熱平衡の占有数を回復する．しかし，$\alpha_A\beta_X$ と $\beta_A\alpha_X$ の両準位の占有数は飽和したときの値のまま不変である．図 11E･25 からわかるように，A の遷移で結ばれた二つの状態間の占有数の差†は平衡値よりも大きいから，この共鳴吸収は増大する．もう一つの可能性は，両スピンの間の双極子相互作用によって α が β へ，また β が α へ飛び移ることである．この遷移によって，$\alpha_A\beta_X$ と $\beta_A\alpha_X$ の占有数は熱平衡値になるが，$\alpha_A\alpha_X$ と $\beta_A\beta_X$ の占有数はそのままである（図 11E･26）．そうすると図からわかるように，A 遷移に関与する 2 状態の間の占有数の差は減少するから，この共鳴吸収は弱くなる．

どちらの効果が優勢だろうか．NOE によって A 共鳴は強くなるのか，それとも弱くなるのだろうか．緩和時間の説明で述べたように，もし双極子場が遷移振動数（いまの場合は 2ν に近い振動数）で変調されていれば，強度を増大させる $\beta_A\beta_X \longleftrightarrow \alpha_A\alpha_X$ 緩和の効率の方が高くなる．同様にして，もし双極子場が静止していれば（始状態と終状態の間で振動数に差がないなら），強度を弱める $\alpha_A\beta_X \longleftrightarrow \beta_A\alpha_X$ 緩和の効率の方が高くなるのである．大

† 訳注：ボルツマン分布を考える必要があり，厳密には占有数の比が問題となるが，ここでは単純化して差で考えている．
1）chemical exchange　2）nuclear Overhauser effect

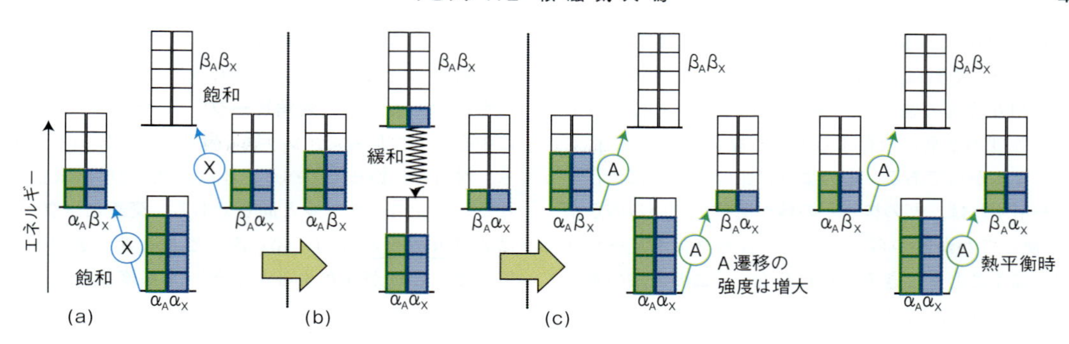

図 11E·25　(a) X 遷移が飽和すれば (b) に示すように占有数の増減が起こり，それぞれの 2 状態の占有数は等しくなる．そこで，双極子-双極子緩和によって，最高の状態から最低の状態へ占有数の緩和が起こり，この組の占有数はもとの熱平衡値に戻る．(c) しかし，A 遷移について考えれば (左)，両組の占有数の差はいずれも熱平衡 (右) の場合よりも大きく，したがって A 遷移の強度はもとに比べて増大する．

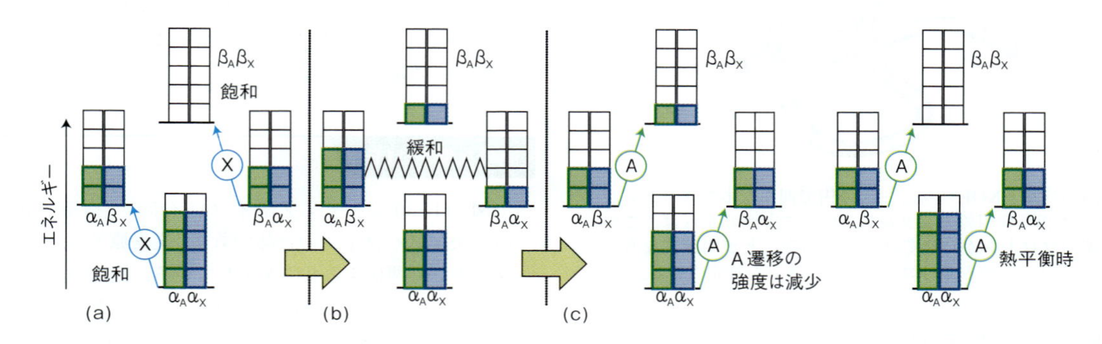

図 11E·26　(a) 図 11E·25 と同様に X 遷移が飽和すると，(b) それぞれの組の占有数は等しくなる．一方，双極子-双極子緩和によって，中間の準位の間で占有数の緩和が起これば，(c) この組の占有数は等しくなる．しかし，A 遷移について考えれば (左)，両組の占有数の差はいずれも熱平衡 (右) の場合よりも小さく，したがって A 遷移の強度はもとに比べて減少する．

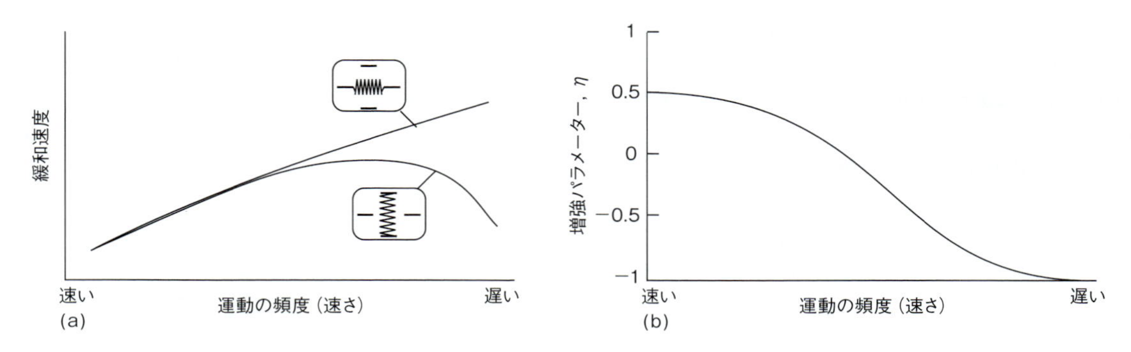

図 11E·27　(a) 分子のとんぼ返り運動の頻度の関数として表した，二つのタイプの緩和 (小さな図で示す) の緩和速度．(b) 増強パラメーターの変化．

きな分子はゆっくりとしか回転しないから 2ν ではほとんど運動しない．そのため，強度は減少すると予測される (図 11E·27a)．小さな分子なら 2ν で高速回転する運動もかなりあるから，信号は増大するだろう．実際には，強度の増大はこの両極端の間のどこかにあって，**増強パラメーター**[1] η (イータ) を使って表される．

$$\eta = \frac{I - I_0}{I_0} \qquad \text{NOE 増強パラメーター [定義]} \qquad (13)$$

I_0 は通常の強度，I はある特定の遷移の NOE 強度である．^{1}H の信号の場合，理論的に η は -1 (減少) と $+\frac{1}{2}$ (増大) の間にある (図 11E·27b)．

1) enhancement parameter

η の値はNOEに関係する2個のスピン間の距離に強く依存している．それは，距離 r だけ離れた2個のスピン間の双極子相互作用の強さが $1/r^3$ に比例し，これによる影響はその強度の2乗に依存するから，結局 $1/r^6$ に依存することになるからである．このように距離に敏感に依存するのを利用すれば，どの核とどの核が隣接しているのかがNOEを使ってわかるから，タンパク質のコンホメーションの図を描くことができる（図11E･28）．この方法の重要性はかなり大きく，これによって水溶液中でポリペプチドのコンホメーションを求めることができるから，X線回折法で必須な単結晶の作成が必要なくなるのである．

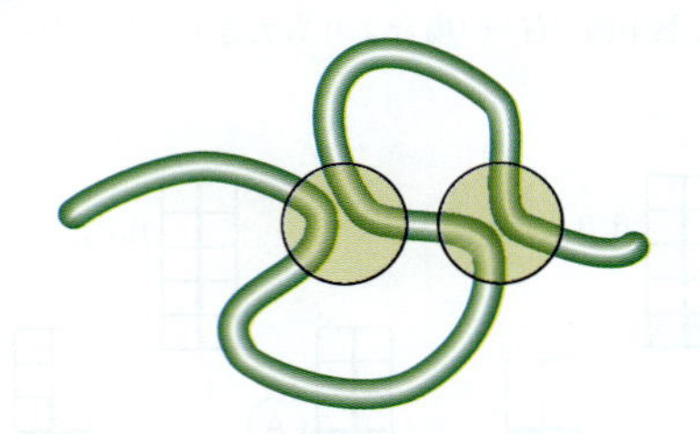

図11E･28 NOE実験で，図の円で囲んだ中のプロトンが双極子相互作用でカップルしていることがわかれば，この2個のプロトンがそれぞれ近くにあることが明確になるから，ポリペプチド鎖のコンホメーションを推定できる．

11E・6 二次元NMR

NMRスペクトルは大量の情報を含んでいるから，多数のプロトンが存在すると非常に複雑になる．もし，データを表示するのに二つの軸を使うことができて，異なるグループに属する共鳴が二つ目の軸上で異なる場所に来るようにできれば，この複雑さが軽減されるはずである．この信号の分離は**二次元NMR**[1] を使えば原理的には達成できる．

最新のNMR研究の多くは**相関分光法**（COSY）[2] を利用している．この方法では，巧妙にパルス系列を選び，フーリエ変換を行うことによって，分子内のすべてのスピン-スピンカップリングを求めることが可能である．AX系の代表的なスペクトルを図11E･29に示す．この図は，二つの振動数 ν_1 と ν_2 に相当する軸に対して強度をプロットしたものである．この**対角ピーク**[3] は (δ_A, δ_A) と (δ_X, δ_X) に中心をもつ信号で，$\nu_1 = \nu_2$ の対角線上にある．すなわち，対角線に沿ったスペクトルは，通常のNMR法で得られる一次元スペクトルと同じである．**交差ピーク**[4]（または非対角ピーク[5]）は，(δ_A, δ_X) と (δ_X, δ_A) を中心とする信号で，これが存在するかどうかはA核とX核のカップリングの有無による．

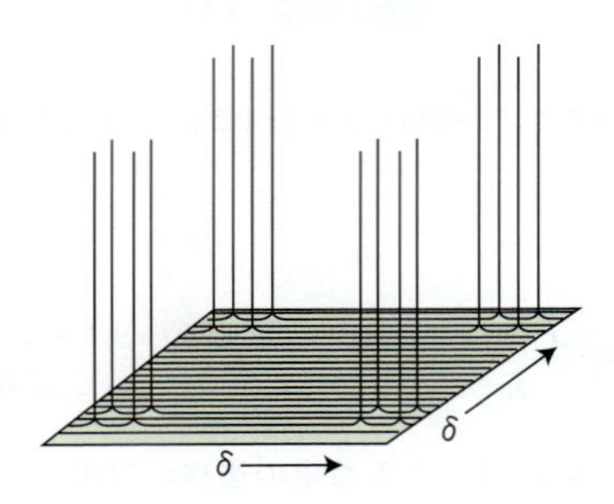

図11E･29 AXスピン系にCOSYパルス系列を加えて得られる二次元NMRスペクトル．

二次元NMR分光法からの情報は，AX系ではあまり意味がないが，もっと複雑なスペクトルを解釈するうえで非常に役に立つ．スピン間のカップリングの地図を描いたり，複雑な分子における結合ネットワークを求めたりすることができる，実際，一次元NMRでは解釈できない生体高分子のスペクトルが，二次元NMRによって比較的迅速に解釈できる場合が多い．

簡単な例示 11E・7

図11E･30は，アミノ酸イソロイシン（構造図A10）のCOSYスペクトルの一部であり，炭素原子に結合したプロトンに関係する共鳴を示している．既知の分子構造からは，つぎのことがいえる．C_α−Hプロトンは C_β−Hプロトンとのみカップルしている．C_β−Hプロトンは C_α−Hと C_γ−H，C_δ−Hプロトンとカップルしている．べつの非等価な C_δ−Hプロトンは C_β−Hおよび C_ε−Hプロトンとカップルしている．ここで，このスペクトルからわかることを列挙しておこう．

- $\delta = 3.6$ の共鳴は $\delta = 1.9$ の共鳴とのみ交差ピークを形成し，その $\delta = 1.9$ の共鳴は $\delta = 1.4, 1.2, 0.9$ の共鳴と交差ピークを形成している．このことは，$\delta = 3.6$ と

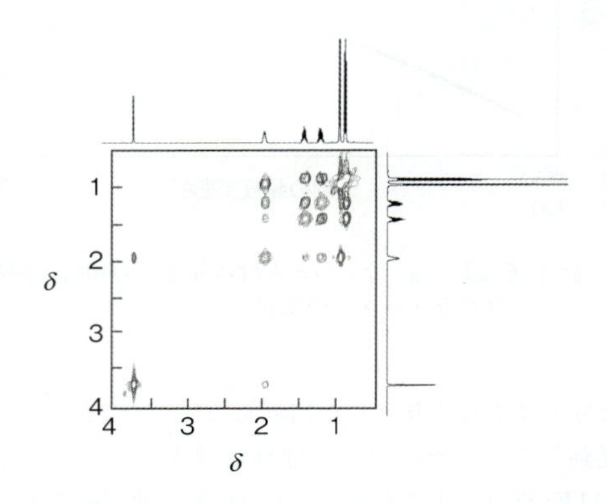

図11E･30 イソロイシンのプロトンCOSYスペクトル．〔K.E. van Holde *et al.*, “Principles of physical biochemistry”, Prentice Hall, Upper Saddle River (1998) より改変．〕

1) two-dimensional NMR 2) correlation spectroscopy 3) diagonal peak 4) cross peak 5) off-diagonal peak

1.9 の共鳴がそれぞれ C_α−H と C_β−H プロトンに対応するとして矛盾がない.

- $\delta = 0.8$ の共鳴をもつプロトンは C_β−H プロトンとカップルしていないから, $\delta = 0.8$ の共鳴を C_ε−H プロトンと帰属する.
- $\delta = 1.4$ と 1.2 の共鳴は, $\delta = 0.9$ の共鳴と交差ピークを形成しない.
- これら予想されるカップリングを考慮すれば, $\delta =$ 0.9 の共鳴を C_γ−H プロトンに, $\delta = 1.4$ と 1.2 の共鳴を非等価な C_δ−H プロトンに帰属できる.

核オーバーハウザー効果を使えば, 特定の共鳴の飽和の前後で得られる NMR スペクトルの増強パターンを解析することによって, 核間距離に関する情報が得られることを示した. **核オーバーハウザー効果分光法**[1]（NOESY）においても, ラジオ波パルスをうまく選び, フーリエ変換法を使うことによって, 可能性のある NOE 相互作用を全部表した地図が得られる. COSY スペクトルと同様, NOESY スペクトルでも, 試料の一次元 NMR スペクトルに相当する一連の対角ピークが現れる. また, 交差ピークは, 核オーバーハウザー効果を生じるほど近接しているのはどの核かを示してくれる. NOESY データからは約 0.5 nm 以下の核間距離が明らかになる.

図 11E·31 は, あるタンパク質についての二次元のプロトン NOESY スペクトルの例である. 一次元の場合より多くの情報が得られるのは当然であるが, 比較的小さなタンパク質であっても交差ピークの数は非常に多いことがわかる. スペクトルをもっと簡単なものにするために, 最近では遺伝子工学の手法を使うのがふつうで, タンパク質を構成する特定のアミノ酸について, $I = \frac{1}{2}$ のスピンをもつことで NMR 分光法が使える ^{13}C や ^{15}N で濃縮した試料を用いている. このような標識法によって, 標識タンパク質の ^{15}N-NOESY スペクトルの交差ピークなどではスペクトルの特徴がより顕著になり, その解釈が容易になるのである. この手法は COSY スペクトルを単純化するのにも使うことができる.

11E・7　磁気共鳴イメージング

核磁気共鳴の最も目ざましい応用の一つは生理学や医学で見られる. 生体中のプロトンの分布を求めるのに磁場勾配が使われる. その技法を理解するには, NMR 技術にどう変更が加えられ, 人体などの三次元の対象物を研究できるようになったかを知る必要がある.

磁気共鳴イメージング（MRI）[2] は, 三次元対象物の中のプロトン分布を示すある種の描画である. この方法では, 空間的に変化する磁場に物体を置いて, これに特殊なパルス系列を加える. 水素核を含む物体（試験管の水や人体）を NMR 分光計の中に置いて均一磁場（試料中どこでも同じ値の磁場）をかけると, ある一つの共鳴信号が検出されるだろう. 一方, z 方向に直線的に変化する磁場 $\mathcal{B}_0 + \mathcal{G}_z z$ にフラスコの水を置いたとしよう. $\mathcal{G}_z$ は z 方向に沿う磁場勾配である（図 11E·32）. このときの水のプロトン

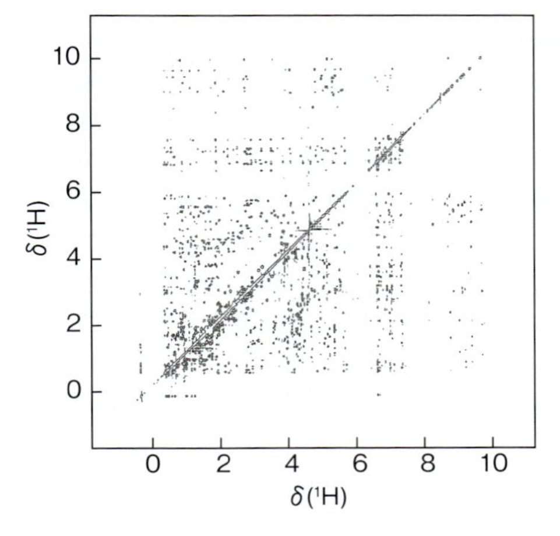

図 11E·31　Fyn タンパク質の SH3 ドメインのプロトン NOESY スペクトル.〔P.J. Hore, "Nuclear magnetic resonance", Oxford Chemistry Primers, Oxford University Press (1995) より改変.〕

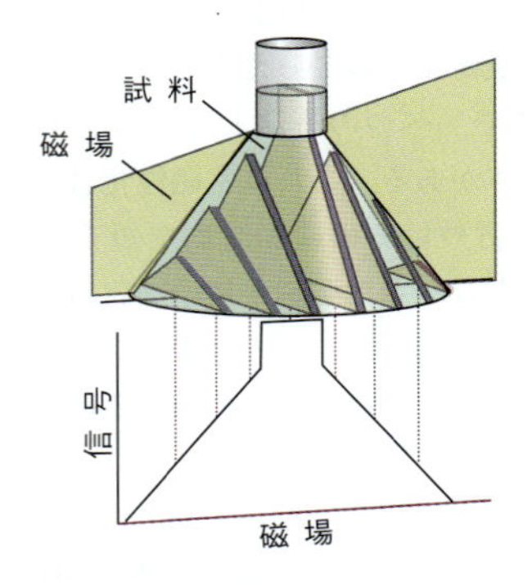

図 11E·32　磁場の強さが試料の場所とともに直線的に変化する設定では, ある一つの切片（つまり, 同じ強さの磁場）にあるプロトン全部が共鳴を起こし, 相当する強度の信号を生じる. その結果できる強度の図は, すべての切片の中のプロトン数の地図であるから, 試料の形をなぞったものである. 磁場の向きを変えれば, その方向で見た形を示すから†, コンピューター処理を行えば試料の三次元の形状がわかる.

† 訳注: 図では, フラスコの中心軸を外れた断面として 6 個の三角形が見えるが, 実際の切り口は双曲線である.
1) nuclear Overhauser effect spectroscopy　2) magnetic resonance imaging

は，つぎの振動数で共鳴することになる．

$$\nu(z) = \frac{\gamma_N}{2\pi}(\mathcal{B}_0 + \mathcal{G}_z z) \qquad (14)$$

同様の式は x 方向と y 方向に沿った磁場勾配についても書ける．たとえば，試料に振動数 $\nu(z)$ の放射線を当てると，z の位置にあるプロトン数に比例した強度の信号が得られる．これが**切片選択**[1] 法である．つまり，試料のある領域，切片にある核を励起するようなラジオ波振動数の放射線を当てるのである．したがって，試料中の核をすべて励起したときの NMR 信号の強度は，磁場勾配に平行な直線上にプロトン数を投影したものになるだろう．切片選択法をいろいろな向きで使えば，フラスコ内の水のような三次元の物体の像が得られる．**投影再構成**[2] 法では，投影図をコンピューター上で解析して，物体中のプロトンの三次元分布を再構成する．

これらの技法に共通する課題は，試料中の水の含量の，場所による変動を示すために画像のコントラストを最大にすることである．この問題を解決するための対策の一つは，水のプロトンの緩和時間が純水よりも生体内の水のほうが短いことを利用することである．さらに，水のプロトンの緩和時間が，健康な組織と罹病した組織では異なるということもある．そこで，試料中のスピンが縦緩和で一部が平衡に回復してからデータを収集すれば，**T_1 で加重平均した像**[3] が得られる．このような条件下では，信号強度の差は T_1 の差と直接関係づけることができる．一方，横緩和で一部が平衡に回復してからデータを収集すれば，**T_2 で加重平均した像**[4] が得られる．こうすれば信号強度は T_2 に強く依存するが，横緩和時間の長いプロトンであっても，自由誘導減衰が十分起こったあとでは信号は弱くなってしまう．そこで，べつの方法として**コントラスト増強剤**[5] を使うやり方がある．これは常磁性化合物であり，プロトンの近くに置けばその緩和時間を短くする役目をする．もし，コントラスト増強剤が健康な組織と罹病した組織とで分布の仕方が違えば，その像のコントラストを強くできるから，この方法は病気の診断をするのに特に有用である．

MRI 法は生理学的な異常を検出したり，代謝過程を観察したりするのに広く使われている．**機能性 MRI**[6]（fMRI）を使えば，脳のいろいろな部位の血流を調べることができ，血流と脳の活動との関係を研究できる．この技術は，ヘモグロビンのデオキシ形とオキシ形の磁気的な性質の違いに基づいている．ヘモグロビンの Fe（II）原子がオキシ形になって，配位数が 5 から 6 に変化すれば，最大数の電子が平行スピンとなる高スピン配置 $d^6(d_{xy}{}^2 d_{yz}{}^1 d_{zx}{}^1 d_{x^2-y^2}{}^1 d_{z^2}{}^1)$ から低スピン配置 $d^6(d_{xy}{}^2 d_{yz}{}^2 d_{zx}{}^2)$ に変化する．常磁性のデオキシ形ヘモグロビンが多いと，組織のプロトン共鳴に対してオキシ形タンパク質と異なる影響を与える．脳の活動領域では活動していない領域に比べ血流量が多いため，オキシ形ヘモグロビンの量の変化によるプロトン共鳴の強度の変化を脳の活動と関連づけることができるのである．

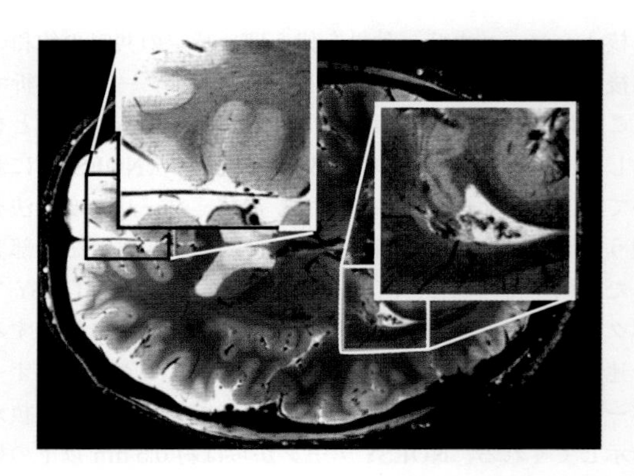

図 11E・33　MRI の大きな特色は，この患者の頭部断面図のように，柔らかい組織を表示できるところにある．〔D. Stucht, K.A. Danishad, P. Schulze, F. Godenschweger, M. Zaitsev *et al.*（2015）に基づく．https://doi.org/10.1371/journal.pone.0133921〕

MRI の特色は柔らかい組織の像を得られる点で（図 11E・33），これと対照的に X 線は骨のような硬い構造体や腫瘍のように異常に密度の高い部位の像を得るのに使われる．実は MRI が硬い構造体を見ることができないのは長所であって，脳や脊髄のように骨で囲まれた部位でも像を得ることができる．X 線はイオン化をひき起こすので危険なことがわかっているが，MRI で使う強い磁場も安全といいきれないかもしれない．むし歯からゆるくなった詰め物が取れたという噂があるものの，有害性についてはっきりした証拠はなく，いまのところこの方法は安全と考えられている．

1）slice selection　2）projection reconstruction　3）T_1-weighted image　4）T_2-weighted image　5）contrast agent
6）functional MRI

重要事項のチェックリスト

- □ 1．**核磁気共鳴**（NMR）では，磁場中での核スピン遷移の共鳴を検出する．
- □ 2．磁気双極子の**歳差運動**は，外部磁場の方向を中心としてそのまわりでねじれる回転運動である．
- □ 3．**ベクトルモデル**は角運動量をベクトルで表すもので，その角運動量ベクトルは z 軸まわりの円錐面上にあり，ラーモア振動数で歳差運動している．
- □ 4．**時間ドメインのスペクトル**は，振動する減衰関数の和である．
- □ 5．**振動数ドメインのスペクトル**は，共鳴振動数を表すスペクトルであり，時間ドメインスペクトルのフーリエ変換である．
- □ 6．核の**化学シフト**は，その共鳴振動数と基準とする標準物質の共鳴振動数との差を表す尺度である．
- □ 7．共鳴の**微細構造**は，その共鳴線が複数に分裂したものをいう．
- □ 8．**スカラーカップリング**は，結合を通して伝わる核間相互作用である．
- □ 9．**フェルミの接触相互作用**は，電子と核の間の磁気相互作用であり，核の磁気双極子が点で表せないほど互いに近いとき，その間の距離に応じて生じるものである．
- □ 10．**縦緩和時間** T_1 は，磁化の z 成分が熱平衡状態に回復するときの時定数である．**横緩和時間** T_2 は，磁化の x 成分と y 成分がその平衡値（0 である）に回復するときの時定数である．
- □ 11．**コンホメーション変換**と**化学交換**は，いずれもスペクトルの線幅に影響を与える．
- □ 12．**核オーバーハウザー効果**（NOE）は，一方の共鳴を飽和させたときのもう一方の共鳴の強度に起こる変化をいう．
- □ 13．**磁気共鳴イメージング**（MRI）は，三次元対象物にあるプロトンの空間分布を表すための NMR 法である．

重要な式の一覧

式の内容	式	備　考	式番号
磁場中の核のエネルギー	$E_{m_I} = -\gamma_N \hbar \mathcal{B}_0 m_I$	γ_N は核の磁気回転比	1
核磁子	$\mu_N = e\hbar/2m_p$	定　義	2a
共鳴条件	$h\nu = \gamma_N \hbar \mathcal{B}_0$　つまり　$\nu = \gamma_N \mathcal{B}_0/2\pi$		6
スピン-スピンのスカラーカップリング	$E_{\text{spin-spin}} = hJm_A m_X$		10
カープラスの式	${}^3J_{HH} = A + B\cos\phi + C\cos 2\phi$	経験式	11
NOE 増強パラメーター	$\eta = (I - I_0)/I_0$	定　義	13

トピック 11F

電子常磁性共鳴

➤ 学ぶべき重要性

ここで説明する手法を使えば，不対電子をもつ化学種について調べることができ，その構造や運動に関する情報が得られる．

➤ 習得すべき事項

電子スピンのエネルギー準位は，外部磁場中ではマイクロ波領域で共鳴する．そのエネルギー準位は，電子スピンの局所的な環境および核との相互作用に依存している．

➤ 必要な予備知識

ここでは電子常磁性共鳴の原理を説明するが，核磁気共鳴について述べたトピック 11E の内容を復習しておくと役に立つだろう．量子化した角運動量の一般的な性質（トピック 8B）と磁性核の存在（トピック 11E）について知っている必要がある．

電子スピンは磁気モーメントをもたらし，外部磁場中では磁気モーメントの配向で決まるエネルギーをもつ．それは，スピン磁気量子数 m_s が $+\frac{1}{2}$（スピン↑，α 電子）または $-\frac{1}{2}$（スピン↓，β 電子）である．エネルギーの低い準位から高い準位への遷移は，NMR の場合（トピック 11E）と同じように電磁場でひき起こすことができる．その遷移は，スピン準位のエネルギー差が入射フォトンのエネルギーと一致したとき最も強く起こり，試料と電磁場の間で共鳴が起こる．**電子常磁性共鳴**[1] EPR（電子スピン共鳴[2] ESR ともいう）ではこの共鳴を検出する．この名称があるのは，不対電子が存在することで常磁性が生じるからである．

電子の磁気モーメントは，どの核の磁気モーメントよりずっと大きいから，ふつうの磁場を使っても EPR 遷移を誘起するにはかなり高い振動数の放射線が必要である．多くの研究が約 0.3 T の磁場を使って行われているが，そのとき共鳴は約 9 GHz で起こる．これは波長 3 cm の“X バンド”のマイクロ波放射線に相当している．電子常磁性共鳴は不対電子をもつ化学種にしか適用できないから，NMR より制約がはるかに厳しいが，電子移動反応や放射線障害で生成するラジカルや，ヘモグロビンなどの生物活性のある化学種を含む d 金属錯体が対象になる．しかし，EPR の制約は，他の分光法を上回る大きな利点にもなりうる．それは，EPR ではシトクロム *c* オキシダーゼなどの大きな生体高分子にあるチロシンラジカルのような単一種に焦点を当てることが可能だからである．生化学研究では，不対電子は“常磁性中心”に局在しているとみなされる．

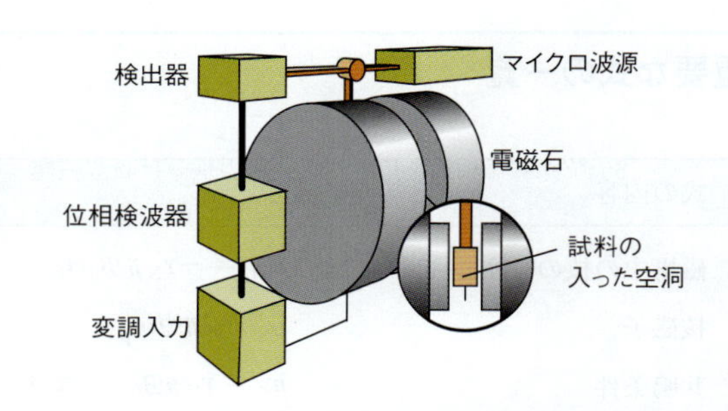

図 11F・1 連続波 EPR 分光計．代表的な磁場は 0.3 T で，共鳴には振動数 9 GHz（波長 3 cm）のマイクロ波が必要である．

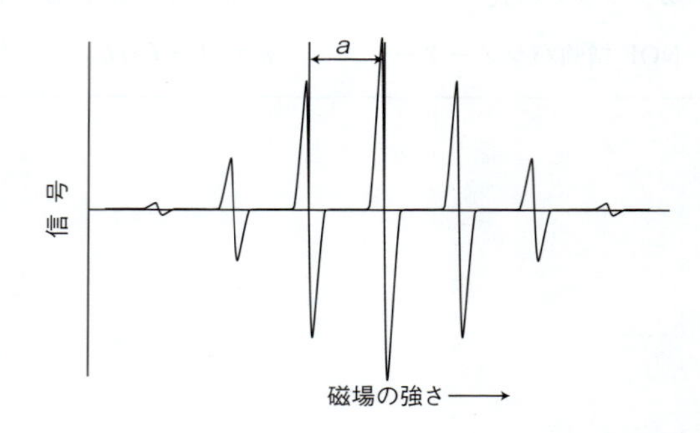

図 11F・2 溶液中のベンゼンラジカルアニオン $[C_6H_6]^{\cdot -}$ の EPR スペクトル．a という量は，このスペクトルの超微細分裂である．一方，スペクトルの中心はラジカルの g 値で決まる．

1) electron paramagnetic resonance　2) electron spin resonance

EPR分光計にはフーリエ変換（FT）法と連続波（CW）法がある．FT-EPR分光計はFT-NMR分光計に似ているが，試料中の電子スピンを励起するのにマイクロ波のパルスを使用する．もっと一般的なCW-EPR分光計の配置を図11F･1に示す．それはマイクロ波源（クライストロンまたはガン発信器），ガラスまたは石英の容器に入れた試料を挿入する空洞共振器，マイクロ波検出器，0.3 T程度で可変の磁場をつくる電磁石から成る．EPRスペクトルを得るには，磁場を変化させながらマイクロ波吸収を監視する．代表的なスペクトル（ベンゼンラジカルアニオン$[C_6H_6]^{\cdot-}$のスペクトル）を図11F･2に示してある．このスペクトルが特徴的な形をしているのは，実際の吸収強度の一階導関数であるからで，検出方法によるものである．吸収強度の一階導関数は，吸収曲線の勾配に敏感である（図11F･3）．

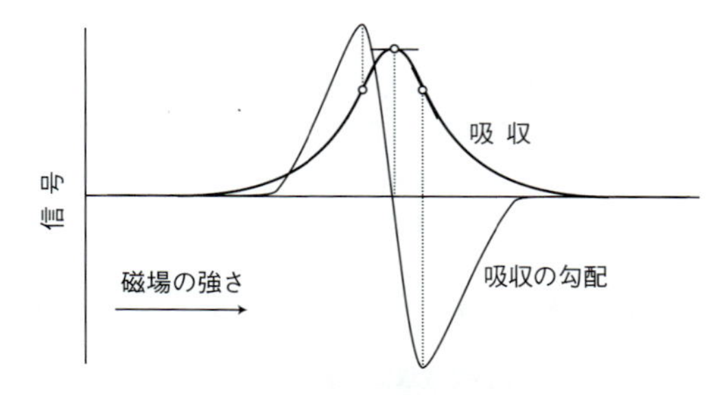

図11F･3　位相敏感検出を用いると，出力信号は吸収強度の一階導関数になる．吸収のピークは，この導関数が0をよぎる点にあることに注意しよう．

11F・1　磁場中の電子

電子がスピンをもつことによる磁気モーメントのz成分μ_zは，スピン角運動量のz成分s_zに比例しているから，

$$\mu_z = \gamma_e s_z \qquad \gamma_e = -\frac{g_e e}{2m_e} \qquad \text{磁気回転比［定義］} \qquad (1)$$

と書ける．γ_e（負の量）は電子の**磁気回転比**[1]である．g_eは注目する**電子のg値**[2]であり，自由電子の値は2.0023である．電子のスピン量子数をm_sとすれば，$s_z = m_s\hbar$であるから$\mu_z = \gamma_e m_s \hbar$である．$z$方向の磁場$\mathcal{B}_0$（厳密にいえば磁束密度．単位Tで表す．$1\,\text{T} = 1\,\text{kg s}^{-2}\,\text{A}^{-1}$）での電子のエネルギーは$E_{m_s} = -\mu_z \mathcal{B}_0$である．したがって，

$$E_{m_s} = -\gamma_e \hbar \mathcal{B}_0 m_s \qquad \text{磁場中での電子のエネルギー} \qquad (2)$$

である．このエネルギーは，つぎの**ボーア磁子**[3]で表されることもある．

$$\mu_B = \frac{e\hbar}{2m_e} \qquad \text{ボーア磁子［定義］} \qquad (3)$$

ボーア磁子は磁性を表す基本単位であり，その（正の）値は$9.274 \times 10^{-24}\,\text{J T}^{-1}$である．そこで，

$$E_{m_s} = g_e \mu_B \mathcal{B}_0 m_s \qquad \text{磁場中での電子のエネルギー} \qquad (4)$$

である．電子の場合は$m_s = -\frac{1}{2}$状態（β）のエネルギーは$m_s = +\frac{1}{2}$状態（α）よりも低い．

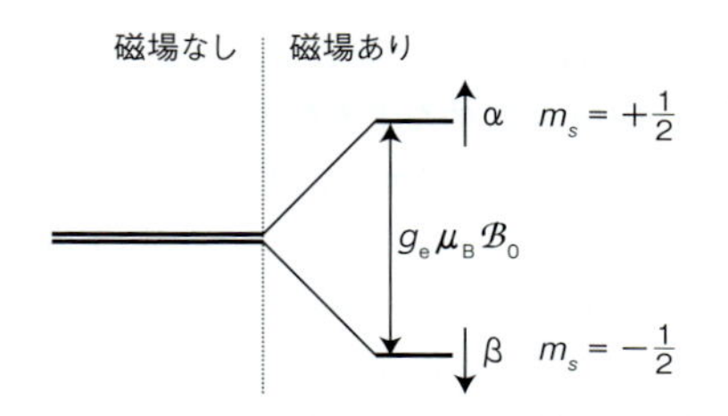

図11F･4　磁場中の電子のエネルギー準位．準位間のエネルギーが電磁場のフォトンのエネルギーと合致したとき共鳴が起こる．

電子の二つのスピン状態のエネルギー間隔は（図11F･4），

$$\Delta E = E_{+1/2} - E_{-1/2} = \tfrac{1}{2}g_e\mu_B\mathcal{B}_0 - (-\tfrac{1}{2}g_e\mu_B\mathcal{B}_0) = g_e\mu_B\mathcal{B}_0 \qquad \text{磁場中の電子のエネルギー間隔} \qquad (5)$$

である．ボルツマン分布によれば，この二つの状態の占有数の比は，

$$\frac{N_{+1/2}}{N_{-1/2}} = e^{-(E_{+1/2}-E_{-1/2})/kT} < 1 \qquad (6)$$

である．$m_s = -\frac{1}{2}$のスピンの数は$m_s = +\frac{1}{2}$のスピンよりわずかに多いのである．試料に振動数νの放射線を照射したとき，その振動数がつぎの**共鳴条件**[4]を満たせば共鳴することになる．

$$h\nu = g_e\mu_B\mathcal{B}_0 \qquad \text{つまり} \qquad \nu = \frac{g_e\mu_B\mathcal{B}_0}{h} \qquad \text{電子の共鳴条件} \qquad (7)$$

共鳴点では強い吸収が起こり，スピンは低エネルギー準位（↓）から高エネルギー準位（↑）に飛び上がる．

11F・2　g　値

（7）式は“自由な”電子の$m_s = -\frac{1}{2}$と$m_s = +\frac{1}{2}$の準位間の遷移の共鳴振動数をg値（$g_e \approx 2.0023$）で表した式である．ラジカルの不対電子の磁気モーメントも外部磁場と

1) magnetogyric ratio　2) g-value of the electron　3) Bohr magneton　4) resonance condition

相互作用する．ただし，そのラジカルが受けている磁場は自由電子の場合とは異なる．それは，ラジカルの分子骨格から誘起される局所磁場が存在するからである．この違いは，自由電子の共鳴条件に用いた g_e を g に置き換えて，

$$h\nu = g\mu_B \mathcal{B}_0 \qquad \text{EPR 分光法での共鳴条件} \qquad (8)$$

と表す．g はそのラジカルの **g 値**[1] である．多くの有機ラジカルの g 値は 2.0027 に近い．また，無機ラジカルはふつう 1.9〜2.1，d 金属イオンをもつ常磁性中心ではもっと広い範囲の値（たとえば 0〜6）をとる．

g 値の $g_e = 2.0023$ からのずれは，外部磁場がラジカル内部にどれほどの局所的な電流を誘起できるかで決まっている．したがって，g の値から，電子構造に関してなんらかの情報が得られることになる．この点で，EPR における g 値は NMR における遮蔽定数（トピック 11E）のような意味がある．しかし，g 値は注目するラジカルに固有なもの（H で 2.003，NO_2 で 1.999，ClO_2 で 2.01 など）であるから，生化学での用途は主として試料中に存在する化学種の同定を助けることである．

簡単な例示 11F・1

近年の EPR 研究で，アミノ酸チロシンが植物の光化学系 II における水から O_2 への酸化や，シトクロム *c* オキシダーゼの O_2 から水への還元，酵素リボヌクレオチドリダクターゼにより触媒されるリボ核酸からデオキシリボ核酸への還元反応など，数多くの生物学的電子移動反応に関与していることが示された．このような電子移動反応の過程ではチロシンラジカル（**1**）が形成される．バクテリア *P. denitrificans*（パラコッカス・デニトリフィカンス）にあるシトクロム *c* オキシダーゼ内のチロシンラジカルの EPR スペクトルの中心は，9.6699 GHz（マイクロ波の X バンドに属する放射線）で運転する分光計では 344.50 mT にある．したがって，その g 値はつぎのように計算できる．

1

$$g = \frac{h\nu}{\mu_B \mathcal{B}_0} = \frac{(6.62607\times10^{-34}\ \mathrm{J\,s})\times(9.6699\times10^{9}\ \mathrm{s^{-1}})}{(9.2740\times10^{-24}\ \mathrm{J\,T^{-1}})\times(0.34450\ \mathrm{T})} = 2.0055$$

11F・3 超微細構造

EPR スペクトルの最も重要な特徴は，その**超微細構造**[2]，つまり個々の共鳴線がいくつもの成分に分裂するところにある．分光学で“超微細構造”という用語は，電子と原子核の相互作用のうち，原子核を点電荷とみなせるもの以外によるスペクトルの構造を表すときに用いる．EPR の超微細構造の起源は，電子スピンとラジカル中に存在する核の磁気双極子モーメントとの磁気的相互作用である．

ラジカル内のどこかにある 1 個の ^1H 核が EPR スペクトルに及ぼす効果について考えよう．このプロトンスピンは磁場の発生源であり，その核スピンの配向によっては（核スピン量子数 $m_I = \pm\frac{1}{2}$ で表されるから），生じる磁場が外部磁場を増やしたり減らしたりする．したがって，全局所磁場は，

$$\mathcal{B}_{loc} = \mathcal{B} + a m_I \qquad \text{超微細カップリング定数の役割} \qquad (9)$$

である．a は**超微細カップリング定数**[3] である（その単位は T であるが，ふつうは mT で表される）．試料中のラジカルの半分は $m_I = +\frac{1}{2}$ であるから，外部磁場がつぎの条件を満たすとき，半分は共鳴を起こす．

$$h\nu = g\mu_B(\mathcal{B}_0 + \tfrac{1}{2}a) \quad \text{つまり} \quad \mathcal{B}_0 = \frac{h\nu}{g\mu_B} - \tfrac{1}{2}a \qquad \text{超微細構造があるときの共鳴条件} \qquad (10a)$$

あとの半分（$m_I = -\frac{1}{2}$）は，つぎのとき共鳴を起こす．

$$h\nu = g\mu_B(\mathcal{B}_0 - \tfrac{1}{2}a) \quad \text{つまり} \quad \mathcal{B}_0 = \frac{h\nu}{g\mu_B} + \tfrac{1}{2}a \qquad \text{超微細構造があるときの共鳴条件} \qquad (10b)$$

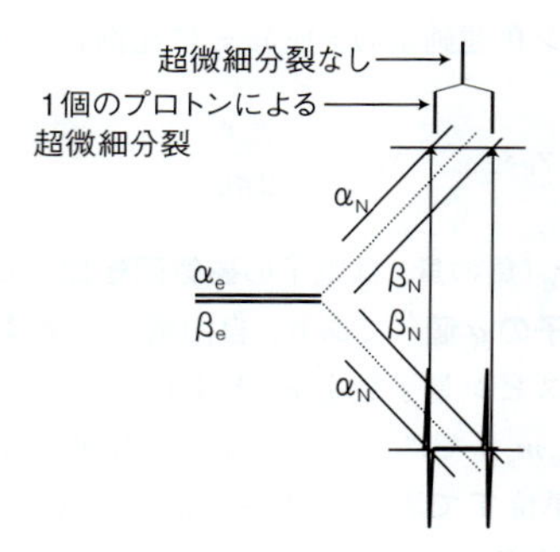

図 11F・5 電子とスピン $\frac{1}{2}$ の核との超微細（hf）相互作用によって，もとの二つのエネルギー準位に代わって四つの準位が生じる．その結果，スペクトルは 1 本線でなく（強度の等しい）2 本線から成る．その強度分布は簡単な棒図表で要約できる．斜めの線は，外部磁場を増加させたときの状態のエネルギーを示し，状態間の間隔がマイクロ波フォトンによる固定エネルギーに合ったときに共鳴が起こる．

1) *g*-value 2) hyperfine structure 3) hyperfine coupling constant

したがって，スペクトルは1本の線でなく，もとの半分の強度の二重線を示す．その間隔は a，中心は g 値で決まる磁場の位置にある（図 11F・5）．

もし，そのラジカルに ^{14}N 原子（スピン量子数 $I=1$）が1個含まれていれば，その EPR スペクトルは強度の等しい3本線から成る．これは，^{14}N 核が三つのスピン配向 $m_I=+1, 0, -1$ をとり，試料中の全ラジカルの3分の1ずつが，それぞれのスピン配向をもつからである．一般に，スピン I の核が1個あれば，スペクトルを強度の等しい $2I+1$ 本の超微細線に分裂させる．

ラジカル中に複数の磁性核が存在するときは，それぞれが超微細構造に寄与する．等価なプロトン（たとえば $CH_3CH_2\cdot$ というラジカルの2個の CH_2 プロトン）の場合，超微細線のどれかが重なる．もし，ラジカルが N 個の等価なプロトンを含んでいると，パスカルの三角形（**2**）で与えられる強度分布の $N+1$ 本の超微細線が現れる．図 11F・2 に示したベンゼンラジカルアニオンのスペクトルは，強度比 1：6：15：20：15：6：1 の7本線を示しているが，これは6個の等価なプロトンを含むラジカルだからである．もっと一般には，あるラジカルが等価な N 個のスピン量子数 I の核を含むならば，変形パスカルの三角形で与えられる強度分布の $2NI+1$ 本の超微細線が生じる．たとえば，2個の等価な ^{14}N 核（$I=1$）の超微細相互作用は強度比 1：2：3：2：1 の5本線を生じる．

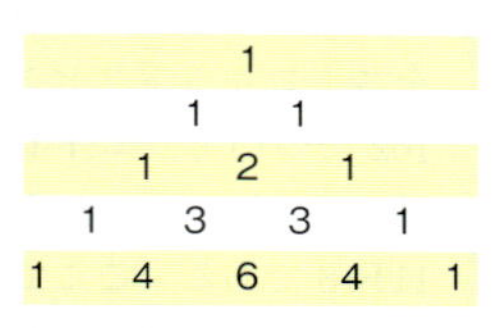

2 パスカルの三角形の一部

例題 11F・1　EPR スペクトルの超微細構造の予測

^{14}N 核を含むラジカルを使えば，生体高分子やその凝集体を詳細に調べることができる．あるラジカルには，超微細定数 1.61 mT の ^{14}N 核（$I=1$）が1個と超微細定数 0.35 mT の等価なプロトン（$I=\frac{1}{2}$）が2個ある．その EPR スペクトルの形を予測せよ．

考え方　それぞれの核または等価な核のグループのタイプごとに，それから生じる超微細構造を一つずつ考える必要がある．つまり，1番目の核で線が分裂すれば，そのそれぞれが2番目の核（あるいは核のグループ）によって分裂するという具合である．最大の超微細分裂を起こす核から始めるのが最もよい．しかし，どんな選び方をしても結果は同じで，考える核の順序にはよらない．

解答　注目する ^{14}N 核によって，強度が等しく間隔が 1.61 mT の3本の超微細線を生じる．それぞれの線は，最初のプロトンによって間隔 0.35 mT の二重線に分裂し，その二重線のそれぞれが，同じく分裂幅 0.35 mT の二重線に分裂する（図 11F・6）．こうして分裂したそれぞれの二重線の中心線は一致するから，プロトンによる分裂は内部分裂幅 0.35 mT の強度比 1：2：1 の三重線になる．したがって，スペクトルは三つの等価な 1：2：1 の三重線から成る．

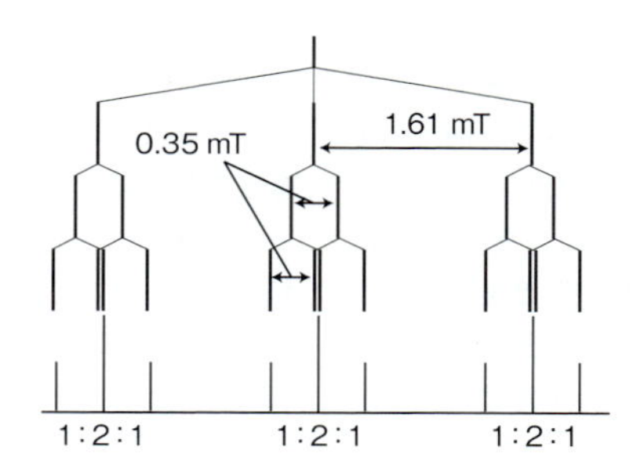

図 11F・6　^{14}N 核（$I=1$）1個と，等価なプロトン2個を含むラジカルが図のような超微細分裂を示すときの超微細構造の解析．

EPR スペクトルの超微細構造は，ある種の指紋であるから，試料に存在するラジカルを同定する助けになる．超微細構造を生じさせる不対電子と水素核との相互作用は，トピック 11E で説明したように双極子相互作用またはフェルミの接触相互作用である．接触相互作用の場合には，その分裂の大きさは存在している磁性核に隣接する不対電子の分布によって決まるから，スペクトルを使ってその不対電子が占める分子オービタル図をつくることができる．たとえば，$[C_6H_6]^{\cdot-}$ の超微細分裂は 0.375 mT である．また，1個のプロトンが，ある1個の C 原子の付近にあって，その C 原子には6分の1の不対電子密度があるから（電子は環に沿って均一に広がっているため），このプロトンが，自分に隣接する C 原子1個だけに完全に束縛されている電子スピンにひき起こすはずの超微細分裂は，$6\times 0.375\,\mathrm{mT}=2.25\,\mathrm{mT}$ である．もし，別の芳香族ラジカルで超微細分裂定数 a が求められれば，そのラジカルの**スピン密度**[1] ρ（ロー），つまりその原子上に不対電子がある確率は，つぎの**マッコーネルの式**[2]，

$$a = Q\rho \qquad \text{マッコーネルの式} \qquad (11)$$

から計算できる．$Q=2.25\,\mathrm{mT}$ である．この式で，ρ は1個の C 原子にあるスピン密度であり，a はその C 原子に付いている H 原子について観測される超微細分裂である．

11F・4　異方性，分子運動，線形

g 値も超微細カップリング定数も，外部磁場に対する常

1）spin density　2）McConnell equation

磁性中心の配向に依存している．固体試料や凍結試料，膜標本など常磁性中心が異なる配向をもつ試料では，それぞれの常磁性中心が異なる g 値や超微細カップリング定数をもつから，異なる強度の磁場で共鳴が起こる．観測されるスペクトルは，これらの信号すべての重ね合わせになるから，非常に幅広く特徴的な線形のスペクトルになる．一方，分子運動は g 値や超微細カップリング定数を平均化するから線形を狭くする．常磁性中心が速いとんぼ返り運動をすれば，すべてが同一の g 値，同一の超微細カップリング定数を示すからシャープな共鳴線を与える．図 11F･7 は，ジ-*t*-ブチルニトロキシドラジカル（**3**）の，EPR スペクトルの線形の温度変化を示したものである．292 K のスペクトルは，^{14}N 核への超微細カップリングに起因する 3 本の鋭いピークから成る．しかし，温度を 77 K に下げるとスペクトル線は広がるのである．

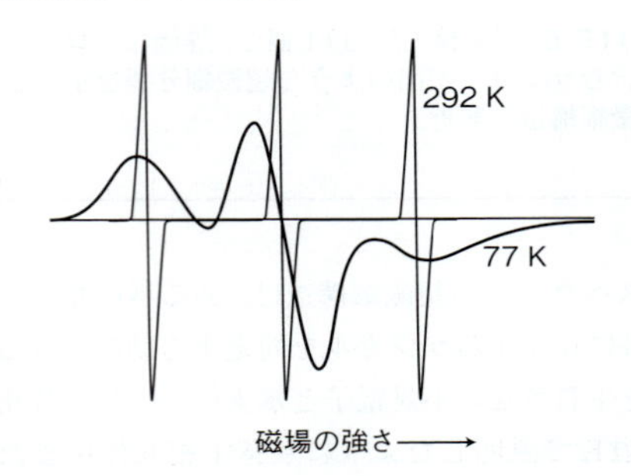

図 11F･7　ジ-*t*-ブチルニトロキシドラジカルの 292 K と 77 K における EPR スペクトル．（J. R. Bolton からの情報に基づく．）

3　ジ-*t*-ブチルニトロキシドラジカル

スピンプローブ[1]（あるいはスピンラベル[2]）は，生体高分子の特定の位置に付いて，そこに常磁性中心をつくることで特有の EPR スペクトルを示すラジカルである．分子運動の研究に適する理想的なスピンプローブは，運動が少し制約されただけで EPR スペクトルの線幅が有意な広がりを示すものである．ニトロキシドスピンプローブを使った研究によれば，かつては生体膜の疎水性内部は剛直であると考えられたが，実際には非常に流動的で個々の脂質分子が膜のシート状構造に沿って横方向に動くことがわかっている．その EPR スペクトルから，ニトロキシドスピンプローブが生体高分子のホスト内にゲストとして入り込んで溶液中で遊離しているのか，それとも，ミセル内に取込まれているのかの判別もできる．たとえば，^{14}N 核の超微細カップリング定数は，N−O 基が溶媒に露出しているか，それともその凝集体の中に埋もれているかによって異なるのである．

簡単な例示 11F･2

グラム陰性菌に見られる膜タンパク質 BtuB の局所ダイナミクスを系統的に研究するために，部位特異的変異導入（SDM）を利用した．すなわち，このタンパク質の望みの位置に Cys 残基を導入しておいてから，その Cys をニトロキシドスピンラベルした．その残基番号 148〜162 について，ニトロキシドラベルの EPR 信号の相対ピーク振幅を残基番号に対してプロットしたのが図 11F･8 である．ここで，ピーク振幅が小さいのは線幅が広いことを意味しており，つまりスピンラベルの移動度が低いことに相当している．残基 148 から 158 にかけて移動度が折り返しているのは，これらの残基が β シートを形成しており，その残基がシートの反対側に交互に現れる状況と矛盾しない．残基 158 から 162 にかけて移動度が増加しているのは，それがこの β ストランドの末端であり，主鎖の柔軟性が増加するループの始まりであることを示している．

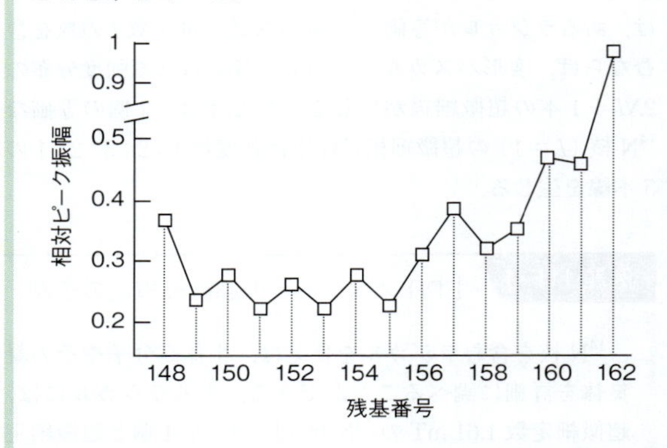

図 11F･8　ニトロキシドで標識したタンパク質 BtuB について，その残基番号に対してプロットした EPR 信号の相対ピーク振幅．〔G. E. Fanucci *et al*., *Biochemistry*, 41, 11543 (2002) に基づく．〕

11F・5　双極子カップリングと電子交換

磁気双極子（小さな棒磁石）として働く電子スピンは，電気双極子と全く同じように互いに相互作用する．2 個の分子が固定した距離にあり，しかも外部磁場について配向が固定しているとき，それぞれの分子にある電子スピンのエネルギーは，その間の双極子カップリングの強さに依存している．この相互作用

4

1) spin probe　2) spin label

によって共鳴条件も変わるから，EPR 信号にはそれによる分裂が生じる．この相互作用エネルギーは**双極子カップリング定数**[1] D で表される．z 軸方向に向きが揃った 2 個の電子スピンが距離 r にあり，互いに角度 θ にあるとき（**4**），そのエネルギーは次式で与えられる．

$$E_{m_s(1),m_s(2)} = hDm_s(1)\,m_s(2)$$
$$hD = \frac{\mu_0 \hbar^2 \gamma_e^2}{4\pi r^3}(1-3\cos^2\theta)$$

双極子カップリングエネルギー　(12)

μ_0 は**磁気定数**[2]（**真空の透磁率**[3] ともいう）である．このエネルギーを (2) 式や (8) 式に加えれば，これによる共鳴条件の変化が得られる．すなわち，電子 1 の共鳴は $h\nu = g\mu_B \mathcal{B}_0 + hDm_s(2)$ で起こるから，この二つの磁場のもとでは次式が得られる．

$$\mathcal{B}_0 = \frac{h\{\nu - Dm_s(2)\}}{g\mu_B} \qquad m_s(2) = \pm\frac{1}{2} \qquad (13)$$

ふつうの生物学試料では距離や角度に分布があるから，この双極子カップリングは線幅と線形に影響を及ぼす．もし D が大きければ，スペクトルの線形の解析から直接求めることができ，固定試料の 2 nm 以下の距離であれば求められる．**パルス電子-電子二重共鳴法**[4]（PELDOR）を使えば，D の小さな値でも求めることができ，8 nm 以下の距離なら求められる．

簡単な例示 11F・3

大腸菌にある透過性の小さな機械受容チャネル（MscS）に一対のスピンラベルを加え，PELDOR を使って両者の距離が測定された．チャネルの開閉に応じて互いに相対的に動くと予測される二次構造要素にスピンラベルを置くことによって，異なるコンホメーションによるチャネルの開閉モデルが検討されている．

不対電子が非常に近い距離にある 2 個の常磁性中心の間で生じる第二の相互作用は，**電子交換**[5] である．このとき，2 個の常磁性中心の波動関数が重なることによって，電子がその位置を交換するのである．2 個の常磁性中心の間で電子交換が起これば EPR スペクトルの線幅は広くなり，その広がり具合から 2 個のスピンプローブ間の距離を求めることができる．たとえば，合成アミノ酸 2,2,6,6-テトラメチルピペリジン-1-オキシ-4-アミノ-4-カルボン酸（**5**）でスピン標識した 2 個のポリペプチドの会合反応の速度論は，その標識の EPR スペクトルの線幅の時間依存性を測定することで調べることができる．EPR の線幅の温度依存性を調べれば，会合の熱力学を調べることもできる．

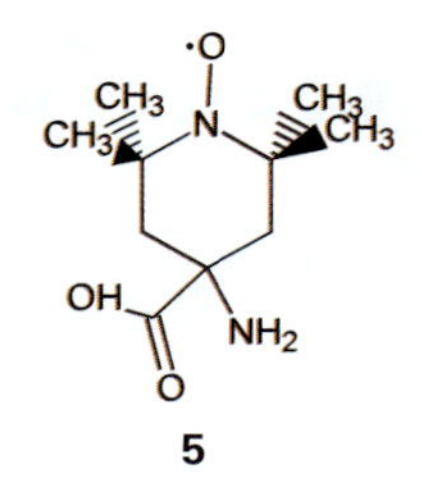

1) dipolar coupling constant　2) magnetic constant〔訳注: 基礎物理定数の一つで $\mu_0 = 1/c^2\varepsilon_0$ と定義される．ε_0 は電気定数（トピック 1A の［必須のツール 1］を見よ），c は光速である．$\mu_0 = 1.25663\cdots \times 10^{-6}$ N A^{-2} であり，同じ単位は J s^2 C^{-2} m^{-1} で表される．以前は厳密に $\mu_0 = 4\pi \times 10^{-7}$ J s^2 C^{-2} m^{-1} と定義されていた.〕　3) vacuum permeability　4) pulsed electron-electron double resonance　5) electron exchange

重要事項のチェックリスト

- □ 1．**電子常磁性共鳴**は，電磁場と磁場中の不対電子との共鳴相互作用に基づく分光法の一形態である．
- □ 2．EPRスペクトルの**超微細構造**は，核との磁気的相互作用によって個々の共鳴線がいくつもの成分に分裂することである．
- □ 3．**スピンプローブ**は，生体高分子の特定の位置に付いたラジカルであり，これによって常磁性中心を導入する．
- □ 4．**スピン密度**は，注目する原子上に不対電子が存在する確率の尺度である．
- □ 5．2個の常磁性中心間の**双極子カップリング**や**電子交換**は，EPRスペクトルの線幅を広げ，その度合いは2個のスピンプローブ間の距離に依存している．

重要な式の一覧

式の内容	式	備　考	式番号
電子の磁気モーメント	$\mu_z = \gamma_e s_z \qquad \gamma_e = -g_e e/2m_e$	z 成分	1
磁場中の電子のエネルギー	$E_{m_s} = -\gamma_e \hbar \mathcal{B}_0 m_s$	自由電子	2
ボーア磁子	$\mu_B = e\hbar/2m_e$	定　義	3
共鳴条件	$h\nu = g_e \mu_B \mathcal{B}_0$		7
マッコーネルの式	$a = Q\rho$	経験式	11
双極子カップリングエネルギー	$E_{m_s(1),m_s(2)} = hDm_s(1)m_s(2)$ $hD = (\mu_0 \hbar^2 \gamma_e^2/4\pi r^3)(1-3\cos^2\theta)$	z 方向に並ぶ電子間	12

テーマ 11 生化学のための分光法

トピック 11A 分光法の一般原理

記述問題

Q11A·1 ベール-ランベルトの法則の限界はなにか．

Q11A·2 等吸収点がどうして現れるか．また，それが役に立つ理由を説明せよ．

Q11A·3 遷移双極子モーメントを使って，どのように選択律が導かれるかを説明せよ．

Q11A·4 吸収スペクトルや発光スペクトルの線幅の物理的な起源を説明せよ．

Q11A·5 表面プラズモン共鳴の現象を説明し，生化学的な分析にどう使われるかを解説せよ．

演習問題

11A·1 波長 670 nm を（a）振動数，（b）波数で表せ．

11A·2 92.0 MHz の FM ラジオで使われる放射線の（a）波数，（b）波長はいくらか．

11A·3 アミノ酸チロシンを 0.10 mmol dm^{-3} で含む水溶液の透過率を，長さ 5.0 mm のセルを使って波長 240 nm の光で測定したところ 0.14 であった．この波長におけるチロシンのモル吸収係数とこの溶液の吸光度を計算せよ．また，1.0 mm のセルで測定したときの透過率はいくらか．

11A·4 ラッパ水仙の黄色色素の濃度 0.433 mmol dm^{-3} の溶液について，そのセル長 2.5 mm を波長 410 nm の光が通過したとき，透過率が 71.5 パーセントであった．この波長でのこの色素のモル吸収係数を計算し，答を cm^2 mol^{-1} 単位で表せ．

11A·5 モル質量 602 g mol^{-1} のある三リン酸塩誘導体 30.2 mg を 500 cm^3 の水に溶かして水溶液をつくり，その試料を長さ 1.00 cm のセルに入れた．その吸光度は 1.011 であった．（a）そのモル吸収係数を計算せよ．（b）濃度が 2 倍の溶液の透過率をパーセントで表せ．

11A·6 水泳者が深い海に潜って，暗い世界へ（ある意味で）入った．可視領域での海水の平均モル吸収係数 6.2 × 10^{-5} dm^3 mol^{-1} cm^{-1} を使って，（a）海面での光の強度の半分，（b）1/10 の強度を実感する深度をそれぞれ計算せよ．

11A·7 相互に無関係な二つの物質 A と B から成る溶液を考えよう．ある波長では両者のモル吸収係数が等しいものとし，その全吸光度を A とする．べつの波長でのモル吸収係数がわかっているものとして，その波長における全吸光度から A と B の濃度を求められることを示せ．〔ヒント：(7) 式を見よ．〕

11A·8 湿った葉の組織 1.0 g からクロロフィルが抽出され，エタノール 95.0 パーセントと水 5.0 パーセントからなる溶液 0.250 dm^3 に溶けている．この溶液の吸光度をセル長 1.0 cm で波長 649 nm および 665 nm で測定した．この溶液の 649 nm での吸光度は 0.561 であった．また，この溶液を 5 倍に希釈した溶液について 665 nm で測定した吸光度は 0.688 であった．この混合物中のクロロフィル a とクロロフィル b の濃度はいくらか．ただし，この混合物中のクロロフィル a とクロロフィル b のモル吸収係数は［例題 11A·2］に与えてある．

11A·9 波長 240 nm でのトリプトファンとチロシンのモル吸収係数はそれぞれ 2.00 × 10^3 dm^3 mol^{-1} cm^{-1}，1.12 × 10^4 dm^3 mol^{-1} cm^{-1} であった．また，波長 280 nm では 5.40 × 10^3 dm^3 mol^{-1} cm^{-1}，1.50 × 10^3 dm^3 mol^{-1} cm^{-1} であった．あるタンパク質の加水分解で得られたこの 2 種のアミノ酸混合試料の吸光度を厚さ 1.00 cm のセルで測定したところ，波長 240 nm では 0.660，波長 280 nm では 0.221 であった．それぞれのアミノ酸の濃度を求めよ．

11A·10 0.15 M の NaOH(aq) にトリプトファンとチロシンを溶かした溶液を長さ 1.00 cm のセルに入れた．この 2 種のアミノ酸は波長 294 nm においてモル吸収係数が等しい（2.38 × 10^3 dm^3 mol^{-1} cm^{-1}）．また，この溶液の吸光度は同じ波長で 0.468 であった．波長 280 nm ではモル吸収係数はそれぞれ 5.23 × 10^3 dm^3 mol^{-1} cm^{-1}，1.58 × 10^3 dm^3 mol^{-1} cm^{-1}，また溶液の全吸光度は 0.676 であった．この 2 種のアミノ酸の濃度はいくらか．〔ヒント：一般的な場合について得た演習問題 11A·7 の結果を使うのもよいが，それを参照せず本問題だけで解くこともできる．〕

11A·11 吸収バンドはたいてい，最大吸収を中心とするガウス型の（e^{-x^2} に比例する）線形を示すと仮定できる．（a）この線形を仮定して次式を示せ．

$$\mathcal{A} = \int \varepsilon(\tilde{\nu})\,d\tilde{\nu} \approx 1.0645\,\varepsilon_{max}\Delta\tilde{\nu}_{1/2}$$

$\Delta\tilde{\nu}_{1/2}$ はピーク半値での線幅である．（b）溶液中に多数の分子があるときの電子吸収バンドの半値半幅は約 5000 cm^{-1} である．つぎの場合の吸収バンドの積分吸収係数を求めよ．

(i) $\varepsilon_{max} \approx 1 \times 10^4$ dm^3 mol^{-1} cm^{-1}, (ii) $\varepsilon_{max} \approx 5 \times 10^2$ dm^3 mol^{-1} cm^{-1}.

11A・12 ベール-ランベルトの法則は，吸収体の濃度が一様であることを前提にして導かれる．ここでは一様でなく，濃度が $[J]=[J_0]e^{-x/\lambda}$ の指数関数に従って減少するとしよう．$L \gg \lambda$ として，I が試料の長さとともに変化する状況を表す式を導け．

11A・13 線幅が (a) 0.1 cm^{-1}，(b) 1 cm^{-1}，(c) 1.0 GHz のスペクトル線を生じる状態の寿命を求めよ．

11A・14 分子質量 27525 Da の H 因子結合タンパク質 (fHBP) について，そのヒト H 因子 (hfH) への結合を SPR で分析した．SPR 膜表面を hfH で覆っておき，これにいろいろな濃度の fHBP を流して平衡に至るまで観測した．それぞれの fHBP 濃度での平衡応答 R_{eq} はつぎの通りであった．

[fHBP]/(μg cm^{-3})	0.12	0.26	0.54	1.1	2.2	4.4
R_{eq}/RU	10	20	40	70	120	170

fHBP の hfH への結合の解離定数を計算せよ．

11A・15 紅色細菌の走化性に関与している二つのタンパク質，CheA$_3$ と CheA$_4$ の相互作用を SPR で分析するために，そのチップに CheA$_4$ を固定した．このチップに CheA$_3$ の溶液を流したときの平衡応答 R_{eq} はつぎの通りであった．

[CheA$_3$]/(μmol dm^{-3})	1	5	10	20	40	100
R_{eq}/RU	36	115	167	225	260	290

CheA$_3$ の CheA$_4$ への結合の解離定数を求めよ．

トピック 11 B 振 動 分 光 法

記 述 問 題

Q11B・1 赤外分光法とラマン分光法の選択概律の物理的な起源について述べ，その根拠を説明せよ．

Q11B・2 気相にあるベンゼン分子の基準振動モードの特徴を明らかにしたい．そのためには，赤外吸収スペクトルとラマン散乱スペクトルの両方を得ることが重要である．なぜか．

Q11B・3 直線形分子の基準振動モードは，原子数が同じでも非直線形分子より一つ多いのはなぜか．

Q11B・4 振動の“基準モード”の概念の重要性を説明せよ．

Q11B・5 分子振動を調和振動子で表したときの難点はなにか．

Q11B・6 分子の赤外スペクトルの“指紋領域”とはなにか．また，なぜそれが重要なのか．

Q11B・7 分子の実効質量と換算質量の違いはなにか．

演 習 問 題

11B・1 ある分子が液体中で毎秒約 1×10^{13} 回衝突する．(a) 毎回の衝突がこの分子の振動を失活させるのに有効な場合，(b) 200 回に 1 回だけが有効な場合について，この分子の振動遷移の線幅を cm^{-1} 単位で求めよ．

11B・2 $^{12}C^{16}O$ 分子の振動波数は 2170.21 cm^{-1} である．$^{13}C^{16}O$ 分子の振動波数を予測せよ．

11B・3 ペプチド鎖の C=O 基は，同じ分子の他の部分とは独立とみなせるとしよう．カルボニル基の結合の力の定数は 980 N m^{-1} である．これを使って (a) $^{12}C{=}^{16}O$，(b) $^{13}C{=}^{16}O$ の振動の振動数を計算せよ．

11B・4 ハロゲン化水素の基本振動はつぎの波数である．

	HF	HCl	HBr	HI
$\tilde{\nu}$/cm^{-1}	4141.3	2988.9	2649.7	2309.5

(a) 水素-ハロゲン結合の力の定数を計算せよ．(b) (a) のデータからハロゲン化重水素の基本振動の波数を予測せよ．

11B・5 エテン $CH_2{=}CH_2$ は，果物の熟成に関与する植物ホルモンである．また，一酸化窒素 NO は神経伝達物質であり，植物シグナル伝達分子である．これらの分子は赤外活性か．

11B・6 つぎの分子のうち赤外吸収スペクトルを示すのはどれか．(a) H_2，(b) HCl，(c) CO_2，(d) H_2O，(e) CH_3CH_3，(f) CH_4，(g) CH_3Cl，(h) N_2．

11B・7 つぎの分子に基準振動モードは何個あるか．(a) NO_2，(b) N_2O，(c) シクロヘキサン，(d) ヘキサン．

11B・8 ベンゼン環の一様な膨張に対応する振動モードを考えよう．これは (a) ラマン活性か，(b) 赤外活性か．

11B・9 非直線形分子 H_2O_2 に対して三つのコンホメーション (**1**, **2** および **3**) が提案された．気体の H_2O_2 の赤外吸収スペクトルは 870, 1370, 2869 および 3417 cm^{-1} に吸収バンドを示す．同じ試料のラマンスペクトルは 877, 1408, 1435 および 3407 cm^{-1} にバンドがある．これらのバンドはすべて基本振動の波数に対応している．(i) 870 と 877 cm^{-1} のバンドは同じ基準振動モードによるもので，(ii) 3417 と 3407 cm^{-1} のバンドも同じである．(a) もし

H_2O_2 が直線形なら，振動の基準モードは何個あるか．(b) 予想されるコンホメーションのうち，どれがスペクトルデータと合わないか．その理由を説明せよ．

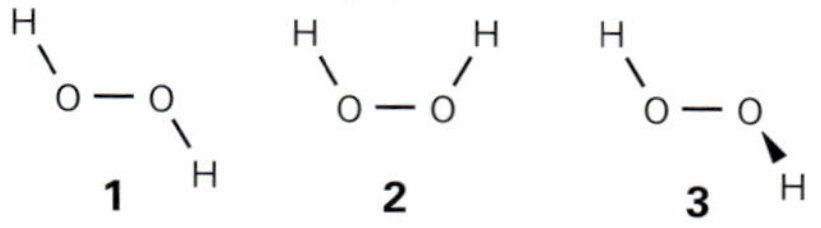

11B·10　(a) 気相での CO_2 分子と H_2O 分子の基準振動モードを図示せよ．(b) CO_2 と H_2O の基準振動モードのうち，赤外放射線を吸収するのはどれか．

11B·11　調和振動子の最低エネルギーの 2 状態 ($v = 0, 1$) の波動関数はつぎのように表される．

$$\psi_v(y) = N_v H_v(y)\,\mathrm{e}^{-y^2/2} \qquad y = x/\alpha$$

ここで，

$$N_v = \frac{1}{(2^v v!\pi^{1/2}\alpha)^{1/2}}$$

$$H_v(y) = \begin{cases} 1\,(v = 0\text{ のとき}) \\ 2y\,(v = 1\text{ のとき}) \end{cases} \qquad \alpha = \frac{\hbar^{1/2}}{(mk_\mathrm{f})^{1/4}}$$

である．この 2 状態間の遷移に関与する遷移双極子モーメントを求めよ．必要な積分公式は巻末の［資料］にある．

11B·12　ポリ-γ-グルタミン酸のアミドⅡバンドは，低 pH での 1545 cm^{-1} から高 pH での 1520 cm^{-1} にシフトする．これを説明せよ．

トピック 11 C　紫外・可視分光法

記述問題

Q11C·1　分子から色がどう生じるかを解説せよ．

Q11C·2　フランク-コンドンの原理の起源と，この原理からの帰結として電子遷移に振動構造がどう現れるかを説明せよ．

Q11C·3　よく使われる発色団の例を挙げよ．

Q11C·4　金属タンパク質ではどんな電子遷移が起こるか．

Q11C·5　円二色性と光学活性の関係性について述べよ．

演習問題

11C·1　共役分子の π 電子の電子状態が一次元の箱の粒子の波動関数で近似でき，その双極子モーメントが長さ方向の変位と $\mu = -ex$ の関係があると仮定する．遷移 $n = 1 \rightarrow n = 2$ の遷移確率が 0 でなく，遷移 $n = 1 \rightarrow n = 3$ の遷移確率が 0 であることを示せ．〔ヒント：つぎの関係式が使える．〕

$$\sin x \sin y = \frac{1}{2}\cos(x - y) - \frac{1}{2}\cos(x + y)$$

$$\int x \cos ax\,\mathrm{d}x = \frac{1}{a^2}\cos ax + \frac{x}{a}\sin ax$$

11C·2　化合物 $CH_3CH{=}CHCHO$ は紫外領域に吸収を示し，46 950 cm^{-1} の吸収は強く，30 000 cm^{-1} の吸収は弱い．この特徴をこの化合物の構造から説明せよ．

11C·3　つぎの図は，アミノ酸の紫外・可視吸収スペクトルを示している．その分子構造と関係づけてスペクトルの現れ方が異なる理由を述べよ．

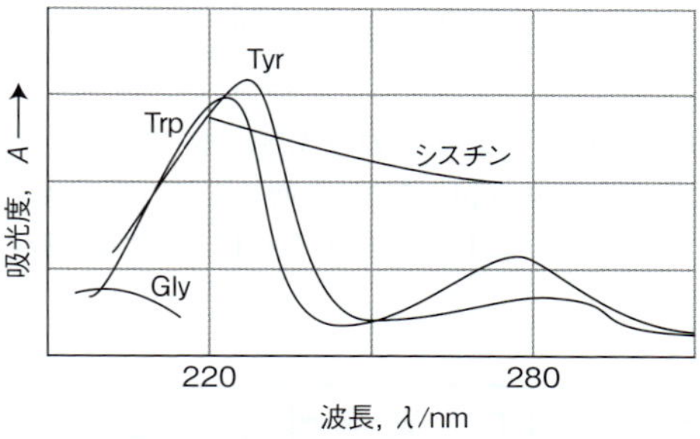

11C·4　色について研究するある化学者が，化合物の種類を変えずに色素の色を強くしたいという相談をもちかけられた．問題の色素はポリエンである．(a) 分子鎖を長くすべきか，それとも短くするべきか．(b) 分子鎖の長さを変えた色素の色は赤にシフトするか，それとも青にシフトするか．〔ヒント：演習問題 11C·1 が参考になる．〕

11C·5　オゾンは，生物の DNA を破壊するのに十分なエネルギーをもつ電磁スペクトルの一部，紫外線を吸収するが，それ以外の大気の主要成分は紫外線を吸収しない．UVB というこのスペクトル領域は，約 290〜320 nm の波長に及んでいる．(a) オゾンの存在量は一般に UV 吸収の測定によって推定され，ドブソン単位 (DU) で表されることが多い．1 DU は，1 気圧，0 °C における厚さ 10 μm の純オゾン層と等価である．オゾンの存在量が 300 DU (代表的な値) および 100 DU (南極のオゾン減少期に達する値) であるとき，オゾンのモル吸収係数を 476 $\mathrm{dm^3\,mol^{-1}\,cm^{-1}}$ として，300 nm の UV 光に対する吸光度の予測値を計算せよ．(b) UVB 領域のオゾンのモル吸収係数をつぎの表に示す．波長領域 290〜320 nm におけるオゾンの積分吸収係

数を計算せよ．〔ヒント：$\varepsilon(\tilde{\nu})$ は指数関数によく合う．〕

λ/nm	292.0	296.3	300.8	305.4
$\varepsilon/(\mathrm{dm^3\ mol^{-1}\ cm^{-1}})$	1512	865	477	257
λ/nm	310.1	315.0	320.0	
$\varepsilon/(\mathrm{dm^3\ mol^{-1}\ cm^{-1}})$	135.9	69.5	34.5	

11C·6　(a) 経路長 1.0 cm のセルに入れた還元形シトクロム *c* の濃度 10 μmol dm^{-3} の溶液は，波長 550 nm の入射放射線の 44 パーセントを吸収する．これを酸化すれば，同じ溶液は入射放射線の 17 パーセントを吸収する．この二つのタイプのシトクロム *c* のモル吸収係数を計算し，両者が異なる理由を説明せよ．(b) シトクロム *c* の酸化形と還元形の混合物をつくり合計濃度を 10 μmol dm^{-3} として経路長 1.0 cm のセルに入れて測定したところ，波長 550 nm の入射放射線の 38 パーセントを吸収した．この溶液に存在する酸化形と還元形のシトクロム *c* の濃度を求めよ．

11C·7　(a) ある酸 HX の水溶液について，遊離の酸とその共役塩基のモル濃度比が次式で表せることを示せ．

$$\frac{[\mathrm{X^-}]}{[\mathrm{HX}]} = \frac{A - A_{\mathrm{HX}}}{A_{\mathrm{X^-}} - A}$$

A は HX と X$^-$ を含む溶液の吸光度，A_{HX} は溶質すべてが HX として存在する pH における同じ溶液の吸光度，$A_{\mathrm{X^-}}$ は溶質すべてが X$^-$ として存在する pH における溶液の吸光度である．(b) HX のプロトン脱離平衡の酸定数は K_a である．また，X は HX と X$^-$ として吸収する．ブレンステッド酸であるフェノールフタレイン指示薬の溶液の吸光度は pH によってつぎのように変化する．

pH	5.0	8.7	9.3	9.9
A	0.052	0.076	0.125	0.272
pH	10.3	10.8	13.0	
A	0.315	0.368	0.402	

フェノールフタレインの pK_a を求めよ．

11C·8　Cu タンパク質シュードアズリンは，還元状態では 590 nm の光を吸収しない．しかし，酸化状態での同じ波長の光のモル吸収係数は 1390 dm^3 mol^{-1} cm^{-1} である．還元形シュードアズリンは，酵素の亜硝酸レダクターゼ（NiR）に電子を 1 個供与することができ，亜硝酸塩の 1 電子還元を触媒して一酸化窒素を生成する．まず，経路長 1.0 cm のキュレット（セル）に還元形シュードアズリンと亜硝酸塩どちらも 10 mg cm^{-3} で含む溶液 2.5 cm^3 を入れておき，これに 10 mg cm^{-3} の NiR 溶液 5.0 mm^3（5.0 μL）を加えたところ，590 nm での吸光度は 120 s で 0.30 だけ上昇した．(a) NiR のモル質量を 120 kg mol^{-1} とし，この酵素は一定速度で作用すると仮定して，1 mol の NiR 当たりの NO の生成速度を計算せよ．(b) 酸化形シュードアズリンは電磁スペクトルの可視領域を吸収するのに，還元形のこのタンパク質が吸収しないのはなぜか．

トピック 11D　光活性化による諸過程

記述問題

Q11D·1　蛍光とりん光におけるフォトン放出の機構を説明せよ．

Q11D·2　系間交差が，重原子の存在によってどのように可能になるかを説明せよ．

Q11D·3　量子収量を測定する方法を提案せよ．

Q11D·4　分子の光活性化に続く事象を列挙せよ．

Q11D·5　共鳴エネルギー移動に関するフェルスター理論の要点をまとめよ．

Q11D·6　FRET 研究が細胞生物学でどう役立つかを説明せよ．

演習問題

11D·1　ある励起一重項状態が三つの経路で基底電子状態に戻れるとしよう．蛍光の寿命は 1.0×10^{-8} s，系間交差の寿命は 5.0×10^{-9} s，基底電子状態への無放射遷移の寿命は 1.0×10^{-8} s である．(a) この励起一重項状態の寿命はいくらか．(b) 蛍光とりん光により励起エネルギーを失う量子収量は合わせていくらか．

11D·2　速度定数が k_r = 1.7×10^4 s^{-1} の 1 分子光化学反応を考えよう．実験により，その反応物分子の蛍光寿命は 1.0 ns，りん光寿命は 1.0 ms と求められている．この光化学反応の前駆体として妥当なのは励起一重項状態か，それとも励起三重項状態か．

11D·3　光化学反応 A → 2B + C において，波長 500 nm の光に対する量子収量は 2.1×10^2 mol einstein^{-1} である（1 einstein = 1 mol のフォトン）．300 mmol の A をこの光で照射したところ，2.28 mmol の B が生じた．何個のフォトンが A によって吸収されたか．

11D·4　ある光化学反応の量子収量を測定する実験で，光吸収する物質に波長 490 nm の光を 100 W の光源から 45 分間照射した．透過光の強度は入射光の 40 パーセントであった．照射の結果，0.344 mol の光吸収物質が分解した．この量子収量はいくらか．

11D·5　葉の表面における波長 680 nm の光での ATP 生成の量子収量が 0.40 のとき，ATP の合成速度が 0.20 $mol\ m^{-2}\ h^{-1}$ となるフォトンの流束密度を計算し，答の単位を $\mu mol\ m^{-2}\ s^{-1}$ で表せ．

11D·6　ベンゾフェノンを紫外放射線で照射すれば一重項状態に励起される．この一重項状態は系間交差により迅速に三重項状態となり，そこでりん光を発する．トリエチルアミンはこの三重項の消光剤として作用する．メタノールを溶媒とした実験で，りん光強度 I_{phos} はアミンの濃度によって，つぎの表のように変化した．また，時間分解レーザー分光実験によって，消光剤が存在しないときのりん光の半減期は 29 μs であることがわかった．k_Q の値はいくらか．

$[Q]/(mol\ dm^{-3})$	0.0010	0.0050	0.0100
I_{phos}/（任意の単位）	0.41	0.25	0.16

11D·7　［例題 11D·1］に与えたデータを用いて，トリプトファンの発光強度が消光剤のない場合の 50 パーセントまで減少するのに必要な $[O_2]$ の値を予測せよ．

11D·8　ある植物色素の溶液に波長 330 nm の放射線を照射したときの蛍光強度 I_F を，消光剤の存在下で調べたところ，つぎの結果を得た．

$[Q]/(mmol\ dm^{-3})$	1.0	2.0	3.0	4.0	5.0
I_F/I_{abs}	0.31	0.18	0.13	0.10	0.081

2 番目の実験で，この色素の蛍光寿命を時間分解分光法で測定し，つぎの結果を得た．

$[Q]/(mmol\ dm^{-3})$	1.0	2.0	3.0	4.0	5.0
τ/ns	76	45	32	25	20

消光の速度定数 k_Q と蛍光の半減期，りん光の速度定数 k_F を求めよ．

11D·9　エネルギー供与体とエネルギー受容体から成り，既知でいろいろな長さの剛直な分子リンカーによって両者が共有結合でつながった一連の化合物について，蛍光測定を行うことで共鳴エネルギー移動のフェルスター理論と FRET 法の原理を検証することができる．L. Stryer と R.P. Haugland〔*Proc. Natl. Acad. Sci. USA*, **58**, 719（1967）〕は，一般組成がダンシル-(L-プロリル)$_n$-ナフチルで表される一連の化合物について，つぎのデータを集めた．ここで，ナフチル供与体とダンシル受容体の間の距離 R は，分子リンカーのプロリル基のユニット数によって変化できる．

R/nm	1.2	1.5	1.8	2.8	3.1	3.4	3.7
η_T	0.99	0.94	0.97	0.82	0.74	0.65	0.40
R/nm	4.0	4.3	4.6				
η_T	0.28	0.24	0.16				

このデータはフェルスター理論〔本トピックの（11）式と（12）式〕でうまく記述できるか．もし記述できるなら，ナフチル-ダンシル対の R_0 の値はどれだけか．

11D·10　タンパク質の表面に付いたあるアミノ酸を IAEDANS との共有結合によって標識し，べつのアミノ酸を FITC との共有結合によって標識した．IAEDANS の蛍光量子収量は，FITC による消光によって 10 パーセントだけ減少した．この二つのアミノ酸の距離はどれだけか．〔ヒント：表 11D·1 を見よ．〕

11D·11　北極星から地球に届く可視光フォトンの流束は約 $4\times10^3\ mm^{-2}\ s^{-1}$ である．このフォトンのうち，30 パーセントは大気により吸収または散乱され，到達したフォトンの 25 パーセントは眼の角膜表面で散乱される．さらに残りの 9 パーセントは角膜内で吸収される．夜間の瞳の開口面積は約 40 mm^2 で，眼の応答時間は約 0.1 s である．こうして瞳を通過したフォトンの約 43 パーセントは眼球の媒質で吸収される．北極星からのフォトンで，0.1 s の間に網膜に集光される数はどれだけか．この話題の続きは R.W. Rodieck の "The first steps in seeing" Sinauer Associates, Oxford University Press（1998）を見よ．

11D·12　集光性タンパク質複合体では，クロロフィル分子の蛍光はすぐ近くにあるクロロフィル分子により消光される．クロロフィル *a* 分子対では $R_0 = 5.6$ nm であるとして，蛍光寿命を 1.0 ns（有機溶媒中の単量体クロロフィル *a* の代表的な値）から 10 ps にまで縮めるには 2 個のクロロフィル *a* 分子の距離をいくらにすればよいか．

11D·13　光合成において光誘起電子移動反応が起こるのは，クロロフィル分子では（単量体でも二量体でも）励起電子状態の方が有効な還元剤だからである．この解釈が正しいことを説明せよ．

11D·14　O_2 で飽和した水に溶かしたポルフィリンの発光スペクトルは，波長 650 nm に強いバンドを示し，1270 nm に弱いバンドを示す．別の実験で，ポルフィリン試料の電子吸収スペクトルは 420 nm と 550 nm にバンドを示し，O_2 で飽和した水だけの電子吸収スペクトルは可視領域に吸収を示さなかった（つまり，同じ波長範囲で励起しても発光スペクトルを示さない）．これらのデータだけから 1270 nm の発光バンドの帰属を試みよ．その仮説を確かめるための追加実験を提案せよ．

11D·15　ダンシルクロリド（**4**）は波長 330 nm に吸収の極大，510 nm に蛍光の極大をもち，蛍光顕微鏡法や FRET 法での研究でアミノ酸を標識するのに使える．

H_3C–N–CH_3 / SO_2Cl

4

つぎの表は，短いレーザーパルスで励起した後の時間に対してダンシルクロリド水溶液の蛍光強度の変化を追跡した結果を示している（I_0 は初期蛍光強度）．

t/ns	5.0	10.0	15.0	20.0
I_F/I_0	0.45	0.21	0.11	0.05

(a) 水溶液中のダンシルクロリドについて，実測の蛍光寿命を計算せよ．(b) 水溶液中のダンシルクロリドの蛍光量子収量は0.70である．蛍光の速度定数を求めよ．

11D・16 単一分子分光実験を行う場合に注意すべき点を考えよう．(a) 溶液 1.0 μm^3 (1.0 fL) 当たり平均として1個の溶質分子が存在する溶液のモル濃度を求めよ．(b) 単一分子顕微鏡法では純粋な溶媒を使うことが重要である．それは，溶媒に含まれる蛍光不純物からの光信号が，溶質からの光信号を隠してしまうからである．いま，モル質量 100 g mol^{-1} の蛍光不純物を含む水を溶媒として使った．分析によれば，この溶媒 1.0 kg 当たり 0.10 mg の不純物が存在している．1.0 μm^3 の溶液に存在する不純物分子の数はどれだけか．水の密度は 1.0 g cm^{-3} としてよい．この溶媒は，単一分子分光実験に使うのに適していると思うか．

11D・17 光で誘起される分子の劣化は光退色[1]の一側面であり，これは単一分子分光法の大きな問題点になりうる．生体高分子を標識するのにふつう使われる蛍光色素分子はフォトンによる約 10^6 回の励起に耐えられるが，その後は光誘起反応で π 電子系が崩壊して蛍光を出さなくなる．1個の色素分子が波長 488 nm のレーザーの 1.0 mW の放射線で励起するとき，どれだけの時間，蛍光を出し続けられるか．この色素の吸収スペクトルには 488 nm にピークがあり，レーザーからのすべてのフォトンが分子に吸収されると仮定してよい．

トピック 11 E　核磁気共鳴

記述問題

Q11E・1 すべての分光法のうち共鳴法はどの程度を占めているか．また，磁気共鳴が共鳴法といわれるのはなぜか．

Q11E・2 NMR の化学シフトでいう“高磁場側”や“低磁場側”の意味を説明せよ．

Q11E・3 フェルミの接触相互作用と分極機構が NMR のスピン-スピンカップリングにどのように寄与するかを説明せよ．

Q11E・4 ^{13}C 核の緩和時間が，ふつうは ^{1}H 核の緩和時間よりはるかに長い理由はなにか．

Q11E・5 重水素化した炭化水素溶媒に溶かしたベンゼン（これは小さな分子に相当する）のスピン-格子（縦）緩和時間は温度上昇とともに長くなるが，オリゴペプチド（大きな分子に相当する）の緩和時間は同じ温度上昇でも短くなるのはなぜか．また，この二つの分子の横緩和時間は温度上昇とともにどう変化するか．

Q11E・6 核オーバーハウザー効果について説明し，それが生体高分子のプロトン間の距離測定にどう使えるかを説明せよ．

Q11E・7 AX 系の COSY スペクトルのピークの起源を説明せよ．

演習問題

11E・1 ^{32}S は核スピン $\frac{3}{2}$，核の g 因子は 0.4289 である．7.500 T の磁場中での核スピン状態のエネルギーを計算せよ．

11E・2 ^{31}P の磁気回転比は 1.0840×10^8 T^{-1} s^{-1} である．この核の g 因子はいくらか．

11E・3 10 T の磁場中に置いた (a) プロトン，(b) 炭素-13 核について $(N_{+1/2}-N_{-1/2})/N$ の値を計算せよ．

11E・4 一般に普及し始めた当初の NMR 分光計は，60 MHz で運転されていた．今日の最先端の分光計は 1.2 GHz で運転されている．この二つの分光計で観測される 25 °C での ^{13}C のスピン状態の相対占有数の差を求めよ．

11E・5 ^{19}F の磁気回転比は 2.5177×10^8 T^{-1} s^{-1} である．この核の 8.200 T の磁場中での遷移振動数を計算せよ．

11E・6 ^{14}N 核 ($g=0.40356$) の 15.00 T の磁場中での共鳴振動数を計算せよ．

11E・7 遮蔽されていないプロトンが，500.0 MHz のラジオ波振動数の磁場で共鳴条件を満たすのに必要な外部磁場を計算せよ．

11E・8 420 MHz の分光計で測定したとき，$\delta=6.33$ のプロトンのグループと TMS との共鳴振動数の差はいくらか．

11E・9 演習問題 11E・4 で述べた二つの分光計で観測される核の化学シフトの相対値を，(a) δ 値，(b) 振動数を用いて示せ．

11E・10 エタナール（アセトアルデヒド）の CH_3 プロト

1) photobleaching

ンの化学シフトは $\delta = 2.20$ で，CHO プロトンでは 9.80 である．外部磁場が (a) 1.5 T，(b) 6.0 T のとき，この分子のこの二つの領域における局所磁場の差はいくらか．

11E·11　あるプロトン共鳴線が 7 個の等価なプロトンとの相互作用で分裂するとき，その核磁気共鳴スペクトルはどんな強度比を示すか．

11E·12　あるプロトン共鳴線が (a) 2 個または (b) 3 個の等価な窒素核 (^{14}N 核のスピンは 1) との相互作用で分裂するとき，その核磁気共鳴スペクトルはどんなものになるか．

11E·13　NMR 分光計を (a) 300 MHz，(b) 500 MHz で運転したときの，エタナール (アセトアルデヒド) の ^{1}H-NMR スペクトルはどう見えるか概略を描け．ただし，$J = 2.90$ Hz とし，図 11E·10 のデータを用いよ．また，この二つのスペクトルで見られるメチルプロトンとアルデヒドプロトンの共鳴振動数の差について述べよ．

11E·14　$A_3M_2X_4$ のスペクトルの形の概略を描け．ただし，A, M, X は異なる化学シフトを示すプロトンで，$J_{AM} > J_{AX} > J_{MX}$ である．

11E·15　スピン 1 の核 N 個の集団の NMR スペクトルを表すパスカルの三角形をつくれ．$N = 5$ まででよい．

11E·16　カープラスの式で表されるカップリング定数は，$\cos\phi = B/4C$ のとき極小を通ることを示せ．〔ヒント：ϕ に関する一階導関数を求め，その結果を 0 に等しいとおく．この極値が極小であることを確かめるには，さらに二階導関数を求め，それが正であることを示せばよい．〕

11E·17　あるプロトンが $\delta = 2.7$ と $\delta = 4.8$ の二つのサイト間をジャンプしている．500 MHz で NMR 分光計を運転するとき，この二つの信号が合体して 1 本の線になるのは，相互変換の速度がいくらになったときか．

11E·18　NMR 分光法は，酵素阻害剤 I のような小さな分子と酵素 E のようなタンパク質との複合体の解離の平衡定数を求めるのに利用できる．

$$\mathrm{EI} \rightleftharpoons \mathrm{E} + \mathrm{I} \qquad K_\mathrm{I} = [\mathrm{E}][\mathrm{I}]/[\mathrm{EI}]c^{\ominus}$$

化学交換の遅い極限では，I のプロトンの NMR スペクトルは，遊離の I の ν_I と結合した I の ν_EI との二つの共鳴線から成る．化学交換が速いときは，I の同じプロトンの NMR スペクトルは 1 本のピークから成り，その共鳴振動数 ν は，

$$\nu = f_\mathrm{I}\nu_\mathrm{I} + f_\mathrm{EI}\nu_\mathrm{EI}$$

で与えられる．ここで，$f_\mathrm{I} = [\mathrm{I}]/([\mathrm{I}]+[\mathrm{EI}])$ と $f_\mathrm{EI} = [\mathrm{EI}]/([\mathrm{I}]+[\mathrm{EI}])$ は，それぞれ遊離の I と結合した I の存在分率である．データを解析するには，振動数の差 $\delta\nu = \nu - \nu_\mathrm{I}$ と $\Delta\nu = \nu_\mathrm{EI} - \nu_\mathrm{I}$ を定義しておくと便利である．I の全濃度 $[\mathrm{I}]_\mathrm{total}$ が E の全濃度 $[\mathrm{E}]_\mathrm{total}$ よりずっと高いときは，$[\mathrm{I}]_\mathrm{total}$ を $1/\delta\nu$ に対してプロットすれば直線になり，その勾配が $[\mathrm{E}]_\mathrm{total}\Delta\nu$，$y$ 切片が $-K_\mathrm{I}c^{\ominus}$ となることを示せ．

11E·19　90° パルスの長さは磁場 $\mathcal{B}_1$ の強さによって変わる．10 μs の 90° パルスが必要なとき，磁場 $\mathcal{B}_1$ の強さを求めよ．

11E·20　ニワトリリゾチームの NMR スペクトルに見られるつぎの特徴を説明せよ．(a) メチオニン-105 の側鎖に帰属されるプロトン共鳴が飽和すれば，トリプトファン-28 とチロシン-23 の側鎖に帰属されるプロトン共鳴の強度が変化する．(b) トリプトファン-28 に帰属されるプロトン共鳴を飽和させても，チロシン-23 のスペクトルには影響しなかった．

11E·21　MRI 分光計を設計しているとしよう．ヒトの腎臓の長径 (8 cm とする) だけ離れた 2 個のプロトン間に 100 Hz の間隔が生じるようにするには，どれくらいの磁場勾配が (μT m^{-1} 単位で) 必要か．

11E·22　均一なディスク形の臓器が直線的な磁場勾配中にあり，その MRI 信号は，このディスクの中心から水平距離 x のところにある幅 δx の切片中のプロトン数に比例するものとしよう．コンピューターで処理しないで，このディスクの MRI イメージを与える吸収強度の形を描け．

11E·23　つぎの図は，1-ニトロプロパンのプロトン COSY スペクトルである．それぞれの箇所を丸で囲んで拡大図を示してある．このスペクトルの交差ピークの現れ方を説明せよ．

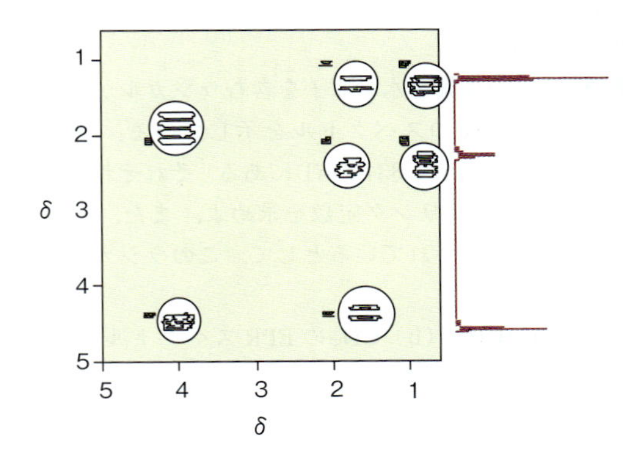

11E·24　アラニンの NH 基，$\mathrm{C_\alpha H}$ 基，$\mathrm{C_\beta H}$ 基のプロトンの化学シフトは，それぞれ 8.25，4.35，1.39 である．δ = 1.00〜8.50 のアラニンの COSY スペクトルの概略を描け．

11E·25　オリゴ糖のグルコース残基の C1 プロトンと C2 プロトン間の NOESY 交差ピークの強度は 1.33 (単位は任意) である．この残基の C1 プロトンと隣接する残基の C1 プロトンおよび C2 プロトンとの NOESY 交差ピーク強度は，それぞれ 1.59 および 0.68 である．このグルコース残基の C1 プロトンと C2 プロトンの距離は 0.23 nm として，隣接する残基との C1−C1 プロトン距離および C1−C2 プロトン距離を計算せよ．

トピック 11F 電子常磁性共鳴

記述問題

Q11F･1 有機ラジカルのEPRスペクトルを使えば，その不対電子が占める分子オービタルをどのように特定できるかを説明せよ．

Q11F･2 フェルミの接触相互作用の起源はなにか．

Q11F･3 小さな分子内に重原子が存在するとき，電子の g 値が大きい理由を述べよ．

Q11F･4 酵素の活性サイトなど生体高分子のくぼみの深さを推定するのに，スピンプローブをどう使えばよいか説明せよ．

Q11F･5 生化学におけるスピンプローブの応用についてまとめよ．

演習問題

11F･1 (a) 0.30 T，(b) 1.1 T の磁場中に置かれた電子について，$(N_{-1/2}-N_{+1/2})/N$ の値を計算せよ．

11F･2 0.300 T の磁場中に置かれた電子について，二つのスピン状態間のエネルギー差を計算せよ．

11F･3 EPRで一般に使われている磁場 0.330 T における電子の共鳴振動数と，それに対応する波長を計算せよ．

11F･4 水素原子のEPRスペクトルの中心は，9.2231 GHz で運転している分光計では 329.12 mT にある．この原子の g 値はいくらか．

11F･5 2個の等価な水素原子を含むラジカルが，強度比 1：2：1 の3本線のスペクトルを示している．その線は 330.2 mT，332.5 mT，334.8 mT にある．それぞれの水素原子の超微細カップリング定数を求めよ．また，分光計が 9.319 GHz で運転されているとして，このラジカルの g 値を求めよ．

11F･6 (a) $·CH_3$，(b) $·CD_3$ のEPRスペクトルの超微細線の強度分布を予測せよ．

11F･7 ベンゼンラジカルアニオンでは $g=2.0025$ である．分光計が (a) 9.302 GHz，(b) 33.67 GHz で運転されているとき，どの磁場のところに共鳴を探せばよいか．

11F･8 ベンゼンラジカルアニオンのEPRスペクトルの形を予測せよ．

11F･9 あるラジカルに3個の等価な ^{14}N 核があり，それ以外に磁性核は存在しない．このラジカルのEPRスペクトルの形を予測し，その強度比を求めよ．

11F･10 同種の2個の等価な核を含むラジカルのEPRスペクトルが，強度比 1：2：3：2：1 の5本に分裂している．この核のスピンはいくらか．

11F･11 スピン $\frac{3}{2}$ の核 N 個の集団について，そのEPRスペクトルの超微細構造を表すパスカルの三角形をつくれ．$N=5$ まででよい．

11F･12 ある結晶のスピンラベルの g 値が三つ（異なる向きに沿って）観測され，$g_{xx}=2.0027$，$g_{yy}=2.0061$，$g_{zz}=2.0089$ であった．トピック 11E の (12) 式に類似の式を用いて，このスピンラベルが溶液中でとんぼ返り運動することによりスペクトルの3本線が合体するのに必要な運動速度を求めよ．

11F･13 (a) ジ-t-ブチルニトロキシドラジカル (**5**) の 292 K におけるEPRスペクトルの概略を描け．ただし，濃度の非常に薄い限界（電子交換が無視できる），中程度の濃度（電子交換の効果が観測されはじめる），高濃度（電子交換の効果が支配的）に分けて示せ．

5

(b) ニトロキシドのスピンプローブ間の電子交換を観測すれば，生体膜内の脂質の横方向の運動性を研究するうえで，どのような情報が得られるかを説明せよ．

11F･14 EPR研究によれば，アミノ酸チロシンは生物学的に重要ないろいろな電子移動反応に関与していることがわかっている．植物の光化学系Ⅱで水が酸化され O_2 が生成する過程や，シトクロム c オキシダーゼで O_2 が還元され水が生成する過程がその例である．これらの電子移動反応ではチロシンラジカルが生成し，そのスピン密度はこのアミノ酸側鎖全体に非局在化している．(a) (**6**) に示すフェノキシラジカルはチロシンラジカルを表すのに適したモデルである．

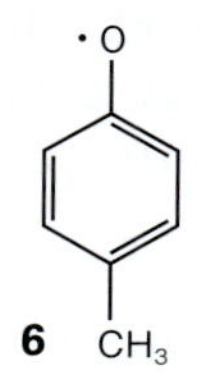

6

分子モデリングソフトウエアや推奨されている計算法を用いて，このO原子および (**6**) の全C原子でのスピン密度を計算せよ．(b) (**6**) のEPRスペクトルの形を予測せよ．

テーマ 11　発 展 問 題

P11･1　共焦点顕微ラマン分光法[1]では，検出器に届く前に光は非常に小さな直径の穴をいくつか通らなければならない．このやり方では，焦点を外れた光は焦点の合った光と干渉しない．生体系を研究するうえで，従来の顕微ラマン分光法に比べ共焦点顕微ラマン分光法を用いる利点と欠点について簡単なレポートを書け．〔ヒント：手がかりとして，P. Colarusso, L.H. Lidder, I.W. Levin, E.N. Lewis, “Raman and IR microspectroscopy”, “Encyclopedia of spectroscopy and spectrometry”, ed. by J.C. Lindon, G.E. Tranter, and J.L. Holmes, **3**, 1945, Academic Press, San Diego (2000) を参照するとよい．〕

P11･2　生体高分子の安定性に影響を及ぼす温度や変性剤濃度などのパラメーターの関数として変性の度合いを求めれば，生体高分子の変性の協同性を観測することが可能である．分光法を使ったタンパク質の変性研究についてまとめたレポートを作成せよ．そのレポートにはつぎの項目を含むこと．(i) 実験法の記述，(ii) 測定によって得られる情報に関する説明，(iii) タンパク質の安定性を調べるのに使った手法を掲載してある文献例，(iv) 生体高分子の安定性の研究によく利用される示差走査熱量測定法と比べ，選んだ方法の利点と欠点の簡単な説明．

P11･3　バイオセンサー分析の一例として，A と B の二つのタンパク質の会合を考えよう．代表的な実験では，B が共有結合しているセンサー表面に濃度既知の A の溶液を流す．つぎの図は，表面プラズモン共鳴 (SPR) 信号の時間変化を監視すれば，A と B の結合の速度論が調べられることを示している．ここでは SPR 信号を R で表しているが，ふつうは最初の共鳴角での強度からの変化量をとる．そこで系を平衡状態に到達させるのである．それは，図で平坦になっているところ (R_{eq}) である．次に，A を含まない溶液を表面に流して AB 複合体を解離させる．それで SPR 信号の減衰を解析すれば，AB 複合体の解離の速度論を明らかにできる．

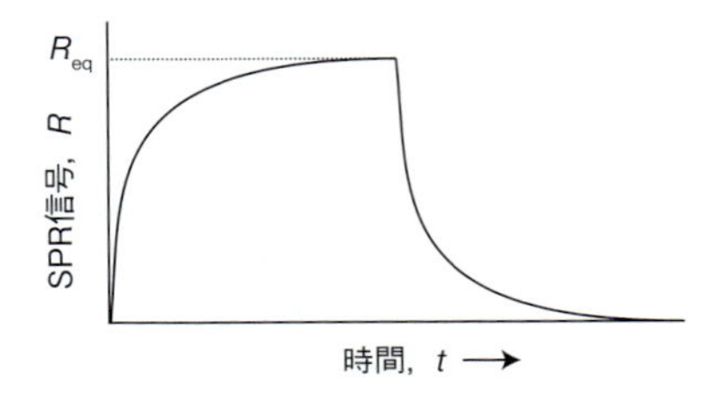

(a) まず，AB 複合体形成の平衡定数は，図に示すようなデータから直接測定できることを示そう．そのためにつぎの平衡を考える．

$$\mathrm{A + B \rightleftharpoons AB} \qquad K = k_{on} c^{\ominus} / k_{off}$$

k_{on} と k_{off} はそれぞれ，AB 複合体の生成と解離の速度定数であり，K は AB 複合体形成の平衡定数である．$\mathrm{d}R/\mathrm{d}t$ の式を書き，次式を示せ．

$$R_{eq} = R_{max}\left(\frac{a_0 K/c^{\ominus}}{a_0 K/c^{\ominus}+1}\right)$$

R_{eq} は平衡での R の値，R_{max} は R がとりうる最大値，a_0 はセンサー上を流れる溶液中の A の濃度である．式の導出を進めるのにつぎのように考えればよい．(i) 代表的な SPR 実験では A の流速は十分速く，$[\mathrm{A}] = a_0$ は事実上一定である．(ii) $[\mathrm{B}] = b_0 - [\mathrm{AB}]$ と書ける．ここで b_0 はセンサーに固定されていた B の全濃度である．(iii) SPR 信号は [AB] に比例している．(iv) $R_{max} \propto b_0$ である．これは，B 分子が全部 A に結合した場合に測定されるはずの値である．

(b) a_0 に対する a_0/R_{eq} のプロットを使えば，R_{max} と K をどのように求められるかを説明せよ．

(c) 図に示す実験で会合を示す部分では，$R(t) = R_{eq}(1-\mathrm{e}^{-k_{obs}t})$ で表せることを示せ．k_{obs} は会合の見かけの速度定数である．

(d) 図の実験で解離を示す部分に適用できる $R(t)$ の式を書け．

P11･4　ロドプシンの発色団のトランス形コンホメーションのモデルとして分子 (**7**) を使う．このモデルではタンパク質の代わりに，プロトン付加したシッフ塩基の窒素原子にメチル基が結合している．

7

(a) 分子モデリングソフトウエアや推奨されている計算法を用いて，(**7**) の HOMO と LUMO のエネルギー差を計算せよ．

(b) 同じ計算を (**8**) に示す 11-シス体について行え．

8

1) confocal Raman microscopy

(c) (a) と (b) の結果に基づけば，(**7**) のトランス体の π-π^* 可視吸収実験で得られる振動数はシス体 (**8**) に比べ高いと予測されるか，それとも低いか．

P11·5　ある種の無脊椎動物では，タンパク質ヘムエリトリン[1] (Her) が O_2 の結合と運搬を担っている．このタンパク質分子では，2 個の Fe^{2+} イオンが互いに接近していて両方で 1 個の O_2 分子を結合できる．酸化形ヘムエリトリンの Fe_2O_2 基は着色していて，波長 500 nm に電子吸収バンドをもつ．

(a) つぎの図はいろいろな濃度の CNS^- イオンの存在下における，ヘムエリトリンのある誘導体の紫外・可視スペクトルである．このスペクトルから何がわかるか．

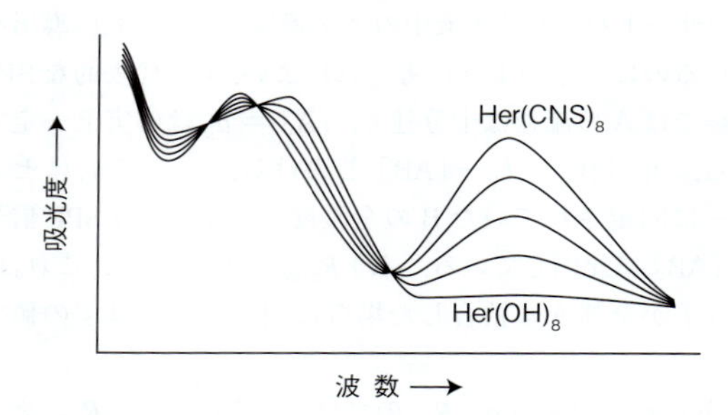

(b) 波長 500 nm のレーザーで励起して得られる酸化形ヘムエリトリンの共鳴ラマンスペクトルは，結合した $^{16}O_2$ の O−O 伸縮モードに帰属される 844 cm^{-1} のバンドをもつ．ヘムエリトリンへの O_2 の結合研究に，赤外分光法でなく共鳴ラマン分光法が選ばれるのはなぜか．

(c) 酸化形ヘムエリトリンの 844 cm^{-1} のバンドが結合した O_2 種によるものであるという証拠は，$^{16}O_2$ の代わりに $^{18}O_2$ を混ぜたヘムエリトリン試料で実験すれば得られる．$^{18}O_2$ で処理したヘムエリトリン試料の ^{18}O−^{18}O 伸縮振動モードの基本振動の波数を予測せよ．

(d) O_2, O_2^- (スーパーオキシドアニオン)，および O_2^{2-} (過酸化物アニオン) の O−O 伸縮振動モードの基本振動の波数は，それぞれ 1555，1107 および 878 cm^{-1} である．(i) この傾向を，O_2, O_2^- および O_2^{2-} の電子構造によって説明せよ．〔ヒント：トピック 9B を復習するとよい．〕(ii) O_2, O_2^- および O_2^{2-} の結合次数はいくらか．

(e) (d) で与えたデータに基づいて考察したとき，つぎの分子種の中でヘムエリトリンの Fe_2O_2 基の実体を最もよく表しているのはどれか．$Fe_2^{2+}O_2$, $Fe^{2+}Fe^{3+}O_2^-$, $Fe_2^{3+}O_2^{2-}$．またその理由を説明せよ．

(f) $^{16}O^{18}O$ を混ぜたヘムエリトリンの共鳴ラマンスペクトルは，結合酸素の O−O 伸縮振動モードに帰属できるバンドを二つもつ．この観測結果をどのように使えば，ヘムエリトリンの Fe_2 部位への O_2 の結合様式として提案された四つ (**9〜12**) のうち，一つあるいはそれ以上を排除できるかを説明せよ．

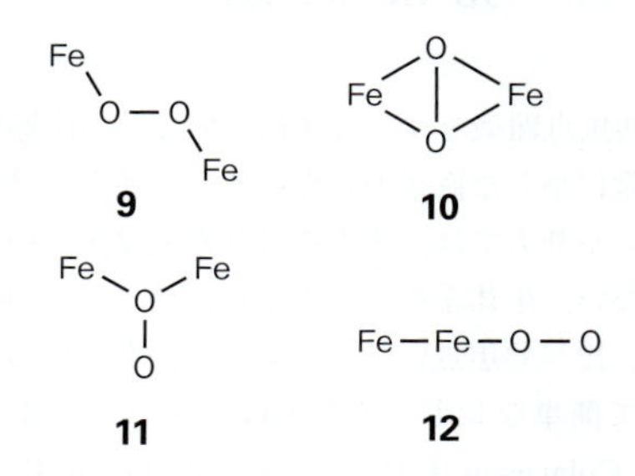

P11·6　この問題では，試料 J からの蛍光強度が [J] と試料の長さ L に比例することを示そう．いま，ビーム強度 I_0 で試料 J を照射したとしよう．蛍光が生じる前に，I_0 の一部は吸収され，強度 I だけが透過する．しかし，吸収された強度が全部放射されるわけではなく，蛍光強度は蛍光量子収量 ϕ_F，つまりフォトンの放射効率によって決まる．その蛍光強度 I_F は ϕ_F だけでなく I_{abs}，つまり J が吸収する励起放射線の強度にも比例している．

(a) ベール-ランベルトの法則を用いて，I_{abs} を I_0, [J], L, ε で表せ．ε は吸収振動数での J のモル吸収係数である．

(b) (a) の結果を用いて，$I_F \propto I_0 \varepsilon \phi_F [J] L$ であることを示せ．

(c) 蛍光励起分光法では，励起波長を掃引しながら，一定の発光波長 (一般には発光が最大となる波長) での発光強度を監視する．(a) と (b) の結果を用いて，単一種から成る系では，得られる励起スペクトルは発光物質の吸収スペクトルと同じであることを示せ．

(d) 蛍光励起分光法をどう使えば，エネルギー供与体とエネルギー受容体の分子間の共鳴エネルギー移動の証拠が得られるかを説明せよ．

P11·7　NMR の反転回復法[2] ではつぎのパルス系列を使う．まず，180° パルスを加えてから時間 τ の後に 90° パルスを加え，そこで FID 曲線を収集して，そのフーリエ変換を行うのである．ここで，180° パルスは，90° パルスの 2 倍の時間にわたり磁場 $\mathcal{B}_1$ をかければよい．そうすれば磁化ベクトルは 180° 倒れて $-z$ 方向を向いている．

(a) もし，180° パルスに 12.5 μs が必要であれば，磁場 $\mathcal{B}_1$ の強さはいくらか．

(b) (a) で述べたパルス系列を，試料の同種の核にかけたときの影響を示す一連の図を描け．180° パルスによって磁化ベクトルを $-z$ 方向に向けたことがわかっているから，最初の図は簡単に描けるだろう．2 番目の図では，時間が $0 < \tau < T_1$ だけ経過した後の磁化ベクトルの大きさに，スピン-格子 (縦) 緩和の効果を考えに入れるべきである．3 番目の図では，磁化ベクトルへの 90° パルスの効果

1) hemerythrin　2) inversion recovery technique

を示せるはずである．

（c）90° パルスをかけた後に FID 信号が発生するのはなぜか．

（d）スペクトル（FID 曲線のフーリエ変換によって得られたもの）の強度は，時間間隔 τ（$0 < \tau < T_1$）とともにどう変化するか．

（e）（a）～（d）の結果を用いて，反転回復法を使ってスピン-格子緩和時間を測定できることを示せ．

P11･8　（a）EPR スペクトルを得るには，0.335 T の永久磁石または 3.5 T の超電導磁石を使うのが一般的である．この異なる外部磁場を使って同じ試料の EPR スペクトルを 300 K で得たとき，その感度の違いを計算せよ．

（b）NMR スペクトルを得るには 5～20 T の超電導磁石を使うのが一般的である．14 T の磁石を用いたとき，^{1}H 核の 300 K での占有数の差を計算せよ．

溶液の NMR 分光法で感度を向上させる一つの方法は，その占有数の差（つまり“分極”）を不対電子から核スピンに移動させることである．そうすれば，核スピンの占有数の比を電子の占有数の比と等しくすることができる．一般的な手順としては，3.5 T の磁場中で試料を 4 K に冷却し，そこで（マイクロ波を照射することによって）分極を核スピンに移動させてから，試料温度を急速に上昇させて NMR 分光計でスペクトルを記録するのである．

（c）分極の移動の前に試料を 4 K に冷却するのはなぜか．また，NMR スペクトルをとる前に昇温するのはなぜか．

（d）昇温によって分極の約 10 パーセントが失われると仮定して，14 T の磁場中で 300 K で得た通常の ^{1}H-NMR スペクトルと比較して，この方法の感度がどれだけ改善されるかを計算せよ．

（e）（d）で求めた感度の改善のうち，電子スピンから核スピンへと分極を移動させたことによる改善はどれだけか．また，300 K でなく 4 K で移動を行ったことによる改善はどれだけか．

この方法は，動的核分極 NMR[1]（DNP-NMR）分光法といわれる．これを用いれば非常に濃度の低い試料のスペクトルを測定することができる．たとえば，生体系に取込まれた代謝物の反応を追跡するなどが可能である．

1）dynamic nuclear polarization nuclear magnetic resonance

テーマ 12

散 乱 法

分子構造に関する情報を得るためには，入射した電磁放射線が分子によって吸収される必要は必ずしもない．すなわち，電磁放射線は分子と相互作用した後にいろいろな方向に散乱されるから，その分子からの散乱波によっても構造に関する情報がもたらされる．

トピック 12A　個々の分子による散乱

本トピックでは，個々の分子によって散乱された電磁放射線から得られる情報について説明する．その散乱強度の角度分布を注意深く解析すれば，散乱に関与している高分子のモル質量によって結果を解釈できる．入射放射線の波長を短くして，可視光の代わりにX線を用いれば，高分子の大きさや形状を求めることができる．また，中性子散乱でも同じ情報が得られる．ただし，それは核力による散乱であるから，同位体置換を利用すれば追加の情報を得ることもできる．

トピック 12B　協同的な散乱：X線回折

個々の分子から得られる情報よりもっと詳細な構造情報は，分子が整列した結晶による波の散乱，とりわけX線の散乱によって得られる．本トピックでは，X線回折という非常に実り多い分野について学ぶことにしよう．まず，結晶構造が結晶格子や単位胞によってどう表せるかを説明する．また，結晶構造や結晶に含まれる分子の原子配列を求めるための高度化した最近の手法について述べる．

トピック 12A

個々の分子による散乱

➤ 学ぶべき重要性

個々の分子による散乱パターンを解析すれば，その分子の質量と形状に関する情報が得られる．それは分子の機能を理解するために不可欠な第一歩である．

➤ 習得すべき事項

電磁放射線が分子によって散乱されるのは，放射線の電場ベクトルと分子内の電子との相互作用の結果である．

➤ 必要な予備知識

波が互いに強め合いの干渉や弱め合いの干渉をする（トピック 8A）のを理解している必要がある．慣性半径の概念（トピック 10B）についても知っている必要がある．

分子に入射した電磁放射線の振動電場ベクトルは，それと同じ振動数で電子を振動させる．その振動電子は，同じ振動数の放射線を発生して，それをあらゆる方向に放出している．この過程を電磁放射線の**散乱**[1]という．このとき誘起される振動の大きさは，分子の電子密度の分極率に依存しており，分極しやすい分子ほど強い応答を示すから，きわめて分極しやすい分子は強い散乱を生じる．一方，中性子散乱は，中性子と核が強い核力で相互作用することによるから，分子内の電子の数には無関係である．また，軽い元素でも強く散乱されるものがあり，同じ元素でも同位体によって散乱強度が全く異なることがある．

すぐあとで説明するが，溶液中の分子からの散乱には，高分子の構造とダイナミクスの研究にとって重要な応用がいくつもある．これによって得られる情報は，結晶学や NMR 分光法などほかの構造研究ほど詳細ではないが，高分子の大きな凝集体を扱うには唯一の実験手法である場合が多い．

12A・1 レイリー散乱

図 12A・1 は，単色のレーザー光を溶液試料に入射し，そこからの散乱光を観測する代表的な実験配置を示している．ここでの目的は，散乱光強度の角度 θ による変化 $I(\theta)$ を測定することである．このときの強度はつぎの**レイリー比**[2]で表す．

$$R(\theta) = \frac{I(\theta)}{I_0} \times r^2 \qquad \text{レイリー比［定義］} \qquad (1)$$

I_0 は入射レーザー光の強度であり，r は試料から検出器までの距離である．この式の因子に r^2 があるのは，散乱光の波が半径 r の球面上に広がり，その表面積が $4\pi r^2$ であるからで，どんな試料からの散乱放射線も強度は r^2 に比例する因子で弱くなることを表している．したがって，レイリー比として I_0 と比較すべき強度は単に $I(\theta)$ ではなく，$I(\theta) \times r^2$ という量である．

レイリー散乱[3]は，入射光の波長よりずっと小さな直径の分子による光の散乱をいう．入射光の波長の約十分の一よりずっと小さな半径の分子であれば，それを点とみなせる．ここで，N 個の分子によるレイリー比は，

$$R(\theta) = \frac{8\pi^4 N\alpha^2}{\lambda^4}(1 + \cos^2\theta) \qquad (2)$$

で表される．α は注目する分子の分極率†である．レイリー

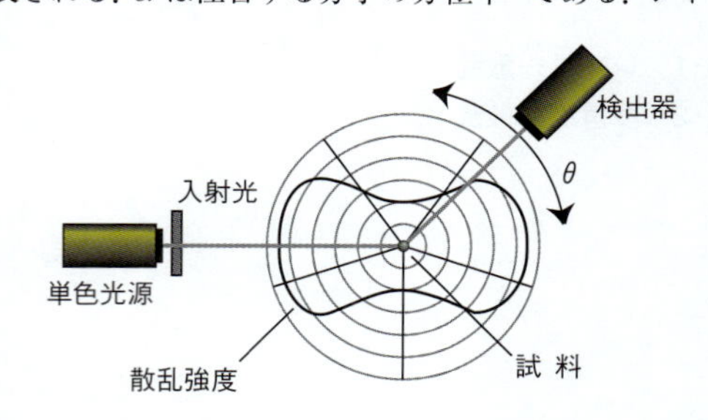

図 12A・1 点状の粒子の試料からのレイリー散乱．散乱光の強度は，入射ビームと散乱ビームがなす角度 θ に依存する．

---

† 訳注：上のレイリー比の定義によれば，ここでの α は分極率体積に相当している．

1) scattering.〔訳注：この文脈では衝突によるエネルギー変化のない弾性散乱を指している.〕

2) Rayleigh ratio.〔訳注：ここでの定義によれば，レイリー比の次元は長さの 2 乗である.〕 3) Rayleigh scattering

比はλ^{-4}に比例しているから，放射線の波長が短い方が長い場合より散乱強度は強いことがわかる．たとえば，空が青いのは，大気中の分子によって白色の太陽光が散乱されれば，青色成分がほかより強く散乱されるからである．この式の因子$1+\cos^2\theta$は，図 12A·1 で示してあるように，レイリー散乱に特徴的な角度依存性によるものである．

有機分子と高分子など原子組成の似た分子であれば，αはほぼモル質量Mに比例している．そこで，レイリー比は次式で与えられる．

$$R(\theta) = KMc_{\text{mass}} \qquad \text{レイリー比とモル質量の関係} \qquad (3)$$

c_{mass}は分子の質量濃度（単位 kg m^{-3}），Kは対象とする溶液の屈折率や入射光の波長，検出器と試料との距離など，いろいろな要素に依存する実験定数である．

12A・2　多角度光散乱

高分子は大きいから点の散乱源とはみなせない．分子の直径が入射光の波長に近くなってくれば，散乱の角度依存性は分子の大きさと形状に依存することになる．高分子の散乱では，レイリー比はつぎの**デバイ-ジムの式**[1]で与えられる．

$$R(\theta) = KMc_{\text{mass}}P(\theta) \qquad \text{デバイ-ジムの式} \qquad (4)$$

関数$P(\theta)$は**形状因子**[2]であり，分子の大きさと関係がある．レイリー散乱の枠組みでは（分子が光の波長よりずっと小さければ）$P(\theta)\approx 1$である．一方，分子の大きさがλより小さいものの，無視できなくなれば次式が適用できる．

$$P(\theta) \approx 1 - A\sin^2\tfrac{1}{2}\theta \qquad A = \frac{16\pi^2 R_g{}^2}{3\lambda^2} \qquad \text{小分子の形状因子} \qquad (5a)$$

R_gは“慣性半径”といっている半径で，高分子の大きさを表す尺度である．ただし，この用語は注意して解釈する必要がある．すなわち，（中身の詰まった）物体の回転運動の慣性を表すのに（力学で）用いた慣性半径とは意味合いが異なる（トピック 10B）．高分子の場合は分子をN個の同一領域（モノマー単位を念頭におけばよい）に分割して，それぞれをiで表し，分子の中心からの距離をr_iとしたときの“慣性半径”は，その根平均二乗距離で定義される．すなわち，

$$R_g = \left(\frac{1}{N}\sum_{i=1}^{N} r_i{}^2\right)^{1/2} \qquad \text{散乱理論での慣性半径［定義］} \qquad (5b)$$

である．したがって，かさ高い分子ほど大きな慣性半径をもつ．(5a) 式はつぎの形で表されることが多い．

$$P(q) \approx 1 - \tfrac{1}{3}(qR_g)^2 \qquad q = \frac{4\pi}{\lambda}\sin\tfrac{1}{2}\theta \qquad (5c)$$

(5a) 式，つまり (5c) 式は，$qR_g \ll 1$のときに使える式である．このパラメーターqのことを“散乱ベクトル[3]”ということがある．

デバイ-ジムの式と$P(\theta)$に対する慣性半径の依存性とから，光散乱を用いて高分子の大きさとモル質量を求める方法が得られる．それは，**多角度光散乱**[4]（MALS）という手法でθの値を変えて散乱強度を測定するのを利用している．

導出過程 12A·1　多角度光散乱による解析法

以下の計算は$R_g/\lambda \ll 1$のとき，つまり (5a) 式のAの中の因子が$16\pi^2/3 \approx 53$であるにも関わらず，Aとして十分小さいときに使える．この条件下ではA^2の項やそれ以上の高次項は無視できる．まず，(4) 式をつぎの形に書いておく．

$$\frac{1}{R(\theta)} = \frac{1}{KMc_{\text{mass}}P(\theta)}$$

ここで (5a) 式を代入してから近似を用いれば，

$$\frac{1}{R(\theta)} \approx \frac{1}{KMc_{\text{mass}}(1 - A\sin^2\frac{1}{2}\theta)}$$

$$\approx \frac{1 + A\sin^2\frac{1}{2}\theta}{KMc_{\text{mass}}}$$

$1/(1-x) \approx 1+x$

と変形できる．ここで，Aの 1 次より高次の項は無視してある．この式はさらに，つぎの二つの形に変形することができる．

$$\frac{1}{R(\theta)} \approx \frac{1}{KMc_{\text{mass}}} + \frac{A\sin^2\frac{1}{2}\theta}{KMc_{\text{mass}}}$$

$$\frac{1}{KMc_{\text{mass}}} \approx \frac{1}{R(\theta)} - \frac{A\sin^2\frac{1}{2}\theta}{KMc_{\text{mass}}}$$

この 2 番目の式を 1 番目の式の右辺の第 2 項に代入すれば，

$$\frac{1}{R(\theta)} \approx \frac{1}{KMc_{\text{mass}}} + A\sin^2\tfrac{1}{2}\theta\left(\frac{1}{R(\theta)} - \frac{A\sin^2\frac{1}{2}\theta}{KMc_{\text{mass}}}\right)$$

$$\approx \frac{1}{KMc_{\text{mass}}} + \frac{A\sin^2\frac{1}{2}\theta}{R(\theta)} - \frac{A^2\sin^4\frac{1}{2}\theta}{KMc_{\text{mass}}}$$

となる．この式の最右辺の第 3 項はA^2項であるから無

1) Debye–Zimm relation　2) form factor　3) scattering vector.〔訳注：散乱ベクトルは，入射光と散乱光の波数ベクトルの差で定義され，散乱体からの光の散乱方向と強度を表すのに用いる．ただし，ここでの“散乱ベクトル”は波数の次元をもつスカラー量であるから注意しよう．〕　4) multiple-angle light scattering

視できる．

したがって，$\{1/R(\theta)\}\sin^2 \frac{1}{2}\theta$ に対して $1/R(\theta)$ をプロットすれば直線が得られるはずで，その勾配は $A = 16\pi^2 R_g{}^2/3\lambda^2$，$y$ 切片は $1/KMc_{\text{mass}}$ である．

例題 12A・1 レーザー光散乱によるタンパク質のモル質量と大きさの測定

つぎのデータは，$c_{\text{mass}} = 2.0\ \text{kg m}^{-3}$ のあるタンパク質水溶液について，$\lambda = 532\ \text{nm}$ のレーザー光を使って 20 °C で得られたものである．

$\theta/°$	15.0	45.0	70.0	85.0	90.0
$R(\theta)/\text{m}^2$	23.8	22.9	21.6	20.7	20.4

別の実験で $K = 2.40 \times 10^{-2}\ \text{mol m}^5\ \text{kg}^{-2}$ と求められている．この情報から，このタンパク質の R_g と M を計算せよ．

考え方 まず，$\{1/R(\theta)\}\sin^2 \frac{1}{2}\theta$ に対して $1/R(\theta)$ をプロットする必要がある．そうすれば勾配 $A = 16\pi^2 R_g{}^2/3\lambda^2$，$y$ 切片 $1/KMc_{\text{mass}}$ の直線が得られると予測される．いつものように，プロットするのは次元のない量でなければならないから，実際には $\sin^2 \frac{1}{2}\theta/\{R(\theta)/\text{m}^2\}$ に対して $1/\{R(\theta)/\text{m}^2\}$ をプロットする．そうすれば，グラフの勾配と切片の値から R_g と M の値が得られる．

解答 与えられたデータから $1/\{R(\theta)/\text{m}^2\}$ と $\sin^2 \frac{1}{2}\theta/\{R(\theta)/\text{m}^2\}$ を計算し，その表をつくっておく．

$10^2/\{R(\theta)/\text{m}^2\}$	4.20	4.37	4.63	4.83	4.90
$10^3 \times (\sin^2 \frac{1}{2}\theta)/\{R(\theta)/\text{m}^2\}$	0.716	6.40	15.2	22.0	24.5

そのプロットを図 12A・2 に示す．最小二乗法で求めたこの直線の勾配は 0.0295 であるから，$A = 0.295$ となり，

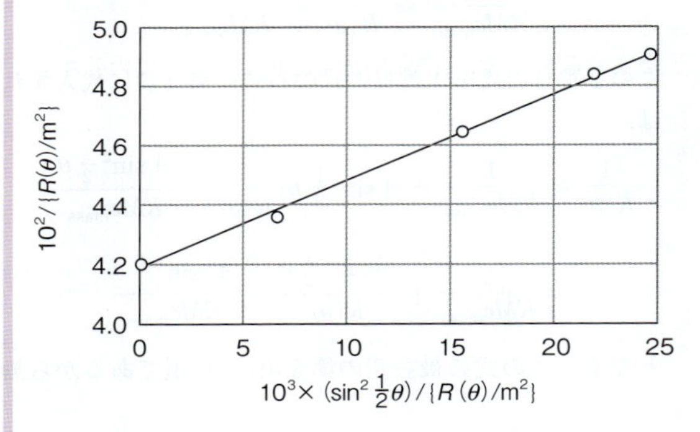

図 12A・2 例題 12A・1 のデータのプロット．

$$R_g = \left(\frac{3\lambda^2 \times A}{16\pi^2}\right)^{1/2}$$

$$= \left(\frac{3 \times (532\ \text{nm})^2 \times 0.295}{16\pi^2}\right)^{1/2} = 39.8\ \text{nm}$$

と計算できる．また，この直線の y 切片は 4.18 であるから，つぎのように M が求められる．

$$M = \frac{1}{(2.40 \times 10^{-2}\ \text{mol m}^5\ \text{kg}^{-2}) \times (2.00\ \text{kg m}^{-3}) \times (4.18 \times 10^{-2}\ \text{m}^{-2})}$$

$$= 4.98 \times 10^2\ \text{kg mol}^{-1}$$

(5a) 式は理想希薄溶液にしか適用できない．すなわち，分子は互いに無限に遠く離れていることが前提である．そうすれば，異なる分子から散乱された放射線との間で干渉が起こらないからである．ところが実際には，比較的希薄な高分子溶液であっても理想性からのずれはかなり大きい．その理想性からのずれを取入れるには，(4) 式を書き換えて $Kc_{\text{mass}}/R(\theta) = 1/P(\theta)M$ としておき，それをつぎのように拡張するのが一般的である．

$$\frac{Kc_{\text{mass}}}{R(\theta)} = \frac{1}{P(\theta)M} + Bc_{\text{mass}} \qquad (6)$$

B は実験で求める定数である．MALS を用いてモル質量をもっと正確に求めるには，試料の濃度をいろいろ変えて散乱強度を（角度を変えて）測定し，その結果を**ジムプロット**[1] でグラフに表すことである．これは (6) 式の左辺の量を c_{mass} に対してプロットするもので，$c_{\text{mass}} = 0$ および $\theta = 0$ という二重の補外を行う．

12A・3 小角X線散乱と小角中性子散乱

MALS は高分子のモル質量を比較的精度よく求める方法であるが，R_g を求めるにはあまりよくない．信頼性の高い慣性半径の値を求めるには，**小角X線散乱**[2]（SAXS）や**小角中性子散乱**[3]（SANS）という手法がよく用いられている．どちらの方法も，高分子の全体としての形状に関する情報も与えてくれる．

X線や中性子（その波動性を利用している）の波長は，対象とする高分子の直径に比べずっと短い．その結果，これらの波は高分子全体からではなく，**散乱要素**[4] という小さな領域によって散乱されるから，異なる散乱要素からの散乱波の間で干渉が起こる（図 12A・3）．もし波長が十分に短ければ，この散乱要素は個々の原子であってもよい．強め合いの干渉や弱め合いの干渉がどのように起こるかは散乱角によって変化するから，それは散乱要素の正確な空

1) Zimm plot 2) small-angle X-ray scattering 3) small-angle neutron scattering 4) scattering element

間配列に依存している．その結果，いろいろな情報を含む複雑な散乱曲線が得られるのである（図 12A・4）．

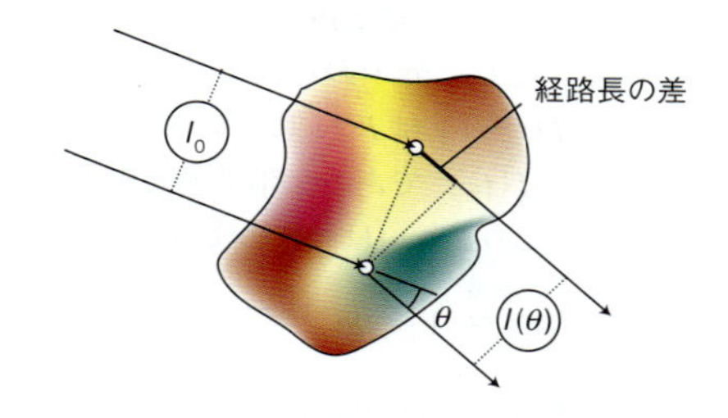

図 12A・3　高分子の二つの異なる領域からの X 線や中性子の散乱．角度 θ で観測すれば二つの散乱波で経路長が異なるから，そこで強め合いの干渉が起こったり弱め合いの干渉が起こったりする．

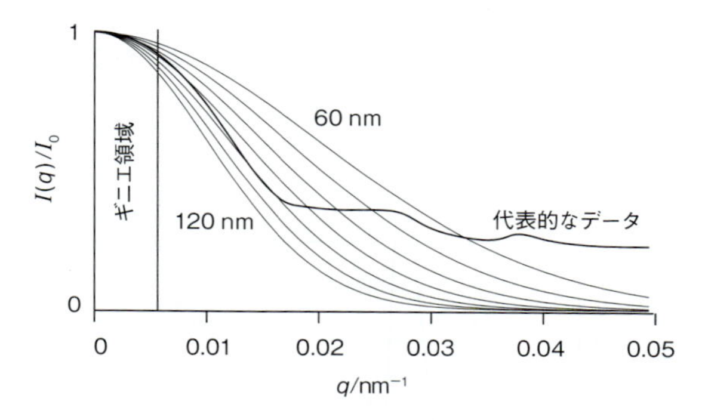

図 12A・4　SAXS や SANS による高分子の代表的な散乱曲線．散乱角（散乱ベクトル）が非常に小さな領域（ギニエ領域）での散乱曲線は R_g に依存しているから，ギニエ近似を使ってモデル化できる（図には R_g を 10 nm ごとに変えたモデル曲線を描いてある）．この場合は，$R_g \approx 90$ nm が合っている．散乱角の大きな領域で得られる曲線には，高分子の細かな形状が反映されている．

散乱データの解析は，（5c）式〔$q = (4\pi/\lambda)\sin\frac{1}{2}\theta$〕で定義したパラメーター q を用いて行う．$q=0$ では完全に強め合いの干渉が起こるから，$I(0)$ は，離れた散乱要素をすべて含む実体からの散乱の和に相当している．$qR_g \leq 1$ を満たす低角での散乱の角度依存性は，つぎの“ギニエ近似”で与えられる．

$$I(q) = I(0)\mathrm{e}^{-\frac{1}{3}q^2 R_g{}^2}$$
$$\ln\frac{I(q)}{I(0)} = -\frac{1}{3}q^2 R_g{}^2 \qquad \text{ギニエ近似} \qquad (7)$$

そこで，q^2 に対して $\ln I(q)$ をプロットすれば，勾配が $-\frac{1}{3}R_g{}^2$ の直線が得られる．慣性半径は注目する高分子に含まれる原子すべての平均であるから，その値がほんの少し変化しただけでも，たとえばタンパク質の四次構造の変化で起こりうる多くの原子が関与した大きな変位を反映していることがありうるのである．

簡単な例示 12A・1

ホスホグリセリン酸キナーゼは，解糖系でつぎの反応を触媒する酵素である．

1,3-ビスホスホグリセリン酸 + ADP
$\rightleftharpoons$ 3-ホスホグリセリン酸 + ATP

その構造は 2 個のドメインから成り，その間に両者を結ぶヒンジ領域がある．一方のドメインには，ADP/ATP の結合サイトがあり，もう一方のドメインには 1,3-ビスホスホグリセリン酸/3-ホスホグリセリン酸の結合サイトがある．この二つの基質は約 1 nm の距離を隔てて位置している．SAXS を用いて，基質が存在しないときの慣性半径を求めたところ 2.39 nm であった．一方，ATP が結合したときの慣性半径の値は 2.33 nm に減少していた．このことは，ATP の結合によって 2 個のドメインに影響を与えたことを示しており，この 2 個の結合サイトを互いに近づけたことと矛盾しない．

もっと高角の $qR_g > 1$ の領域では，高分子の形状を仮定して，その散乱曲線を計算することができる．すなわち，分子の形状をいろいろ変えて計算し，測定された散乱曲線に合わせるのである．

SAXS と SANS の違いで重要なのは，それは応用面で重要な意義が生じるのだが，散乱に関与している力が異なっていることである．SAXS では原子による散乱強度は電子数に依存している（電磁力に支配されている）から，原子番号に比例している．これと対照的に，SANS では原子による散乱強度は核力に支配されている．したがって，同位体置換した原子ともとの原子は原子番号が同じであるから SAXS では区別がつかないが，SANS では簡単に区別できる可能性がある．

SANS の特殊な応用では，水素と重水素の散乱強度の違いを利用している．すなわち，H_2O と D_2O の比率を変えた同位体混合水を用いることによって，水分子からの散乱を変更することができる．水に溶けている高分子は，その高分子からの散乱強度が溶媒の散乱強度と異なっている場合に

表 12A・1　SANS でコントラストマッチングを利用するときの溶媒の同位体組成

高分子の種類	溶媒の同位体組成 / パーセント	
	H_2O	D_2O
脂　質	85	15
多　糖	70	30
タンパク質	60	40
DNA/RNA	35	65

限り観測可能である．もし，高分子の散乱強度と溶媒の散乱強度が同じであれば，このとき**コントラストマッチング**[1]が起こる．すなわち，このときの溶液は溶質と同じ散乱をひき起こしているからである．コントラストマッチングをうまく使うには，異なるタイプの高分子に対して同位体組成の異なる溶媒を用いることである（表 12A·1）．たとえば，タンパク質と RNA を含む溶液があったとしよう．このタンパク質は 40 パーセント D_2O 濃度では散乱に寄与しない（つまり，見えない）．一方の RNA は 65 パーセント D_2O 濃度では散乱に寄与しない．この違いを利用すれば，リボソームやウイルスなど複雑な構造をもつタンパク質と RNA を成分に分けて独立に測定することができる．そこで，その成分ごとに大きさや形状を求めることができるのである．

12A・4 動的光散乱

動的光散乱[2]（DLS）は，準弾性光散乱[3]（QELS）やフォトン相関分光法[4]（PCS）ともいわれる．その原理を理解するために，レーザービームの経路に分子 2 個を置いたとしよう．この 2 個の分子から散乱された波は，ある瞬間には検出器で強め合いの干渉を起こし，それで強い信号が観測されるだろう．しかし，少し経って分子が動けば散乱波が弱め合いの干渉を起こして信号は弱くなる．この振舞いを溶液中にある多数の分子に拡張すれば，光の強度のゆらぎとなって現れる．そのゆらぎの振動数は，注目する分子の拡散速度によって変わるから，その拡散係数 D に依存している．そこで，散乱強度の時間変化 $I(t)$ を用いれば，つぎの**強度相関関数**[5] $g_2(\tau)$ を計算することができる．

$$g_2(\tau) = \frac{\langle I(t)I(t+\tau)\rangle}{\langle I(t)\rangle^2} \quad \text{強度相関関数 [定義]} \qquad (8)$$

τ は 2 回の測定の時間差であり，$\langle\ \rangle$ は，1 回目の測定が

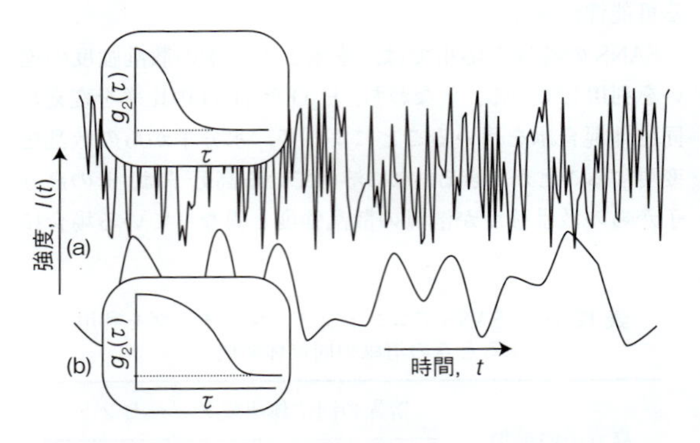

図 12A·5　時間に対する散乱強度のプロットとそれから求めた相関関数．(a) 小さな（速く動いている）溶質分子．(b) 大きな（遅い）溶質分子．挿入図の点線は $g_2(\tau)=1$ を表している．

行われた時刻 t すべての平均を表している．もし，分子が速く動いていれば，$I(t+\tau)$ と $I(t)$ の相関はすぐに無くなっているだろう．すなわち，$\langle I(t)I(t+\tau)\rangle \approx \langle I(t)\rangle \langle I(t+\tau)\rangle = \langle I(t)\rangle^2$ と書ける．したがって，$g_2(\tau)$ は急速に 1 に近づく．もし，分子の運動が遅ければ，長時間（τ が）経っても $I(t+\tau)$ は $I(t)$ に近いままであるから，$g_2(\tau) \approx \langle I(t)^2\rangle / \langle I(t)\rangle^2$ である．溶質を 1 個しか含まない試料であれば，この振舞いはつぎのように表せる．

$$g_2(\tau) = 1 + \beta e^{-2Dq^2\tau} \qquad (9)$$

β は，検出器の面積や光学系の設置状況，高分子の散乱性質などに依存する定数である．したがって，τ に対して $g_2(\tau)$ をプロットすれば（図 12A·5），指数関数的な減衰が得られ，それから D が求められる．いろいろな拡散係数をもつ分子から成る多分散系の試料では，τ に対する $g_2(\tau)$ のプロットを複数の指数関数的減衰で合わせれば，試料中に存在する分子の相対数と拡散係数を求めることができる．

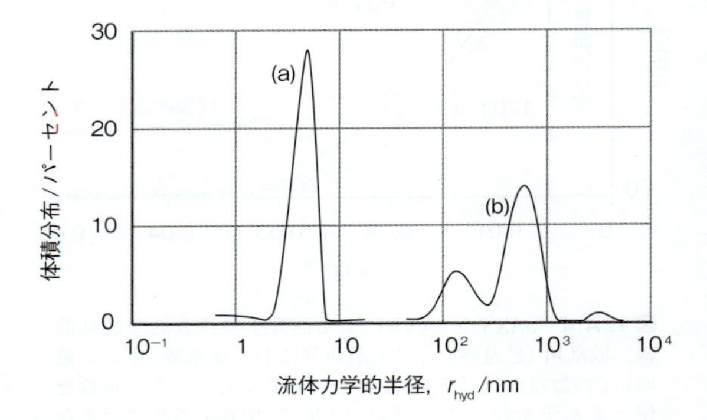

図 12A·6　ヘパラン硫酸プロテオグリカン（HSPG）の（IgG の Fc ドメインをもつ融合タンパク質として発現した）アグリンのラミニン様（LG）ドメインについて，DLS で求めた分子の大きさの分布．(a) 純粋なタンパク質．(b) 5×10^{-3} M の $CaCl_2$(aq) 中のタンパク質．カルシウムイオンが加わったことで，モノマーが集合した大きな凝集体がいくつか形成されたのがわかる．〔J. Stetefeld, S. A. McKenna, T. R. Patel, "Dynamic light scattering: A practical guide and applications in biomedical sciences" *Biophys. Rev.*, 8, 409–427 (2016) に基づく．https://doi.org/10.1007/s12551-016-0218-6〕

以上の議論からわかるように，このゆらぎを解析すれば試料中の拡散係数の分布が求められ，それを用いて存在する化学種の流体力学的半径を計算できる（トピック 7C を見よ）．動的光散乱を用いれば，ナノメートルからマイクロメートルの範囲の粒子の大きさを測定することができ，とりわけ多分散溶液を調べるのに役に立つ（図 12A·6）．

1) contrast matching　2) dynamic light scattering　3) quasi-elastic light scattering　4) photon correlation spectroscopy
5) intensity correlation function.〔訳注：散乱強度の自己相関関数のことである．〕

重要事項のチェックリスト

- □ 1．**レイリー散乱**は，入射光の波長よりずっと小さな直径の分子による光の散乱をいう．
- □ 2．**ジムプロット**では，散乱データに対して $c_{\text{mass}}=0$ および $\theta=0$ の二重の補外を行う．
- □ 3．**小角X線散乱**（SAXS）と**小角中性子散乱**（SANS）は，高分子の全体としての形状に関する情報を与える．
- □ 4．**動的光散乱**（DLS）を用いれば，高分子の位置の変化速度を測定することができ，したがって高分子の流体力学的な性質を求めることができる．

重要な式の一覧

式の内容	式	備　考	式番号
レイリー比	$R(\theta) = (I(\theta)/I_0) \times r^2$	定　義	1
	$R(\theta) = KMc_{\text{mass}}$		3
形状因子	$P(\theta) \approx 1 - A\sin^2\frac{1}{2}\theta \quad A = 16\pi^2 R_g{}^2/3\lambda^2$	$A \ll 1$	5a
慣性半径	$R_g = \left((1/N)\sum_{i=1}^{N} r_i{}^2\right)^{1/2}$	散乱理論での定義	5b
ギニエ近似	$I(q) = I(0)\mathrm{e}^{-\frac{1}{3}q^2R_g{}^2} \quad \ln\{I(q)/I(0)\} = -\frac{1}{3}q^2R_g{}^2$	$q = (4\pi/\lambda)\sin\frac{1}{2}\theta$	7
強度相関関数	$g_2(\tau) = \langle I(t)I(t+\tau)\rangle / \langle I(t)\rangle^2$	定　義	8

トピック 12 B

協同的な散乱：X 線回折

➤ 学ぶべき重要性

結晶による回折現象は，高分子の静的構造を原子分解能で解明するための最も強力な方法の基礎になっている．

➤ 習得すべき事項

分子の規則正しい配列によって X 線が散乱されれば，そこに回折パターンが生じる．これから分子構造の詳細を解釈することができる．

➤ 必要な予備知識

散乱された波は強め合いの干渉や弱め合いの干渉を行う．こうして得られた波の強度は，その振幅の 2 乗に比例している（トピック 8A）．$i = \sqrt{-1}$ の関係を使う箇所がある．

波の特徴的な性質は，それが互いに干渉することである．干渉によって，波の変位が加算されるところでは振幅が大きく，変位が差し引かれるところでは振幅が小さくなるのである．電磁放射線の強度はその波の振幅の 2 乗に比例しているから，強め合いと弱め合いの干渉領域は，放射線強度の強弱の領域として現れる．**回折**[1] という現象は，電磁放射線の進路に置いた物体による弾性散乱でひき起こされる干渉である†．その結果生じる強度の強弱の模様を**回折パターン**[2] という（図 12B･1）．回折は，それをひき起こす対象物の寸法が放射線の波長と同程度のときに起こる．

1912 年，ドイツの物理学者ラウエ[3] は，X 線の波長が結晶内の原子間隔の程度（約 100 pm）であることから，X 線は結晶で回折を起こしてもおかしくないと考えた．このラウエの考えは，すぐにフリードリッヒ[4] とクニッピング[5] によって確かめられ，後にノーベル賞を受賞することになるウィリアム ブラッグ[6] とローレンス ブラッグ[7]（ブラッグ父子）によってさらに展開された．それ以降 X 線回折法は比肩するものがないほど強力な実験法として成長を遂げた．そして，結晶の回折パターンを解析することによって，結晶中の原子の位置を詳しく描くことが可能になったのである．また，X 線回折について以下に説明するのと全く同じように，約 100 pm の波長をもつように加速された中性子や電子も使えるのである．

X 線回折が開発された当初に用いられた X 線は，高エネルギーの電子を金属に衝突させてつくっていた．電子が金属中に飛び込むと減速され，そこで連続した波長の放射線を発生するのである．この放射線を**制動放射**[8] という．その連続領域には，用いた金属に固有な数個の強くて鋭いピークが重なっている．これらのピークは入射電子が原子の内殻電子と相互作用した結果生じるものである．衝突で内殻電子がはね飛ばされると（図 12B･2）そのあとに，それよりも高いエネルギー準位にある電子が落ちてきて，過剰になったエネルギーを X 線のフォトンとして放出する．

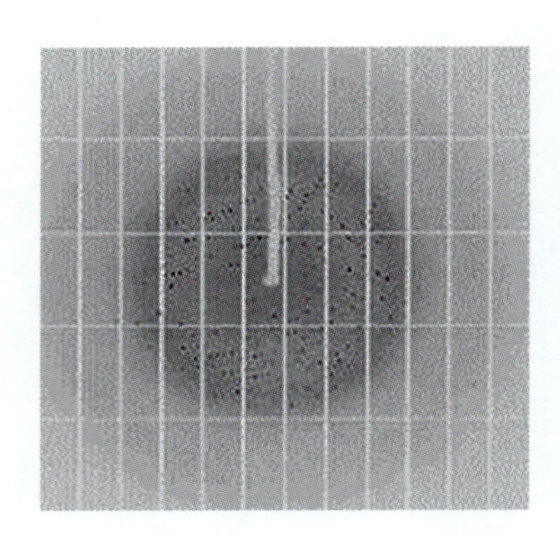

図 12B･1　波長 97.96 pm の X 線を用いて得た UDP-グルコース糖タンパク質グルコシルトランスフェラーゼの触媒ドメインの X 線回折パターン．格子状の影は配置したアレイ検出器によるもの．また，上方からの白線はビーム中の試料を支えていた支柱によるもの．分解能は 200 pm である．〔Pietro Roversi 博士（Institute of Agricultural Biology and Biotechnology, Milan）のご厚意により提供された写真〕

---

† 訳注：本書では，回折現象を協同的な散乱（cooperative scattering）として表している．集団的な散乱（collective scattering）という場合もある．

1) diffraction　2) diffraction pattern　3) Max von Laue　4) Walter Friedrich　5) Paul Knipping　6) William Bragg　7) Laurence Bragg　8) bremsstrahlung．Bremse はブレーキのドイツ語．Strahlung は放射線．

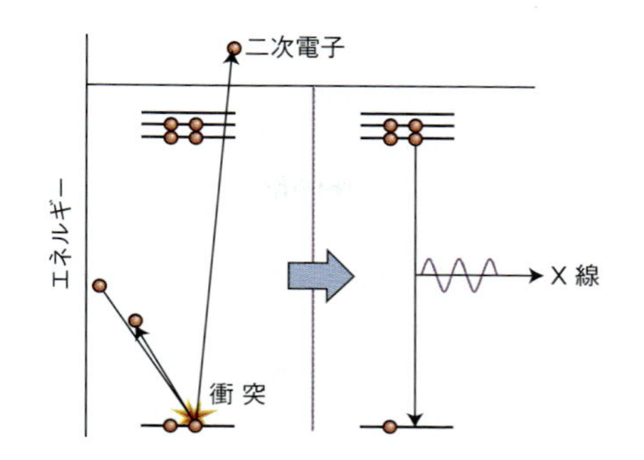

図 12B・2　X 線の生成．ある金属に高エネルギーの電子ビームを当てると，その原子の内殻電子がはじき出される．そこで別の電子が，ずっと高いエネルギー準位のオービタルからこの空のオービタルへ落ちるとき，余分になったエネルギーが X 線のフォトンとして放出される．

この方法は，多くの応用に応えるために次第に別の方法に替えられていった．高分子の結晶学研究に用いられる X 線は，いまではシンクロトロン放射または自由電子レーザーによってつくられており，波長可変で強度のずっと強い X 線を供給することができる．どちらの方法も，加速電子が X 線を放出するのを利用しており（電子の進行方向を変化させるのも加速である），電子ビームの進路を磁場で変化させることで放射線を発生している．シンクロトロン放射光では，電子が直径数 100 m の円形軌道内を進行している．一方，自由電子レーザーでは，周期配列した磁石“アンジュレータ”内を電子が蛇行しながら通過することで強い X 線ビームが得られている．結晶学的な研究が始まった当初は，回折パターンは写真フィルムに記録された．しかしいまではエリア検出器が用いられ，回折パターンを記録するだけでなく，進行中の過程を追跡するのにも利用されている．

12B・1　結晶の表し方

結晶構造とは，注目する結晶内のすべての原子の三次元配列のことである．結晶構造は，結晶格子と特定の非対称単位を用いて表す．**格子**[1] とは，同一点を無限に配列したものである．**非対称単位**[2]（基底となる実体）とは，格子を組んで結晶全体の構造を再現するときに単位となる原子群である（図 12B・3）．

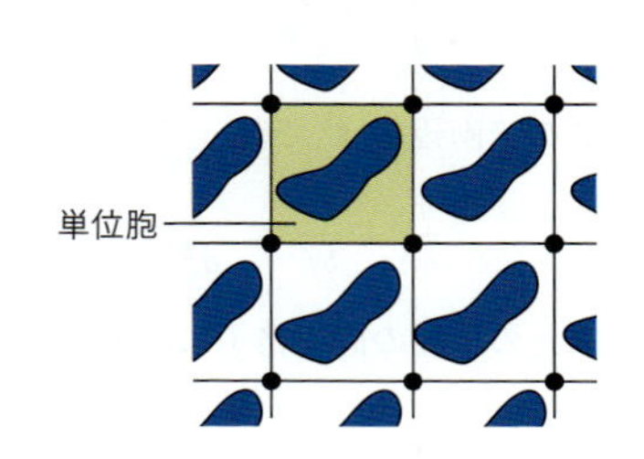

図 12B・3　結晶構造は，同一点の無限配列を表す格子と，それぞれの格子点を担う実体を表す非対称単位とを組合わせたものと考えられる．

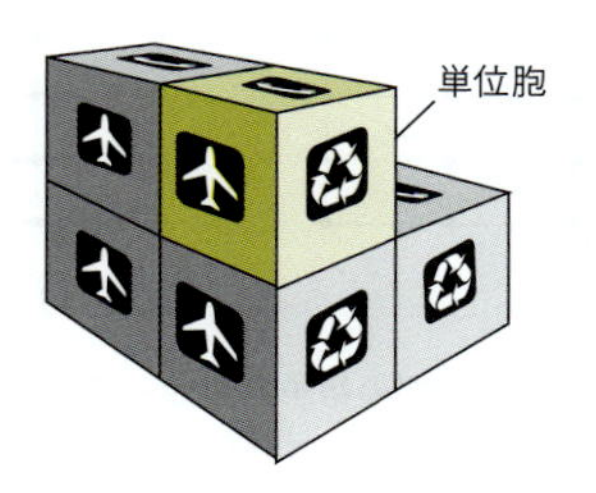

図 12B・4　単位胞をここでは三次元で示すが，それは壁を作るのに使う煉瓦のようなものである．結晶をつくり上げるのに純粋な並進だけが許される．（実際に壁を作るときは煉瓦を回転させて模様をつくることもあるが，そのときの煉瓦は単位胞ではない．）

結晶構造の**単位胞**[3] とは，格子を表すための最小の三次元領域であり，それに回転操作を加えることなく単に積み上げる（並進操作）だけで結晶構造を再現できる単位である（図 12B・4）．タンパク質の結晶の多くは，単位胞にタンパク質分子が 1 個しかなく，それで格子点をつくっている．したがって，隣接する格子点との距離は単位胞の寸法に等しい（図 12B・5）．単位胞の形と寸法は，三つの主軸に沿った長さ (a, b, c) とその軸を挟む角度 (α, β, γ) で定義される．

格子面とは，単位胞の原点にある格子点を必ず通る平面によって結晶格子全体を表せる一組の面であり，それは等間隔で互いに平行に並んでいる．格子面は，結晶の回折パターンを導くことになる干渉の発生源とみなせるから，その概念は重要である．異なるタイプの格子面は**ミラー指数**[4] によって指定され，整数 h, k, l で表される．ある単位胞の原点を通る面と同じミラー指数の最隣接の面は，その単位胞の 3 軸を分率距離（a/h, b/k, c/l）で切る平面で表される．

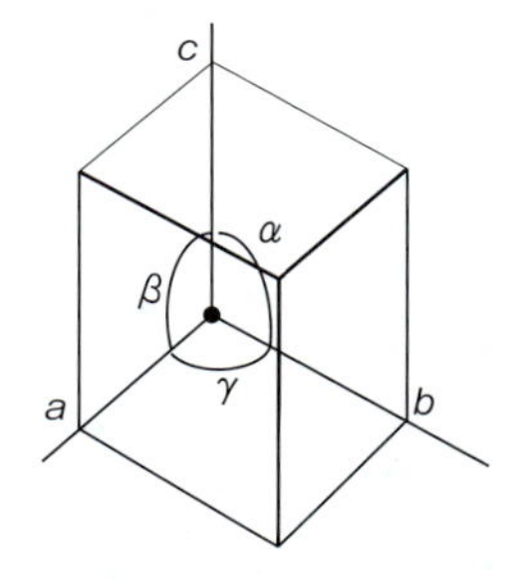

図 12B・5　単位胞の形と寸法は，三つの主軸に沿った長さ (a, b, c) とその軸を挟む角度 (α, β, γ) で定義される．本書では，軸の指定と単位胞の長さを表すのに同じ記号 a, b, c を用いる．

1）lattice　2）asymmetric unit　3）unit cell　4）Miller index

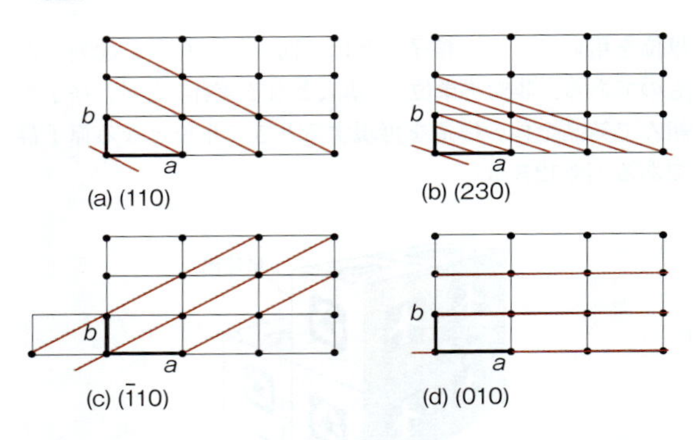

図 12B･6　三次元空間の格子点を通って描ける格子面の例と，それに対応するミラー指数 (hkl)．(a)(110) 面；(b)(230) 面；(c)$(\bar{1}10)$ 面；(d)(010) 面．

三次元配列の点より二次元配列の方が見やすいから，ミラー指数の概念を二次元で説明してから，それを三次元に拡張することにしよう．

辺が a と b の長方形の単位胞でできる二次元直方格子を考えよう（図 12B･6）．もし，最隣接の面が $a/2$ で a 軸を切り，$b/3$ で b 軸を切るなら，$h=2$ および $k=3$ である．このような面の組（いまは二次元で考えているから線の組）を (23) 面という（これを図 12B･6b に示してある）．これを一般には (hk) 面というが，三次元であれば (hkl) 面である．ここで，図 12B･6 が三次元直方格子を真上から見た図であると考え，第三の軸の長さが c の単位胞だとしよう．そうすれば，図 12B･6b の面は c 軸と無限遠で（つまり，$c/0$ で）交差するから，このときの面は (230) で表される．ここで，間違う恐れがあるときは指数の間にスペースを入れて，$(h\ k\ l)$ のように書くことにしよう．たとえば (2110) と書いてしまうと，(2 11 0) なのか (21 10) なのか区別できないからである．同じように考えれば，$(h0l)$ 面は b 軸に平行であり，$(0kl)$ 面は a 軸に平行である．図 12B･6 を見ればわかるように，(hkl) 面で h の値が小さくなるほど，その面は a 軸に平行に近くなると覚えておけばよい．ほかの軸についても同じことがいえる．

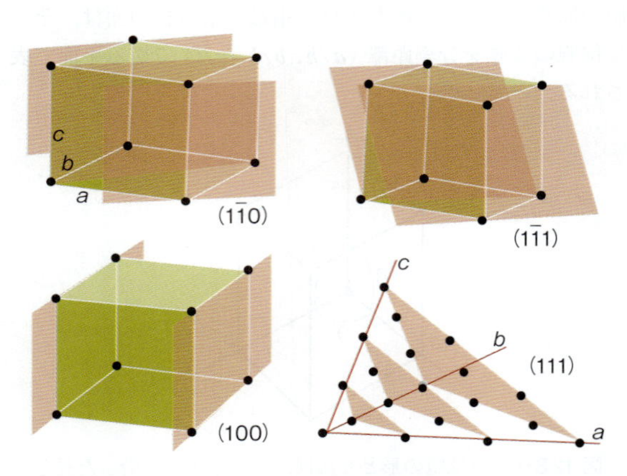

図 12B･7　三次元で表した格子面とそのミラー指数の例．指数 0 はその面が対応する軸に平行であることを示す．同じ指数付けは非直交軸の単位胞にも使える．

負の指数を表すときは数値の上にバーを付けておく．図 12B･6c には $(\bar{1}10)$ 面を示してある．図 12B･7 には三次元における面の例を表してある．そこには，軸が互いに直交していない格子の例も示してある．ここで，すべての面がここに示す単位胞の格子点を通るわけでないことに注意しよう．しかし，隣接するどこかの単位胞の格子点は必ず通っているのである．また，原子やイオンは必ずしも格子点にあるとは限らないから，格子点を通らない面が電子密度の中心あるいは原子そのものを貫いていることもある．

ミラー指数は"直方"格子の面間隔を計算するうえで非常に役に立つ．直方格子[1]は単位胞の 3 辺が互いに直交している格子である．

導出過程 12B･1　面間隔の計算法

二次元直方格子の (hk) 面について考えよう．単位胞の辺の長さは a と b である（図 12B･8）．この図でわかるように，つぎの関係が成り立つ．

$$\sin\phi = \frac{d}{a/h} = \frac{hd}{a} \qquad \cos\phi = \frac{d}{b/k} = \frac{kd}{b}$$

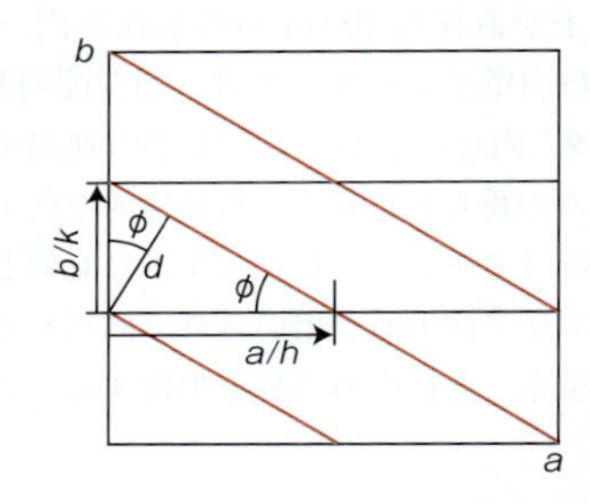

図 12B･8　直方単位胞の寸法と面間隔の関係を示す図．

d は面間隔である．$\sin^2\phi + \cos^2\phi = 1$ であるから，

$$\left(\frac{hd}{a}\right)^2 + \left(\frac{kd}{b}\right)^2 = 1$$

と書ける．ここで両辺を d^2 で割っておけば，

$$\frac{h^2}{a^2} + \frac{k^2}{b^2} = \frac{1}{d^2}$$

となる．三次元の一般の直方格子に拡張すれば次式が得られる．

$$\frac{1}{d^2} = \frac{h^2}{a^2} + \frac{k^2}{b^2} + \frac{l^2}{c^2} \qquad (1)$$

面間隔［直方格子］

1) orthorhombic lattice.〔訳注：かつては"斜方格子"といわれたが，誤解されやすいから直方格子とするのがよい.〕

例題 12B・1　ミラー指数の使い方

直方格子の (a) (123) 面，(b) (246) 面の面間隔をそれぞれ計算せよ．ただし，その単位胞の寸法は $a = 0.84$ nm，$b = 0.96$ nm，$c = 0.77$ nm である．

考え方　(a) については，与えられた数値を (1) 式に代入して求めればよい．(b) については，同じ計算を繰返す代わりに，三つのミラー指数がそれぞれ n 倍になれば (1) 式の d がどう変化するかを考えればよい．

解答　(a) については，与えられたデータを (1) 式に代入すれば，

$$\frac{1}{d^2} = \frac{1^2}{(0.84\ \mathrm{nm})^2} + \frac{2^2}{(0.96\ \mathrm{nm})^2} + \frac{3^2}{(0.77\ \mathrm{nm})^2} = \frac{21}{\mathrm{nm}^2}$$

が得られ，$d = 0.22$ nm となる．次に，指数が全部 n 倍になると面間隔 (d_n) を表す式は，

$$\frac{1}{d_1^{\,2}} = \frac{h^2}{a^2} + \frac{k^2}{b^2} + \frac{l^2}{c^2}$$

から

$$\frac{1}{d_n^{\,2}} = \frac{(nh)^2}{a^2} + \frac{(nk)^2}{b^2} + \frac{(nl)^2}{c^2} = n^2\left(\frac{h^2}{a^2} + \frac{k^2}{b^2} + \frac{l^2}{c^2}\right) = \frac{n^2}{d_1^{\,2}}$$

になることに注目する．すなわち，$d_n = d_1/n$ である．したがって (b) の面間隔は 0.22 nm から 0.11 nm に変化している．

12B・2 格子の回折

結晶中の原子それぞれがX線をあらゆる方向に散乱しており，その強度は原子が電磁放射線とどれほど強く相互作用しているかで決まっている．その相互作用の強さは原子内にある電子数に依存しているから，電子を多く含む原子は少ない原子より強く相互作用できる（トピック 12A）．そこで，結晶から得られる回折パターンは非対称単位（基底）から予測されるパターンと格子に固有の単純なパターンとの組合わせ（数学用語ではコンボリューション[1]）で求められる．

X線回折パターンの当初の解析では，それぞれの格子面を半透明な鏡とみなした（図 12B・9）．このモデルによれば，強め合いの干渉を起こすために，結晶が入射X線ビームに対してとるべき角度を容易に計算できる．これからわかるように，強め合いの干渉で生じる強い斑点に対して**反射**[2] という名称が与えられたのである．

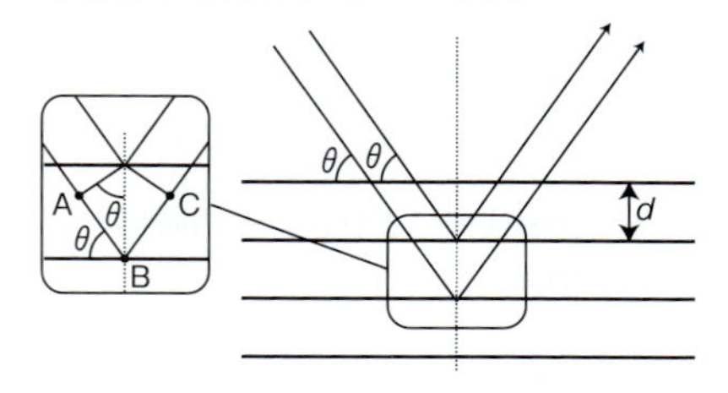

図 12B・9　ブラッグの法則を導くとき，それぞれの格子面が入射X線を反射するとして扱う．ここでの経路長の差は AB＋BC で，これは角度 θ によって変わる．強め合いの干渉（“反射”）は AB＋BC が波長の整数倍のときに起こる．

図 12B・9 に示してある二つのX線の経路差は，

$$\mathrm{AB} + \mathrm{BC} = 2d\sin\theta$$

で表される．ここで角度 θ は**視射角**[3] である．経路差が1波長に等しいとき ($\mathrm{AB}+\mathrm{BC}=\lambda$)，その反射波は強め合いの干渉をする．このことから，視射角 θ が**ブラッグの法則**[4]，

$$\lambda = 2d\sin\theta \qquad \text{ブラッグの法則} \qquad (2\mathrm{a})$$

を満足するとき，反射が観測されることが導かれる．ブラッグの法則のおもな用途は格子面の間隔を求めることである．ある反射に対応する角度 θ がわかりさえすれば，d はすぐに計算できるからである．(2a) 式は，つぎのように書くこともある．

$$n\lambda = 2d\sin\theta \qquad \text{ブラッグの法則の別の表し方} \qquad (2\mathrm{b})$$

$n = 1, 2, \cdots$ は反射の次数[5] を示す．しかし最近では，例題 12B・1 で示したように，次数 n を面間隔 d の定義に含めてしまう傾向がある．

例題 12B・2　ブラッグの法則の使い方

立方結晶の (111) 面からの反射が，波長 154 pm のX線を使って，視射角 $\theta = 11.2°$ に観測された．この単位胞の一辺の長さはいくらか．

考え方　格子面の間隔 d は，(2a) 式と与えられたデータを使えば求められる．そうすれば，(1) 式から単位胞の一辺の長さがわかる．この単位胞は立方で $a=b=c$ であることから，(1) 式は，

1) convolution.〔訳注：たたみ込みともいう．関数 g を平行移動しながら関数 f に重ね足し合わせる演算をいう.〕　2) reflection
3) glancing angle.〔訳注：“入射角” ということもある．ただし，光学の分野でいう入射角 (incident angle) は，反射面の法線と光線とがなす角度のことであり，視射角とは余角（和が 90°）の関係にある．また，このときの回折角（散乱角）は 2θ であることに注意しよう．すなわち，このときの散乱ベクトルは $q = (4\pi/\lambda)\sin\theta$ である.〕　4) Bragg's law　5) order

$$\frac{1}{d^2}=\frac{h^2+k^2+l^2}{a^2}$$

と簡単になる．これを整理すれば次式が得られる．

$$a = d\times(h^2+k^2+l^2)^{1/2}$$

解答　ブラッグの法則によれば，この回折を起こしている（111）面の間隔は，

$$d=\frac{\lambda}{2\sin\theta}=\frac{154\ \text{pm}}{2\sin 11.2°}$$

である．そこで $h=k=l=1$ とおけば，a はつぎのように求められる．

$$a=\frac{154\ \text{pm}}{2\sin 11.2°}\times 3^{1/2}=687\ \text{pm}$$

回折パターンで得られるピーク，つまり反射は，ある特定の組の格子面から生じると考えられる．そこで，格子面に与えられたミラー指数は，それぞれのピークを指定するラベルとしても使われる．たとえば，(hkl) 面は強度 I_{hkl} の (hkl) ピークを生じる．ところで，h, k, l の数値が小さいピークほど面間隔 d は大きく，d と θ は逆向きの関係にあるから，そのピークは回折パターンの小角側のビーム中心に近い位置に観測される．

12B・3　具体例：DNAの構造

ブラッグの法則は，これまでに最も衝撃的なX線回折像の一つ，DNAの回折斑点の特徴を解釈するのに役立つ．それは，フランクリン[1]とウィルキンス[2]によってDNA鎖から得られた特徴的なX字形パターンで（図12B･10），ワトソン[3]とクリック[4]はそれを使ってDNAの二重らせんモデルを構築したのである．この回折像を解釈するには，用いた繊維状の試料では多数のDNA分子がその軸に平行に揃っていたこと，その軸と垂直の方向からX線を入射して得た回折像であることを知っておく必要がある．繊維内の分子はすべて平行（あるいはそれに近い状況）であるが，それと垂直な方向にはランダムに分布している．その結果，繊維軸に平行な周期構造による像が，それと垂直な方向のランダム構造による散乱の均一なバックグラウンドと重なった回折パターンとなっている．

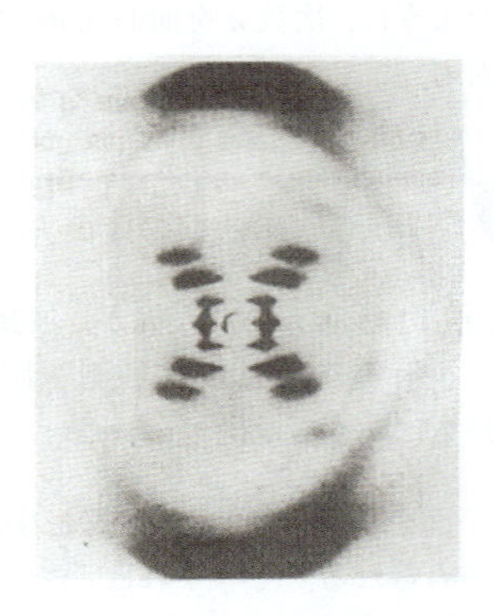

図12B･10　B-DNAの繊維から得られたX線回折パターン．黒い点は反射，つまり強め合いの干渉が極大になった点であって，これを使って分子の構造を求める．〔J. P. Glusker, K. N. Trueblood, "Crystal Structure Analysis: A primer", Oxford University Press (1972) の図から転載〕．

図12B･10にはおもな特徴が二つ見られる．すなわち，上下に対をなす繊維からの強い散乱と，より小角でのX字形をした分布である．すでに述べたように，高角散乱は面間隔が密な場合に起こるから，前者の散乱は面間隔の狭い成分に，内側のX字形のパターンはより長い周期性をもつものに由来すると推測できる．前者の回折パターンは，X字形の最も内側の斑点の約10倍離れたところに現れているから，この分子の長距離構造は短距離構造の約10倍の周期をもつといえる．装置の幾何構造やX線の波長，ブラッグの法則から，短距離構造の周期は340 pm，長距離構造の周期は3400 pm (3.4 nm) と推測できる．

このX字形の回折像がヘリックス特有のものであることを理解するために，図12B･11を見よう．ヘリックスの1巻きを見れば2種の面が存在している．一つは水平面に対し角度 α をなす面，もう一つは角度 $-\alpha$ をなす面である．その結果，一次近似として，ヘリックスは角度 α の面の配列と角度 $-\alpha$ の面の配列が，ヘリックスのピッチに

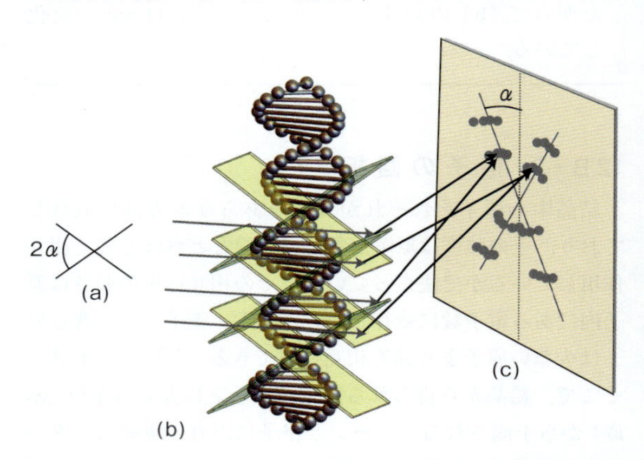

図12B･11　ヘリックス1本から生じる特有のX字形回折パターンの起源．(a) ヘリックスは，水平面からある角度 α をもって配列した面と，別の角度 $-\alpha$ をもって配列した面から成ると考えられる．(b) 一方の面の組からの回折斑点は垂直軸から角度 α だけ傾いたところに現れ，X字の一方の脚を形成する．もう一方の面の組の回折斑点は角度 $-\alpha$ に現れ，X字のもう一方の脚を与える．この配置ではヘリックスは上下対称をもつから，X字の下半分も現れる．(c) X字に沿って現れる一連の斑点は，外に向かって1次，2次，… の回折 ($n=1, 2, \cdots$) に対応している．

1) Rosalind Franklin　2) Maurice Wilkins　3) James Watson　4) Francis Crick

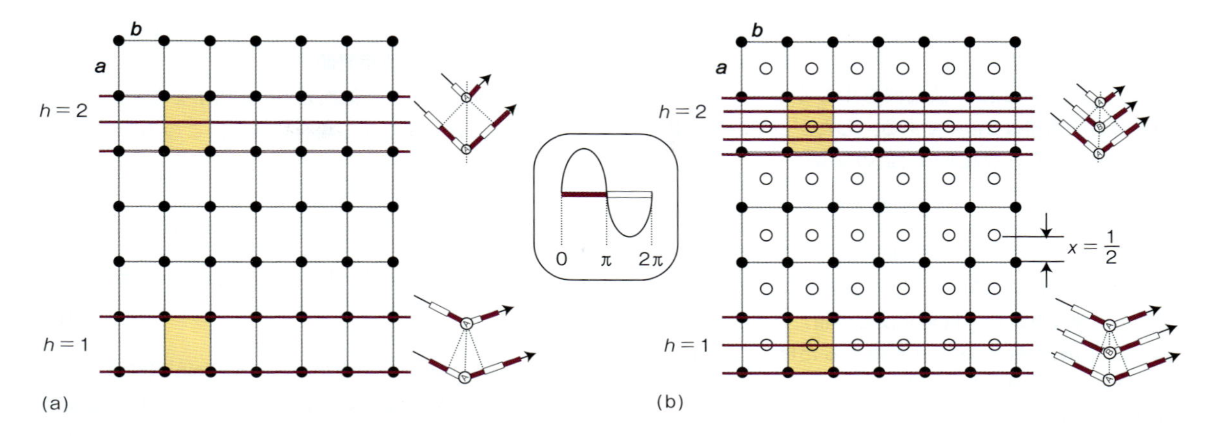

図 12B・12　(a) 結晶中に原子 A (黒丸) のみが存在するとき，(b) 原子 B (白丸) も存在するときに原子で散乱された放射線に見られる相対的な位相†.

よって決まるある間隔だけ離れて存在したものと考えることができる．このように，DNA 分子は配列の異なる 2 種の面から成ると考えてよい．その面はいずれもブラッグの法則の導出で扱った面間隔 $d = p\cos\alpha$（ここで，p はヘリックスのピッチ）をもち，水平面に対してそれぞれ角度 $\pm\alpha$ だけ傾いている．したがって，一方の組の面から生じる回折斑点は垂直方向から角度 α だけ傾いていて，それが X 字の一方の脚をつくり，もう一方の組の面からの回折斑点は垂直方向から角度 $-\alpha$ だけ傾いて X 字のもう一方の脚を形成している．この実験的な配置では上下が対称的であるから，回折パターンも X 字形の下半分は上半分と同じ繰返しになっている．この線上の回折斑点の系列は，外側に向かって 1 次, 2 次, … の回折（2b 式における $n = 1, 2, \cdots$）に対応している．こうして，この X 線パターンから分子がらせん構造をもち，$\alpha = 40°$ であることもわかる．最後に，求めた角度 α とピッチ p を用いれば $\tan\alpha = p/4r$ によってヘリックスの半径 r を求められる．それは，$r = (3.4\,\text{nm})/(4\tan 40°) = 1.0\,\text{nm}$ である．

12B・4　単位胞の回折

以下の説明で鍵となる重要なことは，たとえば $A\cos(2\pi x/\lambda + \phi)$ で表される波があるとき，その振幅は A，波長は λ，位相は ϕ であるということである．もし，波長が同じ二つの波の位相が 2π の整数倍だけ違っていれば，両者のピークは一致している．これらの波は $A\sin(2\pi x/\lambda + \phi)$ と書くこともできる．ここで，$e^{i\theta} = \cos\theta + i\sin\theta$ の関係を使って二つの式を結びつけておくといろいろ便利なことがある．ここで，$i = \sqrt{-1}$ である．ここからは波を $Ae^{2\pi ix/\lambda}e^{i\phi}$，あるいは簡単に $fe^{i\phi}$ と表すことにしよう．波をこのように表したうえで，ある単位胞に原子が N 個含まれており，それぞれの座標が $r_j = (x_j a,\ y_j b,\ z_j c)$ で表されるとしよう．そうすれば，各原子は振幅 f_j の散乱波を生じる．これを**散乱因子**[1] という．原子散乱因子は，それぞれの原子がもつ電子数に比例している．そこで問題は，それぞれのタイプの原子によって散乱された波が，全体の回折パターンにどう寄与するかということである．

導出過程 12B・2　全体としての回折パターンの計算

いろいろなタイプの原子によって散乱された波について，その相対的な位相を考える必要がある．

ステップ 1：はじめに，二次元の面の集合を考えよう．具体的には 2 組の面であり，一つは $h = 1$ の面，もう一つは $h = 1$ の面間隔の半分の $h = 2$ である（図 12B・12）．ここで，$x = 0$ の面には原子 A が存在し，0 と 1（隣の単位胞の原点）の間 x の位置には原子 B が存在している．まず，原子 B が存在しない場合（図 12B・12a）は，面内にある原子 A は隣接する $h = 1$ の面との位相差が 2π となる散乱角で強め合いの干渉を起こすだろう．ここで，原子 B が xa に存在すれば，追加の散乱波を生じることになる．それは，$x = 0$ なら同じ位相（つまり 0）の角度，$x = \frac{1}{2}$ なら位相 π の角度，$x = 1$ なら位相 2π（つまり 0）の角度に散乱を生じる．そこで，この単位胞内の一般位置 x での位相差は $2\pi x$ である．

ステップ 2：次に，$h = 2$ の面からの反射を考えよう．こ

† 訳注：この図で原子 A と B が同種の場合，同じ指数の反射の現れ方が (a) 単純格子と (b) 面心格子で異なることを表している．(a) では $h = 1$ と $h = 2$ の反射が得られるが，(b) では $h = 1$ の反射はなく（消滅し）最初に現れるのは $h = 2$ の反射である．

1) scattering factor

の面によって散乱される波の位相差は $2 \times 2\pi$ であるから，一般の h の場合は $h \times 2\pi$ である．原子Bが存在すれば位相差 $2 \times 2\pi x$ の散乱波を生じるから，一般の h の場合の位相差は $2\pi hx$ である．したがって，AとBを含む単位胞からの散乱波の合計の振幅は，

$$F_h = f_A + f_B e^{2\pi i hx}$$

で与えられる．この散乱波の強度はこの振幅の2乗，つまり $|F_h|^2$ に比例している．ここで F_h が複素であれば絶対値の2乗（つまり，複素共役との積）である．この式は，hx を $hx + ky + lz$ で置き換えるだけで三次元に拡張できるから，単位胞に存在する全原子について和をとれば次式が得られる．

$$F_{hkl} = \sum_{j=1}^{N} f_j e^{i\phi_{hkl}(j)} \qquad \phi_{hkl}(j) = 2\pi(hx_j + ky_j + lz_j) \qquad \text{構造因子} \quad (3)$$

この無次元量の F_{hkl} を**構造因子**[1]という．これは，単位胞全体から散乱された波の正味の振幅をまとめたものと解釈できる．回折パターンというのは，この振幅に相当する強度のパターンであるから，構造因子の2乗，つまり $|F_{hkl}|^2$ で与えられる．

もう一つ重要な一般化がある．これまでの解析では，単位胞が点とみなせる原子から成ると仮定してきた．ところが実際には，各原子の位置にピークをもつ電子密度の連続的な分布 $\rho(\boldsymbol{r})$ と考えるのが適切である．そこで，離散的な散乱因子 f_j の代わりに，体積要素 $d\tau$ に存在する電子の確率で置き換えれば，構造因子は，

$$F_{hkl} = \int \rho(\boldsymbol{r})\, e^{i\phi_{hkl}(\boldsymbol{r})} d\tau \qquad (4a)$$

で表される．ここでの積分は単位胞の体積 V について行う．この形の積分を**フーリエ変換**[2]という．それは数学者によって詳しく調べられてきた．その重要な結論の一つは，フーリエ変換は逆変換が可能なことで，いまの場合は電子密度を求めるつぎの式が導けるのである．

$$\rho(\boldsymbol{r}) = \frac{1}{V}\sum_{h,k,l} F_{hkl}\, e^{-i\phi_{hkl}(\boldsymbol{r})} \qquad \text{フーリエ合成} \quad (4b)$$

これは電子密度の**フーリエ合成**[3]という重要な式であり，単位胞全体にわたっての原子の位置を表す電子密度の地図を描く方法を与えている．これが，近年のX線結晶学の基礎となっている．これはまた，一つの問題も提起している．すなわち，回折パターンは $|F_{hkl}|^2$ を与えるが，フーリエ合成を行うには F_{hkl} そのものが必要だからである．この問題は，それぞれの F_{hkl} の符号が正か負かを知る問題であり，これをX線結晶学の**位相問題**[4]という．

ここで最初に戻って，低次元の構造因子を考えよう．ミラー指数 h だけが関与する場合である．この場合の（4b）式は，

$$\begin{aligned}\rho(x) &= \frac{1}{V}\sum_h F_h\, e^{-i\phi_h(x)} \\ &= \frac{1}{V}\sum_h F_h \cos(2\pi hx) - i\frac{1}{V}\sum_h F_h \sin(2\pi hx)\end{aligned} \qquad (4c)$$

となる．（すぐあとでわかるが，この式のsin項は消える．）h が小さな値であれば，このcos項もsin項も長い波長で変化するから，電子密度の幅広い変化にしか寄与しない．一方，h が大きな値であれば，このcos項もsin項も x 軸に沿って激しく振動するから，x 軸に沿った電子密度分布の詳細に寄与することになる．もし，フーリエ合成に小さな h のピークしか含めなければ（三次元でいえば，(hkl) の小さなピークしか使わなければ），それで得られる結果は分解能の低い像となる．高分解能な構造を得るためには，(hkl) の値の大きなピークを計算に取込む必要がある．大きな (hkl) の値は小さな d からの散乱に相当するから，結晶構造の**分解能**[5]というのは，電子密度の計算に含めた最大の (hkl) 値に相当する d の最小値で定義される．

簡単な例示 12B・1

波長154 pmのX線を用いたあるタンパク質結晶からの回折パターンでは，中心ビームに対して最大角38°（つまり，$\theta = 19°$）までの反射の位相を求めることができた．（2a）式から，この最大角の反射は面間隔236.5 pmの格子面に相当することがわかるから，この構造の分解能は236.5 pmである．

例題 12B・3 フーリエ合成による電子密度の計算法

分子の三次元構造を求めることは，タンパク質や核酸のレセプターサイトに特異的に結合する治療薬を合理的に設計するうえで鍵となる重要な段階である．ある医薬の候補とされた有機分子について，その結晶の $(h10)$ 面を考えよう．X線回折の解析によって構造因子がつぎのように与えられた．

h	0	1	2	3	4	5	6	7
F_{h10}	16	−10	2	−1	7	−10	8	−3

h	8	9	10	11	12	13	14	15
F_{h10}	2	−3	6	−5	3	−2	2	−3

1) structure factor　2) Fourier transform　3) Fourier synthesis　4) phase problem　5) resolution

負の h の構造因子の数値は正の h の値と同じである（すなわち，$F_{-h10}=F_{h10}$）．この単位胞の x 軸に沿った電子密度のプロットをつくれ．

考え方　$0\leq x\leq 1$ の点について（4c）式の和を求めればよい（ただし，$h=15$ まで）．すなわち，

$$\sum_{h=-15}^{15} F_{h10}\cos(2\pi hx) = 16 + 2\sum_{h=1}^{15} F_{h10}\cos(2\pi hx)$$

である．この式に因子 2 が付いているのは，つぎの関係があるためである．

$$\overbrace{F_{\bar{1}10}}^{F_{110}}\overbrace{\cos(-2\pi x)}^{\cos(2\pi x)} = F_{110}\cos(2\pi x)$$

これと同じ関係がほかの h の値についても成り立つから，h の負の値についての和は正の値についての和と等しい．一方，これに対応する sin 項は，つぎの関係が成り立つから消える．

$$\overbrace{F_{\bar{1}10}}^{F_{110}}\overbrace{\sin(-2\pi x)}^{-\sin(2\pi x)} = -F_{110}\sin(2\pi x)$$

これと同じ関係がほかの h の値についても成り立つから，h の正の値についての和は負の値についての和と消し合う．この作業は数学ソフトウエアを使えば簡単で，得られた結果をプロットすることもできる．

解答　与えられたデータを（4c）式に入力すれば，

$$V\rho(x) = 16 - 20\cos(2\pi x) + 4\cos(4\pi x) - \cdots - 6\cos(30\pi x)$$

の形をしている．この関数を図 12B・13 に示す．この電子密度図のピークの位置からいくつかのタイプの原子の位置が容易にわかる．

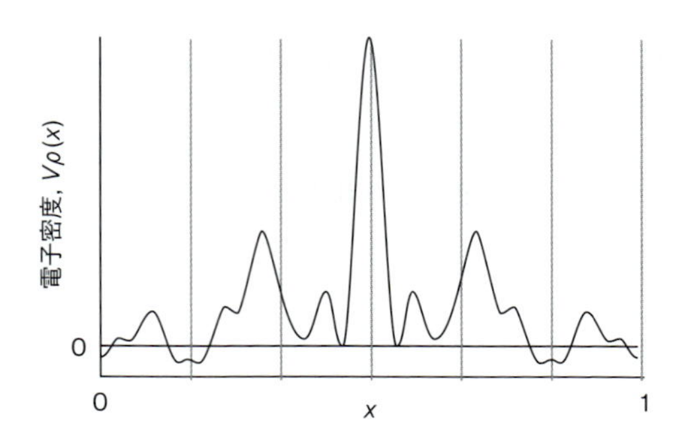

図 12B・13　例題 12B・3 で計算された電子密度のプロット．

12B・5　実験手法の実際

結晶学的な解析によってタンパク質の構造を求めるうえで最初の問題，たいていの場合に最大の難関となるのは，高分子を規則正しく整列させた質の高い結晶を作成することである（トピック 10C）．電荷を帯びたタンパク質分子を結晶化させるよい方法は，沈殿剤として $(NH_4)_2SO_4$ を用いることである．結晶化を促すには透析法（トピック 3D）または蒸気拡散法で溶媒を徐々に取除けばよい．蒸気拡散法の一つに，図 12B・14 に示すような，水溶液（溶液だめ）の上方に生体高分子の溶液を 1 滴つり下げておく方法がある．溶液だめの溶液に含まれる不揮発性溶質（塩など）の濃度が生体高分子溶液中の濃度より濃い場合は，密閉容器中の水蒸気圧が平衡値に達するまで溶媒は液滴から徐々に蒸発する．このとき同時に，液滴中の沈殿剤と生体高分子の濃度は徐々に上昇し，やがて結晶が生成し始める．

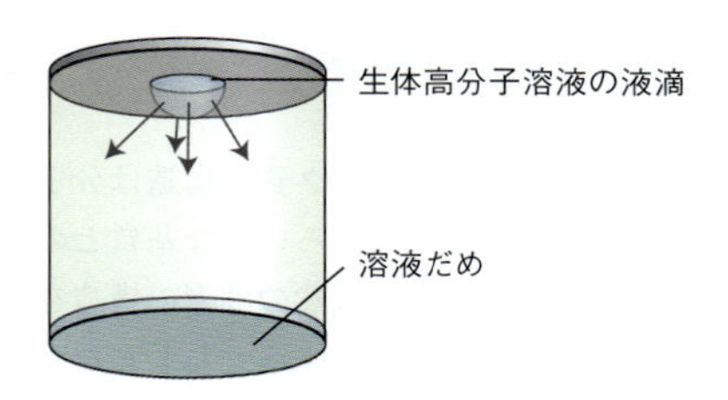

図 12B・14　蒸気拡散法で生体高分子を結晶化させるための一般的なやり方．不揮発性溶質の非常に濃い溶液を溶液だめに置き，その上方に生体高分子溶液を 1 滴つり下げておく．溶媒の蒸発（下向きの矢印で示してある）の過程で，生体高分子溶液は濃くなり，あるところで結晶が形成される．

細胞膜の二重層に埋まっている膜タンパク質など，疎水性タンパク質の結晶化には特殊な方法が使われる．一つの方法は界面活性剤分子，つまり，リン脂質のような極性をもつ頭部と疎水性の尾部から成る分子を使って，タンパク質分子を覆うことによって緩衝水溶液に溶けるようにすることである．それから，透析法や蒸気拡散法を使って結晶化を促すのである．

こうして適切な結晶が得られたら，回折パターンを記録することができる．完全なピーク一式を揃えるには，結晶の向きを何回か変えて回折パターンを記録する必要がある．従来は，タンパク質の比較的大きな単結晶を用いて，単色の X 線ビームの中で結晶を回転させてデータの収集を行っていた．自由電子レーザーの出現によって強力な X 線がつくれるようになってからは，微結晶でも回折パターンが得られるようになった．いまでは，いくつかの微結晶をランダムな向きに固定しておいて，それぞれの回折パターンを記録することが可能になっている．

こうしてすべてのピークの位置と強度が測定されれば，その指数付けができる．すなわち，それぞれについて (hkl) の値が割り当てられる．この段階で位相問題に直面することになる．その解決には三つの方法がある．

- **直接法**[1]: 可能なすべての位相の組合わせを用い，最善の結果を与える組合わせを選んでその構造を計算する．
- **パターソン法**[2]: 位相を使わず F_{hkl} の大きさだけを使って構造を計算する．したがって，その出力は原子の実際の位置ではなく，原子間の空間的な距離の地図しか得られない．
- **分子置換法**[3]: すでに構造が解かれた類似分子の構造を用いて位相を計算し，それを用いて目的分子の結晶構造を計算する．

単位胞内の原子数が少なければ，はじめの二つの方法を用いて構造を解くことができる．第三の方法は，どんな大きさの分子にも使えるが，類似分子の構造がわかっていなければならない．

いまでは，たいていのタンパク質の構造は分子置換法で求められている．たとえば，いろいろな基質との複合体中の酵素の構造を求めるには，天然の酵素の構造を用いて異なる複合体すべての位相を計算する．しかしながら，類似分子の構造が未知で，新奇タンパク質の構造を求めるには，もっと複雑なアプローチが必要になる．まず，単位胞に少数の重原子を加えたタンパク質を結晶化させる必要がある．最も一般的なアプローチでは，メチオニンをセレノメチオニンに置き換えたタンパク質を作成する．もう一つのアプローチは，目的の高分子結晶を重金属イオン溶液に浸しておき，結晶内に重原子を拡散させてタンパク質と結合させるのである．その重原子は，それまで存在していたほかの原子より X 線をずっと強く散乱するから，回折パターンに大きな影響を及ぼす．それでパターソン法を用いれば重原子の位置を求めることができ，重原子が回折ピークに与えた効果の位相を計算するのである．次に，その位相を参照位相として**多重同形置換**[4]（MIR）法や**多波長異常分散**[5]（MAD）法を利用する．どちらの方法でも，重原子の結合によってピーク強度を変化させたタンパク質の部分構造に基づいて位相が求められる．この方法では，回折パターンの最も強いピークを手がかりに位相を求めるのが一般的である．弱いピークの位相については，反復による構造の精密化によって求められる．

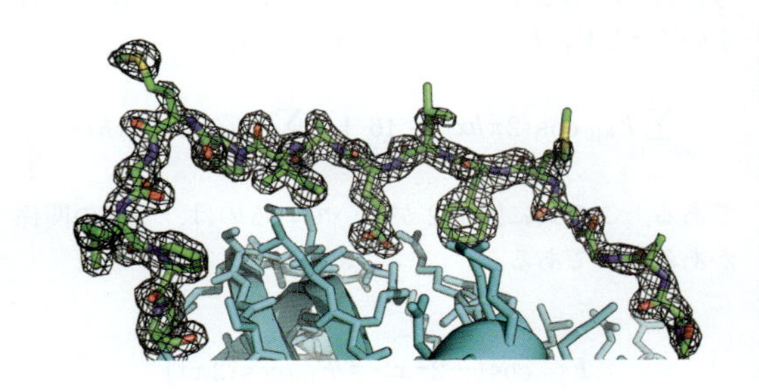

図 12B・15　α1 アンチトリプシンの 180 pm 分解能で求めた構造．分子表面に突出している反応中心ループの電子密度を網目で示してある．分子骨格の電子密度やタンパク質の残りの部分に面する側鎖の原子の電子密度は明確であるから，原子の位置まで正確にわかる．一方，溶媒に面している側鎖には電子密度が明確でないものがあり，それは構造の不均質さを反映している．この分解能では，共有結合で直接結ばれている原子については，結合距離が 180 pm より短くても明確に区別ができている．

こうして各ピークの位相が求められれば，電子密度を計算し，それを個々の原子の位置によって解釈することができる．(4c) 式でわかるように，I_{hkl} の値が数多く収集されるほど構造は精密化される．すなわち，強度データが数個しかなければフーリエ合成してもぼやけた分解能の悪い構造しか得られないが，高角の θ で〔つまり，d の小さな値，(hkl) の大きな値に相当する〕多くのピークを収集すれば，それだけシャープで高分解能な構造を得ることができるのである．タンパク質では 100〜200 pm の高分解能が達成され，個々の原子の位置は電子密度図でピークとして可視化できる（図 12B・15）．実際には，結晶の質は分子が固体中にどれほど完全に規則正しく詰まっているかで決まり，それによって観測されるピークの数が限られ，したがって構造の分解能も限られるのである．

1) direct method　2) Patterson method　3) molecular replacement　4) multiple isomorphous replacement
5) multiple wavelength anomalous dispersion

重要事項のチェックリスト

- [ ] 1．**回折**は，電磁放射線の進路に置いた物体による弾性散乱でひき起こされる干渉であり，それを起こす対象物の寸法が放射線の波長と同程度のときに起こる．
- [ ] 2．**回折パターン**は，散乱波の間で起こる干渉によって生じる強度の強弱の模様である．
- [ ] 3．**格子**は同一点を無限に配列したものであり，**非対称単位**（基底となる実体）と組合わせて結晶全体の構造を再現している．
- [ ] 4．結晶構造の**単位胞**とは，格子を表すための最小の三次元領域であり，それに回転操作を加えることなく単に積み上げる（並進操作）だけで結晶構造を再現できる単位である．
- [ ] 5．**ミラー指数**（hkl）によって，単位胞の 3 軸を分率距離（a/h, b/k, c/l）で切る平面が指定される．それは原点を通る同じ格子面に最隣接の平面である．
- [ ] 6．**反射**は，強め合いの干渉によって生じる強い斑点である．
- [ ] 7．**散乱因子**は原子の散乱力の尺度であり，それぞれの原子がもつ電子数に比例している．
- [ ] 8．**構造因子**は，単位胞全体から散乱された波の正味の振幅をまとめたものである．
- [ ] 9．X 線結晶学の**位相問題**とは，構造因子の符号（一般に位相）の割り当てに関する問題である．
- [ ] 10．**直接法**では，可能なすべての位相の組合わせを用い，最善の結果を与える組合わせを選んでその構造を計算する．
- [ ] 11．**パターソン法**では，位相を使わず F_{hkl} の大きさだけを使って構造を計算する．
- [ ] 12．**分子置換法**では，すでに構造が解かれた類似分子の構造を用いて位相を割り当てる．

重要な式の一覧

式の内容	式	備　考	式番号
面間隔	$1/d^2 = h^2/a^2 + k^2/b^2 + l^2/c^2$	直方格子	1
ブラッグの法則	$\lambda = 2d\sin\theta$		2a
構造因子	$F_{hkl} = \sum_{j=1}^{N} f_j \mathrm{e}^{\mathrm{i}\phi_{hkl}(j)}$ $\phi_{hkl}(j) = 2\pi(hx_j + ky_j + lz_j)$	定　義	3
電子密度のフーリエ合成	$\rho(\boldsymbol{r}) = (1/V)\sum_{h,k,l} F_{hkl}\,\mathrm{e}^{-\mathrm{i}\phi_{hkl}(\boldsymbol{r})}$	V は単位胞の体積	4b

テーマ12 散 乱 法

トピック12A 個々の分子による散乱

記述問題

Q12A·1 レイリー散乱の内容と特徴についてまとめよ．

Q12A·2 慣性半径が形状因子の一要素になっている理由を説明せよ．また，高分子を扱うときの慣性半径が，同じ名称でありながら力学で回転運動を扱うときの慣性半径とどう違うかを説明せよ．

Q12A·3 中性子散乱は電磁放射線の散乱とどう異なるか．また，それはなぜか．

Q12A·4 コントラストマッチングが生化学でどう使えるかを説明せよ．

演習問題

12A·1 分子内の同一原子2個が距離Lを隔てて存在している．この分子の慣性半径はいくらか．

12A·2 同一原子3個が一辺Lの正三角形をつくっている．その慣性半径はいくらか．

12A·3 散乱実験で用いる慣性半径の定義は，均一な物体については根平均二乗半径$R_g = \langle r^2 \rangle^{1/2}$に等しいと解釈できる．(a) 均一で細い半径$a$の円形高分子では$R_g = a$であることを示せ．(b) 長さ$L$の細長く剛直な棒状高分子では$R_g = (1/2\sqrt{3})L$であることを示せ．(c) 半径$a$の中身の詰まった均一な球として扱える高分子では$R_g = (3/5)^{1/2}a$であることを示せ．

12A·4 本トピックの(5c)式にある$P(q)$が最大を示す角度を求めよ．

12A·5 $c_{\text{mass}} = 311\ \text{kg m}^{-3}$のある高分子水溶液について，波長546 nmの光を使った散乱実験を20 °Cで行ったところ，つぎのデータが得られた．

$\theta/°$	26.0	36.9	66.4	90.0	113.6
$R(\theta)/\text{m}^2$	19.7	18.8	17.1	16.0	14.4

別の実験で，$K = 6.42 \times 10^{-5}\ \text{mol m}^5\ \text{kg}^{-2}$であることがわかっている．これらのことから，この高分子のR_gとMを計算せよ．

12A·6 $c_{\text{mass}} = 1.5\ \text{kg m}^{-3}$のあるタンパク質水溶液について，$\lambda = 498$ nmのレーザー光を使った散乱実験を25 °Cで行ったところ，つぎのデータが得られた．

$\theta/°$	15.0	45.0	70.0	85.0	90.0
$R(\theta)/\text{m}^2$	0.057	0.056	0.054	0.052	0.051

別の実験で，$K = 2.22 \times 10^{-2}\ \text{mol m}^5\ \text{kg}^{-2}$であることがわかっている．これらのことから，このタンパク質のR_gとMを計算せよ．

12A·7 演習問題12A·3で，半径aの中身の詰まった球状高分子の慣性半径が与えられている．(a) 球状高分子のモル体積をその半径で表した式を書き，つぎの式が得られることを示せ．

$$R_g/\text{nm} = 0.0567 \times \{(v_s/\text{cm}^3\,\text{g}^{-1})(M/\text{g mol}^{-1})\}^{1/3}$$

v_sは比体積（質量密度の逆数）で，Mはモル質量である．(b) つぎの情報と演習問題12A·3で求めた慣性半径を表す式とから，つぎに示す物質種を球状か棒状かに分類せよ．

	$M/(\text{g mol}^{-1})$	$v_s/(\text{cm}^3\,\text{g}^{-1})$	R_g/nm
血清アルブミン	66×10^3	0.752	2.98
ブッシースタント ウイルス	10.6×10^6	0.741	12.0
DNA	4×10^6	0.556	117.0

12A·8 長さ250 nmの棒（rod）状のDNA分子が，コンホメーションの変化を起こして閉環（cc）形になったとしよう．(a) 演習問題12A·3に与えた情報と入射波長$\lambda = 488$ nmの値を使って，それぞれのコンホメーションのときの散乱強度の比$I_{\text{rod}}/I_{\text{cc}}$を$\theta = 20°, 45°, 90°$の場合について計算せよ．(b) DNA分子のコンホメーション変化を調べる手法として光散乱を使うとしよう．(a)の答に基づけば，どの角度で実験するのがよいか．また，その根拠を示せ．

12A·9 あるRNAウイルスは，43パーセントD_2Oの水中では中性子散乱が無視できるほど小さかった．RNAとタンパク質でHとDの同位体置換比が同じと仮定して，表12A·1のデータを用いてこのウイルス中のRNAの体積比を計算せよ．

12A·10 散乱強度はα^2に比例している（2式）．モル質量M_iの高分子成分iを含む溶液について観測される散乱強度は，その平均モル質量$M_{\text{average}} = \sum_i n_i M_i^2 / \sum_i n_i M_i$によるものとして解釈できる．$n_i$は各成分の物質量である．この式を用いて，モル質量40 kg mol^{-1}の高分子にモル質量1.0 Mg mol^{-1}の粒子を0.10パーセント混入したとき，この高分子の散乱実験で得られる見かけのモル質量に与える効果を計算せよ．

トピック 12 B　協同的な散乱: X線回折

記述問題

Q 12B・1　結晶格子とはなにか．また，その結晶構造との関係はなにか．

Q 12B・2　ミラー指数を格子面に割り当てる方法を説明せよ．

Q 12B・3　X線回折における位相問題について解説し，それにどう対処するかを説明せよ．

Q 12B・4　構造因子にどんな情報が含まれているか．

Q 12B・5　X線回折パターンにどんな特徴が現れれば，その生体高分子の二重らせんのコンホメーションが示唆されるか．

演習問題

12B・1　辺の長さが a と b の単位胞で長方形に点を並べて描き，ミラー指数が(10)，(01)，(11)，(12)，(23)，(41)，$(4\bar{1})$ の面を記入せよ．

12B・2　a 軸と b 軸が 60° の角度をなす場合について，演習問題 12B・1 をもう一度解け．

12B・3　ある単位胞について，原子面が結晶軸をそれぞれ $(2a, 3b, c)$，(a, b, c)，$(6a, 3b, 3c)$，$(2a, -3b, -3c)$ で切る．これらの面のミラー指数を書け．

12B・4　直方単位胞を描き，(100)，(010)，(001)，(011)，(101)，(111)，$(10\bar{1})$ 面を記入せよ．

12B・5　単位胞の寸法が $a = 0.84$ nm，$b = 0.96$ nm，$c = 0.77$ nm の直方格子がある．(a) (133) 面，(b) (399) 面の面間隔をそれぞれ計算せよ．

12B・6　(a) 単位胞の辺が 532 pm の立方結晶の (111) 面，(211) 面，(100) 面の面間隔を計算せよ．(b) 単位胞の辺が 0.754 nm，0.623 nm，0.433 nm の直方結晶の (123) 面，(236) 面の面間隔を計算せよ．

12B・7　モル質量 55 kg mol^{-1} のあるタンパク質の結晶は直方単位胞をもち，その寸法は 6.65 nm × 8.75 nm × 4.82 nm である．この結晶の質量密度は 1.26 g cm^{-3} であり，約 50 質量パーセントの水を含んでいる．(a) この単位胞に含まれるタンパク質分子の数を計算せよ．(b) この単位胞に非対称単位 8 個が含まれているなら，それぞれのタンパク質に何個のサブユニットがあるか．

12B・8　面間隔 97.3 pm の結晶面でブラッグ反射を起こしたときの視射角が 19.85° であった．このX線の波長はいくらか．

12B・9　単位胞の一辺 687 pm の立方格子がある．波長 154 pm のX線を用いた回折実験で，この結晶の (123) 面の反射を与える角度を計算せよ．

12B・10　あるタンパク質結晶の波長 154 pm のX線を用いた回折実験で，最大視射角 38° までの反射が検出された．この測定で得られた構造の分解能はいくらか．

12B・11　シンクロトロン放射源からの波長 100 pm のX線を使って，対象とする結晶から 10 cm 離れた位置に置いた半径 6.0 cm の CCD 検出器で回折データを収集した．この検出器の端に回折斑点が観測されたとき，その分解能を計算せよ．

12B・12　立方単位胞の 8 個の角を同一原子が占めているときの構造因子 F_{hkl} を求めよ．

12B・13　立方単位胞の 8 個の角に加えて，その体心の位置にも同一原子が占めているとしよう．このときの構造因子 F_{hkl} を求めよ．その回折パターンはどう見えるか．

12B・14　ある結晶についてつぎの構造因子が与えられたとき，その x 軸に沿う電子密度を描け．

h	0	1	2	3	4	
F_{h10}	+30.0	+8.2	+6.5	+4.1	+5.5	
h	5	6	7	8	9	
F_{h10}	−2.4	+5.4	+3.2	−1.0	+1.1	
h	10	11	12	13	14	15
F_{h10}	+6.5	+5.2	−4.3	−1.2	+0.1	+2.1

12B・15　ソフトウエアを使えば，異なる構造因子を（大きさだけでなく符号も変えて）いろいろ試してみることができる．たとえば，演習問題 12B・14 に与えたデータの F_{h10} の（大きさはそのままで）符号をすべて正に変えたとき，その x 軸に沿う電子密度を描け．

12B・16　パターソン合成では，実験で求めた構造因子の 2 乗を用いて原子間距離の地図をつくる．この方法を演習問題 12B・14 のデータに適用し，得られた結果を解釈せよ．

テーマ 12 発展問題

P12・1 プロリン利用 A(PutA) タンパク質は，分子質量 131.8 kDa の水溶性タンパク質である．PutA の結晶構造は単斜晶系で，その単位胞には二量体を形成した 2 分子が占めている．この結晶構造から計算した慣性半径は，単量体が 3.27 nm，二量体が 4.03 nm であった．

タンパク質濃度をいろいろ変えて，波長 100 pm の X 線を用いた SAXS 実験でつぎのデータが得られた．

q^2/nm^{-2}	$\ln I(q)$		
	タンパク質濃度		
	0.100 mg cm^{-3}	1.500 mg cm^{-3}	2.200 mg cm^{-3}
0.01	5.660	6.801	7.701
0.02	5.621	6.753	7.652
0.04	5.541	6.655	7.553
0.08	5.383	6.461	7.357
0.12	5.224	6.266	7.160

(a) それぞれの濃度における R_g を求めよ．PutA の溶液状態についていえる結論はなにか．

見かけの分子質量は，散乱角 0 での散乱強度 $I(0)$ からつぎの関係を使えば求められる．

$$m = \frac{2\pi^2 I(0)}{Qv_s}$$

Q は散乱曲線全体を積分すれば計算できる．また，v_s はタンパク質の比体積である．そこで，2.2 mg cm^{-3} の溶液の散乱曲線から，Q の値は 0.352 cm^{-3} と計算された．また，タンパク質の代表的な v_s の値は 0.74 cm^3 g^{-1} である．

(b) 2.2 mg cm^{-3} の溶液中の PutA の見かけの分子質量を求めよ．

(c) 溶液中には単量体と二量体しか存在しないと仮定して，上で求めた見かけの分子質量と単量体の既知の分子質量を用いて，2.2 mg cm^{-3} の溶液中に存在する PutA の単量体と二量体の相対量を計算せよ．

テーマ 13

重　量　法

分子はすべて固有の質量をもつから，重量法，つまり質量を利用する方法を使えば分子を特定できる．そのおもな応用，とりわけ高分解能の質量分析法の応用は，プロテオーム，すなわち細胞によって生成されたさまざまなタンパク質や修飾タンパク質を同定し，その特性を調べることである．

トピック 13A　超　遠　心

重力場は質量と相互作用するが，地球の重力場は弱いから溶媒中の分子の沈降にほとんど影響しない．一方，重力は人工的につくることができ，超遠心機の高速回転によって大きく強めることができる．そのような遠心力場における高分子の沈降速度や沈降の平衡分布は，その高分子の質量によって解釈でき，場合によってはその形状で説明することもできる．

13A・1　沈降法
13A・2　速度沈降法
13A・3　平衡沈降法

トピック 13B　質 量 分 析 法

電荷を帯びた分子の質量は，それを高速に加速しておき，ある一定の距離を動く時間を測定するか，それとも電場をかけて経路を曲げることによって求められる．非常に精度の高い質量の値が得られ，同位体位置異性体（アイソトポログ）を区別することができる．克服すべきおもな問題は，壊れやすい高分子を気相に持ち込むことである．しかし，それは本トピックで述べる二つの方法でほぼ解決することができる．

13B・1　マトリックス支援レーザー脱離イオン化法
13B・2　エレクトロスプレーイオン化法
13B・3　具体例：プロテオミクス

トピック 13 A

超　遠　心

➤ 学ぶべき重要性

高分子やその凝集体の大きさや形状に関する知見は，その振舞いや機能を理解するうえで不可欠である．

➤ 習得すべき事項

遠心力場中での高分子の沈降を使えば，分子質量や拡散定数，会合定数を測定することができる．

➤ 必要な予備知識

ボルツマン分布（トピック 1A）や仕事とポテンシャルエネルギーの関係（トピック 1A の [必須のツール 1]）について知っている必要がある．濃度勾配中での分子の拡散について説明する箇所では，ストークス-アインシュタインの式（トピック 7C）を用いる．

高分子やその凝集体のサイズや形をどう表すかは，生化学でよく出会う問題である．なかでも高分子間の相互作用は，ほぼすべての細胞機能にとってきわめて重要であり，それは複合体の組立てと分解に関わっていることが多い．したがって，このような複合体の形や高分子間の相互作用の強さを測定する方法が必要である．それにはいくつかのアプローチがある．一つの方法は，ある表面に高分子をつなぎとめておいて，表面プラズモン共鳴（トピック 11A）やアフィニティクロマトグラフィー，酵素結合免疫吸着測定法（ELISA）などの手法を用いて，別の高分子との結合状況を監視するものである．一方，超遠心法では同じ情報を得るのに高分子を何かの表面に固定する必要がないから，弱く結合した分子複合体や自己会合系を調べるのには最適である．

13 A・1　沈　降　法

重力場のもとでは，溶媒より密な粒子は**沈降**[1] という過程で溶液柱の底に向かって沈もうとする．この過程はふつう非常に遅い．しかし，重力場を遠心力場に置き換えた**超遠心**[2] という方法で同じ過程を加速することができる．その効果は超遠心機の中で実現することができる．それは，高速回転するローターのみの単純なもので，その外周近くに設置したセルに試料を置いて回転させる（図 13A・1）．高級な超遠心機では重力場の約 10^6 倍もの加速度（“10^6 G”，1 G は $9.8\ \mathrm{m\ s^{-2}}$ に相当する）を発生することができる．

超遠心法には三つの方法がある．すなわち速度沈降法と平衡沈降法，密度勾配沈降法[3]（または等密度沈降法[4]）である．はじめの二つの方法については以下で詳しく説明する．三つ目の密度勾配沈降法は，高分子や大きな細胞成分をその密度によって分離する方法である．遠心によって粒子の沈降が起こり，内側半径の低密度側から外側半径の高密度側へと溶媒の柱に密度勾配ができれば，そこでの密度が溶媒の密度と等しくなるまで粒子の沈降が進んだということである．そこで溶液柱は定常的な密度分布になっている．応用例として，組織細胞破砕液（ホモジェネート）からのミトコンドリアの精製などがある．

超遠心法は，溶媒の内側半径の液表面に試料を置いて始めることもできる．これは，密度勾配沈降法でよく使う方法である．一方，溶媒の柱に均一に分布した試料で始めるやり方もあり，それは速度沈降法と平衡沈降法でよく使う．

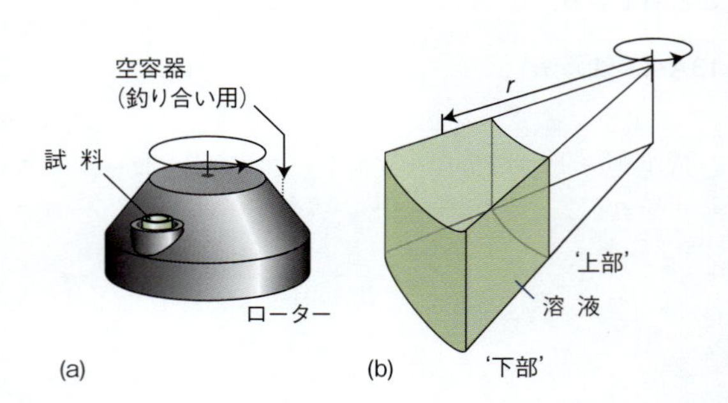

図 13A・1　(a) 超遠心機のローター．片側に試料を入れ，反対側はバランス用のダミーを入れる．(b) 試料部を詳しく示す．遠心力によって外側の端（下部）に向かって沈降が起こる．半径 r にある粒子は $mr\omega^2$ の力を受けている．

---

1) sedimentation　2) ultracentrifugation　3) density-gradient sedimentation　4) isopycnic sedimentation．ギリシャ語の “pyknos” は “密” を表す．

13A・2　速度沈降法

速度沈降法[1] では沈降速度を観測する．沈降速度は，遠心力場の強さや粒子の質量と形，溶媒の密度に依存している．球状分子（一般には密に詰まった分子）は棒状分子や伸張分子よりも沈降は速い．たとえば，DNA ヘリックスが変性してランダムコイル形になれば，沈降はずっと速くなる．

ある回転速度を維持すれば，外向きの遠心力はこれに対抗する摩擦力と均衡している．このときの粒子に正味の力は働いていないから加速度は生じず，溶質分子は一定の速さで回転軸から離れて移動する．**沈降定数**[2] S は，遠心力場中を粒子が移動する速さの尺度であり，つぎのように定義される．

$$S = \frac{s}{r\omega^2} \quad \text{沈降定数［定義］} \quad (1)$$

s は沈降の速さ，r は回転軸からの粒子の距離，ω はローターの角速度（単位は毎秒ラジアン†）である．生体高分子の S の代表的な値は 10^{-13} s 程度であり，その値は，溶質分子の形と大きさ，温度，溶液の粘度に依存している．S の単位はふつう Sv（スベドベリ）を用い，$1\,\text{Sv} = 10^{-13}\,\text{s}$ で定義されている．たとえば，25 °C の水溶液中のタンパク質ウシ血清アルブミンの沈降定数は 5.02 Sv である．沈降定数の大きさは，沈降分子のモル質量と形，密度によって解釈できる．

導出過程 13A・1　沈降定数の解釈

質量 m の溶質粒子は，溶液中で $m_{\text{eff}} = bm$ の実効質量をもつ．ここで，$b = 1 - \rho v_{\text{s}}$ である．ρ は溶媒の質量密度（単位はふつう g cm^{-3} で表す），v_{s} は溶質の部分比体積（部分比容ともいう．ふつうは $\text{cm}^3\,\text{g}^{-1}$ で表す）である．この b は，粒子と溶媒の密度差に起因する粒子に対する浮力を考慮に入れたものとなる．

ステップ 1：粒子に働いている力を求める．

角速度 ω（単位は毎秒ラジアン）で回転するローターの回転中心から r の距離にある溶質粒子は，$m_{\text{eff}} r\omega^2$ の大きさの遠心力を受けている．この外向きの加速度に対抗して，媒質中を移動する粒子の速さ s に比例した摩擦力が働く．この力は fs と書ける．ここで，f は摩擦係数[3] である．

ステップ 2：ドリフト速さを計算する．

この粒子は，$m_{\text{eff}} r\omega^2$ と fs の二つの力が等しくなれば，媒質中を一定の速さ，つまりドリフト速さで移動する．すなわち，次式が成り立つときこの二つの力は等しい．

$$s = \frac{m_{\text{eff}} r\omega^2}{f} = \frac{bmr\omega^2}{f}$$

ステップ 3：摩擦係数と拡散係数を関係づける．

次に，摩擦係数 f と拡散係数 D の間に成り立つストークス-アインシュタインの式，$f = kT/D$ を利用して，

$$s = \frac{bmDr\omega^2}{kT} = \frac{bMDr\omega^2}{RT}$$

と書く．ここで，$M = mN_{\text{A}}$ および $R = kN_{\text{A}}$ を使った．(1) 式を使ってこの式を変形すれば次式が得られる．

$$S = \frac{(1 - \rho v_{\text{s}})MD}{RT} \quad \text{沈降定数とモル質量，拡散定数の関係} \quad (2)$$

水溶性タンパク質の代表的な v_{s} の値は $0.74\,\text{cm}^3\,\text{g}^{-1}$ である．そこで，D がわかっていれば S から M を求めることができる．あるいは，M がわかっていれば S から D を求めることができるのである．

簡単な例示 13A・1

梅毒トレポネーマ（*Treponema pallidum*）由来のタンパク質 TpMglB-2 のモル質量は $38\,\text{kg mol}^{-1}$ である．それはグルコースに結合するが，リボースには結合しない．沈降定数を 300 K で測定したところ，グルコース存在下では $S = 3.28\,\text{Sv}$，リボース存在下では $S = 3.19\,\text{Sv}$ であった．したがって，このタンパク質のグルコース存在下での拡散定数は，

$$D = \frac{(3.28 \times 10^{-13}\,\text{s}) \times (8.3145\,\text{J K}^{-1}\,\text{mol}^{-1}) \times (300\,\text{K})}{(38\,\text{kg mol}^{-1}) \times \{1 - (0.74\,\text{cm}^3\text{g}^{-1}) \times (1.0\,\text{g cm}^{-3})\}} = 8.3 \times 10^{-11}\,\text{m}^2\,\text{s}^{-1}$$

と計算できる．一方，リボース存在下では $D = 8.1 \times 10^{-11}\,\text{m}^2\,\text{s}^{-1}$ である．グルコースが結合して D が増加しているのは，その結合によってコンホメーションに変化が起こり，よりコンパクトな構造に変化したことを示している．

ほかの生体高分子についても，その固有の v_{s} の値を用いれば，これに似たアプローチが使える．比較的正確なア

† 訳注：ラジアンは無次元量（正確には次元 1 の量）であるから，単位として rad を添えてもよいし，省略してもよい．しかし，省略した場合の s^{-1} を Hz と書いてはいけない．

1) velocity sedimentation　2) sedimentation constant　3) frictional coefficient

プローチでは，生体高分子の残基成分と個々の残基の v_s の値から v_s を計算する．糖タンパク質やDNA–タンパク質複合体など，二つ以上のタイプの生体高分子から成る系の結果を解釈するには，もっと正確なアプローチが必要である．そこで，溶質が外側に移動するにつれ溶媒–溶質の境界が広がるのを測定すれば，速度沈降法から直接 D を求めることも可能である．そうすれば，速度沈降実験から D も M も求めることができるのである．

13A・3　平衡沈降法

平衡沈降法[1] では，遠心力場中での分子の分布を観測する．地球の重力下や遠心力場が弱ければ，粒子の熱運動によるかき混ぜ効果が勝るから，粒子が沈降することはない．遠心力場が非常に強ければ，究極的にはすべての密な粒子は回転試料の外側半径のところに集まることになる．その中程度の遠心力場であれば，沈降によって回転容器の半径方向に沿って濃度が変化して勾配が観測されるだろう．このとき，内側の半径部分では濃度が低く，外側の半径部分では濃度が高くなっている．そこで，濃度勾配を下る（内側向きの）粒子の拡散が（外側向きの）沈降と競い合って，最終的に平衡に到達する．このときの平衡分布は回転速度と粒子の質量，溶媒の密度に依存するが，粒子の形状には依存しない．平衡沈降法は，高分子の質量を求めるのに役に立ち，質量が変化（たとえば二量化するなど）する過程を調べるのに使われる．

回転速度が遅いと平衡に達するまでに数日もかかる．それでセル内の高分子の濃度勾配が安定になるのである．そのときの分布は，回転軸からの距離に依存するポテンシャルエネルギーをもつ粒子のボルツマン分布で表される．

導出過程 13A・2　沈降平衡分布の導出

角速度 ω で回転するローターがあるとき，その回転軸から距離 r にある実効質量 $m_{\text{eff}}\,(=bm)$ の分子にかかる外向きの遠心力は $m_{\text{eff}}r\omega^2$ である．この外向きの力に対抗して距離 r（試料内のどこか）から r_0（メニスカスの位置）まで分子を移動させるのに必要な仕事を求めるには，$\mathrm{d}w = -F_{\text{opposing}} \times \mathrm{d}x$ を用いて，

$$
\begin{aligned}
w &= -\int_{r_1}^{r_2} m_{\text{eff}} r\omega^2\,\mathrm{d}r \\
&= -m_{\text{eff}}\omega^2\int_{r}^{r_0} r\,\mathrm{d}r = \frac{1}{2}m_{\text{eff}}\omega^2(r^2 - r_0^{\,2})
\end{aligned}
$$

と計算できる．この仕事は（定義により）二つの位置におけるポテンシャルエネルギー E_p の差と解釈できる．ここで，回転軸に近い位置の方がポテンシャルエネルギーは高い．そこで，$r > r_0$ のとき $E_p(r) < E_p(r_0)$ であるから，この二つの位置でのモル濃度については $c(r) > c(r_0)$ となり，その比はボルツマン分布で与えられる．すなわち，

$$
\frac{c(r)}{c(r_0)} = \mathrm{e}^{m_{\text{eff}}\omega^2(r^2 - r_0^{2})/2kT}
$$

である．ここで，(2) 式を導いたのと同じやり方で代入すれば次式が得られる．

$$
\begin{aligned}
\ln c(r) &= \ln c(r_0) \\
&\quad + \frac{(1-\rho v_s)M\omega^2}{2RT}(r^2 - r_0^{\,2})
\end{aligned}
\qquad \text{平衡分布} \quad (3)
$$

そこで，r^2 に対して $\ln c(r)$ をプロットすれば直線が得られ，その勾配は $(1-\rho v_s)M\omega^2/2RT$ である．

例題 13A・1　超遠心実験による タンパク質のモル質量の測定

あるタンパク質水溶液（$v_s = 0.74\ \mathrm{cm^3\,g^{-1}}$）について 300 K で平衡沈降法の超遠心実験を行った．得られたデータを使って，$(r/\mathrm{cm})^2$ に対して $\ln[c(r)/\mathrm{g\,cm^{-3}}]$ をプロットしたところ，勾配が 0.729 の直線のグラフが得られた．遠心機の回転速度は 35000 rpm（1分間当たりの回転数）で，$\rho = 1.0\ \mathrm{g\,cm^{-3}}$ であった．このタンパク質のモル質量はいくらか．

考え方　勾配を表す式から，

$$
M = \frac{2RT}{(1-\rho v_s)\omega^2} \times \text{勾配}
$$

である．また，ローターの1回転は 2π ラジアンの角度に相当するから，角速度 ω を求めるには，1秒当たりの回転数で表した回転速度に 2π をかければよい．

解答　回転速度 35000 rpm というのは毎秒 35000/60 回転に相当するから，その角速度は，

$$
\omega = 2\pi \times (35000/60)\ \mathrm{s^{-1}} = 3.66\cdots \times 10^3\ \mathrm{s^{-1}}
$$

である．上のプロットで得られる勾配の値には単位として $\mathrm{cm^{-2}}$ を添える必要がある．そこで，(3) 式と $1\ \mathrm{cm^{-2}} = 10^4\ \mathrm{m^{-2}}$ の関係，勾配の値 0.729 を使えば，モル質量はつぎのように計算できる．

$$
\begin{aligned}
M &= \frac{2\times(8.3145\ \mathrm{J\,K^{-1}\,mol^{-1}}) \times (300\ \mathrm{K}) \times (0.729 \times 10^4\ \mathrm{m^{-2}})}{\{1-(0.74\ \mathrm{cm^3\,g^{-1}})\times(1.0\ \mathrm{g\,cm^{-3}})\} \times (3.66\cdots\times 10^3\ \mathrm{s^{-1}})^2} \\
&= 10.4\ \mathrm{kg\,mol^{-1}}
\end{aligned}
$$

1) equilibrium sedimentation

ノート　モル質量 10.4 kg mol⁻¹ は，分子質量 10.4 kDa に相当している．ドルトン（Da）という単位を使うときは注意が必要である．それは，モル質量ではなく分子質量を表している．

コメント　実際には，吸光度 A がモル濃度 c に比例しているのを利用して，ふつうは r^2 に対して $\ln A$ をプロットする．

もし，注目する溶液中に互いに相互作用しない複数の異なる高分子が含まれていれば，半径 r の位置にある高分子の全濃度 $c_{tot}(r)$ は，

$$c_{tot}(r) = \sum_{i=1}^{n} c_i(r) = \sum_{i=1}^{n} c_i(r_0)\exp\left(\frac{M_i(1-\rho v_{s,i})\omega^2}{2RT}(r^2 - r_0^2)\right) \quad (4)$$

で与えられる．M_i，c_i，$v_{s,i}$ はそれぞれ，この混合物中の各成分のモル質量，濃度，部分比体積である．

次に，自己会合系について考えよう．それは，ある高分子 M がそのオリゴマー M_n と平衡に存在している系である．M と M_n の半径 r でのモル濃度を $c_1(r)$ と $c_n(r)$ とすれば，自己会合 $nM \rightleftharpoons M_n$ を表す（無次元の）平衡定数，つまり会合定数[1]はその場所によらず次式で表される．

$$K_n = \frac{c_n(r)/c^{\ominus}}{\{c_1(r)/c^{\ominus}\}^n} = \frac{c_n(r)}{c_1(r)^n}\times(c^{\ominus})^{n-1}$$
$$c_{tot}(r) = \sum_{n=1}^{n_{max}} nc_n(r) \quad (5)$$

いつも通り，$c^{\ominus} = 1\ \mathrm{mol\ dm^{-3}}$ である．$K_1 = 1$ であり，$c_{tot}(r)$ は半径 r にあるモノマーもオリゴマーも含めた M としての全濃度である．そこで（5）式から，オリゴマーの濃度はモノマーの濃度と $c_n(r) = c_1(r)^n K_n/(c^{\ominus})^{n-1}$ の関係があることがわかる．モノマーのモル質量を M とすれば，そのオリゴマー M_n のモル質量は nM であるから，（4）式はつぎのように表される．

$$c_{tot}(r) = \sum_{n=1}^{n_{max}} n\frac{c_1(r_0)^n}{(c^{\ominus})^{n-1}}K_n \times \exp\left(\frac{nM(1-\rho v_s)\omega^2}{2RT}(r^2 - r_0^2)\right) \quad (6)$$

（6）式を使えば，$r^2 - r_0^2$ に対して $c_{tot}(r)$ をプロットし，非線形回帰を用いて解析することにより，モノマーの質量といろいろなオリゴマー状態の質量，さらには各状態の生成の会合定数を求めることができる（図 13A・2）．同様の式はいろいろな高分子の会合についても導くことができ，オリゴマーの大きさや会合定数を求めることができる．タンパク質の会合を調べる標準的な手法の多くは，一方をタンパク質溶液にしておき，もう一方を固体表面に固定するやり方を採用している．しかし，このような手法はタンパク質のホモオリゴマー化には使えないから，平衡沈降法のような手法が候補の一つになるのである．

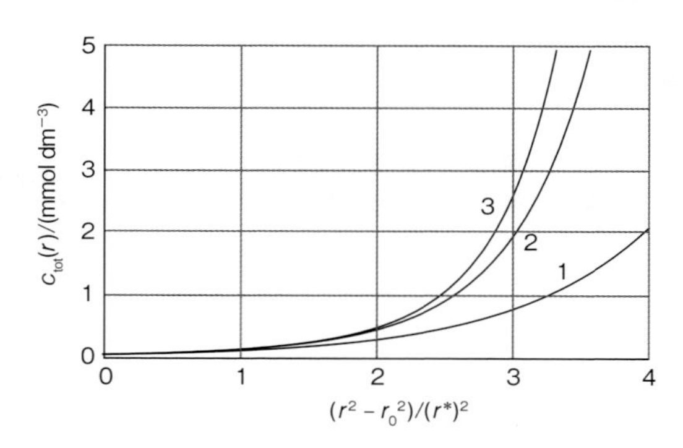

図 13A・2　平衡沈降法における理論曲線の一例．$c(r_0) = 40\ \mu\mathrm{mol\ dm^{-3}}$ の溶液について，位置を表すパラメーターに対して $c_{tot}(r)$ をプロットしたもの．このタンパク質が（1）単量体のみ，（2）単量体と二量体の混合物，（3）単量体と二量体，三量体の混合物として存在する場合を示してある．ここでのパラメーターは，$(r^*)^2 = 2RT/(1-\rho v_s)M$ である．

1）association constant

重要事項のチェックリスト

□ 1．**速度沈降法**では沈降速度を観測する．

□ 2．**平衡沈降法**では，遠心力場中での分子の平衡分布を観測する．

□ 3．**密度勾配沈降法**（または等密度沈降法）では，密度が変化する媒質中での溶質の平衡分布を調べる．

重要な式の一覧

式の内容	式	備　考	式番号
沈降定数	$S = s/r\omega^2$	定　義	1
	$S = (1 - \rho v_s)MD/RT$	ストークス-アインシュタインの式に基づく	2
平衡分布	$\ln c(r) = \ln c(r_0) + \{(1 - \rho v_s)M\omega^2/2RT\}(r^2 - r_0^2)$		3

トピック 13 B

質 量 分 析 法

➤ 学ぶべき重要性

質量分析法を使えば，高分子を含む広範囲の物質を高精度かつ高感度で分析することができる．

➤ 習得すべき事項

気相イオンは，その質量電荷比によって選別できる．

➤ 必要な予備知識

この分析法は，トピック 8A の［必須のツール 10］で述べた古典力学の基本的な考え方を利用している．

分子の質量やモル質量を最も精密に測定できる手法は**質量分析法**[1] である．当初は小分子の研究に開発されたのであるが，いまでは生体高分子を調べるのに広く用いられている．分子質量の精密測定は生命科学で多くの用途がある．具体的には，質量分析法を使うことによって，タンパク質を同定して塩基配列を求めたり，翻訳後修飾を検知したり，高分子複合体の構造を調べたりすることができる．この分野で質量分析法がうまく使えるかどうかは，気相中で電荷を帯びた生体分子を生成する手法にかかっている．それがうまくいけば，そのイオンは分析計の質量分析部で選別されて検出できるのである．

質量分析法では，気相にイオン化分子を生成し，存在するすべてのイオンの質量電荷比 m/z を測定する．ただし，高分子を扱うには大問題がある．それは，高分子など大きな化学種を断片化せずに気相イオンとするのが困難だからである．しかしながら，この問題を克服する二つの手法が開発された．それが，マトリックス支援レーザー脱離イオン化法[2]（MALDI）とエレクトロスプレーイオン化法[3]（ESI）である．こうしてつくられた気相イオンは飛行時間[4]（TOF）質量分析計または四重極質量分析計を使って分析されるのである．このうち MALDI 法と TOF による検出法を組合わせた方法を MALDI–TOF という†．

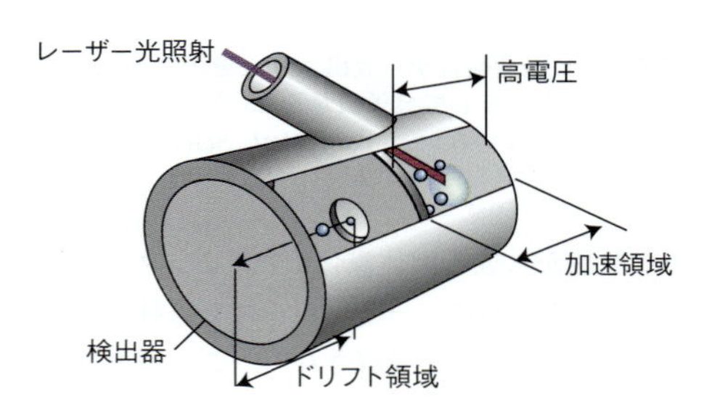

図 13B・1　マトリックス支援レーザー脱離イオン化法の飛行時間型（MALDI–TOF）質量分析計の模式図．レーザー光の照射により高分子とイオンが固体マトリックスから脱離する．イオン化した高分子は高電圧で加速された後，ドリフト領域を飛行する．質量電荷比の最も小さなイオンが最初に検出器に到達する．

13 B・1　マトリックス支援レーザー脱離イオン化法

図 13B・1 は，MALDI–TOF 質量分析計の模式図である．まず，分析対象の分子を 2,5-ジヒドロキシ安息香酸（**1**）やシナピン酸（**2**），α-シアノ-4-ヒドロキシケイ皮酸（**3**）

1 2,5-ジヒドロキシ安息香酸　　**2** シナピン酸

3 α-シアノ-4-ヒドロキシケイ皮酸

† 訳注：2002 年のノーベル化学賞は“生体高分子の同定・構造解析手法の開発”に対して田中耕一ら 3 名に授与された．田中の貢献は“生体高分子の質量分析におけるソフトレーザー脱離イオン化法の開発”であり，いまでは MALDI–TOF として確立されている．

1）mass spectrometry，略称 MS〔質量分析計（mass spectrometer）の略称でもある〕．〔訳注：質量分析法は重力を必要としないから，本来は重量法（gravimetric method）に含めるのは適切でない．〕

2）matrix-assisted laser desorption/ionization　3）electrospray ionization　4）time of flight

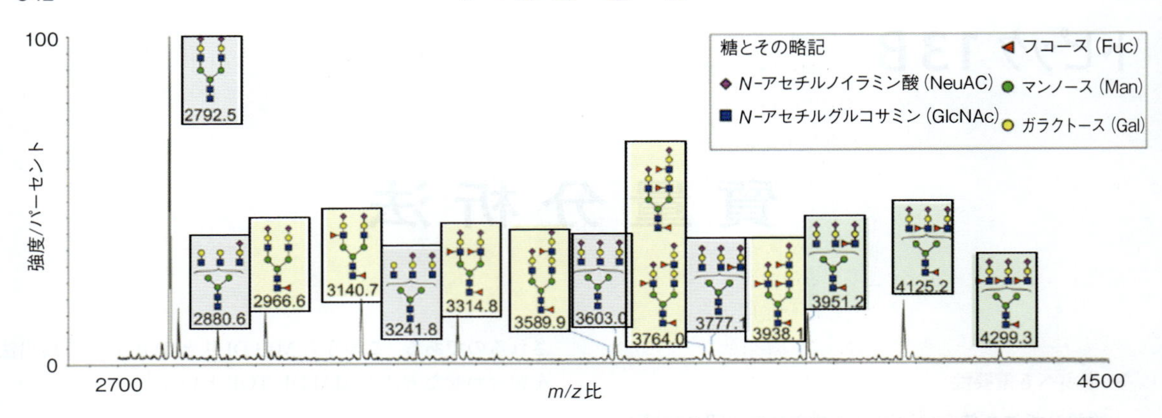

図 13B・2 ヒト透明帯から放出された糖鎖の MALDI–TOF 質量スペクトル．MALDI 過程の間に，それぞれの糖鎖は Na^+イオン 1 個と複合体を形成して分子質量を 23 Da だけ増加させている．その質量によって糖鎖の異なる構造が特定できる．ただし，異性体は分離できていない．〔Pang *et al.*, *Science*, **333**, 1761–1764 (2011) より再構築〕

などの有機酸から成る固体媒体（マトリックス）に埋め込む．次に，この試料にレーザーパルスを照射すると，それがマトリックスによって吸収される．このパルス状の電磁エネルギーによって，マトリックスのイオンとカチオン，中性の対象分子が放出され，試料表面のすぐ上に濃い気体が雲のように巻き上がる．そこで，対象分子に H^+や Na^+，K^+が付いたり，あるいは H^+を失ったりして，この雲の中で電荷を帯びるのである．

この分光計の TOF 検出部でイオンは電場によって短い距離 d だけ加速された後，電場のないドリフト領域で一定距離を飛行する．ここから解析を進めるには，ドリフト領域の末端にある検出器に到達するまでのイオンの飛行時間をその質量と電荷によって解釈する方法を知っておかなければならない．

導出過程 13B・1 質量分析計でのイオンの飛行時間の求め方

電荷 ze，質量 m の静止していたイオンが，x 方向にかけた強さ $\mathcal{E}$ の均一電場によって距離 d だけ加速されたとしよう．電場の強さと電位 ϕ の間には $\mathcal{E} = -\mathrm{d}\phi/\mathrm{d}x$ の関係があるから，$\mathrm{d}\phi = -\mathcal{E}\,\mathrm{d}x$ である．したがって，電場が均一であれば，距離 d を進む間の電位差は $\Delta\phi = -\mathcal{E}d$ である．この距離の間に，電荷 ze をもつイオンのポテンシャルエネルギーは $ze\mathcal{E}d$ だけ減少するから，これと同じ大きさの運動エネルギーが増加する．その運動エネルギーは $E_\mathrm{k} = \frac{1}{2}mv^2$ である．ここで，v はイオンの速さである．このイオンが静止状態から動くから，

$$\frac{1}{2}mv^2 = ze\mathcal{E}d$$

と書ける．そこで，この加速領域を出た後の速さは，

$$v = \left(\frac{2ze\mathcal{E}d}{m}\right)^{1/2}$$

である．したがって，ドリフト領域の長さ l を等速で進むときの飛行時間 t_F は，

$$t_\mathrm{F} = \frac{l}{v} = l\left(\frac{m}{2ze\mathcal{E}d}\right)^{1/2} \qquad \text{TOF 分光計での飛行時間} \qquad (1)$$

で表される．これを変形すれば m/z を表す次式が得られる．

$$\frac{m}{z} = 2e\mathcal{E}d\left(\frac{t_\mathrm{F}}{l}\right)^2 \qquad \text{TOF 分光計での質量電荷比} \qquad (2)$$

ノート 厳密には m/z の単位は kg である．しかし，m を原子質量定数 m_u に対する分子質量の比と解釈するのがふつうである．したがって，その場合の "m/z" (正確には m/zm_u) は次元のない量である．

図 13B・2 は，ヒト透明帯から放出された糖鎖の MALDI–TOF 質量スペクトルを示している．MALDI 法では，いろいろな電荷をもつ断片化していない分子イオンがつくられるが，そのスペクトルには一価イオンが優先的に観測されることが多い．生体高分子の混合物のスペクトルは，質量の異なる分子に由来する多数のピークから成る．それぞれのピークの面積は，試料に存在する生体高分子の存在量に比例している．

13B・2 エレクトロスプレーイオン化法

ESI–MS 法（ESI と質量分析計を組合わせた方法）では，アセトニトリルなどの揮発性有機化合物と水，少量の添加物の混合溶媒に分析対象物を溶解させておく．この混合物

をキャピラリーから噴霧すると液滴のエアロゾルを形成して放出されるから，その一部に分析対象物が含まれている．そのキャピラリーの出口は高電圧に保たれており，その電位を正にするか負にするかを望みのイオンの電荷によって決めておけば，液滴ができたときその電荷を帯びることになる（図13B･3）．それから，キャピラリーとイオン室の出口（質量分析計の入り口でもある）の間の電位差によって加速される．その液滴は加速されるにつれ蒸発によって溶媒が失われる．その過程によって電荷密度が上昇するから液滴は不安定になる．ふつうは，この不安定化によって複数の電荷をもつ高分子が質量分析計へと放出される．はじめにエアロゾルとして形成された液滴は，このとき正または負に帯電している．タンパク質の場合は，ふつう液滴が正に帯電するように加速電圧の符号を選んでおく．

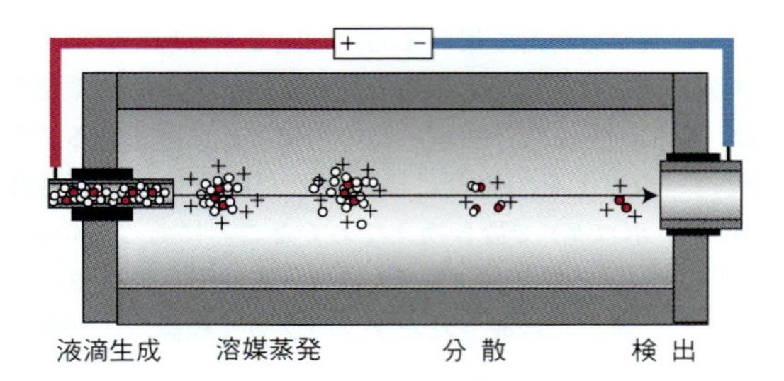

図 13B･3　エレクトロスプレーイオン化を表す模式図．キャピラリーのノズルは帯電しているから，分析対象の分子を含む液滴はそこで電荷を帯びる．それから液滴は溶媒を失い，質量分析計に入る前には帯電した個々の分子になっている．

液滴の電荷の大きさは制御できないから，代表的なESI質量分析計では異なるzの値に相当する一連のピークが観測される（図13B･4）．そのESIスペクトルの解析には，タンパク質の質量を求めるための簡便な手順があるから，それによって分子質量を求め，アボガドロ定数をかけてモル質量が得られる．

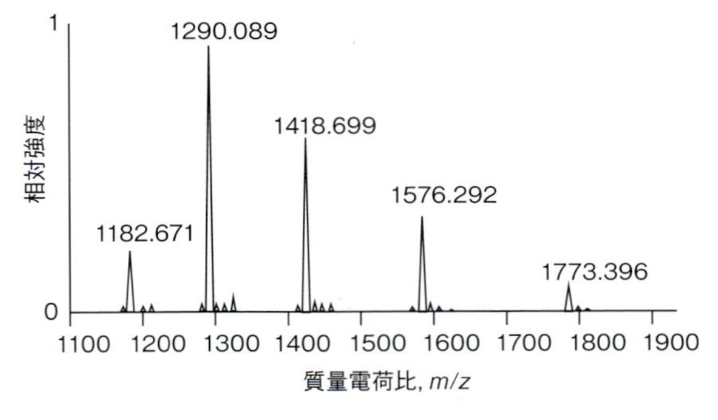

図 13B･4　ウシ由来α-ラクトアルブミンのESI質量スペクトル．主ピークはいずれも，余分のH^+イオンが複数個付いたタンパク質分子によるものである．

導出過程 13B･2　**ESI-MSによるタンパク質のモル質量の求め方**

質量スペクトルで隣接するピークは，全電荷が1単位ずつ異なる同じ化学種によるものと想定される．質量mの高分子にH^+イオンがはじめz個付いた電荷zeのイオン（プロトンの質量をm_pとしてH^+イオンがz個ある）に，H^+イオンが1個追加されればその質量電荷比は，$(m+zm_p)/zm_u$から$\{m+(z+1)m_p\}/(z+1)m_u$に減少する．この式に，前ページの［ノート］で説明した原子質量定数m_uが含まれていることに注意しよう．これによって単位に矛盾なく式が成立しているからである．ここで，分子質量は二つの質量電荷比から求めることができる．たとえば，二つのピークの質量電荷比がつぎの場合を考えよう．

$$r_1 = \frac{m + zm_p}{zm_u} \qquad \text{つまり}\ m + z(m_p - r_1 m_u) = 0$$

$$r_2 = \frac{m + (z+1)m_p}{(z+1)m_u}$$
$$\text{つまり}\ m + (z+1)(m_p - r_2 m_u) = 0$$

少し計算すれば，$\rho = m_p/m_u$（$= 1.0072\cdots \approx 1.01$）を用いてつぎのように表される．

$$z = \frac{\rho - r_2}{r_2 - r_1}$$

分子は整数個のH^+イオンしか含まないから，こうして求めたzの計算値を丸めて最も近い整数で表しておく．その整数のzを用いれば，観測されたスペクトルのすべてのピークからmを計算することができ，その平均値をとればよい．

簡単な例示 13B･1

あるタンパク質のESI質量スペクトルで，隣接するピークが質量電荷比1059.82と1020.46に観測された．この値から，

$$z = \frac{1.0072\cdots - 1020.46}{1020.46 - 1059.82} = 25.90$$

と計算できる．そこで$z = 26$である．ここで，$m_p = 1.6726 \times 10^{-27}$ kg および $m_u = 1.6605 \times 10^{-27}$ kg である．この二つのピークから求めたmの値は，

$$m = 1059.82 \times 26 \times m_u - 26 \times m_p$$
$$= 4.57131\cdots \times 10^{-23}\ \text{kg}$$

$$m = 1020.46 \times (26+1) \times m_u - (26+1) \times m_p$$
$$= 4.57067\cdots \times 10^{-23}\ \text{kg}$$

である．その平均値から $4.57099\cdots\times10^{-23}$ kg を得る．これに対応するモル質量は（アボガドロ定数 N_A をかければ）$27.5271\cdots$ kg mol^{-1} であり，分子質量は（この方法の精度を評価したところ ±1 Da である）27.527 kDa である．

この方法の精度と正確さは，分子質量の 1 Da の違いが判別できるものである．翻訳後修飾（タンパク質の合成後に化学構造が変化する過程）で生じうる化学修飾されたアミノ酸残基の存在を特定するには，この程度の精度が重要なのである．

簡単な例示 13B・2

あるタンパク質の ESI-MS 分析によれば，そのタンパク質を質量分析計に導入する前にジチオン酸塩溶液で培養すると，その質量は 6 Da だけ増加していた．ジチオン酸塩は還元剤であり，ジスルフィド架橋を還元して S−S 結合を 2 個の S−H 結合に変換することにより分子質量を約 2 Da だけ増加させる．ここで，6 Da の増加が見られたことは，酸化されたタンパク質にはジスルフィド架橋が 3 個存在していたことを示している．

13B・3　具体例：プロテオミクス

タンデム型（MS/MS）質量分析法では，化合物または化合物の混合物が最初の質量分析計で m/z を基にして分離され，次に，その分離されたイオンが第二の質量分析計で再び分析される．このやり方はプロテオミクスにとって重要である．これによって細胞内のタンパク質など混合物中のタンパク質を特定し，それを定量することができるからである．

その要点を説明すると，二次元ゲル電気泳動法を用いて，等電点と質量に基づいてタンパク質を分離しておく（トピック 7C）．そこで，ある斑点をゲルから切取り，トリプシンでタンパク質分解による切断をしてから，そのペプチドフラグメントをタンデム型質量分析計の最初の質量分析計で分離する．次に，そこで選んだペプチドフラグメントを，分析計の次のステージに設けた気体で満ちた部屋（衝突活性化室）に導く．そこでは，アルゴンなどの気体分子と高速で衝突を起こしてペプチドイオンが断片化される．そのフラグメントは，第二の質量分析計に入ってフィンガープリント（ユニークなパターン）を与える．それを，トリプシン消化で求めたもとのペプチドのアミノ酸配列と関係づけるのである．

この方法にはいろいろな種類や派生形がある．ここに示すのは，細胞培養におけるアミノ酸による安定同位体標識法（SILAC，図 13B・5）という大げさな名称の方法である．この手法では，細胞培養の段階で何らかの処理を受ける．それから質量分析計を用いて処理細胞と未処理細胞のタンパク質の相対存在量を求めるのである．この手法で重要な点は，対照細胞または処理細胞の増殖培地に含まれるアミノ酸の一つ以上を，完全に標識された同位体位置異性体（アイソトポログ）で置き換えておくところにある．ふつうは，$^{12}C_6{}^{14}N_4$-アルギニンを $^{13}C_6{}^{15}N_4$-アルギニンに置き換えておく．新たに合成されたタンパク質に標識アミノ酸が

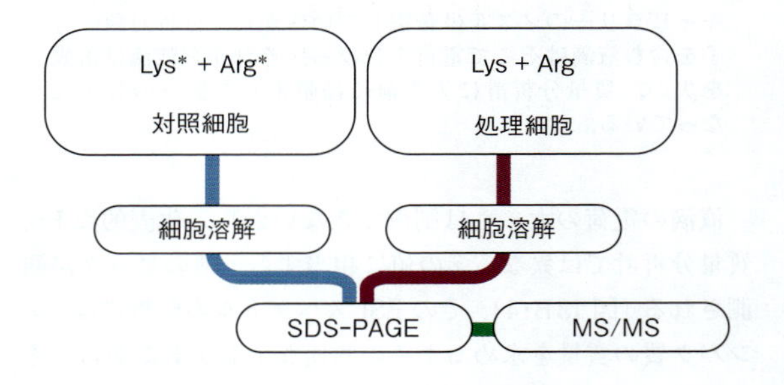

図 13B・5　SILAC 実験の流れを示す模式図．Lys* と Arg* は標識アミノ酸を表しており，^{12}C と ^{14}N が ^{13}C と ^{15}N にそれぞれ同位体置換されている．

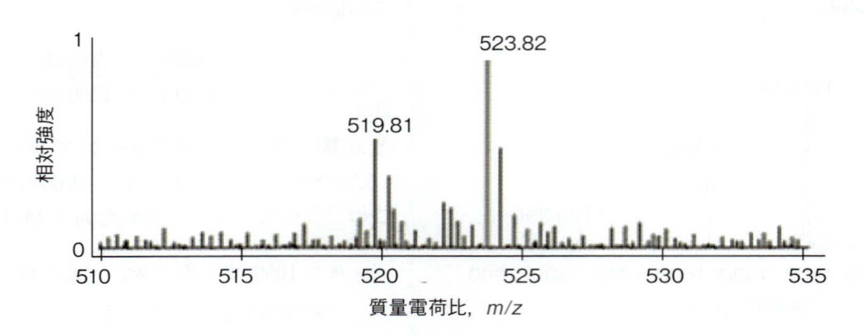

図 13B・6　脂肪酸合成酵素から得られたペプチドについて SILAC 実験で得られた質量スペクトル．この実験では，処理細胞は亜ヒ酸塩で処理されている．二つの主ピークは，標識ペプチドと非標識ペプチドに対応しており，m/z 値の小さな側のフラグメントは処理細胞に由来している．

取込まれると標識細胞のタンパク質の質量は増加し，非標識細胞のタンパク質の質量はそのままである．この 2 組の細胞から標識タンパク質と非標識タンパク質を抽出し，混合してから液体クロマトグラフィーのカラムに通す．この段階では，タンパク質は大きさなどの特性に基づいて分離されるだけである．最後に MS/MS 分析を行えば，標識タンパク質と非標識タンパク質からの信号が，2 種のアイソトポログに相当するピーク対としてスペクトルに現れるのである．

このような SILAC 法を使えば，細胞内でのタンパク質の合成条件を変えたときの影響を分析することができる．たとえば図 13B·6 は，ヒト白血病細胞株の脂肪酸合成酵素に与える亜ヒ酸塩溶液 (AsO_3^{3-}) の効果を示したものである．地下水のヒ素汚染は，世界の一部で公衆衛生上の重大な問題となっており，ヒ素は多くのタンパク質の発現にいろいろな変化をひき起こしている．この図の質量スペクトルは SILAC 実験で得られたものであり，対照細胞は $^{13}C_6{}^{15}N_4$-リシンの存在下で培養されたものである．そのスペクトルは，脂肪酸合成酵素から得られたペプチドによるピークを示している．二つの主ピークの m/z の値の差は 4 Da であり，+2 の電荷を帯びたフラグメントにはリシン残基 1 個が存在していることを示している．亜ヒ酸塩処理した細胞のピークは対照細胞のピークより小さい．これは，この処理によって脂肪酸合成酵素の合成が抑制されたことを示している．この処理によって細胞の増殖も抑制されるが，その増殖抑制はパルミチン酸塩溶液で処理すれば克服できる．すなわち，亜ヒ酸塩による細胞毒性の少なくとも一部は，脂肪酸生成の低下によってひき起こされることを示している．

SILAC によるプロテオームの網羅的解析（プロファイリング）によって，細胞の摂動（撹乱）で生じるタンパク質発現の変化を明らかにすることができる．それは，治療法を開発するうえで重要な標的となるバイオマーカー（生理学的な指標）をみいだす道筋を与えている．

重要事項のチェックリスト

- ☐ 1．**質量分析法**では，分子の質量の違いを利用して分子を分離したり特定したりする．
- ☐ 2．高分子の研究に広く用いられている方法は，**マトリックス支援レーザー脱離イオン化法**（MALDI）と**エレクトロスプレーイオン化法**（ESI）である．
- ☐ 3．**MALDI-TOF** は，MALDI と TOF による検出を組合わせた方法である．
- ☐ 4．**SILAC** 法では，細胞培養で何らかの処理をしてから質量分析計を用いて，処理細胞と対照細胞のタンパク質の相対存在量を求める．

テーマ 13 重 量 法

トピック 13A 超 遠 心

記述問題

Q13A・1 超遠心を利用するおもな実験手法三つについて説明せよ.

Q13A・2 回転運動によって重力と同じ効果が得られるのはなぜか.

Q13A・3 懸濁液中の粒子の実効質量が実際の質量と異なるのはなぜか. また, その違いが重要になるのはどういう場合か.

Q13A・4 高分子のモル質量を求めるのに超遠心をどう利用するかについて説明せよ.

演習問題

13A・1 半径 20 μm, 質量密度 1750 kg m^{-3} の粒子が水 (質量密度 1000 kg m^{-3}) に懸濁しており重力の影響だけを受けているとき, そのドリフト速さを求めよ. 水の粘性率は 8.9×10^{-4} kg m^{-1} s^{-1} である.

13A・2 ある高分子の 20 °C での拡散係数は 8.3×10^{-11} m^2 s^{-1} である. その沈降係数は, 質量密度 1.06 g cm^{-3} の溶液中で 3.2 Sv である. また, この高分子の比体積は 0.656 cm^3 g^{-1} である. この高分子のモル質量を求めよ.

13A・3 あるタンパク質のモル質量は 48 kg mol^{-1} である. 速度沈降法の実験により, 300 K で $S = 4.16$ Sv であることがわかっている. このタンパク質の比体積は 0.76 cm^3 g^{-1}, 溶媒の質量密度は 1.00 g cm^{-3} であるとして, このタンパク質の拡散係数を計算せよ.

13A・4 あるタンパク質を二つの形態で精製した. 一つはリン酸化しない形態, もう一つはリン酸化した形態である. その後, どちらも超遠心機を用いて分析した. そのローターの速さは 59780 rpm であった. 沈降しつつあるタンパク質の境界 r の半径位置を, 時間間隔を開けて測定して表の結果を得た.

沈降係数 S の定義式 (本トピックの 1 式) を積分することによって, 沈降する高分子の境界の半径位置を表す式を求めよ. グラフを描いて, このタンパク質の二つの形態について S の値を求めよ. また, この二つのタンパク質のコンホメーションについて何が推測できるか.

t/min	8	16	24
r/cm (unphosphorylated)	6.089	6.179	6.270
r/cm (phosphorylated)	6.204	6.305	6.409

t/min	32	40	48
r/cm (unphosphorylated)	6.362	6.454	6.549
r/cm (phosphorylated)	6.513	6.618	6.726

13A・5 水溶液中で $v_s = 0.5$ cm^3 g^{-1} の DNA フラグメントについて, 293 K で平衡沈降実験による測定をした. その結果を $(r/\text{cm})^2$ に対して $\ln(c/\text{g cm}^{-3})$ をプロットしたグラフは直線を示し, その勾配は 0.821 であった. 用いた超遠心機のローターの回転の速さは 1500 Hz であった (1 Hz = 1 s^{-1}). この溶質のモル質量を計算せよ.

13A・6 ある高分子を溶質とする水溶液について, 300 K で行った平衡沈降実験のデータによれば, r^2 に対して $\ln c$ をプロットしたグラフは勾配 729 cm^{-2} の直線を示している. 遠心機のローターの速さは 50000 rpm であった. この溶質の比体積は $v_s = 0.61$ cm^3 g^{-1} である. この溶質のモル質量を計算せよ.

13A・7 平衡沈降実験で, 測定可能な濃度勾配をつくるのに必要な超遠心機の運転速度を (rpm 単位で) 計算せよ. セル下部 (bottom) での濃度が上部 (top) に比べ約 5 倍となる濃度勾配とする. 計算にはつぎの値を用いよ. $r_{\text{top}} = 5.0$ cm, $r_{\text{bottom}} = 7.0$ cm, $M \approx 10^5$ g mol^{-1}, $\rho v_s \approx 0.75$, $T = 298$ K.

13A・8 モル質量 50 kg mol^{-1} のタンパク質について演習問題 13A・7 の計算を繰返し, セルのメニスカスの位置 6.7 cm とセル下部 7.0 cm での濃度比が 100 となるのに必要なローターの回転の速さ (rpm 単位で) を求めよ. $\rho v_s \approx 0.75$, $T = 298$ K とする.

トピック 13B 質量分析法

記述問題

Q13B·1 高分子を断片化させずに気相に導かなければならないという問題を MALDI はどう解決しているか.

Q13B·2 エレクトロスプレー質量分析法の原理を説明し，それを用いて高分子の分子質量をどう測定するかを解説せよ.

Q13B·3 SILAC の方法を解説し，それをプロテオーム解析にどう使うかをまとめよ.

演習問題

13B·1 ある MALDI-TOF-MS 分析計の加速領域の電位差は 28 kV，ドリフト領域の長さは 1.2 m である．一価に帯電した質量 1000 m_u のイオンについて，この分析計で測定した飛行時間はいくらか.

13B·2 あるタンパク質の ESI 質量スペクトルで隣接するピークが，質量電荷比で 1069.78 と 1030.14 に観測された．このタンパク質の平均モル質量はいくらか.

13B·3 あるタンパク質について，リン酸化しない形態とリン酸化した形態を ESI-MS で分析した．リン酸化しないタンパク質では，隣接する二つのピークが質量電荷比で 3210.3 と 3502.0 に観測された．一方，リン酸化したタンパク質では質量電荷比で 3509.3 と 3860.1 に観測された．このタンパク質の残基のうち何個がリン酸化されているか.

13B·4 質量分析法は DNA 分子のサイズを測るのに使える．この手法がいかに強力であるかを示すために，pBR 322 DNA のフラグメント混合物の MALDI-TOF による分析を考えよう．観測された飛行時間 t_F は，塩基対の数 N_{bp} に対してつぎの表のように変化した.

$t_F/\mu s$	39.03	66.43	96.28	121.25	154.01
N_{bp}	9	34	76	123	201

$t_F/\mu s$	189.67	217.23	247.81	269.05
N_{bp}	307	404	527	622

(a) N_{bp} を t_F に対して，t_F^2 に対してそれぞれプロットせよ．どちらのプロットが直線を与えるか．また，直線関係が得られる物理的な起源を説明せよ．(b) 238 個の塩基対をもつフラグメントが観測される飛行時間を求めよ.

13B·5 大腸菌（*E. coli*）から抽出したタンパク質のエレクトロスプレー質量スペクトルの一部には，m/z = 1328.9，1389.3，1455.4，1528.1，1608.4 にピークが観測された．この測定から得られる 5 つのモル質量の値を求めよ．また，このモル質量の平均値とその標準偏差を求め，この方法の精度について述べよ.

テーマ 13 発展問題

P13·1 あるタンパク質のモル質量を求めるために平衡沈降法の実験を行い，右の結果を得た．そのモル質量を計算せよ．ただし，ローターの速さは 27 000 rpm でデータは 298.15 K で収集した．また，濃度は半径距離 r の位置で分光法により測定し，吸光度（A，単位は任意）で表してある．このタンパク質のモル質量の予測値は 10.922 kg mol^{-1} である．タンパク質のモル質量を求めるときの平衡沈降法の正確さと精度について見解を述べよ．〔ヒント：測定精度を評価するには，データに合わせた直線の勾配の不確かさを求める必要がある.〕

r/cm	A	r/cm	A
6.918	0.0626	7.053	0.1535
6.932	0.0740	7.061	0.1617
6.955	0.0820	7.077	0.1808
6.964	0.0891	7.090	0.1947
6.998	0.1059	7.109	0.2195
7.004	0.1104	7.114	0.2297
7.022	0.1253	7.139	0.2728
7.033	0.1364	7.156	0.3061

エピローグ

本書のこれまでのトピックすべてを振返れば，基礎と応用の両面で二つの大河を目にすることだろう．一つは熱力学の大河である．熱力学では一般にものの振舞いに関する情報，とりわけ生命科学では生命体に関する膨大な情報が，バルクなものの測定によって導き出される．熱力学第二法則は，系のギブズエネルギーという形でグローバル(宇宙全体の)エントロピーを論じており，それは生体エネルギー論の基礎になっていることを学んだ．もう一つの大河は，波動-粒子の二重性を中心に構築された量子論である．量子論は，原子や分子，イオンに関する詳細な情報を明らかにしただけでなく，構造研究や速度論研究によって詳細な知見を得るための多種多様な実験手法を提供してきた．ここで，二つの大河の合流点を見ておくのがよいだろう．そこでは，巨視的な観点と微視的な観点から見えた景色に密接なつながりを見ることができる．その状況が理解できれば，これまでのトピックに反映して理解をさらに深め，その根底にある一体性というものを感じとれることだろう．

この二つの大河は**ボルツマン分布**[1]（トピック 1A）によって合流する．量子論は，個々の分子が離散的なエネルギー状態をとることを明らかにした．ところが，バルクのものの中では分子間で絶えず相互作用をしているから，注目する分子がある瞬間にある状態にあったとしても，すぐあとには別の状態にあるだろう．そこでボルツマンは，その系のすべての状態について実現の可能性が最も高い占有数の組というものを考えだしたのである（図 Epi.1）．彼は，エネルギーを担っている様式（振動や回転など）がいろいろ異なっても，その間に本質的な相違はないという見方をした．すなわち，問題はいろいろな状態の合計のエネルギーであり，系の全エネルギーが一定であることが重要と考えた．こうして彼が到達した結論[†]は，

$$N_i \propto \mathrm{e}^{-\varepsilon_i/kT} \qquad \text{ボルツマン分布} \qquad (1\text{a})$$

であった．T は熱力学温度，k はいまではボルツマン定数とよんでいる基礎物理定数の一つで，$k=1.380\cdots\times10^{-23}\,\mathrm{J\,K^{-1}}$ である．この式によれば，2 準位を考えたとき最も可能性の高い相対占有数，つまり N_1 に対する N_2 の比は，温度 T と両準位のエネルギー ε_1 と ε_2 の差で決まる．すなわち，

$$\frac{N_2}{N_1} = \mathrm{e}^{-\overbrace{(\varepsilon_2-\varepsilon_1)}^{\Delta\varepsilon}/kT} = \mathrm{e}^{-\Delta\varepsilon/kT} \qquad \text{相対占有数} \qquad (1\text{b})$$

で表される．化学で使うときは，個々の分子のエネルギー

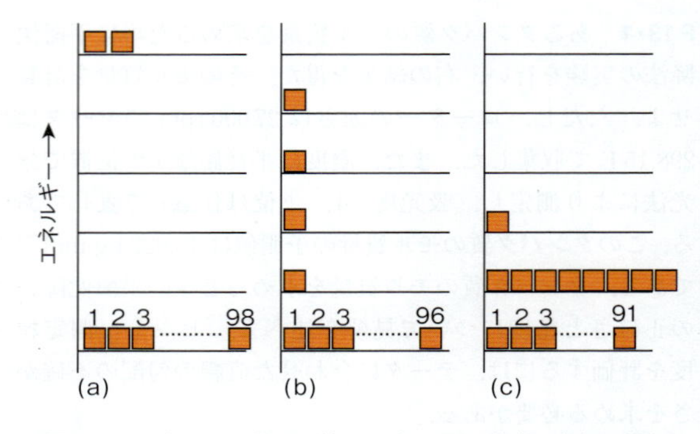

図 Epi.1 分子 100 個の可能なエネルギー分布．(a) の状況は (b) の状況に比べて全くありそうにないことがわかる．圧倒的に確率の高い分布は (c) に示すもので，下の準位から順に占有数は {91, 8, 1, 0} という具合である．

† この式の導出には手間がかかる．詳しい説明については“アトキンス物理化学”第 10 版，邦訳（2017）を見よ．

1) Boltzmann distribution

ε_i より分子1 mol当たりのエネルギー $E_{m,i}$ で表すことが多いから，$E_{m,i} = N_A\varepsilon_i$ である．ここで，N_A はアボガドロ定数である．(1b) 式の指数の分子と分母の両方に N_A をかければ，

$$\frac{N_2}{N_1} = e^{-\overbrace{(E_{m,2}-E_{m,1})}^{\Delta E_m}/RT} = e^{-\Delta E_m/RT}$$

モルエネルギーで表した相対占有数　(1c)

となる．$R = kN_A$ は気体定数である．注目する系にエネルギー準位の均一な並びがあるとき，この式で表される占有数の温度依存性は図 Epi.2 に示すようになる．

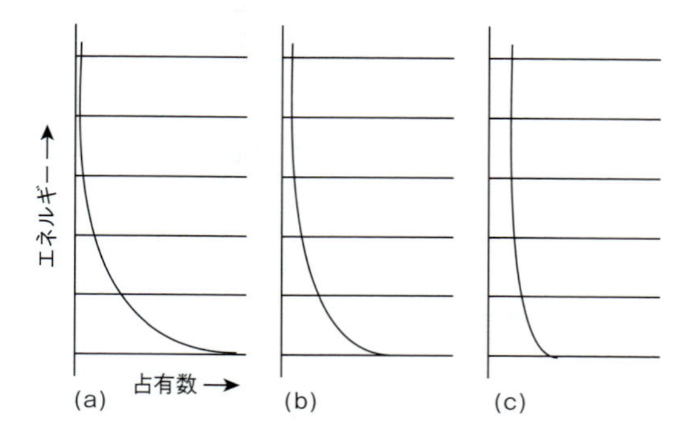

図 Epi.2　ボルツマン分布によれば，温度が高くなるにつれ分子は高いエネルギー状態を占める．(a) 低温．(b) 中温．(c) 高温．

ボルツマン分布の内容を吟味する前に，もう一つ別の側面があるのを説明しておこう．(1a) 式は比例関係を述べているだけである．そこで比例係数を，系に存在する分子の総数 N を用いて N/q と表せば，

$$N_i = \frac{Ne^{-\varepsilon_i/kT}}{q}$$

ボルツマン分布　(2a)

と書ける．この q の値は，占有数の総和が N に等しいから，つぎのように決まる．

$$N = \sum_i N_i = \frac{N}{q}\sum_i e^{-\varepsilon_i/kT}$$

$$\text{したがって}\quad \sum_i e^{-\varepsilon_i/kT} = q$$

分配関数　(2b)

ここからは，エネルギーはすべて基底状態から測るという慣習に従うことにする．すなわち，$\varepsilon_0 \equiv 0$ である．そこで，零点エネルギーが存在する系を扱う場合は，計算の最後に零点エネルギーを加えておかなければならない．この慣習に従って計算すれば，q の説明が非常に簡単になるのである．

上のように定義した q は非常に重要な存在となる．この q を**分配関数**[1] という．波動関数が注目する分子に関する力学情報をすべて含んでいるのと全く同様に，分配関数は分子で構成された系に関する熱力学情報をすべて含んでいる．分配関数の物理的な解釈として覚えておくべきことは，それが熱的にとりうる分子の状態の数の尺度であるということである．したがって，もし唯一の状態，つまり基底状態しかとれなければ（非常に低い温度などでは）$q=1$ である．多くの状態が占有されているとき（高温の場合）は大きい値をとる．この解釈は，2準位系の一方のエネルギーが0で，もう一方が ε という分子を考えれば正しいことが確かめられる．すなわち，この2準位系では，

$$q = 1 + e^{-\varepsilon/kT}$$

2準位系の分配関数　(3)

である．この関数を図 Epi.3 に示す．図を見ればわかるように，$T=0$ での $q=1$ から（$e^{-\infty}=0$ であるから）増加し，T が非常に大きくなれば $q=2$ に（$e^0=1$ であるから）近づいて熱的に2状態ともとれるようになる．独立な（相互作用のない）分子から成るほかの系でも分配関数を計算できる．一方，分子が互いに相互作用するのを取入れると，その分配関数はきわめて複雑なものになる．しかし，その中心概念はここに示した2準位モデルで理解できるであろう．ここではそれで十分である．

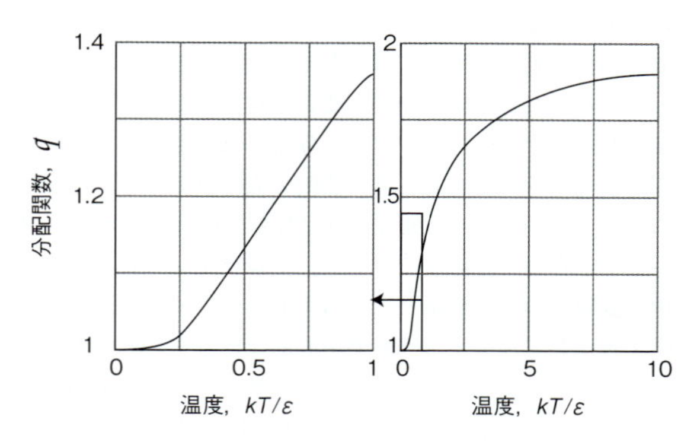

図 Epi.3　2準位系の分配関数の温度依存性．左側のグラフは，右側のグラフの一部を拡大したものである．

以上の式からわかるように，上の状態の相対占有数は下の状態からのエネルギーに対して指数関数的に減少する．たとえば，電子状態のエネルギー間隔はふつう非常に大きいから，たいていの原子や分子は基底電子エネルギー状態にあり，励起電子状態の占有数はほぼ無視できる．これに対して，気相分子の回転エネルギー状態のエネルギー間隔はずっと狭いから，分子が自由に回転しているときの励起回転状態の占有数はかなり多い．

1) partition function

簡単な例示 Epi.1

グルコピラノース分子にはα形とβ形のアノマーがある．それぞれ C1 ヒドロキシ基がアキシアル位にあるかエクアトリアル位にあるかである．気相では，αアノマーの方が $6.2\ \mathrm{kJ\ mol^{-1}}$ だけエネルギーが低い．そこで，この二つのアノマーの 300 K での相対占有数は，

$$\begin{aligned}\frac{N_\beta}{N_\alpha} &= \mathrm{e}^{-(E_{\mathrm{m},\beta}-E_{\mathrm{m},\alpha})/RT} \\ &= \mathrm{e}^{-(6.2\times10^3\,\mathrm{J\,mol^{-1}})/((8.3145\,\mathrm{J\,K^{-1}\,mol^{-1}})\times(300\,\mathrm{K}))} \\ &= 0.083\cdots\end{aligned}$$

と計算できる．したがって，全分子に占めるαアノマーの割合はつぎのように計算できる．

$$\begin{aligned}\frac{N_\alpha}{N_\alpha+N_\beta} &= \frac{1}{1+N_\beta/N_\alpha} \\ &= \frac{1}{1+0.083\cdots} = 0.92\end{aligned}$$

化学におけるボルツマン分布の重要性がこれで理解できることだろう．低温では，ほぼすべての分子はエネルギーの低い状態にとどまっている．たとえば，その分子特有の寿命の長い構造があれば，それはボルツマン分布でほぼ説明できる．これに対して，高温ではエネルギーの高い状態の分子も多く存在しているから，そのエネルギーによって原子の再配置だけでなく原子をやり取りする可能性も増加している．たとえば，分子が変化を起こしたり化学反応に関与したりするのはボルツマン分布でほぼ説明できる．実際，変化が起こる傾向（第二法則で表される）と変化が起こる速さ（速度論的な側面）のどちらの根底にもボルツマン分布が存在しているのである．ボルツマン分布は化学の中心課題，つまり構造と変化の両面を担っているから，化学を統一して理解するうえで中心的な役割をしている．

熱力学を支える柱の一つは内部エネルギー U である．分配関数を用いれば，$T=0$ での値を（絶対値はわからないが）$U(0)$ としたとき，それからの相対値を予測することができる．すなわち，

$$\begin{aligned}U(T) &= U(0) + \sum_i N_i\varepsilon_i \\ &= U(0) + \frac{N}{q}\sum_i \varepsilon_i \mathrm{e}^{-\varepsilon_i/kT}\end{aligned}$$

内部エネルギー　(4a)

である．このとき，振動のエネルギーなど，零点エネルギーがあればそれを $U(0)$ に含めておく．この式の説明をするのに最も単純な例は，［簡単な例示 Epi.1］で述べたグルコピラノースの二つのアノマーの場合のように，エネルギー 0 と ε をとる 2 準位系である．このとき，

$$U(T) = U(0) + \frac{N\varepsilon\mathrm{e}^{-\varepsilon/kT}}{1+\mathrm{e}^{-\varepsilon/kT}} = U(0) + N\varepsilon f_1(T)$$

ここで

$$f_1(T) = \frac{1}{\mathrm{e}^{\varepsilon/kT}+1}$$

2 準位系の内部エネルギー　(4b)

である．この関数を図 Epi.4 にプロットしてある．見てわかるように，$T=0$ での $U(0)$ から温度無限大で 2 状態が等しく占有される場合の $U(0)+\frac{1}{2}N\varepsilon$ まで内部エネルギーは増加する．

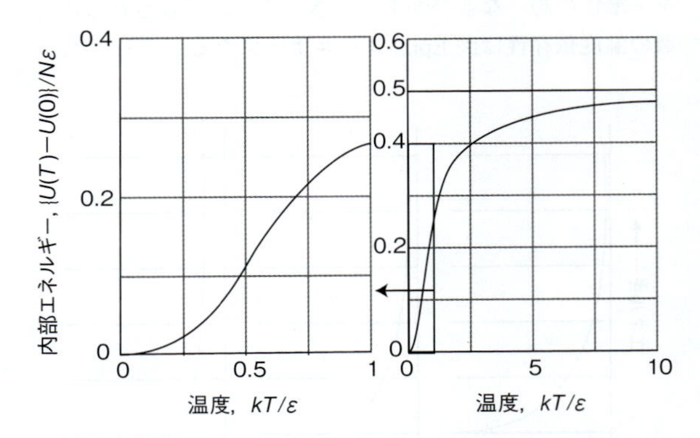

図 Epi.4　2 準位系の内部エネルギーの温度依存性．左側のグラフは，右側のグラフの一部を拡大したものである．

内部エネルギーがわかれば，第一法則のもう一つの概念である熱容量† $C_V=(\partial U/\partial T)_V$ も，(4b) 式を微分して得られる．すなわち，

$$C_V = Nkf_2(T)$$

ここで

$$f_2(T) = \frac{(\varepsilon/kT)^2\mathrm{e}^{-\varepsilon/kT}}{(\mathrm{e}^{-\varepsilon/kT}+1)^2}$$

2 準位系の熱容量　(5)

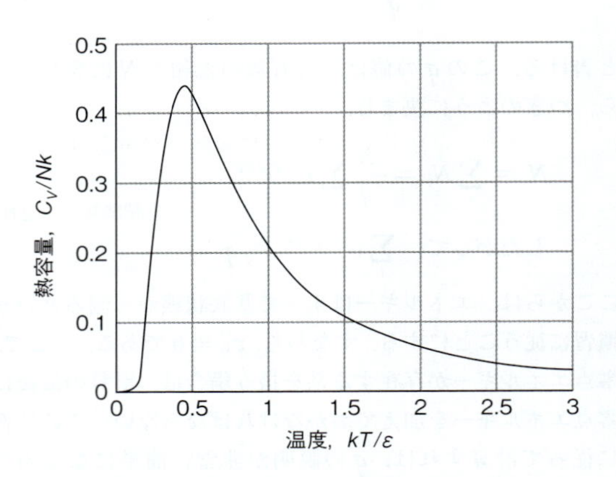

図 Epi.5　2 準位系の熱容量の温度依存性．

† 訳注：熱量量はエントロピーと同じ次元をもち，すでに第二法則の入り口にある量といえる．

である．（モル熱容量で表す場合はNをN_Aで置き換えて，しかも$kN_A=R$と書けばよい．）この関数を図Epi.5にプロットしてある．高温で熱容量が0に向かうのは，上の状態の占有数は1/2を超えて増加できないからで，系はそこで飽和しているのである．一般に，エネルギー準位の間隔が広く開いていれば熱容量は小さく，間隔が狭くて2準位が接近していれば熱容量は大きい．エネルギー準位の数が多い系でも同様の結論を導ける（図Epi.6）から，この状況は2準位系だけの話ではない．その結果，フォールド形のコンホメーションをとっている生体高分子では，振動数の低い振動運動やねじれ運動のモードが多数あるから熱容量は大きい．しかし，アンフォールディングが起これば熱容量はもっと大きくなる．それは，側鎖の多くは回転の自由度（自由回転ではない）を獲得し，それが熱容量に余分に寄与するからである．

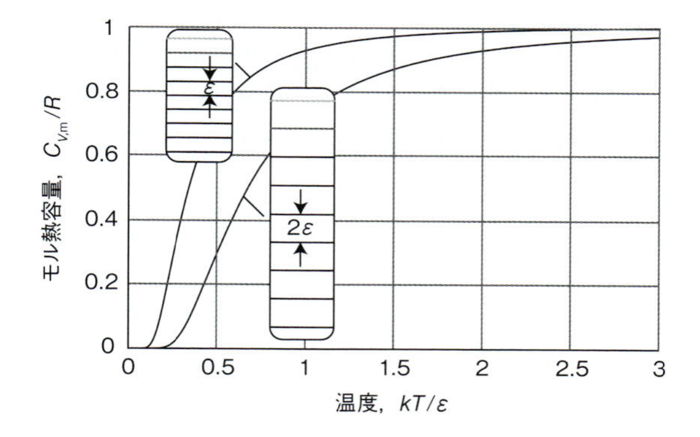

図 Epi.6　等間隔のはしご状のエネルギー準位をもつ分子が，互いに独立な（相互作用がない）集団を形成しているときのモル熱容量の温度依存性．エネルギー準位の間隔が狭い場合と広い場合で比較してある．

熱力学のもう一つの柱，エントロピーについてはどうだろうか．その分子論的な裏付けは何であろうか．ボルツマンは，つぎの式を提唱することで微視的な見方と巨視的な観測事実を見事に結びつけた．

$$S=k\ln W \qquad \text{エントロピーに関するボルツマンの式} \quad (6)$$

Wは，熱的に利用できるエネルギー状態を使って分子を分布させたとき，最も確率の高い分布を示すときの場合の数であり，そのときの分布は（1b）式で表される．エントロピーに関するボルツマンの式は，分配関数を用いた式で表すことができる．その導出には少し手間がかかるが結果は単純である．独立で区別できる同一分子がN個ある系については，

$$S(T)=\frac{U(T)-U(0)}{T}+Nk\ln q \qquad \text{独立で区別できる分子のエントロピー} \quad (7a)$$

で表される．ここで，$U(T)-U(0)$は（4b）式で与えられる．この式は，分子が互いに区別できる（たとえば，分子が固定した位置にあればその座標で表せば区別できる）場合で，しかも，互いに独立とみなせる（分子どうしだけでなく外界の分子とも互いに相互作用しない）場合にしか使えない．分配関数そのものは相互作用する分子についても使えるが，すでに述べたように，その計算はもっと複雑である．

（7a）式は，分配関数が増加すれば，つまり，理由はともかくとして熱的にとりうる状態の数が増加するとともにエントロピーが増加することを示している．その理由の一つに温度上昇があるのはもちろんである．ここでまた，2準位系についてエントロピーを表せば，

$$S(T)=Nkf_3(T)$$

ここで

$$f_3(T)=\frac{\varepsilon/kT}{e^{\varepsilon/kT}+1}+\ln(1+e^{-\varepsilon/kT}) \qquad \text{2準位系のエントロピー} \quad (7b)$$

となる．この雑然とした形の式をプロットして図Epi.7に示してある．この式が示すように，エントロピーは温度上昇とともに増加する．それは，熱的にとれる状態の数が増加するからで，高温になって2準位の両方の状態が熱的に等しくとれるときエントロピーは$Nk\ln 2$に近づくのである．

ギブズエネルギーは化学熱力学で中心となる概念であり，統計的に解釈することができる．ギブズエネルギーの式を導出するのも手間がかかるが，独立で区別できない

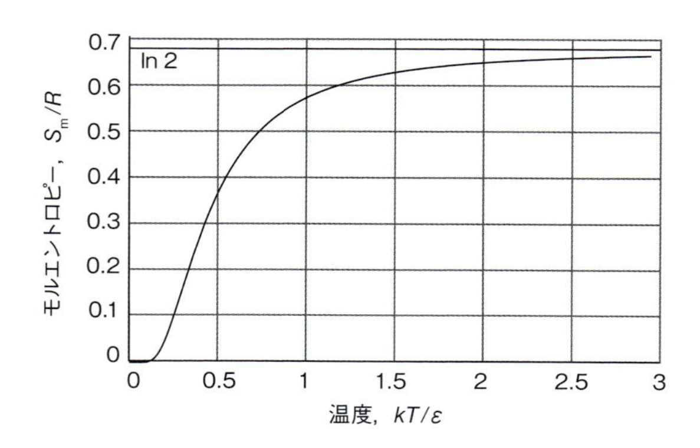

図 Epi.7　個々の分子が2準位をもち，互いに独立な（相互作用がない）集団を形成しているときのモルエントロピーの温度依存性．

(完全気体などの) 分子集団であれば結果は非常に簡単である．すなわち，

$$G(T) = G(0) - NkT\ln\frac{q}{N}$$

独立で区別できない分子のギブズエネルギー (8)

である．この式を見ればわかるように，$G(T) - G(0)$ は分配関数の対数に比例している．正確にいえば，1分子当たりに占有されている状態数の平均値 (つまり q/N) の対数に比例している．この数 (q/N) が増加するにつれ，$G(T)$ は $G(0)$ から離れてますます減少する．そこで，q が増加すれば (温度上昇などによる) その理由が何であれ，$G(T)$ は $G(0)$ の値から遠のいていくのである．等間隔の均一なエネルギー準位から成る2つの系について，ギブズエネルギーの温度変化を図 Epi.8 に示す．

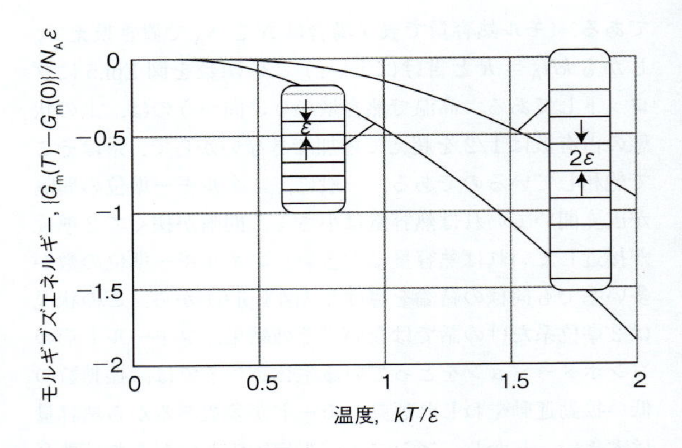

図 Epi.8 等間隔のはしご状のエネルギー準位をもつ分子が，互いに独立な (相互作用がない) 集団を形成しているときのモルギブズエネルギーの温度依存性．エネルギー準位の間隔が狭い場合と広い場合で比較してある．

最後に非常に重要な点を付け加えておこう．この $G(T)$ の解釈は，系がなぜギブズエネルギーの低い側に移行する傾向があるのかを (ただし，圧力および温度が一定の条件下であるが) 如実に語っている．このときのギブズエネルギー変化は負であるから，系が熱的にもっと多くの状態をとれる条件へと移行すれば，その過程は自発的なのである．すなわち，それによって系の乱れが大きくなる向きになだれ込むのである．このような解釈はすべての系に当てはまる．あらゆる変化の根源は，分子が熱的にとりうる状態数がより多くなる条件を受け入れる傾向にある．こうして二つの大河は合流し，その考えは実用にも生かされているのである．

エピローグ

記述問題

Q Epi.1 ボルツマン分布の基礎にある一般原理はなにか．

Q Epi.2 構造が存在することやその構造が変化しうる可能性について，ボルツマン分布でどう説明できるか．

Q Epi.3 分子論的に考えて，物質の内部エネルギーが温度とともに増加するのはなぜか．分配関数を用いて説明せよ．

Q Epi.4 分子論的に考えて，エントロピーが温度とともに増加するのはなぜか．

Q Epi.5 分子論的に考えて，ギブズエネルギーが温度とともに減少するのはなぜか．

Q Epi.6 このエピローグでは速度論について何も言及していない．言及すべきか．あるいは言及できるのか．もしできるなら，どう言及するか．

演習問題

つぎの演習問題のなかには，調和振動子として扱える振動する分子の集団について熱力学的性質を求める問題がある．そのときは，振動準位のエネルギーを $\varepsilon_v = v\hbar\omega$ で表して，$v=0$ のとき $\varepsilon_0=0$ になるようにするのがよい．もう一つ，統計熱力学で現れる式の多くは，T そのもので表す代わりにパラメーター $\beta = 1/kT$ を用いて式の見かけを単純化していることが多い．

Epi.1 ある分子が N_{states} 個の状態をとれるとき，$T \to \infty$（つまり $\beta \to 0$）で $q \to N_{\text{states}}$ となることを示せ．

Epi.2 内部エネルギーを表す式（4a 式）は，分配関数を用いてつぎのように書けることを示せ．

$$U(T) = U(0) - \frac{\mathrm{d}\ln q}{\mathrm{d}\beta}$$

〔ヒント：$(1/f)\,\mathrm{d}f/\mathrm{d}x = \mathrm{d}\ln f/\mathrm{d}x$ を用いよ．〕

Epi.3 調和振動子の分配関数を求めよ（上の注意書きを見よ）．〔ヒント：$x<1$ のとき $\sum_{n=0}^{\infty} x^n = 1/(1-x)$ を用いよ．〕

Epi.4 2 準位系の熱容量について，エピローグの（5）式で表される関係を確かめよ．

Epi.5 演習問題 Epi.3 で求めた分配関数を用いて，調和振動子の集団のモル内部エネルギーとモル熱容量を計算せよ．また，$kT \gg \hbar\omega$ のときの両者の値を計算し，均分定理（トピック 1B）で導いた値との関係について解説せよ．

Epi.6 あるイオンチャネルの開閉で，310 K では開いている確率が 50 回に 1 回であるとき，この 2 状態の（モル）エネルギー間隔はいくらか．

Epi.7 水の沸点（100 °C）での標準蒸発エンタルピーは 40.7 kJ mol^{-1} である．この温度で 1 mol の H_2O(l) が気相に移行したとき W は何倍になるか．

発展問題

PEpi.1 分子のエントロピーへの寄与の一つに配座エントロピーがある．これは，とりうるコンホーマーが複数あるときに生じるエントロピーである．つぎの表には代表的な環化反応の標準反応エントロピーを示してある．

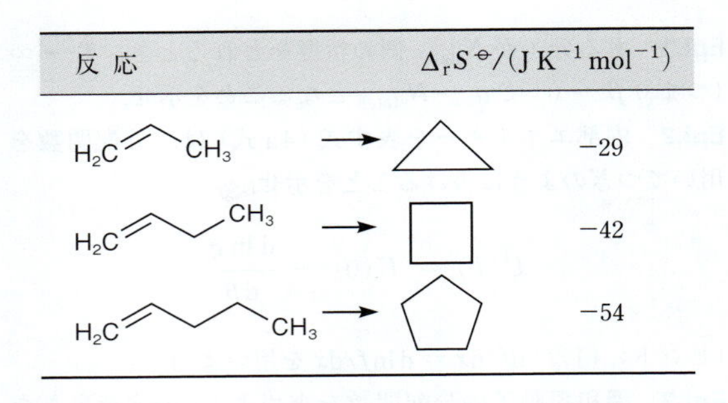

反応	$\Delta_r S^{\ominus}/(\mathrm{J\,K^{-1}\,mol^{-1}})$
H_2C CH_3 →	−29
H_2C CH_3 →	−42
H_2C CH_3 →	−54

(a) この標準反応エントロピーの違いに注目して，C−C 単結合 1 個が関与する配座エントロピーを求めよ．

(b) 結合の回転によりとれる配座数がわかると，エントロピーに関するボルツマンの式を使って分子の配座エントロピーを求められる．立体的に可能な回転異性体（つまり，ねじれ角）が 3 種あると仮定して，C−C 結合 1 個の配座エントロピーを計算せよ．その答を (a) で得た値と比較せよ．

(c) この方法を使えば，タンパク質のアンフォールディングによる主鎖の配座エントロピー変化を求めることができる．ペプチドにあるそれぞれのアミノ酸については，つぎの図に示すように，自由に回転できる主鎖の結合は 2 個ある．

ふつうの二次構造では，この結合それぞれがとれるねじれ角は 2 通りあり，そのうちの一つをとっている（トピック 10B）．ただし，立体的にはねじれ角は広い範囲で変われる．

バルナーゼは，110 個のアミノ酸残基から成る水溶性タンパク質であり，ジスルフィド結合はなく，pH = 5 では 53.9 °C で熱的にアンフォールドする．バルナーゼのペプチド主鎖は，そのフォールド形では配座が 1 個しかないと仮定して，つぎの場合についてアンフォールディングにおける主鎖の配座エントロピー変化を計算せよ．(i) 主鎖にある回転可能な結合 1 個につき，ねじれ角が 2 通り許されるとき．(ii) 主鎖にある回転可能な結合 1 個につき，ねじれ角が 3 通り許されるとき．

(d) 詳しいモデリングを用いたところ，残基 1 個当たりのアンフォールド形ペプチドの主鎖の配座エントロピーの平均値は 28 $\mathrm{J\,K^{-1}}$ であった．この値を (c) で計算した二つの値と比較せよ．アンフォールド形ペプチドを表すのにどちらのモデルが適切か．

(e) アンフォールディングで主鎖の配座エントロピーが増加するように，側鎖の配座エントロピーの増加も考える必要がある．この寄与についても分子モデリングで求められており，残基 1 個当たりの側鎖の配座エントロピーの平均値は 18 $\mathrm{J\,K^{-1}}$ であった．こうしてモデリングによって求められた二つの平均値を用いて，バルナーゼのアンフォールディングにおける配座エントロピー変化を求めよ．

(f) 水溶液中における 53.9 °C および pH = 5 でのバルナーゼのアンフォールディングについて，実験で求めたエントロピー変化は約 1.4 $\mathrm{kJ\,K^{-1}\,mol^{-1}}$ である．この値と (e) で求めた配座エントロピー変化の値との違いの原因について見解を述べよ．

資料1　構造図

本書で扱っている生物学的に重要な分子の構造を，つぎの順に示す.

A群：アミノ酸	E群：ポリエン	P群：タンパク質	T群：核　酸
B群：塩　　基	L群：脂　　質	R群：ポルフィリン環化合物	M群：その他
C群：カルボン酸	N群：ヌクレオチド	S群：糖　質	

タンパク質については，“タンパク質構造データバンク”の識別子を示してある.

A群：アミノ酸（amino acid）

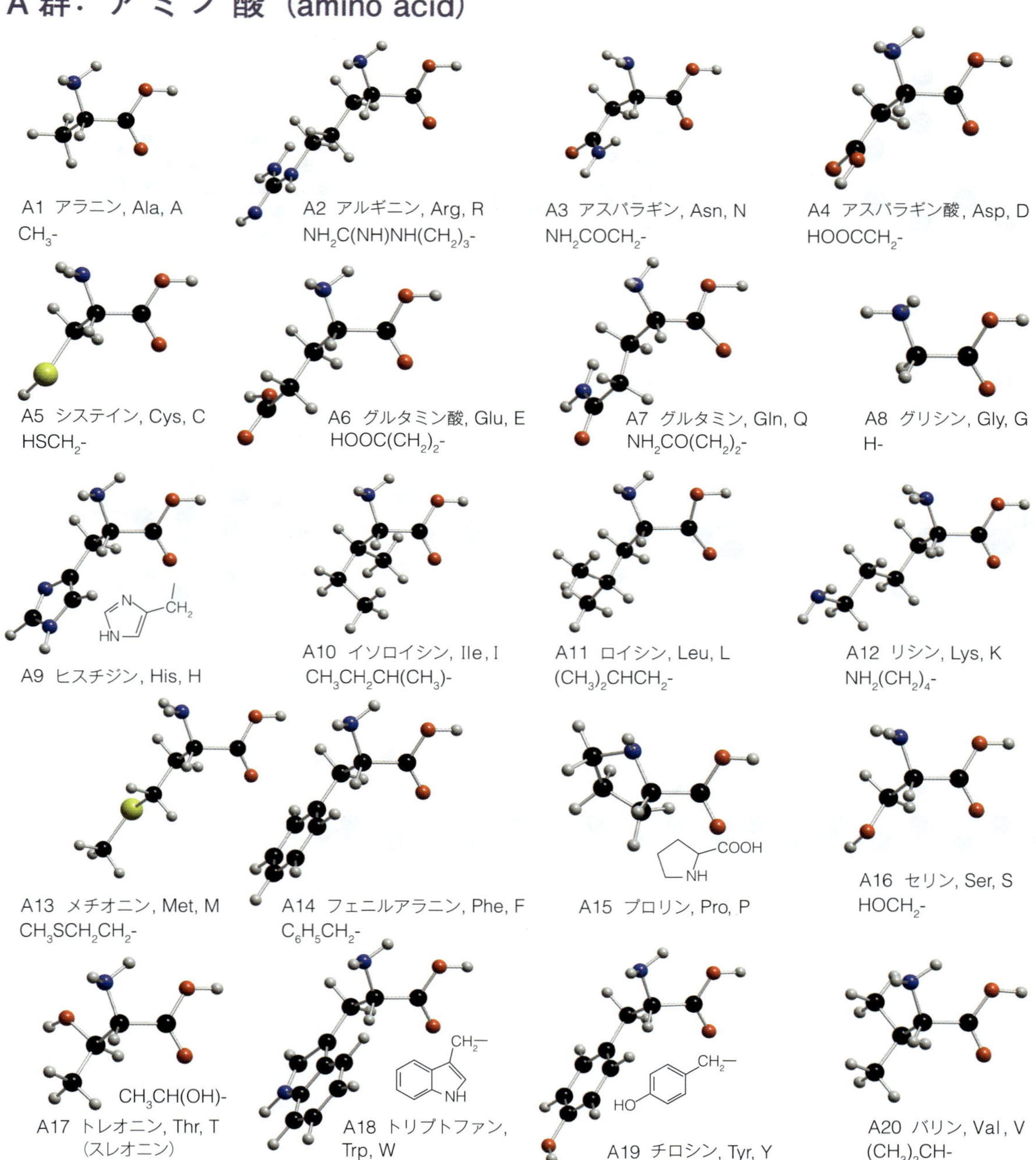

B 群: 塩　基 (base)

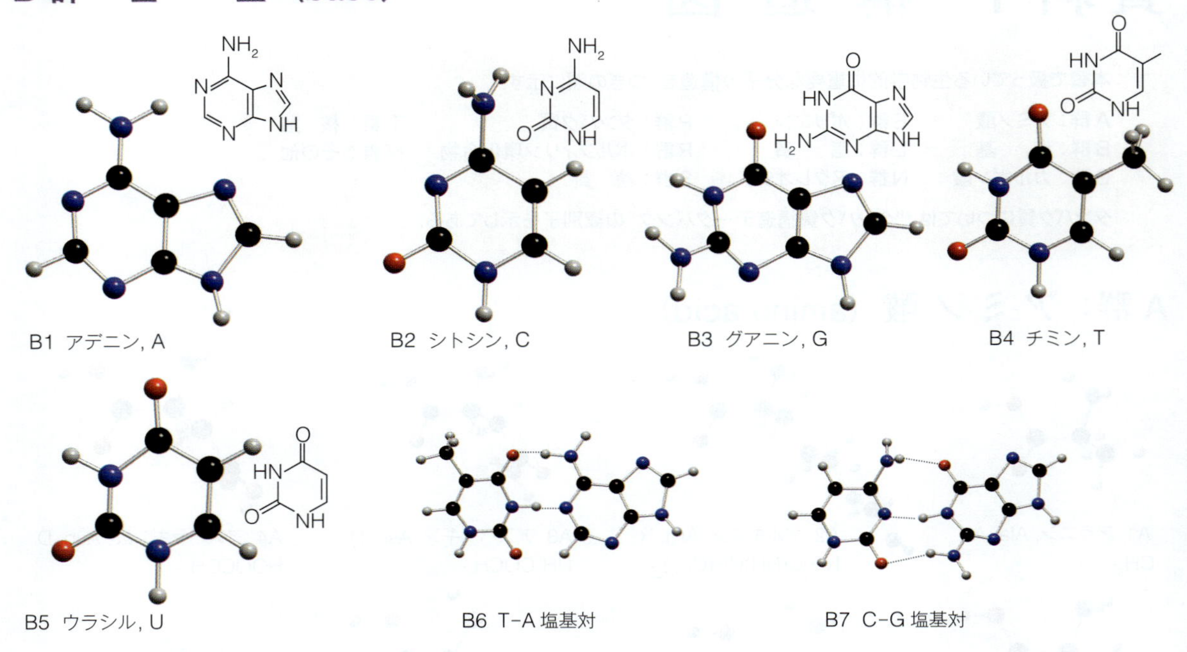

B1 アデニン, A　B2 シトシン, C　B3 グアニン, G　B4 チミン, T

B5 ウラシル, U　B6 T–A 塩基対　B7 C–G 塩基対

C 群: カルボン酸 (carboxylic acid)

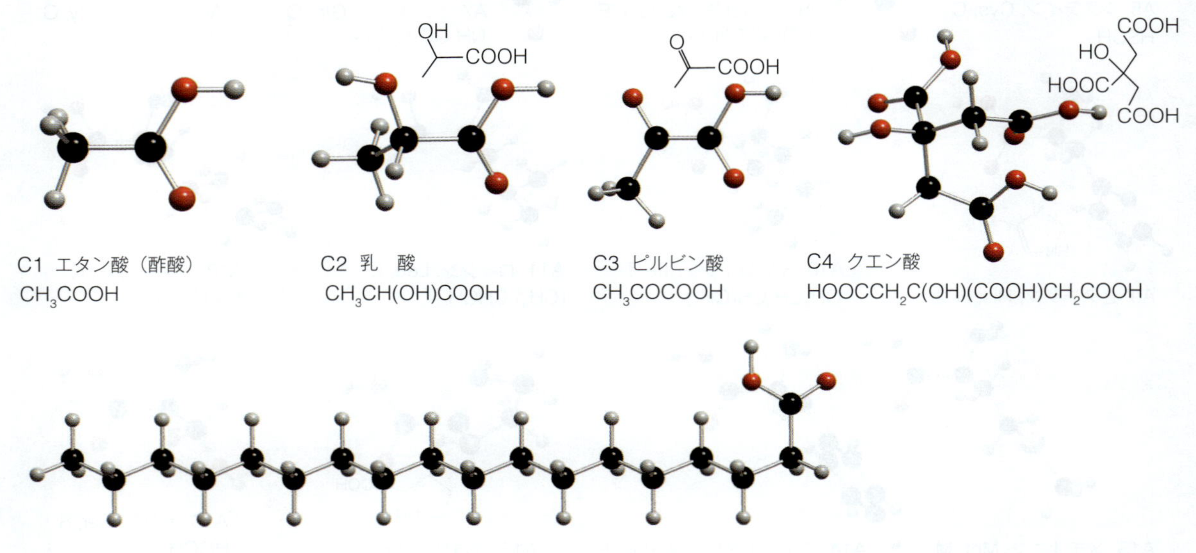

C1 エタン酸 (酢酸)
CH_3COOH

C2 乳　酸
$CH_3CH(OH)COOH$

C3 ピルビン酸
$CH_3COCOOH$

C4 クエン酸
$HOOCCH_2C(OH)(COOH)CH_2COOH$

C5 ステアリン酸
$CH_3(CH_2)_{16}COOH$

E群: ポ リ エ ン (polyene)

E1 β-カロテン
$C_{40}H_{56}$

E2 all-*trans*-レチナール
$C_{20}H_{28}O$

E3 11-*cis*-レチナール
$C_{20}H_{28}O$

L群: 脂　　質 (lipid)

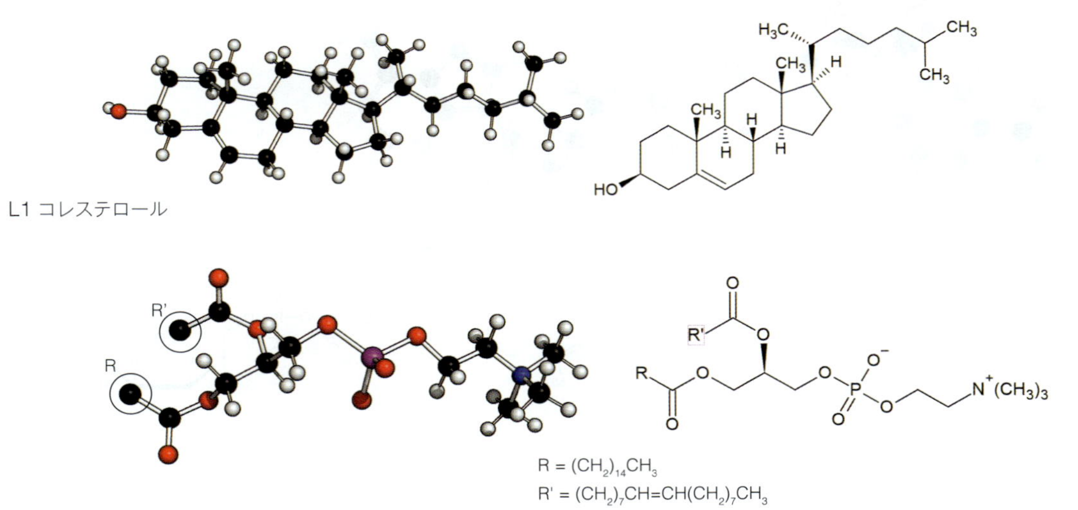

L1 コレステロール

L2 ホスファチジルコリン（レシチン）

N 群: ヌクレオチド (nucleotide)

N1 アデノシン一リン酸, AMP

N2 アデノシン二リン酸, ADP

N3 アデノシン三リン酸, ATP

N4 ニコチンアミドアデニンジヌクレオチド, NAD

N5 ニコチンアミドアデニンジヌクレオチドリン酸, NADP

N6 補酵素 A

N7 フラビンアデニンジヌクレオチド, FAD

N8 グアノシン二リン酸, グアノシン三リン酸, GDP [GTP]

P群：タンパク質（protein）

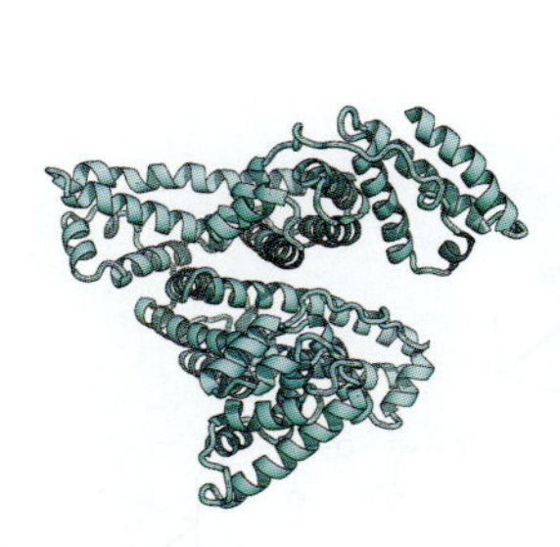
P1 血清アルブミン
1AO6

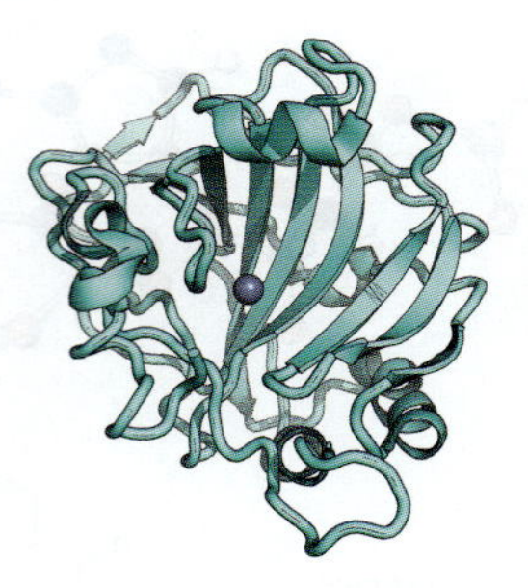
P2 炭酸デヒドラターゼ
2CAB

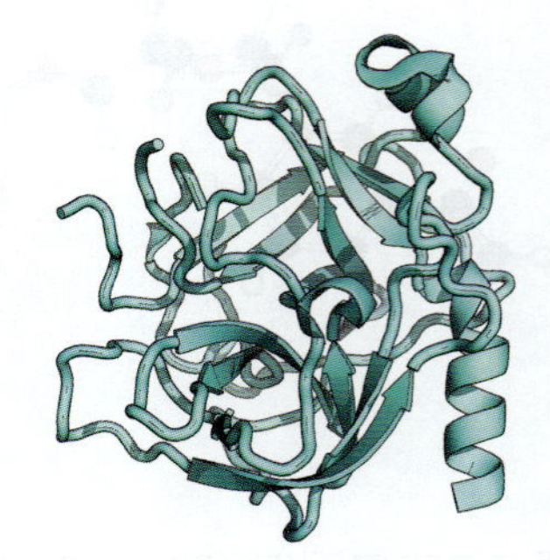
P3 キモトリプシン
1YPH

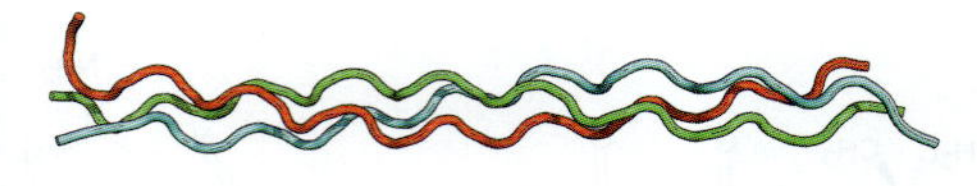
P4 コラーゲン
2KLW

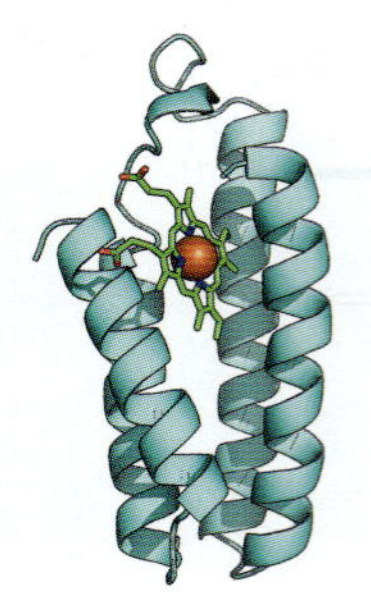
P5 シトクロム b_{562}
256B

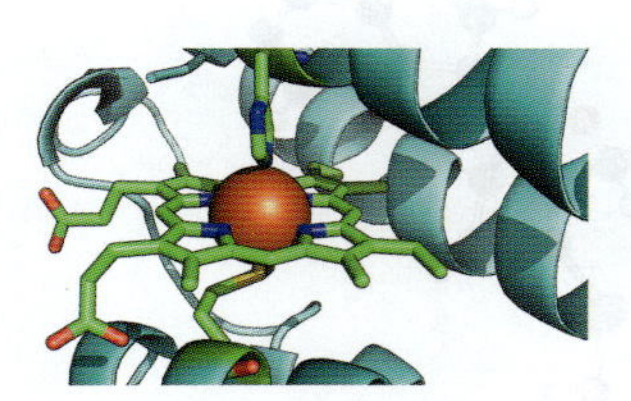
P6 シトクロム b_{562} 内のヘム
256B

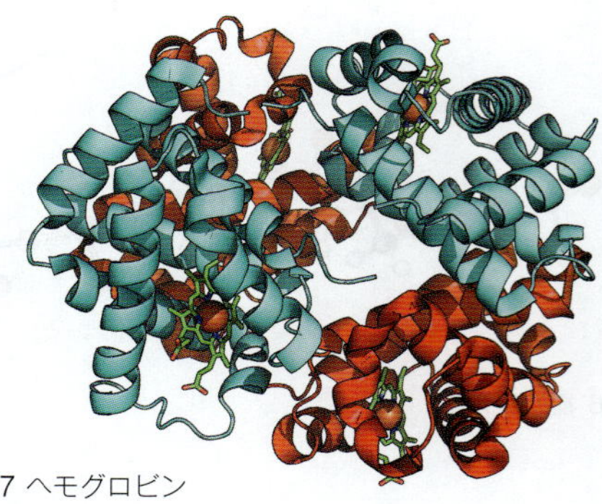
P7 ヘモグロビン
1GZX

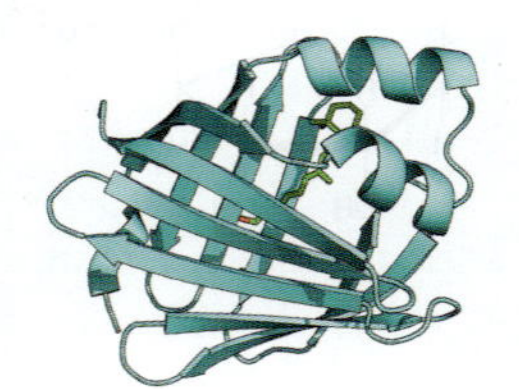
P8 レチノール結合タンパク質
1CRB

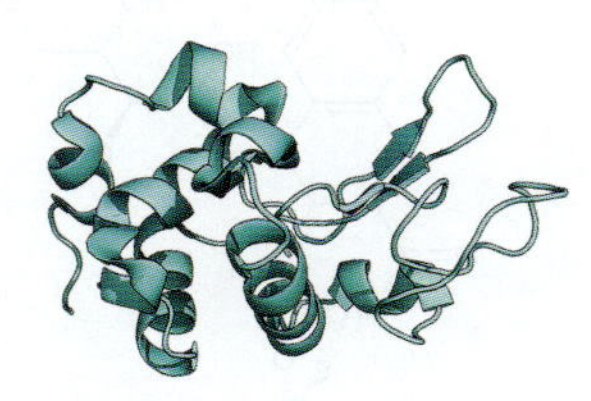
P9 リゾチーム
3A3Q

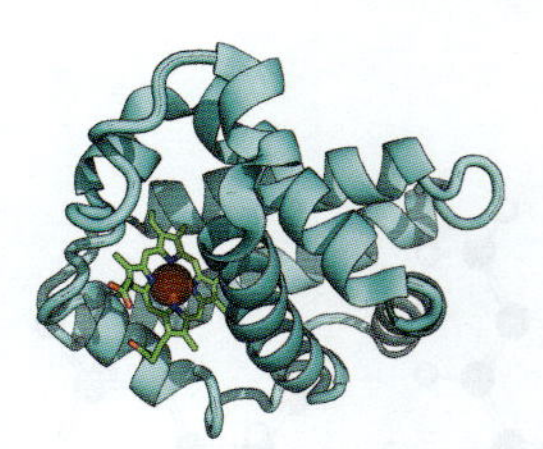
P10 ミオグロビン
1MBN

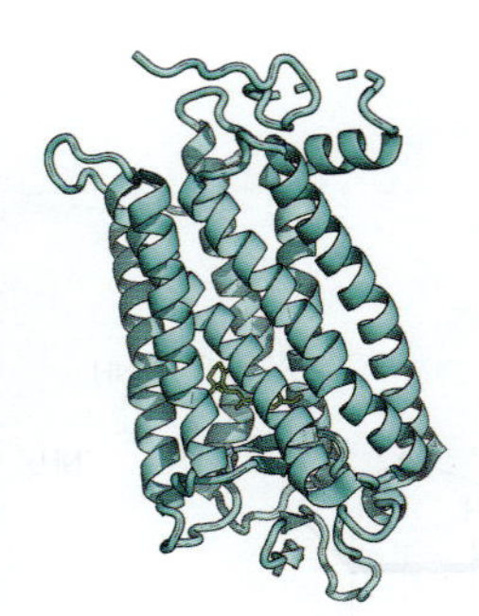
P11 ロドプシン
1F88

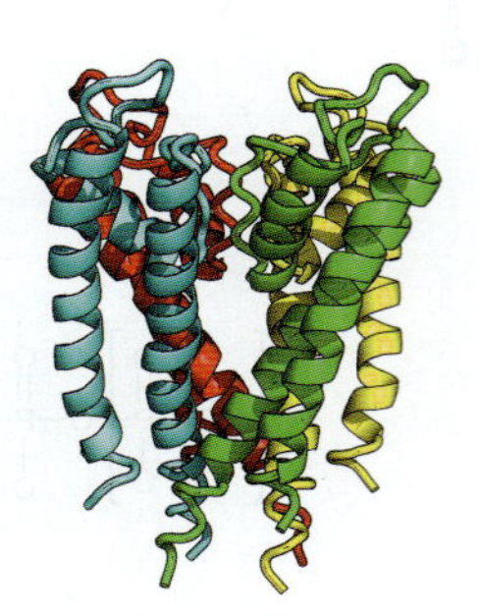
P12 カリウムチャネル
1BL8

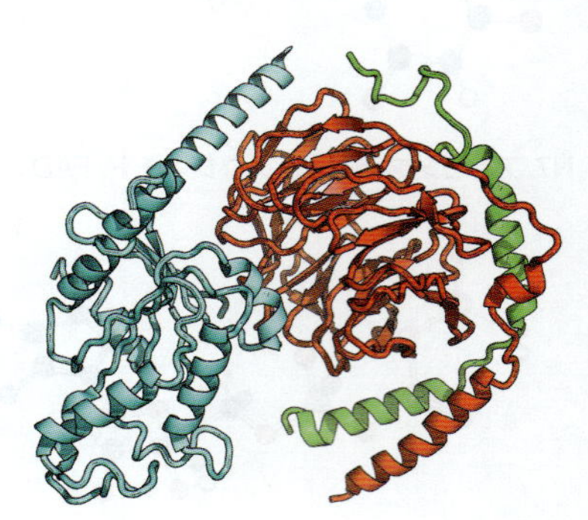
P13 トランスデューシン
6OY9

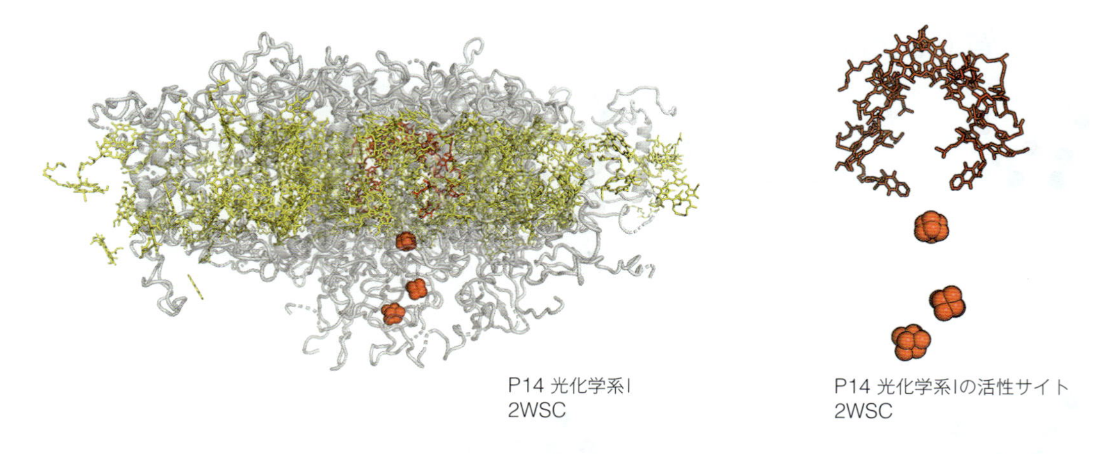

P14 光化学系I
2WSC

P14 光化学系Iの活性サイト
2WSC

R群: ポルフィリン環化合物 (porphyrin-based ring complex)

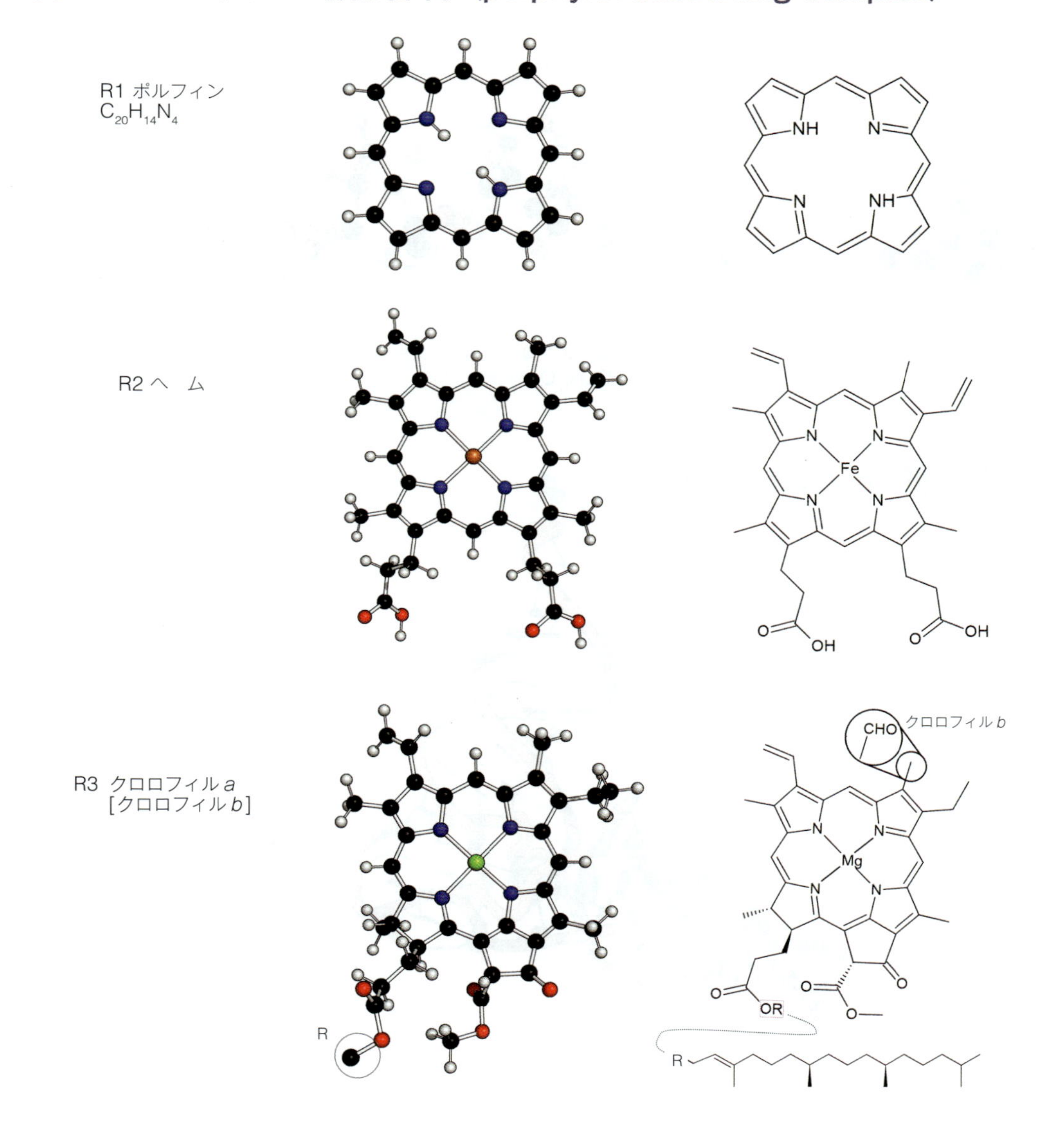

S 群：糖　質（saccharide）

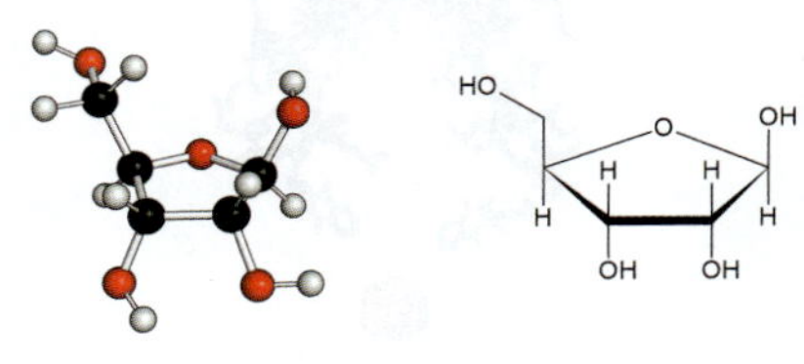

S1 リボース，β-D-リボフラノース
$C_5H_{10}O_5$

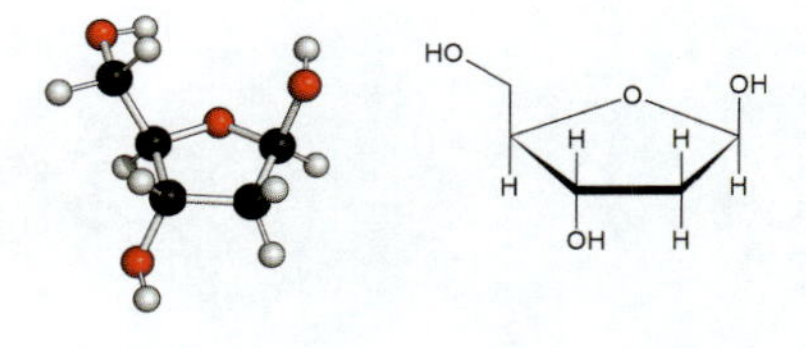

S2 デオキシリボース（β-D-2-デオキシリボフラノース）
$C_5H_{10}O_4$

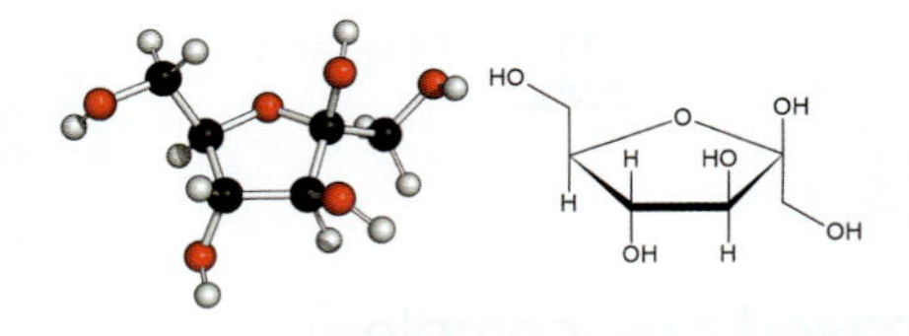

S3 フルクトース（フルクトフラノース）
$C_6H_{12}O_6$

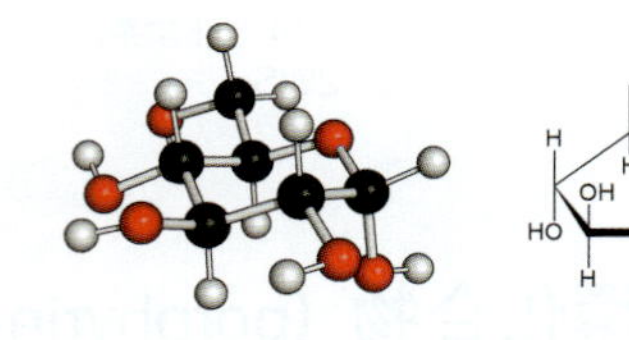

S4 グルコース，α-D-グルコース
$C_6H_{12}O_6$

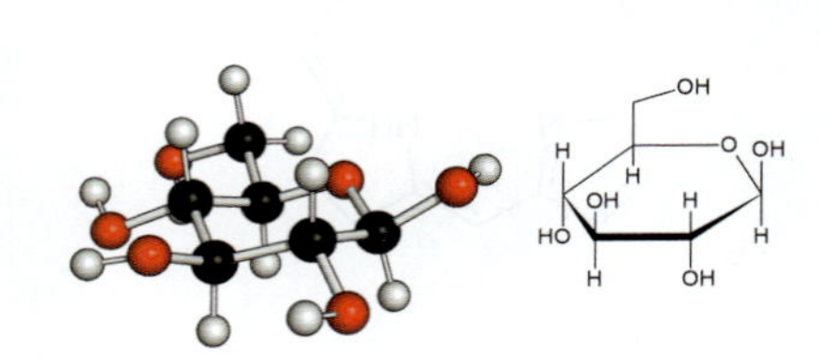

S5 グルコース，β-D-グルコース
$C_6H_{12}O_6$

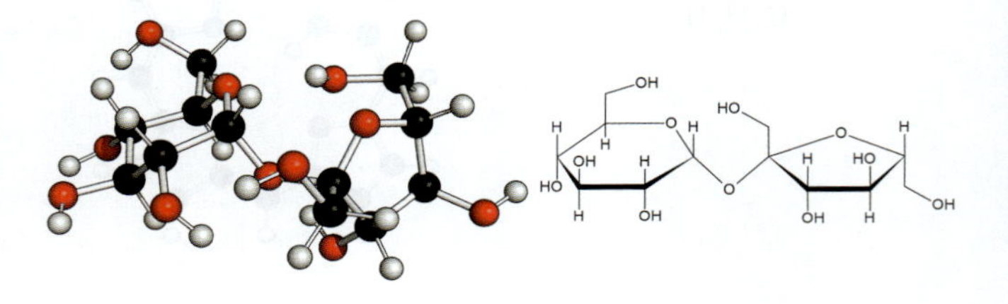

S6 スクロース，β-D-フルクトフラノシル α-D-グルコピラノシド
$C_{12}H_{22}O_{11}$

T 群：核　酸（nucleic acid）

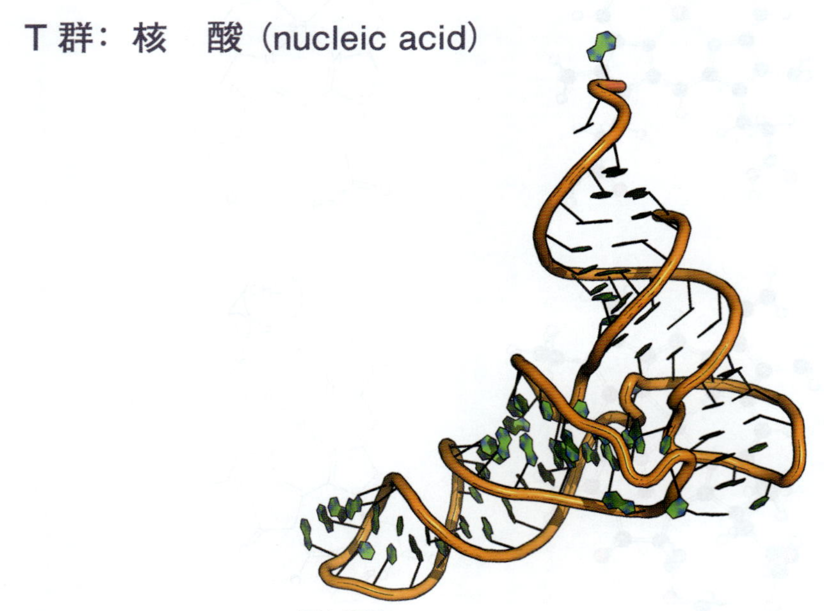

T1 t-RNA
1EHZ

M群：その他（miscellaneous）

M1 アスコルビン酸（ビタミンC）
$C_6H_8O_6$

M2 尿　酸
$C_5H_4N_4O_3$

M3 α-トコフェロール（ビタミンE）
$C_{29}H_{50}O_2$

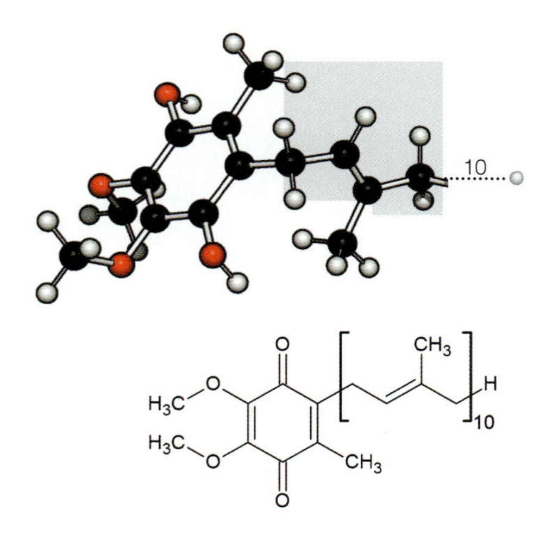

M4 グルタチオン
$C_{10}H_{17}N_3O_6S$

M5 ユビキノン，ユビキノン50，補酵素Q
$C_{59}H_{90}O_4$

資料2　電磁スペクトル

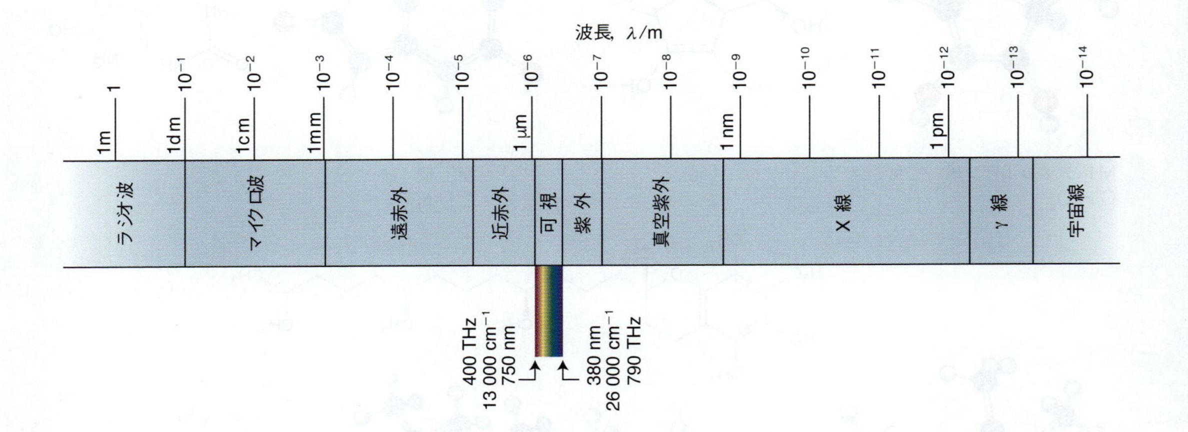
波長, λ/m
1
10⁻¹
10⁻²
10⁻³
10⁻⁴
10⁻⁵
10⁻⁶
10⁻⁷
10⁻⁸
10⁻⁹
10⁻¹⁰
10⁻¹¹
10⁻¹²
10⁻¹³
10⁻¹⁴
1m
1dm
1cm
1mm
1 μm
1 nm
1 pm
ラジオ波
マイクロ波
遠赤外
近赤外
可視
紫外
真空紫外
X 線
γ 線
宇宙線
400 THz
13 000 cm⁻¹
750 nm
380 nm
26 000 cm⁻¹
790 THz

資料3　単　　位

表1　SIの基本単位

物理量	量の記号	基本単位
長　さ	l	メートル，m
質　量	m	キログラム，kg
時　間	t	秒，s
電　流	I	アンペア，A
熱力学温度	T	ケルビン，K
物質量	n	モル，mol
光　度	I_v	カンデラ，cd

表2　代表的な組立単位

物理量	組立単位*	組立単位の名称
力	1 kg m s^{-2}	ニュートン，N
圧　力	1 kg m^{-1} s^{-2}	パスカル，Pa
	1 N m^{-2}	
エネルギー	1 kg m^2 s^{-2}	ジュール，J
	1 N m	
	1 Pa m^3	
仕事率	1 kg m^2 s^{-3}	ワット，W
	1 J s^{-1}	
酵素活性	1 mol s^{-1}	カタール，kat

*　基本単位による定義の次に組立単位による等価な定義も書いてある．

表3　SIで使う接頭文字

接頭文字	q	r	y	z	a	f	p	n	μ	m	c	d
名　称	クエクト	ロント	ヨクト	ゼプト	アト	フェムト	ピコ	ナノ	マイクロ	ミリ	センチ	デシ
分　量	10^{-30}	10^{-27}	10^{-24}	10^{-21}	10^{-18}	10^{-15}	10^{-12}	10^{-9}	10^{-6}	10^{-3}	10^{-2}	10^{-1}
接頭文字	da	h	k	M	G	T	P	E	Z	Y	R	Q
名　称	デカ	ヘクト	キロ	メガ	ギガ	テラ	ペタ	エクサ	ゼタ	ヨタ	ロナ	クエタ
倍　量	10	10^2	10^3	10^6	10^9	10^{12}	10^{15}	10^{18}	10^{21}	10^{24}	10^{27}	10^{30}

表4　よく使う単位とSIへの変換

物理量	単位の名称	単位の記号	SIで表した値*
時　間	分	min	60 s
	時	h	3600 s
	日	d	86 400 s
	年	a	31 556 952 s
長　さ	オングストローム	Å	10^{-10} m
体　積	リットル	L	1 dm^3
質　量	ト　ン	t	10^3 kg
圧　力	バール	bar	10^5 Pa
	気　圧	atm	101.325 kPa
エネルギー	電子ボルト	eV	$1.602\ 176\ 634\times10^{-19}$ J
			96.4853… kJ mol^{-1}

*　1 eVの定義は電気素量eの定義で決まっており，そのモル量の数値はアボガドロ定数N_Aの定義で決まっている（表紙の見返しを見よ）．また，1年の定義は天文学的な設定によって変わるが，表中の数値は太陽暦の1年であり，現在の太陽年はこれより短い．

資料4 積分公式

	不定積分*	定積分
代数関数		
A·1	$\int x^n \mathrm{d}x = \frac{1}{n+1} x^{n+1} + C \quad n \neq -1$	$\int_a^b x^n \mathrm{d}x = \frac{1}{n+1}(b^{n+1} - a^{n+1}) \quad n \neq -1$
A·2	$\int \frac{1}{x} \mathrm{d}x = \ln x + C$	$\int_a^b \frac{1}{x} \mathrm{d}x = \ln \frac{b}{a}$
A·3	$\int \frac{1}{A-x} \mathrm{d}x = -\ln(A-x) + C$	$\int_a^b \frac{1}{A-x} \mathrm{d}x = \ln \frac{A-a}{A-b}$
A·4	$\int \frac{1}{(A-x)(B-x)} \mathrm{d}x = \frac{1}{B-A} \ln \frac{B-x}{A-x} + C$ $A \neq B$	$\int_a^b \frac{1}{(A-x)(B-x)} \mathrm{d}x = \frac{1}{B-A} \ln \frac{(B-b)(A-a)}{(A-b)(B-a)}$ $A \neq B$
指数関数		
E·1	$\int \mathrm{e}^{-kx} \mathrm{d}x = -\frac{1}{k} \mathrm{e}^{-kx} + C$	$\int_a^b \mathrm{e}^{-kx} \mathrm{d}x = \frac{1}{k}(\mathrm{e}^{-ka} - \mathrm{e}^{-kb})$
E·2	$\int x \mathrm{e}^{-kx} \mathrm{d}x = -\frac{1}{k^2} \mathrm{e}^{-kx} - \frac{x}{k} \mathrm{e}^{-kx} + C$	$\int_a^b x \mathrm{e}^{-kx} \mathrm{d}x = -\frac{1}{k^2}(\mathrm{e}^{-kb} - \mathrm{e}^{-ka}) - \frac{1}{k}(b\,\mathrm{e}^{-kb} - a\,\mathrm{e}^{-ka})$
ガウス関数		
G·1		$\int_0^\infty \mathrm{e}^{-kx^2} \mathrm{d}x = \frac{1}{2}\left(\frac{\pi}{k}\right)^{1/2} \quad k > 0$
G·2	$\int x \mathrm{e}^{-kx^2} \mathrm{d}x = -\frac{1}{2k} \mathrm{e}^{-kx^2} + C$	$\int_0^\infty x \mathrm{e}^{-kx^2} \mathrm{d}x = \frac{1}{2k} \quad k > 0$
G·3		$\int_0^\infty x^2 \mathrm{e}^{-kx^2} \mathrm{d}x = \frac{\pi^{1/2}}{4k^{3/2}} \quad k > 0$
三角関数		
T·1	$\int \sin kx \, \mathrm{d}x = -\frac{1}{k} \cos kx + C$	$\int_a^b \sin kx \, \mathrm{d}x = \frac{1}{k}(\cos ka - \cos kb)$
T·2	$\int (\sin kx)^2 \mathrm{d}x = \frac{1}{2} x - \frac{\sin 2kx}{4k} + C$	$\int_0^a (\sin kx)^2 \mathrm{d}x = \frac{1}{2} a - \frac{\sin 2ka}{4k}$
T·3	$\int \sin kx \cos kx \, \mathrm{d}x = \frac{1}{2k} \sin^2 kx + C$	$\int_0^a \sin kx \cos kx \, \mathrm{d}x = \frac{1}{2k} \sin^2 ka$
T·4	$\int \cos^2 kx \, \mathrm{d}x = \frac{1}{2} x + \frac{1}{4k} \sin 2kx + C$	$\int_0^a \cos^2 kx \, \mathrm{d}x = \frac{1}{2} a + \frac{1}{4k} \sin 2ka$

* C は積分定数．すべての不定積分が単純な閉じた形で表せるわけではない．

資料5　データ

表1　有機化合物の熱力学データ（値はすべて 298.15 K におけるもの）

	M / g mol^{-1}	$\Delta_f H^\ominus$ / kJ mol^{-1}	$\Delta_f G^\ominus$ / kJ mol^{-1}	$S_m^\ominus$ / J K^{-1} mol^{-1}	$C_{p,m}^\ominus$ / J K^{-1} mol^{-1}	$\Delta_c H^\ominus$ / kJ mol^{-1}
C(s)（グラファイト）	12.011	0	0	5.740	8.527	−393.51
C(s)（ダイヤモンド）	12.011	+1.895	+2.900	2.377	6.113	−395.40
CO_2(g)	44.010	−393.51	−394.36	213.74	37.11	
炭化水素						
CH_4(g)，メタン	16.04	−74.81	−50.72	186.26	35.31	−890
CH_3(g)，メチル	15.04	+145.69	+147.92	194.2	38.70	
C_2H_2(g)，エチン（アセチレン）	26.04	+226.73	+209.20	200.94	43.93	−1300
C_2H_4(g)，エテン（エチレン）	28.05	+52.26	+68.15	219.56	43.56	−1411
C_2H_6(g)，エタン	30.07	−84.68	−32.82	229.60	52.63	−1560
C_3H_6(g)，プロペン	42.08	+20.42	+62.78	267.05	63.89	−2058
C_3H_6(g)，シクロプロパン	42.08	+53.30	+104.45	237.55	55.94	−2091
C_3H_8(g)，プロパン	44.10	−103.85	−23.49	269.91	73.5	−2220
C_4H_8(g)，1-ブテン	56.11	−0.13	+71.39	305.71	85.65	−2717
C_4H_8(g)，*cis*-2-ブテン	56.11	−6.99	+65.95	300.94	78.91	−2710
C_4H_8(g)，*trans*-2-ブテン	56.11	−11.17	+63.06	296.59	87.82	−2707
C_4H_{10}(g)，ブタン	58.13	−126.15	−17.03	310.23	97.45	−2878
C_5H_{12}(g)，ペンタン	72.15	−146.44	−8.20	348.40	120.2	−3537
C_5H_{12}(l)	72.15	−173.1				
C_6H_6(l)，ベンゼン	78.12	+49.0	+124.3	173.3	136.1	−3268
C_6H_6(g)	78.12	+82.93	+129.72	269.31	81.67	−3302
C_6H_{12}(l)，シクロヘキサン	84.16	−156	+26.8	204.4	156.5	−3920
C_6H_{14}(l)，ヘキサン	86.18	−198.7		204.3		−4163
$C_6H_5CH_3$(g)，メチルベンゼン（トルエン）	92.14	+50.0	+122.0	320.7	103.6	−3953
C_7H_{16}(l)，ヘプタン	100.21	−224.4	+1.0	328.6	224.3	
C_8H_{18}(l)，オクタン	114.23	−249.9	+6.4	361.1		−5471
C_8H_{18}(l)，イソオクタン	114.23	−255.1				−5461
$C_{10}H_8$(s)，ナフタレン	128.18	+78.53				−5157
アルコール，フェノール						
CH_3OH(l)，メタノール	32.04	−238.86	−166.27	126.8	81.6	−726
CH_3OH(g)	32.04	−200.66	−161.96	239.81	43.89	−764
C_2H_5OH(l)，エタノール	46.07	−277.69	−174.78	160.7	111.46	−1368
C_2H_5OH(g)	46.07	−235.10	−168.49	282.70	65.44	−1409
C_6H_5OH(s)，フェノール	94.12	−165.0	−50.9	146.0		−3054
カルボン酸，ヒドロキシ酸，エステル						
HCOOH(l)，メタン酸（ギ酸）	46.03	−424.72	−361.35	128.95	99.04	−255
CH_3COOH(l)，エタン酸（酢酸）	60.05	−484.3	−389.9	159.8	124.3	−875
CH_3COOH(aq)	60.05	−485.76	−396.46	178.7		
$CH_3CO_2^-$(aq)	59.05	−486.01	−369.31	86.6	−6.3	
$CH_3(CO)COOH$(l)，ピルビン酸	88.06					−950
$CH_3(CH_2)_2COOH$(l)，酪酸	88.10	−533.8				
$CH_3COOC_2H_5$(l)，エタン酸エチル（酢酸エチル）	88.10	−479.0	−332.7	259.4	170.1	−2231
$(COOH)_2$(s)，シュウ酸	90.04	−827.2			117	−254
$CH_3CH(OH)COOH$(s)，乳酸	90.08	−694.0	−522.9			−1344

表1 (つづき)

	M / g mol^{-1}	$\Delta_f H^\ominus$ / kJ mol^{-1}	$\Delta_f G^\ominus$ / kJ mol^{-1}	$S_m{}^\ominus$ / J K^{-1} mol^{-1}	$C_{p,m}{}^\ominus$ / J K^{-1} mol^{-1}	$\Delta_c H^\ominus$ / kJ mol^{-1}
カルボン酸, ヒドロキシ酸, エステル (つづき)						
$HOOCCH_2CH_2COOH$(s), コハク酸	118.09	−940.5	−747.4	153.1	167.3	
C_6H_5COOH(s), 安息香酸	122.13	−385.1	−245.3	167.6	146.8	−3227
$CH_3(CH_2)_8COOH$(s), デカン酸	172.27	−713.7				
$C_6H_8O_6$(s), アスコルビン酸	176.12	−1164.6				
$HOOCCH_2C(OH)(COOH)CH_2COOH$(s), クエン酸	192.12	−1543.8	−1236.4			−1985
$CH_3(CH_2)_{10}COOH$(s), ドデカン酸 (ラウリン酸)	200.32	−774.6			404.3	
$CH_3(CH_2)_{14}COOH$(s), ヘキサデカン酸 (パルチミン酸)	256.41	−891.5				
$C_{18}H_{36}O_2$(s), ステアリン酸	284.48	−947.7			501.5	
アルカナール, アルカノン						
HCHO(g), メタナール	30.03	−108.57	−102.53	218.77	35.40	−571
CH_3CHO(l), エタナール	44.05	−192.30	−128.12	160.2		−1166
CH_3CHO(g)	44.05	−166.19	−128.86	250.3	57.3	−1192
CH_3COCH_3(l), プロパノン(アセトン)	58.08	−248.1	−155.4	200.4	124.7	−1790
糖 類						
$C_5H_{10}O_5$(s), D-リボース	150.1	−1051.1				
$C_5H_{10}O_5$(s), D-キシロース	150.1	−1057.8				
$C_6H_{12}O_6$(s), α-D-グルコース	180.16	−1273.3	−917.2	212.1		−2808
$C_6H_{12}O_6$(s), β-D-グルコース	180.16	−1268				
$C_6H_{12}O_6$(s), β-D-フルクトース	180.16	−1265.6				−2810
$C_6H_{12}O_6$(s), α-D-ガラクトース	180.16	−1286.3	−918.8	205.4		
$C_{12}H_{22}O_{11}$(s), スクロース	342.30	−2226.1	−1543	360.2		−5645
$C_{12}H_{22}O_{11}$(s), ラクトース	342.30	−2236.7	−1567	386.2		
アミノ酸*						
グリシン						
固体	75.07	−528.5	−373.4	103.5	99.2	−969
水溶液	75.07	−469.8	−315.0	111.0		
L-アラニン	89.09	−604.0	−369.9	129.2	122.2	−1618
L-セリン	105.09	−732.7	−508.8	149.2	135.6	−1455
L-プロリン	115.13	−515.2		164.0	151.2	
L-バリン	117.15	−617.9	−359.0	178.9	168.8	−2922
L-トレオニン	119.12	−807.2	−550.2	152.7	147.3	−2053
L-システイン	121.16	−534.1	−340.1	169.9	162.3	−1651
L-ロイシン	131.17	−637.4	−347.7	211.8	200.1	−3582
L-イソロイシン	131.17	−637.8	−347.3	208.0	188.3	−3581
L-アスパラギン	132.12	−789.4	−530.1	174.5	160.2	−530
L-アスパラギン酸	133.10	−973.3	−730.1	170.1	155.2	−1601
L-グルタミン	146.15	−826.4	−532.6	195.0	184.2	−2570
L-グルタミン酸	147.13	−1009.7	−731.4	188.2	175.0	−2244
L-メチオニン	149.21	−577.5	−505.8	231.5	290.0	−2782
L-ヒスチジン	155.16	−466.7				
L-フェニルアラニン	165.19	−466.9	−211.7	213.6	203.0	−4647
L-チロシン	181.19	−685.1	−385.8	214.0	216.4	−4442
L-トリプトファン	204.23	−415.3	−119.2	251.0	238.1	−5628
L-シスチン	240.32	−1032.7	−685.8	280.6	261.9	−3032

* アミノ酸の分子構造は構造図A群を見よ. 特に断らない限り, データは固体状態のものである.

表1 (つづき)

	$\dfrac{M}{\text{g mol}^{-1}}$	$\dfrac{\Delta_f H^\ominus}{\text{kJ mol}^{-1}}$	$\dfrac{\Delta_f G^\ominus}{\text{kJ mol}^{-1}}$	$\dfrac{S_m^\ominus}{\text{J K}^{-1}\text{ mol}^{-1}}$	$\dfrac{C_{p,m}^\ominus}{\text{J K}^{-1}\text{ mol}^{-1}}$	$\dfrac{\Delta_c H^\ominus}{\text{kJ mol}^{-1}}$
ペプチド						
$NH_2CH_2CONHCH_2COOH$(s), グリシルグリシン	132.12	−747.7	−487.9	180.3	164.0	−1972
$NH_2CH(CH_3)CONHCH_2COOH$, アラニルグリシン	146.15		−489.9	213.4	182.4	−2619
他の窒素化合物						
CH_3NH_2(g), メチルアミン	31.06	−22.97	+32.16	243.41	53.1	−1085
$CO(NH_2)_2$(s), 尿素	60.06	−333.51	−197.33	104.60	93.14	−632
$C_6H_5NH_2$(l), アニリン	93.13	+31.1				−3393
$C_4H_5N_3O$(s), シトシン	111.10	−221.3			132.6	
$C_4H_4N_2O_2$(s), ウラシル	112.09	−429.4				
$C_5H_6N_2O_2$(s), チミン	126.11	−462.8			150.8	
$C_5H_5N_5$(s), アデニン	135.14	+96.9	+299.6	151.1	147.0	
$C_5H_5N_5O$(s), グアニン	151.13	−183.9	+47.4	160.3		

表2 無機化合物の熱力学データ(値はすべて 298.15 K におけるもの)*

	$\dfrac{M}{\text{g mol}^{-1}}$	$\dfrac{\Delta_f H^\ominus}{\text{kJ mol}^{-1}}$	$\dfrac{\Delta_f G^\ominus}{\text{kJ mol}^{-1}}$	$\dfrac{S_m^\ominus}{\text{J K}^{-1}\text{ mol}^{-1}}$	$\dfrac{C_{p,m}^\ominus}{\text{J K}^{-1}\text{ mol}^{-1}}$
亜　鉛					
Zn(s)	65.37	0	0	41.63	25.40
Zn(g)	65.37	+130.73	+95.14	160.98	20.79
Zn^{2+}(aq)	65.37	−153.89	−147.06	−112.1	+46
ZnO(s)	81.37	−348.28	−318.30	43.64	40.25
アルゴン					
Ar(g)	39.95	0	0	154.84	20.786
アルミニウム					
Al(s)	26.98	0	0	28.33	24.35
Al(l)	26.98	+10.56	+7.20	39.55	24.21
Al(g)	26.98	+326.4	+285.7	164.54	21.38
Al^{3+}(g)	26.98	+5483.17			
Al^{3+}(aq)	26.98	−531	−485	−321.7	
Al_2O_3(s, α)	101.96	−1675.7	−1582.3	50.92	79.04
$AlCl_3$(s)	133.24	−704.2	−628.8	110.67	91.84
アンチモン					
Sb(s)	121.76	0	0	45.69	25.23
SbH_3(g)	124.78	+145.11	+147.75	232.78	41.05

* イオンのエントロピーと熱容量は H^+(aq)を0とした相対値なので符号がついている.

表2 (つづき)

	M / g mol^{-1}	$\Delta_f H^\ominus$ / kJ mol^{-1}	$\Delta_f G^\ominus$ / kJ mol^{-1}	$S_m^\ominus$ / J K^{-1} mol^{-1}	$C_{p,m}^\ominus$ / J K^{-1} mol^{-1}
硫　黄					
S(s, α)(直方)	32.06	0	0	31.80	22.64
S(s, β)(単斜)	32.06	+0.33	+0.1	32.6	23.6
S(g)	32.06	+278.81	+238.25	167.82	23.673
S_2(g)	64.13	+128.37	+79.30	228.18	32.47
S^{2-}(aq)	32.06	+33.1	+85.8	−14.6	
SO_2(g)	64.06	−296.83	−300.19	248.22	39.87
SO_3(g)	80.06	−395.72	−371.06	256.76	50.67
H_2SO_4(l)	98.08	−813.99	−690.00	156.90	138.9
H_2SO_4(aq)	98.08	−909.27	−744.53	20.1	−293
SO_4^{2-}(aq)	96.06	−909.27	−744.53	+20.1	−293
HSO_4^-(aq)	97.07	−887.34	−755.91	+131.8	−84
H_2S(g)	34.08	−20.63	−33.56	205.79	34.23
H_2S(aq)	34.08	−39.7	−27.83	121	
HS^-(aq)	33.072	−17.6	+12.08	+62.08	
SF_6(g)	146.05	−1209	−1105.3	291.82	97.28
塩　素					
Cl_2(g)	70.91	0	0	223.07	33.91
Cl(g)	35.45	+121.68	+105.68	165.20	21.840
Cl^-(g)	35.45	−233.13			
Cl^-(aq)	35.45	−167.16	−131.23	+56.5	−136.4
HCl(g)	36.46	−92.31	−95.30	186.91	29.12
HCl(aq)	36.46	−167.16	−131.23	56.5	−136.4
カドミウム					
Cd(s, γ)	112.40	0	0	51.76	25.98
Cd(g)	112.40	+112.01	+77.41	167.75	20.79
Cd^{2+}(aq)	112.40	−75.90	−77.612	−73.2	
CdO(s)	128.40	−258.2	−228.4	54.8	43.43
$CdCO_3$(s)	172.41	−750.6	−669.4	92.5	
カリウム					
K(s)	39.10	0	0	64.18	29.58
K(g)	39.10	+89.24	+60.59	160.336	20.786
K^+(g)	39.10	+514.26			
K^+(aq)	39.10	−252.38	−283.27	+102.5	+21.8
KOH(s)	56.11	−424.76	−379.08	78.9	64.9
KF(s)	58.10	−576.27	−537.75	66.57	49.04
KCl(s)	74.56	−436.75	−409.14	82.59	51.30
KBr(s)	119.01	−393.80	−380.66	95.90	52.30
KI(s)	166.01	−327.90	−324.89	106.32	52.93
カルシウム					
Ca(s)	40.08	0	0	41.42	25.31
Ca(g)	40.08	+178.2	+144.3	154.88	20.786
Ca^{2+}(aq)	40.08	−542.83	−553.58	−53.1	
CaO(s)	56.08	−635.09	−604.03	39.75	42.80
$CaCO_3$(s)(方解石)	100.09	−1206.9	−1128.8	92.9	81.88
$CaCO_3$(s)(アラレ石)	100.09	−1207.1	−1127.8	88.7	81.25
CaF_2(s)	78.08	−1219.6	−1167.3	68.87	67.03

表2 (つづき)

	M / g mol^{-1}	$\Delta_f H^{\ominus}$ / kJ mol^{-1}	$\Delta_f G^{\ominus}$ / kJ mol^{-1}	$S_m^{\ominus}$ / J K^{-1} mol^{-1}	$C_{p,m}^{\ominus}$ / J K^{-1} mol^{-1}
カルシウム (つづき)					
$CaCl_2$(s)	110.99	−795.8	−748.1	104.6	72.59
$CaBr_2$(s)	199.90	−682.8	−663.6	130	
キセノン					
Xe(g)	131.30	0	0	169.68	20.786
金					
Au(s)	196.97	0	0	47.40	25.42
Au(g)	196.97	+366.1	+326.3	180.50	20.79
銀					
Ag(s)	107.87	0	0	42.55	25.351
Ag(g)	107.87	+284.55	+245.65	173.00	20.79
Ag^+(aq)	107.87	+105.58	+77.11	+72.68	+21.8
AgBr(s)	187.78	−100.37	−96.90	107.1	52.38
AgCl(s)	143.32	−127.07	−109.79	96.2	50.79
Ag_2O(s)	231.74	−31.05	−11.20	121.3	65.86
$AgNO_3$(s)	169.88	−124.39	−33.41	140.92	93.05
クリプトン					
Kr(g)	83.80	0	0	164.08	20.786
クロム					
Cr(s)	52.00	0	0	23.77	23.35
Cr(g)	52.00	+396.6	+351.8	174.50	20.79
CrO_4^{2-}(aq)	115.99	−881.15	−727.75	+50.21	
$Cr_2O_7^{2-}$(aq)	215.99	−1490.3	−1301.1	+261.9	
ケイ素					
Si(s)	28.09	0	0	18.83	20.00
Si(g)	28.09	+455.6	+411.3	167.97	22.25
SiO_2(s, α)	60.09	−910.93	−856.64	41.84	44.43
酸素					
O_2(g)	31.999	0	0	205.138	29.355
O(g)	15.999	+249.17	+231.73	161.06	21.912
O_3(g)	47.998	+142.7	+163.2	238.93	39.20
OH^-(aq)	17.007	−229.99	−157.24	−10.75	−148.5
重水素					
D_2(g)	4.028	0	0	144.96	29.20
HD(g)	3.022	+0.318	−1.464	143.80	29.196
D_2O(g)	20.028	−249.20	−234.54	198.34	34.27
D_2O(l)	20.028	−294.60	−243.44	75.94	84.35
HDO(g)	19.022	−245.30	−233.11	199.51	33.81
HDO(l)	19.022	−289.89	−241.86	79.29	
臭素					
Br_2(l)	159.82	0	0	152.23	75.689
Br_2(g)	159.82	+30.907	+3.110	245.46	36.02

表2 (つづき)

	M / g mol^{-1}	$\Delta_f H^{\ominus}$ / kJ mol^{-1}	$\Delta_f G^{\ominus}$ / kJ mol^{-1}	$S_m^{\ominus}$ / J K^{-1} mol^{-1}	$C_{p,m}^{\ominus}$ / J K^{-1} mol^{-1}
臭素(つづき)					
$Br(g)$	79.91	+111.88	+82.396	175.02	20.786
$Br^-(g)$	79.91	−219.07			
$Br^-(aq)$	79.91	−121.55	−103.96	+82.4	−141.8
$HBr(g)$	80.92	−36.40	−53.45	198.70	29.142
水銀					
$Hg(l)$	200.59	0	0	76.02	27.983
$Hg(g)$	200.59	+61.32	+31.82	174.96	20.786
$Hg^{2+}(aq)$	200.59	+171.1	+164.40	−32.2	
$Hg_2^{2+}(aq)$	401.18	+172.4	+153.52	+84.5	
$HgO(s)$	216.59	−90.83	−58.54	70.29	44.06
$Hg_2Cl_2(s)$	472.09	−265.22	−210.75	192.5	102
$HgCl_2(s)$	271.50	−224.3	−178.6	146.0	
HgS(s, 黒色)	232.65	−53.6	−47.7	88.3	
水素(重水素も見よ)					
$H_2(g)$	2.016	0	0	130.684	28.824
$H(g)$	1.008	+217.97	+203.25	114.71	20.784
$H^+(aq)$	1.008	0	0	0	0
$H^+(g)$	1.008	+1536.20			
$H_2O(l)$	18.015	−285.83	−237.13	69.91	75.291
$H_2O(g)$	18.015	−241.82	−228.57	188.83	33.58
$H_2O_2(l)$	34.015	−187.78	−120.35	109.6	89.1
スズ					
Sn(s, β)	118.69	0	0	51.55	26.99
$Sn(g)$	118.69	+302.1	+267.3	168.49	20.26
$Sn^{2+}(aq)$	118.69	−8.8	−27.2	−17	
$SnO(s)$	134.69	−285.8	−256.8	56.5	44.31
$SnO_2(s)$	150.69	−580.7	−519.6	52.3	52.59
セシウム					
$Cs(s)$	132.91	0	0	85.23	32.17
$Cs(g)$	132.91	+76.06	+49.12	175.60	20.79
$Cs^+(aq)$	132.91	−258.28	−292.02	+133.05	−10.5
炭素(有機化合物は表1を参照)					
C(s)(グラファイト)	12.011	0	0	5.740	8.527
C(s)(ダイヤモンド)	12.011	+1.895	+2.900	2.377	6.113
$C(g)$	12.011	+716.68	+671.26	158.10	20.838
$C_2(g)$	24.022	+831.90	+775.89	199.42	43.21
$CO(g)$	28.011	−110.53	−137.17	197.67	29.14
$CO_2(g)$	44.010	−393.51	−394.36	213.74	37.11
$CO_2(aq)$	44.010	−413.80	−385.98	117.6	
$H_2CO_3(aq)$	62.03	−699.65	−623.08	187.4	
$HCO_3^-(aq)$	61.02	−691.99	−586.77	+91.2	
$CO_3^{2-}(aq)$	60.01	−677.14	−527.81	−56.9	
$CCl_4(l)$	153.82	−135.44	−65.21	216.40	131.75
$CS_2(l)$	76.14	+89.70	+65.27	151.34	75.7
$HCN(g)$	27.03	+135.1	+124.7	201.78	35.86

表2（つづき）

	M / $g\ mol^{-1}$	$\Delta_f H^{\ominus}$ / $kJ\ mol^{-1}$	$\Delta_f G^{\ominus}$ / $kJ\ mol^{-1}$	$S_m^{\ominus}$ / $J\ K^{-1}\ mol^{-1}$	$C_{p,m}^{\ominus}$ / $J\ K^{-1}\ mol^{-1}$
炭　素（つづき）					
$HCN(l)$	27.03	+108.87	+124.97	112.84	70.63
$CN^-(aq)$	26.02	+150.6	+172.4	+94.1	
窒　素					
$N_2(g)$	28.013	0	0	191.61	29.125
$N(g)$	14.007	+472.70	+455.56	153.30	20.786
$NO(g)$	30.01	+90.25	+86.55	210.76	29.844
$N_2O(g)$	44.01	+82.05	+104.20	219.85	38.45
$NO_2(g)$	46.01	+33.18	+51.31	240.06	37.20
$N_2O_4(g)$	92.01	+9.16	+97.89	304.29	77.28
$N_2O_5(s)$	108.01	−43.1	+113.9	178.2	143.1
$N_2O_5(g)$	108.01	+11.3	+115.1	355.7	84.5
$HNO_3(l)$	63.01	−174.10	−80.71	155.60	109.87
$HNO_3(aq)$	63.01	−207.36	−111.25	146.4	−86.6
$NO_3^-(aq)$	62.01	−205.0	−108.74	+146.4	−86.6
$NH_3(g)$	17.03	−46.11	−16.45	192.45	35.06
$NH_3(aq)$	17.03	−80.29	−26.50	111.3	
$NH_4^+(aq)$	18.04	−132.51	−79.31	+113.4	+79.9
$NH_2OH(s)$	33.03	−114.2			
$HN_3(l)$	43.03	+264.0	+327.3	140.6	
$HN_3(g)$	43.03	+294.1	+328.1	238.97	43.68
$N_2H_4(l)$	32.05	+50.63	+149.43	121.21	98.87
$NH_4NO_3(s)$	80.04	−365.56	−183.87	151.08	139.3
$NH_4Cl(s)$	53.49	−314.43	−202.87	94.6	84.1
鉄					
$Fe(s)$	55.85	0	0	27.28	25.10
$Fe(g)$	55.85	+416.3	+370.7	180.49	25.68
$Fe^{2+}(aq)$	55.85	−89.1	−78.90	−137.7	
$Fe^{3+}(aq)$	55.85	−48.5	−4.7	−315.9	
Fe_3O_4(s，磁鉄鉱)	231.54	−1118.4	−1015.4	146.4	143.43
Fe_2O_3(s，赤鉄鉱)	159.69	−824.2	−742.2	87.40	103.85
$FeS(s, \alpha)$	87.91	−100.0	−100.4	60.29	50.54
$FeS_2(s)$	119.98	−178.2	−166.9	52.93	62.17
銅					
$Cu(s)$	63.54	0	0	33.150	24.44
$Cu(g)$	63.54	+338.32	+298.58	166.38	20.79
$Cu^+(aq)$	63.54	+71.67	+49.98	+40.6	
$Cu^{2+}(aq)$	63.54	+64.77	+65.49	−99.6	
$Cu_2O(s)$	143.08	−168.6	−146.0	93.14	63.64
$CuO(s)$	79.54	−157.3	−129.7	42.63	42.30
$CuSO_4(s)$	159.60	−771.36	−661.8	109	100.0
$CuSO_4 \cdot H_2O(s)$	177.62	−1085.8	−918.11	146.0	134
$CuSO_4 \cdot 5H_2O(s)$	249.68	−2279.7	−1879.7	300.4	280
ナトリウム					
$Na(s)$	22.99	0	0	51.21	28.24
$Na(g)$	22.99	+107.32	+76.76	153.71	20.79
$Na^+(aq)$	22.99	−240.12	−261.91	+59.0	+46.4

表2 (つづき)

	M / g mol^{-1}	$\Delta_f H^\ominus$ / kJ mol^{-1}	$\Delta_f G^\ominus$ / kJ mol^{-1}	$S_m^\ominus$ / J K^{-1} mol^{-1}	$C_{p,m}^\ominus$ / J K^{-1} mol^{-1}
ナトリウム (つづき)					
$NaOH(s)$	40.00	−425.61	−379.49	64.46	59.54
$NaCl(s)$	58.44	−411.15	−384.14	72.13	50.50
$NaBr(s)$	102.90	−361.06	−348.98	86.82	51.38
$NaI(s)$	149.89	−287.78	−286.06	98.53	52.09
鉛					
$Pb(s)$	207.19	0	0	64.81	26.44
$Pb(g)$	207.19	+195.0	+161.9	175.37	20.79
$Pb^{2+}(aq)$	207.19	−1.7	−24.43	+10.5	
PbO(s, 黄色)	223.19	−217.32	−187.89	68.70	45.77
PbO(s, 赤色)	223.19	−218.99	−188.93	66.5	45.81
$PbO_2(s)$	239.19	−277.4	−217.33	68.6	64.64
ネオン					
$Ne(g)$	20.18	0	0	146.33	20.786
バリウム					
$Ba(s)$	137.34	0	0	62.8	28.07
$Ba(g)$	137.34	+180	+146	170.24	20.79
$Ba^{2+}(aq)$	137.34	−537.64	−560.77	+9.6	
$BaO(s)$	153.34	−553.5	−525.1	70.43	47.78
$BaCl_2(s)$	208.25	−858.6	−810.4	123.68	75.14
ビスマス					
$Bi(s)$	208.98	0	0	56.74	25.52
$Bi(g)$	208.98	+207.1	+168.2	187.00	20.79
ヒ素					
$As(s, \alpha)$	74.92	0	0	35.1	24.64
$As(g)$	74.92	+302.5	+261.0	174.21	20.79
$As_4(g)$	299.69	+143.9	+92.4	314	
$AsH_3(g)$	77.95	+66.44	+68.93	222.78	38.07
フッ素					
$F_2(g)$	38.00	0	0	202.78	31.30
$F(g)$	19.00	+78.99	+61.91	158.75	22.74
$F^-(aq)$	19.00	−332.63	−278.79	−13.8	−106.7
$HF(g)$	20.01	−271.1	−273.2	173.78	29.13
ヘリウム					
$He(g)$	4.003	0	0	126.15	20.786
ベリリウム					
$Be(s)$	9.01	0	0	9.50	16.44
$Be(g)$	9.01	+324.3	+286.6	136.27	20.79
マグネシウム					
$Mg(s)$	24.31	0	0	32.68	24.89
$Mg(g)$	24.31	+147.70	+113.10	148.65	20.786
$Mg^{2+}(aq)$	24.31	−466.85	−454.8	−138.1	

表2 (つづき)

	$\frac{M}{\text{g mol}^{-1}}$	$\frac{\Delta_f H^{\ominus}}{\text{kJ mol}^{-1}}$	$\frac{\Delta_f G^{\ominus}}{\text{kJ mol}^{-1}}$	$\frac{S_m^{\ominus}}{\text{J K}^{-1}\text{mol}^{-1}}$	$\frac{C_{p,m}^{\ominus}}{\text{J K}^{-1}\text{mol}^{-1}}$
マグネシウム (つづき)					
MgO(s)	40.31	−601.70	−569.43	26.94	37.15
$MgCO_3$(s)	84.32	−1095.8	−1012.1	65.7	75.52
$MgCl_2$(s)	95.22	−641.32	−591.79	89.62	71.38
$MgBr_2$(s)	184.13	−524.3	−503.8	117.2	
ヨウ素					
I_2(s)	253.81	0	0	116.135	54.44
I_2(g)	253.81	+62.44	+19.33	260.69	36.90
I(g)	126.90	+106.84	+70.25	180.79	20.786
I^-(aq)	126.90	−55.19	−51.57	+111.3	−142.3
HI(g)	127.91	+26.48	+1.70	206.59	29.158
リチウム					
Li(s)	6.94	0	0	29.12	24.77
Li(g)	6.94	+159.37	+126.66	138.77	20.79
Li^+(aq)	6.94	−278.49	−293.31	+13.4	68.6
リン					
P(s, 白リン)	30.97	0	0	41.09	23.840
P(g)	30.97	+314.64	+278.25	163.19	20.786
P_2(g)	61.95	+144.3	+103.7	218.13	32.05
P_4(g)	123.90	+58.91	+24.44	279.98	67.15
PH_3(g)	34.00	+5.4	+13.4	210.23	37.11
PCl_3(g)	137.33	−287.0	−267.8	311.78	71.84
PCl_3(l)	137.33	−319.7	−272.3	217.1	
PCl_5(g)	208.24	−374.9	−305.0	364.6	112.8
PCl_5(s)	208.24	−443.5			
H_3PO_3(s)	82.00	−964.4			
H_3PO_3(aq)	82.00	−964.8			
H_3PO_4(s)	94.97	−1279.0	−1119.1	110.50	106.06
H_3PO_4(l)	94.97	−1266.9			
H_3PO_4(aq)	94.97	−1277.4	−1018.7	−222	
PO_4^{3-}(aq)	94.97	−1277.4	−1018.7	−222	
P_4O_{10}(s)	283.89	−2984.0	−2697.0	228.86	211.71
P_4O_6(s)	219.89	−1640.1			

表3a　298.15 K における標準電極電位．電気化学系列順

還元半反応	$E^{\ominus}$/V
強く酸化する	
$H_4XeO_6 + 2H^+ + 2e^- \longrightarrow XeO_3 + 3H_2O$	+3.0
$F_2 + 2e^- \longrightarrow 2F^-$	+2.87
$O_3 + 2H^+ + 2e^- \longrightarrow O_2 + H_2O$	+2.07
$S_2O_8^{2-} + 2e^- \longrightarrow 2SO_4^{2-}$	+2.05
$Ag^{2+} + e^- \longrightarrow Ag^+$	+1.98
$Co^{3+} + e^- \longrightarrow Co^{2+}$	+1.81
$H_2O_2 + 2H^+ + 2e^- \longrightarrow 2H_2O$	+1.78
$Au^+ + e^- \longrightarrow Au$	+1.69
$Pb^{4+} + 2e^- \longrightarrow Pb^{2+}$	+1.67
$2HClO + 2H^+ + 2e^- \longrightarrow Cl_2 + 2H_2O$	+1.63
$Ce^{4+} + e^- \longrightarrow Ce^{3+}$	+1.61
$2HBrO + 2H^+ + 2e^- \longrightarrow Br_2 + 2H_2O$	+1.60
$MnO_4^- + 8H^+ + 5e^- \longrightarrow Mn^{2+} + 4H_2O$	+1.51
$Mn^{3+} + e^- \longrightarrow Mn^{2+}$	+1.51
$Au^{3+} + 3e^- \longrightarrow Au$	+1.40
$Cl_2 + 2e^- \longrightarrow 2Cl^-$	+1.36
$Cr_2O_7^{2-} + 14H^+ + 6e^- \longrightarrow 2Cr^{3+} + 7H_2O$	+1.33
$O_3 + H_2O + 2e^- \longrightarrow O_2 + 2OH^-$	+1.24
$O_2 + 4H^+ + 4e^- \longrightarrow 2H_2O$	+1.23
$ClO_4^- + 2H^+ + 2e^- \longrightarrow ClO_3^- + H_2O$	+1.23
$MnO_2 + 4H^+ + 2e^- \longrightarrow Mn^{2+} + 2H_2O$	+1.23
$Br_2 + 2e^- \longrightarrow 2Br^-$	+1.09
$Pu^{4+} + e^- \longrightarrow Pu^{3+}$	+0.97
$NO_3^- + 4H^+ + 3e^- \longrightarrow NO + 2H_2O$	+0.96
$2Hg^{2+} + 2e^- \longrightarrow Hg_2^{2+}$	+0.92
$ClO^- + H_2O + 2e^- \longrightarrow Cl^- + 2OH^-$	+0.89
$Hg^{2+} + 2e^- \longrightarrow Hg$	+0.86
$NO_3^- + 2H^+ + e^- \longrightarrow NO_2 + H_2O$	+0.80
$Ag^+ + e^- \longrightarrow Ag$	+0.80
$Hg_2^{2+} + 2e^- \longrightarrow 2Hg$	+0.79
$Fe^{3+} + e^- \longrightarrow Fe^{2+}$	+0.77
$BrO^- + H_2O + 2e^- \longrightarrow Br^- + 2OH^-$	+0.76
$Hg_2SO_4 + 2e^- \longrightarrow 2Hg + SO_4^{2-}$	+0.62
$MnO_4^{2-} + 2H_2O + 2e^- \longrightarrow MnO_2 + 4OH^-$	+0.60
$MnO_4^- + e^- \longrightarrow MnO_4^{2-}$	+0.56
$I_2 + 2e^- \longrightarrow 2I^-$	+0.54
$I_3^- + 2e^- \longrightarrow 3I^-$	+0.53
$Cu^+ + e^- \longrightarrow Cu$	+0.52
$NiOOH + H_2O + e^- \longrightarrow Ni(OH)_2 + OH^-$	+0.49
$Ag_2CrO_4 + 2e^- \longrightarrow 2Ag + CrO_4^{2-}$	+0.45
$O_2 + 2H_2O + 4e^- \longrightarrow 4OH^-$	+0.40
$ClO_4^- + H_2O + 2e^- \longrightarrow ClO_3^- + 2OH^-$	+0.36
$[Fe(CN)_6]^{3-} + e^- \longrightarrow [Fe(CN)_6]^{4-}$	+0.36
$Cu^{2+} + 2e^- \longrightarrow Cu$	+0.34
$Hg_2Cl_2 + 2e^- \longrightarrow 2Hg + 2Cl^-$	+0.27
$AgCl + e^- \longrightarrow Ag + Cl^-$	+0.22
$Bi^{3+} + 3e^- \longrightarrow Bi$	+0.20
$Cu^{2+} + e^- \longrightarrow Cu^+$	+0.16
$Sn^{4+} + 2e^- \longrightarrow Sn^{2+}$	+0.15
$AgBr + e^- \longrightarrow Ag + Br^-$	+0.07
$Ti^{4+} + e^- \longrightarrow Ti^{3+}$	0.00
$2H^+ + 2e^- \longrightarrow H_2$	0，定義により
$Fe^{3+} + 3e^- \longrightarrow Fe$	−0.04
$O_2 + H_2O + 2e^- \longrightarrow HO_2^- + OH^-$	−0.08
$Pb^{2+} + 2e^- \longrightarrow Pb$	−0.13
$In^+ + e^- \longrightarrow In$	−0.14
$Sn^{2+} + 2e^- \longrightarrow Sn$	−0.14
$AgI + e^- \longrightarrow Ag + I^-$	−0.15
$Ni^{2+} + 2e^- \longrightarrow Ni$	−0.23
$Co^{2+} + 2e^- \longrightarrow Co$	−0.28
$In^{3+} + 3e^- \longrightarrow In$	−0.34
$Tl^+ + e^- \longrightarrow Tl$	−0.34
$PbSO_4 + 2e^- \longrightarrow Pb + SO_4^{2-}$	−0.36
$Ti^{3+} + e^- \longrightarrow Ti^{2+}$	−0.37
$Cd^{2+} + 2e^- \longrightarrow Cd$	−0.40
$In^{2+} + e^- \longrightarrow In^+$	−0.40
$Cr^{3+} + e^- \longrightarrow Cr^{2+}$	−0.41
$Fe^{2+} + 2e^- \longrightarrow Fe$	−0.44
$In^{3+} + 2e^- \longrightarrow In^+$	−0.44
$S + 2e^- \longrightarrow S^{2-}$	−0.48
$In^{3+} + e^- \longrightarrow In^{2+}$	−0.49
$U^{4+} + e^- \longrightarrow U^{3+}$	−0.61
$Cr^{3+} + 3e^- \longrightarrow Cr$	−0.74
$Zn^{2+} + 2e^- \longrightarrow Zn$	−0.76
$Cd(OH)_2 + 2e^- \longrightarrow Cd + 2OH^-$	−0.81
$2H_2O + 2e^- \longrightarrow H_2 + 2OH^-$	−0.83
$Cr^{2+} + 2e^- \longrightarrow Cr$	−0.91
$Mn^{2+} + 2e^- \longrightarrow Mn$	−1.18
$V^{2+} + 2e^- \longrightarrow V$	−1.19
$Ti^{2+} + 2e^- \longrightarrow Ti$	−1.63
$Al^{3+} + 3e^- \longrightarrow Al$	−1.66
$U^{3+} + 3e^- \longrightarrow U$	−1.79
$Mg^{2+} + 2e^- \longrightarrow Mg$	−2.36
$Ce^{3+} + 3e^- \longrightarrow Ce$	−2.48
$La^{3+} + 3e^- \longrightarrow La$	−2.52
$Na^+ + e^- \longrightarrow Na$	−2.71
$Ca^{2+} + 2e^- \longrightarrow Ca$	−2.87
$Sr^{2+} + 2e^- \longrightarrow Sr$	−2.89
$Ba^{2+} + 2e^- \longrightarrow Ba$	−2.91
$Ra^{2+} + 2e^- \longrightarrow Ra$	−2.92
$Cs^+ + e^- \longrightarrow Cs$	−2.92
$Rb^+ + e^- \longrightarrow Rb$	−2.93
$K^+ + e^- \longrightarrow K$	−2.93
$Li^+ + e^- \longrightarrow Li$	−3.05
	強く還元する

表 3b 298.15 K における標準電極電位．アルファベット順

還元半反応	$E^{\ominus}/\mathrm{V}$
$Ag^{+} + e^{-} \longrightarrow Ag$	+0.80
$Ag^{2+} + e^{-} \longrightarrow Ag^{+}$	+1.98
$AgBr + e^{-} \longrightarrow Ag + Br^{-}$	+0.0713
$AgCl + e^{-} \longrightarrow Ag + Cl^{-}$	+0.22
$Ag_2CrO_4 + 2e^{-} \longrightarrow 2Ag + CrO_4{}^{2-}$	+0.45
$AgF + e^{-} \longrightarrow Ag + F^{-}$	+0.78
$AgI + e^{-} \longrightarrow Ag + I^{-}$	−0.15
$Al^{3+} + 3e^{-} \longrightarrow Al$	−1.66
$Au^{+} + e^{-} \longrightarrow Au$	+1.69
$Au^{3+} + 3e^{-} \longrightarrow Au$	+1.40
$Ba^{2+} + 2e^{-} \longrightarrow Ba$	−2.91
$Be^{2+} + 2e^{-} \longrightarrow Be$	−1.85
$Bi^{3+} + 3e^{-} \longrightarrow Bi$	+0.20
$Br_2 + 2e^{-} \longrightarrow 2Br^{-}$	+1.09
$BrO^{-} + H_2O + 2e^{-} \longrightarrow Br^{-} + 2OH^{-}$	+0.76
$Ca^{2+} + 2e^{-} \longrightarrow Ca$	−2.87
$Cd(OH)_2 + 2e^{-} \longrightarrow Cd + 2OH^{-}$	−0.81
$Cd^{2+} + 2e^{-} \longrightarrow Cd$	−0.40
$Ce^{3+} + 3e^{-} \longrightarrow Ce$	−2.48
$Ce^{4+} + e^{-} \longrightarrow Ce^{3+}$	+1.61
$Cl_2 + 2e^{-} \longrightarrow 2Cl^{-}$	+1.36
$ClO^{-} + H_2O + 2e^{-} \longrightarrow Cl^{-} + 2OH^{-}$	+0.89
$ClO_4{}^{-} + 2H^{+} + 2e^{-} \longrightarrow ClO_3{}^{-} + H_2O$	+1.23
$ClO_4{}^{-} + H_2O + 2e^{-} \longrightarrow ClO_3{}^{-} + 2OH^{-}$	+0.36
$Co^{2+} + 2e^{-} \longrightarrow Co$	−0.28
$Co^{3+} + e^{-} \longrightarrow Co^{2+}$	+1.81
$Cr^{2+} + 2e^{-} \longrightarrow Cr$	−0.91
$Cr^{3+} + 3e^{-} \longrightarrow Cr$	−0.74
$Cr^{3+} + e^{-} \longrightarrow Cr^{2+}$	−0.41
$Cr_2O_7{}^{2-} + 14H^{+} + 6e^{-} \longrightarrow 2Cr^{3+} + 7H_2O$	+1.33
$Cs^{+} + e^{-} \longrightarrow Cs$	−2.92
$Cu^{+} + e^{-} \longrightarrow Cu$	+0.52
$Cu^{2+} + 2e^{-} \longrightarrow Cu$	+0.34
$Cu^{2+} + e^{-} \longrightarrow Cu^{+}$	+0.16
$F_2 + 2e^{-} \longrightarrow 2F^{-}$	+2.87
$Fe^{2+} + 2e^{-} \longrightarrow Fe$	−0.44
$Fe^{3+} + 3e^{-} \longrightarrow Fe$	−0.04
$Fe^{3+} + e^{-} \longrightarrow Fe^{2+}$	+0.77
$[Fe(CN)_6]^{3-} + e^{-} \longrightarrow [Fe(CN)_6]^{4-}$	+0.36
$2H^{+} + 2e^{-} \longrightarrow H_2$	0，定義により
$2H_2O + 2e^{-} \longrightarrow H_2 + 2OH^{-}$	−0.83
$2HBrO + 2H^{+} + 2e^{-} \longrightarrow Br_2 + 2H_2O$	+1.60
$2HClO + 2H^{+} + 2e^{-} \longrightarrow Cl_2 + 2H_2O$	+1.63
$H_2O_2 + 2H^{+} + 2e^{-} \longrightarrow 2H_2O$	+1.78
$H_4XeO_6 + 2H^{+} + 2e^{-} \longrightarrow XeO_3 + 3H_2O$	+3.0
$Hg_2{}^{2+} + 2e^{-} \longrightarrow 2Hg$	+0.79
$Hg_2Cl_2 + 2e^{-} \longrightarrow 2Hg + 2Cl^{-}$	+0.27
$Hg^{2+} + 2e^{-} \longrightarrow Hg$	+0.86
$2Hg^{2+} + 2e^{-} \longrightarrow Hg_2{}^{2+}$	+0.92
$Hg_2SO_4 + 2e^{-} \longrightarrow 2Hg + SO_4{}^{2-}$	+0.62
$I_2 + 2e^{-} \longrightarrow 2I^{-}$	+0.54
$I_3{}^{-} + 2e^{-} \longrightarrow 3I^{-}$	+0.53
$In^{+} + e^{-} \longrightarrow In$	−0.14
$In^{2+} + e^{-} \longrightarrow In^{+}$	−0.40
$In^{3+} + 2e^{-} \longrightarrow In^{+}$	−0.44
$In^{3+} + 3e^{-} \longrightarrow In$	−0.34
$In^{3+} + e^{-} \longrightarrow In^{2+}$	−0.49
$K^{+} + e^{-} \longrightarrow K$	−2.93
$La^{3+} + 3e^{-} \longrightarrow La$	−2.52
$Li^{+} + e^{-} \longrightarrow Li$	−3.05
$Mg^{2+} + 2e^{-} \longrightarrow Mg$	−2.36
$Mn^{2+} + 2e^{-} \longrightarrow Mn$	−1.18
$Mn^{3+} + e^{-} \longrightarrow Mn^{2+}$	+1.51
$MnO_2 + 4H^{+} + 2e^{-} \longrightarrow Mn^{2+} + 2H_2O$	+1.23
$MnO_4{}^{-} + 8H^{+} + 5e^{-} \longrightarrow Mn^{2+} + 4H_2O$	+1.51
$MnO_4{}^{-} + e^{-} \longrightarrow MnO_4{}^{2-}$	+0.56
$MnO_4{}^{2-} + 2H_2O + 2e^{-} \longrightarrow MnO_2 + 4OH^{-}$	+0.60
$Na^{+} + e^{-} \longrightarrow Na$	−2.71
$Ni^{2+} + 2e^{-} \longrightarrow Ni$	−0.23
$NiOOH + H_2O + e^{-} \longrightarrow Ni(OH)_2 + OH^{-}$	+0.49
$NO_3{}^{-} + 2H^{+} + e^{-} \longrightarrow NO_2 + H_2O$	+0.80
$NO_3{}^{-} + 4H^{+} + 3e^{-} \longrightarrow NO + 2H_2O$	+0.96
$NO_3{}^{-} + H_2O + 2e^{-} \longrightarrow NO_2{}^{-} + 2OH^{-}$	+0.10
$O_2 + 2H_2O + 4e^{-} \longrightarrow 4OH^{-}$	+0.40
$O_2 + 4H^{+} + 4e^{-} \longrightarrow 2H_2O$	+1.23
$O_2 + e^{-} \longrightarrow O_2{}^{-}$	−0.33
$O_2 + H_2O + 2e^{-} \longrightarrow HO_2{}^{-} + OH^{-}$	−0.08
$O_3 + 2H^{+} + 2e^{-} \longrightarrow O_2 + H_2O$	+2.07
$O_3 + H_2O + 2e^{-} \longrightarrow O_2 + 2OH^{-}$	+1.24
$Pb^{2+} + 2e^{-} \longrightarrow Pb$	−0.13
$Pb^{4+} + 2e^{-} \longrightarrow Pb^{2+}$	+1.67
$PbSO_4 + 2e^{-} \longrightarrow Pb + SO_4{}^{2-}$	−0.36
$Pt^{2+} + 2e^{-} \longrightarrow Pt$	+1.20
$Pu^{4+} + e^{-} \longrightarrow Pu^{3+}$	+0.97
$Ra^{2+} + 2e^{-} \longrightarrow Ra$	−2.92
$Rb^{+} + e^{-} \longrightarrow Rb$	−2.93
$S + 2e^{-} \longrightarrow S^{2-}$	−0.48
$S_2O_8{}^{2-} + 2e^{-} \longrightarrow 2SO_4{}^{2-}$	+2.05
$Sn^{2+} + 2e^{-} \longrightarrow Sn$	−0.14
$Sn^{4+} + 2e^{-} \longrightarrow Sn^{2+}$	+0.15
$Sr^{2+} + 2e^{-} \longrightarrow Sr$	−2.89
$Ti^{2+} + 2e^{-} \longrightarrow Ti$	−1.63
$Ti^{3+} + e^{-} \longrightarrow Ti^{2+}$	−0.37
$Ti^{4+} + e^{-} \longrightarrow Ti^{3+}$	0.00
$Tl^{+} + e^{-} \longrightarrow Tl$	−0.34
$U^{3+} + 3e^{-} \longrightarrow U$	−1.79
$U^{4+} + e^{-} \longrightarrow U^{3+}$	−0.61
$V^{2+} + 2e^{-} \longrightarrow V$	−1.19
$V^{3+} + e^{-} \longrightarrow V^{2+}$	−0.26
$Zn^{2+} + 2e^{-} \longrightarrow Zn$	−0.76

表3c 298.15 K における生化学的標準電極電位．電気化学系列順

還元半反応	$E^{\ominus\prime}$/V
$O_2 + 4H^+ + 4e^- \longrightarrow 2H_2O$	+0.81
$NO_3^- + 2H^+ + 2e^- \longrightarrow NO_2^- + H_2O$	+0.42
Fe^{3+}(Cyt *f*) + $e^- \longrightarrow Fe^{2+}$(Cyt *f*)	+0.36
Cu^{2+}(プラストシアニン) + $e^- \longrightarrow Cu^+$(プラストシアニン)	+0.35
Cu^{2+}(アズリン) + $e^- \longrightarrow Cu^+$(アズリン)	+0.30
$O_2 + 2H^+ + 2e^- \longrightarrow H_2O_2$	+0.30
Fe^{3+}(Cyt c_{551}) + $e^- \longrightarrow Fe^{2+}$(Cyt c_{551})	+0.29
Fe^{3+}(Cyt *c*) + $e^- \longrightarrow Fe^{2+}$(Cyt *c*)	+0.25
Fe^{3+}(Cyt *b*) + $e^- \longrightarrow Fe^{2+}$(Cyt *b*)	+0.08
デヒドロアスコルビン酸 + $2H^+ + 2e^- \longrightarrow$ アスコルビン酸	+0.08
補酵素Q + $2H^+ + 2e^- \longrightarrow$ 補酵素QH_2	+0.04
フマル酸$^{2-}$ + $2H^+ + 2e^- \longrightarrow$ コハク酸$^{2-}$	+0.03
ビタミンK_1(ox) + $2H^+ + 2e^- \longrightarrow$ ビタミンK_1(red)	−0.05
オキサロ酢酸$^{2-}$ + $2H^+ + 2e^- \longrightarrow$ リンゴ酸$^{2-}$	−0.17
ピルビン酸$^-$ + $2H^+ + 2e^- \longrightarrow$ 乳酸$^-$	−0.18
エタナール + $2H^+ + 2e^- \longrightarrow$ エタノール	−0.20
リボフラビン(ox) + $2H^+ + 2e^- \longrightarrow$ リボフラビン(red)	−0.21
FAD + $2H^+ + 2e^- \longrightarrow FADH_2$	−0.22
グルタチオン(ox) + $2H^+ + 2e^- \longrightarrow$ グルタチオン(red)	−0.23
リポ酸(ox) + $2H^+ + 2e^- \longrightarrow$ リポ酸(red)	−0.29
$NAD^+ + H^+ + 2e^- \longrightarrow NADH$	−0.32
$O_2 + e^- \longrightarrow O_2^-$	−0.33
シスチン + $2H^+ + 2e^- \longrightarrow$ 2 システイン	−0.34
アセチルCoA + $2H^+ + 2e^- \longrightarrow$ エタナール + CoA	−0.41
$2H_2O + 2e^- \longrightarrow H_2 + 2OH^-$	−0.42
フェレドキシン(ox) + $e^- \longrightarrow$ フェレドキシン(red)	−0.43

Cyt: シトクロム

演習問題の解答：奇数番号

テーマ 1

1A·1 0.44 J
1A·3 (a) 99 J (b) 167 J
1A·5 1.7 kJ
1A·7 18.0 cal K^{-1} mol^{-1}
1A·9 5.4×10^{7} Pa, -54 J
1A·11 524 K
1B·1 -8.0 J
1B·3 -4.02 MJ
1B·5 80 J K^{-1}
1B·7 26 kJ
1B·9 $b+2cT$, a と b の値は任意，c は 0
1B·11 774 J
1C·1 1.14 kJ
1C·3 20.2 J K^{-1}
1C·5 $+41$ kJ mol^{-1}, $+38$ kJ mol^{-1}
1C·7 -2346 kJ mol^{-1}
1C·9 3.1×10^{-4} K
1D·1 いずれも吸熱的
1D·3 $+80.0$ kJ, -5.20 kJ, $+80.0$ kJ, $+74.8$ kJ
1D·5 (a) $+37$ °C (b) 4.1 kg
1D·7 40.88 kJ mol^{-1}
1D·9 $+1042$ kJ mol^{-1}
1D·11 -2.2 MJ
1E·1 2.4×10^{-2} J mol^{-1}
1E·3 (a) -93.9 kJ mol^{-1} (b) -2810.44 kJ mol^{-1} (c) $+306.24$ kJ mol^{-1}
1E·5 -72 kJ mol^{-1}
1E·9 (a) $+415.8$ kJ mol^{-1} (b) $+589.7$ kJ mol^{-1}
1E·11 $+21.4$ kJ mol^{-1}

テーマ 2

2A·1 $+0.41$ J K^{-1}
2A·3 (a) $+0.12$ kJ K^{-1} (b) >-0.12 kJ K^{-1}
2A·5 $+23.6$ J K^{-1}
2A·7 (a) $+104.6$ J K^{-1} mol^{-1} (b) -104.6 J K^{-1} mol^{-1}
2A·9 (b) $+85$ J K^{-1} mol^{-1}, $+34$ kJ mol^{-1}
2A·11 $+29.5$ kJ K^{-1}
2B·1 (a) 正 (b) 負 (c) 正
2B·3 (a) -163.34 J K^{-1} mol^{-1} (b) -86.50 J K^{-1} mol^{-1} (c) $+160.6$ J K^{-1} mol^{-1}
2B·5 (a) -80.9 J K^{-1} mol^{-1}, $+156.9$ J K^{-1} mol^{-1} (b) -138.9 J K^{-1} mol^{-1}, $+217.9$ J K^{-1} mol^{-1}
2B·7 $+50.6$ J K^{-1} mol^{-1}
2B·9 Asp $<$ His $<$ Ser $<$ Gly $<$ Ala $<$ Cys $<$ Phe
2C·1 -32.9 kJ mol^{-1}
2C·3 0.41 g
2C·5 0.31 個
2C·7 2 個
2C·9 -118 J K^{-1} mol^{-1}, $+124$ J K^{-1} mol^{-1}

テーマ 3

3A·1 (a) $+2.03$ kJ mol^{-1} (b) $+1.49$ J mol^{-1}
3A·3 (a) $+1.7$ kJ mol^{-1} (b) -20 kJ mol^{-1}
3B·1 昇華する，3.0 Torr 以上
3B·3 (b) 0.757 Pa
3B·7 0.59 m
3B·9 1.5 μm
3C·1 雨粒の方が $+177$ J mol^{-1}
3C·3 $96z_J$ kJ mol^{-1}
3C·5 2.297 kPa
3C·7 (a) 56 μg, 14 μg (b) 170 μg
3C·9 (a) 1.4 mmol dm^{-3} (b) 33.9 mmol dm^{-3}
3C·11 $+12$ kJ mol^{-1} 以上
3D·1 -0.27 °C
3D·3 -0.09 °C
3D·5 14 kg mol^{-1}
3D·7 470 kPa
3D·9 0.948, 1.094
3D·11 200 kPa, 2.0 kPa

テーマ 4

4A·3 いずれも $+0.24$ kJ mol^{-1}
4A·5 平衡状態ではどちらも優勢といえない
4A·7 (a) $K_{Mb}=3.0\times10^{-3}$, $K_{Hb}=1.5\times10^{-4}$
4B·1 $+326.4$ kJ mol^{-1}
4B·3 -294 kJ mol^{-1}
4B·5 3.5×10^{3}, 2.3×10^{2}, 35
4B·7 -25.1 kJ mol^{-1}
4B·9 (a) 0 (b) -61 kJ mol^{-1} (c) $+18$ kJ mol^{-1}
4C·3 すべての温度で平衡定数は 1 以上である
4C·5 -44.6 kJ mol^{-1}
4D·1 -52 kJ mol^{-1}
4D·5 [FBP] $=0.95$ mmol dm^{-3}, [G3P] $=1.54$ mmol dm^{-3}, [DHP] $=0.062$ mmol dm^{-3}
4E·3 (a) $[H_3O^+]=1.6\times10^{-7}$ mol dm^{-3}, pH $=6.80$ (b) $[OH^-]=1.6\times10^{-7}$ mol dm^{-3}, pOH $=6.80$
4E·5 (b) 14.87 (c) 3.67×10^{-8} mol dm^{-3} (d) 7.43
4E·7 8.44
4F·5 (a) $pK_a=3.08$, $K_a=8.32\times10^{-4}$ (b) pH $=3.38$
4F·9 (a) 1.58×10^{-5} (b) 1.00 (c) 5.01
4F·11 $[H_3O^+]=9.26\times10^{-5}$ mol dm^{-3}, $[OH^-]=1.08\times10^{-10}$ mol dm^{-3}, $[H_2S]=0.065$ mol dm^{-3}, $[S^{2-}]=7.08\times10^{-15}$ mol dm^{-3}, $[HS^-]=9.26\times10^{-5}$ mol dm^{-3}
4G·1 1.18×10^{-7}, 2
4G·5 -11.4 kJ mol^{-1}

テーマ 5

5A·1 (a) $c/c^{\ominus}$ (b) $6c/c^{\ominus}$ (c) $c/c^{\ominus}$
5A·3 (a) 2.73 g (b) 2.92 g
5A·5 Na^+, F^-, Cl^-： $\gamma = 0.75$， Ca^{2+}： $\gamma = 0.32$
$a_{Ca^{2+}} = 0.0032$， $a_{Cl^-} = 0.015$， $a_{Na^+} = a_{F^-} = 0.023$
5A·7 (a) 生成物側 (b) 反応物側 (c) 生成物側
5A·9 $-12\ \mathrm{kJ\ mol^{-1}}$
5A·13 0.28
5B·1 +2.6 V, 0 V
5B·11 (a) −0.33 V (b) −0.02 V
5B·13 (a) −1.20 V (b) −1.18 V
5B·15 +0.76 V
5B·17 30 mV
5B·19 +41 mV
5B·21 +0.23 V
5B·25 +24 mV
5B·27 (a) 上がる (b) 下がる
5B·29 還元形リポ酸
5B·31 7.9×10^{-8}
5B·33 (a) −0.6111 V (b) −0.22 V (e) 10.28
5B·35 (b) $-56.7\ \mathrm{J\ K^{-1}\ mol^{-1}}$, $-51.8\ \mathrm{kJ\ mol^{-1}}$, $-68.7\ \mathrm{kJ\ mol^{-1}}$
5C·1 (a) もつ (b) もたない
5C·3 0.75 mol
5C·5 実現可能である

テーマ 6

6A·1 (a) $1.5\ \mathrm{mol\ dm^{-3}\ s^{-1}}$, $0.73\ \mathrm{mol\ dm^{-3}\ s^{-1}}$, $1.5\ \mathrm{mol\ dm^{-3}\ s^{-1}}$
(b) $\mathrm{dm^6\ mol^{-2}\ s^{-1}}$
6A·3 $a = 3/2$， $b = 0.5$， $0.050\ \mathrm{dm^3\ mmol^{-1}\ min^{-1}}$
6A·5 1 次，1 次，$4.4\ \mathrm{dm^3\ mmol^{-1}\ s^{-1}}$
6A·7 2 次，$0.037\ \mathrm{dm^3\ mmol^{-1}\ s^{-1}}$
6B·1 $2.548 \times 10^{-3}\ \mathrm{day^{-1}}$, 272.0 day
6B·3 $1.51 \times 10^{-3}\ \mathrm{s^{-1}}$
6B·5 1 次，$3.67 \times 10^{-3}\ \mathrm{min^{-1}}$
6B·7 (a) 1 次 (b) $30\ \mathrm{dm^3\ mol^{-1}\ s^{-1}}$
6B·9 1.40×10^4 s
6B·11 (a) $\dfrac{2x([\mathrm{A}]_0 - x)}{[\mathrm{A}]_0{}^2([\mathrm{A}]_0 - 2x)^2} = k_\mathrm{r}t$
(b) $\dfrac{2x}{[\mathrm{A}]_0{}^2([\mathrm{A}]_0 - 2x)} + \dfrac{1}{[\mathrm{A}]_0{}^2}\ln\dfrac{[\mathrm{A}]_0 - 2x}{[\mathrm{A}]_0 - x} = k_\mathrm{r}t$
6B·13 (a) 0.63 μg (b) 0.16 μg
6B·15 120 mg
6B·17 $\dfrac{t_{1/2}}{t_{3/4}} = \dfrac{2^{n-1} - 1}{(4/3)^{n-1} - 1}$
6B·21 $0.92\ \mathrm{g\ dm^{-3}\ h^{-1}}$
6B·23 (b) $2.4 \times 10^{-5}\ \mathrm{s^{-1}}$, $1.4 \times 10^{11}\ \mathrm{dm^3\ mol^{-1}\ s^{-1}}$
6C·11 プロトン脱離形，$0.038\ \mathrm{dm^3\ mol^{-1}\ s^{-1}}$
6D·1 $85.6\ \mathrm{kJ\ mol^{-1}}$, $3.71 \times 10^{11}\ \mathrm{mol\ dm^{-3}\ s^{-1}}$
6D·3 $E_\mathrm{a} = 52\ \mathrm{kJ\ mol^{-1}}$
6D·5 $120\ \mathrm{kJ\ mol^{-1}}$
6D·7 $30.1\ \mathrm{kJ\ mol^{-1}}$
6D·9 $-3\ \mathrm{kJ\ mol^{-1}}$
6D·11 $+37.7\ \mathrm{kJ\ mol^{-1}}$, $+30.1\ \mathrm{kJ\ mol^{-1}}$, $-25.4\ \mathrm{J\ K^{-1}\ mol^{-1}}$
6D·13 $+126\ \mathrm{kJ\ mol^{-1}}$
6D·15 12
6D·17 $1.08\ \mathrm{dm^6\ mol^{-2}\ min^{-1}}$

テーマ 7

7A·1 $3.2 \times 10^5\ \mathrm{s^{-1}}$
7A·3 (b) $+61.4\ \mathrm{kJ\ mol^{-1}}$
7A·7 $[\mathrm{S}] = K_\mathrm{M}$
7A·9 $K_\mathrm{M} = 100\ \mathrm{\mu mol\ dm^{-3}}$， $v_\mathrm{max} = 298\ \mathrm{pmol\ dm^{-3}\ s^{-1}}$
7A·11 (c) $K_\mathrm{M} = 89.2\ \mathrm{\mu mol\ dm^{-3}}$， $v_\mathrm{max} = 279\ \mathrm{pmol\ dm^{-3}\ s^{-1}}$
7A·13 (a) 0.41, 0.59 (b) 0.25, 0.75
7A·15 $K_\mathrm{M} = 101\ \mathrm{mmol\ dm^{-3}}$， $v_\mathrm{max} = 15\ \mathrm{mmol\ dm^{-3}\ s^{-1}}$
7A·17 逐次反応，$v_\mathrm{max} = 5.10\ \mathrm{mol\ s^{-1}\ (kg\ protein)^{-1}}$，
$K_\mathrm{M12} = 18.9\ \mathrm{mmol\ dm^{-3}}$， $K_\mathrm{M21} = 0.259\ \mathrm{mmol\ dm^{-3}}$，
$K_\mathrm{M1} = 0.237\ \mathrm{mmol\ dm^{-3}}$， $K_\mathrm{M2} = 17.3\ \mathrm{mmol\ dm^{-3}}$
7B·1 $21\ \mathrm{\mu mol\ dm^{-3}}$
7B·3 非競合阻害，$K_\mathrm{d,EI} = 0.56\ \mathrm{mmol\ dm^{-3}}$， $K_\mathrm{M} = 0.30\ \mathrm{mmol\ dm^{-3}}$
7B·7 $\mathrm{pH} = \mathrm{p}K_\mathrm{a}$， $\mathrm{p}K_\mathrm{a} = 6.3$
7C·3 (a) 0.3 ms (b) 300 s (c) 9 h (d) 10 a
7C·5 1×10^6 ステップ
7C·7 1.1 s
7C·9 0.234
7C·11 (a) $1.33 \times 10^{-9}\ \mathrm{m^2\ s^{-1}}$, 184 pm (b) 1
7D·1 $+148\ \mathrm{kJ\ mol^{-1}}$
7D·3 $9.5 \times 10^4\ \mathrm{dm^3\ mol^{-1}\ s^{-1}}$

テーマ 8

8A·1 (a) 6.6×10^{-19} J, $400\ \mathrm{kJ\ mol^{-1}}$
(b) 3.3×10^{-20} J, $20\ \mathrm{kJ\ mol^{-1}}$
(c) 1.3×10^{-33} J, $8.0 \times 10^{-13}\ \mathrm{kJ\ mol^{-1}}$
8A·3 (a) 8.9 nW (b) 5.4 nW
8A·5

	λ/nm	$p/(\mathrm{kg\ m\ s^{-1}})$	E/J	$E_\mathrm{m}/(\mathrm{kJ\ mol^{-1}})$
(a)	600	1.10×10^{-27}	3.31×10^{-19}	199
(b)	550	1.20×10^{-27}	3.61×10^{-19}	218
(c)	400	1.66×10^{-27}	4.97×10^{-19}	299
(d)	200	3.31×10^{-27}	9.93×10^{-19}	598
(e)	0.15	4.42×10^{-24}	1.32×10^{-15}	7.98×10^5
(f)	1.0×10^7	6.6×10^{-32}	2.0×10^{-23}	0.012

8A·7 (a) 3.34×10^{-4} N (b) 330 pPa (c) 0.83 h
8A·9 0.90 nm
8A·11 $5.8 \times 10^5\ \mathrm{m\ s^{-1}}$
8B·1 (a) 1.8×10^{-4} (b) 5.9×10^{-5}
8B·3 (a) 0.1955 (b) 0.6090 (c) 0.1955
8B·5 476 nm
8B·7 1.2×10^6
8B·9 (a) 4.26 aJ (b) $1.91 \times 10^{15}\ \mathrm{s^{-1}}$
8B·13 (a) $4.34 \times 10^{-47}\ \mathrm{kg\ m^2}$ (b) 1.55 mm
8B·15 (b) $x = 0$
8C·1 122.3 eV
8C·3 (a) $0.693a_0$ (b) a_0 (c) $0.232a_0$, $2.678a_0$
8C·5 (a) 2.7×10^{-7} (b) 2.5×10^{-8} (c) 0
8C·7 (a) $1.90a_0$, $7.10a_0$ (b) $1.87a_0$, $6.61a_0$, $15.5a_0$
8C·9 (a) 0, 0, 0 (b) 0, 0, 2 (c) $\sqrt{6}\hbar$, 2, 0 (d) $\sqrt{2}\hbar$, 1, 0
(e) $\sqrt{2}\hbar$, 1, 1
8D·1 (a) 2 (b) 14 (c) 22

テーマ 9

9B·3 (a) $1\sigma_g{}^2 1\sigma_u{}^1$， $b = \frac{1}{2}$ (b) $1\sigma_g{}^2 1\sigma_u{}^2 1\pi_u{}^4 2\sigma_g{}^2$， $b = 3$
(c) $1\sigma_g{}^2 1\sigma_u{}^2 2\sigma_g{}^2 1\pi_u{}^4 1\pi_g{}^2$， $b = 2$
9B·5 (a) C_2, CN (b) NO, O_2, F_2
9B·7 (a) 下から順に g, u, g, u
9B·9 $O_2{}^+ < O_2 < O_2{}^- < O_2{}^{2-}$
9B·13 (c) $\pi/4$, $-\pi/4$
9C·3 $E = \alpha, \alpha \pm 2^{1/2}\beta$
9C·7 9.61×10^{-19} J (6.00 eV), 4.32×10^{-19} J (2.70 eV)
9C·9 (b) 2β, 0.988β (c) 1.657β, 1.518β
9C·11 (b) 5, 1

9C・13　$d_{yz}, d_{zx} < d_{z^2} < d_{xy} < d_{x^2-y^2}$

テーマ 10

10A・1　1.6×10^{-28} C m（48 D）
10A・3　0.96 D, 3.2×10^{-30} C m
10A・5　2.0 D
10A・11　-1.1 mJ mol^{-1}
10A・13　-27 kJ mol^{-1}
10A・21　（a）-19 kJ mol^{-1}　（b）-9.5 kJ mol^{-1}
（c）-0.24 kJ mol^{-1}
10A・23　（a）0.3 nm, -6×10^{-22} J　（c）0.3 nm
10B・1　（a）Arg, Asp, Glu, His, Lys
（b）Arg, Asn, Asp, Cys, Gln, Glu, His, Lys, Ser, Thr, Tyr
（c）Ala, Gly, Ile, Leu, Met, Phe, Pro, Trp, Val
10B・3　3.1 μm, 22 nm
10B・5　（b）球状：血清アルブミン，ブッシースタントウイルス
棒状：DNA
10C・1　360 K
10C・3　15
10C・5　-17.2 kJ mol^{-1}

テーマ 11

11A・1　（a）447 THz　（b）1.49×10^4 cm^{-1}
11A・3　1.7×10^4 dm^3 mol^{-1} cm^{-1}, 0.85, 0.68
11A・5　（a）1.01×10^4 dm^3 mol^{-1} cm^{-1}　（b）0.95 パーセント
11A・9　25.8 μmol dm^{-3}, 54.3 μmol dm^{-3}
11A・11　（b）（i）5×10^7 dm^3 mol^{-1} cm^{-2}
（ii）3×10^6 dm^3 mol^{-1} cm^{-2}
11A・13　（a）50 ps　（b）5 ps　（c）160 ps
11A・15　7.9×10^{-6}
11B・1　（a）50 cm^{-1}　（b）0.3 cm^{-1}
11B・3　（a）4.67×10^{13} Hz　（b）4.57×10^{13} Hz
11B・5　どちらの分子も赤外活性である
11B・7　（a）3　（b）4　（c）48　（d）54
11B・9　（a）7　（b）**1**
11C・5　（a）6.37, 2.12　（b）1.70×10^6 dm^3 mol^{-1} cm^{-2}
11C・7　（b）9.81
11D・1　（a）2.5×10^{-9} s　（b）0.75
11D・3　3.3×10^{18}
11D・5　140 μmol m^{-2} s^{-1}
11D・7　30 mmol dm^{-3}
11D・9　3.5 nm
11D・11　4×10^3
11D・15　（a）6.9 ns　（b）0.10 ns^{-1}
11D・17　0.4 ns
11E・1　-1.625×10^{-26} J $\times m_I$
11E・3　（a）3.4×10^{-5}　（b）8.6×10^{-6}
11E・5　328.6 MHz
11E・7　11.74 T
11E・9　（b）20
11E・11　1:7:21:35:35:21:7:1
11E・17　2.3×10^3 s^{-1}
11E・19　5.9×10^{-4} T
11E・21　30 μT m^{-1}
11E・25　0.22 nm, 0.26 nm
11F・1　（a）6.7×10^{-4}　（b）2.5×10^{-3}
11F・3　9.25 GHz, 0.0324 m
11F・5　2.3 mT, 2.002
11F・7　（a）331.9 mT　（b）1.201 T
11F・9　1:3:6:7:6:3:1

テーマ 12

12A・1　$\frac{1}{2}L$
12A・5　46.9 nm, 988 kg mol^{-1}
12A・9　12 パーセント
12B・3　(3 2 6), (1 1 1), (1 2 2), $(3\bar{2}\bar{2})$
12B・5　（a）0.19 nm　（b）0.065 nm
12B・7　（a）2 個　（b）4 個
12B・9　24.8°
12B・11　158 pm
12B・13　$h+k+l$ が偶数のとき $F_{hkl}=2f$，$h+k+l$ が奇数のとき $F_{hkl}=0$

テーマ 13

13A・1　0.73 mm s^{-1}
13A・3　9.0×10^{-11} m^2 s^{-1}
13A・5　0.90 kg mol^{-1}
13A・7　3500 rpm
13B・1　16 μs
13B・3　1 個
13B・5　平均値 30.54171 kg mol^{-1}，標準偏差 0.00070 kg mol^{-1}

エピローグ

Epi.3　$1/(1-e^{-\beta\hbar\omega})$
Epi.7　4.9×10^5

索　　引

お

か

き

く

け

す

せ

と

な～ぬ

ね，の

は

ひ

ふ

へ

ほ

ま

み

む〜も

や 行

ら

り

る〜ろ

わ

稲葉　章（いなば あきら）
1949年 大阪に生まれる
1971年 大阪大学理学部 卒
大阪大学名誉教授
専門 物理化学
理学博士

中川敦史（なかがわ あつし）
1961年 愛知県に生まれる
1983年 名古屋大学理学部 卒
現 大阪大学蛋白質研究所 教授
専門 構造生物学
理学博士

第1版 第1刷 2008年11月17日 発行
第2版 第1刷 2014年 9月 1日 発行
第3版 第1刷 2025年 3月19日 発行

アトキンス
生命科学のための 物理化学
第3版

訳者　稲葉　章
　　　中川敦史
発行者　石田勝彦
発行　株式会社 東京化学同人
東京都文京区千石3丁目36-7（〒112-0011）
電話（03）3946-5311・FAX（03）3946-5317
URL: https://www.tkd-pbl.com/

印刷　株式会社 木元省美堂
製本　株式会社 松岳社

ISBN 978-4-8079-2074-7
Printed in Japan

基礎物理定数†

物理量	記号	値
光速（真空中）	c	*$2.997\,924\,58 \times 10^{8}$ m s^{-1}
電気素量	e	*$1.602\,176\,634 \times 10^{-19}$ C
プランク定数	h	*$6.626\,070\,15 \times 10^{-34}$ J s
	$\hbar = h/(2\pi)$	$1.054\,57\cdots \times 10^{-34}$ J s
ボルツマン定数	k	*$1.380\,649 \times 10^{-23}$ J K^{-1}
		$0.695\,034\cdots$ cm^{-1} K^{-1}
アボガドロ定数	N_A	*$6.022\,140\,76 \times 10^{23}$ mol^{-1}
ファラデー定数	$F = eN_A$	$9.648\,53\cdots \times 10^{4}$ C mol^{-1}
気体定数	$R = kN_A$	$8.314\,46\cdots$ J K^{-1} mol^{-1}
		$8.314\,46\cdots \times 10^{-2}$ dm^{3} bar K^{-1} mol^{-1}
		$8.205\,73\cdots \times 10^{-2}$ dm^{3} atm K^{-1} mol^{-1}
		$62.3635\cdots$ dm^{3} Torr K^{-1} mol^{-1}
電気定数（真空の誘電率）	$\varepsilon_0 = 1/(c^2\mu_0)$	$8.854\,18\cdots \times 10^{-12}$ C^{2} J^{-1} m^{-1}
	$4\pi\varepsilon_0$	$1.112\,65\cdots \times 10^{-10}$ C^{2} J^{-1} m^{-1}
磁気定数（真空の透磁率）	$\mu_0 = 1/(c^2\varepsilon_0)$	$1.256\,63\cdots \times 10^{-6}$ J s^{2} C^{-2} m^{-1} （$=$ NA^{-2}）
原子質量定数	m_u	$1.660\,54 \times 10^{-27}$ kg
質　量		
電　子	m_e	$9.109\,38 \times 10^{-31}$ kg
プロトン	m_p	$1.672\,62 \times 10^{-27}$ kg
中性子	m_n	$1.674\,93 \times 10^{-27}$ kg
ボーア磁子	$\mu_B = e\hbar/(2m_e)$	$9.274\,01 \times 10^{-24}$ J T^{-1}
核磁子	$\mu_N = e\hbar/(2m_p)$	$5.050\,78 \times 10^{-27}$ J T^{-1}
プロトン磁気モーメント	$\mu_p = \gamma_p \mu_N$	$1.410\,61 \times 10^{-26}$ J T^{-1}
自由電子の g 値	g_e	$2.002\,32$
磁気回転比		
電　子	$\gamma_e = -g_e e/(2m_e)$	$-1.760\,86 \times 10^{11}$ s^{-1} T^{-1}
プロトン	$\gamma_p = 2\mu_p/\hbar$	$2.675\,22 \times 10^{8}$ s^{-1} T^{-1}
ボーア半径	$a_0 = 4\pi\varepsilon_0\hbar^2/(m_e e^2)$	$5.291\,77 \times 10^{-11}$ m
リュードベリ定数	$\mathcal{R} = m_e e^4/(32\pi^2\varepsilon_0^2\hbar^2)$	$1.097\,37 \times 10^{5}$ cm^{-1}
		$2.179\,87 \times 10^{-18}$ J
		13.6057 eV
自然落下の加速度（標準値）	g	*$9.806\,65$ m s^{-2}

CODATA 2022 の推奨値

† 数値の末尾にある（…）は，厳密に定義された物理定数の値（*）のみで定義された物理定数の値の端数を表している．厳密な数値以外の有効桁は 6 桁で表してある．